P. W. Atkins

Einführung in die Physikalische Chemie

VCH

Vertrieb:
VCH, Postfach 10 1161, D-6940 Weinheim (Bundesrepublik Deutschland)
Schweiz: VCH, Postfach, CH-4020 Basel (Schweiz)
United Kingdom und Irland: VCH (UK) Ltd., 8 Wellington Court, Cambridge CB1 1HZ (England)
USA und Canada: VCH, 220 East 23rd Street, New York, NY 10010-4606 (USA)

ISBN 3-527-28027-8

Element	Symbol	Ordnungszahl	Molare Masse g mol⁻¹
Actinium	Ac	89	227.03
Aluminium	Al	13	26.98
Americium	Am	95	241.06
Antimon	Sb	51	121.75
Argon	Ar	18	39.95
Arsen	As	33	74.92
Astat	At	85	210.
Barium	Ba	56	137.34
Berkelium	Bk	97	249.08
Beryllium	Be	4	9.01
Bismut	Bi	83	208.98
Blei	Pb	82	207.19
Bor	B	5	10.81
Brom	Br	35	79.91
Cadmium	Cd	48	112.40
Cäsium	Cs	55	132.91
Calcium	Ca	20	40.08
Californium	Cf	98	251.08
Cer	Ce	58	140.12
Chlor	Cl	17	35.45
Chrom	Cr	24	52.01
Cobalt	Co	27	58.93
Curium	Cm	96	247.07
Dysprosium	Dy	66	162.50
Einsteinium	Es	99	254.09
Eisen	Fe	26	55.85
Erbium	Er	68	167.26
Europium	Eu	63	151.96
Fermium	Fm	100	257.10
Fluor	F	9	19.00
Francium	Fr	87	223.
Gadolinium	Gd	64	157.25
Gallium	Ga	31	69.72
Germanium	Ge	32	72.59
Gold	Au	79	196.97

Element	Symbol	Ordnungszahl	Molare Masse g mol⁻¹
Hafnium	Hf	72	178.49
Helium	He	2	4.00
Holmium	Ho	67	164.93
Indium	In	49	114.82
Iod	I	53	126.90
Iridium	Ir	77	192.2
Kalium	K	19	39.10
Kohlenstoff	C	6	12.01
Krypton	Kr	36	83.80
Kupfer	Cu	29	63.54
Lanthan	La	57	138.91
Lawrencium	Lr	103	257.
Lithium	Li	3	6.94
Lutetium	Lu	71	174.97
Magnesium	Mg	12	24.31
Mangan	Mn	25	54.94
Mendelevium	Md	101	258.10
Molybdän	Mo	42	95.94
Natrium	Na	11	22.99
Neodym	Nd	60	144.24
Neon	Ne	10	20.18
Neptunium	Np	93	237.05
Nickel	Ni	28	58.71
Niob	Nb	41	92.91
Nobelium	No	102	255.
Osmium	Os	76	190.2
Palladium	Pd	46	106.4
Phosphor	P	15	30.97
Platin	Pt	78	195.09
Plutonium	Pu	94	239.05
Polonium	Po	84	210.
Praseodym	Pr	59	140.91
Promethium	Pm	61	146.92
Protactinium	Pa	91	231.04
Quecksilber	Hg	80	200.59

Element	Symbol	Ordnungszahl	Molare Masse g mol⁻¹
Radium	Ra	88	226.03
Radon	Rn	86	222.
Rhenium	Re	75	186.2
Rhodium	Rh	45	102.91
Rubidium	Rb	37	85.47
Ruthenium	Ru	44	101.07
Samarium	Sm	62	150.35
Sauerstoff	O	8	16.00
Scandium	Sc	21	44.96
Schwefel	S	16	32.06
Selen	Se	34	78.96
Silber	Ag	47	107.87
Silicium	Si	14	28.09
Stickstoff	N	7	14.01
Strontium	Sr	38	87.62
Tantal	Ta	73	180.95
Technetium	Tc	43	98.91
Tellur	Te	52	127.60
Terbium	Tb	65	158.92
Thallium	Tl	81	204.37
Thorium	Th	90	232.04
Thulium	Tm	69	168.93
Titan	Ti	22	47.90
Uran	U	92	238.03
Vanadium	V	23	50.94
Wasserstoff	H	1	1.008
Wolfram	W	74	183.85
Xenon	Xe	54	131.30
Ytterbium	Yb	70	173.04
Yttrium	Y	39	88.91
Zink	Zn	30	65.37
Zinn	Sn	50	118.69
Zirconium	Zr	40	91.22

Peter W. Atkins

Einführung in die Physikalische Chemie

Ein Lehrbuch für alle Naturwissenschaftler

Übersetzt und ergänzt von
A. Höpfner

Weinheim · New York · Basel · Cambridge

First published in the United States
by
W. H. FREEMAN AND COMPANY, New York, N. Y., and Oxford

Titel der Originalausgabe: General Chemistry
erschienen im Verlag W. H. FREEMAN AND COMPANY
© P. W. Atkins

Peter W. Atkins   Übersetzt und ergänzt von
Lincoln College   Prof. Dr. Arno Höpfner
Oxford OX1 3DR   Physikalisch-chemisches Institut der Universität
England   Im Neuenheimer Feld 253
                          D-6900 Heidelberg 1

1. Auflage 1993

Lektorat: Karin von der Saal und Dr. Thomas Mager
Redaktion: Dr. Helga Brachmann und Friedhelm Glauner
Herstellerische Betreuung: Elke Littmann

Einbandbild: Kondensation von Wasserdampf an der Innenseite eines Glaskolbens.

Die Deutsche Bibliothek – CIP Einheitsaufnahme:
Atkins, Peter W.:
Einführung in die physikalische Chemie : ein Lehrbuch für alle
Naturwissenschaftler / Peter W. Atkins. Übers. und erg. von A.
Höpfner. – 1. Aufl. – Weinheim ; New York ; Basel ;
Cambridge : VCH, 1993
Einheitssacht.: General chemistry <dt.>
ISBN 3-527-28027-8

© VCH Verlagsgesellschaft mbH, D-6940 Weinheim (Federal Republic of Germany), 1993

Gedruckt auf säurefreiem und chlorarm gebleichtem Papier.

Satz, Druck und Bindung: Konrad Triltsch, Graphischer Betrieb, D-8700 Würzburg.
Printed in the Federal Republic of Germany

Vorwort

Es hat mir Spaß gemacht, das Lehrbuch *General Chemistry* zu schreiben, denn dabei hatte ich Gelegenheit, die Chemie einmal als Ganzes darzustellen, während ich bisher meist nur über Teile von ihr geschrieben habe. Die Anfängervorlesung, für die *General Chemistry* gedacht ist, sollte einen Überblick über die wichtigsten Teilgebiete der Chemie geben und den Studenten den Blick für die Zusammenhänge unseres Fachgebietes öffnen. Mit diesem Buch war es mir möglich, die intellektuelle Herausforderung der Chemie, ihre Zusammenhänge und das Vergnügen, das sie bereitet, für die Leser verständlich zu machen. Ich freue mich, daß eine gekürzte Version dieser Ausgabe jetzt in deutscher Sprache vorliegt; damit wird einem neuen Leserkreis das Vergnügen nahegebracht, das ich empfinde, wenn ich Chemie lehre. Zwar handelt es sich um eine Auswahl, die in eine Einführung in die Physikalische Chemie umgearbeitet wurde; im Originaltext stehen jedoch ohnehin die Grundprinzipien der Chemie im Vordergrund. Was aus dem Original weggelassen wurde, ist in diesem Zusammenhang entbehrlich. Die Einheitlichkeit der Darstellung und des Stoffes, auf die ich großen Wert lege, ist in dieser Bearbeitung erhalten geblieben.

Zwei Betrachtungsweisen, die mir sehr wichtig sind und die eng zusammenhängen, sind in der deutschen Ausgabe unverändert vorhanden. Die erste hebt die atomaren Prozesse hervor, die einem bestimmten Phänomen zugrunde liegen. Ich möchte die Studenten ermutigen, in die Gleichungen *hineinzuhören*, damit sie verstehen, auf welche Weise mathematische Formeln die physikalische Wirklichkeit beschreiben. Ein Chemiker sollte mühelos zwischen qualitativen und quantitativen Denkweisen hin und her wechseln können; ein Lehrer der Physikalischen Chemie sollte stets Brücken von abstrakten Begriffen zu Rechenergebnissen schlagen. Wie man dabei vorgehen kann, sollen die mit *Methode* bezeichneten Abschnitte in den *Beispielen* zeigen. Zweitens ist es wichtig, beim Studium der Physikalischen Chemie die für jeden Wissenschaftler so kostbare Fähigkeit zu trainieren, die Natur der Phänomene zu verstehen. Die Studenten sollten sich mit den Atomen identifizieren können, so als wären Atome lebendige Wesen. Das ist der Grund, weshalb ich in diesem Buch so großen Wert auf anschauliche Bilder aus der Physikalischen Chemie gelegt habe. Viele Zeichnungen entstammen meiner eigenen wissenschaftlichen Phantasie, ohne die vermittelnde, doch stets interpretierende Kunst eines Zeichners. Ich hoffe, sie eignen sich dazu, einen Eindruck von jenem Mikrokosmos der Atome zu vermitteln, der allen Phänomenen, die wir beobachten, zugrunde liegt.

Ich bin sehr froh, daß mein guter Freund Professor Höpfner diese Ausgabe des Buches vorbereitet hat. Er hat viel an meinen Büchern gearbeitet und ist mit meinem Stil vertraut. Auch freut es mich, daß das Buch bei VCH erschienen ist, deren Sachkenntnis und Kompetenz ich bewundere. Wenn Lehrer und Studenten auch noch Vergnügen am Lernen finden, dann, so hoffe ich, haben sich unsere gemeinsamen Bemühungen gelohnt.

Oxford, Januar 1993 Peter W. Atkins

Vorwort des Übersetzers

Das Lehrbuch *Physikalische Chemie* von Peter Atkins hat sich in den letzten Jahren einen festen Platz im Studiengang Chemie erworben. Bei der Bedeutung, die die Physikalische Chemie auch bei der Ausbildung derjenigen Naturwissenschaftler hat, für die die Chemie ein Nebenfach ist, besteht seit langer Zeit ein Bedarf an einem Lehrbuch, das speziell auf die Interessen dieser Studenten ausgerichtet ist.

Peter Atkins' bei Freeman erschienenes Lehrbuch *General Chemistry* in deutscher Übersetzung vorzulegen, schien Übersetzer und Verlag nicht der richtige Weg zu sein, um diesen Bedarf zu befriedigen. Zum einen unterscheidet sich der Lehrstoff, den z. B. Biologen und Mineralogen aus dem Bereich der Anorganischen und Organischen Chemie in ihrer Berufspraxis benötigen, ganz erheblich, während die Elemente der Physikalischen Chemie, auf die sie angewiesen sind, dieselben sind. Die ganze Chemie in einer für Nebenfachstudenten geeigneten Auswahl zusammenzufassen, bereitet deshalb Probleme, die nicht leicht zu lösen sind. Zum anderen sind die didaktischen Methoden der Physikalischen Chemie anders als die der Anorganischen und Organischen Chemie. Wir haben uns deshalb entschlossen – auch um den Umfang des Buches in Grenzen zu halten –, diejenigen Teile aus *General Chemistry*, die man üblicherweise der Physikalischen Chemie zurechnet, in einer separaten, aber in sich geschlossenen deutschen Übersetzung herauszugeben.

Die äußere Form des Buches lehnt sich an die „große" *Physikalische Chemie* von Atkins an; eine große Zahl von Beispielen im Text und Übungsaufgaben am Schluß der Kapitel soll dem interessierten Leser Gelegenheit geben, sich im Umgang mit der Physikalischen Chemie zu üben. Daß bei den Rechnungen so gut wie keine mathematischen Kenntnisse vorausgesetzt werden, ohne daß die Präzision der verwendeten Begriffe aufgegeben wird, wird vielen Lesern ein entscheidender Vorzug sein. Aber auch Studenten der Chemie im Hauptfach, denen die übliche Behandlung der Physikalischen Chemie in der Grundvorlesung zu abstrakt ist, werden aus dem Buch Nutzen ziehen können. Gerade die Behandlung der Gleichgewichte als dynamische Phänomene bietet dem experimentell orientierten Naturwissenschaftler durch ihre Anschaulichkeit Verständnishilfen, auf die die traditionelle Darstellungsweise verzichten muß.

Die VCH Verlagsgesellschaft verdient Dank für die Ausstattung des Buches. Auf die farbigen Abbildungen des englischen Originals konnte trotz des damit verbundenen Aufwandes nicht verzichtet werden. Viele Beispiele mußten auf deutsche Verhältnisse umgeschrieben werden. Der reduzierte Umfang hat es erlaubt, nicht nur die Lösungen derjenigen Übungsaufgaben anzugeben, die im *Solutions Manual* enthalten sind, sondern auch die Lösungen der übrigen Aufgaben mit ungeraden Nummern. Dem Studenten, der sich ernsthaft mit der Physikalischen Chemie beschäftigen will, ist das Bearbeiten der Übungsaufgaben dringend zu empfehlen.

Heidelberg, im November 1992   Arno Höpfner

Inhalt

Häufig verwendete Abkürzungen

Δ	Wärme	amu	atomare Masseneinheit
$\Delta G°$	Freie Standard-Reaktionsenthalpie	e	Elementarladung
ΔH	Reaktionsenthalpie	h	Plancksche Konstante
$\Delta H°$	Standard-Reaktionsenthalpie	l	Drehimpulsquantenzahl
$\Delta S°$	Standard-Reaktionsentropie	m	Molalität, $mol \cdot kg^{-1}$
E	Energie, Potential	m	Masse
$E°$	Standard-Elektrodenpotential	m_1	magnetische Quantenzahl
F	Faraday-Konstante	n	Hauptquantenzahl
G	Freie Enthalpie (Gibbs-Energie)	n	Stoffmenge (Molzahl)
H	Enthalpie	q	Wärmemenge
K	Gleichgewichtskonstante	t	Zeit
K_p	Gleichgewichtskonstante für Gasreaktionen	w	Arbeit
M	molar, $mol \cdot dm^{-1}$	x	Stoffmengenanteil
N_A	Avogadro-Zahl	(aq)	hydratisiert
P	Druck	(g)	gasförmig
Q	Reaktionsquotient	(l)	flüssig (liquid)
R	allgemeine Gaskonstante	(s)	fest (solid)
S	Entropie		
U	innere Energie		
Z	Ordnungszahl		

Dieses erste Kapitel führt uns in die Elementarsprache der Chemie ein. Wir lernen einige grundlegende Methoden des Umgangs mit Materie kennen und wie man Messungen vornimmt, sie interpretiert und ihre Ergebnisse weitergibt.

Die Abbildung zeigt den Crab-Nebel, die Überreste einer Supernova, die im Jahr 1054 erstmals beobachtet wurde. In einer solchen Sternenexplosion erzeugte Elemente werden durch den Weltraum geschleudert und sind auf den Planeten verfügbar.

1 Messen, rechnen, formulieren

1-1 Reine Substanzen und Mischungen

In der Chemie unterscheidet man zwischen verschiedenen Substanzen, wobei man unter einer Substanz immer eine Reinsubstanz versteht. Dies kann ein Element wie z. B. Eisen oder eine Verbindung wie z. B. Wasser sein. Elemente bestehen aus identischen Atomen (wenn man die Isotope (vgl. Abschn. 4-2) vernachlässigt). Verbindungen dagegen bestehen aus identischen Molekülen, die in bestimmter Weise aus verschiedenen Atomen aufgebaut sind.

Mischungen bestehen aus zwei oder mehr Substanzen. Ob eine Mischung oder eine Verbindung vorliegt, läßt sich nicht einfach dadurch feststellen, daß man mehrere Elemente in der Probe nachweist. Man erkennt aber Mischungen in der Regel daran, daß ihre physikalischen Eigenschaften etwa zwischen denen ihrer Komponenten liegen, während die physikalischen Eigenschaften von Verbindungen meist grundverschieden von denen der Elemente sind, aus denen sie bestehen. Die Tabelle 1-1 enthält eine Gegenüberstellung der Eigenschaften von Mischungen und Verbindungen.

Tabelle 1-1 Unterschiede zwischen Mischungen und Verbindungen

Mischung	Verbindung
kann mit physikalischen Methoden getrennt werden	kann nicht mit physikalischen Methoden getrennt werden
die Zusammensetzung ist variabel	die Zusammensetzung ist nicht veränderbar (stöchiometrisch) *
die Eigenschaften ähneln denen der Komponenten	die Eigenschaften sind von denen der Komponenten grundverschieden
bei der Bildung wird nur wenig Wärme umgesetzt **	bei der Bildung wird meist relativ viel Wärme umgesetzt ***

   * Es gibt Ausnahmen: nicht-stöchiometrische Verbindungen können variable Zusammensetzungen haben.

  ** Es gibt Grenzfälle: beim Mischen von H_2O und H_2SO_4 wird viel Wärme frei.

*** Die meisten Reaktionen verlaufen exotherm (unter Wärmeabgabe), bei endothermen Reaktionen erfolgt Wärmeaufnahme.

In Tabelle 1-2 sind die wichtigsten Methoden zur Trennung von Mischungen, wie sie in der Chemie verwendet werden, zusammengestellt. Im Vordergrund steht dabei das unterschiedliche Verhalten der Komponenten von Mischungen bei der Löslichkeit, bei der Verdampfung und bei der Adsorption an Oberflächen.

Tabelle 1-2 Methoden zur Trennung von Mischungen

Methode	benutzte Eigenschaft	Verfahren
Zentrifugieren	Dichte	Die Suspension oder Emulsion wird einer hohen Zentrifugalbeschleunigung ausgesetzt; die schwerere Komponente sammelt sich am Boden des Gefäßes.
Filtrieren	Löslichkeit	Die Suspension wird durch ein Filter gegossen; der Festkörper wird vom Filter zurückgehalten.
Umkristallisieren	Löslichkeit	Langsames Auskristallisieren aus einer Lösung.
Destillation	Flüchtigkeit	Die flüchtigere Komponente einer flüssigen Mischung wird abdestilliert.
Chromatographie	Adsorption an Oberflächen	Die flüssige oder gasförmige Mischung fließt durch Papier oder durch eine mit einem speziellen Material gefüllte Säule.

Die **Destillation** (Abb. 1-1) beruht auf den verschiedenen Flüchtigkeiten der Komponenten einer Mischung. Eine wichtige Methode ist die fraktionierte Destillation (vgl. Abb. 1-2), bei der der Dampf durch eine Kolonne geleitet wird, die z.B. mit Glasperlen gefüllt ist. Der Dampf

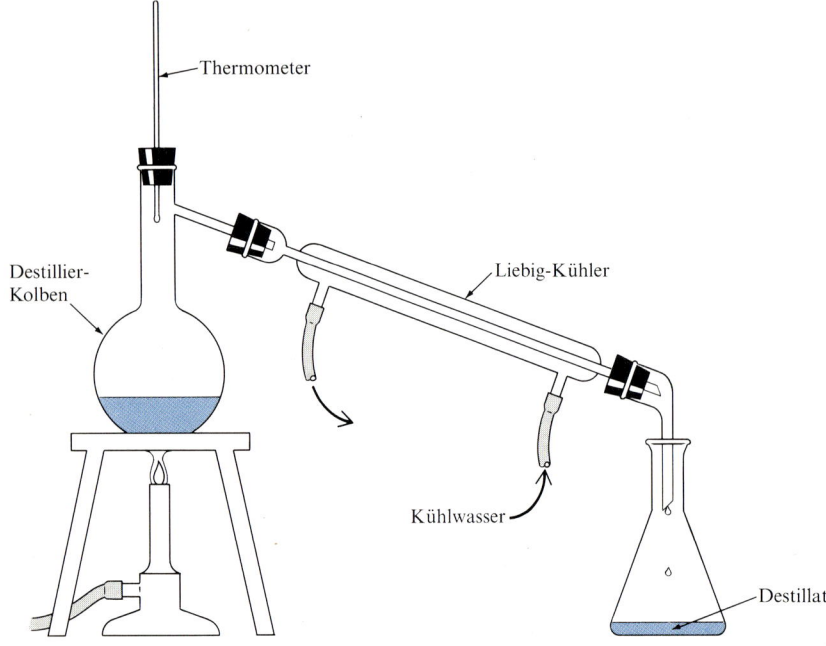

Thermometer

Destillier-Kolben

Liebig-Kühler

Kühlwasser

Destillat

Abb. 1-1 Ein einfacher Destillationsapparat. Die flüssige Mischung wird erwärmt; dabei verdampft die flüchtigere Komponente, wird im Liebig-Kühler kondensiert und als Destillat aufgefangen.

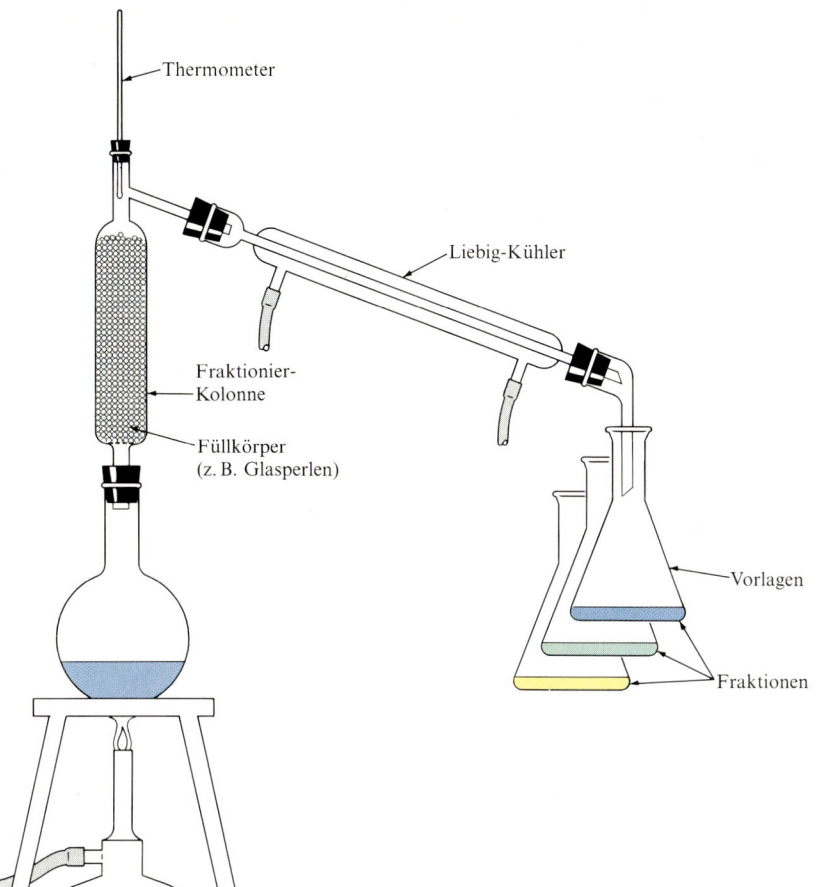

Thermometer

Liebig-Kühler

Fraktionier-
Kolonne

Füllkörper
(z. B. Glasperlen)

Vorlagen

Fraktionen

**1-1 Reine Substanzen
und Mischungen**

Abb. 1-2 Bei der fraktionierten Destillation enthält der Apparat zusätzlich eine Fraktionier-Kolonne, die meist mit Glasperlen gefüllt ist. Durch die wiederholte Kondensation und Verdampfung an den Glasperlen wird die Trennwirkung verstärkt, und oft können dann die Komponenten als verschiedene Fraktionen gesammelt werden.

kondensiert teilweise an den Glasperlen und fließt abwärts gegen den aufwärts gerichteten Dampfstrom. Dabei erfolgt eine mehrmalige Verdampfung und Kondensation und eine entsprechende mehrfache Anreicherung der flüchtigeren Komponente im Dampf, der schließlich im Kühler kondensiert wird. In der Erdölindustrie dienen riesige Kolonnen (vgl. Abb. 1-3) zur Trennung der Erdölfraktionen vom Leichtbenzin bis hin zum schweren Heizöl. Dabei bleibt ein Rückstand, der als Asphalt im Straßenbau Verwendung findet.

Die **Chromatographie** beruht auf der unterschiedlichen Adsorption von Substanzen an Oberflächen. Die einfachste Form ist die *Papierchromatographie,* bei der die Lösung langsam durch einen Streifen Filterpapier fließt (Abb. 1-4). Gelöste Substanzen, die nur schwach am Papier adsorbiert werden, wandern schneller mit dem Lösungsmittel als andere, die stark adsorbiert werden. Sind sie farbig oder können sie durch Farbreaktionen sichtbar gemacht werden, erhält man für verschiedene Substanzen auf dem Papier räumlich getrennte Flecken. (Chromatographie (gr.) bedeutet Farb-Schreibung.)

Bei der *Gaschromatographie* wird die Probe verdampft und mit einem Trägergas (z. B. Helium) durch ein langes temperiertes Rohr geleitet, das z. B. mit Aluminiumoxid gefüllt ist. Das Aluminiumoxid ist mit einer nichtflüchtigen Substanz, der sogenannten *stationären Phase* belegt. Die am wenigsten fest adsorbierte Substanz erscheint zuerst am

Abb. 1-3 Die in Erdölraffinerien verwendeten Fraktionier-Kolonnen arbeiten nach dem gleichen Prinzip wie die Apparate im Labor. Sie sind jedoch sehr viel größer.

3

Abb. 1-4 Bei der Papierchromatographie werden die Komponenten einer Mischung getrennt, indem sie von einem Lösungsmittel durch Papier (den sogenannten Träger) gespült werden. Im Bild ist das Chromatogramm einer Lebensmittelfarbe wiedergegeben.

Ende des Rohres (Abb. 1-5) und kann dort nachgewiesen oder aufgefangen werden. Abb. 1-6 zeigt zwei typische Chromatogramme. Die Substanzen werden anhand der Positionen der Peaks identifiziert; ihre Menge ergibt sich aus der Fläche unter den Kurven.

Homogene Mischungen

Erst wenn wir versucht haben, eine Probe in ihre Bestandteile aufzutrennen, können wir entscheiden, ob sie aus einer Mischung oder einer reinen Substanz besteht. Luft ist z. B. eine Mischung aus Stickstoff, Sauerstoff, Kohlendioxid und verschiedenen anderen farblosen Gasen, aber selbst unter einem Mikroskop sehen wir keine Hinweise darauf. Wenn wir aber Luft verflüssigen (vgl. Abschn. 2-8), läßt sie sich leicht durch fraktionierte Destillation in die Komponenten zerlegen.

Homogene Mischungen heißen auch *Lösungen;* meist wird diese Bezeichnung jedoch nur verwendet, wenn von der einen Komponente sehr viel mehr als von der anderen vorhanden ist. Die Substanz, die im Überschuß vorhanden ist, ist das *Lösungsmittel* (engl. solvent), die zweite, von der sehr viel weniger vorhanden ist, ist die *gelöste* Substanz (engl. solute).

Eine Lösung muß jedoch nicht unbedingt flüssig sein. Beispiele für feste, homogene Mischungen, z. B. von Metallen sind die *Legierungen;*

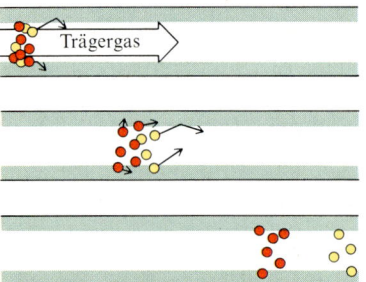

Abb. 1-5 Bei der Gas-Flüssigkeitschromatographie wird eine Mischung von einem Gasstrom durch ein langes auf der Innenseite beschichtetes Rohr transportiert. Die Komponenten werden verschieden stark an der Innenseite adsorbiert und wieder desorbiert und wandern deshalb verschieden schnell mit dem Gasstrom.

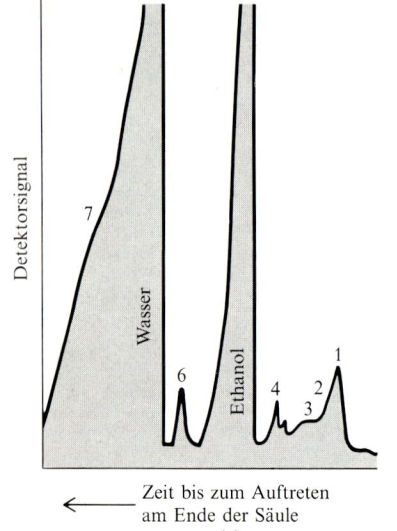

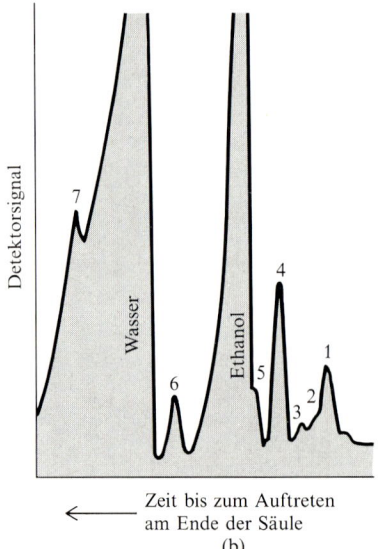

Abb. 1-6 (a) Gaschromatogramm von schottischem Whisky; (b) Gaschromatogramm von Bourbon-Whisky. Man erkennt die Unterschiede in der Zusammensetzung, die für den verschiedenen Geschmack verantwortlich sind: (1) Acetaldehyd, (2) Formaldehyd, (3) Ethylformiat, (4) Ethylacetat, (5) Methanol, (6) Propanol, (7) Isoamylalkohol.

man kann sie als feste Lösungen eines oder mehrerer Metalle in einem anderen ansehen. So ist Messing eine Legierung von Zink mit Kupfer und Lot eine Legierung von Blei und Zinn.

1-2 Das SI-System

Jede Messung ist im Grunde ein Vergleich mit einem Standard. Wenn wir von einem Stahlwürfel angeben, daß seine Kanten 5 cm lang seien, so hat das nur einen Sinn, wenn jedermann weiß, was 1 cm ist. Deshalb sind die Einheiten der Größen, mit denen wir arbeiten, durch internationale Konventionen festgelegt, die in vielen Ländern Gesetzeskraft haben.

Seit der Französischen Revolution hat sich das metrische System immer mehr durchgesetzt; es bestand ursprünglich aus den Basiseinheiten für die Masse, die Länge, die Zeit und die Temperatur und wurde später um elektrische Einheiten ergänzt. Das gegenwärtige Internationale Einheiten-System wird mit SI abgekürzt (Système International); es hat den Kontakt zwischen Wissenschaftlern der verschiedensten Disziplinen in ganz außerordentlicher Weise erleichtert.

Die Masse

Wir beginnen mit der SI-Einheit für die Masse, dem *Kilogramm* (abgekürzt kg). Ein Kilogramm (1 kg) ist definiert als die Masse eines bestimmten Platinblocks, der im Internationalen Büro für Maße und Gewichte in Sèvres bei Paris aufbewahrt wird.

Im Alltag ist das Kilogramm eine handliche Masseneinheit. Ein Liter Wasser hat eine Masse von etwa 1 kg. Gerade in chemischen Laboratorien arbeitet man oft mit Massen in der Größenordnung von einem Tausendstel oder einem Millionstel eines Kilogramms. Weil es praktischer ist, mit Einheiten zu arbeiten, die die richtige Größenordnung haben, hat man kleinere Masseneinheiten definiert. Die wichtigste ist das Gramm (g), definiert als ein Tausendstel eines Kilogramms:

$$1\,\text{kg} = 1000\,\text{g}$$

Ein Pfennigstück hat eine Masse von etwa 2 g, was sich bequemer schreiben läßt als etwa 0,002 kg.

Eine noch kleinere Masseneinheit ist das Milligramm (mg), das als ein Tausendstel eines Gramms definiert ist:

$$1\,\text{g} = 1000\,\text{mg}$$

Milligramm-Mengen spielen in der Analytik eine große Rolle.

Das SI-System liefert eine Reihe von Vorsilben, die, wie Kilo- und Milli-, die betreffende Einheit um eine bestimmte Zehnerpotenz vergrößern oder verkleinern. In Tabelle 1-3 sind die wichtigsten derartigen Vorsilben zusammengestellt.

Die Länge

Die Längeneinheit im SI-System ist das *Meter* (m). Ursprünglich war es als ein Vierzigmillionstel des Erdumfangs definiert, später durch das Paris aufbewahrte Urmeter; im SI-System wird es über eine bestimmte

Tabelle 1-3 SI-Vorsilben

1 Messen, rechnen, formulieren

	Faktor	Vorsilbe*	Symbol
Vielfache	10^2	Hekto-	h
	10^3	Kilo-	k
	10^6	Mega-	M
	10^9	Giga-	G
Bruchteile	10^{-1}	Deci-	d
	10^{-2}	Centi-	c
	10^{-3}	Milli-	m
	10^{-6}	Mikro-	μ
	10^{-9}	Nano-	n
	10^{-12}	Pico-	p

* Es gibt noch weitere Vorsilben, die aber seltener gebraucht werden.

Wellenlänge festgelegt. Wichtige Vielfache bzw. Bruchteile sind das Kilometer (km),

$$1 \text{ km} = 1000 \text{ m}$$

und das Centimeter,

$$100 \text{ cm} = 1 \text{ m}$$

Ein Pfennigstück hat einen Durchmesser von etwa 1,6 cm.

Die Zeit

Die Zeiteinheit des SI-Systems ist die *Sekunde* (s), (lat. secundus = der zweite). Der Name kommt von der zweiten Unterteilung der Stunde nach der ersten Unterteilung in Minuten. Sie war ursprünglich als der 86 400. Teil eines Tages definiert und ist heute durch die Frequenz eines bestimmten von Cäsium-Atomen ausgesandten Lichtes festgelegt.

Die Temperatur

Die Temperatur spielt in der Chemie eine sehr wichtige Rolle, denn von ihr hängen die Eigenschaften der Substanzen und ihre Reaktionen ab. Temperaturen werden in der Regel mit Hilfe der Celsius-Skala angegeben, die von dem schwedischen Astronomen Anders Celsius stammt, der im 18. Jahrhundert lebte. Auf der Celsius-Skala (engl. centigrade) gefriert Wasser bei 0 °C und siedet bei 100 °C. In der amerikanischen Literatur findet man immer noch Temperaturangaben in der Fahrenheit-Skala (nach dem Deutschen Daniel Fahrenheit) mit einem Gefrierpunkt des Wassers bei 32 °F und einem Siedepunkt bei 212 °F sowie einer menschlichen Körpertemperatur bei 100 °F.

Im SI-System werden Temperaturen in der *Kelvin*-Skala (K) angegeben, die 1848 von dem schottischen Physiker Lord Kelvin erfunden wurde. Das Wort ‚Grad‘ und das Gradzeichen (°) werden in diesem Zusammenhang nicht verwendet. Die Kelvin-Skala und die Celsius-Skala haben die gleiche Einteilung, so daß der Abstand zwischen dem Gefrierpunkt und dem Siedepunkt des Wassers auch 100 K beträgt. Der Nullpunkt der Celsius-Skala liegt 273,15 K unter dem Gefrierpunkt des Wassers. Oft reicht es aus, einfach 0 K = −273 °C zu schreiben.

Die Kelvin-Skala beginnt also bei $-273\,°C$ und kennt keine negativen Werte. Auf der Kelvin-Skala siedet Wasser bei 373 K.

Kelvin hat als Anfangspunkt für seine Skala die Temperatur $-273\,°C$ gewählt, weil, wie wir in dem Kapitel über das ideale Gasgesetz sehen werden, ein ideales Gas beim Abkühlen den Anschein erweckt, daß es bei dieser Temperatur das Volumen Null erreichen würde. Die Kelvin-Skala hat sich für wissenschaftliche Zwecke als sehr praktisch erwiesen, obwohl sie für normale Temperaturen zu unhandlichen Zahlenwerten (273 K für den Gefrierpunkt des Wassers und 373 K für seinen Siedepunkt) führt. Die Kelvin-Skala werden wir wegen ihrer fundamentalen Eigenschaften der Celsius-Skala vorziehen; wenn in einer Gleichung das Symbol T vorkommt, ist regelmäßig eine Temperatur in Kelvin gemeint.

Abgeleitete Einheiten

Das Volumen eines rechteckigen Quaders erhalten wir als Produkt der drei Größen Länge, Breite und Höhe:

$$V = \text{Länge} \cdot \text{Breite} \cdot \text{Höhe}$$

Als Einheit der Länge hatten wir 1 m definiert. Die Einheit des Volumens ist daher durch einen Würfel mit der Seitenlänge 1 m festgelegt:

$$V = 1\,\text{m} \cdot 1\,\text{m} \cdot 1\,\text{m} = 1\,\text{m}^3$$

Die Volumeneinheit Kubikmeter (m^3) ist ein Beispiel für eine abgeleitete Einheit, die aus Basiseinheiten kombiniert wird. In der Laborpraxis wird Volumenangaben meist die kleinere Einheit Kubikcentimeter (cm^3) zugrunde gelegt, die als das Volumen eines Würfels mit der Seitenlänge 1 cm definiert ist:

$$V = 1\,\text{cm} \cdot 1\,\text{cm} \cdot 1\,\text{cm} = 1\,\text{cm}^3$$

Bisweilen werden für die Einheiten dm^3 und cm^3 auch die Bezeichnungen Liter (l) und Milliliter (ml) verwendet.

Bei der Definition der Volumeneinheit hatten wir drei Einheiten derselben Art kombiniert. Es gibt aber auch Meßgrößen, die aus verschiedenen Einheiten zusammengesetzt werden wie z. B. die Dichte:

$$d = \frac{\text{Masse}}{\text{Volumen}} = \frac{m}{V}$$

Bei Substanzen mit hoher Dichte wie z. B. Blei finden wir in einem gegebenen Volumen eine größere Masse als etwa in dem gleichen Volumen Aluminium.

Die Einheit der Dichte können wir definieren, indem wir uns einen Körper vorstellen, der in $1\,cm^3$ gerade 1 g enthält; seine Dichte ist dann

$$d = \frac{1\,\text{g}}{1\,\text{cm}^3}$$

Die so abgeleitete Einheit nennen wir dann Gramm pro Kubikcentimeter.

Für manche zusammengesetzte Einheiten gibt es spezielle Namen; wichtig für uns sind die Einheit der Kraft,

$$1\,\text{Newton} = 1\,\text{N} = 1\,\text{kg} \cdot \text{m} \cdot \text{s}^{-2}$$

$$1 \text{ Pascal} = 1 \text{ Pa} = 1 \text{ N} \cdot \text{m}^{-2}$$

und der Energie,

$$1 \text{ Joule} = 1 \text{ J} = 1 \text{ N} \cdot \text{m}$$

Weil das Pascal eine relativ kleine Einheit ist, werden Drücke oft in mbar (1 mbar = 100 Pa) oder in bar (10^5 Pa) angegeben.

So liegt z. B. der normale Atmosphärendruck bei etwa 1 bar.

Die für den Chemiker wichtigste SI-Einheit ist das *Mol*. Es ist definiert als die *Stoffmenge n* eines Systems, das aus ebensoviel Einzelteilchen besteht, wie Atome in 12 g des Kohlenstoffnuklids ^{12}C enthalten sind. Im folgenden Abschnitt gehen wir auf das Mol – seiner Bedeutung entsprechend – ausführlicher ein.

1-3 Das Mol und die molare Masse

Die zentrale Bedeutung des Mols in der Chemie wird durch das nebenstehende Diagramm (**1**) veranschaulicht. Es zeigt, daß mit verschiedenen Daten, z. B. reagierende Stoffmengen oder Massen wiederum die unterschiedlichsten Parameter errechnet werden können, wie wir im weiteren Text sehen werden. Unseren gegenwärtigen Kenntnisstand illustriert das Diagramm **2** darunter.

Bei der Definition des Mols hat man sich zwar auf die Anzahl der Kohlenstoffatome in 12 g Kohlenstoff bezogen; wie groß diese Anzahl wirklich ist, ist damit jedoch noch nicht bekannt. Wir können diese Anzahl jetzt aber berechnen, da wir wissen, daß ein ^{12}C-Atom die Masse $12 \cdot 1{,}6605 \cdot 10^{-24}$ g oder 12 amu hat. Die atomare Masseneinheit (amu) wird bisweilen verwendet, um die Massen von Atomen und Molekülen anzugeben, wobei 1 amu = $1{,}6605 \cdot 10^{-24}$ g ist.

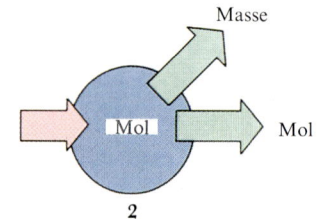

2

$$\text{Anzahl der } ^{12}C\text{-Atome} = \frac{\text{Masse der Probe}}{\text{Masse eines } ^{12}C\text{-Atoms}}$$

$$= \frac{12 \text{ g C-Atome}}{12 \cdot 1{,}6605 \cdot 10^{-24} \text{ g}}$$

$$= 6{,}022 \cdot 10^{23} \text{ C-Atome}$$

Das heißt für alle Elemente, daß $6{,}022 \cdot 10^{23}$ Atome gerade 1 mol sind. Für Ionen und Moleküle gilt dasselbe, d. h. in 1 mol einer bestimmten Ionen- oder Molekülsorte befinden sich $6{,}022 \cdot 10^{23}$ Teile dieses Ions oder Moleküls.

Die Größe $N_A = 6{,}022 \cdot 10^{23}$ mol^{-1} heißt *Avogadrosche Zahl,* nach dem italienischen Wissenschaftler Amedeo Avogadro (Abb. 1-7), der entscheidend an der Entwicklung der Atomtheorie beteiligt war. Sie gibt ganz allgemein an, wieviele Teilchen (Atome, Moleküle, Ionen) ein Mol einer beliebigen Substanz enthält. In Abb. 1-8 sind einige Beispiele wiedergegeben; jede der hier gezeigten Proben entspricht gerade 1 mol.

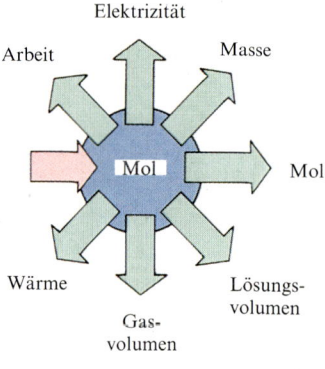

1

Die molare Masse

Die Masse eines Mols eines Elementes oder einer chemischen Verbindung in Gramm heißt seine *molare Masse M*. Der Zusatz ‚molar‘ vor einer Meßgröße bedeutet immer, daß man sich auf ein Mol bezieht. Früher waren auch die Bezeichnungen Molmasse oder Molekulargewicht gebräuchlich. In Periodentafeln ist in der Regel die dimensionslose relative Atommasse (auch Atomgewicht genannt) angegeben. So hat z. B. 1 mol Mg die Masse 24,31 g, folglich ist seine molare Masse 24,31 g mol^{-1} und seine relative Molmasse 24,31.

1-4 Die Schreibweise von Reaktionsgleichungen

Ein einfaches Beispiel einer Reaktion ist die Bildung von Wasser aus Wasserstoff und Sauerstoff; dafür schreiben wir zunächst

$$\text{Wasserstoff} + \text{Sauerstoff} \rightarrow \text{Wasser}$$

Eine solche Reaktion nennen wir auch eine Synthese, denn bei ihr wird aus einfachen Ausgangsmaterialien (hier aus Elementen) eine kompliziertere Substanz gebildet.

Abb. 1-7 Lorenzo Romano Amedeo Carlo Avogadro, nach dem die Avogadro-Zahl benannt ist (vgl. Text).

◀ Abb. 1-8 Jede Probe besteht aus einem Mol Atome eines Elementes. Rechts oben beginnend sind im Uhrzeigersinn 207 g Blei, 32 g Schwefel, 201 g Quecksilber, 64 g Kupfer und 12 g Kohlenstoff angeordnet.

Von einer *Zersetzung* sprechen wir, wenn eine kompliziertere Substanz in einfachere Substanzen zerlegt wird. Ein Beispiel dafür ist die thermische Zerlegung von Kalk bei 800 °C (Abb. 1-9):

$$\text{Calciumcarbonat} \rightarrow \text{Calciumoxid} + \text{Kohlendioxid}$$

Diese thermische *Zersetzung,* die durch Erhitzen bewirkt wird, ist eine für die meisten Carbonate typische Reaktion.

In der Chemie schreibt man eine chemische Reaktionsgleichung unter Verwendung der chemischen Symbole der Edukte und der Produkte. Unsere beiden eben genannten Reaktionen wären dann in der Form

$$2 H_2 + O_2 \rightarrow 2 H_2O$$
$$CaCO_3 \xrightarrow{\Delta} CaO + CO_2$$

zu schreiben. Das Delta (Δ) bei der zweiten Gleichung weist darauf hin, daß diese Reaktion erst bei hoher Temperatur (über 800 °C) abläuft.

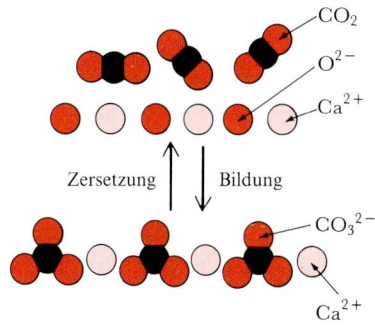

Abb. 1-9 (Zersetzung↑ ↓Synthese) Bei einer Zersetzung geht eine Substanz in weniger komplizierte Substanzen über, bei der Synthese entsteht aus einfachen Ausgangsmaterialien eine kompliziertere Substanz.

Die stöchiometrischen Koeffizienten vor den chemischen Symbolen sorgen dafür, daß auf beiden Seiten der Gleichungen die gleiche Anzahl von Atomen steht, denn bei einer chemischen Reaktion werden Atome weder zerstört noch neu gebildet, ihre Anzahl muß daher konstant bleiben.

Eine chemische Reaktionsgleichung kann auch Informationen über den Aggregatzustand (fest, flüssig oder gasförmig, siehe auch Kap. 2 u. Kap. 5) der beteiligten Substanzen enthalten. Dazu werden (s) (engl. solid) für den festen, (l) (engl. liquid) für den flüssigen und (g) (engl. gaseous) für den gasförmigen Zustand der Formel angehängt. Bei Substanzen, die in Wasser gelöst sind, fügt man oft (aq) (lat. aqua) an. Die oben genannten Gleichungen lauten dann z. B.

$$2\,H_2\,(g) + O_2\,(g) \rightarrow 2\,H_2O\,(l)$$
$$CaCO_3\,(s) \xrightarrow{\Delta} CaO\,(s) + CO_2\,(g)$$

In vielen Fällen ist es erforderlich, bei Reaktionsgleichungen auch Energieumsätze (Wärmetönungen) anzugeben, d. h. ob bei der Reaktion Wärme zugeführt werden muß oder frei wird. Diese Diskussion verlegen wie jedoch auf Kap. 3.

1-5 Extensive und intensive Größen

Für den Chemiker ist es oft hilfreich, zwischen ,intensiven' und ,extensiven' Meßgrößen zu unterscheiden.

Eine **extensive Größe** hängt von der Menge der vorhandenen Substanz bzw. der Größe der Probe ab.

Eine **intensive Größe** dagegen ist von der Menge der vorhandenen Substanz bzw. von der Größe der Probe unabhängig.

Die Masse einer Probe ist eine extensive Größe, denn sie nimmt zu, wenn man die Probe vergrößert. Die Temperatur ist dagegen eine intensive Größe, denn eine kleine Probe kann dieselbe Temperatur wie eine größere Probe haben. Auch die Dichte gehört zu den intensiven Größen: vergrößert man eine Probe, so nehmen zwar ihre Masse und ihr Volumen zu, aber der Quotient aus beiden bleibt konstant. Eine Probe von 2 cm^3 Blei hat eine Masse von 22,6 g, eine Probe von 1 cm^3 eine Masse von 11,3 g; in beiden Fällen erhalten wir für die Dichte den Wert 11,3 g cm^{-3}.

Anhand intensiver Größen läßt sich eine Substanz, unabhängig von der vorhandenen Menge, identifizieren. Wenn die Messung an einer metallischen Probe eine Dichte von 11,3 g cm^{-3} ergibt, dann ist es sicherlich nicht Aluminium, dessen Dichte nur den Wert 2,7 g cm^{-3} hat. Es könnte sich jedoch um Blei handeln. Eine extensive Größe hängt dagegen von der vorhandenen Menge ab und hilft deshalb nicht bei der Identifizierung einer Substanz. Eine Formulierung wie ,Blei ist schwerer als Aluminium' ist deshalb unsinnig. Dagegen ist die Aussage ,Blei hat eine höhere Dichte als Aluminium' durchaus einen Sinn, denn sie gilt für alle Proben aus Blei und Aluminium, unabhängig von deren Masse.

Beispiel 1-1 Unterscheidung zwischen extensiven und intensiven Größen

Welche der Eigenschaften, die in dem folgenden Satz vorkommen, sind extensiv und welche intensiv: „Die Dichte von Wasser, einer bei Zimmertemperatur farblosen Flüssigkeit, wurde bestimmt, indem von einer Probe die Masse und das Volumen gemessen wurden."

Methode. Wir prüfen, welche Größen von der Menge der Probe abhängen (das sind die extensiven Größen) und welche nicht (das sind die intensiven Größen). In manchen Fällen wie z. B. bei der Dichte bleibt die Größe unverändert, weil zwei Meßwerte (hier Masse und Volumen) sich in gleicher Weise verändern; in anderen Fällen wie z. B. bei der Temperatur ist die Meßgröße von Natur aus von der Größe der Probe unabhängig.

Lösung. Dichte, Farbe und Temperatur sind intensive Größen. Masse und Volumen sind extensive Größen.

Übungsaufgabe. Um was für Größen handelt es sich im folgenden Satz: „Blei ist ein wenig hartes Metall hoher Dichte mit einem niedrigen Schmelzpunkt."
[Antwort: Härte, Dichte und Schmelzpunkt sind sämtlich intensive Größen.]

1-6 Die Genauigkeit von Messungen und Rechnungen

Die Sorgfalt, mit der Wissenschaftler mit der Genauigkeit von Messungen umgehen, spielt für die Aussagekraft wissenschaftlicher Veröffentlichungen eine wesentliche Rolle. Ein Beispiel dafür, wie Information *nicht* verarbeitet werden sollte, liefert die folgende Berechnung der Dichte d einer Probe von Natriumchlorid, wenn für die Masse 2,5 g und für das Volumen 1,14 g cm^{-3} gemessen wurden:

$$d = \frac{2,5 \text{ g}}{1,14 \text{ cm}^3} = 2,19298 \text{ g cm}^{-3}$$

Was soll daran falsch sein? Das hängt ganz davon ab, was die Angaben 2,5 g und 1,14 cm^3 eigentlich bedeuten.

Wesentliche Stellen

Nehmen wir an, wir haben das Volumen einer Flüssigkeit in einer Bürette gemessen; was wir beim Ablesen erblicken, zeigt die Abb. 1-10. Man könnte nun dafür den Wert 18,26 ml ins Laborjournal eintragen, aber die letzte Stelle, die 6, ist natürlich nur eine Schätzung. Ein anderer Beobachter würde vielleicht 18,25 ml oder 18,27 ml oder sogar 18,24 ml schreiben. Auf 18.2x würden sich alle einigen können. Unsicher bleibt, welche Ziffer für x zu setzen ist, und auch wenn der Mittelwert aus mehreren Messungen 18,26 ml ergibt, bleibt die letzte Stelle unsicher.

Man kann diese Meß-Unsicherheit durch die Schreibweise 18,26±0,02 ml angeben. Das soll heißen, der richtige Wert liegt zwischen (18,26 − 0,02) ml = 18,24 ml und (18,26 + 0,02) ml = 18,28 ml. Viele Wissenschaftler legen ihren Angaben die Konvention zugrunde, daß die letzte Stelle um ±1 unsicher sei. Dann würde die Angabe 18,26 ml bedeuten, daß der richtige Wert zwischen 18,25 ml und 18,27 ml liegt. Ob die Konvention eingehalten ist, muß natürlich vorher geklärt sein.

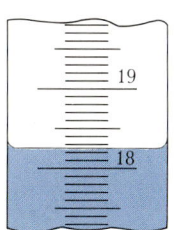

Abb. 1-10 Hier kann man an der Skala den Wert 18,26 ablesen, aber die letzte Stelle 6 ist jedoch unsicher.

Man spricht von der Anzahl der wesentlichen oder signifikanten Stellen einer Messung, wenn man einen Meßwert auf eine gewisse Anzahl von Stellen angibt, wie in unserem Beispiel bis zur 6. Wir hatten hier 4 wesentliche Stellen. Wenn wir nur 18 ml hinschreiben, also nur zwei wesentliche Stellen, so soll das heißen, daß der wahre Wert zwischen 17 ml und 19 ml liegt.

Führende Nullen in Dezimalbrüchen (z. B. in 0,00033) oder Nullen am Ende (z. B. in 250 000) verschleiern die Anzahl der wesentlichen Stellen. Die sogenannte wissenschaftliche Schreibweise von Zahlen, die vor allem in den angelsächsischen Ländern verbreitet ist, ermöglicht es, die Anzahl der wesentlichen Stellen immer genau anzugeben. Eine so genannte Zahl beginnt mit der ersten von Null verschiedenen Ziffer; ihr folgen der Dezimalpunkt (bzw. das Dezimalkomma) und danach die weiteren signifikanten Stellen. Zum Ausgleich für den verschobenen Dezimalpunkt folgt eine Zehnerpotenz. Beispiele dafür sind $0,00025 = 2,5 \cdot 10^{-4}$ und $6330 = 6,33 \cdot 10^3$.

Jetzt wird deutlich, weshalb der oben berechnete Wert von $2,19298 \text{ g cm}^{-3}$ für die Dichte von Natriumchlorid nicht richtig sein kann. Für die Masse der Probe war der Wert 2,5 g angegeben, d. h. die Masse liegt nach unserer Konvention zwischen 2,4 g und 2,6 g. Das Volumen ($1,14 \text{ cm}^3$) liegt danach zwischen $1,13 \text{ cm}^3$ und $1,15 \text{ cm}^3$. Aus der Obergrenze für die Masse und der Untergrenze für das Volumen erhält man dann für die Dichte mindestens

$$d = \frac{2,4 \text{ g}}{1,15 \text{ cm}^3} = 2,1 \text{ g cm}^{-3}$$

und umgekehrt aus der Untergrenze für die Masse und der Obergrenze für das Volumen höchstens

$$d = \frac{2,6 \text{ g}}{1,13 \text{ cm}^3} = 2,3 \text{ g cm}^{-3}$$

Die Angabe $2,2 \text{ g cm}^{-3}$ bedeutet also, daß die Dichte zwischen $2,1 \text{ g cm}^{-3}$ und $2,3 \text{ g cm}^{-3}$ liegt, und ist damit gerechtfertigt. Für die Angabe $2,19298 \text{ g cm}^{-3}$ gilt das nicht.

Meßfehler

Jede Messung ist ungenau, die eine mehr, die andere weniger. Nehmen wir an, für die Masse einer Magnesiumprobe erhalten wir nacheinander die folgenden Werte:

2,5124 g, 2,5122 g, 2,5122 g, 2,5125 g, 2,5123 g

Diese Meßwerte liegen nahe bei dem Mittelwert 2,5123 g, und die Änderung von einem zum anderen Meßwert ist nur klein. Wenn die Abweichung der Meßwerte vom Mittelwert so klein ist, liegt es nahe, die Messungen als präzis zu bezeichnen. Präzis sind diese Messungen in der Tat, und die Angabe 2,5123 g mit fünf wesentlichen Stellen ist gerechtfertigt.

Jetzt nehmen wir an, ein kräftiger Luftzug sorgt dafür, daß die Waage stark schwankt, während wir die folgenden Werte ablesen:

2,5218 g, 2,6214 g, 2,5123 g, 2,4134 g, 2,4926 g

Die Schwankungen sind hier groß, der Mittelwert ist derselbe wie oben, aber die Meßwerte müssen wir als nicht präzis bezeichnen. Dieser geringeren Präzision werden wir gerecht, wenn wir mit der Angabe 2,5 g nur zwei wesentliche Stellen angeben. Das heißt, je geringer die Präzision bzw. je größer der Fehler ist, um so kleiner ist die Anzahl der signifikanten Stellen, die wir angeben können.

Wenn jetzt ein Staubkorn der Masse 0,0100 g auf unserem Waagebalken liegen sollte, lesen wir vielleicht die Meßwerte

$$2,5224 \text{ g}, \quad 2,5222 \text{ g}, \quad 2,5222 \text{ g}, \quad 2,5225 \text{ g}, \quad 2,5223 \text{ g}$$

ab, und der Mittelwert ist 2,5223 g. Die Messungen sind genau, aber es liegt ein systematischer Fehler vor – darunter verstehen wir einen Fehler, der bei jeder Messung auftrifft und durch eine Mittelwert-Bildung nicht kleiner wird. Meßwerte ohne systematischen Fehler nennen wir genau; diejenigen mit systematischem Fehler heißen ungenau. Genaue Messungen liegen also nahe bei dem richtigen Wert, ungenaue Werte dagegen nicht. Die Genauigkeit einer Messung hängt sowohl von der Güte der Meßapparatur als auch von der Sorgfalt des Beobachters ab.

1-6 Die Genauigkeit von Messungen und Rechnungen

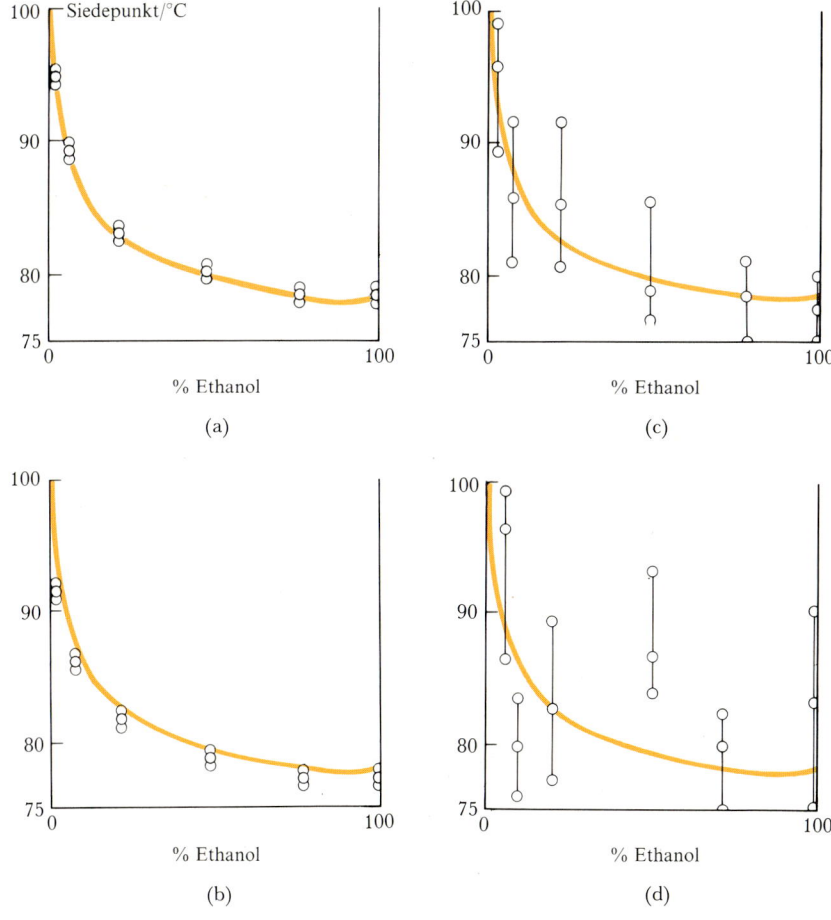

Abb. 1-11 Genauigkeit und Präzision sind verschiedene Begriffe. Die Kurven geben die genauen Siedepunkte von Mischungen aus Ethanol und Wasser an; die Kreise sind Meßwerte. (a) Präzise und genaue Messungen; (b) präzise, aber ungenaue Messungen; (c) genaue, aber nicht präzise Messungen; (d) ungenaue und nicht präzise Messungen.

Wir können also zusammenfassen:

Präzise Messungen haben kleine Fehler und lassen sich in wiederholten Messungen reproduzieren.

Genaue Messungen haben kleine systematische Fehler und führen zu Meßwerten, die nahe bei dem wirklichen Wert liegen.

In Abb. 1-11 sind diese Zusammenhänge anschaulich illustriert.

1-7 Der Umgang mit den signifikanten Stellen

Oft haben wir eine bestimmte Größe aus vorgegebenen Daten auszurechnen. Ein Beispiel dafür war die Dichte, für die wir die Masse und das Volumen der Probe gebraucht hatten. In solchen Fällen müssen wir neben dem Rechenvorgang festlegen, wieviele wesentliche Stellen für das Ergebnis angemessen sind. Hier sollen dafür Regeln erarbeitet werden, damit wir nicht auf die Idee kommen, aus der Masse 2,5 g und dem Volumen 1,14 cm^3 etwa eine Dichte von 2,19298 g cm^{-3} zu ermitteln.

Addition und Subtraktion

In diesen Fällen soll im Ergebnis die Anzahl der Dezimalen hinter dem Komma nicht größer sein als bei dem Summanden, der die wenigsten Dezimalen hat. Haben wir drei Kupferblöcke, für deren Volumina die Werte 1,12, 1,4 und 2,000 cm^3 angegeben sind, dann hat nach dieser Regel nur eine Stelle hinter dem Komma Sinn:

$$
\begin{array}{ll}
1,12 & \text{cm}^3 \\
1,4 & \text{cm}^3 \\
2,0000 & \text{cm}^3 \\
\hline
4,5200 & \text{cm}^3, \text{ gerundet ergibt das } 4,5 \text{ cm}^3
\end{array}
$$

Diese Regel beruht darauf, daß die Unsicherheit der am wenigsten genauen Messung (das ist hier die mit 1,4 cm^3) so groß ist, daß sie die Genauigkeit der Summe begrenzt. Sie ist natürlich nur eine grobe Abschätzung. Es ist auf jeden Fall genauer, aus den Daten die größten und die kleinsten Folgewerte zu berechnen und daraus den Bereich der Unsicherheit zu bestimmen.

Beispiel 1-2 Addition und Subtraktion mit der richtigen Genauigkeit

(a) Welches Volumen berechnen wir für den Fall, daß wir 25,6 ml Wasser zu 50 ml Wasser geben? (b) Schwefel siedet bei 444,674 °C; wieviel Kelvin sind das?

Methode. Wie addieren bzw. subtrahieren die Zahlen, bestimmen den Summanden mit der geringsten Anzahl von Stellen hinter dem Dezimalpunkt und runden das Ergebnis dementsprechend.

Lösung. (a) Die kleinste Anzahl von Dezimalen ist 0 (in der Angabe 50 ml), damit wird die Summe

$$25,6 \text{ ml} + 50 \text{ ml} = 75,6 \text{ ml und gerundet } 76 \text{ ml}$$

(b) Die Umrechnungsformel (Gl. 2) lautet

$$K = {}^\circ C + 273,15$$

wobei die Zahl 273,15 genau ist in dem Sinne, daß sie unendlich viele Stellen haben könnte. Die Celsius-Temperatur ist auf drei Stellen hinter dem Komma angegeben; wir haben also das Ergebnis ebenfalls auf drei Stellen hinter dem Komma zu runden:

$$444,674 + 273,15000\ldots = 717,824$$

das ergibt für den Siedepunkt des Schwefels den Wert 717,824 K.

Übungsaufgabe. (a) Was können wir für die Masse einer Probe schreiben, die aus 1,001 g Zucker, 2,05 g Kochsalz und 5,0 g Wasser hergestellt wird? (b) Wie lautet die Schmelztemperatur des Eisens (1813 K) in Celsius?

[Antwort: (a) 8,1 g; (b) 1540 °C]

Multiplikation und Division

Hier lautet die Regel: Im Ergebnis soll die Anzahl der wesentlichen Stellen genauso groß sein wie das Minimum dieser Anzahl in den Ausgangsdaten. Damit kommen wir bei unserer Dichte des Kochsalzes zum richtigen Ergebnis:

$$d = \frac{2,5\ \text{g}}{1,14\ \text{cm}^3} = 2,19298\ \text{g cm}^{-3}, \quad \text{gerundet } 2,2\ \text{g cm}^{-3}$$

Man kann diese Regel genauso wie bei der Addition herleiten, denn die Zahl mit der größten Ungenauigkeit dominiert.

Ein Beispiel: Massenprozente

Die Zusammensetzung einer Mischung wird in intensiven Größen angegeben; sie ist damit von der Größe der Probe unabhängig. Bei Kochrezepten ist es üblich, genau umgekehrt zu verfahren, denn dort ist das Ziel eine Speise ganz bestimmter Größe.

Die Massenprozente der Substanz A erhält man als Quotient der Masse von A, geteilt durch die Gesamtmasse der Probe, multipliziert mit 100%:

$$\text{Massenprozent von A} = \frac{\text{Masse von A in der Probe} \cdot 100\%}{\text{Gesamtmasse der Probe}}$$

Die Massenprozente sind eine intensive Größe, denn der Zahlenwert ändert sich nicht, wenn man die Probe vergrößert. Wenn wir einer Tabelle von Legierungen entnehmen, daß eine bestimmte Sorte von Messing 35% Zink erhält, so bedeutet das, daß eine Probe von 100 g gerade aus 35 g Zink und 65 g Kupfer besteht. Ein Messingleuchter von 10,0 kg aus dieser Legierung enthält dann 3,5 kg Zink und 6,5 kg Kupfer.

Abb. 1-12 Nickelhaltiger Stahl war schon in vorgeschichtlicher Zeit bekannt. Der Griff dieses chinesischen Schwertes wurde aus einem Nickel-Eisen-Meteoriten hergestellt (Chou-Dynastie, ab 1027 v. Ch.).

Beispiel 1-3 Das Rechnen mit Massenprozenten

Wir setzen voraus, daß ein Meteorit eine Zusammensetzung von 26% Nickel und 74% Eisen hat (vgl. Abb. 1-12). Was wiegt eine Probe des Meteoriten, die 55 g Nickel enthält?

Methode. Wir berechnen einen Umrechnungsfaktor zwischen der Masse des Nickels und der Masse der Probe insgesamt. Dazu gehen wir davon aus, daß 100 g des Meteoriten 26 g Nickel enthalten.

$$\text{Masse des Meteoriten} = \text{Masse an Nickel} \cdot \text{g Meteorit pro g Nickel}$$

$$= 55 \,\text{g Nickel} \cdot \frac{100\,\text{g Meteorit}}{26\,\text{g Nickel}}$$

$$= 2{,}1 \cdot 10^2 \,\text{g Meteorit}$$

Übungsaufgabe. Eine bekannte Hustenmedizin besteht aus 87% Aspirin, 7% Koffein und 6% Vitamin C. Wieviel der Mischung muß man abwiegen, damit in der Probe 5 g Koffein enthalten sind?

[Antwort: 70 g]

Beispiel 1-4 Massenprozente und Dichte

Ein Stück Bronze besteht aus 82% Kupfer und 18% Zinn und hat eine Dichte von $8{,}7\,\text{g cm}^{-3}$. Welches Volumen hat eine Probe davon, die 75 g Zinn enthält?

Methode. Wir berechnen zuerst, welche Masse Bronze die angegebene Masse an Zinn enthält und gehen dazu wie im Beispiel 1-3 vor. Danach rechnen wir die erhaltene Masse an Bronze in das Volumen um, indem wir durch die Dichte der Bronze teilen.

Lösung. 100 g Bronze enthalten 18 g Zinn. Dann ist die gesuchte Masse an Bronze

$$75\,\text{g Zinn} \cdot \frac{100\,\text{g Bronze}}{18\,\text{g Zinn}} = 417\,\text{g Bronze}$$

Das gesuchte Volumen ist dann

$$\frac{417\,\text{g Bronze}}{8{,}7\,\text{g cm}^{-3}} = 48\,\text{cm}^3\,\text{Bronze}$$

wenn wir nach der besprochenen Regel auf 2 wesentliche Stellen runden.

Übungsaufgabe. Ein Eisenerz enthält 57% Eisen und hat eine Dichte von $5\,\text{g cm}^{-3}$. In welchem Volumen ist dann 1 kg Eisen enthalten?

[Antwort: $3{,}5 \cdot 10^2 \,\text{cm}^3$]

Zusammenfassung

Durch die Untersuchung einer Substanz versucht man zunächst zu klären, ob es sich um eine reine Substanz handelt oder um eine Mischung, die aus mehreren miteinander vermischten Substanzen besteht. Mischungen werden aufgrund der verschiedenen physikalischen Eigenschaften ihrer Komponenten getrennt; die wichtigsten Methoden sind Filtration, Destillation, Chromatographie und Umkristallisation.

Die wichtigsten Meßgrößen sind die Masse, das Volumen, die Zeit und die Temperatur. Die Einheiten liefert das SI-System mit den Basis-Einheiten Kilogramm (kg) für die Masse, Meter (m) für die Länge, Sekunde (s) für die Zeit, Kelvin (K) für die Temperatur und Mol (mol) für die Stoffmenge. Abgeleitete Einheiten werden durch Kombination der Basis-Einheiten gewonnen, z. B. das Pascal (Pa) für den Druck. Durch Multiplikation mit Zehnerpotenzen gewonnene Einheiten werden durch Vorsilben gekennzeichnet.

Handliche Proben chemischer Proben enthalten sehr viele Atome bzw. Moleküle. Deshalb werden Stoffmengen in der Regel in Mol (mol) angegeben. Die molare Masse der Atome eines Elementes (früher Atomgewicht genannt) ist die Masse von 1 mol Atomen; mit ihr kann man eine gewogene Masse in die Stoffmenge umrechnen und umgekehrt.

Eine Meßgröße, die von der Größe der Probe abhängt, heißt extensive Größe. Im Gegensatz dazu ist eine intensive Größe von der Probenmenge unabhängig. Intensive Größen spielen bei der Identifizierung von Substanzen eine große Rolle.

Bei der Angabe von Zahlenwerten darf nicht durch Angabe zu vieler Dezimalstellen der Eindruck einer hohen Genauigkeit erweckt werden, der durch die Messung nicht gerechtfertigt ist. Üblicherweise wird für die letzte Stelle eine Unsicherheit von ± 1 angenommen. Die Anzahl der Stellen bis zu dieser ersten unsicheren nennt man die Anzahl der wesentlichen oder signifikanten Stellen.

Ähnliches gilt für die Ergebnisse von Rechnungen. Wie viele Stellen in einem Rechenergebnis wesentlich sind, läßt sich aus

Regeln ermitteln. Massenprozente werden häufig zur Beschreibung der Zusammensetzung von Mischungen verwendet.

Aufgaben

1-1 Auf welchen physikalischen Eigenschaften beruhen die folgenden Trennmethoden: (a) Destillation, (b) Chromatographie, (c) Eindampfen zur Trockne, (d) Sortieren von Hand?

1-2 Auf welchen physikalischen Eigenschaften beruhen die folgenden Trennmethoden: (a) Filtrieren, (b) Umkristallisieren, (c) Goldwäscherei, (d) Raffinieren von Erdöl?

1-3 Wie könnte man die folgenden Mischungen trennen: Essigsäure und Wasser, (b) eine Lösung von Zucker in Wasser, (c) die für die Farbe der Rose verantwortlichen Substanzen, (d) Luft?

1-4 Wie könnte man die folgenden Mischungen trennen: eine Mischung aus Kreide und Kochsalz, (b) eine Mischung aus Kreide, Kochsalz und Zucker, (c) Erdgas, (d) die Duftstoffe der Pfefferminze?

1-5 Welcher Stoffmenge entsprechen die folgenden Zahlenangaben? (a) $6.0 \cdot 10^{23}$ Wasserstoffatome, (b) $1.2 \cdot 10^{24}$ Elektronen, (c) 80 Millionen Menschen (die Einwohnerzahl Deutschlands), (d) 10^{22} Sterne (das ist die Anzahl der Sterne in dem der Beobachtung zugänglichen Teil des Weltraums).

1-6 Welcher Stoffmenge entsprechen die folgenden Zahlenangaben? (a) $6.02 \cdot 10^{23}$ Wasserstoffmoleküle, (b) $3 \cdot 10^{20}$ Protonen, (c) 1 Billion (10^{12}) Sandkörner (das sind etwa 1000 Tonnen), (d) 10^{11} Gehirnzellen (so viele hat ein Mensch).

1-7 Wieviele Teilchen sind in den folgenden Mengen enthalten? (a) 1.00 mol O_2-Moleküle, (b) 0.50 mol Na^+-Ionen, (c) 1.0 mmol C-Atome, (d) 2.0 mol e^-.

1-8 Wieviele Teilchen sind in den folgenden Mengen enthalten? (a) 1.00 mol O-Atome, (b) 0.25 mol SO_4^{2-}-Ionen, (c) 1.5 mmol Al-Atome, (d) 2.0 mol Glucose-Moleküle ($C_6H_{12}O_6$).

1-9 Wie groß ist die Atommasse von natürlichem Kohlenstoff, der aus 98,89% Kohlenstoff-12 (mit der Masse 12 amu) und 1,11% Kohlenstoff-13 (mit der Masse 13,003 amu) besteht?

1-10 Wie groß ist die Atommasse von natürlichem Bor, das aus 19,78% Bor-10 (mit der Masse 10,013 amu) und 80,22% Bor-11 (mit der Masse 11,093 amu) besteht?

1-11 Wie groß ist die Atommasse einer Lithiumprobe, die aus 7,42% Lithium-6 (mit der Masse 6,02 amu) und 92,48% Lithium-7 (mit der Masse 7,02 amu) besteht?

1-12 Lithium-6 wird in der Kerntechnik gebraucht; dazu wird es dem natürlichen Lithium teilweise entzogen. Wie groß ist die Atommasse einer Probe, deren Lithium-6-Gehalt auf 5,22% abgesunken ist? Wieviel Prozent Lithium-6 und Lithium-7 enthält eine Probe mit der atomaren Molmasse $6,80$ g mol^{-1}?

1-13 Wieviel Gramm sind für die folgenden Proben einzuwiegen? (a) $1,00$ mol C-Atome in Form von Graphit; (b) $0,50$ mol Cl-Atome in Form von gasförmigem Chlor (Cl_2); (c) $1,5$ mmol Pt-Atome als Metall; (d) 10.0 mol S-Atome in Form von S_8-Molekülen.

1-14 Wieviel Gramm sind für die folgenden Proben einzuwiegen? (a) $1,00$ mol C-Atome in Form von Diamant, (b) $2,5$ mmol P-Atome in Form von P_4-Molekülen, (c) 25 mol Fe-Atome in Form von metallischem Eisen, (d) $1,0$ mmol Pu-Atome in Form von Plutoniummetall.

In diesem Kapitel werden die Eigenschaften des einfachsten Aggregat-
zustandes, der Gase, beschrieben. Wir sehen, wie Gase auf Änderungen
des Druckes und der Temperatur reagieren. Diese Eigenschaften lassen
sich mit einem einfachen Modell quantitativ verstehen. Das Bild zeigt
das für unsere Existenz wichtigste Gas, die Atmosphäre der Erde.

2 Die Eigenschaften von Gasen

Gase spielen in Theorie und Praxis der Chemie eine zentrale Rolle. Unter den zehn wichtigsten Industriechemikalien befinden sich allein fünf Gase, an der Spitze der Stickstoff, der aus der Atmosphäre gewonnen und zu Ammoniak reduziert wird; weiter der Sauerstoff, der vor allem bei der Stahlherstellung eine Rolle spielt, wo pro Tonne Stahl etwa eine Tonne Sauerstoff gebraucht wird, um die Verunreinigungen des Roheisens zu oxidieren. Ethen (Ethylen, C_2H_4) steht an dritter Stelle und dient vor allem als Rohstoff für den Kunststoff Polyethylen. Luft, die wichtigste aller Gasmischungen (vgl. Tabelle 2-1), brauchen wir zum Atmen und ebenfalls als Rohstoff. Elf chemische Elemente sind unter Normalbedingungen Gase, ebenso gibt es Hunderte von gasförmigen chemischen Verbindungen.

Tabelle 2-1 Die Zusammensetzung trockener Luft

Komponente	molare Masse in g/mol*	Zusammensetzung	
		Volumen-Prozent	Massen-Prozent
Stickstoff, N_2	28,02	78,09	75,52
Sauerstoff, O_2	32,00	20,95	23,14
Argon, Ar	39,95	0,93	1,29
Kohlendioxid, CO_2	44,01	0,03	0,05

* Die durchschnittliche molare Masse der Luft, errechnet aus den relativen Anteilen ihrer Komponenten, beträgt 28,96 g/mol.

Die Gasgesetze

Wir definieren den Gaszustand als denjenigen, in dem eine Substanz jeden ihr angebotenen Behälter vollständig ausfüllt. Auf der Ebene der Moleküle ist ein Gas eine Ansammlung von Teilchen, die relativ weit (verglichen mit ihrer Größe) voneinander entfernt sind und die sich völlig ungeordnet (chaotisch) bewegen. Die Worte ‚Gas‘ und ‚Chaos‘ haben, linguistisch gesehen, dieselbe Wurzel. Wegen der großen Zwischenräume zwischen den Molekülen sind Gase *kompressibel*, d. h. sie lassen sich relativ leicht, z. B. durch Bewegen eines Kolbens in einem

Zylinder, auf ein kleineres Volumen komprimieren. Wenn ein Gas die Möglichkeit hat, zu expandieren oder zu kontrahieren, so reagiert es auch auf Erwärmen mit einer Expansion und auf Abkühlen mit einer Kontraktion. In den folgenden Abschnitten wollen wir dafür quantitative Gesetze formulieren.

2-1 Der Druck

Wer schon einmal einen Reifen oder einen Luftballon aufgepumpt hat, weiß, daß vom Druck der komprimierten Luft eine Gegenkraft ausgeht. In der Physik ist der Druck P eine Kraft pro Flächeneinheit:

$$P = \frac{\text{Kraft}}{\text{Fläche}}$$

Ein Gas übt auf einen Körper, an den es angrenzt, eine Kraft aus, weil die Gasteilchen an die Wand des Körpers stoßen (vgl. Abb. 2-1) und dabei einen Impuls auf diesen Körper übertragen. (Eine Kraft ist die Änderung des Impulses in der Zeiteinheit.) Wenn viele schnelle Teilchen auftreffen, ist die Kraft naturgemäß größer und der Druck daher größer, als wenn wenige, langsame Moleküle vorhanden sind, der ausgeübte Druck also geringer ist.

Barometer und die Einheit des Druckes

Den Luftdruck messen wir mit einem *Barometer,* wie es im fünfzehnten Jahrhundert von Evangelista Torricelli, einem Schüler Galileis, erfunden wurde. Torricelli konstruierte eine Quecksilbersäule, indem er ein langes Glasrohr an einem Ende verschloß, mit Quecksilber füllte und umgekehrt in eine mit Quecksilber gefüllte Schale stellte (vgl. Abb. 2-2). Die Quecksilbersäule sank dann soweit herab, bis ihr Druck dem äußeren Atmosphärendruck entsprach. Bei diesem Barometer nach Torricelli ist die Länge der Quecksilbersäule dem Atmosphärendruck, der damit gemessen werden kann, proportional.

In Meereshöhe ist die Quecksilbersäule im Mittel 760 mm lang. Früher galt der Druck, der einer Quecksilbersäule von 1 mm Länge (bei 0 °C) entspricht, als Druckeinheit. Heute wird diese Einheit, das Torr, ebenso wie die Atmosphäre, die gleich 760 Torr war, nicht mehr verwendet. Die SI-Einheit des Druckes ist das Pascal (vgl. Abschn. 1-2):

$$1 \text{ Pa} = 1 \text{ kg m}^{-1} \text{ s}^{-2}$$

Für die Umrechnung zwischen alten und neuen Einheiten gilt

$$1 \text{ atm} = 760 \text{ Torr} = 101\,325 \text{ Pa} \quad \text{und} \quad 1 \text{ Torr} = 133,3 \text{ Pa}$$

Neben dem Pa sind das Bar (1 bar = 10^5 Pa) und das Millibar (1 mbar = 100 Pa) gebräuchlich. Bisweilen wird anstelle des Millibar die Bezeichnung Hektopascal verwendet. Die Schwankungen des Luftdruckes in der Atmosphäre um den Mittelwert bei 1013 mbar halten sich in engen Grenzen, wie die Wetterkarte (Abb. 2-3) zeigt. In Tiefdruckgebieten (Zyklonen) findet man wetterbedingte Luftdruckerniedrigungen bis

---

* Die genaue Formel lautet $P = d\,g\,h$, dabei ist P der Druck, d die Dichte der Flüssigkeit, g die Erdbeschleunigung (9,81 m s^{-2}) und h die Länge der Flüssigkeitssäule.

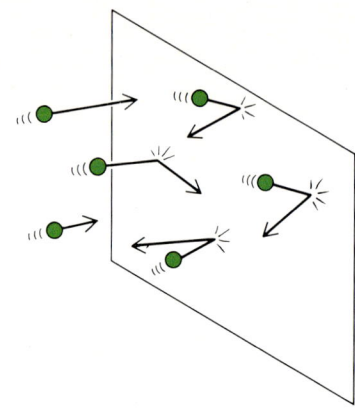

Abb. 2-1 Wenn Gasmoleküle an die Wand des Behälters stoßen, üben sie darauf eine Kraft aus. Die durchschnittliche Kraft pro Flächeninhalt ist der Druck des Gases.

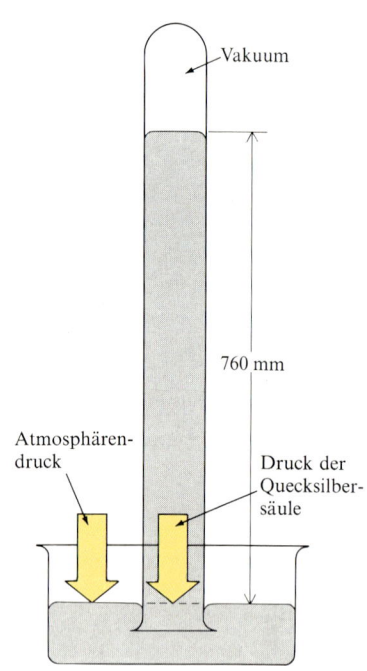

Abb. 2-2 In einem Quecksilber-Manometer steht der Druck der Quecksilbersäule im Gleichgewicht mit dem Atmosphärendruck; die Höhe der Säule ist folglich proportional dem äußeren Druck. Über der Quecksilbersäule herrscht Vakuum.

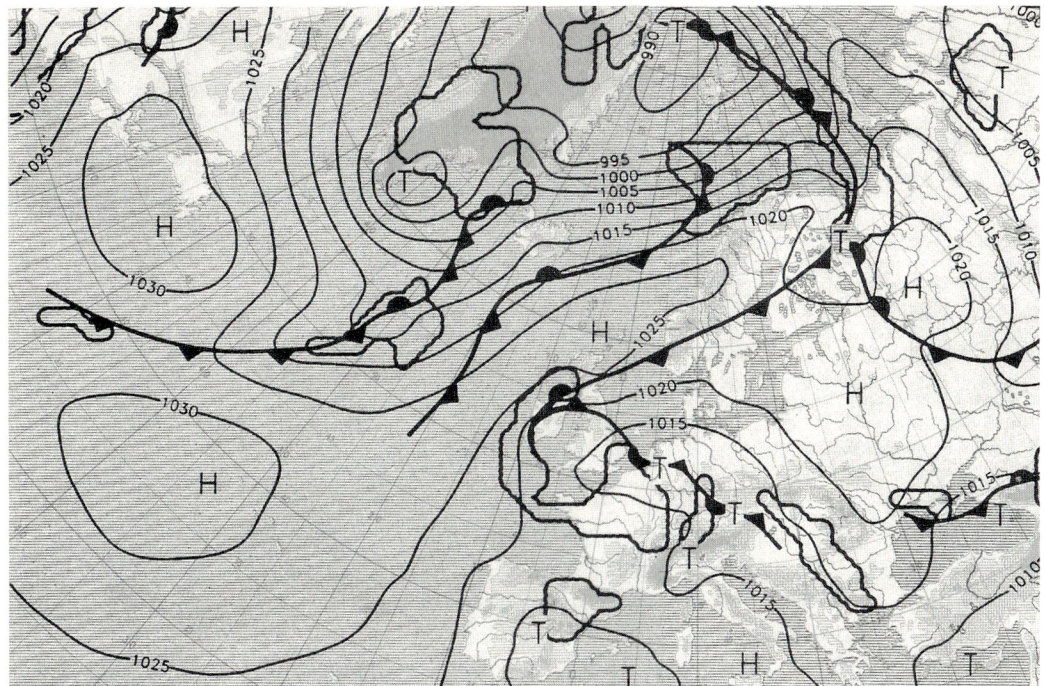

Abb. 2-3 Eine typische Wetterkarte mit Hoch- und Tiefdruckgebieten. Der Druck ist in Hektopascal bzw. mbar angegeben.

etwa 940 mbar und Erhöhungen in Hochdruckgebieten (Antizyklonen) bis etwa 1060 mbar.

Manometer

In der Regel messen wir den Druck eines Gases mit einem Manometer, vgl. Abb. 2-4. Das Gas drückt auf die Oberfläche des einen Schenkels der Manometerflüssigkeit (meist Quecksilber) und die Atmosphäre auf die Oberfläche des anderen Schenkels. Die Höhendifferenz der beiden Schenkel entspricht dann dem Druckunterschied zwischen der Probe und der Atmosphäre, wobei 1 mm Höhenunterschied einer Druckdifferenz von 133,3 Pa entspricht. Verwendet man eine leichtere Flüssigkeit, z. B. Wasser, so entsprechen 1 mm Höhenunterschied nur noch 10 Pa.

Beispiel 2-1 Eine Manometer-Ablesung

Wir verbinden einen Glasbehälter, der Argon enthält, mit einem Manometer, das Wasser als Manometerflüssigkeit enthält. Der Druck des Gases treibt die Flüssigkeit im rechten Schenkel 10,6 cm höher. Der äußere Luftdruck beträgt 1006,7 mbar. Welchen Druck hat das Argon?

Methode. Der Wasserstand auf der Atmosphärenseite ist höher, deshalb muß auch der Druck des Argons über dem Druck der Atmosphäre liegen. Die Aufgabe besteht also darin, die 10,6 cm Wassersäule in mbar umzurechnen. Dazu verwenden wr die Formel $P = d \cdot g \cdot h$ mit $d = 0,9982$ g cm^{-3} (bei 20 °C), $g = 9,81$ m s^{-2} und $h = 10,6$ cm. Das Ergebnis ist zum äußeren Druck (1006,7 mbar) zu addieren.

Lösung. Die Wassersäule entspricht einem Druck von

$$P = 0{,}9982 \cdot 10^3 \, \text{kg m}^{-3} \cdot 9{,}81 \, \text{m s}^{-2} \cdot 1{,}06 \cdot 10^{-1} \, \text{m}$$
$$= 1038 \, \text{Pa} = 10{,}38 \, \text{mbar}$$

Für den Druck des Argons ergibt das insgesamt

$$P_{\text{Argon}} = 10{,}38 \, \text{mbar} + 1006{,}7 \, \text{mbar} = 1017{,}1 \, \text{mbar}$$

Übungsaufgabe. Ein mit Neon gefüllter Behälter ergab unter sonst gleichen Bedingungen einen Höhenunterschied von 15,8 cm, wobei die Wassersäule auf der offenen Seite des Manometers tiefer stand. Welchen Druck hatte das Neon?

[Antwort: 991,2 mbar]

2-2 Das ideale Gas

Die allerersten wissenschaftlichen Untersuchungen von Zuständen der Materie wurden am Gaszustand vorgenommen, und zwar im siebzehnten Jahrhundert von dem anglo-irischen Wissenschaftler Robert Boyle. Als im achtzehnten Jahrhundert die Ballonfahrt aufkam, wuchs das Interesse an Gasen und stimulierte wichtige Entdeckungen. So began-

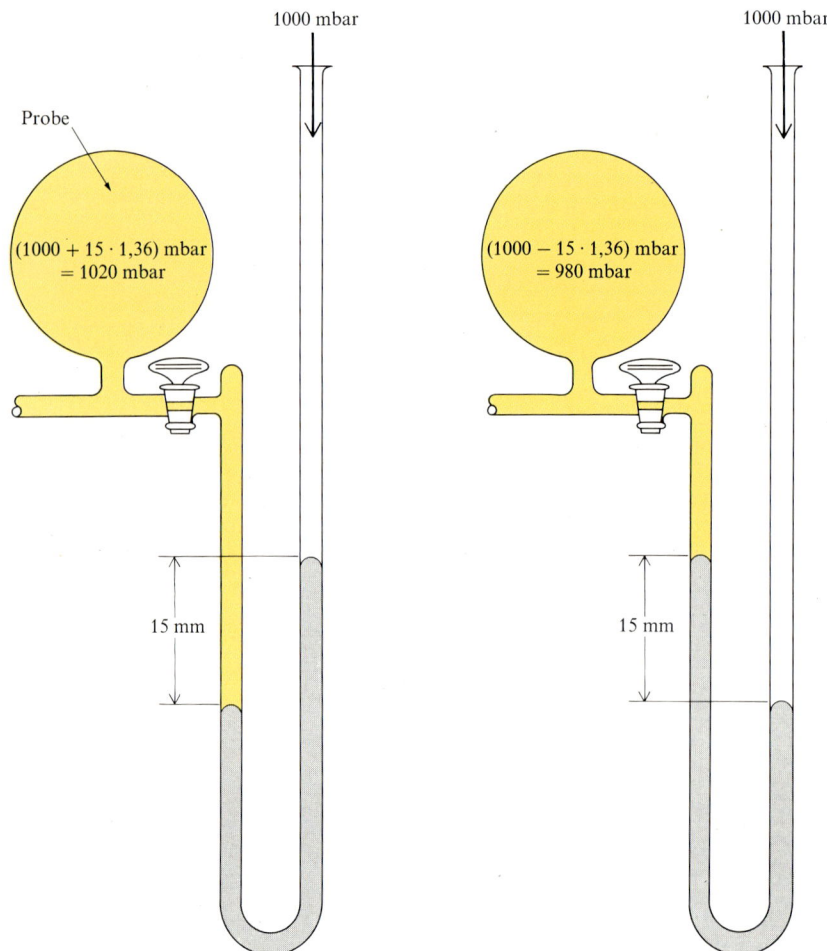

Abb. 2-4 In einem offenen Manometer wird der Druck einer Probe von der Summe bzw. der Differenz aus dem Atmosphärendruck und dem von der Flüssigkeitssäule herrührenden Druck ausgeglichen. Hier ist ein Quecksilber-Manometer wiedergegeben. Mit leichteren Manometerflüssigkeiten wie z. B. Wasser kann man größere Höhendifferenzen ablesen.

nen die französischen Wissenschaftler Jacques Charles und Joseph-Louis Gay-Lussac, den Einfluß der Temperatur auf Druck, Volumen und Dichte von Gasen zu studieren. Charles baute den ersten Ballon mit Wasserstoff-Füllung, der den Namen Charlière erhielt. Gay-Lussac erreichte damit 1804 eine Rekordhöhe von 7016 m.

Das Boylesche Gesetz

Die Experimente von Boyle, Charles und im neunzehnten Jahrhundert von Avogadro zeigten, daß der Druck P, das Volumen V und die Temperatur T einer gegebenen Gasmenge miteinander zusammenhängen. Ändert man eine dieser Größen, so werden damit auch die anderen Größen beeinflußt. Das Volumen eines Gases wird kleiner, wenn man den Druck erhöht; quantitativ wird dieser Befund durch das Boylesche Gesetz beschrieben:

Boylesches Gesetz: Bei konstanter Temperatur ist das Volumen einer gegebenen Gasmenge umgekehrt proportional zum Druck:

$$V \propto \frac{1}{P} \quad \text{oder} \quad P \cdot V = \text{konstant}$$

Wenn man also z. B. den Druck verdoppelt, wird das Volumen halbiert (vgl. Abb. 2-5). Gase reagieren sehr empfindlich auf Druckänderungen, denn zwischen ihren Teilchen befindet sich viel freier Raum, so daß sie sich leicht einem kleineren Volumen anpassen können. Das Boylesche Gesetz gilt für alle Gase – von gasförmigen Elementen wie Argon bis hin zu gasförmigen Verbindungen wie Kohlendioxid, Wasserdampf usw.

Wenn wir das Boylesche Gesetz als Funktion des Volumens gegen 1/Druck auftragen, so erhalten wir eine Gerade durch den Koordinaten-Anfangspunkt, wir können also

$$V = 0 + \text{konstant} \cdot \frac{1}{P}$$

oder mathematisch

$$y = a + b \cdot x$$

schreiben. Wenn man also die experimentell gemessenen Werte von V gegen $1/P$ aufträgt, muß man eine Gerade erhalten, wenn das Boylesche Gesetz richtig ist. Die Abb. 2-6 läßt erkennen, daß das Boylesche Gesetz bei Atmosphärendruck (1 bar) und darunter ziemlich gut zutrifft. Warum es bei hohen Drücken und hohen Temperaturen nicht mehr gut erfüllt ist, werden wir später untersuchen.

Das Gesetz von Charles

Es beschreibt, wie das Volumen eines Gases beim Erwärmen zunimmt:

Gesetz von Charles: Das Volumen einer gegebenen Menge eines Gases ist bei konstantem Druck proportional seiner absoluten Temperatur:

$$V \propto T \quad \text{oder} \quad V = \text{konstant} \cdot T$$

Wenn man die Temperatur verdoppelt, z. B. von 293 K auf 586 K (das entspricht in Celsius-Graden einem Anstieg von 20 °C auf 313 °C), so verdoppelt sich das Volumen des Gases, vorausgesetzt, ein konstanter

2-2 Das ideale Gas

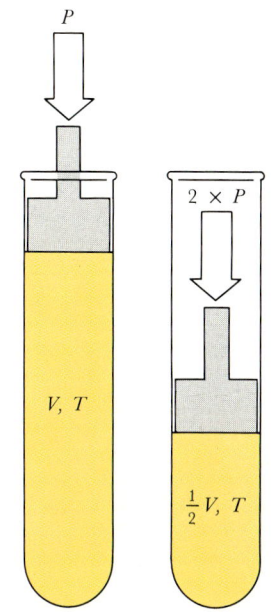

Abb. 2-5 Wird der auf ein Gas wirkende Druck bei konstanter Temperatur erhöht, so nimmt das Volumen ab. Wird der Druck verdoppelt, so wird das Volumen halbiert.

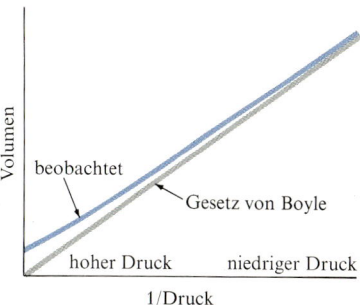

Abb. 2-6 Nach dem Boyleschen Gesetz, $V \propto 1/P$ erhält man eine Gerade, wenn man das Volumen eines Gases gegen den inversen Druck aufträgt. Das Experiment zeigt, daß die Gase dieses Gesetz bei kleinen Drücken gut erfüllen.

Druck ist vorgegeben, und es steht genügend Raum zur Verfügung (vgl. Abb. 2-7). Auch hier gilt, daß das Gesetz von Charles nur bei Drücken von 1 bar und darunter gut erfüllt ist, bei hohen Drücken und hohen Temperaturen jedoch nicht mehr.

Auch das Gesetz von Charles läßt sich als Gleichung einer Geraden formulieren:

$$V = 0 + \text{konstant} \cdot T$$
$$y = a + b \cdot x$$

Man kann es deshalb nachprüfen, indem man das Volumen eines Gases gegen die Temperatur aufträgt wie in Abb. 2-8. Dabei sollte sich eine Gerade ergeben, die, wenn man sie extrapoliert, durch den Nullpunkt (bei $V = 0$ und $T = 0$) geht (das entspricht $-273\,°C$). Auf diese Weise wurde zum ersten Male die Vorstellung des absoluten Nullpunktes gewonnen: Wenn man die nach Charles erhaltenen Geraden bis $V = 0$ extrapoliert, erhält man für jedes Gas den Wert $-273\,°C$. Weil das Volumen nicht negativ werden kann, gilt diese Temperatur als die tiefste mögliche. Kelvin hat den Nullpunkt seiner Temperaturskala auf diese Temperatur gelegt (vgl. Abschn. 1-2).

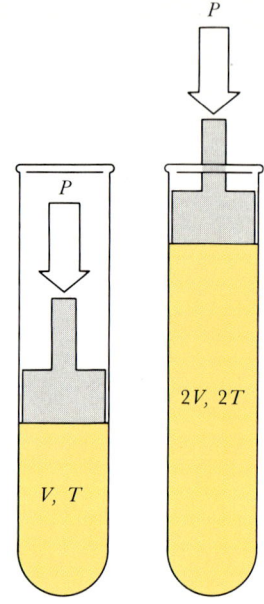

Abb. 2-7 Erhitzt man ein Gas bei konstantem Druck, so dehnt es sich aus. Verdoppelt man die Temperatur (auf der Kelvin-Skala), so wird auch das Volumen verdoppelt.

Das Avogadrosche Gesetz

Avogadros Beitrag zur Gastheorie besteht in der Vorstellung, daß das Volumen eines Gases ein Maß für die Anzahl der Teilchen ist, unabhängig von der Art dieser Teilchen.

Avogadrosches Gesetz: Das Volumen eines Gases bei gegebenem Druck und gegebener Temperatur ist proportional zur Anzahl n der in der Probe vorhandenen Teilchen:

$$V \propto n \quad \text{oder} \quad V = \text{konstant} \cdot n$$

Wenn man also die Anzahl der Teilchen verdoppelt, wird das Volumen doppelt so groß, vorausgesetzt, Druck und Temperatur werden konstant gehalten (vgl. Abb. 2-9).

Die Daten der Tabelle 2-2 geben uns eine Vorstellung davon, wie genau das Avogadrosche Gesetz erfüllt ist. Bei Normaldruck (1 bar) stimmen die Volumina von jeweils 1 mol Gas nur ungefähr überein. Bei kleinen Drücken wird die Übereinstimmung immer besser.

Das ideale Gasgesetz

Die Gesetze von Avogadro, Boyle und Charles sind Sonderfälle des ‚idealen Gasgesetzes':

Ideales Gasgesetz: $\qquad PV = nRT \qquad\qquad$ (1)

Dieses Gesetz gilt näherungsweise für alle Gase; die Konstante R heißt *Gaskonstante* und hat für jedes Gas den gleichen Wert, d. h. sie ist eine universelle Konstante. Wenn man für ein Gas n, P, V und T gemessen hat, kann man R berechnen:

$$R = \frac{PV}{nT}$$

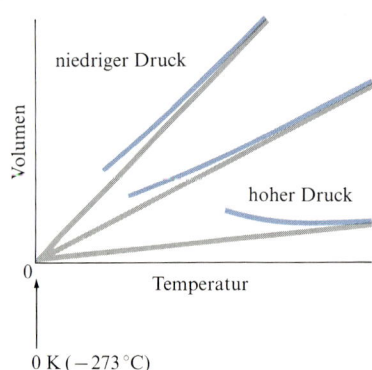

Abb. 2-8 Nach dem Gesetz von Charles, $V \propto T$, soll man beim Auftragen des Volumens eines Gases gegen die Temperatur eine Gerade erhalten. Bei $T = 0$ treffen sich alle diese Geraden bei $V = 0$, das entspricht $-273\,°C$. Dieser Bereich befindet sich also weit unterhalb des Gültigkeitsbereiches des Gesetzes von Charles.

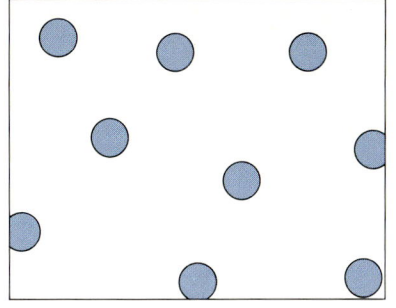 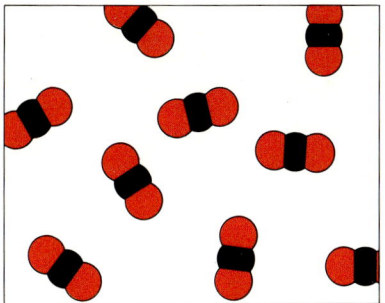

Abb. 2-9 Nach dem Avogadroschen Prinzip benötigt bei gleicher Temperatur und gleichem Druck eine gegebene Anzahl von Molekülen immer das gleiche Volumen, unabhängig von der Art der Moleküle.

Bei 0 °C (273,15 K) und 1,00 bar hat 1 mol eines Gases ein Volumen von $2,2711 \cdot 10^{-2} \, \text{m}^3 \, \text{mol}^{-1}$. Daraus folgt

$$R = \frac{1,00 \, \text{bar} \cdot 2,2711 \cdot 10^{-2} \, \text{m}^3}{1,00 \, \text{mol} \cdot 273,15 \, \text{K}} = 8,31441 \, \text{J K}^{-1} \, \text{mol}^{-1}$$

$$= 8,31441 \cdot 10^{-2} \, \text{dm}^3 \, \text{bar K}^{-1} \, \text{mol}^{-1}$$

Tabelle 2-3 zeigt einige Zahlenwerte von R in Einheiten, die man noch gelegentlich in der älteren Literatur findet.

Ein hypothetisches Gas, welches bei allen Drücken und Temperaturen das ideale Gasgesetz genau erfüllt, nennen wir ein *ideales Gas*. Zwar ist, wie wir noch sehen werden, kein existierendes Gas ideal, dennoch beschreibt das Gasgesetz bei Drücken um 1 bar und darunter für die meisten Gase das Verhalten recht gut. Je weiter man den Druck verringert, um so besser gehorchen alle Gase dem idealen Gasgesetz.

Tabelle 2-2 Molare Volumina von Gasen bei 0 °C und 1 bar

Gas	Volumen, $\text{dm}^3 \, \text{mol}^{-1}$	
	bei 1 bar	bei 1,01325 bar
Ammoniak	22,70	22,40
Argon	22,69	22,39
Kohlendioxid	22,55	22,26
Stickstoff	22,70	22,40
Sauerstoff	22,70	22,40
Wasserstoff	22,73	22,43
Helium	22,71	22,43
ideales Gas	22,711	22,414

2-3 Anwendungen des idealen Gasgesetzes

Das ideale Gasgesetz ist ein Beispiel für eine Zustandsgleichung:

Eine **Zustandsgleichung** ist eine mathematische Beziehung, die Druck, Volumen, Temperatur und Menge einer Substanz miteinander verbindet.

Zustandsgleichungen sind von großem Nutzen, denn mit ihrer Hilfe läßt sich, wenn man drei dieser Größen kennt, die vierte berechnen. Bei der Zustandsgleichung des idealen Gases (Gl. 1) bedeutet das, daß wir aus der Temperatur, dem Volumen und der Menge (in mol) eines beliebigen Gases den Druck berechnen können:

$$P = \frac{nRT}{V}$$

Tabelle 2-3 Zahlenwerte der Gaskonstanten in neuen und alten Einheiten

R
$8,31441 \, \text{J K}^{-1} \, \text{mol}^{-1}$
$8,20575 \cdot 10^{-2} \, \text{dm}^3 \, \text{atm K}^{-1} \, \text{mol}^{-1}$

Beispiel 2-2 Rechnen mit dem idealen Gasgesetz

Berechnen Sie den Gasdruck im Innern einer Fernsehröhre. Gegeben wird das Volumen mit 5 Litern, die Temperatur mit 23 °C und eine Füllung mit 0,010 mg Stickstoff.

Methode. Wir berechnen zuerst die Daten, die in die Gleichung einzusetzen sind. Dazu brauchen wir die Temperatur in K, und die Masse des Stickstoffs muß in die Stoffmenge N_2 umgerechnet werden.

Lösung. Die Temperatur ist $T = 296$ K. Die Stoffmenge Stickstoff ist

$$n = 0{,}010 \cdot 10^{-3} \text{ g N}_2 \cdot \frac{1 \text{ mol N}_2}{28{,}02 \text{ g N}_2}$$

$$= 3{,}6 \cdot 10^{-7} \text{ mol N}_2$$

Für den Druck ergibt das

$$P = \frac{3{,}6 \cdot 10^{-7} \text{ mol} \cdot 8{,}314 \text{ J K}^{-1} \text{ mol}^{-1} \cdot 296 \text{ K}}{5 \cdot 10^{-6} \text{ m}^{-3}} = 0{,}17 \text{ Pa}$$

$$= 1{,}7 \cdot 10^{-6} \text{ bar}$$

Dieser Druck ist recht klein. Er entspricht einer sehr kleinen Anzahl von Molekülen, die in der Zeiteinheit an die Wand stoßen. In einer Fernsehröhre muß der Druck so klein sein, damit die Elektronen ohne Zusammenstöße mit Gasmolekülen ihren Weg zum Bildschirm finden.

Übungsaufgabe. Welchen Druck hat 1,0 g CO_2 in einem 1-Liter-Behälter bei $300\,°C$?

[Antwort: 1,04 bar]

Die Gasdichte

Aus dem idealen Gasgesetz läßt sich berechnen, wie andere physikalische Größen von der Temperatur und vom Druck abhängen. An ihm läßt sich schön zeigen, wie man aus einer Gleichung die verschiedenen gewünschten Größen berechnen kann. Als Beispiel wählen wir die Dichte d, die Masse pro Volumeneinheit eines Gases in Abhängigkeit von Druck und Temperatur. Diese Rechnung führt uns zu einer Methode für die Bestimmung der molaren Masse von flüchtigen Substanzen.

Bei unseren Rechnungen spielt der Begriff des Mols eine wesentliche Rolle. Wir haben Masse pro Volumeneinheit in Mole pro Volumeneinheit umzuwandeln und werden dann mit Hilfe des idealen Gasgesetzes die *Stoffmenge n*, die Anzahl der Mole, in Abhängigkeit von Druck und Temperatur angeben. Wir beginnen damit, daß wir die Masse der Probe mit Hilfe der Anzahl der Moleküle hinschreiben, wobei als Umrechnungsfaktor die molare Masse M der Gasmoleküle dient:

Masse der Probe = Stoffmenge in der Probe · molare Masse = $n \cdot M$

Damit können wir die Dichte in Abhängigkeit von der Stoffmenge n angeben:

$$d = \frac{\text{Masse der Probe}}{\text{Volumen der Probe}} = \frac{n \cdot M}{V}$$

Schließlich brauchen wir noch eine Beziehung zwischen n und P; dazu verhilft uns das ideale Gasgesetz in der Form

$$\frac{n}{V} = \frac{P}{RT}$$

Wenn wir diese Formel in die Gleichung für d einsetzen, erhalten wir

$$d = P \cdot \frac{M}{RT} \qquad (2)$$

Diese Gleichung zeigt, daß mit einer Druckerhöhung auch die Gasdichte größer wird. Die Dichte ist sogar genau proportional zum

Druck, eine Verdopplung des Druckes erhöht also die Dichte auf das Doppelte. Die Gleichung beschreibt auch die Temperaturabhängigkeit der Dichte: Wenn der Druck konstant gehalten wird, nimmt die Dichte bei einer Temperaturerhöhung ab. Auf diesem Prinzip beruht z. B. der Auftrieb eines Heißluftballons.

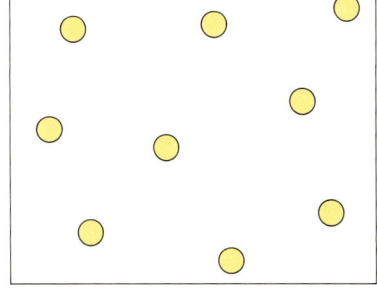

Beispiel 2-3 Berechnung der Gasdichte

Berechnen Sie die Dichte von Stickstoff bei 20 °C und 1,0 bar.

Methode. Wir berechnen zuerst die Daten, die in die Gleichung 2 einzusetzen sind. Dabei darf nicht vergessen werden, die Celsius-Temperatur in Kelvin umzurechnen.

Lösung. N_2 hat eine molare Masse von 28 g mol^{-1}; 20 °C sind 293 K. Das ergibt

$$d = 1 \cdot 10^5 \, \text{Pa} \cdot \frac{28 \cdot 10^{-3} \, \text{kg mol}^{-1}}{8.314 \, \text{J K}^{-1} \, \text{mol}^{-1} \cdot 293 \, \text{K}} = 1,15 \, \text{g dm}^{-3}$$

Das heißt, 1 Liter Luft (deren Masse sich kaum von der des reinen Stickstoffs unterscheidet) hat auf Seehöhe eine Masse von etwa 1,2 g; das ist etwa ein Tausendstel der Masse von einem Liter Wasser (1 kg).

Übungsaufgabe. Welche Dichte hat Kohlendioxid bei 1,0 bar und 25 °C?

[Antwort: 1,77 g dm^{-3}]

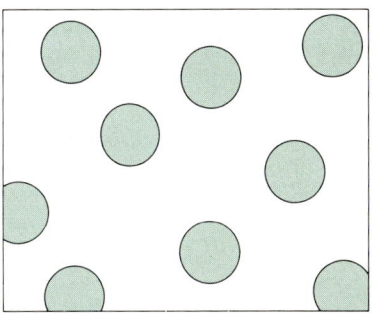

Wenn Druck und Temperatur gegeben sind, kann man an Gl. (2) ablesen, daß Gase mit größerer molarer Masse auch eine höhere Dichte haben. Das ist vernünftig, denn wenn (nach Avogadro) im gleichen Volumen die gleiche Anzahl an Molekülen vorhanden ist, bringen die schwereren Moleküle auch für die Probe eine größere Masse (vgl. Abb. 2-10). Im nächsten Beispiel wird gezeigt, wie aus einer Messung der Gasdichte auf die molare Masse eines Gases geschlossen werden kann.

Abb. 2-10 Bei gleicher Temperatur und gleichem Druck steht einem Molekül in jedem Gas das gleiche Volumen zur Verfügung; deshalb führt eine größere Molekülmasse auch zu einer höheren Dichte des Gases.

Beispiel 2-4 Bestimmung der molaren Masse aus der Gasdichte

Geraniol kommt im Rosenöl vor und wird zur Herstellung von Parfüms verwendet. Bei 260 °C und einem Druck von 13 700 Pa wurde eine Dampfdichte von 0,480 g dm^{-3} gemessen. Berechnen Sie die molare Masse des Geraniols.

Methode. Wir gehen von Gl. (2) aus und lösen nach M auf:

$$M = \frac{RT}{P} \cdot d$$

Die folgenden Werte haben wir einzusetzen:

$$d = 0,480 \, \text{kg m}^{-3} , \qquad T = 533 \, \text{K} \, (260 \,°\text{C}) ,$$
$$P = 137 \cdot 10^2 \, \text{Pa} , \qquad M = ? ,$$
$$R = 8,314 \, \text{J K}^{-1} \, \text{mol}^{-1}$$

Lösung. Einsetzen der Werte in die Formel ergibt

$$M = \frac{8,314 \, \text{J K}^{-1} \, \text{mol}^{-1} \cdot 533 \, \text{K} \cdot 0,480 \, \text{kg m}^{-3}}{137 \cdot 10^2 \, \text{Pa}} = 155 \, \text{g mol}^{-1}$$

In atomaren Masseneinheiten ergibt das für die Molekülmasse 155 amu.

Übungsaufgabe. Aus Eukalyptusblättern wird die organische Verbindung Eukalyptol gewonnen. Bei 190 °C und einem Druck von 8000 Pa wurde eine Dampfdichte von 0,400 g dm^{-3} gemessen. Wie groß ist die molare Masse des Eukalyptols?

[Antwort: 193 g mol^{-1} = 193 amu]

Die Abhängigkeit des Volumens von Druck und Temperatur

Das ideale Gasgesetz dient zur Berechnung der Veränderungen von Gasproben, die bei Änderungen von P, V, n oder T erfolgen. Solche Berechnungen spielen z. B. bei der Konstruktion einer Ammoniak-Syntheseanlage eine wichtige Rolle, denn der Druck des Stickstoffs ändert sich erheblich, wenn das Gas auf die für die Reaktion erforderliche Temperatur erwärmt wird. In vielen Fällen haben wir es mit einer festgelegten Stoffmenge zu tun; dann können wir mit einer vereinfachten Form des Gasgesetzes arbeiten.

Schreiben wir für Druck, Volumen und Temperatur zu Beginn P_A, V_A und T_A (A für Anfang), so erhalten wir aus Gleichung (1)

$$\frac{P_A V_A}{T_A} = n R$$

Wenn wir jetzt Druck, Volumen und Temperatur auf die Werte P_E, V_E und T_E (E für Ende) ändern, dann können wir nach dem Gasgesetz

$$\frac{P_E V_E}{T_E} = n R$$

schreiben. Wir haben vorausgesetzt, daß die Stoffmenge nicht geändert wird; deshalb stimmen die rechten Seiten dieser beiden Gleichungen überein, und wir erhalten durch Gleichsetzung der linken Seiten

$$\frac{P_A V_A}{T_A} = \frac{P_E V_E}{T_E} \qquad (3)$$

Diese Gleichung können wir nach jeder der sechs Größen auflösen, die sich dann jeweils aus den anderen fünf berechnen lassen.

Beispiel 2-5 Berechnung des Volumens bei einer Änderung des Druckes

Ein einfaches Gas hat bei einem Druck von 1013 mbar ein Volumen von 1,00 dm^3. Welches Volumen hat dieses Gas (bei gleicher Temperatur), wenn der Druck nur noch 920 mbar beträgt (wie z. B. im Zentrum eines Sturmtiefs)?

Methode. Der zweite Druck ist kleiner, deshalb können wir annehmen, daß das zweite Volumen größer sein wird. Wir stellen die Daten zusammen und prüfen, daß nur eine Unbekannte vorhanden ist (andernfalls müssen wir weitere Informationen in Tabellenwerken suchen), und lösen dann Gl. (3) nach unserer Unbekannten auf. Die Größen, welche sich nicht ändern, können wir kürzen. Dann setzen wir die Werte der bekannten Größen ein.

Lösung. Die vorgegebenen Werte sind

$$P_A = 1013 \text{ mbar} \qquad V_A = 1,00 \text{ dm}^3 \qquad T_A = T_E$$
$$P_E = 920 \text{ mbar} \qquad V_E = ?$$

Die Unbekannte ist V_E; wir erhalten dann aus Gl. (3)

$$V_E = V_A \cdot \frac{P_A}{P_E} \cdot \frac{T_E}{T_A}$$

Das Volumen nimmt also zu, wie wir schon vermutet haben.

Übungsaufgabe. Eine Probe Argon von 1000 mbar mit einem Volumen von 500 cm^3 soll in ein Volumen von 300 cm^3 gepreßt werden. Welchen Druck brauchen wir dazu?

[Antwort: 1667 mbar]

Beispiel 2-6 Berechnung des Volumens bei einer Änderung der Temperatur

Ein Heißluftballon steigt in die Höhe, weil die erwärmte Luft in der Ballonhülle weniger dicht ist als die kühlere äußere Luft. Welches Volumen bekommt eine Probe Luft bei 40 °C, wenn sie bei 20 °C und demselben Druck ein Volumen von 1 dm^3 hat?

Methode. Wir können voraussetzen, daß das Volumen bei 40 °C größer als bei 20 °C ist. Wir stellen die Zahlenwerte zusammen, prüfen nach, daß nur eine Unbekannte übrig ist, lösen Gl. (3) nach dieser Unbekannten auf, kürzen die Variablen, die sich nicht ändern, und setzen dann die bekannten Zahlenwerte ein.

Lösung. Die vorgegebenen Werte sind

$$P_A = P_E \qquad V_A = 1,00 \text{ dm}^3 \qquad T_A = 293 \text{ K } (20\,°C)$$
$$V_E = ? \qquad T_E = 313 \text{ K } (40\,°C)$$

Die Unbekannte ist V_E; wir erhalten dann aus Gl. (3)

$$V_E = V_A \cdot \frac{P_A}{P_E} \cdot \frac{T_E}{T_A}$$

Die Drücke kürzen sich weg, und es verbleibt

$$V_E = 1,00 \text{ dm}^3 \cdot \frac{313 \text{ K}}{293 \text{ K}} = 1,07 \text{ dm}^3$$

Die erwärmte Probe hat also ein um 7% größeres Volumen. Folglich ist die Luft im Innern der Ballonhülle um 7% dünner.

Übungsaufgabe. Auf welche Temperatur muß ein Gas von 25 °C abgekühlt werden, damit sich das Volumen (bei konstantem Druck) halbiert?

[Antwort: −124 °C]

Beispiel 2-7 Berechnung des Volumens bei Änderungen von Druck und Temperatur

In Meereshöhe hat eine Luftprobe bei 20,2 °C und 1007 mbar ein Volumen von 100 dm^3. Welches Volumen hat sie in 10 km Höhe (das ist die übliche Flughöhe eines Passagierflugzeugs), wo eine Temperatur von −50,5 °C und ein Druck von 300 mbar herrschen?

Methode. Die Temperaturerniedrigung führt zu einer Volumenverkleinerung, die Druckabnahme zu einer Volumenvergrößerung. Die Temperatur nimmt um 24% ab und der Druck um 70%, wir können also insgesamt eine Volumenzunahme erwarten. Wir stellen wieder die gegebenen Daten zusammen und überprüfen, ob nur eine Unbekannte vorhanden ist. Gleichung (3) lösen wir nach dieser Unbekannten auf; dann setzen wir die Zahlenwerte ein.

Lösung. Die vorgegebenen Werte sind:

$$P_A = 1007 \text{ mbar} \qquad V_A = 100 \text{ dm}^3 \qquad T_A = 293,4 \text{ K } (20,2\,°\text{C})$$
$$P_E = 300 \text{ mbar} \qquad V_E = ? \qquad\qquad T_E = 222,7 \text{ K } (-50,5\,°\text{C})$$

Die Unbekannte ist V_E; wir erhalten dann aus Gl. (3):

$$V_E = 100 \text{ dm}^3 \cdot \frac{1007 \text{ mbar}}{300 \text{ mbar}} \cdot \frac{222,7 \text{ K}}{293,4 \text{ K}}$$
$$= 255 \text{ dm}^3$$

Das Volumen wird also mehr als verdoppelt. Wie erwartet, ist der Einfluß der Druckerniedrigung größer als der Einfluß der Temperaturabnahme.

Übungsaufgabe. Wie groß ist der Druck einer Gasprobe von 500 cm^3 bei einem Druck von 2,3 bar, die von 100 °C auf 25° abgekühlt und auf 200 cm^3 komprimiert wird?

[Antwort: 4,6 bar]

2-4 Reale Gase

Wir haben schon festgestellt, daß sich reale Gase nicht genau nach dem idealen Gasgesetz verhalten. Die Abweichungen rühren von den *zwischenmolekularen Kräften* her, wie wir die Anziehungs- und Abstoßungskräfte zwischen Molekülen nennen (vgl. Abb. 2-11). Diese Wechselwirkungen spielen besonders bei höheren Drücken, wenn die Abstände zwischen den Molekülen klein sind, eine wichtige Rolle. Es ist bei Flüssigkeiten und Festkörpern offensichtlich, daß Anziehungskräfte wirken, denn diese Kräfte halten hier die Moleküle zusammen (vgl. Kap. 5). Abstoßungskräfte werden dann wirksam, wenn man Flüssigkeiten oder Festkörper weiter komprimieren will, was praktisch nicht möglich ist.

In Abb. 2-12 sehen wir, in welchen Bereichen Abstoßungs- und Anziehungskräfte besonders wirksam sind. Wo die Kurve unter der waagerechten Achse verläuft, erfolgt Anziehung, und wo sie oberhalb verläuft, Abstoßung. Für Abstände größer als 10 Moleküldurchmesser erfolgt keine nennenswerte Anziehung mehr, denn dann sind die Moleküle so weit voneinander entfernt, daß sie sich nicht mehr gegenseitig beeinflussen. Je näher sich zwei Moleküle kommen, um so stärker wird die Anziehungskraft zwischen ihnen. Wenn sie sich aber berühren, beginnen die Abstoßungskräfte zu überwiegen. Sie steigen sehr schnell an und führen zu einem starken Widerstand gegen eine weitere Annäherung.

Es gibt viele Vorschläge, welche das ideale Gasgesetz so modifizieren sollen, daß der Einfluß der zwischenmolekularen Kräfte berücksichtigt wird. Zu den ältesten und bekanntesten Versuchen dieser Art gehört die von Johannes van der Waals, einem holländischen Wissenschaftler des neunzehnten Jahrhunderts, vorgeschlagene Zustandsgleichung:

Van der Waals-Gleichung:

$$\left(P + \frac{a\,n^2}{V^2}\right) \cdot (V - n\,b) = n\,R\,T \qquad (4)$$

Darin beschreibt die Konstante a die Wirkung der Anziehungskräfte, b die der Abstoßungskräfte. b ist ein Maß für das sogenannte Eigenvolumen der Gasmoleküle; beim idealen Gas ist $b = 0$, denn die für das

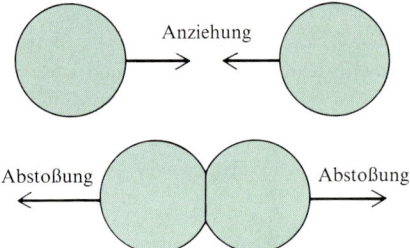

Abb. 2-11 Die Anziehungskräfte zwischen Molekülen reichen einige Moleküldurchmesser weit. Sobald sie sich berühren, stoßen sie sich stark ab.

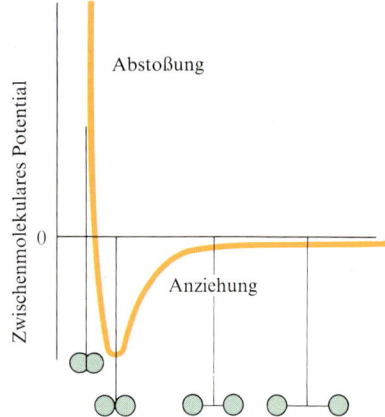

Abb. 2-12 Die Kurve zeigt, wie die zwischenmolekularen Kräfte vom Abstand abhängen. Wenn sich zwei Moleküle einander nähern (das entspricht im Diagramm einer Bewegung von rechts nach links), ziehen sie sich immer stärker an, wie sich aus dem Abfall der Kurve unter das Potential 0 erkennen läßt. Wenn sie sich dann berühren, werden rasch abstoßende Kräfte wirksam, wie der schnelle Anstieg der Kurve nach oben zeigt.

ideale Gas vorausgesetzten punktförmigen Moleküle haben kein Volumen. In Tabelle 2-4 sind einige experimentell bestimmte Zahlenwerte von a und b zusammengestellt. Sie wurden ermittelt, indem die Konstanten der van der Waalsschen Gleichung an die beobachtete Abhängigkeit des Druckes vom Volumen, von der Temperatur und von der vorhandenen Gasmenge angepaßt wurden.

2-4 Reale Gase

Tabelle 2-4 Van der Waals-Konstanten

	a dm^6 bar · mol^{-2}	b dm^3 mol^{-1}
Luft	1,4	0,039
Ammoniak	4,22	0,037
Argon	1,36	0,032
CO$_2$	3,64	0,043
Ethylen	4,53	0,057
Helium	0,0346	0,024
Wasserstoff	0,276	0,027
Stickstoff	1,408	0,039
Sauerstoff	1,38	0,032

Beispiel 2-8 Das Rechnen mit der van der Waalsschen Gleichung

In einer Polyethylenfabrik sollen 10 kg Ethylen bei 20 °C auf 50 dm^3 komprimiert werden. Was für einen Druck hat das Ethylen dann?

Methode. Wenn eine so große Gasmenge auf ein so kleines Volumen komprimiert werden soll, ist das ideale Gasgesetz keine brauchbare Näherung mehr. Wir wollen statt dessen die van der Waalssche Gleichung verwenden. Da wir den Druck berechnen wollen, beginnen wir damit, daß wir Gl. (4) nach P auflösen:

$$P = \frac{nRT}{V - nb} - \frac{an^2}{V^2}$$

Gegeben sind T (20 °C bzw. 293 K) und V (50 dm^3), und n können wir aus der Masse des Ethylens (10 kg) und seiner molaren Masse (28,05 g/mol) berechnen. Die Werte für a und b entnehmen wir der Tabelle 2-4. Derartige längere Rechnungen sollte man zweckmäßigerweise in kleinen Schritten ausführen.

Lösung. Die Stoffmenge Ethylen ist

$$n = 10 \cdot 10^3 \text{ g C}_2\text{H}_4 \cdot \frac{1 \text{ mol C}_2\text{H}_4}{28,05 \text{ g C}_2\text{H}_4} = 357 \text{ mol C}_2\text{H}_4$$

das ergibt

$$nRT = 357 \text{ mol C}_2\text{H}_4 \cdot 8,314 \text{ J K}^{-1} (\text{mol C}_2\text{H}_4)^{-1} \cdot 293 \text{ K} = 8,697 \cdot 10^5 \text{ J}$$
$$= 8,697 \cdot 10^5 \text{ Pa m}^3 = 8697 \text{ dm}^3 \text{ bar}$$

Aus der Tabelle 2-4 entnehmen wir $a = 4,53$ dm^6 bar mol^{-2} und $b = 0,057$ dm^3 mol^{-1}. Das ergibt

$$V - nb = 50 \text{ dm}^3 - 357 \text{ mol} \cdot 0,057 \text{ dm}^3 \text{ mol}^{-1} = 29,7 \text{ dm}^3$$
$$a \cdot \left(\frac{n}{V}\right) = 4,53 \text{ dm}^6 \text{ bar mol}^{-2} \cdot \left(\frac{357 \text{ mol}}{50 \text{ dm}^3}\right)^2 = 231 \text{ bar}$$

Wenn wir diese Ergebnisse in die van der Waalssche Gleichung einsetzen, erhalten wir

$$P = \frac{8697 \text{ dm}^3 \text{ bar}}{29,7 \text{ dm}^3} - 231 \text{ bar} = 62 \text{ bar}$$

Nach dem idealen Gasgesetz erhalten wir dagegen 174 bar.

Übungsaufgabe. Welchen Druck haben 100 g CO$_2$ in einem 500 cm^3-Behälter bei 25 °C?
[Antwort: 65 bar]

Durch das Aufstellen einer Reaktionsgleichung läßt sich aus jeder beliebigen Stoffmenge oder Masse der Ausgangssubstanzen einer Reaktion die Stoffmenge der Reaktionsprodukte berechnen. Dies ist in dem Stöchiometrie-Diagramm (1) am Rand dargestellt. Wenn es sich bei dem Produkt um ein Gas handelt, und wenn wir wissen, welches Volumen ein Mol des Produkts einnimmt, können wir einen Schritt weiter gehen und das Volumen des entstandenen Produktes berechnen.

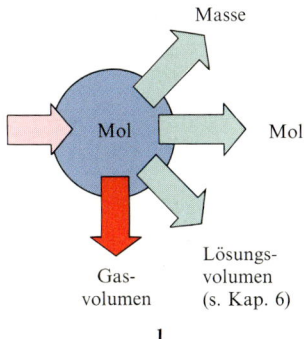

Masse

Mol

Mol

Gas-volumen

Lösungs-volumen (s. Kap. 6)

1

Mit der Umrechnungsformel

Volumen des Gases = Stoffmenge · Volumen pro Mol

können wir dem Stöchiometrie-Diagramm einen weiteren Pfeil hinzufügen und die Volumenänderungen bei allen Gasreaktionen berechnen.

2-5 Das molare Volumen eines Gases

Unter dem molaren Volumen V_m einer Substanz (einer beliebigen Substanz, nicht nur eines Gases) verstehen wir ihr Volumen, geteilt durch
die Stoffmenge:

$$V_m = \frac{\text{Volumen}}{\text{Stoffmenge}} = \frac{V}{n}$$

Nach dem Avogadroschen Gesetz hat ein Gas, das aus 1 mol X besteht,
dasselbe Volumen wie ein Gas, das aus 1 mol Y besteht, unabhängig
von der Natur der Substanzen X und Y. Deshalb sollten die molaren
Volumina von O_2 und von CO_2 und von jedem anderen Gas gleich sein,
wenn nur Druck und Temperatur übereinstimmen. Die in der Tabelle
2-2 und Abb. 2-13 angegebenen Zahlenwerte zeigen, daß diese Aussage
unter normalen Bedingungen ziemlich gut stimmt.

Standard-Temperatur und Standard-Druck

Das molare Volumen eines idealen Gases können wir berechnen, indem
wir die entsprechenden Werte von P und T einsetzen (vgl. Abb. 2-14):

$$\frac{V}{n} = \frac{RT}{P}$$

An dieser Formel erkennen wir, daß das molare Volumen kleiner wird
(d. h. die Probe wird komprimiert), wenn wir den Druck bei konstanter
Temperatur erhöhen. Steigt die Temperatur bei konstantem Druck,

Abb. 2-13 Die molaren Volumina einiger Gase bei derselben Temperatur
und demselben Druck (hier 1 bar und
0 °C) sind alle sehr ähnlich.

Temperatur in K

Druck/bar	50	100	200	300	700	800	1000
0,1	41,6	83,1	166	249	582	665	831
1,0	4,1	8,3	16,6	24,9	58,2	66,5	83,1
3,0	1,4	2,8	5,5	8,3	19,4	22,2	27,7
10,0	0,41	0,83	4,64	2,49	5,82	6,65	8,31
30,0	0,14	0,28	0,55	0,83	1,94	2,22	2,77
100	0,04	0,08	0,16	0,25	0,58	0,66	0,83
300	0,01	0,03	0,06	0,08	0,19	0,22	0,27

Abb. 2-14 Molare Volumina (in dm³
mol⁻¹) eines idealen Gases bei verschiedenen Drücken und Temperaturen.

nimmt das molare Volumen zu. Eine Temperaturerhöhung führt also zu einer Ausdehnung des Gases.

Um zu vermeiden, daß man für jede Rechnung immer wieder das molare Volumen ausrechnen muß, gibt man physikalisch-chemische Eigenschaften bei einem *Standard-Druck* und einer *Standard-Temperatur* an (abgekürzt STP = standard temperature and pressure), für die 0 °C (273,15 K) und 1,01325 bar international festgelegt wurden. Unter STP beträgt das molare Volumen der meisten Gase 22,4 dm^3, das entspricht einem Würfel von 28,2 cm Seitenlänge. Wir können dies leicht nachrechnen, wenn wir die entsprechenden Zahlenwerte in das ideale Gasgesetz einsetzen:

$$V_m = \frac{RT}{P} = \frac{8,314\,\text{J K}^{-1}\,\text{mol}^{-1} \cdot 273,15\,\text{K}}{101\,325\,\text{Pa}} = 22,4\,\text{dm}^3\,\text{mol}^{-1}$$

Weil 1,00 mol eines beliebigen Gases – Argon, Stickstoff usw. – immer ein Volumen von 22,4 dm^3 einnimmt, können wir schreiben:

$$1\,\text{mol Ar entspricht } 22,4\,\text{dm}^3\,\text{Ar}$$

$$1\,\text{mol N}_2 \text{ entspricht } 22,4\,\text{dm}^3\,\text{N}_2 \text{ usw.}$$

Dies gilt für jedes Gas, vorausgesetzt, wir halten die obengenannten Standardbedingungen (STP) ein. Mit diesen Beziehungen können wir leicht die Stoffmengen und die Volumina ineinander umrechnen. Wenn andere Temperaturen oder Drücke als STP gegeben sind, verwenden wir das ideale Gasgesetz zum Umrechnen.

Das Volumen eines Gases bei gegebener Masse

Bisweilen suchen wir das Volumen bei STP eines Gases, dessen Masse wir kennen. Der wesentliche Teil der Umrechnung ist hier die Berechnung der Stoffmenge; mit Hilfe der Formeln für die molaren Volumina rechnen wir dann die Stoffmengen in Volumeneinheiten um.

Beispiel 2-9 Die Berechnung des Volumens eines Gases bei gegebener Masse

Welches Volumen haben 10 g CO$_2$ bei STP?

Methode. Wenn wir wissen, welche Stoffmenge CO$_2$ in der Probe enthalten ist, können wir über das molare Volumen das Volumen der Probe ausrechnen. Wir rechnen also die Masse zuerst in die Stoffmenge und dann in Volumeneinheiten (z. B. dm^3) um.

Lösung. Zur Umrechnung der Masse in Stoffmengen benötigen wir die molare Masse des CO$_2$ (44,01 g mol^{-1}):

$$\text{Stoffmenge CO}_2 = 10\,\text{g CO}_2 \cdot \frac{1\,\text{mol CO}_2}{44,01\,\text{g CO}_2} = 0,227\,\text{mol CO}_2$$

Jetzt rechnen wir die Stoffmenge in dm^3 bei STP um:

$$\text{Volumen CO}_2 = 0,227\,\text{mol CO}_2 \cdot \frac{22,4\,\text{dm}^3\,\text{CO}_2}{1\,\text{mol CO}_2} = 5,1\,\text{dm}^3\,\text{CO}_2$$

Übungsaufgabe. Welches Volumen hat 1 kg Wasserstoff bei STP?

[Antwort: 11 m^3]

Volumenänderungen bei Gasreaktionen

Das molare Volumen ist das letzte Glied in der Kette bei der Berechnung der Volumina der an einer Reaktion beteiligten Gase. Ein einfaches Beispiel dafür ist die Berechnung des Volumens des bei der Reaktion

$$S_8(s) + 8\,O_2(g) \;\rightarrow\; 8\,SO_2(g)$$

aus einer gegebenen Masse Schwefel entstehenden Schwefeldioxids (vgl. Abb. 2-15). Zuerst rechnen wir die Masse des Schwefels in die Stoffmenge S_8 um, dann berechnen wir mit Hilfe der chemischen Reaktionsgleichung die Stoffmenge SO_2 und daraus zuletzt das Volumen des SO_2.

Abb. 2-15 Schwefel brennt mit blauer Flamme und erzeugt dabei das schwere Gas Schwefeldioxid.

Beispiel 2-10 Die Berechnung des Volumens des Reaktionsproduktes aus der Masse der Ausgangssubstanz

Welches Volumen hat bei STP das SO_2, das bei der Verbrennung von 10 g Schwefel entsteht?

Methode. Wir gehen vor, wie es im Text beschrieben ist; zuerst errechnen wir die Stoffmenge von S_8, daraus die von SO_2 und zuletzt das Volumen des SO_2.

Lösung. S_8 hat die molare Masse 256,48 g mol^{-1}; damit erhalten wir

$$\text{Stoffmenge } S_8 = 10\text{ g } S_8 \cdot \frac{1\text{ mol } S_8}{256{,}48\text{ g } S_8} = 0{,}0391\text{ mol } S_8$$

Bei vollständiger Verbrennung des Schwefels entsprechen

$$1\text{ mol } S_8 \approx 8\text{ mol } SO_2$$

Daraus folgt

$$\text{Stoffmenge } SO_2 = 0{,}0391\text{ mol } S_8 \cdot \frac{8\text{ mol } SO_2}{1\text{ mol } S_8} = 0{,}313\text{ mol } SO_2$$

Bei STP hat SO_2 ein molares Volumen von 22,4 dm^3 mol^{-1}, damit erhalten wir

$$\text{Volumen } SO_2 = 0{,}313\text{ mol } SO_2 \cdot \frac{22{,}4\text{ dm}^3\ SO_2}{1\text{ mol } SO_2} = 7{,}0\text{ dm}^3\ SO_2$$

Übungsaufgabe. Welches Volumen hat bei STP das Acetylen (C_2H_2), das bei der Umsetzung von 10 g Calciumcarbid mit Wasser entsteht?

[Antwort: 3,5 dm^3 C_2H_2]

Abb. 2-16 Wenn man Kohlendioxid über gelbes Kaliumsuperoxid leitet, entsteht farbloses Kaliumcarbonat. Diese Reaktion eignet sich zum Entfernen von CO_2 aus der Luft in kleinen Behältern wie z. B. Raumfahrzeugen.

Beispiel 2-11 Die Berechnung der Masse einer Substanz für den Umsatz mit einem gegebenen Volumen eines Gases

Zur Erneuerung der Luft in Raumfahrzeugen eignet sich Kaliumsuperoxid (KO_2). Kaliumsuperoxid reagiert mit Kohlendioxid unter Freisetzung von Sauerstoff:

$$4\,KO_2(s) + 2\,CO_2(g) \;\rightarrow\; 2\,K_2CO_3(s) + 3\,O_2(g)$$

(vgl. Abb. 2-16). Welche Masse an KO_2 wird benötigt, wenn 50 dm^3 CO_2 bei STP gebunden werden sollen?

Methode. Wir gehen in umgekehrter Richtung vor; zuerst rechnen wir das Volumen des CO_2 in die Stoffmenge CO_2 um, dann daraus die Stoffmenge an KO_2 und zuletzt (mit der molaren Masse 71,1 g mol^{-1}) die Masse des KO_2.

Lösung. Die Umrechnungen werden mit den folgenden Äquivalenzen möglich:

$1\,mol\ CO_2 \mathrel{\hat{=}} 22{,}4\,dm^3\ CO_2$ (aus dem molaren Volumen bei STP),
$4\,mol\ KO_2 \mathrel{\hat{=}} 2\,mol\ CO_2$ (aus der Reaktionsgleichung),
$1\,mol\ KO_2 \mathrel{\hat{=}} 71{,}1\,g\ KO_2$ (aus der molaren Masse des KO_2).

Die erste Umrechnung von dm^3 in die Stoffmenge ergibt

$$\text{Stoffmenge } CO_2 = 50\,dm^3\ CO_2 \cdot \frac{1\,mol\ CO_2}{22{,}4\,dm^3\ CO_2} = 2{,}23\,mol\ CO_2$$

(Gerundet wird am Schluß.) Die Umrechnung von CO_2 in KO_2 liefert

$$\text{Stoffmenge } KO_2 = 2{,}23\,mol\ CO_2 \cdot \frac{4\,mol\ KO_2}{2\,mol\ CO_2} = 4{,}46\,mol\ KO_2$$

Bei der dritten Umrechnung (Stoffmenge KO_2 in Masse) erhalten wir schließlich

$$\text{Masse } KO_2 = 4{,}46\,mol\ KO_2 \cdot \frac{71{,}1\,g\ KO_2}{1\,mol\ KO_2} = 317\,g\ KO_2$$

oder gerundet 320 g KO_2.

Übungsaufgabe. Welches Volumen an CO_2 wird bei der Photosynthese von 1 g Glucose ($C_6H_{12}O_6$) verbraucht?

[Antwort: 0,75 dm^3 CO_2]

Die molaren Volumina von Gasen sind (mit etwa 22,4 dm^3 bei STP) viel größer als die molaren Volumina von Flüssigkeiten und Festkörpern, für die Werte in der Größenordnung von 20 cm^3 typisch sind. Der Wert für flüssiges Wasser z. B. liegt bei 18 cm^3. Ein Gas hat also in der Regel ein um den Faktor tausend größeres Volumen als die Flüssigkeit oder der Festkörper (vgl. Abb. 2-17). Dies bedeutet auch, daß bei einer Reaktion, bei der aus einer Flüssigkeit oder einem Festkörper ein Gas entsteht, eine Volumenzunahme auf mehr als das Tausendfache auftritt. Wenn bei einer solchen Reaktion aus einem Molekül mehrere Gasmoleküle entstehen, kann die Volumenzunahme sogar noch größer sein.

Ein Beispiel für eine solche Reaktion ist der explosionsartige Zerfall von Nitroglycerin ($C_3H_5N_3O_9$; **2**). Wenn eine Stoßwelle von einem Zünder auf Nitroglycerin trifft, zerfällt es in viele kleinere Moleküle:

$$4\,C_3H_5N_3O_9(l) \rightarrow 6\,N_2(g) + O_2(g) + 12\,CO_2(g) + 10\,H_2O(g)$$

Aus 4 mol $C_3H_5N_3O_9$ (das sind rund 500 cm^3 Flüssigkeit) entstehen also 29 mol der verschiedensten Gase, bei STP rund 600 dm^3. Die Stoßwelle der plötzlichen 1200fachen Expansion liefert die Explosionswelle. Als Zünder dient oft Bleiazid, $Pb(N_3)_2$, das ähnlich wirkt und nach einem Stoß eine große Menge Stickstoffgas entwickelt:

$$Pb(N_3)_2(s) \rightarrow Pb(s) + 3\,N_2(g)$$

Abb. 2-17 Das molare Volumen von festem, flüssigem und gasförmigem Wasser bei Standarddruck und Standardtemperatur.

2-6 Mischungen von Gasen

Wir kennen nun eine ganze Reihe von Eigenschaften reiner Gase. Es ist nicht schwer, diese Erkenntnisse auf Mischungen von Gasen zu übertragen, denn die physikalischen Eigenschaften der Gase haben sich als weitgehend unabhängig von der chemischen Identität der Moleküle herausgestellt. Es kommt also nicht darauf an, ob in einer Probe alle

Moleküle gleich sind oder nicht, und wir können erwarten, daß sich eine Gasmischung in vieler Hinsicht wie ein einfaches reines Gas verhält.

Das Gesetz von Dalton

Nehmen wir nun an, ein Behälter enthält eine bestimmte Menge Sauerstoff, die unter einem Druck von 100 mbar steht. Nehmen wir weiter an, wir hätten bei derselben Temperatur statt dessen eine bestimmte Menge Stickstoff eingefüllt und dabei einen Druck von 200 mbar erhalten. Der englische Lehrer John Dalton stellte sich die Frage, welcher Druck in dem Behälter herrscht, wenn die beiden Gase gleichzeitig darin enthalten sind. Er führte eine ganze Reihe von Messungen aus und schloß daraus, daß der Druck in dem Behälter dann gleich der Summe der Drücke der beiden Gase, also gleich 300 mbar, sein muß.

Zur Beschreibung seiner Beobachtungen führte Dalton den Begriff der *Partialdrücke* von Gasen ein:

> Unter dem **Partialdruck** eines Gases in einer Mischung verstehen wir den Druck, den es ausüben würde, wenn es in einem Behälter allein vorhanden wäre.

In unserem Beispiel sind die Partialdrücke von Sauerstoff und Stickstoff in der Mischung 100 mbar und 200 mbar, denn das sind die Drücke für den Fall, daß sie allein vorhanden sind. Dalton formulierte seine Schlußfolgerungen mit dem *Daltonschen Partialdruckgesetz*:

> **Daltonsches Partialdruckgesetz:** Der Gesamtdruck einer Gasmischung ist gleich der Summe der Partialdrücke der Komponenten.

In Abb. 2-18 ist das Daltonsche Gesetz anschaulich wiedergegeben.

Der Partialdruck P_A des Gases A hängt von der Stoffmenge n_A, von der Temperatur und vom Gesamtvolumen der Mischung ab. Man braucht bei der Berechnung die anderen noch vorhandenen Gase nicht zu berücksichtigen und kann deshalb das ideale Gasgesetz in der Form

$$P_A = \frac{n_A RT}{V} \tag{5}$$

verwenden.

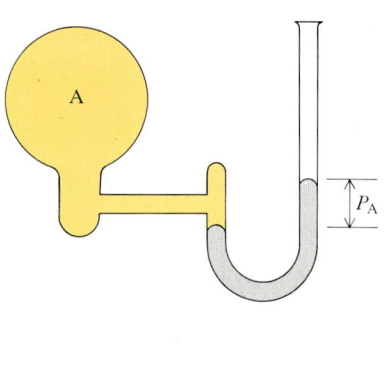
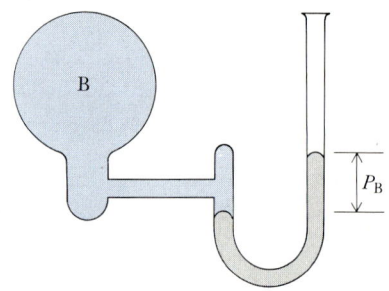
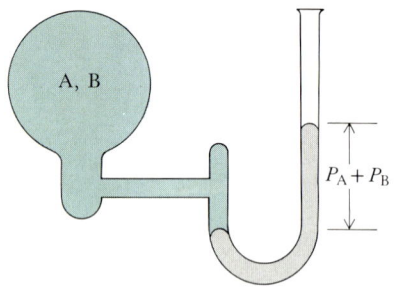

Abb. 2-18 Nach dem Daltonschen Gesetz ist der Gesamtdruck einer Gasmischung gleich der Summe der Partialdrücke. Unter dem Partialdruck einer Komponente der Gasmischung verstehen wir den Druck, unter dem sie stände, wenn sie in dem Behälter allein vorhanden wäre (natürlich bei derselben Temperatur).

Beispiel 2-12 Die Berechnung von Partialdrücken

1,00 g Luft besteht aus ca. 0,76 g Stickstoff und 0,24 g Sauerstoff. Wie groß sind der Gesamtdruck und die Partialdrücke, wenn sich diese Probe bei 20 °C in dem Behälter von 1,00 dm³ befindet?

Methode. Wir stellen die angegebenen Zahlenwerte zusammen und untersuchen, ob sie zur Berechnung der Unbekannten mit Hilfe von Gl. 5 ausreichen. Wenn mehr als eine Unbekannte übrig bleibt, haben wir entweder andere Daten geeignet umzurechnen oder die fehlenden Daten aus Tabellen zu entnehmen.

Lösung. Folgende Angaben brauchen wir:

$$P_{N_2} = ? \quad n_{N_2} = ? \quad V = 1{,}00 \, \text{dm}^3 \quad T = 293 \, \text{K} \ (20\,^{\circ}\text{C})$$
$$P_{O_2} = ? \quad n_{O_2} = ? \quad V = 1{,}00 \, \text{dm}^3 \quad T = 293 \, \text{K} \ (20\,^{\circ}\text{C})$$

Die Stoffmengen n_{N_2} und n_{O_2} berechnen wir aus den Massen und den molaren Massen (28,02 g mol^{-1} für N_2 und 32,00 g mol^{-1} für O_2):

$$\text{Stoffmenge } N_2 = 0{,}76 \text{ g } N_2 \cdot \frac{1 \text{ mol } N_2}{28{,}02 \text{ g } N_2} = 0{,}0271 \text{ mol } N_2$$

$$\text{Stoffmenge } O_2 = 0{,}24 \text{ g } O_2 \cdot \frac{1 \text{ mol } O_2}{32{,}00 \text{ g } O_2} = 0{,}00750 \text{ mol } O_2$$

Setzen wir unsere Werte in Gl. 5 ein, so erhalten wir

$$P_{N_2} = 0{,}0271 \text{ mol } N_2 \cdot \frac{8{,}314 \text{ J K}^{-1} \text{ mol}^{-1} \cdot 293 \text{ K}}{1{,}00 \text{ dm}^3} = 0{,}66 \text{ bar } N_2$$

$$P_{O_2} = 0{,}00750 \text{ mol } O_2 \cdot \frac{8{,}314 \text{ J K}^{-1} \text{ mol}^{-1} \cdot 293 \text{ K}}{1{,}00 \text{ dm}^3} = 0{,}18 \text{ bar } O_2$$

Der Gesamtdruck ist gleich der Summe der Partialdrücke:

$$P = 0{,}66 \text{ bar} + 0{,}18 \text{ bar} = 0{,}84 \text{ bar}$$

Übungsaufgabe. In Tabelle 2-1 findet man genauere Daten zur Zusammensetzung der Luft. Berechnen Sie die Partialdrücke aller dort angegebenen Komponenten sowie den Gesamtdruck für den Fall, daß sich 1,00 g trockene Luft von 25 °C in einem 500 cm^3-Behälter befindet.

[Antwort: $P_{N_2} = 1{,}33$ bar, $P_{O_2} = 0{,}359$ bar, $P_{Ar} = 0{,}0160$ bar, $P_{CO_2} = 5{,}63 \cdot 10^{-4}$ bar, $P = 1{,}71$ bar]

Gasmessungen im Gasometer

Wenn wir ein Gas in einem Gasometer über einer Wasseroberfläche einschließen, begegnet uns ein spezielles stöchiometrisches Problem, für das wir eine Lösung finden müssen (vgl. Abb. 2-19). Stellt man im Laboratorium ein Gas her, das nur wenig in Wasser löslich ist wie z. B. Sauerstoff, können wir es in einem umgestülpten Zylinder auffangen; dort befindet sich dann eine Mischung aus dem hergestellten Gas und Wasserdampf. Das Gesamtvolumen des aufgefangenen Gases lesen wir in der Regel an einer Skala ab; bestimmen wollen wir, welche Stoffmenge unseres Gases (z. B. von Sauerstoff) bei einer Reaktion entstanden ist.

Wählen wir als Beispiel die thermische Zersetzung von Kaliumchlorat, bei der von Interesse ist, welche Stoffmenge Sauerstoff freigesetzt wird:

$$2\,KClO_3\,(s) \overset{\Delta}{\rightarrow} 2\,KCl\,(s) + 3\,O_2\,(g)$$

(Diese Reaktion führt man am besten in Gegenwart von etwas Mangandioxid durch, das als „Katalysator" wirkt; so nennt man eine Substanz, die für einen schnellen und glatten Reaktionsverlauf sorgt (siehe Abschn. 7-7).) Wenn wir das Volumen des aufgefangenen Gases und den Partialdruck des O_2 haben, dann können wir mit der folgenden Gleichung die Stoffmenge O_2 berechnen:

$$n_{O_2} = \frac{P_{O_2} V}{RT}$$

Das Problem besteht darin, den Wert von P_{O_2} zu bestimmen, denn die Messung liefert nur den Gesamtdruck P als Summe der Partialdrücke von Sauerstoff und von Wasser. P bestimmen wir, indem wir die Höhe der Gasometerflasche so variieren, daß das Wasser innen und außen gleich hoch steht (vgl. Abb. 2-20).

2-6 Mischungen von Gasen

Abb. 2-19 Oft lassen sich die bei einer Reaktion entstehenden Gase in einem Gasometer über einer Flüssigkeit (meist Wasser) auffangen. Hier wird Kaliumchlorat mit etwas Mangandioxid erhitzt; der dabei entstehende Sauerstoff wird im Gasometer aufgefangen.

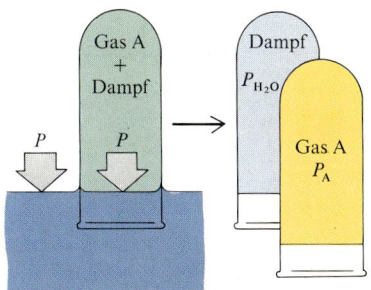

Abb. 2-20 Den Partialdruck des Gases A kann man messen, wenn die Wasserspiegel innerhalb und außerhalb des Gasometers gleich hoch sind. Dann ist der Gesamtdruck im Innern gleich dem äußeren Atmosphärendruck; zieht man jetzt den Dampfdruck des Wassers ab, so erhält man den Druck des Gases selbst.

Unter dieser Voraussetzung herrscht im Gasometer derselbe Druck wie außen, und den Außendruck lesen wir einfach an einem Barometer ab.

Der Gesamtdruck P des Gases im Gasometer ist gleich der Summe der Partialdrücke des Sauerstoffes (P_{O_2}) und des Wasserdampfes (P_{H_2O}). Daraus folgt

$$P_{O_2} = P - P_{H_2O}$$

Der Partialdruck des Wasserdampfes über flüssigem Wasser heißt der **Dampfdruck** des Wassers (mit dieser Größe werden wir uns in Abschnitt 5-5 ausführlicher beschäftigen). Im Augenblick brauchen wir nur zu wissen, wie der Dampfdruck des Wassers von der Temperatur abhängt; die entsprechenden Daten stehen in Tabelle 2-5. Bei Zimmertemperatur hat Wasser einen Dampfdruck von etwa 27 mbar, also weniger als 3% des Atmosphärendruckes. Der Partialdruck des Sauerstoffs im Innern des Gasometers unterscheidet sich also nur wenig vom Gesamtdampfdruck.

Tabelle 2-5 Der Dampfdruck von Wasser

Temperatur, °C	Dampfdruck, mbar
0	5,97
2	7,05
4	8,13
6	9,35
8	10,73
10	12,28
12	14,03
14	15,99
16	18,17
18	20,64
20	23,39
25	31,68
30	42,43
40	73,76
50	123,35
60	199,17
70	311,6
80	473,5
90	701,1
100	1013,2

Beispiel 2-13 Die Bestimmung der Stoffmenge eines Gases

Wir erhitzen Kaliumchlorat mit einer Spur Mangandioxid als Katalysator. Der Atmosphärendruck beträgt gerade 1006,9 mbar, die Temperatur 20 °C, und wir lesen ein Gasvolumen von 370 dm³ ab. Welche Stoffmenge O_2 ist entstanden?

Methode. Mit Hilfe des idealen Gasgesetzes berechnen wir aus dem Partialdruck, dem Volumen und der Temperatur die Stoffmenge. Volumen und Temperatur sind angegeben. Nach dem Daltonschen Gesetz ist der Partialdruck des Sauerstoffs gleich der Differenz zwischen dem Gesamtdruck und dem Partialdruck des Wassers, den man aus der Tabelle 2-5 entnehmen kann.

Lösung. Der Sauerstoff-Partialdruck im Gasometer ist

$$P_{O_2} = 1006,9 \text{ mbar} - 23,4 \text{ mbar} = 983,5 \text{ mbar}$$

Bei 20 °C (293 K) gilt

$$RT = 8,314 \text{ J K}^{-1} \text{mol}^{-1} \cdot 293 \text{ K} = 2,436 \cdot 10^3 \text{ m}^3 \text{ Pa mol}^{-1} = 2,436 \cdot 10^4 \text{ dm}^3 \text{ mbar mol}^{-1},$$

damit erhalten wir

$$n_{O_2} = P_{O_2} V \cdot \frac{1}{RT}$$

$$= 983,5 \text{ mbar} \cdot 0,370 \text{ dm}^3 \cdot \frac{1}{2,436 \cdot 10^4 \text{ dm}^3 \text{ mbar mol}^{-1}}$$

$$= 1,49 \cdot 10^{-2} \text{ mol}$$

Bei der Reaktion sind also 14,9 mmol O_2 entstanden.

Übungsaufgabe. Beim Auflösen eines Stückchens Zink in verdünnter Salzsäure entstand Wasserstoff, dessen Volumen bei 25 °C und 1013 mbar in einem Gasometer über Wasser zu 446 cm³ gemessen wurde. Welche Stoffmenge H_2 ist gebildet worden?

[Antwort: 17,7 mmol H_2]

Partialdruck und Stoffmengenanteil

Die Zusammensetzungen von Mischungen werden in der Literatur meist als *Stoffmengenanteil* (früher: Molenbruch) beschrieben (vgl. Abb. 2-21):

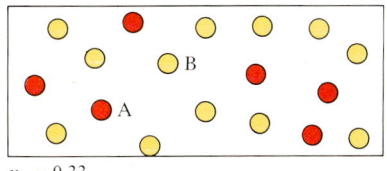

$x_A = 0,33$

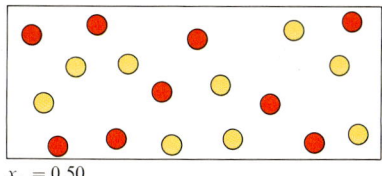

$x_A = 0,50$

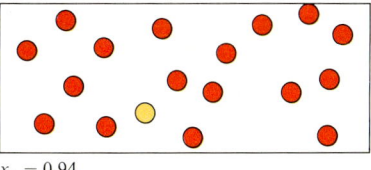

$x_A = 0,94$

Abb. 2-21 Der Stoffmengenanteil x_A einer Substanz A in einer Mischung ist gleich der Stoffmenge von A geteilt durch die Summe der Stoffmengen aller Komponenten der Mischung.

Der **Stoffmengenanteil** einer Substanz in einer Mischung ist gleich der Stoffmenge dieser Substanz in der Mischung, geteilt durch die Summe der Stoffmengen aller Substanzen in der Mischung.

Stoffmengenanteile lassen sich für Festkörper, Flüssigkeiten und Gase berechnen; in diesem Kapitel werden wir diesen Begriff nur auf Gase anwenden. Unter einer binären Mischung verstehen wir eine Mischung aus zwei Substanzen (Komponenten) A und B; deren Stoffmengenanteile x sind dann nach unserer Definition:

$$x_A = \frac{n_A}{n_A + n_B}, \quad x_B = \frac{n_B}{n_A + n_B} \tag{6}$$

wobei n die Stoffmenge der einzelnen Komponenten bedeutet.

Der Stoffmengenanteil von A ist gleich Null, wenn A nicht vorhanden ist, und gleich 1, wenn die Probe aus reinem A besteht. Wenn die Hälfte der Moleküle von der Sorte A ist, dann ist der Stoffmengenanteil von A gleich 0,5.

Den Partialdruck des Gases A kann man aus dem Stoffmengenanteil berechnen:

$$P_A = x_A \cdot P \tag{7}$$

wobei P der Gesamtdruck der Mischung ist. Um das zu beweisen, gehen wir von Gl. 5 aus und wenden sie auf die Substanzen A und B an:

$$P_A = n_A \cdot \frac{RT}{V}, \quad P_B = n_B \cdot \frac{RT}{V}$$

Der Gesamtdruck ist gleich der Summe der beiden Partialdrücke, also:

$$P = P_A + P_B = (n_A + n_B) \cdot \frac{RT}{V}$$

Wenn wir die erste Gleichung (für P_A) durch die letzte (für P) teilen, erhalten wir:

$$\frac{P_A}{P} = \frac{n_A}{n_A + n_B}$$

Die rechte Seite ist gleich x_A, deshalb gilt:

$$\frac{P_A}{P} = x_A \quad \text{oder} \quad P_A = x_A \cdot P$$

Der Gl. 7 können wir entnehmen, daß der Partialdruck des Gases A gleich Null ist, wenn der Stoffmengenanteil x_A Null ist, wenn also keine A-Moleküle vorhanden sind.

Wenn nur A-Moleküle in der Mischung vorhanden sind (d. h. wenn $x_A = 1$ ist), dann ist der Partialdruck gleich dem Gesamtdruck (vgl. Abb. 2-22).

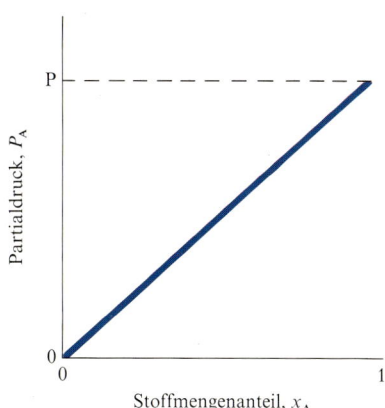

Abb. 2-22 Der Partialdruck P_A eines Gases in einer Mischung ist proportional zu seinem Stoffmengenanteil x_A.

Die kinetische Gastheorie

Ein Gas ist eine Ansammlung von Molekülen, die sich in ständiger ungeordneter Bewegung befinden und deren Abstände voneinander im Mittel (wenn sie nicht gerade miteinander kollidieren) sehr groß sind (vgl. Abb. 2-23). Betrachten wir ein einzelnes Molekül, so mag es gerade durch den Raum fliegen, einen Augenblick später mit einem anderen Molekül zusammenstoßen und danach in eine andere Richtung fliegen, um später wieder mit einem anderen Molekül zusammenzustoßen. Diese Beschreibung ist die Grundlage der *kinetischen Gastheorie* (vom griechischen Wort für „Bewegung"). Sie beruht auf den drei folgenden Grundannahmen:

1. Ein Gas besteht aus Molekülen, die sich alle in ungeordneter Bewegung befinden.
2. Die Moleküle sind sehr kleine, nahezu punktförmige Teilchen und bewegen sich geradlinig, bis sie einen Stoß erleiden.
3. Die Gasmoleküle üben aufeinander keine Kräfte aus, es sei denn, sie stoßen gerade miteinander zusammen.

Obwohl diese Voraussetzungen der Theorie sehr einfach sind, führen sie bereits zu einer Beschreibung der Eigenschaften von Gasen, die lediglich von den Eigenschaften seiner Teilchen abhängt. Insbesondere ergeben sie, daß Druck und Volumen eines Gases über die Gleichung

$$PV = \frac{1}{3} n M v^2 \qquad (8)$$

miteinander zusammenhängen, wenn n Mole Gas vorhanden sind. M ist die molare Masse, und v ist die sogenannte *quadratisch gemittelte Geschwindigkeit*. Darunter verstehen wir die Wurzel aus dem Mittelwert der Quadrate der Geschwindigkeiten aller einzelnen Moleküle in der Probe:

$$v = \sqrt{\frac{1}{k} \cdot (v_1^2 + v_2^2 + \ldots + v_k^2)}$$

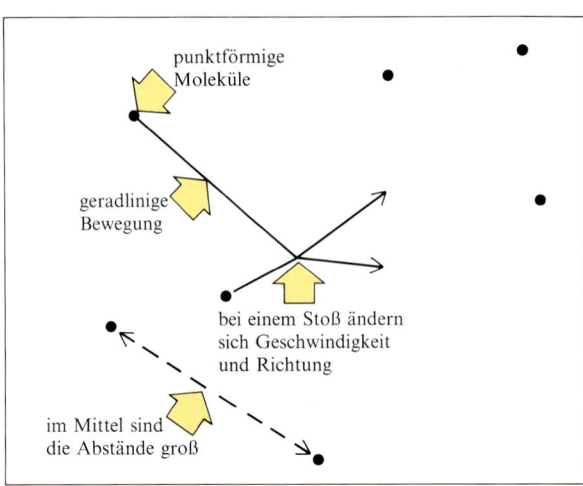

Abb. 2-23 Die Grundannahmen der kinetischen Gastheorie. Aus ihnen folgen die Eigenschaften des idealen Gases.

Beispiel 2-14 Berechnung der quadratisch gemittelten Geschwindigkeit

Bei einer Radar-Kontrolle wurden an fünf Fahrzeugen die Geschwindigkeiten 55,1, 60,5, 62,5, 68,2 und 70,1 Kilometer pro Stunde gemessen. Wie groß sind die quadratisch gemittelte und die mittlere Geschwindigkeit der Fahrzeuge?

Methode. Zur Berechnung der quadratisch gemittelten Geschwindigkeit berechnen wir die Quadrate der gemessenen Geschwindigkeiten, addieren sie, teilen die Summe durch die Anzahl der Fahrzeuge und ziehen schließlich die Quadratwurzel. Die mittlere Geschwindigkeit ist die Summe der einzelnen Geschwindigkeiten geteilt durch die Anzahl der Fahrzeuge.

Lösung. Die Summe der Quadrate der Geschwindigkeiten ist $(55,1)^2 + (60,5)^2 + (62,5)^2 + (68,2)^2 + (70,1)^2 = 20\,168$ km² Stunde^{-2}. Division durch 5 ergibt 4034 km² Stunde^{-2}, daraus die Quadratwurzel 63,5 km Stunde^{-1}. Die Summe der Geschwindigkeiten ist $55,1 + 60,5 + 62,5 + 68,2 + 70,1 = 316,4$ km Stunde^{-1}, Division durch 5 ergibt für die mittlere Geschwindigkeit den Wert 63,3 km Stunde^{-1}.

Übungsaufgabe. Vier Messungen ergaben Geschwindigkeiten von 34,1, 36,2, 38,3 und 38,3 km Stunde^{-1}. Wie groß sind die quadratisch gemittelte Geschwindigkeit und die mittlere Geschwindigkeit?

[Antwort: 36,8 km Stunde^{-1}; 36,7 km Stunde^{-1}]

2-7 Die Geschwindigkeiten der Moleküle

Die Geschwindigkeit, mit der sich die Moleküle eines Gases bewegen, liegt in der Größenordnung der Schallgeschwindigkeit. Das läßt sich anschaulich verstehen, denn der Schall ist eine Wellenbewegung, die durch die Bewegung der Moleküle fortgepflanzt wird. In Luft beträgt die Schallgeschwindigkeit 300 m s^{-1}, und wir können deshalb erwarten, daß die mittlere Geschwindigkeit der Moleküle in dieser Größenordnung liegt.

Geschwindigkeit und Temperatur

Die kinetische Gastheorie liefert Gl. 8, aus der wir PV berechnen können. Andererseits wissen wir, daß (nach dem idealen Gasgesetz) $PV = nRT$ gilt. Setzen wir die beiden Formeln einander gleich, so erhalten wir:

$$\frac{1}{3} n M v^2 = n R T$$

Wenn wir nach v^2 auflösen, erhalten wir daraus:

$$v^2 = \frac{3 R T}{M}$$

Wenn wir jetzt noch auf beiden Seiten die Quadratwurzel ziehen, erhalten wir eine Beziehung zwischen der quadratisch gemittelten Geschwindigkeit und der Temperatur:

$$v = \sqrt{\frac{3 R T}{M}} \qquad (9)$$

Wir sehen an dieser Formel, daß die quadratisch gemittelte Geschwindigkeit auch von R abhängt.

41

Nach Gleichung 9 nehmen die quadratisch gemittelte und die mittlere Geschwindigkeit der Gasmoleküle zu, wenn wir die Temperatur des Gases erhöhen. Dabei ist die Geschwindigkeit der Gasmoleküle proportional der Quadratwurzel aus der absoluten Temperatur. Wenn man also die absolute Temperatur bei irgendeinem Gas verdoppelt (z. B. von 200 K auf 400 K), so bedeutet das für die quadratisch gemittelte Geschwindigkeit eine Zunahme um den Faktor $\sqrt{2} = 1{,}4$.

Erhöht man die Temperatur eines beliebigen Gases von 20 °C (293 K) auf 1000 °C (1273 K), so erhöht sich dabei die quadratisch gemittelte Geschwindigkeit der Moleküle um den Faktor

$$\sqrt{\frac{1273\ \text{K}}{293\ \text{K}}} = 2{,}08$$

Es läßt sich leicht ausrechnen, daß bei 20 °C die quadratisch gemittelte Geschwindigkeit der Sauerstoffmoleküle bei 500 m s^{-1} (1800 km h^{-1}) liegt und daß in einem Ofen mit einer Temperatur von etwa 1000 °C mit Geschwindigkeiten um 1000 m s^{-1} (3600 km h^{-1}) zu rechnen ist.

Geschwindigkeit und molare Masse

Gleichung 9 zeigt uns, daß die mittlere Geschwindigkeit der Moleküle um so geringer ist, je größer die molare Masse der Moleküle des Gases ist. Deshalb bewegen sich z. B. Kohlendioxidmoleküle im Mittel viel langsamer als Sauerstoffmoleküle. Die Gleichung zeigt auch, daß die quadratisch gemittelte Geschwindigkeit der Gasmoleküle umgekehrt proportional zur Quadratwurzel aus der molaren Masse ist. Die molaren Massen von CO_2 und O_2 sind 44,01 bzw. 32,00 g mol^{-1}, die quadratisch gemittelten Geschwindigkeiten der beiden Molekülarten stehen deshalb zueinander im Verhältnis

$$\sqrt{\frac{32{,}00}{44{,}01}} = 0{,}85$$

Die quadratisch gemittelte Geschwindigkeit der CO_2-Moleküle beträgt also bei jeder Temperatur nur 85% derjenigen der O_2-Moleküle. In einer Probe aus feuchter Luft bewegen sich deshalb die schwersten vorhandenen Moleküle, die CO_2-Moleküle, mit 1480 km pro Stunde, und die H_2O-Moleküle, die leichtesten, sogar mit 2614 km pro Stunde. In Abb. 2-24 sind die quadratisch gemittelten Geschwindigkeiten für einige wichtige Moleküle zusammengestellt.

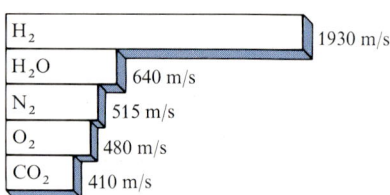

Abb. 2-24 Die mittleren Geschwindigkeiten von H_2 und der Moleküle der Luft bei 20 °C. Am Wasserstoff sieht man, um wieviel sich leichte Moleküle schneller bewegen als schwere.

Die Diffusion

Wenn sich eine Substanz in einer anderen ausbreitet, sprechen wir von *Diffusion*. Ein Festkörper diffundiert in eine Flüssigkeit, wenn er sich darin auflöst. Wenn sich zwei Festkörper berühren, können sie ebenfalls ineinander diffundieren, in der Regel geht das jedoch sehr langsam. Wir wollen uns jetzt nur mit der Diffusion von Gasen ineinander beschäftigen. Diffusion findet immer statt, wenn man zwei oder mehrere Gase in denselben Behälter einbringt oder wenn verschiedene Gase nur durch eine durchlässige (poröse) Trennwand voneinander getrennt sind. Ursache der Diffusion ist bei Gasen die ungeordnete Bewegung der Moleküle.

In der Praxis konkurriert die Diffusion von Gasen mit der *Konvektion*. Bei der Konvektion wandern nicht einzelne Moleküle, sondern Kollektive von Molekülen.

Die Diffusionsgeschwindigkeit hängt mit der Geschwindigkeit der Moleküle zusammen; Moleküle mit hoher Geschwindigkeit diffundieren auch schneller. Wir hatten bereits gesehen, daß bei konstanter Temperatur die mittlere Geschwindigkeit von Gasmolekülen umgekehrt proportional zu ihrer molaren Masse ist. Wenn wir als Diffusionsgeschwindigkeit die Stoffmenge, die in einer Sekunde durch einen gedachten Querschnitt wandert, ansehen, so sollte diese Größe die gleiche Abhängigkeit zeigen (vgl. Abb. 2-25). Das ist die Aussage des von dem

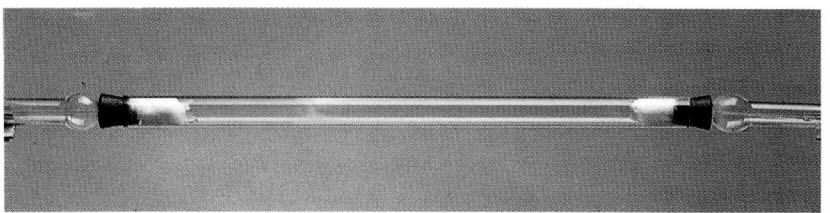

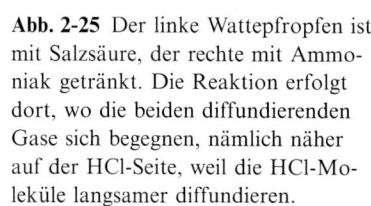

Abb. 2-25 Der linke Wattepfropfen ist mit Salzsäure, der rechte mit Ammoniak getränkt. Die Reaktion erfolgt dort, wo die beiden diffundierenden Gase sich begegnen, nämlich näher auf der HCl-Seite, weil die HCl-Moleküle langsamer diffundieren.

schottischen Chemiker Thomas Graham im neunzehnten Jahrhundert formulierten Gesetzes:

Grahamsches Gesetz: Die Diffusionsgeschwindigkeit in einem Gas ist umgekehrt proportional zur Quadratwurzel aus der molaren Masse.

Das Grahamsche Gesetz wurde früher zur experimentellen Bestimmung der molaren Massen von flüchtigen Substanzen verwendet; heute gibt es genauere Methoden. Läßt man eine bestimmte Gasmenge durch einen gegebenen Querschnitt diffundieren, so ist die dafür benötigte Zeit umgekehrt proportional zur Diffusionsgeschwindigkeit; aus dem Grahamschen Gesetz folgt also, daß die für die Diffusion benötigte Zeit t direkt proportional zur Quadratwurzel aus der molaren Masse ist:

$$t \propto \sqrt{M}$$

Vergleichen wir die Zeiten, die zwei Gase A und B in einer gegebenen Apparatur bei gleichem Druck und gleicher Temperatur für die Diffusion benötigen, so erhalten wir

$$\frac{t_A}{t_B} = \sqrt{\frac{M_A}{M_B}} \qquad (10)$$

Beispiel 2-15 Die Messung der molaren Masse mit dem Grahamschen Gesetz

Flüchtige Flüssigkeiten wie die Freone, Verbindungen aus Kohlenstoff, Fluor und Chlor, wurden, wie man heute weiß, zum Schaden der Ozonschicht der Erdatmosphäre häufig in Kälteanlagen verwendet. Eine bestimmte Menge eines Freons benötigte bei konstantem Druck 186 s, um durch eine Fritte zu diffundieren. Die gleiche Menge Kohlendioxid benötigte nur 112 s. Wie groß ist die molare Masse des Freons?

Methode. Das Freon hat zur Diffusion länger gebraucht, wir können also annehmen, daß seine molare Masse größer ist als die des CO_2 mit 44,01 g mol^{-1}. Die Diffusionszeit des

Kohlendioxids ist angegeben, seine molare Masse ist bekannt, folglich bleibt als einzige Unbekannte die molare Masse des Freons. Aus Gl. 10 erhalten wir dafür

$$M(\text{Freon}) = M(CO_2) \cdot \left(\frac{t_{\text{Freon}}}{t_{CO_2}}\right)^2$$

und brauchen nur noch die Zahlenwerte einzusetzen.

Lösung. Einsetzen der Zahlenwerte ergibt

$$M(\text{Freon}) = 44{,}01 \text{ g mol}^{-1} \cdot \left(\frac{186 \text{ s}}{112 \text{ s}}\right)^2 = 121 \text{ g mol}^{-1}$$

Dieser Wert stimmt mit dem überein, was man aus der Formel CCl_2F_2 für Freon-12 errechnen kann.

Übungsaufgabe. Carvon ist ein Bestandteil vieler ätherischer Öle. Eine bestimmte Menge Carvondampf brauchte 186 s, bis er durch eine Fritte diffundiert war, die gleiche Menge Argon 96 s. Wie groß ist die molare Masse des Carvons?

[Antwort: 150 g mol^{-1}]

Das Grahamsche Gesetz läßt auch verstehen, welche Probleme bei der Errichtung von Anlagen zur Isotopentrennung auftreten. Eine Voraussetzung für den Betrieb von Kernenergieanlagen ist die Isolierung von Uran-235 aus dem im Überschuß vorliegenden Uran-238 (vgl. auch Abschnitt 3-8 und 3-9). Ein Verfahren verwendet das flüchtige Uranhexafluorid, das man im Gaszustand durch eine Reihe poröser Wände diffundieren läßt. Die Moleküle mit Uran-235 sind etwas leichter als diejenigen mit Uran-238, diffundieren deshalb schneller und lassen sich so im Prinzip abtrennen. Das Verhältnis der molaren Massen von $^{238}UF_6$ und $^{235}UF_6$ ist 1,008, das ergibt für das Verhältnis der Diffusionsgeschwindigkeiten den Wert $\sqrt{1{,}008} = 1{,}004$, also für jeden einzelnen Diffusionsschritt einen sehr kleinen Wert. Damit überhaupt ein nennenswerter Trenneffekt zustande kommt, muß man eine Anlage mit sehr vielen Stufen bauen, die natürlich sehr groß wird. Die erste Trennanlage in Oak Ridge (USA) mit 4000 Trennstufen (Abb. 2-26) bedeckte eine Fläche von 17 Hektar (170 000 m²).

Die Maxwellsche Geschwindigkeitsverteilung

Die mittlere Geschwindigkeit, genauer, die quadratisch gemittelte Geschwindigkeit von Gasmolekülen, können wir aus Gl. 9 berechnen. Die Geschwindigkeiten der einzelnen Moleküle variieren aber wie die von Autos im Straßenverkehr über einen weiten Bereich. Wenn zwei Moleküle aus entgegengesetzten Richtungen frontal zusammenstoßen, können sie nahezu zum Stillstand kommen. Im nächsten Augenblick kann das eine Molekül von einem anderen angestoßen werden und sich daraufhin praktisch mit Schallgeschwindigkeit wegbewegen. Ein einzelnes Teilchen erleidet in der Sekunde Milliarden von Zusammenstößen und ändert ebensooft seine Geschwindigkeit und seine Flugrichtung.

Die Geschwindigkeitsverteilung gibt an, welcher Anteil aller Moleküle gerade eine bestimmte Geschwindigkeit hat. Die allgemeine Formel wurde von dem schottischen Wissenschaftler James Maxwell aufgestellt; in Abb. 2-27 ist sie graphisch wiedergegeben. Die Kurven in Abb. 2-27a zeigen, daß die schwersten Moleküle (CO_2) alle Geschwindigkeiten nahe bei ihrem Mittelwert haben. Leichte Moleküle wie H_2

Abb. 2-26 Die einzelnen Diffusionszellen der ersten U-235-Diffusionsanlage in Oak Ridge, Tennessee. Die ganze Anlage bestand aus mehreren Tausend solcher Zellen.

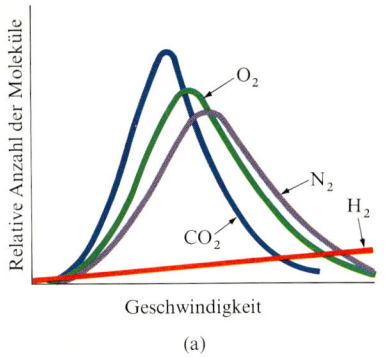

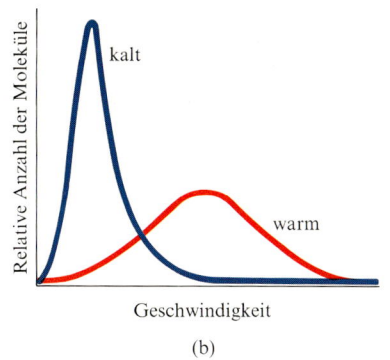

(a)　　　　　　　　　　　　(b)

Abb. 2-27 (a) Die Größenordnung der Molekülgeschwindigkeiten für mehrere Gase, berechnet aus der Maxwellschen Verteilungsformel. Alle Kurven gehören zu derselben Temperatur. (b) Diese Kurven entsprechen derselben Substanz bei verschiedenen Temperaturen. Je höher die Temperatur ist, um so breiter ist die Geschwindigkeitsverteilung.

haben nicht nur eine viel höhere Geschwindigkeit, sondern auch eine viel breitere Geschwindigkeitsverteilung. Deshalb haben leichte Moleküle häufiger eine extrem hohe Geschwindigkeit und können deshalb leichter aus dem Anziehungsbereich kleinerer Planeten in den Weltraum diffundieren. Das ist der Grund, weshalb die leichten Moleküle Wasserstoff und Helium in der Erdatmosphäre so selten sind.

Die Kurven in Abb. 2-27b zeigen, daß die Geschwindigkeiten bei hohen Temperaturen viel breiter verteilt sind als bei niedrigen Temperaturen. Welche Konsequenzen das für die Geschwindigkeiten chemischer Reaktionen hat, werden wir in Abschnitt 7-6 näher untersuchen.

2-8 Die Verflüssigung von Gasen

Bei tiefen Temperaturen bewegen sich die Gasmoleküle so langsam, daß die zwischenmolekularen Anziehungskräfte zur Wirkung kommen und die einzelnen Moleküle sich nicht mehr frei bewegen (vgl. Kap. 5). Wenn die Temperatur unter den Siedepunkt der Substanz sinkt, *kondensiert* das Gas zu einer Flüssigkeit: Dann bewegen sich die Moleküle so langsam, daß sie nicht mehr aus dem gegenseitigen Anziehungsbereich entweichen können. Die Probe ist dann in eine dichte Ansammlung von Molekülen übergegangen, die durch ihre Anziehungskräfte zusammengehalten werden.

Der einfachste Weg zur Gasverflüssigung besteht darin, daß man eine Probe in ein Bad hängt, dessen Temperatur niedriger ist als der Siedepunkt des Gases. Chlor mit einem Siedepunkt von −35 °C wird flüssig, wenn es in einem verschlossenen Rohr mit festem Kohlendioxid gekühlt wird (vgl. Abb. 2-28). Festes Kohlendioxid ist unter dem Namen „Trockeneis" im Handel. Sein Name rührt daher, daß es direkt als Festkörper verdampft, ohne vorher zu schmelzen. Diesen Vorgang nennt man *Sublimation* (vgl. Abschnitt 3-2). Wenn man kleine Stückchen oder gemahlenes Kohlendioxid in niedrigsiedende Flüssigkeiten wie Aceton oder Methanol gibt, läßt sich deren Temperatur bis −77 °C, dem Sublimationspunkt von Kohlendioxid, absenken.

Eine andere Methode zur Gasverflüssigung bedient sich des Zusammenhangs zwischen der Temperatur des Gases und der Geschwindigkeit der Moleküle. Eine kleinere mittlere Geschwindigkeit entspricht einer tieferen Temperatur; wenn man also die Moleküle abbremst, erniedrigt man die Temperatur des Gases. Diese Verlangsamung beruht

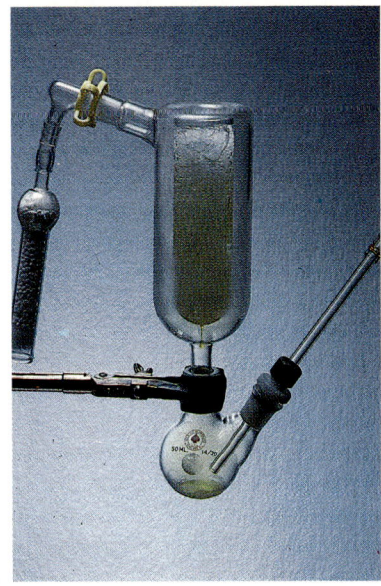

Abb. 2-28 Chlor wird schon bei Normaldruck flüssig, wenn man es unter −35 °C abkühlt.

auf den Anziehungskräften zwischen den Molekülen und ist analog der Abbremsung eines Balls, der senkrecht nach oben geworfen wird, durch die Erdanziehung. Man kann ein Gas, das sich ausdehnt, mit einer riesigen Anzahl von Bällen vergleichen, die sich von vielen anziehenden Körpern entfernen. Die Anziehungskräfte zwischen den Molekülen sind zwar von anderer Natur als die Anziehungskraft der Erde; der Effekt ist aber derselbe. Während der mittlere Abstand der Moleküle größer wird, nimmt ihre mittlere Geschwindigkeit ab (vgl. Abb. 2-29), das heißt aber, das Gas wird kälter. Dieser Effekt heißt nach James Joule und William Thomson, dem späteren Lord Kelvin, *Joule-Thomson-Effekt*.

Der Joule-Thomson-Effekt wurde früher viel in handelsüblichen Kälteanlagen genutzt. Das Gas, welches verflüssigt werden soll, wird zuerst komprimiert und danach durch ein enges Loch, die sogenannte Drossel, expandiert (Linde-Verfahren). Es kühlt sich bei der Expansion ab und wird jetzt im Gegenstrom gegen das komprimierte Gas geführt. Auf diese Weise wird das komprimierte Gas vorgekühlt, so daß die Abkühlung beim Expandieren weiter schreitet. Führt man diesen Prozeß des Komprimierens, Abkühlens und Expandierens kontinuierlich weiter, so sinkt die Temperatur der Anlage, bis das Gas schließlich flüssig wird. Das Linde-Verfahren hat technisch den Vorteil, daß die kalte Substanz nie mit Kolben oder Ventilen in Berührung kommt, die geschmiert werden müssen. Handelt es sich bei dem verflüssigten Gas um eine Mischung wie z. B. Luft, so können aus der Flüssigkeit durch fraktionierte Destillation die Komponenten gewonnen werden. Nach dieser Methode lassen sich Stickstoff, Sauerstoff, Neon, Argon, Krypton und Xenon aus der Atmosphäre gewinnen.

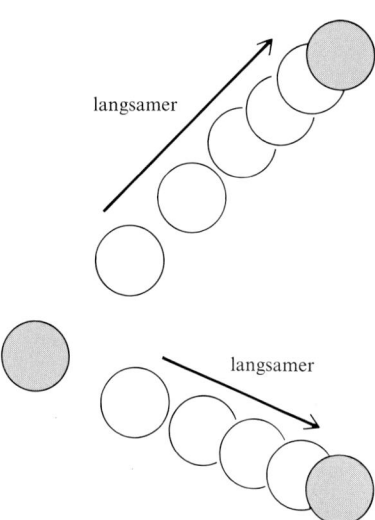

langsamer

langsamer

Abb. 2-29 Beim Joule-Thomson-Effekt kühlt das Gas ab, weil die Moleküle von den Anziehungskräften abgebremst werden, wenn sie sich voneinander entfernen.

Zusammenfassung

Der Druck eines Gases ist die Kraft pro Flächeneinheit, die auf die Gefäßwände wirkt. Er kommt durch die Stöße der Gasmoleküle (und die damit verbundene Impulsübertragung auf die Wand) zustande. Druckmeßgeräte heißen Barometer (für die freie Atmosphäre) oder Manometer.

Die Beziehung zwischen dem Druck, dem Volumen, der Temperatur und der Anzahl der Mole (der Stoffmenge) einer Substanz heißt ihre Zustandsgleichung. Bei kleinen Drücken gilt für alle Gase dieselbe Zustandsgleichung, das ideale Gasgesetz $PV = nRT$. Spezielle Fälle des idealen Gasgesetzes sind das Boylesche Gesetz für den Zusammenhang zwischen Druck und Volumen, das Gesetz von Charles für den Zusammenhang zwischen Volumen und Temperatur und das Avogadrosche Gesetz für den Zusammenhang zwischen dem Volumen und der Stoffmenge. Ein (hypothetisches) Gas, welches genau dem idealen Gasgesetz gehorcht, heißt ideales Gas. Das ideale Gasgesetz ermöglicht die Berechnung der molaren Masse aus der Gasdichte; mit ihm läßt sich vorhersagen, wie sich Druck, Volumen oder Temperatur verändern, wenn eine dieser Größe variiert wird.

Reale Gase verhalten sich (insbesondere bei höheren Drükken) anders als ideale Gase. Eine Zustandsgleichung für reale Gase, bei der die Wirkung der zwischenmolekularen Kräfte (Anziehungen und Abstoßungen) zwischen den Molekülen anschaulich berücksichtigt wird, ist die van der Waalssche Gleichung.

Bei Standard-Temperatur ($0\,°C$) und Standard-Druck ($1,01325\ \text{bar}$) haben alle Gase praktisch dasselbe molare Volumen. Mit diesem Zahlenwert kann man leicht die Stoffmenge eines Gases in das Volumen umrechnen und umgekehrt.

Der Druck einer Gasmischung wird durch das Daltonsche Partialdruck-Gesetz gegeben; nach ihm werden die Komponenten der Gasmischung so behandelt, als seien sie in dem gegebenen Volumen allein vorhanden. Der Partialdruck eines Gases ist dem Stoffmengenverhältnis proportional, also gleich der Stoffmenge dieser Substanz geteilt durch die Stoffmenge aller vorhandenen Substanzen. Er wird nach dem idealen Gasgesetz berechnet.

Die kinetische Gastheorie geht von einer ungeordneten Bewegung der Gasmoleküle aus, die sich unabhängig voneinander bewegen. Aus ihr ergibt sich, daß die quadratisch gemittelte Geschwindigkeit der Moleküle proportional zur Quadratwurzel aus der Temperatur und umgekehrt proportional zur Quadratwurzel aus der molaren Masse ist. Die Beweglichkeit der Moleküle führt zur Diffusion, bei der sie sich in einem gegebenen Volumen ausbreiten. Nach dem Grahamschen Gesetz ist die Diffusionsgeschwindigkeit in einem Gas umgekehrt proportional zur Quadratwurzel aus der molaren Masse. Wie viele Moleküle bei einer gegebenen Temperatur gerade eine bestimmte Geschwindigkeit haben, beschreibt die Maxwellsche Geschwindigkeitsverteilung.

Aufgaben

2-1 Welchen Druck erzeugt eine 1,0 m hohe Wassersäule?

2-2 Welchen Druck erzeugt eine 1,0 m hohe Quecksilbersäule?

2-3 Welcher Druckunterschied besteht zwischen Fuß und Spitze des Berliner Funkturms (Höhe 138 m), wenn die Dichte der Luft im Mittel 1,2 g dm^{-3} ist?

2-4 Wie groß ist der Druckunterschied zwischen der Oberfläche und dem Boden eines 2 m tiefen Schwimmbeckens?

2-5 Auf Meereshöhe beträgt der Luftdruck im Mittel 101 325 Pa. Die Dichte der Luft beträgt 1,2 kg m^{-3}. Welche Masse hat die Luftsäule, die über einer Grundfläche von 1 m^2 liegt?

2-6 Am Gipfel des Mount Everest (8848 m) herrscht ein Luftdruck von 27 000 Pa. Welche Masse hat die Luft, die (a) über einer Fläche von 1 m^2, (b) unter dieser Fläche bis zur Meereshöhe liegt?

2-7 Wir verwenden zur Druckmessung ein mit Wasser gefülltes Manometer. Der linke Schenkel des Manometers ist offen, der Luftdruck beträgt 1003,7 mbar, die Dichte des Wassers bei der Versuchstemperatur 0,9978 g cm^{-3}. Welcher Druck herrscht im rechten Schenkel, wenn dort der Meniskus (a) 15,0 cm tiefer, (b) 10,2 cm höher steht?

2-8 Welcher Druck herrscht im rechten Schenkel des in der vorigen Aufgabe beschriebenen Manometers, wenn der Meniskus dort (a) 12,5 cm höher, (b) 15,2 cm tiefer steht?

2-9 Wir füllen ein Manometer anstatt mit Wasser ($d = 0,997$ g cm^{-3}) mit Benzol ($d = 0,879$ g cm^{-3}). Ein bestimmter Druck führt im Wassermanometer zu einem Höhenunterschied der beiden Menisken von 10,0 cm. Was würden wir am Benzol-Manometer ablesen?

2-10 Wir füllen ein Manometer anstatt mit Wasser ($d = 0,997$ g cm^{-3}) mit schwerem Wasser (vgl. Abschn. 2-10) ($d = 1,104$ g cm^{-3}). Was zeigt das Manometer mit schwerem Wasser an, wenn das mit normalem Wasser gefüllte Manometer eine Höhendifferenz von 15,7 cm ergibt?

Das ideale Gasgesetz

2-11 (a) Wir haben 1 dm^3 Wasserstoff von 1,00 bar und erhöhen den Druck auf 2,00 bar. Was für ein Volumen hat die Probe dann?
(b) Wir verringern den Druck einer Probe von 500 cm^3 Luft von 1000 mbar auf 910 mbar. Was hat sie dann für ein Volumen?

2-12 (a) Wir verringern den Druck auf 500 cm^3 Luft von 1,10 bar auf 1,01 bar. Was für ein Volumen erhalten wir?
(b) Wir erhöhen den Druck auf 100 cm^3 CO$_2$ von 210 mbar auf 1013 mbar. Was für ein Volumen erhalten wir?

2-13 (a) Wir expandieren 1,00 dm^3 Luft von 1,00 bar auf 2,00 dm^3. Was für einen Druck hat sie dann?
(b) Wir komprimieren 430 cm^3 Wasserstoff von 1013 mbar auf 350 cm^3. Was für einen Druck hat er dann?
(c) Wir komprimieren 600 cm^3 Helium von 0,900 mbar auf 350 cm^3. Was für einen Druck hat es dann?

2-14 (a) Wir komprimieren 1,00 dm^3 Luft von 1,00 bar auf 500 cm^3. Was für einen Druck hat sie dann?
(b) Wir expandieren 350 cm^3 Wasserstoff von 1013 mbar auf 500 cm^3. Was für einen Druck hat er dann?
(c) Wir expandieren 1,00 cm^3 Helium von 0,10 bar auf 1,00 dm^3. Was für einen Druck hat es dann?

2-15 (a) Uns steht Luft von 1,00 bar zur Verfügung. Wieviel davon brauchen wir, um 1,00 dm^3 Luft von 10,0 kPa herzustellen?
(b) Uns steht Argon von 1005 mbar zur Verfügung. Wieviel davon brauchen wir, um 10 cm^3 Argon von 1000 bar herzustellen?

2-16 (a) Uns steht Helium von 99,8 kPa zur Verfügung. Wieviel davon brauchen wir, um 10,0 cm^3 Helium von 1,0 kPa herzustellen?
(b) Uns steht Luft von 1,03 bar zur Verfügung. Wieviel davon brauchen wir, um 10 dm^3 Argon von $7,6 \cdot 10^{-7}$ mbar herzustellen?

2-17 (a) Wir erwärmen bei konstantem Druck 1,00 dm^3 Luft von 20,0 °C auf 25,0 °C. Wie groß wird das Volumen?
(b) Wir erwärmen bei konstantem Druck 250 cm^3 Argon von $-50,0$ °C auf $+1000$ °C. Wie groß wird das Volumen?

2-18 (a) Wir kühlen bei konstantem Druck 100,00 cm^3 Wasserstoff von 20,0 °C auf 0,0 °C ab. Wie groß wird das Volumen?
(b) Wir erwärmen bei konstantem Druck 250 cm^3 Luft von 0,0 °C auf $+100$ °C. Wie groß wird das Volumen?

2-19 (a) Bei welcher Temperatur (in °C) und konstantem Druck erreichen 200,0 cm^3 Luft von 25,0 °C ein Volumen von 100 cm^3?
(b) Bei welcher Temperatur (in °C) und konstantem Druck erreichen 51,00 cm^3 Helium von 20,0 °C ein Volumen von 50,00 cm^3?

2-20 (a) Bei welcher Temperatur (in °C) und konstantem Druck erreichen 1,00 dm^3 Luft von 25,0 °C ein Volumen von 100 cm^3?
(b) Bei welcher Temperatur (in °C) und konstantem Druck erreichen 49,00 cm^3 Helium von 20,0 °C ein Volumen von 50,00 cm^3?

2-21 Erfüllen die folgenden Daten das Gesetz von Charles?

	Temperatur, °C							
	−10	0	10	20	30	40	50	60
Volumen der Probe 1 in cm^3	120	125	129	134	138	143	147	152
Volumen der Probe 2 in cm^3	100	104	108	111	115	119	123	127

2-22 Erfüllen die folgenden Daten das Gesetz von Charles?

	Temperatur, °C								
	−30	−20	−10	0	20	40	60	80	100
Volumen der Probe 1 in cm^3	92	96	100	104	111	119	127	134	142
Volumen der Probe 2 in cm^3	66	69	71	74	79	85	90	96	101

2-23 (a) Wir erwärmen bei konstantem Volumen Luft mit 1013 mbar von 0 °C auf 25 °C. Welcher Druck wird erreicht?
(b) Wir kühlen bei konstantem Volumen Helium mit 1,00 bar von 25,0 °C auf 4 K. Welchen Druck erreichen wir?

2-24 (a) Wir kühlen bei konstantem Volumen Luft mit 1013 mbar von 20 °C auf 0 °C ab. Welcher Druck wird erreicht?
(b) Wir erwärmen bei konstantem Volumen Luft mit 900 mbar von 25,0 °C auf 1000 °C. Welchen Druck erreichen wir?

2-25 (a) Ein 250,0 cm^3-Behälter enthält bei 30,0 °C 0,100 mol Ar. Welcher Druck herrscht darin?
(b) Ein 100 cm^3-Behälter enthält bei 100,0 °C 0,010 g Kohlendioxid. Welcher Druck herrscht darin?

2-26 (a) Ein 1,0 dm^3-Behälter enthält bei 25 °C 0,200 mol Ne. Welcher Druck herrscht darin?
(b) Ein 250 cm^3-Behälter enthält bei 60,0 °C 0,150 g Ammoniak. Welcher Druck herrscht darin?

2-27 (a) Wieviel Luft (in g) ist nötig, damit in einem 250,0 cm^3-Behälter bei 20,0 °C ein Druck von 1 bar herrscht?
(b) Wieviel Kohlendioxid (in g) ist nötig, damit in einem 250,0 cm^3-Behälter bei 100,0 °C ein Druck von 10 mbar herrscht?

2-28 (a) Wieviel Argon (in g) ist nötig, damit in einem 250,0 cm^3-Behälter bei 0,00 °C ein Druck von 1 mbar herrscht?
(b) Wieviel Wasserstoff (in g) ist nötig, damit in einem 50,0 cm^3-Behälter bei 25 °C ein Druck von 1,0 Pa herrscht?

2-29 1,00 dm^3 Luft von 1013 mbar und 20,0 °C werden auf −20,0 °C abgekühlt und auf 750 cm^3 komprimiert. Welcher Druck herrscht jetzt?

2-30 500 cm^3 Helium von 1,00 bar und 0,00 °C werden auf 100,0 °C erwärmt und auf 300,0 cm^3 komprimiert. Welcher Druck herrscht jetzt?

2-31 100,0 cm^3 Luft bei 0,0 °C und 1,00 bar werden zuerst auf 25 °C erwärmt und auf 2,00 bar komprimiert und danach auf 100,0 °C bei konstantem Druck erwärmt. Welches Volumen wird erreicht?

2-32 100,0 cm^3 Luft bei 0,0 °C und 999 mbar werden zuerst auf 100 °C erwärmt und auf 200 mbar komprimiert und danach auf 1000 °C erwärmt und zuletzt auf 100 mbar expandiert. Welches Volumen wird erreicht?

2-33 0,125 g Benzoldampf haben bei 60,0 °C in einem 250 cm^3-Behälter einen Druck von 177 mbar. Bestimmen Sie die molare Masse von Benzol; chemisch wurde ein Verhältnis von C : H = 1 : 1 gefunden.

2-34 0,155 g Naphthalindampf haben bei 100 °C in einem 250 cm^3-Behälter einen Druck von 150,7 mbar. Bestimmen Sie die molare Masse von Naphthalin. Chemisch wurde ein Verhältnis von C : H = 5 : 4 gefunden.

Reale Gase und die van der Waals-Gleichung

2-35 (a) Welchen Druck hat 1,00 g Kohlendioxid bei 10 °C in einem 500 cm^3-Gefäß? Wie groß wird der prozentuale Fehler, wenn man mit dem idealen Gasgesetz rechnet?

(b) Welchen Druck hat 1,00 mol Luft bei 0,0 °C in einem 22,4 dm^3-Gefäß? Wie groß wird der prozentuale Fehler, wenn man mit dem idealen Gasgesetz rechnet?

2-36 (a) Welchen Druck hat 1,0 g Ammoniak bei 25 °C in einem 250,0 cm^3-Gefäß? Wie groß wird der prozentuale Fehler, wenn man mit dem idealen Gasgesetz rechnet?
(b) Welchen Druck hat 1,00 mol Helium bei 0,0 °C in einem 2,24 dm^3-Gefäß? Wie groß wird der prozentuale Fehler, wenn man mit dem idealen Gasgesetz rechnet?

Molare Volumina

2-37 Welche Volumina haben die folgenden Gasproben bei Standard-Druck und Standard-Temperatur? (a) 1,00 mol H_2, (b) 2,00 mol O_2, (c) 0,152 mol Luft, (d) 0,11 mol Ar.

2-38 Welche Volumina haben die folgenden Gasproben bei Standard-Druck und Standard-Temperatur? (a) 1,00 mol He, (b) 3,00 mol NH_3, (c) 2,11 mol C_2H_4, (d) 0,116 mol H-Atome.

2-39 Welche Volumina haben die folgenden Gasproben bei Standard-Druck und Standard-Temperatur? (a) 1,00 g Sauerstoff, (b) 1,00 g Wasserstoff, (c) 5,00 g Kohlendioxid, (d) 5,00 g Ammoniak.

2-40 Welche Volumina haben die folgenden Gasproben bei Standard-Druck und Standard-Temperatur? (a) 1,00 g Ethen, (b) 1,00 g Schwefeldioxid, (c) 1,00 g Luft, (d) 1,00 kg Salpetersäure.

2-41 Welche Stoffmengen enthalten die folgenden Proben unter Standarddruck und Standard-Temperatur? (a) 100 cm^3 Stickstoff, (b) 100 cm^3 Ammoniak, (c) 1,0 m^3 Luft, (d) 1,0 cm^3 Helium.

2-42 Welche Stoffmengen enthalten die folgenden Proben unter Standarddruck und Standard-Temperatur? (a) 100 cm^3 Kohlendioxid, (b) 100 cm^3 Schwefeldioxid, (c) 1,0 dm^3 Ozon, (d) 250 cm^3 Schwefelwasserstoff.

Gasmischungen

Bei den folgenden Aufgaben wird immer $T = 0 °C$ und $V = 1 dm^3$ vorausgesetzt.

2-43 Berechnen Sie die Partialdrücke und den Gesamtdruck in den folgenden Mischungen: (a) 0,010 mol N_2 und 0,030 mol H_2, (b) 0,001 mol N_2, 0,003 mol H_2 und 0,002 mol NH_3, (c) 0,112 g Argon und 0,112 g Neon, (d) 1,51 mg Sauerstoff, 1,01 mg Kohlenmonoxid und 1,05 mg Kohlendioxid.

2-44 Berechnen Sie die Partialdrücke und den Gesamtdruck in den folgenden Mischungen: (a) 0,002 mol NH_3 und 0,003 mol SO_2, (b) 0,002 mol H_2, 0,002 mol Cl_2 und 0,004 mol HCl, (c) 0,105 g Methan und 0,105 g Kohlendioxid, (d) 1,00 mg Argon, 2,00 mg Neon und 3,00 mg Xenon.

2-45 Eine Probe feuchter Luft in einem 1 dm^3-Behälter übt bei 20,0 °C einen Druck von 1016,0 mbar aus. Wenn man sie auf −10,0 °C abkühlt, so sinkt der Druck auf 809,5 mbar, weil das Wasser kondensiert. Wieviel Wasser war in der Probe enthalten?

2-46 In einem 2 dm³-Behälter, der bei 20 °C trockenes Kohlendioxid unter einem Druck von 673 mbar enthält, geben wir 1,00 g Wasser und erwärmen danach auf 200,0 °C. Welchen Druck erhalten wir?

2-47 Bezogen auf die Masse besteht die Marsatmosphäre zu 95% aus Kohlendioxid, zu 3% aus Stickstoff und zu 2% aus anderen Gasen, vor allem Argon. Der Gesamtdruck beträgt an der Oberfläche 6,7 mbar. Wie groß sind die Partialdrücke der einzelnen Komponenten?

2-48 Bezogen auf die Masse besteht die Venusatmosphäre zu 97% aus Kohlendioxid, zu 3% aus Stickstoff und nur aus Spuren anderer Gase. Der Gesamtdruck an der Venusoberfläche beträgt 90 bar. Wie groß sind die Partialdrücke der Komponenten?

2-49 Wenn man ein Manometer anstatt mit Quecksilber mit Wasser füllt, so müßte sein Rohr etwa 11 m lang sein. Weil Wasser im Gegensatz zu Quecksilber merklich flüchtig ist, würde am oberen Ende des verschlossenen Rohres kein Vakuum herrschen; vielmehr würde wegen des Dampfdruckes des Wassers der Wassermeniskus tiefer stehen. Welche Höhe wird die Wassersäule erreichen, wenn der äußere Luftdruck 1013 mbar und die Temperatur 25 °C betragen?

2-50 Wieviel würde die entsprechende Korrektur für den Dampfdruck des Quecksilbers bei 25 °C (0,22 Pa) ausmachen?

Volumenänderungen bei Gasreaktionen

2-51 Welche Volumina an Wasserstoff und Sauerstoff (unter STP) entstehen, wenn 5,2 g Wasser elektrolysiert werden?

2-52 Wieviel Wasser (in g) entsteht beim Verbrennen von 500 dm³ H_2 (unter STP)?

2-53 Welches Volumen an Kohlendioxid (unter STP) entsteht, wenn man verdünnte Salzsäure im Überschuß zu 5,0 g Calciumcarbonat gibt? Die Reaktionsgleichung lautet

$$2\,HCl\,(aq) + CaCO_3\,(s) \rightarrow CO_2\,(g) + CaCl_2\,(s) + H_2O\,(l).$$

2-54 Welches Volumen an Distickstoffoxid (N_2O) (unter STP) entsteht, wenn man 3,67 g Ammoniumnitrat erhitzt? Die Reaktionsgleichung lautet

$$NH_4NO_3\,(s) \rightarrow N_2O\,(g) + 2\,H_2O\,(g).$$

2-55 Bei einem industriellen Verfahren wird elementarer Schwefel aus Schwefeldioxid und Schwefelwasserstoff hergestellt. Welches Volumen an Schwefeldioxid unter STP brauchen wir zur Herstellung von 100 kg Schwefel? Welches Volumen hätte diese Menge bei 10 bar und 150 °C?

2-56 Welches Volumen an Wasserstoff unter STP muß man bei der Ammoniaksynthese nach Haber-Bosch zuführen, um 1000 kg Ammoniak zu gewinnen? Welches Volumen hätte diese Menge bei 200 bar und 400 °C?

2-57 Aus Kohlendioxid und Ammoniak entstehen bei 185 °C und 200 bar Harnstoff ($CO(NH_2)_2$) und Wasser. Harnstoff wird viel als Düngemittel verwendet. Welches Volumen an Ammoniak braucht man bei den angegebenen Reaktionsbedingungen für die Produktion von 100 kg Harnstoff?

2-58 Xenon (Xe) und Fluor (F_2) bilden bei 350 °C das farblose feste Xenontetrafluorid XeF_4. (Daß gleichzeitig auch XeF_2 und XeF_6 entstehen, wollen wir vernachlässigen.) Welche Volumina an Xenon und an Fluor unter STP brauchen wir zur Herstellung von 100 g Xenontetrafluorid, wenn wir eine 100%ige Ausbeute voraussetzen?

2-59 Bei einer Elektrolyse werden 220 cm³ Wasserstoff in einem Wasser-Gasometer bei 20 °C aufgefangen. Der äußere Luftdruck beträgt 960,3 mbar. Welche Stoffmenge ist das, wenn man den Dampfdruck des Wassers (23,4 mbar) berücksichtigt?

2-60 Kaliumchlorat wurde mit Braunstein erhitzt; dabei entstand Sauerstoff, der in einem Wassergasometer bei 22 °C aufgefangen wurde. Bei einem äußeren Druck von 1016,1 mbar wurden 120 cm³ gemessen. Welche Stoffmenge ist das?

2-61 Bei einer Reaktion von verdünnter Salzsäure mit Zink wurden in einem Wassergasometer bei 18 °C 154 cm³ Wasserstoff aufgefangen. Der Außendruck betrug 990,9 mbar. Welche Stoffmenge ist das?

2-62 Aus einer Probe Luft wurden Sauerstoff und Kohlendioxid entfernt. In einem Wassergasometer hat der Rest bei 20 °C und 1014,8 mbar ein Volumen von 1,25 dm³. Welche Stoffmenge ist das?

Molekülgeschwindigkeiten

Bei 25 °C haben H_2-Moleküle eine quadratisch gemittelte Geschwindigkeit von 1920 m s^{-1}. Berechnen Sie daraus die folgenden Werte:

2-63 (a) für H_2-Moleküle bei 0 °C, (b) für H_2O-Moleküle bei 25 °C, (c) für CO_2-Moleküle bei 0 °C, (d) für Br_2-Moleküle bei 25 °C.

2-64 (a) für H_2-Moleküle bei 1000 °C, (b) für C_6H_6-Moleküle bei 25 °C, (c) für H_2O-Moleküle bei 0 °C, (d) für D_2O-Moleküle bei 0 °C.

2-65 Ordnen Sie nach steigenden Molekülgeschwindigkeiten: Wasserstoff, Kohlendioxid, Argon.

2-66 Ordnen Sie nach steigenden Molekülgeschwindigkeiten: Wasserdampf, Chlor, Luft.

2-67 Berechnen Sie die Verhältnisse der Molekülgeschwindigkeiten:
(a) H_2 bei 100,0 °C relativ zu H_2O bei 0,0 °C,
(b) D_2O bei 100,0 °C relativ zu D_2 bei 0,0 °C,
(c) D_2O relativ zu H_2O.

2-68 Berechnen Sie die Verhältnisse der Molekülgeschwindigkeiten:
(a) I_2-Dampf relativ zu F_2,
(b) HI relativ zu DI,
(c) He an der Oberfläche der Sonne (bei 6500 °C) relativ zu He an der Oberfläche der Erde (bei 15 °C).

Diffusion

2-69 Wie lange dauert es, bis eine Probe der folgenden Gase durch eine Fritte diffundiert ist, wenn die gleiche Menge Ar 147 s braucht: (a) CO_2, (b) H_2O, (c) C_6H_6, (d) I_2.

2-70 Wie lange dauert es, bis eine Probe der folgenden Gase durch eine Fritte diffundiert ist, wenn die gleiche Menge CO_2 115 min braucht: (a) Ar, (b) H_2, (c) O_2, (d) UF_6.

2-71 Ethylbutyrat ist als Geruchsstoff in der Ananas enthalten; eine Verbrennungsanalyse liefert die empirische Formel C_3H_6O. Sein Dampf brauchte zur Diffusion durch eine Fritte 162 s, während die gleiche Menge CO_2 unter gleichen Bedingungen 100 s brauchte. Wie lautet die Summenformel der Verbindung?

2-72 Eine Verbindung mit der empirischen Formel C_2H_3 brauchte zur Diffusion durch eine Fritte 349 s, während die gleiche Menge Ar unter gleichen Bedingungen 210 s brauchte. Wie lautet die Summenformel der Verbindung?

2-73 Beim Verbrennen von 1,04 g Phosphor unter Sauerstoffmangel entstanden 1,85 g Phosphor(III)oxid. Eine bestimmte Menge dieser Substanz diffundierte in 302 s durch eine Fritte, während die gleiche Menge Kohlendioxid unter den gleichen Bedingungen nur 135 s brauchte. Berechnen Sie die molare Masse des Phosphor(III)oxids und die Summenformel.

2-74 Beim Verbrennen von 2,36 g Phosphor in Chlor entstanden 10,5 g Phosphortrichlorid. Der Dampf des Phosphortrichlorids brauchte 1,8mal so lange wie die gleiche Menge Kohlendioxid unter denselben Bedingungen. Berechnen Sie die molare Masse des Phosphortrichlorids und die Summenformel.

Allgemeine Aufgaben

2-75 Bei 180,0 °C führten 27,20 mg Chinin (ein Antimalaria-Präparat) in einem 250,0 cm^3-Behälter zu einem Druckanstieg von 12,64 mbar. Bei der Verbrennung entstanden aus $1,72 \cdot 10^{-2}$ g Chinin $4,70 \cdot 10^{-2}$ g Kohlendioxid, $1,15 \cdot 10^{-2}$ g Wasser und 1,51 mg Stickstoff. Wie lautet die Summenformel des Chinins?

2-76 Bei 280,0 °C führten 0,115 g Eugenol (der Duftstoff der Gewürznelken) in einem 500,0 cm^3-Behälter zu einem Druckanstieg um 64,4 mbar. Bei der Verbrennung ergaben $1,88 \cdot 10^{-2}$ g Eugenol $5,00 \cdot 10^{-2}$ g Kohlendioxid und $1,24 \cdot 10^{-2}$ g Wasser. Wie lautet die Summenformel des Eugenols?

2-77 Gelber Schwefel besteht aus S_8-Molekülen. Wenn man eine Probe davon verdampft, so erhält man einen Druck, der dreimal größer als der ist, den man erwartet. Beim weiteren Erwärmen steigt der Druck schneller an, als nach dem idealen Gasgesetz zu erwarten ist. Wie kann man das erklären?

2-78 Der Druck einer Probe Fluorwasserstoff ist geringer als erwartet, steigt aber beim weiteren Erwärmen schneller an, als nach dem idealen Gas zu erwarten ist. Wie kann man das erklären?

In diesem Kapitel kommt die wichtige Rolle des Faktors „Energie" für die gesamte Chemie zur Sprache. Im Vordergrund stehen dabei die Wärmeumsätze bei chemischen und physikalischen Reaktionen, ihre experimentelle Bestimmung und ihre Berechnung. Die stöchiometrischen Rechnungen werden auf Wärmetönungen ausgedehnt. Das obenstehende Bild zeigt die Verbrennung von Abgasen aus einem Schmelzofen. Die in diesem Kapitel beschriebenen Berechnungen spielen vor allem bei der Berechnung des Energiebedarfs bei industriellen und biologischen Prozessen eine Rolle.

3 Thermochemie: Energieumsätze bei chemischen Reaktionen

Wenn Wasserdampf zu flüssigem Wasser kondensiert, so wird Wärme frei, die einem anderen System zugeführt werden kann. Umgekehrt wird zum Verdampfen Wärme benötigt (bekanntlich müssen wir einem Kochtopf Wärme zuführen, wenn Wasser kochen soll). Bei vielen chemischen Reaktionen wird Wärme freigesetzt; diese wird entweder über Kühler nutzlos abgeführt oder z. B. zu Heizzwecken verwendet, in bestimmten Fällen auch zur Erzeugung von Strom. Es gibt auch chemische Reaktionen, die Wärme aufnehmen, während sie ablaufen; ein schönes Beispiel dafür ist die Umsetzung von Bariumhydroxid, $Ba(OH)_2 \cdot 8\,H_2O$, mit Ammoniumrhodanid, NH_4SCN, die stattfindet, wenn man die beiden Salze in einem Behälter mischt (vgl. Abb. 3-1):

$$Ba(OH)_2 \cdot 8\,H_2O(s) + 2\,NH_4SCN(s)$$
$$\rightarrow Ba(SCN)_2(aq) + 2\,NH_3(g) + 10\,H_2O(l)$$

Diese Reaktion verbraucht so viel Wärme, daß sich an der Außenwand des Behälters Reif bildet.

Man kann die Wärme deshalb bei vielen Reaktionen quasi als ein Produkt ansehen, das bei der Reaktion frei wird, und bei anderen als Reaktanten, der zugeführt werden muß, damit diese Reaktion abläuft. Wir können deshalb unserem Mol-Diagramm einen weiteren Pfeil hinzufügen (**1**) und die molaren Beziehungen auch zu Aussagen über die Wärmeumsätze bei chemischen Reaktionen verwenden. Bei thermochemischen Rechnungen können wir von den Massen der Reaktanten ausgehen, daraus die Stoffmenge berechnen und dann die Energiemenge ermitteln, die bei der Reaktion aufgenommen oder abgegeben wird. Wir setzen wieder voraus, daß bekannt ist, wieviel Wärme umgesetzt wird, wenn 1 mol des Reaktanten verbraucht wird; die Rechnung erfolgt dann nach der Beziehung

freigesetzte Wärmemenge = Stoffmenge des Reaktanten
· (pro Mol Reaktant freigesetzte Wärmemenge)

Wenn wir den Umrechnungsfaktor (in der Klammer) kennen, können wir die umgesetzte Wärmemenge für jede beliebige Stoffmenge berechnen.

Abb. 3-1 Bei der Reaktion zwischen Ammoniumrhodanid und Bariumhydroxid wird viel Wärme absorbiert; dabei gefriert die Feuchtigkeit an der Außenwand des Gefäßes.

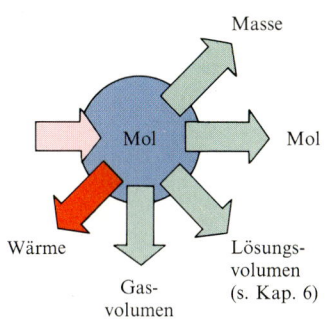

1

Energie und Kalorimetrie

Die Thermochemie ist ein Zweig der *Thermodynamik*, der sich mit der Umwandlung von verschiedenen Formen der Energie befaßt. Wir wollen deshalb mit der Diskussion der Eigenschaften von Energie beginnen und besprechen, wie wir Energieumsätze messen können.

3-1 Die Energie

Der Begriff „Energie" ist folgendermaßen definiert:

Energie ist die Fähigkeit, Arbeit zu leisten oder Wärme zu liefern.

Eine gespannte Stahlfeder besitzt Energie, denn sie kann Arbeit leisten, indem sie z. B. ein Gewicht gegen die Erdanziehung anhebt. Ein Brennstoff besitzt Energie, denn bei seiner Verbrennung gibt er an seine Umgebung Wärme ab. Man kann ihn auch dazu verwenden, ein Auto einen Berg hinauffahren zu lassen.

Auch Atome und Moleküle sind Energiespeicher. Wenn bei einer Reaktion der Energieinhalt der Produkte größer ist als der der Reaktanten, dann muß Wärme zugeführt werden, damit sich die Produkte überhaupt bilden können. Ein wichtiges Beispiel dafür ist die Photosynthese der grünen Pflanzen, bei der mit Hilfe der Sonnenenergie Kohlenhydrate (vor allem Glucose, $C_6H_{12}O_6$) aus Kohlendioxid und Wasser gebildet werden:

$$6\,CO_2(g) + 6\,H_2O(l) + Energie \rightarrow C_6H_{12}O_6(s) + 6\,O_2(g)$$

Wenn umgekehrt der Energieinhalt der Produkte kleiner ist als der der Reaktanten, dann wird der Energieüberschuß bei der Reaktion freigesetzt. Dies geschieht z. B. bei der Verbrennung von Kohlenhydraten, entweder in kontrollierter Weise wie bei der Atmung, wobei die Oxidation in der lebenden Zelle erfolgt, oder in unkontrollierter Weise wie bei einem Waldbrand:

$$C_6H_{12}O_6(s) + 6\,O_2(g) \rightarrow 6\,CO_2(g) + 6\,H_2O(l) + Energie$$

Die kinetische Energie

Eine Möglichkeit der Energiespeicherung erfolgt in Form der *kinetischen Energie* E_{kin}, auch Bewegungsenergie genannt. Ein einzelnes Molekül der Masse m mit der Geschwindigkeit v hat die kinetische Energie

$$E_{kin} = \frac{1}{2}\,m\,v^2$$

Je größer die Geschwindigkeit ist, um so höher wird die kinetische Energie. Ein ideales Gas z. B. (vgl. Kap. 2) besteht aus sehr vielen sich bewegenden Molekülen, und seine Gesamtenergie ist gleich der Summe der Energien der einzelnen Moleküle. Wenn man das Gas erwärmt, so erhöht man die mittlere Geschwindigkeit der Moleküle und damit auch seine Energie. Wenn man das Gas abkühlt, wird dieser Energievorrat wieder abgebaut, und die Moleküle bewegen sich langsamer.

Die SI-Einheit der kinetischen Energie (vgl. auch Abschn. 1-2) läßt sich leicht aus einem Beispiel ermitteln. Ein Körper mit der Masse 2 kg, der sich mit einer Geschwindigkeit von 1 m s^{-1} bewegt, hat die kinetische Energie:

$$E_{kin} = \frac{1}{2} \cdot 2 \text{ kg} \cdot (1 \text{ m s}^{-1})^2 = 1 \text{ kg} \cdot \text{m}^2 \text{ s}^{-2}$$

Die Energieeinheit 1 kg · m^2 s^{-2} hat einen besonderen Namen; sie heißt **Joule** zu Ehren des englischen Wissenschaftlers James Joule, der im neunzehnten Jahrhundert lebte, ein Schüler von Dalton war und wesentliche Beiträge zu unserem Verständnis von Energie geliefert hat. Ein Schlag des menschlichen Herzens, mit dem dieses das Blut durch den Körper pumpt, leistet etwa 1 J. Um dieses Buch vom Boden auf den Tisch zu heben, sind etwa 10 J nötig. Will man es werfen, so daß es eine Geschwindigkeit von 5 m s^{-1} erreicht, so muß man dafür etwa 15 J aufwenden.

In der älteren Literatur findet man oft noch die Kalorie (cal) als Energieeinheit (lat. calor = Wärme). Für Umrechnungen gilt:

$$1 \text{ cal} = 4{,}184 \text{ J}$$

Ursprünglich war die Kalorie als diejenige Wärmemenge definiert worden, die man braucht, um 1 g Wasser um 1 Grad (genauer: von 14,5 °C auf 15,5 °C) zu erwärmen.

Ein Gasmolekül hat bei Zimmertemperatur nur eine kleine kinetische Energie in der Größenordnung von 6 · 10^{-21} J. Eine Probe von 1 mol des Gases enthält 6 · 10^{23} Moleküle, folglich enthält es eine kinetische Energie von etwa 4 · 10^3 J oder 4 kJ.

Wenn wir diese Energie vollständig verwenden könnten, so wäre es damit möglich, 400 Exemplare dieses Buches vom Fußboden auf den Tisch anzuheben. Bei chemischen Reaktionen liegen die umgesetzten Energiebeträge meist in der Größenordnung von Kilojoule (kJ) oder Megajoule (MJ, 1 MJ = 10^6 J).

Die potentielle Energie

Eine zweite Form der Energiespeicherung in Atomen oder Molekülen ist die *potentielle Energie*, E_{pot}; sie rührt von den Wechselwirkungen zwischen den einzelnen Teilchen her. Zwei Stickstoffatome haben, wenn sie weit voneinander entfernt sind, eine viel höhere potentielle Energie, als wenn sie, wie im N$_2$-Molekül, nahe beieinander sind. Genauso hat ein Ball, wenn er sich hoch oben in der Luft befindet, eine höhere potentielle Energie, als wenn er am Boden liegt.

Wenn wir einen Ball hoch in die Luft werfen wollen (gegen die Schwerkraft), müssen wir ihm eine entsprechende Menge Energie zuführen. Dasselbe gilt, wenn wir das Stickstoffmolekül N$_2$ in die einzelnen Atome spalten wollen. Dafür brauchen wir 1,6 · 10^{-18} J; wenn wir diesen Wert mit der Avogadroschen Zahl multiplizieren, finden wir, daß zum Aufbrechen von 1 mol N$_2$-Molekülen (das sind 28 g Stickstoffgas) in die Atome 960 kJ nötig sind. Das ist z. B. fünfmal mehr als für die Aufspaltung von 1 mol F$_2$-Molekülen erforderlich ist. Man erkennt daran, weshalb Stickstoff so reaktionsträge und Fluor so reaktionsfreudig ist; es ist viel schwerer, einzelne Stickstoffatome herzustellen als einzelne Fluoratome. Mit 960 kJ könnte man z. B. einen 100 g-Ball

1000 km hoch heben oder auf eine Geschwindigkeit von 18 000 km pro Stunde beschleunigen.

Gesamtenergie und Innere Energie

Ein senkrecht nach oben geworfener Ball hat zu Beginn eine große Geschwindigkeit und eine hohe kinetische Energie. Beide nehmen aber ab, wenn der Ball höher steigt; das heißt, seine kinetische Energie nimmt ab, während seine potentielle Energie zunimmt (vgl. Abb. 3-2). Die beiden Energieformen, die kinetische und die potentielle Energie, verändern sich also, ihre Summe, die Gesamtenergie E, bleibt aber konstant.

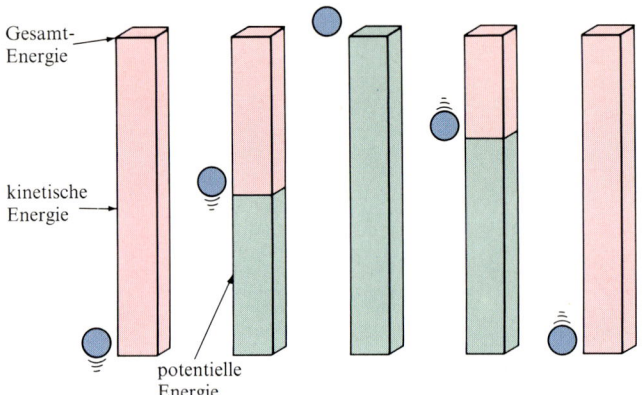

Gesamt-Energie

kinetische Energie

potentielle Energie

Abb. 3-2 Die Energie eines nach oben geworfenen Balles geht von kinetischer in potentielle Energie über. Am obersten Punkt der Flugbahn ist die Geschwindigkeit des Balls Null, und seine Energie liegt vollständig als potentielle Energie vor. Unmittelbar vor dem Aufprall auf den Boden hat er dieselbe kinetische Energie wie zu Beginn. Die Gesamtenergie bleibt während des Fluges konstant.

Dieser Befund ist im Energieerhaltungssatz festgehalten.

Energieerhaltungssatz: Energie kann weder erzeugt noch vernichtet werden.

Das bedeutet, daß die Gesamtenergie des Weltalls unverändert bleibt, während der Ball nach oben fliegt, zur Ruhe kommt und wieder herabfällt. Das bedeutet auch, daß die Gesamtenergie des Weltalls vor, während und nach allen Vorgängen (einschließlich der chemischen Reaktionen) die gleiche bleibt. Das Weltall enthält eine bestimmte Menge an Energie, die für alle Zeiten konstant bleibt (wenigstens sind wir davon überzeugt). Früher haben Menschen oft versucht, ein ‚Perpetuum mobile‘ zu konstruieren, eine Maschine, die eine bestimmte Arbeit verrichten kann, ohne Treibstoff zu verbrauchen, ohne daß also Energie zugeführt werden muß. Nach dem Energieerhaltungssatz kann es eine solche Maschine nicht geben, denn sie würde Energie aus dem Nichts erzeugen. Zwar gab es viele Versuche, eine solche Maschine zu bauen, jedoch schlugen sie alle fehl. Die Gültigkeit des Energieerhaltungssatzes konnte nicht widerlegt werden.

In der Thermochemie nennen wir die Gesamtenergie aller Teilchen einer Probe die Innere Energie U. Die Probe nennen wir das *System* (vgl. Abb. 3-3); von jetzt an wollen wir diese Bezeichnung verwenden. Alles, was sich außerhalb des Systems befindet, nennen wir seine *Umgebung*. Wenn wir z. B. unter dem System die Reaktionsmischung verstehen, dann bilden der Kolben und die Atmosphäre oder auch das Wasserbad, in dem sich das Reaktionsgefäß befindet, die Umgebung. Das System und seine Umgebung bilden zusammen das Weltall. Im

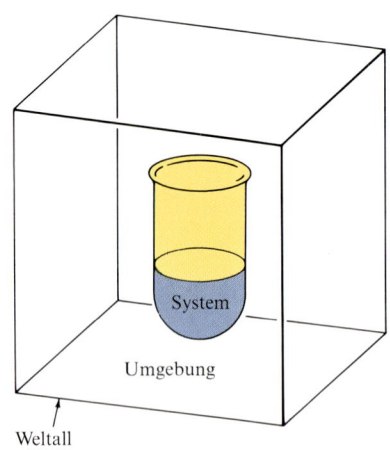

System

Umgebung

Weltall

Abb. 3-3 Unter dem ‚System‘ verstehen wie die Probe oder die Reaktionsmischung, an der wir interessiert sind. Außerhalb des Systems befindet sich die ‚Umgebung‘. Das System und die Umgebung bilden zusammen das Weltall.

Prinzip ist das ‚Weltall‘ die ganze Welt, aber in der Praxis gehört dazu natürlich erst einmal die nähere Umgebung des Systems.

Weil Energie weder erzeugt noch vernichtet werden kann, ist die Innere Energie eines Systems konstant, wenn es gegenüber seiner Umgebung isoliert (abgeschlossen) ist in dem Sinne, daß Energie nicht aufgenommen oder abgegeben werden kann. Das ist der Inhalt des Ersten Hauptsatzes der Thermodynamik, bei dem es sich praktisch nur um eine andere Formulierung des Energieerhaltungssatzes handelt:

Erster Hauptsatz der Thermodynamik: Die Innere Energie eines abgeschlossenen Systems ist konstant.

Die Innere Energie eines Systems können wir verändern, indem wir ihm aus der Umgebung Energie zuführen (indem wir es z. B. erwärmen) oder indem wir ihm Energie entnehmen (indem wir es z. B. abkühlen). Der Energieerhaltungssatz gilt aber für das Weltall als Ganzes: das bedeutet, wenn wir die Innere Energie eines Systems um einen bestimmten Betrag erhöhen, muß die Innere Energie der Umgebung um genau den gleichen Betrag abnehmen und umgekehrt.

Zustandsgrößen

Die Innere Energie einer Substanzprobe hängt von ihrem physikalischen Zustand (gasförmig, flüssig oder fest), von der Temperatur und vom Druck ab, aber natürlich auch von der Größe der Probe. Das heißt, die Innere Energie ist eine extensive Größe (vgl. Abschn. 1-5). 100 g Eisen haben also bei gleichem Druck und gleicher Temperatur eine doppelt so große Innere Energie wie 50 g Eisen.

Wenn Masse, Temperatur und Druck vorgegeben sind, steht die Innere Energie einer Probe fest, unabhängig davon, was in der Vergangenheit mit dem System geschehen ist oder was mit ihm in der Zukunft geschehen wird. Eine 100 g-Probe Wasser von 25 °C und einem Druck von 1 bar hat stets die gleiche Innere Energie, mag es frisch aus Wasserstoff und Sauerstoff synthetisiert oder aus einer Lösung abdestilliert worden sein. Die Innere Energie ist auch die gleiche, wenn man die Probe auf konstanter Temperatur gehalten hat oder wenn man sie eine gewisse Zeit hoch erhitzt und dann wieder auf 25 °C abgekühlt hat. Immer wenn eine Größe wie die Innere Energie hier ein solches Verhalten zeigt, sprechen wir von einer *Zustandsgröße*.

Eine **Zustandsgröße** ist eine Eigenschaft des Zustands einer Substanz, die nicht davon abhängt, wie dieser Zustand erreicht wurde.

Ein Beispiel einer Zustandsgröße aus dem Alltag ist die Höhe über dem Meeresspiegel (vgl. Abb. 3-4); wenn wir einen Berggipfel erreicht haben, ist unsere Höhe (bezogen auf den Meeresspiegel) unabhängig davon, auf welchem Wege wir hinaufgekommen sind. Weitere Beispiele für Zustandsgrößen sind der Druck, das Volumen und die Temperatur.

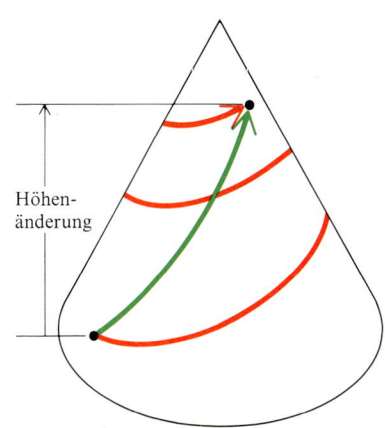

Abb. 3-4 Die Höhe eines Wanderers an einem Berg ist eine Zustandsfunktion; zwischen zwei vorgegebenen Punkten muß er immer dieselbe Höhendifferenz überwinden, welchen Weg er auch nimmt.

Beispiel 3-1 Die Berechnung der Inneren Energie eines idealen Gases

Berechnen Sie die Innere Energie von 1 mol eines idealen Gases bei 25 °C.

Methode. In einem idealen Gas gibt es keine zwischenmolekularen Wechselwirkungen, damit ist die potentielle Energie der Moleküle gleich Null. Die kinetische Energie eines

Moleküls der Masse m ist $\frac{1}{2} m v^2$, daraus erhalten wir die Innere Energie (die Gesamtenergie) von 1 mol Gas durch Multiplikation mit der Avogadroschen Zahl. v entnehmen wir der Gleichung 9 in Abschnitt 2-7; $N_A \cdot m$ ist die molare Masse M des Gases.

Lösung. Die Innere Energie ist

$$U = N_A \cdot \frac{1}{2} m v^2 = M \cdot \frac{1}{2} \cdot \frac{3RT}{M}$$

$$= \frac{3}{2} RT$$

Setzen wir die Zahlenwerte ein ($R = 8{,}314\,\mathrm{J\,K^{-1}\,mol^{-1}}$ und $T = 298\,\mathrm{K}$), so erhalten wir

$$U = \frac{3}{2} \cdot 8{,}314\,\mathrm{J\,K^{-1}\,mol^{-1}} \cdot 298\,\mathrm{K}$$

$$= 3{,}72\,\mathrm{kJ\,mol^{-1}}$$

Übungsaufgabe. Wieviel Energie braucht man, um das ideale Gas von 25 °C auf 100 °C zu erwärmen?   [Antwort: $0{,}94\,\mathrm{kJ\,mol^{-1}}$]

Wenn bei einer Reaktion eine Substanz in eine andere umgewandelt wird, ändert sich natürlich die Innere Energie des Systems. Weil die Innere Energie eine Zustandsfunktion ist, muß die Änderung der Inneren Energie bei einer chemischen oder physikalischen Umsetzung unabhängig davon sein, wie die Umsetzung erfolgt ist. Die Ausgangssubstanz hat eine bestimmte Innere Energie und das Produkt auch; die Änderung der Inneren Energie ist genau gleich der Differenz dieser beiden Werte. Damit vergleichbar ist die Höhendifferenz zweier Punkte an einem Berg, die unabhängig davon ist, auf welchem Weg man von dem einen Punkt zum anderen geht (vgl. Abb. 3-5). Wir können etwa messen, um wieviel sich die Innere Energie ändert, wenn wir bei gegebener Temperatur und gegebenem Druck 100 g Wasser verdampfen und dabei einen Wert von 50 kJ finden. Nehmen wir eine andere Probe von 100 g Wasser, elektrolysieren sie, verbrennen dann den erhaltenen Wasserstoff und Sauerstoff miteinander und sammeln den Wasserdampf bei der gleichen Temperatur und dem gleichen Druck, so muß für die Änderung der Inneren Energie ebenfalls ein Wert von 50 kJ herauskommen.

Änderungen der Größe X von einem Anfangswert X_A auf einen Endwert X_E bezeichnen wir mit dem griechischen Buchstaben Delta (Δ):

$$\Delta X = X_E - X_A$$

Für eine Änderung der Inneren Energie schreiben wir deshalb ΔU. Wenn bei einer Reaktion die Innere Energie abnimmt, so ist U_E kleiner als U_A, und ΔU wird negativ; nimmt U zu, wird ΔU positiv. Weil U_A und U_E für jeden Weg von einem Anfangszustand zu einem Endzustand gleich sind, ist auch ΔU für jeden Weg zwischen zwei Zuständen dasselbe.

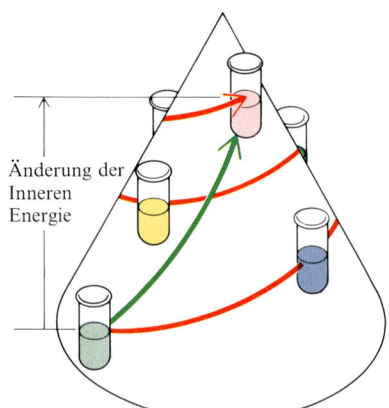

Abb. 3-5 Die Änderung der Inneren Energie hängt nicht von dem speziellen Weg von einem Anfangszustand zu einem Endzustand ab. Die beiden unterschiedlichen Wege (einer direkt, der andere auf Umwegen) führen zu genau derselben Änderung der Inneren Energie.

Beispiel 3-2 Die Berechnung einer Änderung der Inneren Energie

Wie ändert sich die Innere Energie von 1 mol eines idealen Gases, wenn es in einem verschlossenen Behälter von 25 °C auf 50 °C erwärmt wird?

Methode. In Beispiel 3-1 haben wir gelernt, wie man die Innere Energie eines Gases bei der beliebigen Temperatur T berechnet; was wir suchen, ist gerade die Differenz zwischen den Werten der Inneren Energie bei den beiden Temperaturen.

Lösung. Mit der Formel $U = \frac{3}{2} R T$ erhalten wir

$$\Delta U = \frac{3}{2} R T_E - \frac{3}{2} R T_A$$

$$= \frac{3}{2} \cdot 8{,}314 \, \text{J K}^{-1} \text{mol}^{-1} \cdot (323 \, \text{K} - 298 \, \text{K})$$

$$= + 0{,}31 \, \text{kJ mol}^{-1}$$

Das Pluszeichen gibt an, daß die Innere Energie zugenommen hat.

Übungsaufgabe. Wie ändert sich die Innere Energie pro Mol eines idealen Gases beim Abkühlen von 50 °C auf 25 °C?   [Antwort: $-0{,}31 \, \text{kJ mol}^{-1}$]

Wärme

Es gibt verschiedene Wege, die Innere Energie eines Systems zu ändern. In diesem Kapitel beschäftigen wir uns vor allem mit Energieübergängen in Form von Wärme.

Wärme ist Energie, die als Folge einer Temperaturdifferenz zwischen einem System und seiner Umgebung ausgetauscht wird.

Wenn die Temperatur des Systems höher ist als die seiner Umgebung, so fließt Energie aus dem System heraus, und seine Innere Energie nimmt ab. Damit wird die Wärmebewegung der Atome in der Umgebung verstärkt (vgl. Abb. 3-6). Besteht die Umgebung aus einem Gas (wie z. B. Luft), dann bewirkt die stärkere thermische Bewegung eine schnellere ungeordnete Bewegung der miteinander kollidierenden Moleküle. Ist seine Temperatur kleiner als die der Umgebung, so fließt Wärme in das System hinein, und die Innere Energie steigt. Damit wird die Wärmebewegung der Atome in der Umgebung geringer.

Wieviel Wärme bei einer Reaktion aufgenommen oder abgegeben wird, hängt davon ab, wie die Reaktion abläuft. Betrachten wir als Beispiel die Reaktion zwischen Wasserstoff und Sauerstoff. Normalerweise entsteht bei dieser Reaktion eine große Menge Wärme. Wir können diese Reaktion aber auch in einer Brennstoffzelle ablaufen lassen, in der bei der Reaktion Elektrizität erzeugt wird. Solche Geräte finden in der Raumfahrt Verwendung. Bei beiden Reaktionen wird die gleiche Energiemenge umgesetzt, denn die Änderung der Zustandsfunktion Innere Energie ist unabhängig davon, auf welchem Wege die Reaktion stattfindet. In der Brennstoffzelle wird die Energie aber überwiegend als elektrische Energie abgegeben, und dementsprechend erhält man dabei viel weniger Wärme.

Nehmen wir an, wir führen eine Reaktion so durch, daß zwischen dem System und seiner Umgebung Energie nur in Form von Wärme ausgetauscht wird. Wenn wir jetzt den Wärmefluß in das System hinein oder daraus heraus messen, können wir die Änderung der Inneren Energie bei der Reaktion bestimmen. Bezeichnen wir die Wärmemenge, die in das System hineinfließt, mit q, dann gilt, solange keine anderen Vorgänge ablaufen,

$$\Delta U = q$$

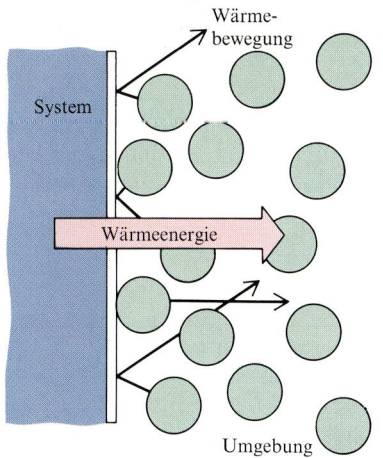

Abb. 3-6 Wenn als Folge einer Temperaturdifferenz zwischen dem System und seiner Umgebung Energie aus dem System herausfließt, so wird dadurch die ungeordnete thermische Bewegung der Moleküle in der Umgebung verstärkt.

Haben wir etwa gefunden, daß bei einer Reaktion 10 kJ als Wärme in das System hineingeflossen sind (vgl. Abb. 3-7), so schließen wir daraus, daß die Innere Energie um 10 kJ zugenommen hat, und wir können schreiben:

$$\Delta U = + 10 \text{ kJ}$$

Wenn bei einer anderen Reaktion 10 kJ Energie als Wärme aus dem System herausgeflossen sind, so schreiben wir:

$$\Delta U = - 10 \text{ kJ}$$

Das Minuszeichen gibt an, daß die Innere Energie abgenommen hat.

Den Wärmefluß aus dem System heraus können wir bestimmen, indem wir die Temperatur der Umgebung beobachten. (Wenn sich das Reaktionsgefäß in einem Wasserbad befindet, so ist dessen Temperatur die Temperatur der Umgebung.) Steigt sie an, so wurde Wärme abgegeben. Das ist der Fall bei der Verbrennung von Methan,

$$CH_4(g) + 2\,O_2(g) \;\rightarrow\; CO_2(g) + 2\,H_2O(l) + \text{Energie}$$

Bei dieser Reaktion wird Energie frei, denn die Reaktionsprodukte CO_2 und H_2O haben zusammen weniger Innere Energie als die Ausgangssubstanzen CH_4 und O_2.

Wenn die Temperatur der Umgebung fällt (wie bei der in Abb. 3-1 gezeigten Reaktion zwischen Bariumhydroxid und Ammoniumrhodanid), so bedeutet das, daß das System Wärme aufgenommen hat. Bei der Verbrennung von Methan fließt Wärme aus dem System heraus, und seine Innere Energie nimmt damit ab. Bei der Reaktion zwischen Bariumhydroxid und Ammoniumrhodanid fließt Energie in das System hinein, und die Innere Energie nimmt zu.

$$\Delta E = + 10 \text{ kJ} \qquad \Delta E = - 10 \text{ kJ}$$
$$\text{(a)} \qquad\qquad\qquad \text{(b)}$$

Abb. 3-7 (a) Wenn 10 kJ Energie als Wärme in das System hineinfließen und sonst kein anderer Prozeß abläuft, nimmt die Innere Energie um 10 kJ zu. (b) Wenn 10 kJ aus dem System herausfließen, nimmt seine Innere Energie um den gleichen Betrag ab.

3-2 Die Enthalpie

Die Beziehung $\Delta U = q$ gilt, wenn das System Energie nur in Form von Wärme mit seiner Umgebung austauscht. Viele chemische Reaktionen werden aber in Gefäßen durchgeführt, die gegenüber der Atmosphäre offen sind; das bedeutet, der Druck ist konstant, und das Volumen des Systems ist variabel. In einem solchen Fall kann Energie auch anders als in Form von Wärme von dem System abgegeben werden. Illustrieren wir das am Beispiel der Verbrennung von Octan (C_8H_{18}, **2**), einem Bestandteil des Benzins:

$$2\,C_8H_{18}(l) + 25\,O_2(g) \;\rightarrow\; 16\,CO_2(g) + 18\,H_2O(g)$$

Bei der Reaktion entstehen 34 mol Gas, wenn jeweils 25 mol Sauerstoff verbraucht werden; folglich haben die Reaktionsprodukte (bei konstantem Druck) ein viel größeres Volumen als die Ausgangssubstanzen (vgl. Kap. 2). Wird Octan in einem offenen Gefäß verbrannt, so verdrängen die Produkte die Atmosphäre (Abb. 3-8). Die Expansion des Systems erfolgt gegen den Druck der Atmosphäre und verbraucht deshalb Energie. Die Änderung der Inneren Energie ist dann größer als das, was wir als umgesetzte Wärme messen. Wir halten also fest: in einem System, das bei der Reaktion expandieren oder kontrahieren kann, ist die Wärmetönung kein genaues Maß für die Änderung der Inneren Energie eines Systems.

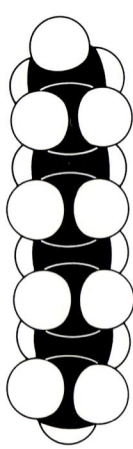

2 Octan

Die Ausdehnungsarbeit

Die Energie, die aufgewendet werden muß, um Platz für die Reaktionsprodukte zu schaffen, können wir berechnen. In der Physik ist die Arbeit w definiert als das Produkt aus einer Strecke und einer der Bewegung entgegengesetzten Kraft:

$$w = \text{Strecke} \cdot \text{Gegenkraft}$$

Diese Formel zeigt uns, daß man viel Arbeit leisten muß, wenn man gegen eine starke Kraft einen langen Weg zurücklegen will (etwa wie ein Radfahrer gegen einen Sturm). Bei unserem System, das sich gegen die Atmosphäre ausdehnt, rührt die Gegenkraft vom Druck der Atmosphäre auf das System her. Wir können uns vorstellen, daß die Reaktion in einem Behälter abläuft, der mit einem Kolben vom Querschnitt A gegen die Atmosphäre abgeschlossen ist. Der Kolben wird bei der Reaktion um die Strecke d bewegt (vgl. Abb. 3-9). Der Druck auf den Kolben ist eine Kraft pro Flächeneinheit (vgl. Abschn. 2-1), deshalb ist die Kraft gleich Druck mal Fläche, und wir können schreiben:

$$w = \text{Strecke} \cdot (\text{Fläche} \cdot \text{Druck}) = d \cdot A \cdot P$$

Das Produkt $d \cdot A$ ist die Volumenänderung ΔV des Systems:

$$w = P \cdot \Delta V$$

Wenn sich das Volumen nicht ändert ($\Delta V = 0$), dann wird auch keine Arbeit geleistet.

Beispiel 3-3 Berechnung der Ausdehnungsarbeit

Wieviel Arbeit ist bei Standarddruck und Standardtemperatur erforderlich, um für die Produkte der Octan-Verbrennung nach der Gleichung

$$2\,C_8H_{18}(l) + 25\,O_2(g) \rightarrow 16\,CO_2(g) + 18\,H_2O(g)$$

bei konstantem Druck den benötigten Raum zu schaffen. Es sollen 2 mol C_8H_{18} verbrannt werden. Alle beteiligten Gase sehen wir als ideal an.

Methode. 25 mol Gas werden bei der Reaktion durch 34 mol Gas ersetzt, das ist eine Zunahme um 9 mol. Bei Standarddruck und Standardtemperatur ist das molare Volumen eines idealen Gases 22,4 dm³ mol⁻¹. Damit können wir die gesamte Volumenänderung und daraus die Expansionsarbeit berechnen.

Lösung. Die Volumenänderung ist

$$\Delta V = 9\ \text{mol} \cdot 22{,}4\ \text{dm}^3\ \text{mol}^{-1} = 202\ \text{dm}^3$$

Der Außendruck ist 1,013 bar, damit ergibt sich für die Arbeit

$$w = P \cdot \Delta V = 1{,}013\ \text{bar} \cdot 202\ \text{dm}^3 = 10^5\ \text{Pa} \cdot 2{,}02 \cdot 10^{-1}\ \text{m}^3 = 2{,}0 \cdot 10^4\ \text{J}$$

Die Expansion verbraucht also 20 kJ an Energie.

Übungsaufgabe. Wieviel Arbeit wird bei der Verbrennung von 1 mol Glucose bei Standarddruck und Standardtemperatur zu Kohlendioxid und Wasserdampf für die Volumenzunahme benötigt? [Antwort: 14 kJ]

Die Wärmetönung bei konstantem Druck

Wenn in einem System ein Vorgang abläuft und das Volumen dabei konstant gehalten wird, dann ist die Wärmeabgabe (man spricht auch

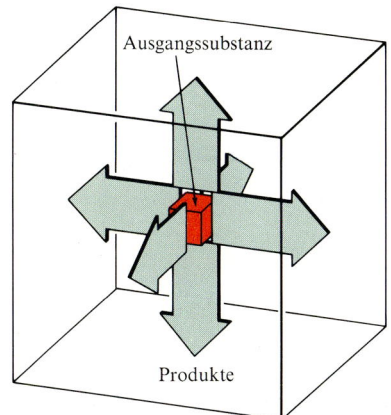

Abb. 3-8 Wenn gasförmige Reaktionsprodukte entstehen, müssen sie Arbeit leisten, um die Atmosphäre zu verdrängen. Das kostet Energie, und folglich wird weniger Wärme frei.

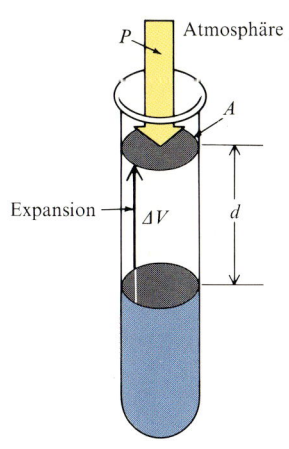

Abb. 3-9 Wir stellen uns vor, die Reaktion läuft in einem Zylinder ab, der von einem Kolben abgeschlossen ist. Der Kolben wird um die Strecke d gegen die Kraft $P \cdot A$, die vom Atmosphärendruck herrührt, bewegt.

von Wärmetönung) gleich der Änderung der Inneren Energie ($q = \Delta U$). Wenn wir dagegen vorgeben, daß der Druck konstant bleiben soll, so kann das System expandieren oder sich kontrahieren, und die Wärmetönung ist *nicht* gleich ΔU, denn man braucht (bei einer Expansion) Raum für die Reaktionsprodukte, und der ist nur durch einen Arbeitsaufwand bereitzustellen. Es hat sich als sehr zweckmäßig erwiesen, über die Wärmetönung bei konstantem Druck eine neue Größe zu definieren, die wir die *Enthalpieänderung* des Systems nennen („Enthalpie" stammt von dem griechischen Wort für „Wärme" ab).

Die **Enthalpieänderung** ΔH eines Systems ist gleich der Wärmetönung bei konstantem Druck:

$$\Delta H = q \text{ bei konstantem Druck}$$

Es ist hier zu beachten, daß diese Formel nur die Enthalpieänderung des Systems definiert. Die Enthalpie selbst, für die wir das Symbol H verwenden, ist durch

$$H = U + PV$$

definiert. Wenn wir also die Innere Energie eines Systems kennen, können wir seine Enthalpie leicht berechnen, indem wir zu U das Produkt $P \cdot V$ addieren. In der Praxis braucht ein Chemiker nie die Enthalpie eines Systems, sondern immer nur die Enthalpieänderungen bei chemischen und anderen Reaktionen. Wir benötigen deshalb vor allem die Beziehung, welche die Enthalpieänderung mit der Wärmetönung bei konstantem Druck verknüpft. Wenn wir eine bestimmte Menge Schwefel bei konstantem Druck zu Schwefeldioxid verbrennen und dabei eine Wärmetönung von 10 kJ beobachten, so bedeutet das eine Verringerung der Enthalpie des Systems um 10 kJ ($\Delta H = -10$ kJ) während der Reaktion (vgl. Abb. 3-10). Wenn wir andererseits wissen, daß bei der Umsetzung einer bestimmten Menge Stickstoff mit Wasserstoff zu Ammoniak die Enthalpieänderung $\Delta H = -10$ kJ beträgt, so wissen wir auch, daß eine Wärme von 10 kJ frei wird, wenn wir die Reaktion bei konstantem Druck ablaufen lassen.

Die Differenz zwischen ΔU und ΔH ist die *Volumenarbeit,* mit der für die Reaktionsprodukte Platz geschaffen wird. Diese Arbeit ist gleich $P \cdot \Delta V$, und es gilt

$$\Delta H = \Delta U + P \cdot \Delta V \qquad (1)$$

Wenn z. B. bei einer Verbrennungsreaktion $\Delta U = -100$ kJ ist und es einen Aufwand von 10 kJ erfordert, um Platz für die Verbrennungsprodukte zu schaffen, so ist die Enthalpieänderung

$$\Delta H = -100 \text{ kJ} + 10 \text{ kJ} = -90 \text{ kJ}$$

Bei konstantem Druck tritt also eine Wärmetönung von 90 kJ auf; bei konstantem Volumen beträgt sie 100 kJ.

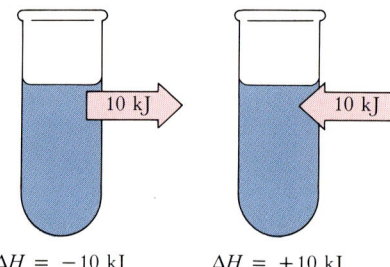

$\Delta H = -10$ kJ $\Delta H = +10$ kJ

Abb. 3-10 Dieses System ist gegen die Atmosphäre offen; dabei kann es sich ausdehnen oder zusammenziehen, damit der Druck konstant bleibt. Wenn 10 kJ Energie als Wärme aus dem System herausfließen, so nimmt seine Enthalpie um 10 kJ ab. Fließen 10 kJ als Wärme hinein, so nimmt die Enthalpie um 10 kJ zu.

Beispiel 3-4 Der Zusammenhang zwischen Innerer Energie und Enthalpie

Bei der Reaktion $N_2(g) + 3H_2(g) \rightarrow 2NH_3(g)$ tritt eine Wärmetönung von 41 kJ auf, wenn wir 1 mol N_2 bei konstantem Volumen bei 25 °C reagieren lassen. Wie groß wird die Wärmetönung, wenn die Reaktion bei einem konstanten Druck von 1 bar abläuft?

Methode. Die Wärmetönung bei konstantem Druck ist gleich der Enthalpieänderung; wir haben also ΔH zu berechnen. Dazu brauchen wir ΔU und $P \cdot \Delta V$. Die Änderung der

Inneren Energie ist gleich der angegebenen Wärmetönung bei konstantem Volumen. ΔV können wir aus der Änderung der Stoffmengen der an der Reaktion beteiligten Gase und aus dem molaren Volumen eines idealen Gases bei 25 °C berechnen; das ist 24,5 dm³ mol⁻¹.

Lösung. Weil bei konstantem Volumen 41 kJ abgegeben werden, ist $\Delta U = -41$ kJ. Bei der Reaktion werden aus 4 mol Gas 2 mol Produkte, deshalb nimmt die Stoffmenge um 2 ab, und das Volumen wird entsprechend kleiner:

$$\Delta V = -2 \text{ mol} \cdot 24,5 \text{ dm}^3 \text{ mol}^{-1} = -49,0 \text{ dm}^3$$

Dann wird

$$P \cdot \Delta V = 1,0 \text{ bar} \cdot (-49,0 \text{ dm}^3) = -49 \text{ dm}^3 \text{ bar}$$
$$= -49 \cdot 10^{-3} \text{ m}^3 \cdot 10^5 \text{ Pa} = -4900 \text{ J} = -4,9 \text{ kJ}$$

Das ergibt für die Enthalpieänderung

$$\Delta H = \Delta U + P \cdot \Delta V = -41 \text{ kJ} + (-4,9 \text{ kJ}) = -46 \text{ kJ}$$

Wenn die Reaktion bei konstantem Druck ausgeführt wird, beträgt also die Wärmetönung 46 kJ. Das ist mehr als für die Reaktion bei konstantem Volumen, denn bei konstantem Druck ist die Reaktion mit einer Volumenabnahme verbunden.

Übungsaufgabe. Bei konstantem Druck ist die Verbrennung von 1 mol C zu Kohlenmonoxid nach der Reaktionsgleichung $2 C(s) + O_2(g) \rightarrow 2 CO(g)$ mit einer Wärmetönung von 113,0 kJ verbunden. Wie groß ist die Wärmetönung bei einem konstanten Druck von 1 bar und einer Temperatur von 25 °C? [Antwort: 110,5 kJ]

Für die Enthalpie gilt ebenso wie für die Innere Energie, daß die Änderung dieser Funktion bei einem Prozeß, wenn Anfangs- und Endzustand gegeben sind, nicht vom Weg zwischen diesen beiden Zuständen abhängt; die Enthalpie ist also auch eine Zustandsfunktion. In vielen Fällen unterscheidet sich der Zahlenwert der Enthalpieänderung nicht sehr von der Änderung der Inneren Energie. (Meist beträgt der Unterschied wie im letzten Beispiel nur einige kJ). In der Praxis des Chemikers spielen Enthalpieänderungen eine sehr große Rolle, denn in der Regel werden chemische Reaktionen in offenen Systemen durchgeführt, bei denen der Druck konstant ist und das Volumen gegebenenfalls größer oder kleiner wird.

Exotherme und endotherme Reaktionen

Bei chemischen und physikalischen Vorgängen können die Wärmetönungen positiv oder negativ sein.

Bei einem **exothermen Prozeß** fließt Wärme aus dem System in die Umgebung.

Bei einem **endothermen Prozeß** fließt Wärme aus der Umgebung in das System.

Wenn wir den Begriff Enthalpie verwenden, ist ΔH bei exothermen Reaktionen negativ (denn die Wärme fließt aus dem System heraus und erniedrigt damit die Enthalpie, vgl. Abb. 3-11). Bei endothermen Reaktionen ist ΔH positiv, denn die Wärme fließt in das System hinein und erhöht damit die Enthalpie.

Verbrennungsreaktionen sind alle exotherm. Ein besonders spektakuläres Beispiel ist die Thermit-Reaktion, bei der ein Metalloxid mit Aluminium zum reinen Metall reduziert wird:

$$2 Al(s) + Fe_2O_3(s) \rightarrow Al_2O_3(s) + 2 Fe(s)$$

Abb. 3-11 Die Zersetzung von Ammoniumdichromat zu Chrom(III)-oxid ist so stark exotherm, daß die Reaktion, wenn sie in Gang gekommen ist, das Bild eines kleinen Vulkans vermittelt.

Bei ihr wird so viel Wärme produziert, daß das gebildete Eisen schmilzt. Die Verdampfung von Wasser ist (wie alle Verdampfungen) endotherm, denn sie ist mit einer Wärmeaufnahme verbunden. Lösungsvorgänge können exotherm oder endotherm sein. Das Auflösen von Ammoniumnitrat in Wasser ist z. B. ein stark endothermer Prozeß; deshalb dient es als Kühlkompresse in manchen Erste-Hilfe-Kästen; dort wird eine Ampulle, die das Salz enthält, in einem Wasserbehälter aufgebrochen, und die Kühlwirkung beginnt, wenn sich das Salz im Wasser löst. Ebenfalls endotherm ist die Reaktion zwischen Bariumhydroxid und Ammoniumrhodanid (vgl. Abb. 3-1).

Kalorimetrie

Die Änderungen der Inneren Energie bzw. der Enthalpie lassen sich bestimmen, indem man die aufgenommene oder abgegebene Wärmemenge mißt. Erfolgt die Reaktion bei konstantem Volumen (wie in einem geschlossenen Gefäß), so ist die Wärmetönung gleich der Änderung der Inneren Energie. Erfolgt sie bei konstantem Druck (z. B. in einem gegen die Atmosphäre offenen Behälter), so ist sie gleich der Enthalpieänderung:

$$\text{bei konstantem Volumen:} \quad q = \Delta U$$
$$\text{bei konstantem Druck:} \quad q = \Delta H \tag{2}$$

Wie ΔU und ΔH zusammenhängen, beschreibt Gl. (1).

Wärmetönungen werden im *Kalorimeter* gemessen. Ein ganz einfaches Kalorimeter besteht aus einem Styropor-Becher mit Deckel und Thermometer. Der Deckel soll lose aufgesetzt sein, damit konstanter Atmosphärendruck gewährleistet bleibt. Gibt man die Ausgangssubstanzen der Reaktion in dem Becher zusammen, so führt die Wärmetönung der Reaktion zu einem Temperaturanstieg. Wenn wir diese Temperaturerhöhung messen, können wir die Wärmetönung bestimmen und daraus, weil es sich um eine Reaktion bei konstantem Druck handelt, ΔH berechnen.

Verbrennungsreaktionen werden meist in einem Bombenkalorimeter (vgl. Abb. 3-12) untersucht. Die Probe wird in einen kleinen Tiegel eingewogen, der in einen fest verschließbaren Stahlbehälter, die Bombe, eingebracht wird. Dann wird die Bombe unter Druck mit Sauerstoff gefüllt und in das Wasserbad gehängt. Die Probe wird elektrisch gezündet, und die Änderung der Temperatur des Wasserbades wird gemessen. Weil die Bombe fest verschlossen ist, ergibt die Messung ΔU.

Die Wärmekapazität

Wir wollen jetzt untersuchen, wie aus der Temperaturänderung im Kalorimeter die Wärmetönung berechnet werden kann. Für jede Substanz gilt, daß die Temperaturänderung ΔT und die Wärmetönung q zueinander proportional sind. Wir können also schreiben:

$$q = C \cdot \Delta T \tag{3}$$

Die Konstante C nennen wir die *Wärmekapazität* (in manchen Versuchsbeschreibungen findet sich auch die Bezeichnung ,Wasserwert', weil diese Eigenschaft des Kalorimeters hauptsächlich vom Wasserbad abhängt). Die Wärmekapazität des Kalorimeters hängt von seiner Größe ab und von den Materialien, aus denen es besteht. Je größer die

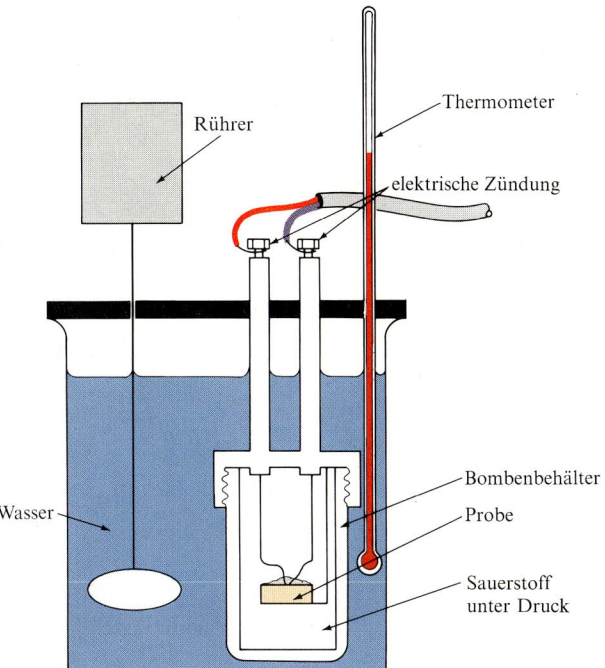

Abb. 3-12 Ein Bombenkalorimeter. Die Verbrennung wird elektrisch gezündet; gemessen wird die Temperatur des ganzen Gerätes.

Wärmekapazität seiner Bestandteile ist, um so mehr Wärme muß es aufnehmen, bis man z. B. eine Temperaturerhöhung um 1 K beobachtet. Wenn ein Material bei einer Wärmezufuhr von 1 J um 1 K erwärmt wird, so hat es eine Wärmekapazität von 1 J K^{-1} (1 Joule pro Kelvin).

In Tabelle 3-1 sind die Wärmekapazitäten einiger bekannter Materialien zusammengestellt. Die Wärmekapazität ist eine extensive Größe, deshalb ist in der Tabelle jeweils die *spezifische Wärmekapazität c* angegeben. (Früher war der Name ,spezifische Wärme' gebräuchlich.) Dabei handelt es sich um die Wärmekapazität pro Gramm Substanz. Weil die Wärmekapazität einer Probe gleich dem Produkt aus der spezifischen Wärmekapazität und ihrer Masse ist, können wir anstelle von Gl. 3 auch schreiben:

$$q = c \cdot \text{Masse} \cdot \Delta T \qquad (4)$$

Tabelle 3-1 Die spezifischen Wärmekapazitäten einiger Materialien

Substanz	c in J K^{-1} g^{-1}
Luft	1,01
Benzol	1,05
Messing	0,37
Kupfer	0,38
Ethanol	2,42
Pyrex-Glas	0,78
Granit	0,80
Marmor	0,84
Polyethylen	2,3
rostfreier Stahl	0,51
Wasser	4,18

Beispiel 3-5 Rechnen mit der Wärmekapazität

Welche Wärmemenge brauchen wir, um 500 g Wasser von 20,0 °C bis zum Siedepunkt (100,0 °C) zu erwärmen?

Methode. Wir brauchen die Wärmekapazität des Wassers; dazu multiplizieren wir die spezifische Wärmekapazität mit der Masse der Probe. Wenn wir dann die Wärmekapazität mit dem Temperaturanstieg multiplizieren, erhalten wir die gesuchte Wärmemenge.

Lösung. Nach Tabelle 3-1 ist die spezifische Wärmekapazität des Wassers $c = 4{,}18$ J K^{-1} g^{-1}; dann ist die Wärmekapazität selbst

$$C = 500 \text{ g} \cdot 4{,}18 \text{ J K}^{-1} \text{ g}^{-1} = 2{,}09 \text{ kJ K}^{-1}$$

Für eine Temperaturerhöhung um 80,0 K benötigen wir dann die Wärmemenge

$$q = 2{,}09 \text{ kJ K}^{-1} \cdot 80{,}0 \text{ K} = 167 \text{ kJ}$$

Übungsaufgabe. Welche Wärmemenge braucht man, um einen Granitblock von 1,0 kg von 20 °C auf 100 °C zu erwärmen?   [Antwort: 64 kJ]

Die Wärme, die bei einer Reaktion in einem Kalorimeter freigesetzt wird, erhöht die Temperatur des ganzen Kalorimeters, also der Reaktionsmischung, des Behälters und des Wasserbades (vgl. Abb. 3-13). Wir brauchen demnach, wenn wir aus der gemessenen Temperaturerhöhung die Wärmetönung der Reaktion berechnen wollen, die Wärmekapazität des ganzen Kalorimeters. Theoretisch könnte man diese Wärmekapazität aus den Massen und den spezifischen Wärmekapazitäten der Bestandteile des Kalorimeters berechnen. Allerdings ist es sinnvoller, das Kalorimeter zu eichen. Dazu wird in ihm eine Reaktion durchgeführt, deren Wärmetönung bekannt ist; aus der gemessenen Wärmetönung, der Einwaage und der bekannten Wärmetönung läßt sich dann C berechnen.

Wenn eine Vergleichsprobe, von der wir wissen, daß sie eine Wärmetönung von 80,0 kJ liefert, die Temperatur des Kalorimeters um 8,4 K erhöht und eine Probe, die wir untersuchen wollen, nur um 5,2 K, dann erhalten wir für die gesuchte Wärmetönung über eine einfache Dreisatzrechnung:

$$q = 5,2 \text{ K} \cdot \frac{80,0 \text{ kJ}}{8,4 \text{ K}} = 50 \text{ kJ}$$

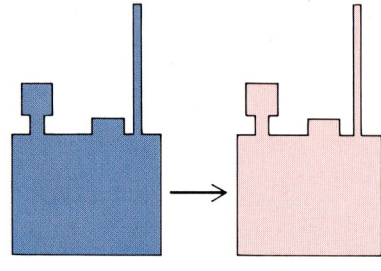

Abb. 3-13 Wenn in einem Kalorimeter eine Reaktion abläuft, so nimmt die Temperatur des ganzen Apparates zu (das ist hier durch die Farbänderung symbolisiert). Wenn wir also den Temperaturanstieg interpretieren wollen, müssen wir die Wärmekapazität des ganzen Apparates kennen.

Man kann das Kalorimeter auch elektrisch eichen; dazu schickt man einen elektrischen Strom bekannter Stärke eine bestimmte Zeit lang durch einen kleinen, im Kalorimeter eingebauten Heizwiderstand und mißt die Temperaturerhöhung. Die über den Heizwiderstand zugeführte Wärmemenge ist

q [in J] = Stromstärke [in Ampere, A] · Spannung [in Volt, V] · Zeit [in s]

Dabei verwenden wir 1 W = 1 A · 1 V und 1 J = 1 W · 1 s.

Beispiel 3-6 Die Bestimmung der Wärmetönung einer Reaktion

Wir mischen in einem einfachen Kalorimeter bei konstantem Druck 50,0 cm^3 einer NaOH (aq)-Lösung (1,0 M) und 50,0 cm^3 einer HCl (aq)-Lösung (1,0 M) und beobachten einen Temperaturanstieg von 20,1 °C auf 26,5 °C. Bei der Eichung war das Kalorimeter mit 100 cm^3 NaCl-Lösung gefüllt (das ist gleichzeitig das Reaktionsprodukt); gefunden wurde $C = 440,2$ kJ K^{-1}. Wie groß ist die Neutralisationswärme und wie groß die Neutralisationsenthalpie?

Methode. Weil die Reaktion bei konstantem Druck abläuft, sind die Wärmetönung und die Enthalpieänderung dem Betrag nach gleich. Der Temperaturanstieg ist angegeben, damit können wir mit Gl. 3 aus dem Temperaturanstieg die Wärmetönung berechnen.

Lösung. Der Temperaturanstieg um 6,4 °C bedeutet $\Delta T = +6,4$ K. Nach Gl. 3 ist dann die Wärmetönung:
$$q = C \cdot \Delta T = 440,2 \text{ J K}^{-1} \cdot 6,4 \text{ K}$$
$$= 2,8 \text{ kJ}$$

Die Wärme fließt aus der Reaktionsmischung heraus, also ist $\Delta H = -2,8$ kJ.

Übungsaufgabe. Wir verbrennen 1,56 g Ethanol in einem Kalorimeter mit der Wärmekapazität $C = 7,21$ kJ K^{-1} und beobachten einen Temperaturanstieg von 24,8 °C auf 30,6 °C. Wie groß ist die Enthalpieänderung bei dieser Verbrennungsreaktion?

[Antwort: $-41,8$ kJ]

Die Enthalpieänderungen bei physikalischen Prozessen

Wird eine Substanz erwärmt, so nimmt ihre Enthalpie zu. Normalerweise beobachten wir dabei einen Temperaturanstieg. Wenn man z. B. zu 100 g Wasser 10 kJ Wärme zuführt, dann nimmt die Enthalpie des Wassers um 10 kJ zu. Die Wärmekapazität von 100 g Wasser ist 0,42 kJ K^{-1}, deshalb führt die Enthalpiezunahme zu einem Temperaturanstieg um 24 K. Man beachte, daß die Temperatur eine intensive Größe und die Enthalpie eine extensive Größe ist. Wenn wir 200 g Wasser um 24 K erwärmen wollen, müssen wir die doppelte Wärmemenge, also 20 kJ zuführen.

Wenn wir dem Wasser weiter Wärme zuführen, so steigt auch seine Temperatur weiter an. Bei Atmosphärendruck (101 325 Pa) fängt das Wasser zu sieden an, sobald eine Temperatur von 100 °C erreicht ist. Wenn wir jetzt versuchen, die Probe weiter zu erwärmen und die Enthalpie zu erhöhen, steigt die Temperatur des Wassers nicht weiter an. Die zufließende Energie wird vielmehr zur Überwindung der Anziehungskräfte zwischen den Wassermolekülen und damit zur Verdampfung des Wassers verbraucht. Ein solches Verhalten ist charakteristisch für alle Zustandsänderungen: wenn eine Flüssigkeit gefriert oder siedet, so bleibt die Temperatur konstant, bis der Übergang vollendet ist. Beim Sieden wird dem Wasser Wärme zugeführt, folglich muß der Wasserdampf bei 100 °C eine höhere Enthalpie als Wasser bei 100 °C haben. Aus diesem Grund kann Wasserdampf schwere Verbrennungen auf der Haut hervorrufen, denn er gibt, wenn er mit der Haut in Kontakt kommt und kondensiert, pro Gramm 2 kJ Wärme ab, die zu schweren Verletzungen führen.

Die Differenz der molaren Enthalpien zwischen einer Flüssigkeit und ihrem Dampf nennen wir die *Verdampfungsenthalpie* ΔH_{Verd} einer Substanz. Für Wasser gilt bei 100 °C:

$$\Delta H_{Verd} = H_{Gas} - H_{Flüssigkeit} = +40{,}7 \text{ kJ mol}^{-1}$$

Für andere Substanzen sind die Werte in Tabelle 3-2 zusammengestellt. Beim Schwitzen sorgt der Körper dafür, daß Wasser auf der Haut

Tabelle 3-2 Enthalpie-Daten für physikalische Vorgänge *

Substanz	Formel	Schmelzpunkt in K	ΔH°_{Schm} in kJ mol^{-1}	Siedepunkt in K	ΔH°_{Verd} in kJ mol^{-1}
Aceton	CH_3COCH_3	177,8	5,72	329,4	29,1
Ammoniak	NH_3	195,3	5,65	239,7	23,4
Argon	Ar	83,8	1,2	87,3	6,5
Benzol	C_6H_6	278,7	9,87	353,3	30,8
Ethanol	C_2H_5OH	158,7	4,60	351,5	43,5
Helium	He	3,5	0,02	4,22	0,08
Methan	CH_4	90,7	0,94	111,7	8,2
Methanol	CH_3OH	175,5	3,16	337,2	35,3
Wasser	H_2O	273,2	6,01	373,2	40,7
					(bei 25 °C: 44,0)

* Die Zahlenwerte beziehen sich auf die entsprechende Übergangstemperatur. Das Zeichen ° zeigt an, daß der Prozeß bei 101 325 Pa (1 atm) erfolgt und daß es sich um eine reine Substanz handelt. Im allgemeinen gehört zu einem höheren Schmelzpunkt auch eine größere Schmelzenthalpie.

verdampft; die dabei verbrauchte Verdampfungswärme sorgt für die gewünschte Kühlung.

3 Thermochemie: Energieumsätze bei chemischen Reaktionen

Beispiel 3-7 Die experimentelle Bestimmung der Verdampfungsenthalpie

Mit einem elektrischen Heizwiderstand bringen wir in einem einfachen Kalorimeter 250 g Wasser zum Sieden (bei Atmosphärendruck). Wir setzen dann die Wärmezufuhr fort, bis 35 g Wasser verdampft sind. Aus der Spannung, der Stromstärke und der gemessenen Zeit errechnen wir, daß für die Verdampfung 77 kJ verbraucht wurden. Wie groß ist die molare Verdampfungsenthalpie des Wassers bei 100 °C?

Methode. Die Enthalpie nimmt zu, da Wärme aufgenommen wird, also ist ΔH positiv. Weil die Verdampfung bei konstantem Druck erfolgt, entspricht die umgesetzte Wärmemenge einer Enthalpiezunahme. Mit Hilfe der molaren Masse des Wassers ($18,02 \text{ g mol}^{-1}$) können wir dann die Enthalpieänderung pro mol H_2O berechnen.

Lösung. Bei der Verdampfung von 35 g Wasser nimmt die Enthalpie nach den Angaben um +77 kJ zu. 35 g Wasser enthalten aber:

$$35 \text{ g } H_2O \cdot \frac{1 \text{ mol } H_2O}{18,02 \text{ g } H_2O} = 1,94 \text{ mol } H_2O$$

Das ergibt für die Enthalpieänderung pro mol H_2O:

$$\Delta H_{\text{Verd}} = \frac{+77 \text{ kJ}}{1,94 \text{ mol}} = +40 \text{ kJ mol}^{-1}$$

Übungsaufgabe. Wir erhitzen mit demselben Heizwiderstand Benzol auf seinen Siedepunkt bei 80 °C. Dann setzen wir die Wärmezufuhr fort, bis 71 g Benzol verdampft sind. Dafür werden 28 kJ verbraucht. Wie groß ist die molare Verdampfungsenthalpie des C_6H_6 am Siedepunkt?   [Antwort: $+31 \text{ kJ mol}^{-1}$]

Dem Schmelzvorgang entspricht die *Schmelzenthalpie* ΔH_{Schm}:

$$\Delta H_{\text{Schm}} = H_{\text{Flüssigkeit}} - H_{\text{Festkörper}}$$

Manchmal wird zur Kennzeichnung des Schmelzprozesses der Buchstabe f (für engl. fusion) verwendet. Die Schmelzenthalpie des Wassers hat den Wert $+6 \text{ kJ mol}^{-1}$, deshalb muß man 6 kJ Energie zuführen, wenn man bei 0 °C 18 g (1 mol) Eis schmelzen will. Das Schmelzen ist ein endothermer Prozeß, es muß Wärme zugeführt werden, da dabei Bindungen der Moleküle zu ihren Nachbarn aufgebrochen werden. In Tabelle 3-2 sind einige Zahlenwerte angegeben.

Die *Erstarrungsenthalpie* ist einfach das Negative der Schmelzenthalpie, denn beim Erstarren wird genausoviel Wärme abgegeben wie beim Schmelzen aufgenommen wird. So ist z. B. die Erstarrungsenthalpie des Wassers bei 0 °C gleich -6 kJ mol^{-1}. Wenn man in einer Eismaschine 18 g Wasser von 0 °C in Eis verwandeln will, muß man ihm 6 kJ Wärme entziehen. Das gilt ganz allgemein: Die Enthalpieänderung für die Umkehrung eines beliebigen (chemischen oder physikalischen) Prozesses ist einfach gleich dem negativen Wert für den ursprünglichen Prozeß:

$$\Delta H_{\text{Hinreaktion}} = -\Delta H_{\text{Rückreaktion}}$$

Sublimation nennen wir die direkte Verdampfung eines Festkörpers in ein Gas ohne den Umweg über den flüssigen Zustand. Die *Sublima-*

tionsenthalpie ist dann die mit der Sublimation verbundene Enthalpieänderung:

$$\Delta H_{\text{Sub}} = H_{\text{Gas}} - H_{\text{Festkörper}}$$

Die Sublimation ist immer endotherm (ΔH_{Sub} ist positiv), denn bei dem
Übergang aus dem dichtgepackten festen Zustand in den Gaszustand,
in dem sich die Moleküle frei bewegen können, nimmt das System
Energie auf.

Beispiel 3-8 Die Enthalpien zusammengesetzter Prozesse

Metallisches Natrium hat bei 25 °C eine Schmelzenthalpie von $+2{,}5$ kJ mol^{-1}, und seine
Verdampfungsenthalpie hat den Wert $+98$ kJ mol^{-1}. Wie groß ist bei dieser Temperatur
seine Sublimationsenthalpie?

Methode. Die Enthalpie ist eine Zustandsfunktion. Deshalb muß die Enthalpieänderung
beim Übergang vom festen Natrium zum Gas vom Weg unabhängig sein. Wir suchen uns
darum einen Weg heraus, bei dem wir die Enthalpieänderung für jeden Einzelschritt kennen. Einen solchen Weg bilden die Schritte Na (s) → Na (l) und Na (l) → Na (g). Die Enthalpieänderung des ersten Schrittes ist die Schmelzenthalpie, die im zweiten Schritt die
Verdampfungsenthalpie. Die Sublimationsenthalpie ist dann die Summe der beiden (**3**).

Lösung. Die Sublimationsenthalpie ist gleich der Summe

$$\Delta H_{\text{Sub}} = \Delta H_{\text{Schm}} + \Delta H_{\text{Verd}} = +2{,}6 \text{ kJ mol}^{-1} + 98 \text{ kJ mol}^{-1} = +101 \text{ kJ mol}^{-1}$$

Übungsaufgabe. Für Iod ist die Sublimationsenthalpie gleich $+57{,}3$ kJ mol^{-1} und die
Verdampfungsenthalpie gleich $+41{,}8$ kJ mol^{-1}. Wie groß ist die Erstarrungsenthalpie?

[Antwort: $-15{,}5$ kJ mol^{-1}]

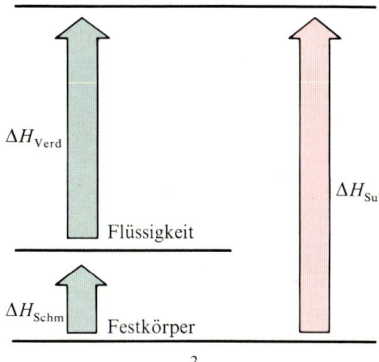

Wenn in einem Diagramm die Temperatur einer Probe gegen die Zeit
aufgetragen wird, so erhält man eine Abkühlungs- oder eine Erwär-
mungskurve. In Abb. 3-14 kann man erkennen, wie (bei einer gleich-
mäßigen Wärmezufuhr) die Temperatur der festen Probe bis zum Erreichen des Schmelzpunktes gleichmäßig ansteigt. Am Schmelzpunkt
ändert sich die Temperatur vorerst nicht mehr, denn die zugeführte
Wärme wird zur Bildung der Flüssigkeit (als Schmelzwärme) verbraucht. Wenn der Festkörper vollständig geschmolzen ist, steigt die
Temperatur wieder an, und am Siedepunkt bleibt sie wieder konstant,
bis die gesamte Flüssigkeit verdampft ist. Erhitzt man weiter, wenn alles
verdampft ist, so steigt die Temperatur weiter an.

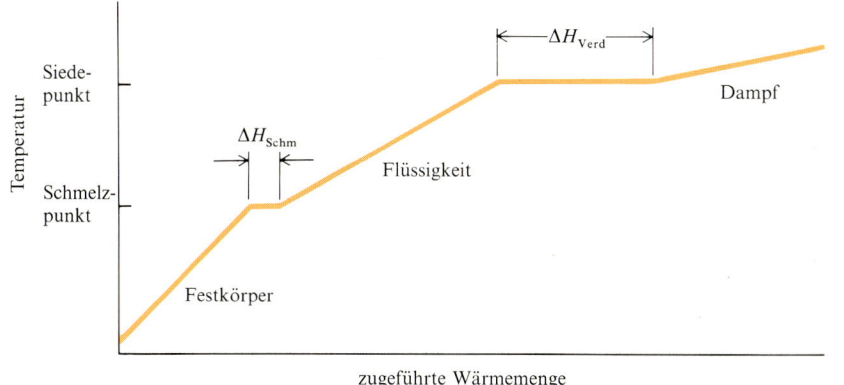

Abb. 3-14 Wenn man einem Festkörper Wärme zuführt, so steigt die
Temperatur an. Am Schmelzpunkt
bleibt sie eine gewisse Zeit konstant,
während die zugeführte Wärme zum
Schmelzen der Probe verbraucht
wird. Wenn genügend Wärme zum
vollständigen Schmelzen der Probe
zugeführt ist, beginnt die Temperatur
wieder zu steigen. Ein ähnlicher Halt
erfolgt am Siedepunkt.

Die Enthalpieänderung bei chemischen Reaktionen

Wenn man 1 mol CH_4 (16 g Methan) unter bestimmten Bedingungen verbrennt, werden 890 kJ als Wärme frei. Das heißt, bei der Reaktion

$$CH_4(g) + 2O_2(g) \rightarrow CO_2(g) + 2H_2O(l)$$

nimmt die Gesamtenthalpie des Systems (d. h. der Reaktionsmischung) für jeweils ein umgesetztes Mol Methan um 890 kJ ab. Diese Abnahme um 890 kJ nennen wir die *Reaktionsenthalpie* ΔH; sie bezieht sich auf die Reaktionsgleichung so wie sie hingeschrieben ist:

$$CH_4(g) + 2O_2(g) \rightarrow CO_2(g) + 2H_2O(l), \quad \Delta H = -890 \text{ kJ}$$

Manchmal wird es nötig, alle Koeffizienten zu verdoppeln; dann werden 2 mol Methan verbrannt, und der Zahlenwert der Reaktionsenthalpie muß ebenfalls verdoppelt werden:

$$2CH_4(g) + 4O_2(g) \rightarrow 2CO_2(g) + 4H_2O(l), \quad \Delta H = -1780 \text{ kJ}$$

3-3 Reaktionsenthalpien

Wenn wir die molare Reaktionsenthalpie einer Reaktion kennen, so können wir die Reaktionsenthalpie auch für beliebige Mengen der Ausgangssubstanzen berechnen. Beginnen wir mit der Frage, wie groß die Wärmetönung ist, wenn 150 g Methan verbrannt werden. Dazu müssen wir zuerst die Stoffmenge n des Methans bestimmen:

$$n(CH_4) = \frac{\text{Masse von } CH_4}{\text{molare Masse}}$$

$$= 150 \text{ g } CH_4 \cdot \frac{1 \text{ mol } CH_4}{16{,}04 \text{ g } CH_4} = 9{,}35 \text{ mol } CH_4$$

Der nächste Schritt ist die Berechnung der Wärmetönung bei der Verbrennung von 9,35 mol Methan mit der molaren Reaktionsenthalpie $\Delta H = 890 \text{ kJ mol}^{-1}$:

$$q = 9{,}35 \text{ mol} \cdot 890 \text{ kJ mol}^{-1} = 8{,}32 \cdot 10^3 \text{ kJ}$$

Bei der Verbrennung werden also 8,32 MJ an Wärme frei.

Beispiel 3-9 Berechnung der Wärmeleistung eines Kraftstoffes

Die Verbrennung von Propan erfolgt nach der Reaktionsgleichung

$$C_3H_8(g) + 5O_2(g) \rightarrow 3CO_2(g) + 4H_2O(l), \quad \Delta H = -2220 \text{ kJ}$$

Berechnen Sie, wieviel Gramm Propan verbrannt werden müssen, damit man 350 kJ Wärme gewinnt, die man braucht, um 1 dm³ Wasser von Zimmertemperatur (20 °C) bis zum Siedepunkt zu erhitzen.

Methode. Wie bei allen stöchiometrischen Rechnungen rechnen wir zuerst alle Mengenangaben in Stoffmengen um; dabei sind die Koeffizienten in der Reaktionsgleichung zu berücksichtigen. Die Wärmetönung ist angegeben (350 kJ), daraus haben wir die Stoffmenge Propan zu berechnen, die diese Wärmetönung bei der Verbrennung liefert:

$$\text{Stoffmenge Propan} = \text{Wärmetönung} \cdot \text{Stoffmenge Propan pro Joule}$$

Gesucht ist die Masse des Propans, wir haben also die Stoffmenge noch in die Masse umzurechnen:

$$\text{Masse Propan} = \text{Stoffmenge Propan} \cdot \text{molare Masse}$$

Der erste Umrechnungsfaktor ist das Reziproke der molaren Reaktionsenthalpie, der zweite ist die molare Masse des Propans ($44{,}09 \text{ g mol}^{-1}$).

Lösung. Die erste Gleichung ergibt

$$n(\text{Propan}) = 350 \text{ kJ} \cdot (2220 \text{ kJ mol}^{-1})^{-1} = 0{,}158 \text{ mol}$$

Die zweite Umrechnung (von Mol in Gramm) liefert

$$\text{Masse Propan} = 0{,}158 \text{ mol} \cdot 44{,}09 \text{ g mol}^{-1} = 6{,}95 \text{ g Propan}$$

Übungsaufgabe. Butan verbrennt nach der Gleichung

$$2\,C_4H_{10}(g) + 13\,O_2(g) \rightarrow 8\,CO_2(g) + 10\,H_2O(l), \quad \Delta H = -5754 \text{ kJ}$$

Wieviel Gramm Butan muß man verbrennen, wenn man 350 kJ Wärme haben will?

[Antwort: 7,07 g]

Standard-Reaktionsenthalpien

Die Wärmetönung einer Reaktion hängt von den physikalischen Zuständen der an der Reaktion beteiligten Substanzen ab. Wenn z.B. bei der Verbrennung von Methan das Produkt Wasser als Dampf vorliegt, muß die Wärmetönung kleiner sein als wenn das entstehende Wasser flüssig ist:

$$CH_4(g) + 2\,O_2(g) \rightarrow CO_2(g) + 2\,H_2O(g), \quad \Delta H = -802 \text{ kJ}$$
$$CH_4(g) + 2\,O_2(g) \rightarrow CO_2(g) + 2\,H_2O(l), \quad \Delta H = -890 \text{ kJ}$$

Die molare Enthalpie des Wasserdampfes ist um 44 kJ mol^{-1} größer als diejenige von flüssigem Wasser (vgl. Tabelle 3-2); deshalb werden 88 kJ weniger Wärme (für 2 mol Wasser) frei, wenn Wasserdampf und nicht flüssiges Wasser entsteht (s. Randschema **4**).

Enthalpieänderungen hängen von der Temperatur und vom Druck ab; es erwies sich deshalb als zweckmäßig, wenn in Tabellenwerken auf bestimmte Standardwerte bezogen wird. Die an den Reaktionen beteiligten Substanzen befinden sich dann jeweils in ihrem *Standardzustand*:

Der **Standardzustand** einer Substanz bezieht sich auf die reine Substanz bei einem Druck von 1,01325 bar. *

Der Standardzustand von flüssigem Wasser bei einer bestimmten Temperatur ist reines Wasser bei dieser Temperatur und bei 1,01325 bar. Der Standardzustand von Eis bei einer gegebenen Temperatur ist reines Eis bei dieser Temperatur und bei 1,01325 bar. Eine Reaktionsenthalpie, die auf diesen Standardzuständen basiert, nennen wir die *Standard-*

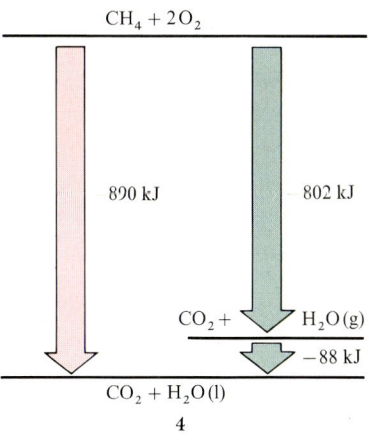

---

* Dieser Standarddruck ist gleich der alten Einheit 1 atm. Seit der Einführung der SI-Einheiten soll die Atmosphäre nicht mehr als Druckeinheit verwendet werden. Die Empfehlung, als neuen Standarddruck $p = 1$ bar zu verwenden, hat sich noch nicht allgemein durchgesetzt. Bei Flüssigkeiten und Festkörpern sind die Unterschiede der Enthalpien zwischen dem alten und dem neuen Standarddruck in aller Regel vernachlässigbar klein.

Reaktionsenthalpie $\Delta H°$ (das Zeichen ° soll den Standardzustand bezeichnen); sie wird wie folgt definiert:

> Die **Standard-Reaktionsenthalpie** einer Reaktion ist die Reaktionsenthalpie, die gemessen wird, wenn sich die Ausgangssubstanzen in ihren Standardzuständen befinden und in Produkte in ihren Standardzuständen übergehen.

Standard-Reaktionsenthalpien lassen sich für beliebige Temperaturen angeben, meist werden sie aber auf 25°C (d. h. 298,15 K) bezogen. Alle in diesem Buch verwendeten Zahlenwerte beziehen sich auf diese Temperatur, soweit nichts anderes angegeben ist.

Die Standard-Reaktionsenthalpie für die Verbrennung von Methan ist die Reaktionsenthalpie der Reaktion, bei der reines Methangas und reines Sauerstoffgas, beide bei 1,01325 bar Druck, in reines Kohlendioxid und reines Wasser, beide bei demselben Druck, übergehen (vgl. Abb. 3-15). Liegt das Produkt Wasser flüssig vor, so gilt:

$$CH_4(g) + 2\,O_2(g) \rightarrow CO_2(g) + 2\,H_2O(l), \quad \Delta H° = -890 \text{ kJ}$$

Liegt das Produkt Wasser als Dampf vor, so ist dagegen

$$CH_4(g) + 2\,O_2(g) \rightarrow CO_2(g) + 2\,H_2O(g), \quad \Delta H° = -802 \text{ kJ}$$

Die Standard-Verbrennungsenthalpie

Die Reaktionsenthalpien von Verbrennungsreaktionen sind wichtige Größen, wenn man den Nutzwert von Brennstoffen beurteilen will; sie spielen aber vor allem bei der Bestimmung der Enthalpieänderungen bei anderen Reaktionen eine sehr wichtige Rolle. In Tabellenwerken werden Standard-Verbrennungsenthalpien mit dem Symbol $\Delta H_c°$ bezeichnet (das c steht für combustion (engl.) = Verbrennung).

> Die **Standard-Verbrennungsenthalpie** einer Substanz ist die bei der Verbrennung von 1 mol der Substanz zu beobachtende Enthalpieänderung unter der Voraussetzung, daß die Verbrennung vollständig und unter Standard-Bedingungen abläuft.

Bei der vollständigen Verbrennung von Kohlenwasserstoffen entstehen Kohlendioxid und Wasser. Ein Beispiel dafür ist die Verbrennung des Propans,

$$C_3H_8(g) + 5\,O_2(g) \rightarrow 3\,CO_2(g) + 4\,H_2O(l), \quad \Delta H° = -2220 \text{ kJ}$$

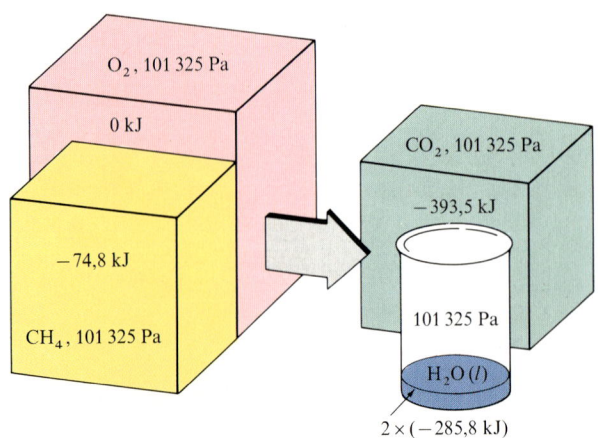

Abb. 3-15 Die Standard-Reaktionsenthalpie ist die Differenz zwischen der Enthalpie der reinen Ausgangssubstanzen bei 101 325 Pa Druck und der Enthalpie der reinen Produkte bei dem gleichen Druck und einer angegebenen Temperatur (meist 25°C). Die Zahlenwerte sind auf einer Skala angegeben, auf der die Enthalpie von O_2 den Nullpunkt definiert; das wird später erklärt.

Tabelle 3-3 Standard-Verbrennungsenthalpien bei 25 °C *

Substanz**	Formel	ΔH_c° in kJ mol^{-1}
Acetylen	C_2H_2 (g)	-1300
Benzol	C_6H_6 (l)	-3268
Kohlenstoff	C (s), Graphit	-394
Kohlenmonoxid	CO (g)	-283
Ethanol	C_2H_5OH (l)	-1368
Glucose	$C_6H_{12}O_6$ (s)	-2808
Wasserstoff	H_2 (g)	-286
Methan	CH_4 (g)	-890
Methanol	CH_3OH (l)	-726
Octan	C_8H_{18} (l)	-5471
Propan	C_3H_8 (g)	-2220
Rohrzucker	$C_{12}H_{22}O_{11}$ (s)	-5645
Toluol	$C_6H_5CH_3$ (l)	-3910
Harnstoff	$CO(NH_2)_2$ (s)	-632

* $p = 101\,325$ Pa.   ** C geht in CO_2, H in H_2O und N in N_2.
Weitere Zahlenwerte stehen im Anhang dieses Buches.

der man für die Standard-Verbrennungsenthalpie des Propans den Wert

$$\Delta H_c^\circ = -2220 \text{ kJ mol}^{-1}$$

entnimmt. Für viele Standard-Verbrennungsenthalpien sind Meßwerte veröffentlicht worden; Tabelle 3-3 enthält eine Auswahl. Die Zahlenwerte sind alle negativ, denn alle Verbrennungsreaktionen sind exotherm.

Beispiel 3-10 Die Berechnung der Wärmetönung aus Verbrennungsenthalpien

Benzin ist eine Mischung, entspricht thermochemisch aber ungefähr dem Kohlenwasserstoff Octan. Wieviel Wärme wird frei, wenn 1,0 dm³ Benzin (mit der Dichte 0,80 kg dm^{-3}) unter Standardbedingungen bei 25 °C vollständig verbrannt wird?

Methode. Wir berechnen zuerst die Stoffmenge Octan, die verbrannt wird; dazu brauchen wir die Masse, die wir aus dem angegebenen Volumen und der Dichte berechnen können; aus der Masse berechnen wir (mit der molaren Masse) die Stoffmenge; dann können wir mit der Standard-Verbrennungsenthalpie aus Tabelle 3-3 die Wärmetönung berechnen.

Lösung. Folgende Umrechnungsfaktoren verwenden wir:

die Dichte des Octans: 0,80 g cm^{-3} = 0,80 kg dm^{-3},
die molare Masse des Octans: 114,2 g mol^{-1},
die Wärmetönung für die Verbrennung von 1 mol Octan: -5471 kJ.

Die Masse des Octans ist

$$\text{Masse von Octan} = 1,0 \text{ dm}^3 \text{ } C_8H_{18} \cdot 0,80 \text{ kg dm}^{-3} = 800 \text{ g } C_8H_{18}$$

Die Stoffmenge des Octans ist

$$n(\text{Octan}) = \frac{800 \text{ g } C_8H_{18}}{114,2 \text{ g mol}^{-1}} = 7,0 \text{ mol } C_8H_{18}$$

Dann ist die Wärmetönung

$$q = 7,0 \text{ mol} \cdot 5471 \text{ kJ mol}^{-1} = 3,8 \cdot 10^4 \text{ kJ}$$

Die Verbrennung ist exotherm, es werden also 38 MJ Wärme in die Umgebung abgegeben. Damit kann man mehr als 120 Liter Wasser von Zimmertemperatur bis zum Siedepunkt erhitzen.

Übungsaufgabe. Die Dichte von Ethanol ist $0,79 \text{ g cm}^{-3}$. Wieviel Wärme wird produziert, wenn 1 dm^3 Ethanol unter Standardbedingungen bei $25\,°C$ verbrannt wird?

[Antwort: 23 MJ]

Der Hess'sche Satz

Weil die Enthalpie eine Zustandsfunktion ist, muß ihre Änderung immer den gleichen Wert haben, unabhängig von dem Weg, auf dem man aus gegebenen Ausgangssubstanzen bestimmte Produkte herstellt. Mit dieser Eigenschaft haben wir (in Beispiel 3-8) die Sublimationsenergie eines Festkörpers berechnet. Jetzt wollen wir sie auf eine chemische Reaktion übertragen. Wir betrachten zuerst die Oxidation von Kohlenstoff zu Kohlendioxid:

$$2\,C\,(s) + 2\,O_2\,(g) \rightarrow 2\,CO_2\,(g) \qquad (a)$$

Die Enthalpieänderung bei dieser Reaktion muß (gleicher Druck und gleiche Temperatur vorausgesetzt) genauso groß sein, wie wenn wir zuerst Kohlenmonoxid nach der Gleichung

$$2\,C\,(s) + O_2\,(g) \rightarrow 2\,CO\,(g) \qquad (b)$$

herstellen und dann weiter zu Kohlendioxid oxidieren (s. Randschema **5**)

$$2\,CO\,(g) + O_2\,(g) \rightarrow 2\,CO_2\,(g) \qquad (c)$$

und die Enthalpieänderungen der beiden Teilreaktionen addieren.

Die Bildung des Kohlendioxids in zwei Schritten (b) und (c) ist ein Beispiel für eine Reaktion in mehreren Stufen, bei der die Produkte einer Stufe die Reaktanten der nächsten Stufe sind. Die Gleichung der Gesamtreaktion ist dann einfach die Summe der Reaktionsgleichungen für die einzelnen Schritte:

$$
\begin{aligned}
2\,C\,(s) + O_2\,(g) &\rightarrow 2\,CO\,(g) & (b) \\
2\,CO\,(g) + O_2\,(g) &\rightarrow 2\,CO_2\,(g) & (c) \\
\hline
2\,C\,(s) + 2\,CO\,(g) + 2\,O_2\,(g) &\rightarrow 2\,CO\,(g) + 2\,CO_2\,(g) & \\
2\,C\,(s) + 2\,O_2\,(g) &\rightarrow 2\,CO_2\,(g) & (a)
\end{aligned}
$$

Die Zeile (a) ist die Summe der Einzelgleichungen (b) und (c), und damit ist die Reaktionsenthalpie von (a) auch gleich der Summe der einzelnen Reaktionsenthalpien der Zeilen (b) und (c):

$$2\,C\,(s) + O_2\,(g) \rightarrow 2\,CO_2\,(g), \quad \Delta H° = -221,0 \text{ kJ} \qquad (b)$$
$$2\,CO\,(g) + O_2\,(g) \rightarrow 2\,CO_2\,(g), \quad \Delta H° = -566,0 \text{ kJ} \qquad (c)$$
$$\Delta H° \text{ (gesamt)} = -221,0 \text{ kJ} + (-566,0 \text{ kJ}) = -787,0 \text{ kJ}$$

Wir dürfen Reaktionsenthalpien genauso wie die entsprechenden Reaktionsgleichungen addieren und subtrahieren. Das ist der Inhalt des Hess'schen Satzes (vgl. Abb. 3-16):

Hess'scher Satz: Die Reaktionsenthalpie einer Reaktion ist gleich der Summe der Reaktionsenthalpien derjenigen Teilreaktionen, in die man sie zerlegen kann.

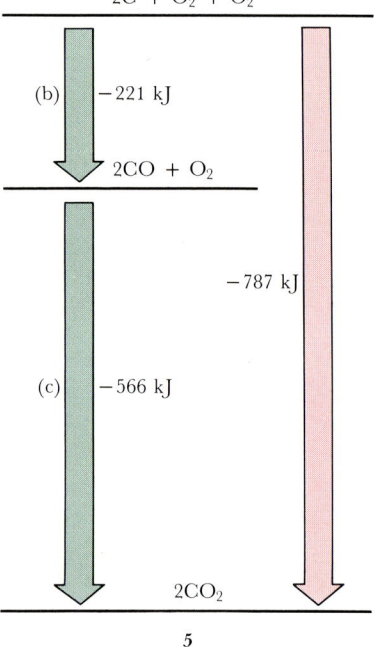

5

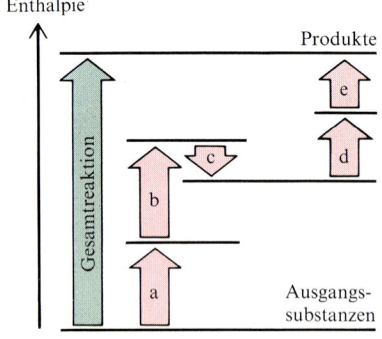

Abb. 3-16 Wenn man eine Reaktion in mehrere Schritte zerlegen kann, dann ist die Enthalpie der Gesamtreaktion gleich der Summe der Reaktionsenthalpien der einzelnen Schritte. Diese Schritte können durchaus hypothetische Reaktionen sein, die im Laboratorium nicht reell durchzuführen sind.

Germain Hess, ein Schweizer Chemiker, stellte seinen Lehrsatz 1840 auf. Heute wissen wir, daß er eine Folge der Unabhängigkeit von Enthalpieänderungen vom Reaktionsweg ist. Damit ergibt er sich unmittelbar aus dem Ersten Hauptsatz der Thermodynamik, dem Energieerhaltungssatz.

Es kommt nicht darauf an, daß man die Teilreaktionen wirklich in einem Laboratorium ausführen kann. Es kann sich vielmehr um völlig hypothetische Reaktionen handeln. Z. B. läßt sich die Reaktion

$$2\,C(s) + 2\,H_2(g) \;\rightarrow\; C_2H_4(g)$$

nicht auf direktem Wege verwirklichen. Man kann sie aber trotzdem in eine Reaktionsfolge einfügen, wenn es darum geht, die Enthalpieänderung einer komplizierten Reaktion zu berechnen. Es kommt nur darauf an, daß die Teilreaktionen beim Addieren genau die Gesamtreaktion ergeben, daß sich also die Zwischenprodukte herausheben. Damit sind wir in der Lage, für jede beliebige Reaktionsfolge die Reaktionsenthalpie auszurechnen, wenn wir nur die Enthalpieänderungen für alle Teilreaktionen angeben können.

Beispiel 3-11 Das Rechnen mit Reaktionsenthalpien

Wie groß ist die Reaktionsenthalpie für die unvollständige Verbrennung von Octan zu Kohlenmonoxid und Wasser?

Methode. Wir können voraussetzen, daß die Enthalpie der unvollständigen Verbrennung von Octan zu Kohlenmonoxid kleiner (genauer: weniger negativ) als die Enthalpie der vollständigen Verbrennung zu Kohlendioxid ist. Es wird also weniger Wärme abgegeben, wenn das Reaktionsprodukt unvollständig oxidiert ist. Aus Tabelle 3-3 kennen wir die Enthalpie für die Verbrennung zu Kohlendioxid:

$$2\,C_8H_{18}(l) + 25\,O_2(g) \;\rightarrow\; 16\,CO_2(g) + 18\,H_2O(l) \qquad (a)$$

Gesucht ist die Enthalpie für die Verbrennung zu Kohlenmonoxid:

$$2\,C_8H_{18}(l) + 17\,O_2(g) \;\rightarrow\; 16\,CO(g) + 18\,H_2O(l) \qquad (b)$$

Es liegt also nahe, daß wir die beiden Reaktionsgleichungen (a) und (b) voneinander subtrahieren und versuchen, die Reaktionsenthalpie für die Differenz zu bestimmen. Wenn das gelingt, können wir auch die gesuchte Enthalpie berechnen.

Lösung. Ziehen wir (a) von (b) ab, so erhalten wir

$$2\,C_8H_{18}(l) + 25\,O_2(g) \;\rightarrow\; 16\,CO_2(g) + 18\,H_2O(l) \qquad (a)$$

$$\underline{2\,C_8H_{18}(l) + 17\,O_2(g) \;\rightarrow\; 16\,CO(g)\; + 18\,H_2O(l)} \qquad (b)$$

$$8\,O_2(g) \;\rightarrow\; 16\,CO_2(g) - 16\,CO(g) \qquad (c)$$

Den Term $-16\,CO(g)$ können wir noch auf die linke Seite bringen:

$$8\,O_2(g) + 16\,CO(g) \;\rightarrow\; 16\,CO_2(g) \qquad (c)$$

Das ist genau die Reaktionsgleichung für die Verbrennung von CO; ihre Reaktionsenthalpie finden wir in Tabelle 3-3. Die Reaktionsenthalpien der drei Reaktionen (a), (b) und (c) können wir nun genauso addieren bzw. subtrahieren wie die Reaktionsgleichungen selbst (6):

$$\Delta H^{\circ}(a) - \Delta H^{\circ}(b) = \Delta H^{\circ}(c)$$

Aus der Tabelle 3-3 entnehmen wir die Zahlenwerte

$$\Delta H^{\circ}(a) = 2\ \text{mol}\ C_8H_{18} \cdot (-5471\ \text{kJ}\ (\text{mol}\ C_8H_{18})^{-1}) = -10\,942\ \text{kJ}$$

$$\Delta H^{\circ}(c) = 16\ \text{mol}\ CO \cdot (-283\ \text{kJ}\ (\text{mol}\ CO)^{-1}) = -4528\ \text{kJ}$$

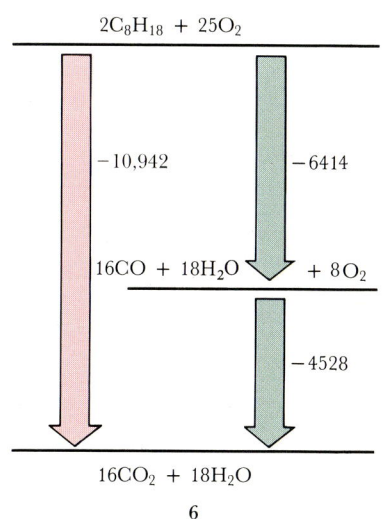

6

Das ergibt

$$\Delta H^\circ(b) = \Delta H^\circ(a) - \Delta H^\circ(c) = -10\,942\,\text{kJ} - (-4528\,\text{kJ}) = -6414\,\text{kJ}$$

Weil die Gleichung (b) der Verbrennung von 2 mol Octan entspricht, müssen wir den Zahlenwert noch durch 2 teilen, um die molare Verbrennungsenthalpie zu bekommen:

$$\Delta H_c^\circ = \frac{-6414\,\text{kJ}}{2\,\text{mol}\,C_8H_{18}} = -3207\,\text{kJ}\,(\text{mol}\,C_8H_{18})^{-1}$$

Wie wir erwartet haben, ist diese Reaktion weniger exotherm als die vollständige Verbrennung.

Übungsaufgabe. Wie groß ist die Standard-Reaktionsenthalpie für die unvollständige Verbrennung von Propan zu Kohlenmonoxid und Wasser?

[Antwort: $-1371\,\text{kJ}\,(\text{mol}\,C_3H_8)^{-1}$]

Für sehr viele Reaktionen können wir die Reaktionsenthalpie nach dieser Methode ermitteln. Es geht immer darum, daß man eine Folge von Reaktionen formulieren kann, deren Summe die Gesamtreaktion ergibt. Verbrennungsreaktionen sind eine sehr nützliche Quelle für derartige Daten, denn ihre Produkte sind in der Regel CO_2, H_2O und gegebenenfalls N_2 und SO_2. Aus diesen Produkten lassen sich dann auf dem Papier sehr viele andere Substanzen aufbauen (vgl. Abb. 3-17); wie man bei derartigen Rechnungen vorgeht, zeigt das folgende Beispiel.

Beispiel 3-12 Die Berechnung der Reaktionsenthalpie aus Verbrennungsdaten

Berechnen Sie aus Standard-Verbrennungsenthalpien die Standard-Reaktionsenthalpie für die Synthese von Propan aus den Elementen.

Methode. Wir haben zuerst die Reaktionsgleichung

$$3\,C(s) + 4\,H_2(g) \rightarrow C_3H_8(g) \qquad (a)$$

als Summe bzw. Differenz von Verbrennungsreaktionen zu formulieren. Dazu können wir so vorgehen, daß wir die Verbrennungsgleichungen von C und H_2 addieren und davon die Reaktionsgleichung (a) subtrahieren. In der Regel kann man das Ergebnis in eine andere Verbrennungsreaktion umformen, deren Enthalpie in Tabelle 3-3 enthalten ist.

Lösung. Die Verbrennung von 3 mol C wird durch die Gleichung

$$3\,C(s) + 3\,O_2 \rightarrow 3\,CO_2(g) \qquad (b)$$

und die von 4 mol H_2 durch

$$4\,H_2(g) + 2\,O_2(g) \rightarrow 4\,H_2O(l) \qquad (c)$$

beschrieben. Die Summe beider Gleichungen ist

$$3\,C(s) + 4\,H_2(g) + 5\,O_2(g) \rightarrow 3\,CO_2(g) + 4\,H_2O(l) \qquad (d)$$

Subtrahiert man Gleichung (a) von (d), so verbleibt

$$3\,C(s) + 4\,H_2(g) + 5\,O_2(g) \rightarrow 3\,CO_2(g) + 4\,H_2O(l) \qquad (d)$$
$$\underline{3\,C(s) + 4\,H_2(g) \rightarrow C_3H_8(g) \qquad\qquad\qquad\qquad (a)}$$
$$5\,O_2(g) \rightarrow 3\,CO_2(g) + 4\,H_2O(l) - C_3H_8(g)$$

Diese Gleichung läßt sich umformen zu

$$C_3H_8(g) + 5\,O_2(g) \rightarrow 3\,CO_2(g) + 4\,H_2O(l) \qquad (e)$$

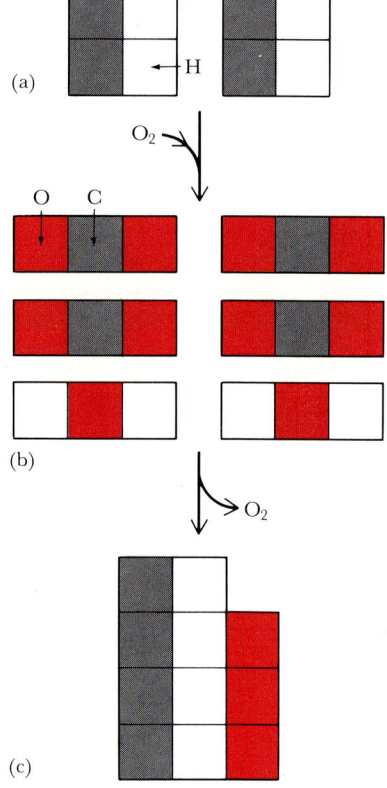

Abb. 3-17 Bei Verbrennungen tritt eine ganze Anzahl von Wasserstoff-, Kohlenstoff-, Sauerstoff- und Stickstoffatomen auf, aus denen neue Verbindungen aufgebaut werden. Die Ausgangssubstanzen (a) ergeben mit Sauerstoff (b) CO_2 und H_2O, aus denen wieder andere Moleküle mit denselben C- und H-Atomen (c) aufgebaut werden können.

das ist genau die Gleichung für die Verbrennung von Propan. Jetzt können wir die Enthalpieänderungen dieser Gleichungen genauso addieren bzw. subtrahieren:

$$\Delta H^\circ(b) + \Delta H^\circ(c) - \Delta H^\circ(a) = \Delta H^\circ(e)$$

Damit erhalten wir für das gesuchte $\Delta H^\circ(a)$

$$\Delta H^\circ(a) = \Delta H^\circ(b) + \Delta H^\circ(c) - \Delta H^\circ(e)$$

Aus der Tabelle 3-3 entnehmen wir

$$\Delta H^\circ(b) = 3 \text{ mol C} \cdot (-394 \text{ kJ (mol C)}^{-1}) = -1182 \text{ kJ}$$

$$\Delta H^\circ(c) = 4 \text{ mol H}_2 \cdot (-286 \text{ kJ (mol H}_2)^{-1}) = -1144 \text{ kJ}$$

$$\Delta H^\circ(e) = 1 \text{ mol C}_3\text{H}_8 \cdot (-2220 \text{ kJ (mol C}_3\text{H}_8)^{-1}) = -2220 \text{ kJ}$$

Das ergibt

$$\Delta H^\circ(a) = (-1182 \text{ kJ}) + (-1144 \text{ kJ}) - (-2220 \text{ kJ}) = -106 \text{ kJ}$$

Die Reaktion ist also exotherm und ergibt pro Mol Propan eine Wärmetönung von 106 kJ.

Übungsaufgabe. Wie groß ist die Standard-Reaktionsenthalpie für die Synthese von 1 mol C_6H_6(l) aus den Elementen? [Antwort: +50 kJ]

Manchmal braucht man ΔH° nicht für die tabellierte Reaktion, sondern für die Gegenrichtung. In diesem Fall braucht man sich nur daran zu erinnern, daß lediglich das Vorzeichen von ΔH° umzukehren ist, um die Enthalpie der entgegengesetzten Reaktion zu bekommen (**7**). Beispiele dafür sind folgende Umsetzungen:

$$P_4(s) + 6 Cl_2(g) \rightarrow 4 PCl_3(l) \qquad \Delta H^\circ = -1279 \text{ kJ}$$

$$4 PCl_3(l) \rightarrow P_4(s) + 6 Cl_2(g) \qquad \Delta H^\circ = +1279 \text{ kJ}$$

Wenn eine Reaktion exotherm ist, so ist die Gegenreaktion endotherm.

3-4 Bildungsenthalpien

Wir beschäftigen uns im Zusammenhang mit chemischen Reaktionen nur mit ΔH und nicht mit H selbst, denn in der Chemie spielen nur Enthalpieänderungen eine Rolle. Ebenso ist es in der Geographie nicht üblich, die absolute Höhe von Bergen (über dem Erdmittelpunkt) anzugeben, sondern relative Höhen (bezogen auf den Meeresspiegel). So beziehen wir in der Chemie die thermochemischen Daten auf einen Standardzustand, indem wir einfach die Enthalpiedifferenzen gegenüber dem Standardzustand angeben.

Standard-Bildungsenthalpien

Unsere ,Meereshöhe' sollen die chemischen Elemente definieren. Wenn aus den Elementen chemische Verbindungen entstehen, erfolgt eine Enthalpieänderung, die sozusagen die „thermochemische Höhe" der betreffenden Verbindung bestimmt. Wir wollen deshalb die Standard-Bildungsenthalpie ΔH_b° wie folgt definieren:

Die **Standard-Bildungsenthalpie** einer Verbindung ist die Standard-Reaktionsenthalpie pro Mol Formeleinheit für die Synthese der Verbindung aus den Elementen in ihrer bei 101 325 Pa (1 atm) stabilsten Form.

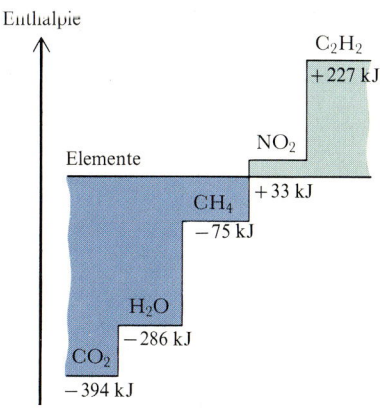

Abb. 3-18 Weil wir (willkürlich, aber praktisch) den Elementen die Bildungsenthalpie Null zuschreiben, erhalten wir für Verbindungen positive und negative Bildungsenthalpien.

77

Tabelle 3-4 Standard-Bildungsenthalpien bei 25 °C *

Substanz **	Formel	ΔH_b° in kJ mol^{-1}
Anorganische Verbindungen		
Ammoniak	$NH_3(g)$	$-46{,}11$
Ammoniumnitrat	$NH_4NO_3(s)$	$-365{,}56$
Kohlendioxid	$CO_2(g)$	$-393{,}51$
Schwefelkohlenstoff	$CS_2(l)$	$+89{,}70$
Kohlenmonoxid	$CO(g)$	$-110{,}53$
Distickstoffmonoxid	$N_2O(g)$	$+82{,}05$
Distickstofftetroxid	$N_2O_4(g)$	$+9{,}16$
Chlorwasserstoff	$HCl(g)$	$-92{,}31$
Fluorwasserstoff	$HF(g)$	$-271{,}1$
Schwefelwasserstoff	$H_2S(g)$	$-20{,}63$
Salpetersäure	$HNO_3(l)$	$-174{,}10$
Stickoxid	$NO(g)$	$+90{,}25$
Stickstoffdioxid	$NO_2(g)$	$+33{,}18$
Natriumchlorid	$NaCl(s)$	$-411{,}15$
Schwefeldioxid	$SO_2(g)$	$-296{,}83$
Schwefeltrioxid	$SO_3(g)$	$-395{,}72$
Schwefelsäure	$H_2SO_4(l)$	$-813{,}99$
Wasser	$H_2O(l)$	$-285{,}83$
Wasserdampf	$H_2O(g)$	$-241{,}82$
Organische Verbindungen		
Acetylen	$C_2H_2(g)$	$+226{,}73$
Benzol	$C_6H_6(l)$	$+49{,}0$
Ethan	$C_2H_6(g)$	$-84{,}68$
Ethanol	$C_2H_5OH(l)$	$-277{,}69$
Ethylen	$C_2H_4(g)$	$+52{,}26$
Glucose	$C_6H_{12}O_6(s)$	-1268
Methan	$CH_4(g)$	$-74{,}81$
Methanol	$CH_3OH(l)$	$-238{,}66$
Rohrzucker	$C_{12}H_{22}O_{11}(s)$	-2222

* Bei 101 325 Pa

** Eine ausführlichere Tabelle befindet sich im Anhang.

In Tabelle 3-4 sind die Standard-Bildungsenthalpien für eine Reihe von Verbindungen zusammengestellt; eine ausführlichere Tabelle befindet sich im Anhang. Diese Werte beziehen sich alle auf 25 °C und 101 325 Pa. Unter diesen Bedingungen ist Wasserstoff als Gas am stabilsten, Brom als Flüssigkeit und Eisen als Festkörper. Beim Kohlenstoff ist der Graphit die stabilste Form (gegenüber dem Diamanten), deshalb beziehen sich die Standard-Bildungsenthalpien der organischen Verbindungen auf ihre Synthese aus Graphit.

Bildungsenthalpien werden in Kilojoule pro Mol Verbindung angegeben. So ist z. B. für die Bildungsreaktion des Wassers,

$$2\,H_2(g) + O_2(g) \rightarrow 2\,H_2O(l)$$

$\Delta H^\circ = -571{,}6$ kJ für die Bildung von 2 mol H_2O. Damit wird die Standard-Bildungsenthalpie von flüssigem Wasser:

$$\Delta H_b^\circ(H_2O) = \frac{-571.6\ \text{kJ}}{2\ \text{mol}} = -285.8\ \text{kJ/mol}$$

Viele Verbindungen kann man nicht direkt synthetisieren; dann kann man aber meist die Bildungsenthalpie über die Verbrennungsenthalpie bestimmen. Im Beispiel 3-12 ist dieses Vorgehen am Beispiel von Propan beschrieben.

Das Rechnen mit Standard-Bildungsenthalpien

Wir können für beliebige Reaktionen die Standard-Enthalpieänderungen berechnen, wenn uns die Standard-Bildungsenthalpien der an der Reaktion beteiligten Substanzen bekannt sind. Nehmen wir als Beispiel den Zerfall von N_2O_4 in 2 mol NO_2:

$$N_2O_4(g) \rightarrow 2\,NO_2(g) \qquad (a)$$

Man kann diese Gleichung als die Differenz zwischen der Bildungsreaktion für das Produkt und der Bildungsreaktion für die Ausgangssubstanz ansehen:

$$N_2(g) + 2\,O_2(g) \rightarrow 2\,NO_2(g) \qquad (b)$$
$$N_2(g) + 2\,O_2(g) \rightarrow N_2O_4(g) \qquad (c)$$
$$\rightarrow 2\,NO_2(g) - N_2O_4(g)$$

Die letzte Gleichung ist mit (a) identisch. Man sieht (vgl. Randschema **8**), daß die Standard-Reaktionsenthalpie von Reaktion (a) gerade die Differenz zwischen den Standard-Reaktionsenthalpien der Reaktionen (b) und (c) ist, die wir wiederum aus den Standard-Bildungsenthalpien der beiden Verbindungen berechnen können (siehe Tabelle 3-4):

$$\Delta H^\circ(b) = 2 \text{ mol } NO_2 \cdot (+33{,}18 \text{ kJ } (\text{mol } NO_2)^{-1}) = +66{,}36 \text{ kJ}$$
$$\Delta H^\circ(c) = 1 \text{ mol } N_2O_4 \cdot (+9{,}16 \text{ kJ } (\text{mol } N_2O_4)^{-1}) = +9{,}16 \text{ kJ}$$

Damit ist die Reaktionsenthalpie der Reaktion (a) gleich der Differenz:

$$\Delta H^\circ(a) = 66{,}36 \text{ kJ} - 9{,}16 \text{ kJ} = +57{,}20 \text{ kJ}$$

Genauso kann man für jede andere Reaktion vorgehen. Bei der allgemeinen Reaktion

$$\text{Ausgangssubstanzen} \rightarrow \text{Endprodukte}$$

ist die Standard-Reaktionsenthalpie gleich der Differenz zwischen den Standard-Reaktionsenthalpien für die Bildung der Endprodukte und den Standard-Reaktionsenthalpien für die Bildung der Ausgangssubstanzen (**9**). Dafür kann man schreiben:

$$\Delta H^\circ = \Delta H_b^\circ(\text{Endprodukte}) - \Delta H_b^\circ(\text{Ausgangssubstanzen}) \qquad (5)$$

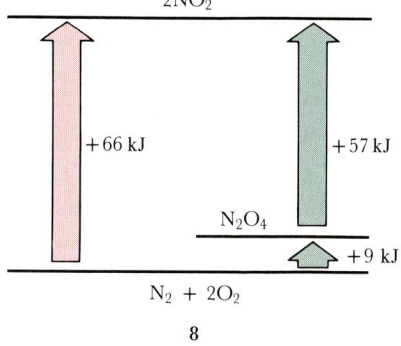

8

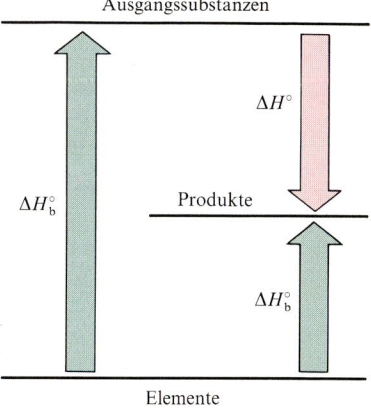

9

Beispiel 3-13 Das Rechnen mit Bildungsenthalpien (I)

Berechnen Sie unter Verwendung der Werte aus Tabelle 3-4 die Standard-Verbrennungsenthalpie von Benzol!

Methode. Wir erwarten negative Werte, denn bekanntlich sind alle Verbrennungsvorgänge exotherm. Zuerst formulieren wir die Reaktionsgleichung:

$$2\,C_6H_6(l) + 15\,O_2(g) \rightarrow 12\,CO_2(g) + 6\,H_2O(l)$$

Die Standard-Reaktionsenthalpie ist hier gleich der Differenz aus den Bildungsenthalpien der beiden Produkte (12 mol CO_2 und 6 mol H_2O) und den Standard-Bildungsenthalpien der Ausgangssubstanzen (2 mol C_6H_6 und 15 mol O_2). Für die Elemente ist die Bildungsenthalpie gleich Null; die anderen Zahlenwerte entnehmen wir der Tabelle 3-3. Um die Verbrennungsenthalpie zu berechnen, brauchen wir die Standard-Reaktionsenthalpie nur noch durch die Stoffmenge von C_6H_6 zu teilen, die an der Reaktion teilnimmt.

Lösung. Nach Tabelle 3-4 ist die gesamte Enthalpieänderung bei der Bildung der Produkte

$$\Delta H_b^\circ (\text{Produkte}) = 12 \text{ mol } CO_2 \cdot (-393{,}51 \text{ kJ (mol } CO_2)^{-1})$$
$$+ 6 \text{ mol } H_2O \cdot (-285{,}83 \text{ kJ (mol } H_2O)^{-1})$$
$$= -4722{,}12 \text{ kJ} + (-1714{,}98 \text{ kJ}) = -6437{,}10 \text{ kJ}$$

Für die Ausgangssubstanzen gilt entsprechend

$$\Delta H_b^\circ (\text{Ausgangssubstanzen}) = 2 \text{ mol } C_6H_6 \cdot (+49{,}0 \text{ kJ (mol } C_6H_6)^{-1})$$
$$= +98{,}0 \text{ kJ}$$

Die Differenz ist dann

$$\Delta H^\circ = -6437{,}10 \text{ kJ} - (+98{,}0 \text{ kJ}) = -6535{,}1 \text{ kJ}$$

Die Reaktionsgleichung enthält 2 mol Benzol; zur Berechnung der Standard-Verbrennungsenthalpie haben wir deshalb die Reaktionsenthalpie durch 2 mol zu teilen:

$$\Delta H_b^\circ (C_6H_6) = \frac{-6535{,}1 \text{ kJ}}{2 \text{ mol}} = -3267{,}6 \text{ kJ} \cdot \text{mol}^{-1}$$

Übungsaufgabe. Berechnen Sie unter Verwendung der Zahlenwerte in Tabelle 3-4 die Standard-Verbrennungsenthalpie für die Verbrennung der Glucose.

[Antwort: -2808 kJ (mol $C_6H_{12}O_6)^{-1}$]

Beispiel 3-14 Das Rechnen mit Bildungsenthalpien (II)

Berechnen Sie die Standard-Enthalpie der Reaktion, bei der Ammoniumnitrat in N_2O und Wasserdampf zerfällt.

Methode. Wir beginnen wieder mit der Reaktionsgleichung. Dann berechnen wir die Standard-Bildungsenthalpien der Reaktionsprodukte und der Ausgangssubstanzen. Die Differenz der beiden Größen ist die gesuchte Standard-Reaktionsenthalpie. Die Zahlenwerte entnehmen wir der Tabelle 3-4 bzw. dem Anhang.

Lösung. Die Reaktionsgleichung lautet

$$NH_4NO_3(s) \rightarrow N_2O(g) + 2 H_2O(g)$$

Die Zahlenwerte entnehmen wir dem Anhang:

$$\Delta H_b^\circ (\text{Reaktionsprodukte}) = 1 \text{ mol } N_2O \cdot (+82{,}05 \text{ kJ (mol } N_2O)^{-1})$$
$$+ 2 \text{ mol } H_2O \cdot (-241{,}82 \text{ kJ (mol } H_2O)^{-1})$$
$$= -401{,}59 \text{ kJ}$$

$$\Delta H_b^\circ (\text{Ausgangssubstanzen}) = 1 \text{ mol } NH_4NO_3 \cdot (-365{,}56 \text{ kJ (mol } NH_4NO_3)^{-1})$$
$$= -365{,}56 \text{ kJ}$$

Die Differenz ist dann

$$\Delta H^\circ = -401{,}59 \text{ kJ} - (-365{,}56 \text{ kJ}) = -36{,}03 \text{ kJ}$$

Übungsaufgabe. Wie groß ist die Standard-Reaktionsenthalpie der Umsetzung von Boroxid und Calciumfluorid zu Bortrifluorid und Calciumoxid?   [Antwort: $+752$ kJ]

3-5 Der Born-Habersche Kreisprozeß

In diesem Abschnitt wollen wir uns mit den Enthalpieänderungen bei der Bildung von Ionenbindungen beschäftigen, die uns die Entscheidung möglich machen, ob sich eine Ionenbindung überhaupt bildet oder nicht. Die Begriffe Ionenbindungen, Elektronegativität, Ionisierungsenergie und Elektronenaffinität, mit denen wir hier umgehen, sind uns bereits aus der anorganischen Chemie geläufig. Sie werden ausführlicher in Kap. 4 besprochen.

Wir beginnen mit einem einfachen Fall, mit einem einzelnen Kaliumatom und einem einzelnen Chloratom, die sich begegnen und ein Ionenpaar bilden, in dem ein Kation und ein Anion beieinander liegen (vgl. auch Abschn. 6-6). Wir werden so die einzelnen Beiträge zur gesamten Enthalpieänderung identifizieren können, obwohl die Ausbildung einer Bindung zwischen einem einzelnen K-Atom und einem einzelnen Cl-Atom in der Praxis keine Rolle spielt. Wir werden beobachten, daß Energie abgegeben wird, wenn von einem elektropositiven Atom, das leicht Elektronen abgibt, wie z. B. K, ein Elektron zu einem in der Nähe befindlichen elektronegativen Atom, das bestrebt ist, Elektronen aufzunehmen, wie z. B. Cl, übergeht (siehe Abschn. 4-8). Energie wird auch frei, wenn ein Festkörper mit einer sehr großen Anzahl von Ionen gebildet wird. Deshalb können wir erwarten, daß unsere Vorstellungen über die Bildung eines einzelnen Ionenpaares sich auch auf reale Fälle übertragen lassen.

Die Bildung eines Ionenpaares

Wenn sich ein K-Atom und ein Cl-Atom einander nähern, so verliert in einem bestimmten Abstand das K-Atom ein Elektron und wird zu einem K^+-Ion; gleichzeitig nimmt das Cl-Atom ein Elektron auf und geht in ein Cl^--Ion über (vgl. Abb. 3-19). Die mit diesem Prozeß verbundene Energieänderung ist die Summe aus drei Beiträgen. Der erste ist die Energie, die für die Bildung des K^+-Ions gebraucht wird. Das ist die *Ionisierungsenergie* des Kaliums (vgl. auch Abschn. 4-8). Der zweite Beitrag ist die Energie, die bei der Bildung des Cl^--Ions frei wird; sie heißt die *Elektronenaffinität* des Chlors (siehe Abschn. 4-8). Die Summe dieser beiden Beiträge ist

$$
\begin{array}{ll}
 & \Delta H \\
K\,(g) \;\rightarrow\; K^+\,(g) + e^- & +\,418\ \text{kJ} \\
Cl\,(g) + e^- \;\rightarrow\; Cl^-\,(g) & -\,349\ \text{kJ} \\
\hline
K\,(g) + Cl\,(g) \;\rightarrow\; K^+\,(g) + Cl^-\,(g) & +\ \ 69\ \text{kJ}
\end{array}
$$

Das heißt, wir brauchen 69 kJ, um 1 mol von jedem der beiden Ionen zu bilden. Das heißt aber auch, daß sich diese Ionen nicht ohne weiteres bilden sollten, denn die Reaktion ist stark endotherm.

Der dritte Beitrag ist die potentielle Energie, die von der Anziehung zwischen den entgegengesetzt geladenen Ionen herrührt; sie ist entscheidend für die Ausbildung der Bindung. Die potentielle Energie E hängt vom Abstand d zwischen den Ionen ab (vgl. Abb. 3-20); wenn d in pm angegeben wird, so gilt:

$$
E = \frac{z_A z_B}{d/\text{pm}} \cdot (1{,}39 \cdot 10^5\ \text{kJ}) \tag{6}
$$

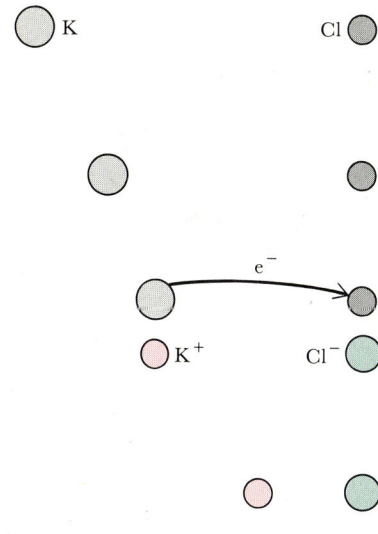

Abb. 3-19 Wenn sich ein Kaliumatom und ein Chloratom einander nähern, dann wird es in einem bestimmten Abstand energetisch günstig, daß ein Elektron vom Kaliumatom zum Chloratom übergeht.

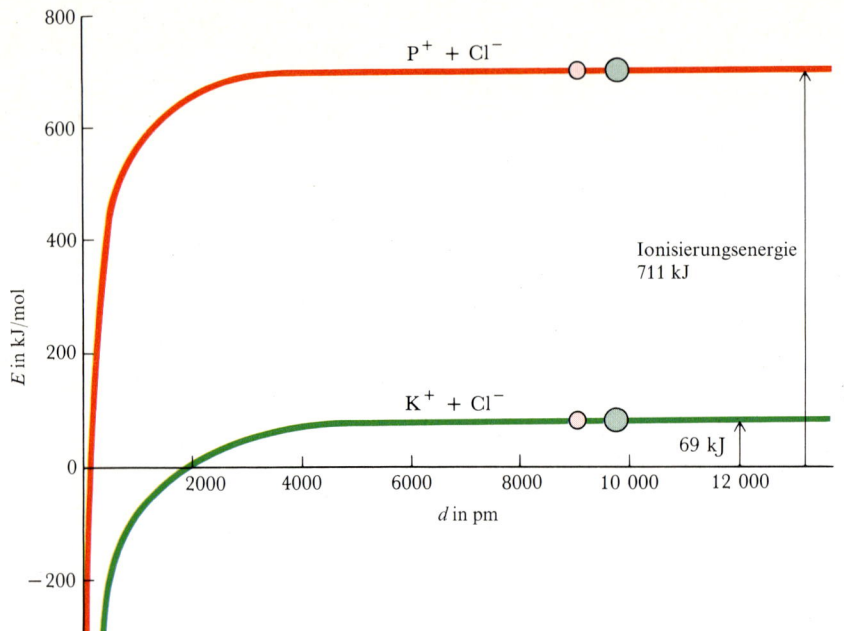

Abb. 3-20 Die Energie eines Ionenpaares relativ zu den beiden ursprünglichen Atomen. Wenn die Energie negativ wird, ist die Bildung des Ionenpaares begünstigt.

E ist hier die potentielle Energie für 1 mol Ionenpaare. z_A und z_B sind die Ladungen der beiden Ionen (in unserem Beispiel $+1$ und -1 für K^+ und Cl^-) *.

Die potentielle Energie des Systems aus K^+ und Cl^- ist Null, wenn die beiden Ionen soweit voneinander entfernt sind, daß zwischen ihnen keine Wechselwirkung besteht. Nähert man sie einander auf 2000 pm, das sind etwa sechs Ionendurchmesser, so erreicht die potentielle Energie -69 kJ, und bei $d = 1900$ pm erhalten wir nach unserer Formel:

$$E = \frac{(+1) \cdot (-1)}{1900} \cdot (1{,}39 \cdot 10^5 \text{ kJ}) = -73 \text{ kJ}$$

Die Gesamtenergie des Systems aus dem K^+-Ion und dem Cl^--Ion ist also niedriger als die des Systems aus einem K-Atom und einem Cl-Atom, wenn der Abstand der beiden Teilchen kleiner als sechs Ionendurchmesser ist; damit ist die Bildung des Ionenpaares K^+Cl^- energetisch begünstigt. Wenn sich die beiden Ionen (bei $d = 314$ pm) berühren, so ist die potentielle Energie -443 kJ. Daraus folgt für die Bildung von 1 mol Ionenpaaren aus den Atomen eine Energieänderung ΔE von:

$$\Delta E = +69 \text{ kJ mol}^{-1} - 443 \text{ kJ mol}^{-1} = -374 \text{ kJ mol}^{-1}$$

<table>
<tr><td>Energie für
die Bildung
von Ionen
aus Atomen</td><td>potentielle
Anziehungs-
energie
zwischen Ionen</td></tr>
</table>

Das ist eine ganz erhebliche Verringerung der Energie. Wir erkennen daran, daß die Bildung des Ionenpaares sehr begünstigt ist.

---

* Die potentielle Energie der Ladung q_1 im Abstand d von einer anderen Ladung q_2 ist $V = \dfrac{q_1 q_2}{4\pi \varepsilon_0 d}$, wobei ε_0 eine fundamentale Konstante mit dem Zahlenwert $8{,}85 \cdot 10^{-12} \text{ C}^2 \text{ m}^{-1} \text{ J}^{-1}$ ist. Das Kation M^+ hat die Ladung $1{,}60 \cdot 10^{-19}$ C (Coulomb) und das Anion X^- das Negative dieses Wertes (das ist die Ladung des Elektrons). Wenn man diese Werte einsetzt und noch mit der Avogadroschen Zahl multipliziert, erhält man die angegebene Formel.

Die Bildung des ionischen Festkörpers

Wir wissen jetzt, daß die Bildung eines Ionenpaares energetisch begünstigt ist. Als nächstes wollen wir untersuchen, ob auch die Bildung eines kompakten ionischen Festkörpers, eines Salzes, aus den Elementen (in ihren normalen Zuständen) begünstigt ist. Dann müßte z. B. die Energie einer Probe von festem KCl niedriger sein als diejenige von festem Kalium und von gasförmigem Chlor zusammen. Die Antwort finden wir, wenn wir von der Reaktionsgleichung

$$K(s) + \frac{1}{2} Cl_2(g) \rightarrow KCl(s)$$

ausgehen und versuchen, sie in mehrere Schritte zu zerlegen. Die Enthalpien der Einzelschritte wollen wir dem Anhang entnehmen; die Enthalpie der Gesamtreaktion ist dann gleich der Summe der Enthalpien der Einzelschritte.

In Abb. 3-21 sind die Einzelschritte wiedergegeben. Dieses Diagramm heißt Born-Haberscher Kreisprozeß nach Max Born und Fritz Haber, die es zur Berechnung der bei der Bildung von Ionenkristallen auftretenden Enthalpieänderungen eingeführt haben. Der erste Schritt ist die Bildung von 1 mol gasförmigen K-Atomen aus festem Kalium:

$$K(s) \rightarrow K(g) \qquad \Delta H = + 89 \text{ kJ}$$

Der zweite Schritt ist die Dissoziation der Moleküle des Chlorgases:

$$\frac{1}{2} Cl_2(g) \rightarrow Cl(g) \qquad \Delta H = + 122 \text{ kJ}$$

An dieser Stelle unseres hypothetischen Prozesses liegt ein Gas vor, das aus K-Atomen und aus Cl-Atomen besteht. Nun übertragen wir Elektronen von den K-Atomen zu den Cl-Atomen; dabei entsteht ein Gas aus Ionen, die vorerst sehr weit voneinander entfernt sind. Die zugehörige Enthalpieänderung haben wir bereits oben kennengelernt:

$$K(g) + Cl(g) \rightarrow K^+(g) + Cl^-(g) \qquad \Delta H = + 69 \text{ kJ}$$

Bis hierher sind alle Schritte endotherm; die Summe von + 280 kJ ist die Enthalpieänderung für die Bildung des Ionengases aus den Ausgangsmaterialien.

Jetzt sollen sich die Ionen zu einem Festkörper vereinigen. Ähnlich wie bei der Bildung des einzelnen K^+Cl^--Ionenpaares wird hier sehr viel Energie frei. Diese Energieabgabe entspricht der potentiellen Anziehungsenergie zwischen jedem Kation mit allen Anionen minus der Abstoßungsenergie zwischen allen Kationen, bzw. zwischen allen Anionen (Abb. 3-22). Diese Summe kann man ausrechnen, indem man eine sehr große Anzahl von Summanden vom Typ der Gleichung addiert, jeweils mit dem richtigen Abstand d im Nenner. Daraus ergibt sich:

$$K^+(g) + Cl^-(g) \rightarrow KCl(s) \qquad \Delta H = - 717 \text{ kJ}$$

Die Standard-Enthalpieänderung für die Umkehrung dieses Prozesses, also für die Bildung des Gases, das aus den Ionen K^+ und Cl^- besteht, heißt die *Gitterenthalpie* ΔH_G° des Kaliumchlorids:

Die **Gitterenthalpie** eines ionischen Festkörpers ist die Änderung der Standard-Enthalpie beim Übergang vom Festkörper in ein Gas aus Ionen:

$$MX(s) \rightarrow M^+(g) + X^-(g) \qquad \Delta H_G^\circ$$

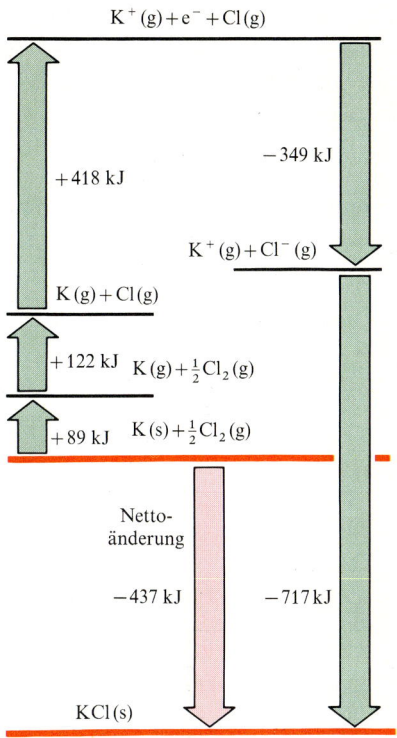

Abb. 3-21 Der Born-Habersche Kreisprozeß für die Bildung von KCl aus Kalium und Chlor. Die Summe der Enthalpieänderungen längs des langen grünen Weges ist gleich der Enthalpieänderung längs des direkten (rosa) Weges.

$K^+(g) + e^- + Cl(g)$

$+ 418$ kJ

$- 349$ kJ

$K^+(g) + Cl^-(g)$

$K(g) + Cl(g)$

$+ 122$ kJ $\quad K(g) + \frac{1}{2} Cl_2(g)$

$+ 89$ kJ $\quad K(s) + \frac{1}{2} Cl_2(g)$

Nettoänderung

$- 437$ kJ $\qquad - 717$ kJ

$KCl(s)$

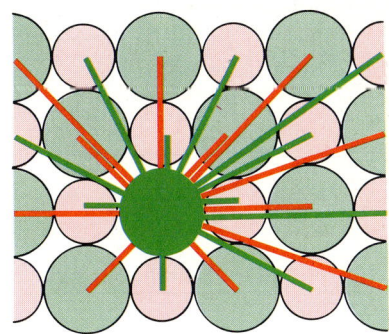

Abb. 3-22 In einem ionischen Festkörper gibt es eine Wechselwirkung eines Ions mit allen anderen Ionen. Die grünen Linien symbolisieren Anziehungen zwischen verschiedenartigen Ionen, die roten Abstoßungen zwischen gleichartigen Ionen. Insgesamt resultiert eine Anziehung, vor allem weil jedes Ion unmittelbar von Ionen der anderen Art umgeben ist.

Alle Gitterenthalpien sind positiv, denn man muß ziemlich viel Wärme zuführen, um den Festkörper in die einzelnen Ionen aufzubrechen. In Tabelle 3-5 sind die Gitterenthalpien für eine ganze Reihe von Salzen angegeben.

Die Bildungsenthalpie von KCl(s) ist die Summe zweier Terme. Der erste ist die Enthalpie für die Bildung des Ionengases aus den Ausgangsmaterialien, der zweite die Enthalpie für die Bildung von festem KCl aus dem Ionengas:

$$\begin{array}{ll} & \Delta H \\ K(s) + \tfrac{1}{2} Cl_2(g) \rightarrow K^+(g) + Cl^-(g) & +280\ kJ \\ K^+(g) + Cl^-(g) \rightarrow KCl(s) & -717\ kJ \\ \hline K(s) + \tfrac{1}{2} Cl_2(g) \rightarrow KCl(s) & -437\ kJ \end{array}$$

Mit $\Delta H = -437$ kJ findet also eine bemerkenswerte Enthalpieabnahme statt, wenn aus den Elementen 1 mol festes KCl gebildet wird.

Die Bildung von KCl ist insgesamt exotherm, weil der Übergang des Elektrons von K(g) zu Cl(g) mit $\Delta H = +69$ kJ nur schwach endotherm ist und weil die Energie, die für den Elektronenübergang aufgewandt werden muß, bei der Bildung des Festkörpers mehr als kompensiert wird. Wir wollen dieses Ergebnis einmal vergleichen mit den Enthalpieverhältnissen bei der Bildung einer hypothetischen Verbindung, des KCl_2, in der K^{2+} das Kation wäre.

Die Enthalpie für die Bildung des Ions K^{2+} ist gleich der Summe aus der ersten und der zweiten Ionisierungsenergie:

$$\begin{array}{ll} & \Delta H \\ K(g) \rightarrow K^+(g) + e^- & +418\ kJ \\ K^+(g) \rightarrow K^{2+}(g) + e^- & +3070\ kJ \\ \hline K(g) \rightarrow K^{2+}(g) + e^- & +3488\ kJ \end{array}$$

Die Gitterenthalpie des KCl_2 können wir nur abschätzen; wir setzen dafür den Wert des $CaCl_2$, denn in dieser Verbindung hat das Kation dieselbe Ladung und auch etwa die gleiche Größe wie im KCl_2.

Formulieren wir jetzt den Born-Haberschen Kreisprozeß (siehe Abb. 3-23), so erhalten wir:

$$K(s) + Cl_2(g) \rightarrow KCl_2(s) \qquad \Delta H = +868\ kJ$$

Dies bedeutet, daß die Bildung von KCl_2 völlig unwahrscheinlich ist.

Beispiel 3-15 Bildungsenthalpien nach dem Born-Haberschen Kreisprozeß

Zeigen Sie anhand des Born-Haberschen Kreisprozesses, daß $CaCl_2$ sich viel wahrscheinlicher aus Calcium und Chlor bildet als CaCl.

Methode. Wir versuchen herauszubekommen, ob die Disproportionierung

$$2\,CaCl(s) \rightarrow CaCl_2(s) + Ca(s)$$

stark exotherm ist, denn in diesem Falle wäre diese Reaktion begünstigt. Dazu berechnen wir die Bildungsenthalpien von $CaCl_2$ und 2 CaCl und bilden die Differenz. Bei solchen Rechnungen an Ionenkristallen empfiehlt es sich sehr, einen Born-Haberschen Kreisprozeß zu formulieren, damit man genau bestimmen kann, welche Daten gebraucht werden. In unserem Fall haben wir zwei Kreisprozesse zu konstruieren, einen für die Bildung von

Tabelle 3-5 Gitterenthalpien bei 25 °C in kJ mol^{-1}

Halogenide			
LiF 1046	LiCl 861	LiBr 818	LiI 759
NaF 929	NaCl 787	NaBr 751	NaI 700
KF 826	KCl 717	KBr 689	KI 645
AgF 971	AgCl 916	AgBr 903	AgI 887
$BeCl_2$ 3017	$MgCl_2$ 2524	$CaCl_2$ 2255	$SrCl_2$ 2153
Oxide			
MgO 3850	CaO 3461	SrO 3283	BaO 3114
Sulfide			
MgS 3406	CaS 3119	SrS 2974	BaS 2832

CaCl aus den Elementen und einen für die Bildung von $CaCl_2$ aus den Elementen. Für die Gitterenthalpie des hypothetischen CaCl setzen wir den Wert für KCl ein. Die benötigten Zahlenwerte entnehmen wir der Tabelle im Anhang.

Lösung. Die beiden Born-Haberschen Kreisprozesse sind in Abb. 3-24 wiedergegeben. Die Bildungsenthalpie des CaCl(s) ergibt sich dann aus der folgenden Summe:

$$
\begin{array}{ll}
 & \Delta H \\
\mathrm{Ca\,(s)} \rightarrow \mathrm{Ca\,(g)} & +178\ \mathrm{kJ} \\
\mathrm{Ca\,(g)} \rightarrow \mathrm{Ca^+\,(g)} + e^- & +590\ \mathrm{kJ} \\
\tfrac{1}{2}\,\mathrm{Cl_2\,(g)} \rightarrow \mathrm{Cl\,(g)} & +122\ \mathrm{kJ} \\
\mathrm{Cl\,(g)} + e^- \rightarrow \mathrm{Cl^-\,(g)} & -349\ \mathrm{kJ} \\
\mathrm{Ca^+\,(g)} + \mathrm{Cl^-\,(g)} \rightarrow \mathrm{CaCl\,(s)} & -717\ \mathrm{kJ} \\
\hline
\mathrm{Ca\,(s)} + \tfrac{1}{2}\,\mathrm{Cl_2\,(g)} \rightarrow \mathrm{CaCl\,(s)} & -176\ \mathrm{kJ}
\end{array}
$$

Bis hierher ist die Entstehung von CaCl durchaus wahrscheinlich, denn wir haben mit unserer Rechnung eine exotherme Bildungsreaktion gefunden. Unsere nächste Aufgabe ist die Berechnung der Bildungsenthalpie von $CaCl_2$:

$$
\begin{array}{ll}
 & \Delta H \\
\mathrm{Ca\,(s)} \rightarrow \mathrm{Ca\,(g)} & +\ 178\ \mathrm{kJ} \\
\mathrm{Ca\,(g)} \rightarrow \mathrm{Ca^+\,(g)} + e^- & +\ 590\ \mathrm{kJ} \\
\mathrm{Ca^+\,(g)} \rightarrow \mathrm{Ca^{2+}\,(g)} + e^- & +1137\ \mathrm{kJ} \\
\mathrm{Cl_2\,(g)} \rightarrow 2\,\mathrm{Cl\,(g)} & +\ 244\ \mathrm{kJ} \\
2\,\mathrm{Cl\,(g)} + 2\,e^- \rightarrow 2\,\mathrm{Cl^-\,(g)} & -\ 698\ \mathrm{kJ} \\
\mathrm{Ca^{2+}\,(g)} + 2\,\mathrm{Cl^-\,(g)} \rightarrow \mathrm{CaCl_2\,(s)} & -2255\ \mathrm{kJ} \\
\hline
\mathrm{Ca\,(s)} + \mathrm{Cl_2\,(g)} \rightarrow \mathrm{CaCl_2\,(s)} & -\ 804\ \mathrm{kJ}
\end{array}
$$

Obwohl ein nicht unerheblicher Energiebetrag für die zweifache Ionisierung des Ca zu Ca^{2+} aufzubringen ist, ist hier die Gitterenthalpie so viel größer, daß die Bildung von $CaCl_2$ viel stärker exotherm ist als die Bildung von CaCl. Dieser Unterschied ist auf die höhere Ladung des Ca^{2+} zurückzuführen, die zu entsprechend stärkeren Anziehungskräften führt. Die Enthalpie der Disproportionierungsreaktion erhalten wir aus der Differenz der beiden Bildungsenthalpien:

$$
\begin{aligned}
\Delta H &= 1\ \mathrm{mol}\ \mathrm{CaCl_2} \cdot \Delta H_b^\circ\,(\mathrm{CaCl_2}) - 2\ \mathrm{mol}\ \mathrm{CaCl} \cdot \Delta H_b^\circ\,(\mathrm{CaCl}) \\
&= -804\ \mathrm{kJ} - 2 \cdot (-176\ \mathrm{kJ}) = -452\ \mathrm{kJ}
\end{aligned}
$$

Die Disproportionierungsreaktion ist also stark exotherm, und deshalb kann man bei der Umsetzung von Calcium mit Chlor nur die Bildung von $CaCl_2$ erwarten.

Übungsaufgabe. Untersuchen Sie, ob bei der Umsetzung von Natrium mit Fluor NaF oder NaF_2 entstehen wird!

[Antwort: NaF]

3-6 Bindungsenthalpien

Eine kovalente Bindung zwischen zwei bestimmten Atomen hat bestimmte Eigenschaften, die bis zu einem gewissen Grade in jedem Molekül auftreten, in dem eine Bindung zwischen diesen beiden Atomen enthalten ist. Zum Beispiel hat die $C-H$-Bindung in allen organischen Verbindungen ungefähr dieselbe Stärke und auch dieselbe Länge. Dasselbe gilt für die $N-O$-Bindung, egal in welchem Molekül sie sich befindet. Wir nennen solche für eine Bindung charakteristischen Eigenschaften *Bindungsparameter*. (In der Literatur findet sich auch die Bezeichnung Bindungsinkremente.) Mit der Bindungsstärke wollen wir uns hier befassen.

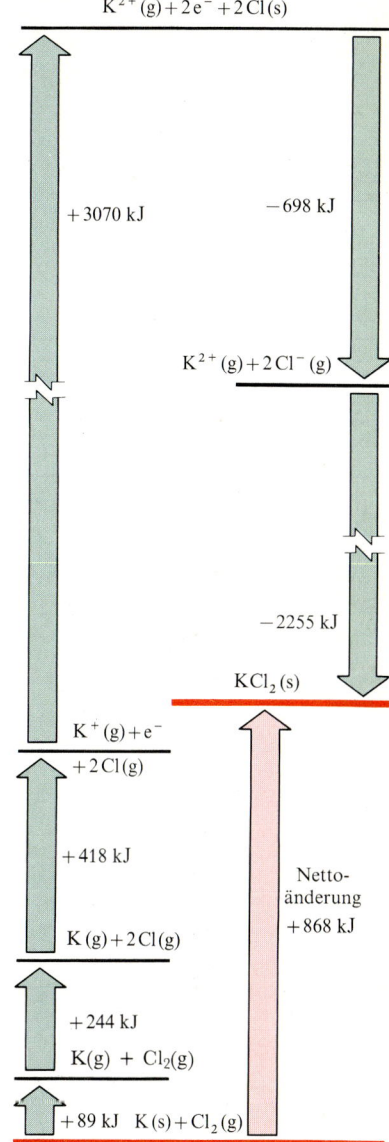

Abb. 3-23 Der Born-Habersche Kreisprozeß für die Bildung der hypothetischen Verbindung KCl_2. Es ergibt sich eine stark endotherme Bildungsreaktion.

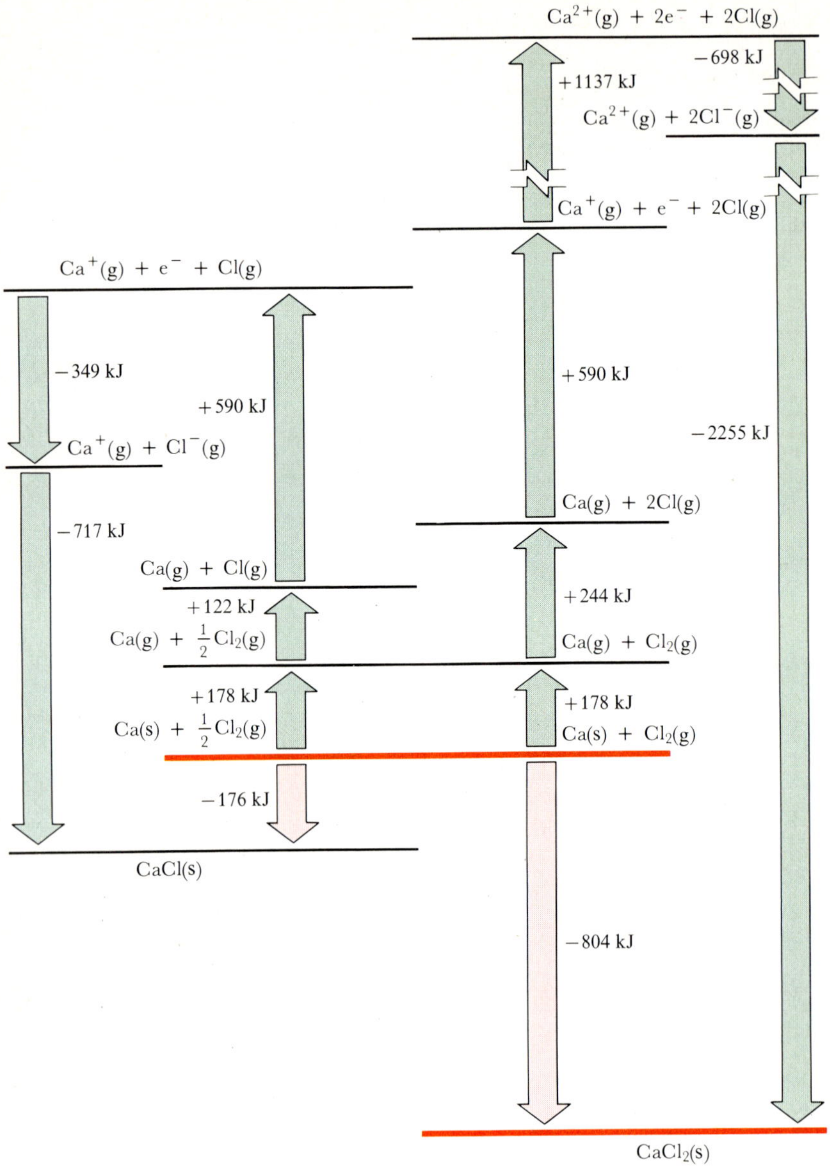

$Ca^{2+}(g) + 2e^- + 2Cl(g)$

-698 kJ

$+1137$ kJ

$Ca^{2+}(g) + 2Cl^-(g)$

$Ca^+(g) + e^- + 2Cl(g)$

$Ca^+(g) + e^- + Cl(g)$

-349 kJ

$+590$ kJ

$+590$ kJ

-2255 kJ

$Ca^+(g) + Cl^-(g)$

-717 kJ

$Ca(g) + 2Cl(g)$

$Ca(g) + Cl(g)$

$+122$ kJ

$+244$ kJ

$Ca(g) + \frac{1}{2}Cl_2(g)$

$Ca(g) + Cl_2(g)$

$+178$ kJ

$+178$ kJ

$Ca(s) + \frac{1}{2}Cl_2(g)$

$Ca(s) + Cl_2(g)$

-176 kJ

$CaCl(s)$

-804 kJ

$CaCl_2(s)$

Abb. 3-24 Der Born-Habersche Kreisprozeß für die Bildung von CaCl und $CaCl_2$.

Tabelle 3-6 Bindungsenthalpien zweiatomiger Moleküle

Molekül	B in kJ mol^{-1}
H_2	436
N_2	944
O_2	496
F_2	158
Cl_2	242
Br_2	193
I_2	151
HF	565
HCl	431
HBr	366
HI	299
CO	1074

Die Bindungsstärke

Die Stärke einer Bindung wird durch ihre *Bindungsenthalpie* gemessen. Das ist die Enthalpieänderung, die mit dem Aufbrechen der Bindung verbunden ist. So ist z. B. die Bindungsenthalpie von H_2 diejenige Wärmemenge, die man für die Dissoziation von 1 mol Wasserstoff bei konstantem Druck aufwenden muß:

$$H_2(g) \rightarrow 2H(g) \qquad \Delta H° = +436 \text{ kJ}$$

Alle Bindungsenthalpien sind positiv; sie werden mit B bezeichnet und beziehen sich jeweils auf 1 mol Bindungen (vgl. dazu die Zahlenwerte in Tabelle 3-6). In dieser Tabelle ist der kleinste Wert der für I_2 mit 151 kJ mol^{-1} und der größte mit 1074 kJ mol^{-1} der für CO. CO ist damit eines der stabilsten zweiatomigen Moleküle überhaupt.

Mittlere Bindungsenthalpien

Die Bindungsenthalpie eines zweiatomigen Moleküls ist eine eindeutig definierte Größe; sie gibt die Stärke einer Bindung für den Fall an, daß nur zwei Atome vorhanden sind. In einem mehratomigen Molekül hängt dagegen die Bindungsenthalpie einer bestimmten Bindung auch von den anderen vorhandenen Atomen ab. So stimmen z. B. die Bindungsenthalpien der $HO-H$-Bindung im Wasser und der CH_3O-H-Bindung in Methanol nicht überein; sie betragen 492 kJ mol^{-1} bzw. 435 kJ mol^{-1}. Wie in diesem Beispiel sind die Schwankungen meist nicht sehr groß. Es hat deshalb Sinn, mit Mittelwerten, den sogenannten mittleren Bindungsenthalpien, zu arbeiten (vgl. Tab. 3-7).

Eine Mehrfachbindung ist stärker als eine Einfachbindung zwischen denselben Atomen. Eine $C\equiv C$-Dreifachbindung mit 837 kJ mol^{-1} ist stärker als eine $C-C$-Einfachbindung mit 348 kJ mol^{-1}, und eine $C=C$-Doppelbindung liegt mit 612 kJ mol^{-1} dazwischen.

Die mittleren Bindungsenthalpien können dazu dienen, chemische Eigenschaften zu deuten. So nehmen z. B. die Bindungsenthalpien von $E-H$-Bindungen (wobei E ein Element der 14. (IV) Gruppe ist) vom Kohlenstoff mit 412 kJ mol^{-1} bis zum Blei mit 205 kJ mol^{-1} gleichmäßig ab, wie Abb. 3-25 zeigt. Dazu parallel nimmt auch die Stabilität der

Tabelle 3-7 Mittlere Bindungsenthalpien in kJ mol^{-1}

C−H	412	N−H	388
C−C	348	N−N	163
C=C	612	N=N	409
C−C ↕ C=C	518 in Benzol	N−O	200
		N=O	600
		O−H	463
		O−O	157
C≡C	837	F−H	565
C−O	360	Cl−H	431
C=O	743	Br−H	366
C−N	305	I−H	299

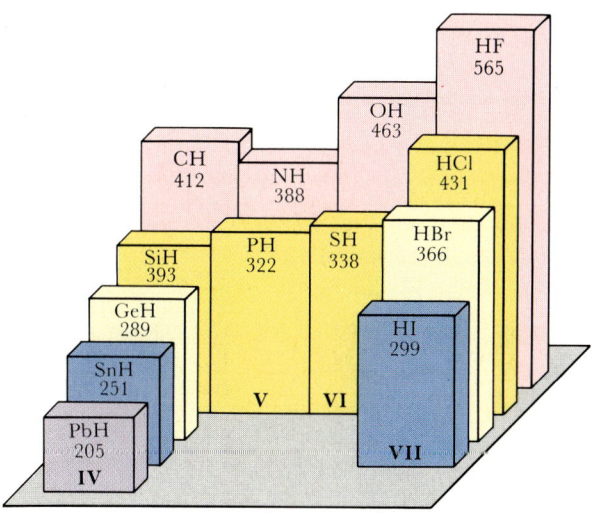

Abb. 3-25 Die Bindungsenthalpien (in kJ mol^{-1}) für Bindungen zwischen Wasserstoff und einigen Hauptgruppenelementen.

Hydride der Elemente dieser Gruppe ab: Methan, CH_4, ist bei Zimmertemperatur in Gegenwart von Luft stabil, Stannan, SnH_4, zerfällt leicht in Zinn und Wasserstoff, und Plumban, PbH_4, läßt sich überhaupt nur in Spuren herstellen. Mit Hilfe der mittleren Bindungsenthalpien kann man auch Reaktionsenthalpien abschätzen, wenn genaue Daten nicht vorliegen, wie das folgende Beispiel zeigt.

Beispiel 3-16 Die Bestimmung einer Reaktionsenthalpie aus Bindungsenthalpien

Wie groß ist die Verbrennungsenthalpie von Ethanol (C_2H_5OH)?

Methode. Wir erwarten einen negativen Wert, denn wir wissen, daß alle Verbrennungsreaktionen exotherm sind. Zuerst schreiben wir die Reaktionsgleichung hin. Um die

Enthalpieänderung bei der Reaktion zu berechnen, brauchen wir die Enthalpieänderungen beim Aufbrechen aller Bindungen in den Ausgangssubstanzen, sowie die mit der Ausbildung der Bindungen in den Reaktionsprodukten verbundenen Enthalpieänderungen (vgl. Abb. 3-26). Welche Bindungen aufgebrochen bzw. neu gebildet werden, läßt sich leicht feststellen, wenn wir die Reaktionsgleichung mit Hilfe der Lewis-Strukturen hinschreiben. Dann berechnen wir mit Hilfe der Bindungsenthalpien aus Tab. 3-7 die Energie, die zum Aufbrechen der Bindungen in den Ausgangssubstanzen gebraucht wird, sowie die Energie, welche bei der Bildung der Bindungen in den Produkten frei wird. Die Differenz dieser beiden Werte ist die gesuchte Verbrennungsenthalpie.

Lösung. Die Reaktionsgleichung lautet:

$$C_2H_5OH(g) + 3\,O_2(g) \rightarrow 2\,CO_2(g) + 3\,H_2O(g)$$

bzw. in Lewis-Strukturen:

$$
\begin{array}{cc}
\text{H} & \text{H} \\
| & | \\
\text{H}-\text{C}-\text{C}-\text{O}-\text{H} + 3\,\text{O}=\text{O} \rightarrow 2\,\text{O}=\text{C}=\text{O} + 3\,\text{H}-\text{O}-\text{H} \\
| & | \\
\text{H} & \text{H}
\end{array}
$$

Um die Ausgangssubstanzen in die Atome zu zerlegen, brauchen wir also die Energie:

$$5\,B(\text{C}-\text{H}) + B(\text{C}-\text{C}) + B(\text{C}-\text{O}) + B(\text{O}-\text{H}) + 3\,B(\text{O}=\text{O})$$
$$= 5 \cdot 412\,\text{kJ} + 348\,\text{kJ} + 360\,\text{kJ} + 463\,\text{kJ} + 3 \cdot 496\,\text{kJ}$$
$$= 4719\,\text{kJ}$$

Andererseits wird bei der Bildung der Reaktionsprodukte die Energie

$$2 \cdot 2\,B(\text{C}=\text{O}) + 3 \cdot 2\,B(\text{O}-\text{H}) = 2 \cdot 2 \cdot 743\,\text{kJ} + 3 \cdot 2 \cdot 463\,\text{kJ}$$
$$= 5750\,\text{kJ}$$

frei. Die Differenz ist dann:

$$\Delta H = 4719\,\text{kJ} - 5750\,\text{kJ} = -1031\,\text{kJ}$$

In unserer Reaktionsgleichung werden 1 mol C_2H_5OH umgesetzt, deshalb hat die Verbrennungsenthalpie des Ethanols den Wert $-1031\,\text{kJ mol}^{-1}$. Experimentell wurden $-1236\,\text{kJ mol}^{-1}$ gefunden.

Übungsaufgabe. Wie groß ist die Standard-Bildungsenthalpie des Ammoniaks, NH_3?
[Antwort: $-76\,\text{kJ mol}^{-1}$]

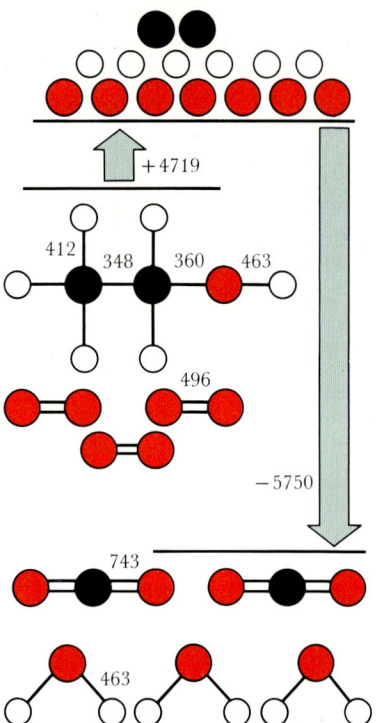

Abb. 3-26 Die Enthalpieänderungen (in kJ mol^{-1}) beim Aufbrechen der Moleküle der Ausgangssubstanzen in die Atome und beim Aufbau der Produkte aus diesen Atomen.

Die Enthalpie-Vorräte der Welt

Ein großes, zunehmend drängendes Problem unserer Zivilisation ist die Energieversorgung. Uns ist bewußt, daß unsere Vorräte begrenzt sind; das, was wir in diesem Kapitel gelernt haben, versetzt uns in die Lage, unseren Energieverbrauch quantitativ abzuschätzen. Auch Nahrungsmittel gehören im weiteren Sinne zu unseren Energievorräten; wir haben sie deshalb in unsere Überlegungen einzubeziehen.

Letztendlich entstammen alle unsere Energievorräte, ob Erdöl oder Kohlenhydrate unserer Nahrung, von der Sonne. Nur die Kernenergie gehört nicht dazu; wir werden sie in den nächsten Abschnitten behandeln. Grüne Pflanzen verwerten mit Hilfe ihrer Chlorophyll-Moleküle (Abb. 3-27) Sonnenenergie und betreiben damit die Photosynthese. Dabei werden aus dem Kohlendioxid der Luft und dem Wasser aus dem

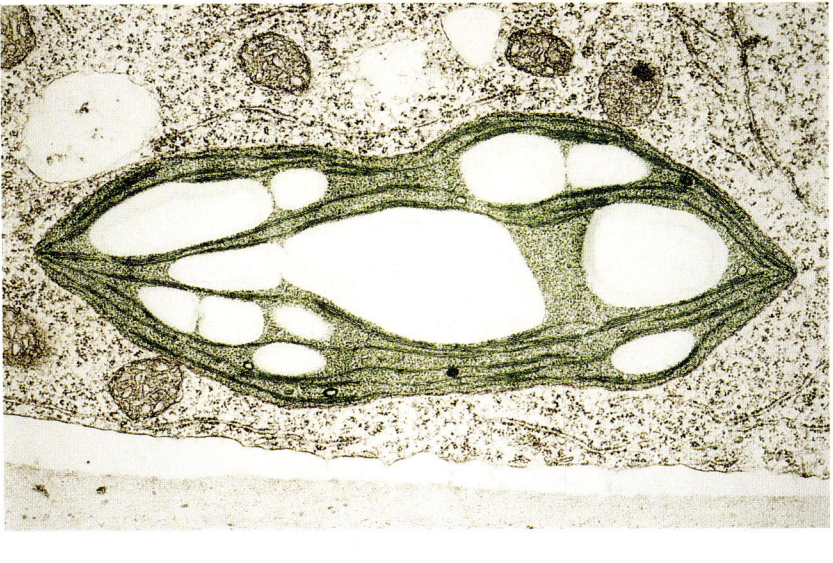

Abb. 3-27 Querschnitt durch ein grünes Blatt. Man erkennt einen Chloroplasten mit dem hohen Gehalt an Chlorophyll.

Boden in der Pflanze Kohlenhydrate synthetisiert. Kohlenhydrate sind organische Verbindungen, deren allgemeine Summenformel $C_n(H_2O)_m$ lautet. Eines der einfachsten Kohlenhydrate ist die Glucose, $(C_6H_{12}O_6)$, deren Abbau Energie für viele Reaktionen im Organismus liefert. Weitere wichtige Kohlenhydrate sind die Cellulose, die Gerüstsubstanz der Pflanzen, die aus langen Ketten von Glucosemolekülen besteht, und die Stärke, die typische Nahrungsmittelreserve der Pflanzen, in der die Glucosemoleküle in einer verzweigten Struktur verknüpft sind.

Die Photosynthese der Glucose verläuft nach einem komplizierten Mechanismus, läßt sich aber durch die Bruttogleichung

$$6\,CO_2\,(g) + 6\,H_2O\,(l) \rightarrow C_6H_{12}O_6\,(s) + 6\,O_2\,(g)$$

beschreiben. Die Reaktionsenthalpie dieser Synthese läßt sich nicht direkt messen; die Rückreaktion

$$C_6H_{12}O_6\,(s) + 6\,O_2\,(g) \rightarrow 6\,CO_2\,(g) + 6\,H_2O\,(l)$$

als Verbrennung der Glucose liefert aber den Meßwert $-2{,}8$ MJ mol^{-1}, so daß sich für die Reaktionsenthalpie der Photosynthese der Wert $+2{,}8$ MJ mol^{-1} ergibt. Für die Synthese von 180 g Glucose (1 mol) müssen also 2,8 MJ an Energie zur Verfügung stehen. Um 1 g Glucose (6 mmol) zu synthetisieren, müssen wir 16 kJ aufwenden.

Die Sonnenenergie, die von den Pflanzen der Erdoberfläche im Laufe eines Jahres absorbiert wird, reicht zur Erzeugung von $6 \cdot 10^{14}$ kg Glucose. Davon wird das meiste in Cellulose und Stärke umgewandelt. Nicht alle Kohlenhydrate werden von Organismen wieder zu Kohlendioxid und Wasser abgebaut; erhebliche Energiemengen bleiben in der abgestorbenen Vegetation gespeichert. Vernachlässigt man Verluste durch Waldbrände, so nehmen diese Energiedepots im Jahr immerhin um 10^{19} kJ zu. Das ist 30mal mehr, als gegenwärtig jährlich weltweit industriell verbraucht wird. Damit scheint die Energieversorgung, was die benötigten Mengen angeht, vorläufig kein Problem zu sein. Wenn es jedoch um die praktische Nutzung dieser Energievorräte geht, wird es schwierig, denn energiereiche Substanzen müssen in hohen Konzentrationen vorliegen, damit der Abbau wirtschaftlich durchgeführt werden kann. Damit ein Energieträger in genügender Reinheit vorliegt, muß sehr viel Energie zum Abtrennen der Verunreinigungen aufgewendet werden.

Fossile Brennstoffe lassen sich dort gewinnen, wo sich in der Vergangenheit organische Überreste als Kohle, Öl und Erdgas angesammelt haben. Sie stammen aus der Zersetzung von pflanzlichen und tierischen Organismen, die vor Millionen von Jahren gelebt haben. Geologische Einflüsse verhinderten, daß sie durch den Einfluß der Atmosphäre völlig zu Kohlendioxid und Wasser abgebaut wurden.

Schätzungsweise 10^{14} bis 10^{15} kJ von den insgesamt durch Photosynthese umgesetzten 10^{19} kJ an Energie entgehen einem schnellen Abbau (z. B. durch Fäulnis). Aber nur etwa 0,07% davon bilden Lagerstätten, die für eine ökonomische Nutzung in Frage kommen. Das würde bedeuten, daß die nutzbaren Energiereserven pro Jahr lediglich etwa um 10^{11} kJ zunehmen; wir verbrauchen aber $3 \cdot 10^{17}$ kJ, das ist drei Millionen mal mehr als der natürliche Zuwachs.

3-7 Die Enthalpie der Treibstoffe

Welcher Treibstoff für einen bestimmten Zweck der beste ist, hängt von vielen Faktoren ab. Dazu gehören sein Preis, seine Brennbarkeit, die mit seiner Verwendung verbundene Umweltschädigung und auch die Menge Treibstoff, die für einen bestimmten Zweck nötig ist. Wir wollen uns jetzt nur mit dem letzten Faktor beschäftigen.

Unter der *spezifischen Enthalpie* eines Treibstoffes verstehen wir seine Verbrennungsenthalpie (als Betrag, ohne das Minuszeichen) pro Gramm. Dafür ist auch die Bezeichnung *Heizwert* gebräuchlich. Ähnlich ist die **Enthalpiedichte,** die Verbrennungsenthalpie bezogen auf die Volumeneinheit (z. B. 1 dm^3). Treibstoffe mit hoher spezifischer Enthalpie liefern beim Verbrennen eine große Wärmemenge pro Gramm. Wenn die Masse des Treibstoffes eine Rolle spielt, wie bei Flugzeugen und Raketen, ist die spezifische Enthalpie ein wichtiges Kriterium. Ein Treibstoff mit einer hohen Enthalpiedichte gibt bei der Verbrennung pro Liter eine große Wärmemenge ab. Wenn das Volumen der Vorratsbehälter eine Rolle spielt, kann die Enthalpiedichte ein wichtiges Kriterium sein. Oft muß man beide berücksichtigen: vergrößert man etwa die Tanks eines Flugzeuges, um einen leichteren, aber weniger dichten Treibstoff laden zu können, so wird das größere Volumen den Luftwiderstand vergrößern und den gewünschten Effekt aufheben.

Drei in großen Mengen erhältliche Treibstoffe sind Wasserstoff, Methan und Octan (ein Hauptbestandteil von Benzin). Methan ist der Hauptbestandteil des Erdgases. Man kann der Tabelle 3-8 entnehmen, warum Benzin als Kraftstoff für Fahrzeuge so günstig ist: es hat eine Enthalpiedichte von 38 MJ dm^{-3}.

Man erkennt auch ein Problem der derzeit diskutierten Methanol-Technologie; die Enthalpiedichte von Methanol ist mit 18 MJ dm^{-3} weniger als halb so groß wie die des Benzins. Methanol-getriebene Fahrzeuge brauchen also bei gleicher Reichweite mehr als doppelt so große Tanks. Bei Raketenantrieben für die Weltraumfahrt ist die Masse des Brennstoffs wichtig; hier ist Wasserstoff mit seiner hohen spezifischen Enthalpie von Vorteil. Für ortsfeste Anlagen, z. B. Kraftwerke oder Heizungen, spielt die Masse des Kraftstoffs nur eine geringe Rolle.

Tabelle 3-8 Thermochemische Daten einiger Kraftstoffe

Kraftstoff	Verbrennungsgleichung	ΔH_c^o kJ mol^{-1}	spezifische Enthalpie kJ g^{-1} *	Enthalpie-dichte kJ dm^{-3}
Wasserstoff	$2\,H_2(g) + O_2(g) \rightarrow 2\,H_2O(g)$	-286	142	13
Methan	$CH_4(g) + 2\,O_2(g)$ $\rightarrow CO_2(g) + 2\,H_2O(g)$	-890	55	40
Octan	$2\,C_8H_{18}(l) + 25\,O_2(g)$ $\rightarrow 16\,CO_2(g) + 18\,H_2O(g)$	-5471	48	$3,8 \cdot 10^4$
Methanol	$CH_3OH + O_2 \rightarrow CO_2 + 2\,H_2O$	-726	23	$1,8 \cdot 10^4$

* bei 1 bar und Zimmertemperatur

Die gegenüber dem Wasserstoff erheblich höhere Enthalpiedichte des Methans kann von Vorteil sein, wenn Gas durch Rohrleitungen über weite Entfernungen transportiert werden muß oder in Druckbehälter abgefüllt wird.

Wasserstoff verbrennt zu Wasser, dies hat den Vorteil, daß dabei kein Kohlendioxid entsteht, dem über den sogenannten *Treibhauseffekt* ein negativer Einfluß auf das Klima der Erde zugeschrieben wird. Die industrielle Entwicklung der letzten hundert Jahre hat zu einem erheblichen Anstieg der CO_2-Konzentration in der Atmosphäre geführt. Wasserstoff könnte in Elektrolysezellen hergestellt werden, die im Verbund mit Solarzellen-Anlagen arbeiten. Allerdings steht einer breiten Anwendung der Wasserstoff-Technologie die geringe Enthalpiedichte von Wasserstoff gegenüber. Die Speicherung von flüssigem Wasserstoff bei etwa 20 K würde zwar das Volumenproblem lösen, aber erhebliche Kosten für die Aufrechterhaltung der tiefen Temperatur zur Folge haben. Darüber hinaus ist die Enthalpiedichte von flüssigem Wasserstoff mit 10 MJ dm^{-3} immer noch nur ein Viertel der Enthalpiedichte des Benzins.

Das Interesse der Forschung konzentriert sich zur Zeit auf Verbindungen, die bei Bedarf Wasserstoff abgeben (vgl. Abb. 3-28). Solche *Hydride* werden von Titan, Kupfer und gewissen Legierungen gebildet. Sie nehmen Wasserstoff in ein Volumen auf, das kleiner ist als das Volumen des flüssigen Wasserstoffs, und geben ihn beim Erwärmen oder bei der Umsetzung mit Säuren wieder ab. Ein Beispiel dafür ist das Eisen-Titan-Hydrid, dessen Zusammensetzung ungefähr der Formel $FeTiH_2$ entspricht. Andererseits hat diese Verbindung wegen des hohen Eisen- und Titan-Gehalts eine ziemlich hohe Dichte und folglich eine kleine spezifische Enthalpie.

Abb. 3-28 Wenn Calciumhydrid mit einer Säure reagiert, wird Wasserstoff frei.

3-8 Die Enthalpie der Nahrungsmittel

Mehr als die Häfte unserer Nahrung besteht aus Kohlenhydraten. Zu den Kohlenhydraten, die bereits im Überblick über die Enthalpie-Vorräte der Welt näher erläutert wurden, gehört die Cellulose. Sie kommt vor allem im Holz sowie in den Zweigen und Blättern der Pflanzen vor. Cellulose wird nur von sehr wenigen Lebewesen verdaut; diese wiederum können anderen Tieren (und dem Menschen) als Nahrung die-

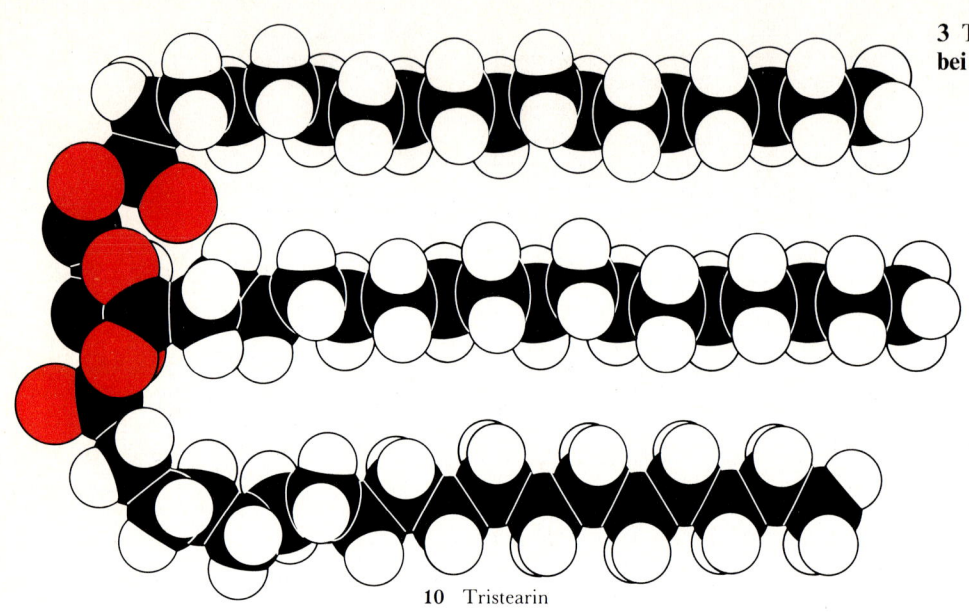

10 Tristearin

nen, so daß Cellulose mittelbar auch für diese nutzbar wird. Vom Menschen verwertbare Kohlenhydrate sind Stärke und Zucker. Der erste Schritt der Verdauung besteht bei den Kohlenhydraten immer in einer Aufspaltung in Glucose, die wasserlöslich ist und mit dem Blut im Körper verteilt wird. Glucose ist deshalb der eigentliche Brennstoff im Körper.

Glucose wird in den Zellen des menschlichen und tierischen Körpers zu Kohlendioxid und Wasser oxidiert; die Gesamtreaktion ist dieselbe wie bei der Verbrennung der Glucose. Die Verbrennungsenthalpie hat den Wert $-2,8$ MJ mol^{-1}, das entspricht einer spezifischen Verbrennungsenthalpie von 16 kJ g^{-1}. Mit der Energie, die beim Abbau von 1 g Glucose frei wird, kann man also ein Liter Wasser um vier Grad erwärmen. Der mittlere Wert der spezifischen Verbrennungsenthalpie für alle verdaulichen Kohlenhydrate einschließlich der Stärke liegt bei 17 kJ g^{-1}.

Gerade im Bereich der Ernährungslehre ist vielfach noch die alte Energieeinheit der großen Kalorie (Kilokalorie; 1 kcal = 4,184 kJ) in Gebrauch; 1 g an Kohlenhydraten entspricht dann etwa vier Kalorien.

Der zweite wichtige Energielieferant sind die Fette, die lange $-CH_2-CH_2-CH_2$-Ketten enthalten, wie z. B. das Tristearin (**10**). Die Verbrennungsenthalpie von Tristearin beträgt -75 MJ mol^{-1}, das entspricht einer spezifischen Enthalpie von 84 kJ g^{-1} oder 20 kcal g^{-1}. Das ist wesentlich mehr als bei den Kohlenhydraten und entspricht eher den Werten der Kohlenwasserstoffe (vgl. Tabelle 3-8). Der Grund dafür ist, daß Kohlenhydrate, verglichen mit Fetten, relativ viel Sauerstoff enthalten. Kohlenhydrate kann man demnach als schon teilweise oxidierte Moleküle ansehen, so daß bis zur vollständigen Oxidation zu Kohlendioxid und Wasser nur ein kleinerer Enthalpiebetrag frei wird. Mit ihrem geringen Sauerstoffgehalt ähneln die Fette mehr dem Benzin. Sie liegen also in einem sehr niedrigen Oxidationsgrad vor und liefern deshalb bis zur vollständigen Oxidaton einen relativ hohen Enthalpiewert. Interessant ist, daß unser Körper die Energie praktisch nach dem gleichen Prinzip (als Fett) speichert, das auch für die Kraftstoffversor-

Tabelle 3-9 Thermochemische Eigenschaften einiger Nahrungsmittel

Nahrungs- mittel	Zusammensetzung in %				spezifische Enthalpie kJ g^{-1}
	Wasser	Eiweiß	Fett	Kohlen- hydrate	
Äpfel	84,3	0,3	0	11,9	2,5
Rindfleisch	54,3	23,6	21,1	0	13,1
Brot	39,0	7,8	1,7	49,7	1,2
Käse	37,0	26,0	33,5	0	17,0
Fisch	76,6	21,4	1,2	0	3,1
,Hamburger'	40,9	15,8	14,2	29,1	17,3
Milch	87,6	3,3	3,8	4,7	2,6
Kartoffeln	80,5	1,4	0,1	17,7	3,5

gung von Autos wirtschaftlich ist. Tiere, Flugzeuge und Autos brauchen deshalb in gleicher Weise Kraftstoffe mit hoher spezifischer Enthalpie.

Das dritte wichtige Nahrungsmittel sind die Proteine (Eiweiße), die aus Aminosäuren bestehen, welche wiederum Kohlenstoff, Wasserstoff, Sauerstoff, Stickstoff und (gelegentlich) Schwefel enthalten. (Näheres über die Proteine und die Aminosäuren findet man in Lehrbüchern der organischen Chemie oder der Biochemie.) Proteine sind in der Regel lange Kettenmoleküle mit molaren Massen bis zu 10^6 g/mol. Proteine erfüllen in der lebenden Zelle viele spezielle Funktionen und dienen eigentlich nicht als Kraftstoff. Dennoch werden sie oxidiert und zumindest bei den Säugetieren in Form von Harnstoff ($CO(NH_2)_2$; **11**) ausgeschieden. Bei diesem Abbau wird ebenfalls eine spezifische Enthalpie von 17 kJ g^{-1} frei; das ist praktisch derselbe Wert wie bei den Kohlenhydraten.

In Tabelle 3-9 sind die Zusammensetzung und der Enthalpiegehalt einiger Lebensmittel zusammengestellt. Für einen 20jährigen Mann werden pro Tag 12 MJ an Nahrung empfohlen, für eine 20jährige Frau 9 MJ. Diese Energie wird nicht nur zur Wärmeproduktion verwendet, sie wird auch nicht immer als Fett abgelagert. Wie der Brennstoff in Maschinen, so dient auch die Nahrung in erster Linie zur Verrichtung von Arbeit. Menschen und Tiere können mechanische Arbeit verrichten (ähnlich wie Motoren). Der Organismus kann jedoch auch elektrische oder chemische Arbeit durchführen, etwa bei der Nerventätigkeit oder wenn er für sein Wachstum neue Verbindungen synthetisiert. In den Kapiteln 9 und 10 werden wir die thermodynamischen Aspekte von Wärme und Arbeit ausführlicher behandeln.

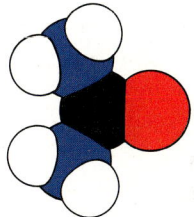

11 Harnstoff

Kernenergie

Die Kernenergie, die Energie also, die bei bestimmten Kernreaktionen freigesetzt wird, hat bisher unüberschaubare soziale und ökologische Probleme aufgebracht, zeigt jedoch auch Wege zur Lösung brennender ökonomischer Fragen. In diesem Abschnitt wollen wir nur einige Grundlagen besprechen, aber gleichzeitig die Rolle der Chemie bei der

Bewältigung der Probleme, die mit der Nutzung der Kernenergie verbunden sind, aufzeigen.

3-9 Kernspaltung

Zerfällt ein Atomkern in zwei kleinere Kerne ähnlicher Masse, so bezeichnet man diesen Typ eines Kernzerfalls als *Kernspaltung*. Er soll hier näher untersucht werden. Kernzerfälle, bei denen im Kern lediglich ein oder zwei subatomare Teilchen emittiert werden, sowie deren Kinetik und Messung werden in Abschn. 7-3 beschrieben.

Verschiedene Arten von Kernzerfällen

Wenn die Spaltung eines Kerns nicht durch den Zusammenstoß mit einem anderen Teilchen ausgelöst wird, sprechen wir von einem *spontanen* Kernzerfall. Dabei emittiert ein schwerer Kern etwa die Hälfte seiner Neutronen und Protonen (vgl. Abb. 3-29), wie es das Beispiel des Zerfalls von Americium-244 in Iod und Molybdän zeigt:

$$^{244}_{95}\text{Am} \rightarrow {}^{134}_{53}\text{I} + {}^{107}_{42}\text{Mo} + 3\,\text{n}$$

Bei diesem Zerfall können durchaus unterschiedliche Zerfallsprodukte gebildet werden; in der Regel entstehen verschiedene Isotope mehrerer Elemente (vgl. Abschn. 4-2).

Der induzierte Kernzerfall tritt – oft künstlich hervorgerufen – beim Beschuß eines schweren Kerns mit Neutronen auf (vgl. Abb. 3-30). Kerne, die sich auf diese Weise spalten lassen, heißen *spaltbare Kerne*. Die induzierte Kernspaltung ist meist nur möglich, wenn das Neutron eine relativ große Energie hat, so daß es den Kern regelrecht zerschlagen kann; Uran-238 ist ein Beispiel dafür. Es gibt aber Kerne, die schon von langsamen Neutronen zum Zerfall gebracht werden; zu ihnen gehören Uran-235, Uran-233 und Plutonium-239, die wichtigsten Kernbrennstoffe.

Die induzierte Kernspaltung läßt sich so durchführen, daß sie von selbst weiterläuft, ohne daß von außen weitere Neutronen zugeführt werden. Dann werden durch die Spaltung mehr Neutronen produziert als für den Start nötig waren. Das ist z. B. mit Uran-235 möglich, dessen wichtigste Spaltungsreaktion durch die Gleichung

$$^{235}_{92}\text{U} + \text{n} \rightarrow {}^{142}_{56}\text{Ba} + {}^{92}_{36}\text{Kr} + 2\,\text{n}$$

beschrieben wird. Wenn die beiden bei der Spaltung gebildeten Neutronen auf andere spaltbare Kerne treffen, so entstehen nach der nächsten Runde vier Neutronen, die vier weitere Kerne spalten können. Man spricht hier von einer *Kettenreaktion* (vgl. Abschn. 7-5), wobei die Neutronen die Kettenträger sind (vgl. Abb. 3-31).

Kernexplosionen

Wenn eine verzweigte Kettenreaktion unkontrolliert anwachsen kann, ist es möglich, daß alle vorhandenen Uran-235-Atome im Bruchteil einer Sekunde zerfallen. Dieses Ereignis nennen wir eine *Kernexplosion*.

Ein Teil der bei der Kettenreaktion entstehenden Neutronen wird in die Umgebung fließen, ohne einen Kernzerfall zu bewirken. Nur wenn eine ausreichende Anzahl von Urankernen in der Probe enthalten sind,

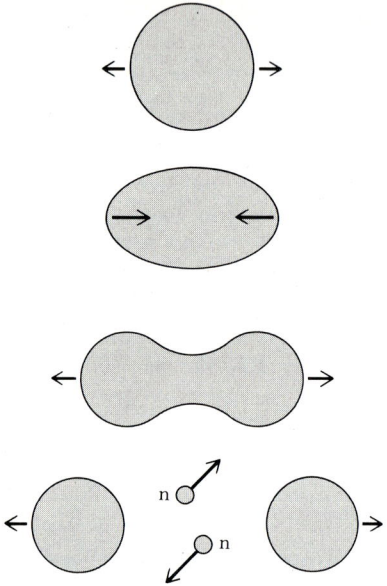

Abb. 3-29 Beim spontanen Kernzerfall führen die Schwingungen eines schweren Kerns dazu, daß die Kernteilchen in zwei Gruppen auseinanderfallen, die zwei neue, kleinere Kerne mit ähnlicher Masse bilden; dabei bleiben einige Neutronen übrig.

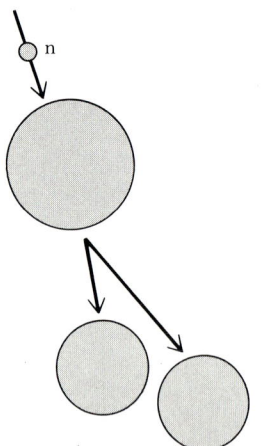

Abb. 3-30 Beim induzierten Kernzerfall läßt ein Neutron den Kern auseinanderbrechen.

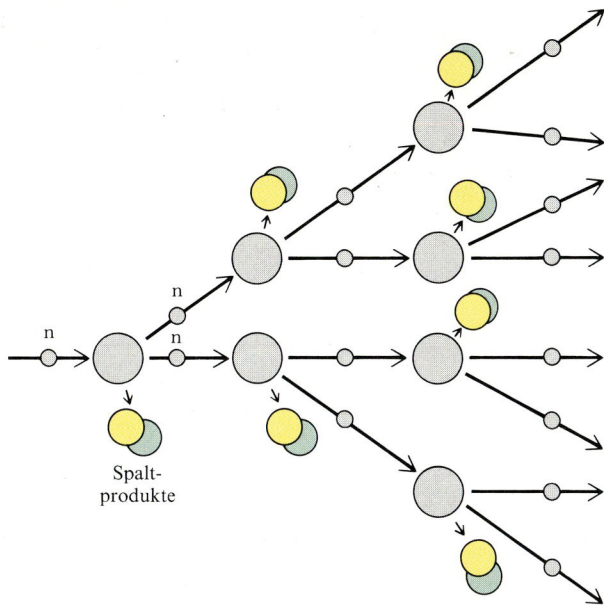

Spalt-
produkte

Abb. 3-31 Bei der Kettenreaktion pflanzen die Neutronen die Reaktion fort. Voraussetzung ist, daß im Mittel mehr als ein Neutron pro Kernzerfall frei wird.

haben so viele Neutronen eine Chance, spaltbare Kerne zu treffen, daß die Kettenreaktion weitergeht. Man spricht in diesem Zusammenhang von der *kritischen Masse;* das ist die Grenze, unterhalb der zu viele Neutronen aus der Probe verlorengehen, so daß die Kettenreaktion nicht aufrechterhalten wird. Ist die Masse einer Probe größer als die kritische Masse, nennen wir sie *überkritisch,* denn dann werden so viele Neutronen mit spaltbaren Kernen reagieren, daß es zu einer Explosion kommt. Für eine Kugel aus reinem Plutonium-Metall liegt die kritische Masse bei 15 kg, das ist eine Kugel von der Größe einer Pampelmuse. Für Kernwaffen wurde eine verfeinerte Technologie entwickelt, die mit geringeren kritischen Massen auskommt.

Kontrollierte Kernspaltung

Eine andere Form einer Kernspaltung ist die kontrollierte Kettenreaktion, die bei einem gesteuerten Neutronenzufluß, wie z. B. im Kernreaktor abläuft (vgl. Abb. 3-32); dabei befinden sich zwischen den Brennstoffelementen, die das spaltbare Material (wie ^{235}U) enthalten, Stäbe aus Neutronen-absorbierenden Materialien wie Bor oder Cadmium. Die Brennstoffelemente sind von dem sogenannten Moderator umgeben (Graphit oder schweres Wasser, D_2O), der die Funktion hat, schnelle Neutronen abzubremsen. Uran-235 reagiert wesentlich leichter mit langsamen als mit schnellen Neutronen; der Moderator erleichtert also ebenfalls die Kettenreaktion.

Ein Problem bei der Energiegewinnung aus Kernenergie ist die Versorgung mit spaltbarem Material, denn nur 1% des natürlichen Urans besteht aus dem spaltbaren Uran-235; der Rest ist Uran-238, das von langsamen Neutronen nicht gespalten wird. Es ist aber möglich, in einem sogenannten Brutreaktor spaltbare Nuklide aus nicht spaltbaren herzustellen. Schnelle Neutronen reagieren nämlich mit Uran-238 auch zu Uran-239, das durch zweimaligen β-Zerfall in das spaltbare Pluto-

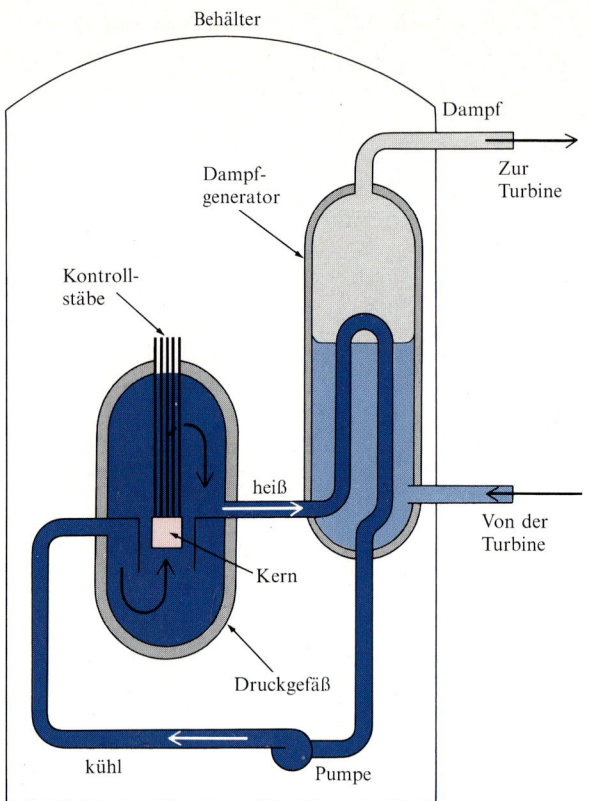

Behälter

Dampf

Dampf-
generator

Zur
Turbine

Kontroll-
stäbe

heiß

Von der
Turbine

Kern

Druckgefäß

kühl

Pumpe

Abb. 3-32 Das Schema eines Druckwasser-Reaktors. Das Kühlmittel ist Wasser unter Druck.

nium-239 übergeht:

$$\ce{^{238}_{92}U + n \longrightarrow ^{239}_{92}U}$$

$$\ce{^{239}_{92}U ->[23,5 \text{ min}] ^{239}_{93}Np + \beta}$$

$$\ce{^{239}_{93}Np ->[2,4 \text{ Tage}] ^{239}_{94}Pu + \beta}$$

Das entstandene Plutonium läßt sich chemisch abtrennen und als Kernbrennstoff verwenden.

Bindungsenergien im Kern

Bei der Kernspaltung wird Energie frei, weil die Kernbausteine (Protonen und Neutronen) in kleineren Kernen (den typischen Spaltprodukten) fester aneinander gebunden sind als in den ursprünglichen großen Kernen. Die Kräfte zwischen den Kernteilchen sind sehr stark; deshalb führen schon relativ kleine Lageänderungen zu sehr großen Energieunterschieden, die als Wärme abgegeben werden.

Wie exotherm die Kernspaltung ist, kann man berechnen, wenn man die genauen Massen der Kerne vor und nach der Kernspaltung vergleicht. Die Grundlage dieser Überlegung ist die *Einsteinsche Relativitätstheorie,* nach der ein Zusammenhang zwischen der Masse eines Körpers und seiner Energie besteht. Je größer die Masse ist, um so größer ist auch die Energie. Quantitativ hängen die Gesamtenergie E und die Masse m eines Körpers über die berühmte Einsteinsche Formel

$$E = m c^2 \qquad (1)$$

miteinander zusammen; dabei ist c die Lichtgeschwindigkeit $(3{,}00 \cdot 10^8 \text{ m s}^{-1})$. Danach ist eine Energieabgabe immer mit einer Verringerung der Masse verbunden (vgl. Kap. 4). Das gilt zwar auch für die in den früheren Kapiteln besprochenen Energieumsätze bei chemischen Reaktionen; dort waren aber die umgesetzten Energiebeträge so klein, daß die Massenveränderungen nicht nachweisbar sind. Ein Beispiel: Kühlen wir 100 g Wasser von 100 °C auf 20 °C ab, so werden ihm 33 kJ entzogen; nach Einstein entspricht das einem Massenverlust von $3{,}7 \cdot 10^{-10}$ g. Selbst bei sehr stark exothermen Reaktionen mit Wärmetönungen von 1000 kJ ist die Masse der Produkte nur um 10^{-8} g kleiner als die Masse der Ausgangssubstanzen; das ist bei molaren Massen um 200 g/mol außerhalb jeder Nachweisgrenze. Bei Kernreaktionen sind die Energieumsätze sehr viel größer; die Massendifferenzen werden meßbar, und man kann sogar aus der Massendifferenz den umgesetzten Energiebetrag berechnen.

Quantitativ beschreibt man Kernmassen und Kernenergien meist mit Hilfe der Kernbindungsenergie E_{Bind}:

Die **Kernbindungsenergie** eines Elementes ist die Energie, die frei wird, wenn Z Protonen und $A - Z$ Neutronen zusammenkommen und einen Atomkern bilden.

Diese Energie läßt sich aus der Differenz der Masse der einzelnen Kernteilchen und der Masse des Atomkerns berechnen. Für die Kernbindungsenergie von Eisen-56 mit 26 Protonen und 30 Neutronen erhalten wir z. B.:

$$\Delta m = \text{Masse von 26 Protonen und 30 Neutronen}$$
$$- \text{Masse des } {}^{56}_{26}\text{Fe-Kerns}$$

Weil die Energie der Elektronen in den Atomhüllen, die bei einer Kernreaktion ja im Prinzip auch betroffen sind, im Vergleich zu den Energien aus der Kernreaktion überhaupt nicht ins Gewicht fällt, berechnen wir die Bindungsenergie immer als die Energie für die Bildung eines neutralen Atoms aus Z Wasserstoffatomen (anstelle der isolierten Protonen) und $A - Z$ Neutronen. Bei der Bildung von Eisen-56 heißt das:

$$\Delta m = \text{Masse von 26 Wasserstoffatomen und 30 Neutronen}$$
$$- \text{Masse des } {}^{56}_{26}\text{Fe-Atoms}$$

Das Ergebnis setzen wir in die Einsteinsche Formel ein:

$$E_{Bind} = \Delta m \cdot c^2$$

Beispiel 3-17 Berechnung der Kernbindungsenergie

Wie groß ist die Kernbindungsenergie von 1 mol Helium-4? Folgende Massen sind gegeben: ^{4}He: 4,0026 g/mol, ^{1}H: 1,0078 g/mol, n: 1,0087 g/mol.

Methode. Die Kernbindungsenergie ist die bei der Reaktion

$$2\,{}^1\text{H} + 2\,\text{n} \rightarrow {}^4\text{He}$$

freigesetzte Energie. Wir berechnen zuerst die Differenz zwischen den Massen der Produkte und denen der Ausgangssubstanzen. Dann wandeln wir die Atommassen (mit dem am Ende des Buches angegebenen Umrechnungsfaktor) in kg um. Zuletzt berechnen wir mit der Einsteinschen Formel daraus die dieser Massendifferenz entsprechende Energiedifferenz.

Lösung. Der Massenverlust ist

$$\Delta m = 2 \cdot 1{,}0078 \text{ amu} + 2 \cdot 1{,}0087 \text{ amu} - 4{,}0026 \text{ amu}$$
$$= 0{,}0304 \text{ amu}$$

$$\Delta m = 0,0304 \text{ amu} \cdot 1,6605 \cdot 10^{-27} \text{ kg amu}^{-1} = 5,05 \cdot 10^{-29} \text{ kg}$$

Mit Hilfe der Einsteinschen Formel erhalten wir daraus

$$\Delta E_{\text{Bind}} = \Delta m \cdot c^2$$
$$= (5,05 \cdot 10^{-29} \text{ kg}) \cdot (3,00 \cdot 10^8 \text{ m s}^{-1})^2$$
$$= 4,55 \cdot 10^{-12} \text{ kg m}^2 \text{ s}^{-2} = 4,55 \cdot 10^{-12} \text{ J}$$

Wenn wir noch mit der Avogadroschen Zahl multiplizieren, so erhalten wir als molare Kernbindungsenergie des Helium-4-Kerns $2,7 \cdot 10^9$ kJ, das ist zehn Millionen mal mehr als die typische chemische Bindungsenergie.

Übungsaufgabe. Wie groß ist die Kernbindungsenergie von 1 mol Kohlenstoff-12-Kernen? [Antwort: $8,9 \cdot 10^9$ kJ]

Die bei der Kernspaltung freiwerdende Wärme

In Abb. 3-33 sind die Kernbindungsenergien der stabilen Isotope für die wichtigsten Elemente aufgetragen. Die Ordinate gibt die Bindungsenergie geteilt durch die Massenzahl A des Kerns (E_{Bind}/A) wieder; man spricht auch von der Bindungsenergie pro Kernteilchen. Die Kernbindungsenergie von Uran-235 ist dann z. B. das 235fache des Zahlenwertes, den man an der Kurve ablesen kann. Je größer die Bindungsenergie je Kernteilchen ist, um so kleiner ist seine Gesamtenergie, und um so stabiler ist der Kern gegenüber den kleineren Kernen, in die er zerfallen könnte oder aus denen er gebildet wird.

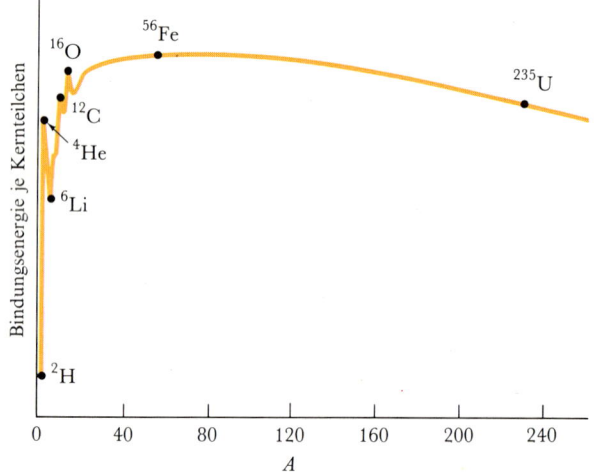

Abb. 3-33 Der Gang der Kernbindungsenergie pro Kernteilchen für die verschiedenen Elemente. Das Maximum der Kurve liegt bei Eisen-56; dieser Kern hat die geringste Gesamtenergie, und seine Kernteilchen sind am festesten aneinander gebunden.

Die Kurve zeigt, daß die Kernteilchen im Eisen und in seinen Nachbarn am stärksten gebunden sind. Das ist einer der Gründe, weshalb das Element Eisen im Weltall so häufig ist. Für die Elemente schwerer als Eisen ist die Bindungsenergie je Kernteilchen kleiner; deshalb nimmt die Bindungsenergie je Kernteilchen zu, wenn ein schweres Uran-Atom in zwei kleinere Kerne zerfällt und Energie frei wird. Man kann die bei einer Kernspaltung freiwerdende Energie aus den Bindungsenergien, die an der Kurve in Abb. 3-33 abzulesen sind, berechnen; aber genauso einfach und genauer ist es, aus den Massen des Ausgangskernes und denen der Produktkerne die Energiedifferenz zu bilden.

Beispiel 3-18 Berechnung der bei der Kernspaltung freiwerdenden Energie

Wieviel Energie (in Joule) werden frei, wenn 1,0 g Uran-235 nach der Gleichung

$$^{235}_{92}U + n \rightarrow {}^{142}_{56}Ba + {}^{92}_{36}Kr + 2\,n$$

zerfällt. Die Massen der Teilchen in atomaren Masseneinheiten (vgl. Kap. 1) sind: ^{235}U: 235,04 amu; ^{142}Ba: 141,92 amu; ^{92}Kr: 91,92 amu; n: 1,0087 amu.

Methode. Wenn wir die Massenänderung kennen, können wir mit der Einsteinschen Formel die Energiedifferenz berechnen. Wir brauchen also nur die Summen der Massen auf den beiden Seiten der Reaktionsgleichung zu berechnen und deren Differenz dann in die Gleichung 1 einzusetzen.

Lösung. Masse der Produkte = Masse (Ba) + Masse (Kr) + 2 · Masse (n)

$$= 141,92\ amu + 91,92\ amu + 2 \cdot 1,0087\ amu$$

$$= 235,86\ amu$$

Ursprüngliche Masse = Masse (U) + Masse (n)

$$= 235,04\ amu + 1,0087\ amu = 236,05\ amu$$

Pro Uranatom beträgt also der Massenverlust 0,19 amu. Das sind $3,1 \cdot 10^{-28}$ kg, und die entsprechende Energiedifferenz ist

$$E = (3,1 \cdot 10^{-28}\ kg) \cdot (3,00 \cdot 10^8\ m\ s^{-1})^2$$

$$= 2,8 \cdot 10^{-11}\ J$$

1 g Uran-235 (mit der molaren Masse 235 g mol^{-1}) enthält $2,6 \cdot 10^{21}$ Atome. Deshalb wird bei der Spaltung von 1 g Uran-235 insgesamt die Energie

$$E = (2,6 \cdot 10^{21}) \cdot (2,8 \cdot 10^{-11}\ J)$$

$$= 7,3 \cdot 10^7\ kJ$$

frei. Wenn wir für eine Stunde eine Leistung von 1 kW erbringen wollen, so ist das eine Energie von 1 kW · h = 3600 kJ; 1 g Uran liefert deshalb $2,0 \cdot 10^4$ kW · h an Energie.

Übungsaufgabe. Uran-235 kann auch nach der Gleichung

$$^{235}_{92}U + n \rightarrow {}^{135}_{52}Te + {}^{100}_{40}Zr + n$$

zerfallen. Wieviel Energie (in Kilowattstunden) wird frei, wenn 1 g Uran-235 in dieser Weise zerfällt? Die zusätzlich benötigten Massen sind: Te: 134,92 amu; Zr: 99,92 amu.
[Antwort: $2,2 \cdot 10^4$ kW · h]

3-10 Kernfusion

Die Kurve in Abb. 3-33 zeigt, daß vom Wasserstoff zum Deuterium und dann zu den ersten leichten Elementen die Kernbindungsenergie zunimmt; damit wird die Gesamtenergie kleiner. Daraus folgt, daß große Energiemengen frei werden, wenn es gelingen sollte, H-Kerne zu He oder Li zu vereinigen.

Eine solche Verschmelzung von Atomkernen wird *Kernfusion* genannt. Die größte Schwierigkeit bei der Kernfusion bilden die starken elektrostatischen Abstoßungskräfte zwischen den positiv geladenen Protonen, die normalerweise verhindern, daß sich zwei Protonen einander nähern. Diese Schwierigkeit umgeht man teilweise, wenn die schweren Isotope des Wasserstoffs eingesetzt werden, weil die zusätzlichen Anziehungskräfte zwischen den Neutronen die Abstoßung zwischen den Protonen verringert. Die hohen kinetischen Energien, die für erfolgreiche Stöße Voraussetzung sind, erreicht man durch extrem hohe Temperaturen im Bereich von mehreren Millionen Grad.

Eine Möglichkeit zur Kernfusion liefert die folgende Reihe von Kernreaktionen:

$$D + D \rightarrow {}^3He + n$$
$$D + D \rightarrow T + p$$
$$D + T \rightarrow {}^4He + n$$
$$D + {}^3He \rightarrow {}^4He + p$$

Gesamtreaktion: $6\,D \rightarrow 2\,{}^4He + 2\,p + 2\,n$

Mit dem in Beispiel 3-18 beschriebenen Verfahren kann auch für diese Reaktionen die freiwerdende Energie berechnet werden; danach werden $3 \cdot 10^8$ kJ frei, wenn 1 g Deuterium umgesetzt werden. Mit Tritium kann die Umsetzung erleichtert werden; es entsteht in den äußeren Teilen der Reaktionszone bei der Reaktion zwischen Lithium-6-Atomen und Neutronen:

$$^6Li + n \rightarrow T + {}^4He$$

Die Kernfusion ist in der Praxis schwierig zu realisieren, weil die geladenen Kerne mit sehr hohen kinetischen Energien aufeinandergeschossen werden müssen. Unkontrolliert läuft sie in der Wasserstoffbombe ab. Bei einer kontrollierten Kernfusion wird ein sehr heißes ionisiertes Gas, ein sogenanntes Plasma, mit Hilfe magnetischer Felder so weit komprimiert, daß die für die Fusion benötigte Temperatur erreicht wird. Ein entscheidender Durchbruch zu einer technischen Realisierbarkeit der Kernfusion steht trotz intensiver Forschungsarbeiten jedoch noch aus.

Zusammenfassung

Energie begegnet uns als Arbeit oder als Wärme. In der Materie ist sie als kinetische Energie (Bewegungsenergie) oder als potentielle Energie (Lageenergie) gespeichert. Für Umwandlungen von einer Energieform in die andere gilt der Energieerhaltungssatz, nach dem die Gesamtenergie konstant ist. Die Gesamtenergie eines Systems nennen wir seine Innere Energie. Die Innere Energie ist eine Zustandsfunktion, das heißt, sie hängt nicht davon ab, auf welchem Weg die betreffende Substanz hergestellt worden ist. Bei einem Vorgang, der mit einer Veränderung des Zustandes des Systems verbunden ist, hängt die Änderung der Inneren Energie nicht davon ab, auf welchem Wege diese Veränderung erfolgt. Eine Änderung der Inneren Energie kann sowohl durch Wärmezufuhr (bzw. Wärmeentnahme) als auch durch Zufuhr (bzw. Entnahme) von Arbeit erfolgen. Für abgeschlossene Systeme, bei denen weder Wärme noch Arbeit mit der Umgebung ausgetauscht werden können, gilt der Erste Hauptsatz, nach dem die Innere Energie eines solchen Systems konstant ist. Wird einem System, dessen Volumen konstant ist, Wärme zugeführt, so nimmt seine Innere Energie entsprechend zu.

Wird ein System bei konstantem Druck gehalten, so nimmt bei einer Wärmezufuhr die Enthalpie H des Systems um den gleichen Betrag zu. Für exotherme Vorgänge ist $\Delta H < 0$, für endotherme $\Delta H > 0$. Änderungen der Inneren Energie oder der Enthalpie werden in einem Kalorimeter gemessen. Die Wärme-

kapazität des Kalorimeters verwenden wir zur Interpretation einer Temperaturänderung als Wärmeübergang. Bei physikalischen Prozessen treten die Verdampfungsenthalpie, die Schmelzenthalpie, die Erstarrungsenthalpie und die Sublimationsenthalpie auf. Die Enthalpieänderung für einen umgekehrten Prozeß entspricht dem Betrag nach der Enthalpieänderung für den ursprünglichen Prozeß mit umgekehrtem Vorzeichen.

Die Reaktionsenthalpie ist die Differenz zwischen den Enthalpiewerten der Reaktionsprodukte und denen der Ausgangssubstanzen. Sie wird in aller Regel auf die Standardzustände der Substanzen bezogen, das sind ihre reinen Formen bei 101 325 Pa (1,01325 bar). Aus den molaren Reaktionsenthalpien können wir die Wärmetönung einer Reaktion berechnen, wenn wir die Stoffmengen kennen, die an der Reaktion beteiligt sind. Ein Spezialfall einer Reaktionsenthalpie ist die Verbrennungsenthalpie. Nach dem Hessschen Satz lassen sich Reaktionsenthalpien jeweils aus einer geeigneten Folge von Reaktionen (die auch hypothetisch sein können) berechnen, wenn nur die Summe der Teilreaktionen die Gesamtreaktion ergibt.

Reaktionsenthalpien können auch aus Bildungsenthalpien berechnet werden; darunter verstehen wir die Reaktionsenthalpien der oft nur hypothetischen Bildungsreaktionen der Substanzen aus den Elementen. Die Bildungsenthalpien werden in der Regel aus Verbrennungsenthalpien bestimmt.

Die Energiereserven in den fossilen Brennstoffen stammen im Prinzip aus der Sonne. Die Bewertung der Brennstoffe erfolgt nach verschiedenen Kriterien; dazu gehören die spezifische Enthalpie (die Verbrennungsenthalpie pro Gramm) und die Enthalpiedichte (die Verbrennungsenthalpie pro Liter).

Eine Ionenbindung kann gebildet werden, wenn die Elektronegativitäten zweier Elemente sich stark unterscheiden. Ob eine Ionenbindung erfolgt, hängt davon ab, ob die für die Bildung der Ionen aus den Atomen erforderliche Energie durch eine Energieabgabe bei der Bildung des ionischen Festkörpers aus dem Ionengas kompensiert wird. Die Enthalpieänderung, die bei der Bildung eines Ionengases aus einem ionischen Festkörper auftritt, nennt man Gitterenthalpie. Sie hat für kleine, hochgeladene Ionen einen großen positiven Wert.

Die Stärke einer kovalenten Bindung wird durch die Bindungsenthalpie beschrieben; das ist die Enthalpieänderung bei einer Trennung von zwei miteinander verbundenen Atomen. Reaktionsenthalpien lassen sich auch aus den sogenannten mittleren Bindungsenthalpien berechnen.

Bei der Kernspaltung wird ein Kern in zwei Fragmente ähnlicher Größe gespalten; sie kann spontan erfolgen oder durch Neutronen induziert werden. Die kontrollierte Kernspaltung ist eine Kettenreaktion, bei der Neutronen die Kettenträger sind. Voraussetzung ist, daß bei jeder Spaltung mehrere Neutronen entstehen und daß die Probe die kritische Masse erreicht. Bei der Kernspaltung wird Energie frei, weil die Kernteilchen in Zustände niedrigerer Energie umgelagert werden. Man kann diese Energie aus den Bindungsenergien der Kernteilchen ableiten und mit der Einsteinschen Formel $E = m c^2$ aus den Massendifferenzen der Kerne vor und nach dem Zerfall berechnen. Bei der Kernfusion werden aus kleineren Kernen (z. B. Wasserstoff) größere Kerne gebildet; dabei wird ebenfalls Energie frei.

Aufgaben

3-1 Berechnen Sie die kinetische Energie der folgenden Körper: (a) ein mit 40 m s^{-1} fliegender Ball von 140 g, (b) ein 2 t schweres Fahrzeug, das 100 km pro Stunde fährt.

3-2 Berechnen Sie die kinetische Energie der folgenden Körper: (a) ein Geschoß von 50 g, das sich mit 1000 m s^{-1} bewegt, (b) ein 50 kg schwerer Kartoffelsack, der sich 5 m in der Sekunde bewegt.

3-3 Ein Körper der Masse m, der sich in der Höhe h über dem Erdboden befindet, hat die potentielle Energie $E_{pot} = m g h$ mit $g = 9,81$ m s^{-1}. Welche potentielle Energie hat (a) ein 140 g schwerer Ball in 10 m Höhe, (b) ein 2 t schweres Fahrzeug auf einer 2000 m hohen Paßstraße?

3-4 Welche potentielle Energie hat (a) ein $1,0 \cdot 10^5$ kg schweres Fahrzeug in 10 000 m Höhe, (b) ein 50 kg schwerer Kartoffelsack auf einer 1,5 m hohen Ladefläche?

3-5 Wie hoch könnte ein 140 g schwerer Ball (bei Vernachlässigung des Luftwiderstandes) steigen, wenn er nach oben geworfen wird: (a) mit einer Anfangsgeschwindigkeit von 40 m s^{-1}, (b) mit einer kinetischen Energie von 1 J, (c) mit einer kinetischen Energie von 100 J?

3-6 Wie hoch könnte ein 50 g schweres Geschoß (bei Vernachlässigung des Luftwiderstandes) steigen, wenn ihm die Treibladung (a) eine Anfangsgeschwindigkeit von 1000 m s^{-1}, (b) eine kinetische Energie von 1 J, (c) eine kinetische Energie von 100 J gibt? Beweisen Sie, daß bei gegebener Anfangsgeschwindigkeit die Steighöhe nicht von der Masse abhängt!

Wärmekapazität

3-7 Benzol hat bei Zimmertemperatur eine spezifische Wärmekapazität von 1,05 J K^{-1} g^{-1}. Welche Wärmemenge muß man aufwenden, um 100,0 g Benzol von 10,0 °C auf 25,0 °C zu erwärmen?

3-8 Ethanol hat bei Zimmertemperatur eine spezifische Wärmekapazität von 2,3 J K^{-1} g^{-1}. Welche Energie muß man 100,0 g Ethanol entziehen, um es von 20,0 °C auf 10,0 °C abzukühlen?

3-9 Wasser hat eine spezifische Wärmekapazität von 4,18 J K^{-1} g^{-1}, rostfreier Stahl von 0,51 J K^{-1} g^{-1}. Wieviel Wärme müssen wir zuführen, wenn wir einen Behälter aus 750,0 g rostfreiem Stahl, der mit 800,0 g Wasser gefüllt ist, von 20,0 °C bis zum Siedepunkt des Wassers erhitzen wollen? Welcher Prozentsatz der zugeführten Wärme entfällt dabei auf das Wasser?

3-10 Leinöl hat eine spezifische Wärmekapazität von 1,84 J K^{-1} g^{-1}, Kupfer von 0,38 J K^{-1} g^{-1}. Wieviel Wärme müssen wir zuführen, wenn wir einen Behälter aus 500 g Kupfer, der mit 200,0 g Leinöl gefüllt ist, von 20,0 °C auf 50,0 °C erwärmen wollen? Welcher Prozentsatz der zugeführten Wärme entfällt dabei auf das Leinöl?

3-11 Wie lange dauert es, bis in einem Elektrokochtopf mit 2,5 kW Leistung, der genauso wie das in der vorigen Aufgabe beschriebene Gefäß konstruiert ist, Wasser von ursprünglich 20 °C kocht?

3-12 Wie lange dauert es, bis ein Heizkörper mit 250 W Leistung die gleiche Erwärmung bewirkt wie in Aufgabe 3-10?

3-13 100,0 g Wasser von 62,5 °C wurden in ein Kalorimeter gegeben, das 100,0 g Wasser von 19,8 °C enthielt, und führten zu einer Temperatur von 40,1 °C. Wie groß ist (a) die Wärmekapazität des Kalorimeters einschließlich der 100,0 g Wasser, (b) die Wärmekapazität des Kalorimeters allein?

3-14 50,0 g Wasser von 60,2 °C wurden in ein Kalorimeter gegeben, das 50,0 g Wasser von 18,7 °C enthielt, und führten zu einer Temperatur von 35,0 °C. Wie groß ist (a) die Wärmekapazität des Kalorimeters einschließlich der 50,0 g Wasser, (b) die Wärmekapazität des Kalorimeters allein?

Enthalpieänderungen bei physikalischen Vorgängen

3-15 Ein elektrischer Heizkörper wird in einen Kolben mit siedendem Ethanol (C_2H_5OH) eingeführt. 21,2 kJ Energie wurde zugeführt; dabei verdampften 22,45 g Ethanol. Wie groß ist die molare Verdampfungsenthalpie des Ethanols?

3-16 Bei einem Experiment, ähnlich wie in der letzten Aufgabe, wurden durch 860 J 1,68 g flüssiges Methan (CH_4) an seinem Siedepunkt ($-161\,°C$) verdampft. Wie groß ist die molare Verdampfungsenthalpie des Methans?

3-17 Ein Heizkörper mit einer Leistung von 50,0 W brachte in 1020 s 22,3 g siedendes Wasser zum Verdampfen. Wie groß ist die Verdampfungsenthalpie des Wassers am Siedepunkt?

3-18 Unter vermindertem Druck bei 25 °C wurden von einem 75 W-Heizkörper in 500 s 95 g Benzol verdampft. Wie groß ist die Verdampfungsenthalpie des Benzols bei dieser Temperatur?

3-19 Wie lange braucht ein 1,00 kW-Heizkörper, bis 100,0 g Wasser bei 100 °C verdampft sind? Wieviel Energie wird dazu gebraucht?

3-20 Wie lange braucht ein 1,00 kW-Heizkörper, bis 100,0 g Ethanol am normalen Siedepunkt (79 °C) verdampft sind? Wieviel Energie wird dazu gebraucht?

3-21 Wie lange braucht ein 1,00 kW-Heizkörper, bis 1,0 g Eisen an seinem Schmelzpunkt geschmolzen ist ($\Delta H_{\text{Schm}} = 13,8$ kJ mol^{-1})? Wieviel Energie wird dazu gebraucht?

3-22 Wie lange braucht ein 1,00 kW-Heizkörper, bis 1,0 g Natrium an seinem Schmelzpunkt geschmolzen ist ($\Delta H_{\text{Schm}} = 2,61$ kJ mol^{-1})? Wieviel Energie wird dazu gebraucht?

3-23 Die Sonnenstrahlung leistet pro Quadratmeter in der Sekunde bis zu 1 kJ. Wieviel Ethanol kann durch die Sonnenstrahlung in 10 min aus einem Behälter verdampfen, der eine Oberfläche von 30 cm^2 der Sonne aussetzt, ohne daß sich die Temperatur des Ethanols ändert?

3-24 Wieviel Wasser kann in einer Stunde durch die Sonnenstrahlung aus einem Schwimmbecken verdampfen, das eine Oberfläche von 50 m^2 der Sonne aussetzt, ohne daß sich die Temperatur des Wassers ändert?

3-25 Die Standard-Verbrennungsenthalpie von Graphit hat den Wert $-393,51$ kJ mol^{-1}, die von Diamant den Wert $-395,41$ kJ mol^{-1}. Wie groß ist die Enthalpieänderung bei dem Prozeß Graphit→Diamant?

3-26 Schwefel kommt in verschiedenen Modifikationen vor. Bei Zimmertemperatur ist rhombischer Schwefel die stabilste Form, monokliner Schwefel ist etwas weniger stabil. Die Standard-Verbrennungsenthalpien der beiden Schwefel-Modifikationen sind $-296,83$ kJ mol^{-1} und $-297,16$ kJ mol^{-1}. Wie groß ist die Enthalpieänderung bei dem Prozeß $S_{\text{rhombisch}} \rightarrow S_{\text{monoklin}}$?

Kalorimetrie und Reaktionsenthalpien

3-27 Für die Wärmekapazität eines Kalorimeters wurde der Wert 5,24 kJ K^{-1} gemessen. Bei einer Reaktion steigt seine Temperatur von 22,45 °C auf 24,80 °C. Wieviel Wärme wurde bei der Reaktion frei?

3-28 Für die Wärmekapazität eines Kalorimeters wurde der Wert 3,57 kJ K^{-1} gemessen. Bei einer Reaktion steigt seine Temperatur von 23,55 °C auf 26,88 °C. Wieviel Wärme wurde bei der Reaktion frei?

3-29 50,0 cm^3 einer 0,500 M NaOH(aq) werden in ein Kalorimeter gefüllt; dann wird die Temperatur gemessen. Darauf werden 50,0 cm^3 einer 0,500 M HNO$_3$(aq) mit derselben Temperatur zugegeben, und die Mischung wird gerührt. Dabei steigt die Temperatur von 18,6 °C auf 21,3 °C. Die Wärmekapazität des Kalorimeters einschließlich des Inhalts ist 525,0 J K^{-1}. Wie groß sind (a) die beobachtete Enthalpieänderung, (b) die Neutralisationsenthalpie, bezogen auf 1 mol HNO$_3$?

3-30 25,00 cm^3 einer 0,700 M KOH(aq) und 25,00 cm^3 einer 0,700 HCl(aq) wurden auf die gleiche Weise wie in der vorigen Aufgabe vermischt. Dabei stieg die Temperatur von 19,7 °C auf 21,8 °C. Die Wärmekapazität des Kalorimeters einschließlich des Inhalts ist 488,1 J K^{-1}. Wie groß ist (a) die beobachtete Enthalpieänderung, (b) die Neutralisationsenthalpie, bezogen auf 1 mol HCl?

3-31 1,84 g Magnesium werden in einem Kalorimeter mit $C = 6,27$ kJ K^{-1} zu MgO oxidiert. Dabei steigt die Temperatur von 21,30 °C auf 28,56 °C. Wie groß ist die molare Reaktionsenthalpie der Reaktion $2\,Mg(s) + O_2(g) \rightarrow 2\,MgO(s)$?

3-32 2,23 g Schwefel werden in einem Kalorimeter mit $C = 6,27$ kJ K^{-1} zu SO$_2$ oxidiert. Dabei steigt die Temperatur von 22,41 °C auf 25,70 °C. Wie groß ist die molare Reaktionsenthalpie der Reaktion $S_8(s) + 8\,O_2(g) \rightarrow 8\,SO_2(g)$?

3-33 Die Verbrennungsenthalpie der Glucose ($C_6H_{12}O_6$) spielt bei der Untersuchung biochemischer Prozesse eine wichtige Rolle. Bei der Verbrennung von 1,22 g Glucose stieg die Temperatur in dem Kalorimeter mit $C = 6,27$ kJ K^{-1} von 21,35 °C auf 24,56 °C an. Wie groß ist die Verbrennungsenthalpie der Glucose?

3-34 Rohrzucker ($C_{12}H_{22}O_{11}$) ist eines der wichtigsten als Nahrungsmittel dienenden Kohlenhydrate. Bei der Verbrennung von 1,25 g Rohrzucker in dem Kalorimeter mit $C = 6,27$ kJ K^{-1} stieg die Temperatur von 23,24 °C auf 26,53 °C. Wie groß ist die molare Verbrennungsenthalpie des Rohrzuckers? Was ist praktischer als Reiseproviant, Glucose oder Rohrzucker?

3-35 Welche der folgenden Prozesse sind exotherm, welche endotherm?
(a) die Bildung des Gases Acetylen, das zum Schweißen verwendet wird:

$$2\,C(s) + H_2(g) \rightarrow C_2H_2(g) \qquad \Delta H = +227 \text{ kJ}$$

(b) die Neutralisation von Salzsäure mit Natronlauge:

$$HCl(aq) + NaOH(aq) \rightarrow NaCl(aq) + H_2O(l)$$
$$\Delta H° = -57,1 \text{ kJ}$$

(c) das Auflösen von Ammoniumchlorid in Wasser:

$$NH_4Cl(s) \rightarrow NH_4Cl(aq) \qquad \Delta H° = +15,2 \text{ kJ}$$

(d) die Oxidation von Stickstoff in den heißen Abgasen von Verbrennungsmotoren:

$$N_2(g) + O_2(g) \rightarrow 2\,NO(g) \qquad \Delta H° = +180,6 \text{ kJ}$$

3-36 Welche der folgenden Prozesse sind exotherm, welche endotherm?

(a) das Schmelzen von Eis:

$$H_2O(s) \rightarrow H_2O(l) \qquad \Delta H^\circ = +6,0 \text{ kJ}$$

(b) die industrielle Synthese von Schwefelkohlenstoff aus Erdgas:

$$CH_4(g) + 4 S(s) \rightarrow CS_2(l) + 2 H_2S(g) \qquad \Delta H^\circ = -106 \text{ kJ}$$

(c) die industrielle Synthese von Schwefelkohlenstoff aus Koks und Schwefel:

$$4 C(s) + S_8(s) \rightarrow 4 CS_2(l) \qquad \Delta H^\circ = +358,8 \text{ kJ}$$

(d) das Auflösen von Kochsalz in Wasser:

$$NaCl(s) \rightarrow NaCl(aq) \qquad \Delta H^\circ = +3,9 \text{ kJ}$$

Verbrennungsenthalpie

3-37 Ethanol entsteht beim Vergären von Kohlenhydraten. Der Einsatz von Ethanol wäre damit ein indirekter Einsatz von Sonnenenergie ohne den Weg über fossile Brennstoffe. Wieviel Wärme wird bei der Verbrennung von 100 g Ethanol produziert?

3-38 Auch Methanol ist als Kraftstoff in der Diskussion. Wieviel Wärme wird bei der Verbrennung von 100 g Methanol produziert?

3-39 Nehmen wir an, ein Kohlewürfel von 5 cm · 5 cm · 5 cm bestehe aus Graphit und habe die Dichte 1,5 g cm^{-3}. Wieviel Wärme wird bei seiner Verbrennung frei? Wieviel Wasser von 20 °C kann man damit bis zum Siedepunkt erhitzen?

3-40 Octan hat eine Dichte von 0,70 g cm^{-3}. Wieviel Wärme wird beim Verbrennen von 3785 cm^3 (1 Gallone) Octan frei, und wieviel Wasser von 20 °C kann man damit bis zum Siedepunkt erhitzen?

3-41 Wir verbrennen gleiche Gewichtsmengen Anilin und Phenol. In welchem Fall wird mehr Wärme frei?

3-42 Wir verbrennen gleiche Gewichtsmengen Traubenzucker (Glucose) und Rohrzucker. In welchem Fall wird mehr Wärme frei?

Der Hess'sche Satz

3-43 Berechnen Sie aus der tabellierten Standard-Verbrennungsenthalpie für die Verbrennung von Methan zu Kohlendioxid und flüssigem Wasser den entsprechenden Wert für die Verbrennung zu Kohlendioxid und Wasserdampf!

3-44 Berechnen Sie aus der tabellierten Standard-Verbrennungsenthalpie für die Verbrennung von Propan (C$_3$H$_8$) zu Kohlendioxid und flüssigem Wasser den entsprechenden Wert für die Verbrennung zu Kohlendioxid und Wasserdampf!

3-45 Berechnen Sie aus der tabellierten Standard-Verbrennungsenthalpie des Methans, wieviel Wärme frei wird, wenn 1 mol CH$_4$ unter Luftmangel zu Kohlenmonoxid und Wasser verbrannt wird!

3-46 Berechnen Sie aus der tabellierten Standard-Verbrennungsenthalpie von Propan, wieviel Wärme frei wird, wenn 1 mol C$_3$H$_8$ unter Luftmangel zu Kohlenmonoxid und Wasser verbrannt wird!

3-47 Berechnen Sie aus der tabellierten Standard-Verbrennungsenthalpie von Benzol die Standard-Verbrennungsenthalpie für die Verbrennung des Benzols unter Luftmangel zu Kohlenmonoxid und Wasser!

3-48 Berechnen Sie aus der tabellierten Standard-Verbrennungsenthalpie von Toluol die Standard-Verbrennungsenthalpie für die Verbrennung des Toluols unter Luftmangel zu Kohlenmonoxid und Wasser!

3-49 Zwei Stufen bei der industriellen Schwefelsäureherstellung sind die Verbrennung von Schwefel und die Oxidation von Schwefeldioxid zu Schwefeltrioxid. Berechnen Sie aus den Standard-Reaktionsenthalpien

$$S_8(s) + 8 O_2(g) \rightarrow 8 SO_2(g) \qquad \Delta H^\circ = -2374,4 \text{ kJ}$$
$$2 S(s) + 3 O_2(g) \rightarrow 2 SO_3(g) \qquad \Delta H^\circ = -791,4 \text{ kJ}$$

die Standard-Reaktionsenthalpie für die Oxidation von Schwefeldioxid zu Schwefeltrioxid:

$$2 SO_2(g) + O_2 \rightarrow 2 SO_3(g)$$

3-50 Bei der Herstellung von Salpetersäure aus Ammoniak entsteht zuerst NO, das weiter zu NO$_2$ oxidiert wird. Berechnen Sie aus den Standard-Reaktionsenthalpien

$$N_2(g) + O_2(g) \rightarrow 2 NO(g) \qquad \Delta H^\circ = +180,6 \text{ kJ}$$
$$N_2(g) + 2 O_2(g) \rightarrow 2 NO_2(g) \qquad \Delta H^\circ = +66,4 \text{ kJ}$$

die Standard-Reaktionsenthalpie für die Oxidation von Stickoxid zu Stickstoffdioxid:

$$2 NO(g) + O_2 \rightarrow 2 NO_2(g)$$

3-51 Berechnen Sie aus der Standard-Verbrennungsenthalpie des Harnstoffs die Standard-Verbrennungsenthalpie für die weitergehende Oxidation, bei der Stickstoffdioxid anstelle von Stickstoff entsteht:

$$2 CO(NH_2)_2(s) + 7 O_2(g) \rightarrow 2 CO_2(g) + 4 H_2O(l) + 4 NO_2(g)$$

3-52 Berechnen Sie aus der Standard-Verbrennungsenthalpie der Aminosäure Glycin die Standard-Verbrennungsenthalpie für die weitergehende Oxidation, bei der Stickstoffdioxid anstelle von Stickstoff entsteht:

$$4 NH_2CH_2COOH(s) + 13 O_2(g)$$
$$\rightarrow 8 CO_2(g) + 10 H_2O(l) + 4 NO_2(g)$$

Bildungsenthalpien

3-53 Berechnen Sie die Standard-Bildungsenthalpie von PCl$_5$(s) aus der Standard-Bildungsenthalpie von PCl$_3$(l) und der Standard-Reaktionsenthalpie der Reaktion

$$PCl_3(l) + Cl_2(g) \rightarrow PCl_5(s) \qquad \Delta H^\circ = -124 \text{ kJ}$$

3-54 Berechnen Sie die Standard-Reaktionsenthalpie für die Oxidation von SO$_2$(g) zu SO$_3$(g) aus den Standard-Bildungsenthalpien der beiden Verbindungen!

3-55 Berechnen Sie die Standard-Bildungsenthalpie von wasserfreiem AlCl$_3$ aus den Werten in Tab. 3-4 und aus den folgenden Angaben:

$$2 Al(s) + 6 HCl(aq) \rightarrow 2 AlCl_3(aq) + 3 H_2(g) \qquad \Delta H^\circ = -1007 \text{ kJ}$$
$$HCl(g) \rightarrow HCl(aq) \qquad \Delta H^\circ = -73 \text{ kJ}$$
$$AlCl_3(s) \rightarrow AlCl_3(aq) \qquad \Delta H^\circ = -323 \text{ kJ}$$

3-56 Berechnen Sie die Standard-Bildungsenthalpie von HCl(g) aus den Werten in Tab. 3-4 und dem Anhang sowie aus den folgenden Angaben:

$$NH_3(aq) + HCl(aq) \rightarrow NH_4Cl(aq) \qquad \Delta H° = -50,4 \text{ kJ}$$
$$NH_4Cl(s) \rightarrow NH_4Cl(aq) \qquad \Delta H° = +16,4 \text{ kJ}$$
$$NH_3(g) \rightarrow NH_3(aq) \qquad \Delta H° = -35,7 \text{ kJ}$$
$$HCl(g) \rightarrow HCl(aq) \qquad \Delta H° = -73,5 \text{ kJ}$$

3-57 Berechnen Sie die Standard-Enthalpie für die Hydrierung von Ethylen nach der Reaktion $C_2H_4(g) + H_2(g) \rightarrow C_2H_6(g)$ aus den Standard-Verbrennungsenthalpien der beiden Kohlenwasserstoffe!

3-58 Berechnen Sie die Standard-Enthalpie für die Hydrierung von Benzol nach der Reaktion $C_6H_6(g) + 3 H_2(g) \rightarrow C_6H_{12}(g)$ aus den Standard-Verbrennungsenthalpien der beiden Kohlenwasserstoffe!

3-59 Die Standard-Verbrennungsenthalpie des Kohlenstoffs hat den Wert $-393,5 \text{ kJ mol}^{-1}$. Wie groß ist demnach die Standard-Bildungsenthalpie von Kohlendioxid?

3-60 Die Standard-Verbrennungsenthalpie von Schwefel zu Schwefeldioxid hat den Wert $-2374,4 \text{ kJ mol}^{-1}$, bezogen auf 1 mol S_8. Wie groß ist demnach die Standard-Bildungsenthalpie von SO_2?

3-61 Berechnen Sie die Standard-Bildungsenthalpien der folgenden Verbindungen aus ihren Standard-Verbrennungsenthalpien: (a) Butan (C_4H_{10}), (b) Glucose ($C_6H_{12}O_6$), (c) Glycin ($C_2H_5O_2N$).

3-62 Berechnen Sie die Standard-Bildungsenthalpien der folgenden Verbindungen aus ihren Standard-Verbrennungsenthalpien: (a) Pentan (C_5H_{12}), (b) Rohrzucker ($C_{12}H_{22}O_{11}$), (c) Harnstoff [$(NH_2)_2CO$].

3-63 Berechnen Sie aus den Verbrennungsenthalpien der beteiligten Substanzen die Standard-Reaktionsenthalpie für die Reaktion, bei der Phenol (C_6H_5OH) mit Ammoniak zu Anilin ($C_6H_5NH_2$) und Wasser reagiert. Die Standard-Verbrennungsenthalpie von NH_3 zu N_2 und H_2O hat den Wert -383 kJ mol^{-1}.

3-64 Berechnen Sie aus den tabellierten Verbrennungsenthalpien der beteiligten Substanzen die Standard-Reaktionsenthalpie für die hypothetische Reaktion, bei der Essigsäure mit Ammoniak und Sauerstoff zu Glycin ($C_2H_5O_2N$) und Wasser reagiert.

3-65 Wenn 1,36 g Magnesium in Sauerstoff zu Magnesiumoxid verbrennen, werden 33,7 kJ als Wärme frei. Wie groß ist die Standard-Bildungsenthalpie von Magnesiumoxid?

3-66 Wenn 1,29 g Magnesium mit Stickstoff zu Magnesiumnitrid reagieren, werden 12,2 kJ als Wärme frei. Wie groß ist die Standard-Bildungsenthalpie von Magnesiumnitrid?

3-67 Die Standard-Verbrennungsenthalpie von Cyclopropan (C_3H_6) hat den Wert $-2091 \text{ kJ mol}^{-1}$. Berechnen Sie die Standard-Bildungsenthalpie des Cyclopropans!

3-68 Die Standard-Verbrennungsenthalpie von Cyclohexan (C_6H_{12}) hat den Wert $-3920 \text{ kJ mol}^{-1}$. Berechnen Sie die Standard-Bildungsenthalpie des Cyclohexans!

3-69 Berechnen Sie die Standard-Reaktionsenthalpien für die folgenden Reaktionen:

(a) die thermische Zersetzung von Calciumcarbonat:
$$CaCO_3(s) \rightarrow CaO(s) + CO_2(g)$$

(b) der Austausch des Deuteriums in schwerem Wasser gegen normalen Wasserstoff:
$$H_2(g) + D_2O(l) \rightarrow H_2O(l) + D_2(g)$$

(c) der Zerfall von Wasserstoffperoxid in Wasser und Sauerstoff:
$$2 H_2O_2(l) \rightarrow 2 H_2O(l) + O_2(g)$$

(d) die Synthese von Schwefelkohlenstoff aus Erdgas:
$$2 CH_4(g) + S_8(s) \rightarrow 2 CS_2(l) + 4 H_2S(g)$$

3-70 Berechnen Sie die Standard-Reaktionsenthalpien für die folgenden Reaktionen:

(a) die thermische Zersetzung von Magnesiumcarbonat:
$$MgCO_3(s) \rightarrow MgO(s) + CO_2(g)$$

(b) die Oxidation von Wasser mit Fluor zu Fluorwasserstoff und Sauerstoff:
$$2 F_2(g) + 2 H_2O(l) \rightarrow 4 HF(aq) + O_2(g)$$

(c) die Oxidation von Ammoniak:
$$4 NH_3(g) + 5 O_2(g) \rightarrow 4 NO(g) + 6 H_2O(g)$$

(d) die Redox-Reaktion zwischen Schwefelwasserstoff und Schwefeldioxid:
$$16 H_2S(g) + 8 SO_2(g) \rightarrow 3 S_8(s) + 16 H_2O(l)$$

3-71 Berechnen Sie die Standard-Reaktionsenthalpien für die folgenden Reaktionen:

(a) die letzte Stufe der Salpetersäureherstellung:
$$3 NO_2(g) + H_2O(l) \rightarrow 2 HNO_3(aq) + NO(g)$$

(b) die thermische Zersetzung von Ammoniumnitrat zu Stickoxid:
$$NH_4NO_3(s) \rightarrow N_2O(g) + 2 H_2O(g)$$

(c) die für die technische Acetylen-Produktion wichtige Umsetzung von Wasser mit Calciumcarbid:
$$CaC_2(s) + 2 H_2O(l) \rightarrow Ca(OH)_2(aq) + C_2H_2(g)$$

(d) die industriell genutzte Bildung von Bortrifluorid
$$B_2O_3(s) + 3 CaF_2(s) \rightarrow 2 BF_3(g) + 3 CaO(s)$$

3-72 Berechnen Sie die Standard-Reaktionsenthalpien für die folgenden Reaktionen:

(a) die Disproportionierung von Kaliumchlorat in eine Mischung aus Kaliumperchlorat und Kaliumchlorid:
$$4 KClO_3(s) \rightarrow 3 KClO_4(s) + KCl(s)$$

(b) die Bildung eines Sulfids aus Schwefelwasserstoff und einer Base:
$$H_2S(aq) + 2 KOH(aq) \rightarrow K_2S(aq) + 2 H_2O(l)$$

(c) die letzte Stufe bei der technischen Harnstoffsynthese:
$$CO_2(g) + 2 NH_3(g) \rightarrow H_2O(g) + (NH_2)_2CO(s)$$

(d) die Bildung von phosphoriger Säure (H_3PO_3) aus Wasser und Phosphortrichlorid:
$$PCl_3(l) + 3 H_2O(l) \rightarrow H_3PO_3(aq) + 3 HCl(g)$$

3-73 Berechnen Sie aus den folgenden Angaben die Standard-Bildungsenthalpien von Distickstoffpentoxid (N_2O_5) und von

Stickstoffdioxid (NO_2):

$$2\,NO\,(g) + O_2\,(g) \rightarrow 2\,NO_2\,(g) \qquad \Delta H^\circ = -114{,}1\ kJ$$
$$4\,NO_2\,(g) + O_2\,(g) \rightarrow 2\,N_2O_5\,(g) \qquad \Delta H^\circ = -110{,}2\ kJ$$

3-74 Eine wichtige in der Atmosphäre ablaufende Reaktion ist die von Sonnenlicht induzierte Reaktion $NO_2\,(g) \rightarrow NO\,(g) + O\,(g)$. Wieviel Energie muß eingestrahlt werden, damit sie ablaufen kann? Berechnen Sie aus den folgenden Angaben die Standard-Reaktionsenthalpie dieser Reaktion:

$$NO\,(g) + O_3\,(g) \rightarrow NO_2\,(g) + O_2\,(g) \qquad \Delta H^\circ = -183{,}0\ kJ$$
$$\Delta H_b^\circ\ (\text{O-Atome}) = +249{,}2\ kJ\ mol^{-1}$$
$$\Delta H_b^\circ\ (O_3) = +142{,}7\ kJ\ mol^{-1}$$

Nahrungsmittel und Brennstoffe als Energielieferanten

3-75 Heptan (C_7H_{16}) ist ein Bestandteil des Benzins. Es hat die Dichte $0{,}68\ g\ cm^{-3}$ und eine molare Standard-Verbrennungsenthalpie von $-4854\ kJ\ mol^{-1}$. Berechnen Sie die spezifische Verbrennungsenthalpie des Heptans und seine Enthalpiedichte!

3-76 Toluol ($C_6H_5CH_3$) ist ein weiterer Bestandteil des Benzins. Es hat die Dichte $0{,}867\ g\ cm^{-3}$ und eine molare Standard-Verbrennungsenthalpie von $-3910\ kJ\ mol^{-1}$. Berechnen Sie die spezifische Verbrennungsenthalpie des Toluols und seine Enthalpiedichte!

3-77 Berechnen Sie die Enthalpiedichten der angegebenen Brennstoffe:

Brennstoff	Formel	ΔH_c° / $(kJ\ mol^{-1})$	Dichte / $(g\ cm^{-3})$
(a) Methan	$CH_4\,(g)$	-890	$6{,}6 \cdot 10^{-4}$
(b) Propan	$C_3H_8\,(g)$	-2200	$1{,}8 \cdot 10^{-3}$
(c) Benzol	$C_6H_6\,(l)$	-3268	$0{,}88$
(d) Methanol	$CH_3OH\,(l)$	-726	$0{,}79$

3-78 Berechnen Sie die Enthalpiedichten der angegebenen Brennstoffe:

Brennstoff	Formel	ΔH_c° / $(kJ\ mol^{-1})$	Dichte / $(g\ cm^{-3})$
(a) Ethan	$C_2H_6\,(g)$	-1560	$1{,}2 \cdot 10^{-3}$
(b) Acetylen	$C_2H_2\,(g)$	-1300	$1{,}1 \cdot 10^{-3}$
(c) Anthracen	$C_{14}H_{10}\,(s)$	-7057	$1{,}24$
(d) Ethanol	$C_2H_5OH\,(l)$	-1368	$0{,}79$

3-79 Berechnen Sie aus der Standard-Verbrennungsenthalpie des Magnesiums mit Sauerstoff die spezifische Enthalpie des Magnesiums! Wäre Aluminium, das zu Aluminiumoxid verbrennt, ein besserer Brennstoff, wenn man nur die Massen berücksichtigt?

3-80 Berechnen Sie aus der Standard-Verbrennungsenthalpie des Phosphors mit Sauerstoff zu P_4O_{10} (sie beträgt $-3042\ kJ\ mol^{-1}$) die spezifische Enthalpie des Phosphors! Wäre Schwefel, den man zu SO_2 oder eventuell zu SO_3 verbrennt, ein besserer Brennstoff, wenn man nur die Massen berücksichtigt?

3-81 Wegen der weltweiten Problematik der CO_2-Emission ist es sinnvoll, die von Treibstoffen entwickelte Wärme auf die dabei freigesetzte Menge CO_2 zu beziehen. Berechnen Sie diese Größe (a) für Methan, (b) für Octan, (c) für Glucose.

3-82 Die Antriebsraketen des Space Shuttle verwenden eine Mischung aus Aluminium-Pulver und Ammoniumperchlorat; in ihnen läuft die Reaktion $2\,Al\,(s) + 2\,NH_4ClO_4\,(s) \rightarrow Al_2O_3 + 2\,HCl\,(g) + 2\,NO\,(g) + 3\,H_2O\,(g)$ ab. Berechnen Sie die spezifische Enthalpie einer stöchiometrischen Mischung aus Aluminium und Ammoniumperchlorat. Wäre es von Vorteil, Magnesium anstelle von Aluminium zu verwenden?

Allgemeine Aufgaben

3-83 Trinitrotoluol (TNT) hat eine Bildungsenthalpie von $-67\ kJ\ mol^{-1}$. Es könnte als Raketentreibstoff dienen, wenn es nicht zu stoßempfindlich wäre. Berechnen Sie seine Enthalpiedichte! Die Dichte hat den Wert $1{,}65\ g\ cm^{-3}$. Welche Gesichtspunkte spielen bei der Auswahl eines Treibstoffes für Flugkörper noch eine Rolle?

3-84 Berechnen Sie die Enthalpie der Verdampfung von Natrium zu einem Gas aus Ionen aus den folgenden Angaben und aus den Daten aus Tabelle 3-4.

Verdampfung von Natrium zu Atomen:

$$Na\,(s) \rightarrow Na\,(g) \qquad \Delta H^\circ = +108{,}4\ kJ$$

Ionisierung von Natriumatomen:

$$Na\,(g) \rightarrow Na^+\,(g) + e^- \qquad \Delta H^\circ = +495{,}8\ kJ$$

Dissoziation von Chlor:

$$Cl_2\,(g) \rightarrow 2\,Cl\,(g) \qquad \Delta H^\circ = +242\ kJ$$

Anlagerung eines Elektrons an ein Chloratom:

$$Cl\,(g) + e^- \rightarrow Cl^-\,(g) \qquad \Delta H^\circ = -348{,}6\ kJ$$

3-85 Berechnen Sie die Enthalpie der Verdampfung von Kaliumbromid zu einem Gas aus Ionen mit den folgenden Angaben ($\Delta H_b = -393\ kJ\ mol^{-1}$):

Verdampfung von Kalium zu Atomen:

$$K\,(s) \rightarrow K\,(g) \qquad \Delta H^\circ = +89{,}2\ kJ$$

Ionisierung von Kaliumatomen:

$$K\,(g) \rightarrow K^+\,(g) + e^- \qquad \Delta H^\circ = +425{,}0\ kJ$$

Verdampfung von Brom:

$$Br_2\,(l) \rightarrow Br_2\,(g) \qquad \Delta H^\circ = +30{,}9\ kJ$$

Dissoziation von Brom:

$$Br_2\,(g) \rightarrow 2\,Br\,(g) \qquad \Delta H^\circ = +192{,}9\ J$$

Anlagerung eines Elektrons an ein Chloratom:

$$Br\,(g) + e^- \rightarrow Br^-\,(g) \qquad \Delta H^\circ = -331{,}0\ kJ$$

3-86 Welche Temperatur ließe sich theoretisch bei der Verbrennung eines stöchiometrischen Methan/Sauerstoff-Gemisches erreichen, wenn man annimmt, daß keine Wärme aus der Verbrennungskammer entweicht, daß mit der Verbrennungsenthalpie bei $25\ ^\circ C$ gerechnet werden kann und daß die molaren Wärmekapazitäten aller Verbrennungsprodukte bei $40\ J\ K^{-1}\ mol^{-1}$ liegen?

In diesem Kapitel werden der Aufbau und die Eigenschaften der Atome besprochen sowie die Wechselwirkung von Atomen mit Strahlung erklärt. Dieses Bild zeigt die Flammenfärbungen, die von den Verbindungen der Alkalimetalle hervorgerufen werden. Wie sie zustandekommen, läßt sich durch die Quantentheorie beschreiben.

4 Licht und Materie, Einführung in den Atomaufbau

Seit den Experimenten von Ernest Rutherford wissen wir, daß ein Atom mit der Ordnungszahl Z aus einem sehr kleinen, schweren, positiv geladenen Kern besteht, der von Z Elektronen umgeben ist. Rutherford glaubte noch, die Bewegungen dieser Elektronen mit der klassischen Mechanik, also mit den auf Isaak Newton zurückgehenden Bewegungsgesetzen aus dem 17. Jahrhundert, erklären zu können. Es stellte sich aber schnell heraus, daß die Newtonschen Gesetze versagten, sobald sie die Bewegung der Elektronen um den Kern beschreiben sollten. Die Gesetze der Quantenmechanik, die statt dessen in Kraft traten, waren damals eine geistige Revolution, die die Naturwissenschaften bis in die Grundlagen erschütterten.

In den nächsten Abschnitten wollen wir eine Vorstellung von diesen Umwälzungen geben. Dabei spielte die *Atomstruktur,* die räumliche Anordnung der Elektronen um den Atomkern, eine entscheidende Rolle. Sie ist der Schlüssel zum Verständnis der Eigenschaften der Elemente, der Verbindungen, die sie bilden, und ihrer Reaktionen.

Atome

Der erste experimentelle Hinweis auf die Existenz endlich großer Atome stammt von John Dalton, einem englischen Schulmeister (vgl. Abb. 4-1). Seine Atom-Hypothese lautete:

1. Alle Atome eines Elementes sind identisch.
2. Die Atome verschiedener Elemente haben unterschiedliche Masse.
3. Eine Verbindung ist eine spezielle Kombination von Atomen mehrerer Elemente.
4. Bei einer chemischen Reaktion werden Atome nicht erzeugt und nicht vernichtet, sie wechseln nur ihre Partner aus, wenn neue Substanzen gebildet werden.

Mit dieser Hypothese wollte Dalton die damaligen experimentellen Beobachtungen erklären. Er ging von den Bestimmungen der Massenverhältnisse aus, in denen Atome miteinander Verbindungen bilden. Wir wollen uns hier nicht im Detail mit den Überlegungen Daltons beschäftigen, denn heutzutage stehen uns ganz andere experimentelle

Abb. 4-1 John Dalton, ein englischer Lehrer, der auf experimentellem Wege zeigte, daß Materie aus Atomen besteht. Diese alte Daguerrotypie stammt aus dem Jahr 1842.

Methoden zur Verfügung, und Atome können wir inzwischen auch direkt nachweisen. So läßt sich etwa die von den einzelnen Atomen herrührende Rauhigkeit einer Oberfläche direkt abtasten (vgl. Abb. 4-2).

Was sind aber eigentlich Atome? Sind sie wirklich unteilbar, wie Dalton meinte und wie das Wort ($\alpha\tau o\mu o\varsigma$ (gr.) = unteilbar) nahelegt? Oder lassen sie sich in subatomare Teilchen zerlegen? Wie unterscheiden sich die Atome der verschiedenen Elemente und wodurch kommen ihre Eigenschaften zustande?

4-1 Der Aufbau des Atoms

Elektronen

1897 untersuchte der britische Physiker J. J. Thomson (vgl. Abb. 4-3) die Wirkung hoher elektrischer Spannungen auf Gase. Er legte an zwei Elektroden, die sich in einem mit einem verdünnten Gas gefüllten Rohr befanden, eine hohe Spannung an und beobachtete, daß in der Umgebung der Kathode (der negativ geladenen Elektrode) eine Lichterscheinung auftritt (vgl. Abb. 4-4). Das legt nahe, daß von der Kathode ein Teilchenstrom ausgeht und beim Durchgang durch das Gas die Lichtemission hervorruft. Thomson nannte den Teilchenstrom „Kathodenstrahlen". Er beobachtete, daß die Kathodenstrahlen auf einem speziell präparierten Schirm einen Lichtfleck hervorrufen konnten und daß dieser Fleck wanderte, wenn man in die Nähe des Kathodenstrahles elektrisch geladene Platten oder einen Magneten brachte. Er stellte auch fest, daß das Material der Elektroden keinen Einfluß auf die Eigenschaften der Kathodenstrahlen hatte.

Eine direkte Weiterentwicklung von Thomsons Kathodenstrahl-Röhre ist die moderne Fernseh-Bildröhre. Wissenschaftlich führten Thomsons Experimente zu der Erkenntnis, daß die Kathodenstrahlen

Abb. 4-2 Bei der Oberflächen-Tunnelmikroskopie erkennt man die von den einzelnen Atomen herrührende Rauhigkeit der Oberfläche. Das Bild zeigt eine Silicium-Oberfläche. Die Spitzen sind ein Atom hoch.

Abb. 4-3 Joseph John Thomson (1856–1940), der Entdecker des Elektrons, mit der von ihm konstruierten Apparatur.

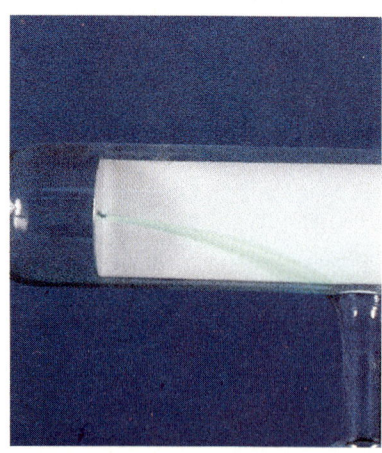

Abb. 4-4 Thomson glaubte noch, ein Atom bestehe aus Elektronen (blau), die in einer geleeartigen positiv geladenen Substanz schwimmen.

aus negativ geladenen Teilchen bestehen, die aus den Atomen des Kathodenmaterials stammen. Diese Teilchen heißen heute *Elektronen;* zur Abkürzung werden sie mit dem Symbol e⁻ bezeichnet. Weil aus den verschiedensten Kathodenmaterialien immer die gleichen Kathodenstrahl-Partikel erhalten werden, muß man schließen, daß in allen Atomen Elektronen enthalten sind.

Thomson konnte die Eigenschaften der Elektronen näher bestimmen, indem er untersuchte, wie sich ändernde elektrische Ladungen auf den Ablenkplatten oder wie verschieden starke Magnetfelder den Lichtfleck bewegten. Auf diese Weise bestimmte er das Verhältnis e/m aus der Ladung e des Elektrons und seiner Masse m. Später konnten Forscher, vor allem der Amerikaner Robert Millikan, die Ladung und die Masse des Elektrons getrennt messen. Seit 1910 wissen wir, daß das Elektron eine Masse von nur $9{,}11 \cdot 10^{-28}$ g hat; es handelt sich also um das leichteste subatomare Teilchen, das in der Chemie eine Rolle spielt (vgl. Tab. 4-1). Seine Ladung beträgt $1{,}60 \cdot 10^{-19}$ C, hier ist C die Abkürzung für das Coulomb, die SI-Einheit der elektrischen Ladung. Wir brauchen diesen Zahlenwert vorläufig nicht; meistens sprechen wir einfach von ‚einer negativen Ladung‘.

Tabelle 4-1 Eigenschaften subatomarer Teilchen

Teilchen	Symbol	Ladung*	Masse in g
Elektron	e⁻	−1	$9{,}109 \cdot 10^{-28}$
Proton	p	+1	$1{,}673 \cdot 10^{-24}$
Neutron	n	0	$1{,}675 \cdot 10^{-24}$

* Die Ladungen sind in Vielfachen von $1{,}60 \cdot 10^{-19}$ C angegeben.

Atomkerne

Atome tragen keine elektrische Ladung, sie sind elektrisch neutral. Der Thomsonsche Versuch hat aber gezeigt, daß in den Atomen Elektronen, also negativ geladene Teilchen, enthalten sind. Daraus folgt, daß die Atome auch genügend viele positive Ladungen enthalten müssen, damit die negativen Ladungen der Elektronen ausgeglichen werden. Thomson stellte sich das Atom als Wolke positiver Ladung vor, mit den Elektronen als negative „Inseln" darin eingebettet. Das Experiment des Neuseeländers Ernest Rutherford (vgl. Abb. 4-5) führte dann zu einer Korrektur dieser Vorstellung.

Rutherford beschäftigte sich mit den von einigen Elementen wie dem Radium emittierten α-Teilchen (vgl. auch Kap. 7, Abschn. 3). Er untersuchte, wie sich α-Teilchen in elektrischen Feldern und in Magnetfeldern verhalten, und identifizierte sie als Helium-Atome, die ihre Elektronen verloren haben. Zusammen mit seinen Schülern Hans Geiger und Ernest Marsden führte er ein Experiment durch, das inzwischen berühmt geworden ist. Sie schossen α-Teilchen durch eine extrem dünne Goldfolie und beobachteten die Lichtblitze, die die α-Teilchen beim Auftreffen auf einen Leuchtschirm erzeugten (vgl. Abb. 4-6). Nach dem Thomson-Modell erwarteten sie, daß die α-Teilchen geradlinig durch die Folien fliegen sollten, ohne in ihrer Flugbahn merklich abgelenkt zu werden.

Abb. 4-5 Ernest Rutherford (1871–1937), der sehr viele Beiträge zu unserer Kenntnis vom Aufbau des Atoms und des Atomkerns geleistet hat.

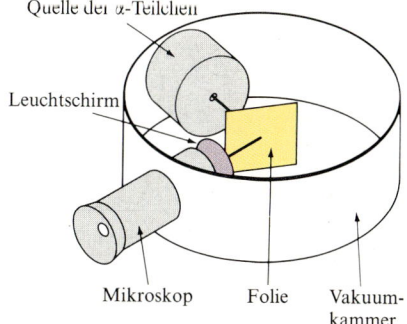

Abb. 4-6 Die Apparatur von Geiger und Marsden. Die α-Teilchen stammen aus einer Probe von radioaktivem Radon. Die Ablenkung der α-Teilchen wird anhand der Szintillationen beobachtet, die sie beim Auftreffen auf einen Zinksulfid-Schirm hervorrufen.

Das Resultat war jedoch erstaunlich. Zwar waren die meisten α-Teilchen nur wenig abgelenkt worden, aber eines von etwa 20 000 war um mehr als 90° aus der ursprünglichen Flugrichtung abgelenkt worden. Einige waren sogar direkt in die Gegenrichtung reflektiert worden. Atome konnten also nicht aus diffusen Wolken bestehen; in Wirklichkeit enthalten sie harte Teilchen, die Stöße ausführen können. Ein neues Modell, das **Rutherfordsche Atommodell**, wurde aufgestellt. Nach Rutherford sind die positive Ladung und der größte Teil der Masse in einem winzig kleinen Bereich, dem Atomkern, konzentriert, um den sich die Elektronen in einem gewissen Abstand bewegen (vgl. Abb. 4-7a), ähnlich wie die Planeten um die Sonne. Ansonsten besteht das Atom aus sehr viel leerem Raum. Dieses Modell ergibt sich aus den Beobachtungen des o.g. Versuchs (vgl. Abb. 4-7b). Die α-Teilchen fliegen frei durch die Gold-Atome hindurch, es sei denn, sie treffen direkt auf den Kern eines Gold-Atoms. Das passiert relativ selten, nur etwa in einem von 20 000 Fällen. Deshalb bleiben die meisten α-Teilchen auf ihrer geradlinigen Bahn. Bei dem Stoß des positiv geladenen α-Teilchens an den Gold-Kern wird es kräftig von dem ebenfalls positiv geladenen Atomkern abgestoßen und fliegt dann, vergleichbar einem Billardball nach einem Stoß, in einer ganz anderen Richtung weiter.

Aus den Ablenkwinkeln lassen sich im Prinzip die Ladungen und die Durchmesser der Atomkerne berechnen. Rutherford fand, daß ein Goldkern etwa 100 positive Ladungen trägt (der genaue Wert ist 79), und daß sein Durchmesser bei 10^{-14} m liegt, das ist etwa ein Zehntausendstel des Atomdurchmessers. Würde ein Atom auf die Größe eines Fußballfeldes vergrößert, so hätte ein Atomkern die Größe einer Fliege auf der Mittellinie.

Protonen und Ordnungszahl

Thomson hatte gezeigt, daß ein Atom Elektronen enthält. Von Rutherford stammt die Vorstellung, daß die Elektronen um einen sehr kleinen positiv geladenen Kern angeordnet sind. Den Kernphysikern ist es gelungen, die Atome in noch kleinere Bestandteile zu zerlegen. Es zeigte sich, daß die Atomkerne aus zwei verschiedenen Nukleonen, den *Protonen* (p) und den *Neutronen* (n) bestehen. Die Masse des Protons ist 1836mal größer als die des Elektrons; seine positive Ladung hat denselben Betrag wie die negative Ladung des Elektrons. Ein Neutron hat fast die gleiche Masse wie das Proton, ist aber, wie schon sein Name besagt, elektrisch neutral.

Die Anzahl der Protonen in einem Kern nennt man die **Ordnungszahl** Z des betreffenden Elementes. Henry Moseley, ein junger britischer Wissenschaftler, konnte als erster Ordnungszahlen genau bestimmen. Er untersuchte die Röntgenstrahlen, die emittiert werden, wenn ein Element mit schnellen Elektronen beschossen wird. Moseley beobachtete, daß die Elemente charakteristische Röntgenstrahlen aussenden, aus denen er die Ordnungszahl Z bestimmen konnte. Heute kennen wir die Ordnungszahlen von allen Elementen. Sie sind in der Periodentafel im Einband dieses Buches zusammengestellt. Jede Periodentafel enthält mindestens die Ordnungszahl, das Symbol und die Atommasse eines Elementes. Den Begriff der Atommasse werden wir im folgenden Abschnitt besprechen.

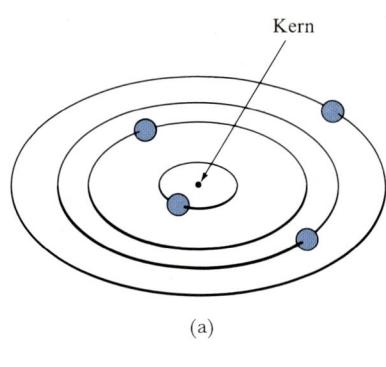

(a)

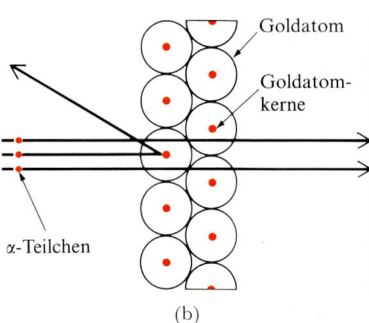

(b)

Abb. 4-7 (a) Nach Rutherford besteht ein Atom aus einem zentralen, sehr kleinen Kern und aus Elektronen, die den Kern umkreisen ähnlich wie die Planeten die Sonne. Der Kern ist viel kleiner als in der Abbildung wiedergegeben; Atome bestehen überwiegend aus leerem Raum. (b) Das Rutherfordsche Modell kann die beobachtete Ablenkung der α-Strahlen erklären.

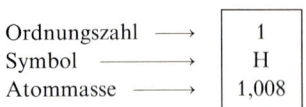

Ordnungszahl →	1
Symbol →	H
Atommasse →	1,008

Weil ein Atom insgesamt elektrisch neutral ist, muß die Anzahl der Protonen im Atomkern mit der Anzahl der Elektronen außerhalb des Kerns übereinstimmen. Deshalb muß ein Wasserstoffatom mit $Z = 1$ gerade ein Elektron besitzen, ein Goldatom mit $Z = 79$ dementsprechend 79 Elektronen, und Uran mit $Z = 92$ eben 92 Elektronen. Bisweilen wird auch die Ordnungszahl links unten an das chemische Symbol geschrieben wie in $_1$H und $_{92}$U.

Beispiel 4-1 Rechnen mit Ordnungszahlen

In einer 2,0-g-Probe Kupfer (das ist z.B. eine Pfennig-Münze) sind $1,8 \cdot 10^{22}$ Kupfer-Atome enthalten. Wieviele Elektronen enthält die Probe? Wieviel tragen die Elektronen zur Masse des Pfennigs bei?

Methode. Aus der Anzahl der Atome in der Probe und aus der Anzahl der Elektronen pro Atom können wir berechnen, wie viele Elektronen die Probe enthält. Die Anzahl der Atome ist angegeben. Die Anzahl der Elektronen in einem Kupferatom ist gleich der Ordnungszahl des Kupfers, die in der Periodentafel steht. Die Gesamtmasse der Elektronen ist gleich dem Produkt aus der Anzahl der Elektronen und der Masse eines einzelnen Elektrons, die wir der Tabelle 4-1 entnehmen.

Lösung. Für Kupfer ist $Z = 29$, also enthält jedes Atom 29 Elektronen. Die Anzahl der Elektronen in der Probe ist dann

$$(29 \text{ Elektronen per Atom}) \cdot (1,8 \cdot 10^{22} \text{ Atome}) = 5,22 \cdot 10^{23} \text{ Elektronen}$$

Ein Elektron hat die Masse $9,11 \cdot 10^{-28}$ g, also ist die Masse aller Elektronen zusammen

$$(5,22 \cdot 10^{23} \text{ Elektronen}) \cdot (9,11 \cdot 10^{-28} \text{ g Elektron}^{-1}) = 4,8 \cdot 10^{-4} \text{ g}$$

Das heißt, die Masse der Elektronen beträgt nur 0,48 mg. Die Masse der Münze rührt also weitgehend von den Atomkernen her.

Übungsaufgabe. Berechnen Sie (a) die Anzahl der Elektronen und (b) deren Masse, die in 1,0 kg Eisen enthalten sind! 1 kg Eisen besteht aus $1,08 \cdot 10^{25}$ Atomen.

[Antwort: (a) $2,8 \cdot 10^{26}$ Elektronen; (b) 0,26 g]

Jetzt sehen wir auch, daß die Elemente in der Periodentafel nach ihren Ordnungszahlen angeordnet sind. Die Periodentafel zeigt, wie sich die Eigenschaften der Elemente periodisch ändern; dieses Verhalten können wir jetzt direkt auf die Anzahl der Protonen und Elektronen zurückführen. Die Periodizität mit wachsendem Z, auf die wir noch in Abschnitt 4-8 zu sprechen kommen, ist einer der wichtigsten Aspekte der anorganischen Chemie.

4-2 Die Massen der Atome

Die Masse der Elektronen in den Atomen ist praktisch zu vernachlässigen, wie man an den Daten der Tabelle 4-1 ablesen kann; die Masse eines Atoms ist nahezu gleich der Summe der Massen der Protonen und Neutronen im Kern. Aus Tabelle 4-1 kennen wir die Massen eines einzelnen Neutrons bzw. eines Protons. Mit Z wissen wir auch, wieviele Protonen in einem bestimmten Atom enthalten sind. Wenn wir jetzt die Masse des Atoms bestimmen, können wir leicht berechnen, wieviele Neutronen nötig sind, um (zusammen mit der Masse der vorhandenen Protonen) die Atommasse zu erreichen.

Als Dalton seine Atom-Hypothese veröffentlichte, konnte man die Massen einzelner Atome noch nicht direkt messen. Dalton versuchte deshalb, mit Hilfe einiger wohlüberlegter Experimente wenigstens die relativen Massen der Atome zu bestimmen, indem er untersuchte, in welchen Massenverhältnissen sie miteinander Verbindungen bilden. Im Jahre 1803 stellte er fest, daß ein Kupferatom etwa 60mal schwerer als ein Wasserstoffatom ist. Das bedeutet, daß 1 g Wasserstoff 60mal mehr Atome enthält als 1 g Kupfer. Wenn man Wasser elektrolysiert, so hat der gebildete Sauerstoff eine achtmal größere Masse als der entwickelte Wasserstoff. Dalton glaubte deshalb, ein Sauerstoffatom sei achtmal so schwer wie ein Wasserstoffatom. (Das ist, wie wir heute wissen, falsch; Dalton wußte nicht, daß im Wasser auf ein Sauerstoffatom zwei Wasserstoffatome kommen.)

Gegen Ende des 19. Jahrhunderts wurden die von Dalton angegebenen Werte durch genauere Werte ersetzt, und inzwischen kann ein Chemiker mit Leichtigkeit aus der Masse einer Probe die Anzahl der Atome bestimmen. Aber erst im 20. Jahrhundert gelang es, einzelne Atome direkt und genau zu wägen.

Massenspektrometrie

Heutzutage bestimmt man die Massen der Atome im Massenspektrometer. Atome oder Moleküle werden im gasförmigen Zustand (Flüssigkeiten und Festkörper müssen vorher verdampft werden) in die Ionisationskammer des Spektrometers eingebracht. Dort werden sie einem Strahl von schnellen Elektronen ausgesetzt, die aus den Atomen oder Molekülen Elektronen herausschlagen und damit positive *Ionen* erzeugen:

Ein *Ion* ist ein elektrisch geladenes Atom oder eine elektrisch geladene Atomgruppe.

Der Name Ion stammt aus dem Griechischen und bezieht sich auf die wichtigste Eigenschaft der Ionen: sie wandern in einem elektrischen Feld. Die positiven Ionen werden von einer hohen Spannung zwischen zwei Elektroden so beschleunigt, daß sie aus der Ionisationskammer herausfliegen. Ihre Geschwindigkeit hängt von ihrer Masse ab, wobei die leichteren Ionen die höhere Geschwindigkeit haben.

Wenn ein Ion durch den Zwischenraum zwischen zwei gebogenen Platten hindurchfliegt, so wird seine Bahn um einen Betrag abgebogen, der von der Geschwindigkeit des Ions (und damit auch von seiner Masse) abhängt. Die Spannung zwischen den Platten wird allmählich variiert; man beobachtet ein Signal, wenn die Bahn der Ionen gerade auf einen Detektor hin abgelenkt wird (vgl. Abb. 4-8). Aus der dafür benötigten Spannung läßt sich die Masse des Ions berechnen; die Masse des Atoms ist dann gleich der Summe aus der Masse des Ions und der Masse des fehlenden Elektrons. Für ein Wasserstoffatom findet man so eine Masse von $1{,}67 \cdot 10^{-24}$ g, für ein Kohlenstoffatom $1{,}99 \cdot 10^{-23}$ g, das ist etwa 12mal so viel.

Isotope und Massenzahlen

Die genaue Messung von Massenzahlen führte zu einer wichtigen Entdeckung. Dalton hatte angenommen, alle Atome eines Elementes seien identisch. Massenspektrometrische Untersuchungen haben demgegen-

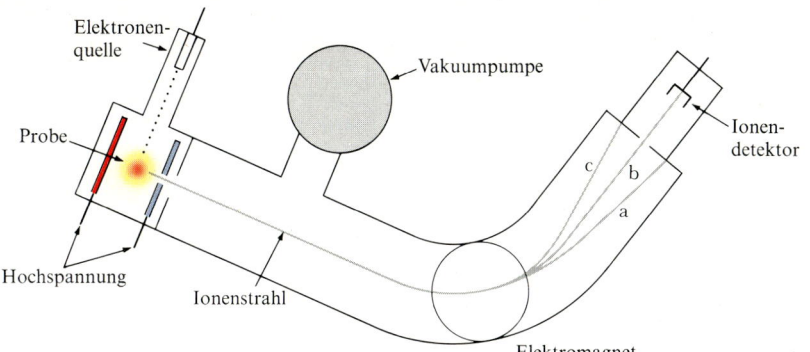

Abb. 4-8 Wenn die zwischen den Platten des Massenspektrometers angelegte Spannung variiert wird, verschiebt sich der Weg der Ionen von a nach c. Beim Erreichen von b sendet der Detektor ein Signal zu einem Empfänger.

über ergeben, daß auch die meisten chemisch reinen Elemente aus Atomen mit unterschiedlichen Massen bestehen. Im Neon haben z. B. die meisten Atome eine Masse von $3,32 \cdot 10^{-23}$ g, das ist etwa das 20fache der Masse eines Wasserstoffatoms. Einige Atome haben aber die Masse $3,65 \cdot 10^{-23}$ g, das ist das 22fache, und einige wenige Atome haben die Masse $3,49 \cdot 10^{-23}$ g, das ist das 21fache der Wasserstoffmasse (vgl. Abb. 4-9). Alle drei Atomarten haben die gleichen chemischen Eigenschaften, wie sie zu dem Element Neon gehören; man nennt sie die *Isotope* des Neons:

Isotope sind Atome eines Elementes mit der gleichen Ordnungszahl, aber verschiedener Atommasse.

Der Name stammt aus dem Griechischen und bedeutet ,derselbe Platz'. Isotope haben zwar verschiedene Massen, gehören aber zum gleichen Element und stehen deshalb im Periodensystem an demselben Platz.

Das Auftreten der Isotope läßt sich leicht verstehen, wenn man annimmt, daß die Atome eines Elementes eine feste Anzahl von Protonen und eine variable Anzahl von Neutronen enthalten. Die Masse der Neutronen wird zur Masse der Protonen addiert, sie beeinflussen aber nicht die Anzahl der Elektronen, die zur Erreichung der Elektroneutralität des Atoms erforderlich sind. Deshalb beeinflußt die Änderung der Anzahl der Neutronen nur die Masse, aber nicht die chemischen Eigenschaften eines Atoms. Die Massenzahl A eines Atoms ist gleich der Anzahl der Nukleonen (Neutronen plus Protonen) in seinem Kern. Die Isotope eines Elementes haben alle die gleiche Ordnungszahl, unterscheiden sich aber in ihren Massenzahlen.

Das Proton, das Neutron und ein Atom des am häufigsten vorkommenden Wasserstoffisotops haben alle fast genau die gleiche Masse. Ein Isotop mit der Massenzahl A ist deshalb A-mal schwerer als ein Wasserstoffatom. Beim Neon, dessen Isotope die Massenzahlen 20, 21 und 22 haben, enthält jeder Kern 10 Protonen (für Neon ist $Z = 10$); dann müssen die Neon-Isotope 10, 11 und 12 Neutronen enthalten (vgl. Abb. 4-10).

Isotope werden meist durch die Angabe der Massenzahl hinter dem Namen des Elementes bezeichnet wie in Neon-20, Neon-21 und Neon-22. Bei den Element-Symbolen schreibt man die Massenzahl hochgestellt vor das Symbol wie bei ^{20}Ne, ^{21}Ne und ^{22}Ne.

Wasserstoff hat drei Isotope (vgl. Tab. 4-2). Das häufigste Isotop (^{1}H) enthält keine Neutronen; sein Kern besteht lediglich aus einem

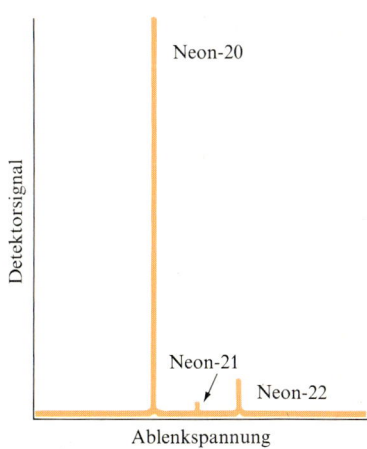

Abb. 4-9 Dieses Massenspektrogramm zeigt, daß Neon aus Atomen unterschiedlicher Massen besteht. Neon-20 hat die größte natürliche Häufigkeit.

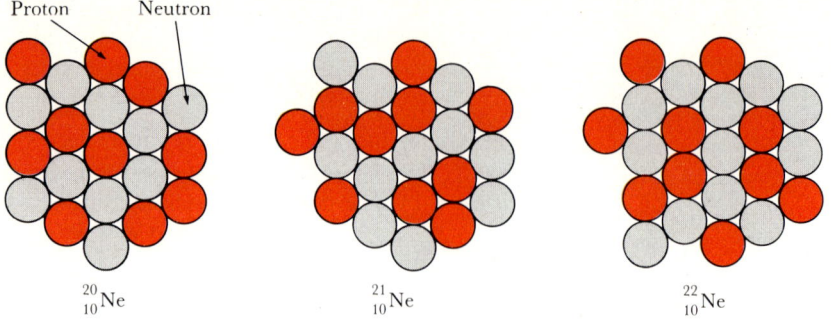

Proton   Neutron

$^{20}_{10}Ne$ $^{21}_{10}Ne$ $^{22}_{10}Ne$

Abb. 4-10 Die Kerne der Isotope haben die gleiche Anzahl von Protonen (rote Kreise), aber eine unterschiedliche Zahl von Neutronen (graue Kreise).

Proton. Die anderen Isotope des Wasserstoffs sind seltener, aber trotzdem so wichtig, daß man ihnen eigene Namen und Symbole gegeben hat. Das eine (^2D) heißt Deuterium (D), das andere (^3H) heißt Tritium (T). Das Deuteriumatom mit einem Kern aus einem Proton und einem Neutron ist zweimal so schwer wie ein normales Wasserstoffatom (genauer 1,998mal) und liefert mit Sauerstoff das *schwere Wasser* D_2O. Das schwere Wasser wird in bestimmten Typen von Kernreaktoren verwendet; bei 20°C hat es eine Dichte von 1,11 g cm^{-3}, das ist 11% mehr als beim gewöhnlichen Wasser H_2O.

Tabelle 4-2 Die wichtigsten Isotope

Name	Ordnungs-Zahl Z	Anzahl der Neutronen	Massen-Zahl A	Masse	Häufigkeit in %	Symbol
Wasserstoff	1	0	1	$1,674 \cdot 10^{-24}$ g 1,008 amu	99,985	^1H
Deuterium	1	1	2	$3,344 \cdot 10^{-24}$ g 2,014 amu	0,015	^2H oder D
Tritium	1	2	3	$5,008 \cdot 10^{-24}$ g 3,016 amu	*	^3H oder T
Kohlenstoff-12	6	6	12	$1,9926 \cdot 10^{-23}$ g genau 12 amu	98,90	^{12}C
Kohlenstoff-13	6	7	13	$2,159 \cdot 10^{-23}$ g 13,00 amu	1,10	^{13}C
Sauerstoff-16	8	8	16	$2,655 \cdot 10^{-23}$ g 15,99 amu	99,76	^{16}O
Chlor-35	17	18	35	$5,807 \cdot 10^{-23}$ g 34,97 amu	75,77	^{35}Cl
Chlor-37	17	20	37	$6,138 \cdot 10^{-23}$ g 36,97 amu	24,23	^{37}Cl
Kobalt-60	27	33	60	–	*	^{60}Co
Strontium-90	38	52	90	–	*	^{90}Sr
Gold-197	79	118	197	$3,271 \cdot 10^{-22}$ g 197,0 amu	100	^{197}Au
Uran-235	92	143	235	$3,902 \cdot 10^{-22}$ g 235,0 amu	0,72	^{235}U
Uran-238	92	146	238	$3,953 \cdot 10^{-22}$ g 238,05 amu	99,27	^{238}U

* instabiles, radioaktives Element.

Beispiel 4-2 Rechnen mit Massenzahlen

Wieviel Neutronen enthalten die Atome (a) von Uran-235, (b) von ^{60}Co?

Methode. Das Isotop ist jeweils mit der Massenzahl A identifiziert, also mit der Gesamtanzahl von Protonen und Neutronen. Die Ordnungszahl Z (und damit die Anzahl der Protonen) ist für das Element charakteristisch. Die Anzahl der Neutronen ist dann $A - Z$.

Lösung. (a) Die Masse von Uran-235 ist 235, also ist die Anzahl der Nukleonen $A = 235$. Nach der Periodentafel ist für Uran $Z = 92$, also enthält der Urankern 92 Protonen. Die Anzahl der Neutronen ist dann $235 - 92 = 143$. (b) ^{60}Co (Kobalt-60) hat $Z = 27$ und $A = 60$. Folglich enthält dieser Kern $60 - 27 = 33$ Neutronen.

Übungsaufgabe. Wieviele Neutronen enthalten die Kerne (a) von Kohlenstoff-12, (b) von ^{35}Cl?

[Antwort: (a) 6; (b) 18]

Die Häufigkeit von Isotopen

In der Regel ist ein Element (wie etwa Chlor, das man durch Elektrolyse gewinnt) ein Gemisch verschiedener Isotope. Die Häufigkeit eines Isotops ist der prozentuale Anteil, mit dem die Atome unter allen Atomen einer Probe vorkommen:

$$\text{Häufigkeit von X} = \frac{\text{Anzahl der Atome des Isotops X}}{\text{Anzahl der Atome des Elementes in der Probe}} \cdot 100\%$$

Wieviele Atome eines Isotops die Probe enthält, können wir mit dem Massenspektrometer bestimmen, denn die Höhen der Peaks im Massenspektrum sind zur Anzahl der Atome mit einer bestimmten Masse proportional.

Die *natürliche* Häufigkeit eines Isotops ist seine Häufigkeit in einer in der Natur vorkommenden Probe. Neon-20 hat eine natürliche Häufigkeit von 91%, d.h. in einer natürlichen Probe sind von 100 Neon-Atomen 91 Neon-20-Atome. Uran-235, das als Kernbrennstoff verwendete Uranisotop, hat nur eine natürliche Häufigkeit von 0,7%, das heißt, nur 7 von 1000 Uran-Atomen sind Uran-235-Atome. In Tabelle 4-2 sind die natürlichen Häufigkeiten von einigen wichtigen Isotopen angegeben. Die Abb. 4-11 zeigt, daß es sogenannte *Reinelemente* aus nur einem Isotop als auch Elemente aus sehr vielen Isotopen gibt.

Atomare Masseneinheiten und Atommassen

Die in Tabelle 4-2 zusammengestellten Atommassen sind mit Zahlenwerten zwischen 10^{-24} und 10^{-22} g alle sehr klein. Bequemer ist es, mit einer handlichen Einheit zu arbeiten, die normale Zahlen liefert; deshalb werden atomare Massen in der Regel in Vielfachen der atomaren Masseneinheit (amu) angegeben, die wir bereits in Abschnitt 1-3 kennengelernt haben.

Mit Hilfe der uns bekannten Bezeichnung

$$1 \text{ amu} = 1,6605 \cdot 10^{-24} \text{ g}$$

können wir für alle Atome die Atommassen ausrechnen (vgl. dazu Beispiel 4-3). Die Zahlenwerte der Atommassen liegen zwischen 1 amu

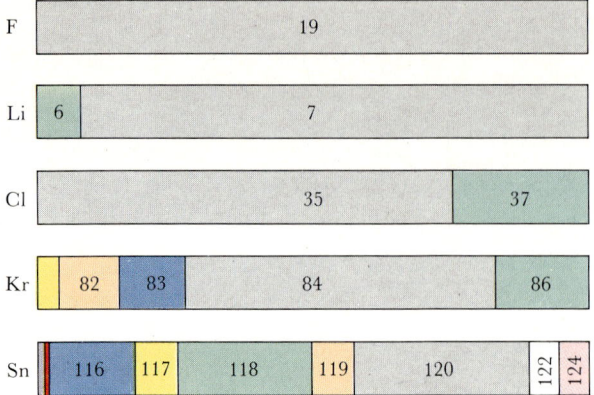

Abb. 4-11 Die natürlichen Häufigkeiten der Isotope einiger Elemente; die Länge der Balken ist proportional der prozentualen Häufigkeit der entsprechenden Iotope in dem in der Natur vorkommenden Gemisch.

(für Wasserstoff) und etwa 250 amu für die schwersten Elemente (Uran und die in der Periodentafel folgenden synthetischen Elemente).

Eine natürliche Probe eines Elements ist meist ein Gemisch von Isotopen verschiedener Masse. Die gemittelte Masse der Atome in einer Probe heißt die *atomare Masse* (früher nicht ganz korrekt Atomgewicht) des betreffenden Elements (vgl. Abb. 4-12). In Chlorgas kommen die beiden Chlorisotope (Chlor-35 und Chlor-37) in ihren natürlichen Häufigkeiten (75,8% ^{35}Cl und 24,2% ^{37}Cl) vor. Die Massen der beiden Isotope sind 34,97 amu bzw. 36,97 amu; daraus folgt für die mittlere Atommasse M_a des Chlors:

$$M_a = \frac{75,8}{100} \cdot 34,97 \text{ amu} + \frac{24,2}{100} \cdot 36,97 \text{ amu}$$

$$= 35,5 \text{ amu}$$

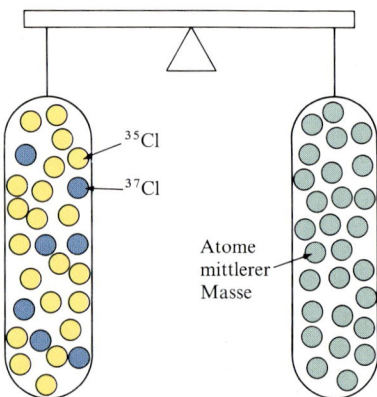

Abb. 4-12 Die atomare Masse des Chlors ist gleich der mittleren Masse der Atome in einer Probe mit der natürlichen Zusammensetzung, wobei die Häufigkeiten der Isotope berücksichtigt sind.

Beispiel 4-3 Berechnung der Anzahl der Atome in einer Probe

Bei der Elektrolyse von 19,24 g Wasser entstehen 2,15 g Wasserstoffgas. Wieviele Wasserstoffatome sind in den 19,24 g Wasser enthalten?

Methode. Bei einer chemischen Reaktion werden Atome weder erzeugt noch vernichtet. Folglich enthalten 19,24 g Wasser genauso viele Wasserstoffatome wie 2,15 g Wasserstoffgas. Diese Anzahl berechnen wir mit der Umrechnungsformel

Anzahl der H-Atome = (Masse von H in Gramm) · (Anzahl der H-Atome pro Gramm)

Die Atommasse des Wasserstoffs entnehmen wir der Periodentafel; daraus berechnen wir, wieviel H-Atome in einem Gramm enthalten sind.

Lösung. Die Atommasse des Wasserstoffs ist 1,008 amu; dann ist die mittlere Masse der H-Atome

$$M_a = 1,008 \text{ amu} \cdot \frac{1,6605 \cdot 10^{-24} \text{ g}}{1 \text{ amu}}$$

$$= 1,674 \cdot 10^{-24} \text{ g H}$$

Zum Umrechnen von der Masse in die Anzahl der Atome brauchen wir nur mit dem Faktor

$$\frac{1 \text{ H-Atom}}{1,674 \cdot 10^{-24} \text{ g H}}$$

zu multiplizieren. Daraus erhalten wir

$$\text{Anzahl der H-Atome} = 2,15 \text{ g H} \frac{1 \text{ H-Atom}}{1,674 \cdot 10^{-24} \text{ g H}}$$

$$= 1,28 \cdot 10^{24} \text{ H-Atome}$$

Übungsaufgabe. Wie viele Sauerstoffatome sind in der Probe enthalten (17,10 g Sauerstoffgas wurden frei)? Ein Sauerstoffatom hat im Mittel die Masse $2{,}66 \cdot 10^{-23}$ g. Wie kann man das Ergebnis kommentieren?

[Antwort: $6{,}43 \cdot 10^{23}$ O-Atome; das ist genau die Hälfte der H-Atome.]

Der Aufbau des Wasserstoffatoms

Unsere Kenntnis über den Aufbau der Atome stammt überwiegend von der *Spektroskopie,* der Analyse von Licht und anderer Strahlung, die von den verschiedensten Substanzen emittiert oder absorbiert werden. Manche Elemente emittieren Licht einer bestimmten Farbe oder Farbmischungen, wenn ihre Verbindungen in einer Flamme erhitzt werden (s. Abb. 4-13) oder wenn ihr Dampf einer elektrischen Entladung ausgesetzt wird. Natriumatome emittieren das wohlbekannte gelbe Licht, das auch von älteren Straßenbeleuchtungen bekannt ist. Kalium emittiert violettes Licht, Rubidium rotes und Cäsium blaues Licht. Im allgemeinen ist das emittierte Licht eine Mischung verschiedener Farben, die sich in einem Prisma zerlegen lassen, so wie das Sonnenlicht in Wassertropfen zum Regenbogen aufgefächert wird. In einem Spektrometer werden die getrennten Farben photographisch als *Spektrum* aufgezeichnet (vgl. Abb. 4-14). Jede Farbe gibt ein eigenes Bild des Spaltes, durch den das Licht in das Spektrometer eintritt; deshalb beobachtet man im Spektrum eine Folge von *Spektrallinien.*

4-3 Licht

Licht ist *elektromagnetische Strahlung,* also eine Welle aus oszillierenden elektrischen und magnetischen Feldern. Ein magnetisches Feld übt

Abb. 4-13 Die Flammenfärbung eignet sich dazu, bestimmte Elemente in einer Verbindung zu identifizieren. Sie bietet vor allem eine bequeme Methode, um die Alkalimetalle voneinander zu unterscheiden. Mit Ausnahme von Lithium stammen die Farben von energetisch angeregten Atomen. (Beim Lithium sind LiOH-Moleküle für die Licht-Emission verantwortlich.) (a) Lithium, (b) Natrium, (c) Kalium, (d) Rubidium.

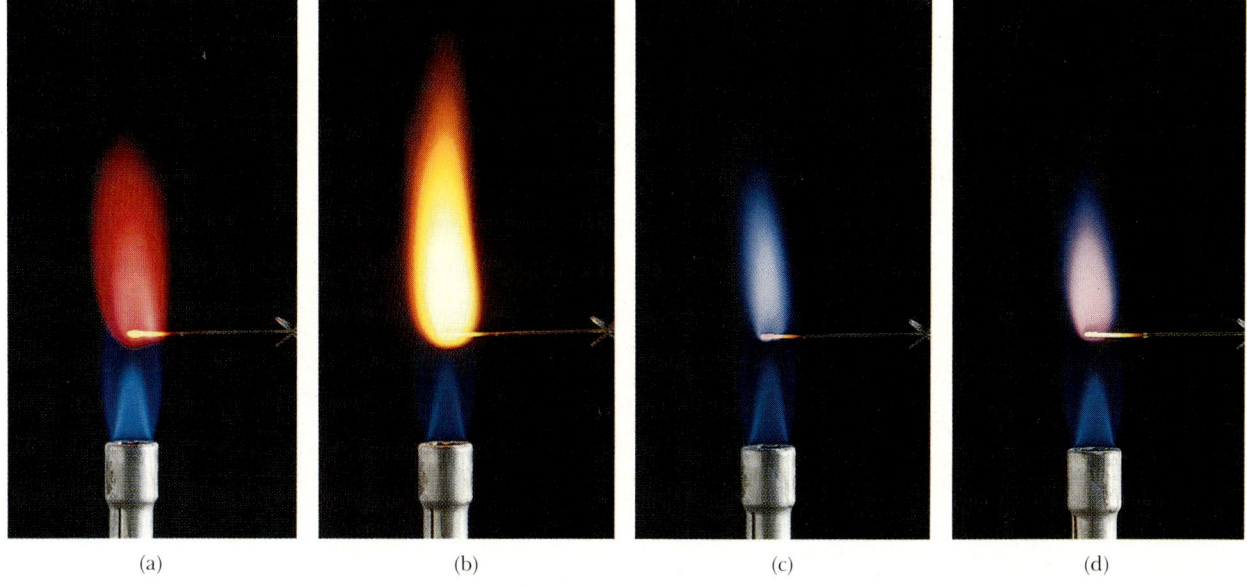

(a)   (b)   (c)   (d)

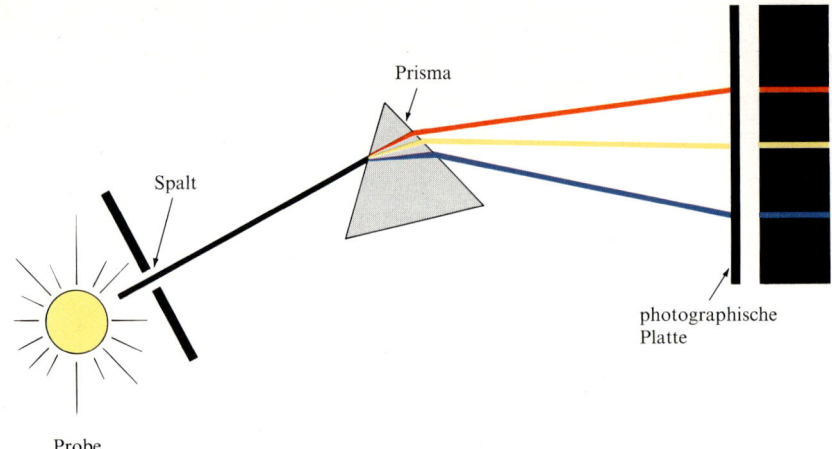

Spalt

Prisma

photographische
Platte

Probe

Abb. 4-14 In einem Spektrometer
wird das von der Probe emittierte
Licht zuerst durch einen Spalt und
dann durch ein Prisma geschickt. Im
Prisma wird das Licht in seine Spek-
tralfarben zerlegt, die z. B. photographisch aufgezeichnet werden können.
Die Spektrallinien sind eigentlich Ab-
bilder des Spaltes.

auf ein sich bewegendes geladenes Teilchen eine Kraft aus. Ein elektrisches Feld wirkt sowohl auf bewegte wie auf ruhende geladene Teilchen; wir werden deshalb überwiegend die Wirkungen des elektrischen
Feldes diskutieren. Die Oszillation des elektrischen Feldes bedeutet,
daß die Kraft des elektrischen Feldes in einem Augenblick in einer
Richtung wirkt und im nächsten Augenblick in der entgegengesetzten.

Frequenz und Wellenlänge

Einen vollständigen ‚Umlauf‘ der Richtung des elektrischen Feldes in
die entgegengesetzte Richtung und wieder zurück in die ursprüngliche
Richtung nennen wir einen *Zyklus*. Die Anzahl der Zyklen pro Sekunde
nennen wir die *Frequenz v*.

Die Einheit der Frequenz ist das *Hertz* (Hz), nach Heinrich Hertz,
einem Pionier bei der Erforschung der elektromagnetischen Strahlung:

$$1 \text{ Hz} = 1 \text{ Zyklus pro Sekunde}$$

Damit ist $1 \text{ Hz} = 1 \text{ s}^{-1}$ und $1 \text{ Hz} \cdot 1 \text{ s} = 1$.

Die Frequenz des Lichtes bestimmt seine Farbe (vgl. Tabelle 4-3).
Das elektrische Feld des blauen Lichtes schwingt z. B. mit einer Fre-
quenz von $6{,}4 \cdot 10^{14}$ Hz. Eine Verkehrsampel strahlt grünes Licht mit
$4{,}3 \cdot 10^{14}$ Hz, gelbes mit $5{,}2 \cdot 10^{14}$ Hz und rotes mit $5{,}7 \cdot 10^{14}$ Hz aus.

Eine für Wellen charakteristische Größe ist die *Wellenlänge λ*. Sie ist
der räumliche Abstand zweier Maxima in einer Momentaufnahme
einer Welle (vgl. Abb. 4-15). Wellenlänge und Frequenz hängen über die
Gleichung

$$\lambda \cdot v = c \tag{1}$$

miteinander zusammen; c ist die Lichtgeschwindigkeit, für deren ge-
nauen Zahlenwert ($c = 2{,}99792 \cdot 10^8$ m s^{-1}) wir fast immer $3{,}00 \cdot 10^8$ m s^{-1}
schreiben können. c ist die Geschwindigkeit, mit der sich elektromagne-
tische Strahlung durch den leeren Raum fortpflanzt. Gleichung 1 zeigt,
daß zu einer hohen Frequenz eine kürzere Wellenlänge gehört (vgl.
Tabelle 4-3). Blaues Licht hat eine hohe Frequenz und eine kurze Wellenlänge (etwa 470 nm) und rotes Licht eine kleinere Frequenz und eine
größere Wellenlänge. So entsprechen die Farben einer Verkehrsampel
von Rot über Gelb nach Grün den Wellenlängen 700 nm, 580 nm und
530 nm.

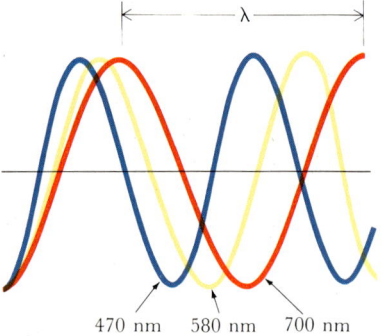

470 nm   580 nm   700 nm

Abb. 4-15 Eine Lichtwelle wird durch
die Wellenlänge λ (in Nanometer,
nm) und die Frequenz ν charakterisiert. Rotes Licht hat eine größere
Wellenlänge als blaues Licht. Die
Wellenberge wandern mit der Lichtgeschwindigkeit c durch den Raum.
Die Frequenz (in Hertz) hängt mit
der Wellenlänge über die Formel
$v = c/\lambda$ zusammen.

Tabelle 4-3 Farbe, Frequenz und Wellenlänge von Licht*   4-3 Licht

Farbe	Frequenz 10^{14} Hz	Wellenlänge nm	Energie pro Photon, 10^{-19} J
Röntgen- und Gamma-Strahlen	10^3 und höher	3 und darunter	660 und höher
Ultraviolett	10	300	6,6
sichtbares Licht			
violett	7,1	420	4,7
blau	6,4	470	4,2
grün	5,7	530	3,7
gelb	5,2	580	3,4
orange	4,8	620	3,2
rot	4,3	700	2,8
Infrarot	3,0	1000	1,9
Mikrowellen und Radiowellen	$3 \cdot 10^{11}$ Hz und darunter	$3 \cdot 10^6$ und darüber	$2 \cdot 10^{-22}$ J und höher

* Die Zahlen sind typische Näherungswerte.

Das menschliche Auge kann elektromagnetische Strahlung nur zwischen 700 nm (rotes Licht) und 400 nm (violettes Licht) wahrnehmen. Strahlung in diesem Bereich nennt man auch *sichtbares Licht*. Weißes Licht wie z. B. das Sonnenlicht ist eine Mischung von sichtbarem Licht aller Frequenzen. Der Wellenlängenbereich elektromagnetischer Strahlung reicht von weniger als 1 pm (Picometer) bis zu mehreren Kilometern, aber den größten Teil davon kann unser Auge nicht wahrnehmen, entweder weil die Strahlung schon in der Linse unseres Auges absorbiert wird oder weil die Moleküle in der Netzhaut nicht darauf reagieren. *Ultraviolette Strahlung* hat eine höhere Frequenz als violettes Licht (ultra (lat.) = darüber), und *infrarote Strahlung*, die wir nur als Wärmestrahlung wahrnehmen, hat eine geringere Frequenz als rotes Licht (infra (lat.) = innerhalb, darunter).

Photonen

Nach der Quantentheorie können wir Licht nicht nur als eine Welle, sondern auch als einen Strom von Teilchen auffassen, die wir *Photonen* nennen. Je intensiver das Licht ist, um so größer ist die Anzahl der Photonen in dem Lichtstrahl. Jedes Photon ist ein Energie-Paket oder *Energie-Quant*. Die Energie der Photonen in der Infrarot-Strahlung der Sonne nehmen wir als Wärme des Sonnenlichtes wahr.

Die Energie E eines einzelnen Photons ist proportional zur Frequenz des Lichtes. Dafür schreiben wir:

$$E = h \cdot v \qquad (2)$$

Dabei ist h die Plancksche Konstante mit dem Zahlenwert $h = 6{,}63 \cdot 10^{-34}$ J s. Sie ist nach Max Planck benannt, dem deutschen Physiker, der als erster die Vorstellung einer Energie-Quantelung entwickelte. Blaues Licht besteht danach aus einem Strom von Photonen, die jeweils die Energie

$$E = (6{,}63 \cdot 10^{-34} \text{ J s}) \cdot (6{,}4 \cdot 10^{14} \text{ Hz})$$
$$= 4{,}2 \cdot 10^{-19} \text{ J}$$

haben. Rotes Licht besteht aus Photonen, deren Energie (wegen der kleineren Frequenz des roten Lichtes) kleiner ist; die Formel liefert dafür $2.8 \cdot 10^{-19}$ J. In Tabelle 4-3 ist die Photonenenergie für verschiedene Farben des Lichtes angegeben.

Der photoelektrische Effekt

Der erste experimentelle Hinweis auf den Zusammenhang zwischen der Energie und der Frequenz der Photonen nach Gl. 2 ergab der *photoelektrische Effekt*. Dabei werden unter dem Einfluß ultravioleter Strahlung aus einer Metalloberfläche Elektronen emittiert. Man fand, daß keine Elektronen emittiert werden, wenn die Frequenz des Lichtes unterhalb einer bestimmten für das Metall charakteristischen Schwelle ist. Dies weist auf die Existenz von „Energiepaketen" hin, von denen eines so viel Energie mitbringen muß, daß es ein Elektron aus dem Metall loslösen kann.

Nach dem Energieerhaltungssatz ist die kinetische Energie des *Photoelektrons* – so heißt das bei diesem Effekt emittierte Elektron – gleich der Energie des eingestrahlten Photons (hv) minus der *Ionisierungsenergie* (s. Abschn. 4-8), die für das Abtrennen des Elektrons aus dem Metall verbraucht wird (das ist für jedes Metall ein konstanter Wert):

$$E_K \quad = \quad h \cdot v \quad - \quad \text{Konstante}$$

kinetische Energie des Elektrons	Energie des Photons	Ionisierungsenergie für die Ablösung des Elektrons aus dem Metall

Diese Gleichung beschreibt eine Gerade:

$$E_K = - \text{konstant} + h \cdot v$$
$$y = \qquad a \qquad + b \cdot x$$

Wir erhalten also eine Gerade mit der Steigung h, wenn wir die kinetische Energie der emittierten Elektronen gegen die Frequenz des eingestrahlten Lichtes auftragen. Daß es in der Tat so ist, zeigt die Abb. 4-16. Weil die Steigung der Geraden gleich h ist, läßt sich mit diesem Verfahren der Zahlenwert der Planckschen Konstante bestimmen.

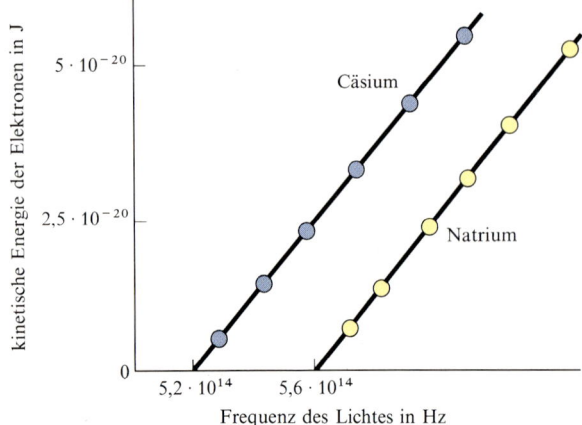

Abb. 4-16 Wenn man die kinetische Energie der beim photoelektrischen Effekt emittierten Elektronen gegen die Frequenz des eingestrahlten ultravioletten Lichtes aufträgt, erhält man eine Gerade. Aus der Steigung der Geraden erhält man den Zahlenwert der Planckschen Konstante. Unterhalb einer bestimmten Frequenz (die von Metall zu Metall verschieden ist) treten keine Photoelektronen auf.

4-4 Das Spektrum des Wasserstoffatoms

Im sichtbaren Bereich besteht das Spektrum des atomaren Wasserstoffs aus drei Linien. Die intensivste Linie (bei 656 nm) liegt im roten Bereich, deshalb leuchtet angeregter Wasserstoff in dieser Farbe. Energetisch angeregte Wasserstoffatome emittieren auch im ultravioletten und im infraroten Bereich; diese Strahlung wird mit elektronischen Detektoren nachgewiesen. In Abb. 4-17 ist das vollständige Spektrum des atomaren Wasserstoffs wiedergegeben.

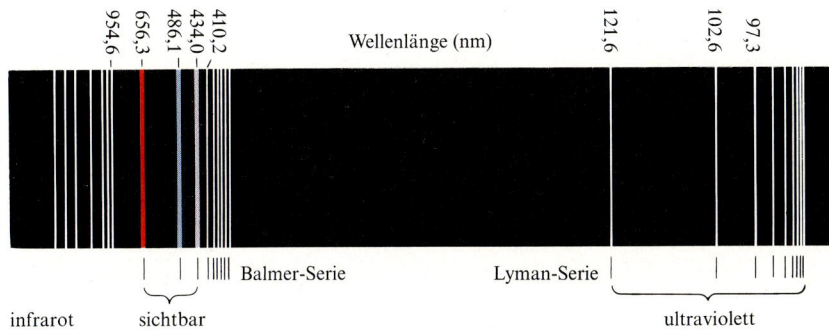

Abb. 4-17 Das vollständige Spektrum des atomaren Wasserstoffs. Die Linien gehören zu verschiedenen Serien, von denen zwei am unteren Rand eingezeichnet sind.

Die Energie-Quantelung

Das vollständige Spektrum des Wasserstoffs wirkt zwar wie ein ungeordnetes Durcheinander von Linien, es liegt ihm aber in Wirklichkeit ein strenges Muster zugrunde. Ein Teil dieses Musters wurde 1885 von dem Schweizer Lehrer Joseph Balmer aufgeklärt, der erkannte, daß die Frequenzen im Sichtbaren und in seiner Umgebung durch die Formel

$$\nu \propto \frac{1}{4} - \frac{1}{n^2}$$

mit $n = 3, 4, \dots$ beschrieben werden, wobei das Symbol $\propto$ für ‚proportional zu‘ steht. Die Linien, die durch diese Formel beschrieben werden, heißen *Balmer-Serie*. Der schwedische Spektroskopiker Johannes Rydberg konnte später das ganze Muster des Spektrums des atomaren Wasserstoffs aufklären. Er fand, daß alle Linien, einschließlich derjenigen im ultravioletten und im infraroten Bereich, durch eine einzige Formel beschrieben werden können, für die die Formel der Balmer-Serie nur ein Spezialfall ist. Diese allgemeine Formel lautet:

$$\nu \propto \mathfrak{R} \cdot \left(\frac{1}{n_E^2} - \frac{1}{n_A^2} \right) \tag{3}$$

Die Konstante $\mathfrak{R}$ heißt *Rydberg-Konstante;* sie hat den Zahlenwert $3{,}29 \cdot 10^{15}$ Hz. Die einzelnen Serien erhält man, indem man nacheinander $n_E = 1, 2, \dots$ einsetzt ($n_E = 2$ ergibt die Balmer-Serie). Um die einzelnen Linien der Serien zu berechnen, hat man dann $n_A = n_E + 1$, $n_E + 2$ usw. zu setzen, also z.B. für die Balmer-Serie $n_A = 3, 4, \dots$.

Der Zusammenhang zwischen der Frequenz des emittierten Lichtes eines beliebigen Atoms und seinem Bau ergibt sich aus folgender Vorstellung: Jedes Photon wird genau von einem Atom emittiert; dabei wird Energie aus dem Atom abgeführt. Wird die Probe erwärmt oder einer elektrischen Entladung ausgesetzt, so führt dies dem Atom Energie zu, die eine Veränderung der Atomstruktur möglich macht. Wenn das so angeregte Atom sich wieder in Richtung des ursprünglichen Zustandes verändert, wird die zugeführte Energie ganz oder teilweise wieder abgegeben, wobei sie als Photon emittiert wird (vgl. Abb. 4-18). Wenn die Energie des Atoms um ΔE abnimmt, so wird dieser Energiebetrag von dem Photon abgeführt. Das Photon hat die Energie $h\nu$ (vgl. Gl. 2), also wird die Frequenz des Lichtes, das von dem Atom emittiert wird, durch die **Bohrsche Frequenz-Bedingung:**

$$\Delta E = h\nu \qquad (4)$$

bestimmt. Diese Beziehung ist nach dem dänischen Wissenschaftler Niels Bohr (Abb. 4-19) benannt, der sie zuerst aufgestellt hat. Die Energie des Atoms nimmt danach um so mehr ab, je höher die Frequenz des emitterten Photons ist. Gegebenenfalls kann eine Probe blaues oder sogar ultraviolettes Licht absorbieren. Bei geringerer Energieabnahme wird rotes oder infrarotes Licht kleinerer Frequenz emittiert.

Damit können wir den nächsten entscheidenden Schritt angehen. Wir haben erfahren, daß das Spektrum des atomaren Wasserstoffs aus Strahlung ganz bestimmter konkreter Frequenzen besteht. Wir haben auch festgestellt, daß zu jeder Frequenz ein Energie-Paket, ein Quant, gehört, das eine ganz bestimmte Energie von dem Atom als Photon abtransportiert. Daraus müssen wir schließen, daß ein Elektron in einem Wasserstoffatom nur ganz bestimmte Energiewerte haben kann, denn sonst müßte das Atom alle Frequenzen emittieren können. Diese Einschränkung widerspricht völlig den Voraussagen der klassischen Mechanik, nach der ein Körper jede beliebige Energie haben kann. So darf z.B. nach der klassischen Mechanik ein Pendel jede beliebige Schwingungsenergie haben, die man durch stärkeres oder schwächeres Anstoßen leicht vorgeben kann.

Wir formulieren diese Erkenntnis, indem wir sagen, daß die Energie *gequantelt* ist.

Die **Quantelung** einer Größe bedeutet, daß diese Größe nur ganz bestimmte Werte annehmen kann.

Uns scheint es, daß makroskopische Objekte jede beliebige Energie annehmen können. Bewegt man sich jedoch in kleineren Dimensionen, wird deutlich, daß sie Energie nur in diskreten Beträgen aufnehmen. Folgendes Beispiel kann das veranschaulichen: Man gießt Wasser in einen Eimer. Das Wasser scheint eine kontinuierliche (beliebig unterteilbare) Flüssigkeit zu sein, von der man jede beliebige Menge ausgießen kann. In Wirklichkeit ist die kleinste Menge, die man übertragen kann, ein H_2O-Molekül, das man sich als das Quant des Wassers vorstellen kann. Man kann also in Wirklichkeit nur solche Mengen an Wasser in den Eimer gießen, die einem Vielfachen des Wasser-Quants entsprechen.

Das Bohrsche Atommodell

Bohr versuchte, das Spektrum des atomaren Wasserstoffs mit einem Modell zu erklären, das wir heute das *Bohrsche Atommodell* nennen. Nach diesem Modell kann sich das einzige Elektron des Wasserstoffatoms nur auf ganz bestimmten Kreisbahnen um den Atomkern bewe-

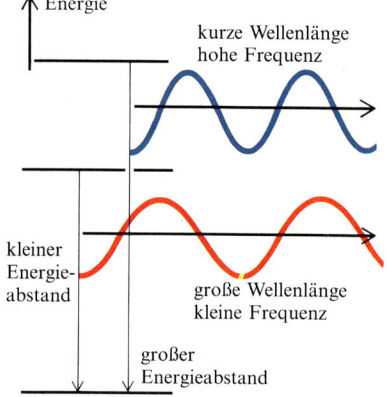

Abb. 4-18 Wenn ein Atom von einem Zustand höherer Energie in einen Zustand niedrigerer Energie fällt, so wird die Energiedifferenz von einem Photon als Licht abgeführt. Je größer die Energiedifferenz ist, um so höher ist die Frequenz des Lichtes.

Abb. 4-19 Niels Bohr (1885–1962).

gen; die Energie des Atoms ist dann die Summe aus der kinetischen und der potentiellen Energie des Elektrons auf seiner Umlaufbahn. Bohr hat für sein Modell die Energien auf den erlaubten Umlaufbahnen ausgerechnet:

$$E = -h \cdot \frac{\Re}{n^2}, \qquad n = 1, 2, \ldots \qquad (5)$$

Das Minus-Zeichen bedeutet, daß die potentielle Energie des Elektrons in sehr großem Abstand vom Kern gleich Null gesetzt wird und daß sie negativ wird, wenn sich das Elektron dem Kern nähert. In Abb. 4-20 sind die Energie-Niveaus wiedergegeben, die sich aus der Bohrschen Formel ergeben. Die *Quantenzahl n* ist eine ganze Zahl, die die erlaubten Kreisbahnen beschreibt: $n = 1$ steht für die Umlaufbahn mit der niedrigsten Energie, $n = 2$ für die nächste usw. Die Umlaufbahn mit $n = 1$ liegt dem Kern am nächsten. Wenn sich das Elektron auf dieser Bahn befindet, sagt man auch, es sei im *Grundzustand,* also im Zustand der niedrigsten Energie.

Die Bohrsche Formel liefert für jede einzelne Bahn die Energie. Sie fand ihre eigentliche Bestätigung, als es gelang, mit ihr die Energieänderung beim Übergang eines Elektrons von einer höheren Bahn mit der Quantenzahl n_A auf eine niedrigere mit der Quantenzahl n_E zu berechnen. Für diese Energie-Änderung erhält man aus der Bohrschen Formel

$$\Delta E = h \cdot \Re \cdot \left(\frac{1}{n_E^2} - \frac{1}{n_A^2} \right).$$

Aus dieser Gleichung erhielt Bohr Gl. 3, als er für ΔE die Photonenenergie $h\nu$ einsetzte und h auf beiden Seiten kürzte. Damit wurde die empirische Formel für das Spektrum des atomaren Wasserstoffs durch die Bohrsche Theorie bestätigt. Die Theorie liefert auch einen Zahlenwert für die Rydberg-Konstante $\Re^*$.

Diese Formel lieferte den Wert $\Re = 3,29 \cdot 10^{15}$ Hz in überraschend guter Übereinstimmung mit dem experimentellen Wert aus dem Spektrum des atomaren Wasserstoffs. Dies war ein glänzender Beweis für die Richtigkeit der Bohrschen Überlegungen.

Schließlich berechnete Bohr die Radien der erlaubten Bahnen. Für die Bahn mit $n = 1$ errechnete er den Zahlenwert 53 pm, der seitdem unter dem Namen *Bohrscher Radius* bekannt ist. Für die Geschwindigkeit des Elektrons auf dieser Bahn (im Grundzustand) erhielt Bohr einen Wert von 2200 km s^{-1}.

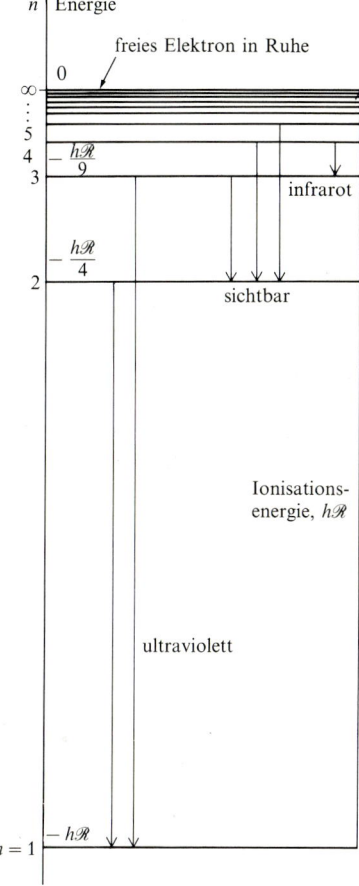

Abb. 4-20 Die Energieniveaus nach Bohr und einige Übergänge, die für Linien im beobachteten Spektrum verantwortlich sind. Der Nullpunkt der Energie entspricht einem sehr großen Abstand zwischen Kern und Elektron.

Beispiel 4-4 Die Berechnung der Wellenlängen in einem Spektrum

Die ultravioletten Linien im Spektrum des atomaren Wasserstoffs bilden die sog. „Lyman-Serie" (vgl. Abb. 4-17). Sie entstehen, wenn ein Elektron von einer höheren Bahn auf die unterste mit $n = 1$ zurückfällt.

Berechnen Sie die Wellenlänge derjenigen ultravioletten Linie, die dem sichtbaren Bereich am nächsten liegt!

---

* Die Bohrsche Formel lautet

$$\Re = \frac{m_e e^4}{8 h^3 \varepsilon_0^2},$$

wobei m_e die Masse und e die Ladung des Elektrons, h die Plancksche Konstante und ε_0 eine Fundamental-Konstante mit dem Zahlenwert $8,85 \cdot 10^{-12}$ C^2 J^{-1} m^{-1} ist.

Methode. Ultraviolette Strahlung hat eine höhere Frequenz als sichtbares Licht, und je kleiner die Frequenz ist, um so näher ist die Strahlung dem sichtbaren Bereich. Es geht also darum, die kleinste Energieänderung herauszufinden, die gerade noch zu ultravioletter Strahlung führt. Wir wissen, daß bei ultravioletten Übergängen das Elektron immer in die Bahn mit $n = 1$ fällt.

Der kleinste Energieübergang erfolgt, wenn es dabei von der Bahn mit $n = 2$ kommt. Wir verwenden also die Rydberg-Formel mit $n_A = 2$ und $n_E = 1$ und rechnen dann die Frequenz in die Wellenlänge um.

Lösung. Aus der Rydberg-Formel erhalten wir mit $\Re = 3,29 \cdot 10^{15}$ Hz:

$$v = \Re \cdot \left(\frac{1}{1^2} - \frac{1}{2^2} \right) = \frac{3}{4} \Re$$
$$= 2,47 \cdot 10^{15} \text{ Hz}$$

Die Wellenlänge, die zu dieser Frequenz gehört, wird mit Hilfe von Gleichung 1 und $1 \text{ Hz} = \text{s}^{-1}$ erhalten:

$$\lambda = \frac{3,00 \cdot 10^8 \text{ m}}{1 \text{ s}} \cdot \frac{1 \text{ s}}{2,47 \cdot 10^{15}}$$
$$= 1,21 \cdot 10^{-7} \text{ m} = 121 \text{ nm}$$

Übungsaufgabe. Welche Wellenlänge hat die Linie der Balmer-Serie mit der größten Wellenlänge? Welche Farbe hat ihre Strahlung?

[Antwort: 656 nm; rot]

4-5 Teilchen und Wellen

Die Bohrschen Rechnungen waren – als mathematisches Ergebnis – ein spektakulärer Erfolg. Bald zeigte sich aber, daß alle Versuche, sie auf kompliziertere Atome auszudehnen, scheiterten. Offensichtlich hatte die Bohrsche Theorie einen Haken; dies bestätigte sich, als weitere Experimente über das Verhalten der Materie ausgeführt wurden.

Die de-Broglie-Beziehung

Wir stellten bereits fest, daß ein Lichtstrahl, der in der klassischen Mechanik als Welle behandelt wird, auch als ein Strom von Photonen angesehen werden kann. Der französische Wissenschaftler Louis de Broglie hatte die zuerst überraschende Idee, diese Welle-Teilchen-Dualität auf Materie zu übertragen. 1924 schlug er vor, einem Elektron auch die Eigenschaften einer Welle zuzuschreiben. Nach seiner Idee sollte jedes Teilchen auch Welleneigenschaften haben, mit einer Wellenlänge λ, die von der Masse m und der Geschwindigkeit v des Teilchens abhängt. Sie wird in der sog. **de-Broglie**-Beziehung zusammengefaßt:

$$\lambda = \frac{h}{m \cdot v} \qquad (6)$$

Nach dieser Formel sollte ein schweres Teilchen, das sich mit hoher Geschwindigkeit bewegt, eine kleine Wellenlänge λ haben. Umgekehrt ergibt sich für ein kleines, langsames Teilchen eine große Wellenlänge.

Daß wir die Wellennatur makroskopischer Objekte nicht bemerken, liegt nur daran, daß ihre Wellenlänge so klein ist. Ein Tennisball von 100 g mit einer Geschwindigkeit von 65 km pro Stunde hat eine Wellenlänge von weniger als 10^{-30} m, das ist noch viel weniger als der Durchmesser eines Atomkerns. Die Forscher, die die klassische Mechanik entwickelt haben, fanden nur deshalb eine so gute Übereinstimmung zwischen ihren Rechnungen und dem Experiment, weil die Wellennatur der Körper, die sie untersucht haben (z. B. Bälle oder Planeten) und von der sie nichts wußten, für sie nicht zu beobachten war. Ein Elektron jedoch, das sich mit 2000 km s⁻¹ bewegt, hat eine Wellenlänge von 360 pm, das ist schon mehr als das Doppelte des Bohrschen Radius, liegt also in der Größenordnung von Atomdurchmessern. Bei der Behandlung der Bewegungen von Elektronen in Atomen muß man daher auch ihre Wellennatur berücksichtigen.

Eines der ersten Experimente, mit denen die Wellennatur der Elektronen nachgewiesen wurde, führten 1927 die amerikanischen Wissenschaftler Clinton Davisson und Lester Germer durch. Es war bekannt, daß Wellen, die durch ein Gitter laufen, dessen Abstände in der Größenordnung der Wellenlänge liegen, ein charakteristisches *Beugungsmuster* liefern. Davisson und Germer zeigten, daß Elektronen das erwartete Muster ergeben, wenn sie an einem Kristall reflektiert werden, dessen Atomschichten als Gitter wirken. Sie konnten auch nachweisen, daß das Beugungsmuster genau so ausfiel, wie man erwartete, wenn man den Elektronen die nach der de-Broglieschen Formel errechnete Wellenlänge zuordnete (vgl. Abb. 4-21).

Die Unschärfe-Relation

Wegen der Wellennatur des Elektrons können wir nicht genau angeben, wo sich ein sich bewegendes Elektron befindet. Das ist der Inhalt der von Werner Heisenberg 1927 aufgestellten *Unschärfe-Relation* (auch Unbestimmtheitsbeziehung genannt). Heisenberg erkannte, daß wir um so weniger über die Geschwindigkeit eines Teilchens sagen können, je genauer wir seinen Ort kennen, und umgekehrt. Wenn wir wissen, daß der Ort eines Teilchens der Masse m in dem Intervall Δx liegt, dann muß seine Geschwindigkeit um den Betrag Δv unsicher sein, und es muß gelten:

$$\Delta x \cdot (m \cdot \Delta v) \geq \frac{h}{4\pi} \qquad (7)$$

Wenn Δx gleich Null sein sollte (d.h. wenn wir den Ort des Teilchens absolut genau kennen), dann kann diese Gleichung nur erfüllt werden, indem Δv unendlich gesetzt wird, und das heißt, wir wissen über die Geschwindigkeit absolut nichts. Ist umgekehrt die Geschwindigkeit absolut sicher (Δv = 0), so muß der Ort absolut unsicher sein (Δx unendlich).

Die Unschärfe-Relation weist darauf hin, daß die Bohrsche Vorstellung von Elektronen, die auf genau definierten Bahnen um den Kern laufen, nicht richtig sein kann, denn ein Elektron auf einer solchen Bahn hätte in jedem Augenblick einen genau definierten Ort und eine genau definierte Geschwindigkeit.

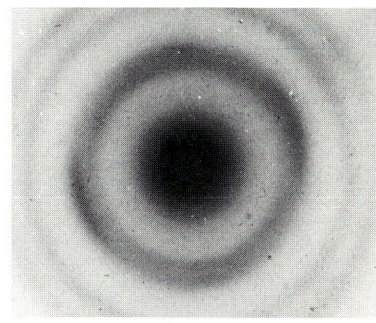

Abb. 4-21 Davisson und Germer konnten zeigen, daß Elektronen ein Beugungsmuster liefern, wenn sie an einem Kristall reflektiert werden. G. P. Thomson zeigte, daß man auch ein Beugungsmuster erhält, wenn die Elektronen durch eine sehr dünne Goldfolie geschickt werden. Dieses Muster ist hier wiedergegeben. G. P. Thomson war der Sohn von J. J. Thomson, dem Entdecker des Elektrons. Vater und Sohn erhielten den Nobelpreis, J. J. für den Nachweis, daß das Elektron ein Teilchen ist, und G. P. für den Nachweis, daß es eine Welle ist.

Beispiel 4-5 Eine Anwendung der Unschärfe-Relation

Wie groß ist die Unschärfe der Geschwindigkeit eines Elektrons in einem Wasserstoffatom?

Methode. Zuerst müssen wir feststellen, wie genau wir die Position des Elektrons kennen. Dabei erhalten wir Δx, das wir in Gl. 7 einsetzen, um Δv zu berechnen. Wir wissen, daß sich das Elektron irgendwo in dem Atom befindet; eine grobe Angabe für seine Ortsunsicherheit ist deshalb der Durchmesser des Atoms (106 pm).

Lösung. Weil Δx etwa bei 100 pm liegt, ist die Unschärfe der Geschwindigkeit mindestens

$$\Delta v = \frac{h}{4\pi \cdot m \cdot \Delta x}$$

$$= \frac{6,63 \cdot 10^{-34}\ \mathrm{kg\ m^2\ s^{-1}}}{4\pi \cdot (9,11 \cdot 10^{-31}\ \mathrm{kg}) \cdot (100 \cdot 10^{-12}\ \mathrm{m})}$$

$$= 6 \cdot 10^5\ \mathrm{m\ s^{-1}}.$$

(In der zweiten Zeile haben wir die Umrechnungen $1\ \mathrm{J\ Hz^{-1}} = 1\ \mathrm{J\ s}$ und $1\ \mathrm{J} = 1\ \mathrm{kg\ m^2\ s^{-2}}$ verwendet.) Das Ergebnis bedeutet eine Unschärfe von mehr als zwei Millionen Kilometern in der Stunde.

Übungsaufgabe. Wie unscharf ist der Ort eines Elektrons, wenn wir seine Geschwindigkeit auf $1\ \mathrm{mm\ s^{-1}}$ genau kennen?

[Antwort: 6 cm]

Die Atomorbitale des Wasserstoffs

Nach der Quantenmechanik ist ein Elektron zu einer Welle ‚verschmiert‘, und wir können nur von der *Wahrscheinlichkeit* sprechen, das Elektron an einem bestimmten Ort anzutreffen. Die Welle, welche die Ausbreitung des Elektrons im Raum beschreibt, ist die *Wellenfunktion* ψ. Die Wellenfunktion hat an manchen Stellen einen hohen und an manchen Stellen einen kleinen Wert, wie man das für eine Welle erwartet. Nach der *Bornschen Interpretation* der Wellenfunktion ist die Wahrscheinlichkeit, das Elektron an einem bestimmten Punkt anzutreffen, gleich dem Quadrat von ψ an diesem Punkt. Wenn also z. B. ψ an einem Punkt den Wert $+0{,}1$ und an einem anderen den Wert $-0{,}2$ hat, dann ist die Wahrscheinlichkeit, das Elektron anzutreffen, am zweiten Punkt viermal so groß wie am ersten. In Atomen werden die Wellenfunktionen *Atomorbitale* genannt (orbis (lat.) = Kreis). Ein Orbital können wir uns als den Bereich im Raum vorstellen, wo die Wahrscheinlichkeit, das Elektron anzutreffen, hoch ist. Der Name *Orbital* erinnert aber auch an die alten Elektronenbahnen des Bohrschen Modells. Wir werden sehen, daß es in vielen Fällen ausreicht, Diagramme der Atomorbitale zu zeichnen und ihre charakteristischen Formen zu diskutieren, ohne daß man ihre mathematischen Details kennen muß.

Der Österreicher Erwin Schrödinger (siehe Abb. 4-22) stellte im Jahre 1926 die Gleichung auf, mit der man die genauen Formeln für die Orbitale erhält. Schrödinger fand, daß Lösungen seiner Gleichung nur für ganz bestimmte Energien existieren. Während bei Bohr die Existenz erlaubter Bahnen ein willkürliches Postulat war, konnte Schrödinger aus seiner Gleichung folgern, daß die Energie eines Atoms gequantelt ist. Man kann sich das anschaulich so vorstellen, daß die Welle des Elektrons genau auf eine Bahn um den Kern herum passen muß (vgl. Abb. 4-23). Das ist nur für bestimmte Wellenlängen der Fall; jeder Wellenlänge entspricht dann eine bestimmte Energie. Dabei ist es bemerkenswert, daß die Schrödinger-Gleichung für das Wasserstoffatom genau dieselben Energieniveaus ergibt wie die Bohrsche Formel (Gl. 5). Das Schrödinger-Modell des Atoms stimmt also auch mit den spektroskopischen Daten überein. Sein Vorteil ist, daß es besser in der Quan-

Abb. 4-22 Erwin Schrödinger (1887–1961).

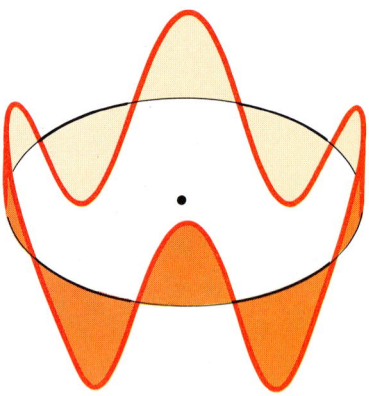

Abb. 4-23 Nur bestimmte Wellen passen um ein Wasserstoffatom herum. Jede dieser passenden Wellen hat eine charakteristische Energie, folglich sind auch nur bestimmte Energien erlaubt.

tenmechanik begründet ist und sich auch auf kompliziertere Moleküle ausdehnen läßt.

Nach Schrödinger wird jedes Atomorbital durch drei *Quantenzahlen* charakterisiert:

> Eine **Quantenzahl** ist eine Zahl, die den Zustand eines Elektrons bezeichnet und den Zahlenwert einer Eigenschaft festlegt.

Ein Beispiel für eine Quantenzahl haben wir bereits kennengelernt: in der Bohrschen Theorie wird jede Bahn durch eine Quantenzahl n gekennzeichnet, aus deren Zahlenwert man leicht die Energie berechnen kann. Die drei Quantenzahlen in der Theorie Schrödingers (vgl. Tab. 4-4 und 4-5; die vierte Quantenzahl interessiert uns hier nicht) sind die *Hauptquantenzahl n,* die *Drehimpulsquantenzahl l* und die *magnetische Quantenzahl* m_l.

Die *Hauptquantenzahl n* gibt die Energie des Elektrons im Wasserstoffatom genauso wie in der Bohrschen Theorie an; sie kann die Werte $1, 2, 3, \ldots$ bis unendlich annehmen. Nur beim Wasserstoff, nicht aber bei komplizierteren Atomen mit mehr als einem Elektron, haben alle

Tabelle 4-4 Die Quantenzahlen des Wasserstoffatoms

Name	Symbol	Werte	Bedeutung
Hauptquantenzahl	n	$1, 2, \ldots$	Bezeichnung der Schalen und Energieniveaus
Drehimpulsquantenzahl*	l	$0, 1, \ldots, n-1$	Bezeichnung der Unterschalen $l = 0, 1, 2, 3, 4, \ldots$ $s \quad p \quad d \quad f \quad g$
magnetische Quantenzahl	m_l	$l, l-1, \ldots, -l$	Bezeichnung der Orbitale der Unterschalen
Spin-Quantenzahl	m_s	$+\frac{1}{2}, -\frac{1}{2}$	Bezeichnung des Spin-Zustandes

* Die Drehimpulsquantenzahl l gibt den Drehimpuls des Elektrons an ($\sqrt{l(l+1)} \cdot h/2\pi$). Für l ist auch der Name azimuthale Quantenzahl gebräuchlich.

Tabelle 4-5 Die Orbitale der ersten vier Schalen des Wasserstoffatoms

Schale (n)	Unterschale (l)	Orbital-Typ	Anzahl der Orbitale $2l+1$	Energie*
1	0	$1s$	1	-1
2	0	$2s$	1	$-\frac{1}{4}$
	1	$2p$	3	
3	0	$3s$	1	$-\frac{1}{9}$
	1	$3p$	3	
	2	$3d$	5	
4	0	$4s$	1	$-\frac{1}{16}$
	1	$4p$	3	
	2	$4d$	5	
	3	$4f$	7	

* in Vielfachen von $h \cdot \mathfrak{R}$.

Orbitale mit $n = 2$ dieselbe Energie, genauso wie die Orbitale mit $n = 3$ usw.

Aus diesem Grund sagt man auch, daß alle Orbitale mit derselben Hauptquantenzahl eine *Schale* bilden. Die Schale mit der Hauptquantenzahl n enthält n^2 Orbitale, das sind also in der zweiten Schale ($n = 2$) 4 und in der dritten ($n = 3$) 9. Ein Elektron mit $n = 1$ ist in der Regel sehr nahe am Kern, eines mit $n = 2$ ist etwas weiter entfernt usw.

Die Orbitale einer Schale lassen sich in *Unterschalen* einteilen. Eine Unterschale besteht aus allen Orbitalen mit dem gleichen Wert der Drehimpulsquantenzahl l. Die Drehimpulsquantenzahl kann die Werte $0, 1, \ldots$ bis $n - 1$ annehmen, das sind insgesamt n verschiedene Werte. Es gibt also in der Schale mit $n = 1$ nur eine Unterschale (mit $l = 0$), bei $n = 2$ bereits zwei (mit $l = 0$ und $l = 1$) usw. In der Chemie hat es sich eingebürgert, die Unterschalen mit Buchstaben und nicht mit den Drehimpulsquantenzahlen zu bezeichnen. Sie sind nach der folgenden Tabelle definiert:

$$l = \quad 0 \quad 1 \quad 2 \quad 3$$
$$ \quad s \quad p \quad d \quad f$$

Die Schale mit $n = 3$ besteht also aus drei Unterschalen, die mit s, p und d bezeichnet werden.

Zu den verschiedenen Unterschalen gehören verschiedene Umlaufgeschwindigkeiten der Elektronen um den Kern. Ein s-Elektron führt keine Umlaufbewegung aus, genauer: es hat keinen Bahndrehimpuls. Ein Elektron in einer p-Unterschale hat einen Drehimpuls, und auf einer d-Schale einen entsprechend größeren Drehimpuls usw. Im Wasserstoffatom hat ein Elektron einer bestimmten Schale immer die gleiche Energie, unabhängig davon, auf welcher Unterschale es sich befindet. Für Atome mit mehreren Elektronen gilt das nicht mehr.

Jede Unterschale besteht aus $2l + 1$ einzelnen Orbitalen. Diese Orbitale sind durch die *magnetische Quantenzahl* m_l charakterisiert, die innerhalb der Schale l die Werte $l, l - 1, l - 2, \ldots$ bis hinunter zu $-l$ annehmen kann; das sind gerade $2l + 1$ Werte und damit $2l + 1$ Orbitale. Nehmen wir eine beliebige Schale; die Orbitale auf ihrer p-Unterschale haben $l = 1$, folglich hat die Unterschale drei Orbitale mit den magnetischen Quantenzahlen $+1, 0$ und -1. Manchmal werden diese drei p-Orbitale mit den Symbolen p_x, p_y und p_z bezeichnet. Wie wir sehen werden, sind diese Symbole besonders anschaulich.

Beispiel 4-6 Quantenzahlen

Wieviele Orbitale gehören zu der Schale mit $n = 4$?

Methode. Wir müssen feststellen, wieviele Unterschalen die Schale mit $n = 4$ hat, für jede Unterschale die Anzahl der Orbitale ermitteln und die Ergebnisse addieren. Wir wissen, daß l von 0 bis $n - 1$ geht. Wir wissen auch, daß eine Unterschale mit der Drehimpulsquantenzahl m_l insgesamt $2l + 1$ Orbitale enthält.

Lösung. Für $n = 4$ sind die erlaubten Werte der Drehimpulsquantenzahl $l = 0, 1, 2$ und 3 bzw. die Buchstabensymbole s, p, d und f. Es gibt ein s-Orbital, drei p-Orbitale, fünf d-Orbitale und sieben f-Orbitale, das sind zusammen 16.

Übungsaufgabe. Wieviele Orbitale enthält die Schale mit $n = 6$? Wie lautet die allgemeine Formel für die Anzahl der Orbitale auf der Schale n?

[Antwort: 36; n^2]

Die *s*-Orbitale

Das unterste (energieärmste) Orbital des Wasserstoffatoms ist das 1*s*-Orbital, also das Orbital mit $n = 1$, $l = 0$ und $m_l = 0$. Für $n = 1$ ist das zugleich das einzige Orbital. Wir sprechen dann auch von einem 1*s*-Orbital, das von einem 1*s*-Elektron besetzt ist.

Die äußere Form eines 1*s*-Orbitals läßt sich auf verschiedene Weise anschaulich machen. In Abb. 4-24 (a) ist die Schwärzung ein Maß für die Wahrscheinlichkeit, das Elektron an einer bestimmten Stelle anzutreffen. Die Schwärzung ist in der Nähe des Kerns am stärksten, denn dort hat das 1*s*-Elektron die höchste Aufenthaltswahrscheinlichkeit. Je größer der Abstand vom Kern wird, desto geringer wird die Aufenthaltswahrscheinlichkeit. Bisweilen spricht man von der Ladungswolke des Elektrons, womit gemeint ist, daß die elektrische Ladung des Elektrons über einen bestimmten Bereich, nämlich das Orbital, im Raum verteilt ist. In Abb. 4-24 (b) ist die Aufenthaltswahrscheinlichkeit des Elektrons längs eines festen Radius angegeben. Sie nimmt mit dem Abstand schnell ab, erreicht aber nirgends den Wert Null.

Alle *s*-Orbitale sind kugelsymmetrisch. Das bedeutet, daß man bei einem gegebenen Radius in jeder Richtung die gleiche Aufenthaltswahrscheinlichkeit findet. Eine sehr anschauliche Art, Orbitale darzustellen, bietet die Methode der Bindungsflächen. Dabei werden Flächen gezeichnet, die 90% der Aufenthaltswahrscheinlichkeit des Elektrons umschließen. In Abb. 4-25 ist eine solche Bindungsfläche für den Grundzustand des Wasserstoffatoms wiedergegeben; die Bindungsfläche bildet hier eine Kugel mit dem Radius 140 pm.

Das 2*s*-Orbital kommt in der Schale mit $n = 2$ vor. Es ähnelt dem 1*s*-Orbital, ist aber über ein größeres Volumen ausgedehnt. Seine Bindungsfläche ist wie bei allen *s*-Orbitalen kugelsymmetrisch.

Die *p*-Orbitale

Drei Orbitale mit $l = 1$ können in Schalen mit $n > 1$ vorkommen. Die Form der *p*-Orbitale ist in Abb. 4-26 wiedergegeben. Sie haben alle drei dieselbe Form, sind aber jede entlang einer Koordinatenachse orientiert. Deshalb sind für sie auch die Bezeichnungen p_x, p_y und p_z üblich.

Ein *p*-Elektron hat eine *Knotenebene;* darunter versteht man eine Ebene, in der das Elektron nie zu finden ist, weil dort seine Aufenthaltswahrscheinlichkeit gleich Null ist. Die Knotenebene geht durch den Kern. Das hat zur Folge, daß man ein *p*-Elektron im Gegensatz zu einem *s*-Elektron nie in unmittelbarer Nähe des Kerns antreffen kann.

Die *d*- und *f*-Orbitale

In Schalen mit $n > 2$ können fünf *d*-Orbitale (mit $l = 2$) auftreten. In Abb. 4-27 sind ihre Bindungsflächen skizziert. Vier der fünf *d*-Orbitale haben eine Doppelhantel-Struktur; das fünfte mit der Bezeichnung d_{z^2} hat eine etwas andere Form.

Für $n > 3$ können *f*-Orbitale auftreten. Zu jedem Wert $n > 3$ gibt es sieben *f*-Orbitale; ihre Formen sind etwas komplizierter und werden hier nicht wiedergegeben.

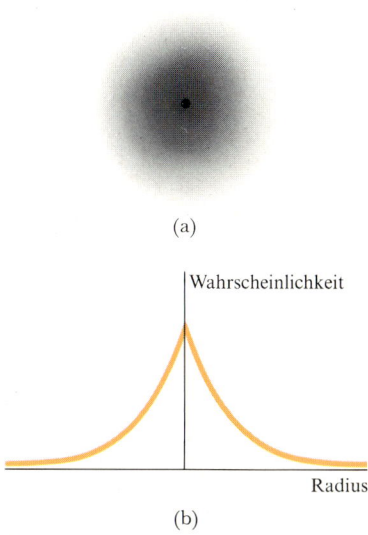

(a)

Wahrscheinlichkeit

Radius

(b)

Abb. 4-24 (a) Das 1*s*-Orbital des Wasserstoffs. Die Stärke der Schwärzung ist ein Maß für die Wahrscheinlichkeit, das Elektron an dieser Stelle anzutreffen. (b) Die Kurve zeigt, daß die Wahrscheinlichkeit, das Elektron längs eines Radius an einer bestimmten Stelle anzutreffen, am Kern am größten ist und nach außen schnell abnimmt.

Abb. 4-25 Die Bindungsfläche ist eine sehr anschauliche Möglichkeit, die Form eines Atomorbitals darzustellen. Die Bindungsfläche umschließt einen Bereich, in dem die Aufenthaltswahrscheinlichkeit des Elektrons 90% beträgt. Hier ist die Bindungsfläche eines *s*-Orbitals wiedergegeben.

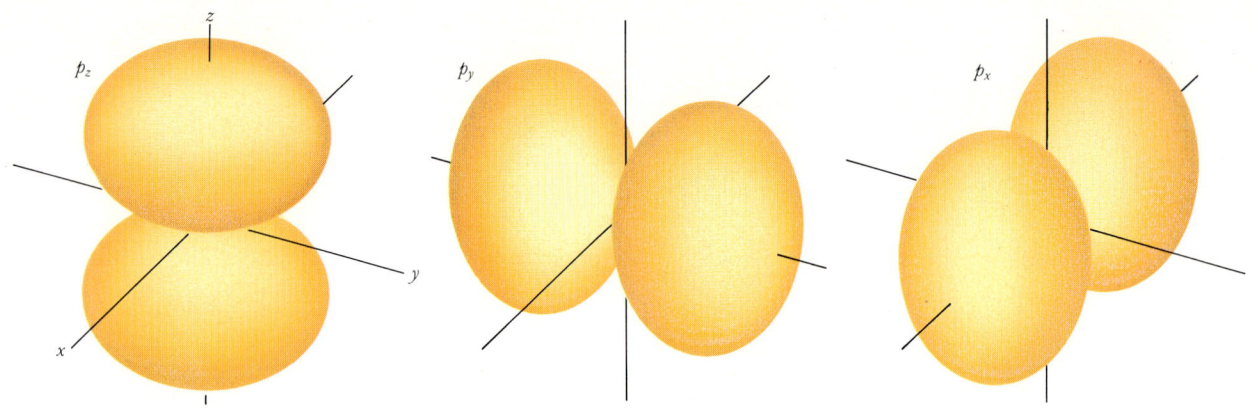

Abb. 4-26 Die Bindungsflächen der drei p-Orbitale einer gegebenen Unterschale.

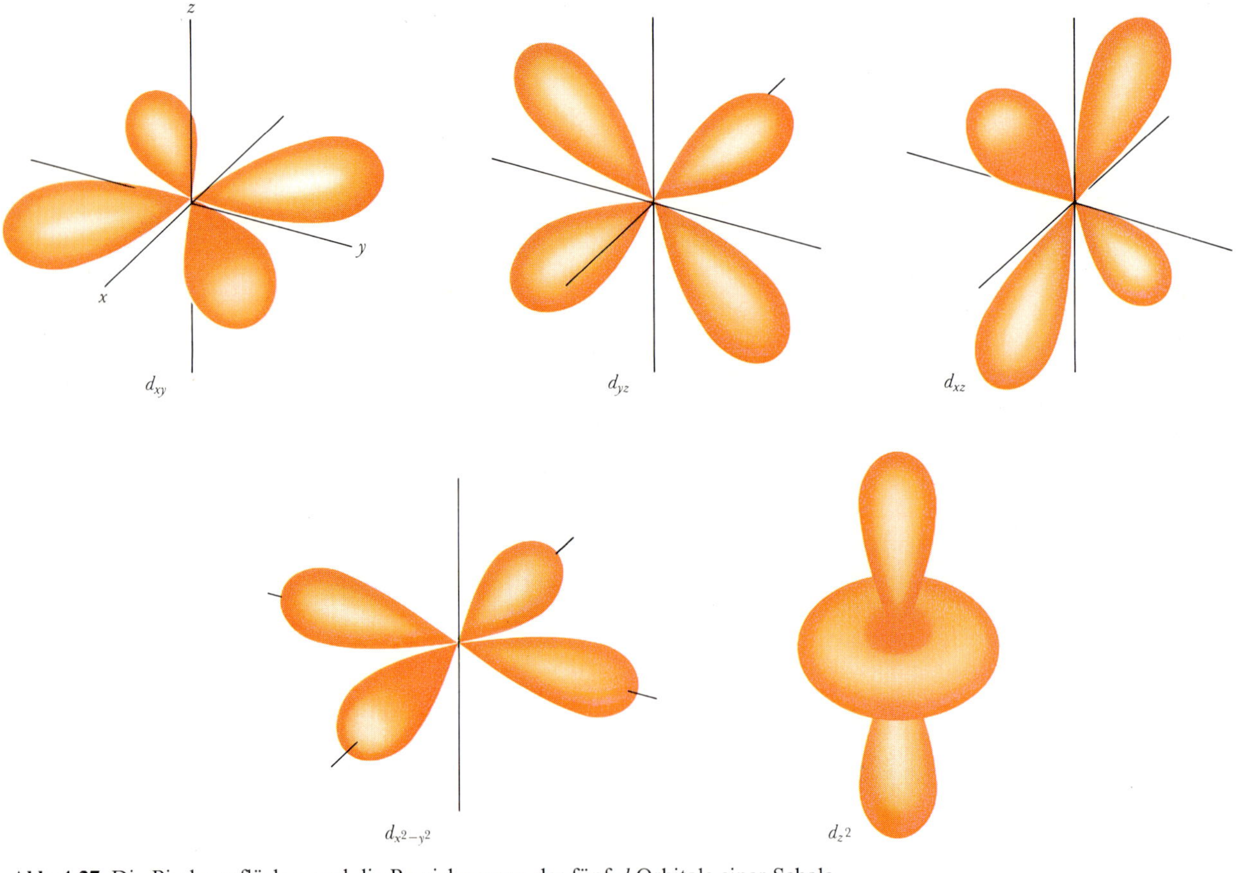

d_{xy}

d_{yz}

d_{xz}

$d_{x^2-y^2}$

d_{z^2}

Abb. 4-27 Die Bindungsflächen und die Bezeichnungen der fünf d-Orbitale einer Schale mit $n > 2$.

Der Elektronenspin

Bei einer sehr genauen Analyse des Spektrums stellte es sich heraus, daß die Frequenzen der beobachteten Linien nicht genau mit den Ergebnissen aus der Schrödinger-Gleichung übereinstimmen. Es handelte sich um sehr kleine, aber charakteristische Abweichungen, für die 1925 die

130

Physiker Samuel Goudsmit und Georg Uhlenbeck eine Erklärung vorschlugen. Danach verhält sich ein Elektron in mancher Hinsicht wie eine um ihre Achse rotierende Kugel, ähnlich wie die Erde. Sie nannten das Phänomen den *Spin* des Elektrons.

Einem Elektron stehen nur zwei Spinzustände zur Verfügung, die man mit den Pfeilen ↑ und ↓ symbolisieren kann. Man kann sich das anschaulich so vorstellen, daß das Elektron im Zustand ↑ im Uhrzeigersinn und im Zustand ↓ gegen den Uhrzeigersinn, jeweils mit derselben Geschwindigkeit, rotiert. Zur Unterscheidung der beiden Spin-Zustände des Elektrons dient eine vierte Quantenzahl, die sogenannte *Spin-Quantenzahl m_s*. Diese Quantenzahl kann nur zwei Werte haben, entweder $+\frac{1}{2}$ für ein ↑-Elektron oder $-\frac{1}{2}$ für ein ↓-Elektron.

Mit der Entdeckung der zwei Spin-Zustände war es möglich, das Ergebnis des 1920 von Otto Stern und Walter Gerlach durchgeführten Experimentes zu erklären. Stern und Gerlach hatten einen Strahl von Silberatomen durch ein starkes inhomogenes Magnetfeld (z.B. zwischen den Polen eines Magneten) hindurchgeschickt und eine Aufspaltung des Strahles in zwei Strahlen beobachtet (vgl. Abb. 4-28). Ein inhomogenes Magnetfeld ist dadurch charakterisiert, daß sich seine Feldstärke von Ort zu Ort schnell ändert. Die Silberatome haben eine ungerade Anzahl von Elektronen ($Z = 47$) und verhalten sich beim Stern-Gerlach-Versuch ähnlich wie ein Wasserstoffatom mit einem Elektron. Die Spins von 46 Elektronen können sich kompensieren, der Spin des 47. Elektrons bleibt auf jeden Fall unkompensiert. Damit wirkt das Silberatom wie ein kleiner Magnet, dessen Weg durch das inhomogene Magnetfeld gekrümmt wird. Je nachdem, ob es sich um ein ↑-Elektron oder um ein ↓-Elektron handelt, wird der Strahl in die eine oder in die andere Richtung abgelenkt.

Das Wasserstoffatom: Zusammenfassung

Das Elektron im Wasserstoffatom kann irgendeines der beschriebenen Orbitale besetzen. Im untersten Zustand, dem Grundzustand, besetzt es das $1s$-Orbital und hat deshalb die vier Quantenzahlen

$$n = 1, \quad l = 0, \quad m_l = 0 \quad \text{und} \quad m_s = +\frac{1}{2} \quad \text{oder} \quad -\frac{1}{2}.$$

(Die beiden Spin-Werte sind gleichberechtigt.) Wenn die vorhandene Energie ausreicht, um die $n = 2$-Schale zu erreichen, so kann das Elek-

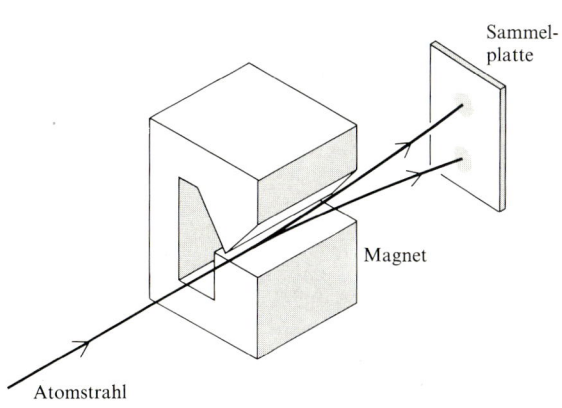

Sammel-
platte

Magnet

Atomstrahl

Abb. 4-28 Die Quantelung des Elektronen-Spins wurde mit dem Stern-Gerlach-Versuch nachgewiesen, bei dem ein Atom-Strahl beim Durchgang zwischen den Polen eines Magneten in zwei Strahlen aufgespalten wird. Die Atome des einen Strahles haben ein überschüssiges ↑-Elektron, die des anderen Strahles ein überschüssiges ↓-Elektron.

tron eines der vier Orbitale dieser Schale besetzen (entweder das 2s-Orbital oder eines der drei 2p-Orbitale), denn diese Orbitale haben alle dieselbe Energie. Mit entsprechend mehr Energie kann das Elektron die Schale mit $n = 3$ erreichen, wo es eines von neun Orbitalen (ein 3s-, drei 3p- und fünf 3d-Orbitale) besetzt.

Ein Elektron wird von einem Atom abgetrennt, wenn ihm die Energie zur Verfügung gestellt wird, die es braucht, um die Anziehung des Kerns zu überwinden. Das Atom ist dann ionisiert. Um ein Wasserstoffatom aus seinem Grundzustand zu ionisieren, braucht man die Energie, um das Elektron von dem Orbital mit $n = 1$ zum Nullpunkt der Energie (an dem Proton und Elektron sehr weit voneinander entfernt sind) anzuheben. An Abb. 4-20 kann man ablesen, daß dieser Energiebetrag gleich $h \cdot \Re = 2{,}18 \cdot 10^{-18}$ J ist. Um ein Mol Wasserstoffatome zu ionisieren, braucht man das $6{,}02 \cdot 10^{23}$-fache dieser Energie, das sind 1,31 MJ.

Die Strukturen komplizierterer Atome

Bis auf das Wasserstoffatom haben alle neutralen Atome mehr als ein Elektron. Beim Helium mit $Z = 2$ sind es zwei Elektronen, beim Lithium ($Z = 3$) drei, und allgemein hat ein Element mit der Ordnungszahl Z auch Z Elektronen. Man spricht in diesen Fällen von Mehrelektronen-Atomen.

4-6 Die Energien der Orbitale

Bei Mehrelektronen-Atomen trägt der Atomkern eine höhere Ladung. Damit werden die Elektronen stärker angezogen, und ihre Energie wird niedriger. Andererseits stoßen sich die Elektronen gegenseitig ab, was ihre Energie wiederum erhöht.

Effektive Kernladung

Im Wasserstoffatom mit nur einem Elektron treten keine störenden Abstoßungskräfte auf, deshalb haben dort alle Orbitale einer gegebenen Schale die gleiche Energie. In Mehrelektronen-Atomen bewirken die Abstoßungskräfte zwischen den Elektronen, daß die Energie eines s-Orbitals kleiner als die Energie der p-Orbitale derselben Schale wird, und daß die Energie der p-Orbitale kleiner als die der d-Orbitale ist. Innerhalb einer Unterschale bleiben die Energien aber gleich, so daß z. B. jedes der drei 2p-Orbitale dieselbe Energie hat. In Abb. 4-29 sind die Energien der verschiedenen Orbitale wiedergegeben.

Die Energieunterschiede zwischen Orbitalen der gleichen Schale, also z. B. zwischen den 3s- und den 3p-Orbitalen, haben etwas mit der Form der Orbitale zu tun. Dabei spielen zwei Faktoren eine Rolle. Wie schon im vorigen Abschnitt erwähnt wurde, kann sich ein s-Elektron sehr nahe am Kern aufhalten, ein p-Elektron aber nicht. Außerdem wird jedes Elektron von den anderen im Atom vorhandenen Elektronen

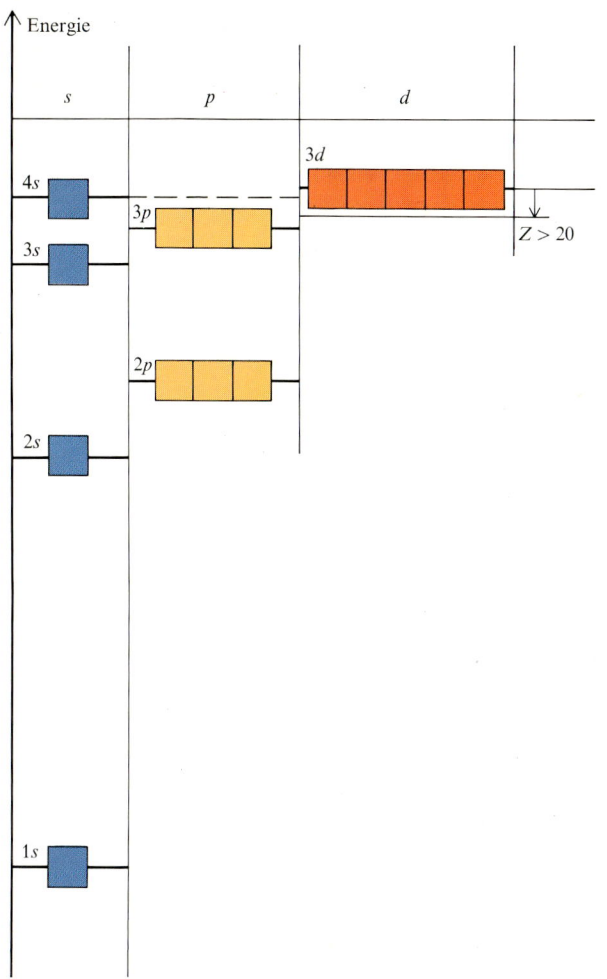

Abb. 4-29 Die Energien der Orbitale in einem Mehrelektronen-Atom (schematisch). Jeder Kasten entspricht einem Orbital, das zwei Elektronen aufnehmen kann. Beachten Sie, wie wenig sich die Energien der 3d-Orbitale nach $Z = 20$ noch ändern!

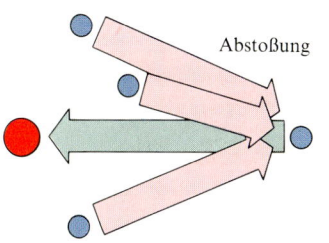

Abb. 4-30 Ein Elektron in der Nähe eines nackten Atomkerns ,sieht' dessen volle Ladung. In einem Mehrelektronen-Atom kommen die Abstoßungskräfte der anderen Elektronen hinzu, so daß das Elektron insgesamt eine schwächere Anziehung durch den Kern erfährt. Scheinbar ist die Kernladung erniedrigt.

abgestoßen, es wird also lockerer gebunden sein, als wenn es allein vorhanden wäre. Die volle Ladung des Kerns ist durch die anderen Elektronen abgeschirmt, so daß die *effektive* Ladung, die auf das Elektron wirkt, kleiner ist als die Ladung des Kerns (vgl. Abb. 4-30).

Jetzt wollen wir diese beiden Faktoren vereinigen. Weil ein s-Elektron näher an den Kern herankommt als ein p-Elektron, ist es durch die anderen Elektronen weniger stark von der Kernladung abgeschirmt als z.B. ein p-Elektron und folglich stärker gebunden. Deshalb hat ein s-Elektron eine niedrigere (stärker negative) Energie als ein p-Elektron derselben Schale. Ähnliche Unterschiede gibt es auch zwischen p- und d-Orbitalen, denn die d-Elektronen sind im Mittel weiter vom Kern entfernt als die p-Elektronen.

Diese Effekte können groß werden; die Energie eines $4s$-Orbitals kann so weit gesenkt werden, daß seine Energie kleiner wird als diejenige des $3d$-Orbitals desselben Atoms. Ob es so weit kommt, hängt letztlich davon ab, wie viele Elektronen das Atom enthält. In manchen Atomen liegt die Energie des $4s$-Orbitals unter der der $3d$-Orbitale, in manchen nicht. Diese Unterschiede spielen insbesondere bei den Übergangsmetallen eine Rolle.

Das Ausschluß-Prinzip

Um die Gesamtenergie eines Atoms möglichst niedrig zu halten, können Elektronen nicht beliebig in (energiearme) Orbitale eingebaut werden. Die Elektronenverteilung unterliegt nach einem von dem Österreicher Wolfgang Pauli 1925 entdeckten Prinzip einer Einschränkung:

Ausschluß-Prinzip (Pauli-Verbot): Auf einem gegebenen Orbital haben höchstens zwei Elektronen Platz; die Spins dieser beiden Elektronen müssen gepaart sein.

In der Praxis bedeutet das Ausschluß-Prinzip, daß nicht mehr als zwei Elektronen einen Kasten des Energieniveau-Diagramms in Abb. 4-29 besetzen können. Für $Z > 2$ passen die Elektronen eines Atoms nicht mehr alle in das $1s$-Orbital; sie können deshalb nur Orbitale mit höherer Energie besetzen.

Die Elektronenkonfiguration von Wasserstoff bis Lithium

Die Liste der besetzten Orbitale eines Atoms nennt man auch seine Elektronenkonfiguration. Das Wasserstoff-Atom hat im Grundzustand (dem Zustand mit der niedrigsten Energie) ein Elektron im $1s$-Orbital. Seine Konfiguration bezeichnen wir mit $1s^1$ (vgl. Abb. 4-29). Beim Helium ($Z = 2$) befinden sich in der energieärmsten Konfiguration die beiden Elektronen im $1s$-Orbital ($1s^2$).

Mit dieser Konfiguration ist die Schale des Heliums mit $n = 1$ voll oder abgeschlossen.

Beispiel 4-7 Die Anzahl der Elektronen in abgeschlossenen Schalen

Mit wieviel Elektronen ist die Schale mit $n = 2$ abgeschlossen?

Methode. Nach dem Pauliverbot darf ein Orbital höchstens mit zwei Elektronen besetzt werden. Wir müssen also die Anzahl der Orbitale pro Schale abzählen und für jedes Orbital zwei Elektronen rechnen. Um die Anzahl der Orbitale mit $n = 2$ zu bekommen, müssen wir untersuchen, welche Unterschalen zu dieser Schale gehören und wie viele Orbitale jede Unterschale enthält. Wie man dabei vorgeht, haben wir in Beispiel 4-6 gesehen.

Lösung. Die Schale mit $n = 2$ hat zwei Unterschalen, diese enthalten ein $2s$-Orbital und drei $2p$-Orbitale, also insgesamt vier Orbitale. Wir können in dieser Schale also maximal acht Elektronen unterbringen.

Übungsaufgabe. Mit wieviel Elektronen ist eine d-Unterschale voll?

[Antwort: 10]

Lithium ($Z = 3$) hat drei Elektronen. Zwei davon können das $1s$-Orbital besetzen. Das dritte Elektron geht in ein Orbital der Schale mit $n = 2$. Diese Schale hat zwei Unterschalen, wobei die Energie des $2s$-Orbitals niedriger als die der $2p$-Orbitale ist. Das dritte Elektron besetzt das $2s$-Orbital; damit erhalten wir die Elektronenkonfiguration $1s^2\,2s^1$.

Die Elektronen in abgeschlossenen Schalen nahe des Atomkerns sind sehr fest gebunden und können nur durch hohe Energiezufuhr abgelöst werden. Das Elektron der $2s$-Schale, das *Außenelektron,* ist dagegen labil. Die Chemie der Elemente wird im wesentlichen durch ihre Außen-

träger als die Außenelektronen und werden deshalb bei chemischen
Reaktionen nicht verändert.

Beispiel 4-8 Konstruktion einer Elektronenkonfiguration

Wie lautet die Elektronenkonfiguration mit der niedrigsten Energie beim Bor?

Methode. Wir haben zwar noch nicht alle Regeln behandelt, die beim Zustandekommen
der Elektronenkonfiguration eine Rolle spielen; für das Boratom reichen aber unsere
Kenntnisse aus. Zuerst stellen wir (anhand der Ordnungszahl) fest, wie viele Elektronen
vorhanden sind. Dann fügen wir in die Kästen eines Diagramms wie in Abb. 4-29 für die
Elektronen Pfeile ein, beginnen beim untersten Orbital und füllen jedes Orbital, bevor wir
zum nächsthöheren übergehen. Zuletzt schreiben wir die besetzten Orbitale als Elektronenkonfiguration hin.

Lösung. Das Boratom hat fünf Elektronen. Zwei davon gehen in das $1s$-Orbital und füllen
damit die Schale mit $n = 1$. Als nächstes wird das $2s$-Orbital besetzt. Dieses Orbital kann
zwei weitere Elektronen aufnehmen, das fünfte Elektron muß dann in die nächste Unterschale gehen, die nach Abb. 4-29 die $2p$-Unterschale ist. Das Ergebnis ist die Konfiguration $1s^2 2s^2 2p^1$.

Übungsaufgabe. Wie lautet die energieärmste Konfiguration des Neons?

[Antwort: $1s^2 2s^2 2p^6$]

4-7 Das Aufbau-Prinzip

Im letzten Abschnitt hatten wir für H, He und Li die Konfigurationen
mit den jeweils niedrigsten Energien bestimmt. Dieses Verfahren läßt
sich verallgemeinern; dann ist es unter dem Namen **Aufbau-Prinzip** bekannt. Es führt zu der Konfiguration mit der kleinsten Gesamtenergie
des Atoms, wobei die kinetische Energie der Elektronen, ihre Anzie-
hungswechselwirkung mit dem Kern und ihre gegenseitige Abstoßung
berücksichtigt wird. Dazu wird die Reihenfolge angegeben, in der die
Orbitale besetzt werden, wenn ein Elektron nach dem andern zu dem
Atom hinzugefügt werden, bis Z Elektronen eingebaut sind. Einen Weg
zu dieser Reihenfolge können wir an der Abb. 4-29 ablesen, wo die
Orbitale nach ihren Energien (und zu Energieniveaus zusammengefaßt)
angeordnet sind:

$$1s < 2s < 2p < 3s < 3p < 4s < 3d \text{ (für } Z = 1 \text{ bis } Z = 20)$$

und

$$1s < 2s < 2p < 3s < 3p < 3d < 4s < 4p < 5s < 4d \text{ (für } Z = 21 \text{ bis } Z = 38).$$

Diese Reihenfolgen braucht man nicht auswendig zu lernen; sie ergeben
sich vielmehr direkt, wenn man die Orbitale in der in Abb. 4-31 beschriebenen Weise mit Elektronen auffüllt.

Wenn wir die Elektronenkonfiguration eines Elementes mit der Ordnungszahl Z konstruieren wollen, gehen wir wie folgt vor:

1. Wir bauen nacheinander Z Elektronen in der in Abb. 4-21 beschriebenen Reihenfolge ein, aber niemals mehr als zwei Elektronen pro
Orbital.

2. Wenn in einer Unterschale mehrere Orbitale zu besetzen sind, so wird zuerst in jedes dieser Orbitale nur ein Elektron (immer mit dem gleichen Spin) eingebaut.

Die zweite Regel ist als *Hundsche Regel* bekannt, aufgestellt von dem deutschen Spektroskopiker Fritz Hund. Elektronen haben parallelen Spin (bezeichnet mit ↑↑), wenn ihre Spins in dieselbe Richtung zeigen. Den ersten Teil der Hundschen Regel kann man anschaulich mit der gegenseitigen Abstoßung der Elektronen verstehen. Wenn sich zwei Elektronen auf verschiedenen Orbitalen befinden, ist ihr Abstand im Mittel größer, als wenn sie sich auf demselben Orbital befänden, und folglich ist die Energie des Atoms kleiner. Die Frage, weshalb ihre Spins dann parallel sind, läßt sich in diesem Rahmen nicht befriedigend beantworten; dafür muß auf die Quantenmechanik verwiesen werden.

Abb. 4-31 So werden nach dem Aufbau-Prinzip die Orbitale mit Elektronen aufgefüllt. Nach dem Einbau eines Elektrons in ein Orbital geht man jeweils einen Schritt nach rechts zum nächsten Orbital, bis alle Elektronen untergebracht sind.

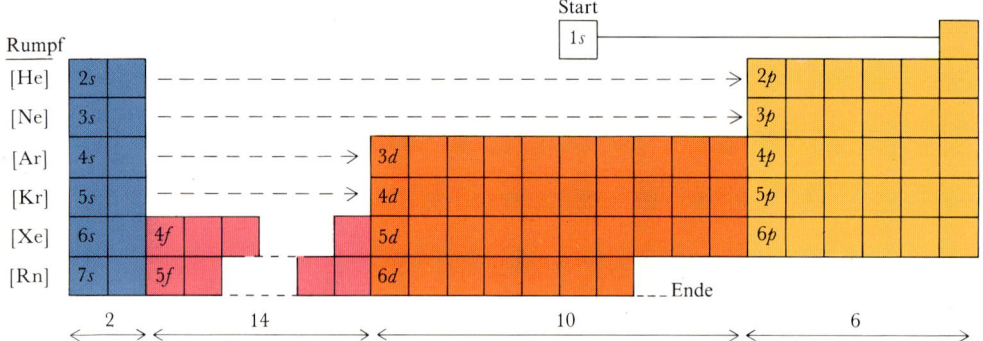

4-8 Die Periodizität der physikalischen Eigenschaften

Die physikalischen Eigenschaften der Elemente zeigen eine sehr ausgeprägte Periodizität. Das ist besonders deutlich an den Atomdurchmessern und an den für die Abtrennung von Elektronen benötigten Energien zu erkennen.

Atom- und Ionenradien

Die Ladungswolken von Atomen und Ionen haben keine scharfen Begrenzungen; deshalb müssen wir definieren, was wir unter den Radien verstehen wollen. Der metallische Radius eines metallischen Elementes soll gerade die Hälfte des Abstandes zwischen den Zentren von im Kristall benachbarten Atomen sein (vgl. **1**). Im Kupfer ist dieser Abstand 270 pm, folglich ist der metallische Radius 135 pm. Zur Definition der Ionenradien gehen wir davon aus, daß der Abstand der Zentren zweier benachbarter Ionen in einem Kristall gleich der Summe der Radien des Kations und des Anions ist (vgl. **2**). Setzen wir für den Radius des Oxidions (O^{2-}) den Wert 140 pm, so können wir die Radien aller anderen Ionen berechnen. So ist z.B. im Magnesiumoxid der Abstand zwischen den Kernen des Mg und des O 205 pm, das ergibt für den Ionenradius des Mg^{2+}-Ions 205 pm − 140 pm = 65 pm. Mit diesem Wert kann man dann den Ionenradius des Cl^- bestimmen, wenn man die Abstände im Magnesiumchlorid bestimmt hat usw. In den Tabellen 4-6 und 4-7 sind Zahlenwerte für Atom- und Radienradien

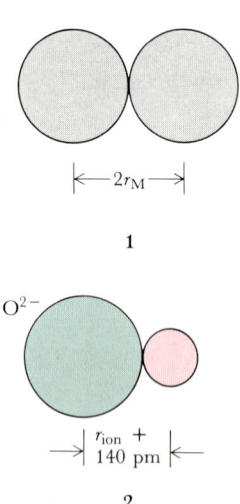

Tabelle 4-6 Ionenradien von Ionen mit Edelgas- oder Pseudoedelgas-Konfigurationen in pm*

Li^+	Be^{2+}	B^{3+}	N^{3-}	O^{2-}	F^-
60	31	20	171	140	136
Na^+	Mg^{2+}	Al^{3+}	P^{3-}	S^{2-}	Cl^-
95	65	50	212	184	181
K^+	Ca^{2+}	Ga^{3+}	As^{3-}	Se^{2-}	Br^-
133	99	62	222	198	195
Rb^+	Sr^{2+}	In^{3+}		Te^{2-}	I^-
148	113	82		221	216
Cs^+	Ba^{2+}	Tl^{3+}			
169	135	95			

* Der Radius des (nackten) H^+-Ions ist der Radius des Protons (0,001 pm bzw. 10^{-15} m).

zusammengestellt, die auf diese Weise bestimmt wurden. In Abb. 4-32 sind die Größenverhältnisse von Kationen und Anionen anschaulich dargestellt. Kationenradien liegen oft bei 100 pm, Anionenradien bei 200 pm.

Man sieht an den Tabellenwerten, daß der metallische Radius innerhalb einer Periode von links nach recht abnimmt und innerhalb einer Gruppe von oben nach unten zunimmt. Die Abnahme innerhalb einer Periode, also z.B. von Li bis Ne, ist auf die zunehmende Kernladung und die damit verbundene stärkere Anziehung zwischen dem Atomkern und den Elektronen zurückzuführen. Abb. 4-32 zeigt, daß alle Kationen kleiner als die entsprechenden Atome sind. Das überrascht nicht, denn bei der Kationenbildung werden ja die äußeren Elektronen abgegeben. In manchen Fällen macht das viel aus; Li hat einen metallischen Radius von 145 pm, der Ionenradius von Li^+ mit einem Helium-ähnlichen $1s^2$-Rumpf beträgt aber nur 60 pm. (Der Größenvergleich zwischen einer Kirsche und ihrem Kern liegt hier nahe.) Daß die Anionen größer als die Atome sind, kann man genauso verstehen, denn bei der Anionenbildung kommen Elektronen hinzu und verstärken die Abstoßung zwischen den Elektronen.

Tabelle 4-7 Metallische Radien in pm*

Li	Be				
145	105				
Na	Mg	Al			
180	150	125			
K	Ca	Ga	Ge		
220	180	130	125		
Rb	Sr	In	Sn	Sb	
235	200	155	145	145	
Cs	Ba	Tl	Pb	Bi	Po
266	215	190	180	160	190

* 1 pm = 10^{-12} m.

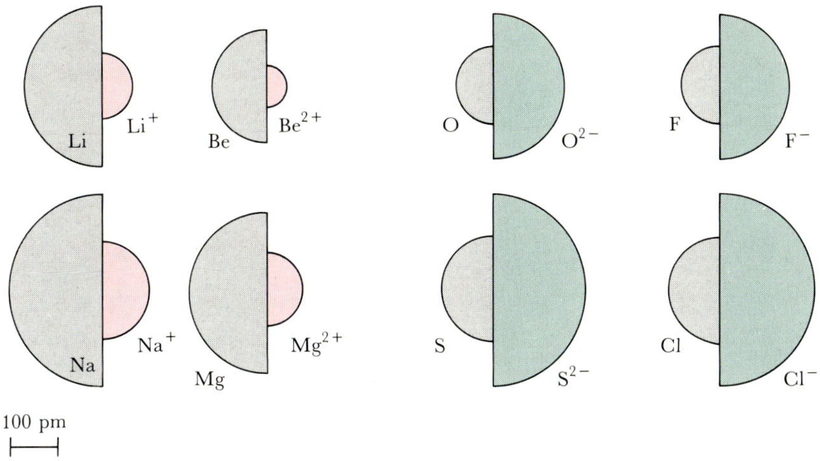

Abb. 4-32 Die metallischen Radien und die Ionenradien einiger Elemente. Kationen sind regelmäßig kleiner als die Atome, aus denen sie gebildet werden, Anionen sind größer.

100 pm

137

Ionisierungsenergien

Wie leicht oder wie schwer ein Elektron von einem Atom abgetrennt werden kann, wird durch die Ionisierungsenergie I beschrieben:

> Die **Ionisierungsenergie** ist die Energie, die man mindestens braucht, um ein Elektron aus dem Grundzustand eines Atoms im Gaszustand zu entfernen.

Im einzelnen ist die erste Ionisierungsenergie I_1 die Energie, die man zum Entfernen eines Elektrons aus dem neutralen Atom E braucht:

$$E(g) \rightarrow E^+(g) + e^-(g), \quad \text{benötigte Energie: } I_1$$

und entsprechend die zweite Ionisierungsenergie I_2 die Energie, die man zum Entfernen eines Elektrons aus dem einfach geladenen Kation aufwenden muß:

$$E^+(g) \rightarrow E^{2+}(g) + e^-(g), \quad \text{benötigte Energie: } I_2$$

In der Gasphase kann die für die Ionisierung benötigte Energie als Wärme zugeführt werden; bei konstantem Druck ist das dann die Ionisierungsenthalpie ΔH_{Ion}:

$$E(g) \rightarrow E^+(g) + e^-(g), \quad \text{benötigte Wärmemenge: } \Delta H_{\text{Ion}}$$

Ionisierungsenergien werden meistens aus den Spektren der Atome bestimmt. Nach der Bohrschen Frequenz-Bedingung $\Delta E = h\nu$ emittiert ein angeregtes Atom kurzwelliges Licht, wenn ein Elektron vom höchsten Orbital auf das niedrigste noch freie Orbital fällt (vgl. Abb. 4-33). Entspricht die zugeführte Energie wenig mehr als ΔE, so wird das Elektron emittiert. Die Ionisierungsenergie entspricht also der kürzesten im Spektrum zu beobachtenden Wellenlänge.

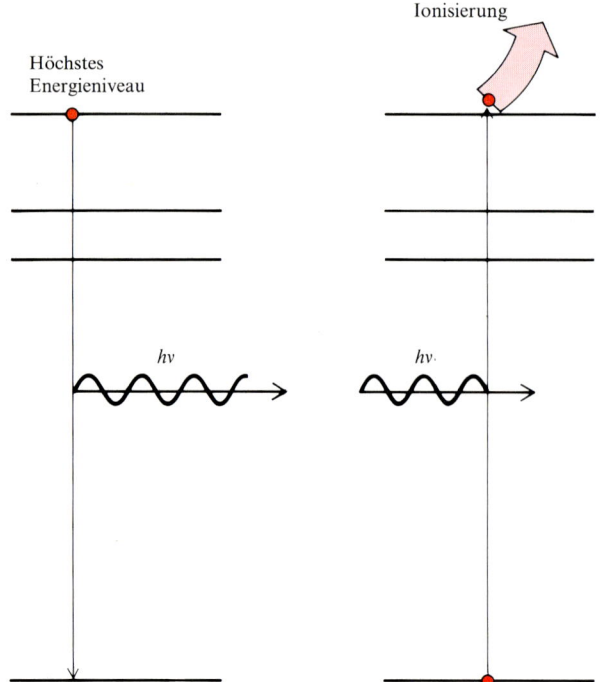

Abb. 4-33 Die kürzeste von einem Atom ausgesandte Wellenlänge in einem Atomspektrum (links) weist auf den Mindest-Energiebetrag hin, der nötig ist, um ein Elektron aus dem Grundzustand des Atoms abzutrennen (rechts).

Beispiel 4-9 Bestimmung der Ionisierungsenergie

Im Spektrum des Wasserstoffatoms wird die kürzeste Wellenlänge bei 91,1 nm beobachtet. Wie groß ist seine Ionisierungsenergie?

Methode. Die Linie bei 91,1 nm entsteht, wenn ein Elektron aus dem höchsten Orbital in das $1s$-Orbital zurückfällt. Wenn man also diejenige Energie dem $1s$-Elektron zuführt, die der Wellenlänge 91,1 nm entspricht, so erreicht man gerade noch nicht eine Ionisierung. Um diese Energie zu berechnen, brauchen wir nur die Wellenlänge in die Frequenz umzurechnen und darauf die Bohrsche Frequenzbedingung anzuwenden.

Lösung. Wegen $v = \dfrac{c}{\lambda}$ entspricht die 91,1-nm-Strahlung der Frequenz:

$$v = 3,00 \cdot 10^8 \text{ m s}^{-1} \cdot \frac{1}{91,1 \cdot 10^{-9} \text{ m}}$$
$$= 3,29 \cdot 10^{15} \text{ Hz.}$$

Die Energie-Differenz ist dann nach Bohr

$$\Delta E = hv$$
$$= (6,63 \cdot 10^{-34} \text{ J Hz}^{-1}) \cdot (3,29 \cdot 10^{15} \text{ Hz})$$
$$= 2,18 \cdot 10^{-18} \text{ J.}$$

Die Ionisierungsenergie hat also den Wert $2,18 \cdot 10^{-18}$ J. Normalerweise werden Ionisierungsenergien für 1 mol Atome angegeben, indem man den Wert für ein Atom mit der Avogadroschen Zahl multipliziert. Dann erhalten wir für 1 mol Wasserstoffatome

$$I_1 = (6,022 \cdot 10^{23}) \cdot (2,18 \cdot 10^{-18} \text{ J}) = 1,31 \text{ MJ,}$$

d.h. die Ionisierungsenergie für 1 mol Wasserstoffatome hat den Zahlenwert 1,31 MJ mol^{-1}.

Übungsaufgabe. Die kürzeste Wellenlänge, die man im Spektrum des Na-Atoms beobachtet, ist 214 nm. Wie groß ist die Ionisierungsenergie für 1 mol Natriumatome?

[Antwort: 497 kJ mol^{-1}]

Für die Hauptgruppenelemente sind die ersten und die zweiten Ionisierungsenergien in der Tabelle 4-8 zusammengestellt. Die Werte für die erste Ionisierungsenergie liegen meistens zwischen 500 und 1000 kJ mol^{-1}. Die zweite Ionisierungsenergie ist immer größer als die erste, denn um ein Elektron von einem schon positiv geladenen Ion abzutrennen, braucht man natürlich mehr Energie als bei einem neutralen Atom.

Die Ionisierungsenergien verändern sich periodisch mit der Ordnungszahl des Elementes. Das erkennt man z.B. an den ersten Ionisierungsenergien der Hauptgruppenelemente (vgl. Abb. 4-34). Mit ein paar Ausnahmen steigt die Ionisierungsenergie in einer Periode von links nach rechts und fällt zu Beginn der nächsten Periode auf einen kleineren Wert. Den niedrigsten Wert hat das Element, das in der Periodentafel links unten steht, also das Cs, und den höchsten das oben rechts stehende Element, also das He.

Der Anstieg der ersten Ionisierungsenergie innerhalb einer Periode läßt sich mit der Veränderung der Atomradien erklären. Wir hatten schon festgestellt, daß die Atome in dem Maße kleiner werden, wie die Kernladung in einer Periode von links nach rechts zunimmt. Deshalb sind die Elektronen auf der rechten Seite der Periodentafel fester an den höher geladenen Kern gebunden und können deshalb nur schwerer abgetrennt werden. Daß die Ionisierungsenergie abnimmt, wenn wir in

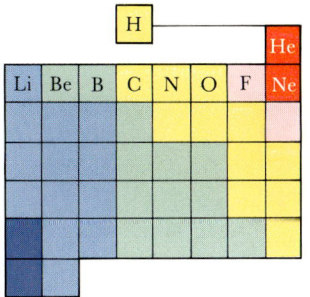

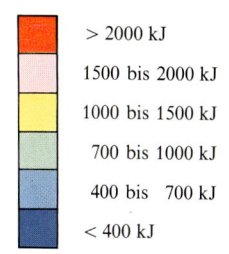

	> 2000 kJ
	1500 bis 2000 kJ
	1000 bis 1500 kJ
	700 bis 1000 kJ
	400 bis 700 kJ
	< 400 kJ

Abb. 4-34 Der Verlauf der ersten Ionisationsenergie innerhalb der Hauptgruppen des Periodensystems. Rote Kästchen markieren besonders hohe, blaue besonders niedrige Zahlenwerte.

Tabelle 4-8 Erste, zweite und weitere Ionisierungsenergien der Hauptgruppen-Elemente in kJ mol^{-1}

			H 1310				He 2370
							5250
Li	Be	B	C	N	O	F	Ne
519	900	799	1090	1400	1310	1680	2080
7300	1760	2420	2350	2860	3390	3370	3950
	14800	3660					
		25000					
Na	Mg	Al	Si	P	S	Cl	Ar
494	736	577	786	1060	1000	1260	1520
4560	1450	1820					
	7740	2740					
		11600					
K	Ca	Ga	Ge	As	Se	Br	Kr
418	590	577	762	966	941	1140	1350
3070	1137						
	4940						
Rb	Sr	In	Sn	Sb	Te	I	Xe
402	548	556	707	833	870	1010	1170
2650	1060						
	4120						
Cs	Ba	Tl	Pb	Bi	Po	At	Rn
376	502	590	716	703	812	920	1040
2420	966						
3300	3390						

einer Gruppe von oben nach unten gehen, liegt daran, daß das äußerste Elektron auf einer vom Kern relativ weit entfernten Schale mit einer großen Hauptquantenzahl sitzt und deshalb nur locker gebunden ist. Abweichungen von diesen Trends lassen sich auf die Abstoßungen zwischen den Elektronen, vor allem in gleichen Orbitalen, zurückführen.

Beispiel 4-10 Der Verlauf der Ionisierungsenergien

Welchen Grund können Sie sich für den Abfall der Ionisierungsenergie vom Stickstoff (1400 kJ mol^{-1}) zum Sauerstoff (1310 kJ mol^{-1}) vorstellen?

Methode. Das äußerste Elektron liegt im O näher am Kern als im N, und der Sauerstoff-Kern ist höher geladen; deshalb sollte Sauerstoff eine höhere und nicht eine niedrigere Ionisierungsenergie haben. Immer wenn ein derartiger Widerspruch zwischen Theorie und Experiment vorliegt, ist es nützlich, nach einem bisher vernachlässigten Faktor zu suchen. Wenn wir einen Grund angeben könnten, weshalb das äußerste Elektron so stark von den anderen Elektronen abgestoßen wird, so hätten wir eine Erklärung für die kleinere Ionisierungsenergie des Sauerstoffs. Wir wollen deshalb die Konfigurationen der beiden Atome etwas näher daraufhin untersuchen, ob sich aus ihnen für das äußerste Elektron des O eine stärkere Abstoßung als für das äußerste Elektron des N herleiten läßt.

Lösung. Die drei äußersten Elektronen des N besetzen drei unterschiedliche 2p-Orbitale. Sauerstoff enthält ein Elektron mehr, das in eines dieser schon einfach besetzten Orbitale gehen muß. Dort wird es von dem auf diesem Orbital schon vorhandenen Elektron stärker abgestoßen als das letzte Elektron beim Stickstoff, wo der zweite Platz auf dem Orbital noch leer ist. Folglich wird das letzte Elektron auf dem O-Atom leichter abgetrennt, und die Ionisierungsenergie ist deshalb kleiner.

Übungsaufgabe. Erklären Sie den Unterschied zwischen den Ionisierungsenergien von Beryllium und von Bor!
[Antwort: Beim Bor wird mit der Besetzung einer neuen Unterschale höherer Energie begonnen.]

Die niedrigen Ionisierungsenergien der Elemente im linken unteren Teil der Periodentafel weisen auf den metallischen Charakter dieser Elemente hin. Ein Metall besteht aus Kationen, zwischen denen sich ein See von Elektronen (gerade so viele wie sie abgegeben haben) frei beweglich befindet (vgl. Abschn. 5-8). Nur Elemente mit niedriger Ionisierungsenergie sind in der Lage, metallische Festkörper oder Flüssigkeiten zu bilden, denn nur sie können leicht Elektronen abgeben. Auf der rechten Seite des Periodensystems haben die Elemente hohe Ionisierungsenergien; deshalb geben sie ihre Elektronen nur schwer ab und bilden keine Metalle.

Man erkennt auch an den Zahlenwerten der Tabelle 4-8, weshalb die Elemente der ersten Gruppe Kationen mit der Ladung +1 und die der zweiten Gruppe Kationen mit der Ladung +2 usw. bilden. Beim Lithium ist die zweite Ionisierungsenergie mehr als zehnmal so groß wie die erste; beim Beryllium (und den anderen Elementen der zweiten Gruppe) ist ein vergleichbar großer Sprung zwischen der zweiten und der dritten Ionisierungsenergie. Ähnliches gilt auch für die dritte Gruppe.

Wenn wir uns die Elemente ansehen, bei denen p-Orbitale aufgefüllt werden, fällt uns der Unterschied der Ionisierungsenergien zwischen den s- und den p-Elektronen der äußersten Schale auf. Die p-Elektronen werden zuerst abgegeben, die s-Elektronen haben aber eine wesentlich höhere Ionisierungsenergie und werden normalerweise nicht abgegeben. Innerhalb einer Gruppe nimmt die Differenz zwischen den Ionisierungsenergien der s- und der p-Elektronen von oben nach unten zu.

Wenn Al Ionen bildet, so werden alle drei Elektronen abgegeben; beim Indium gibt es schon zwei Möglichkeiten: neben In^{3+}-Ionen können auch In^{+}-Ionen gebildet werden, wenn die beiden s-Elektronen wegen ihrer höheren Ionisierungsenergie nicht abgetrennt werden.

Elektronenaffinität

Negative Ionen entstehen, wenn Atome oder Anionen Elektronen aufnehmen:

$$E(g) + e^-(g) \rightarrow E^-(g),$$
$$E^-(g) + e^-(g) \rightarrow E^{2-}(g).$$

Die damit verbundene Enthalpieänderung heißt *Elektronenaffinität;* sie ist positiv, wenn die Elektronenaufnahme endotherm ist, und negativ, wenn sie exotherm ist. Ein Element hat eine große Elektronenaffinität, wenn bei der Bildung des Anions aus dem Atom viel Energie frei wird, wenn also die Elektronenaffinität einen großen negativen Zahlenwert

Tabelle 4-9 Elektronenaffinitäten der Hauptgruppenelemente in kJ mol^{-1}

						H -72	He $+21$
Li -60	Be $+240$	B -28	C -122	N $+7$	O -142 $+844$	F -328	Ne $+29$
Na -53	Mg $+232$	Al -44	Si -120	P -72	S -200 $+532$	Cl -349	Ar $+35$
K -48	Ca $+156$	Ga -29	Ge -117	As -77	Se -195	Br -325	Kr $+39$
Rb -47	Sr $+52$	In -29	Sn -121	Sb -101	Te -190	I -295	Xe $+41$

Wenn zwei Zahlenwerte angegeben sind, bezieht sich der erste auf die Bildung von X^- aus dem neutralen Atom X und der zweite auf die Bildung von X^{2-} aus X^-.

hat. Bei einer nur schwach exothermen oder gar einer endothermen Elektronenaufnahme sprechen wir von einer niedrigen Elektronenaffinität. In Tabelle 4-9 sind einige Werte für die Elektronenaffinität zusammengestellt.

Allgemein ist die Elektronenaufnahme bei den Elementen oben rechts im Periodensystem am stärksten exotherm (vgl. Abb. 4-35); der Extremfall ist das Fluor. In diesen Atomen besetzt das hinzukommende Elektron ein Orbital, das nahe an einem hochgeladenen Kern liegt. Diese Position ist energetisch begünstigt; deshalb ist der Übergang exotherm. Wenn ein Elektron den einzigen freien Platz in der äußersten Schale eines Atoms der Gruppe VII besetzt hat, ist diese Schale voll. Weitere Elektronen können dann nur in der nächsthöheren Schale untergebracht werden. Dort werden sie schwächer vom Kern angezogen, weil sie weiter entfernt sind; außerdem werden sie von den schon vorhandenen negativen Ladungen abgestoßen. Aus diesem Grunde ist die Addition eines zweiten Elektrons zu einem Halogenanion stark endotherm. Die Ionenverbindungen der Halogene bestehen deshalb immer aus einfach geladenen Anionen vom Typ F^- und niemals aus mehrfach geladenen, wie etwa F^{2-}.

Die Atome der Gruppe 16 (VI) wie O und S haben auf ihrer äußersten Schale zwei freie Plätze; sie nehmen deshalb leicht zwei Elektronen auf. Die Aufnahme des ersten Elektrons ist exotherm. Die Aufnahme des zweiten Elektrons ist bereits endotherm, weil dabei die Abstoßung der schon vorhandenen negativen Ladung überwunden werden muß. Beim Übergang von O zu O^- werden 142 kJ mol^{-1} an Energie frei, für die Anlagerung des zweiten Elektrons sind 844 kJ mol^{-1} nötig; insgesamt müssen also für die Bildung von O^{2-} aus O 702 kJ mol^{-1} aufgewandt werden.

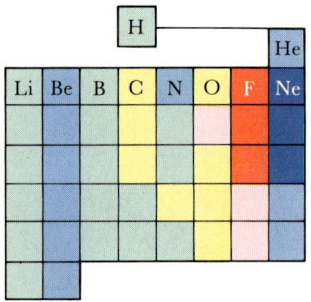

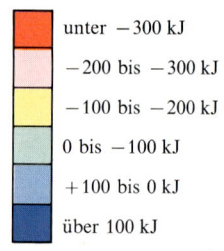

🟥	unter -300 kJ
🟪	-200 bis -300 kJ
🟨	-100 bis -200 kJ
🟩	0 bis -100 kJ
🟦	$+100$ bis 0 kJ
🟦	über 100 kJ

Abb. 4-35 Die Elektronen-Affinitäten der Hauptgruppen-Elemente. Rote Kästchen markieren exotherme, blaue endotherme Fälle.

Beispiel 4-11 Der Verlauf der Elektronenaffinitäten

Geben Sie an, weshalb die Elektronenaffinität von Kohlenstoff zum Stickstoff kleiner wird!

Methode. Eigentlich sollte nach der Theorie mehr Energie beim Stickstoff als beim Kohlenstoff frei werden, wenn ein Elektron hinzukommt, denn das Stickstoffatom ist kleiner als das Kohlenstoffatom, und sein Kern ist zudem höher geladen. Daß es in Wirklichkeit umgekehrt ist, muß daran liegen, daß wir den Einfluß der gegenseitigen Abstoßung der Elektronen in den entstehenden Anionen vernachlässigt haben. Wir müssen uns deshalb die Elektronenkonfigurationen der Anionen etwas näher ansehen und prüfen, ob die Elektronenabstoßung im N^- größer als im C^- ist.

Lösung. Bei der Bildung von C^- aus C besetzt das hinzukommende Elektron ein leeres $2p$-Orbital. Bei der Bildung von N^- aus N besetzt das hinzukommende Elektron dagegen ein bereits zur Hälfte gefülltes $2p$-Orbital. Die Kernladung des Stickstoffs ist zwar größer als die des Kohlenstoffs; dem wirkt aber die Abstoßung durch das bereits auf dem $2p$-Orbital befindliche Elektron entgegen. Folglich wird bei der Bildung von N^- weniger Energie abgegeben, und die Elektronenaffinität des Stickstoffs ist deshalb geringer (also positiver) als beim Kohlenstoff.

Übungsaufgabe. Weshalb ist die Elektronenaffinität des Berylliums so viel geringer als die des Lithiums?

[Antwort: Im Li geht das Elektron nach $2s$, im Be nach $2p$; ein $2s$-Elektron ist aber fester gebunden als ein $2p$-Elektron.]

Elektronegativität

Aus einem Atom entsteht leicht ein Kation, wenn seine Ionisierungsenergie und seine Elektronenaffinität niedrig sind. Es bildet andererseits leicht ein Anion, wenn die Elektronenaffinität und die Ionisierungsenergie hoch sind. Es gilt also das folgende Schema:

Ionisierungsenergie	Elektronenaffinität	leichte Bildung von
niedrig	niedrig	Kationen
hoch	hoch	Anionen

Dieser Zusammenhang läßt sich mit dem Konzept der *Elektronegativität* χ beschreiben:

$$\chi = \frac{\text{Ionisierungsenergie} + \text{Elektronenaffinität}}{2}$$

(χ ist der griechische Buchstabe chi.) Damit vereinfacht sich unser Schema zu

Elektronegativität χ	leichte Bildung von
niedrig	Kationen
hoch	Anionen

Ein Element mit einer niedrigen Elektronegativität nennt man *elektropositiv*. Die Elemente im *s*-Block, vor allem das Cäsium, sind die am stärksten elektropositiven Elemente.

In der Tabelle 4-10 sind die Elektronegativitäten für die Hauptgruppenelemente angegeben. Die Zahlenwerte dieser Tabelle sind nach dem ursprünglichen Vorschlag des amerikanischen Nobelpreisträgers Linus Pauling (der später auch den Friedensnobelpreis erhielt) auf eine dimensionslose Skala umgerechnet. Abb. 4-36 zeigt den Gang der Elek-

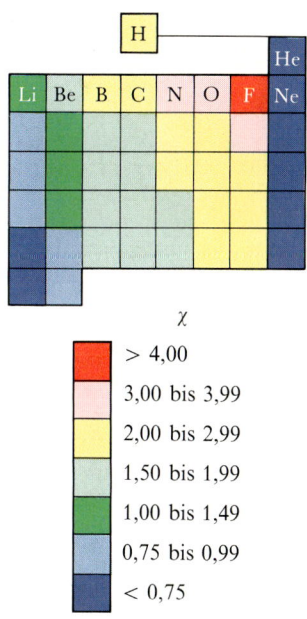

Abb. 4-36 Die Änderung der Elektronegativität innerhalb der Hauptgruppen-Elemente des Periodensystems. Rot zeigt das am stärksten elektronegative Element, blau die elektropositivsten Elemente an.

Tabelle 4-10 Elektronegativitäten der Hauptgruppen-Elemente

			H			
			2,1			
Li	Be	B	C	N	O	F
1,0	1,5	2,0	2,5	3,0	3,5	4,0
Na	Mg	Al	Si	P	S	Cl
0,9	1,2	1,5	1,8	2,1	2,5	3,0
K	Ca	Ga	Ge	As	Se	Br
0,8	1,0	1,6	1,8	2,0	2,4	2,8
Rb	Sr	In	Sn	Sb	Te	I
0,8	1,0	1,7	1,8	1,9	2,1	2,5
Cs	Ba	Tl	Pb	Bi	Po	At
0,7	0,9	1,8	1,8	1,9	2,0	2,2

tronegativität im Periodensystem. Entsprechend den hohen Ionisierungsenergien und hohen Elektronenaffinitäten bei den rechts oben im Periodensystem stehenden Elementen findet man dort auch die höchsten Elektronegativitäten mit einem Maximum beim Fluor. Im Gegensatz dazu sind links unten das Cäsium und die anderen Alkalimetalle die am stärksten elektropositiven Elemente.

Da die Halogene stark elektronegativ, die Alkalimetalle dagegen sehr elektropositiv sind, bilden diese Elemente, wenn sie miteinander reagieren, Ionenverbindungen. Eine hohe Elektronegativität hat auch der Sauerstoff; deshalb entstehen Oxid-Ionen, wenn Sauerstoff mit *s*-Block-Elementen reagiert.

Zusammenfassung

Dalton stellte die Hypothese auf, nach der ein Element aus identischen Atomen aufgebaut ist. Chemische Verbindungen dagegen sind Kombinationen aus verschiedenen Atomen. Atome wiederum sind aus kleineren, subatomaren Teilchen zusammengesetzt. Für die Chemie am wichtigsten sind davon das Elektron, das Proton und das Neutron.

Ein Atom besteht aus einem positiv geladenen Kern, der von Elektronen umgeben ist. Die Ordnungszahl, die Anzahl der Protonen im Kern, charakterisiert das chemische Element und bestimmt auch die Anzahl der Elektronen des Atoms.

Die Massenzahl ist die Gesamtzahl der Nukleonen eines Atomkerns; sie gibt gleichzeitig die gesamte Masse eines Atoms an. Atommassen werden mit dem Massenspektrometer gemessen und in atomaren Masseneinheiten (amu) ausgedrückt.

Die meisten Elemente sind aus mehreren Isotopen aufgebaut, das sind Atome mit unterschiedlicher Neutronen-, jedoch identischer Protonenzahl. Die atomare Masse solcher Elemente ist die mittlere Atommasse seiner Isotope.

Licht ist elektromagnetische Strahlung; seine Frequenz beschreibt die Zahl der Schwingungen pro Sekunde, seine Wellenlänge ist der Abstand zwischen zwei Schwingungsmaxima; sie hängen miteinander zusammen und bestimmen die Farbe des Lichtes. Nach der Quantenmechanik ist Licht ein Strom von

Photonen, also von Energiepaketen $h\nu$. Einen wichtigen Hinweis darauf liefert der photoelektrische Effekt, bei dem UV-Licht aus der Oberfläche eines Metalls Elektronen freisetzt.

Wenn die Elektronen bei einem atomaren Prozeß ihre räumliche Anordnung verändern, so wird die Energiedifferenz als Photon emittiert, dessen Frequenz aus der Bohrschen Frequenzbedingung $\Delta E = h\nu$ folgt. Das Auftreten von Spektrallinien, also von diskreten Frequenzen, in den Atomspektren weist darauf hin, daß die Energie in den Atomen gequantelt ist. Die Rydberg-Formel beschreibt das Atomspektrum des Wasserstoffs; das Bohrsche Atommodell war der erste Versuch zur theoretischen Deutung der Rydberg-Formel. Im Bohrschen Atommodell bewegen sich die Elektronen auf Kreisbahnen mit definierten Energien.

Das Bohrsche Atommodell war bald nicht mehr ausreichend, als die Teilchen-Welle-Dualität und die de-Broglie-Beziehung $\lambda = h/mv$ aufgestellt wurden. Die Wellennatur der Elektronen folgt aus dem Beugungsmuster beim Davisson-Germer-Versuch. Wegen ihrer Wellennatur bewegen sich die Elektronen nicht in genau definierten Bahnen; die Genauigkeit, mit der Ort und Geschwindigkeit eines Elektrons angegeben werden können, folgt aus der Unschärfe-Relation $\Delta x \cdot (m \cdot \Delta v) \geq h/2\pi$. Die Wellennatur des Elektrons ist Grundlage der Schrödinger-Gleichung. Damit können Orbitale beschrieben werden, Bereiche, in denen die Wahrscheinlichkeit, das Elektron anzutreffen, am größten sind. Atomorbitale bilden eine Reihe von Schalen und Unterschalen. Sie werden mit den Quantenzahlen n, l und m_l charakterisiert. Im Wasserstoffatom haben alle Orbitale einer Schale (mit $n = 1$) dieselbe Energie. Der Grundzustand (der Zustand mit der niedrigsten Energie) des Wasserstoffatoms besteht aus einem Elektron in einem $1s$-Orbital. Der Stern-Gerlach-Versuch, bei dem ein Atomstrahl durch ein nicht gleichförmiges Magnetfeld geschickt wird, zeigt, daß ein Elektron zwei verschiedene Spinzustände ($\uparrow$ und $\downarrow$) hat.

Die Elektronenstrukturen von Mehrelektronen-Atomen basieren auf Orbitalen, die vom Wasserstoffatom abgeleitet sind. Als Ergebnis der Durchdringung, also der Annäherung eines Elektrons durch innere Schalen an den Kern, und der Abschirmung, also der Abstoßung durch andere Elektronen variieren die effektiven Kernladungen, die die Elektronen in verschiedenen Unterschalen erfahren. Entsprechend haben die Unterscha-

len verschiedene Energien. Die Elektronen besetzen die Orbitale mit der niedrigsten Energie gemäß dem Ausschlußprinzip von Pauli, das besagt, daß nie mehr als zwei Elektronen gleichzeitig ein Orbital besetzen können. Mit Hilfe des Aufbauprinzips gelangt man zu den Elektronenkonfigurationen der Elemente im Grundzustand.

Das Periodensystem läßt die periodischen Eigenschaften der Elemente erkennen, z.B. die periodische Veränderung von metallischen und Ionenradien, deren Größe von rechts oben nach links unten ansteigt. Analog verändern sich die Ionisierungsenergien und die Elektronenaffinität. Die Elektronegativitäten steigen von links unten nach rechts oben an.

Rumpfelektronen, d.h. Elektronen in gefüllten inneren Schalen, haben sehr viel größere Ionisierungsenergien als äußere Elektronen. Weniger ausgeprägt ist dieser Unterschied in den d-Unterschalen, so daß d-Elektronen relativ leicht entfernt werden können.

Aufgaben

Frequenzen und Wellenlängen

4-1 Berechnen Sie für die folgenden Strahlungen die Wellenlängen: (a) Radiowellen von 98 MHz; (b) gelbes Licht mit einer Frequenz von $5,3 \cdot 10^{14}$ Hz; (c) Röntgenstrahlen mit $2,0 \cdot 10^{18}$ Hz, die beim Auftreffen eines Elektronenstrahls auf einen Kupferblock entstehen.

4-2 Berechnen Sie für die folgenden Strahlungen die Wellenlängen: (a) die für Fernsehzwecke verwendeten Wellen im UHF-Bereich mit Frequenzen um 700 MHz; (b) violettes Licht mit einer Frequenz von $7,1 \cdot 10^{14}$ Hz; (c) die 1420-MHz-Wellen, an denen Radioastronomen interstellare Wolken aus Wasserstoffatomen erkennen.

4-3 Berechnen Sie für die folgenden Strahlungen die Frequenzen: (a) grünes Licht mit $\lambda = 530$ nm; (b) Radiowellen im AM-Band mit $\lambda = 250$ nm; (c) die in einem Synchrotron erzeugten Röntgenstrahlen mit $\lambda = 149$ pm.

4-4 Berechnen Sie für die folgenden Strahlungen die Frequenzen: (a) IR-Strahlung mit $\lambda = 1200$ nm; (b) Radarwellen mit $\lambda = 3$ cm; (c) die in einem Synchrotron erzeugten Röntgenstrahlen mit $\lambda = 149$ pm.

4-5 Die Schallgeschwindigkeit in Luft beträgt 331 m s^{-1}. Wie groß ist danach die Wellenlänge des Tones C mit $\nu = 262$ Hz?

4-6 Im Wasser beträgt die Schallgeschwindigkeit 1482 m s^{-1}. Ist die Wellenlänge in Wasser größer oder kleiner als in Luft? Welche Wellenlänge hat der 262-Hz-Ton in Wasser?

Photonen

4-7 Berechnen Sie jeweils die Energie eines Photons sowie die Energie von 1 mol Photonen der folgenden Strahlungen: (a) das gelbe Natriumlicht mit $\lambda = 580$ nm; (b) das rote 640 nm-Licht einer Neon-Lampe; (c) die Röntgenstrahlen mit $\lambda = 154$ pm, die entstehen, wenn ein energiereicher Elektronenstrahl auf Kupfer trifft.

4-8 Berechnen Sie jeweils die Energie eines Photons sowie die Energie von 1 mol Photonen der folgenden Strahlungen: (a) violettes Licht mit $\lambda = 420$ nm; (b) das von einer Mischung aus Argon und Quecksilberdampf in Leuchtreklamen emittierte blaue 470 nm-Licht; (c) die Komponente mit $\lambda = 1500$ nm der IR-Strahlung eines heißen Körpers.

4-9 Die meisten Feuerwerkskörper beruhen auf der stark exothermen Verbrennung von Magnesium zu Magnesiumoxid, wobei das weißglühende Oxid die starke Strahlung aussendet. Farbiges Licht erreicht man durch Zugabe von Nitraten oder Chloriden von Elementen, die im sichtbaren Bereich Strahlung emittieren. Barium liefert z.B. eine gelbgrüne Färbung, denn es emittiert Strahlung mit Wellenlängen von 487 nm, 514 nm, 543 nm, 553 nm und 578 nm. Um welchen Betrag ändert sich bei jeder Emission die Energie des Atoms? Was macht das pro mol aus?

4-10 Kaliumsalze lassen sich durch ihre lilafarbene Flammenfärbung erkennen. Dabei handelt es sich um eine Mischung aus zwei Strahlungen mit 405 nm und 767 nm. Wie ändert sich die Energie (a) eines Kaliumatoms, (b) eines mols Kalium, wenn diese Photonen emittiert werden?

4-11 Eine 100-W-Lampe verbraucht 100 J s^{-1}. Nehmen wir an, daß 1,0% dieser Energie als gelbes 580 nm-Licht emittiert wird. Wie viele Photonen sind das in einer Sekunde? Wie lange muß die Lampe brennen, bis 1 mol Photonen emittiert sind?

4-12 Wir nehmen an, die in der vorigen Aufgabe beschriebene Lampe emittiert 0,10% ihrer Energie als blaues 470 nm-Licht. Wie viele Photonen sind das in einer Sekunde? Wie lange muß die Lampe brennen, bis 1 mol Photonen emittiert sind?

4-13 Die Oberfläche der Sonne hat eine Temperatur von etwa 6000 K. Jeder Quadratmeter strahlt wie eine gelbe 0,64-W-Lampe. Wie viele Photonen werden auf einem Quadratmeter der Sonnenoberfläche in der Sekunde emittiert?

4-14 Ein Hochleistungs-CO_2-Laser von 100 MW Leistung emittiert für 50 ns einen IR-Puls aus 1,05 µm Strahlung. Wieviele Photonen sind das?

4-15 Wenn eine Rubidium-Oberfläche mit UV-Strahlung ($\lambda = 300$ nm) bestrahlt wird, werden durch den photoelektrischen Effekt Elektronen mit einer kinetischen Energie von $3,3 \cdot 10^{-19}$ J freigesetzt. Welche ist die größte Wellenlänge, die gerade noch Elektronen aus Rubidium herauslösen kann? Wie groß wird die kinetische Energie der Elektronen, wenn man mit 250-nm-Licht bestrahlt?

4-16 Um ein Elektron aus einer Silberoberfläche herauszulösen, braucht man mindestens $6,9 \cdot 10^{-19}$ J. Ist es möglich, mit Silber einen photoelektrischen Detektor für Licht der Wellenlänge 250 nm zu bauen? Wenn nein, welche ist die größte Wellenlänge, die man photoelektrisch noch mit einem Silber-Detektor nachweisen kann?

Das Spektrum des atomaren Wasserstoffs

4-17 Berechnen Sie die Wellenlängen der ersten drei Linien der Balmer-Serie des Wasserstoffatoms!

4-18 Berechnen Sie die Wellenlängen der ersten drei Linien der Lyman-Serie des Wasserstoffatoms!

4-19 In Sternen kommen Atome vor, die nur noch ein Elektron in ihrer Hülle haben und sich in den Stern-Spektren nachweisen lassen. Berechnen Sie unter der Voraussetzung, daß die Energieniveaus in diesen Einelektronen-Atomen proportional $Z^2 \Re$ sind, die Wellenlängen der ersten drei Linien der entsprechenden Balmer-Serie (a) im He^+, (b) im C^{5+}!

4-20 Berechnen Sie die entsprechenden Wellenlängen für (a) Li^{2+}, (b) O^{7+}!

Teilchen und Wellen

4-21 Berechnen Sie die Wellenlängen der folgenden Teilchen: (a) ein Elektron, das sich mit 2200 km s^{-1} bewegt; (b) ein Elektron, das sich mit 1 cm s^{-1} bewegt; (c) ein 150 g schwerer Ball, der sich mit 1 cm s^{-1} bewegt.

4-22 Berechnen Sie die Wellenlängen der folgenden Teilchen: (a) ein mit 5 m s^{-1} laufender Mensch von 77 kg; (b) derselbe Mensch mit der doppelten Geschwindigkeit; (c) ein Elektron mit $v = 10$ m s^{-1}; (d) ein Wasserstoffatom mit $v = 10$ m s^{-1}.

4-23 Ein Erwachsener und ein Kind laufen mit der gleichen Geschwindigkeit. Wer hat die größere Wellenlänge?

4-24 Wie groß muß die Geschwindigkeit eines Elektrons sein, damit seine Wellenlänge gleich dem Umfang der ersten Bohrschen Bahn im Wasserstoffatom ist? Was folgt daraus für seine kinetische Energie (in Einheiten von $\Re$)?

4-25 (a) Der Ort eines Elektrons sei auf 100 pm genau bekannt. Wie groß ist die Unbestimmtheit seiner Geschwindigkeit? (b) Wie groß ist die Unbestimmtheit seines Ortes, wenn seine Geschwindigkeit auf 1,0 mm s^{-1} genau bekannt ist?

4-26 (a) Der Ort eines Protons sei auf 100 pm genau bekannt. Wie groß ist die Unbestimmtheit seiner Geschwindigkeit? (b) Wie groß ist die Unbestimmtheit seines Ortes, wenn seine Geschwindigkeit auf 1,0 mm s^{-1} genau bekannt ist?

4-27 (a) Wie groß ist die Ortsunschärfe eines Staubkorns der Masse 1,0 µg, dessen Geschwindigkeit auf 0,0100 mm s^{-1} genau bekannt ist? (b) Nehmen wir an, das Staubkorn sei auf 1,0 nm genau lokalisiert (das sind etwa vier Atomdurchmesser). Wie groß ist dann seine Geschwindigkeitsunschärfe?

4-28 Wie groß ist die Geschwindigkeitsunschärfe eines Staubkorns der Masse 1,0 mg, dessen Ort auf 1,0 µm genau bekannt ist? (b) Nehmen wir an, das Staubkorn sei auf 0,1 nm genau lokalisiert. Wie groß ist dann seine Geschwindigkeitsunschärfe?

4-29 Wenn man mit einem 1000 kg schweren Fahrzeug mit einer gemessenen Geschwindigkeit von $1,0 \cdot 10^7$ m s^{-1} in eine Radarkontrolle gerät, kann man sich dann auf seine Ortsunschärfe berufen und behaupten, man sei 10 m entfernt in einem anderen Fahrzeug gewesen?

4-30 Ein neuer Teilchenbeschleuniger dient dazu, schnelle Partikel auf ein sehr kleines Ziel zu lenken. Besteht die Hoffnung, daß ein $1,7 \cdot 10^{-32}$ kg schweres Teilchen mit $v = 3,1 \cdot 10^3$ m s^{-1} das Ziel mit dem Durchmesser $1,0 \cdot 10^{-4}$ m trifft?

In diesem Kapitel werden die zwischenmolekularen Kräfte und ihre Rolle bei der Kondensation von Gasen zu Flüssigkeiten und Festkörpern behandelt. Zwischenmolekulare Kräfte bestimmen die physikalischen Eigenschaften von Flüssigkeiten und die Struktur von Festkörpern. Das gilt auch für Metalle, ionische Festkörper und Molekülkristalle. Das Bild zeigt die Kondensation von Wasserdampf auf der Innenwand einer Flasche: die Kondensation des Dampfes zu einer Flüssigkeit ist ein Hinweis darauf, daß zwischen den Molekülen Anziehungskräfte wirksam sind.

5 Flüssigkeiten und Festkörper

Die Entdeckung neuer Flüssigkeiten und neuer Festkörper hatte in der Geschichte weitreichende Umwälzungen zur Folge. Als die Erdöllager entdeckt wurden (dabei handelt es sich ja um flüssige Kohlenwasserstoffe), gab es Brennstoff für Lampen und Treibstoff für Autos. Die Entdeckung der Metalle führte die Menschheit aus der Steinzeit heraus. Die Entwicklung des Stahls brachte ein hartes Material, das die industrielle Revolution möglich machte. In unserem Jahrhundert haben organische Polymere, die Kunststoffe (Buna, Polyethylen, Polystyrol, Perlon etc.), unseren Alltag entscheidend verändert. Noch sind wir mitten in der durch die Entdeckung des Halbleiters ausgelösten Revolution. Und die Konsequenzen der Entdeckung von Hochtemperatur-Supraleitern Ende der achtziger Jahre kann man heute noch gar nicht einschätzen. (Supraleiter sind Materialien, welche den elektrischen Strom praktisch ohne Widerstand leiten.)

In diesem Kapitel wollen wir uns mit den Eigenschaften des flüssigen und des festen Zustandes der Materie beschäftigen sowie mit den Kräften, die sie zusammenhalten. Wir werden nur solche Flüssigkeiten betrachten, die aus Molekülen aufgebaut sind; dazu gehören Wasser, Ethanol, Benzol und die verflüssigten Gase. Geschmolzene Salze (also flüssige Mischungen von Ionen) oder geschmolzene Metalle wollen wir hier nicht behandeln. Die Festkörper, die wir untersuchen wollen, bilden vier Klassen:

Metalle (z. B. Eisen) bestehen aus Kationen, die von einer großen Zahl gemeinsamer Elektronen zusammengehalten werden.
Ionische Festkörper (z. B. Salze) bestehen aus Kationen und Anionen.
Vernetzte Festkörper (z. B. Diamant) bestehen aus Atomen, die über die ganze Probe hinweg kovalent verbunden sind.
Molekulare Festkörper (z. B. Zucker) bestehen aus einzelnen Molekülen.

Die meisten Substanzen kommen nur in einer einzigen flüssigen Form vor (Helium und die kristallinen Flüssigkeiten sind bekannte Ausnahmen), das Auftreten mehrerer fester Formen hingegen ist relativ häufig. So sind der Diamant und Graphit zwei feste Formen des Kohlenstoffs; Calcit und Aragonit sind zwei feste Formen des Calciumcarbonats. Man bezeichnet die verschiedenen physikalischen Zustände mit dem Wort *Phase*. Wir sprechen in diesem Sinne von der *Dampfphase,* der *flüssigen* und der *festen Phase* des Wassers. Graphit und Diamant sind beides feste Phasen des Kohlenstoffs, Calcit und Aragonit sind Phasen des Calciumcarbonats.

Tabelle 5-1 Beispiele und charakteristische Eigenschaften von Festkörpern

Klasse	Beispiele	charakteristische Eigenschaften
Metalle	Li, Na, K, Ca, Al, Fe, Au	schmiedbar, duktil, glänzend, leiten Strom und Wärme gut
ionische Festkörper	$NaCl$, KNO_3, $CuSO_4 \cdot 5H_2O$	hart, starr, spröde, hoher Schmelz- und Siedepunkt, wäßrige Lösungen leiten den Strom
vernetzte Festkörper	B, C, schwarzer P, BN, SiO_2	hart, starr, spröde, hoher Schmelz- und Siedepunkt, in Wasser unlöslich

Die Kräfte zwischen Atomen, Ionen und Molekülen

Dieser Abschnitt beschäftigt sich überwiegend mit den *zwischenmolekularen Kräften;* so nennen wir die Wechselwirkungen zwischen Molekülen und atomar auftretenden Elementen wie den Edelgasen. Sie heißen auch *van-der-Waals-Kräfte* nach Johannes van der Waals, dessen Beitrag zu unserer Kenntnis der zwischenmolekularen Kräfte in realen Gasen wir bereits in Abschnitt 2-4 kennengelernt haben.

5-1 Polarisation

Chemische Bindungen sind selten zu 100% kovalent. Stellen wir uns ein einatomiges Anion vor, das sich in der Nähe eines Kations befindet. Weil das positiv geladene Kation die Elektronen des Anions anzieht, wird das (ursprünglich kugelförmige) Anion deformiert. Diese Deformation kann so zustande kommen, daß das Elektronenpaar sich etwas auf den Bereich zwischen den beiden Atomkernen zu bewegt (**1**), daß also zumindest die Andeutung einer kovalenten Bildung entsteht. Der kovalente Charakter der Bindung wird größer, je stärker die Deformation der Elektronenwolken wird.

1

Polarisierbarkeit und Polarisationskraft

Atome und Ionen, die sich leicht deformieren lassen, nennen wir stark *polarisierbar.* Wenn ein Ion starke Deformationen hervorrufen kann, sagen wir, es hat eine große Polarisationskraft. Wir erwarten, daß ein großes Anion wie z. B. I^- stark polarisierbar ist. In einem solchen Anion hat der Atomkern einen geringeren Einfluß auf die äußeren Elektronen, denn diese sind relativ weit entfernt, und damit sind die Elektronenwolken leicht deformierbar. Ein Kation hat eine große Polarisationskraft, wenn es klein und hoch geladen ist; ein gutes Beispiel ist das Al^{3+}-Ion.

Verbindungen, die aus einem kleinen, hochgeladenen Kation und einem großen, polarisierbaren Anion bestehen, werden deshalb Bindungen mit ausgeprägt kovalentem Charakter haben.

Wir haben gesehen, daß die Polarisation der Elektronenwolken zu einer Veränderung der Ladungsverteilung im Molekül führt. Dadurch entsteht ein *Dipolmoment*. Dieses kann durch äußere Einwirkungen verursacht werden. Manche Moleküle haben jedoch auch ohne äußeren Einfluß ein Dipolmoment. Im HCl-Molekül z. B. zieht das Cl-Atom das Bindungselektronenpaar aufgrund seiner größeren Elektronegativität an und erhält damit eine negative Partialladung; für das H-Atom verbleibt dann eine positive Partialladung. Man schreibt dafür $^{\delta+}\text{H}-\text{Cl}^{\delta-}$, wobei die Symbole $\delta+$ und $\delta-$ die positiven bzw. negativen Partialdungen an den Atomen bezeichnen. (Der kleine griechische Buchstabe δ (Delta) wird häufig zur Bezeichnung kleiner Größen verwendet.) Man sagt dann, das Molekül ist ein *elektrischer Dipol*.

> Eine **elektrischer Dipol** besteht aus einer positiven Ladung in der Nähe einer negativen Ladung gleichen Betrages.

Man kann den Dipolcharakter des HCl-Moleküls mit $\overset{+\longrightarrow}{\text{H}-\text{Cl}}$ bezeichnen, wobei das + die Position der positiven Ladung angibt (vgl. Abb. 5-1).

Die Stärke eines elektrischen Dipols wird mit dem elektrischen Dipolmoment μ beschrieben. Die SI-Einheit des Dipolmoments ist das Produkt aus der Ladungseinheit Coulomb C und der Längeneinheit m, also C m. In der Praxis wird die alte Einheit D (Debye, nach dem holländischen Chemiker Peter Debye) noch viel verwendet; es gilt $1\ \text{D} = 3{,}336 \cdot 10^{-30}\ \text{C m}$. Das Dipolmoment des HCl hat den Wert 1,1 D; in dieser Größenordnung liegen die meisten Werte von Molekülen.

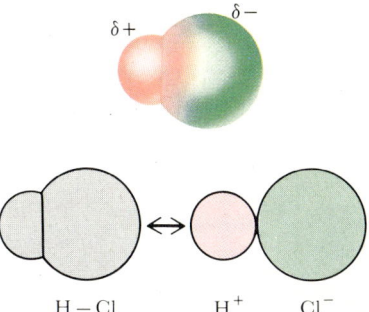

Abb. 5-1 Das HCl-Molekül ist ein polares Molekül; der Dipol besteht aus der positiven Partialladung am H-Atom (rot) und der negativen Partialladung am Chloratom (grün). Der Dipol gleicht einer Mischung aus einem rein ionischen und einem rein kovalenten Zustand.

5-2 Ionen- und Dipolkräfte

In Tabelle 5-2 sind die verschiedenen Arten von Kräften zwischen Molekülen und Ionen zusammengestellt. Mit den Kräften zwischen entgegengesetzt geladenen Ionen hatten wir uns bereits in Abschn. 3-5 beschäftigt. Die Kräfte zwischen einem Ion und den Partialladungen des elektrischen Dipols eines polaren Moleküls oder diejenigen zwischen den Partialladungen zweier Dipole sind nur wenig komplizierter. Etwas schwerer zu verstehen sind dagegen die Kräfte zwischen unpolaren Molekülen.

Ion−Ion-Wechselwirkungen

Wie wir in Abschn. 3-5 bereits gesehen haben, können wir die potentielle Energie zwischen Ionen, wenn wir den Wert für unendlich großen Abstand gleich Null setzen, durch die Formel

$$E \propto \frac{-z_1 z_2}{d}$$

beschreiben, wobei z_1 und z_2 die Ladungszahlen der Ionen sind und d ihr Abstand ist. Das Minus-Zeichen deutet an, daß die Energie immer negativer wird, wenn die beiden Ionen sich weiter nähern. Wenn man den Abstand vergrößert, nimmt die Wechselwirkung ziemlich langsam

Typ der Wechsel-wirkung *	Abstands-Gesetz	typische Energie kJ mol^{-1} †	Bemerkungen
Ion–Ion	$\dfrac{1}{d}$	250	nur zwischen Ionen
Ion–Dipol	$\dfrac{1}{d^2}$	15	
Dipol–Dipol	$\dfrac{1}{d^3}$	2	zwischen ruhenden polaren Molekülen
	$\dfrac{1}{d^6}$	0,3	zwischen rotierenden polaren Molekülen
Dispersion (nach London)	$\dfrac{1}{d^6}$	2	zwischen allen Arten von Molekülen
Wasserstoffbrücken	bei Berührung	20	zwischen N, O, F; die Brücke ist ein H-Atom

* Weitere zwischenmolekulare Kräfte sind die Wechselwirkung zwischen einem Ion und einem induzierten Dipol, bei der ein Ion ein benachbartes unpolares Molekül polarisiert und eine Wechselwirkung mit dem resultierenden Dipol eingeht (typische Stärke: 3 kJ mol^{-1}), sowie die Wechselwirkung zwischen einem Dipol und einem induzierten Dipol, bei der ein Dipolmolekül ein unpolares Molekül polarisiert (typische Stärke: 0,05 kJ mol^{-1}).

† Die typischen Wechselwirkungsenergien beziehen sich auf den Abstand $d = 500$ pm.

ab. Verdoppelt man z. B. den Abstand, so wird die potentielle Energie gerade halbiert. Das Ergebnis ist, daß bei dicht gepackten Ionen nicht nur die Wechselwirkungen mit den unmittelbaren Nachbarn, sondern auch mit viel weiter entfernteren Ionen berücksichtigt werden müssen.

Die starke, weitreichende Anziehung zwischen entgegengesetzt geladenen Ionen ist die Ursache der hohen Gitterenthalpien (vgl. Abschn. 3-5) und damit auch der hohen Schmelz- und Siedepunkte von Ionenverbindungen (vgl. Tab. 5-3). Vor allem bei Verbindungen aus kleinen, hochgeladenen Ionen findet man hohe Schmelzpunkte und große Gitterenthalpien, denn die elektrostatischen Wechselwirkungen können solche Ionen besonders fest aneinander binden. So schmilzt z. B. Aluminiumoxid, Al_2O_3 erst bei 2015 °C und Magnesiumoxid MgO sogar erst bei 2800 °C. Am Beispiel der Alkalimetallchloride erkennt man deutlich, daß die Verbindungen mit den größeren Ionen die niedrigeren Schmelzpunkte haben (vgl. Abb. 5-2): 801 °C für NaCl und nur noch 645 °C für CsCl.

Ion–Dipol-Wechselwirkungen

Bei einer Ion–Dipol-Wechselwirkung zieht ein Kation die negative Partialladung eines elektrischen Dipols (**2**) an (oder ein Anion die positive Partialladung eines Dipols (**3**)). Die potentielle Energie nimmt in diesem Fall mit dem Quadrat des Abstandes zwischen Ion und Dipol ab:

$$E \propto \frac{-z \cdot \mu}{d^2}$$

Tabelle 5-3 Schmelz- und Siedepunkte ionischer Festkörper

Festkörper	Schmelz-punkt, °C	Siede-punkt, °C
LiF	842	1676
LiCl	614	1382
NaCl	801	1413
KCl	776	1500 *
MgCl$_2$	708	1412
CaCl$_2$	782	2000
MgO	2800	3600
Al$_2$O$_3$	2015	2980

* KCl sublimiert bei Atmosphärendruck.

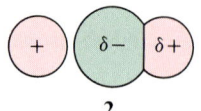

2

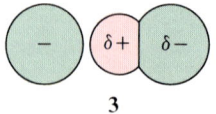

3

Dabei ist z die Ladung des Ions, und μ ist das Dipolmoment des Moleküls. Die Wechselwirkungsenergie nimmt schneller mit dem Abstand ab als bei den Ion–Ion-Wechselwirkungen (mit d^{-2} anstelle von d^{-1}), denn die Partialladung an dem einen Ende wirkt der Partialladung am anderen Ende entgegen. Und aus sehr großer Entfernung hat ein elektrischer Dipol schließlich überhaupt keine Wirkung mehr.

Beispiel 5-1 Berechnung der Stärke einer Ion–Dipol-Wechselwirkung

Berechnen Sie das Verhältnis der potentiellen Energien der Wechselwirkung eines Wassermoleküls mit Na^+-Ionen uind mit K^+-Ionen.

Methode. Die potentielle Energie der Wechselwirkung wird durch die oben angegebene Formel bestimmt. Wenn man nur das Verhältnis für die beiden Ionen berechnen will, braucht man die Proportionalitätskonstante nicht zu kennen, denn sie hebt sich bei der Verhältnisbildung heraus. Für den Abstand d setzen wir den Radius des Kations ein, denn wir können annehmen, daß die negative Ladung des H_2O-Moleküls an der Oberfläche des O-Atoms sitzt. Die Ionenradien entnehmen wir der Tabelle 4-6.

Lösung. Das Verhältnis der potentiellen Energien ist

$$\frac{E(K^+)}{E(Na^+)} = \frac{[d(Na^+)]^2}{[d(K^+)]^2} = \frac{(95\ pm)^2}{(133\ pm)^2} = 0{,}51$$

Das heißt, die Wechselwirkungsenergie zwischen einem H_2O-Molekül und einem K^+-Ion ist nur halb so groß wie zwischen einem H_2O-Molekül und einem Na^+-Ion.

Übungsaufgabe. Wie groß ist das Verhältnis der Wechselwirkungsenergien eines Wassermoleküls mit Na^+-Ionen und mit Mg^{2+}-Ionen?

$$\left[\text{Antwort: } \frac{E(Na^+)}{E(Mg^{2+})} = 0{,}47\right]$$

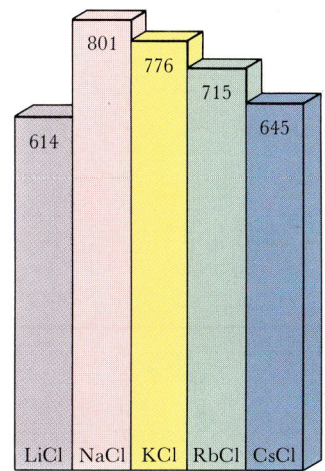

Abb. 5-2 Die Schmelzpunkte der Alkalimetallhalogenide lassen sich zum größten Teil auf die Stärke der Wechselwirkung zwischen den Ionen zurückführen. (Zahlenwerte in °C)

Die Ion-Dipol-Wechselwirkung ist die Ursache der *Hydratation* von gelösten Kationen, bei der Wassermoleküle an ein zentrales Ion angelagert werden (vgl. Abb. 5-3). Der elektrische Dipol des H_2O-Moleküls ist so gerichtet, daß die negative Partialladung am O-Atom sitzt, so daß das O-Atom von dem positiv geladenen Kation angezogen wird. Hydratation bleibt oft auch im festen Zustand erhalten, wie die Salze $Na_2CO_3 \cdot 10 H_2O$ und $CuSO_4 \cdot 5 H_2O$ zeigen. Die Wechselwirkung wird stärker, wenn der Abstand zwischen Ion und Dipol verkleinert wird; deshalb werden kleine Kationen stärker hydratisiert sein als große Kationen.

Welchen Einfluß die Ladung hat, zeigt der Vergleich von Kalium mit Barium. Die Ionenradien sind sehr ähnlich (135 pm für Ba^{2+} und 133 pm für K^+), aber wegen der höheren Ladung des Kations sind die Bariumsalze meist hydratisiert.

Dipol–Dipol-Wechselwirkungen

Bei einer Dipol–Dipol-Wechselwirkung handelt es sich um die Anziehung zwischen den elektrischen Dipolen polarer Moleküle. Wenn zwei benachbarte polare Moleküle eine der beiden in Abb. 5-4 wiedergegebenen Anordnungen einnehmen, dann sind jedesmal die entgegengesetzten Ladungen näher beieinander als die Ladungen mit gleichem Vorzeichen, so daß insgesamt eine Anziehung zwischen den beiden Molekülen resultiert. Weil es sich hier nur um Kräfte zwischen Partialladungen

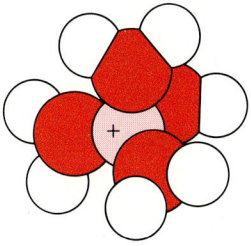

Abb. 5-3 Die Wechselwirkungen zwischen Ionen und Dipolen spielen bei der Hydratation von Ionen, besonders von Kationen, eine wichtige Rolle. Die Abb. zeigt die Anlagerung von mehreren H_2O-Molekülen als Folge dieser Wechselwirkung.

handelt, ist die Anziehung schwächer als zwischen entgegengesetzt geladenen Ionen. Wie groß der Unterschied ist, erkennt man, wenn man die Verdampfungsenthalpie von molekularem festem Chlorwasserstoff ($18\,kJ\,mol^{-1}$) mit der Gitterenergie von festem Natriumchlorid ($787\,kJ\,mol^{-1}$) vergleicht. Trotzdem ist die Dipol–Dipol-Wechselwirkung zwischen manchen polaren Molekülen so stark, daß Wärme frei wird, wenn man sie zu einer Flüssigkeit kondensiert.

Die potentielle Energie der Dipol–Dipol-Wechselwirkung zwischen den Molekülen A und B mit den elektrischen Dipolmomenten μ_A und μ_B nimmt in einem Festkörper mit der dritten Potenz des Abstandes ab:

$$E \propto \frac{-\mu_A \cdot \mu_B}{d^3}$$

Wenn wir also den Abstand verdoppeln, wird die Wechselwirkung um den Faktor $2^3 = 8$ kleiner (vgl. Abb. 5-5).

In Gasen und Flüssigkeiten rotieren die Moleküle; dann haben wir über alle gegenseitigen Orientierungen der Moleküle zu mitteln. Das führt zu einer stärkeren Abhängigkeit vom Abstand, nämlich mit der sechsten Potenz:

$$E \propto \frac{-\mu_A^2 \cdot \mu_B^2}{d^6}$$

Wenn man also bei rotierenden Molekülen den Abstand verdoppelt, so wird die Wechselwirkung gleich um den Faktor $2^6 = 64$ kleiner. Das heißt, Dipol–Dipol-Wechselwirkungen spielen nur dann eine Rolle, wenn die Moleküle sehr nahe beieinander sind. Das ist auch ein Grund, weshalb das ideale Gasgesetz bei normalem Druck eine so gute Beschreibung des Verhaltens der meisten Gase liefert: In Gasen rotieren die Moleküle, und sie sind im Mittel weit voneinander entfernt.

Beispiel 5-2 Abschätzung der Dipol–Dipol-Wechselwirkung in einem Gas

Vergleichen Sie die Dipol–Dipol-Wechselwirkungen in gleichen Volumina von HCl und HBr bei gleicher Temperatur und gleichem Druck. Die Dipolmomente sind 1,08 D und 0,80 D.

Methode. Der letzten Gleichung entnehmen wir, daß die Wechselwirkung proportional zu $\frac{\mu^4}{d^6}$ ist. Die Dipolmomente sind angegeben. Nach dem Avogadroschen Prinzip enthalten gleiche Volumina von Gasen bei der gleichen Temperatur und bei dem gleichen Druck auch gleichviele Moleküle. Der mittlere Abstand der Moleküle ist in den beiden Proben gleich; wenn wir das Verhältnis der Wechselwirkungsenergien bilden, hebt sich also d^6 gerade heraus.

Lösung. Das Verhältnis der Wechselwirkungsenergien ist

$$\frac{E\,(HCl)}{E\,(HBr)} = \frac{\mu_{HCl}^4}{\mu_{HBr}^4} = \frac{(1,08\ D)^4}{(0,80\ D)^4} = 3,3$$

Die Wechselwirkungsenergie und damit auch die Abweichung vom idealen Verhalten nehmen also schnell zu, wenn das Dipolmoment größer wird.

Übungsaufgabe. Wie groß ist das Verhältnis der potentiellen Energien, soweit sie auf Dipol–Dipol-Wechselwirkung zurückzuführen sind, in gleichen Volumina der Gase $CHCl_3$ ($\mu = 1,01$ D) und CH_3Cl ($\mu = 1,87$ D) bei gleicher Temperatur und gleichem Druck? [Antwort: 0,085]

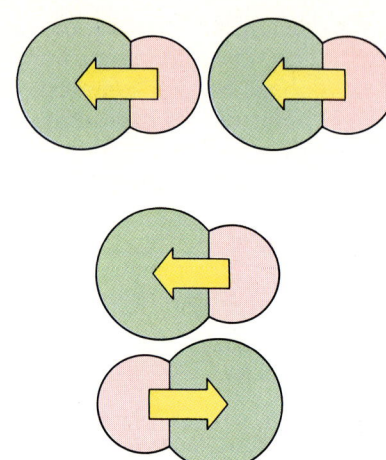

Abb. 5-4 Polare Moleküle ziehen sich aufgrund der Kräfte zwischen ihren Partialladungen (gelbe Pfeile) an. Beide Orientierungen sind energetisch begünstigt.

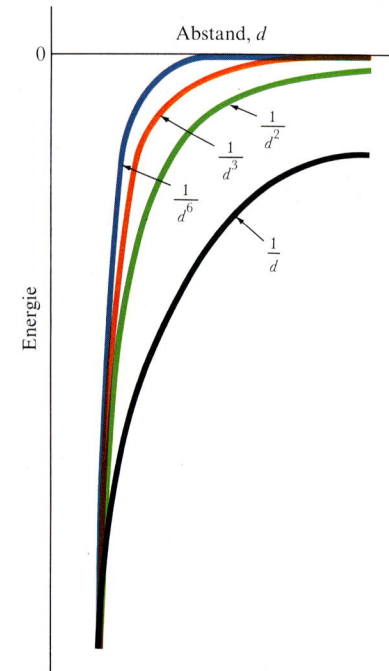

Abb. 5-5 Die Abhängigkeit der in diesem Kapitel beschriebenen Wechselwirkungen vom Abstand. Man beachte, daß die Wechselwirkung zwischen Ionen bei großen Abständen relativ langsam abfällt; man nennt sie deshalb auch weitreichend. Die zu $\frac{1}{d^6}$ proportionalen Wechselwirkungen nehmen mit dem Abstand schnell ab; sie haben nur eine kurze Reichweite.

Londonsche Dispersionskräfte

Die Dispersionskräfte kann man aus den Bewegungen der Elektronen in den Molekülen verstehen (vgl. Abb. 5-6). Wenn sich Elektronen bewegen, so tritt vorübergehend ein elektrischer Dipol auf. Selbst wenn die mittlere Position der Elektronen zu einem unpolaren Molekül führt, treten solche augenblicklichen, vorübergehenden Dipole auf, auch bei den Edelgasen. Die vorübergehenden Dipole benachbarter Moleküle beeinflussen sich natürlich gegenseitig, denn die potentielle Energie eines Systems aus zwei Dipolen ist kleiner, wenn die positive Partialladung des einen Moleküls näher bei der negativen Partialladung des anderen Moleküls ist, als bei einer anderen Orientierung. Auf diese Weise resultiert insgesamt eine Anziehung zwischen den beiden Molekülen.

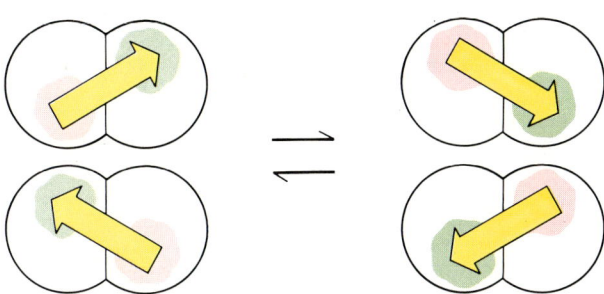

Abb. 5-6 Dispersionskräfte kommen durch die Anziehung zwischen den induzierten Dipolen (gelbe Pfeile) zustande. Sie ändern zwar ständig ihre Richtung, sind aber praktisch immer in einer anziehenden Position.

Die *Londonschen Dispersionskräfte* wurden nach dem deutsch-amerikanischen Physiker Fritz London benannt, der sie zuerst erklärte. Sie wirken zwischen polaren und unpolaren Molekülen und sind immer anziehend. Auch zwischen Edelgasatomen sind diese Kräfte wirksam. Sie sorgen dafür, daß Benzol bei Zimmertemperatur flüssig ist, daß bei einer bestimmten Temperatur Kohlendioxid zu einem Festkörper kondensiert, und daß selbst Gase wie Sauerstoff, Stickstoff und die Edelgase bei genügend tiefer Temperatur flüssig werden.

Die Dispersionskräfte sind bei schweren Molekülen stärker als bei leichten. Schwere Moleküle besitzen mehr Elektronen, damit auch mehr Ladungsschwankungen, und daraus resultieren auch größere augenblickliche Dipolmomente. Die Stärke dieser Wechselwirkung hängt von der Polarisierbarkeit α der Moleküle ab; wenn beide Moleküle große α-Werte haben, ist diese Wechselwirkung besonders groß. Diese Beobachtung stimmt mit unserer Vorstellung von den durch Bewegungen der Elektronen erzeugten Ladungsschwankungen überein, denn ein hoch polarisierbares Molekül (mit großem α) ist ja dadurch gekennzeichnet, daß der Atomkern die Elektronen nicht fest unter Kontrolle hat. Die potentielle Energie der Dispersionskräfte nimmt sehr schnell (mit der sechsten Potenz des Abstandes) ab:

$$E \propto \frac{-\alpha_A \cdot \alpha_B}{d^6}$$

Diese Formel gilt sowohl für ruhende Moleküle (z. B. in einem Festkörper) als auch für frei rotierende Moleküle in einem Gas oder in einer Flüssigkeit.

Beispiel 5-3 Die Stärke der Dispersionswechselwirkung in einem Gas

Wie groß ist die relative Änderung der potentiellen Energie der Londonschen Dispersionswechselwirkung, wenn man das Gasvolumen verdoppelt?

Methode. Wir wissen, daß die potentielle Energie, die von den Dispersionswechselwirkungen herrührt, umgekehrt proportional zur sechsten Potenz des Abstandes zwischen den Molekülen ist. Vergrößert man den Abstand um den Faktor f, so bedeutet das für die potentielle Energie eine Änderung um den Faktor f^6. Wir müssen also wissen, wie sich der Abstand der Moleküle ändert, wenn wir das Volumen verdoppeln. Das Volumen ist gegeben durch (Länge)^3, eine Verdoppelung des Volumens bewirkt dann eine Vergrößerung des Abstandes der Moleküle um den Faktor $\sqrt[3]{2}$.

Lösung. Der mittlere Abstand der Moleküle nimmt um den Faktor $\sqrt[3]{2}$ zu. Deshalb nimmt die potentielle Energie um den Faktor $(1,26)^6 = 4,00$ ab. Die Verdoppelung des Volumens des Gases erniedrigt also die Wechselwirkung um den Faktor 4.

Übungsaufgabe. Um welchen Faktor wird die potentielle Energie aufgrund der Dispersionswechselwirkung größer, wenn man ein Gas bei konstanter Temperatur auf ein Drittel seines Volumens komprimiert?　　　　　　　　　　　　　　　　[Antwort: 9]

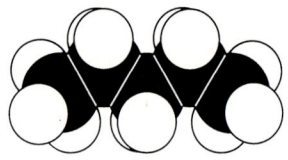

4 Pentan

5 Neopentan

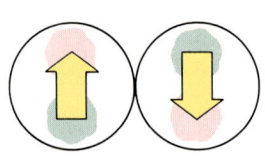

Weil ein H_2-Molekül nur zwei Elektronen besitzt, sind seine augenblicklichen Dipole sehr klein. Folglich ist die gegenseitige Wechselwirkung der Wasserstoffmoleküle so klein, daß Wasserstoffgas erst bei $-253\,^{\circ}\mathrm{C}$ (20 K) flüssig wird. Das gilt allgemein: Kleine unpolare Moleküle mit nur wenigen Elektronen haben schwache Dispersionskräfte und sieden und schmelzen deshalb bei tiefen Temperaturen. Genaue Vorhersagen über Siedepunkte lassen sich aber nicht machen, denn wie stark die Wechselwirkungen in einem gegebenen Fall sind, hängt von der Form der Moleküle und von ihrer Packung in der Flüssigkeit ab. Pentan (**4**) und Neopentan (**5**) haben die gleiche Summenformel C_5H_{12}, ihre Siedepunkte unterscheiden sich aber erheblich ($36\,^{\circ}\mathrm{C}$ bzw. $10\,^{\circ}\mathrm{C}$). Die Atome von kugelförmigen (sphärischen) Molekülen wie Neopentan können einander nicht so nahe kommen wie die Atome von gestreckten Molekülen (vgl. Abb. 5-7). Die Dispersionswechselwirkung ist deshalb bei gestreckten Molekülen stärker als bei kugelförmigen Molekülen.

Große Unterschiede in der Polarisierbarkeit wirken sich stärker aus als Unterschiede in der Form. Das ist einer der Gründe, weshalb Kohlenwasserstoffe mit bis zu 4 C-Atomen gasförmig, die mit 5 bis zu 17 C-Atomen (wie Benzol und Octan) flüssig und die restlichen mit mehr als 17 C-Atomen wachsartige Festkörper sind (vgl. Abb. 5-8). In jedem Fall kommen bei Substanzen mit der größeren molaren Masse und damit mit der größeren Anzahl an Elektronen Dispersionswechselwirkungen am stärksten zur Wirkung.

Wenn man in einem Molekül die Wasserstoffatome durch schwerere Atome substituiert, so führt das zu einem ganz erheblichen Anstieg der Dispersionswechselwirkung. Dies wird aus Tabelle 5-4 ersichtlich, wo Schmelz- und Siedepunkte verschiedener Elemente und Verbindungen aufgeführt sind.

Zwischen polaren Molekülen ist die Dispersionswechselwirkung in der Regel stärker als die reine Dipol–Dipol-Wechselwirkung. Die Kondensation von HCl in den flüssigen Zustand wird z. B. mehr durch Dispersionskräfte als durch Dipol–Dipol-Wechselwirkung bestimmt.

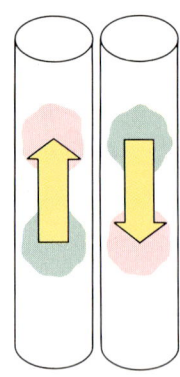

Abb. 5-7 Induzierte Dipole können in kugelförmigen Molekülen einander längst nicht so nahe kommen wie in zylindrischen; entsprechend ist die Wechselwirkung zwischen kugelförmigen Molekülen meist schwächer.

Tabelle 5-4 Schmelzpunkte und Siedepunkte

Substanz	Schmelz-punkt, °C	Siede-punkt, °C	Substanz	Schmelz-punkt, °C	Siede-punkt, °C
Helium	−270	−269	HBr	−87	−67
	(3,5 K)	(4,2 K)	HI	−51	−35
Neon	−249	−246	H_2O	0	100
Argon	−189	−186	H_2S	−86	−60
Krypton	−157	−153	NH_3	−78	−33
Xenon	−112	−108	CO_2		−79 s*
Wasserstoff	−259	−253	SO_2	−76	−10
Stickstoff	−210	−196	CH_4	−183	−162
Sauerstoff	−218	−183	CF_4	−184	−128
Fluor	−220	−188	CCl_4	−23	77
Chlor	−101	−34	CH_3OH	−94	65
Brom	−7	59	C_6H_6	6	80
Iod	114	184	Glucose	142*	
HF	−83	20	Rohrzucker	184*	
HCl	−114	−85			

* CO_2 sublimiert bei −79 °C, Glucose und Rohrzucker zersetzen sich vor dem Sieden.

5-3 Wasserstoffbrücken

Daß es noch eine andere Art von zwischenmolekularen Kräften geben muß, erkennt man, wenn man die Siedepunkte von Wasserstoffverbindungen systematisch untersucht (vgl. Abb. 5-9). Wasser, H_2O, siedet bei einer viel höheren Temperatur (100 °C) als Schwefelwasserstoff, H_2S (−60 °C). Schwefelwasserstoff ist bei Zimmertemperatur gasförmig, obwohl das H_2S-Molekül viel mehr Elektronen als das H_2O-Molekül enthält und deshalb auch stärkeren Dispersionskräften unterliegt. Die Siedepunkte von Ammoniak und von HF liegen ebenfalls viel höher als die der analogen Wasserstoffverbindungen von Phosphor und Chlor und weisen damit auf ungewöhnlich starke Kräfte zwischen diesen Molekülen hin.

Die starken zwischenmolekularen Kräfte in den Verbindungen NH_3, H_2O und HF werden durch sogenannte *Wasserstoffbrücken* hervorgerufen:

Eine **Wasserstoffbrücke** ist eine Bindung, die zwischen zwei stark elektronegativen Atomen wie N, O oder F und einem Wasserstoffatom gebildet wird.

Die anderen zwischenmolekularen Kräfte, die wir bisher besprochen haben, sind zwischen allen Atomen wirksam. Wasserstoffbrücken sind anders: Sie brauchen ein Wasserstoffatom und zwei elektronegative Atome. Nur wenige Elemente, nämlich N, O und F, sind so elektronegativ, daß sie Wasserstoffbrücken bilden können. Wenn wir die Wasserstoffbrücke mit drei Punkten bezeichnen wie in A−H⋯B, wobei A und B zwei elektronegative Atome sind, dann sind die einzigen wichtigen Fälle von Wasserstoffbrücken

$$N-H\cdots N \qquad O-H\cdots N \qquad F-H\cdots N$$
$$N-H\cdots O \qquad O-H\cdots O \qquad F-H\cdots O$$
$$N-H\cdots F \qquad O-H\cdots F \qquad F-H\cdots F$$

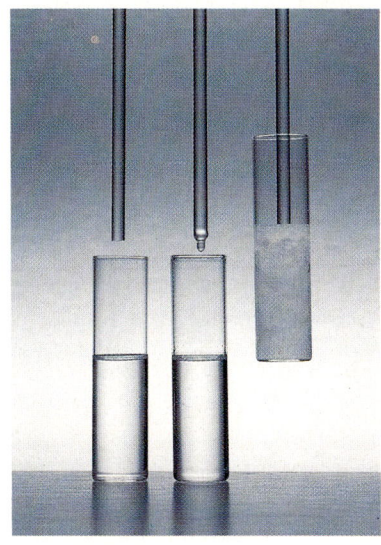

Abb. 5-8 Bei den Kohlenwasserstoffen nehmen die Dispersionskräfte mit steigender molarer Masse zu. Pentan (links) ist eine bewegliche Flüssigkeit, Pentadecan ($C_{15}H_{32}$, Mitte) ist viskos, und Octadecan ($C_{18}H_{38}$, rechts) ist ein wachsartiger Festkörper.

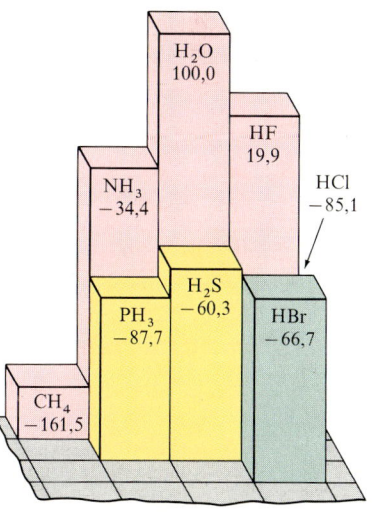

Abb. 5-9 Die Siedepunkte der Wasserstoffverbindungen der Elemente der zweiten Periode unterscheiden sich nur wenig; die der ersten Periode (CH_4, NH_3, H_2O und HF) zeigen Unregelmäßigkeiten.

157

Der Grund zur Ausbildung einer Wasserstoffbrücke ist die stark polare Natur der A—H-Bindung, wenn A stark elektronegativ ist. Die resultierende positive Partialladung am H zieht ein einsames Elektronenpaar am Nachbaratom B an, vor allem dann, wenn B so stark elektronegativ ist, daß es selbst eine negative Partialladung trägt. Wasserstoff ist ein Sonderfall bei der Ausbildung einer derartigen Bindung; entscheidend ist, daß das Wasserstoffatom so klein ist, daß das Atom B der Partialladung des Wasserstoffs sehr nahe kommen und mit ihm eine starke Wechselwirkung eingehen kann.

Die Stärke einer O—H···O-Bindung (**6**) beträgt etwa 20 kJ mol^{-1}. Das ist nur ein Bruchteil der Energie einer normalen O—H-Bindung (463 kJ mol^{-1}). Sie ist aber stark genug, um alle anderen Arten von zwischenmolekularen Kräften zu dominieren. Immerhin sind Wasserstoffbrücken so stark, daß sie auch noch im Dampfzustand anzutreffen sind. Ohne Wasserstoffbrücke wäre H_2O, wie H_2S bei Raumtemperatur, ein Gas. Eine besondere Rolle spielen Wasserstoffbrücken in der Biochemie, wo sie durch ihre Vielzahl in Proteinen und DNA deren physikalisch-chemisches Verhalten und damit auch deren biochemisches Verhalten wesentlich bestimmen.

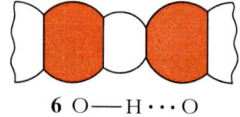

6 O—H···O

Die Eigenschaften von Flüssigkeiten

Eine Flüssigkeit besteht aus Molekülen, die sich ziemlich frei bewegen können, sich dabei aber nicht voneinander entfernen (siehe Abb. 5-10). Drei charakteristische Eigenschaften zeichnen Flüssigkeiten aus: erstens die Fähigkeit zu fließen (wie bei den Gasen), zweitens die Fähigkeit, eine definierte Oberfläche auszubilden (hierin unterscheiden sie sich von den Gasen), und drittens die Fähigkeit, zu verdampfen und dabei einen Dampfdruck aufzubauen. Alle drei Effekte hängen mit der Stärke der zwischenmolekularen Kräfte zusammen.

5-4 Viskosität und Oberflächenspannung

Die Fähigkeit einer Flüssigkeit zu fließen wird durch die *Viskosität* beschrieben: je größer die Viskosität ist, um so langsamer erfolgt das Fließen. Für die Viskosität ist auch die Bezeichnung ‚innere Reibung' gebräuchlich. Viskositäten werden gemessen, indem beobachtet wird, wie lange ein bestimmtes Volumen einer Flüssigkeit braucht, bis es durch ein enges Rohr geflossen ist. In Abb. 5-11 sind einige Werte dem Viskositätswert von Wasser gegenübergestellt. Eine Flüssigkeit mit hoher Viskosität wie Honig oder geschmolzenes Glas nennen wir viskos.

Viskosität und zwischenmolekulare Kräfte

Die Viskosität einer Flüssigkeit kommt durch die zwischen den Molekülen wirksamen Kräfte zustande. Je stärker die Kräfte sind, die die Bewegung der Moleküle behindern, um so größer ist die Viskosität. Wasserstoffbrücken spielen hier eine besonders wichtige Rolle, denn

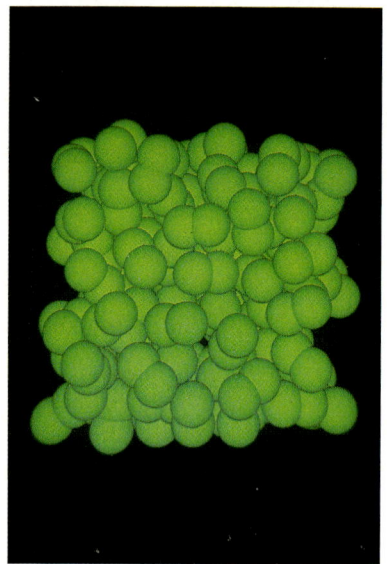

Abb. 5-10 An diesem von einem Computer erzeugten Bild der Moleküle einer Flüssigkeit erkennt man, daß die Moleküle, obwohl sie einander sehr nahe sind, sich viel leichter als in einem Festkörper aneinander vorbeibewegen können.

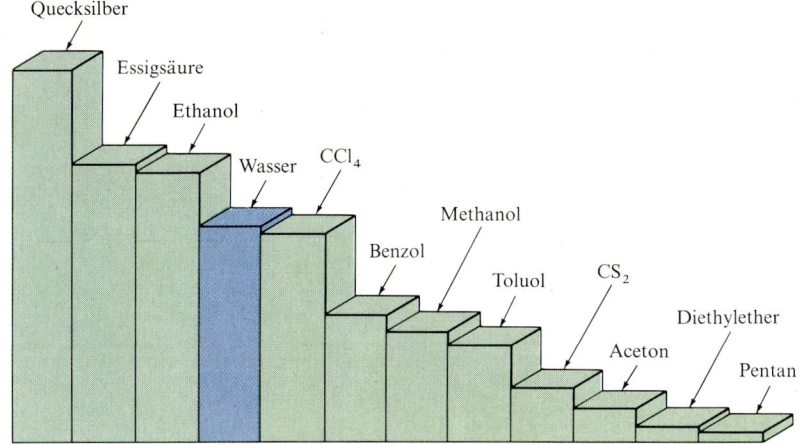

Quecksilber
Essigsäure
Ethanol
Wasser
CCl₄
Methanol
Benzol
Toluol
CS₂
Aceton
Diethylether
Pentan

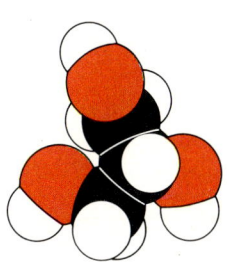

Abb. 5-11 Die relativen Viskositäten einiger wichtiger Flüssigkeiten bei Zimmertemperatur. Flüssigkeiten sind bei höheren Temperaturen weniger viskos.

7 Glycerin

sie können Moleküle relativ fest aneinander knüpfen. Deshalb hat Wasser eine wesentlich größere Viskosität als z. B. Benzol, in dem es keine Wasserstoffbrücken gibt. Phosphorsäure (H_3PO_4) und Glycerin ($CH_2OH-CHOH-CH_2OH$, **7**) sind bei Zimmertemperatur sehr viskos, weil bei ihnen jedes Molekül mehrere Wasserstoffbrücken ausbilden kann. Schweröl, das aus Kohlenwasserstoffen ohne Wasserstoffbrücken besteht, ist ebenfalls viskos; hier rührt aber die Viskosität von den Dispersionskräften zwischen den Molekülen her und zum Teil auch von der Verknäuelung der langen Kohlenwasserstoffketten (vgl. Abb. 5-12).

Bei den meisten Flüssigkeiten nimmt die Viskosität bei einer Temperaturerhöhung ab: in der Wärme haben die Moleküle höhere Energie und können sich leichter an den Nachbarmolekülen vorbei bewegen. Die Viskosität des Wassers hat z. B. bei 100 °C nur noch ein Sechstel des Wertes bei 0 °C, so daß die gleiche Menge bei dieser Temperatur sechsmal schneller durch ein bestimmtes Rohr fließt.

Abb. 5-12 Im Öl sind die Kohlenwasserstoffmoleküle miteinander verknäuelt und fließen nur sehr langsam aneinander vorbei.

Oberflächenspannung und zwischenmolekulare Kräfte

Die zwischenmolekularen Kräfte ziehen die Moleküle von der Oberfläche in das Innere der Flüssigkeit und sorgen damit für eine möglichst dichte Packung der Moleküle und für eine glatte Oberfläche. Gießt man Wasser aus einer Kanne auf einen Tisch, so entsteht eine Pfütze mit einer viel größeren Oberfläche als vorher. Dabei müssen Wassermoleküle aus dem Innern der Flüssigkeit, in dem sie auf allen Seiten an Nachbarmoleküle gebunden sind, an die Oberfläche wandern, wo sie nur noch auf einer Seite Nachbarmoleküle haben (vgl. Abb. 5-13). Wenn keine Schwerkraft wirksam wäre, so würde das Wasser eine Kugel bilden, denn eine Kugel hat bei gegebenem Volumen die kleinste Oberfläche, und damit wären so wenig Moleküle wie möglich an der Oberfläche. Aufgrund der Schwerkraft wird jedoch der Zustand kleinster Energie von einer flachen Pfütze erreicht, obwohl dort weniger Moleküle allseitig von Nachbarmolekülen umgeben sind. In einer Umgebung ohne Schwerkraft, wie z. B. in einer Raumfähre, wird die Form von Flüssigkeitstropfen lediglich durch die Oberflächenspannung bestimmt. Sehr kleine exakte Kugeln mit Durchmessern bei 0,01 mm können so im Weltraum hergestellt werden (vgl. Abb. 5-14).

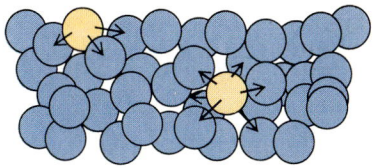

Abb. 5-13 Die Oberflächenspannung kommt von den Anziehungskräften, mit denen die Moleküle an der Oberfläche von denen im Innern der Flüssigkeit angezogen werden. Im Innern der Flüssigkeit besteht mit mehr Nachbarmolekülen eine Wechselwirkung als an der Oberfläche, deshalb hat ein Molekül dort eine niedrigere Energie.

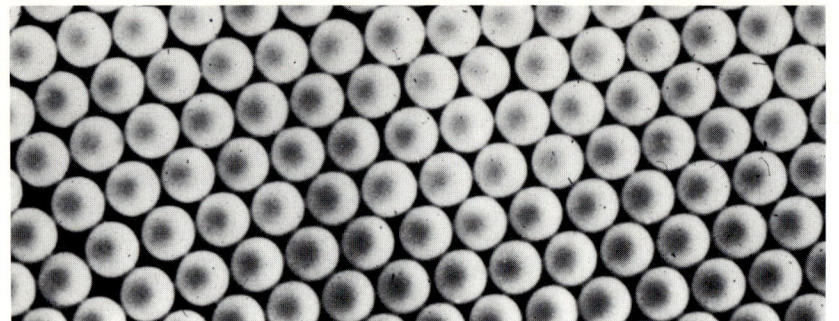

Abb. 5-14 Eine Probe von Latex-Kugeln, die auf einem Space-Shuttle-Flug hergestellt wurden. Jede der unter Schwerelosigkeit allein durch Oberflächenspannung erzeugten Kugeln hat genau denselben Durchmesser, 0,01 mm.

Ein Maß für die Energie, die man zur Erzeugung einer Oberfläche braucht, indem man Moleküle aus dem Innern der Flüssigkeit an die Oberfläche transportiert, ist die *Oberflächenspannung* γ. Je größer die Oberflächenspannung ist, um so mehr Energie braucht man, um Moleküle aus dem Innern der Flüssigkeit an die Oberfläche zu bringen. Die Oberflächenspannung des Wassers ist etwa dreimal so groß wie die der meisten anderen normalen Flüssigkeiten; das ist ebenfalls eine Folge der Wasserstoffbrücken. Beim Quecksilber ist die Oberflächenspannung sechsmal höher als beim Wasser, was auf der metallischen Bindung zwischen den Atomen beruht.

Ein anderes Phänomen, dem zwischenmolekulare Wechselwirkungen zugrunde liegen, sind die *Kapillarkräfte,* die Flüssigkeiten in sehr engen Rohren hochsteigen lassen. Ursache des Aufsteigens sind die Anziehungskräfte zwischen den Flüssigkeitsmolekülen und der inneren Oberfläche des Rohres. Diese Kräfte werden auch *Adhäsion* genannt und sind zu unterscheiden von den *Kohäsionskräften,* die die Moleküle einer Substanz in einem kompakten Körper zusammenhalten und z. B. für die Kondensation verantwortlich sind. Die Flüssigkeit kann nur solange in einer Kapillare steigen, wie die potentielle Energie dabei abnimmt. Die zuletzt erreichte Höhe h der Flüssigkeit ist proportional zur Oberflächenspannung und umgekehrt proportional zur Dichte ϱ:

$$h = \frac{2\gamma}{\varrho\,g\,r}$$

In dieser Formel ist r der Radius des Kapillarrohres und g die Erdbeschleunigung ($9{,}81\ \mathrm{m\ s^{-2}}$). Engere Rohre lassen die Flüssigkeit also höher steigen.

Der Meniskus (aus dem Griech., kleiner Mond) ist die gekrümmte Oberfläche einer Flüssigkeit in einem engen Rohr (vgl. Abb. 5-15). Der Meniskus von Wasser in einem Glasrohr ist ∪-förmig gekrümmt, weil die Adhäsionskräfte zwischen Wasser und Glas stärker als die Kohäsionskräfte innerhalb des Wassers sind und das Wasser deshalb bestrebt ist, so viel wie möglich von der Glasoberfläche zu benetzen. Der Meniskus von Quecksilber in einem Glasrohr ist ∩-förmig gekrümmt, denn im Quecksilber sind die Kohäsionskräfte viel stärker als die Adhäsionskräfte zwischen Quecksilber und Glas; daraus resultiert die Tendenz des Quecksilbers, den Kontakt mit der Glasoberfläche möglichst zu verringern.

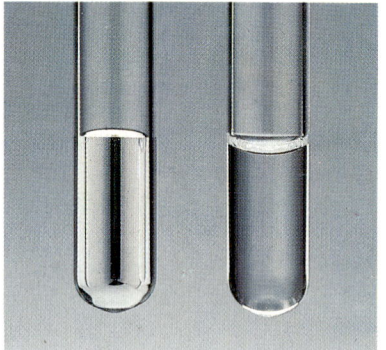

Abb. 5-15 Wenn die Adhäsionskräfte zwischen einer Flüssigkeit und dem Glasbehälter stärker als die Kohäsionskräfte innerhalb der Flüssigkeit sind, so bildet sich der auf der rechten Seite wiedergegebene Meniskus. Im umgekehrten Fall (wie bei Quecksilber in Glas) ist er nach oben durchgebogen (links).

5-5 Der Dampfdruck

Den Begriff des Dampfdruckes haben wir bereits in Abschnitt 2-6 kennengelernt, als wir ein Gasometer besprachen, in dem Gase über einer Flüssigkeit aufgefangen werden können. Der Dampfdruck war ein Maß für die Flüchtigkeit einer Substanz. In diesem Abschnitt wollen wir den Dampfdruck und seinen Zusammenhang mit den zwischenmolekularen Kräften etwas genauer besprechen.

Der Dampfdruck als dynamischer Prozeß

Wir kommen zu einer genauen Definition des Dampfdrucks, wenn wir darüber nachdenken, was auf der Oberfläche des Wassers eigentlich genau vor sich geht (vgl. dazu Abb. 5-16). Wenn das Wasser gerade in das Vakuum eingebracht worden ist, verlassen einige seiner Moleküle die Flüssigkeit und bilden den Dampf. Wenn sich genügend Moleküle im Dampfraum angesammelt haben, können Gasmoleküle, die der Flüssigkeitsoberfläche nahe kommen, aufgrund der anziehenden zwischenmolekularen Kräfte auch wieder eingefangen werden. Wenn die Anzahl der Moleküle im Gasraum zunimmt, werden auch mehr von ihnen wieder von der Flüssigkeit eingefangen; nach einiger Zeit ist ein Zustand erreicht, in dem genausoviele Moleküle verdampfen wie eingefangen werden. In diesem Zustand erfolgen Verdampfen und Kondensieren mit gleicher Geschwindigkeit, d. h. die Verdampfungsgeschwindigkeit, gemessen in mol $H_2O\,s^{-1}$, ist gleich der Kondensationsgeschwindigkeit. Die Konzentration der Moleküle im Dampf und damit der Druck ist jetzt konstant, und Flüssigkeit und Dampf befinden sich in einem *dynamischen Gleichgewicht* (vgl. Abb. 5-17):

> Ein **dynamisches Gleichgewicht** ist ein Zustand, bei dem ein Prozeß und seine Umkehrung mit genau der gleichen Geschwindigkeit ablaufen.

‚Dynamisch' ist in dieser Definition das Schlüsselwort; es bedeutet, daß etwas vor sich geht, obwohl sich das System äußerlich nicht verändert. Ein dynamisches Gleichgewicht ist zu unterscheiden von einem ‚statischen Gleichgewicht', in dem sich ein Ball in einer Vertiefung des Rasens befindet; statisch meint immer die Abwesenheit jeglicher Aktivität.

In einem geschlossenen Behälter erreichen eine Flüssigkeit und ihr Dampf ein dynamisches Gleichgewicht, wenn der Druck des Dampfes den speziellen Wert erreicht hat, der nur von der Temperatur und von der Substanz abhängt. Jetzt können wir die folgende Definition angeben:

> Der **Dampfdruck** einer Flüssigkeit ist der Druck des Dampfes, wenn die flüssige Phase und die Gasphase im dynamischen Gleichgewicht sind.

Die Messung des Dampfdrucks

Wir stellen uns vor, wir geben etwas Wasser (oder irgendeine andere Flüssigkeit) in den evakuierten Raum über dem Quecksilber in einem Quecksilber-Barometer. Das Wasser verdampft sofort und verteilt sich im leeren Raum. Dabei steigt der Druck, und der Meniskus des Queck-

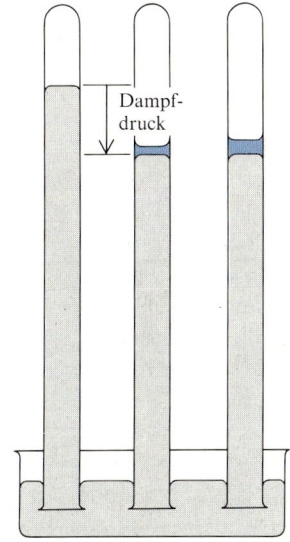

Abb. 5-16 Eine Vorrichtung zur Bestimmung des Dampfdrucks einer Flüssigkeit. Der Dampfdruck der Flüssigkeit über dem Quecksilbermeniskus ist proportional der Erniedrigung des Meniskus (1 mm ≈ 133 Pa, früher galt 1 mm = 1 Torr). Der Dampfdruck ändert sich nicht, wenn mehr Flüssigkeit vorhanden ist.

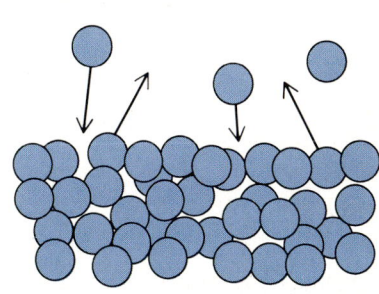

Abb. 5-17 Im dynamischen Verdampfungsgleichgewicht ist die Verdampfungsgeschwindigkeit gleich der Kondensationsgeschwindigkeit.

silbers geht etwas nach unten. Wenn wir nur eine sehr kleine Wassermenge zugegeben haben, so verdampft das Wasser völlig, und der schließlich entstandene Druck hängt einfach davon ab, wieviel Wasser wir hinzugegeben haben. Wenn wir aber so viel Wasser hinzugeben, daß ein Teil davon im flüssigen Zustand auf der Oberfläche des Quecksilbers übrig bleibt (vgl. Abb. 5-16), so erhalten wir einen konstanten Druck des Dampfes, unabhängig davon, wieviel Wasser wir genau hinzugegeben haben. Das heißt, solange überhaupt flüssiges Wasser vorhanden ist, hat der Dampf einen bestimmten Druck, der nur von der Temperatur und nicht von der Menge des Wassers abhängt. Bei 40 °C sinkt das Quecksilber z. B. um 55 mm, das bedeutet, der Wasserdampfdruck beträgt (55 Torr =) 73 mbar. Diesen Wert erhält man, ob nun 0,1 cm^3 oder 1,0 cm^3 Wasser hinzugegeben wurden. Diesen charakteristischen Druck nennen wir den *Dampfdruck* des Wassers. In Tabelle 5-5 sind für einige Substanzen die Werte des Dampfdrucks bei 25 °C zusammengestellt.

Wenn man einen Festkörper in einen evakuierten Behälter einbringt, tritt dasselbe Phänomen auf; man spricht dann vom *Sublimationsdampfdruck*. Bei den meisten Festkörpern sind aber die Sublimationsdampfdrücke klein; Ausnahmen von dieser Regel sind Kohlendioxid und Neopentan. Wir werden uns im folgenden nur mit dem Dampfdruck von Flüssigkeiten beschäftigen.

Wenn die Verdampfung sehr langsam vor sich geht, ist kein großer Druck in der Dampfphase erforderlich, um eine ausreichende Kondensationsgeschwindigkeit zu erreichen. (Die Kondensationsgeschwindigkeit ist dem Druck proportional.) Ein kleiner Dampfdruck (z. B. bei einem Festkörper oder auch bei kaltem Wasser) weist also darauf hin, daß die Moleküle die Oberfläche nur mit geringer Geschwindigkeit verlassen. Geht die Verdampfung dagegen schnell vonstatten, so muß ein ziemlich großer Dampfdruck erreicht sein, bevor die Kondensation die Verdampfung ausgleichen kann. Ein hoher Dampfdruck (wie bei Ether oder bei heißem Wasser) weist also auf eine hohe Verdampfungsgeschwindigkeit hin.

Tabelle 5-5 Dampfdruck-Werte bei 25 °C

Substanz	Dampfdruck mbar
Wasser *	31,7
Quecksilber	0,0023
Methanol	163,6
Ethanol	78,5
Benzol	126,1

* Werte für andere Temperaturen finden sich in Tabelle 2-5.

Beispiel 5-4 Abschätzung der Verdampfungsgeschwindigkeit

Bei 10 °C hat Quecksilber einen Dampfdruck von $0,65 \cdot 10^{-3}$ mbar, bei 30 °C dagegen schon $3,7 \cdot 10^{-3}$ mbar. Was kann man über das Verhältnis der Verdampfungsgeschwindigkeit bei diesen beiden Temperaturen aussagen?

Methode. Zur höheren Temperatur gehört der größere Dampfdruck und damit auch die höhere Verdampfungsgeschwindigkeit. Die Kondensationsgeschwindigkeit ist im Gleichgewicht gleich der Verdampfungsgeschwindigkeit, aber auch proportional zum Druck in der Dampfphase. Folglich ist die Verdampfungsgeschwindigkeit proportional zum Dampfdruck.

Lösung. Für die Dampfdrücke ist das Verhältnis

$$\frac{3,7 \cdot 10^{-3} \text{ mbar}}{0,65 \cdot 10^{-3} \text{ mbar}} = 5,7$$

Das Quecksilber verdampft also bei der höheren Temperatur 5,7mal schneller.

Übungsaufgabe. Wieviel man schneller verdampft Wasser bei 30 °C als bei 10 °C?

[Antwort: 3,5mal]

In einem offenen Behälter, wie z. B. einem Glas Wasser, strömt der Dampf von der Flüssigkeit weg. Nur wenig davon wird von der Flüssigkeit wieder eingefangen; deshalb kann die Kondensationsgeschwindigkeit nicht den Wert erreichen, mit dem sie die Verdampfung ausgleicht. Es wird also nie ein dynamisches Gleichgewicht erreicht. Im Laufe der Zeit verdampft die Flüssigkeit vollständig.

Der Dampfdruck nimmt mit höherer Temperatur zu (vgl. Abb. 5-18), denn bei höherer Temperatur bewegen sich die Moleküle der Flüssigkeit schneller und verdampfen deshalb auch entsprechend schneller. Die Verdampfung erfolgt von der Oberfläche der Flüssigkeit, weil die Moleküle dort lockerer gebunden sind als im Innern der Flüssigkeit.

Dampfdruck und Molekülstruktur

Wenn in einer Flüssigkeit starke zwischenmolekulare Kräfte herrschen, so hat sie bei Zimmertemperatur einen kleinen Dampfdruck. Deshalb erwarten wir, daß Substanzen aus Molekülen, die Wasserstoffbrücken bilden, weniger flüchtig als andere sind (vgl. Abb. 5-19). Das zeigt sich beim Vergleich von Dimethylether (**8**) und Ethanol (**9**), die beide die gleiche Summenformel C_2H_6O haben. Ethanol hat eine $-OH$-Gruppe und kann deshalb Wasserstoffbrücken bilden. Zwischen den Molekülen des Ethers wirken nur Dispersions- und Dipol–Dipol-Kräfte. Folglich ist Ethanol bei Zimmertemperatur flüssig und Dimethylether gasförmig.

8 Dimethylether

9 Ethanol

Dampfdruck und Siedepunkt

Jetzt wollen wir untersuchen, was geschieht, wenn wir Wasser in einem offenen Behälter erhitzen. Wenn die Temperatur der Flüssigkeit den Punkt erreicht, bei dem der Dampfdruck genauso groß ist wie der Atmosphärendruck, dann kann die Verdampfung auch im Innern der Flüssigkeit erfolgen, weil der gebildete Dampf selbst genügend Druck hat, um die Atmosphäre wegzuschieben und sich Raum zu schaffen. Es bilden sich also in der Flüssigkeit Dampfblasen und steigen nach oben. Die Verdampfung erfolgt jetzt viel schneller, denn sie ist nicht mehr nur auf die Oberfläche beschränkt. Wir nennen diesen Vorgang *Sieden*; die Temperatur, bei der das Sieden eintritt, heißt *Siedepunkt*.

Wird der äußere Druck erhöht, so steigt der Siedepunkt, denn man braucht dann eine höhere Temperatur, um den höheren Druck zu überwinden. Normalerweise interessieren uns die Eigenschaften von Flüssigkeiten bei Atmosphärendruck (101 325 Pa = 1013,25 mbar); deshalb ist es praktisch, Siedepunkte auf diesen Punkt zu beziehen:

Der **normale Siedepunkt** T_s einer Flüssigkeit ist die Temperatur, bei der der Dampfdruck gleich 101 325 Pa ist.

In Tabelle 5-4 sind einige Siedepunkte zusammengestellt. Der normale Siedepunkt des Wassers liegt bei $100\,^{\circ}C$ ($T_s = 373,15$ K), das heißt, bei $100\,^{\circ}C$ erreicht sein Dampfdruck 101 325 Pa. Wenn man den äußeren Druck erhöht, muß der Siedepunkt steigen, wie es z. B. in einem Druck-Kochtopf geschieht. Und bei kleinerem äußeren Druck muß er entsprechend sinken, wie es Bergsteiger oder die Bewohner hoch gelegener Siedlungen erleben.

Abb. 5-18 Die Dampfdruckkurven von Ethanol (rot), Benzol (grün) und Wasser (blau). Der normale Siedepunkt ist die Temperatur, bei der der Dampfdruck den Atmosphärendruck (1013 mbar) erreicht.

Beispiel 5-5 Berechnung des Siedepunktes bei gegebenem Druck

Wo liegt der Siedepunkt des Wassers auf einem 1200 m hohen Berg, wo im Mittel ein Druck von 867 mbar herrscht?

Methode. Der angegebene Druck liegt unter dem normalen Atmosphärendruck von 1013 mbar, wir erwarten also einen Siedepunkt unter 100 °C. An der Kurve in Abb. 5-18 haben wir die Temperatur herauszusuchen, bei der der Dampfdruck des Wassers den Wert 867 mbar erreicht.

Lösung. Aus Abb. 5-18 lesen wir ab, daß der Dampfdruck des Wassers bei 95° den Wert 867 mbar erreicht.

Übungsaufgabe. Welchen Siedepunkt hat Ethanol bei schönem Wetter in einem Hochdruckgebiet, wenn ein Luftdruck von 1040 mbar herrscht?　　　　　[Antwort: 79 °C]

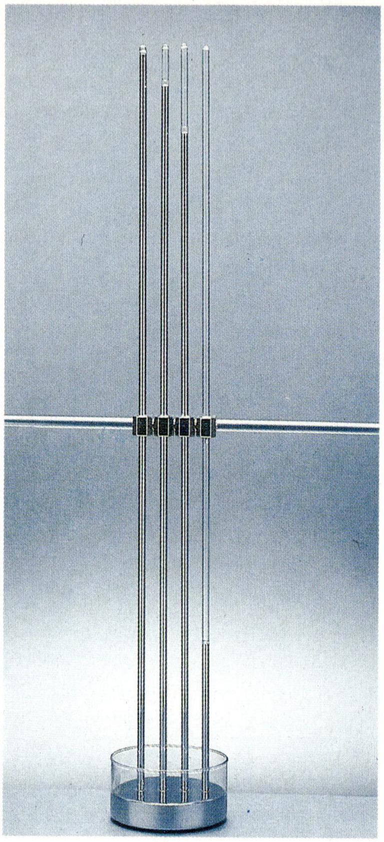

Abb. 5-19 Die Dampfdrücke von Wasser, Ethanol und Ether erniedrigen die Höhe der Quecksilbersäule (ganz links ohne Substanz). Ether ist sehr flüchtig, weil seine Moleküle miteinander keine Wasserstoffbrücken bilden können.

Siedepunkte hängen vom Dampfdruck ab und damit auch von der Stärke der zwischenmolekularen Kräfte. Ganz allgemein gehört zu starken zwischenmolekularen Kräften ein hoher Siedepunkt, denn in diesem Fall braucht man eine hohe Temperatur, um den Dampfdruck von 101 325 Pa zu erreichen. Damit versteht man auch den ungewöhnlich hohen Siedepunkt des Wassers gegenüber dem Schwefelwasserstoff; Wasserstoffbrücken gibt es zwar im Wasser, aber nicht in Schwefelwasserstoff.

Eine sehr nützliche empirische Regel ist die *Troutonsche Regel;* sie gibt eine Beziehung zwischen der Verdampfungsenthalpie $\Delta H^{\circ}_{\text{Verd}}$ einer Flüssigkeit und ihrem Siedepunkt T_{s}. Nach dieser Regel ist

$$\frac{\Delta H^{\circ}_{\text{Verd}}}{T_{s}} \approx 85\, \text{J K}^{-1}\,\text{mol}^{-1}$$

für Flüssigkeiten ohne Wasserstoffbrücken. Weil $\frac{\Delta H^{\circ}_{\text{Verd}}}{T_{s}}$ nach dieser Regel eine Konstante ist, gehört zu einer hohen Verdampfungsenthalpie auch ein hoher Siedepunkt.

Beispiel 5-6 Anwendung der Troutonschen Regel

Wie groß ist die Verdampfungsenthalpie des Benzols an seinem Siedepunkt bei 80 °C?

Methode. Im Benzol gibt es keine Wasserstoffbrücken, deshalb können wir die Troutonsche Regel verwenden. Wir lösen nach $\Delta H^{\circ}_{\text{Verd}}$ auf und setzen die Zahlenwerte ein.

Lösung. 80 °C ist dasselbe wie 353 K; damit erhalten wir $\Delta H^{\circ}_{\text{Verd}} = 353\,\text{K} \cdot 85\,\text{J K}^{-1}\,\text{mol}^{-1} = 30\,\text{kJ mol}^{-1}$. Im Experiment wurden 34 kJ mol^{-1} gefunden.

Übungsaufgabe. Brom siedet bei 59 °C. Wie groß ist seine Verdampfungsenthalpie?
[Antwort: 28 kJ mol^{-1} (im Experiment werden 29,45 kJ mol^{-1} gefunden]

Die kritische Temperatur

Wenn man eine Flüssigkeit in einem geschlossenen Behälter erhitzt, in dem das Volumen konstant bleiben muß, so kann sie nicht sieden. Dazu betrachten wir die Abb. 5-20. Zu Beginn soll der Behälter Wasser und

$T < T_{k}$ 　　 $T \approx T_{k}$ 　　 $T > T_{k}$

Abb. 5-20 Wenn man die Temperatur einer Flüssigkeit in einem verschlossenen Behälter erhöht, so nehmen der Druck und die Dichte des Dampfes zu. Bei der kritischen Temperatur T_{k} und darüber hat der Dampf die gleiche Dichte wie die Flüssigkeit, d. h. der Behälter enthält nur noch eine einheitliche Phase.

Wasserdampf bei 32 mbar enthalten (das ist der Dampfdruck des Wassers bei 25 °C). Wenn man das System erwärmt, steigt der Dampfdruck an, und bei 100 °C herrscht ein dynamisches Gleichgewicht zwischen dem Wasser und dem Dampf unter 1013,25 mbar. Weil aber kein Raum für weiteren Dampf ist (der Behälter ist nach Voraussetzung verschlossen), kann das Wasser nicht sieden, und wenn man die Temperatur weiter erhöht, wird auch der Druck ansteigen. Bei 200 °C erreicht der Dampfdruck 15,6 bar. Auch jetzt herrscht ein dynamisches Gleichgewicht, aber die Dampfdichte ist wegen des hohen Druckes schon relativ groß.

Bei 374 °C hat der Dampfdruck den Wert 221 bar (der Behälter muß also sehr stabil sein), und die Dichte des Dampfes stimmt mit der der Flüssigkeit überein. Jetzt ist die Trennfläche zwischen Flüssigkeit und Dampf verschwunden, man kann die beiden Phasen nicht mehr unterscheiden, und der Behälter ist mit einer einheitlichen Substanz gefüllt. Wir hatten eine Substanz, die einen beliebigen Behälter ganz füllt, definitionsgemäß ein Gas genannt; wir können also feststellen, daß wir mit unserem System eine Temperatur erreicht haben, oberhalb der eine flüssige Phase nicht existiert. Diese Temperatur nennen wir die *kritische Temperatur* T_k des Wassers:

> Die **kritische Temperatur** einer Substanz ist diejenige Temperatur, oberhalb der eine flüssige Phase nicht existieren kann.

In Tabelle 5-6 sind die kritischen Temperaturen für eine Reihe von Substanzen zusammengestellt. Sie haben für die Praxis eine große Bedeutung, denn oberhalb der kritischen Temperatur einer Substanz müssen alle Bemühungen, ein Gas zu verflüssigen, vergeblich sein. Wir wissen, daß die kritische Temperatur von Kohlendioxid bei 31 °C liegt, und deshalb kann man dieses Gas oberhalb dieser Temperatur nicht zu einer Flüssigkeit komprimieren. Die kritische Temperatur des Heliums liegt bei 5,2 K, man muß Helium also fast bis zum absoluten Nullpunkt abkühlen, bevor man es durch Druck verflüssigen kann.

Oberhalb der kritischen Temperatur kann die Dichte einer Substanz durchaus so hoch sein, daß sie, obwohl sie formal ein Gas ist, als Lösungsmittel verwendet werden kann. Überkritisches Kohlendioxid verwendet man zum Extrahieren von Coffein aus Kaffee oder von Parfums aus Blüten. Mit überkritischen Kohlenwasserstoffen zerlegt man Kohle und trennt sie von Asche; eventuell kann man auch ölhaltige Sande extrahieren.

5-6 Die Erstarrung

Eine Flüssigkeit erstarrt, wenn man sie bis zu ihrem Gefrierpunkt (Erstarrungspunkt) abkühlt. Bei dieser Temperatur (und darunter) ist die Energie der Moleküle so klein, daß sie nicht aus dem Anziehungsbereich ihrer Nachbarn entweichen können. Sie schwingen nur noch um ihre mittleren Positionen, wandern aber nicht mehr wie in der Flüssigkeit von einer Stelle zur anderen.

Gefrierpunkt und Druck

Der normale Gefrierpunkt T_f (f für ‚fusion‘ (engl.) = Schmelzen) einer Flüssigkeit ist diejenige Temperatur, bei der sie unter Atmosphä-

Tabelle 5-6 Kritische Temperaturen

Substanz	kritische Temperatur, °C
Helium	−268 (5,2 K)
Neon	−229
Argon	−123
Krypton	−64
Xenon	17
Wasserstoff	−240
Stickstoff	−147
Sauerstoff	−118
Chlor	144
Brom	311
HCl	52
HBr	90
HI	150
H_2O	374
H_2S	101
NH_3	132
CO_2	31
SO_2	158
SO_3	218
CH_4	−83
CF_4	−46
CCl_4	283
CH_3OH	240
C_6H_6	289

rendruck (101 325 Pa) erstarrt. Wenn der Druck höher ist, so erstarren die meisten Substanzen schon bei einer etwas höheren Temperatur, denn der Druck drückt die Moleküle näher aneinander und unterstützt so die Anziehungskräfte. Freilich ist der Einfluß des Druckes klein, solange man nicht sehr große Drücke einsetzt. Eisen schmilzt etwa bei 1800 K, wenn Atmosphärendruck herrscht, und selbst wenn der Druck tausend mal so groß ist, nur wenige Grade höher. Am Mittelpunkt der Erde ist der Druck aber so hoch, daß Eisen dort trotz der hohen Temperaturen fest sein kann. In der Tat ist der Erdkern fest.

Wasser bildet eine Ausnahme von dieser Regel, denn unter Druck gefriert es bei tieferer Temperatur: unter 1000 bar etwa bei $-5\,°C$. Wie die meisten Eigenschaften des Wassers kann man auch diese Besonderheit auf die Wasserstoffbrücken zurückführen, die dafür sorgen, daß die H_2O-Moleküle im Eis erheblich sperriger angeordnet sind als im Wasser. Dies spiegelt sich wider in der Dichte von Wasser und Eis (vgl. Abb. 5-21), die ein flaches Maximum bei $4\,°C$ und einen Abfall beim Erstarren hat. Übt man auf die Probe Druck aus, so erhöht man die Tendenz des Wassers, flüssig zu bleiben, weil es im flüssigen Zustand weniger Volumen braucht. Andererseits schmilzt Eis unter Druck früher, denn dann ist die dichtere Struktur des flüssigen Wassers begünstigt.

Das Schmelzen von Eis unter Druck gilt auch als Ursache für das Wandern der Gletscher. Das Gewicht des Eises führt an den Kanten der Felsen am Grund des Gletschers zu sehr hohen lokalen Drücken und zu einem lokalen Schmelzen des Eises, so daß der Gletscher trotz der niedrigen Temperatur auf einem Wasserfilm talwärts gleitet.

Phasendiagramme

Ein Phasendiagramm ist die graphische Darstellung der Druck- und Temperaturbedingungen, unter denen die feste, die flüssige und die gasförmige Phase einer Substanz existieren können. Das Phasendiagramm des Wassers ist in Abb. 5-22 wiedergegeben. Jede Wasserprobe, deren Druck und Temperatur einem Punkt in dem mit Eis bezeichneten Bereich entspricht, muß als Eis existieren. Liegt der Punkt im Bereich

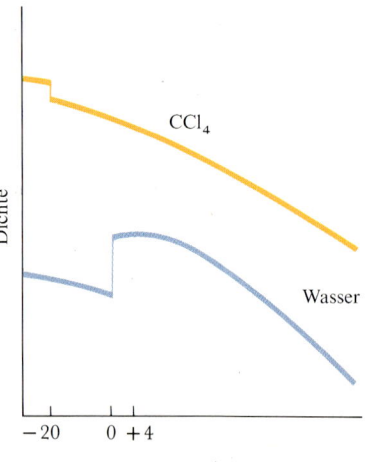

Abb. 5-21 Die Dichten von Wasser und von Kohlenstofftetrachlorid in Abhängigkeit von der Temperatur. Am Schmelzpunkt ist die Dichte des Eises kleiner als die des Wassers, dessen Dichte bei $4\,°C$ ein flaches Maximum durchläuft.

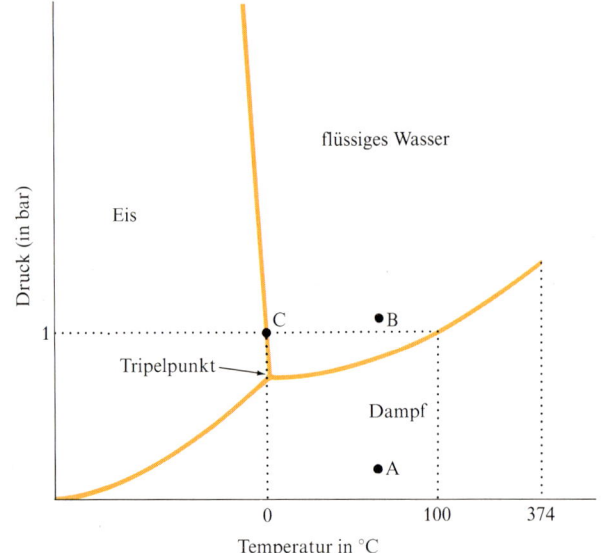

Abb. 5-22 Das Phasendiagramm des Wassers. Die durchgezogenen Kurven begrenzen die Bereiche von Druck und Temperatur, in denen jeweils eine Phase am stabilsten ist. Beim Wasser sinkt der Schmelzpunkt leicht ab, wenn der Druck erhöht wird.

‚Flüssigkeit', so muß es eine Flüssigkeit sein, und das gleiche gilt für den Gas-Bereich. Anhand von Phasendiagrammen können wir auf einen Blick erkennen, in welchem Zustand eine Substanz vorliegt, wenn Temperatur und Druck gegeben sind.

Beispiel 5-7 Die Anwendung eines Phasendiagramms

Stellen Sie anhand des in Abb. 5-22 wiedergegebenen Phasendiagramms fest, in welchem Zustand Wasser bei 60 °C und einem Druck (a) von 0,2 bar, (b) von 1,1 bar vorliegt.

Methode. Wir haben festzustellen, wo die den angegebenen Bedingungen entsprechenden Punkte im Phasendiagramm liegen. Die Bereiche sind mit den entsprechenden Zuständen bezeichnet. Wenn der Punkt genau auf einer Kurve liegt, so liegen zwei Phasen miteinander im Gleichgewicht vor.

Lösung. (a) Der Punkt A liegt im Dampfbereich. (b) Erhöht man den Druck auf 1,1 bar, so kommt man zum Punkt B, der im flüssigen Bereich liegt. Die Probe liegt als Flüssigkeit vor, denn der Druck ist größer als der Dampfdruck, so daß alle Gasmoleküle zurück in die Flüssigkeit gedrückt werden.

Übungsaufgabe. In Abb. 5-23 ist das Phasendiagramm des Kohlendioxids wiedergegeben. Wie ist der Zustand des Kohlendioxids bei 10 bar und −15 °C?   [Antwort: flüssig]

Die Linien, welche die Bereiche eines Phasendiagramms voneinander abgrenzen, heißen *Phasengrenzen*. Ein Punkt auf einer Phasengrenze (etwa beim Wasser der Punkt C bei 0 °C und 1 bar) gibt an, unter welchen Bedingungen zwei Phasen (in diesem Beispiel Eis und Wasser) in einem dynamischen Gleichgewicht vorliegen. Die Phasengrenze zwischen dem flüssigen und dem gasförmigen Bereich, an der diese beiden Phasen miteinander im Gleichgewicht sind, ist deshalb gleichzeitig die Dampfdruckkurve, aufgetragen gegen die Temperatur*.

Die Phasengrenzlinie zwischen dem festen und dem flüssigen Bereich gibt analog dazu an, bei welchem Druck jeweils Gleichgewicht zwischen dem Festkörper und dem Gas herrscht; sie ist damit identisch mit der Sublimationsdruck-Kurve.

Tripelpunkt nennen wir denjenigen Punkt im Phasendiagramm, an dem sich die drei Phasengrenzen treffen. Bei Wasser liegt er bei 6,1 mbar und +0,01 °C. Nur unter diesen (einmaligen) Bedingungen können alle drei Phasen (Eis, Wasser und Dampf) im dynamischen

---

* Der mathematische Zusammenhang zwischen der Temperatur und dem Dampfdruck wird durch die sogenannte Clausius-Clapeyronsche Gleichung beschrieben, die in integrierter Form

$$\ln P' = \ln P + \frac{\Delta H^\circ_{\text{Verd}}}{R} \cdot \left(\frac{1}{T} - \frac{1}{T'} \right)$$

lautet, wobei P der Dampfdruck bei der Temperatur T und P' der Dampfdruck bei der Temperatur T' ist. Wenn P und P' Sublimationsdrücke sind, muß $\Delta H^\circ_{\text{Verd}}$ durch $\Delta H^\circ_{\text{Sub}}$ ersetzt werden. Diese Gleichung ist (bis auf die Werte der Konstanten) identisch mit der historisch wichtigen Augustschen Dampfdruckformel

$$\log P = \frac{A}{T} + B$$

deren Konstanten A und B empirisch zu bestimmen waren.

Gleichgewicht koexistieren. Der Dampfdruck des Wassers ist an diesem Punkt gleich dem Sublimationsdampfdruck des Eises. Weil der Tripelpunkt eine Konstante für eine Substanz ist, kann man mit ihm eine Temperaturskala viel genauer definieren als das früher mit dem Schmelzpunkt und dem Siedepunkt möglich war, die beide vom äußeren Druck abhängen. In der Tat wird heute die Kelvin-Skala so definiert, daß dem Tripelpunkt des Wassers genau die Temperatur 273,16 K zugeordnet wird.

Der Tripelpunkt liegt am unteren Ende des Flüssigkeitsbereiches im Phasendiagramm, er markiert damit den niedrigsten Druck, bei dem die Flüssigkeit noch existieren kann. Bei den meisten Substanzen (aber nicht beim Wasser) markiert er auch die tiefste Temperatur, bei der die flüssige Phase noch existieren kann. Man sieht z. B. am Phasendiagramm des Kohlendioxids (Abb. 5-23), daß die flüssige Phase nur bei Temperaturen oberhalb des Tripelpunktes existieren kann. Das heißt also, flüssiges Kohlendioxid gibt es nur, wenn der Druck größer als 5,2 bar und die Temperatur höher als $-56\,°C$ (aber natürlich kleiner als die kritische Temperatur, $+31\,°C$) ist. Auf dem Mars, wo die Temperatur bisweilen über $-56\,°C$ steigt, kann es aber kein flüssiges Kohlendioxid geben, weil dort der ,Atmosphären'-Druck nur etwa 7 mbar beträgt. Also gibt es dort auch keinen ,Regen' aus flüssigem CO_2.

Flüssiges Wasser gibt es nur, wenn der Druck größer als 6,1 mbar ist. An einem kalten Morgen ist (auf der Erde) der Partialdruck des Wassers in der Luft kleiner als 6,1 mbar; der Reif auf dem Boden erscheint deshalb und verschwindet auch wieder, ohne daß flüssiges Wasser auftritt; genauso stellt man sich das Verhalten des Kohlendioxids auf dem Mars vor.

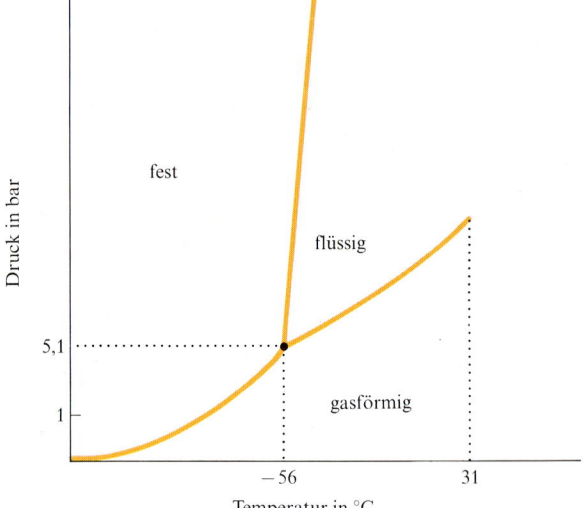

Abb. 5-23 Das Phasendiagramm des Kohlendioxids. Die Neigung der Phasengrenze zwischen Festkörper und Flüssigkeit läßt erkennen, daß der Schmelzpunkt bei Druckerhöhung ansteigt.

Festkörper

Einen Festkörper nennen wir *kristallin,* wenn die Atome, Ionen oder Moleküle, aus denen er aufgebaut ist, in einer geordneten Struktur vorliegen (vgl. Abb. 5-24). Solche Festkörper haben in der Regel ebene, wohldefinierte Oberflächen (*Kristallflächen*), die mit den anderen Flächen desselben Körpers genau festgelegte Winkel bilden. Diese Flächen sind Schnitte durch die regelmäßigen Stapel von Teilchen, wie man an Abb. 5-24 erkennt. Einem *amorphen Körper* fehlt die Regelmäßigkeit seiner Bestandteile, die völlig ungeordnet sind. Sie bilden auch keine regelmäßigen Flächen aus, es sei denn, sie werden (wie bei dem sogenannten Kristallglas) nachträglich künstlich hergestellt.

Bei amorphen Körpern handelt es sich oft um Mischungen, bei denen die Moleküle der Komponenten in Größe und Form nicht zusammenpassen. Butter ist eine Mischung von Molekülen mit Kohlenwasserstoffketten unterschiedlicher Länge. Zu den amorphen Körpern gehören auch die *Gläser,* die man erhält, wenn SiO_2 geschmolzen und schnell wieder abgekühlt wird. Kristallines SiO_2 (eine Form davon ist der Quarz) besteht aus einem regelmäßigen Gitter aus SiO_2-Gruppen, aber nach dem Schmelzen (man spricht dann von Quarzglas) ist die Regelmäßigkeit des Gitters verschwunden, und der Festkörper ist nicht mehr kristallin (vgl. Abb. 5-25).

5-7 Röntgen-Beugung

Bei der Erforschung der Anordnung von Atomen und Ionen in Kristallen hat sich die Verwendung von *Röntgenstrahlen* als sehr erfolgreich erwiesen. (Im Englischen ist die Bezeichnung ‚X-rays‘ üblich.) Bei den Röntgenstrahlen handelt es sich um elektromagnetische Strahlung mit Wellenlängen zwischen 10 und 1000 pm. Sie wurden von dem Deutschen Wilhelm Röntgen 1895 entdeckt, Max von Laue schlug sie als

(a)

(b)

Abb. 5-24 Kristalle haben wohldefinierte Oberflächen und eine geordnete innere Struktur. Jede Fläche ist das Ende eines Stapels von Atomen, Molekülen oder Ionen. (a) Eine elektronenmikroskopische Aufnahme von NaCl-Kristallen. (b) Der Aufbau der Ionen, welche die Kristallflächen bilden.

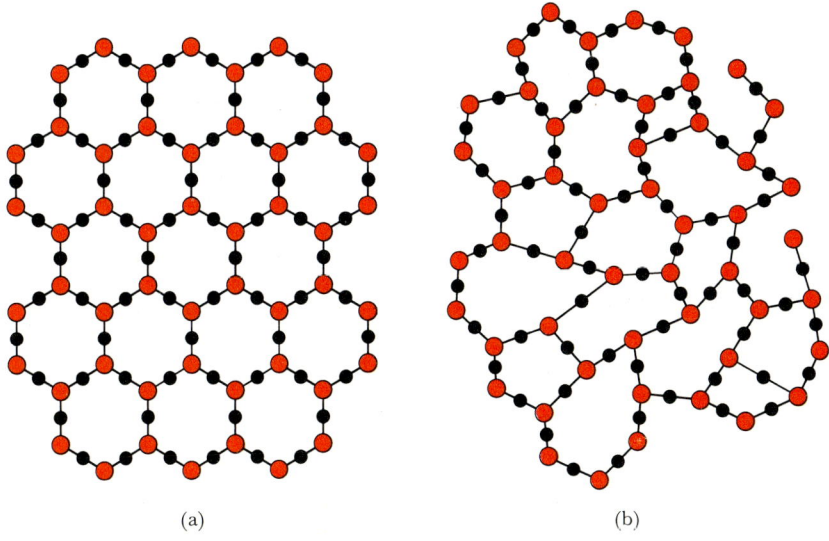

(a)   (b)

Abb. 5-25 Quarz ist eine kristalline Form des SiO_2, in der die Atome ein geordnetes Netzwerk bilden, durch das (a) einen Schnitt zeigt. Wenn geschmolzener Quarz zu Quarzglas erstarrt, so bilden die Atome ein ungeordnetes Netzwerk (b).

erster für Untersuchungen an Kristallen vor. Der Holländer Peter Debye und die Briten William und Lawrence Bragg (Vater und Sohn) entwickelten die Methoden zur Untersuchung von Festkörpern mit Röntgenstrahlen. Zuerst wurden die Kristallstrukturen vieler einfacher Festkörper aufgeklärt. Mit den Namen Dorothy Hodgkin, Max Perutz, Rosalind Franklin ist die Aufklärung der Strukturen biologisch wichtiger Moleküle verbunden.

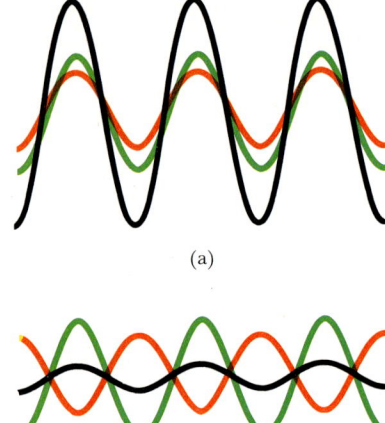

(a)

(b)

Abb. 5-26 Interferenz zwischen zwei Wellen (den roten und den grünen Kurven) kann konstruktiv (a) sein, wobei eine Welle mit größerer Amplitude entsteht, oder destruktiv (b), wobei eine Welle mit kleinerer Amplitude gebildet wird.

Interferenz

Um zu verstehen, aus welchem Grunde Max von Laue Röntgenstrahlen zur Untersuchung des Inneren von Kristallen eingesetzt hat, müssen wir den Begriff der Interferenz von Wellen kennenlernen. Nehmen wir an, zwei Wellen elektromagnetischer Strahlung befinden sich im gleichen Bereich des Raumes. Wo die Wellenberge und Täler der beiden Wellen übereinstimmen, addieren sie sich zu einer Welle mit größerer Amplitude (vgl. Abb. 5-26). Man spricht in diesem Fall von *konstruktiver Interferenz*. Weist man z. B. eine solche kombinierte Welle photographisch nach, so erhält man auf der Platte eine entsprechend stärkere Schwärzung. Wenn aber die Wellenberge der einen Welle gerade mit den Wellentälern der anderen Welle zusammenfallen, so heben sie sich teilweise auf und ergeben eine Welle mit erheblich kleinerer Amplitude. Dieses Phänomen heißt *destruktive Interferenz*. Auf der Photoplatte ergibt die so kombinierte Welle eine geringere Schwärzung. Wenn die beiden Wellen gleich stark sind und die Maxima der einen Welle genau auf die Minima der anderen Welle fallen, dann kann eine vollständige Auslöschung erfolgen.

Die Braggsche Gleichung

Ein Körper, der Wellen im Weg steht, kann eine Interferenz zwischen den Wellen hervorrufen. Man nennt diesen Effekt *Beugung* (engl. diffraction).

Beugung ist Interferenz zwischen Wellen, die durch einen im Weg stehenden Körper verursacht wird.

Das bei der Beugung entstehende Muster von hellen und dunklen Flekken nennen wir das *Beugungsmuster*.

Ein Kristall kann in einem Röntgenstrahl zu Beugung führen; hält man ihn in einem bestimmten Winkel zum Strahl, so erhält man einen hellen Fleck von konstruktiver Interferenz. Der Winkel ϑ (das ist der griechische Buchstabe Theta), bei dem diese Interferenz auftritt, hängt mit der Wellenlänge λ der Röntgenstrahlen und dem Abstand d der Atome im Kristall über die Braggsche Gleichung zusammen:

Braggsche Gleichung: $\qquad 2\,d \cdot \sin\vartheta = \lambda \qquad\qquad$ (1)

Man kann also aus der Wellenlänge der Strahlung und aus dem Winkel, bei dem man die Schwärzung beobachtet, die Abstände der Atome berechnen. Weil $\sin\vartheta$ nicht größer als 1 werden darf, ist der kleinste Abstand, den man mit dieser Methode messen kann, gleich $\frac{1}{2}\lambda$. Von Laue erkannte, daß Röntgenstrahlen ein ideales Hilfsmittel für die Untersuchung von Kristallen sein müßten, weil die Wellenlängen von Röntgenstrahlen klein genug sind; man kann mit ihnen Abstände messen, die gerade die Größenordnung von Atomabständen haben.

Beispiel 5-8 Die Anwendung der Braggschen Gleichung

Bei der Untersuchung eines Kristalls aus reinem Kupfer mit Röntgenstrahlen von 154 pm Wellenlänge wurde bei $\vartheta = 17,5°$ ein intensiver Fleck beobachtet, der dem in (10) mit d gekennzeichneten Abstand zuzuordnen ist. Wie groß ist der Radius der Kupferatome im Metall?

Methode. Der gesuchte Radius ist gerade die Hälfte des in (10) markierten Abstandes d. Diesen Wert können wir berechnen, wenn wir die Braggsche Gleichung nach d auflösen und die Zahlenwerte einsetzen:

$$d = \frac{\lambda}{2 \sin \vartheta}$$

Lösung. Wir setzen $\lambda = 154$ pm und $\vartheta = 17,5°$ ein und erhalten

$$d = \frac{154 \text{ pm}}{2 \cdot 0,301} = 256 \text{ pm}$$

Der gesuchte Radius des Kupfers ist die Hälfte davon, also 128 pm.

Übungsaufgabe. Wie groß ist der Radius des Silberatoms, wenn Röntgenstrahlen der Wellenlänge 70,8 pm bei $\vartheta = 7,10°$ von derselben Schicht wie in (10) eine intensive Schwärzung liefern.

[Antwort: 143 pm]

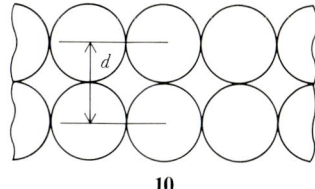

10

Abb. 5-27 zeigt ein Röntgen-Diffraktometer, das für Beugungsuntersuchungen an Einkristallen verwendet wird. Röntgenstrahlen werden beim Aufprall schneller Elektronen auf eine Metalloberfläche erzeugt. Der Röntgenstrahl tritt durch einen Spalt und dann auf den Kristall, der untersucht werden soll. In einem Kristall gibt es eine große Anzahl verschiedener Atomabstände; deshalb findet man in der Regel viele Beugungsflecken bei verschiedenen Winkeln, von denen jeder einer Braggschen Gleichung genügt. Das zu beobachtende komplizierte Beugungsmuster enthält die Informationen über die Atomlagen. Aus diesen Informationen hat der Forscher dann die Positionen und die gegenseitigen Anordnungen der Atome zu errechnen.

In modernen Instrumenten wird das Beugungsmuster elektronisch registriert und von einem angeschlossenen Computer direkt ausgewertet. Mit Hilfe einer verfeinerten Version der Braggschen Gleichung wird in einer Reihe von komplizierten Rechnungen ein vollständiges dreidimensionales Bild des Kristalls aufgebaut. Die meisten der Strukturen, die wir kennen, wurden auf diese Weise ermittelt.

5-8 Metalle und Halbleiter

Die Kristallstruktur der metallischen Elemente läßt sich leicht beschreiben, denn sie sind praktisch aus völlig identischen Atomen aufgebaut. Wenn wir einen Kristall aus einem reinen Metall, etwa aus Aluminium, Eisen oder Gold, beschreiben wollen, so brauchen wir uns dazu nur identische Kugeln vorzustellen, die sich ähnlich wie die Apfelsinen in der Auslage eines Obstgeschäftes regelmäßig stapeln lassen. Blickt man seitlich auf einen solchen Stapel, so erkennt man, wie die verschiedenen Kristallebenen entstehen (vgl. Abb. 5-28).

Abb. 5-27 Mit einem Röntgendiffraktometer wird die Anordnung der Atome im Inneren von Kristallen untersucht. Die Röntgenquelle erzeugt einen engen Strahl, der von dem Kristall gebeugt wird. Der Kristall kann in verschiedene Winkel gegen den einfallenden Strahl gedreht werden. Auch der Detektor ist um den Kristall beweglich. Moderne Apparaturen sind computergesteuert, und für eine Messung werden Tausende von Daten aufgenommen und analysiert.

Dichteste Kugelpackung

Eine Struktur, die wir bei Metallen sehr oft antreffen, ist die dichteste Kugelpackung.

> In einer **dichtesten Kugelpackung** benötigen die Atome so wenig Raum wie nur möglich, mit einem Minimum an freiem Raum dazwischen.

Es gibt zwei Möglichkeiten, identische Atome in dichteste Kugelpackungen zusammenzubauen. Bei beiden beginnt man mit den beiden in Abb. 5-29a wiedergegebenen Lagen. Die Atome der zweiten oberen Lage (wir nennen sie B) liegen in den Lücken der ersten Lage A. Die dritte Lage ist eine Wiederholung der Lage A, die vierte eine Wiederholung von B usw., so daß wir den ganzen Aufbau ein ABAB...-Muster nennen können. Man kann in der Abbildung ablesen, daß jedes Atom in seiner Lage sechs Nachbarn hat, die es berührt, sowie drei Nachbarn in der darunterliegenden und drei Nachbarn in der darüberliegenden Lage, also insgesamt zwölf. Wir sagen dann, die *Koordinationszahl* der Atome dieses Kristalls hat den Wert 12.

> Die **Koordinationszahl** eines Atoms ist die Anzahl der nächsten Nachbarn, die es in einem Festkörper hat.

(Bei Ionen-Kristallen ist die Koordinationszahl eines Ions die Anzahl der entgegengesetzt geladenen nächsten Nachbarn.) Die eben beschriebene Struktur heißt hexagonal dichteste Kugelpackung, weil man, wie die Abb. 5-30a zeigt, ein hexagonales (sechszähliges) Muster in der Anordnung der Atome erkennen kann. Magnesium und Zink sind so aufgebaut.

Einige Metalle bilden keine dichtesten Kugelpackungen. Wegen der elektronischen Eigenschaften ihrer Atome hätte eine dichteste Kugelpackung eine höhere Energie als die gebildete Struktur (Abb. 5-31). Da hier ein Atom im Zentrum eines Würfels liegt, dessen Ecken von acht anderen besetzt werden, spricht man von einer *kubisch raumzentrierten* Struktur. Eisen, Natrium und Kalium sind so aufgebaut.

Bei der in Abb. 5-29c wiedergegebenen Struktur liegen die Atome der dritten Lage nicht über denen der ersten Schicht, sondern über den Lücken, die nicht von den Atomen der zweiten Schicht besetzt sind. Die dritte Schicht, die wir C nennen wollen, unterscheidet sich also sowohl von A als auch von B, und wir können von einem ABCABC...-Muster sprechen. Die Koordinationszahl ist ebenfalls 12, denn jedes Atom hat in seiner Schicht sechs Nachbarn und in den Schichten darüber und darunter je drei, also insgesamt 12. Die Abb. 5-30b läßt einen kubi-

Abb. 5-28 Stapel aus Apfelsinen und anderen Früchten bilden Flächen mit verschiedenen Neigungen. Man kann sie als Modell für die Anordnung der Metallatome in Metallkristallen ansehen.

Abb. 5-29 Der schrittweise Aufbau einer dichtesten Kugelpackung. (a) Die erste Schicht (A) ist mit einem Minimum an freiem Platz aufgebaut, und die Atome der zweiten Schicht (B) liegen in den Lücken der ersten Schicht. Für die dritte Schicht gibt es zwei Möglichkeiten. (b) Liegen die Atome der dritten Schicht genau über den Atomen der ersten Schicht, so erhält man eine hexagonal dichteste Kugelpackung mit ABABAB...-Struktur. (c) Wenn die Atome der dritten Schicht über den Lücken der ersten liegen, die nicht von denen der zweiten Schicht besetzt sind, so erhält man eine kubisch dichteste Kugelpackung (auch kubisch flächenzentriert genannt) mit ABCABC...-Struktur.

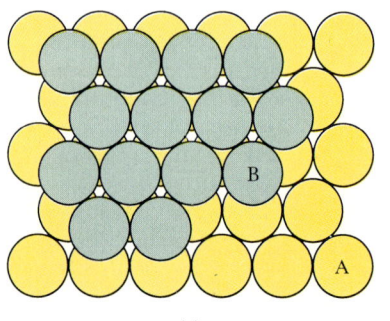

(a)

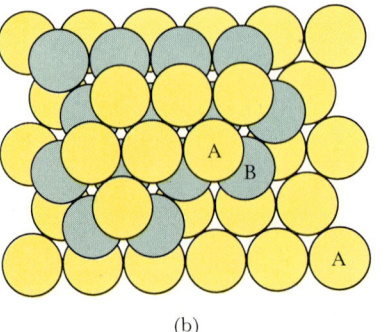

(b)

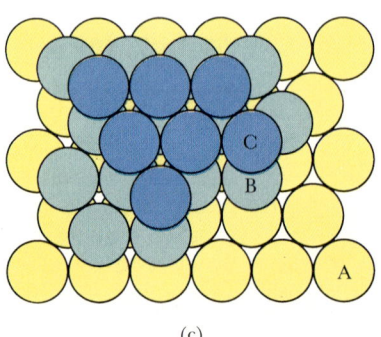

(c)

schen (würfelförmigen) Aufbau erkennen; deshalb heißt diese Struktur kubisch dichteste Kugelpackung. Aluminium, Kupfer, Silber und Gold kristallisieren in dieser Struktur.

Elementarzellen

Die Abbildungen 5-30 und 5-31 illustrieren die Idee einer Elementarzelle.

> Eine **Elementarzelle** ist die kleinste Einheit, aus der der ganze Kristall aufgebaut werden kann, wenn man sie dreidimensional ohne Lücken aneinanderreiht.

Man kann eine Elementarzelle mit einem Ziegel in einer gemauerten Wand vergleichen, die durch eine dreidimensionale Aneinanderreihung der identischen Ziegel entsteht. Üblicherweise zeichnet man Elementarzellen so, wie es die Abb. 5-32 zeigt: dünne Linien markieren die geometrische Struktur, und die Zentren der Kreise geben die Positionen der Atome an. Bei der kubisch dichtesten Kugelpackung befindet sich im Zentrum jeder Fläche ein Atom; deshalb wird diese Elementarzelle meist ‚kubisch flächenzentriert' genannt.

Wenn man die Anzahl der Atome einer Elementarzelle abzählen will, muß man berücksichtigen, daß einige Atome gleichzeitig mehreren Zellen angehören können. Ein Atom im Zentrum einer Zelle gehört nur dieser Zelle an, eines in der Mitte einer Fläche dagegen auch einer Nachbarzelle und ist deshalb nur mit dem Faktor ½ zu zählen. Bei der kubisch flächenzentrierten Struktur gehört jedes Atom an einer Ecke der Zelle zu insgesamt acht Zellen; deshalb zählen die acht Atome an den acht Ecken zusammen wie ein ganzes Atom. Die Atome auf den sechs Flächen bringen $6 \cdot \frac{1}{2} = 3$ Atome, diese Elementarzelle enthält damit $1 + 3 = 4$ Atome, und ihre Masse entspricht vier Atommassen.

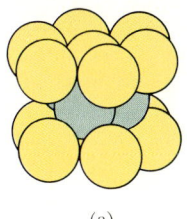

(a)

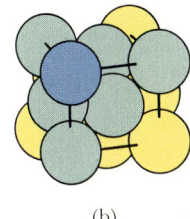

(b)

Abb. 5-30 Die Ausschnitte aus (a) der hexagonal dichtesten Kugelpackung und (b) der kubisch flächenzentrierten Struktur, an denen man erkennt, wie die Namen der Strukturen zustande gekommen sind.

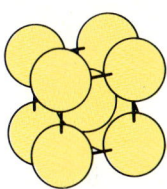

Abb. 5-31 Die kubisch raumzentrierte Struktur.

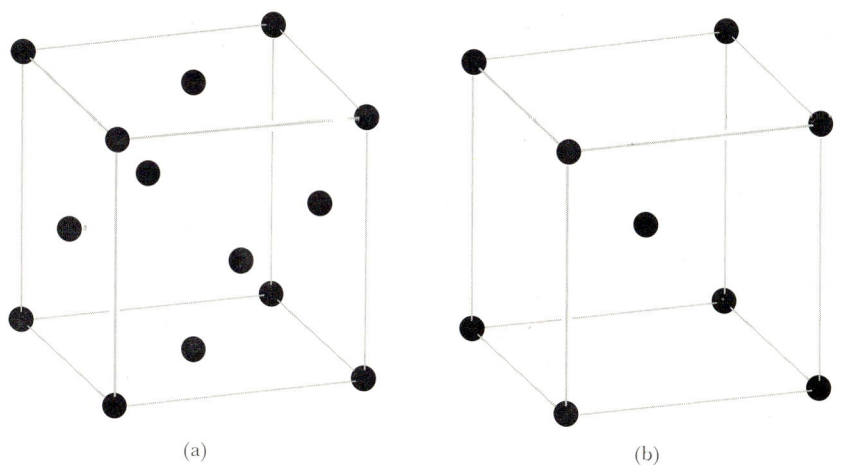

(a)

(b)

Abb. 5-32 Die Elementarzellen (a) der kubisch flächenzentrierten und (b) der kubisch raumzentrierten Strukturen. Die Punkte markieren die Zentren der Atome.

Beispiel 5-9 Berechnung der Dichte eines Metalls

Das Atom des Kupfers hat einen Radius von 128 pm; es kristallisiert kubisch flächenzentriert. Was folgt daraus für eine Dichte?

173

Methode. Unter der Dichte verstehen wir die Masse pro Volumeneinheit; es ist also eine intensive Größe. Bei intensiven Größen können wir eine Probe beliebiger Größe zugrundelegen, etwa eine Elementarzelle. Das Volumen der kubischen Elementarzelle ist gleich dem Volumen des Würfels. Die Diagonale einer Seite ist vier Radien lang, daraus läßt sich das Volumen berechnen. (Die Skizze **11** enthält vier Elementarzellen.) Die Masse der Elementarzelle ergibt sich aus der Masse der in ihr enthaltenen Atome, das ist das Produkt aus der Anzahl der Atome und aus ihrer Masse. Die praktische Erfahrung läßt uns einen für Metalle typischen Wert in der Größenordnung von 10 g cm^{-3} erwarten.

Lösung. Aus (**11**), dem Satz des Pythagoras und $r = 128$ pm erhalten wir

$$\text{Seite}^2 + \text{Seite}^2 = (4 \cdot 128 \text{ pm})^2$$
$$\text{Seite}^2 = \tfrac{1}{2} \cdot (4 \cdot 128 \text{ pm})^2 = 1{,}31 \cdot 10^5 \text{ pm}^2$$

und damit

$$\text{Seite} = 362 \text{ pm}$$

Dann wird das Volumen der Elementarzelle

$$V = (362 \cdot 10^{-12} \text{ m})^3 = 4{,}75 \cdot 10^{-29} \text{ m}^3 = 4{,}75 \cdot 10^{-23} \text{ cm}^3$$

Jede Zelle enthält $8 \cdot \tfrac{1}{8} + 6 \cdot \tfrac{1}{2} = 4$ Atome. Ein Atom hat die Masse 63,54 amu, das ergibt für die Masse der Zelle $4 \cdot 63{,}54$ amu $= 254{,}16$ amu. Bei der Umrechnung in Gramm erhalten wir

$$\text{Masse} = 254{,}16 \text{ amu} \cdot 1{,}6606 \cdot 10^{-24} \text{ g amu}^{-1} = 4{,}221 \cdot 10^{-22} \text{ g}$$

Dann ist die Dichte der Elementarzelle und auch des kompakten Metalls

$$\text{Dichte} = \frac{4{,}221 \cdot 10^{-22} \text{ g}}{4{,}75 \cdot 10^{-23} \text{ cm}^3} = 8{,}89 \text{ g cm}^{-3}$$

Im Experiment wurden $8{,}92 \text{ g cm}^{-3}$ gefunden.

Übungsaufgabe. Silber kristallisiert mit einer kubisch raumzentrierten Elementarzelle und hat eine Dichte von $10{,}5 \text{ g cm}^{-3}$. Berechnen Sie den Radius der Silberatome!

[Antwort: 144 pm]

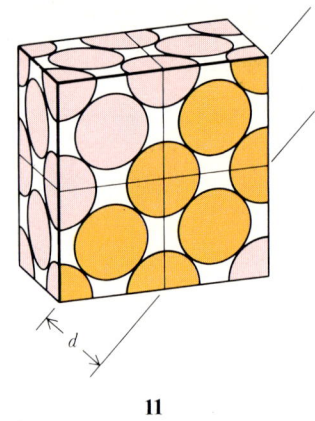

11

Legierungen

Legierungen sind homogene Mischungen aus zwei oder mehr Metallen. In Tabelle 5-7 sind die Zusammensetzungen der bekanntesten Legierungen zusammengestellt. Wegen der unterschiedlichen Radien der Atome sind ihre Strukturen komplizierter als die der reinen Metalle. Das Packungsproblem ist das gleiche wie für den Obsthändler, der Äpfel und Pampelmusen auf dem gleichen Tisch stapeln will. In der Praxis sind freilich die Radien der Atome der Übergangsmetalle (d. h. der Elemente der Nebengruppen 3 bis 8) nicht sehr verschieden, so daß das Packungsproblem bei ihnen nicht so gravierend ist wie bei den anderen Metallen. Weil die Atome der Übergangsmetalle sich mit nur geringer Verzerrung der Kristallstruktur gegenseitig ersetzen können, gibt es zwischen ihnen eine sehr große Anzahl von Legierungen.

Manche Legierungen sind wesentlich härter als ihre reinen Komponenten allein. So ist z. B. Kupfer mit 2% Beryllium wesentlich härter als reines Kupfer, denn die Kupferatome werden in der Legierung durch die kleinen Berylliumatome, die zwischen ihnen liegen, stärker miteinander verbunden. Eine nützliche Anwendung dieser Legierung besteht darin, daß die hohe elektrische Leitfähigkeit Ladungen, wie sie z. B. bei heftigen Stößen auftreten können, schnell abfließen läßt, so daß keine Funken entstehen, die beim Arbeiten mit entzündlichen Substanzen unbedingt vermieden werden müssen. Die Legierung aus Nickel und

Tabelle 5-7 Wichtige Legierungen

Legierung	Zusammensetzung in Massen-Prozenten
Woodsches Metall	50% Bi, 25% Pb, 12,5% Sn, 12,5% Cd
Gelbmessing	67% Cu, 33% Zn
rostfreier Stahl	80,6% Fe, 0,4% C, 18% Cr, 1% Ni
Lötzinn	67% Pb, 33% Sn
Silberamalgam	70% Ag, 18% Sn, 10% Cu, 2% Hg
Messing	40% Zn, 60% Cu
Bronze	10% Sn, 5% Pb, 85% Cu

Barium führt dagegen besonders leicht zur Funkenbildung, weil die vielen Elektronen des Bariums die Entstehung eines leitenden Weges durch die Luft erleichtern. Deshalb stellt man daraus die Elektroden von Zündkerzen her.

Manche Legierungen sind weicher als ihre reinen Komponenten. Die großen Wismutatome machen andere Metalle weicher und erniedrigen ihren Schmelzpunkt, so wie Melonen einen Stapel aus Apfelsinen destabilisieren. Eine niedrigschmelzende Legierung aus Blei, Zinn und Wismut wird als Auslöser der Sprinkler-Anlagen in manchen Feuerlöschsystemen eingesetzt.

Elektrische Leitfähigkeit

Eine der wichtigsten Eigenschaften der Metalle ist ihre Fähigkeit, den elektrischen Strom zu leiten. In Metallen erfolgt die Stromleitung durch die Elektronen, in gelösten und geschmolzenen Salzen durch die Ionen. In Festkörpern kommt in der Regel nur ein Stromtransport durch Elektronen in Frage, denn wegen ihrer Größe (im Vergleich zu den Elektronen) sind die Ionen in Festkörpern kaum beweglich.

Die Fähigkeit von Substanzen, den elektrischen Strom zu leiten, wird mit Hilfe des elektrischen Widerstandes beschrieben; je kleiner der Widerstand ist, um so leichter erfolgt der Stromtransport*.

Man kann die Substanzen nach ihrer elektrischen Leitfähigkeit in Gruppen unterteilen:

Eine Substanz heißt **Isolator,** wenn sie den elektrischen Strom nicht leitet.

In einem **metallischen Leiter** erfolgt die Stromleitung durch die Elektronen; bei höherer Temperatur wird der Widerstand größer.

Bei einem **Halbleiter** nimmt der Widerstand bei Temperaturerhöhung ab.

Ein **Supraleiter** leitet den Strom ohne jeden Widerstand.

Zu den Isolatoren gehören die Gase, die meisten ionischen Festkörper, fast alle organischen Verbindungen und fast alle molekularen und kovalenten Flüssigkeiten und Festkörper. Zu den metallischen Leitern gehören die Metalle und einige andere Festkörper. Ein Beispiel für einen Halbleiter ist ein Kristall aus reinem Silicium, der eine Spur Arsen oder Indium enthält. Vor 1987 waren als Supraleiter nur einige Metalle (wie Blei) und wenige Verbindungen bekannt, die bis in die Nähe des absoluten Nullpunktes gekühlt werden mußten. 1987 wurden die ersten *Hochtemperatur-Supraleiter* entdeckt, die bis über 100 K supraleitend sind (vgl. Abb. 5-33). Diese Substanzen lassen interessante Anwendungen erwarten, denn man kann sie mit flüssigem Stickstoff (der bei 77 K siedet) anstelle des sehr viel teureren flüssigen Heliums kühlen. Chemisch gesehen, handelt es sich um komplizierte Oxide mit einem hohen Anteil an seltenen Erden.

---

* Nach dem Ohmschen Gesetz hängt die Stromstärke I (in Ampere) mit der Potentialdifferenz (Spannungsdifferenz) V (in Volt) über das Ohmsche Gesetz

$$I = \frac{V}{R}$$

zusammen, wobei R der Widerstand (in Ohm) ist. Je größer der Widerstand ist, um so kleiner ist bei vorgegebener Potentialdifferenz der Strom.

Abb. 5-33 Ein Hochtemperatur-Supraleiter, wie man ihn seit 1987 kennt. Charakteristisch für einen Supraleiter ist, daß die Probe von einem Magnetfeld kräftig abgestoßen wird, wie man an dem Bild erkennt. Mit steigender Temperatur geht die Supraleitfähigkeit verloren.

Metallische Stromleitung

Man kann die elektrische Leitfähigkeit von Metallen verstehen, wenn man sich vorstellt, daß sich die Atomorbitale jeweils über den ganzen Festkörper erstrecken (vgl. hierzu auch Kap. 4). Wenn wir N Atomorbitale in einem Molekül haben, so sind das N Molekülorbitale. Einen metallischen Festkörper können wir als großes Molekül ansehen mit N in der Größenordnung von 10^{23}. Anstelle weniger Molekülorbitale unterschiedlicher Energie gibt es in einem metallischen Festkörper sehr viele Molekülorbitale, deren Energien sehr ähnlich sind. Die Energien der Orbitale liegen so nahe beieinander, daß man von einem beinahe kontinuierlichen *Band* spricht (vgl. Abb. 5-34).

Ein unvollständig gefülltes Band von Orbitalen heißt *Leitfähigkeitsband*, weil es die Ursache der elektrischen *Leitfähigkeit* ist. Die Orbitale dieses Bandes liegen so dicht übereinander, daß nur sehr wenig Energie nötig ist, um Elektronen aus dem obersten besetzten Orbital in das erste freie Orbital anzuheben. Diese Elektronen können sich frei durch den ganzen Festkörper bewegen und werden damit zu den Trägern des elektrischen Stromes.

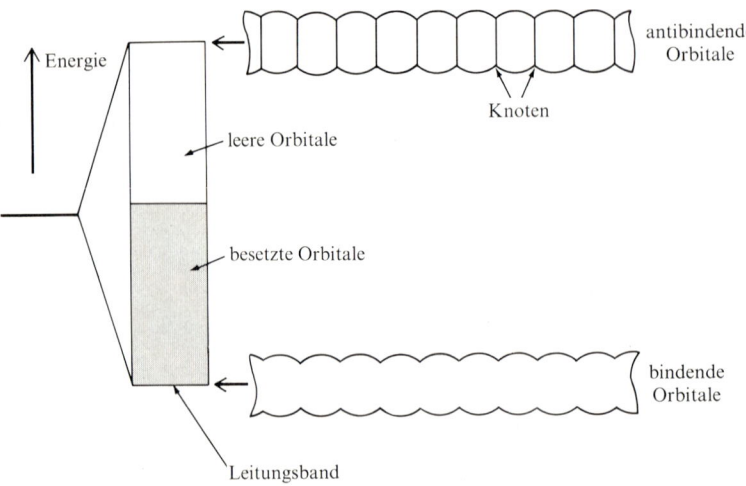

Abb. 5-34 Wenn sehr viele Atomorbitale überlappen, so entstehen sehr viele Molekülorbitale. Hier sind nur die energieärmsten (am stärksten bindenden) und die energiereichsten (antibindenden) wiedergegeben. Ihre Energien liegen in einem praktisch kontinuierlichen Band. Jedes Orbital kann mit bis zu zwei Elektronen besetzt werden.

Der elektrische Widerstand eines Metalls nimmt mit der Temperatur zu, weil dann die Atome heftiger schwingen. Sie kollidieren dann häufiger mit den Elektronen, die an ihnen vorbeiwandern, und behindern somit die Bewegung der Elektronen. Das Ergebnis ist, daß das Metall in der Wärme ein schlechterer Stromleiter ist als in der Kälte.

Isolatoren lassen sich ebenfalls mit Hilfe des Bändermodells verstehen. In einem Isolator ist das ganze Orbital-Band gefüllt. Es gibt hier kein Leitfähigkeitsband, denn zwischen dem besetzten und dem darüberliegenden unbesetzten Band befindet sich eine Band-Lücke (vgl. Abb. 5-35). Wenn ein Elektron in das unbesetzte Band angehoben werden soll, muß ein großer Energiebetrag aufgewendet werden. Das obere Band entsteht ebenfalls durch Überlappung höherer Atomorbitale. Die Elektronen in dem unteren voll besetzten Band sind praktisch unbeweglich, und der Festkörper kann deshalb keinen Strom leiten.

Halbleiter

Ein Typ von Halbleitern besteht aus hochreinem Silicium, das mit einer winzigen Menge Arsen *dotiert* wurde (engl. doping). Das Arsen erhöht die Anzahl der Elektronen im Festkörper, denn das Si-Atom hat vier Valenzelektronen und das Arsenatom fünf. Die zusätzlichen Elektronen besetzen das obere, vorher leere Band und sorgen dort für eine elektrische Leitfähigkeit (vgl. Abb. 5-36). Einen solchen Festkörper nennt man n-Halbleiter, wobei das n für die Anwesenheit der überschüssigen negativen Elektronen steht.

Wenn man Silicium mit Indium (aus der dritten Gruppe des Periodensystems) anstelle des Arsens (aus der fünften Gruppe) dotiert, so entsteht ein Festkörper, der weniger Elektronen als das reine Silicium hat. Damit bleibt das untere Band teilweise leer (Abb. 5-36). Die Leitfähigkeit, die hier zu beobachten ist, rührt jetzt daher, daß die obersten Elektronen (im unteren Band) im gleichen Band leere Plätze antreffen, in die sie wandern können. Einen solchen Festkörper nennt man p-Halbleiter, wobei das p für die wegen des Fehlens von Elektronen überschüssigen positiven Ladungen steht. Elektronische Bauteile wie Transistoren und integrierte Schaltkreise bestehen aus p-n-Kombinationen, in denen ein p-Halbleiter mit einem n-Halbleiter vereinigt ist.

5-9 Ionische Festkörper

Wie bei den Metallen kann man sich die Ionen, die einen Festkörper aufbauen, als kleine Kugeln vorstellen, bei deren Zusammenbau der Kristall entsteht. Wegen der unterschiedlichen elektrischen Ladungen von Anionen und Kationen und wegen ihrer verschiedenen Radien ist das Packungsproblem etwas komplizierter. Jede Elementarzelle besteht aus Ionen verschiedener Ladungen und verschiedener Größe, sie muß aber auf jeden Fall elektrisch neutral sein.

Kristallstrukturen sind häufig nach bestimmten, typischen Vertretern benannt.

Die Steinsalz-Struktur

Eine Lösung des Packungsproblems ist die Steinsalz-Struktur, in der Natriumchlorid und zahlreiche andere Festkörper vorliegen. In der

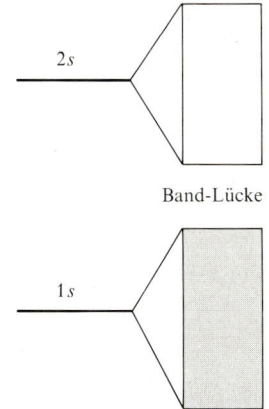

Abb. 5-35 In einem Isolator liegt zwischen dem obersten besetzten und dem ersten unbesetzten Orbital eine Lücke. Deshalb sind die Elektronen relativ unbeweglich.

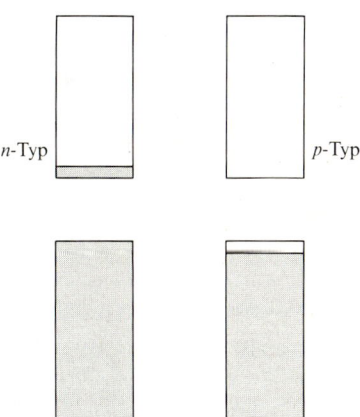

Abb. 5-36 Bei einem n-Halbleiter bringen die Atome, mit denen er dotiert wurde, zusätzliche Elektronen mit, die das obere Band besetzen. Dort transportieren sie den elektrischen Strom. Bei einem p-Halbleiter liefern die Atome, mit denen er dotiert wurde, nicht genügend Elektronen, um das ehemals gefüllte Band vollständig zu besetzen, so daß die Elektronen nahe der oberen Grenze dieses Bandes beweglich werden und den elektrischen Strom leiten können.

Steinsalz-Struktur (vgl. Abb. 5-37) sind die Anionen (in der Abb. die grünen Kugeln) kubisch flächenzentriert angeordnet. Die kleineren Kationen (in der Abb. die roten Kugeln) bilden ebenfalls eine kubisch flächenzentrierte Anordnung, die gerade in die Lücken zwischen den Anionen paßt. Die Größenverhältnisse in Abb. 5-37 entsprechen den Verhältnissen im NaCl. Jedes Kation ist von 6 Anionen umgeben. Damit hat die Koordinationszahl den Wert 6. Jedes Anion ist von 6 Kationen umgeben und hat deshalb ebenfalls die Koordinationszahl 6. Man spricht deshalb von einer (6,6)-Koordination, wobei die erste 6 für die Koordinationszahl der Kationen und die zweite für die der Anionen steht.

Beispiel 5-10 Abzählen der Ionen in einer Elementarzelle

Wieviele Ionen enthält die in Abb. 5-37 wiedergegebene Elementarzelle? Prüfen Sie nach, ob die Zelle elektrisch neutral ist!

Methode. Ionen, die auf einer Ecke, Kante oder Fläche liegen, gehören (auch mit ihrer Ladung) nur teilweise zu der vorliegenden Elementarzelle. Ein Ion in einer Fläche gehört zu zwei Zellen und erhält den Faktor $\frac{1}{2}$.

Für Ionen auf Kanten ergibt sich, weil sie zu vier verschiedenen Elementarzellen gehören, ein Faktor $\frac{1}{4}$ und für die Ionen an den Ecken ein Faktor $\frac{1}{8}$.

Die Elektroneutralität prüfen wir, indem wir die Kationen und Anionen zählen und uns vergewissern, daß sich die positiven und die negativen Ladungen aufheben.

Lösung. Anhand von Abb. 5-37 können wir folgende Rechnung aufstellen:

Position	Anzahl der Ionen	
	Na$^+$	Cl$^-$
Zentrum der Elementarzelle	1	0
auf den 6 Flächen	0	$6 \cdot \frac{1}{2} = 3$
auf den 12 Kanten	$12 \cdot \frac{1}{4} = 3$	0
an den 8 Ecken	0	$8 \cdot \frac{1}{8} = 1$
Summe	4	4

Die Elementarzelle enthält also vier Kationen und vier Anionen. Alle Ionen sind einfach geladen, folglich heben sich die positiven und die negativen Ladungen auf.

Übungsaufgabe. Führen Sie die gleichen Rechnungen für die in Abb. 5-38 wiedergegebene Cäsiumchlorid-Struktur aus.   [Antwort: ein Kation, ein Anion]

Die Cäsiumchlorid-Struktur

Sind die Radien der Kationen und Anionen sehr verschieden, wird die Steinsalz-Struktur energetisch ungünstig. In diesem Fall wird mit der Cäsiumchlorid-Struktur (Abb. 5-38) eine niedrigere Energie erreicht. Das hier relativ große Kation (z.B. Cs$^+$ im CsCl) ist von acht Anionen (z.B. Cl$^-$) umgeben, und jedes Anion wiederum von acht Kationen, so daß man eine (8,8)-Koordination erhält. Diese Struktur kommt nicht so oft vor wie die Steinsalz-Struktur, sie ist aber ein schönes Beispiel für den Zusammenhang zwischen den Radien-Verhältnissen und den verschiedenen Strukturen.

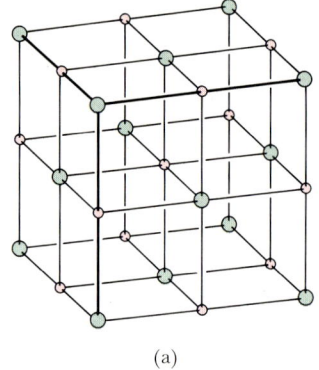

(a)

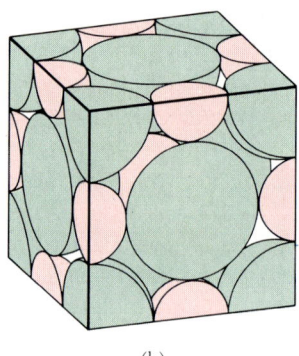

(b)

Abb. 5-37 (a) Die Anordnung der Ionen im Steinsalz-Kristall. (b) Die Elementarzelle des Steinsalzes. Die Kationen sind rosa und die Anionen grün markiert.

5-10 Andere Arten von Festkörpern

In vernetzten Festkörpern sind alle Atome kovalent an ihre Nachbarn gebunden und bilden so ein Netzwerk durch den ganzen Kristall. Vernetzte Festkörper sind hart und haben hohe Schmelz- und Siedepunkte entsprechend der Stärke der kovalenten Bindungen. Molekulare Festkörper, die aus einzelnen Molekülen bestehen, haben dagegen sehr oft niedrige Schmelzpunkte, weil nur wenig thermische Energie nötig ist, um die relativ schwachen zwischenmolekularen Kräfte zu überwinden, von denen ihre Moleküle an ihren Plätzen gehalten werden. Titantetrachlorid, ($TiCl_4$), ist z. B. eine Flüssigkeit, die bei 136 °C siedet und bei -25 °C zu einem molekularen Festkörper erstarrt. Der Festkörper ist aus tetraedrischen $TiCl_4$-Einheiten aufgebaut, die überwiegend von den Dispersionskräften zwischen den elektronenreichen Chloratomen zusammengehalten werden. Nicht alle molekularen Festkörper sind weich; der spröde Rohrzucker ist ein molekularer Festkörper, in dem die $C_{12}H_{22}O_{11}$-Moleküle von den Wasserstoffbrücken zwischen den zahlreichen –OH-Gruppen zusammengehalten werden. Die Bindungen zwischen den Rohrzuckermolekülen sind so kräftig, daß am Schmelzpunkt (bei 184 °C) schon die Zersetzung beginnt. (Die teilweise zersetzte Mischung heißt Karamel.)

Vernetzte Festkörper: Diamant und Graphit

Die wichtigsten Beispiele für vernetzte Festkörper sind Diamant und Graphit, die beiden *allotropen Formen des Kohlenstoffs:*

Allotrope Formen sind verschiedene Formen eines Elementes, die sich in der Art und Weise, wie die Atome miteinander verbunden sind, unterscheiden.

Diamant ist eine kristalline Form des elementaren Kohlenstoffs, die sich in der Natur unter sehr großen Drücken und Temperaturen bildet. Zur Herstellung synthetischer Diamanten versucht man diese Bedingungen nachzuahmen (s. Abb. 5-39).

Im Diamant ist jedes C-Atom mit vier Nachbarn verbunden (vgl. Abb. 5-40). Diese Struktur ähnelt entfernt dem Stahlgerüst eines Hochhauses, und die Festigkeit der Bindungen entspricht der Härte des Festkörpers. Diamant ist einer der besten Wärmeleiter und wird des-

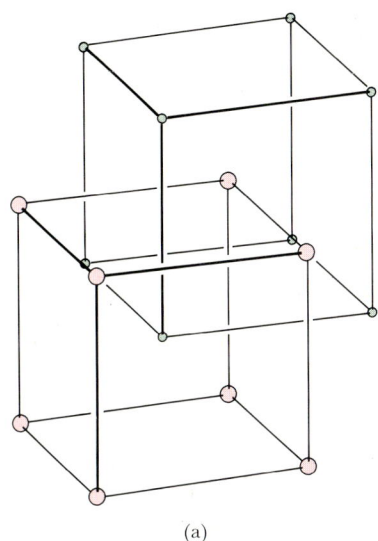

(a)

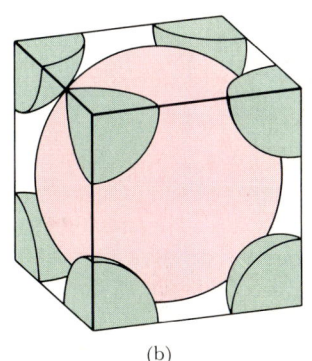

(b)

Abb. 5-38 (a) Die Anordnung der Ionen im Cäsiumchlorid. (b) Die Elementarzelle des Cäsiumchlorids.

Abb. 5-39 Winzige synthetische Diamanten, jeweils etwa 350 µm groß.

halb in integrierten Schaltkreisen eingesetzt, die vor Überhitzung geschützt werden sollen. Die hohe Wärmeleitfähigkeit ist eine Folge seiner Kristallstruktur, die einen schnellen Austausch der Schwingungsenergie zwischen warmen und kalten Teilen des Kristalls möglich macht.

Graphit entsteht in der Natur aus organischen Überresten oder aus Carbonaten. Er besteht aus ebenen Schichten von Kohlenstoffatomen, die kovalent zu Sechsecken verbunden sind (vgl. Abb. 5-41). Zwischen den Schichten bestehen ebenfalls kovalente Bindungen, sie sind aber so lang und damit so schwach, daß die Schichten aneinander vorbeigleiten können. Innerhalb der Schichten können sich die Elektronen leicht bewegen, von Schicht zu Schicht dagegen schwerer. Aus diesem Grund leitet Graphit Strom, wobei die Leitfähigkeit in der Richtung der Schichten wesentlich größer als senkrecht dazu ist.

Ein molekularer Festkörper: Eis

Weil Moleküle so viele verschiedene Formen haben, gibt es auch viele unterschiedliche Strukturen bei den Festkörpern, die aus ihnen aufgebaut sind. Nur ein Beispiel wollen wir uns näher ansehen: das Eis (vgl. Abb. 5-42). Im Eis ist jedes O-Atom von vier H-Atomen umgeben. Zwei Wasserstoffatome sind über kovalente Bindungen an das Sauerstoffatom gebunden. Die beiden anderen gehören zu benachbarten Wassermolekülen und sind nur über Wasserstoffbrücken gebunden. Damit ergibt sich als Struktur des Eises ein offenes Netzwerk von H_2O-Molekülen, das von Wasserstoffbrücken zusammengehalten wird. Wenn Eis schmilzt, lösen sich einige der Wasserstoffbrücken, und die Moleküle sind dann weniger regelmäßig, aber dichter gepackt. Das Netzwerk des Eises ist ziemlich locker gebaut, wie die niedrige Koordinationszahl des Sauerstoffs (4) zeigt; das läßt verstehen, warum die Dichte des Eises mit $0{,}92\ \mathrm{g\ cm^{-3}}$ bei $0\,^{\circ}\mathrm{C}$ so viel kleiner ist als die des flüssigen Wassers mit $1{,}00\ \mathrm{g\ cm^{-3}}$. Diesen Gesichtspunkt haben wir schon in Abschnitt 5-5 besprochen, als es um die ungewöhnliche Eigenschaft des Eises, unter Druck zu schmelzen, ging. Festes Benzol und auch festes Kohlendioxid haben höhere Dichten als ihre Flüssigkeiten, weil ihre Moleküle nur von normalen Dispersionskräften zusammengehalten werden und damit dichter als im flüssigen Zustand gepackt sind (vgl. Abb. 5-43).

Flüssigkristalle

Eine besondere Klasse von Substanzen sind die Flüssigkristalle, auch kristalline Flüssigkeiten genannt, die vor allem in elektronischen Anzeigegeräten Verwendung finden. Flüssigkristalle fließen wie normale Flüssigkeiten, ihre Moleküle sind aber, ähnlich wie in einem Kristall, in gewisser Weise geordnet. Sie sind damit ein Beispiel einer sogenannten *Mesophase* (Zwischenphase):

> Eine **Mesophase** ist ein Zustand der Materie, der Eigenschaften von Flüssigkeiten und von Festkörpern hat.

Ein typisches Molekül eines Flüssigkristalls (**12**) hat die Form eines langen starren Stäbchens. Solche Moleküle lassen sich zusammenpacken etwa wie rohe Spaghetti: Sie liegen dann zueinander parallel, können sich aber um ihre Achsen drehen.

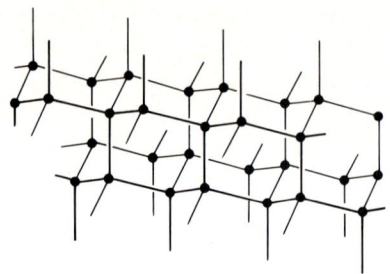

Abb. 5-40 Die Struktur des Diamanten. Jeder Punkt markiert das Zentrum eines Kohlenstoffatoms. Die Atome bilden kovalente Bindungen mit jeweils vier Nachbarn.

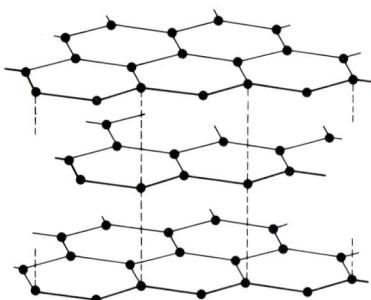

Abb. 5-41 Graphit hat eine Schichtstruktur aus Kohlenstoff-Sechsringen. Die Schichten können bei mechanischer Belastung aneinander vorbeigleiten; deshalb findet Graphit als Gleitmittel Verwendung.

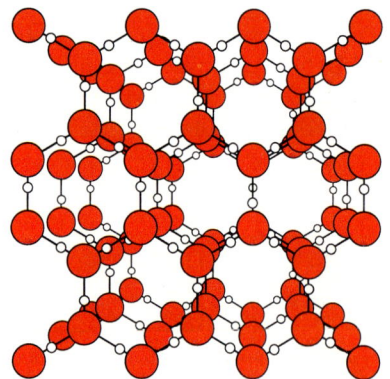

Abb. 5-42 Im Eis bilden die Wassermoleküle wegen der vielen Wasserstoffbrücken eine relativ lockere Struktur. Jedes O-Atom ist tetraedrisch von vier H-Atomen umgeben, von denen zwei über kovalente Bindungen und zwei über Wasserstoffbrücken gebunden sind.

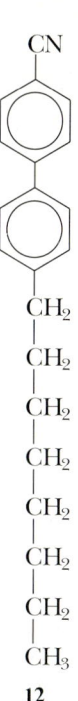

Abb. 5-43 Wegen seiner lockeren Struktur hat Eis eine kleinere Dichte als Wasser. Deshalb schwimmt ein Eisberg auf Wasser (links). Beim Benzol ist es umgekehrt; ein ‚Benzolberg' sinkt in flüssigem Benzol unter.

12

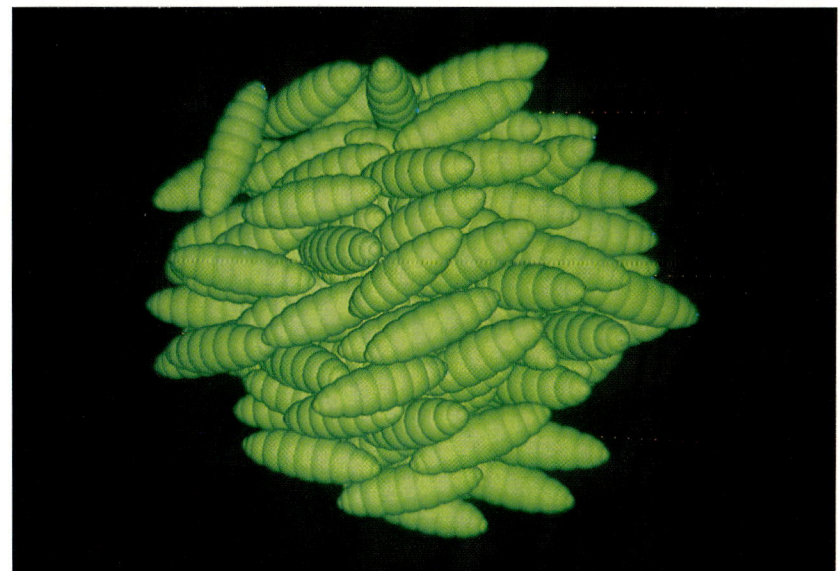

Abb. 5-44 In Flüssigkristallen sind die stäbchenförmigen Moleküle in einigen, aber nicht in allen Richtungen geordnet. Diese Anordnung findet man in einer nematischen Phase.

Abb. 5-45 Die Temperaturabhängigkeit der Struktur eines cholesterischen Flüssigkristalls führt zu einer Änderung der optischen Eigenschaften mit der Temperatur. Wird eine solche Substanz auf die Haut aufgetragen, so kann sie als Indikator für die Temperatur der Haut dienen.

181

Es gibt insgesamt drei Klassen von Mesophasen, die sich in der Anordnung der Moleküle unterscheiden. In der *nematischen* Phase sind die Moleküle in der in Abb. 5-44 gezeigten Weise gepackt. In einer *smektischen* Phase bilden die Moleküle Schichten, und in der *cholesterischen* Phase sind sie, ähnlich wie in einer smektischen Phase, in Schichten angeordnet, die aber gegeneinander verdreht sind.

Die Orientierung der Moleküle in Flüssigkristallen läßt sich von elektrischen Feldern beeinflussen. Von dieser Eigenschaft macht man bei elektronischen Anzeigegeräten Gebrauch, denn mit der Orientierung der Moleküle ändern sich auch ihre optischen Eigenschaften. Bei cholesterischen Flüssigkristallen unterliegt die gegenseitige Verdrehung benachbarter Schichten einer starken Temperaturabhängigkeit. Auf diesem Prinzip beruhen Verfahren zur Temperaturmessung (vgl. Abb. 5-45).

Zusammenfassung

Polarisationseffekte rufen eine Deformation von Ionen hervor. Kleine hochgeladene Kationen und Anionen wirken stark polarisierend, große Anionen sind stark polarisierbar. Diese Deformation entspricht einer Tendenz in Richtung einer kovalenten Bindung. Kovalente Bindungen zwischen verschiedenen Atomen sind polar in dem Sinne, daß ein Atom (normalerweise das stärker elektronegative Element) eine negative Partialladung trägt und das andere eine positive Partialladung. Auf diese Weise entsteht ein elektrischer Dipol, ein Paar gleicher Ladungen von entgegengesetztem Vorzeichen, dessen Stärke durch das Dipolmoment beschrieben wird.

Atome, Ionen und Moleküle werden von Anziehungskräften zusammengehalten. In Metallen sind vor allem die Elektronen für den Zusammenhalt verantwortlich, in ionischen Festkörpern die elektrischen Wechselwirkungen zwischen den Ionen. In vernetzten Festkörpern sind kovalente Bindungen wirksam, in molekularen Festkörpern überwiegend Londonsche Dispersionskräfte. Zwischen Ionen und polaren Molekülen wirken Ion–Dipol-Wechselwirkungen wie z. B. bei der Hydratation von Kationen. Polare Moleküle ziehen sich auch gegenseitig an; man nennt das eine Dipol–Dipol-Wechselwirkung.

Die Wasserstoffbrücke ist eine durch ein Wasserstoffatom vermittelte Bindung zwischen zwei stark elektronegativen Atomen (N, O oder F). Wasserstoffbrücken sind stärker als die anderen zwischenmolekularen Kräfte.

Je stärker die zwischenmolekularen Kräfte unter den Molekülen einer Flüssigkeit sind, um so größer ist die Viskosität (innere Reibung) der Flüssigkeit. Flüssigkeiten mit Wasserstoffbrücken sind in der Regel viskoser als andere Flüssigkeiten. Die glatte Oberfläche von Flüssigkeiten ist eine Folge der Oberflächenspannung; die Oberflächenspannung hängt mit der Energie zusammen, die zur Bildung einer Oberfläche benötigt wird, weil die Position eines Moleküls in der Oberfläche energetisch ungünstig ist. Die Adhäsion einer Flüssigkeit an den Gefäßwänden hängt von den Kapillarkräften ab, die eine Flüssigkeit in einem engen Rohr ansteigen lassen oder wie beim Quecksilber zu einem nach oben gekrümmten Meniskus führen.

Wird die Flüssigkeit in einem geschlossenen Behälter erwärmt, so bildet sich ein dynamisches Gleichgewicht zwischen Flüssigkeit und Dampf aus; darunter versteht man einen Zustand, in dem die Hinreaktion (die Verdampfung) und die Rückreaktion (die Kondensation) gleich schnell verlaufen. Der Gleichgewichtsdruck heißt Dampfdruck, er ist für jede Substanz charakeristisch und steigt mit der Temperatur an. Befindet sich die Substanz in einem offenen Gefäß, so siedet sie, wenn der Dampfdruck den äußeren Druck (der Atmosphäre) erreicht. Oberhalb seiner kritischen Temperatur kann ein Gas auch durch sehr hohen Druck nicht verflüssigt werden.

Der Erstarrungspunkt hängt nur wenig vom Druck ab und steigt normalerweise bei einer Druckerhöhung an. Wasser verhält sich anomal, denn bei einer Druckerhöhung sinkt sein Schmelzpunkt. Die Bedingungen, unter denen Gase, Flüssigkeiten und Festkörper stabil sind, werden in einem Phasendiagramm anschaulich wiedergegeben. Am Tripelpunkt sind drei Phasen miteinander im dynamischen Gleichgewicht.

Ein kristalliner Festkörper ist eine geordnete Anordnung von Atomen, Ionen oder Molekülen. Kristallstrukturen ermittelt man durch Röntgenbeugung; dabei werden die Interferenzen untersucht, die ein Röntgenstrahl in den Atomschichten eines Festkörpers erleidet.

Die Strukturen der Metalle lassen sich mit Hilfe der verschiedenen Kugelpackungen beschreiben. Oft wird eine dichteste Kugelpackung erreicht. Eine Kristallstruktur läßt sich mit Hilfe der Elementarzelle wiedergeben; das ist die kleinste Einheit, deren periodische Wiederholung den ganzen Kristall ergibt. Legierungen sind homogene Mischungen von Metallen; man kann sie ähnlich beschreiben, muß aber die verschiedenen Atomradien berücksichtigen. Die elektrische Leitfähigkeit kann durch Elektronen oder durch Ionen zustande kommen. Anhand der Temperaturabhängigkeit der elektrischen Leitfähigkeit läßt sich zwischen metallischen Leitern und Halbleitern unterscheiden. Die Theorie der elektrischen Leitfähigkeit beruht auf dem Bändermodell der Orbitale. In einem metallischen Leiter sind die Bänder nur unvollständig gefüllt. Isolatoren haben gefüllte Bänder.

In einem Halbleiter vom n-Typ ist die Anzahl der Valenzelektronen durch Dotierung erhöht, in einem Halbleiter vom p-Typ erniedrigt.

Die Steinsalz- und die Cäsiumchlorid-Struktur sind für viele ionische Verbindungen charakteristisch.

Vernetzte Festkörper haben oft eine große Härte, ein Beispiel ist der Diamant. Vernetzte Schichten können aber auch zu den charakteristischen Eigenschaften führen, die wie beim Graphit eine Verwendung als Gleitmittel ermöglichen. Eis ist ein molekularer Festkörper und hat wegen der Wasserstoffbrücken zwischen den Molekülen eine sehr offene Struktur. Flüssigkristalle sind Mesophasen mit Eigenschaften sowohl von Festkörpern als auch von Flüssigkeiten. Ihre optischen Eigenschaften werden leicht von elektrischen Feldern beeinflußt.

Aufgaben

Polarisation

5-1 Ordnen Sie die folgenden Kationen in einer Reihe mit zunehmender Polarisationskraft: Li^+, Be^{2+}, Sr^{2+}, H^+, und geben Sie eine Begründung an!

5-2 Ordnen Sie die nachfolgenden Kationen in einer Reihe mit zunehmender Polarisationskraft: K^+, Mg^{2+}, Al^{3+}, Cs^+, und geben Sie eine Begründung an!

5-3 Ordnen Sie die folgenden Anionen in einer Reihe mit zunehmender Polarisationskraft: Cl^-, Br^-, N^{3-}, O^{2-}, und geben Sie eine Begründung an!

5-4 Ordnen Sie die folgenden Anionen in einer Reihe mit zunehmender Polarisationskraft: N^{3-}, P^{3-}, I^-, At^-, und geben Sie eine Begründung an!

5-5 Welche der folgenden Verbindungen sind überwiegend ionisch, welche überwiegend kovalent? AgF, AgI, $AlCl_3$, AlF_3.

5-6 Welche der folgenden Verbindungen sind überwiegend ionisch, welche überwiegend kovalent? $CaCl_2$, $FeCl_3$, Fe_2O_3.

Polare Bindungen

5-7 Markieren Sie in den folgenden Formeln die Polarität der Bindungen mit einem Dipolpfeil und geben Sie einen Schätzwert für das Dipolmoment an. $O-H$, $O-F$, $F-Cl$, $O-S$.

5-8 Markieren Sie in den nachfolgenden Formeln die Polarität der Bindungen mit einem Dipolpfeil und geben Sie einen Schätzwert für das Dipolmoment an. $N-O$, $C-O$, $C-N$, $N-H$.

5-9 Welche der folgenden Moleküle haben unpolare Bindungen: Br_2, O_3, CH_4, H_2O_2.

5-10 Welche der folgenden Moleküle haben unpolare Bindungen: I_2, S_8, P_4, C_6H_6.

5-11 Welche zwischenmolekularen Kräfte sind die wichtigsten, wenn jeweils zwei Moleküle der folgenden Arten sich nähern: (a) Cl_2, (b) Ar, (c) HCl, (d) HF.

5-12 Welche zwischenmolekularen Kräfte sind die wichtigsten, wenn jeweils zwei Moleküle der folgenden Arten sich nähern: (a) N_2, (b) He, (c) H_2O, (d) O_3.

5-13 Welche zwischenmolekularen Kräfte sind die wichtigsten, wenn jeweils zwei Moleküle der folgenden Arten sich nähern: (a) C_6H_6, (b) C_6H_5Cl, (c) CH_4, (d) CCl_4.

5-14 Welche zwischenmolekularen Kräfte sind die wichtigsten, wenn jeweils zwei Moleküle der folgenden Arten sich nähern: (a) $CH_2=CH_2$, (b) $C_{10}H_8$ (Naphthalin), (c) $CHCl=CHCl$, (d) $CCl_2=CCl_2$.

5-15 Geben Sie bei den folgenden Substanzen jeweils begründete Antworten, welche Verbindung wahrscheinlich den höheren Siedepunkt hat: (a) HCl und HBr, (b) HF und HCl, (c) CH_4 und SiH_4, (d) *cis*-$CHCl=CHCl$ (**a**) und *trans*-$CHCl=CHCl$ (**b**).

5-16 Geben Sie bei den folgenden Substanzen jeweils begründete Antworten, welche Verbindung wahrscheinlich den höheren Siedepunkt hat: (a) H_2S und H_2Te, (b) NH_3 und PH_3, (c) CH_3Cl und CH_3Br, *ortho*-Dichlorbenzol und *para*-Dichlorbenzol.

5-17 Welche der folgenden Verbindungen bilden Wasserstoffbrücken? Was hat das für Folgen für ihre Eigenschaften? (a) HF, (b) NH_3, (c) CH_4, (d) CH_3OH (Methanol).

5-18 Welche der folgenden Verbindungen bilden Wasserstoffbrücken? Was hat das für Folgen für ihre Eigenschaften? (a) D_2O, (b) CH_3CH_2OH (Ethanol), (c) CH_3COOH (Essigsäure), (d) H_3PO_4 (Phosphorsäure).

5-19 Welche der folgenden Verbindungen bilden Wasserstoffbrücken? Was hat das für Folgen für ihre Eigenschaften? $C_4H_{10}O$ als (a) $C_2H_5-O-C_2H_5$ (Ether), (b) $CH_3(CH_2)_3OH$ (Butanol).

5-20 Welche der folgenden Verbindungen bilden Wasserstoffbrücken? Was hat das für Folgen für ihre Eigenschaften? $C_4H_8O_2$ als (a) $CH_3-CO-O-C_2H_5$ (Ethylacetat), (b) $CH_3(CH_2)_2COOH$ (Buttersäure).

Dampfdrücke

5-21 Wir bringen bei 19 °C eine Probe Chloroform ($CHCl_3$) in den leeren Raum über dem Quecksilber eines Barometers und beobachten eine Erniedrigung des Quecksilbermeniskus um 151 mm. Wie groß ist der Dampfdruck des Chloroforms?

5-22 Wir bringen bei 29 °C eine Probe Bromoform ($CHBr_3$) in den leeren Raum über dem Quecksilber eines Barometers und beobachten eine Erniedrigung des Quecksilbermeniskus um 7,6 mm. Wie groß ist der Dampfdruck des Bromoforms?

5-23 Wir lassen $1,0\ dm^3$ Luft langsam durch Wasser von 20 °C blubbern. Bei dieser Temperatur hat Wasser einen Dampfdruck von 23,3 mbar. Wieviel Wasser (in g) ist verdampft, wenn die Luft das Gefäß wasserdampfgesättigt verläßt?

5-24 Wir lassen $1,0\ dm^3$ Luft langsam durch Ethanol von 20 °C blubbern. Bei dieser Temperatur hat Ethanol einen Dampfdruck von 80 mbar. Wieviel Ethanol (in g) ist verdampft, wenn die Luft das Gefäß ethanoldampfgesättigt verläßt?

5-25 Wieviel Wasser befindet sich in der Luft eines $4\ m \cdot 3\ m \cdot 3\ m$ großen Badezimmers, wenn die Luft bei 40 °C wasserdampfgesättigt ist. Wasser hat bei dieser Temperatur einen Dampfdruck von 7,4 kPa.

5-26 Welche Masse an Quecksilber befindet sich in $1\ m^3$ Laborluft, wenn sie bei 25 °C mit Quecksilberdampf gesättigt ist, z. B. weil eine Quecksilberflasche offen herumsteht. Quecksilber hat bei dieser Temperatur einen Dampfdruck von 0,224 Pa.

5-27 Bestimmen Sie anhand der Dampfdruckkurve in Abb. 5-18 den Siedepunkt des Wassers (a) bei 933 mbar, (b) bei 1027 mbar, (c) bei 133 mbar!

5-28 Bestimmen Sie anhand der Dampfdruckkurve in Abb. 5-18 den Siedepunkt des Ethanols (a) bei 1000 mbar, (b) bei 1040 mbar, (c) bei 133 mbar!

5-29 Wie groß sind nach der Troutonschen Regel die Verdampfungsenthalpien der folgenden Flüssigkeiten, deren Siedepunkte in Klammern angegeben sind:
(a) Kohlenstofftetrafluorid (-129 °C); (b) Kohlenstofftetrachlorid (77 °C); (c) Kohlenstofftetrabromid (190 °C).

5-30 Wie groß sind nach der Troutonschen Regel die Verdampfungsenthalpien der folgenden Flüssigkeiten, deren Siedepunkte in Klammern angegeben sind:
(a) *ortho*-Xylol (**a**; 144 °C); (b) *meta*-Xylol (**b**; 139 °C); (c) *para*-Xylol (**c**; 138 °C).

5-31 Bei welchen der folgenden Flüssigkeiten weist die Troutonsche Regel auf ein abnormes Verhalten hin? Geben Sie dazu eine Erklärung!
(a) Ethanol mit einem Siedepunkt von 79 °C und $\Delta H_{Verd}^{\circ} = 44\ kJ\ mol^{-1}$; (b) Selenwasserstoff mit einem Siedepunkt von -41 °C und $\Delta H_{Verd}^{\circ} = 20\ kJ\ mol^{-1}$.

5-32 Bei welchen der folgenden Flüssigkeiten weist die Troutonsche Regel auf ein abnormes Verhalten hin? Geben Sie dazu eine Erklärung!
(a) Phosphortrichlorid mit einem Siedepunkt von 74 °C und $\Delta H_{Verd}^{\circ} = 31\ kJ\ mol^{-1}$; (b) Quecksilber mit einem Siedepunkt von 357 °C und $\Delta H_{Verd}^{\circ} = 58\ kJ\ mol^{-1}$.

5-33 Geben Sie anhand des Diagramms in Abb. 5-22 an, in welchem Zustand Wasser unter den folgenden Bedingungen vorliegt:
(a) 2 bar, 200 °C; (b) 3 bar, 300 °C; (c) 4 mbar, 0 °C; (d) 218 bar, 374 °C.

5-34 Geben Sie anhand des Diagramms in Abb. 5-23 an, in welchem Zustand CO_2 unter den folgenden Bedingungen vorliegt:
(a) 1 bar, -80 °C; (b) 1 bar, -78 °C; (c) 80 bar, 25 °C; (d) 5,1 bar, -56 °C.

Phasendiagramme

5-35 Das Phasendiagramm des Heliums ist in Abb. 5-46 wiedergegeben.
(a) Welches ist die höchste Temperatur, bei der He-II noch existieren kann?
(b) Welcher ist der kleinste Druck, bei dem festes Helium noch existieren kann?
(c) Welche ist die höchste Temperatur, bei der flüssiges Helium noch existieren kann?
(d) Kann festes Helium sublimieren?

5-36 Das Phasendiagramm des Kohlenstoffs ist in Abb. 5-47 wiedergegeben. Es zeigt, daß die Umwandlung von Graphit in Diamant nur unter extremen Bedingungen möglich ist.
(a) Welcher ist bei 2000 K der kleinste Druck, bei dem noch Kohlenstoff in Diamant umgewandelt werden kann?
(b) Welche ist die kleinste Temperatur, bei der flüssiger Kohlenstoff noch existieren kann, wenn der Druck unter 10 000 bar liegt?
(c) Unter welchem Druck schmelzen Diamanten bei Zimmertemperatur?
(d) Können sich Diamanten unter normalen Bedingungen aus Kohlenstoff bilden? Wenn nicht, warum kann man dennoch Diamanten als Schmuck tragen, ohne daß sie ständig unter hohem Druck und hoher Temperatur gehalten werden?

Die Einteilung der Festkörper

5-37 Um was für Festkörper handelt es sich bei den folgenden Substanzen, wenn man sich am Bindungstyp orientiert?
(a) Natriumchlorid; (b) fester Stickstoff; (c) Polyethylen; (d) Zucker.

5-38 Um was für Festkörper handelt es sich bei den folgenden Substanzen, wenn man sich am Bindungstyp orientiert?
(a) Kupfer; (b) Eis; (c) Calciumcarbonat; (d) Nylon.

a   **b**   **c**

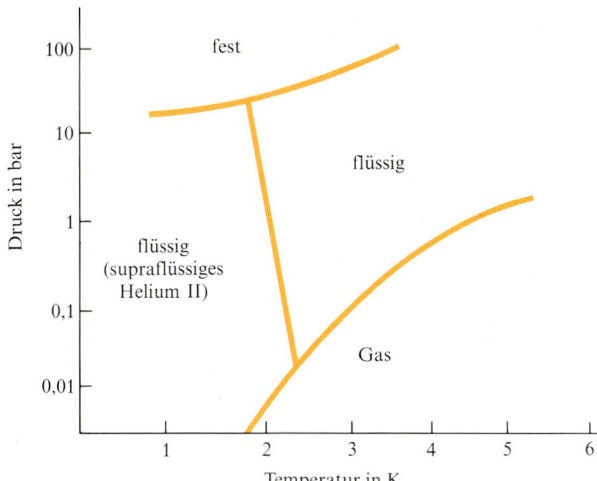

Abb. 5-46 Phasendiagramm von Helium.

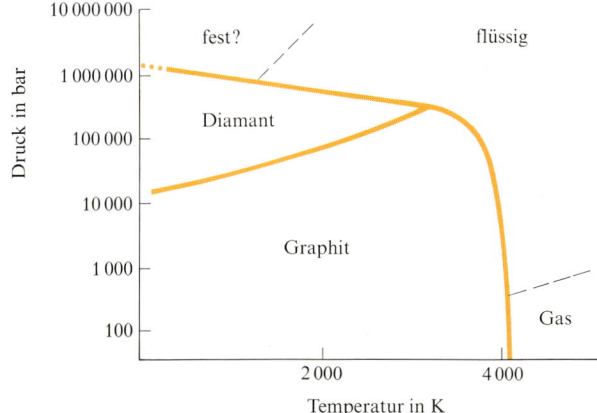

Abb. 5-47 Phasendiagramm von Kohlenstoff.

5-39 Um was für Festkörper handelt es sich bei den folgenden Substanzen, wenn man sich am Bindungstyp orientiert?
(a) Messing; (b) Phosphor; (c) Wolle; (d) Baumwolle.

5-40 Um was für Festkörper handelt es sich bei den folgenden Substanzen, wenn man sich am Bindungstyp orientiert?
(a) Holz; (b) Lot; (c) Schwefel; (d) Granit.

Röntgenbeugung

5-41 Mit 154-pm-Strahlung wird ein heller Beugungsfleck bei 27,2° gefunden. Berechnen Sie mit der Braggschen Gleichung den Abstand zwischen den Atomschichten!

5-42 Mit 70,8-pm-Strahlung wird ein heller Beugungsfleck bei 17,1° gefunden. Berechnen Sie mit der Braggschen Gleichung den Abstand zwischen den Atomschichten!

5-43 (a) Die gegenüberliegenden Flächen einer kubisch dichtest gepackten Nickel-Elementarzelle ergaben mit 154-pm-Strahlung einen Beugungsfleck bei 12,7°. Berechnen Sie den metallischen Atomradius!
(b) Die gegenüberliegenden Flächen einer kubisch raumzentrierten Kalium-Elementarzelle ergaben mit 154-pm-Strahlung einen Beugungsfleck bei 8,3°. Berechnen Sie den metallischen Atomradius!

5-44 (a) Die gegenüberliegenden Flächen einer kubisch dichtest gepackten Calcium-Elementarzelle ergaben mit 154-pm-Strahlung einen Beugungsfleck bei 8,0°. Berechnen Sie den metallischen Atomradius!
(b) Die gegenüberliegenden Flächen einer kubisch raumzentrierten Niob-Elementarzelle ergaben mit 154-pm-Strahlung einen Beugungsfleck bei 13,7°. Berechnen Sie den metallischen Atomradius!

Dichteste Kugelpackungen

5-45 (a) Aluminium kristallisiert in kubisch dichtester Kugelpackung. Sein metallischer Radius ist 125 pm. (a) Wie lang ist eine Kante der Elementarzelle?
(b) Wie viele Elementarzellen sind in 1 cm³ Aluminium enthalten?

5-46 (a) Calcium kristallisiert in kubisch dichtester Kugelpackung. Sein metallischer Radius ist 180 pm. (a) Wie lang ist eine Kante der Elementarzelle?
(b) Wie viele Elementarzellen sind in 1 cm³ Calcium enthalten?

5-47 Das Metall Polonium, das von Marie Curie nach ihrer Heimat Polen benannt wurde, kristallisiert in einer primitiven kubischen Struktur, wobei sich gerade in jeder Ecke der kubischen Elementarzelle ein Atom befindet.
(a) Wie viele Atome enthält eine Elementarzelle? (b) Wie groß ist die Koordinationszahl? (c) Wie lang ist eine Kante der Elementarzelle? Der metallische Radius ist 140 pm lang.

5-48 Kalium kristallisiert kubisch raumzentriert.
(a) Wie viele Atome enthält eine Elementarzelle? (b) Wie groß ist die Koordinationszahl? (c) Wie lang ist eine Kante der Elementarzelle? Der metallische Radius ist 231 pm.

5-49 Berechnen Sie die Dichten der folgenden Metalle:
(a) Nickel (kubisch dichteste Kugelpackung) mit $r = 124$ pm;
(b) Rubidium (kubisch raumzentriert) mit $r = 235$ pm.

5-50 Berechnen Sie die Dichten der folgenden Metalle:
(a) Platin (kubisch dichteste Kugelpackung) mit $r = 138$ pm;
(b) Cäsium (kubisch raumzentriert) mit $r = 266$ pm.

5-51 Gold hat eine Dichte von 19,3 g cm⁻³ und kristallisiert in kubisch dichtester Kugelpackung. Wie groß ist sein metallischer Radius?

5-52 Iridium, das schwerste aller Elemente, hat eine Dichte von 22,5 g cm⁻³ und kristallisiert in kubisch dichtester Kugelpackung. Wie groß ist sein metallischer Radius?

5-53 Vanadium hat eine Dichte von 5,96 g cm⁻³ und kristallisiert in kubisch raumzentrierter Packung. Wie groß ist sein metallischer Radius?

185

5-54 Molybdän hat eine Dichte von 10,2 g cm^{-3} und kristallisiert in kubisch raumzentrierter Packung. Wie groß ist sein metallischer Radius?

Legierungen

5-55 Berechnen Sie für die folgenden Legierungen aus den angegebenen Massenverhältnissen, wie sich die Anzahlen der Atome zueinander verhalten:
(a) 60% Na, 40% K; (b) Messing mit 35% Zink in Kupfer; (c) Bronze mit 10% Zinn und 5% Phosphor in Kupfer.

5-56 Berechnen Sie für die folgenden Legierungen aus den angegebenen Massenverhältnissen, wie sich die Anzahl der Atome zueinander verhält:
(a) 40% Na, 60% K; (b) Münzmetall mit 25% Nickel in Kupfer; (c) Britannia-Metall mit 6% Antimon und 1,5% Kupfer in Zinn.

5-57 Berechnen Sie für die folgenden Legierungen aus den angegebenen Atomverhältnissen die Massenprozente:
(a) Cu : Zn = 1 : 1; (b) Zn : Cu = 1 : 10.

5-58 Berechnen Sie für die folgenden Legierungen aus den angegebenen Atomverhältnissen die Massenprozente:
(a) Sn : Pb = 1 : 1; (b) Ni : Cu = 1 : 1000.

Elektrische Leitfähigkeit

5-59 Graphit hat parallel zu den Schichtebenen eine andere elektrische Leitfähigkeit als senkrecht dazu. Wenn man die Temperatur erhöht, nimmt die Leitfähigkeit parallel zu den Schichten ab, senkrecht zu den Schichten nimmt sie zu. Wie läßt sich dieser Befund interpretieren?

5-60 Wenn man Graphit mit einer Mischung aus Schwefelsäure und Salpetersäure erhitzt, entsteht eine Substanz, die vereinfachend „Graphitbisulfat" genannt wird. Bei dieser Reaktion wird der Graphit teilweise oxidiert, so daß im Mittel eine positive Ladung auf 24 Kohlenstoffatome kommt, und zwischen den Schichtebenen werden HSO$_4^-$-Ionen eingebaut. Was wird daraus für die elektrische Leitfähigkeit des Graphits folgen?

5-61 Sind die folgenden Materialien Halbleiter vom n-Typ oder vom p-Typ?
(a) Si dotiert mit P; (b) Si dotiert mit In; (c) Ge dotiert mit Sb.

5-62 Sind die folgenden Materialien Halbleiter von n-Typ oder vom p-Typ?
(a) Si dotiert mit Al; (b) Ge dotiert mit As; (c) Ge dotiert mit Ga.

5-63 Silicium ist auch ohne Dotierung ein Halbleiter. Wie läßt sich das mit Hilfe des Bänder-Modells erklären, wenn man zugrunde legt, daß bei $T = 0$ seine Leitfähigkeit gleich Null ist?

5-64 Zinkoxid ist ein Halbleiter. Wird es im Vakuum erhitzt, so nimmt seine Leitfähigkeit zu; erhitzt man es in Sauerstoff, nimmt sie ab. Wie kann man das erklären?

Ionische Festkörper

5-65 Wie viele Kationen, wie viele Anionen und wie viele Formeleinheiten befinden sich in einer Elementarzelle?
(a) Steinsalz (NaCl) in Abb. 5-37; (b) Fluorit (Flußspat) in Abb. 5-48. Welche Koordinationszahl haben die Ionen im Fluorit?

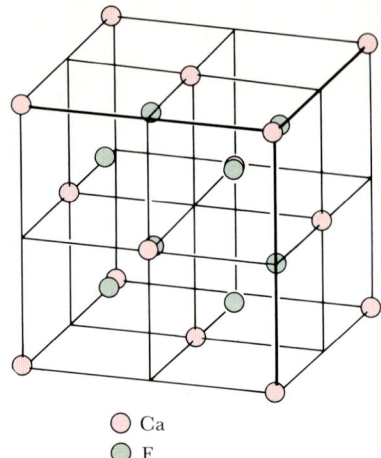

○ Ca
● F

Abb. 5-48 Elementarzelle von Flußspat.

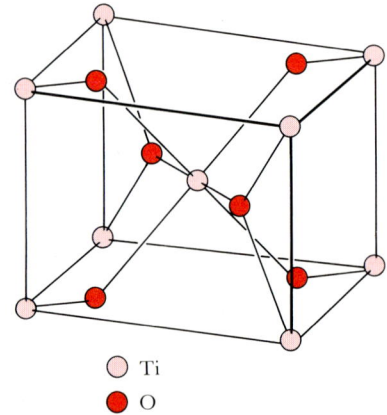

○ Ti
● O

Abb. 5-49 Elementarzelle von Rutil.

5-66 Wie viele Kationen, wie viele Anionen und wie viele Formeleinheiten befinden sich in einer Elementarzelle?
(a) CsCl in Abb. 5-38; (b) Rutil (TiO$_2$) in Abb. 5-49. Welche Koordinationszahlen haben die Ionen im Rutil?

5-67 Abb. 5-50 zeigt eine Elementarzelle des Minerals Perowskit. Welche Formel hat es?

5-68 Abb. 5-51 zeigt eine Elementarzelle eines neuen Supraleiters. Welche Formel hat er?

5-69 Wie viele Elementarzellen der in Abb. 5-37 gezeigten Art sind in einem Körnchen Salz von 1 mm^3 enthalten? (NaCl hat die Dichte 2,16 g cm^{-3}.)

5-70 Wie viele Elementarzellen der in Abb. 5-37 gezeigten Art sind in einem Körnchen KBr von 1 mm^3 enthalten? (KBr hat die Dichte 2,75 g cm^{-3}.)

5-71 Berechnen Sie anhand der Daten in Tab. 4-6 die Dichten der folgenden Substanzen:
(a) Natriumiodid (Steinsalz-Struktur); (b) Cäsiumiodid (Cäsiumchlorid-Struktur).

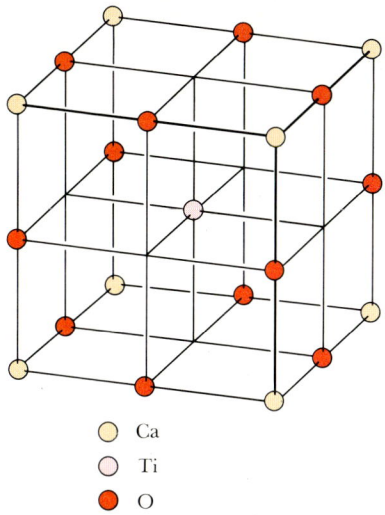

○ Ca
○ Ti
● O

Abb. 5-50 Elementarzelle von Perowskit.

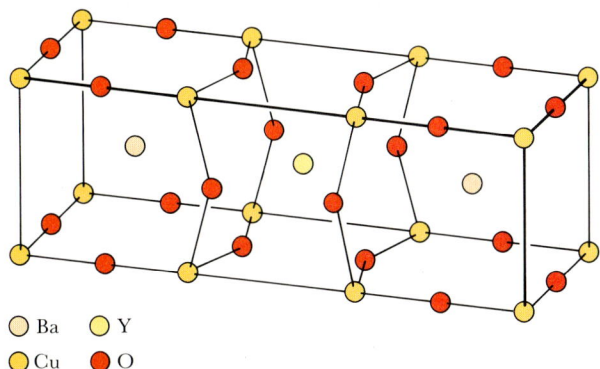

○ Ba   ○ Y
○ Cu   ● O

Abb. 5-51 Elementarzelle eines Supraleiters.

5-72 Berechnen Sie anhand der Daten in Tab. 4-6 die Dichten der folgenden Substanzen:
(a) Calciumoxid (Steinsalz-Struktur); (b) Cäsiumbromid (Cäsiumchlorid-Struktur).

Vernetzte Festkörper

5-73 Nennen Sie zwei Elemente, die (zumindest in einer allotropen Form) vernetzte Festkörper bilden!

5-74 Nennen Sie zwei Verbindungen, die als vernetzte Festkörper auftreten!

5-75 Der Diamant hat eine Sublimationsenthalpie von 713 kJ mol^{-1}. Wie groß ist die C−C-Bindungsenthalpie im Festkörper?

5-76 BN(s) hat eine Bindungsenthalpie von −254 kJ mol^{-1}, BN(g) eine Bindungsenthalpie von +647 kJ mol^{-1}. Die gasförmigen Atome B und N haben Bindungsenthalpien von +563 kJ mol^{-1} und +473 kJ mol^{-1}. Wie groß ist die Bindungsenthalpie der B−N-Bindung im Festkörper?

Molekulare Festkörper

5-77 Nennen Sie zwei Elemente, die (zumindest in einer allotropen Form) bei Zimmertemperatur molekulare Festkörper bilden!

5-78 Geben Sie für jedes Hauptgruppenelement den Namen und die chemische Formel einer einfachen Molekülverbindung an!

5-79 Welche zwischenmolekularen Kräfte halten in den folgenden Substanzen den Festkörper zusammen:
(a) festes Argon; (b) Eis; (c) fester Chlorwasserstoff; (d) Glucose.

5-80 Welche zwischenmolekularen Kräfte halten in den folgenden Substanzen den Festkörper zusammen:
(a) Iod; (b) festes Benzol; (c) Rohrzucker; (d) Oxalsäure (COOH)$_2$

Allgemeine Aufgaben

5-81 Was folgt für den Dampfdruck von Wasser, wenn 25 cm^3 Argon, die bei 80 °C durch das Wasser geblasen werden, 7,3 g Wasser mitführen?

5-82 Ein Becher mit Wasser befindet sich in einem Behälter von 30 m^3, der bei 20 °C 2,0 kg Stickstoff enthält, und wird erwärmt. Bei welcher Temperatur wird das Wasser sieden?

5-83 Arsentrichlorid (AsCl$_3$) siedet bei 130,2 °C, unter einem Druck von 133 mbar aber schon bei 70,9 °C. (a) Welche Masse an Dampf wird man in einem Raum von 50 m^3 finden, wenn man die Flüssigkeit in einem offenen Becherglas bei 20 °C stehen läßt? (b) Würde man von Arsentrifluorid mehr oder weniger finden? Geben Sie eine Begründung!

5-84 Geben Sie einen Grund für die hohe Oberflächenspannung des Quecksilbers an!

5-85 Metalle mit kubisch raumzentrierten Packungen sind nicht dicht gepackt. Deshalb werden ihre Dichten größer, wenn es gelingt, sie z. B. unter hohem Druck zu einer kubisch dichtesten Kugelpackung zu komprimieren. Wolfram kristallisiert kubisch raumzentriert mit $d = 19{,}4$ g cm^{-3}. Wie groß wäre seine Dichte in einer kubisch dichtest gepackten Struktur?

5-86 Wieviel Prozent des Raumes sind in einer kubisch dichtesten Kugelpackung ausgefüllt?

5-87 Platin kristallisiert in einer kubisch dichtesten Kugelpackung und hat eine Dichte von 21,450 g cm^{-3}. Die Ebenen auf den gegenüberliegenden Seiten der Elementarzellen geben mit 154,0-pm-Strahlung einen Reflex bei 11,38°. Leiten Sie daraus einen Zahlenwert für die Avogadrosche Konstante her!

5-88 Alle Edelgase kristallisieren in kubisch dichtester Kugelpackung. Geben Sie eine Beziehung zwischen dem Atomradius und der Dichte einer Substanz mit kubisch dichtester Kugelpackung und der Atommasse M_A an. Berechnen Sie damit aus den folgenden Dichte-Daten die Atomradien der Edelgase:
Ne 1,20 g cm^{-3}, Ar 1,40 g cm^{-3}, Kr 2,16 g cm^{-3}, Xe 2,83 g cm^{-3}, Rn 4,40 g cm^{-3}.

5-89 Alle Alkalimetalle kristallisieren kubisch raumzentriert.

(a) Geben Sie eine Gleichung zwischem dem metallischen Radius und der Dichte eines kubisch raumzentriert kristallisierenden Elementes mit der Atommasse M_A an. Berechnen Sie damit aus den folgenden Dichte-Daten die metallischen Radien der Alkalimetalle:

Li   0,53 g cm^{-3},   Na   0,97 g cm^{-3},   K   0,86 g cm^{-3},   Rb 1,53 g cm^{-3}, Cs 1,90 g cm^{-3}.

(b) Geben Sie einen Faktor an, mit dem man die Dichte eines kubisch raumzentriert kristallisierenden Elementes in die Dichte einer kubisch dichtesten Kugelpackung umrechnen kann!

(c) Welche Dichten hätten die Alkalimetalle, wenn sie in kubisch dichtesten Packungen kristallisieren würden?

(d) Würde dann eines von ihnen noch auf Wasser schwimmen können?

5-90 (a) Geben Sie eine Erklärung dafür, weshalb bei manchen Substanzen die elektrische Leitfähigkeit zunimmt, wenn man sie mit Licht bestrahlt!

(b) Im amorphen Selen gibt es eine 1,8 eV breite Bandlücke, die beim xerographischen Kopierprozeß verwendet wird. Welche ist die größte Lichtwellenlänge, die Selen noch leitfähig machen kann?

In diesem Kapitel werden die Löslichkeiten von Substanzen in verschiedenen Lösungsmitteln und unter verschiedenen Bedingungen von Druck, Temperatur und Konzentration untersucht. Die gelöste Substanz bestimmt oft die physikalischen Eigenschaften der Lösung. Die Abbildung zeigt, wie tierisches Fett unter dem Einfluß von Detergentien in Lösung geht.

6 Lösungen

Wir sprechen von einer Lösung, wenn wir es mit der homogenen Mischung einer Substanz – der gelösten Substanz – mit einer anderen – dem Lösungsmittel – zu tun haben. Mischungen, bei denen Wasser das Lösungsmittel ist, nennen wir *wäßrige Lösungen*; sie sind so wichtig, daß wir uns in diesem Kapitel hauptsächlich mit ihnen beschäftigen. Manche Lösungen kommen in riesigen Mengen vor. Die Ozeane enthalten z. B. insgesamt $1,4 \cdot 10^{18}$ kg Wasser, das sind 300 000 Tonnen für jeden Bewohner unseres Planeten. Im Meerwasser sind vor allem die Ionen Na^+ und Cl^- enthalten (vgl. Tab. 6-1), aber auch jedes andere Element zumindest in Spuren, manche in ganz erheblichen Mengen. Auch bei dem Wasser, das die Flüsse den Ozeanen zuführen, handelt es sich um Mischungen, die in sehr großen Mengen auftreten: Man hat errechnet, daß der Columbia River im Nordwesten der USA 80 km vor der Mündung $1,8 \cdot 10^{12}$ dm^3 Wasser pro Jahr transportiert. Darin sind $83 \cdot 10^6$ mol PO_4^{3-}, $2,1 \cdot 10^9$ mol NO_3^-, $27 \cdot 10^9$ mol Si-Atome (in Form verschiedener Silicate) und $190 \cdot 10^9$ mol HCO_3^--Ionen enthalten.

Weil in Lösungen die Moleküle beweglich sind und somit leichter miteinander reagieren können, bevorzugen Chemiker für chemische Umsetzungen den gelösten Zustand der Reaktionspartner. Aus diesem Grund wollen wir jetzt die physikalisch-chemischen Eigenschaften von Lösungen in bezug auf die Ionen und Moleküle, die in ihnen enthalten sind, untersuchen.

Die Messung der Konzentration

Wenn wir für Reaktionen, die in Lösung ablaufen, stöchiometrische Rechnungen auszuführen haben, so müssen wir die Stoffmenge einer gelösten Substanz in einem gegebenen Volumen kennen. Bei einer Säure-Basen-Titration (Kap. 9) ist das z. B. die Angabe, daß in 25 cm^3 Lösung 0,100 mol OH^--Ionen enthalten sind.

In vielen Fällen kommt es nur auf die *relativen* Stoffmengen des Lösungsmittels und der gelösten Substanz an, vor allem wenn es um die physikalischen Eigenschaften von Lösungen geht; die jeweilige Teilchenzahl der im Liter gelösten Substanzen interessiert weit weniger (vgl. Abb. 6-1). Wenn wir z. B. wissen, daß von hundert Mol einer wäßrigen

Tabelle 6-1 Die Hauptbestandteile des Meerwassers

Element	liegt vor als	Massen-Konzentration g dm^{-3}
Cl	Cl^-	19,0
Na	Na^+	10,5
Mg	Mg^{2+}	1,35
S	SO_4^{2-}	0,89
Ca	Ca^{2+}	0,40
K	K^+	0,38
Br	Br^-	0,065
C	HCO_3^-, H_2CO_3, CO_3^{2-}, organische Verbindungen	0,028

Lösung ein Mol der gelösten Substanz und die anderen neunundneunzig Mol Wasser sind, so reicht diese Information aus, um den Siedepunkt und den Gefrierpunkt der Lösung zu berechnen. In Tabelle 6-2 sind einige Möglichkeiten, die Zusammensetzung von Mischungen zu beschreiben, zusammengestellt. In den folgenden Abschnitten werden diese Möglichkeiten ausführlich beschrieben.

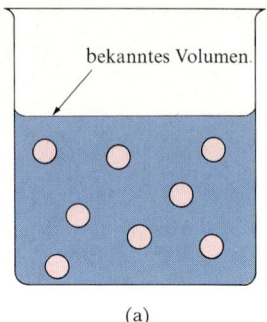

(a)

Tabelle 6-2 Konzentrationen

Konzentrationsmaß	Abkürzung	Einheiten	Bezeichnung
molare Konzentration (Molarität)	[X]	Mol pro Liter, M	Stoffmenge der Substanz X in 1 Liter Lösung
Massen-Konzentration	c_x	Gramm pro Liter	Gramm der Substanz X in 1 Liter Lösung
Molalität		Stoffmenge pro kg, m	Stoffmenge der Substanz X pro Kilogramm Lösungsmittel
Stoffmengenanteil	x		Stoffmenge geteilt durch die Stoffmengen aller vorhandenen Substanzen (der gelösten Substanzen und des Lösungsmittels): $x_A + x_B + \ldots = 1$
‚parts per million'	ppm		Anzahl der Moleküle der gelösten Substanz auf eine Million Lösungsmittel-Moleküle
Massenprozente	%		Masse einer Komponente, in Prozent der gesamten Masse

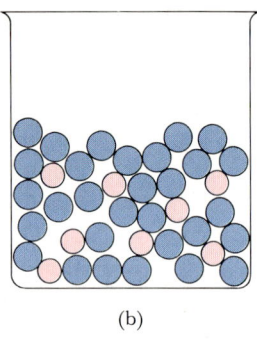

(b)

Abb. 6-1 In vielen praktischen Fällen kommt es nur darauf an, wie viele Moleküle oder Ionen in einem bestimmten Volumen gelöst sind (a); dann verwenden wir die Massenkonzentration oder die Molarität. Wenn es auf das Verhältnis zwischen der Anzahl der gelösten Moleküle und der Anzahl der Lösungsmittelmoleküle ankommt (b), arbeiten wir mit dem Stoffmengenanteil oder mit der Molalität.

6-1 Die Konzentration

Wenn wir uns für die Menge der in einer Lösung enthaltenen gelösten Substanz interessieren, verwenden wir entweder die molare Konzentration (Molarität) oder die Massen-Konzentration. Damit können wir unserem Mol-Diagramm (**1**) einen weiteren Pfeil hinzufügen.

Die molare Konzentration

Unter der molaren Konzentration, auch *Molarität* genannt, verstehen wir die Stoffmenge einer gelösten Substanz bezogen auf einen Liter (1 dm³) Lösung:

$$\text{molare Konzentration} = \frac{\text{Stoffmenge der gelösten Substanz}}{\text{Volumen der Lösung in dm}^3}$$

Die Einheit der Konzentration heißt mol pro Liter (mol dm^{-3}); dafür verwenden wir als Abkürzung den Buchstaben M: 1 M = 1 mol dm^{-3}.

Die molare Konzentration kann zur Umrechnung zwischen dem Volumen einer Lösung und der Stoffmenge der gelösten Substanz ver-

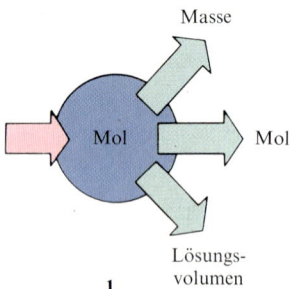

Masse

Mol

Lösungsvolumen

1

wendet werden:

Stoffmenge der gelösten Substanz
= Volumen der Lösung · pro Liter gelöste Stoffmenge
= Volumen der Lösung · molare Konzentration

Für 25,00 cm^3 einer 0,150 M NaOH (aq) erhalten wir so die Stoffmenge an NaOH:

$$= (25,00 \cdot 10^{-3}\,\text{dm}^3) \cdot 0,150 \cdot (\text{mol NaOH dm}^{-3})$$
$$= 3,75 \cdot 10^{-3}\,\text{mol NaOH}$$

Jede NaOH-Einheit liefert in Lösung ein OH$^-$-Ion, die Probe enthält also zugleich $3,75 \cdot 10^{-3}$ mol OH$^-$-Ionen = 3,75 mmol OH$^-$-Ionen.

Die Massen-Konzentration

Die Massen-Konzentration ist ähnlich wie die molare Konzentration definiert:

Die Massen-Konzentration einer Lösung ist gleich der Masse der in einem Liter der Lösung enthaltenen gelösten Substanz:

$$\text{Massen-Konzentration} = \frac{\text{Masse der gelösten Substanz}}{\text{Volumen der Lösung in dm}^3}$$

Wenn wir 5,0 g Natriumchlorid in so viel Wasser auflösen, daß wir 500 dm^3 Lösung erhalten, so hat diese Lösung die Massen-Konzentration

$$\text{Massen-Konzentration} = \frac{5,0\,\text{g NaCl}}{0,500\,\text{dm}^3} = 10\,\text{g NaCl dm}^{-3}$$

Die Massen-Konzentration verwendet man vor allem, wenn die Masse der in einem bestimmten Volumen gelösten Substanz von Interesse ist. Das kann etwa bei der Frage sein, ob sich das im Seewasser gelöste Gold wirtschaftlich extrahieren läßt; die Massen-Konzentration des Goldes im Ozeanwasser liegt bei 10^{-8} g dm^{-3}, das entspricht etwa 10 kg in einem Kubik-Kilometer.

Beispiel 6-1 Umrechnung zwischen molaren und Massen-Konzentrationen

Berechnen Sie die molare Konzentration einer wäßrigen NaCl-Lösung mit der Massen-Konzentration 5,00 g dm^{-3}.

Methode. Die Massen-Konzentration gibt an, welche Masse der gelösten Substanz in einem Liter Lösung enthalten ist; die molare Konzentration beschreibt die Stoffmenge, die in einem Liter gelöst ist. Um die molare Konzentration zu erhalten, haben wir die 5,00 g NaCl in Stoffmenge NaCl umzurechnen; der Umrechnungsfaktor ist die molare Masse des NaCl (58,44 g mol^{-1}).

Lösung. 58,44 g NaCl $\cong$ 1 mol NaCl, der Umrechnungsfaktor ist also $\frac{1\,\text{mol NaCl}}{58,44\,\text{g NaCl}}$.
Daraus folgt

$$\text{Stoffmenge NaCl pro Liter} = \frac{5,00\,\text{g NaCl}}{1\,\text{dm}^3} \cdot \frac{1\,\text{mol NaCl}}{58,44\,\text{g NaCl}}$$
$$= 0,0856\,\text{mol dm}^{-3}\,\text{NaCl}$$

Wir können also die (molare) Konzentration zu 85,6 mM NaCl(aq) angeben.

Übungsaufgabe. Wie groß ist die molare Konzentration einer wäßrigen Rohrzucker-Lösung ($C_{12}H_{22}O_{11}$) mit der Massen-Konzentration von 10 g dm^{-3}?

[Antwort: 29 mM $C_{12}H_{22}O_{11}$(aq)]

Die relativen Stoffmengen der gelösten Substanz und des Lösungsmittels spielen vor allem beim Stoffmengenanteil (s. Abschn. 2-6) und bei der Molalität eine Rolle, aber auch als Ausdruck ‚parts per million‘ (ppm), der Anzahl der gelösten Mole auf eine Million Mole Lösungsmittel. Ein Beispiel: Weit weg von allen Quellen der Umweltverschmutzung, z.B. im Süd-Pazifik, liegt die Konzentration von SO_2 in der Atmosphäre nur bei etwa $6 \cdot 10^{-5}$ ppm, d. h. es gibt nur 6 SO_2-Moleküle auf jeweils 10^{11} Moleküle überhaupt. In Großstädten kann sie um den Faktor $25\,000$ höher sein und Werte um $1{,}5$ ppm erreichen (vgl. Abb. 6-2).

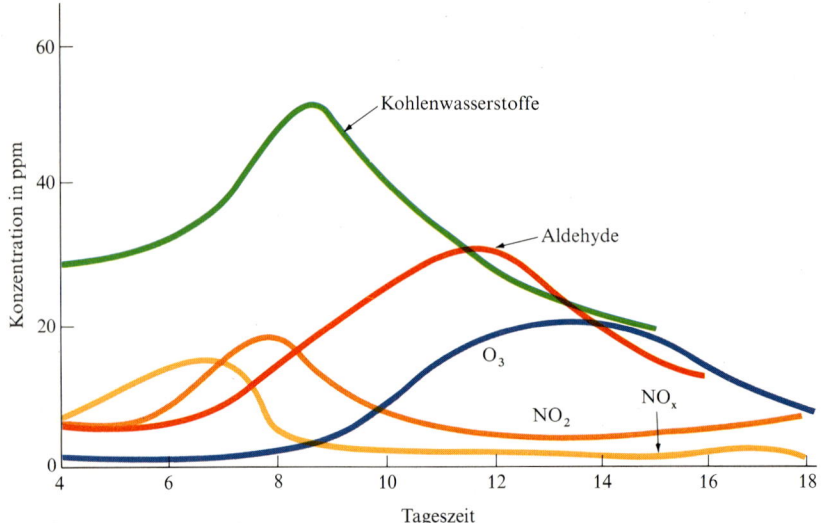

Abb. 6-2 Die Konzentrationen in ppm (parts per million) einiger Bestandteile der Atmosphäre über einer Großstadt (gemessen 1958 in Los Angeles, bevor Emissionskontrollen wirksam wurden).

Der Stoffmengenanteil

In Abschnitt 2-6 hatten wir den Stoffmengenanteil als Stoffmenge einer bestimmten Art, geteilt durch die Stoffmengen aller vorhandenen Komponenten, definiert. In einer Nichtelektrolyt-Lösung (einer Lösung von neutralen Molekülen) ergibt sich so für den Stoffmengenanteil x der gelösten Substanz:

$$x_{\text{gelöst}} = \frac{n_{\text{gelöst}}}{n_{\text{Lösungsmittel}} + n_{\text{gelöst}}}$$

wobei n die Stoffmengen der beteiligten Komponenten angibt. Für $x_{\text{Lösungsmittel}}$, den Stoffmengenanteil des Lösungsmittels, gilt eine ganz analoge Gleichung. Zwischen den beiden Stoffmengenanteilen besteht die wichtige Beziehung:

$$x_{\text{gelöst}} + x_{\text{Lösungsmittel}} = \frac{n_{\text{gelöst}}}{n_{\text{Lösungsmittel}} + n_{\text{gelöst}}} + \frac{n_{\text{Lösungsmittel}}}{n_{\text{Lösungsmittel}} + n_{\text{gelöst}}} = 1$$

Der Zahlenwert des Stoffmengenanteils liegt immer zwischen $x_{\text{gelöst}} = 0$ (reines Lösungsmittel) und $x_{\text{gelöst}} = 1$ (reine Substanz). Bei Elektrolytlösungen (Lösungen von Ionen) muß man die Kationen und Anionen als separate Teilchen behandeln; das ergibt:

$$x_{\text{Kationen}} = \frac{n_{\text{Kationen}}}{n_{\text{Kationen}} + n_{\text{Anionen}} + n_{\text{Lösungsmittel}}}$$

Für die Anionen kann man wieder eine ganz analoge Beziehung hinschreiben, und schließlich gilt:

$$x_{\text{Lösungsmittel}} + x_{\text{Kationen}} + x_{\text{Anionen}} = 1$$

Beispiel 6-2 Die Berechnung eines Stoffmengenanteils

Welchen Stoffmengenanteil hat Rohrzucker ($C_{12}H_{22}O_{11}$), wenn 5,00 g Rohrzucker in 100,0 g Wasser gelöst sind?

Methode. Wir brauchen die Stoffmengen der gelösten Substanz und des Lösungsmittels. Dazu rechnen wir die angegebenen Massen der beiden Substanzen mit Hilfe der molaren Massen in Mole um und setzen die Ergebnisse in die oben angegebenen Definitionen ein. Das Resultat können wir mit der Beziehung $x_{C_{12}H_{22}O_{11}} + x_{H_2O} = 1$ nachprüfen.

Lösung. Mit der molaren Masse des Rohrzuckers ($342,3$ g mol^{-1}) und der von Wasser ($18,02$ g mol^{-1}) erhalten wir

$$342,3 \text{ g } C_{12}H_{22}O_{11} \cong 1 \text{ mol } C_{12}H_{22}O_{11}$$
$$18,02 \text{ g } H_2O \cong 1 \text{ mol } H_2O$$

Damit können wir die Massen in Stoffmengen umrechnen:

$$n_{C_{12}H_{22}O_{11}} = 5,00 \text{ g } C_{12}H_{22}O_{11} \cdot \frac{1 \text{ mol } C_{12}H_{22}O_{11}}{342,3 \text{ g } C_{12}H_{22}O_{11}}$$
$$= 0,0146 \text{ mol } C_{12}H_{22}O_{11}$$

$$n_{H_2O} = 100,00 \text{ g } H_2O \cdot \frac{1 \text{ mol } H_2O}{18,02 \text{ g } H_2O}$$
$$= 5,549 \text{ mol } H_2O$$

Die Stoffmengen in der Lösung insgesamt sind damit

$$n_{\text{gesamt}} = 0,0146 \text{ mol} + 5,549 \text{ mol} = 5,564 \text{ mol}$$

Für die Stoffmengenanteile x erhalten wir daraus

$$x_{C_{12}H_{22}O_{11}} = \frac{0,0146 \text{ mol}}{5,564 \text{ mol}} = 0,00262$$

$$x_{H_2O} = \frac{5,549 \text{ mol}}{5,564 \text{ mol}} = 0,9973$$

Die Probe ergibt $0,00262 + 0,9973 = 0,9999$, also praktisch $= 1$.

Übungsaufgabe. Wie groß sind die Stoffmengenanteile H_2O und C_2H_5OH in einer Mischung aus gleichen Massen von Wasser und Ethanol?

[Antwort: $x_{H_2O} = 0,719$, $x_{C_2H_5OH} = 0,281$]

Molalität

Auch bei der Molalität geht es um die relative Stoffmenge der gelösten Substanz und des Lösungsmittels.

Die **Molalität** einer Lösung ist gleich der Stoffmenge der gelösten Substanz pro Kilogramm Lösungsmittel:

$$\text{Molalität} = \frac{\text{Stoffmenge der gelösten Substanz}}{\text{Masse des Lösungsmittels in kg}}$$

Die Einheit der Molalität (mol pro kg Lösungsmittel) wird mit m abgekürzt und ‚molal' gesprochen. Im Gegensatz zur Molarität kommt es hier auf die Menge des Lösungsmittels (und nicht der Lösung) an. Man erhält z. B. eine 1 m NaCl(aq)-Lösung, wenn man 1 mol NaCl in 1 kg Wasser auflöst (vgl. Abb. 6-3). 1 kg Lösungsmittel enthält eine ganz bestimmte Stoffmenge (etwa beim Wasser 55,5 mol), deshalb ist der Anteil der gelösten Stoffmenge um so größer, je höher die Molalität der Lösung ist.

Mit Hilfe der Molalität kann man die Masse des Lösungsmittels in die Stoffmenge der darin gelösten Substanz umrechnen:

Stoffmenge der gelösten Substanz
= Masse des Lösungsmittels ·
   Stoffmenge der gelösten Substanz pro kg Lösungsmittel
= Masse des Lösungsmittels · Molalität

Abb. 6-3 Eine Lösung bestimmter Molalität stellt man her, indem man eine bekannte Gewichtsmenge einer Substanz in einer bekannten Gewichtsmenge Lösungsmittel auflöst.

Beispiel 6-3 Die Herstellung einer Lösung vorgegebener Molalität

Wieviel Kaliumnitrat muß man in 250 g Wasser auflösen, damit eine 0,200 m KNO_3(aq)-Lösung entsteht?

Methode. Wenn wir erst die Stoffmenge KNO_3 kennen, die wir brauchen, können wir aus dieser Angabe durch Multiplikation mit der molaren Masse des KNO_3 (101,1 g mol^{-1}) die benötigte Menge des Lösungsmittels in Gramm berechnen. Die Stoffmenge erhalten wir aus der Masse des Lösungsmittels durch Multiplikation mit der Molalität, wie es im Text beschrieben wurde.

Lösung. In einer 0,200 m Lösung ist die Stoffmenge KNO_3 in 0,250 kg Wasser

$$n_{KNO_3} = 0,250 \text{ kg } H_2O \cdot \frac{0,200 \text{ mol } KNO_3}{1 \text{ kg } H_2O}$$
$$= 0,0500 \text{ mol } KNO_3$$

1 mol KNO_3 ist gerade 101,1 g KNO_3, also wird

$$m_{KNO_3} = 0,0500 \text{ mol } KNO_3 \cdot \frac{101,1 \text{ g } KNO_3}{1 \text{ mol } KNO_3}$$
$$= 5,06 \text{ g } KNO_3$$

Übungsaufgabe. Wieviel Gramm Kaliumpermanganat brauchen wir, wenn wir aus 500 g Wasser eine 0,150 m $KMNO_4$(aq)-Lösung herstellen wollen?

[Antwort: 11,6 g]

Zusammenfassend gilt: Zwischen den Begriffen Molalität und Molarität müssen wir sorgfältig unterscheiden. Bei der Molalität einer Lösung beziehen wir die Stoffmenge der gelösten Substanz auf ein Kilogramm des Lösungsmittels, bei der häufiger gebrauchten Molarität wird auf ein Liter der Lösung bezogen.

Beispiel 6-4 Umrechnung zwischen Stoffmengenanteil und Molalität

Berechnen Sie die Molalität einer Lösung von Benzol (C_6H_6) in Toluol ($C_6H_5CH_3$), für die der Stoffmengenanteil $x_{Benzol} = 0,150$ angegeben ist.

Methode. Zur Berechnung der Molalität brauchen wir die Stoffmenge der gelösten Substanz (des Benzols) und die Masse des Lösungsmittels. Nehmen wir an, eine Probe der

Mischung bestehe insgesamt aus 1 mol (beide Komponenten zusammengerechnet). Das heißt dann, daß dieses eine Mol aus dem Stoffmengenanteil x_{Benzol} für Benzol und $(1 - x_{\text{Benzol}})$ für den Stoffmengenanteil Toluol besteht. Die Stoffmenge des Toluols wird mit der molaren Masse des Toluols ($92,13\ \text{g mol}^{-1}$) in die Masse umgerechnet. Damit kennen wir die Stoffmenge der gelösten Substanz und die Masse des Lösungsmittels.

Lösung. Die Probe enthält 0,150 mol Benzol, folglich auch 0,850 mol Toluol. Die Masse des in der Probe enthaltenen Toluols ist dann

$$m_{\text{Toluol}} = 0,850\ \text{mol}\ C_6H_5CH_3 \cdot \frac{92,13\ \text{g}\ C_6H_5CH_3}{1\ \text{mol}\ C_6H_5CH_3}$$

$$= 78,3\ \text{g}\ C_6H_5CH_3$$

Daraus folgt

$$\text{Molalität} = \frac{0,150\ \text{mol}\ C_6H_6}{78,3 \cdot 10^{-3}\ \text{kg}\ C_6H_5CH_3} = 1,92\ \text{mol}\ C_6H_6\ (\text{kg}\ C_6H_5CH_3)^{-1}$$

Übungsaufgabe. Wie groß ist die Molalität einer Lösung von Toluol in Benzol, wenn der Stoffmengenanteil des Toluols 0,150 ist?

[Antwort: 2,26 m]

Die Löslichkeit

In diesem Kapitel beschäftigen wir uns vor allem mit den wichtigen wäßrigen Lösungen, aber die meisten unserer Ableitungen gelten genauso für nichtwäßrige Lösungen. Wir nennen Substanzen, die in Lösung Ionen bilden und den elektrischen Strom leiten (wie Natriumchlorid und Essigsäure), *Elektrolyte,* und andere, die als Moleküle in Lösung gehen und den Strom deshalb nicht leiten (wie Glucose und Ethanol), *Nichtelektrolyte.*

6-3 Sättigung und Löslichkeit

Wenn wir 20 g Zucker bei Zimmertemperatur in 100 cm³ Wasser geben, so löst sich der Zucker auf. Wenn wir dagegen 200 g Zucker hinzugeben, so löst sich zwar der größte Teil, aber nicht alles auf (vgl. Abb. 6-4). Die Lösung, die so viel Zucker enthält, wie darin maximal lösbar ist, nennen wir eine *gesättigte* Lösung; wir erkennen in der Abbildung den *Bodenkörper* aus ungelöstem Zucker.

Die Definition der Löslichkeit

Wenn wir einmal ein einzelnes Zuckermolekül in einer gesättigten Lösung verfolgen, so werden wir in einem bestimmten Augenblick feststellen, daß es gerade zur Oberfläche eines Zuckerkristalls gehört (Abb. 6-5). Etwas später befindet es sich vielleicht gerade in Lösung. Noch später befindet es sich vielleicht im Innern des Kristalls, begraben unter mehreren Schichten von Molekülen, die sich danach abgeschieden haben. Dort wird das Molekül bleiben, bis die Deckschichten wieder abgetragen sind und es wieder in Lösung gehen kann. Das heißt aber, bei der gesättigten Lösung handelt es sich um ein weiteres Beispiel

Abb. 6-4 Rührt man wenig Zucker in 100 cm³ Wasser, so löst er sich vollständig auf (links). Nimmt man viel Zucker (z. B. 200 g), so bleibt ein ungelöster Rest am Boden zurück (rechts).

eines dynamischen Gleichgewichtes, wie wir es in Abschn. 5-5 kennengelernt haben, bei dem eine Hinreaktion und eine Rückreaktion mit genau gleicher Geschwindigkeit ablaufen. Das führt uns zu der folgenden Definition:

> Wir sprechen von einer **gesättigten Lösung,** wenn die gelöste Substanz im dynamischen Gleichgewicht mit ungelöster Substanz steht.

Wir können zwar im Experiment den Weg eines einzelnen Moleküls nicht verfolgen, es läßt sich aber zeigen, daß es sich in der Tat um ein dynamisches Gleichgewicht handelt und nicht nur um einen statischen (unveränderlichen) Zustand. Wenn man zu einer gesättigten Silberiodid-Lösung AgI hinzugibt, das anstelle von Iod-127 das radioaktive Iod-131 enthält, so kann man nach einiger Zeit mit einem Geiger-Zähler oder mit einem anderen geeigneten Gerät nachweisen, daß die Lösung radioaktiv geworden ist (vgl. Abschn. 7-3); obwohl die Menge des Bodenkörpers sich nicht geändert hat, muß ein Austausch von I⁻-Ionen zwischen der Lösung und dem Bodenkörper erfolgt sein.

Eine gesättigte Lösung markiert die obere Grenze für die Fähigkeit eines Lösungsmittels, eine andere Substanz in sich aufzulösen. Das führt uns zur Definition des Begriffes *Löslichkeit* mit dem Symbol S:

> Unter der **Löslichkeit** einer Substanz in einem gegebenen Lösungsmittel verstehen wir die Konzentration ihrer gesättigten Lösung.

In Tabelle 6-3 sind die Löslichkeiten einiger Substanzen in Wasser zusammengestellt. Sie hängen vom Lösungsmittel, von der Temperatur, und bei Gasen auch vom Druck ab.

Die Abhängigkeit der Löslichkeit vom Lösungsmittel

Ob sich eine Substanz in einem bestimmten Lösungsmittel löst, kann man in vielen Fällen mit der Regel ‚ähnliches löst ähnliches' beantwor-

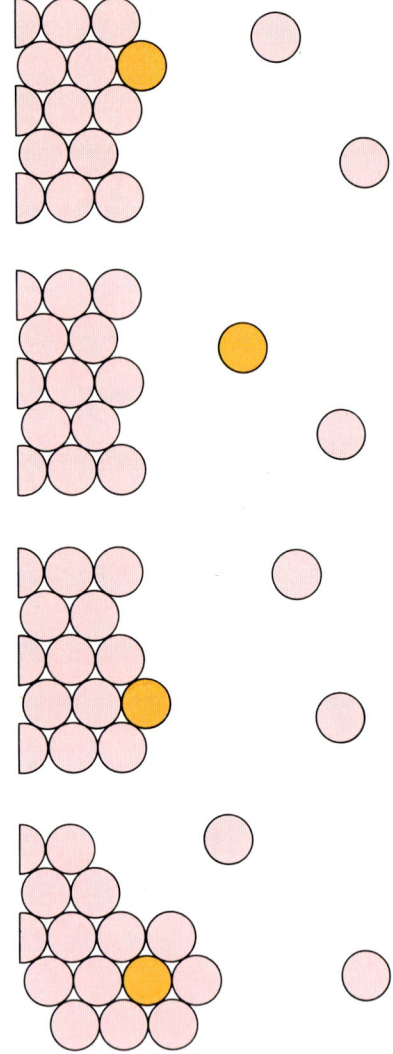

Abb. 6-5 In einer gesättigten Lösung herrscht ein dynamisches Gleichgewicht zwischen der gelösten Substanz und dem ungelösten Bodenkörper. Wenn es möglich wäre, ein einzelnes Teilchen zu verfolgen (der rote Kreis), so würden wir es in manchen Augenblicken in der Lösung und in manchen Augenblicken im ungelösten Bodenkörper antreffen.

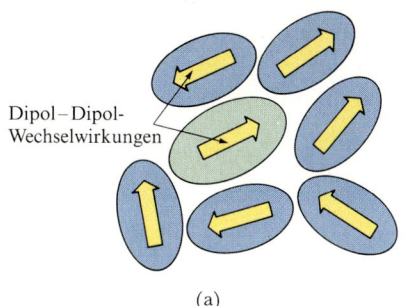

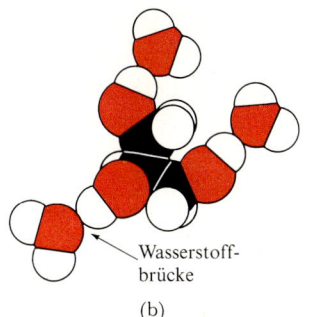

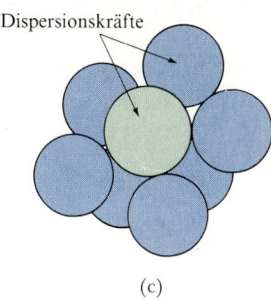

Dipol–Dipol-
Wechselwirkungen

Wasserstoff-
brücke

Dispersionskräfte

(a) (b) (c)

ten. Das heißt, für ionische und polare Substanzen ist eine polare Flüssigkeit wie z. B. Wasser allgemein ein besseres Lösungsmittel als eine unpolare Flüssigkeit wie z. B. Benzol. Umgekehrt sind unpolare Flüssigkeiten wie Benzol und Tetrachlorethylen bessere Lösungsmittel für unpolare als für polare Substanzen (vgl. Abb. 6-6). Der Grund dafür ist einfach: Wenn die zwischenmolekularen Kräfte in der Lösung und im ursprünglichen Festkörper ähnlich sind, so folgen daraus auch ähnliche energetische Verhältnisse.

Wenn die Moleküle einer Substanz überwiegend durch Wasserstoffbrücken zusammengehalten werden (vgl. Kap. 5), so kann man eine solche Substanz in einem Lösungsmittel, das leicht Wasserstoffbrücken bildet, leichter auflösen. Rohrzucker z. B. löst sich gut in Wasser, aber nicht in Benzol. Substanzen, deren Moleküle von Dispersionskräften (Londonschen Kräften) zusammengehalten werden, lösen sich am besten in Lösungsmitteln, die dieselben Kräfte ausüben können. So ist etwa Schwefelkohlenstoff, CS_2, für Schwefel ein sehr viel besseres Lösungsmittel als Wasser (vgl. Abb. 6-7), denn fester Schwefel besteht aus S_8-Molekülen, die von Dispersionskräften zusammengehalten werden.

Abb. 6-6 Gleiches löst gleiches.
(a) Die zwischenmolekularen Kräfte sorgen dafür, daß ein polares Lösungsmittel andere polare Substanzen löst. (b) Ein Lösungsmittel mit Wasserstoffbrücken löst Substanzen, die selbst Wasserstoffbrücken bilden. (c) Ein Lösungsmittel mit starken Dispersionskräften löst leicht nichtpolare Substanzen.

Tabelle 6-3 Löslichkeit verschiedener Substanzen

Verbindung	Löslichkeit, g Substanz in 100 g Lösungsmittel in Wasser bei		andere Lösungsmittel
	0 °C	100 °C oder wie angegeben	
NH_3	89,5	7,4	organische Lösungsmittel
NH_4NO_3	118	871	Alkohol, Ammoniak
$CaCl_2$	59,5	159	Alkohol
CaF_2	$1,7 \cdot 10^{-3}$		
$CuSO_4 \cdot 5\,H_2O$	31,6	203,3	
HCl	82,3	56,1 bei 60 °C	Alkohol, Benzol
MgO	$6 \cdot 10^{-4}$	$8 \cdot 10^{-3}$ bei 30 °C	
AgF	182	205	
AgCl	$7 \cdot 10^{-5}$	$2 \cdot 10^{-3}$	

Abb. 6-7 Elementarer Schwefel löst sich nicht in Wasser (links), aber in Schwefelkohlenstoff (rechts), mit dessen Molekülen er kräftige Dispersionswechselwirkungen ausbildet.

6-4 Die Druckabhängigkeit der Löslichkeit von Gasen

Die Löslichkeit von Gasen in Flüssigkeiten ist besonders stark druckabhängig (vgl. Abb. 6-8). Die bekannten ‚kohlensäurehaltigen' Getränke zeigen dieses Phänomen sehr schön. Bei ihnen ist unter Druck Kohlendioxid in der Flüssigkeit gelöst; wird die Flasche geöffnet, sinken der Druck und damit die Löslichkeit, und das Gas entweicht heftig aus dem Flaschenhals. Fatale Folgen hat der Überschuß an Stickstoff, der sich im Blut von Tauchern löst, wenn sie mit Druckluft versorgt werden; beim Aufstieg an die Oberfläche entweicht er und führt zur Bildung von Blasen, die den Blutstrom in den Kapillaren unterbrechen (vgl. Abb. 6-9) und zur sogenannten *Caisson-Krankheit* führen können. Heute verwendet man Helium zum Verdünnen des Sauerstoffs für die Atemluft von Tauchern, denn Helium ist von vornherein in Wasser weniger löslich als Stickstoff.

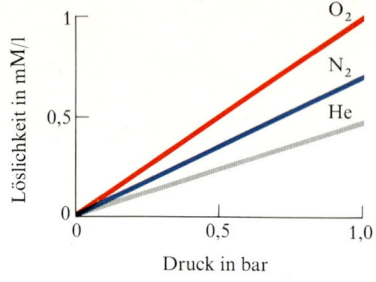

Abb. 6-8 Die Löslichkeit von Sauerstoff, Stickstoff und Helium in Wasser bei verschiedenen Drücken. In diesem Bereich beobachten wir eine Proportionalität zwischen der Löslichkeit und dem Druck.

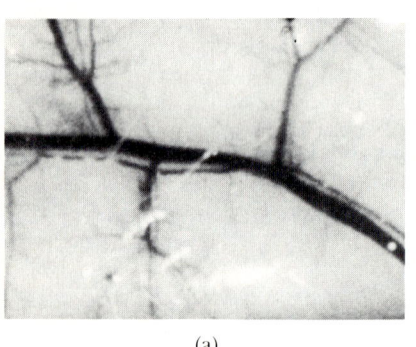 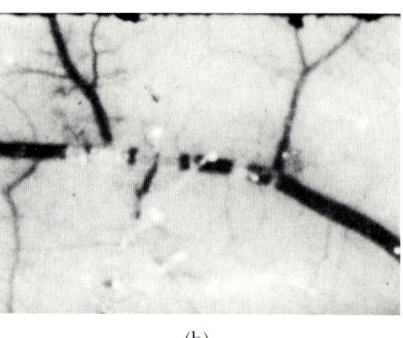

(a) (b)

Abb. 6-9 Kleine Luftblasen erzeugen Embolien. (a) Normale Blutgefäße; (b) lebensgefährliche Unterbrechungen des Blutkreislaufs durch Luftblasen, die im Plasma freigesetzt wurden.

Das Henrysche Gesetz

Der englische Chemiker William Henry hat 1801 das nach ihm genannte Gesetz für die Druckabhängigkeit der Löslichkeit eines Gases aufgestellt:

> **Das Henrysche Gesetz:** Die Löslichkeit eines Gases in einer Flüssigkeit ist proportional zum Partialdruck des Gases.

Als Formel schreiben wir

$$S = k_H \cdot P$$

wobei P der Partialdruck des Gases und k_H die sogenannte *Henrysche Konstante* ist. k_H hängt vom Gas, vom Lösungsmittel und von der Temperatur ab (s. dazu Tab. 6-4). Verdoppelt man z. B. bei konstanter Temperatur den Druck, so wird auch die Löslichkeit des Gases verdoppelt.

Tabelle 6-4 Henrysche Konstanten für Gase in Wasser bei 20 °C

Gas	k_H/mM bar^{-1}
Luft	0,79
Kohlendioxid	23
Helium	0,37
Neon	0,5
Argon	1,5
Wasserstoff	0,85
Stickstoff	0,7
Sauerstoff	1,3

Beispiel 6-5 Das Henrysche Gesetz

Damit höhere Organismen im Wasser überleben können, muß die Sauerstoffkonzentration mindestens 0,13 mM (das sind etwa 4 mg dm^{-3}) betragen. Reicht sie in Tümpeln bei 20 °C normalerweise aus?

Methode. Wir brauchen zuerst den Partialdruck des Sauerstoffs in der Luft. Aus Tabelle 2-1 entnehmen wir, daß Luft 20,95 Volumenprozent Sauerstoff enthält. Damit berechnen wir den Stoffmengenanteil des Sauerstoffs in der Luft und daraus den Partialdruck. Den Zahlenwert von k_H entnehmen wir der Tabelle 6-4.

Lösung. Dem Volumenanteil von 20,95% Sauerstoff in der Luft entspricht ein Stoffmengenanteil des Sauerstoffs von $x_{(O_2)} = 0{,}2095$. Wenn der Luftdruck 1,013 bar beträgt, so ergibt das für den Partialdruck

$$p_{(O_2)} = x_{(O_2)} \cdot 1{,}013 \text{ bar} = 0{,}21 \text{ bar}$$

Der Tabelle 6-4 entnehmen wir die Henrysche Konstante $k_H = 1{,}3 \text{ mM bar}^{-1}$. Daraus folgt für die Löslichkeit

$$S = \frac{1{,}3 \text{ mM}}{1 \text{ bar}} \cdot 0{,}21 \text{ bar} = 0{,}27 \text{ mM}$$

Mit der molaren Masse von 32 g mol^{-1} ergibt das, daß in einem Liter (1 dm^3) 8,6 mg Sauerstoff gelöst sind (wenn die Lösung gesättigt ist). Die Sauerstoffkonzentration reicht also für Organismen aus.

Übungsaufgabe. Wieviel Stickstoff ist unter den gleichen Bedingungen im Wasser gelöst?

[Antwort: 0,5 mM]

Weshalb die Löslichkeit von Gasen mit dem Druck zunimmt, wird verständlich, wenn man sich das dynamische Gleichgewicht zwischen den Gasmolekülen in der Lösung und denen im Gasraum darüber vorstellt (vgl. Abb. 6-10). Ist das Lösungsmittel mit Gas gesättigt, wandern pro Zeiteinheit genauso viele Moleküle in die Lösung wie aus ihr heraus. Erhöht man den Druck, werden mehr Moleküle gelöst, sie treffen dann pro Zeiteinheit öfter auf die Oberfläche der Lösung. Damit steigt aber die Konzentration in der Lösung, was wiederum zur Folge hat, daß die Anzahl der Moleküle, die pro Zeiteinheit wieder entweichen, zunimmt; wenn die beiden Geschwindigkeiten gleich sind, ist ein neues Gleichgewicht erreicht. Dieses neue Gleichgewicht entspricht aber einer höheren Konzentration in der Lösung und damit einer größeren Löslichkeit.

Das Prinzip von Le Chatelier

Die eben besprochene Zunahme der Löslichkeit eines Gases mit dem Druck ist ein Spezialfall einer allgemeinen Eigenschaft dynamischer

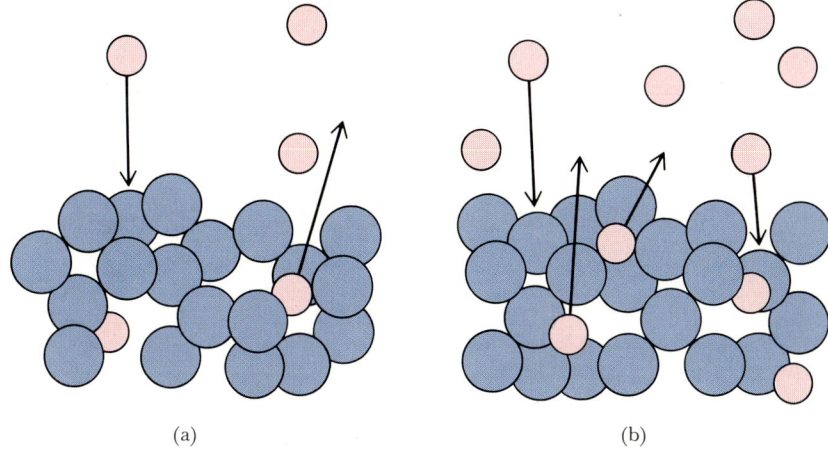

(a)   (b)

Abb. 6-10 Die Druckzunahme von (a) nach (b) erhöht die Anzahl der Moleküle, die sich pro Zeiteinheit lösen. Die Konzentration des Gases in der Lösung nimmt so lange zu, bis die Anzahl der Moleküle, welche die Lösung verlassen, gleich der ist, die in die Lösung hineingehen.

Gleichgewichte. Sie wurde zuerst 1884 von dem französischen Chemiker Henri Le Chatelier formuliert:

Prinzip von Le Chatelier: Ein dynamisches Gleichgewicht hat die Tendenz, einer Änderung der Umgebungsbedingungen entgegenzuwirken.

Das bedeutet, bei einer Druckerhöhung versucht das System, durch eine Erhöhung der Konzentration in der Lösung das Gleichgewicht wieder herzustellen. Dabei wird die Anzahl der Moleküle in der Gasphase verkleinert, und die vorgegebene Druckerhöhung wird zum Teil rückgängig gemacht.

Das Le Cheliersche Prinzip gilt nur für dynamische Gleichgewichte, nicht für statische. Man kann ein dynamisches Gleichgewicht auch als lebendiges Gleichgewicht bezeichnen: Weil es Hin- und Rückreaktionen gibt, kann es auf Änderungen der äußeren Bedingungen reagieren. Würde es gelingen, einen Bleistift auf seiner Spitze stehen zu lassen, so hätte man nur ein statisches Gleichgewicht, denn schon bei einer kleiner Störung würde der Stift umfallen. Das Le Cheliersche Prinzip erweist sich in sehr vielen Fällen als nützliches Hilfsmittel, wenn man vorhersagen will, welchen Einfluß Änderungen des Druckes, der Temperatur oder der Zusammensetzung auf Systeme haben.

6-5 Die Temperaturabhängigkeit der Löslichkeit

Wenn wir die Temperaturabhängigkeit der Löslichkeit behandeln, müssen wir zwischen der Geschwindigkeit, mit der sich eine Substanz auflöst, und der schließlich erreichten Konzentration unterscheiden. Manche Substanzen lösen sich in der Wärme schneller, trotzdem kann es sein, daß die Konzentration der gesättigten Lösung in der Wärme kleiner ist.

Für alle Gase nimmt die Löslichkeit in der Wärme ab. Dagegen haben die meisten Festkörper in heißem Wasser eine höhere Löslichkeit als in kaltem Wasser (vgl. Abb. 6-11). Wie sich die Löslichkeit mit der Temperatur ändert, ist von Substanz zu Substanz sehr verschieden. Zwischen 0 °C und 100 °C nimmt die Löslichkeit von Natriumchlorid nur um 10 %, nämlich von 6,1 mol kg^{-1} auf 6,7 mol kg^{-1} zu, bei Silbernitrat dagegen um fast 700 % von 7,2 mol kg^{-1} auf 56,0 mol kg^{-1}.

Es gibt auch Festkörper, die in der Wärme weniger löslich sind; die Löslichkeit von Lithiumsulfat nimmt im gleichen Temperaturbereich um 10 % von 2,3 mol kg^{-1} auf 2,1 mol kg^{-1} ab.

Darüber hinaus gibt es auch Fälle wie das Natriumsulfat, dessen Löslichkeit bis 32 °C ansteigt und danach wieder fällt; hier liegt das daran, daß oberhalb bzw. unterhalb 32 °C verschieden hydratisierte Kristalle stabiler sind.

Die Abnahme der Löslichkeit von Gasen beim Erwärmen führt zu den kleinen Luftblasen, die man beobachtet, wenn ein Glas mit frischem Leitungswasser sich langsam erwärmt: Leitungswasser ist in der Regel bei einer niedrigeren Temperatur luftgesättigt; beim Erwärmen muß der Überschuß ausgeschieden werden. Problematisch ist die Einleitung von erwärmtem Kühlwasser in Flüsse oder Seen (vgl. Abb. 6-12); die Temperaturerhöhung setzt die Löslichkeit des Sauerstoffs im Wasser herab; wenn das erwärmte Wasser wegen seiner geringeren

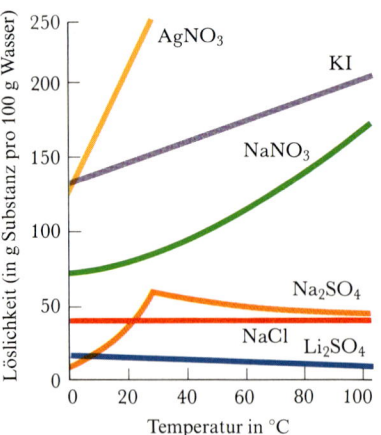

Abb. 6-11 Die Temperaturabhängigkeit der Löslichkeit einiger Substanzen in Wasser.

Abb. 6-12 Diese Aufnahme zeigt die Wassertemperatur in der Umgebung des Kühlwasserausflusses eines Kraftwerkes mit Hilfe verschiedener Farben. Sauerstoff ist in den wärmeren (roten) Bereichen weniger gut löslich als im kalten Flußwasser.

Dichte an der Oberfläche verbleibt, verhindert es zugleich, daß genügend Sauerstoff in die unteren Wasserschichten kommt.

Der Einfluß der Temperatur

Nach dem Le Chatelierschen Prinzip muß, wenn eine gesättigte Lösung erwärmt oder abgekühlt wird, mit der Wiederherstellung des dynamischen Gleichgewichtes ein entgegengesetzter Wärmeeffekt verbunden sein. Tritt beim Auflösen Wärmeabsorption, also Abkühlung auf, so kann man erwarten, daß sich beim Erwärmen die Löslichkeit erhöht. Das heißt, eine Substanz, die sich endotherm löst, ist in der Wärme besser löslich. Umgekehrt muß die Löslichkeit einer Substanz, die sich exotherm, also unter Wärmeentwicklung, löst, bei höherer Temperatur kleiner werden.

Normalerweise werden Festkörper bei konstantem Druck aufgelöst; die dabei umgesetzte Wärmemenge nennen wir deshalb die *Lösungsenthalpie* ΔH_{Lsg}. Die Lösungsenthalpie kann in einem Kalorimeter gemessen werden, es gibt jedoch noch genauere Methoden. In Tabelle 6-5 sind einige Werte für sehr verdünnte Lösungen zusammengestellt; üblicherweise werden die Zahlenwerte auf ein Mol der gelösten Substanz bezogen.

Alle Gase lösen sich exotherm und sind deshalb, wie wir schon festgestellt haben, in warmen Lösungsmitteln weniger gut löslich als in kalten. In manchen Fällen (wie beim Distickstoffoxid, N_2O) ist es deshalb möglich, das Gas über heißem Wasser aufzufangen, während es in kaltem Wasser gut löslich ist.

Tabelle 6-5 Lösungsenthalpien ΔH_{Lsg} bei 25 °C in verdünnter wäßriger Lösung in kJ mol^{-1} *

Kation	Anion							
	Fluorid	Chlorid	Bromid	Iodid	Hydroxid	Carbonat	Nitrat	Sulfat
Lithium	+4,9	−37,0	−48,8	−63,3	−23,6	−18,2	−2,7	−29,8
Natrium	+1,9	+3,9	−0,6	−7,5	−44,5	−26,7	+20,4	−2,4
Kalium	−17,7	+17,2	+19,9	+20,3	−57,1	−30,9	+34,9	+23,8
Ammonium	−1,2	+14,8	+16,0	+13,7			+25,7	+6,6
Silber	−22,5	+65,5	+84,4	+112,2		+41,8	+22,6	+17,8
Magnesium	−17,7	−160,0	−185,6	−213,2	+2,3	−25,3	−90,9	−91,2
Calcium	+11,5	−81,3	−103,1	−119,7	−16,7	−13,1	−19,2	−18,0
Aluminium	−27	−329	−368	−385				−350

* Den Zahlenwert für z. B. Silberiodid findet man im Schnittpunkt der Silberzeile mit der Iodid-Spalte.

Beispiel 6-6 Die Berechnung der Temperaturabhängigkeit der Löslichkeit

Ist Silberbromid in heißem Wasser besser oder schlechter löslich als in kaltem Wasser?

Methode. Die Zahlenwerte der Tabelle 6-5 gelten eigentlich nur für verdünnte Lösungen; nur wenn die gesättigte Lösung zugleich sehr verdünnt ist, dürfen wir sie für Schlußfolgerungen mit dem Le Chatelierschen Prinzip verwenden. Silberbromid ist ein schwer lösliches Salz. Wir müssen feststellen, ob das Auflösen von Silberbromid ein exothermer oder ein endothermer Prozeß ist. Wäre er endotherm, so wäre die Löslichkeit in heißem Wasser größer als in kaltem. Wäre er exotherm, so wäre die Löslichkeit in kaltem Wasser größer als in heißem.

Lösung. Für die Lösungsenthalpie lesen wir den Wert $+84 \text{ kJ mol}^{-1}$ ab, der Vorgang ist also endotherm. Eine Temperaturerhöhung begünstigt also das Auflösen, und deshalb sollte Silberbromid in heißem Wasser besser löslich sein, wie man auch im Experiment findet.

Übungsaufgabe. Wie steht es mit der Löslichkeit von Magnesiumfluorid? Ist es in warmem Wasser besser oder schlechter löslich als in kaltem?

[Antwort: schlechter]

Die Beiträge zur Lösungsenthalpie

Wir sehen an den Zahlenwerten in Tabelle 6-5, daß sich manche Festkörper exotherm lösen (wie z. B. $MgCl_2$) und andere endotherm (wie z. B. K_2SO_4). Bei Lithiumchlorid und bei Calciumchlorid sind die exothermen Lösungsenthalpien relativ groß; wenn man diese Salze in Wasser gibt, kann man die Erwärmung mit der Hand fühlen (vgl. Abb. 6-13). Vorzeichen und Größenordnung der Lösungsenthalpie lassen sich erklären, wenn man den Lösungsprozeß in Gedanken in zwei Schritte zerlegt (vgl. Abb. 6-14). Der erste Schritt ist das Aufbrechen des Festkörpers, der zweite die Wechselwirkung der einzelnen Moleküle oder Ionen mit den Molekülen des Lösungsmittels.

Den ersten Schritt stellt man sich so vor, daß der Festkörper zu einem Gas aus Molekülen oder Ionen verdampft. Wie wir bereits in Abschn. 3-5 gesehen haben, ist die Änderung der Standard-Enthalpie für diesen endothermen Schritt die Gitterenthalpie ΔH_{Gitter} des Festkörpers. Für

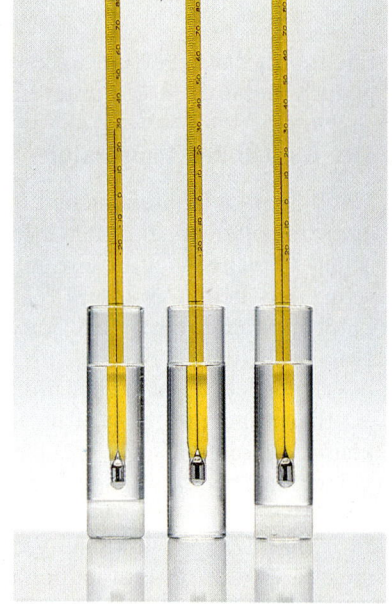

Abb. 6-13 Lithiumchlorid löst sich exotherm, folglich steigt dabei das Thermometer (links); Ammoniumnitrat löst sich endotherm (rechts). In der Mitte befindet sich reines Wasser.

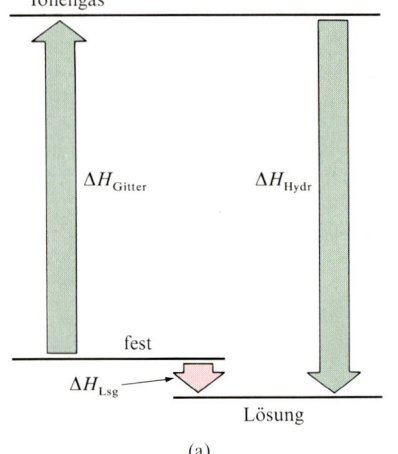

(a)

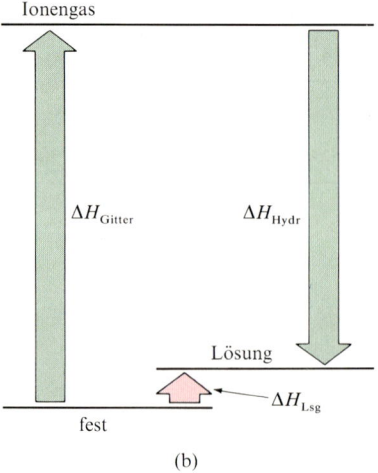

(b)

Abb. 6-14 Die Lösungsenthalpie ist die Summe aus zwei Beiträgen; der erste ist die Enthalpieänderung bei der Trennung der Ionen, der zweite die Hydratationsenthalpie. Diese Beiträge gleichen sich weitgehend aus; die Summe kann exotherm (a) oder endotherm (b) sein.

NaCl ist das die Enthalpieänderung des Prozesses:

$$NaCl(s) \rightarrow Na^+(g) + Cl^-(g), \quad \Delta H_{Gitter}$$

In Tabelle 3-5 sind einige typische Werte zusammengestellt. Wir sehen an den Zahlenwerten, daß zu den Ionenverbindungen, die aus kleinen, hochgeladenen Ionen bestehen (etwa aus Mg^{2+} oder O^{2-}), große Gitterenthalpien gehören.

Im zweiten Schritt erfolgt das Lösen des Ionengases im Lösungsmittel; dabei wird Wärme frei, weil die Ionen *solvatisiert,* d. h. von Lösungsmittelmolekülen umgeben werden. *Hydratation* nennen wir den Spezialfall der Solvatation in Wasser als Lösungsmittel. In wäßrigen Lösungen erfolgt die Hydratation der Kationen aufgrund von Ion–Dipol-Wechselwirkungen, die der Anionen durch Wasserstoffbrücken (vgl. Abschn. 5-2 u. 5-3). Die Enthalpieänderung in diesem Schritt nennen wir die *Hydratationsenthalpie* ΔH_{Hydr}. Für Natriumchlorid schreiben wir:

$$Na^+(g) + Cl^-(g) \rightarrow Na^+(aq) + Cl^-(aq), \quad \Delta H_{Hydr}$$

Wie die Zahlenwerte in Tabelle 6-6 zeigen, ist die Hydratation von Ionen immer ein exothermer Prozeß. Das gleiche gilt für Moleküle, die mit den Wassermolekülen Wasserstoffbrücken bilden wie z. B. Rohrzucker, Glucose, Aceton oder Ethanol.

Die Lösungsenthalpie ist die Summe aus der Gitterenthalpie und der Hydratationsenthalpie (vgl. Abb. 6-14). Für NaCl ergibt das:

$$NaCl(s) \rightarrow Na^+(g) + Cl^-(g) \qquad \Delta H_{Gitter} = +787 \text{ kJ}$$
$$Na^+(g) + Cl^-(g) \rightarrow Na^+(aq) + Cl^-(aq) \qquad \Delta H_{Hydr} = -784 \text{ kJ}$$

$$NaCl(s) \rightarrow Na^+(aq) + Cl^-(aq) \qquad \Delta H_{Lsg} = +3 \text{ kJ}$$

Diese Rechnung zeigt uns, daß das Auflösen von NaCl schwach endotherm ist. Sie zeigt aber auch, daß die Entscheidung, ob der Gesamtprozeß exotherm oder endotherm ist, sehr empfindlich von den Zahlenwerten der Gitterenthalpie und der Hydratationsenthalpie abhängt. Wäre die Gitterenthalpie des Natriumchlorids nur um 0,5% kleiner (also nur 783 anstelle von 787 $kJ \, mol^{-1}$), so würde es sich exotherm und nicht endotherm lösen.

Deshalb ist es auch kaum möglich, aus Tabellenwerten der Gitterenergie und aus Hydratationsenthalpien genaue Lösungsenthalpien zu berechnen. Das wäre vergleichbar mit dem Versuch, das Gewicht eines Kapitäns aus den Massen des Schiffes einmal mit und einmal ohne Kapitän zu ermitteln. Wir können aber festhalten, daß eine sehr große

Tabelle 6-6 Hydratationsenthalpien einiger Halogenide, in $kJ \, mol^{-1}$

Kation	Anion			
	F^-	Cl^-	Br^-	I^-
H^+	-1613	-1470	-1439	-1426
Li^+	-1041	-898	-867	-854
Na^+	-927	-784	-753	-740
K^+	-844	-701	-670	-657
Ag^+	-993	-850	-819	-806

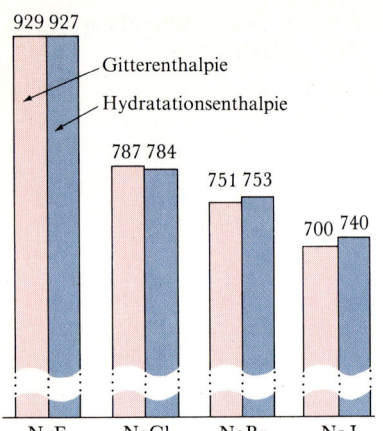

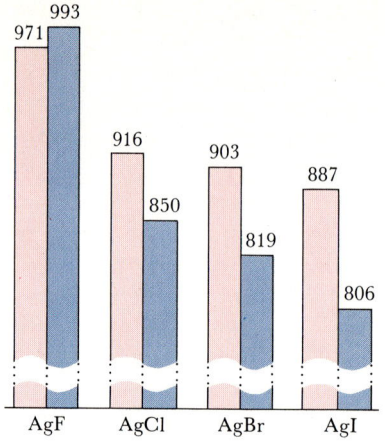

Abb. 6-15 Gitterenthalpien und Hydratationsenthalpien der Natrium- und Silberhalogenide (in kJ mol⁻¹).

Gitterenthalpie eine endotherme Lösungsenthalpie erwarten läßt, und daß umgekehrt eine niedrige Gitterenthalpie und eine große Hydratationsenthalpie zu einer exothermen Lösungsenthalpie führen.

Die Hydratationsenthalpien einzelner Ionen

Die in Tabelle 6-6 angegebenen Hydratationsenthalpien beziehen sich auf den Übergang von sehr weit voneinander entfernten Anionen und Kationen (im Gaszustand) in eine sehr verdünnte Lösung. Es wäre sehr nützlich, die Zahlenwerte für die Kationen und Anionen getrennt zu ermitteln, denn dann wird es möglich, den Wert für $NaCl(g)$ einfach aus den Angaben für $Na^+(g)$ und $Cl^-(g)$ zu berechnen. Abb. 6-15 liefert einen Hinweis, daß das möglich sein sollte, denn für alle Silberhalogenide vom Typ AgX ist die Hydratationsenthalpie um etwa 66 kJ mol⁻¹ stärker exotherm als die des entsprechenden Natriumhalogenids NaX. Weil die Anionen hier gleich sind (wir haben dafür X^- geschrieben), dürfen wir daraus schließen, daß das Ag^+-Ion um etwa 66 kJ mol⁻¹ stärker hydratisiert ist als das Na^+-Ion.

Einzeln, ohne daß Anionen vorhanden sind, kann man die Hydratationsenthalpie von Kationen natürlich nicht messen. Allerdings ist der Wert für das Wasserstoff-Ion aus massenspektroskopischen Untersuchungen bekannt:

$$H^+(g) \rightarrow H^+(aq), \quad \Delta H_{Hydr} = -1130 \text{ kJ}$$

Wenn man diesen Zahlenwert mit den experimentell bestimmten Werten in Tabelle 6-6 kombiniert, erhält man Werte, die sich auf Ionen beziehen. Was herauskommt, nennen wir die *Ionen-Hydratationsenthalpien;* in Tabelle 6-7 sind einige Zahlenwerte zusammengestellt.

Tabelle 6-7 Hydratationsenthalpien ΔH_{Hydr} einiger Ionen bei 25 °C in kJ mol⁻¹

Kationen		Anionen	
H^+	−1130	F^-	−483
Li^+	−558	Cl^-	−340
Na^+	−444	Br^-	−309
K^+	−361	I^-	−296
Rb^+	−335		
Cs^+	−303		
Ag^+	−510		
Mg^{2+}	−2003		
Ca^{2+}	−1657		
Sr^{2+}	−1524		
Al^{3+}	−4797		

Beispiel 6-7 Die Berechnung der Hydratationsenthalpie

Wie groß ist die Hydratationsenthalpie des Anions Cl^-? Als bekannt vorausgesetzt werden die Hydratationsenthalpie eines Gases, das aus 1 mol Ca^{2+}-Ionen und 2 mol Cl^--Ionen besteht (−1387 kJ), sowie die Hydratationsenthalpie der Ca^{2+}-Ionen (−707 kJ mol⁻¹).

Methode. Wir erwarten einen exothermen Wert, der allerdings kleiner als beim H^+-Ion ist, denn das Cl^--Ion ist sehr viel größer. Wir schreiben die Gleichungen für die Einzelprozesse hin und versuchen, die angegebenen Daten entsprechend zu verwenden.

Lösung. Für die folgenden beiden Prozesse haben wir Zahlenangaben:

$$Ca^{2+}(g) + 2\,Cl^-(g) \rightarrow Ca^{2+}(aq) + 2\,Cl^-(aq), \quad \Delta H_{\text{Hydr}} = -1387 \text{ kJ} \quad (a)$$
$$Ca^{2+}(g) \rightarrow Ca^{2+}(aq), \quad \Delta H_{\text{Hydr}} = -707 \text{ kJ} \quad (b)$$

Wenn wir (b) von (a) subtrahieren, erhalten wir

$$2\,Cl^-(g) \rightarrow 2\,Cl^-(aq), \quad \Delta H_{\text{Hydr}} = -680 \text{ kJ}$$

Die molare Ionen-Hydratationsenergie für ein Cl^--Ion ist die Hälfte dieses Zahlenwertes, also -340 kJ mol^{-1}.

Übungsaufgabe. Ein Gas aus 1 mol K^+-Ionen und 1 mol Cl^--Ionen hat eine Hydratationsenthalpie von -701 kJ. Berechnen Sie aus diesem und aus dem oben berechneten Wert für die Hydratationsenthalpie des Cl^--Ions die Hydratationsenthalpie des K^+-Ions.

[Antwort: -361 kJ mol^{-1}]

Innerhalb der Gruppen und Perioden des Periodensystems zeigen die Hydratationsenthalpien charakteristische Verläufe. Zunächst fällt die starke Abhängigkeit von der Ladung der Ionen auf:

Ion	Li^+	Be^{2+}	Al^{3+}
$\Delta H_{\text{Hydr}}/\text{kJ mol}^{-1}$	-558	-1435	-4797

Der Wert von ΔH_{Hydr} wird mit steigender Ladung immer stärker exotherm, weil die Wechselwirkung zwischen den geladenen Ionen und den Dipolmolekülen des Wassers zunimmt. Für Ionen gleicher Ladung beobachten wir bei den Ionen mit dem kleineren Radius stärker exotherme Hydratationsenthalpien:

	Kationen			Anionen		
	Li^+	Na^+	K^+	Cl^-	Br^-	I^-
Radius r/pm	60	95	133	181	195	216
$\Delta H_{\text{Hydr}}/\text{kJ mol}^{-1}$	-558	-444	-361	-340	-309	-296

Dieser Verlauf läßt sich leicht verstehen, denn ein kleineres Ion kann sich einem Wassermolekül eher nähern als ein größeres; damit wird auch die Wechselwirkung stärker. Es gibt hier aber Ausnahmen: das Silber-Ion (Ag^+) ist zwar größer als das Natrium-Ion (Na^+), dennoch ist die Hydratationsenthalpie des Silber-Ions stärker exotherm. Ursache dafür sind kovalente Bindungen zwischen dem Silber-Ion und den Wassermolekülen.

Die Abhängigkeit der Hydratationsenthalpie von der Ionenladung und dem Ionenradius beschreibt die *Bornsche Gleichung:*

$$\Delta H_{\text{Hydr}} = -69{,}7 \cdot 10^3 \text{ kJ mol}^{-1} \cdot \frac{z^2}{r}$$

Dabei ist z die Ladung (z. B. $z=2$ für Mg^{2+}) und r der Ionenradius in Picometer (pm). Erfahrungsgemäß erhält man die besten Werte, wenn man für die Anionen die Ionenradien aus Tabelle 4-6 nimmt und für die Kationen 85 pm zu den Werten dieser Tabelle addiert. Für die Hydratationsenthalpie der Natrium-Ionen hat man dann $z^2 = 1$ und $r = 95\ \text{pm} + 85\ \text{pm} = 180\ \text{pm}$ einzusetzen; das ergibt:

$$\Delta H_{\text{Hydr}} = -69{,}7 \cdot 10^3\ \text{kJ mol}^{-1} \cdot \frac{1}{180} = -387\ \text{kJ mol}^{-1}$$

Für Cl^- entnehmen wir dieser Tabelle direkt $r = 181\ \text{pm}$ und erhalten so $\Delta H_{\text{Hydr}} = -385\ \text{kJ mol}^{-1}$.

Beispiel 6-8 Rechnen mit der Bornschen Gleichung

Berechnen Sie die Hydratationsenthalpie des Ca^{2+} aus dem Wert für Na^+!

Methode. Nach der Bornschen Gleichung ist die Hydratationsenthalpie proportional zu z^2/r; den Wert für Ca^{2+} können wir also berechnen, wenn wir die Zunahme der Ladung und des Ionenradius beim Übergang vom Na^+ zum Ca^{2+} berücksichtigen. Beide Ionen sind Kationen, wir müssen also jeweils 85 pm zu den Zahlenwerten aus der Tabelle 4-6 in Kapitel 4 addieren, bevor wir das Verhältnis berechnen.

Lösung. Für Na^+ ist $z = +1$, für Ca^{2+} ist $z = +2$. Deshalb sollte die Hydratationsenthalpie des Ca^{2+} $2^2 = 4$mal größer sein. Andererseits hat Ca^{2+} mit 99 pm einen größeren Ionenradius als Na^+ mit 95 pm. Das ergibt für die Hydratationsenthalpie eine Verkleinerung um den Faktor

$$\frac{99\ \text{pm} + 85\ \text{pm}}{95\ \text{pm} + 85\ \text{pm}} = \frac{184\ \text{pm}}{180\ \text{pm}} = 1{,}02$$

Aus dem Wert von $-444\ \text{kJ mol}^{-1}$ für die Hydratationsenthalpie von Na^+ folgt damit:

$$\Delta H_{\text{Hydr}}(\text{Ca}^{2+}) = \frac{4}{1{,}02} \cdot (-444\ \text{kJ mol}^{-1}) = -1740\ \text{kJ mol}^{-1}$$

Das stimmt mit dem Wert in der Tabelle ($-1657\ \text{kJ mol}^{-1}$) zufriedenstellend überein. Die Bornsche Gleichung erweist sich vor allem zum Berechnen relativer Werte wie im vorliegenden Beispiel als gut geeignet.

Übungsaufgabe. Berechnen Sie ΔH_{Hydr} von Al^{3+} aus dem Wert für Mg^{2+}!

[Antwort: $5008\ \text{kJ mol}^{-1}$]

Enthalpie, Löslichkeit und Unordnung

Daß Substanzen, deren Lösungsenthalpien exotherm sind, gut löslich sind, überrascht uns nicht, weil hier beim Auflösen Energie abgegeben wird. Aber warum löst sich Ammoniumnitrat dann leicht in Wasser? Seine Lösungsenthalpie ist doch endotherm, weil dabei Wärme aus der Umgebung angezogen wird, so daß die Energie des Systems zunimmt. Genau besehen tritt schon beim exothermen Lösungsvorgang ein Verständnisproblem auf: Wir wissen, daß Energie weder erzeugt noch vernichtet werden kann, deshalb muß beim Lösungsvorgang die Summe der Energien des Systems und seiner Umgebung konstant bleiben, und die Energie der Umgebung muß um genau den Betrag zunehmen, um den die Energie des Systems abnimmt. Bei einem endothermen Lösungsvorgang ist es umgekehrt: Die Energie des Systems nimmt zu, und die Energie der Umgebung nimmt ab. In beiden Fällen bleibt die Gesamtenergie (des Systems und seiner Umgebung) konstant, und es erhebt sich die Frage, aus welchem Grunde dann die beiden Prozesse überhaupt ablaufen.

208

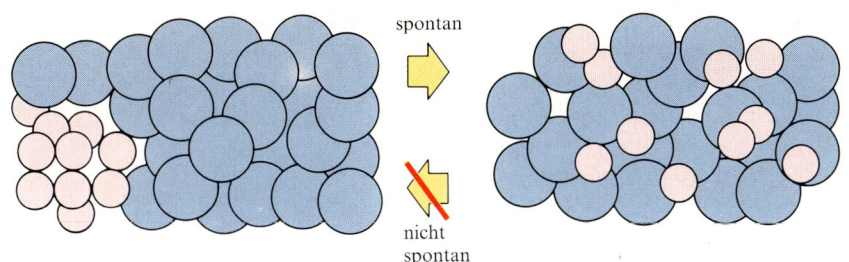

spontan

nicht
spontan

Abb. 6-16 Materie und Energie zeigen eine universelle Tendenz, sich in Richtung größerer Unordnung auszubreiten. In diesem Beispiel breiten sich Energie (rot) und Materie (blau) jeweils über einen größeren Bereich aus und vergrößern die Unordnung. Der umgekehrte Prozeß kann nicht spontan erfolgen.

Ein recht einfaches Prinzip liegt dem zugrunde: Energie und Teilchen, z.B. Moleküle, haben die Tendenz, sich zu „verteilen", wobei die „Unordnung" des Systems zunimmt, vgl. dazu Abb. 6-16. Gegenüber einem Festkörper oder einer Flüssigkeit sind die Moleküle eines Gases oder einer Lösung viel stärker verteilt; wenn Energie aus einem System in die Umgebung fließt, sich dort verteilt und zu ungeordneter Wärmebewegung führt, nimmt ihre Unordnung in ähnlicher Weise zu (vgl. Abb. 6-17).

In diesem und in den folgenden Kapiteln werden wir das Prinzip der Unordnung zu einem wichtigen naturwissenschaftlichen Prinzip entwickeln, mit dem sich entscheiden läßt, ob chemische und physikalische Prozesse von selbst (spontan) ablaufen können. Spontan ist ein Vorgang, wenn er abläuft, ohne daß dazu von außen ein Anstoß erfolgt. Typische spontane Prozesse sind etwa die Abkühlung eines heißen Körpers auf die Temperatur der Umgebung oder die Ausdehnung eines Gases, das einen leeren Raum ganz auszufüllen trachtet. Wir werden sehen, daß spontane Vorgänge wie in diesen beiden Beispielen immer mit einer Zunahme von Unordnung verbunden sind. Es gibt auch Vorgänge, die nicht spontan ablaufen; diese müssen regelrecht angetrieben werden. Ein Becherglas mit Wasser wird nur durch äußere Wärmezufuhr wärmer als seine Umgebung. Ein Gas strömt nicht freiwillig in einen kleineren Behälter zurück, wir brauchen dazu eine Pumpe.

Beim Lösungsprozeß, den wir hier untersuchen, ist die Tendenz zur Zunahme von Unordnung besonders deutlich. Wenn in unserem System, das aus dem Lösungsmittel und der zu lösenden Substanz besteht, und in der Umgebung insgesamt die Unordnung zunimmt, sobald sich die Substanz im Lösungsmittel verteilt, geschieht der Lösungsprozeß

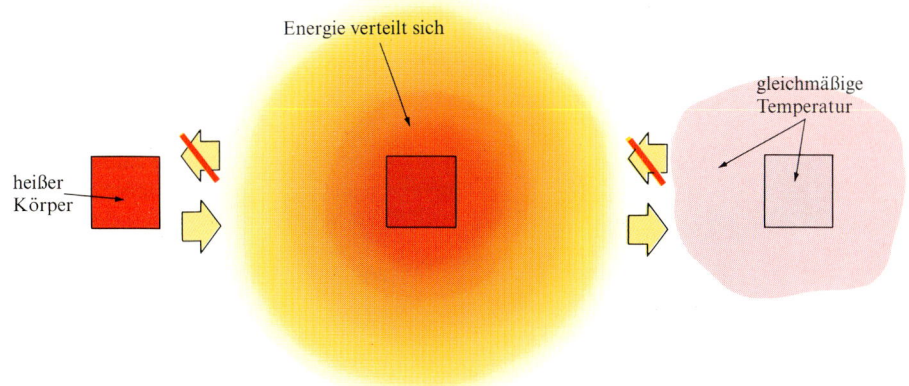

Energie verteilt sich

gleichmäßige
Temperatur

heißer
Körper

Abb. 6-17 Ein spontaner und ein nichtspontaner Prozeß. Es kommt nicht von selbst vor, daß die Ordnung des Weltalls zunimmt, indem Energie sich spontan in dem roten Block ansammelt.

spontan, und wir nennen die Substanz löslich. Wenn umgekehrt das System nach dem Lösungsprozeß stärker geordnet ist, erfolgt der Lösungsprozeß nicht spontan, und die Substanz ist nicht löslich.

Wenn sich eine Substanz löst, so nimmt die Unordnung ihrer Ionen oder Moleküle zu. Wenn sie sich exotherm löst, wird dabei Energie in Form von Wärme in die Umgebung abgegeben (vgl. Abb. 6-18 a). Insgesamt nimmt dann die Unordnung des Weltalls (darunter verstehen wir das System einschließlich seiner Umgebung) zu, und dieser Lösungsvorgang erfolgt spontan. Wichtig ist: der Vorgang ist nicht deshalb spontan, weil das System Energie abgibt, sondern weil dabei die Unordnung des Weltalls zunimmt. Allerdings trägt die Abgabe von Energie aus dem System an die Umgebung zu dieser Zunahme der Unordnung bei.

Wenn sich eine Substanz endotherm löst, nimmt die Unordnung der Ionen oder Moleküle ebenfalls zu. Weil beim endothermen Vorgang aber Energie aus der Umgebung in das System fließt, nimmt die Unordnung, was die Verteilung der Energie betrifft, in der Umgebung ab (vgl. Abb. 6-18 b). Ob sich die Substanz dennoch löst, hängt davon ab, welcher Einfluß überwiegt. Bei NaCl und bei NH_4NO_3 ist der Lösungsprozeß nur leicht endotherm, und die Zunahme der Unordnung durch die Verteilung der Ionen in der Lösung hat eine größere Wirkung als die Abnahme der Unordnung in der Energieverteilung. Die Substanz hat deshalb die Tendenz, in Lösung zu gehen, weil damit insgesamt die Unordnung zunehmen kann. Ganz anders ist es bei MgO: hier ist der Lösungsprozeß stark endotherm, die Lösung würde so viel Wärme aus der Umgebung entnehmen, daß die Zunahme der Unordnung durch die Verteilung der Ionen diesen Effekt nicht kompensieren kann. Das bedeutet, eine Substanz mit stark endothermer Lösungsenthalpie hat kaum die Neigung, in Lösung zu gehen, denn dabei würde insgesamt die Ordnung des Systems und seiner Umgebung zunehmen.

Jetzt verstehen wir, weshalb Wasser ein so gutes Lösungsmittel für ionische Festkörper und für polare Moleküle ist und besonders für Moleküle, die mit den Wassermolekülen Wasserstoffbrücken bilden. Die Hydratationsenthalpie ist dann so groß, daß sie die Gitterenthalpie überkompensiert. Dabei wird Wärme an die Umgebung abgegeben oder eventuell eine kleine Menge Wärme aus der Umgebung aufgenommen. Stets aber nimmt die Unordnung des Systems und seiner Umgebung insgesamt zu, der Lösungsprozeß wird spontan. Nur bei großen Gitterenthalpien oder kleinen Hydratationsenthalpien muß das System beim Lösungsvorgang so viel Energie aus der Umgebung abziehen, daß die Ordnung des Systems und seiner Umgebung insgesamt zunehmen würde. Das heißt, der Lösungsprozeß kann nicht spontan sein, und die Substanz ist unlöslich.

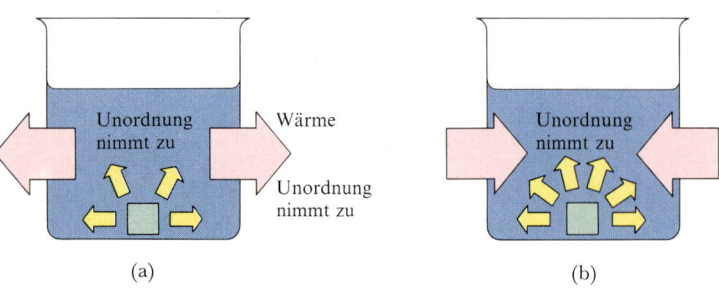

(a) (b)

Abb. 6-18 Wenn sich eine Substanz exotherm löst, so nimmt die Unordnung im System und in der Umgebung zu, und der Prozeß läuft von selbst ab. (b) Wenn sich eine Substanz endotherm löst, nimmt das System Energie auf. Nur wenn die Zunahme der Unordnung aufgrund der Verteilung der Substanz in der Lösung genügend groß ist, resultiert insgesamt eine Zunahme der Unordnung, die den Prozeß spontan ablaufen läßt.

Kolligative Eigenschaften

Untersuchen wir nun den Einfluß einer gelösten Substanz auf die physikalischen Eigenschaften einer Lösung. Uns interessieren vier Effekte: der erste ist die Erniedrigung des Dampfdruckes einer Lösung unter den Wert des reinen Lösungsmittels; daraus folgt unmittelbar der zweite Effekt, die Erhöhung des Siedepunktes einer Lösung gegenüber dem des reinen Lösungsmittels. Der dritte ist die Erniedrigung des Erstarrungspunktes einer Lösung unter den Wert des reinen Lösungsmittels; der vierte besteht in der Erhöhung des osmotischen Druckes (den wir später behandeln werden). Experimentell zeigt sich, daß alle diese Effekte nur von der Anzahl der gelösten Teilchen in der Lösung, nicht von der chemischen Natur dieser Teilchen abhängen. Eine wäßrige Glucose-Lösung mit einem Glucose-Stoffmengenanteil von 0,01, also 1 Glucose-Molekül pro 100 Moleküle Lösung, stimmt in allen genannten Eigenschaften (Dampfdruck, Siedepunkt, Erstarrungspunkt und osmotischer Druck) mit einer Rohrzucker-Lösung überein, wenn diese ebenfalls einen Stoffmengenanteil von 0,01 hat. Diese Eigenschaften nennt man deshalb auch *kolligative Eigenschaften*:

Kolligative Eigenschaften sind Eigenschaften, die nur von der Anzahl der gelösten Teilchen und nicht von ihrer chemischen Natur abhängen.

Weil eine kolligative Eigenschaft nur von der Anzahl der in der Lösung vorhandenen Teilchen abhängt, müssen wir in einer Elektrolytlösung Kationen und Anionen getrennt zählen. Wenn wir 1 mol NaCl in einem Lösungsmittel auflösen, so besteht die Lösung aus 2 mol Ionen (1 mol Na^+-Ionen und 1 mol Cl^--Ionen). Eine Lösung, die wir aus 1 mol $CaCl_2$ herstellen, enthält sogar 3 mol Ionen (1 mol Ca^{2+}-Ionen und 2 mol Cl^--Ionen). In der Lösung eines Nichtelektrolyten liegt die gelöste Substanz in Form der Moleküle vor; lösen wir 1 mol Glucose, so enthält die Lösung auch 1 mol gelöste Teilchen.

6-6 Die Dampfdruckerniedrigung

Die Lösung einer nichtflüchtigen Substanz hat einen kleineren Dampfdruck als das reine Lösungsmittel (vgl. Abb. 6-19). Wasser hat beispielsweise bei 40 °C einen Dampfdruck von 73 mbar, eine 0,1 M NaCl(aq)-Lösung bei derselben Temperatur nur noch 59 mbar. Der kleinere Dampfdruck entspricht einem höheren Siedepunkt; wir können also festhalten, daß die Zugabe einer nichtflüchtigen Substanz den Siedepunkt der Lösung gegenüber dem des reinen Lösungsmittels erhöht.

Das Raoultsche Gesetz

Der französische Wissenschaftler François-Marie Raoult hat einen großen Teil seiner Zeit mit der Messung von Dampfdrücken verbracht.

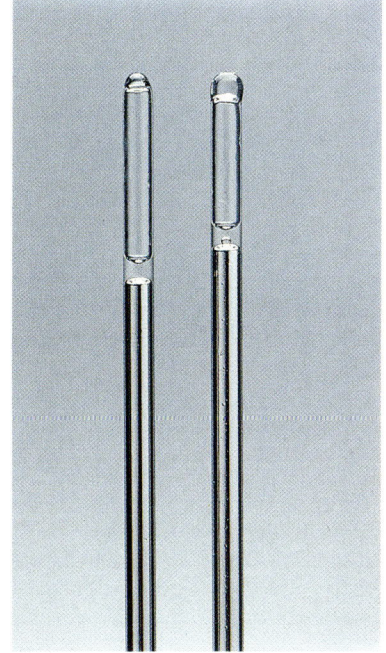

Abb. 6-19 Löst man eine nichtflüchtige Substanz in einem Lösungsmittel, so wird der Dampfdruck der Lösung kleiner als der Dampfdruck des reinen Lösungsmittels. Das linke Barometerrohr enthält auf dem Quecksilber einen Wassertropfen, das rechte eine Lösung von 0,1 m NaCl(aq). Folglich ist rechts der Dampfdruck kleiner, und das Quecksilber steigt höher.

Er gab für die Wirkung einer gelösten Substanz die folgende Formulierung an:

Raoultsches Gesetz: Der Dampfdruck der Lösung einer nichtflüchtigen Substanz ist proportional zum Stoffmengenanteil des *Lösungsmittels* in dieser Lösung.

Dafür schreibt man

$$P = x_{\text{Lösungsmittel}} \cdot P^*$$

wobei P^* der Dampfdruck des reinen Lösungsmittels, $x_{\text{Lösungsmittel}}$ der Stoffmengenanteil des Lösungsmittels und P der Dampfdruck der Lösung ist (vgl. Abb. 6-20).

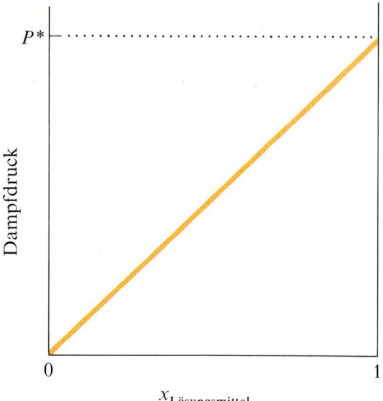

Abb. 6-20 Nach dem Raoultschen Gesetz ist der Dampfdruck einer Lösung proportional zum Stoffmengenanteil des Lösungsmittels.

Beispiel 6-9 Anwendung des Raoultschen Gesetzes

Wie groß ist der Dampfdruck einer Lösung aus 5,00 g Rohrzucker in 100 g Wasser bei 100 °C?

Methode. Wenn wir den Stoffmengenanteil des Lösungsmittels (also des Wassers) kennen, handelt es sich bei dieser Aufgabe um eine einfache Anwendung des Raoultschen Gesetzes. (Den Stoffmengenanteil hatten wir bereits in Beispiel 6-2 berechnet.) Wir brauchen den Dampfdruck des reinen Lösungsmittels. Da 100 °C gerade der Siedepunkt des Wassers ist, können wir ohne Tabelle direkt den Atmosphärendruck (1013 mbar) einsetzen.

Lösung. In Beispiel 6-2 hatten wir $x_{\text{H}_2\text{O}} = 0,997$ berechnet. Mit $P^* = 1013$ mbar erhalten wir dann:

$$P = 0,997 \cdot 1013 \text{ mbar} = 1010 \text{ mbar}$$

Übungsaufgabe. Wie groß ist bei 90 °C der Dampfdruck einer Lösung aus 5,00 g Glucose in 100 g Wasser?

[Antwort: 697 mbar]

Eine nichtflüchtige Substanz erniedrigt den Dampfdruck eines Lösungsmittels; man kann sich das anschaulich so vorstellen, daß die gelöste Substanz einen Teil der Oberfläche besetzt und damit die Lösungsmittelmoleküle zum Teil daran hindert, aus der Lösung in den Gasraum überzugehen (vgl. Abb. 6-21). Sie hat aber keinen Einfluß auf die Geschwindigkeit, mit der die Moleküle aus dem Gasraum in die Flüssigkeit zurückgehen, denn ein zurückkehrendes Molekül kann an einer beliebigen Stelle der Oberfläche auftreffen und in die Flüssigkeit eintreten. Die Anzahl der entweichenden Moleküle ist verringert, die der zurückkehrenden aber nicht; das ergibt einen Strom von Molekülen in die Flüssigkeit hinein, und ein neuer kleinerer Gleichgewichtsdampfdruck stellt sich ein.

Genauere Messungen zeigen, daß das Raoultsche Gesetz nur für kleine Konzentrationen genau gilt, bei denen die Abstände zwischen den Molekülen der gelösten Substanz groß sind. Es gibt aber viele Lösungen, die bei allen Konzentrationen das Raoultsche Gesetz ziemlich genau erfüllen; wir nennen sie *ideale Lösungen*. Die anderen nennen wir *reale* Lösungen. Reale Lösungen ähneln bei kleinen Konzentrationen den idealen Lösungen, je kleiner die Konzentration ist, um so besser. Die Übereinstimmung ist für Nichtelektrolytlösungen unter 10^{-1} M und für Elektrolytlösungen (bei denen die Anziehungskräfte

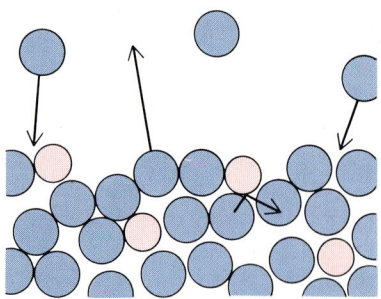

Abb. 6-21 Ein nichtflüchtiges gelöstes Teilchen (rot) behindert das Entweichen von Lösungsmittelmolekülen; es hat aber keinen Einfluß auf die Rückkehr von Molekülen aus dem Dampf in die Flüssigkeit.

zwischen den Ionen eine wichtige Rolle spielen) unter 10^{-2} M ziemlich gut. Bis auf weiteres werden wir nur ideale Lösungen betrachten.

Die Siedepunktserhöhung

Wie wir soeben festgestellt haben, ist der Dampfdruck einer Lösung geringer als der Dampfdruck des reinen Lösungsmittels, damit ist der Siedepunkt einer Lösung höher als der des reinen Lösungsmittels (vgl. Abb. 6-22). Diese Siedepunktserhöhung ist in der Regel ziemlich klein. So siedet z. B. eine wäßrige 0,1 M Rohrzuckerlösung bei 100,1 °C. Allgemein ist die Siedepunktserhöhung proportional zur Stoffmenge der gelösten Substanz pro kg Lösungsmittel (Molalität m). Für eine Substanz, die in Lösung in Form von Molekülen vorliegt, können wir dann

$$\text{Siedepunktserhöhung} = k_b \cdot m$$

schreiben, wobei der Proportionalitätsfaktor k_b die *ebullioskopische Konstante* des betreffenden Lösungsmittels ist. In Tabelle 6-8 sind einige Zahlenwerte zusammengestellt.

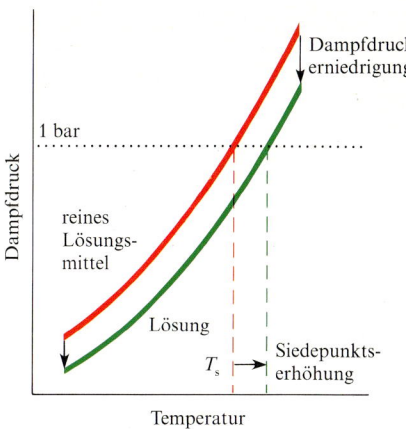

Abb. 6-22 Die Erniedrigung des Dampfdruckes in einer Lösung bewirkt eine Erhöhung des Siedepunktes.

Tabelle 6-8 Kryoskopische und ebullioskopische Konstanten

Lösungsmittel	$k_f/$ K kg mol^{-1}	$k_b/$ K kg mol^{-1}	Lösungsmittel	$k_f/$ K kg mol^{-1}	$k_b/$ K kg mol^{-1}
Aceton	2,40	1,71	Cyclohexan	20,1	2,79
Benzol	5,12	2,53	Naphthalin	6,94	5,80
Campher	39,7	5,61	Phenol	7,27	3,04
CCl$_4$	29,8	4,95	Wasser	1,86	0,51

1 mol Natriumchlorid ergibt in Lösung 2 mol Ionen. In sehr verdünnten Lösungen sind die Beiträge der Kationen und der Anionen voneinander unabhängig. Damit ist die Molalität der Lösung, bezogen auf die vorliegenden Teilchen, doppelt so groß wie die auf NaCl-Einheiten bezogene Molalität. Wenn die Lösung konzentriert ist, bewegen sich die entgegengesetzt geladenen Ionen nicht mehr unabhängig voneinander; ihre gegenseitige Beeinflussung kann man z. B. durch die Bildung von *Ionenpaaren* beschreiben (vgl. Abb. 6-23). Die effektive Molalität, bezogen auf die Anzahl der vorhandenen Teilchen, also der Ionen oder Ionenpaare, ist dann kleiner als in einer stark verdünnten Lösung. Die gegenseitige Wechselwirkung gelöster Teilchen in konzentrierten Lösungen wird durch den *van't Hoffschen Faktor i* berücksichtigt:

$$\text{Siedepunktserhöhung} = i \cdot k_b \cdot m$$

In stark verdünnten Lösungen gilt für Salze vom Typ MX, z. B. NaCl, $i = 2$, für Salze vom Typ MX$_2$, z. B. CaCl$_2$, $i = 3$ usw. Johannes van't Hoff, ein holländischer Chemiker, erhielt für seine Untersuchungen der Eigenschaften von Lösungen 1901 den Nobelpreis für Chemie.

Messungen der Siedepunktserhöhung, die von einer bestimmten Masse gelöster Substanz hervorgerufen werden, können zur Bestimmung der molaren Masse benutzt werden. Weil der Effekt aber klein ist und in der Genauigkeit nicht mit anderen Methoden konkurrieren kann, wird dieses Verfahren kaum noch angewandt.

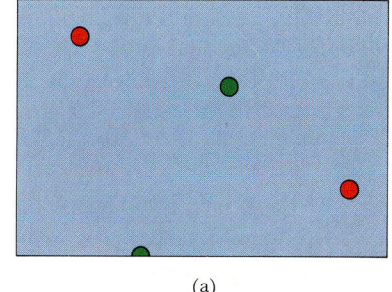

(a)

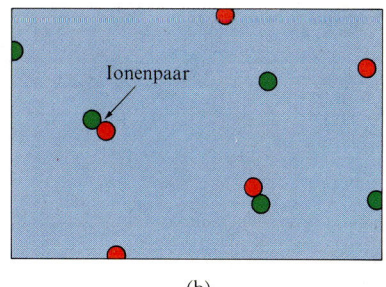

(b)

Abb. 6-23 (a) In einer sehr verdünnten Lösung bewegen sich die gelösten Ionen unabhängig voneinander. (b) Bei höheren Ionenkonzentrationen bilden sich zunehmend Ionenpaare, und die effektive Molalität unterscheidet sich von der errechneten Molalität der Ionen. In Abb. (b) sind 10 Ionen wiedergegeben, aber nur 8 effektive Teilchen.

Die Gefrierpunktserniedrigung

Eine gelöste Substanz erniedrigt den Gefrierpunkt (Erstarrungspunkt) einer Lösung unter den Wert des reinen Lösungsmittels. Dieser Effekt heißt *Gefrierpunktserniedrigung*. Ein bekanntes Beispiel ist das Meerwasser, das wegen seines Gehaltes an Na^+- und Cl^--Ionen bei einer tieferen Temperatur als reines Wasser gefriert. Salz dient zum Abtauen vereister Straßen, und in der organischen Chemie ist die Bestimmung des Schmelzpunktes ein bewährter Test auf die Reinheit eines Stoffes, weil jede Verunreinigung den Schmelzpunkt erniedrigt.

Damit hängt auch zusammen, daß Mischungen nicht wie reine Stoffe bei einer definierten Temperatur, sondern über einen Temperaturbereich erstarren. Wenn eine Lösung zu erstarren beginnt, so wird nur das reine Lösungsmittel fest, die gelöste Substanz verbleibt in Lösung, ihre Konzentration steigt deshalb. Damit wird der Erstarrungspunkt der Lösung allmählich weiter herabgesetzt. Die Konzentration der Lösung steigt weiter an, der Erstarrungspunkt fällt immer mehr, bis schließlich das gesamte Lösungsmittel erstarrt. Dieses Phänomen läßt sich zur Reinigung von Lösungsmitteln praktisch nutzen. Beim *Zonenschmelzen*, einem vor allem in der Halbleiterindustrie verbreiteten Verfahren zur Herstellung hochreiner Materialien, arbeitet man nach diesem Prinzip. Ein zylindrischer Heizkörper wird mehrmals in der gleichen Richtung über eine feste Probe bewegt, so daß die geschmolzene Zone jedesmal durch den ganzen Körper wandert (vgl. Abb. 6-24). Die Verunreinigungen lösen sich in der Schmelze, und das reinere Material scheidet sich wieder aus. Die geschmolzene Zone transportiert die Verunreinigungen an das Ende der (stabförmigen) Probe, das nach dem Erkalten abgeschnitten werden kann.

Abb. 6-25 zeigt die Gefrierpunktserniedrigung einer wäßrigen Lösung: bei höherer Konzentration des gelösten Stoffes wird die Fest/Flüssig-Phasengrenze zu tieferen Temperaturen verschoben. Der Dampfdruck der Lösung wird ebenfalls kleiner, wie wir schon festgestellt haben.

Die Erklärung der Schmelzpunktserniedrigung ist möglich, wenn man die Geschwindigkeiten betrachtet, mit der die Lösungsmittelmoleküle den Festkörper bilden und mit der sie wieder in den flüssigen Zustand übergehen. Am Schmelzpunkt des reinen Lösungsmittels sind diese Geschwindigkeiten gleich. Wenn eine andere Substanz gelöst ist, so sind weniger Flüssigkeitsmoleküle in Kontakt mit der Oberfläche des Festkörpers, weil ein Teil der Plätze von den Molekülen der gelösten Substanz eingenommen wird (vgl. Abb. 6-26). Folglich wird der Übergang von der Flüssigkeit in den festen Zustand verlangsamt. In der Gegenrichtung, vom festen Zustand in die Flüssigkeit, bleibt die Geschwindigkeit unverändert, denn der feste Zustand besteht aus reinem Lösungsmittel, und ob in der Lösung gerade ein Molekül des Lösungsmittels oder ein Molekül der gelösten Substanz gegenüberliegt, spielt keine Rolle. In einer Lösung wandern also mehr Moleküle aus dem Festkörper in die Flüssigkeit als umgekehrt, das heißt, der Festkörper schmilzt. Das Gleichgewicht zwischen den beiden Richtungen wird erst bei tieferer Temperatur wieder hergestellt.

Die Erniedrigung des Erstarrungspunktes einer idealen Lösung ist proportional zur Molalität m. Für eine Substanz, die molekular in Lösung geht, gilt dann

$$\text{Gefrierpunktserniedrigung} = k_f \cdot m$$

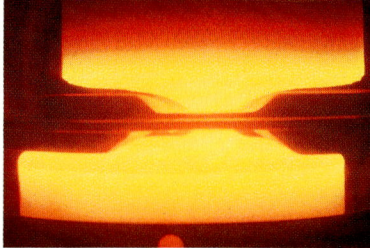

Abb. 6-24 Beim Zonenschmelzen wird die geschmolzene Zone mehrfach von einem Ende der stabförmigen Probe zum anderen gezogen. Die Verunreinigungen sammeln sich in der geschmolzenen Zone.

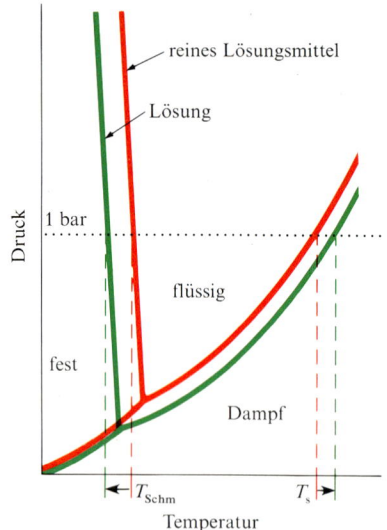

Abb. 6-25 Der Einfluß einer gelösten Substanz auf den Gefrierpunkt von Wasser. Die Wirkung auf den Dampfdruck und auf den Siedepunkt läßt sich ebenfalls erkennen.

wobei der Proportionalitätsfaktor k_f die *kryoskopische Konstante* des Lösungsmittels ist (vgl. Tab. 6-8). Für Elektrolyte haben wir auf der rechten Seite der Gleichung noch den van't Hoffschen Faktor i zu ergänzen. Die kryoskopische Konstante ist in der Regel erheblich größer als die ebullioskopische Konstante der Siedepunktserhöhung; in der Tat ist die Gefrierpunktserniedrigung meist größer als die entsprechende Siedepunktserhöhung. Für eine wäßrige $0,1\,mol\,kg^{-1}$ Rohrzuckerlösung gilt z. B.:

$$\text{Gefrierpunktserniedrigung} = 1,86\,K\,kg\,mol^{-1} \cdot 0,1\,mol\,kg^{-1} = 0,2\,K$$

Das heißt, die Lösung gefriert erst bei $-0,2\,°C$.

Die Gefrierpunktserniedrigung eignet sich hervorragend zur Bestimmung der molaren Masse einer gelösten Substanz. Dieses Verfahren ist der Bestimmung der Siedepunktserhöhung überlegen, weil der Effekt größer und genauer zu messen ist. Darüber hinaus ist sie natürlich für temperaturempfindliche Substanzen besser geeignet, weil sie eine Zersetzung oder Verdampfung der gelösten Substanz weniger wahrscheinlich macht. Campher hat eine besonders große kryoskopische Konstante und wird deshalb oft als Lösungsmittel bei kryoskopischen Untersuchungen verwendet.

6-6 Die Dampfdruckerniedrigung

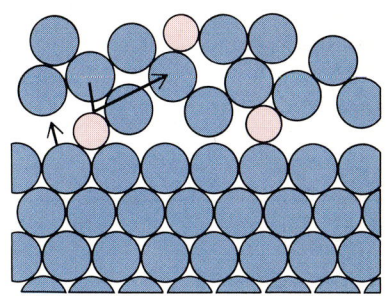

Abb. 6-26 Die Anzahl der Moleküle des Lösungsmittels pro Zeiteinheit, die vom Festkörper in die Flüssigkeit übergehen, hängt nicht davon ab, ob in der Flüssigkeit eine Substanz gelöst ist. Die gelösten Moleküle beeinflussen aber die Anzahl der Moleküle, die pro Zeiteinheit aus der Flüssigkeit in den Festkörper übergehen.

Beispiel 6-10 Bestimmung der molaren Masse aus der Gefrierpunktserniedrigung

Nach der Zugabe von 0,24 g Schwefel zu 100 g Kohlenstofftetrachlorid CCl_4 beobachten wir eine Gefrierpunktserniedrigung von 0,28 K. Wie erhalten wir daraus die Formel für elementaren Schwefel?

Methode. Schwefel ist im Gegensatz zu seinem Nachbarn Chlor im Periodensystem fest; das ist ein Hinweis darauf, daß ein Schwefelmolekül aus mehreren Schwefelatomen (S_x) besteht. Den genauen Wert von x können wir ermitteln, wenn wir die molare Masse des Schwefels bestimmen und mit der bekannten relativen Atommasse (dem Atomgewicht) vergleichen. Mit der kryoskopischen Konstanten von CCl_4 aus Tab. 6-8 berechnen wir aus der Gefrierpunktserniedrigung die Molalität und erhalten somit die Stoffmenge Schwefel in der Lösung. Haben wir die Masse des Schwefels, so können wir daraus die molare Masse berechnen. Dann ist x der Quotient aus der molaren Masse der Moleküle und der molaren Masse der Schwefelatome.

Lösung. Die Molalität der Lösung erhalten wir, wenn wir die Gleichung für die Gefrierpunktserniedrigung nach der Molalität auflösen und die Zahlenwerte einsetzen:

$$\text{Molalität} = \frac{1}{k_f} \cdot \text{Gefrierpunktserniedrigung}$$

$$= \frac{1}{29,8\,K\,kg\,mol^{-1}} \cdot 0,28\,K = 0,0094\,mol\,kg^{-1}$$

Dann enthalten 100 g Lösungsmittel:

$$n_{S_x} = 0,100\,kg \cdot 0,0094\,mol\,kg^{-1} = 9,4 \cdot 10^{-4}\,mol$$

Die Masse des gelösten Schwefels ist zu 0,24 g angegeben. Folglich ist seine molare Masse:

$$\frac{0,24\,g}{9,4 \cdot 10^{-4}\,mol} = 260\,g\,mol^{-1}$$

Die molare Masse von atomarem Schwefel ist 32,1 g mol^{-1}; damit erhalten wir:

$$x = \frac{260\ \text{g mol}^{-1}}{32,1\ \text{g mol}^{-1}} = 8$$

Der elementare Schwefel besteht also aus S_8-Molekülen.

Übungsaufgabe. Die Zugabe von 250 mg Eugenol, dem Geruchsstoff der Gewürznelken, zu 100 g Campher erniedrigt den Erstarrungspunkt um 0,62 K. Wie groß ist die molare Masse des Eugenols?

[Antwort: 160 g mol^{-1} (tatsächlich: 164,2 g mol^{-1})]

Abb. 6-27 Ein Osmose-Experiment. Das Becherglas enthält reines Wasser, und in dem umgestülpt eingebauten Rohr befindet sich eine Rohrzuckerlösung. Auf dem Bild ist Wasser durch Osmose in das Rohr eingeströmt und hat das Niveau der Lösung ansteigen lassen.

6-7 Osmose

Osmose ist die wichtigste kolligative Eigenschaft, der nicht nur im Labor, sondern auch in der Biochemie eine wesentliche Rolle zukommt. Ein Osmose-Experiment zeigt Abb. 6-27. Eine Lösung und das reine Lösungsmittel sind durch eine Membran, eine Folie aus Celluloseacetat, voneinander getrennt. Zu Beginn ist der Flüssigkeitsspiegel innerhalb und außerhalb des Rohres gleich hoch, der Spiegel der Lösung steigt aber allmählich an, weil das reine Lösungsmittel durch die Membran in die Lösung strömt, deren Volumen damit zunimmt. Das Gleichgewicht wird erreicht, wenn der durch den Anstieg der Lösungssäule erzeugte Druck die Moleküle in ausreichender Geschwindigkeit zurück durch die Membran drückt.

Die Membran aus Celluloseacetat ist *semipermeabel*, d. h. sie ist nur für bestimmte Moleküle oder Ionen durchlässig. Celluloseacetat z. B. ist für Wassermoleküle durchlässig, Ionen mit ihrer großen Hydrathülle werden dagegen zurückgehalten. Dieses Phänomen nennt man *Osmose:*

Osmose ist die Wanderung eines Lösungsmittels durch eine semipermeable Membran in eine konzentriertere Lösung.

Der Druck, der nötig ist, um die Osmose des Lösungsmittels in die konzentrierte Lösung aufzuhalten, ist der *osmotische Druck Π* (das ist das große griechische Pi). Je größer der osmotische Druck ist, um so mehr Lösungsmittel wandert in die konzentrierte Lösung.

Van't Hoff hat gezeigt, daß zwischen dem osmotischen Druck und der molaren Konzentration der Lösung die Beziehung

$$\Pi = i \cdot RT \cdot \text{Konzentration der gelösten Substanz}$$

mit dem van't Hoffschen Faktor i, der Gaskonstante R und der Temperatur T besteht. Diese Formel ist als *van't Hoffsche Gleichung* bekannt. Bei 25°C ist $RT = 25$ dm^3 bar mol^{-1} bzw. 25 bar M^{-1}; dann gilt bei dieser Temperatur die handliche Formel

$$\Pi = i \cdot \text{Konzentration der gelösten Substanz} \cdot 25\ \text{bar M}^{-1} \text{ bei } 25°C$$

Der osmotische Druck einer 0,010 M Lösung eines beliebigen Nichtelektrolyten beträgt also 0,25 bar. Das reicht aus, um eine Wassersäule mehr als 2 m hoch zu drücken.

Auch die Osmose kann man mit Hilfe der verschiedenen Geschwindigkeiten erklären, mit denen die Lösungsmittelmoleküle von jeder Seite durch die Membran wandern (vgl. Abb. 6-28). Von der Seite der Lösung kommen weniger Moleküle, obwohl die gleiche Anzahl von

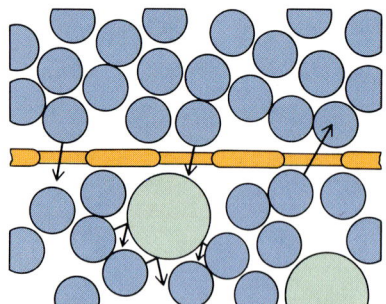

Abb. 6-28 Bei der Osmose behindern die gelösten (grünen) Moleküle das Lösungsmittel beim Durchtritt durch die Membran auf die Seite des reinen Lösungsmittels, aber nicht in der Gegenrichtung.

Molekülen in der Zeiteinheit auf die Membran treffen, denn nur die Moleküle des Lösungsmittels können durch die Membran hindurch. Die beiden Geschwindigkeiten gleichen sich erst dann aus, wenn der Druck auf der Seite der Lösung so weit angestiegen ist, daß genügend viele Lösungsmittelmoleküle durch die Membran gedrückt werden.

Osmometrie

Genauso wie die anderen kolligativen Eigenschaften eignet sich auch der osmotische Druck zur Bestimmung molarer Massen. Diese Methode heißt *Osmometrie* und besteht im Prinzip darin, daß die Höhe gemessen wird, bis zu der eine Säule einer Lösung bekannter Massenkonzentration ansteigt.

Beispiel 6-11 Osmometrische Bestimmung der molaren Masse

Es soll die molare Masse eines Polyethylens, das aus langen $-CH_2-CH_2-$ Ketten besteht, gemessen werden. Dazu werden 2,20 g Material in so viel Toluol gelöst, daß eine Lösung von 100 cm^3 entsteht. Die Toluol-Lösung steigt 13 cm hoch, das entspricht einem Druck von $1,10 \cdot 10^{-2}$ bar. Was folgt daraus für die molare Masse des Polyethylens?

Methode. Die Masse des gelösten Polyethylens kennen wir; wenn wir die Stoffmenge kennen, können wir die molare Masse berechnen. Das Volumen der Lösung ist auch gegeben, also können wir die Stoffmenge, die Anzahl der Mole, aus der molaren Konzentration berechnen. Die molare Konzentration erhalten wir aus dem osmotischen Druck mit der van't Hoffschen Gleichung.

Lösung. Aus der van't Hoffschen Gleichung folgt mit $i = 1$:

$$[\text{Polyethylen}] = \Pi \cdot \frac{1}{RT}$$
$$= 1,10 \cdot 10^{-2} \,\text{bar} \cdot \frac{1}{24} \,\text{M bar}^{-1}$$
$$= 4,6 \cdot 10^{-4} \,\text{M}$$

Dann sind in 100 cm^3 ($= 0,1$ dm^3) der Lösung

$$0,1 \,\text{dm}^3 \cdot (4,6 \cdot 10^{-4} \,\text{mol dm}^{-3}) = 4,6 \cdot 10^{-5} \,\text{mol}$$

Polyethylen enthalten. Dessen Masse ist 2,20 g; das ergibt für die molare Masse:

$$\frac{2,20 \,\text{g}}{4,6 \cdot 10^{-5} \,\text{mol}} = 4,8 \cdot 10^4 \,\text{g mol}^{-1}$$

Das entspricht einer molaren Masse von 48 000; ein Molekül besteht dann im Mittel aus 1700 $-CH_2-CH_2-$ Einheiten.

Übungsaufgabe. 3,0 g Polystyrol werden in so viel Benzol gelöst, daß 150 cm^3 Lösung entstehen. An dieser Lösung wird bei 25 °C ein osmotischer Druck von 1,21 kPa gemessen. Welche molare Masse hat das Polystyrol?

[Antwort: 40 kg mol^{-1}]

Der Vorteil der Osmometrie gegenüber den anderen auf kolligativen Eigenschaften beruhenden Methoden ist ihre Empfindlichkeit. Eine 0,01 M wäßrige Rohrzuckerlösung zeigt eine Siedepunktserhöhung von 0,005 K und eine Gefrierpunktserniedrigung von 0,02 K, ihr osmotischer Druck läßt aber die Wassersäule um 2 m steigen, was sich sehr leicht messen läßt. Diese Empfindlichkeit der Osmometrie macht sie vor allem für die Untersuchung von Substanzen mit hohen molaren Massen geeignet, also von Enzymen, Proteinen und synthetischen Polymeren. Deren gelöste Masse mag zwar groß und gut zu handhaben sein, die Stoffmenge, die Anzahl der Mole, die in der Lösung vorhanden ist, ist bei hohen molaren Massen jedoch sehr gering, und die Effekte der kolligativen Eigenschaften der Lösung sind entsprechend klein. Hämoglobin hat eine molare Masse von 66 500 g mol^{-1}; löst man 0,10 g in 100 cm^3 Lösungsmittel, so ist die Konzentration der Lösung erst $1,5 \cdot 10^{-5}$ M. Die Gefrierpunktserniedrigung dieser Lösung ist unmeßbar klein, der osmotische Druck jedoch entspricht immerhin einer Wassersäule von 4 mm, was leicht zu messen ist.

Anwendungen der Osmose

Auch die Wände lebender Zellen sind semipermeable Membranen. Sie sind für Wasser, kleine Moleküle und hydratisierte Ionen durchlässig, halten aber Enzyme und Proteine aus dem Innern der Zelle zurück. Die höheren Konzentrationen gelöster Substanzen im Innern einer Pflanzenzelle führen zu einem osmotischen Druck, der Wasser in die Zelle fließen läßt, das die benötigten Nahrungsstoffe mitführt. Der Wasserzufluß sorgt auch dafür, daß die Zelle prall gefüllt und damit mechanisch stabil ist. Schränkt man die Wasserversorgung ein, so läßt der Druck in den Zellen nach, und die Pflanzen welken.

Die Konservierung von Lebensmittel durch Salzen (Pökeln) beruht ebenfalls auf Osmose. Die konzentrierte Salzlösung entzieht eventuell vorhandenen Bakterien Wasser und tötet sie so ab.

Die Osmose beeinflußt auch den inneren Druck und damit die Form und Funktionsfähigkeit der roten Blutkörperchen (vgl. Abb. 6-29). Die Wände der roten Blutkörperchen sind für Natrium-Ionen undurchlässig, deshalb hängt der Wasserstrom durch die Zellwand von der Konzentration der Natrium-Ionen innerhalb und außerhalb der Zellen ab. Ist die Na$^+$-Konzentration im umgebenden Blutplasma zu niedrig, fließt Wasser in die Blutkörperchen und läßt sie schließlich platzen. Auch die Wände der Blutgefäße sind semipermeable Membranen; sie sind nur für große Proteine undurchlässig. Damit bestimmt deren Konzentration im Blut die Richtung des Wassertransportes durch die Gefäßwände. Leidet der Organismus unter extremem Hunger, so sinkt die Proteinkonzentration im Blutplasma, und das Wasser fließt durch die

Abb. 6-29 (a) Die roten Blutkörperchen sind nur funktionsfähig, wenn die Lösung, in der sie sich befinden, die richtige Konzentration hat.
(b) Ist die Lösung zu verdünnt, strömt Wasser hinein, die Blutkörperchen können platzen. (c) Ist die Lösung zu konzentriert, strömt Wasser heraus, sie werden deformiert.

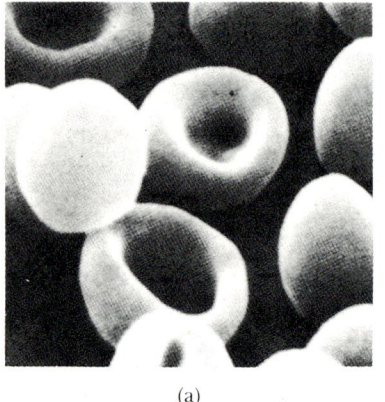

(a)

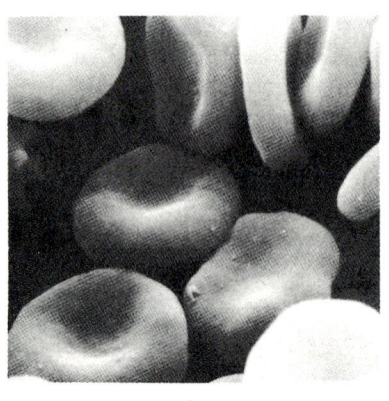

(b)

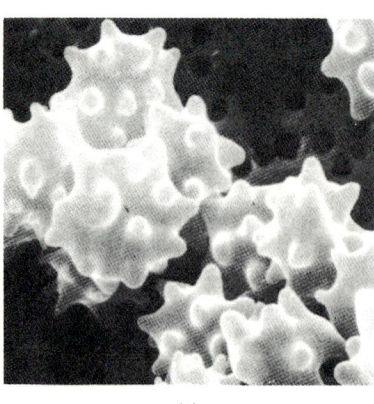

(c)

Gefäßwände in den Körper. Hier helfen lebensrettende Injektionen von eiweißreichem Blutplasma.

Umkehrosmose

Unter Umkehrosmose versteht man ein Verfahren zur Entsalzung von Meerwasser. Dabei läßt man auf der Lösungsseite einer semipermeablen Wand einen Druck wirken, der größer ist als der osmotische Druck. Damit wird erreicht, daß Wassermoleküle aus der Lösungsseite auf die Seite des reinen Lösungsmittels diffundieren und sich dort anreichern. Das technische Problem besteht darin, geeignete Membranen herzustellen, die die verwendeten Drücke aushalten, ohne daß ihre Struktur zerstört wird, und die genügend selektiv sind (vgl. Abb. 6-30). In der Praxis arbeitet man mit Celluloseacetat-Membranen bei Drükken bis 70 bar. Die Membran wird in geeignete Behälter gepackt; ein Kubikmeter der Membran kann dann über 250 000 Liter reines Wasser pro Tag produzieren.

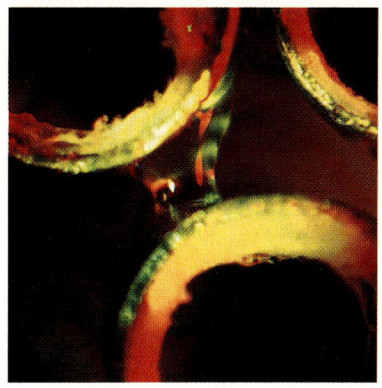

Abb. 6-30 Wasser, das gerade aus einem der Umkehrosmose dienenden Filter tropft.

Zusammenfassung

Die Zusammensetzungen von Mischungen werden als molare Konzentrationen (Molarität, $mol\ dm^{-3}$) oder als Massenkonzentrationen ($g\ dm^{-3}$) angegeben, wenn man sich dafür interessiert, wieviel Substanz in einem gegebenen Volumen der Lösung enthalten ist.

Wenn man die relativen Anzahlen der Moleküle der Komponenten einer Mischung angeben will, verwendet man die Angaben ppm (parts per million), den Stoffmengenanteil oder die Molalität (mol gelöste Substanz pro kg Lösungsmittel).

In einer gesättigten Lösung sind die gelöste Substanz und ihr nicht gelöster Teil im dynamischen Gleichgewicht. Die Löslichkeit einer Substanz ist die Konzentration der gesättigten Lösung. Die Löslichkeit hängt von der Substanz, vom Lösungsmittel, vom Druck und von der Temperatur ab.

Die Löslichkeit eines Gases nimmt mit steigendem Druck zu; nach dem Henryschen Gesetz ist die Löslichkeit proportional zum Partialdruck. Das Henrysche Gesetz illustriert das Le Chateliersche Prinzip, nach dem ein System bei einer Veränderung der äußeren Bedingungen sich in der entgegengesetzten Richtung zu verändern strebt. Das Le Chateliersche Prinzip ist auf alle dynamischen Gleichgewichte anwendbar.

Die Energieumsätze beim Lösungsvorgang werden mit der Lösungsenthalpie beschrieben; sie ist gleich der Summe aus der Gitterenergie und der Hydratationsenthalpie. Man kann die Hydratationsenthalpie als Summe der Ionen-Hydratationsenthalpien beschreiben, die man aus dem Wert für H^+ (aq) und der Bornschen Gleichung ermitteln kann. Aus der Lösungsenthalpie läßt sich angeben, welchen Einfluß die Temperatur auf die Löslichkeit einer schwer löslichen Substanz hat.

Kolligative Eigenschaften hängen nur von der Anzahl der vorhandenen Teilchen und nicht von ihrer chemischen Natur ab. Dazu gehören die Dampfdruckerniedrigung, die Siedepunktserhöhung und die Gefrierpunktserniedrigung. Grundlage der Beschreibung dieser Phänomene ist das Raoultsche Gesetz, nach dem der Partialdruck proportional zum Stoffmengenanteil ist. Messungen der Siedepunktserhöhung und der Gefrierpunktserniedrigung dienen zur Bestimmung von molaren Massen.

Die Osmose ist ebenfalls eine kolligative Eigenschaft. Sie tritt auf, wenn in einer Mischung nur das Lösungsmittel durch eine semipermeable Wand wandern kann. Bei der Osmometrie wird der osmotische Druck gemessen, vor allem zur Bestimmung der molaren Massen von sehr großen Molekülen.

Aufgaben

Konzentrationsmaße

6-1 Berechnen Sie für die folgenden Lösungen die molaren Konzentrationen:
(a) 5,0 g Natriumchlorid in einer wäßrigen Lösung von 250 cm³;
(b) 10,0 g Glucose ($C_6H_{12}O_6$) in einer wäßrigen Lösung von 250 cm³.

6-2 Berechnen Sie für die folgenden Lösungen die molaren Konzentrationen:
(a) 5,0 g wasserfreies Calciumchlorid in einer wäßrigen Lösung von 100 cm³;
(b) 15 g Rohrzucker ($C_{12}H_{22}O_{11}$) in einer wäßrigen Lösung von 500 cm³.

6-3 Berechnen Sie für das folgende Lösungsmittel die molaren Konzentrationen:
(a) reines Wasser bei $20\,°C$ mit der Dichte $0,998\ g\ cm^{-3}$;
(b) reines Wasser bei $100\,°C$ mit der Dichte $0,958\ g\ cm^{-3}$.

6-4 Berechnen Sie für das folgende Lösungsmittel die molaren Konzentrationen:
(a) reines Ethanol bei $20\,°C$ mit der Dichte $0,789\ g\ cm^{-3}$;
(b) reines Ethanol bei $30\,°C$ mit der Dichte $0,781\ g\ cm^{-3}$.

6-5 Wieviel der wasserfreien Substanzen muß man einwiegen, um jeweils $250\ cm^3$ herstellen zu können:
(a) $0,10\ M\ NaCl(aq)$; (b) $0,10\ M\ CaCl_2(aq)$; (c) $1,00\ M\ C_6H_{12}O_6(aq)$.

6-6 Wieviel der wasserfreien Substanzen muß man einwiegen, um jeweils $250\ cm^3$ herstellen zu können:
(a) $0,10\ M\ NaOH(aq)$; (b) $0,001\ M\ Na_2SO_4(aq)$; (c) $0,001\ M\ C_{12}H_{22}O_{11}(aq)$.

6-7 Berechnen Sie die Molalitäten der folgenden Lösungen:
(a) 10 g NaCl gelöst in 250 g Wasser; (b) 10 g Rohrzucker gelöst in 250 g Wasser; (c) 1,0 g Octan (C_8H_{18}) gelöst in 300 g Benzol; (d) 50 g Benzol gelöst in 50 g Toluol.

6-8 Berechnen Sie die Molalitäten der folgenden Lösungen:
(a) 5,0 g wasserfreies Calciumchlorid gelöst in 50 g Wasser; (b) 5,0 g $CaCl_2 \cdot 6\,H_2O$ gelöst in 50 g Wasser (gesucht ist die Molalität von $CaCl_2$); (c) 50 g Wasser gelöst in 50 g Ethanol; (d) 50 g Ethanol gelöst in 50 g Wasser.

6-9 Wieviel der wasserfreien Substanz muß man einwiegen, um mit 250 g Lösungsmittel die Lösungen mit den folgenden Molalitäten zu bekommen:
(a) $0,010\ mol\ kg^{-1}\ NaOH(aq)$; (b) $0,10\ mol\ kg^{-1}\ HCl(aq)$; (c) $1,0\ mol\ kg^{-1}\ CaCl_2(aq)$; (d) $0,50\ mol\ kg^{-1}\ KMnO_4(aq)$.

6-10 Wieviel der wasserfreien Substanz muß man einwiegen, um mit 250 g Lösungsmittel die Lösungen mit den folgenden Molalitäten zu bekommen:
(a) $1,0\ mol\ kg^{-1}\ H_2SO_4(aq)$; (b) $0,010\ mol\ kg^{-1}\ C_6H_{12}O_6(aq)$; (c) $0,1\ mol\ kg^{-1}\ K_2Cr_2O_7(aq)$; (d) $0,10\ mol\ kg^{-1}\ Na_2CO_3(aq)$.

6-11 Wieviel $CaCl_2 \cdot 6\,H_2O$ muß man einwiegen, um mit 250 g Wasser eine $1,0\ mol\ kg^{-1}\ CaCl_2(aq)$-Lösung zu bekommen?

6-12 Wieviel $Na_2CO_3 \cdot 10\,H_2O$ muß man einwiegen, um mit 250 g Wasser eine $1,0\ mol\ kg^{-1}\ Na_2CO_3(aq)$-Lösung zu bekommen?
Geben Sie eine allgemeine Formel für die Masse der hydratisierten Substanz $B \cdot x\,H_2O$ an, die man braucht, um mit $250\ cm^3$ Wasser eine Lösung mit der Molalität m_B zu erhalten!

6-13 Berechnen Sie die Stoffmengenanteile der gelösten Substanz und des Lösungsmittels:
(a) 50 g Wasser und 50 g Ethanol;
(b) eine $0,10\ mol\ kg^{-1}\ C_6H_{12}O_6(aq)$-Lösung.

6-14 Berechnen Sie die Stoffmengenanteile der gelösten Substanz und des Lösungsmittels:
(a) 1,0 g Benzol in 99 g Toluol ($CH_3C_6H_5$);
(b) eine $0,10\ mol\ kg^{-1}\ C_{12}H_{22}O_{11}(aq)$-Lösung.

6-15 Berechnen Sie die Stoffmengenanteile der Kationen, der Anionen und des Lösungsmittels in den folgenden Lösungen:
(a) eine $0,10\ mol\ kg^{-1}\ NaCl(aq)$-Lösung;
(b) eine $0,10\ mol\ kg^{-1}\ Na_2CO_3(aq)$-Lösung.

6-16 Berechnen Sie die Stoffmengenanteile der Kationen, der Anionen und des Lösungsmittels in den folgenden Lösungen:
(a) eine $0,10\ mol\ kg^{-1}\ MgSO_4(aq)$-Lösung;
(b) eine $0,10\ mol\ kg^{-1}\ Al_2(SO_4)_3(aq)$-Lösung.

6-17 Berechnen Sie aus den abgegebenen Massenprozenten die Molalitäten der folgenden Lösungen:
(a) eine 5,0%ige NaCl(aq)-Lösung;
(b) eine 10%ige Rohrzucker-Lösung.

6-18 Berechnen Sie aus den abgegebenen Massenprozenten die Molalitäten der folgenden Lösungen:
(a) eine 10,0%ige HCl(aq)-Lösung;
(b) eine 50%ige wäßrige Ethanol-Lösung.

Löslichkeit

6-19 Rechnen Sie die folgenden Löslichkeiten in $mol\ dm^{-3}$ um:
(a) KCl: 28,1 g in 100 g H_2O, $d = 1,15\ g\ cm^{-3}$;
(b) NaCl: 35,7 g in 100 g H_2O, $d = 1,20\ g\ cm^{-3}$;
(c) AgCl: $7 \cdot 10^{-5}$ g in 100 g H_2O, $d = 1,00\ g\ cm^{-3}$;
(d) NH_3: 28,1 g in 100 g H_2O, $d = 0,917\ g\ cm^{-3}$.

6-20 Rechnen Sie die folgenden Löslichkeiten in $mol\ dm^{-3}$ um:
(a) Rohrzucker ($C_{12}H_{22}O_{11}$): 200 g in 100 g H_2O, $d = 1,33\ g\ cm^{-3}$;
(b) $BaCl_2$: 30,5 g in 100 g H_2O, $d = 1,24\ g\ cm^{-3}$;
(c) MgF_2: 8 mg in 100 g H_2O, $d = 1,00\ g\ cm^{-3}$;
(d) $MgCl_2$: 53 g in 100 g H_2O, $d = 1,27\ g\ cm^{-3}$.

Das Henrysche Gesetz

6-21 Berechnen Sie die Löslichkeiten der folgenden Gase in Wasser bei $20\,°C$ und bei den angegebenen Drücken: (a) O_2 bei 1,0 bar; (b) O_2 bei 0,21 bar; (c) CO_2 bei 1,0 bar; (d) CO_2 bei 0,1 bar.

6-22 Berechnen Sie die Löslichkeiten der folgenden Gase in Wasser bei $20\,°C$ und bei den angegebenen Drücken: (a) N_2 bei 1,0 bar; (b) N_2 bei 0,78 bar; (c) He bei 1,0 bar; (d) He bei 25 kPa.

6-23 Damit Fische in Wasser überleben können, muß die Konzentration an Sauerstoff mindestens $4\ mg\ dm^{-3}$ betragen.
(a) Wie groß muß der Sauerstoff-Partialdruck in der Atmosphäre mindestens sein, damit diese Konzentration bei $20\,°C$ erreicht werden kann?
(b) Wie groß muß dazu der Luftdruck in der Atmosphäre sein, wenn man die normale Zusammensetzung der Luft voraussetzt?

6-24 Ein Erfrischungsgetränk ist bei 3 bar mit CO_2 gesättigt. Wieviel CO_2 (in cm^3) werden frei, wenn man bei $20\,°C$ eine Flasche mit $250\ cm^3$ dieses Getränks öffnet?

Lösungsenthalpien

6-25 Berechnen Sie, um wieviel sich die Temperatur ändert, wenn man jeweils 10,0 g der folgenden Substanzen in $100,0\ cm^3$ Wasser auflöst. Die Lösungsenthalpien stehen in Tabelle 6-5.
(a) NaCl; (b) NaBr; (c) $AlCl_3$; (d) NH_4NO_3.

6-26 Berechnen Sie, um wieviel sich die Temperatur ändert, wenn man jeweils 10,0 g der folgenden Substanzen in 100,0 cm^3 Wasser auflöst. Die Lösungsenthalpien stehen in Tabelle 6-5. (a) KCl; (b) MgBr$_2$; (c) KNO$_3$; (d) NaOH.

6-27 Entscheiden Sie anhand der Daten in Tabelle 6-5, ob die Löslichkeiten der folgenden Salze beim Erwärmen zunehmen oder abnehmen: (a) AgCl; (b) Li$_2$CO$_3$.

6-28 Entscheiden Sie anhand der Daten in Tabelle 6-5, ob die Löslichkeiten der folgenden Salze beim Erwärmen zunehmen oder abnehmen: (a) Ca(OH)$_2$; (b) BaSO$_4$ ($\Delta H_{Lsg} = +19$ kJ mol^{-1}).

6-29 Die Zahlenwerte in Tabelle 6-7 hängen davon ab, wie genau die Hydratationsenthalpie des Wasserstoffions bestimmt wurde. Was würde für die Werte (a) von Cl$^-$ und (b) von Na$^+$ herauskommen, wenn man für den Wert des Wasserstoffions -1030 kJ mol^{-1} anstelle des üblichen -1130 kJ mol^{-1} einsetzen würde?

6-30 Nehmen wir an, die Hydratationsenthalpie des Fluorid-Ions sei zu -600 kJ mol^{-1} berechnet worden, und die Werte in der Tabelle 6-7 seien mit diesem Wert berechnet worden. Was für Werte würden daraus (a) für H$^+$, (b) für Cl$^-$ folgen?

6-31 Berechnen Sie aus den Gitterenthalpien und aus den Hydratationsenthalpien der Ionen die Lösungsenthalpien der folgenden Substanzen: (a) NaCl; (b) KCl.

6-32 Berechnen Sie aus den Gitterenthalpien und aus den Hydratationsenthalpien der Ionen die Lösungsenthalpien der folgenden Substanzen: (a) NaF; (b) NaBr; (c) NaI.

6-33 Berechnen Sie aus den Gitterenthalpien und aus den Hydratationsenthalpien der Ionen die Lösungsenthalpien der folgenden Substanzen: (a) MgF$_2$ (Gitterenthalpie $+2961$ kJ mol^{-1}); (b) MgCl$_2$.

6-34 Berechnen Sie aus den Gitterenthalpien und aus den Hydratationsenthalpien der Ionen die Lösungsenthalpien der folgenden Substanzen: (a) CaCl$_2$; (b) SrCl$_2$.

6-35 (a) Berechnen Sie die Hydratationsenthalpie von Br$^-$ aus der Lösungsenthalpie von HBr-Gas von -85 kJ mol^{-1}! Weitere Daten stehen im Anhang dieses Buches. (b) Berechnen Sie mit dem so gewonnenen Wert die Hydratationsenthalpie des Rb$^+$ aus der Lösungsenthalpie des RbBr ($+22$ kJ mol^{-1}) und seiner Gitterenthalpie (665,6 kJ mol^{-1}).

6-36 Berechnen Sie aus der Lösungsenthalpie von HI (-82 kJ mol^{-1}) die Hydratationsenthalpie des I$^-$!

6-37 Berechnen Sie aus der Bornschen Gleichung und den in Tab. 4-6 angegebenen Ionenradien die Hydratationsenthalpien der folgenden Ionen: (a) Na$^+$; (b) K$^+$; (c) Mg^{2+}; (d) Al^{3+}.

6-38 Berechnen Sie aus der Bornschen Gleichung und den in Tab. 4-6 angegebenen Ionenradien die Hydratationsenthalpien der folgenden Ionen: (a) Rb$^+$; (b) Cs$^+$; (c) Ca^{2+}; (d) Tl^{3+}.

6-39 Berechnen Sie aus der Bornschen Gleichung und den in Tab. 4-6 angegebenen Ionenradien die Hydratationsenthalpien der folgenden Ionen: (a) F$^-$; (b) Cl$^-$.

6-40 Berechnen Sie aus der Bornschen Gleichung und den in Tab. 4-6 angegebenen Ionenradien die Hydratationsenthalpien der folgenden Ionen: (a) Br$^-$; (b) I$^-$.

6-41 Berechnen Sie die effektiven Radien der folgenden Ionen aus den angegebenen Hydratationsenthalpien: (a) NO$_3^-$ (-389 kJ mol^{-1}); (b) SO$_4^{2-}$ (-1081 kJ mol^{-1}).

6-42 Berechnen Sie die effektiven Radien der folgenden Ionen aus den angegebenen Hydratationsenthalpien: (a) CO$_3^{2-}$ (-1570 kJ mol^{-1}); (b) ClO$_4^-$ (-290 kJ mol^{-1}).

Dampfdruckerniedrigung

6-43 Entnehmen Sie den Dampfdruck des reinen Wassers der Tabelle 2-5 und berechnen Sie für die folgenden wäßrigen Lösungen (die als ideal angesehen werden sollen) den Dampfdruck der Lösung:
(a) eine Rohrzuckerlösung bei 100 °C mit einem Rohrzucker-Stoffmengenanteil von 0,10;
(b) eine gleiche Lösung mit NaCl anstelle von Rohrzucker.

6-44 Entnehmen Sie den Dampfdruck des reinen Wassers der Tabelle 2-5 und berechnen Sie für die folgenden wäßrigen Lösungen (die als ideal angesehen werden sollen) den Dampfdruck der Lösung:
(a) eine Glucoselösung bei 80° mit einem Glucose-Stoffmengenanteil von 0,050;
(b) eine gleiche Lösung mit CaCl$_2$ anstelle von Glucose.

6-45 Entnehmen Sie den Dampfdruck des reinen Wassers der Tabelle 2-5 und berechnen Sie für die folgenden wäßrigen Lösungen (die als ideal angesehen werden sollen) den Dampfdruck der Lösung:
(a) eine 1%ige Harnstofflösung bei 40 °C;
(b) eine gesättigte wäßrige Lösung von Bariumacetat bei 25 °C mit der Molalität 2,5 mol kg^{-1}.

6-46 Entnehmen Sie den Dampfdruck des reinen Wassers der Tabelle 2-5 und berechnen Sie für die folgenden wäßrigen Lösungen (die als ideal angesehen werden sollen) den Dampfdruck der Lösung:
(a) eine 2%ige Fructose-Lösung bei 50 °C;
(b) eine gesättigte wäßrige Lösung von Magnesiumfluorid bei 25 °C mit der Konzentration $1,2 \cdot 10^{-3}$ M.

6-47 Entnehmen Sie den Dampfdruck des reinen Wassers der Tabelle 2-5 und berechnen Sie für die folgenden wäßrigen Lösungen (die als ideal angesehen werden sollen) den Dampfdruck der Lösung:
(a) eine wäßrige NaOH-Lösung von 80 °C mit der Molalität 1,0 mol kg^{-1};
(b) eine wäßrige MgCl$_2$-Lösung von 80 °C mit der Molalität 1,0 mol kg^{-1};
(c) eine wäßrige C$_6$H$_{12}$O$_6$-Lösung von 80 °C mit der Molalität 1,0 mol kg^{-1}.

6-48 Entnehmen Sie den Dampfdruck des reinen Wassers der Tabelle 2-5 und berechnen Sie für die folgenden wäßrigen Lösungen (die als ideal angesehen werden sollen) den Dampfdruck der Lösung:
(a) eine wäßrige KCl-Lösung bei 30 °C mit der Molalität 0,02 mol kg^{-1};

(b) eine wäßrige $Fe(NO_3)_3$-Lösung von 30 °C mit der Molalität 0,01 mol kg^{-1};
(c) eine wäßrige $C_{12}H_{22}O_{11}$-Lösung von 30 °C mit der Molalität 0,01 mol kg^{-1}.

6-49 Bei der Zugabe von 8,05 g einer Substanz zu 100 g Benzol bei 26 °C wurde der Dampfdruck von 133,3 mbar auf 126,4 mbar erniedrigt. Berechnen Sie die molare Masse der Substanz!

6-50 Bei der Zugabe von 9,15 g einer Substanz zu 100 g Ethanol bei 78,4 °C wurde der Dampfdruck von 1013,3 mbar auf 986,7 mbar erniedrigt. Berechnen Sie die molare Masse der Substanz!

6-51 Geben sie eine Beziehung zwischen der prozentualen Dampfdruckerniedrigung durch eine gelöste Substanz und dem Stoffmengenanteil dieser Substanz in idealer Lösung an! Wie groß ist dieser Wert für eine Lösung von 50,0 g Rohrzucker in 250 g Wasser?

6-52 Geben Sie eine Näherungsformel für die relative Erniedrigung des Dampfdrucks in einer Lösung in Abhängigkeit von der Molalität einer idealen Lösung und der molaren Masse an! Wie groß ist die relative Dampfdruckerniedrigung in einer 0,1 mol kg^{-1} Lösung einer nichtflüchtigen, nichtionischen Substanz?

Siedepunktserhöhung

6-53 Wie groß sind die Siedepunktserhöhungen in den folgenden (ideal angesehenen) Lösungen: (a) 0,10 mol kg^{-1} $C_6H_{12}O_6$(aq); (b) 0,01 mol kg^{-1} NaCl(aq).

6-54 Wie groß sind die Siedepunktserhöhungen in den folgenden (ideal angesehenen) Lösungen: (a) 0,15 mol kg^{-1} $C_{12}H_{22}O_{11}$(aq); (b) 0,001 mol kg^{-1} $CaCl_2$(aq).

6-55 Wie groß ist die Siedepunktserhöhung in einer gesättigten Lösung von 230 mg LiF in 100 g Wasser bei 100 °C?

6-56 Wie groß ist die Siedepunktserhöhung in einer gesättigten Lösung von 0,72 g Lithiumcarbonat in 100 g Wasser bei 100 °C?

6-57 (a) Wie groß ist die Siedepunktserhöhung in einer wäßrigen Lösung, die bei 100 °C einen Dampfdruck von 1001 mbar hat?
(b) Wie groß ist die Siedepunktserhöhung in einer wäßrigen Lösung, die bei −1,04 °C gefriert?

6-58 (a) Wie groß ist die Siedepunktserhöhung in einer Lösung einer Substanz in Benzol, die bei 80,1 °C, am normalen Siedepunkt des Benzols, einen Dampfdruck von 987 mbar hat?
(b) Wie groß ist die Siedepunktserhöhung in einer Lösung einer Substanz in Benzol, die bei 2,0 °C anstelle von 5,5 °C, dem Schmelzpunkt des reinen Benzols, erstarrt?

6-59 1,05 g einer Substanz, gelöst in 100 g Kohlenstofftetrachlorid, bewirken eine Siedepunktserhöhung von 0,309 K. Berechnen Sie die molare Masse der Substanz!

6-60 2,20 g einer Substanz, gelöst in 150 g Cyclohexan, bewirken eine Siedepunktserhöhung von 0,481 K. Berechnen Sie die molare Masse der Substanz!

6-61 Bei welcher Temperatur siedet Meerwasser, wenn man eine Konzentration von 0,5 M NaCl(aq) voraussetzt? Für die Dichte setzen wir 1 g cm^{-3}.

6-62 Wieviel Naphthalin muß man in 100 g Benzol lösen, damit der Siedepunkt um 0,801 K steigt?

Schmelzpunktserniedrigung

6-63 Wie groß sind die Schmelzpunktserniedrigungen in den folgenden (ideal angesehenen) Lösungen: (a) 0,10 mol kg^{-1} $C_6H_{12}O_6$(aq); (b) 0,01 mol kg^{-1} NaCl(aq).

6-64 Wie groß sind die Schmelzpunktserniedrigungen in den folgenden (ideal angesehenen) Lösungen: (a) 0,15 mol kg^{-1} $C_{12}H_{22}O_{11}$(aq); (b) 0,001 mol kg^{-1} $CaCl_2$(aq).

6-65 (a) Wie groß ist die Schmelzpunktserniedrigung in einer gesättigten Lösung von Lithiumfluorid in Wasser bei 0 °C mit 120 mg LiF in 100 g Wasser?
(b) Wie groß ist die Schmelzpunktserniedrigung in einer wäßrigen Lösung, die bei 100 °C einen Dampfdruck von 1001 mbar hat?
(c) Wie groß ist die Schmelzpunktserniedrigung in einer wäßrigen Lösung, die bei 101 °C siedet?

6-66 (a) Wie groß ist die Schmelzpunktserniedrigung in einer gesättigten Lösung von Lithiumcarbonat in Wasser bei 0 °C mit 154 mg Li_2CO_3 in 100 g Wasser?
(b) Wie groß ist die Schmelzpunktserniedrigung in einer Benzollösung, die bei 80,1 °C, dem normalen Siedepunkt des Benzols, einen Dampfdruck von 987 mbar hat?
(c) Wie groß ist die Schmelzpunktserniedrigung in einer Benzollösung, die erst bei 82,0 °C siedet?

6-67 1,14 g einer Substanz ergeben in 100 g Campher eine Erniedrigung des Schmelzpunktes um 2,481 K. Wie groß ist ihre molare Masse?

6-68 2,11 g einer Substanz ergeben in 50,0 g Phenol eine Erniedrigung des Schmelzpunktes um 1,753 K. Wie groß ist ihre molare Masse?

6-69 Bei welcher Temperatur gefriert Meerwasser, wenn man eine Konzentration von 0,5 M NaCl(aq) voraussetzt? Für die Dichte setzen wir 1 g cm^{-3}.

6-70 Wieviel Naphthalin muß man in 100 g Benzol lösen, damit der Schmelzpunkt um 1 °C erniedrigt wird?

Der osmotische Druck

6-71 Wie groß sind die osmotischen Drücke der folgenden Lösungen: (a) 0,10 M $C_6H_{12}O_6$(aq), (b) 0,01 M NaCl(aq).

6-72 Wie groß sind die osmotischen Drücke der folgenden Lösungen: (a) 0,15 M $C_{12}H_{22}O_{11}$(aq), (b) 0,001 M $CaCl_2$(aq).

6-73 Wie groß sind die osmotischen Drücke der folgenden Lösungen:
(a) eine gesättigte Lösung von Silberchlorid bei 0 °C mit 0,07 mg in 100 g Wasser;
(b) eine wäßrige Lösung von 20 °C, die bei 100 °C einen Dampfdruck von 1003 mbar hat;
(c) eine wäßrige Lösung von 25 °C, die bei 101 °C siedet.

6-74 Wie groß sind die osmotischen Drücke der folgenden Lösungen:

(a) eine gesättigte Lösung von Lithiumcarbonat bei 0 °C mit 1,54 g in 100 g Wasser;

(b) eine Lösung einer Substanz in Benzol bei 25 °C, die bei 80,1 °C, dem normalen Siedepunkt des Benzols, einen Dampfdruck von 987 mbar hat;

(c) eine Lösung einer Substanz in Benzol bei 20 °C, die bei 82,0 °C anstelle von 80,1 °C, dem normalen Siedepunkt des Benzols, siedet.

6-75 Wie hoch werden die folgenden Lösungen aufgrund ihres osmotischen Druckes in der in Abb. 6-27 gezeigten Apparatur steigen, wenn man bei 20 °C für die Dichte des Wassers 0,998 g cm^{-3} und für die des Quecksilbers 13,6 g cm^{-3} setzt: (a) 0,050 M $C_6H_{12}O_6$(aq), (b) 1,0 mM NaCl(aq).

6-76 Wie hoch werden die folgenden Lösungen aufgrund ihres osmotischen Druckes in der in Abb. 6-27 gezeigten Apparatur steigen, wenn man bei 20 °C für die Dichte des Wassers 0,998 g cm^{-3} und für die des Quecksilbers 13,6 g cm^{-3} setzt: (a) 3,0 mM $C_{12}H_{22}O_{11}$(aq), (b) 2,0 mM $CaCl_2$(aq).

6-77 Wie hoch wird eine gesättigte Lösung von Silberchlorid (mit 0,07 mg in 100 g Wasser) bei 0 °C in der in Abb. 6-27 gezeigten Apparatur steigen?

6-78 Wie hoch wird eine gesättigte Lösung von Lithiumcarbonat (mit 1,54 g in 100 g Wasser) bei 0 °C in der in Abb. 6-27 gezeigten Apparatur steigen?

6-79 Wie hoch wird eine Lösung von 1,0 g eines Polymeren mit einer molaren Masse von 50 kg mol^{-1} in 150 g Toluol (d_{Toluol} = 0,867 g mol^{-1}) bei 20 °C in der in Abb. 6-27 gezeigten Apparatur ansteigen?

6-80 Wie hoch wird eine Lösung von 0,50 g eines Polymeren mit einer molaren Masse von 68 kg mol^{-1} in 200 cm^3 Toluol bei 20 °C in der in Abb. 6-27 gezeigten Apparatur ansteigen?

6-81 Wie hoch wird eine Lösung von 1,0 g des im folgenden beschriebenen Polymeren in 150 cm^3 Toluol in der in Abb. 6-27 gezeigten Apparatur steigen? Das Polymere besteht aus Fraktionen mit den molaren Massen 40 kg mol^{-1}, 45 kg mol^{-1}, 50 kg mol^{-1} und 55 kg mol^{-1} mit den Stoffmengenanteilen 0,100, 0,300, 0,500 and 0,100.

6-82 Wie hoch wird eine Lösung von 0,10 g des im folgenden beschriebenen Polymeren in 50 cm^3 Toluol in der in Abb. 6-27 gezeigten Apparatur steigen? Das Polymere besteht aus Fraktionen mit den molaren Massen 20 kg mol^{-1}, 30 kg mol^{-1}, 40 kg mol^{-1}, 50 kg mol^{-1} und 60 kg mol^{-1} mit den Stoffmengenanteilen 0,050, 0,500, 0,050, 0,300 und 0,100.

6-83 Eine Lösung von 0,10 g eines Polymeren in 100 cm^3 Toluol (d = 0,867 g cm^{-3}) steigt bei 20 °C in einem Osmometer wie in Abb. 6-27 8,40 cm hoch. Wie groß ist die molare Masse des Polymeren?

6-84 Eine Lösung von 0,010 g eines Proteins in 10 cm^3 Wasser steigt in dem in Abb. 6-27 gezeigten Osmometer bei 20 °C 5,22 cm hoch. Wie groß ist die molare Masse des Proteins?

An einer chemischen Reaktion interessiert in erster Linie die Geschwindigkeit, mit der sie abläuft. In diesem Kapitel werden wir die Reaktionsgeschwindigkeit definieren und quantitativ beschreiben. Das wird uns ermöglichen, die Reaktionen in verschiedene Klassen einzuteilen und ihren zeitlichen Ablauf vorauszuberechnen. Wir werden erfahren, warum die meisten Reaktionen in der Wärme oder nach Zugabe von Katalysatoren schneller ablaufen. Das Muster auf diesem Bild entsteht bei einer komplizierten Reaktion. Man kann es mit Hilfe der in diesem Kapitel entwickelten Vorstellungen verstehen. Es gibt Leute, die behaupten, die Streifen im Fell eines Tigers kämen auf vergleichbare Weise zustande.

7 Reaktionskinetik

Die Untersuchung der Geschwindigkeit, mit der chemische Reaktionen ablaufen, ist Gegenstand der Reaktionskinetik. Sie ist vor allem für die chemische Industrie von grundlegender Bedeutung, denn der Konstrukteur einer Anlage, der einen Laborprozeß in technische Größenordnungen umsetzen will, muß wissen, wie die Reaktionsgeschwindigkeit von der Temperatur, vom Druck und von der Konzentration abhängt. Sie spielt auch in der Biologie und in der Medizin eine Rolle, denn im Organismus herrscht ein ausgewogenes Gleichgewicht zwischen sehr vielen Reaktionen, die gleichzeitig ablaufen und sich gegenseitig beeinflussen. Krankheit ist oft ein Zeichen dafür, daß die Geschwindigkeiten biologisch wichtiger Reaktionen zu stark verschoben sind. Für die in unserer Umwelt ablaufenden Reaktionen spielt die Reaktionskinetik ebenfalls eine wichtige Rolle. Die Reaktionen, die zum Auf- und Abbau der Ozonschicht beitragen, und die an der Bildung und am Abbau von Luft- oder Bodenverunreinigungen beteiligt sind, werden im Rahmen der chemischen Kinetik untersucht.

Die Reaktionskinetik ist auch ein Bindeglied zwischen den bisherigen und den folgenden Kapiteln dieses Buches. Bisher hatten wir die physikalischen Eigenschaften von Lösungen (wie den Dampfdruck oder den osmotischen Druck) mit Hilfe dynamischer Gleichgewichte interpretiert, bei denen die Geschwindigkeiten von Hin- und Rückreaktionen physikalischer Vorgänge gerade gleich waren. In diesem Kapitel wollen wir diese Überlegungen auf chemische Vorgänge übertragen. Danach werden wir das Konzept des dynamischen Gleichgewichts auf das außerordentlich wichtige Gebiet des chemischen Gleichgewichts anwenden.

Die Beschreibung von Reaktionsgeschwindigkeiten

In diesem Abschnitt definieren wir die Reaktionsgeschwindigkeit und beschreiben ihre Messung. Mit Hilfe der Reaktionsgeschwindigkeiten können wir chemische Reaktionen in Klassen mit charakteristischen Eigenschaften einteilen.

Reaktionsgeschwindigkeiten werden wie andere Geschwindigkeiten definiert. Eine Geschwindigkeit ist die Änderung einer Größe mit der Zeit; man berechnet sie, indem man die Änderung der Größe durch die Zeit, welche für die Änderung erforderlich ist, dividiert. Ein anschauliches Beispiel ist die Geschwindigkeit, mit der ein Körper sich fortbewegt; darunter verstehen wir eine zurückgelegte Strecke dividiert durch die dafür benötigte Zeit. Ganz analog dazu ist die Geschwindigkeit einer chemischen Reaktion die Änderung der Konzentration einer Substanz geteilt durch die Zeit, die für diese Konzentrationsänderung benötigt wird. Bei der Explosion von TNT (Trinitrotoluol) z. B. ändert sich die Konzentration extrem schnell, deshalb haben wir es mit einer sehr großen Reaktionsgeschwindigkeit zu tun. Bei der alkoholischen Gärung steigt die Alkoholkonzentration nur langsam an, wir sprechen deshalb auch von einer kleinen Reaktionsgeschwindigkeit.

Die Definition der Reaktionsgeschwindigkeit

Wir wollen mit einer einfachen Definition beginnen, die wir später etwas zu verbessern suchen, und schreiben:

$$\text{Reaktionsgeschwindigkeit} = \frac{\text{Änderung der Konzentration}}{\text{Zeit für diese Änderung}}$$

Wenn wir die Änderung der molaren Konzentration der Substanz X mit $\Delta[X]$ und die dafür benötigte Zeit mit Δt bezeichnen, dann können wir kürzer schreiben:

$$\text{Reaktionsgeschwindigkeit} = \frac{\Delta[X]}{\Delta t}$$

Nehmen wir als Beispiel die Reaktion:

$$2\,HI(g) \; \rightarrow \; H_2(g) + I_2(g)$$

Experimentell wurde gefunden, daß die Konzentration von HI innerhalb 100 s um 0,50 mol dm^{-3} abnahm. Daraus erhalten wir für die Reaktionsgeschwindigkeit

$$\text{Zersetzungsgeschwindigkeit von HI} = \frac{0,50 \text{ mol dm}^{-3} \text{ HI}}{100 \text{ s}}$$
$$= 5,0 \cdot 10^{-3} \text{ mol dm}^{-3} \text{ s}^{-1} \text{ HI}$$

Die Einheit der Reaktionsgeschwindigkeit ist mol dm^{-3} s^{-1}, Mol pro Liter und Sekunde. Zuweilen mag es auch günstig sein, Millimol und Minuten oder Stunden als Zeiteinheit zu verwenden.

Es ist sehr wichtig, daß man angibt, auf welche Substanz die Reaktionsgeschwindigkeit bezogen wird. In unserem Beispiel ist die Zersetzungsgeschwindigkeit von HI etwas anderes als die Bildungsgeschwindigkeit von H_2 oder von I_2, denn für zwei zerfallende HI-Moleküle entsteht nur ein H_2-Molekül. Wie das folgende Beispiel zeigt, ist es aber nicht schwer, mit Hilfe stöchiometrischer Beziehungen eine für eine bestimmte Substanz definierte Reaktionsgeschwindigkeit in eine andere umzurechnen.

Beispiel 7-1 Umrechnung von Reaktionsgeschwindigkeiten

Die Zersetzungsgeschwindigkeit von HI sei $5{,}0 \text{ mmol dm}^{-3} \text{ s}^{-1}$. Wie groß ist dann die Bildungsgeschwindigkeit von H_2 bei derselben Reaktion?

Methode. Wir erwarten eine kleinere Geschwindigkeit, denn aus zwei zerfallenden HI-Molekülen entsteht nur ein H_2-Molekül. Wir wissen, mit welcher Geschwindigkeit die molare Konzentration des HI abnimmt und können deshalb die Änderung der Konzentration von H_2 berechnen, wobei als Umrechnungsfaktor der Quotient $\frac{1 \text{ mol } H_2}{2 \text{ mol HI}}$ dient.

Lösung. Multiplizieren wir $5{,}0 \text{ mmol dm}^{-3} \text{ s}^{-1}$ HI mit dem angegebenen Umrechnungsfaktor, so erhalten wir

$$5{,}0 \text{ mmol dm}^{-3} \text{ s}^{-1} \text{ HI} \cdot \frac{1 \text{ mol } H_2}{2 \text{ mol HI}} = 2{,}5 \cdot 10^{-3} \text{ mol dm}^{-3} \text{ s}^{-1} \, H_2$$

für die Bildungsgeschwindigkeit des H_2.

Übungsaufgabe. Für die Bildung von Ammoniak aus Stickstoff und Wasserstoff wurde eine Geschwindigkeit von $1{,}15 \text{ mol dm}^{-3} \text{ h}^{-1}$ NH_3 gefunden. Wie groß ist die Zerfallsgeschwindigkeit des Wasserstoffs in diesem Fall? [Antwort: $1{,}72 \text{ mol dm}^{-3} \text{ h}^{-1}$ H_2]

Die Zeitabhängigkeit der Reaktionsgeschwindigkeit

Im Verlauf einer Reaktion werden die Ausgangssubstanzen allmählich aufgebraucht, dabei ändert sich in der Regel die Reaktionsgeschwindigkeit. Wir können nicht allgemein von der Geschwindigkeit einer Reaktion sprechen, so wie wir bei einer längeren Reise nicht einfach von der Geschwindigkeit eines Autos reden können. Wir wollen das an der Zersetzung der flüchtigen Substanz N_2O_5 in der Gasphase untersuchen (vgl. Abb. 7-1):

$$2 N_2O_5(g) \rightarrow 4 NO_2(g) + O_2(g)$$

In Abb. 7-2 ist in einem Diagramm angegeben, wie sich bei $65\,°C$ die Konzentration von N_2O_5 mit der Zeit ändert. In jedem Augenblick gilt

$$\text{Zersetzungsgeschwindigkeit von } N_2O_5$$
$$= \frac{\text{Abnahme der Konzentration von } N_2O_5}{\text{für die Abnahme benötigte Zeit}}$$

Nehmen wir an, uns interessiert die Geschwindigkeit genau 1000 s nach dem Beginn der Reaktion. Wenn wir den Druck des Gases im Reaktionsgefäß aufzeichnen, können wir für jeden Augenblick die N_2O_5-Konzentration angeben. Aber wie können wir daraus die Konzentrationsänderung in einem bestimmten Augenblick ermitteln?

Eine Möglichkeit ist, daß wir ein Zeitintervall – etwa 800 s – festlegen, in dem der Zeitpunkt liegt, für den wir die Geschwindigkeit bestimmen wollen, und aufgrund der in diesem Zeitintervall erfolgenden Konzentrationsabnahme die Geschwindigkeit berechnen. Diesem Vorgehen entspricht die rote Linie in Abb. 7-2. Wenn wir die Konzentration an N_2O_5 400 s vor und 400 s nach dem uns eigentlich interessierenden Zeitpunkt messen und die Differenz bilden, erhalten wir die Konzentrationsabnahme in dem 800-s-Intervall. Für die Reaktionsgeschwindigkeit in der Mitte des Intervalls (1000 s nach dem Beginn der

Abb. 7-1 Die Farbvertiefung im Laufe der Zeit zeigt, wie sich beim Zerfall von N_2O_5 bei $65\,°C$ NO_2 bildet. Man kann für jeden Zeitpunkt die molare Konzentration des N_2O_5 berechnen, wenn man die Anfangskonzentration, die momentane Konzentration an NO_2 und die chemischen Reaktionsgleichungen zwischen ihnen kennt.

Reaktion) gilt dann näherungsweise:

$$\text{Reaktionsgeschwindigkeit} = \frac{1{,}69 \cdot 10^{-2} \text{ mol dm}^{-3} \text{ N}_2\text{O}_5}{800 \text{ s}}$$

$$= 2{,}11 \cdot 10^{-5} \text{ mol dm}^{-3} \text{ s}^{-1} \text{ N}_2\text{O}_5$$

Weil die Geschwindigkeit nicht konstant ist, sondern sich während der 800 s zwischen den beiden Konzentrationsmessungen ändert, ist das soeben ausgerechnete Ergebnis nur eine Näherung. Im Prinzip werden wir einen besseren Wert erhalten, wenn wir ein kürzeres Intervall, etwa über 400 s, wählen. Das entspricht der grünen Linie in Abb. 7-2:

$$\text{Reaktionsgeschwindigkeit} = \frac{0{,}83 \cdot 10^{-2} \text{ mol dm}^{-3} \text{ N}_2\text{O}_5}{400 \text{ s}}$$

$$= 2{,}08 \cdot 10^{-5} \text{ mol dm}^{-3} \text{ s}^{-1} \text{ N}_2\text{O}_5$$

Das ist zwar auch nur eine Näherung für den wahren Wert zum Zeitpunkt 1000 s nach Reaktionsbeginn, aber immerhin besser.

Den genauen Wert für die Reaktionsgeschwindigkeit nach 1000 s erhält man, wenn man das Intervall (das immer diesen Zeitpunkt enthalten muß) so weit wie nur irgend möglich verkleinert. Mathematisch exakt erreicht man das, wenn man an die Konzentrationskurve eine Tangente legt und deren Steigung ermittelt. Die daraus berechnete Geschwindigkeit ist die augenblickliche Geschwindigkeit der Reaktion zum angegebenen Zeitpunkt. In unserem Beispiel erhalten wir zum Zeitpunkt 1000 s nach Reaktionsbeginn eine augenblickliche Reaktionsgeschwindigkeit von $2{,}08 \cdot 10^{-5} \text{ mol dm}^{-3} \text{ s}^{-1} \text{ N}_2\text{O}_5$. Es ist allgemein üblich, die augenblicklichen Reaktionsgeschwindigkeiten aus der Steigung der Konzentrationskurve zu bestimmen. Wenn wir von einer Reaktionsgeschwindigkeit sprechen, meinen wir immer die augenblickliche Reaktionsgeschwindigkeit zum angegebenen Zeitpunkt.

Anfangsgeschwindigkeiten

Wenn erst eine gewisse Menge des Reaktionsproduktes entstanden ist, kann es vielleicht auch mit den Ausgangssubstanzen reagieren oder die Reaktion auf andere Weise stören. Derartige Komplikationen vermeidet man mit der Methode der *Anfangsgeschwindigkeit*; darunter verstehen wir die Reaktionsgeschwindigkeit zu Beginn der Reaktion, solange noch kein Reaktionsprodukt vorliegt. Die Anfangsgeschwindigkeiten werden genauso wie andere augenblickliche Geschwindigkeiten gemessen; die Tangente an die Konzentrationskurve wird nun jedoch an den Reaktionsbeginn (bei $t = 0$) gelegt.

Bei den meisten Reaktionen hängt die Anfangsgeschwindigkeit von den Anfangskonzentrationen der Ausgangssubstanzen ab. Gehen wir z. B. von verschiedenen Mengen N_2O_5 in verschiedenen Behältern aus und messen wir bei 65 °C die Anfangsgeschwindigkeiten, mit denen sich der Dampf in den einzelnen Behältern zersetzt. Da, wo die Anfangskonzentration an N_2O_5 am größten ist, werden wir auch die größte Zersetzungsgeschwindigkeit beobachten (vgl. Abb. 7-3 a).

Sehen wir uns die Zahlenwerte einmal genauer an: Bei einer Anfangskonzentration von 0,08 M N_2O_5 ist die Anfangsgeschwindigkeit doppelt so groß wie bei der Anfangskonzentration 0,04 M. Daß die Geschwindigkeit verdoppelt wird, wenn wir die Konzentration verdop-

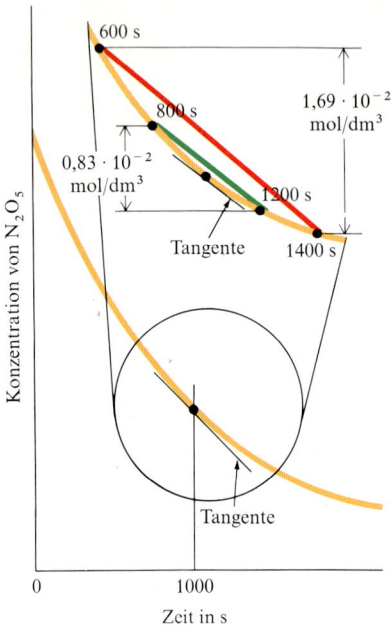

Abb. 7-2 Der zeitliche Verlauf der Konzentration von N_2O_5 bei 65 °C während des Zerfalls in NO_2 und O_2. Die Reaktionsgeschwindigkeit zu einem beliebigen Zeitpunkt nach dem Start kann man der Steigung der Tangente an der Kurve zu diesem Zeitpunkt entnehmen. Die rote und die grüne Gerade sind Näherungen für die Tangente.

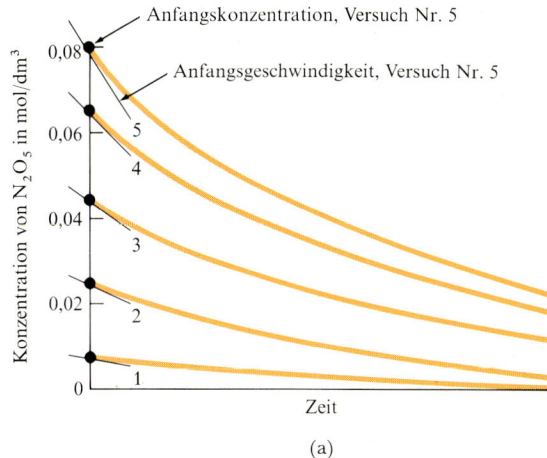

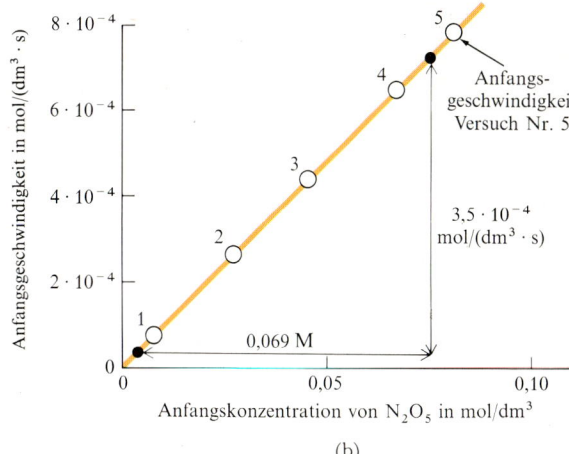

(a)

(b)

peln, legt nahe, daß die Anfangsgeschwindigkeit zur molaren Anfangsgeschwindigkeit proportional ist, d. h. es gilt

$$\text{Anfangsgeschwindigkeit} = k \cdot [N_2O_5]_0$$

wobei k eine Konstante ist und der Index 0 darauf hinweist, daß es sich um einen Anfangswert handelt. Mathematisch ist das die Gleichung einer Geraden mit dem Ordinatenabschnitt 0 und der Steigung k:

$$\text{Anfangsgeschwindigkeit} = 0 + k \cdot [N_2O_5]_0$$
$$y = a + b \cdot x$$

Wenn sich die vorgeschlagene Proportionalität zwischen der Anfangsgeschwindigkeit und der Anfangskonzentration bestätigen läßt, können wir die Konstante k bestimmen, indem wir die Anfangsgeschwindigkeit gegen die Anfangskonzentration von N_2O_5 auftragen. Abb. 7-3 b zeigt, daß wir in der Tat eine Gerade erhalten, d. h. die vermutete Proportionalität besteht in der Tat. Der Zahlenwert von k ist dann gleich dem Zahlenwert der Steigung:

$$k = \frac{3,6 \cdot 10^{-4} \ \text{mol dm}^{-3} \ \text{s}^{-1}}{0,069 \ \text{mol dm}^{-3}} = 5,2 \cdot 10^{-3} \ \text{s}^{-1}$$

(Die Einheit von k ist $1 \ \text{s}^{-1}$, gesprochen ‚pro Sekunde‘.) Wenn wir den Wert von k kennen, können wir für jede beliebige Anfangskonzentration die Anfangsgeschwindigkeit berechnen (natürlich bei derselben Temperatur).

Wenn beispielsweise $[N_2O_5]_0 = 50 \ \text{mM}$ und $t = 65\,°\text{C}$ gegeben sind, so gilt für die Anfangsgeschwindigkeit der Zerfallsreaktion:

Anfangsgeschwindigkeit
$$= (5,2 \cdot 10^{-3} \ \text{s}^{-1}) \cdot (50 \cdot 10^{-3} \ \text{mol dm}^{-3} \ N_2O_5)$$
$$= 2,6 \cdot 10^{-4} \ \text{mol } N_2O_5 \ \text{dm}^{-3} \ \text{s}^{-1}$$

Nicht bei allen Reaktionen sind die Anfangsgeschwindigkeiten zu den Anfangskonzentrationen der Ausgangssubstanzen proportional. Wenn wir etwa die Anfangsgeschwindigkeit der Zerfallsreaktion von Stickstoffdioxid

$$2 \ NO_2(g) \ \rightarrow \ 2 \ NO(g) + O_2(g)$$

Abb. 7-3 (a) Die Anfangsgeschwindigkeit des Zerfalls von N_2O_5, wie er sich aus der Steigung der Tangente zum Zeitpunkt $t = 0$ ergibt, ist größer, wenn die Anfangskonzentration von N_2O_5 größer ist. (b) Die Anfangsgeschwindigkeit ist proportional zur Anfangskonzentration, denn wir erhalten eine Gerade, wenn wir für die fünf Fälle aus Teil a die Anfangsgeschwindigkeiten gegen die Anfangskonzentrationen auftragen.

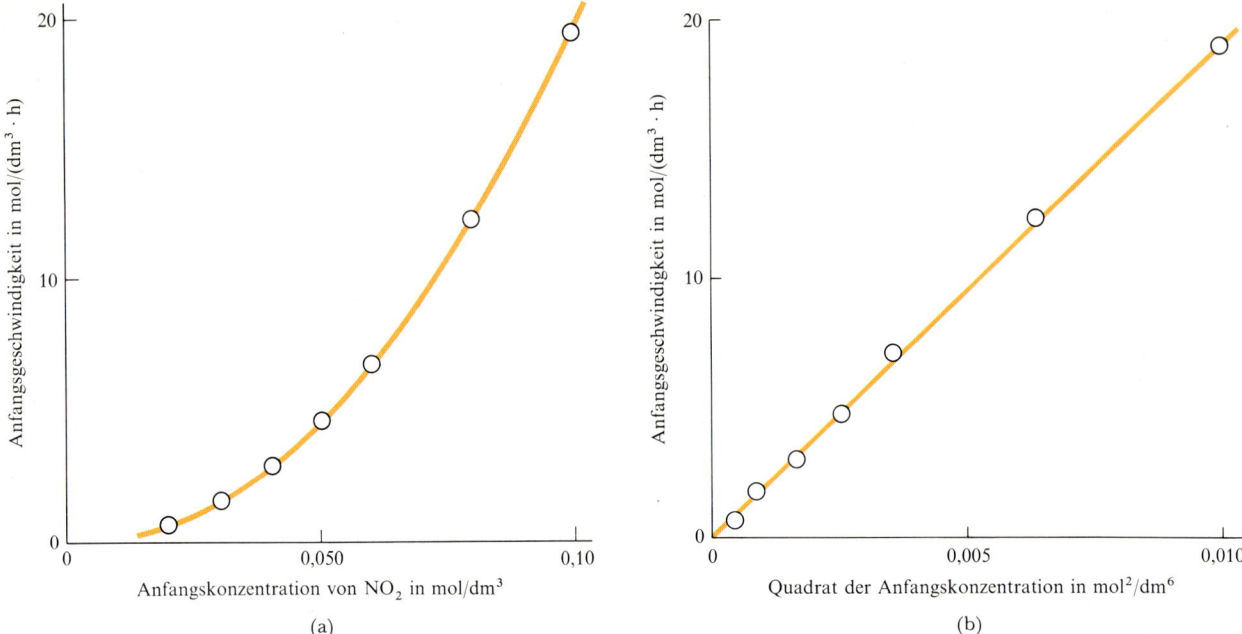

(a)

(b)

gegen die Anfangskonzentration des NO_2 auftragen, erhalten wir keine Gerade, vgl. dazu Abb. 7-4a. Eine Gerade erhalten wir in diesem Fall, wenn wir die Anfangsgeschwindigkeit gegen das Quadrat der Anfangskonzentration auftragen, wie es in Abb. 7-4b geschehen ist. Wir sehen daran, daß die Anfangskonzentration dieser Reaktion proportional zu $[NO_2]_0^2$ ist; wir können also in diesem Fall schreiben:

$$\text{Anfangsgeschwindigkeit} = k \cdot [N_2O_5]_0^2$$

Dabei ist k wieder eine Konstante (aber eine andere als in unserem ersten Beispiel). Hier hat die Konstante auch eine andere Einheit, nämlich $dm^3\,mol^{-1}\,s^{-1}$, wie sich leicht zeigen läßt, wenn man die Dimensionen in dieser Gleichung nachrechnet. Den Wert von k erhalten wir wieder aus der Steigung der Geraden (in Abb. 7-4b) zu $0,54\,dm^3 \cdot mol^{-1}\,s^{-1}$ bei 300 °C.

Abb. 7-4 (a) Wenn wir die Anfangsgeschwindigkeit des Zerfalls von NO_2 in NO und O_2 gegen seine Anfangskonzentration auftragen, erhalten wir keine Gerade. (b) Wenn wir dagegen die Geschwindigkeit gegen das Quadrat dieser Konzentration auftragen, erhalten wir eine Gerade.

7-2 Geschwindigkeitsgesetze und Reaktionsordnung

Die Formeln, die wir bisher entwickelt haben, beschreiben den Zusammenhang zwischen den Anfangsgeschwindigkeiten und den Anfangskonzentrationen von Reaktionspartnern. Es handelte sich jeweils nur um Anfangswerte; damit wurden Komplikationen, die aus dem Vorhandensein von Reaktionsprodukten herrühren, ausgeklammert. Bei vielen Reaktionen spielen die Reaktionsprodukte für den Reaktionsablauf keine nennenswerte Rolle; in diesen Fällen beschreibt die Formel für die Anfangsgeschwindigkeit auch das Reaktionsverhalten nach dem Reaktionsbeginn. Wir haben lediglich für jeden Moment den augenblicklichen Konzentrationswert einzusetzen. Wenn z. B. bei der N_2O_5-Zersetzung die N_2O_5-Konzentration von ihrem Anfangswert 50 mM auf 10 mM gefallen ist, erhalten wir:

Anfangsgeschwindigkeit

$$= k \cdot [N_2O_5]$$
$$= (5{,}2 \cdot 10^{-3} \, s^{-1}) \cdot (10 \cdot 10^{-3} \, mol \, dm^{-3} \, N_2O_5)$$
$$= 5{,}2 \cdot 10^{-5} \, mol \, dm^{-3} \, s^{-1} \, N_2O_5$$

Das ist eine kleinere Geschwindigkeit als zu Beginn.

Die Proportionalität der Reaktionsgeschwindigkeit zu $[N_2O_5]$ läßt sich nachweisen, wenn man die Geschwindigkeit gegen $[N_2O_5]$ für verschiedene Zeiten nach dem Reaktionsbeginn in einem Diagramm aufträgt (Abb. 7-5). Wir erhalten dabei eine Gerade, die die gleiche Steigung wie die Gerade in Abb. 7-3 hat. In jedem Augenblick reagiert das noch vorhandene N_2O_5 so, als handelte es sich um eine (kleinere) Anfangskonzentration. Die Zersetzungsgeschwindigkeit läßt sich deshalb in jeder Stufe der Reaktion durch eine Gleichung der Form

$$\text{Zersetzungsgeschwindigkeit} = k \cdot [N_2O_5]$$

beschreiben, wobei $[N_2O_5]$ die augenblickliche Konzentration zu einem bestimmten Zeitpunkt ist. Diese Formel ist das erste Beispiel eines *Geschwindigkeitsgesetzes*:

Ein **Geschwindigkeitsgesetz** ist eine Gleichung, die den Zusammenhang zwischen der Reaktionsgeschwindigkeit und den augenblicklichen Konzentrationen der Substanzen, die an der Reaktion teilnehmen, beschreibt.

Die Konstante k, die in allen Geschwindigkeitsgesetzen auftritt, nennen wir die *Geschwindigkeitskonstante*. Sie hängt nicht von den Konzentrationen der beteiligten Substanzen ab, aber von der Art der Reaktion und auch von der Temperatur. Für die Zersetzung von N_2O_5 bei 65 °C hatten wir z. B. den Wert $k = 5{,}2 \cdot 10^{-3} \, s^{-1}$ gefunden.

Für die Zersetzung von NO_2 lautet das Geschwindigkeitsgesetz:

$$\text{Zersetzungsgeschwindigkeit} = k \cdot [NO_2]^2$$

mit $k = 0{,}54 \, dm^3 \, mol^{-1} \, s^{-1}$ bei 300 °C. Dies entspricht der Formel für die Anfangsgeschwindigkeit, nur daß jeweils anstelle der Anfangskonzentrationen die augenblickliche Konzentration einzusetzen ist.

Abb. 7-5 (a) Die augenblicklichen Reaktionsgeschwindigkeiten des Zerfalls von N_2O_5 zu verschiedenen Zeitpunkten erhalten wir aus den Steigungen der Tangenten. (b) Trägt man diese Geschwindigkeiten gegen die Konzentration des noch vorhandenen N_2O_5 auf, so erhält man eine Gerade.

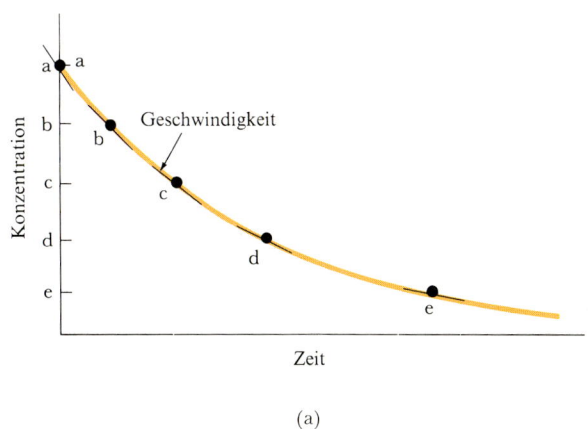

(a)

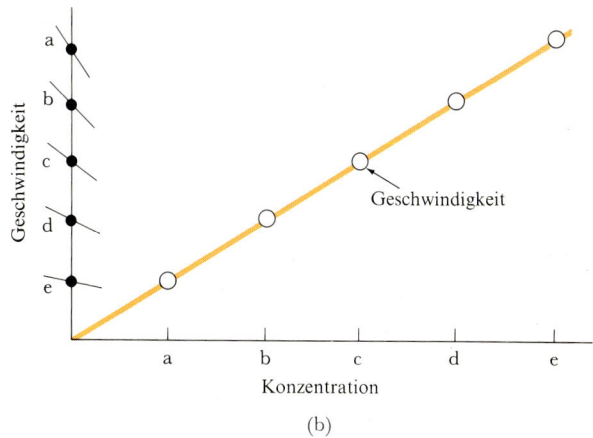

(b)

Wenn verschiedene Substanzen mit ähnlichen Geschwindigkeitsgesetzen in die Reaktion eingehen, dann sind die zeitlichen Änderungen ihrer Konzentrationen ebenfalls vergleichbar. Es hat sich als zweckmäßig erwiesen, Reaktionen nach der mathematischen Gestalt ihrer Geschwindigkeitsgesetze in Gruppen einzuteilen. Bisher haben wir zwei verschiedene Geschwindigkeitsgesetze kennengelernt; sie unterscheiden sich in den Exponenten, mit denen die Konzentrationen versehen sind. Man kann sie mit der Formel

$$\text{Geschwindigkeit} = k \cdot [\text{Ausgangssubstanz}]^a$$

zusammenfassen; für die N_2O_5-Zersetzung haben wir $a = 1$ und für die NO_2-Zersetzung $a = 2$ einzusetzen.

Die Zersetzung von N_2O_5 ist ein Beispiel für eine Reaktion *erster Ordnung*; bei einer Reaktion erster Ordnung ist die Reaktionsgeschwindigkeit proportional zur Konzentration der Ausgangssubstanz (d. h. es ist $a = 1$). Verdoppelt man hier die Konzentration, so wird auch die Reaktionsgeschwindigkeit verdoppelt. Die Zersetzung von NO_2 ist ein Beispiel für eine Reaktion *zweiter Ordnung*, denn bei ihr ist die Reaktionsgeschwindigkeit proportional zum Quadrat der Konzentration der Ausgangssubstanz (d. h. $a = 2$).

Wenn man bei einer Reaktion zweiter Ordnung die Konzentration verdoppelt, so erhöht sich die Geschwindigkeit um den Faktor $2^2 = 4$. Von einer Reaktion *nullter Ordnung* spricht man, wenn die Geschwindigkeit nicht von der Konzentration abhängt. Der Name ‚nullter Ordnung‘ hat einen mathematischen Sinn, denn wenn wir im Geschwindigkeitsgesetz $a = 0$ setzen, erhalten wir (wegen $x^0 = 1$) eine von der Konzentration unabhängige Geschwindigkeit:

$$\text{Geschwindigkeit} = k \cdot [\text{Ausgangssubstanz}]^0 = k$$

Ein Beispiel für eine Reaktion nullter Ordnung ist die Zersetzung von Ammoniak an einem heißen Platindraht:

$$2\,NH_3(g) \xrightarrow{\text{Hitze, Pt}} N_2(g) + 3\,H_2(g)$$

Bei dieser Reaktion zerfällt der Ammoniak so lange mit konstanter Geschwindigkeit, bis er ganz aufgebraucht ist; dann bricht die Reaktion ab (vgl. Abb. 7-6).

Es gibt auch Reaktionen mit komplizierteren Geschwindigkeitsgesetzen. Ein Beispiel ist die Reaktion zwischen Persulfat- und Iodid-Ionen nach der Gleichung

$$S_2O_8^{2-}(aq) + 3\,I^-(aq) \rightarrow 2\,SO_4^{2-}(aq) + I_3^-(aq)$$

(wobei (aq) hydratisiert bedeutet, vgl. Abschn. 6-5), wobei das Geschwindigkeitsgesetz folgende Form hat:

$$\text{Geschwindigkeit} = k \cdot [S_2O_8^{2-}] \cdot [I^-]$$

Man sagt, diese Reaktion sei erster Ordnung bezüglich $S_2O_8^{2-}$ und erster Ordnung bezüglich I^-; die Ordnung bezüglich einer Substanz gibt dann an, in welcher Potenz die betreffende Konzentration im Geschwindigkeitsgesetz auftritt. Wenn man die $S_2O_8^{2-}$- oder die I^--Konzentration verdoppelt, so verdoppelt sich auch die Reaktionsgeschwindigkeit. In unserem Beispiel hängt die Geschwindigkeit von mehr als

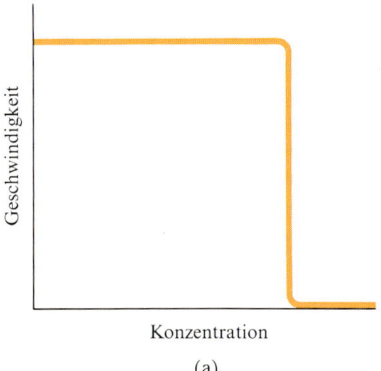

(a)

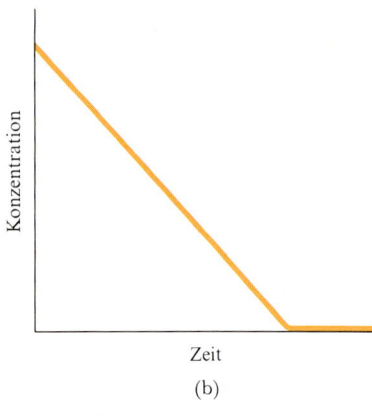

(b)

Abb. 7-6 Die Geschwindigkeit einer Reaktion nullter Ordnung hängt nicht von der Konzentration einer an der Reaktion beteiligten Substanz ab. (b) Bei einer Reaktion nullter Ordnung fällt die Konzentration der Ausgangssubstanz mit konstanter Geschwindigkeit, bis alles verbraucht ist. Dann kommt die Reaktion abrupt zum Ende.

einer Substanz ab; für diesen Fall führen wir den Begriff *Gesamtord-nung* ein:

Die **Gesamtordnung** einer Reaktion ist die Summe der Exponenten der Konzentrationen im Geschwindigkeitsgesetz.

Allgemein gilt: wenn die Geschwindigkeit $= k \cdot [A]^a [B]^b \ldots$ ist, dann ist die Gesamtordnung gleich $a + b + \ldots$.

Bei der Persulfat-Reaktion ist die Gesamtordnung 2. Die Reaktion von Stickstoffdioxid mit Kohlenmonoxid nach der Gleichung

$$NO_2(g) + CO(g) \rightarrow NO(g) + CO_2(g)$$

erfolgt nach dem Geschwindigkeitsgesetz:

$$\text{Geschwindigkeit} = k \cdot [NO_2]^2$$

Sie ist bezüglich NO_2 zweiter Ordnung, bezüglich CO nullter Ordnung und insgesamt zweiter Ordnung. Mit der Aussage ‚nullter Ordnung bezüglich CO‘ meinen wir, daß zwar CO für die Reaktion vorhanden sein muß, daß die Reaktionsgeschwindigkeit aber nicht von der Konzentration von CO abhängt.

Beispiel 7-2 Reaktionsordnungen

Für die Oxidation von Schwefeldioxid zu Schwefeltrioxid in Gegenwart von Platin (vgl. Abb. 7-7) gilt das Geschwindigkeitsgesetz

$$\text{Geschwindigkeit} = \frac{k \cdot [SO_2]}{[SO_3]^{1/2}}$$

Welche Gesamtordnung hat die Reaktion?

Methode. Zuerst bestimmen wir die Ordnung bezüglich jeder einzelnen Substanz; dann addieren wir diese Ordnungen zur Gesamtordnung. Wegen $1/x^a = x^{-a}$ gehört zu einer Konzentration im Nenner eine negative Ordnung.

Lösung. Das Geschwindigkeitsgesetz hat die Form:

$$\text{Geschwindigkeit} = k \cdot [SO_2] \cdot [SO_3]^{-1/2}$$

Abb. 7-7 Wenn man trockenes Schwefeldioxid und Sauerstoff über heißes Platin leitet (links), so reagieren sie miteinander zu Schwefeltrioxid. Diese Substanz erkennt man an dem dichten weißen Nebel, den sie mit Spuren von Luftfeuchtigkeit bildet (rechts). Das Geschwindigkeitsgesetz dieser Reaktion, das in Beispiel 7-2 angegeben ist, zeigt, daß die Geschwindigkeit der SO_3-Bildung abnimmt, wenn die SO_3-Konzentration zunimmt.

233

Es hat also bezüglich SO_2 die Ordnung 1 und bezüglich SO_3 die Ordnung $-\frac{1}{2}$. Wegen $1 + (-\frac{1}{2}) = \frac{1}{2}$ hat die Reaktion die Gesamtordnung $\frac{1}{2}$. Bezüglich SO_3 ist die Ordnung negativ, deshalb nimmt die Reaktionsgeschwindigkeit ab, wenn die SO_3-Konzentration erhöht wird.

Übungsaufgabe. Für die Reduktion von Bromat-Ionen durch Bromid-Ionen in saurer Lösung nach der Gleichung

$$BrO_3^- (aq) + 5 Br^- (aq) + 6 H^+ (aq) \rightarrow 3 Br_2 (aq) + 3 H_2O (l)$$

gilt für die Reaktionsgeschwindigkeit

$$\text{Geschwindigkeit} = k \cdot [BrO_3^-] \cdot [Br^-] \cdot [H^+]^2$$

Wie lauten die Ordnungen bezüglich der Ausgangssubstanzen und wie die Gesamtordnung?

[Antwort: erster Ordnung bezüglich BrO_3^- und Br^-,
zweiter Ordnung bezüglich H^+,
insgesamt vierter Ordnung]

In Tabelle 7-1 sind die Geschwindigkeitsgesetze mit den Zahlenwerten der Geschwindigkeitskonstanten für einige typische Reaktionen zusammengestellt. Bis auf wenige Fälle, über die wir später sprechen werden, kann man ein Geschwindigkeitsgesetz nicht aus der chemischen Reaktionsgleichung ableiten; es muß in der Regel immer experi-

Tabelle 7-1 Geschwindigkeitsgesetze und Geschwindigkeitskonstanten

Reaktion	Geschwindigkeits-gesetz*	Temperatur in K	k
Gasphase:			
$H_2 + I_2 \rightarrow 2\,\mathbf{HI}$	$k \cdot [H_2] \cdot [I_2]$	500	$4,3 \cdot 10^{-4}\ cm^{-3}\ mol^{-1}\ s^{-1}$
		600	$0,44\ cm^3\ mol^{-1}\ s^{-1}$
		700	$63\ cm^3\ mol^{-1}\ s^{-1}$
		800	$2,6 \cdot 10^3\ cm^3\ mol^{-1}\ s^{-1}$
$2\,\mathbf{HI} \rightarrow H_2 + I_2$	$k \cdot [HI]^2$	500	$6,4 \cdot 10^{-6}\ cm^3\ mol^{-1}\ s^{-1}$
		600	$9,7 \cdot 10^{-3}\ cm^3\ mol^{-1}\ s^{-1}$
		700	$1,8\ cm^3\ mol^{-1}\ s^{-1}$
		800	$92\ cm^3\ mol^{-1}\ s^{-1}$
$2\,\mathbf{N_2O_5} \rightarrow 4\,NO_2 + O_2$	$k \cdot [N_2O_5]$	298	$3,7 \cdot 10^{-5}\ s^{-1}$
		318	$5,1 \cdot 10^{-4}\ s^{-1}$
		328	$1,7 \cdot 10^{-3}\ s^{-1}$
		338	$5,2 \cdot 10^{-3}\ s^{-1}$
$2\,\mathbf{N_2O} \rightarrow 2\,N_2 + O_2$	$k \cdot [N_2O]$	1000	$0,76\ s^{-1}$
		1050	$3,4\ s^{-1}$
$2\,\mathbf{NO_2} \rightarrow 2\,NO + O_2$	$k \cdot [NO_2]^2$	573	$0,54\ dm^3\ mol^{-1}\ s^{-1}$
$\mathbf{C_2H_6} \rightarrow 2\,CH_3$	$k \cdot [C_2H_6]$	973	$5,5 \cdot 10^{-4}\ s^{-1}$
$\mathbf{Cyclopropan} \rightarrow$ Propen	$k \cdot [Cyclopropan]$	773	$6,7 \cdot 10^{-4}\ s^{-1}$
wäßrige Lösungen:			
$\mathbf{H^+} + OH^- \rightarrow H_2O$	$k \cdot [H^+] \cdot [OH^-]$	298	$1,5 \cdot 10^{11}\ dm^3\ mol^{-1}\ s^{-1}$
$\mathbf{CH_3Br} + OH^- \rightarrow CH_3OH + Br^-$	$k \cdot [CH_3Br] \cdot [OH^-]$	298	$2,8 \cdot 10^{-4}\ dm^3\ mol^{-1}\ s^{-1}$
$\mathbf{C_{12}H_{22}O_{11}} + H_2O \xrightarrow{\text{Säure}} 2\,C_6H_{12}O_6$	$k \cdot [C_{12}H_{22}O_{11}] \cdot [H^+]$	298	$1,8 \cdot 10^{-4}\ dm^3\ mol^{-1}\ s^{-1}$

* bezogen auf die fettgedruckte Substanz in der ersten Spalte.

mentell (durch Messungen der Reaktionsgeschwindigkeit) bestimmt werden. Die Zersetzungsreaktionen von N_2O_5 und NO_2 haben beide die Form $2A \rightarrow$ Produkte, die erste hat aber die Ordnung 1 und die zweite die Ordnung 2. Ein schönes Beispiel für eine Reaktion, bei der das Geschwindigkeitsgesetz und die Reaktionsgleichung keine Ähnlichkeit aufweisen, ist die Reaktion zwischen Iodchlorid und Wasserstoff:

$$2\,ICl(g) + H_2(g) \rightarrow I_2(g) + 2\,HCl(g)$$
$$\text{Geschwindigkeit} = k \cdot [H_2] \cdot [ICl]$$

Obwohl in der Reaktionsgleichung zwei ICl-Moleküle auftreten, ist die Geschwindigkeit nur proportional zu $[ICl]$ (und nicht zu $[ICl]^2$, wie man erwarten könnte). Ein anderes Beispiel ist die Iodierung von Aceton:

$$CH_3COCH_3(aq) + I_2(aq) \xrightarrow{\text{Säure}} (CH_2I)COCH_3(aq) + HI(aq)$$
$$\text{Geschwindigkeit} = k \cdot [CH_3COCH_3] \cdot [H^+]$$

Hier tritt $[I_2]$ nicht im Geschwindigkeitsgesetz auf, dagegen $[H^+]$, obwohl das Ion H^+ gar nicht in der Reaktionsgleichung vorkommt. Eine Säure oder H^+ (s. Kap. 9) ist also an der Reaktion beteiligt.

Beispiel 7-3 Bestimmung der Reaktionsordnung aus experimentellen Daten

In der folgenden Tabelle sind die Anfangsgeschwindigkeiten der Reaktion

$$BrO_3^-(aq) + 5\,Br^-(aq) + 6\,H^+(aq) \rightarrow 3\,Br_2(aq) + 3\,H_2O(l)$$

angegeben. Was folgt daraus für die Ordnungen der Reaktion bezüglich der einzelnen Ausgangssubstanzen?

Anfangskonzentration [M]			Anfangsgeschwindigkeit [mmol dm^{-3} s^{-1} BrO$_3^-$]
BrO$_3^-$	Br$^-$	H$^+$	
0,10	0,10	0,10	1,2
0,20	0,10	0,10	2,4
0,10	0,30	0,10	3,5
0,20	0,10	0,15	5,4

Methode. Nehmen wir an, wir erhöhen die Konzentration einer Substanz um den Faktor f; wenn dabei die Geschwindigkeit der Reaktion um den Faktor f^a größer wird, hat die Reaktion bezüglich dieser Substanz die Ordnung a.

Wir haben also die Meßdaten darauf zu untersuchen, wie sich die Geschwindigkeit ändert, wenn wir die Konzentrationen der einzelnen Substanzen ändern. Wir können den Effekt auf eine einzelne Substanz eingrenzen, wenn wir Zeilen miteinander vergleichen, die sich nur in der Konzentration einer einzigen Substanz unterscheiden.

Lösung. Wenn wir die Konzentration des BrO_3^- von 0,10 M auf 0,20 M (von der ersten zur zweiten Spalte) verdoppeln, so verdoppelt sich die Geschwindigkeit ebenfalls. Die Reaktion ist also erster Ordnung in BrO_3^-. Ändert man die Konzentration des Br^- von 0,10 M auf 0,30 M, also um den Faktor 3,0, so nimmt die Geschwindigkeit von 1,2 mmol dm^{-3} s^{-1} auf 3,5 mmol dm^{-3} s^{-1} zu, also um den Faktor $3,5/1,2 = 2,9$. Im Rahmen einer akzeptablen Meßungenauigkeit wird also bestätigt, daß unsere Reaktion erster Ordnung bezüglich Br^- ist.

Erhöhen wir die Konzentration der Wasserstoff-Ionen H^+ von 0,10 M auf 0,15 M, also um den Faktor 1,5 (zwischen der zweiten und der vierten Zeile), dann nimmt die Geschwindigkeit um den Faktor $5,4/2,4 = 2,3$ zu.

Wenn wir daraus die Ordnung berechnen wollen, müssen wir die Gleichung $1,5^a = 2,3$ nach a auflösen. Logarithmieren wir auf beiden Seiten, so erhalten wir:

$$\log 1,5^a = \log 2,3 = 0,36$$

Bekanntlich ist $\log 1,5^a = a \cdot \log 1,5$; daraus folgt

$$a = \frac{0,36}{\log 1,5} = \frac{0,36}{0,18} = 2,0$$

Die Reaktion ist also zweiter Ordnung bezüglich H^+. Dann ist das Gesetz für die Anfangsgeschwindigkeit (vielleicht auch das Geschwindigkeitsgesetz überhaupt):

$$\text{Geschwindigkeit} = k \cdot [BrO_3^-] \cdot [Br^-] \cdot [H^+]^2$$

und damit insgesamt vierter Ordnung.

Übungsaufgabe. Führen Sie die gleichen Untersuchungen an der Reaktion zwischen Persulfat-Ionen und Iodid-Ionen,

$$S_2O_8^{2-}(aq) + 2I^-(aq) \rightarrow 2SO_4^{2-}(aq) + I_2(aq)$$

durch, für die Meßwerte in der folgenden Tabelle angegeben sind.

Anfangskonzentration [M]		Anfangsgeschwindigkeit [mol dm^{-3} s^{-1} S$_2$O$_8^{2-}$]
$S_2O_8^{2-}$	I^-	
0,15	0,21	1,14
0,22	0,21	1,70
0,22	0,12	0,98

[Antwort: Geschwindigkeit $= k \cdot [S_2O_8^{2-}] \cdot [I^-]$]

Es ist keineswegs immer der Fall, daß die Reaktionsordnung ganzzahlig oder überhaupt positiv ist, wie wir schon im Beispiel 7-2 gesehen hatten. Für die Zersetzung des Ozons erhalten wir z. B.:

$$2O_3(g) \rightarrow 3O_2(g)$$

$$\text{Geschwindigkeit} = \frac{k \cdot [O_3]^2}{[O_2]}$$

Das ist ein Beispiel für eine Reaktion, bei der ein Reaktionsprodukt in das Geschwindigkeitsgesetz eingeht. Die Reaktionsordnung bezüglich O_2 ist -1, denn $[O_2]$ steht im Nenner. Eine negative Ordnung bedeutet, daß die Geschwindigkeit abnimmt, wenn die Konzentration dieser Substanz (also hier des Sauerstoffs) zunimmt.

Beispiel 7-4 Ein Geschwindigkeitsgesetz mit einem negativen Exponenten

Um welchen Faktor nimmt die Geschwindigkeit des Ozon-Zerfalls ab, wenn die Sauerstoff-Konzentration um 20% erhöht wird?

Methode. Weil die Sauerstoff-Konzentration im Geschwindigkeitsgesetz mit einem negativen Exponenten auftritt, erwarten wir eine Abnahme der Geschwindigkeit. Aus dem Geschwindigkeitsgesetz errechnen wir das Verhältnis der Geschwindigkeiten für die Sauerstoffkonzentration $[O_2]$ und für die um 20% erhöhte Sauerstoffkonzentration $1,2 \cdot [O_2]$. Wenn wir das Verhältnis ausrechnen, heben sich die Ozonkonzentrationen und die Geschwindigkeitskonstante gerade heraus.

Lösung. Das Verhältnis der Geschwindigkeiten ist:

$$\frac{\text{Geschwindigkeit}_2}{\text{Geschwindigkeit}_1} = \frac{k \cdot [O_3]^2/[O_2]_2}{k \cdot [O_3]^2/[O_2]_1} = \frac{[O_2]_1}{[O_2]_2}$$

$$= \frac{[O_2]_1}{1{,}2 \cdot [O_2]_1} = 0{,}83$$

Die neue Geschwindigkeit beträgt also nur 83% der ursprünglichen.

Übungsaufgabe. Um wieviel muß man die Sauerstoffkonzentrationen verringern, damit die Geschwindigkeit des Ozon-Zerfalls um 50% zunimmt?

[Antwort: auf 67% der ursprünglichen Konzentration]

Bei manchen Reaktionen kann man gar keine Gesamtordnung angeben. Die Reaktion

$$H_2(g) + Br_2(g) \rightarrow 2\,HBr(g)$$

gehorcht z.B. dem Geschwindigkeitsgesetz:

$$\text{Geschwindigkeit} = \frac{k \cdot [H_2] \cdot [Br_2]^{3/2}}{[Br_2] + k' \cdot [HBr]}$$

Diese Reaktion ist erster Ordnung bezüglich H_2, bezüglich Br_2 und HBr ist es aber unmöglich, eine Ordnung anzugeben, denn das Geschwindigkeitsgesetz hat nicht die Form

$$\text{Geschwindigkeit} = k \cdot [H_2]^a \cdot [Br_2]^b \cdot [HBr]^c$$

Die Zeitabhängigkeit von Reaktionen erster Ordnung

Wenn man von einer Reaktion das Geschwindigkeitsgesetz und die Geschwindigkeitskonstante kennt, kann man die Konzentrationen der an der Reaktion beteiligten Substanzen für jeden Augenblick der Reaktion vorausberechnen. Umgekehrt kann man aus dem zeitlichen Verlauf der Konzentrationen auf das Geschwindigkeitsgesetz schließen.

Wir wollen mit den Reaktionen erster Ordnung beginnen. Betrachten wir eine Reaktion, an der die Substanz A beteiligt ist und für die wir experimentell gefunden haben, daß

$$\text{Geschwindigkeit} = k \cdot [A]$$

gilt. Ein Beispiel für eine solche Reaktion ist die Umlagerung von Cyclopropan (C_3H_6; **1**) in Propen ($CH_3-CH=CH_2$; **2**):

$$C_3H_6 \rightarrow CH_3-CH=CH_2, \quad \text{Geschwindigkeit} = k \cdot [C_3H_6]$$

Ein anderes Beispiel dafür war die Zersetzung von N_2O_5.

Oft kennen wir die Anfangskonzentration $[A]_0$ einer Substanz und wollen die Konzentration $[A]$ für den späteren Zeitpunkt t berechnen. Zur Berechnung von $[A]$ brauchen wir eine Formel für die Konzentration in Abhängigkeit von der Zeit. Eine solche Formel, zu deren Herleitung man die Differential- und Integralrechnung hinzuziehen muß, nennen wir auch ein *integriertes Geschwindigkeitsgesetz*. Für Reaktionen erster Ordnung lautet das integrierte Geschwindigkeitsgesetz:

$$\ln \frac{[A]_0}{[A]} = k\,t \tag{1}$$

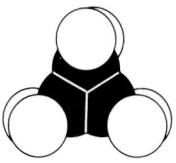

1 Cyclopropan

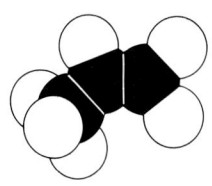

2 Propen

In Abb. 7-8 ist der Zusammenhang zwischen [A] und der Zeit, wie er sich aus dieser Formel ergibt, für zwei verschiedene Werte von k aufgetragen*. Die wiedergegebene Kurve nennt man auch eine exponentielle Zerfallskurve. Sie gibt den zuerst steileren und später flacheren Abfall der Konzentration wieder, wie man ihn im Experiment findet (vgl. dazu Abb. 7-2). Eine größere Konstante k hat auch eine größere Anfangsgeschwindigkeit des Zerfalls zur Folge.

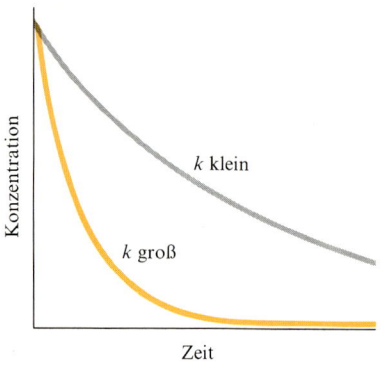

Abb. 7-8 Die Zeitabhängigkeit der Konzentration einer Substanz bei einer Reaktion erster Ordnung zeigt den charakteristischen Verlauf des exponentiellen Zerfalls. Je größer die Geschwindigkeitskonstante ist, um so schneller erfolgt der Abfall von der gleichen Anfangskonzentration aus.

Beispiel 7-5 Berechnung der Konzentration aus dem Geschwindigkeitsgesetz

Berechnen Sie die 600 s (10 min) nach dem Start der Zersetzungsreaktion von N_2O_5 verbleibende Konzentration von N_2O_5. Die Anfangskonzentration ist 40 mM, die Temperatur 65 °C.

Methode. Es muß eine kleinere Konzentration herauskommen, denn die Ausgangssubstanz wird verbraucht. Die Aufgabe besteht darin, mit Gl. (1) die Konzentration der Ausgangssubstanz bei $t = 600$ s zu berechnen.

Zusätzlich zu den Daten benötigen wir noch die Konstante k für unsere Reaktion. Wir hatten den Zahlenwert $k = 5,2 \cdot 10^{-3}\,\mathrm{s}^{-1}$ bei 65 °C bereits kennengelernt (er ist auch in Tab. 7-1 zu finden). Die Gleichung 1 ist eine Formel für $\ln([A]_0/[A])$, wir brauchen aber [A] selbst.

Lösung. Wenn wir k und t in Gl. 1 einsetzen, erhalten wir

$$\ln \frac{[N_2O_5]_0}{[N_2O_5]} = (5,2 \cdot 10^{-3}\,\mathrm{s}^{-1}) \cdot (600\,\mathrm{s}) = 3,1$$

Mit der Beziehung $e^{\ln x} = x$ können wir den Logarithmus entfernen; wir haben also die Exponentialfunktion der Zahl auf der rechten Seite zu berechnen:

$$\frac{[N_2O_5]_0}{[N_2O_5]} = e^{3,1} = 22$$

Mit dem Anfangswert $[N_2O_5]_0 = 40$ mM erhalten wir daraus

$$[N_2O_5] = \frac{40\,\mathrm{mM}}{22} = 1,8\,\mathrm{mM}$$

Nach 600 s ist die Konzentration des N_2O_5 also von 40 mM auf 1,8 mM gefallen.

Übungsaufgabe. Wir betrachten den Zerfall von N_2O nach der Gleichung

$$2\,N_2O(g) \rightarrow 2\,N_2(g) + O_2(g)$$
Geschwindigkeit des N_2O-Zerfalls $= k \cdot [N_2O]$

mit $k = 3,4\,\mathrm{s}^{-1}$ bei 780 °C. Die Anfangskonzentration ist $[N_2O]_0 = 0,20$ mM. Wie groß ist die Konzentration des N_2O nach 100 ms?

[Antwort: 0,14 M]

Gleichung 1 eignet sich auch zur Prüfung, ob eine Reaktion erster Ordnung ist, und wenn das der Fall ist, zur Berechnung der Geschwindigkeitskonstanten. Gleichung 1 ist die Gleichung einer Geraden, wenn

---

* Löst man Gleichung 1 nach [A] auf, so erhält man nach Entlogarithmieren $[A] = [A]_0 \cdot e^{-kt}$. Wegen des Exponentialausdrucks in dieser Formel spricht man bei Kurven vom Typ wie in Abb. 7-8 von einem exponentiellen Zerfall.

man sie in der folgenden Form schreibt:

$$\ln [A] = \ln [A]_0 - k \cdot t$$
$$y \;=\; a \;\;+ b \cdot x$$

Falls es sich um eine Reaktion erster Ordnung bezüglich A handelt, dann muß man eine Gerade erhalten, wenn man $\ln [A]$ gegen t aufträgt. Die Steigung der Geraden ist in diesem Fall $-k$.

Beispiel 7-6 Die Bestimmung der Geschwindigkeitskonstanten

Wenn Cyclopropan (**1**) auf 500 °C erhitzt wird, wandelt es sich in Propen (**2**) um. Folgende Daten wurden experimentell bestimmt:

t/min	0	5	10	15
[Cyclopropan]/mM	1,5	1,24	1,00	0,83

Prüfen Sie nach, daß es sich um eine Reaktion erster Ordnung bezüglich C_3H_6 handelt, und berechnen Sie die Geschwindigkeitskonstante!

Methode. Wie im Text beschrieben, haben wir $\ln [A]$ gegen t aufzutragen und zu prüfen, ob wir dabei eine Gerade erhalten. Wenn ja, dann handelt es sich um eine Reaktion erster Ordnung. Wer mit dekadischen Logarithmen (das sind Logarithmen zur Basis 10) vertraut ist, kann auch mit der Beziehung

$$\log [A] = \log [A]_0 - \frac{k}{2,30} \cdot t$$

arbeiten. Wir tragen dann $\log [A]$ gegen t auf und setzen die Steigung gleich $-k/2,30$.

Lösung. Zuerst haben wir die Zahlenwerte auszurechnen, die wir auftragen wollen:

t/min	0	5	10	15
log [Cyclopropan]/mM	0,18	0,093	0,00	−0,081

Diese Punkte sind in Abb. 7-9 aufgetragen; sie liegen auf einer Geraden, es handelt sich also in der Tat um eine Reaktion erster Ordnung bezüglich Cyclopropan. Für die Steigung können wir an dem Diagramm

$$\text{Steigung} = \frac{\log [C_3H_6]_B - \log [C_3H_6]_A}{t_B - t_A}$$

$$= \frac{(-0,050) - (0,15)}{13,3 \,\text{min} - 1,7 \,\text{min}} = -0,017 \,\text{min}^{-1}$$

entnehmen. Daraus folgt:

$$k = -2,30 \cdot \text{Steigung} = -2,30 \cdot (-0,017 \,\text{min}^{-1}) = 0,040 \,\text{min}^{-1}$$

Rechnet man die Minuten in Sekunden um, so ergibt sich
$k = 6,7 \cdot 10^{-4} \,\text{s}^{-1}$, das ist genau der Wert in Tabelle 7-1.

Übungsaufgabe. Bei der Zersetzung von N_2O_5 bei 25 °C wurden die folgenden Werte gemessen:

t/min	0	200	400	600	800	1000
[N_2O_5]/mM	15,0	9,6	6,2	4,0	2,5	1,6

Prüfen Sie nach, daß es sich um eine Reaktion erster Ordnung handelt, und berechnen Sie den Zahlenwert von k!

[Antwort: $3,7 \cdot 10^{-5} \,\text{s}^{-1}$]

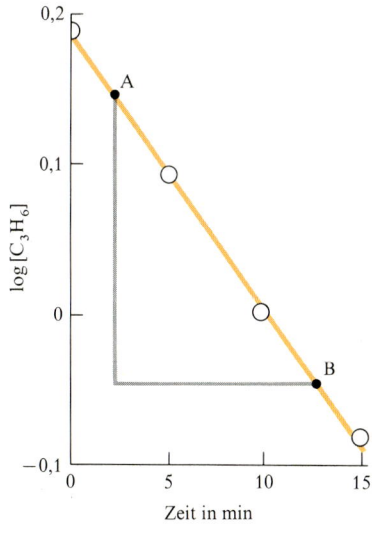

Abb. 7-9 Ob eine Reaktion erster Ordnung vorliegt, erkennt man, wenn man den Logarithmus der Konzentration einer Ausgangssubstanz gegen die Zeit aufträgt. Das ist einfacher und genauer, als wenn man für jeden Augenblick die Reaktionsgeschwindigkeit berechnet und gegen die Konzentration aufträgt. Die Steigung der Geraden liefert die Geschwindigkeitskonstante.

Wir können Gleichung 1 auch nach der Zeit auflösen, die eine Reaktion braucht, bis eine bestimmte Konzentration [A] erreicht ist:

$$t = \frac{1}{k} \ln \frac{[A]_0}{[A]} \qquad (2)$$

Beispiel 7-7 Anwendung des integrierten Geschwindigkeitsgesetzes

Wie lange dauert es, bis bei 65 °C die Konzentration des N_2O_5 von 20 mM auf 2,0 mM gefallen ist?

Methode. Wir brauchen nur die Daten in Gleichung 2 einzusetzen. Die Geschwindigkeitskonstante entnehmen wir Tabelle 7-1.

Lösung. Mit $k = 19 \text{ h}^{-1}$ bei dieser Temperatur erhalten wir:

$$t = \frac{1}{19 \text{ h}^{-1}} \cdot \ln \frac{20 \text{ mM}}{2,0 \text{ mM}}$$

$$= 0,0526 \text{ h} \cdot \ln 10 = 0,12 \text{ h}$$

Das sind etwa 7 Minuten.

Übungsaufgabe. Wie lange dauert es bei einer Reaktion erster Ordnung mit $k = 1,0 \text{ s}^{-1}$, bis die Konzentration auf ein Hundertstel ihres Anfangswertes gefallen ist?

[Antwort: 4,6 s]

Die Halbwertszeit bei Reaktionen erster Ordnung

Sehr oft werden Reaktionsgeschwindigkeiten mit der sehr anschaulichen *Halbwertszeit* $t_{1/2}$ einer Substanz beschrieben:

Die **Halbwertszeit** einer Substanz ist die Zeit, die benötigt wird, bis die Konzentration dieser Substanz auf die Hälfte des Anfangswertes gesunken ist.

Wenn A die Substanz ist, mit der wir uns beschäftigen, dann ist nach einer Halbwertszeit die Konzentration von [A] auf $\frac{1}{2}$ [A] gefallen. Für eine Reaktion erster Ordnung gilt dann nach Gl. 2:

$$t_{1/2} = \frac{1}{k} \ln \frac{[A]_0}{\frac{1}{2}[A]_0} = \frac{1}{k} \cdot \ln 2$$

Mit $\ln 2 = 0,69$ können wir auch schreiben:

$$t_{1/2} = \frac{0,69}{k} \qquad (3)$$

Die Anfangskonzentration tritt in dieser Formel nicht mehr auf. Das bedeutet, daß die Halbwertszeit einer Reaktion erster Ordnung nicht von der Anfangskonzentration abhängt (vgl. Abb. 7-10). Wir werden sehen, daß das nur für Reaktionen erster Ordnung gilt.

Für die N_2O_5-Zersetzung bei 65 °C gilt:

$$t_{1/2} = \frac{0,69}{5,2 \cdot 10^{-3} \text{ s}^{-1}} = 130 \text{ s}$$

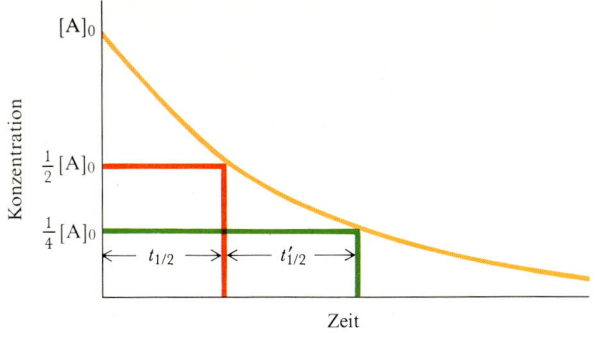

Abb. 7-10 Die Halbwertszeit einer Substanz ist die Zeit, die verstreicht, bis ihre Konzentration auf die Hälfte des Anfangswertes abgesunken ist. Für Reaktionen erster Ordnung erhält man immer dieselbe Halbwertszeit, wann auch immer man die Meßperiode beginnen läßt; es gilt also: $t'_{1/2} = t_{1/2}$.

Für eine Probe mit $[N_2O_5] = 10$ mM nimmt die Konzentration also in 130 s auf 5 mM ab. Weil die Halbwertszeit unabhängig von der Konzentration ist, fällt sie in den nächsten 130 s auf 2,5 mM, dann auf 1,25 mM und so weiter.

Beispiel 7-8 Halbwertszeiten

Wie lange dauert es, bis die Konzentration von Cyclopropan bei 500 °C (a) auf die Hälfte, (b) auf ein Viertel des Anfangswertes gefallen ist?

Methode. Zuerst müssen wir feststellen, ob die Reaktion erster Ordnung ist. Wenn das so ist, dann wird die Konzentration genau nach einer Halbwertszeit auf die Hälfte abgesunken sein; die Halbwertszeit selbst berechnen wir mit Gl. 3 aus der Geschwindigkeitskonstanten. k entnehmen wir der Tabelle 7-1. Bis die Konzentration auf ein Viertel der Anfangskonzentration gefallen ist, dauert es zwei aufeinander folgende Halbwertszeiten. Bei einer Reaktion erster Ordnung ist die Halbwertszeit konstant; es dauert also $2 \cdot t_{1/2}$.

Lösung. Mit $k = 6,7 \cdot 10^{-4}\,\text{s}^{-1}$ erhalten wir:

$$t_{1/2} = \frac{0,69}{6,7 \cdot 10^{-4}\,\text{s}^{-1}} = 1,0 \cdot 10^3\,\text{s}$$

Für (a) erhalten wir eine Zeit von 1000 s oder 17 min und für (b) das Doppelte, also 2000 s oder 34 min.

Übungsaufgabe. Wie lange dauert es, bis die Konzentration von N_2O bei 1000 K (a) auf die Hälfte, (b) auf ein Achtel des Anfangswertes abgesunken ist?

[Antwort: (a) 0,91 s; (b) 2,7 s]

Die Halbwertszeit eignet sich sehr gut dazu, Reaktionen erster Ordnung zu identifizieren. Wir messen für zwei verschiedene Anfangskonzentrationen jeweils die Zeit, bis die Konzentrationen auf die Hälfte gesunken sind. Sind diese beiden Zeiten gleich, dann ist die Reaktion erster Ordnung.

Die Zeitabhängigkeit von Reaktionen zweiter Ordnung

Das integrierte Geschwindigkeitsgesetz für Reaktionen zweiter Ordnung der Form

$$\text{Geschwindigkeit} = k \cdot [A]^2$$

lautet:

$$\frac{1}{[A]} = \frac{1}{[A]_0} + k\,t \tag{4}$$

In Abb. 7-11 ist wiedergegeben, wie sich die Konzentration nach dieser Formel mit der Zeit ändert. Am Anfang nimmt die Konzentration schnell ab, später aber langsamer als bei einer Reaktion erster Ordnung mit derselben Anfangsgeschwindigkeit. Es ist allerdings nötig, über einige Halbwertszeiten hinweg die Reaktion zu verfolgen, bis man eindeutig zwischen erster und zweiter Ordnung unterscheiden kann.

Wenn wir das integrierte Geschwindigkeitsgesetz nach t auflösen, so erhalten wir die Zeit, die vergeht, bis die Konzentration von A von ihrem Anfangswert $[A]_0$ auf die Konzentration $[A]$ abgefallen ist:

$$t = \frac{1}{k} \cdot \left(\frac{1}{[A]} - \frac{1}{[A]_0} \right) \tag{5}$$

Wenn wir die Halbwertszeit berechnen wollen, setzen wir $[A] = \frac{1}{2}[A]_0$:

$$t_{1/2} = \frac{1}{k} \cdot \left(\frac{2}{[A]_0} - \frac{1}{[A]_0} \right)$$

$$= \frac{1}{k \cdot [A]_0} \tag{6}$$

Das bedeutet, daß bei einer Reaktion zweiter Ordnung die Halbwertszeit von der Konzentration abhängt, und zwar ist sie umgekehrt proportional zu ihr. Wenn es also z. B. von einem bestimmten Anfangswert aus 10 s gedauert hat, bis die Konzentration auf die Hälfte gefallen war, so dauert es jetzt 20 s, bis die Konzentration wieder auf die Hälfte (also auf ein Viertel des ursprünglichen Anfangswertes) gefallen ist. Dieser allmählichen Vergrößerung der Halbwertszeit entspricht die starke Abflachung der Kurven in Abb. 7-11.

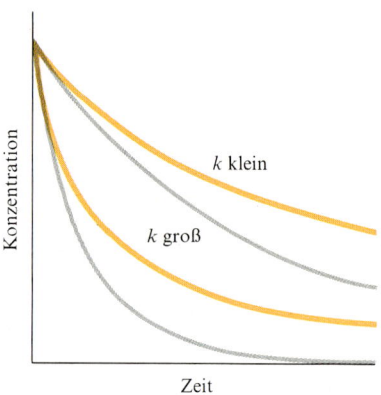

Abb. 7-11 Die Zeitabhängigkeit der Konzentration einer Ausgangssubstanz bei einer Reaktion zweiter Ordnung. Zum Vergleich sind grau die Kurven für Reaktionen erster Ordnung mit derselben Anfangskonzentration eingezeichnet.

Beispiel 7-9 Halbwertszeiten bei Reaktionen zweiter Ordnung

Iodwasserstoff zerfällt bei 700 K in der Gasphase nach einer Reaktion zweiter Ordnung mit $k = 1{,}8 \text{ cm}^3 \text{ mol}^{-1} \text{ s}^{-1}$. Wie lange dauert es, bis in einer Probe von 10 mM Iodwasserstoff die Konzentration (a) auf die Hälfte, (b) auf ein Viertel der Anfangskonzentration gefallen ist?

Methode. Nach Voraussetzung handelt es sich um eine Reaktion zweiter Ordnung mit einem Geschwindigkeitsgesetz von Typ Geschwindigkeit $= k \cdot [A]^2$; wir können also Gl. 6 verwenden. Die Zeit, die verstreicht, bis die Konzentration auf ein Viertel des Anfangswertes abgefallen ist, ist gleich der Summe aus den Zeiten, die von $[HI]_0$ bis $\frac{1}{2}[HI]_0$ und von $\frac{1}{2}[HI]_0$ bis $\frac{1}{4}[HI]_0$ gebraucht werden.

Lösung. Die erste Halbwertszeit von $[HI]_0$ bis $\frac{1}{2}[HI]_0$ ist:

$$t_{1/2} = \frac{1}{k \cdot [HI]_0} \tag{6}$$

Mit

$$k \cdot [HI]_0 = 1{,}8 \cdot 10^{-3} \text{ dm}^3 \text{ mol}^{-1} \text{ s}^{-1} \cdot (10 \cdot 10^{-3} \text{ mol dm}^{-3}) = 1{,}8 \cdot 10^{-5} \text{ s}^{-1}$$

erhalten wir daraus:

$$t_{1/2} = \frac{1}{1{,}8 \cdot 10^{-5} \text{ s}^{-1}} = 5{,}6 \cdot 10^4 \text{ s}$$

Die zweite Halbwertszeit erhalten wir, wenn wir $[HI]_0$ durch den neuen Anfangswert $\frac{1}{2}[HI]_0$ ersetzen:

$$t_{1/2} = \frac{1}{k \cdot \frac{1}{2}[HI]_0} = \frac{2}{k \cdot [HI]_0}$$

Das ist das Doppelte des ersten Wertes, also $11{,}2 \cdot 10^4$ s. Insgesamt erhalten wir so

$$t = 5{,}6 \cdot 10^4 \,\text{s} + 11{,}2 \cdot 10^4 \,\text{s} = 1{,}7 \cdot 10^5 \,\text{s}$$

Übungsaufgabe. NO_2 zerfällt bei 300 °C nach einer Reaktion zweiter Ordnung mit $k = 0{,}54\,\text{dm}^3\,\text{mol}^{-1}\,\text{s}^{-1}$. Wie lange dauert es, bis die Anfangskonzentration $[NO_2] = 1{,}0$ mM (a) auf die Hälfte, (b) auf ein Achtel abgefallen ist?

[Antwort: (a) 31 min; (b) 3 h 37 min]

Manche Reaktionen vom Typ

$$A + B \rightarrow \text{Produkte}$$

laufen nach einem Geschwindigkeitsgesetz zweiter Ordnung der Form

$$\text{Geschwindigkeit} = k \cdot [A] \cdot [B]$$

ab. Ein Beispiel dafür ist die Reaktion:

$$CH_3Br\,(aq) + OH^-\,(aq) \rightarrow CH_3OH\,(aq) + Br^-\,(aq)$$
$$\text{Geschwindigkeit} = k \cdot [CH_3Br] \cdot [OH^-]$$

Es gibt zwei Fälle, in denen ein derartiges Geschwindigkeitsgesetz in eine uns schon bekannte Formel vereinfacht werden kann. Im ersten Fall soll ein Reaktionspartner in so hoher Konzentration vorliegen, daß er sich während der Reaktion praktisch nicht ändert. Nehmen wir an, bei der eben genannten Reaktion der Methylbromid-Hydrolyse seien die Anfangskonzentrationen $[OH^-] = 1{,}00$ mM und $[CH_3Br] = 0{,}01$ M. Dann würde die OH^--Konzentration, wenn das Methylbromid vollständig verbraucht ist, nur um 1 % auf $1{,}00\,\text{M} - 0{,}01\,\text{M} = 0{,}99$ M gefallen sein. Das heißt aber, wir können bei dieser Reaktion $[OH^-] = [B]$ als praktisch konstant ansehen. Das Geschwindigkeitsgesetz vereinfacht sich dann zu:

$$\text{Geschwindigkeit} = k' \cdot [A] \quad \text{mit} \quad k' = k \cdot [B]$$

Eine solche Reaktion, bei der die Konzentration einer Substanz praktisch konstant ist, verläuft scheinbar nach einem Geschwindigkeitsgesetz erster Ordnung; wir sprechen dann von einer Reaktion pseudoerster Ordnung. Die Zeitabhängigkeit der Konzentration von A wird durch Gleichung 1 beschrieben, die Geschwindigkeitskonstante ist $k \cdot [B]$. Wenn $[OH^-] = 1{,}0$ M vorgegeben ist, dann gilt für die Methylbromid-Hydrolyse:

$$k' = 2{,}8 \cdot 10^{-4}\,\text{dm}^3\,\text{mol}^{-1}\,\text{s}^{-1} \cdot 1{,}0\,\text{mol}\,\text{dm}^{-3} = 2{,}8 \cdot 10^{-4}\,\text{s}^{-1}$$

und die Halbwertszeit des Methylbromids ist (nach Gl. 3) 2500 s.

Der zweite einfache Fall liegt vor, wenn beide Ausgangssubstanzen A und B die gleiche Anfangskonzentration haben und mit derselben Geschwindigkeit verbraucht werden. Pro umgesetztes CH_3Br-Molekül wird ein OH^--Ion verbraucht. Haben sie am Anfang die gleiche Konzentration, dann bleiben ihre Konzentrationen auch während der Reaktion gleich, d. h. es gilt $[A] = [B]$. Setzen wir das in das Geschwindigkeitsgesetz ein, so erhalten wir:

$$\text{Geschwindigkeit} = k \cdot [CH_3Br]^2$$

oder allgemein:

$$\text{Geschwindigkeit} = k \cdot [A]^2$$

Wir haben damit das Geschwindigkeitsgesetz auf eine Form zurückgeführt, die wir schon behandelt haben. Die Konzentrationen können wir jetzt nach Gl. 4 berechnen.

Radioaktivität

In diesem Kapitel haben wir Methoden kennengelernt, um die Geschwindigkeiten chemischer Reaktionen zu beschreiben. Mit ihnen läßt sich auch die zeitliche Veränderung von Kernreaktionen, z. B. der radioaktive Zerfall, beschreiben. Dessen Verläufe, sowie die zeitlichen Veränderungen radioaktiver Proben wollen wir hier untersuchen.

Von Radioaktivität ist oft nur bekannt, daß sie mit Strahlen verbunden ist, die biologische Gewebe schädigen können. Wie stark die Schädigung ist, hängt von der Stärke der Strahlungsquelle, der Art der Strahlung und der Dauer der Bestrahlung ab. Ein weiterer sehr wichtiger Aspekt der radioaktiven Materialien ist ihre Stabilität, die Jahrtausende umfassen kann; das wirft die Frage auf, wie und wie lange radioaktiver Abfall gelagert werden muß, bis er harmlos geworden ist. Diese Frage werden wir mit Hilfe der Beziehungen, die wir in diesem Kapitel kennengelernt haben, beantworten.

7-3 Der radioaktive Zerfall

Im Jahr 1896 entdeckte Henri Becquerel die Radioaktivität. Er konnte ihre Intensität messen, indem er einen photographischen Film radioaktiver Strahlung aussetzte und deren Intensität durch die Schwärzung des Films beschrieb (Abb. 7-12). Mit dieser Methode wird noch heute die Strahlungsbelastung von Personen kontrolliert, die radioaktiver Strahlung ausgesetzt sein können.

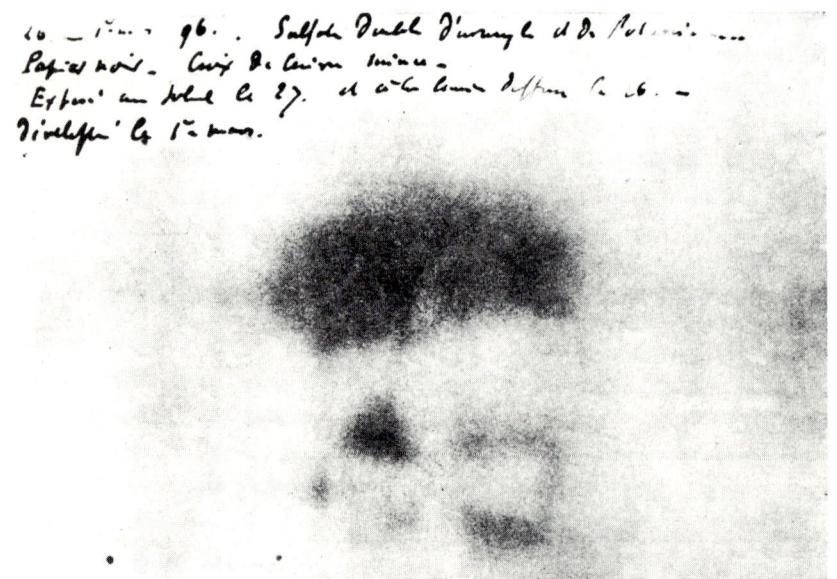

Abb. 7-12 Becquerel entdeckte die Radioaktivität, als er beobachtete, daß eine unbelichtete Photoplatte geschwärzt wurde, wenn sie in der Nähe von Uranoxid gelagert wurde. Hier ist eine der Originalplatten von Becquerel wiedergegeben.

Messung der Radioaktivität

Heute werden zum Nachweis und zur Mesung radioaktiver Strahlung vor allem zwei Geräte verwendet. Der *Geiger-Zähler* (Abb. 7-13) ist im Prinzip ein Zylinder, der zwei Elektroden enthält und mit einem Gas unter niedrigem Druck gefüllt ist. An die Elektroden wird eine Spannung angelegt; die Strahlung ionisiert Atome des Gases und ermöglicht damit für kurze Zeit einen Stromfluß zwischen den Elektroden. Wenn diese Stromstöße auf einen Lautsprecher geleitet werden, so erscheint jeder einzelne Strahl als hörbares Knacken; die Häufigkeit der Geräusche ist ein Maß für die Intensität der Strahlung. Ein *Szintillationszähler* nutzt die Beobachtung aus, daß bestimmte Substanzen (wie z. B. Zinksulfid) einen Lichtblitz (eine Szintillation) aussenden, wenn sie von radioaktiver Strahlung getroffen werden. Die Intensität der Strahlung kann man messen, indem man die Szintillationen elektronisch zählt.

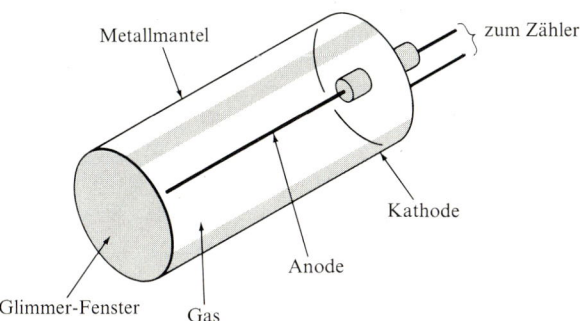

Metallmantel — zum Zähler — Kathode — Anode — Glimmer-Fenster — Gas

Abb. 7-13 In einem Geiger-Zähler besteht der Detektor aus einem Gas (meist Argon, dem etwas Ethanol zugesetzt ist, oder Neon mit etwas Brom) in einem Behälter, wobei zwischen der Behälterwand und einem zentral aufgespannten Draht eine hohe Spannung (zwischen 500 und 1000 V) angelegt ist. Ein elektrischer Strom kann zwischen den Elektroden fließen, wenn Gasatome durch Strahlung ionisiert werden.

Die Eindringtiefe

Die drei wichtigsten Arten von radioaktiver Strahlung unterscheiden sich u.a. in ihrer Fähigkeit, in Materie einzudringen. *α-Strahlen* sind zweifach positiv geladene Helium-Kerne, bestehen also aus zwei Protonen und zwei Neutronen. Sie dringen am wenigsten in Materie ein, denn die Wechselwirkung der massiven, hoch geladenen α-Teilchen mit anderen Molekülen ist so stark, daß sie schnell gebremst werden und durch Elektroneneinfang in neutrale Heliumatome übergehen, bevor sie eine längere Strecke zurücklegen können. Aber obwohl α-Teilchen nicht weit eindringen, richten sie erheblichen Schaden an, denn ihre Stoßenergie kann Atome aus Molekülen und Ionen aus Kristallgitterplätzen herausschlagen. α-Strahlen schädigen auch lebende Zellen. Wenn die DNA und die an der Proteinsynthese beteiligten Enzyme beeinträchtigt sind, kann unter Umständen Krebs entstehen. α-Strahlen werden zwar meist in der obersten Hautschicht absorbiert; wenn jedoch α-strahlende Teilchen eingeatmet werden, können sie im Körper erheblichen Schaden anrichten.

β-Strahlen dringen wesentlich besser in Materie ein. Sie bestehen aus schnellen Elektronen und können etwa 1 cm tief in Gewebe eindringen, bis sie aufgrund elektrostatischer Wechselwirkungen mit den Atomkernen und anderen Elektronen ihre kinetische Energie verloren haben.

γ-Strahlen dringen regelmäßig am weitesten ein. Sie bestehen aus ungeladenen, energiereichen Photonen und schädigen das Gewebe, indem sie auf ihrem Wege Moleküle ionisieren. Wenn Protein- oder

DNA-Moleküle von γ-Strahlen geschädigt sind, können sie ihre Funktionen nicht mehr ausüben; die Folgen sind als *Strahlenkrankheit* bekannt, die sich zu Krebs entwickeln kann. γ-Strahlen-Quellen müssen deshalb von dicken bleihaltigen Wänden umgeben sein, damit die Personen in der Umgebung vor dieser durchdringenden Strahlung geschützt werden.

α-, β- und γ-Strahlen unterscheiden sich durch ihre Ladung; durch ihr Verhalten im elektrischen Feld lassen sie sich charakterisieren (Abb. 7-14).

Die Aktivität von Strahlungsquellen

Die Intensität der Strahlung, die von einem radioaktiven Element ausgeht, hängt von der Aktivität des Elementes ab; darunter verstehen wir die Anzahl der Atomzerfälle, die in einer Sekunde erfolgen. Mit einem Geigerzähler lassen sich die einzelnen Zerfälle hörbar machen; mit einem Szintillationszähler macht man sie sichtbar. Es gibt eine ganze Reihe von Einheiten, mit denen die Aktivität von Strahlungsquellen und ihre schädigende Wirkung auf biologisches Gewebe gemessen werden; sie sind in Tabelle 7-2 zusammengestellt. Wir wollen hier nur die wichtigsten von ihnen besprechen.

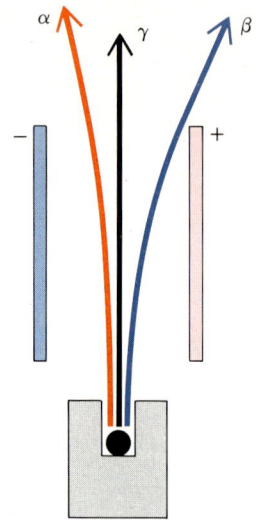

Abb. 7-14 Die Wirkung eines elektrischen Feldes auf radioaktive Strahlung. α-Strahlen erweisen sich als positiv, β-Strahlen als negativ geladen, und γ-Strahlen sind elektrisch neutral.

Tabelle 7-2 Strahlungseinheiten

Eigenschaft	Einheit		Definition
	Name	Symbol	
Aktivität	Curie	Ci	$3{,}7 \cdot 10^{10}$ Zerfälle pro Sekunde
	Becquerel	Bq	1 Zerfall pro Sekunde ($1\,\text{Ci} = 3{,}7 \cdot 10^{10}$ Bq)
Absorbierte Dosis	Strahlendosis	rad	$10^{-2}\,\text{J kg}^{-1}$
	Gray	Gy	$1\,\text{J kg}^{-1}$ ($1\,\text{Gy} = 100$ rad)
Äquivalent-Dosis	Röntgen-Äquivalent Mensch	rem	$Q \cdot$ rad*
	Sievert	Sv	100 rem

* Q ist ein Maß für die biologische Wirkung der Strahlung. Für Röntgen-, γ- und β-Strahlung ist meist $Q = 1$, für α-Strahlen und schnelle Neutronen $Q = 20$. Für Knochensubstanz ist unter bestimmten Voraussetzungen das fünffache dieser Werte anzusetzen.

Messungen mit einem Geiger-Zähler oder einem Szintillationszähler haben ergeben, daß in 1 g Radium-226 in einer Sekunde $3{,}7 \cdot 10^{10}$ Kernzerfälle erfolgen. Dieser Zahlenwert dient als Einheit der Aktivität und wird Curie (Ci) nach der polnisch-französischen Chemikerin Marie Curie (vgl. Abb. 7-15) genannt, die die Elemente Radium und Polonium entdeckt hat:

$$1\,\text{Ci} = 3{,}7 \cdot 10^{10} \text{ Zerfälle pro Sekunde}$$

Je aktiver eine Strahlungsquelle ist, um so mehr Zerfälle erfolgen in ihr in der Sekunde, und um so größer ist ihre Aktivität in Curie. 1 g Radium-226 ist eine 1-Ci-Quelle. Wenn in einer bestimmten Menge Ko-

Abb. 7-15 Marie Sklodowska Curie, 1867–1934.

Aktivität

$$= 4,2 \cdot 10^{13} \text{ Zerfälle pro Sekunde} \cdot \frac{1 \text{ Ci}}{3,7 \cdot 10^{10} \text{ Zerfälle pro Sekunde}}$$

$$= 1,1 \cdot 10^3 \text{ Ci} = 1,1 \text{ kCi}$$

Auch der menschliche Körper emittiert Strahlung, die hier hauptsächlich von Kalium-40 herrührt, das zu 0,01% im natürlichen Kalium vorkommt; es emittiert β-Strahlen und Positronen (Positronen sind Elementarteilchen, die die gleiche Masse wie Elektronen, aber eine positive Ladung besitzen). Ein erwachsener Mensch ist aufgrund seines Kalium-Gehaltes eine 0,1-μCi-Quelle, denn in 10 Sekunden zerfallen in ihm etwa 37 000 Kalium-40-Atome. 20% der gesamten Strahlenbelastung aus natürlichen Quellen, der wir ausgesetzt sind, stammen aus unserem eigenen Körper.

Die radioaktive Dosis

Unter der *radioaktiven Dosis* verstehen wir die Energie, die in einer Probe (z.B. dem menschlichen Körper), der der Strahlung ausgesetzt ist, absorbiert wird. Diese Dosis wird in rad (radiation absorbed dose) gemessen:

1 rad ist die Strahlungsmenge, die zu einer Absorption von 10^{-2} J Energie pro Kilogramm Gewebe führt.

Die Strahlungsdosis 1 rad entspricht bei einer Person von 75 kg einer Energieabsorption von 0,65 J, wenn die Strahlung im ganzen Körper gleichförmig absorbiert wird. Auf den ersten Blick scheint das nur eine sehr kleine Energiemenge zu sein, denn genau soviel wird dem Körper zugeführt, wenn ein Tröpfchen von 2 mg kochenden Wassers auf die Haut kommt. Die Energie der Strahlungsteilchen ist aber extrem scharf lokalisiert, wie beim Auftreffen einer Gewehrkugel, jedoch in einem sehr viel kleineren Maßstab, während die Energie des heißen Tröpfchens über eine größere Fläche verteilt wird. Deshalb sind die Strahlungsteilchen auf ihrem Weg durch das Gewebe in der Lage, chemische Bindungen zwischen Atomen aufzubrechen, wenn sie mit Molekülen zusammenstoßen.

Wieviel Schaden Strahlung im Gewebe anrichtet, hängt sowohl von der Art der Strahlung als auch vom Gewebe ab. Eine Dosis von 1 rad γ-Strahlen erzeugt etwa die gleiche Schädigung wie 1 rad β-Strahlung; 1 rad α-Strahlung ruft etwa 20mal größeren Schaden an, obwohl die α-Strahlen nicht weit eindringen können. Man hat deshalb eine *relative biologische Effektivität Q* (vgl. Tab. 7-2) eingeführt, um die von den verschiedenen Strahlungsarten hervorgerufenen Schädigungen vergleichen zu können. Für β- und γ-Strahlen liegt Q bei 1, für α-Strahlen bei 20. Der genaue Zahlenwert hängt von der gesamten Dosis, der Zeit, in der die Dosis erreicht wird, und von der Art des Gewebes ab.

Bei der *Äquivalent-Dosis* sind die Unterschiede in der schädigenden Wirkung verschiedener Strahlungen und auf verschiedene Gewebe bereits berücksichtigt. Die Äquivalent-Dosis erhalten wir, indem wir die aktuelle Dosis (in rad) mit dem entsprechenden Q-Wert multiplizieren.

Das Ergebnis wird in der Einheit rem (Röntgen-Äquivalent Mensch) angegeben:

$$\text{Äquivalent-Dosis in rem} = Q \cdot \text{absorbierte Dosis in rad}$$

Wilhelm Röntgen entdeckte im Jahr 1895 die *Röntgenstrahlen* (engl. X-rays); dabei handelt es sich um durchdringende elektromagnetische Strahlung, deren Wellenlänge mit Werten um 100 pm länger als die Wellenlänge der γ-Strahlen ist.

Tabelle 7-3 Gesundheitliche Strahlenschäden

Äquivalent-Dosis in rem	Wirkung
0 bis 25	keine erkennbare Wirkung
25 bis 50	Abnahme der weißen Blutkörperchen
100 bis 200	Übelkeit, starke Abnahme der weißen Blutkörperchen
500	Tod innerhalb von 30 Tagen, mit 50% Wahrscheinlichkeit

In Tabelle 7-3 sind die von verschiedenen Äquivalent-Dosen bewirkten Schäden aufgelistet. Eine Dosis von 30 rad γ-Strahlen entspricht einer Äquivalent-Dosis von 30 rem; das reicht aus, um die Zahl der weißen Blutkörperchen, auf die wir bei der Bekämpfung von Infektionen angewiesen sind, zu verringern. 30 rad α-Strahlen entsprechen 600 rem, das ist eine tödliche Dosis. Aus natürlichen Strahlungsquellen in unserer Umwelt erhalten wir im Jahr im Mittel eine Äquivalent-Dosis von 0,2 rem; dieser Zahlenwert hängt allerdings sehr davon ab, wo und auch wie wir leben. Wie wir schon festgestellt haben, stammen 20% unserer Strahlenbelastung aus unserem eigenen Körper. 30% kommen von der Höhenstrahlung; das ist eine energiereiche Strahlung, die von schnellen Teilchen aus dem Weltall herrührt, die ständig auf die Erde treffen. 40% stammen von dem Edelgas Radon, das aus dem Boden in die Atmosphäre diffundiert. Die restlichen 10% sind auf medizinisch-diagnostische Untersuchungen zurückzuführen. Emissionen aus Kernenergie-Anlagen verursachen etwa 0,1% der gesamten Strahlenbelastung.

Das radioaktive Zerfallsgesetz und die Halbwertszeit

Der Zerfall eines Atomkerns nach dem Schema

$$\text{Mutter-Kern} \;\rightarrow\; \text{Tochter-Kern} + \text{Strahlung}$$

ist eine spezielle Form einer Reaktion erster Ordnung, wobei an die Stelle des reagierenden Moleküls ein instabiler Kern getreten ist. Er gehorcht also einem Geschwindigkeitsgesetz erster Ordnung (vgl. Abschn. 7-2). Das heißt, zwischen der Geschwindigkeit des Zerfalls und der Anzahl N der vorhandenen radioaktiven Kerne gibt es eine Beziehung der Form:

$$\text{Zerfallsgeschwindigkeit} = k \cdot N$$

wobei k hier *Zerfallskonstante* heißt (in der chemischen Kinetik hatten wir k Geschwindigkeitskonstante genannt). Dieses Geschwindigkeitsgesetz heißt *radioaktives Zerfallsgesetz*. Es besagt, daß eine radioaktive

Probe um so aktiver und die Zerfallsgeschwindigkeit um so größer ist, je mehr radioaktive Kerne in der Probe enthalten sind.

Genauso wie bei einer Reaktion erster Ordnung können wir die Anzahl N der Kerne, die nach der Zeit t noch vorhanden sind, mit der Formel

$$\ln \frac{N}{N_0} = -kt \qquad (7)$$

berechnen. N_0 ist hier die Anzahl der zu Beginn (bei $t = 0$) vorhandenen Atome. Diese Formel beschreibt einen exponentiellen Zerfall; die Aktivität der radioaktiven Probe nimmt also exponentiell ab (vgl. Abb. 7-16).

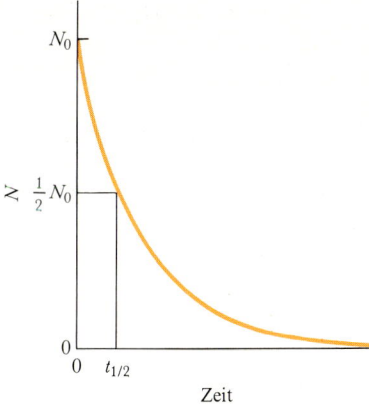

Abb. 7-16 Weil die Anzahl der radioaktiven Kerne in einer Probe exponentiell abnimmt, wird auch die Aktivität der Probe mit der Zeit exponentiell kleiner. Eine für die Kurve charakteristische Größe ist z. B. die Halbwertszeit $t_{1/2}$.

Beispiel 7-10 Anwendung des radioaktiven Zerfallsgesetzes

Wir lagern eine Probe von 1,0 g Tritium fünf Jahre lang. Wieviel Tritium ist nach dieser Zeit übrig? Die Zerfallskonstante ist 0,0564 Jahr^{-1}.

Methode. Die Anzahl der Tritiumkerne in der Probe ist proportional der Masse der Probe; damit können wir Gl. 7 in der Form

$$\ln \frac{m}{m_0} = -kt$$

schreiben, wobei m_0 die Masse des zu Beginn vorhandenen Tritiums ist. Zur Lösung der Aufgabe brauchen wir nur die Zahlenwerte einzusetzen und die Gleichung nach m aufzulösen.

Lösung. Wenn wir die Zahlenangaben einsetzen, erhalten wir:

$$\ln \frac{m}{m_0} = -0{,}0564 \, \text{Jahr}^{-1} \cdot 5 \, \text{Jahre} = -0{,}282$$

Daraus folgt, wenn wir entlogarithmieren:

$$\frac{m}{m_0} = 0{,}754$$

Wenn wir $m_0 = 1{,}0$ g einsetzen, so finden wir, daß nach 5,0 Jahren noch 0,75 g Tritium vorhanden ist.

Übungsaufgabe. Fermium-244 hat eine Zerfallskonstante von 210 s^{-1}. Wieviel Fermium-244 bleibt in von einer 1,0-μg-Probe nach 10 ms übrig?

[Antwort: 0,12 μg]

Es ist bei quantitativen Überlegungen allgemein üblich, die Radioaktivität mit Hilfe der *Halbwertszeit* $t_{1/2}$ des Nuklids zu beschreiben:

Die **Halbwertszeit** eines radioaktiven Nuklids ist die Zeit, die verstreicht, bis die Hälfte der zu Beginn vorhandenen Kerne zerfallen ist.

Wie $t_{1/2}$ und k zusammenhängen, erfahren wir, wenn wir in Gl. 7 $N = \frac{1}{2} N_0$ einsetzen. Dann erhalten wir:

$$\ln \frac{1}{2} = -kt_{1/2}$$

Mit $\ln \frac{1}{2} = -0{,}69$ folgt daraus:

$$t_{1/2} = \frac{0{,}69}{k}$$

Je größer also der Zahlenwert von k ist, um so kürzer ist die Halbwertszeit des Nuklids.

Die Hälfte der ursprünglich vorhandenen Kerne in einer radioaktiven Probe zerfällt in der durch die Halbwertszeit festgelegten Zeitspanne. Von den danach übriggebliebenen Kernen zerfällt in einer Halbwertszeit wieder die Hälfte; nach der Zeit $2 \cdot t_{1/2}$ ist also die Anzahl der noch vorhandenen radioaktiven Kerne auf $\frac{1}{2} \cdot \frac{1}{2} = \frac{1}{4}$ gefallen. Nach einer weiteren Halbwertszeit sind dann sogar nur noch $\frac{1}{2} \cdot \frac{1}{2} \cdot \frac{1}{2} = \frac{1}{8}$ der ursprünglichen Kerne vorhanden usw.

Tabelle 7-4 Halbwertszeiten und radioaktive Aktivitäten

Nuklid	Halbwertszeit $t_{1/2}$	Aktivität in Ci g^{-1}
Tritium	12,3 Jahre	$9,7 \cdot 10^3$
Kohlenstoff-14	$5,73 \cdot 10^3$ Jahre	4,4
Kohlenstoff-15	2,4 s	$3,0 \cdot 10^{11}$
Kalium-40	$1,26 \cdot 10^9$ Jahre	$7,1 \cdot 10^{-6}$
Kobalt-60	5,26 Jahre	$1,1 \cdot 10^3$
Strontium-90	28,1 Jahre	$1,4 \cdot 10^2$
Iod-131	8,05 Tage	$1,2 \cdot 10^5$
Radium-226	$1,6 \cdot 10^3$ Jahre	1,0
Uran-235	$7,1 \cdot 10^8$ Jahre	$2,1 \cdot 10^{-6}$
Uran-238	$4,5 \cdot 10^9$ Jahre	$3,5 \cdot 10^{-7}$
Fermium-244	3,3 ms	$1,4 \cdot 10^{13}$

In Tabelle 7-4 sind die Halbwertszeiten einiger Nuklide zusammengestellt. Wir sehen, daß die möglichen Werte sich um viele Größenordnungen unterscheiden können; manche Nuklide zerfallen schon nach Bruchteilen von Sekunden und andere erst nach Milliarden von Jahren. Strontium-90 hat z. B. eine Halbwertszeit von 28 Jahren. Dieses Nuklid ist bekannt, weil es im Niederschlag nach Atomexplosionen auftritt. Chemisch verhält es sich ähnlich wie Calcium. Deshalb tritt es in der Umwelt meist zusammen mit Calcium auf und lagert sich z. B. in den Knochen ab, von wo aus es viele Jahre strahlt. Selbst nach drei Halbwertszeiten, also nach 84 Jahren, ist noch ein Achtel der ursprünglichen Strontium-90-Menge vorhanden. Man geht davon aus, daß nach etwa 10 Halbwertszeiten (das sind bei Strontium-90 280 Jahre) die Radioaktivität einer Probe auf ein vernachlässigbares Maß abgesunken ist; dann ist nur noch 2^{-10} oder ein Tausendstel der ursprünglichen Aktivität vorhanden.

Die Geschwindigkeit des radioaktiven Zerfalls hängt weder von der Temperatur noch vom physikalischen Zustand der radioaktiven Probe ab; auch der chemische Zustand, also ob ein Atom chemisch gebunden ist oder nicht, hat keinen Einfluß. Die Kräfte, welche die Kernbausteine zusammenhalten und für den Zerfall des Kerns verantwortlich sind, sind so stark, daß die relativ niedrigen Energien, die bei der Wärmebewegung oder auch bei der chemischen Bindung auftreten, vergleichsweise zu vernachlässigen sind. Die Halbwertszeit eines bestimmten radioaktiven Elements ist charakteristisch für dieses Element; deshalb läßt sich der radioaktive Zerfall weder durch Erwärmen beschleunigen noch durch Abkühlen verlangsamen.

Die Unveränderlichkeit der Halbwertszeiten wird bei der radioaktiven Altersbestimmung ausgenutzt; dabei wird das Alter archäologischer Fundstücke bestimmt, indem die Aktivität der in ihnen enthaltenen radioaktiven Isotope gemessen wird. Am wichtigsten ist die *Radiokohlenstoff-Datierung*, die auf dem β-Zerfall von Kohlenstoff-14 beruht.

Die Radiokohlenstoff-Datierung hängt von drei charakteristischen Eigenschaften des Kohlenstoff-14 ab. Erstens ist Kohlenstoff-14 ein in der Natur vorkommendes Isotop des Kohlenstoffs und in allen Lebewesen vorhanden. Zweitens ist es radioaktiv mit einer Halbwertszeit von 5730 Jahren. Drittens wird in der Atmosphäre Kohlenstoff-14 mit praktisch konstanter Geschwindigkeit gebildet, denn es entsteht beim Beschuß eines Stickstoffkerns mit Neutronen:

$$^{14}_{7}N + n \rightarrow {}^{14}_{6}C + p \quad \text{oder} \quad {}^{14}_{7}N\,(n, p)\,{}^{14}_{6}C$$

Die Neutronen werden von der Höhenstrahlung bei Stößen mit anderen Atomkernen erzeugt.

Die so in der Atmosphäre gebildeten Kohlenstoff-14-Atome werden durch die Photosynthese und über die Nahrung von Pflanzen und anderen Lebewesen aufgenommen. Über den Stoffwechsel und die Atmung können sie die Organismen wieder verlassen; ein Teil von ihnen zerfällt im Organismus jedoch mit der bekannten Geschwindigkeit. Als Folge dieser konstanten Aufnahme von Kohlenstoff-14 enthalten alle lebenden Organismen einen konstanten Anteil dieses Isotops unter ihren sehr viel häufigeren Kohlenstoff-12-Atomen. Das bedeutet, daß wir im lebenden Gewebe einen ganz bestimmten Anteil an Kohlenstoff-14 (etwa $1 : 10^{12}$) antreffen.

Wenn der Organismus stirbt, kommt der Austausch mit Kohlenstoff aus der Umgebung zum Stillstand. Die Kohlenstoff-14-Atome zerfallen aber weiter mit konstanter Halbwertszeit. Der Gehalt an Kohlenstoff-14 wird also nach dem Tod des Organismus stetig abnehmen. Wenn man den Gehalt an Kohlenstoff-14, den man in einem toten Gewebe mißt, in Gleichung 7 einsetzt, läßt sich die seit dem Tod des Organismus verstrichene Zeit berechnen. Bei der Messung werden durch Beschuß der Probe mit Cäsiumatomen die Kohlenstoffatome in C$^-$ Ionen verwandelt, die in einem elektrischen Feld beschleunigt und dann in einem Massenspektrometer nach den Massen der Isotope getrennt und registriert werden. Eine einfachere Methode, bei der größere Substanzmengen nötig waren, wurde in den vierziger Jahren von Willard Libby in Chicago entwickelt; dabei wurden die von den Kohlenstoff-14-Atomen ausgesandten β-Strahlen gemessen.

Im folgenden Beispiel wird gezeigt, wie man durch Vergleich der Aktivitäten einer alten und einer jungen Probe eine Altersbestimmung durchführen kann.

Beispiel 7-11 Altersbestimmung nach der Radiokohlenstoffmethode

Bei 1,0 g Kohlenstoff, der aus Holz von einer archäologischen Fundstelle stammte, wurden 7900 Kohlenstoff-14-Zerfälle innerhalb von 20 Stunden beobachtet. In der gleichen Zeit liefert 1,0 g Kohlenstoff aus frischem Holz 18 400 Zerfälle. Wie alt ist unsere Probe?

Methode. Damit wir Gl. 7 verwenden können, brauchen wir Zahlenwerte für k, N und N_0. k erhalten wir aus der bekannten Halbwertszeit des Kohlenstoff-14 (Tabelle 7-4). Die Anzahl der Zerfälle in 20 Stunden ist proportional zur Anzahl der Kohlenstoff-14-Atome in den beiden Proben. Wenn wir davon ausgehen, daß zum Zeitpunkt der Bildung der Probe der Kohlenstoff-14-Anteil in der Atmosphäre genauso groß war wie heute, dann muß damals auch der Anteil in der Probe genauso groß gewesen sein wie der Anteil in der jungen Probe. Dann können wir $\frac{N}{N_0}$ gleich dem Verhältnis der in den beiden Proben beobachteten Zerfälle setzen.

Lösung. Die Zerfallskonstante ist:

$$k = \frac{0{,}69}{t_{1/2}} = \frac{0{,}69}{5730 \text{ Jahre}} = 1{,}2 \cdot 10^{-4} \text{ Jahre}^{-1}$$

Dann ist nach Gl. 7 das Alter der Probe:

$$t = -\frac{1}{k} \ln \frac{N}{N_0}$$

$$= -\frac{1 \text{ Jahr}}{1{,}2 \cdot 10^{-4}} \cdot \ln \frac{7900}{18\,400} = 7{,}0 \cdot 10^3 \text{ Jahre}$$

Übungsaufgabe. In einer Probe von 250 mg Kohlenstoff aus Holz beobachten wir in 36 Stunden 15 300 Kohlenstoff-14-Zerfälle. Wie alt ist die Probe?

[Antwort: $6{,}4 \cdot 10^3$ Jahre]

Die Verläßlichkeit der Radiokohlenstoff-Methode setzt voraus, daß der Kohlenstoff-14-Anteil in der Atmosphäre in der Vergangenheit konstant war. Für genaue Messungen muß berücksichtigt werden, daß die Höhenstrahlung über die Jahrhunderte Schwankungen unterworfen ist. Das läßt sich z. B. berücksichtigen, wenn Altersbestimmungen auch nach anderen Methoden, etwa durch Auszählen der Baumringe, möglich sind.

Reaktionsmechanismen

Bisher haben wir chemische Reaktionsgleichungen nur verwendet, um die Stöchiometrie von Reaktionen zu beschreiben. Die Gleichung

$$H_2(g) + I_2(g) \rightarrow 2\,HI(g)$$

bedeutete, daß 1 mol H_2 mit 1 mol I_2 zu 2 mol HI reagiert. Diese Gleichung besagt nicht, daß jeweils ein H_2-Molekül mit einem I_2-Molekül zu zwei HI-Molekülen reagiert. Was mit den Molekülen bei einer Reaktion geschieht, ist die Frage, mit der wir uns jetzt beschäftigen wollen. Sie ist vor allem in der organischen Chemie von außerordentlicher Bedeutung, denn viele Reaktionen können nur dann verstanden oder auch konzipiert werden, wenn ihr genauer Ablauf bekannt ist.

7-4 Elementarreaktionen

Bis auf ganz wenige besonders einfache Reaktionen haben wir es in der Regel mit zusammengesetzten Reaktionen zu tun, die eine Folge mehrerer Schritte sind; diese Schritte nennen wir *Elementarreaktionen*. Bei der Bildung von HI sind diese Schritte z. B. die Dissoziation der I_2-Moleküle in Atome und deren Reaktion mit den H_2-Molekülen. Die Elementarreaktionen einer zusammengesetzten Reaktion versucht man über das Geschwindigkeitsgesetz zu ermitteln, das mit Hilfe eines *Reaktionsmechanismus* zu interpretieren ist:

Ein **Reaktionsmechanismus** besteht aus einer Folge von Elementarreaktionen, aus denen das Geschwindigkeitsgesetz einer Gesamtreaktion abgeleitet werden kann.

Elementarreaktionen werden auch durch chemische Gleichungen beschrieben. Diese chemischen Gleichungen haben aber einige Besonderheiten: sie enthalten oft neben Molekülen auch einzelne Atome (vgl. Abb. 7-17), die an den einzelnen Schritten einer Reaktion beteiligt sind. So ist z. B. ein Schritt der HI-Bildung die Dissoziation eines I_2-Moleküls. Dafür schreiben wir wie gewohnt:

$$I_2(g) \rightarrow 2\,I(g)$$

Da es sich um eine Elementarreaktion handelt, bedeutet das jetzt, daß ein einzelnes I_2-Molekül in zwei I-Atome zerfällt. Der nächste Schritt kann dann der Angriff eines dieser I-Atome auf ein H_2-Molekül sein:

$$I(g) + H_2(g) \rightarrow HI(g) + H(g)$$

Ob eine chemische Reaktionsgleichung das Verhalten eines einzelnen Atoms oder Moleküls beschreibt (ob es sich also um die Gleichung einer Elementarreaktion handelt) oder ob wir es mit der stöchiometrischen Gleichung einer komplizierteren Reaktion zu tun haben, ergibt sich fast immer aus dem Zusammenhang.

Die beiden zuletzt genannten Elementarreaktionen unterscheiden sich in ihrer *Molekularität*:

Die **Molekularität** einer Elementarreaktion ist die Anzahl der Moleküle oder Atome, die an der Reaktion teilnehmen.

Wenn wir die Molekularität einer chemischen Reaktion kennen, können wir das Geschwindigkeitsgesetz sofort aufgrund der Reaktionsgleichung hinschreiben. Man sollte jedoch beachten, daß das nur für Elementarreaktionen gilt.

Unimolekulare Reaktionen

Die Elementarreaktion $I_2 \rightarrow 2\,I$ ist eine *unimolekulare Reaktion,* also eine Elementarreaktion mit nur einem Ausgangsmolekül (I_2), das in die Produkte (2 I-Atome) übergeht. Ebenfalls eine unimolekulare Reaktion ist der Zerfall eines energiereichen Ozon-Moleküls, das instabil ist und zerfällt nach:

$$O_3(g) \rightarrow O_2(g) + O(g)$$

Der unimolekulare Zerfall des Ozons ist eine der Elementarreaktionen, die zu den komplizierten Vorgängen in der oberen Atmosphäre beitragen. Die Ozon-Moleküle dort stehen unter dem Einfluß der intensiven Ultraviolett-Strahlung der Sonne. Wenn sie die energiereichen Photonen absorbiert haben, zerfallen sie, und die Bruchstücke initiieren andere Reaktionen.

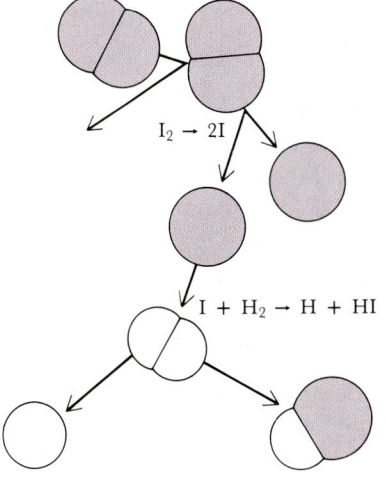

Abb. 7-17 Die chemischen Gleichungen der Elementarreaktionen zeigen, welche einzelnen Prozesse zwischen den Molekülen und Atomen ablaufen, die sich begegnen. Im Bild sind zwei Schritte der Synthese von HI beschrieben. Im ersten Schritt ($I_2 \rightarrow 2\,I$) führt ein Zusammenstoß zu einer Dissoziation eines I_2-Moleküls. Im zweiten Schritt ($I + H_2 \rightarrow HI + H$) reagiert eines der beiden I-Atome mit einem H_2-Molekül.

Bei einer unimolekularen Reaktion (wie z. B. beim Zerfall des angeregten Ozon-Moleküls) zerfallen die Moleküle ganz zufällig. Die Anzahl der Moleküle, die in der Zeiteinheit zerfallen, ist dann proportional zur Anzahl der vorhandenen Moleküle, und die Reaktionsgeschwindigkeit der Zerfallsreaktion wird damit proportional zur Konzentration. Das heißt, eine unimolekulare Reaktion muß ein Geschwindigkeitsgesetz erster Ordnung haben:

$$A \rightarrow \text{Produkte}, \quad \text{Geschwindigkeit} = k \cdot [A]$$

Für die elementare Ozonreaktion schreiben wir dann:

$$\text{Geschwindigkeit des } O_3\text{-Zerfalls} = k \cdot [O_3]$$

Bimolekulare Reaktionen

Die Reaktion zwischen einem Iodatom und einem Wasserstoffmolekül, $I + H_2 \rightarrow HI + H$, ist ein Beispiel für eine *bimolekulare Reaktion;* darunter verstehen wir eine Elementarreaktion, an der zwei Moleküle oder Atome beteiligt sind. In unserem Beispiel kollidiert ein Iodatom mit einem Wasserstoffmolekül und entreißt ihm ein Wasserstoffatom. Ein anderes Beispiel ist die Reaktion, die in der freien Atmosphäre abläuft, wenn ein O-Atom, z. B. aus dem Zerfall von O_3, mit einem anderen O_3-Molekül zusammenstößt. Bei dieser Kollision wird eine der $O-O$-Bindungen aufgebrochen, und das einzelne Sauerstoffatom entreißt dem O_3-Molekül ein O-Atom:

$$O(g) + O_3(g) \rightarrow 2 O_2(g)$$

Eine bimolekulare Reaktion findet nur statt, wenn sich zwei Moleküle oder Atome begegnen. Das legt die Vermutung nahe, daß die Reaktionsgeschwindigkeit proportional zu den Konzentrationen der beiden beteiligten Moleküle oder Atome sein wird, denn die Wahrscheinlichkeit, daß sich zwei Teilchen begegnen, nimmt zu, wenn die Konzentration des einen größer wird. Deshalb muß für die bimolekulare Reaktion ein Geschwindigkeitsgesetz zweiter Ordnung gelten:

$$A + B \rightarrow \text{Produkte}, \quad \text{Geschwindigkeit} = k \cdot [A] \cdot [B]$$

Für die Elementarreaktion zwischen O und O_3 gilt dann

$$\text{Geschwindigkeit der } O_2\text{-Bildung} = k \cdot [O] \cdot [O_3]$$

Man kann sich auch trimolekulare Reaktionen vorstellen, bei denen drei Teilchen in einem Augenblick zusammenstoßen müssen. Ein solches Ereignis ist sehr unwahrscheinlich; deshalb gibt es auch nur wenige Reaktionen dieser Art.

Die Gesamtreaktion

Jetzt werden wir uns mit der Aufgabe beschäftigen, wie eine Reihe von unimolekularen und bimolekularen Reaktionen zu einer Gesamtreaktion zusammenzusetzen ist. Zuerst formulieren wir einen Mechanismus, indem wir eine Reihe von Elementarreaktionen hinschreiben, von denen wir vermuten, daß sie in der Gesamtreaktion eine Rolle spielen. Die Summe der Elementarreaktionen muß die Gesamtreaktion ergeben. Dabei liefern oft zusätzliche experimentelle Informationen nützliche Hinweise. Zuletzt überprüfen wir den vorgeschlagenen Mechanismus, indem wir versuchen, aus den Geschwindigkeitsgesetzen der Elementarreaktionen das Geschwindigkeitsgesetz der Gesamtreaktion herzuleiten.

Manche Reaktionen bestehen nur aus einer Stufe, bei der ein reagierendes Molekül ein anderes angreift. Eine solche Reaktion ist die schon erwähnte Hydrolyse von Methylbromid mit Hydroxid-Ionen. Man beobachtet ein Geschwindigkeitsgesetz zweiter Ordnung entsprechend einer einzelnen bimolekularen Reaktion, bei der ein OH^--Ion ein CH_3Br-Molekül angreift. Deshalb haben wir es mit der einfachen Elementarreaktion

$$CH_3Br(aq) + OH^-(aq) \rightarrow CH_3OH(aq) + Br^-(aq)$$

zu tun, die gleichzeitig die Gesamtreaktion ist. Weil die Elementarreaktion bimolekular ist, muß die Geschwindigkeit proportional zu den Konzentrationen der beiden Reaktionspartner sein, und wir können schreiben:

$$\text{Geschwindigkeit} = k \cdot [CH_3Br] \cdot [OH^-]$$

Das stimmt mit dem Experiment überein, das ebenfalls auf eine Reaktion zweiter Ordnung hinweist.

Wenn man einen Reaktionsmechanismus formuliert, muß man berücksichtigen, daß die Produkte aus einem Schritt als Ausgangssubstanzen in den folgenden Schritt eingehen können. Wir müssen normalerweise auch die Rückreaktionen in einem Mechanismus berücksichtigen, solange wir nicht genau wissen, daß deren Geschwindigkeitskonstanten so klein sind, daß sie vernachlässigt werden dürfen. Man kann das an der Reaktion zwischen Stickstoffdioxid und Kohlenmonoxid demonstrieren, die bezüglich NO_2 zweiter Ordnung ist:

$$NO_2(g) + CO(g) \rightarrow NO(g) + CO_2(g)$$
$$\text{Geschwindigkeit} = k \cdot [NO_2]^2$$

Weil hier CO nicht im Geschwindigkeitsgesetz vorkommt, müssen wir davon ausgehen, daß es sich bei dieser Reaktion nicht um eine Elementarreaktion handelt, sondern um eine aus mindestens zwei Schritten zusammengesetzte Reaktion. Ein Vorschlag für einen Mechanismus enthält als ersten Schritt eine Kollision zwischen zwei NO_2-Molekülen, aus denen ein NO_3-Molekül und NO-Molekül entstehen:

Schritt 1. $\quad\quad\quad 2\,NO_2(g) \rightarrow NO_3(g) + NO(g)$
$$\text{Bildungsgeschwindigkeit von } NO_3 = k_1 \cdot [NO_2]^2$$

Das NO_3-Molekül scheint nicht in die Gesamtreaktion einzugehen, denn es ist weder zu Beginn noch am Ende der Reaktion nachweisbar. Es ist aber an den Elementarreaktionen, die zum Reaktionsprodukt führen, beteiligt. Damit ist das NO_3 ein Beispiel für ein *Zwischenprodukt,* das im Verlauf einer Reaktion gebildet und wieder verbraucht wird und deshalb nicht in der Gesamt-Reaktionsgleichung erscheint. Oft handelt es sich bei Zwischenprodukten um Radikale – das sind Molekülbruchstücke mit einem oder mehreren ungepaaren Elektronen. Wenn ein vermuteter Reaktionsmechanismus ein Zwischenprodukt aufweist, dann kann es ein entscheidender Hinweis für die Richtigkeit des vorgeschlagenen Mechanismus sein, wenn es gelingt, das Auftreten des Zwischenproduktes während der Reaktion nachzuweisen. Ein solcher Nachweis wird meist spektroskopisch geführt, wenn das Zwischenprodukt anhand einer charakteristischen Lichtabsorption nachgewiesen werden kann.

Im zweiten Schritt kollidiert ein NO_3-Molekül mit einem CO-Molekül und verliert dabei ein Sauerstoffatom:

Schritt 2. $\quad NO_3(g) + CO(g) \rightarrow NO_2(g) + CO_2(g)$

$\quad$ Bildungsgeschwindigkeit von $CO_2 = k_2 \cdot [NO_3] \cdot [CO]$

Die Gesamtreaktion ist die Summe dieser beiden Schritte:

$$2\,NO_2(g) + NO_3(g) + CO(g) \rightarrow NO_3(g) + NO_2(g) + NO(g) + CO_2(g)$$

das läßt sich zu

$$NO_2(g) + CO(g) \rightarrow NO(g) + CO_2(g)$$

kürzen; das ist aber die vorgegebene stöchiometrische Reaktionsgleichung.

Der geschwindigkeitsbestimmende Schritt

In der Regel wird die Geschwindigkeit einer aus zwei Elementarreaktionen bestehenden Gesamtreaktion von beiden Schritten bestimmt. Wenn aber der erste Schritt viel langsamer als der zweite ist, werden die Reaktionsprodukte des ersten Schrittes sofort im zweiten umgesetzt, und die Geschwindigkeit der Gesamtreaktion ist notwendigerweise gleich der Geschwindigkeit des ersten Schrittes. In unserem Beispiel betrifft dies das Radikal NO_3; sobald es gebildet ist, reagiert es mit einem CO-Molekül, und wir erhalten:

$\quad$ Geschwindigkeit der Bildung von CO_2

$\qquad$ = Geschwindigkeit der Bildung von NO_3

$\qquad$ = $k \cdot [NO_2]^2$

Dies ist in Übereinstimmung mit dem experimentell ermittelten Geschwindigkeitsgesetz.

Der erste Schritt der Reaktion zwischen NO_2 und CO ist ein Beispiel für einen *geschwindigkeitsbestimmenden Schritt:*

Der **geschwindigkeitsbestimmende Schritt** in einem Reaktionsmechanismus ist eine Elementarreaktion, die so viel langsamer ist als alle anderen, daß sie die Geschwindigkeit der Gesamtreaktion bestimmt.

Den geschwindigkeitsbestimmenden Schritt (vgl. Abb. 7-18) kann man mit einer langsamen Fähre über einen Fluß vergleichen, die zwei Straßen verbindet. Die Anzahl der Fahrzeuge, die in der Zeiteinheit ans Ziel kommen, hängt nur von der Leistungsfähigkeit der Fähre und nicht von der Kapazität der Straßen ab.

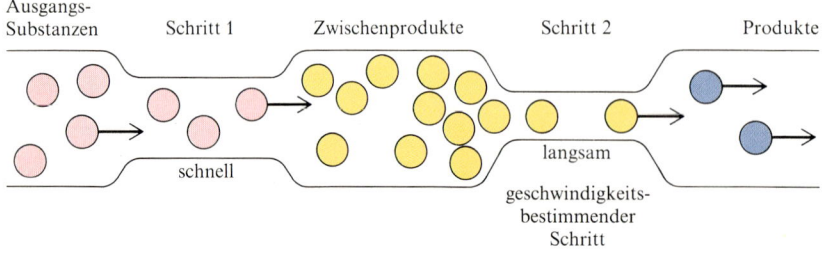

Ausgangs-Substanzen $\quad$ Schritt 1 $\quad$ Zwischenprodukte $\quad$ Schritt 2 $\quad$ Produkte

schnell

langsam

geschwindigkeits-bestimmender Schritt

Abb. 7-18 Der geschwindigkeitsbestimmende Schritt in einer Reaktion ist derjenige Schritt, dessen Geschwindigkeit bestimmt, wie schnell die Produkte der Gesamtreaktion gebildet werden.

Ein Beispiel für einen Reaktionsmechanismus mit einem geschwindigkeitsbestimmenden Schritt ist der Zerfall des Ozons in der oberen Atmosphäre. Die Gesamtreaktion lautet:

$$2\,O_3(g) \rightarrow 3\,O_2(g)$$

Das experimentell bestimmte Geschwindigkeitsgesetz, das wir bereits kennengelernt haben, ist:

$$\text{Geschwindigkeit des } O_3\text{-Zerfalls} = \frac{k \cdot [O_3]^2}{[O_2]}$$

Wenn die Geschwindigkeit einfach gleich $k \cdot [O_3]^2$ wäre, so könnten wir annehmen, daß an dem Mechanismus ein bimolekularer Schritt vom Typ

$$O_3(g) + O_3(g) \rightarrow 3\,O_2(g), \quad \text{Geschwindigkeit} = k \cdot [O_3]^2$$

beteiligt ist. Da aber, wie die Messung der Geschwindigkeit zeigt, auch $[O_2]$ im Geschwindigkeitsgesetz auftritt, kann der Mechanismus nicht einfach eine bimolekulare Reaktion zwischen zwei O_3-Molekülen sein. Wir müssen einen anderen (und vermutlich komplizierteren) Mechanismus erwägen, der die Verkleinerung der Geschwindigkeit bei höheren Sauerstoffkonzentrationen berücksichtigt. Eine Möglichkeit wäre

Schritt 1: Unimolekulare Dissoziation von angeregtem O_3:

$$O_3(g) \rightarrow O_2(g) + O(g), \quad \text{Geschwindigkeit} = k_1 \cdot [O_3]$$

Die O-Atome sind hier Zwischenprodukte. Daß in UV-bestrahltem Ozon tatsächlich Sauerstoffatome nachgewiesen wurden, ist ein Hinweis darauf, daß dieser Schritt in der Tat stattfindet (vgl. Abb. 7-19). Gleichzeitig ist das ein Indiz für die Rückreaktion:

$$O_2(g) + O(g) \rightarrow O_3(g), \quad \text{Geschwindigkeit} = k_1' \cdot [O_2] \cdot [O]$$

(Wir bezeichnen die Geschwindigkeitskonstanten jeweils mit der Nummer des Schrittes und markieren die Rückreaktion mit einem Apostroph.)

Schritt 2: Bimolekulare Reaktion eines O-Atoms mit einem O_3-Molekül:

$$O_3(g) + O(g) \rightarrow 2\,O_2(g), \quad \text{Geschwindigkeit} = k_2 \cdot [O_3] \cdot [O]$$

Die Rückreaktion

$$2\,O_2(g) \rightarrow O_3(g) + O(g), \quad \text{Geschwindigkeit} = k_2' \cdot [O_2]^2$$

ist so langsam, daß wir sie vernachlässigen können. Die Hinreaktion ist dann die Summe aus den beiden Elementar-Hinreaktionen:

$$
\begin{array}{r}
O_3 \rightarrow O_2 + O \\
O_3 + O \rightarrow 2\,O_2 \\
\hline
2\,O_3 \rightarrow 3\,O_2
\end{array}
$$

Messungen der Geschwindigkeiten der einzelnen Schritte haben ergeben, daß der Schritt 2 der langsamste ist. Wir sehen ihn deshalb als den geschwindigkeitsbestimmenden Schritt an und setzen die Geschwindigkeit der Gesamtreaktion gleich der Geschwindigkeit dieses Schrittes:

$$\text{Gesamtgeschwindigkeit} = k_2 \cdot [O_3] \cdot [O]$$

Abb. 7-19 Das Vorhandensein von O-Atomen in der oberen Atmosphäre ist eine der Ursachen für das Auftreten von Polarlichtern, die in hohen nördlichen und südlichen Breiten als farbige Bänder am Nachthimmel auftreten. Angeregte Sauerstoffatome emittieren rotes und hellgrünes Licht. Angeregte N_2-Moleküle geben rosa Licht, N_2^+-Ionen violettes und blaues Licht, wenn sie mit Elektronen rekombinieren.

257

Die O-Atome treten nur als Zwischenprodukt auf; deshalb darf [O] nicht im Geschwindigkeitsgesetz der Gesamtreaktion auftreten. Wir müssen deshalb nach einer Beziehung zwischen der Konzentration des Zwischenproduktes O und den Konzentrationen der Ausgangssubstanz und des Reaktionsproduktes suchen, um [O] aus dem Geschwindigkeitsgesetz zu eliminieren. Dazu wollen wir nur die relativ schnelle Hinreaktion in Schritt 1 (bei der O im wesentlichen gebildet wird) und die dazugehörige Rückreaktion betrachten; die viel langsamere Reaktion in Schritt 2 lassen wir außer Betracht. Im letzten Kapitel hatten wir erfahren, daß ein System in ein dynamisches Gleichgewicht übergeht, wenn die Hinreaktion und die Rückreaktion mit gleicher Geschwindigkeit ablaufen. Dort hatten wir uns mit einem Gleichgewicht beschäftigt, das in einer gesättigten Lösung zu einer konstanten Konzentration einer gelösten Substanz führte. Hier haben wir es mit einem ganz analogen Fall zu tun, nur daß es sich jetzt um eine chemische Reaktion handelt und nicht wie dort um einen physikalischen Lösungsprozeß. Im dynamischen chemischen Gleichgewicht bleiben die Konzentrationen der an den Reaktionen beteiligten Substanzen konstant, obowohl die beiden Reaktionen ständig ablaufen. Das chemische Gleichgewicht ist erreicht, wenn die Geschwindigkeiten der Hin- und der Rückreaktion in Schritt 1 einander gleich sind, d. h. wenn gilt:

Geschwindigkeit der Hinreaktion = Geschwindigkeit der Rückreaktion

Wir dürfen nicht vergessen, daß das nur für Schritt 1 gilt, denn nur bei diesem Schritt tritt eine Rückreaktion auf. Wenn wir die beiden Geschwindigkeiten einsetzen, erhalten wir:

$$k_1 \cdot [O_3] = k_1' \cdot [O_2] \cdot [O]$$

und daraus:

$$[O] = \frac{k_1 \cdot [O_3]}{k_1' \cdot [O_2]}$$

Setzen wir das in die Formel, die wir für die Gesamtgeschwindigkeit hergeleitet hatten, ein, so erhalten wir

$$\text{Geschwindigkeit} = k_2 \cdot [O_3] \cdot [O] = k_2 \cdot [O_3] \cdot \frac{k_1 \cdot [O_3]}{k_1' \cdot [O_2]}$$

$$= \frac{k_1 k_2}{k_1'} \cdot \frac{[O_3]^2}{[O_2]}$$

Das ist genau die Form, die das experimentell bestimmte Geschwindigkeitsgesetz hat, wenn wir die experimentell bestimmte Konstante k mit der Kombination $\frac{k_1 k_2}{k_1'}$ der Konstanten aus den Elementarschritten identifizieren.

Wenn das experimentell bestimmte und das aus den vorgeschlagenen Elementarschritten hergeleitete Geschwindigkeitsgesetz übereinstimmen, so ist das noch lange kein Beweis dafür, daß der angenommene Reaktionsmechanismus richtig ist; ein anderer Mechanismus könnte zu dem gleichen Geschwindigkeitsgesetz führen. Die kinetischen Betrachtungen, die wir durchgeführt haben, können einen Mechanismus stützen, aber nie beweisen. Soll ein Mechanismus akzeptiert werden, dann muß die Beweisführung eher juristisch als mathematisch erfolgen, wobei zahlreiche Argumente und Indizien ein einheitliches, überzeugendes Bild liefern. Beim Ozon-Zerfall müßte eine strenge Beweisführung etwa eine genaue Messung der O-Konzentration während der Reaktion einschließen, die, wenn das angenommene Gleichgewicht wirklich besteht, proportional zu $\frac{[O_3]}{[O_2]}$ sein müßte. Weiter müßten die einzelnen Geschwindigkeitskonstanten gemessen werden, damit die Beziehung $k = \frac{k_1 k_2}{k'_1}$ nachgeprüft werden kann.

Beispiel 7-12 Herleitung des Geschwindigkeitsgesetzes aus einem Reaktionsmechanismus

Für die Reaktion $2\,NO(g) + O_2(g) \to 2\,NO_2(g)$ wird der folgende Mechanismus vorgeschlagen:

Schritt 1: $2\,NO(g) \to N_2O_2(g)$ und die Rückreaktion (schnell),

Schritt 2: $N_2O_2(g) + O_2(g) \to 2\,NO_2(g)$ (langsam).

Wie lauten das Geschwindigkeitsgesetz und die Beziehung zwischen der Geschwindigkeitskonstante k der Gesamtreaktion und den Geschwindigkeitskonstanten der Elementarreaktionen?

Methode. Wenn wir das Geschwindigkeitsgesetz des geschwindigkeitsbestimmenden Schrittes hätten, so könnten wir das Geschwindigkeitsgesetz der Gesamtreaktion damit identifizieren. Wir stellen deshalb zuerst fest, welcher Schritt der geschwindigkeitsbestimmende (der langsamste) in dem angegebenen Mechanismus ist. Das Geschwindigkeitsgesetz, das man für diesen Schritt erhält, enthält oft noch die Konzentrationen eines oder mehrerer Zwischenprodukte. Wenn man voraussetzt, daß die Hin- und Rückreaktion zu einem dynamischen Gleichgewicht führen und daß deshalb ihre Geschwindigkeiten gleich sein müssen, lassen sich die Konzentrationen der Zwischenprodukte mit Hilfe der Konzentrationen von Ausgangssubstanzen oder von Reaktionsprodukten eliminieren. Für unimolekulare Reaktionen formulieren wir Geschwindigkeitsgesetze erster Ordnung, für bimolekulare Reaktionen solche zweiter Ordnung.

Lösung. Die geschwindigkeitsbestimmende Elementarreaktion ist die in Schritt 2; dafür schreiben wir:

$$\text{Geschwindigkeit der Bildung von NO}_2 = k_2 \cdot [N_2O_2] \cdot [O_2]$$

Jetzt fehlt uns noch die Konzentration des Zwischenproduktes N_2O_2. Wenn die Geschwindigkeiten der Hin- und der Rückreaktion in Schritt 1 gleich sind, gilt:

$$k_1 \cdot [NO]^2 = k'_1\,[N_2O_2]$$

oder:

$$[N_2O_2] = \frac{k_1}{k'_1} \cdot [NO]^2$$

Setzen wir das in die Formel für die Geschwindigkeit der Bildung von NO_2 ein, so erhalten wir:

$$\text{Geschwindigkeit der Bildung von NO}_2 = \frac{k_1 k_2}{k'_1} \cdot [NO]^2 \cdot [O_2]$$

das für $k = \frac{k_1 k_2}{k'_1}$ mit:

$$\text{Geschwindigkeit der Bildung von NO}_2 = k \cdot [NO]^2 \cdot [O_2]$$

übereinstimmt.

Übungsaufgabe. Für eine Reaktion wird ein Mechanimus vorgeschlagen, der aus der schnellen Elementarreaktion

$$AH + B \to BH^+ + A^- \text{ einschließlich der Rückreaktion}$$

sowie der Elementarreaktion

$$A^- + AH \to \text{Produkte}$$

besteht. Betrachten Sie A^- als Zwischenprodukt und ermitteln Sie das Geschwindigkeitsgesetz der Reaktion!

$$\left[\text{Antwort: Geschwindigkeit} = \frac{k_1 k_2}{k_1'} \cdot \frac{[AH]^2 \cdot [B]}{[BH^+]}\right]$$

7-5 Kettenreaktionen

Für die Reaktion zwischen Wasserstoff und Brom wurde ein ziemlich kompliziertes Geschwindigkeitsgesetz ermittelt:

$$H_2(g) + Br_2(g) \rightarrow 2\,HBr(g), \qquad \text{Geschwindigkeit} = \frac{k \cdot [H_2] \cdot [Br_2]^{3/2}}{[Br_2] + k' \cdot [HBr]}$$

Das weist auf einen komplizierten Reaktionsmechanismus hin. Vorgeschlagen wurde eine sogenannte *Kettenreaktion* (vgl. Abb. 7-20):

Bei einer **Kettenreaktion** erzeugt ein Zwischenprodukt wieder ein Zwischenprodukt.

Bei vielen Kettenreaktionen, die HBr-Synthese gehört dazu, ist das Zwischenprodukt ein *Radikal;* die Reaktion heißt dann *Radikalkettenreaktion* und das Zwischenprodukt *Kettenträger.* Bei einer Radikalkettenreaktion reagiert ein Radikal mit einem Molekül und produziert dabei ein weiteres Radikal, das wieder mit einem anderen Molekül reagiert. Bei der HBr-Synthese sind das Wasserstoffatom (H$^{\cdot}$) und das Bromatom (Br$^{\cdot}$) die Kettenträger.

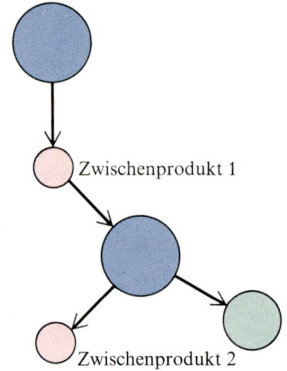

Abb. 7-20 Bei einer Kettenreaktion ist das Reaktionsprodukt eines Schrittes (ein rosa Kreis) die Ausgangssubstanz für einen weiteren Schritt, der seinerseits wieder Substanzen für den nächsten Schritt erzeugt.

Radikalketten

Anhand der HBr-Synthese wollen wir die charakteristischen Schritte einer Kettenreaktion besprechen (vgl. Abb. 7-21). Eine Kettenreaktion beginnt immer mit einer Startreaktion, bei der die ersten Radikale gebildet werden:

Kettenstart: $\qquad Br_2 \xrightarrow{\text{Wärme oder Licht}} 2\,Br^{\cdot}$

Wenn erst einmal Radikale vorhanden sind, kann die Kettenfortpflanzung (auch Kettenwachstum genannt) erfolgen; darunter verstehen wir eine Reihe von Reaktionen, bei denen ein Radikal mit einem Molekül reagiert und ein neues Radikal erzeugt. Bei der HBr-Reaktion sind das die folgenden Elementarreaktionen:

Kettenwachstum: $\qquad Br^{\cdot} + H_2 \rightarrow HBr + H^{\cdot}$

$\qquad\qquad\qquad\qquad H^{\cdot} + Br_2 \rightarrow HBr + Br^{\cdot}$

Die Radikale, die bei diesen Elementarreaktionen entstehen, können wieder mit Molekülen (H_2 und Br_2) reagieren und setzen damit die Reaktionskette fort. Wenn zwei Radikale miteinander reagieren, entsteht ein nichtradikalisches Molekül; diesen Schritt nennen wir Kettenabbruch:

Kettenabbruch: $\qquad\qquad 2\,Br^{\cdot} \rightarrow Br_2$

Bei manchen Reaktionen spielt auch die sogenannte Retardierung eine Rolle, bei der die Radikale verbraucht werden, ohne daß das Produkt gebildet wird. In unserem Beispiel ist das die Elementarreaktion

Retardierung: $\qquad\qquad H^{\cdot} + HBr \rightarrow H_2 + Br^{\cdot}$

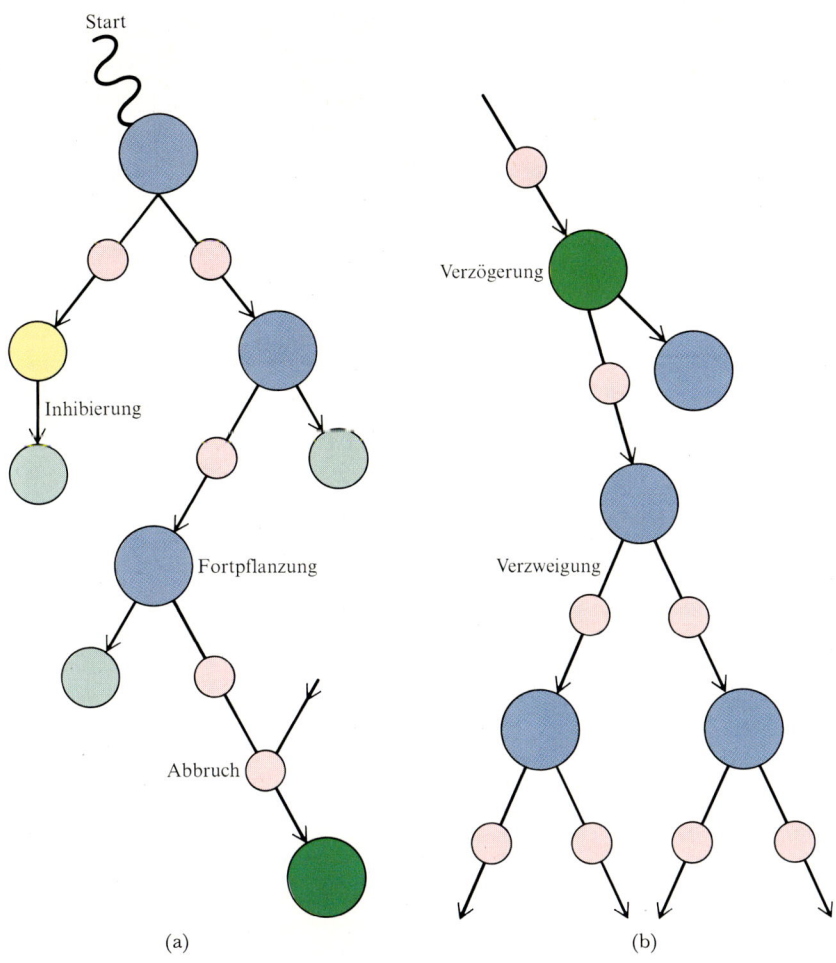

Start

Inhibierung

Fortpflanzung

Abbruch

(a)

Verzögerung

Verzweigung

(b)

Abb. 7-21 (a) Die für eine Kettenreaktion charakteristischen Schritte. Bei einer Radikalkettenreaktion sind die Kettenträger Radikale; sie sind hier rosa gezeichnet, die Ausgangssubstanzen blau und die Reaktionsprodukte grün. (b) Wenn die Kette eine Verzweigungsreaktion enthält, kann die Konzentration der Zwischenprodukte sehr schnell explosionsartig ansteigen.

bei der das Produkt HBr gerade verbraucht wird. Allerdings ist damit noch kein Kettenabbruch verbunden, denn das dabei gebildete Radikal kann weiter reagieren.

Auch die Inhibierung spielt oft eine entscheidende Rolle; bei ihr reagieren Radikale mit anderen Radikalen, die eigentlich nichts mit dem Kettenabbruch zu tun haben:

Inhibierung: $H^{\cdot}$ + andere Radikale → nichtreaktive Substanzen

Inhibierung wird vor allem von Verunreinigungen ausgelöst, die leicht mit den Radikalen reagieren. Solche Verunreinigungen werden manchmal absichtlich zur Stabilisierung von Substanzen eingesetzt, die leicht (radikalisch) polymerisieren; sie heißen auch Antioxidantien, weil sie vor allem das Auftreten von Sauerstoffradikalen verhindern. Für die Stabilität von Polymeren spielen sie eine wichtige Rolle.

Explosionen

Bei manchen Reaktionen erfolgt das Kettenwachstum explosionsartig, vor allem, wenn eine Kettenverzweigung möglich ist. Das ist ein Elementarschritt, bei dem mehr als ein Radikal neu gebildet wird. Die Folge dieser Verzweigungsreaktionen ist, daß die Anzahl der Radikale stark zunimmt. Das bekannteste Beispiel ist die Knallgas-Reaktion zwischen Wasserstoff und Sauerstoff. Schließlich kann die Reaktionsgeschwindigkeit so weit ansteigen, daß sie zu einer Explosion führt (vgl. Abb. 7-22).

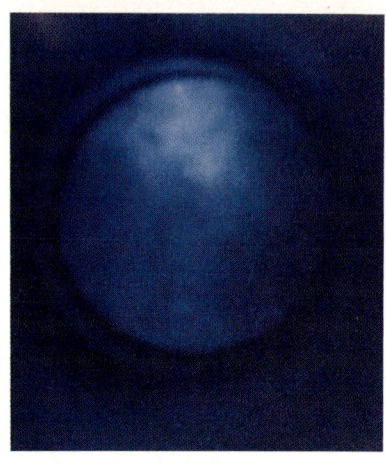

Abb. 7-22 Die Flammenfront im Innern des Zylinders einer Verbrennungskraftmaschine ist der Bereich, wo die Radikalkettenreaktion (hier ist das eine Verbrennung) abläuft.

Beeinflussung der Reaktionsgeschwindigkeiten

Die Geschwindigkeit chemischer Reaktionen wird beeinflußt von den Konzentrationen der Reaktionspartner, den Oberflächen reagierender Körper, der Temperatur und den sog. *Katalysatoren*, die weiter unten besprochen werden. Den Einfluß der Konzentration haben wir schon kennengelernt, sie ist in den Geschwindigkeitsgesetzen enthalten. In Abb. 7-23 ist ein schönes Beispiel für die Wirkung einer großen Oberfläche wiedergegeben: hier entzündet sich extrem fein verteiltes Eisenpulver spontan an der Luft. Ähnlich besteht in Mühlen oder Kohlengruben die Gefahr von Staubexplosionen, die durch sehr fein verteilte brennbare Substanzen verursacht werden.

7-6 Die Temperaturabhängigkeit chemischer Reaktionsgeschwindigkeiten

Fast immer nimmt die Reaktionsgeschwindigkeit zu, wenn die Temperatur steigt. Eine einfache Regel besagt, daß eine Temperaturerhöhung um 10 Grad eine Verdopplung der Reaktionsgeschwindigkeit bewirkt. (In Wirklichkeit liegt dieser Faktor zwischen 1,5 und 4.) In diesem Abschnitt wollen wir den Einfluß der Temperatur auf die Reaktionsgeschwindigkeit genauer untersuchen.

Das Arrhenius-Verhalten

Steigt die Reaktionsgeschwindigkeit mit erhöhter Temperatur, so muß die Geschwindigkeitskonstante größer geworden sein. Svante Arrhenius hat 1889 eine Gleichung vorgeschlagen, die die Zunahme von k mit der Temperatur beschreibt:

$$\ln k = \ln A - \frac{E_a}{RT} \tag{8}$$

Die Arrhenius-Parameter A und E_a sind Konstanten, die für eine Reaktion charakteristisch sind. R ist die Gaskonstante ($8,31\ \mathrm{J\ K^{-1}\ mol^{-1}}$), und T ist die Temperatur (in Kelvin). Die Konstante A heißt auch präexponentieller Faktor, denn Gleichung 8 kann man nach $x = e^{\ln x}$ umformen:

$$k = A \cdot e^{-\frac{E_a}{RT}} \tag{9}$$

Die Geschwindigkeitskonstante hängt also exponentiell von der Temperatur ab. E_a ist die *Aktivierungsenergie* (auf den Namen kommen wir gleich zurück).

Abb. 7-23 Ein Eisenstab kann in einer Flamme erhitzt werden, ohne daß er Feuer fängt. Feinverteiltes Eisenpulver verbrennt dagegen in Luft, denn es bietet dem Angriff des Sauerstoffs eine sehr viel größere Oberfläche.

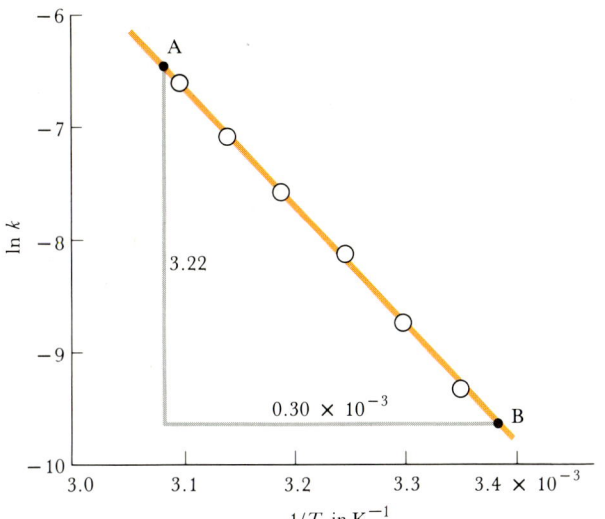

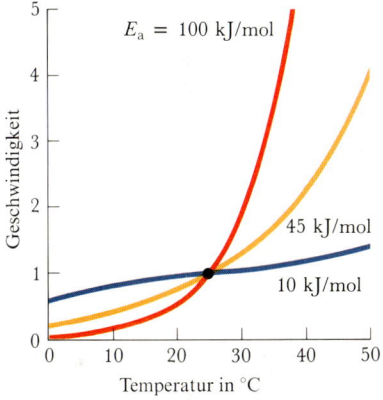

Abb. 7-24 Im Arrhenius-Diagramm wird $\ln k$ gegen $1/T$ aufgetragen. Wenn man dabei eine Gerade erhält, spricht man von Arrhenius-Verhalten der Reaktion in dem untersuchten Temperaturbereich; die Aktivierungsenergie kann aus der Steigung der Geraden berechnet werden.

Die Arrhenius-Gleichung ist analog der Gleichung einer Geraden:

$$\ln k = \ln A - \frac{E_a}{R} \cdot \frac{1}{T}$$

$$y = a + b \cdot x$$

Wenn man in einem Diagramm $\ln k$ gegen $1/T$ aufträgt, so spricht man von einem Arrhenius-Diagramm; es sollte eine Gerade darstellen, welche die Ordinate bei $\ln A$ schneidet (dort ist $1/T = 0$) und die Steigung $-E_a/R$ hat (vgl. Abb. 7-24). Wir sehen E_a vorläufig als einen empirischen Parameter an, der für die Temperaturabhängigkeit der Reaktionsgeschwindigkeit charakteristisch ist. An dem Diagramm in Abb. 7-25 erkennt man, daß zur größeren Aktivierungsenergie E_a auch die stärkere Temperaturabhängigkeit der Reaktionsgeschwindigkeit gehört. Reaktionen mit kleinen Aktivierungsenergien (etwa um 10 kJ mol^{-1}) werden mit zunehmender Temperatur nur wenig schneller. Große Aktivierungsenergien (um 60 kJ mol^{-1}) entsprechen im Arrhenius-Diagramm einer steilen Geraden; solche Reaktionen hängen also stark von der Temperatur ab.

Abb. 7-25 Die drei Kurven geben für drei verschiedene Aktivierungsenergien an, wie die Reaktionsgeschwindigkeit von der Temperatur abhängt. Die Werte wurden so normiert, daß die Reaktionsgeschwindigkeit bei 25 °C jeweils gleich 1 ist.

Beispiel 7-13 Die Bestimmung der Aktivierungsenergie

Die Geschwindigkeitskonstante der Reaktion zweiter Ordnung zwischen Ethylbromid und Hydroxid-Ionen in Wasser

$$C_2H_5Br(aq) + OH^-(aq) \rightarrow C_2H_5OH(aq) + Br^-(aq)$$

wurde bei verschiedenen Temperaturen gemessen; die folgende Tabelle enthält die Meßwerte:

Temperatur in °C	25	30	35	40	45	50
$k \cdot 10^{-5}$ in dm^3 mol^{-1} s^{-1}	8,8	16	28	50	85	140

Wie groß ist die Aktivierungsenergie dieser Reaktion?

Methode. Die Aktivierungsenergie erhalten wir, indem wir $\ln k$ gegen $1/T$ auftragen und die Steigung der Geraden ablesen.

Lösung. Zuerst haben wir die Temperaturen in Kelvin umzurechnen; dann stellen wir eine Tabelle mit $\ln k$ und $1/T$ auf:

Temperatur in °C	25	30	35	40	45	50
T in K	298	303	308	313	318	323
$(1/T)\cdot10^{-3}$/K	3,36	3,30	3,25	3,19	3,14	3,10
$\ln k$	−9,34	−8,74	−8,18	−7,60	−7,07	−6,57

Diese Daten sind in Abb. 7-24 aufgetragen. Für die Steigung der Geraden gilt:

$$\text{Steigung} = \frac{(\ln k)_B - (\ln k)_A}{\left(\dfrac{1}{T}\right)_B - \left(\dfrac{1}{T}\right)_A} = \frac{-3,22}{0,30\cdot10^{-3}\,\text{K}^{-1}}$$

$$= -1,07\cdot10^4\,\text{K}$$

Die Steigung war gleich $-E_a/R$, also ist $E_a = -R\cdot$ Steigung:

$$E_a = -8,31\,\text{J mol}^{-1}\text{K}^{-1}\cdot(-1,07\cdot10^4\,\text{K}) = 89\,\text{kJ mol}^{-1}$$

Übungsaufgabe. Die Gasphasen-Reaktion zweiter Ordnung

$$HO(g) + H_2(g) \rightarrow H_2O(g) + H(g)$$

ergab die folgende Temperaturabhängigkeit:

Temperatur in °C	100	200	300	400
k in dm^3 mol^{-1} s^{-1}	$1,1\cdot10^{-9}$	$1,8\cdot10^{-8}$	$1,2\cdot10^{-7}$	$4,4\cdot10^{-7}$

Wie groß ist die Aktivierungsenergie?

[Antwort: 42 kJ mol^{-1}]

Von einer Reaktion, die eine Gerade liefert, wenn $\ln k$ gegen $1/T$ aufgetragen wird, sagt man, sie zeige ein *Arrhenius-Verhalten*. Sehr viele Reaktionen, nicht nur solche in der Gasphase, gehören dazu. Selbst die tropische Feuerfliege blitzt in warmen Nächten schneller als in kalten, und die Geschwindigkeit ihrer Blitzfolge zeigt in einem gewissen Temperaturbereich Arrhenius-Verhalten. Tabelle 7-5 enthält die Arrhenius-Parameter einiger Reaktionen; eine typische Aktivierungsenergie liegt bei 45 kJ mol^{-1}. Wenn die Arrhenius-Parameter einer Reaktion erst einmal bestimmt sind, ist es sehr leicht, für beliebige Temperaturen die Geschwindigkeitskonstanten anzugeben, falls es sich um den gleichen Temperaturbereich wie bei der Messung handelt. Vor Extrapolationen in andere Temperaturbereiche muß aber ausdrücklich gewarnt werden.

Wenn man weiß, daß eine Geschwindigkeitskonstante bei der Temperatur T den Wert k hat, so kann man über die Aktivierungsenergie den Wert k' bei der Temperatur T' berechnen. Für die beiden Temperaturen gilt:

$$\ln k' = \ln A - \frac{E_a}{RT'}$$

$$\ln k = \ln A - \frac{E_a}{RT}$$

Tabelle 7-5 Arrhenius-Parameter

Reaktion	A	E_a/kJ mol^{-1}
erster Ordnung, Gasphase		
Cyclopropan $\rightarrow$ Propen	$2{,}0 \cdot 10^{15}$ s^{-1}	272
$CH_3-CN \rightarrow CH_3-NC$	$4{,}0 \cdot 10^{15}$ s^{-1}	160
$C_2H_6 \rightarrow 2\,CH_3$	$2{,}5 \cdot 10^{17}$ s^{-1}	384
$N_2O \rightarrow N_2 + O$	$8{,}0 \cdot 10^{11}$ s^{-1}	250
$2\,N_2O_5 \rightarrow 2\,NO + O_2$	$6{,}3 \cdot 10^{14}$ s^{-1}	88
zweiter Ordnung, Gasphase		
$O + N_2 \rightarrow NO + N$	$1 \cdot 10^{11}$ dm^3 mol^{-1} s^{-1}	315
$OH + H_2 \rightarrow H_2O + H$	$8 \cdot 10^{10}$ dm^3 mol^{-1} s^{-1}	42
$2\,CH_3 \rightarrow C_2H_6$	$2 \cdot 10^{10}$ dm^3 mol^{-1} s^{-1}	0
zweiter Ordnung, wäßrige Lösung		
$C_2H_5Br + OH^- \rightarrow C_2H_5OH + Br^-$	$4{,}3 \cdot 10^{11}$ dm^3 mol^{-1} s^{-1}	90
$CO_2 + OH^- \rightarrow HCO_3^-$	$1{,}5 \cdot 10^{10}$ dm^3 mol^{-1} s^{-1}	38
saure Hydrolyse von Rohrzucker	$1{,}5 \cdot 10^{15}$ dm^3 mol^{-1} s^{-1}	108

Wenn wir die zweite von der ersten Gleichung abziehen, erhalten wir:

$$\ln k' - \ln k = -\frac{E_a}{RT'} + \frac{E_a}{RT}$$

dafür können wir auch schreiben:

$$\ln \frac{k'}{k} = \frac{E_a}{R} \cdot \left(\frac{1}{T} - \frac{1}{T'} \right) \qquad (10)$$

Beispiel 7-14 Die Anwendung der Arrhenius-Gleichung

Wie groß ist die Geschwindigkeitskonstante zweiter Ordnung der sauren Rohrzuckerhydrolyse zu Glucose und Fructose bei 37 °C, also bei der Temperatur, die z. B. im Magen herrscht?

Methode. Wir haben lediglich die Daten aus der Tabelle 7-5 in die Arrhenius-Gleichung einzusetzen; die Temperatur ist selbstverständlich in Kelvin anzugeben. Die Einheit von k ist dieselbe wie die von A.

Lösung. Bei $T = 310$ K gilt:

$$RT = 8{,}31 \text{ J mol}^{-1} \text{ K}^{-1} \cdot 310 \text{ K} = 2{,}58 \text{ kJ mol}^{-1}$$

Damit wird Gl. 8:

$$\ln k = 34{,}9 - \frac{108 \text{ kJ mol}^{-1}}{2{,}58 \text{ kJ mol}^{-1}}$$

$$= 34{,}9 - 41{,}9 = -7{,}0$$

Da $e^{-7{,}0} = 9{,}1 \cdot 10^{-4}$ gilt:

$$k = 9{,}1 \cdot 10^{-4} \text{ dm}^3 \text{ mol}^{-1} \text{ s}^{-1} = 0{,}91 \text{ cm}^3 \text{ mol}^{-1} \text{ s}^{-1}$$

Übungsaufgabe. Wie groß ist die Geschwindigkeitskonstante des N_2O-Zerfalls bei 500 °C?

[Antwort: $1{,}0 \cdot 10^{-5}$ s^{-1}]

Die Stoßtheorie

Bisher haben wir die Arrhenius-Parameter als Größen aufgefaßt, die die experimentellen Befunde über die Temperaturabhängigkeit von Reaktionsgeschwindigkeiten beschreiben. Eine Erklärung des Arrhenius-Verhaltens und ein Verständnis dieser Parameter läßt sich aus der *Stoßtheorie* der einfachen bimolekularen Gasphasenreaktionen herleiten. Nach dieser Theorie reagieren Moleküle nur dann miteinander, wenn sie mit so viel kinetischer Energie zusammentreffen, daß dadurch Bindungen aufgebrochen werden können (vgl. Abb. 7-26). Man kann Moleküle etwa mit Billardkugeln vergleichen: wenn sie langsam miteinander kollidieren, resultiert nur ein Stoß, nach dem sie wieder auseinanderfliegen. Wenn der Aufprall kräftig genug ist, können sie in Stücke brechen.

Wir wollen jetzt eine bimolekulare Reaktion zwischen den Substanzen A und B untersuchen. Die Anzahl der Stöße zwischen A und B in der Zeiteinheit ist proportional zu den Konzentrationen [A] und [B], deshalb können wir schreiben:

$$\text{Stoßzahl} = \text{konstant} \cdot [\text{A}] \cdot [\text{B}]$$

Wäre jeder Zusammenstoß erfolgreich im Sinne einer Reaktion, so wäre die Konstante in dieser Formel gleich k. Man sieht aber leicht ein, weshalb nicht jeder Stoß erfolgreich sein kann. In der kinetischen Gastheorie lernen wir, daß in einem Gas bei 25 °C und 1 bar Druck ein Molekül etwa alle 10^{-10} s mit einem anderen Molekül zusammenstößt. Wäre die Reaktionsgeschwindigkeit gleich der Stoßzahl, so würde für die meisten Gasphasenreaktionen eine Halbwertszeit zwischen 10^{-9} und 10^{-10} s resultieren. Wir wissen aber, daß manche Halbwertszeiten Minuten oder sogar Stunden dauern können; deshalb kann nur ein sehr kleiner Teil der Stöße erfolgreich sein.

In der Stoßtheorie wird angenommen, daß ein Stoß nur dann erfolgreich ist, wenn die Moleküle mit einer *kinetischen Mindestenergie* $E_{\min}$ zusammenstoßen. (Später werden wir diese Mindestenergie mit der Aktivierungsenergie identifizieren.) Die Reaktionsgeschwindigkeit ist deshalb nur ein Bruchteil der Stoßzahl, und wir können schreiben:

$$\text{Reaktionsgeschwindigkeit} = f \cdot \text{Stoßzahl}$$
$$= f \cdot \text{konstant} \cdot [\text{A}] \cdot [\text{B}]$$

wobei f angibt, welcher Bruchteil aller Moleküle über die kinetische Mindestenergie für diese Reaktion verfügt. f kann man aus der Maxwellschen Geschwindigkeitsverteilung (vgl. Abschn. 2-7 und Abb. 7-27) berechnen. Wie man an der blauen Fläche unter der blauen Kurve in Abb. 7-27 sieht, haben bei Zimmertemperatur nur sehr wenige Moleküle genügend hohe Energie. Die rote Kurve und die rote Fläche beschreiben die Verhältnisse bei einer höheren Temperatur; hier kann ein erheblich größerer Teil der Moleküle reagieren.

Der österreichische Wissenschaftler Ludwig Boltzmann hat berechnet, welcher Bruchteil aller Moleküle bei der Temperatur T mindestens die Energie $E_{\min}$ hat. Nach Boltzmann ist:

$$\ln f = -\frac{E_{\min}}{RT} \qquad (11)$$

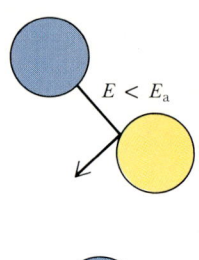

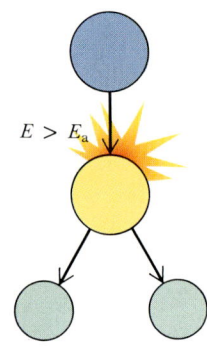

Abb. 7-26 In der Stoßtheorie reagieren zwei Moleküle, die zusammenstoßen, nur, wenn sie über eine kinetische Mindestenergie verfügen. Andernfalls fliegen sie wieder auseinander. In dieser Skizze wird die Mindestenergie $E_{\min}$ mit der Aktivierungsenergie E_a gleichgesetzt.

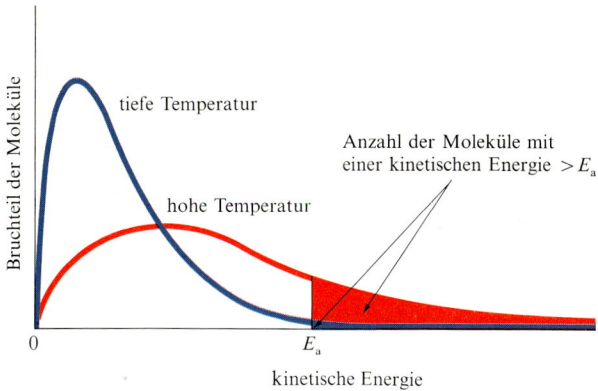

 tiefe Temperatur

Anzahl der Moleküle mit einer kinetischen Energie $> E_a$

hohe Temperatur

Bruchteil der Moleküle

0 — E_a

kinetische Energie

Abb. 7-27 Der Anteil der Moleküle, die beim Stoß mindestens über die kinetische Energie E_a verfügen, ist durch die farbigen Bereiche unter den Kurven gegeben. Dieser Anteil steigt schnell an, wenn man die Temperatur erhöht.

Wenn wir den typischen Wert $E_{min} = 45 \text{ kJ mol}^{-1}$ in diese Formel einsetzen, erhalten wir (bei 25 °C):

$$f = 1{,}3 \cdot 10^{-8}$$

Es dürften also weniger als zwei Stöße unter einhundert Millionen zu einer Reaktion führen. Wenn nur der Bruchteil f aller Stöße erfolgreich ist, dann wird die Geschwindigkeitskonstante $k = \text{konstant}$ auf $k = f \cdot \text{konstant}$ verkleinert. Logarithmieren wir diesen Ausdruck, so erhalten wir:

$$\ln k = \ln (f \cdot \text{konstant})$$
$$= \ln (\text{konstant}) + \ln f$$

Setzen wir das in die Boltzmannsche Formel für f ein, so geht diese über in:

$$\ln k = \ln (\text{konstant}) - \frac{E_{min}}{RT}$$

Vergleichen wir dieses Ergebnis mit der Arrhenius-Gleichung (Gl. 8), so können wir die Konstante unter dem Logarithmus mit dem präexponentiellen Faktor A und die Mindestenergie E_{min} mit der Aktivierungsenergie E_a identifizieren. Dann ist nach der Stoßtheorie der präexponentielle Faktor A gleich dem Wert, den die Geschwindigkeitskonstante hätte, wenn jeder Stoß erfolgreich wäre. Es sind aber in Wirklichkeit nur die Stöße erfolgreich, bei denen mindestens die Aktivierungsenergie E_a aufgebracht werden kann. Damit wird die Geschwindigkeitskonstante von A auf einen Bruchteil dieses Wertes verkleinert.

Aktivierungsbarrieren

Es ist möglich, die Stoßtheorie auch auf Reaktionen in Lösung auszuweiten. Diese allgemeinere Theorie heißt *Theorie des aktivierten Komplexes*. Sie geht davon aus, daß sich zwei Moleküle einander nähern, dabei Deformationen erleiden und zusammen den sogenannten *aktivierten Komplex* bilden. Der aktivierte Komplex kann in zwei Richtungen zerfallen, entweder wieder in die ursprünglichen Moleküle oder in neue Reaktionsprodukte. Verfolgen wir die potentielle Energie der beiden Moleküle (Abb. 7-28), so beobachten wir einen Anstieg, wenn der aktivierte Komplex gebildet wird, und einen Abfall, wenn der aktivierte Komplex in die Produkte zerfällt. Die Kurve in Abb. 7-28 nennt man

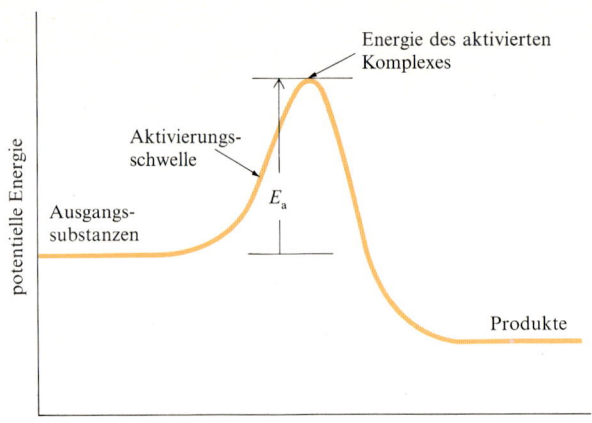

Abb. 7-28 In der Theorie des aktivierten Komplexes wird vorausgesetzt, daß die potentielle Energie der Moleküle zunimmt, wenn sie sich einander nähern, daß sie ein Maximum erreicht, wenn der aktivierte Komplex gebildet wird, und daß sie wieder abnimmt, wenn die Produkt-Moleküle gebildet werden. Nur Moleküle, die genügend Energie haben, können die Aktivierungsbarriere E_a überwinden und reagieren, wenn sie sich begegnen.

Reaktionsprofil, das Maximum zwischen den Ausgangssubstanzen und den Produkten ist die *Aktivierungsbarriere.*

Weil nur solche Moleküle der Ausgangsstoffe, deren kinetische Energie die Aktivierungsbarriere überschreitet, in die Produkte übergehen können (die anderen fallen wieder zurück in die Ausgangssubstanzen), ist die Höhe der Barriere gleichzeitig die Aktivierungsenergie E_a der Reaktion. Genauso wie in der einfachen Stoßtheorie gibt die Boltzmannsche Formel den Bruchteil der Moleküle an, deren Energie ausreicht, über die Barriere hinwegzukommen. Nennen wir A die Geschwindigkeitskonstante bei Abwesenheit der Barriere, dann führt uns dieselbe Überlegung wie vorhin zur Arrhenius-Gleichung. Der einzige Unterschied zwischen der Theorie des aktivierten Komplexes und der Stoßtheorie besteht darin, daß hier die Reaktionspartner gelöst sind und sich aufgrund der ungeordneten Bewegung in der Lösung begegnen. Im Gas fliegen sie frei herum, bis sie kollidieren.

Besteht eine Reaktion aus mehreren Schritten, so gibt es für jede Elementarreaktion eine Aktivierungsbarriere. Dann hat das Reaktionsprofil mehrere Maxima, und die Reaktionsgeschwindigkeit wird vom höchsten Maximum bestimmt. Das Profil der Reaktion zwischen NO_2 und CO (vgl. Abschn. 7-2), bei der der erste der geschwindigkeitsbestimmende Schritt ist, hat deshalb die Form der in Abb. 7-29a wiedergegebenen Kurve. Bei der Reaktion zwischen NO und O_2 (Beispiel 7-12) war der zweite Schritt geschwindigkeitsbestimmend; das Profil entspricht der Kurve in Abb. 7-29 b.

7-7 Katalyse

Bei manchen Reaktionen wird die Geschwindigkeit durch die Zugabe kleiner Mengen bestimmter Substanzen beschleunigt, und oft findet man diese Substanzen nach der Reaktion unverändert vor. Substanzen mit diesen Fähigkeiten heißen *Katalysatoren.*

Ein **Katalysator** ist eine Substanz, die die Geschwindigkeit einer Reaktion erhöht, ohne daß sie bei der Reaktion verbraucht wird.

Das chinesische Wort für Katalysator bedeutet eigentlich ‚Heiratsvermittler'; damit trifft es den Sinn sehr gut. Ein Beispiel für eine Reaktion,

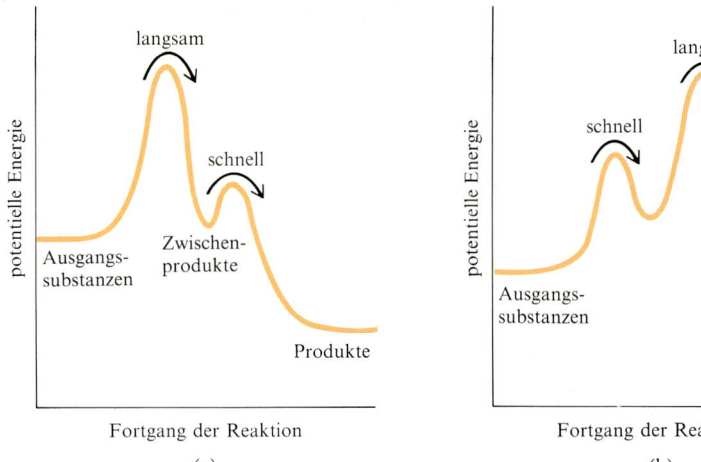

Abb. 7-29 Wenn eine Reaktion in mehreren Schritten verläuft, dann enthält das Reaktionsprofil mehrere Aktivierungsbarrieren. Die höchste Barriere entspricht dem geschwindigkeitsbestimmenden Schritt. In (a) ist die erste der beiden Elementarreaktionen geschwindigkeitsbestimmend, in (b) die zweite.

die katalytisch beschleunigt werden kann, ist die thermische Zersetzung von Kaliumchlorat:

$$2\,KClO_3\,(s) \overset{\Delta}{\rightarrow} 2\,KCl\,(s) + 3\,O_2\,(g)$$

Diese Reaktion verläuft normalerweise sehr langsam, selbst bei hoher Temperatur. Gibt man jedoch eine kleine Menge Mangandioxid (Braunstein) hinzu, so wird am Schmelzpunkt bei 356 °C heftig Sauerstoff entwickelt, das Mangandioxid selbst läßt sich nach der Reaktion wieder isolieren. Ein technisch sehr wichtiges Beispiel ist die Ammoniaksynthese, die von fein verteiltem Eisen katalysiert wird:

$$N_2\,(g) + 3\,H_2\,(g) \rightarrow 2\,NH_3\,(g)$$

Dieser Katalysator wurde kurz vor dem ersten Weltkrieg von dem deutschen Chemiker Fritz Haber entdeckt; noch heute beruht auf ihm die großtechnische Ammoniaksynthese.

Die Wirkung eines Katalysators besteht darin, daß er für eine Reaktion einen anderen Reaktionsweg ermöglicht, dessen geschwindigkeitsbestimmender Schritt eine kleinere Aktivierungsenergie als der ursprüngliche Weg hat (vgl. Abb. 7-30). Bei derselben Temperatur haben dann mehr Moleküle die Möglichkeit, die Barriere zu überwinden und

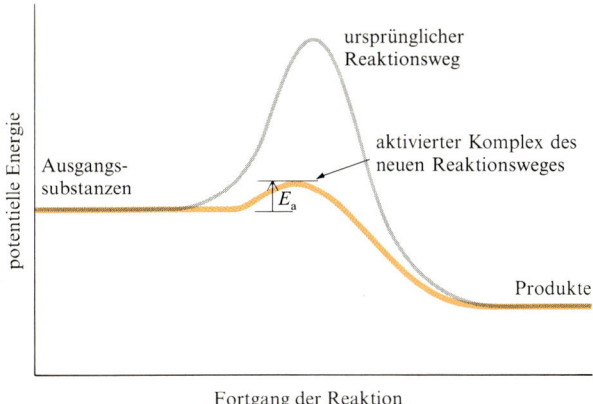

Abb. 7-30 Ein Katalysator erniedrigt die Aktivierungsenergie einer Reaktion, so daß mehr Moleküle die Barriere überwinden und Produkte bilden können.

in die Reaktionsprodukte überzugehen. Bleiben wir bei dem Bild mit der Fähre über einen Fluß: der Katalysator eröffnet eine neue Verkehrsverbindung mit einer leistungsfähigeren Fährverbindung.

Homogene und heterogene Katalyse

Ein Katalysator heißt *homogen,* wenn er sich in derselben Phase wie die Ausgangssubstanzen befindet. Für eine Gasreaktion ist der Homogen-Katalysator also ein Gas. Für eine Reaktion in Lösung muß der Katalysator ebenfalls gelöst sein.

Gelöstes Brom ist ein Homogen-Katalysator für die Zersetzung von Wasserstoffperoxid in wäßriger Lösung:

$$2\,H_2O_2\,(aq) \xrightarrow{\text{Br}_2} 2\,H_2O\,(l) + O_2\,(g)$$

Wenn kein Brom anwesend ist, kann man Wasserstoffperoxid bei Zimmertemperatur lange lagern; sobald aber ein Tropfen Brom hinzukommt, steigen Sauerstoffbläschen auf. Der Mechanismus der Bromwirkung soll darauf beruhen, daß das Brom im ersten Schritt zu Br^- reduziert und im zweiten Schritt wieder zu Br_2 oxidiert wird:

$$Br_2\,(aq) + H_2O_2\,(aq) \rightarrow 2\,Br^-\,(aq) + 2\,H^+\,(aq) + O_2\,(g)$$
$$2\,Br^-\,(aq) + H_2O_2\,(aq) + 2\,H^+\,(aq) \rightarrow Br_2\,(aq) + 2\,H_2O\,(l)$$

Wenn wir diese beiden Schritte addieren, heben sich Br_2 und $2\,Br^-$ heraus, und die Gesamtreaktion bleibt so stehen, wie wir sie oben geschrieben haben. Die Brommoleküle haben zwar an der Reaktion teilgenommen, sie wurden aber nicht verbraucht.

Ein Katalysator heißt *heterogen,* wenn er sich in einer anderen Phase als die Ausgangssubstanzen der Reaktion befindet. Meistens handelt es sich um Festkörper, die bei Reaktionen in der Gasphase oder in der flüssigen Phase Verwendung finden wie z. B. der im Haber-Prozeß verwendete Eisenkatalysator. Ein anderes Beispiel ist das fein verteilte Vanadiumpentoxid (V_2O_5), das bei der Schwefelsäureherstellung nach dem *Kontaktverfahren* eingesetzt wird

$$2\,SO_2\,(g) + O_2\,(g) \xrightarrow{V_2O_5} 2\,SO_3\,(g)$$

Beim *Ostwald-Prozeß* zur Herstellung von Salpetersäure aus Ammoniak (vgl. Abb. 7-31) findet die Oxidation von der Oxidationsstufe -3 auf $+2$ mit Hilfe eines Platin-Rhodium-Katalysators statt, der gleichzeitig die Bildung von molekularem Stickstoff (mit der Oxidationszahl 0) unterdrückt:

$$4\,NH_3\,(g) + 5\,O_2\,(g) \xrightarrow{\Delta,\,Pt} 4\,NO\,(g) + 6\,H_2O\,(g)$$

Der neue Reaktionsweg, den ein heterogener Katalysator eröffnet, hängt mit der Fähigkeit des Katalysators zusammen, die reagierenden Substanzen an seiner Oberfläche zu *adsorbieren.* Die Adsorption führt oft zu einer Dissoziation – oder zumindest zu einer Schwächung von Bindungen – und erleichtert damit den Ablauf der Reaktion (vgl. Abb. 7-32). Zwar kennt man den Mechanismus der Ammoniaksynthese noch nicht in allen Einzelheiten, der geschwindigkeitsbestimmende Schritt ist aber die Adsorption der N_2-Moleküle und die damit verbundene Schwächung der starken Dreifachbindung im $N\equiv N$.

Katalysatoren beschleunigen nicht nur die erwünschte Reaktion zu den Produkten; in gleicher Weise fördern sie auch die (unerwünschte)

(a)

(b)

Rückreaktion. In der Praxis muß man daher den Ablauf in die richtige Richtung steuern, indem eines der Produkte der Reaktion entzogen wird, z. B. durch Ausfällen oder durch rasche Weiterreaktion (vgl. auch Kap. 8).

Auch außerhalb der Chemie kennt man Katalysatoren, vor allem in Kraftfahrzeugen, wo sie für die vollständige Oxidation der entstehenden Abgase sorgen sollen. Zu den Komponenten von Autoabgasen gehören Kohlenmonoxid, unverbrannte Kohlenwasserstoffe und Stickoxide, die man unter der Bezeichnung NO_x zusammenfaßt. Die von diesen Substanzen ausgehende Luftverunreinigung läßt sich verringern, wenn die C-Verbindungen zu Kohlendioxid oxidiert und die N-Verbindungen zu Stickstoff reduziert werden. Zwar ist es leicht, Katalysatoren zu finden, die die betreffenden Reaktionen beschleunigen; in der Praxis begegnet man aber zahlreichen Problemen. So wäre etwa ein Katalysator, der NO_x über N_2 hinaus bis zum Ammoniak reduziert, nicht erwünscht, denn in der Atmosphäre könnte Ammoniak wieder zurück zu NO_x oxidiert werden.

Der Katalysator soll aber auch bei niedrigen Temperaturen effektiv arbeiten, denn bei kaltem Motor ist das Emissionsproblem besonders groß. Das Edelmetall Platin ist auch bei tieferen Temperaturen noch wirksam. Ein Problem bedeutet auch der im Treibstoff enthaltene

Abb. 7-31 (a) Ein Rhodiumkatalysator für die Herstellung von Salpetersäure aus Ammoniak wird eingebaut. (b) Ein vergrößertes Bild des Katalysators nach dem Gebrauch.

Abb. 7-32 Die Reaktion zwischen Ethylen, C_2H_4, und Wasserstoff auf einer Metalloberfläche. (a) Die Reaktionspartner werden adsorbiert, und das H_2-Molekül dissoziiert in die Atome. (b) Ein Wasserstoffatom wandert über die Oberfläche, stößt an ein Ethylenmolekül und bildet eine C—H-Bindung. (c) Ein zweites Wasserstoffatom kollidiert mit dem C_2H_5— und bildet eine zweite C—H-Bindung. Das gebildete C_2H_6-Molekül verläßt die Oberfläche.

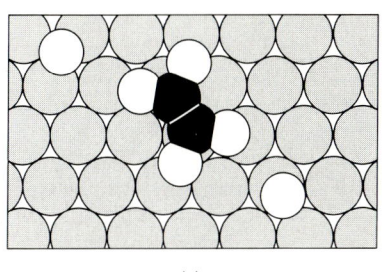

(a)

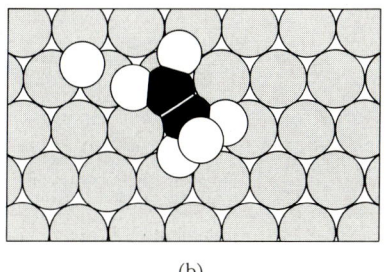

(b)

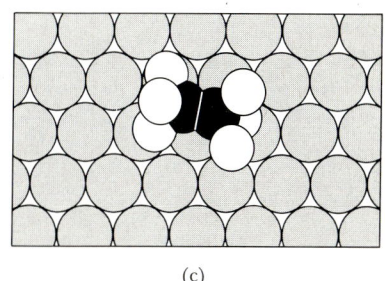

(c)

Schwefel, denn Katalysatoren, die Stickoxide reduzieren, katalysieren auch die Oxidation von SO_2 zu SO_3 und machen so die Autos zu kleinen, fahrbaren Versionen einer Schwefelsäurefabrik.

Katalysatoren können inaktiviert werden; man spricht dann von einer *Vergiftung* des Katalysators. Eine Vergiftung findet statt, wenn die Oberfläche des Katalysators von einer Schicht adsorbierter Fremdmoleküle bedeckt ist, die den Zugang der Reaktionspartner zur Katalysatoroberfläche verhindern. Manche Schwermetalle, vor allem Blei, sind sehr wirksame Katalysator-Gifte; deshalb müssen Katalysator-Fahrzeuge mit bleifreiem Treibstoff betrieben werden. Die Verwendung bleifreien Treibstoffs verringert gleichzeitig die Bleibelastung der Umwelt; Blei ist für lebende Organismen ein gefährliches Gift; es wird im Körper gespeichert und vergiftet die körpereigenen Katalysatoren (Enzyme).

Enzyme

Enzyme sind die Katalysatoren in der lebenden Zelle. Sie sind Proteine (Eiweiße) mit *aktiven Zentren,* die mit einem Schloß verglichen werden, in die nur ein ganz bestimmter Schlüssel paßt (Abb. 7-33). Nur ein ganz bestimmtes *Substrat* (der Reaktant einer enzymatisch katalysierten Reaktion) paßt in das Schloß und wird an dem aktiven Zentrum umgesetzt (vgl. Abb. 7-34). Das umgesetzte Substratmolekül verläßt dann das aktive Zentrum und tritt vielleicht in einem anderen biochemischen Prozeß mit einem anderen Enzym wieder als Substrat auf. Das erste Enzym kann jetzt mit einem neuen Substratmolekül arbeiten. Enzymatisch katalysierte Reaktionen gehören zu den schnellsten überhaupt. So setzt z. B. das in allen Lebewesen vorkommende Enzym Carboanhydrase, das die Hydratisierung von CO_2 nach

$$CO_2 + H_2O \rightleftharpoons H_2CO_3$$

katalysiert, pro Sekunde 10^5 Moleküle CO_2 um. Carboanhydrase ist eines der schnellsten Enzyme, die man kennt.

Die Vergiftung lebender Zellen ist in manchen Fällen ein treues Abbild der Vergiftung eines Katalysators. Die Wirkung eines Katalysators wird zerstört, wenn ein aktives Substrat zu fest gebunden wird, weil damit der aktive Platz für das reagierende Substrat blockiert wird (vgl. Abb. 7-35). Dadurch wird die Kette biochemischer Reaktionen unterbrochen, und die Zelle stirbt ab. Nervengas blockiert die enzymkontrollierten Reaktionen, welche die Leitung von Nervenimpulsen ermöglichen. Arsen, das in Kriminalromanen beliebteste Gift, wirkt ähnlich: nach der Einnahme von Arsen in Form von Arsenat-Ionen (AsO_4^{3-}) wird As(V) zu As(III) reduziert, das die $-SH$-Gruppen der Enzyme blockiert.

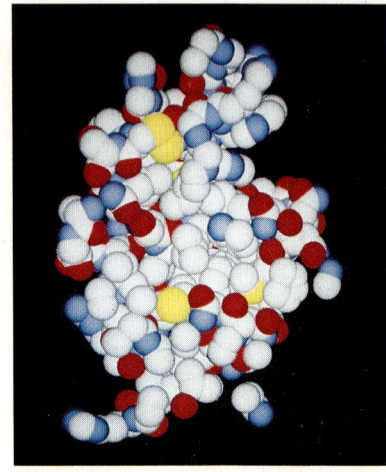

Abb. 7-33 Lysozym, ein typisches Enzym. Lysozym kommt überall im Körper vor, auch in den Tränen und im Nasenschleim. Eine seiner Aufgaben ist es, die Zellwände von Bakterien anzugreifen und diese dadurch abzutöten.

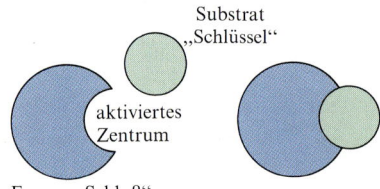

Abb. 7-34 Beim Schlüssel/Schloß-Modell der Enzymwirkung wird das richtige Substrat daran erkannt, daß es genau in das aktive Zentrum paßt.

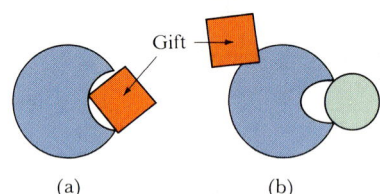

Abb. 7-35 (a) Ein Enzymgift (als rotes Quadrat gezeichnet) wird vom aktiven Zentrum so festgehalten, daß es dieses blockiert und damit die Wirkung des Enzyms behindert. (b) Es kann aber auch an einer anderen Stelle gebunden werden und die aktive Stelle dabei so stark deformieren, daß das Substrat nicht mehr paßt.

Zusammenfassung

Die chemische Kinetik beschäftigt sich mit der Geschwindigkeit chemischer Reaktionen.

Das Geschwindigkeitsgesetz ist die Beziehung zwischen der Reaktionsgeschwindigkeit und den Konzentrationen der an der Reaktion beteiligten Substanzen. Die Geschwindigkeitskonstante ist die Proportionalitätskonstante dieser Beziehung. Sie ist nur von der Art der Reaktion und von der Temperatur abhängig. Die Reaktionsordnung dient zur Einteilung der Reaktionen und ist gleich der Summe der Exponenten der Konzentrationen im Geschwindigkeitsgesetz. Das Geschwindigkeitsgesetz muß experimentell bestimmt werden; aus der Reaktionsgleichung allein kann man es nicht angeben. Wenn man das integrierte Geschwindigkeitsgesetz kennt, also die Abhängigkeit der Konzentration von der Zeit, kann man die Konzentration zu einem beliebigen Zeitpunkt berechnen. Die Halbwertszeit gibt an, in welcher Zeit eine Konzentration auf die Hälfte ihres Wertes gefallen ist. Sie ist oft ein Schlüssel zur Bestimmung der Reaktionsordnung. Mit der chemischen Kinetik läßt sich auch die Geschwindigkeit des radioaktiven Zerfalls erfassen.

Die Anzahl der radioaktiven Kerne in einer Probe nimmt nach dem radioaktiven Zerfallsgesetz, einem Geschwindigkeitsgesetz erster Ordnung, exponentiell mit der Zeit ab. In der Halbwertszeit nimmt die Anzahl der Kerne einer Art gerade auf die Hälfte ab. Die Halbwertszeiten hängen nicht von der Temperatur und auch nicht von der chemischen Verbindung ab, in die das Atom eingebaut ist. Eine wichtige Anwendung ist die Radiokohlenstoff-Methode zur Datierung fossiler Objekte, bei der der Gehalt an ^{14}C in einer Probe gemessen wird.

Die Intensität einer Strahlungsquelle hängt davon ab, wie viele Kernzerfälle in der Sekunde erfolgen, und wird in Curie angegeben. Die von einer Probe empfangene Strahlungsdosis wird in Rad gemessen, die Äquivalent-Dosis, die den in einem Gewebe angerichteten Schaden beschreibt, in Rem.

Ein Reaktionsmechanismus ist eine Folge von Elementarreaktionen oder Reaktionsschritten. Man kann die Elementarreaktionen nach ihrer Molekularität unterscheiden. Bei unimo-

lekularen Reaktionen zerfällt ein einzelnes Molekül in Produkte; sie sind erster Ordnung. Bimolekulare Reaktionen sind Reaktionen zwischen zwei Molekülen und folglich zweiter Ordnung. Ein Reaktionsmechanismus muß mit dem experimentell bestimmten Geschwindigkeitsgesetz übereinstimmen. Das Geschwindigkeitsgesetz für einen komplizierteren Mechanismus kann man angeben, wenn man die langsamste Elementarreaktion, den geschwindigkeitsbestimmenden Schritt, kennt und Ausdrücke für die Konzentrationen der Zwischenprodukte angeben kann.

Bei Kettenreaktionen produziert ein Zwischenprodukt weitere Zwischenprodukt-Moleküle. Bei Radikalketten-Reaktionen sind die Zwischenprodukte Radikale, auch Kettenträger genannt. Bei den Kettenreaktionen unterscheidet man die Schritte Kettenstart, Kettenwachstum, Retardierung, Inhibierung und Kettenabbruch. Eine Kettenverzweigung, bei der mehr als ein Kettenträger bei einer Elementarreaktion gebildet wird, kann zu einer Explosion führen.

Eine Reaktionsgeschwindigkeit kann durch Oberflächeneffekte, Katalysatoren, die Temperatur und die Konzentrationen der beteiligten Substanzen beeinflußt werden. Die Temperaturabhängigkeit beschreibt die Arrhenius-Gleichung mit dem präexponentiellen Faktor A und der Aktivierungsenergie E_a. Nach der Stoßtheorie ist A proportional der Häufigkeit von Stößen zwischen den Molekülen und E_a gleich der für die Reaktion benötigten Mindestenergie. Bei der Theorie des aktivierten Komplexes wird aus den reagierenden Substanzen ein energetisch angeregter Komplex gebildet, der die Aktivierungsbarriere überspringen kann.

Ein Katalysator beschleunigt eine Reaktion, wird aber bei der Reaktion nicht verbraucht. Es gibt Homogen-Katalysatoren, die sich gelöst in der gleichen Phase wie die reagierenden Substanzen befinden, und Heterogen-Katalysatoren, die sich in einer anderen Phase befinden. Katalysatoren führen zu einem Reaktionsweg mit einer niedrigeren Aktivierungsenergie. Enzyme sind biologische Katalysatoren.

Aufgaben

Konzentrationsmaße

7-1 Wie groß ist die Reaktionsgeschwindigkeit bezüglich der unterstrichenen Substanzen:
(a) $2\underline{O_3}(g) \rightarrow 3O_2(g)$, die Bildungsgeschwindigkeit des O_2 ist 1,5 mmol dm^{-3} s^{-1};
(b) $H_2(g) + I_2(g) \rightarrow 2\overline{HI}(g)$, die Reationsgeschwindigkeit bezüglich I_2 ist 2,6 mmol dm^{-3} s^{-1};
(c) $3\underline{ClO^-}(aq) \rightarrow ClO_3^-(aq) + 2Cl^-(aq)$, die Reaktionsgeschwindigkeit bezüglich Cl^- ist 3,6 mol dm^{-3} min^{-1};
(d) $2\underline{CrO_4^{2-}}(aq) + 2H^+(aq) \rightarrow Cr_2O_7^{2-}(aq) + H_2O(l)$, die Bildungsgeschwindigkeit von Dichromat ist 0,14 mol dm^{-3} s^{-1}.

7-2 Wie groß ist die Reaktionsgeschwindigkeit bezüglich der unterstrichenen Substanzen:
(a) $2NO_2(g) \rightarrow \underline{N_2O_2}(g) + O_2(g)$, die Reaktionsgeschwindigkeit bezüglich $\underline{NO_2}$ ist 6,5 mmol dm^{-3} s^{-1};

(b) $N_2(g) + 3\underline{H_2}(g) \rightarrow 2NH_3(g)$, die Bildungsgeschwindigkeit des NH_3 ist 2,7 mmol dm^{-3} s^{-1};
(c) $2\underline{ClO^-}(aq) \rightarrow ClO_2^-(aq) + Cl^-(aq)$, die Bildungsgeschwindigkeit von ClO_2^- ist 1,6 mol dm^{-3} min^{-1};
(d) $3MnO_4^{2-}(aq) + 4H^+(aq) \rightarrow 2\underline{MnO_4^-}(aq) + MnO_2(s) + 2H_2O(l)$, die Geschwindigkeit der Oxidation der MnO_4^{2-}-Ionen ist 2,0 mol dm^{-3} min^{-1}.

7-3 In welchen Einheiten werden die Geschwindigkeitskonstanten bei Reaktionen (a) nullter Ordnung, (b) zweiter Ordnung, (c) dritter Ordnung angegeben, wenn die Konzentrationen in mol dm^{-3} gegeben sind?

7-4 Wegen der Proportionalität zwischen Partialdrücken und Konzentrationen kann man bei Gasphasen-Reaktionen die Geschwindigkeitsgesetze auch mit Hilfe der Partialdrücke formulieren; für eine Reaktion erster Ordnung ergibt das z. B. Geschwindigkeit = $k P_x$. Wie lauten die Einheiten der Geschwindigkeitskonstanten für Geschwindigkeitsgesetze (a) nullter Ordnung, (b) zweiter Ordnung und (c) dritter Ordnung bei Gasphasen-Reaktionen, wenn die Partialdrücke in mbar und die Reaktionsgeschwindigkeiten in mbar s^{-1} angegeben sind? (d) Wie lautet die Geschwindigkeitskonstante 7,5 mbar^{-1} s^{-1} in der Einheit dm^{-3} mol^{-1} s^{-1}?

Reaktionsgeschwindigkeiten

Für den N_2O_5-Zerfall

$$2 N_2O_5(g) \rightarrow 4 NO_2(g) + O_2(g)$$

werden experimentelle Werte in den Aufgaben 7-5 und 7-6 angegeben. Tragen Sie jeweils die Konzentrationen gegen die Zeit auf und bestimmen Sie für jeden Zeitpunkt die Reaktionsgeschwindigkeit bezüglich N_2O_5! Tragen Sie auch die Konzentrationen der Reaktionsprodukte in die Diagramme ein!

7-5 $T = 298$ K:

t/s	0	4000	8000	12 000	16 000
$[N_2O_5]$/mM	2,15	1,88	1,64	1,43	1,25

7-6 $T = 308$ K:

t/s	0	4000	8000	12 000	16 000
$[N_2O_5]$/mM	2,57	1,50	0,87	0,51	0,30

Für die Synthese von HI,

$$H_2(g) + I_2(g) \rightarrow 2 HI(g)$$

werden experimentelle Werte in den Aufgaben 7-7 und 7-8 angegeben. Tragen Sie jeweils die Konzentrationen gegen die Zeit auf und bestimmen Sie für jeden Zeitpunkt die Reaktionsgeschwindigkeit! Tragen Sie auch die Konzentrationen der anderen beteiligten Substanzen in die Diagramme ein!

7-7 $T = 700$ K:

t/s	0	1000	2000	3000	4000	5000
$[HI]$/mM	10	4,4	2,8	2,1	1,6	1,3

7-8 $T = 630$ K:

t/s	0	2000	4000	6000	8000	10 000
$[HI]$/mM	30,0	26,1	23,0	20,6	18,7	17,1

Anfangsgeschwindigkeiten

7-9 Bei der Reaktion $CH_3Br(aq) + OH^-(aq) \rightarrow CH_3OH(aq) + Br^-(aq)$ führt eine Verdopplung der OH^--Konzentration zu einer Verdopplung der Reaktionsgeschwindigkeit, eine Erhöhung der CH_3Br-Konzentration um den Faktor 1,2 erhöht die Geschwindigkeit um den gleichen Faktor. Wie lautet das Geschwindigkeitsgesetz?

7-10 Bei der Reaktion $2 NO(g) + O_2(g) \rightarrow 2 NO_2(g)$ führt eine Verdopplung der NO-Konzentration zu einer Vervierfachung der Reaktionsgeschwindigkeit, wenn aber die Konzentrationen von O_2 und NO gleichzeitig verdoppelt werden, steigt die Reaktionsgeschwindigkeit um den Faktor acht. Wie lautet das Geschwindigkeitsgesetz?

7-11 Bei der Reaktion $2 ICl(g) + H_2(g) \rightarrow I_2(g) + 2 HCl(g)$ wurden die folgenden Werte gemessen:

Konzentration/mM		Bildungsgeschwindigkeit von I_2 in mol dm^{-3} s^{-1}
ICl	H_2	
1,5	1,5	$3,7 \cdot 10^{-7}$
2,3	1,5	$5,7 \cdot 10^{-7}$
2,3	3,7	$14,0 \cdot 10^{-7}$

7-12 Bei der Reaktion $NO_2(g) + O_3(g) \rightarrow NO_3(g) + O_2(g)$ wurden die folgenden Werte gemessen:

Konzentration/mM		Bildungsgeschwindigkeit von NO_3 in mol dm^{-3} s^{-1}
NO_2	O_3	
0,38	0,38	6,3
0,21	0,70	6,3
0,21	1,39	12,5

7-13 Bei der Reaktion $A + B + C \rightarrow$ Produkte wurden die folgenden Werte gemessen:

Konzentration/mM			Bildungsgeschwindigkeit der Produkte in mmol dm^{-3} s^{-1}
A	B	C	
1,25	1,25	1,25	8,7
1,97	1,25	1,25	13,7
1,25	3,02	1,25	51,0
1,97	3,02	2,01	129,0

7-14 Bei der Reaktion $A + 2 B + C \rightarrow$ Produkte wurden die folgenden Werte gemessen:

Konzentration/mM			Bildungsgeschwindigkeit der Produkte in mmol dm^{-3} s^{-1}
A	B	C	
2,06	3,05	4,00	3,07
0,87	3,05	4,00	0,66
0,50	0,50	0,50	0,013
1,00	0,50	1,00	0,072

7-15 2,0 g N_2O_5 befinden sich bei 55 °C in einem 1,0-dm^3-Behälter und zerfallen in NO_2 und O_2. Berechnen Sie unter Verwendung der Daten in Tab. 7-1 die Anfangsgeschwindigkeit.

7-16 100 mg Ethan (C_2H_6) befinden sich bei 700 °C in einem 250 cm^3-Behälter und zerfallen in einer Reaktion erster Ordnung nach der Gleichung $C_2H_6 \rightarrow 2 CH_3$ in Methylradikale. Berechnen Sie unter Verwendung der Daten in Tab. 7-1 die Anfangsgeschwindigkeit.

7-17 0,15 g Wasserstoff und 0,32 g Iod befinden sich bei 700 °C in einem 500 cm^3-Behälter. Um welchen Faktor wird die Anfangsgeschwindigkeit zunehmen, (a) wenn die Masse an Wasserstoff verdoppelt wird, (b) wenn 0,10 g Argon hinzugegeben werden?

7-18 100 mg NO_2 befinden sich bei 300 °C in einem 200 cm³-Behälter und zerfallen in NO und O_2. Um welchen Faktor wird die Anfangsgeschwindigkeit zunehmen, (a) wenn die Masse an NO_2 verdoppelt wird, (b) wenn 100 mg O_2 hinzugegeben werden?

Reaktionsordnung

7-19 Geben Sie die Gesamtordnung und die Ordnungen bezüglich aller Reaktionspartner, soweit das möglich ist, an! In welchen Einheiten werden die Geschwindigkeitskonstanten gemessen, wenn die Konzentrationen in mol dm⁻³ angegeben sind?
(a) $H_2(g) + I_2(g) \rightarrow 2HI(g)$, Geschwindigkeit $= k \cdot [H_2] \cdot [I_2]$.
(b) $2SO_2(g) + O_2(g) \xrightarrow{Pt} 2SO_3(g)$, Geschwindigkeit $= k \cdot [SO_2] \cdot [SO_3]^{-1/2}$.
(c) $BrO_3^-(aq) + 5Br^-(aq) + 6H^+(aq) \rightarrow 3Br_2(aq) + 3H_2O(l)$, Geschwindigkeit $= k \cdot [BrO_3^-] \cdot [Br^-] \cdot [H^+]^2$.
(d) $H_2O_2(aq) + 2I^-(aq) + 2H^+(aq) \rightarrow I_2(aq) + 2H_2O(l)$, Geschwindigkeit $= \dfrac{k \cdot [H_2O_2] \cdot [I^-]}{1 + k' \cdot [H^+]}$.

7-20 Geben Sie die Gesamtordnung und die Ordnungen bezüglich aller Reaktionspartner, soweit das möglich ist, an! In welchen Einheiten werden die Geschwindigkeitskonstanten gemessen, wenn die Konzentrationen in mol dm⁻³ angegeben sind?
(a) $S_2O_8^{2-}(aq) + 2I^-(aq) \rightarrow 2SO_4^{2-} + I_2(aq)$, Geschwindigkeit $= k \cdot [S_2O_8^{2-}] \cdot [I^-]$.
(b) $CH_3CHO(g) \rightarrow CH_4(g) + CO(g)$, Geschwindigkeit $= k \cdot [CH_3CHO]^{3/2}$.
(c) $NH_3(g) + D_2(g) \xrightarrow{Fe} NH_2D(g) + HD(g)$, Geschwindigkeit $= \dfrac{k \cdot [NH_3] \cdot [D_2]^{1/2}}{(1 + k' \cdot [NH_3])^2}$.
(d) $2NH_3(g) \rightarrow N_2(g) + 3H_2(g)$, Geschwindigkeit $= k$.

7-21 Formulieren Sie für die folgenden Reaktionen die Geschwindigkeitsgesetze! In welchen Einheiten werden die Geschwindigkeitskonstanten gemessen, wenn die Konzentrationen in mol dm⁻³ angegeben sind?
(a) Die Reaktion $2A + B \rightarrow C + D$, erster Ordnung in A und B und insgesamt zweiter Ordnung;
(b) die Reaktion $A + B \rightarrow 2C$, erster Ordnung in A, $-\frac{1}{2}$ in C und insgesamt $\frac{1}{2}$.

7-22 Formulieren Sie für die folgenden Reaktionen die Geschwindigkeitsgesetze! In welchen Einheiten werden die Geschwindigkeitskonstanten gemessen, wenn die Konzentrationen in mol dm⁻³ angegeben sind?
(a) Die Reaktion $A + 2B \rightarrow C + D$, zweiter Ordnung in A, erster Ordnung in B und insgesamt dritter Ordnung;
(b) die Reaktion $A + B \rightarrow C + D$, erster Ordnung in A, Ordnung $\frac{1}{2}$ in B, Ordnung $-\frac{3}{2}$ in D und insgesamt nullter Ordnung.

Halbwertszeit

7-23 Die Substanz A zerfällt in der Reaktion erster Ordnung $A \rightarrow B + C$ mit einer Halbwertszeit von 200 s. Wie lange dauert es, bis ihre Konzentration (a) auf ein Viertel, (b) auf ein Sechzehntel der Anfangskonzentration gefallen ist?

7-24 Die Substanz A zerfällt in der Reaktion erster Ordnung $2A \rightarrow B + C$ mit einer Halbwertszeit von 1,0 min. Wie lange dauert es, bis ihre Konzentration (a) auf ein Achtel, (b) auf ein Zweiunddreißigstel der Anfangskonzentration gefallen ist?

7-25 Die Substanz A zerfällt in der Reaktion zweiter Ordnung $2A \rightarrow B + C$ und braucht 100 s, um von der Anfangskonzentration 0,20 M auf 0,10 M abzufallen. Wie lange dauert es, bis ihre Konzentration (a) auf ein Achtel, (b) auf ein Zweiunddreißigstel der Anfangskonzentration gefallen ist?

7-26 ^{14}C zerfällt mit einer Halbwertszeit von 5800 Jahren. Lebende Pflanzen und Tiere bauen einen konstanten Anteil an ^{14}C in ihre Moleküle ein. In Fossilien nimmt dieser Anteil durch den radioaktiven Zerfall ab; deshalb ist es möglich, aus dem Gehalt an ^{14}C auf das Alter des Fossils zu schließen. Wie alt ist ein Holz, dessen ^{14}C-Gehalt gerade ¼ des Gehaltes lebender Bäume beträgt?

7-27 Geben Sie für eine Zerfallsreaktion erster Ordnung mit der Halbwertszeit $t_{1/2}$ eine allgemeine Formel für die Zeit an, nach der die Konzentration auf $1/2^n$ des Anfangswertes gefallen ist!

7-28 N_2O_5 zerfällt bei 80 °C in einer Reaktion erster Ordnung mit der Geschwindigkeitskonstanten $0,15\ s^{-1}$.
(a) Wie groß ist die Halbwertszeit?
(b) Wieviel ist von 10 g N_2O_5 nach zwei Halbwertszeiten übrig?

Die Zeitabhängigkeit von Konzentrationen

7-29 Berechnen Sie für die folgenden Reaktionen die Geschwindigkeitskonstanten unter der Annahme von Reaktionen erster Ordnung:
(a) Bei der Reaktion $A \rightarrow B$ nimmt die Konzentration von A in 1000 s auf die Hälfte des Anfangswertes ab.
(b) Bei der Reaktion $A \rightarrow B$ mit der Anfangskonzentration $[A] = 4,0$ mM steigt die Konzentration von B in 100 s auf 3,0 mM.
(c) Bei der Reaktion $2A \rightarrow B + C$ steigt die Konzentration von B in 120 s auf 1,5 mM und erreicht nach sehr langer Zeit 2,0 mM.

7-30 Berechnen Sie für die folgenden Reaktionen die Geschwindigkeitskonstanten unter der Annahme von Reaktionen erster Ordnung:
(a) Bei der Reaktion $2A \rightarrow B + C$ nimmt die Konzentration von A in 125 s auf die Hälfte des Anfangswertes ab.
(b) Bei der Reaktion $2A \rightarrow B + C$ mit der Anfangskonzentration $[A] = 2,00$ mM steigt die Konzentration von B in 1000 s auf 0,75 mM.
(c) Bei der Reaktion $2A \rightarrow 3B + C$ steigt die Konzentration von B in 1800 s auf 4,5 mM und erreicht nach sehr langer Zeit 6,0 mM.

7-31 Berechnen Sie für die folgenden Reaktionen die Geschwindigkeitskonstanten (für die Zersetzung von A) unter der Annahme von Reaktionen zweiter Ordnung:
(a) Bei der Reaktion $2A \rightarrow B + C$ nimmt die Konzentration von A in 100 s von 2,50 mM auf 1,25 mM ab.
(b) Bei der Reaktion $2A \rightarrow B$ nimmt die Konzentration von A in 200 s von 2,0 mM auf 0,50 mM ab.
(c) Bei der Reaktion $2A \rightarrow B + C$ mit einer Anfangskonzentration $[A] = 0,200$ M erreicht die Konzentration von B nach 155 s den Wert 0,075 M.

7-32 Berechnen Sie für die folgenden Reaktionen die Geschwindigkeitskonstanten (für die Zersetzung von A) unter der Annahme von Reaktionen zweiter Ordnung:
(a) Bei der Reaktion $2A \rightarrow B + C + D$ nimmt die Konzentration von A in 12 min von 0,10 mM auf 0,05 mM ab.
(b) Bei der Reaktion $2A \rightarrow B$ nimmt die Konzentration von A in 12 h von 4,00 mM auf 0,50 mM ab.
(c) Bei der Reaktion $A \rightarrow 2B + C$ mit einer Anfangskonzentration $[A] = 40$ mM erreicht die Konzentration von B nach 15 h den Wert 70 mM.

7-33 Eine Substanz A geht in einer Reaktion erster Ordnung gemäß $A \rightarrow B$ in die Produkte B über. Die Konzentration von A erreicht nach 120 s 20% ihres Anfangswertes. Wie lange nach Reaktionsbeginn wird die Konzentration von A auf 10% des Anfangswertes gefallen sein?

7-34 Bei der Reaktion $2A \rightarrow B + C$, die erster Ordnung bezüglich A ist, nimmt die Konzentration von A in 180 s von ihrem Anfangswert 1,5 mM auf 0,25 mM ab. Wie lange dauert es, bis die Konzentration von A von ihrem Anfangswert auf 0,010 mM gefallen ist?

7-35 Bei der Reaktion $A \rightarrow 2B$, die erster Ordnung bezüglich A ist, stieg bei einer Anfangskonzentration $[A] = 2,0$ mM die Konzentration von B in 75 s auf 2,0 mM an. Wieviel länger wird es dauern, bis sie auf 3,0 mM angestiegen ist?

7-36 Bei der Reaktion $2A \rightarrow B + C$, die erster Ordnung bezüglich A ist, stieg bei einer Anfangskonzentration $[A] = 2,0$ mM die Konzentration von B in 175 min auf 0,50 mM an. Wie lange würde es dauern, bis sie auf 0,75 mM angestiegen ist?

7-37 (a) Wie lange dauert es, bis bei 65 °C in einem 250 cm³-Behälter 1,15 mmol N_2O_5(g) bis auf 0,55 mmol abgenommen haben?
(b) Wie lange dauert es bei derselben Reaktion, bis die O_2-Menge auf 0,80 mM angestiegen ist? Die benötigten Daten stehen in Tab. 7-1.

7-38 (a) Wie lange dauert es, bis bei 700 °C in einem 500 cm³-Behälter 2,0 mmol C_2H_6(g) bis auf 0,50 mmol abgenommen haben?
(b) Wie lange dauert es bei derselben Reaktion, bis die Menge der CH_3-Radikale auf 6,0 mM angestiegen ist? Die benötigten Daten stehen in Tab. 7-1.

7-39 Prüfen Sie graphisch nach, daß die Reaktion $2N_2O_5$(g) $\rightarrow 4NO_2$(g) $+ O_2$(g) nach den folgenden bei 25 °C gemessenen Daten erster Ordnung ist, und bestimmen Sie die Geschwindigkeitskonstante:

t/s	0	4000	8000	12000	16000
$[N_2O_5]$/mM	2,15	1,88	1,64	1,43	1,25

7-40 Prüfen Sie graphisch nach, daß die Reaktion $2N_2O_5$(g) $\rightarrow 4NO_2$(g) $+ O_2$(g) nach den folgenden bei 35 °C gemessenen Daten erster Ordnung ist, und bestimmen Sie die Geschwindigkeitskonstante:

t/s	0	4000	8000	12000	16000
$[N_2O_5]$/mM	2,57	1,50	0,87	0,51	0,30

7-41 Prüfen Sie graphisch nach, daß die Reaktion C_2H_6(g) $\rightarrow 2CH_3$(g) nach den folgenden bei 700 °C gemessenen Daten erster Ordnung ist, und bestimmen Sie die Geschwindigkeitskonstante:

t/s	0	1000	2000	3000	4000	5000
$[C_2H_6]$/mM	1,59	0,92	0,53	0,31	0,18	0,10

7-42 Prüfen Sie graphisch nach, daß die Reaktion Cyclopropan $\rightarrow$ Propen nach den folgenden bei 500 °C gemessenen Daten erster Ordnung ist, und bestimmen Sie die Geschwindigkeitskonstante:

t/s	0	1000	2000	3000	4000	5000
[Cyclopropan]/mM	4,57	2,34	1,19	0,61	0,31	0,16

7-43 Prüfen Sie graphisch nach, daß die Reaktion $2HI$(g) $\rightarrow H_2$(g) $+ I_2$(g) nach den folgenden bei 530 K gemessenen Daten zweiter Ordnung ist, und bestimmen Sie die Geschwindigkeitskonstante:

t/s	0	4000	8000	12000	16000
[HI]/mM	45,5	44,5	43,6	42,7	41,8

7-44 Prüfen Sie graphisch nach, daß die Reaktion $2HI$(g) $\rightarrow H_2$(g) $+ I_2$(g) nach den folgenden bei 580 K gemessenen Daten zweiter Ordnung ist, und bestimmen Sie die Geschwindigkeitskonstante:

t/s	0	1000	2000	3000	4000
[HI]/mM	200	120	61	41	31

7-45 Prüfen Sie graphisch nach, daß die Reaktion H_2(g) $+ I_2$(g) $\rightarrow 2HI$(g) nach den folgenden bei 780 K gemessenen Daten zweiter Ordnung ist, und bestimmen Sie die Geschwindigkeitskonstante:

t/s	0	1	2	3	4
$[I_2]$/mM	1,00	0,43	0,27	0,20	0,16

7-46 Prüfen Sie graphisch nach, daß die Reaktion H_2(g) $+ I_2$(g) $\rightarrow 2HI$(g) nach den folgenden bei 630 K gemessenen Daten zweiter Ordnung ist, und bestimmen Sie die Geschwindigkeitskonstante:

t/s	0	100	300	600	1200	2400
$[I_2]$/mM	1,00	0,80	0,57	0,40	0,26	0,14

7-47 Bestimmen Sie für die Reaktion $2A \rightarrow B$ aus den folgenden Daten die Reaktionsordnung und die Geschwindigkeitskonstante:

t/s	0	5	10	15	20
$[A]$/mM	100	14,1	7,8	5,3	4,0

7-48 Bestimmen Sie für die Reaktion 2 A → B aus den folgenden Daten die Reaktionsordnung und die Geschwindigkeitskonstante:

t/min	0	100	200	300	400	500
[A]/M	250	143	81	45	25	15

7-49 Bestimmen Sie für die Reaktion A + B → Produkte mit $[A]_0 = [B]_0$ aus den folgenden Daten die Reaktionsordnung und die Geschwindigkeitskonstante:

t/min	0	20	40	60	80	100
[A]/M	2,04	0,30	0,16	0,11	0,08	0,07

7-50 Bestimmen Sie für die Reaktion A + B → Produkte mit $[A]_0 = [B]_0$ aus den folgenden Daten die Reaktionsordnung und die Geschwindigkeitskonstante:

t/s	0	100	200	300	400	500
[A]/mM	250	61	33	24	18	15

Reaktionsmechanismen

7-51 Formulieren Sie für die folgenden Elementarreaktionen jeweils das Geschwindigkeitsgesetz und geben Sie an, ob es sich um unimolekulare, bimolekulare oder termolekulare Reaktionen handelt:
(a) $2 NO(g) → N_2O_2(g)$,
(b) $Cl_2(g) → 2 Cl(g)$,
(c) $2 NO_2(g) → NO(g) + NO_3(g)$.

7-52 Formulieren Sie für die folgenden Elementarreaktionen jeweils das Geschwindigkeitsgesetz und geben Sie an, ob es sich um unimolekulare, bimolekulare oder termolekulare Reaktionen handelt:
(a) $CH_3Br(aq) + OH^-(aq) → CH_3OH(aq) + Br^-(aq)$,
(b) $C_2N_2(g) → 2 CN(g)$,
(c) $Ar(g) + 2 O(g) → Ar(g) + O_2(g)$.
(d) Warum ist bei der Reaktion (c) das Argonatom nötig?

7-53 Formulieren Sie aus den folgenden Elementarreaktionen die Gesamtreaktion, identifizieren Sie für jeden Mechanismus die Zwischenprodukte und geben Sie an, ob es sich dabei um Radikale handelt! Benennen Sie für Kettenreaktionen die einzelnen Schritte (Kettenstart, Kettenfortpflanzung usw.)!
$ICl(g) + H_2(g) → HI(g) + HCl(g)$,
$HI(g) + ICl(g) → HCl(g) + I_2(g)$.

7-54 Formulieren Sie aus den folgenden Elementarreaktionen die Gesamtreaktion, identifizieren Sie für jeden Mechanismus die Zwischenprodukte und geben Sie an, ob es sich dabei um Radikale handelt! Benennen Sie für Kettenreaktionen die einzelnen Schritte (Kettenstart, Kettenfortpflanzung usw.)!
$Br_2(g) → 2 Br(g)$,
$Br(g) + H_2(g) → HBr(g) + H(g)$,
$H(g) + Br_2(g) → HBr(g) + Br(g)$,
$2 Br(g) → Br_2(g)$.

7-55 Formulieren Sie aus den folgenden Elementarreaktionen die Gesamtreaktion, identifizieren Sie für jeden Mechanismus die Zwischenprodukte und geben Sie an, ob es sich dabei um Radikale handelt! Benennen Sie für Kettenreaktionen die einzelnen Schritte (Kettenstart, Kettenfortpflanzung usw.)!
$Cl_2(g) → 2 Cl(g)$,
$Cl(g) + CO(g) → COCl(g)$,
$COCl(g) + Cl_2(g) → COCl_2(g) + Cl(g)$.

7-56 Formulieren Sie aus den folgenden Elementarreaktionen die Gesamtreaktion, identifizieren Sie für jeden Mechanismus die Zwischenprodukte und geben Sie an, ob es sich dabei um Radikale handelt! Benennen Sie für Kettenreaktionen die einzelnen Schritte (Kettenstart, Kettenfortpflanzung usw.)!
$N_2O_5(g) → NO_2(g) + NO_3(g)$,
$NO_2(g) + NO_3(g) → NO_2(g) + NO(g) + O_2(g)$,
$NO(g) + N_2O_5(g) → 3 NO_2(g)$.

7-57 Formulieren Sie aus dem folgenden für die Reaktion zwischen Stickstoffmonoxid und Brom vorgeschlagenen Reaktionsmechanismus das Geschwindigkeitsgesetz der Gesamtreaktion:
Schritt 1. $NO(g) + Br_2(g) → NOBr_2(g)$ (langsam),
Schritt 2. $NO(g) + NOBr_2(g) → 2 NOBr(g)$ (schnell).

7-58 Formulieren Sie aus dem folgenden für die Reaktion zwischen Chlor und Chloroform vorgeschlagenen Reaktionsmechanismus das Geschwindigkeitsgesetz der Gesamtreaktion:
Schritt 1. $Cl_2(g) → 2 Cl(g)$ (schnell, reversibel).,
Schritt 2. $CHCl_3(g) + Cl(g) → CCl_3(g) + HCl(g)$ (langsam),
Schritt 3. $CCl_3(g) + Cl(g) → CCl_4(g)$ (schnell).

7-59 Formulieren Sie aus dem folgenden für die Oxidation von Iodid und Hypochlorit vorgeschlagenen Reaktionsmechanismus das Geschwindigkeitsgesetz der Gesamtreaktion:
Schritt 1. $OCl^-(aq) + H_2O(l) → HOCl(aq) + OH^-(aq)$ (schnell, reversibel),
Schritt 2. $I^-(aq) + HOCl(aq) → HOI(aq) + Cl^-(aq)$ (langsam),
Schritt 3. $HOI(aq) + OH^-(aq) + H_2O(l)$ (schnell).

7-60 Formulieren Sie aus dem folgenden für die Bildung von Phosgen ($COCl_2$) aus Kohlenmonoxid und Chlor vorgeschlagenen Reaktionsmechanismus das Geschwindigkeitsgesetz der Gesamtreaktion:
Schritt 1. $Cl_2(g) → 2 Cl(g)$ (schnell, reversibel),
Schritt 2. $Cl(g) + CO(g) → COCl(g)$ (schnell, reversibel),
Schritt 3. $COCl(g) + Cl_2(g) → COCl_2(g) + Cl(g)$ (langsam).

7-61 Unter bestimmten Bedingungen hat die Reaktion $H_2(g) + Br_2(g) → 2 HBr(g)$ das Geschwindigkeitsgesetz $k \cdot [H_2] \cdot [Br_2]^{1/2}$. Wenn man eine Substanz zugibt, die Bromatome und Wasserstoffatome sehr schnell abfängt, läuft die Reaktion nicht mehr. Können Sie für die Reaktion einen Mechanismus vorschlagen?

7-62 In der Gegenwart von Iod geht *cis*-Buten in *trans*-Buten über; dabei ist die Geschwindigkeit proportional zur Konzentration des *cis*-Butens und zu $[I]^{1/2}$. Es gibt Hinweise dafür, daß zuerst ein I-Atom an die Doppelbindung des Butens angelagert wird. Können Sie für die Reaktion einen Mechanismus vorschlagen?

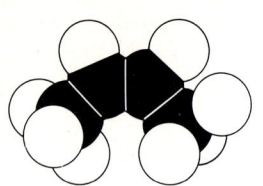

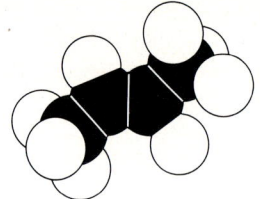

3 *cis*-Buten   **4** *trans*-Buten

Die Temperaturabhängigkeit von Reaktionsgeschwindigkeiten

7-63 (a) Die Konstante der Zersetzungsreaktion des N_2O_5 hat bei 45 °C den Wert $k = 5,0 \cdot 10^{-4}\,s^{-1}$. Wie groß ist k bei 50 °C? Die Aktivierungsenergie finden Sie in Tab. 7-5.
(b) Die Konstante der Reaktion $O + N_2 \rightarrow NO + N$ hat bei 800 °C den Wert $k = 9,7 \cdot 10^{10}\,dm^3\,mol^{-1}\,s^{-1}$. Wie groß ist k bei 700 °C? Die Aktivierungsenergie finden Sie in Tab. 7-5.

7-64 (a) Die Konstante der Dissoziation des C_2H_6 in Methyl-Radikale hat bei 700 °C den Wert $k = 5,5 \cdot 10^{-4}\,s^{-1}$. Wie groß ist k bei 800 °C? Die Aktivierungsenergie finden Sie in Tab. 7-5.
(b) Die Konstante der Reaktion CO_2 und OH^--Ionen in Wasser bei 25 °C hat den Wert $k = 1,5 \cdot 10^{10}\,dm^3\,mol^{-1}\,s^{-1}$. Wie groß ist k bei 37 °C? Die Aktivierungsenergie finden Sie in Tab. 7-5.

7-65 Für die Reaktion erster Ordnung $2\,NO_2(g) \rightarrow 2\,N_2(g) + O_2(g)$ hat die Geschwindigkeitskonstante bei 1000 K den Wert $0,38\,s^{-1}$ und bei 1030 K den Wert $0,87\,s^{-1}$. Wie groß ist die Aktivierungsenergie?

7-66 Für die Reaktion $2\,HI(g) \rightarrow H_2(g) + I_2(g)$ hat die Geschwindigkeitskonstante bei 575 K den Wert $2,4 \cdot 10^{-6}\,dm^3 \cdot mol^{-1}\,s^{-1}$ und bei 630 K den Wert $6,0 \cdot 10^{-5}\,dm^3\,mol^{-1}\,s^{-1}$. Wie groß ist die Aktivierungsenergie?

7-67 Bestimmen Sie die Aktivierungsenergie der Reaktion Cyclopropan $\rightarrow$ Propen aus dem Arrhenius-Diagramm der folgenden Daten:

T/K	750	800	850	900
$k\,s^{-1}$	$1,8 \cdot 10^{-4}$	$2,7 \cdot 10^{-3}$	$3,0 \cdot 10^{-2}$	0,26

7-68 Bestimmen Sie die Aktivierungsenergie der Reaktion $C_2H_5I(g) \rightarrow C_2H_4(g) + HI(g)$ aus dem Arrhenius-Diagramm der folgenden Daten:

T/K	660	680	720	760
$k\,s^{-1}$	$7,2 \cdot 10^{-4}$	$2,2 \cdot 10^{-3}$	$1,7 \cdot 10^{-2}$	0,11

7-69 Bestimmen Sie die Aktivierungsenergie der Rohrzucker-Hydrolyse (Inversion) aus dem Arrhenius-Diagramm der folgenden Daten:

$T/°C$	24	28	32	36	40
$k/cm^3\,mol^{-1}\,s^{-1}$	4,8	7,8	13	20	32

7-70 Bestimmen Sie die Aktivierungsenergie der Reaktion zwischen Ethylbromid (C_2H_5Br) und Hydroxid-Ionen in Wasser aus dem Arrhenius-Diagramm der folgenden Daten:

$T/°C$	24	28	32	36	40
$k/cm^3\,mol^{-1}\,s^{-1}$	1,3	2,0	3,0	4,4	6,4

Wie groß ist k bei 25 °C?

Katalyse

7-71 Die Aktivierungsenergie der Reaktion $H_2(g) + I_2(g) \rightarrow 2\,HI(g)$ geht in Gegenwart eines Platin-Katalysators von $184\,kJ\,mol^{-1}$ auf $59\,kJ\,mol^{-1}$ zurück. Um welchen Faktor wird der Katalysator bei 600 K die Reaktionsgeschwindigkeit erhöhen?

7-72 Die Aktivierungsenergie der Zersetzung von Ammoniak in die Elemente geht in Gegenwart eines Wolfram-Katalysators von $350\,kJ\,mol^{-1}$ auf $162\,kJ\,mol^{-1}$ zurück. Um welchen Faktor wird der Katalysator bei 700 K die Reaktionsgeschwindigkeit erhöhen?

Allgemeine Aufgaben

7-73 Die Halbwertszeit einer Substanz A, die in eine Reaktion dritter Ordnung vom Typ A $\rightarrow$ Produkte eingeht, ist umgekehrt proportional zum Quadrat ihrer Anfangskonzentration. Wie kann man aus dieser Information die Zeit berechnen, nach der die Konzentration (a) auf die Hälfte, (b) auf ein Viertel, (c) auf ein Sechzehntel des Anfangswertes abgesunken ist?

7-74 Kann die Aktivierungsenergie einer Reaktion negativ sein? Denken Sie an Reaktionen, die aus mehreren Schritten zusammengesetzt sind!

7-75 Eine exotherme Reaktion mit $\Delta H = -200\,kJ\,mol^{-1}$ hat eine Aktivierungsenergie von $100\,kJ\,mol^{-1}$. Wie groß ist wahrscheinlich die Aktivierungsenergie der Rückreaktion?

7-76 Die Geschwindigkeit einer Gasphasen-Reaktion kann man in manchen Fällen untersuchen, indem man den Gesamtdruck mit einem Manometer mißt. Das ist möglich, wenn sich bei der Reaktion die Anzahl der Moleküle ändert, wie etwa beim N_2O_5-Zerfall, dagegen nicht bei der HI-Synthese. Berechnen Sie aus den Daten für den N_2O_5-Zerfall in Aufgabe 7-5 (ideales Verhalten vorausgesetzt) den Gesamtdruck und tragen Sie den Gesamtdruck gegen die Zeit auf (bei einem Anfangsdruck von 133 mbar)!

7-77 Für den N_2O_5-Zerfall wurden bei 329 K die folgenden Werte für den Gesamtdruck gemessen. Die Reaktionsgleichung lautet: $2\,N_2O_5 \rightarrow 4\,NO_2 + O_2$. Berechnen Sie für jeden Zeitpunkt die Reaktionsgeschwindigkeit in $dm^3\,mol^{-1}\,s^{-1}$!

t/s	0	300	600	900	1200	1800	∞
P/kPa	23	29,3	39,5	46,0	50,2	54,5	54,5

7-78 Bei der Untersuchung der Reaktion $2\,NO\,(g) + O_2\,(g) \rightarrow 2\,NO_2\,(g)$ wurde beobachtet, daß sich die Reaktionsgeschwindigkeit verdoppelt, wenn man die O_2-Konzentration verdoppelt, daß sie sich aber vervierfacht, wenn die NO-Konzentration verdoppelt wird. Welcher der beiden folgenden Mechanismen ist mit dieser Beobachtung vereinbar?

Mechanismus I
Schritt 1. $NO\,(g) + O_2\,(g) \rightarrow NO_3\,(g)$ (schnell, reversibel),
Schritt 2. $NO\,(g) + NO_3\,(g) \rightarrow 2\,NO_2\,(g)$ (langsam).

Mechanismus II
Schritt 1. $2\,NO\,(g) \rightarrow N_2O_2\,(g)$ (langsam),
Schritt 2. $O_2\,(g) + N_2O_2\,(g) \rightarrow N_2O_4\,(g)$ (schnell),
Schritt 3. $N_2O_4\,(g) \rightarrow 2\,NO_2\,(g)$ (schnell).

In diesem Kapitel beschreiben wir die dynamischen Gleichgewichte, zu denen chemische Reaktionen führen, und berechnen, wie Reaktionsmischungen zusammengesetzt sind, wenn das Gleichgewicht erreicht ist. Dazu muß man auch wissen, wie Gleichgewichte sich verschieben, wenn Druck und Temperatur der Reaktionsmischung verändert werden. Das nebenstehende Bild zeigt den Beginn einer Fällungsreaktion (hier einer organischen Substanz aus einem nichtwäßrigen Lösungsmittel), die zu einem wichtigen Gleichgewicht führt.

8 Das chemische Gleichgewicht

Wir haben eine ganze Reihe wichtiger physikalisch-chemischer Prozesse kennengelernt, dazu gehören das Verdampfen und das Lösen (vgl. Kap. 5 und 6), die zu einem dynamischen Gleichgewicht führen. Ein dynamisches Gleichgewicht definierten wir als Zustand, bei dem ein Prozeß und seine Umkehrung mit derselben Geschwindigkeit ablaufen, so daß das System nach außen hin unveränderlich scheint (vgl. Abschn. 5-5). Diese Vorstellung wollen wir jetzt auf chemische Reaktionen übertragen. Auch bei ihnen wird ein dynamisches Gleichgewicht erreicht, in dem Hinreaktion und Rückreaktion die gleichen Geschwindigkeiten haben.

Daß chemische Reaktionen in vielen Fällen auf ein dynamisches Gleichgewicht hinauslaufen, hat eine ungeheure praktische Bedeutung. Es bedeutet, daß eine chemische Reaktion nicht immer ganz zu Ende abläuft in dem Sinne, daß die Ausgangssubstanzen ganz aufgebraucht würden. Trotzdem gibt es Möglichkeiten, die Ausbeuten an Reaktionsprodukten zu erhöhen: Dazu können wir ausnutzen, daß die Lage eines Gleichgewichtes und damit die Zusammensetzung der Gleichgewichtsmischung sowohl vom Druck als auch von der Temperatur abhängen.

Beschreibung des chemischen Gleichgewichts

Ein schönes Beispiel für ein chemisches Gleichgewicht ist die Reaktion zwischen Stickstoff und Wasserstoff bei der Ammoniaksynthese nach Haber. Stickstoff und Wasserstoff reagieren zu Ammoniak nach der Gleichung:

$$N_2(g) + 3H_2(g) \rightarrow 2NH_3(g)$$

Die Reaktion in der Gegenrichtung, also der Zerfall des Ammoniaks, läuft bei den hohen, für diese Reaktion nötigen Temperaturen ebenfalls ab. Im Gleichgewicht sind die Geschwindigkeiten der Hin- und der Rückreaktion gleich; die Folge ist, daß in der Reaktionsmischung im Gleichgewicht nur eine relativ kleine Ammoniak-Konzentration vorliegt.

Abbildung 8-1 gibt den zeitlichen Verlauf der molaren Konzentrationen von N_2, H_2 und NH_3 für diese Reaktion bei 500 °C wieder. Fritz Haber (vgl. Abschn. 7-7) führte solche Messungen aus und fand, daß die NH_3-Konzentration zuerst gleichmäßig zunimmt und dann einen konstanten Wert erreicht. Von diesem Punkt an ändert sich die Zusammensetzung der Mischung nicht mehr, obwohl für die Reaktion noch genügend Stickstoff und Wasserstoff vorhanden sind. Ähnliches findet statt, wenn beim Herstellen einer gesättigten Lösung ein Bodenkörper aus gelöster Substanz verbleibt (vgl. Abschn. 6-3), auch beim Verdampfen einer Flüssigkeit in einem geschlossenen Behälter, wo meist etwas Flüssigkeit übrigbleibt (vgl. Abschn. 5-5).

Die Zusammensetzung, die die Reaktionsmischung erreicht, entspricht einem dynamischen Gleichgewicht, in dem der Ammoniak genauso schnell gebildet wird, wie er zerfällt. Den dynamischen Charakter dieses Gleichgewichtes kennzeichnen wir, indem wir die Reaktionsgleichung mit einem Doppelpfeil schreiben:

$$N_2(g) + 3H_2(g) \rightleftarrows 2NH_3(g)$$

Diese Schreibweise soll angeben, daß die Hin- und die Rückreaktion mit der gleichen Geschwindigkeit ablaufen.

Wenn wir beweisen wollen, daß es sich tatsächlich um ein dynamisches Gleichgewicht handelt, stellen wir uns zwei Reaktionsansätze vor, beide unter den gleichen Anfangsbedingungen und bei 500 °C, wobei jedoch beim zweiten Ansatz Deuterium, D_2, anstelle H_2 eingesetzt wird (vgl. Abb. 8-2). (Eventuelle Isotopeneffekte, die von den unterschiedlichen Massen herrühren, können wir hier vernachlässigen.) Die beiden Mischungen werden nach einiger Zeit dieselbe Gleichgewichtszusammensetzung erreicht haben, abgesehen davon, daß in der zweiten Mischung D_2 und ND_3 anstelle von H_2 und NH_3 vorliegen. Jetzt vereinigen wir die Gleichgewichtsmischungen und halten sie weiter bei 500 °C. Wenn wir die Proben abkühlen und analysieren, stellen wir fest, daß sich die Ammoniak-Konzentration in der Mischung nicht mehr verändert hat. Im Massenspektrometer finden wir aber alle möglichen isotopen Moleküle (H_2, HD, D_2, NH_3, NH_2D, NHD_2 und ND_3). H und D müssen also nach dem Vermischen der beiden Reaktionsmischungen ausgetauscht worden sein, und das ist nur möglich, wenn die Hin- und Rückreaktion auch im Gleichgewicht weiter ablaufen.

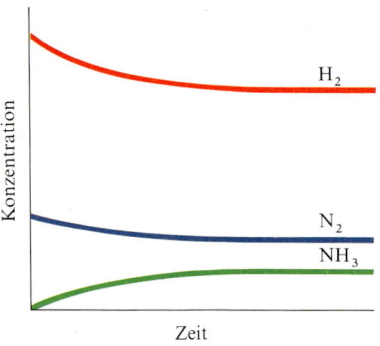

Abb. 8-1 Bei der Ammoniaksynthese ändern sich die Konzentrationen von N_2, H_2 und NH_3 mit der Zeit. Schließlich wird ein Zustand erreicht, in dem alle drei Substanzen vorhanden sind, ohne daß sich ihre Konzentrationen noch ändern.

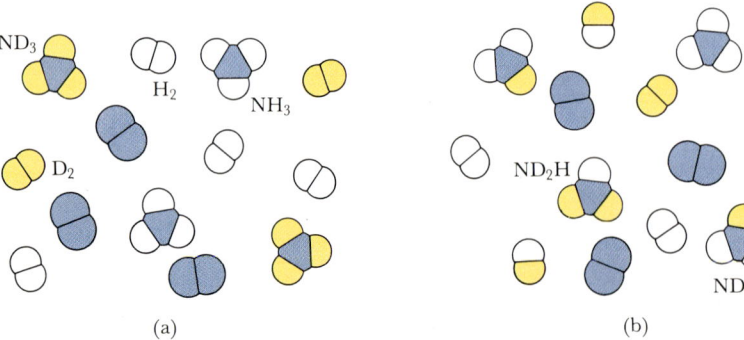

(a)   (b)

Abb. 8-2 Der Beweis, daß das Gleichgewicht dynamisch ist: Zwei Mischungen für die Ammoniaksynthese, eine mit H_2, die andere mit D_2, werden bis zum Erreichen des Gleichgewichtes stehengelassen. Wenn wir die Gleichgewichtsmischungen vermischen, wie in (a), ändern sich die Konzentrationen von Ammoniak, Stickstoff und Wasserstoff nicht mehr. Nach einiger Zeit (b) treten aber bei den Produkten NH_2D und NHD_2 auf.

Von diesem Zustand konstanter Konzentrationen im dynamischen chemischen Gleichgewicht ist der Fall zu unterscheiden, in dem die Komponenten einer Mischung nicht miteinander reagieren. Ein Beispiel dafür ist die Mischung aus Wasserstoff und Sauerstoff, das sogenannte Knallgas, das beliebig lange aufbewahrt werden kann; daß es sich hier nicht um ein dynamisches Gleichgewicht handelt, zeigt sich, wenn ein kleiner Funke die Kettenreaktion in Gang setzt, bei der Wasserstoff und Sauerstoff zu Wasser reagieren. Natürlich gibt es Fälle, bei denen die Entscheidung, ob ein dynamisches Gleichgewicht vorliegt, nicht leicht zu treffen ist, weil die betreffenden Reaktionen sehr langsam sind. Oft gelingt die Unterscheidung, indem man mit einem Funken, einem Lichtblitz oder auch durch Erwärmen versucht, eine Reaktion zu starten.

8-2 Die Gleichgewichtskonstante

Den Schlüssel zur quantitativen Behandlung chemischer Gleichgewichte lieferten 1864 zwei Norweger, der Mathematiker Cato Guldberg und der Chemiker Peter Waage. Sie stellten fest, daß zwischen den Konzentrationen der Ausgangssubstanzen und denen der Reaktionsprodukte im Gleichgewicht eine ganz bestimmte Beziehung besteht. Man kann das an den in Tabelle 8-1 wiedergegebenen Daten erkennen, die bei der Veresterungsreaktion von Essigsäure (CH_3COOH) und Ethanol (C_2H_5OH) zu Ethylacetat bestimmt wurden:

$$CH_3COOH + C_2H_5OH \rightleftarrows CH_3COOC_2H_5 + H_2O$$
$$\text{Säure} + \text{Alkohol} \rightleftarrows \text{Ester} + H_2O$$

Das Massenwirkungsgesetz

Stellen wir uns eine Reihe von Reaktionsmischungen unterschiedlicher Zusammensetzung vor, die bei 100 °C ihr Gleichgewicht erreichen. Bei der Analyse der Gleichgewichtsmischungen erhalten wir für die Ausgangssubstanzen und die Reaktionsprodukte verschiedene Konzentrationen, wie in der ersten Spalte der Tabelle 8-1. Den Zusammenhang erkennen wir, wenn wir für jede Mischung den Zahlenwert für das Verhältnis

$$\frac{[\text{Ester}] \cdot [H_2O]}{[\text{Säure}] \cdot [\text{Alkohol}]} = K_c$$

berechnen. Was dabei herauskommt, steht in der fünften Spalte. Innerhalb eines annehmbaren Meßfehlers ergeben alle Gleichgewichte den

Tabelle 8-1 Veresterung der Essigsäure bei 100 °C

[Alkohol]/M	[Säure]/M	[Ester]/M	[H₂O]/M	Gleichgewichts-Konstante K_c
0,10	7,29	1,71	1,71	4,0
0,32	7,07	2,93	2,93	3,8
0,75	5,86	4,14	4,14	3,9
3,33	3,33	6,67	6,67	4,0
13,8	1,42	8,58	8,58	3,8

gleichen Wert von K_c. Wir schließen daraus, daß K_c, die sogenannte *Gleichgewichtskonstante,* eine für die Zusammensetzung einer Gleichgewichtsmischung charakteristische Zahl ist. Der Index c soll angeben, daß die verwendete Einheit die molare Konzentration ist. Wenn man die Gleichgewichtskonstanten in dieser Weise festlegt, erreicht man in der Regel Abweichungen bis etwa 10%; eine solche Ungenauigkeit haben wir deshalb auch für die folgenden Rechnungen in diesem Kapitel in Kauf zu nehmen. Es ist aber im Prinzip möglich, auch die gegenseitige Beeinflussung der Moleküle bei der Definition der Gleichgewichtskonstanten zu berücksichtigen und so exakt konstante Werte zu erhalten.

Guldberg und Waage haben viele Reaktionen untersucht und festgestellt, daß sich in jedem Fall die Gleichgewichtszusammensetzung einer speziellen Reaktion durch eine Gleichgewichtskonstante beschreiben läßt. Ihre Ergebnisse faßten sie in dem sogenannten *Massenwirkungsgesetz* zusammen:

Massenwirkungsgesetz: Für eine Reaktion der Form

$$a\mathrm{A} + b\mathrm{B} \rightleftarrows c\mathrm{C} + d\mathrm{D}$$

erfüllen im Gleichgewicht die Konzentrationen die Beziehung

$$K_c = \frac{[\mathrm{C}]^c \cdot [\mathrm{D}]^d}{[\mathrm{A}]^a \cdot [\mathrm{B}]^b} \qquad (1)$$

mit der Konstanten K_c.

Es ist zu beachten, daß die Produkte C und D im Zähler und die Ausgangssubstanzen A und B im Nenner stehen. An jeder Konzentration steht als Exponent der aus der Reaktionsgleichung bekannte stöchiometrische Koeffizient. Bei den molaren Konzentrationen [A], [B] usw. handelt es sich um die *Gleichgewichtskonzentrationen.* In welchen Einheiten K_c anzugeben ist, hängt von der Stöchiometrie der Reaktion ab; abhängig davon ergeben sich positive oder negative Potenzen von M; im Einzelfall kann K_c auch dimensionslos sein.

Beispiel 8-1 Die Berechnung einer Gleichgewichtskonstanten

In einem Behälter werden Stickstoff und Wasserstoff eingefüllt, so daß die Konzentrationen 0,500 M bzw. 0,800 M betragen. Dann soll sich das Gleichgewicht einstellen. Im Gleichgewicht findet man eine Ammoniak-Konzentration von 0,150 M. Welcher Wert folgt daraus für die Gleichgewichtskonstante bei der (nicht näher angegebenen) Temperatur?

Methode. Wir brauchen die richtige Formel für die Gleichgewichtskonstante; wir müssen dazu zuerst die Reaktionsgleichung für das angegebene Gleichgewicht und daraus das Massenwirkungsgesetz formulieren. Wenn nicht alle Konzentrationen, die in die Formel für K_c eingehen, angegeben sind, haben wir die fehlenden Angaben über die Stöchiometrie der Reaktion auszurechnen. Wenn wir alle Gleichgewichtskonzentrationen zusammen haben, setzen wir sie in die Formel für K_c ein.

Lösung. Für das Gleichgewicht gilt:

$$\mathrm{N_2(g)} + 3\,\mathrm{H_2(g)} \rightleftarrows 2\,\mathrm{NH_3(g)}$$

Das Massenwirkungsgesetz mit $a = 1$, $b = 3$, $c = 2$ und $d = 0$ ergibt dann:

$$K_c = \frac{[\mathrm{NH_3}]^2}{[\mathrm{N_2}] \cdot [\mathrm{H_2}]^3}$$

Wir wissen bereits, daß $[NH_3] = 0,150$ M ist. Aus 1 mol N_2 entstehen 2 mol NH_3, die Abnahme der N_2-Konzentration, soweit sie auf die Bildung von NH_3 zurückzuführen ist, können wir also wie folgt berechnen:

$$\text{Abnahme der } N_2\text{-Konzentration} = \text{Zunahme der } NH_3\text{-Konzentration} \cdot \frac{1 \text{ mol } N_2}{2 \text{ mol } NH_3}$$

$$= 0,150 \text{ mol } NH_3 \text{ dm}^{-3} \cdot \frac{1 \text{ mol } N_2}{2 \text{ mol } NH_3}$$

$$= 0,075 \text{ mol dm}^{-3} N_2$$

Die Anfangskonzentration des N_2 ist 0,500 M, daraus folgt die Gleichgewichtskonzentration

$$[N_2] = 0,500 \text{ M} - 0,075 \text{ M} = 0,425 \text{ M}$$

Für den Wasserstoff erhalten wir ganz analog

$$[H_2] = 0,800 \text{ M} - 0,225 \text{ M} = 0,575 \text{ M}$$

Wenn wir unsere Werte in die Formel für K_c einsetzen, erhalten wir:

$$K_c = \frac{(0,150 \text{ M})^2}{(0,425 \text{ M}) \cdot (0,575 \text{ M})^3} = 0,278 \text{ M}^{-2}$$

Übungsaufgabe. Wir lassen 5,00 g Distickstofftetroxid (N_2O_4) in einen 500 cm³-Kolben hinein verdampfen und warten, bis das Gleichgewicht mit dem Zerfallsprodukt Stickstoffdioxid erreicht ist. Im Gleichgewicht enthält die Probe 2,20 g NO_2. Wie groß ist die Gleichgewichtskonstante der Zerfallsreaktion?

[Antwort: 0,150 M]

Zu jeder Reaktion gehört eine eigene Gleichgewichtskonstante, deren Wert nur von der Temperatur abhängt. Ganz gleich, von welchen Anfangskonzentrationen man ausgeht, im Gleichgewicht (bei gegebener Temperatur) wird man aus den Gleichgewichtskonzentrationen (im Rahmen der erwähnten 10%-Genauigkeit) immer den gleichen K_c-Wert erhalten. Wenn wir eine Gleichgewichtskonstante experimentell bestimmen wollen, können wir also von irgendeiner bequem handhabbaren Mischung ausgehen. Wenn bei der betreffenden Temperatur das Gleichgewicht erreicht ist, müssen wir die Konzentrationen aller beteiligten Substanzen messen und in Gl. (1) einsetzen. Die in der Tabelle 8-2 angegebenen Werte sind auf diese Weise bestimmt worden.

Gleichgewichte, die weit auf einer Seite liegen

Wir wollen eine Reaktion betrachten, bei der in der Reaktionsgleichung links und rechts die gleichen Stoffmengen stehen. Ein Beispiel dafür ist die Veresterung: Ein Alkohol- und ein Säuremolekül reagieren zu einem Ester- und einem Wassermolekül. Dasselbe gilt für die Synthese von HI:

$$H_2(g) + I_2(g) \rightleftarrows 2 HI(g), \qquad K_c = \frac{[HI]^2}{[H_2] \cdot [I_2]}$$

Im Gleichgewicht liegen Wasserstoff, Ioddampf und Iodwasserstoff vor. Ein drittes Beispiel ist das Gleichgewicht, das wir erhalten, wenn wir wäßrige Lösungen von Eisen(III)sulfat und Cer(III)sulfat vermischen, ein sog. Redoxgleichgewicht (vgl. Kap. 11):

$$Fe^{3+}(aq) + Ce^{3+}(aq) \rightleftarrows Fe^{2+}(aq) + Ce^{4+}(aq)$$

$$K_c = \frac{[Fe^{2+}] \cdot [Ce^{4+}]}{[Fe^{3+}] \cdot [Ce^{3+}]}$$

Tabelle 8-2 Die Gleichgewichtskonstanten K_c einiger Reaktionen

Reaktion	Temperatur/K	K_c
$H_2(g) + Cl_2(g) \rightleftarrows 2\,HCl(g)$	300	$4{,}0 \cdot 10^{31}$
	500	$4{,}0 \cdot 10^{18}$
	1000	$5{,}1 \cdot 10^{8}$
$H_2(g) + Br_2(g) \rightleftarrows 2\,HBr(g)$	300	$1{,}9 \cdot 10^{17}$
	500	$1{,}3 \cdot 10^{10}$
	1000	$3{,}8 \cdot 10^{4}$
$H_2(g) + I_2(g) \rightleftarrows 2\,HI(g)$	298	794
	500	160
	700	54
	763	46
$2\,BrCl(g) \rightleftarrows Br_2(g) + Cl_2(g)$	300	377
	500	32
	1000	5
$2\,HD(g) \rightleftarrows H_2(g) + D_2(g)$	100	0,52
	500	0,28
	1000	0,26
$F_2(g) \rightleftarrows 2\,F(g)$	500	$7{,}3 \cdot 10^{-13}$ M
	1000	$1{,}2 \cdot 10^{-4}$ M
	1200	$2{,}7 \cdot 10^{-3}$ M
$Cl_2(g) \rightleftarrows 2\,Cl(g)$	1000	$1{,}2 \cdot 10^{-7}$ M
	1200	$1{,}7 \cdot 10^{-5}$ M
$Br_2(g) \rightleftarrows 2\,Br(g)$	1000	$4{,}1 \cdot 10^{-7}$ M
	1200	$1{,}7 \cdot 10^{-5}$ M
$I_2(g) \rightleftarrows 2\,I(g)$	800	$3{,}1 \cdot 10^{-5}$ M
	1000	$3{,}1 \cdot 10^{-3}$ M
	1200	$6{,}8 \cdot 10^{-2}$ M

Alle drei Gleichgewichte haben die Form:

$$A + B \rightleftarrows C + D, \qquad K_c = \frac{[C] \cdot [D]}{[A] \cdot [B]}$$

Bei der HI-Synthese sind C und D gleich HI. In allen diesen Fällen heben sich die Dimensionen heraus, so daß die Konstante K_c dimensionslos wird.

Bei solchen Reaktionen mit den gleichen Stoffmengen auf beiden Seiten der Reaktionsgleichung kann man an dem Zahlenwert von K_c direkt erkennen, ob das Gleichgewicht auf der Seite der Reaktionsprodukte liegt (das heißt, im Gleichgewicht überwiegen die Produkte), oder ob die Ausgangssubstanzen überwiegen. Im ersten Fall kann man sagen, die Reaktion ‚geht‘, und im zweiten, sie ‚geht nicht‘. Wenn in der Reaktionsgleichung links und rechts unterschiedlich viele Moleküle stehen, kann man nicht so leicht erkennen, auf welcher Seite das Gleichgewicht liegt; in diesem Fall kommt es auch auf die Anfangskonzentrationen an. Mit diesem Fall werden wir uns später beschäftigen.

Betrachten wir eine Reaktion vom ersten Typ mit $K_c > 1$. Für die HI-Synthese bei 500 °C ist zum Beispiel $K_c = 160$. Das bedeutet, im Gleichgewicht ist der Zähler $[HI]^2$ 160mal größer als der Nenner $[H_2] \cdot [I_2]$. Das bedeutet, bei dieser Reaktion (und bei allen anderen mit

$K_c > 1$) liegt das Gleichgewicht auf der Seite der Produkte. Von Reaktionen, bei denen K_c sehr viel größer als 1 ist (etwa um den Faktor 10^3 oder mehr), sagt man auch, daß sie *vollständig ablaufen,* weil bei ihnen im Gleichgewicht die Konzentrationen der Produkte sehr viel größer als die Konzentrationen der Ausgangssubstanzen sind (vgl. Abb. 8-3).

Betrachten wir jetzt eine Reaktion mit $K_c < 1$; das gilt z. B. für die Reaktion zwischen Fe^{3+} und Ce^{3+} mit $K_c = 4 \cdot 10^{-4}$ bei 25 °C. Dieser Zahlenwert bedeutet, daß der Zähler $[Fe^{2+}] \cdot [Ce^{4+}]$ kleiner als der Nenner $[Fe^{3+}] \cdot [Ce^{3+}]$ ist; folglich sind die Gleichgewichtskonzentrationen der Produkte Fe^{2+} und Ce^{4+} kleiner als diejenigen der Ausgangssubstanzen Fe^{3+} und Ce^{3+}. Diese Reaktion (und alle anderen mit $K_c < 1$) liegt also im Gleichgewicht weit auf der Seite der Ausgangssubstanzen. Sie ,geht nicht' unter den vorliegenden Bedingungen (vgl. Abb. 8-3).

Das muß nicht heißen, daß eine Reaktion mit $K_c < 1$ nicht mit Erfolg ausgeführt werden kann. Wenn wir das Produkt aus der Reaktionsmischung entfernen, sobald es gebildet ist, so kann seine Konzentration niemals den Gleichgewichtswert erreichen. Das gilt vor allem für Fällungsreaktionen, bei denen das Reaktionsprodukt aus der Lösung ausfällt. Industriell genutzte Reaktionen kommen selten zum Gleichgewicht, weil man meistens die Produkte aus der Reaktionsmischung entfernt, bevor die Rückreaktion eine Rolle zu spielen beginnt. Betrachten wir als Beispiel die Gewinnung von elementarem Brom durch Oxidation einer wäßrigen Bromid-Lösung mit Chlor:

$$Cl_2(g) + 2 Br^-(aq) \rightleftarrows 2 Cl^-(aq) + Br_2(aq)$$

Hier ist die Brom-Bildung zwar schon durch die Lage des Gleichgewichts begünstigt; es gelingt aber, die Ausbeute zu erhöhen, indem Luft durch die Lösung geblasen wird. Dabei verdampft das gebildete Brom, und mehr Bromid-Ionen werden bei dem Versuch, das Gleichgewicht zu erreichen, oxidiert.

Die Richtung einer Reaktion

Anhand der Gleichgewichtskonstanten kann man angeben, ob eine Reaktionsmischung gegebener Anfangszusammensetzung die Tendenz hat, sich in Richtung der Produkte oder in Richtung der Ausgangssubstanzen zu entwickeln. Wir verwenden hier absichtlich das Wort ,Tendenz', denn ob das Gleichgewicht jemals erreicht wird, ist eine ganz andere Frage. Die Reaktion kann in beiden Richtungen so langsam sein, daß das Gleichgewicht praktisch nicht erreicht wird. Eine Mischung aus Wasserstoff und Sauerstoff hat eine Tendenz, Wasser zu bilden; aber solange die Reaktion nicht durch einen Funken initiiert wird, bleibt sie unendlich langsam. Die Tendenz der Reaktion ist zwar vorhanden, sie läuft jedoch nicht spontan ab, so daß man eine Wasserstoff/Sauerstoff-Mischung praktisch beliebig lange aufbewahren kann. Beim Arbeiten mit Gleichgewichten muß man immer in Betracht ziehen, daß die Reaktionsgeschwindigkeit so gering sein kann, daß das Gleichgewicht nie erreicht wird.

Wenden wir uns jetzt dem allgemeinen Fall zu, bei dem sich die Anzahl der Moleküle bei der Reaktion ändert, so daß auf den beiden Seiten der Reaktionsgleichung verschieden viele Moleküle stehen. Die Richtung, in der eine bestimmte Reaktionsmischung reagiert (d. h. zu

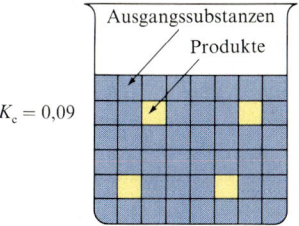

$K_c = 0,09$

Ausgangssubstanzen
Produkte

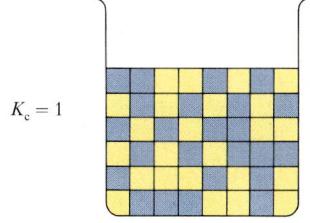

$K_c = 1$

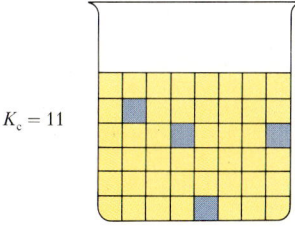

$K_c = 11$

Abb. 8-3 Wenn bei einer Reaktion die Anzahl der Moleküle der Ausgangssubstanzen (blau) und der Produkte (gelb) gleich ist, kann man direkt an der Gleichgewichtskonstanten ablesen, ob das Gleichgewicht auf der Seite der Ausgangssubstanzen oder auf der Seite der Produkte liegt.

den Produkten oder zu den Ausgangssubstanzen), kann man angeben, wenn man die Gleichgewichtskonstante mit dem *Reaktionsquotienten* Q_c vergleicht. Der Reaktionsquotient ist genauso wie die Gleichgewichtskonstante definiert:

$$Q_c = \frac{[C]^c \cdot [D]^d}{[A]^a \cdot [B]^b} \qquad (2)$$

Im Gegensatz zum Massenwirkungsgesetz [Gl. (1)] handelt es sich in dieser Formel bei [A], [B], [C] und [D] um aktuelle Konzentrationen und nicht um die Gleichgewichtskonzentrationen.

Für eine Veresterung gilt

$$Q_c = \frac{[Ester] \cdot [H_2O]}{[Säure] \cdot [Alkohol]}$$

Zu Beginn der Reaktion sind noch keine Produkte vorhanden, deshalb sind [Ester] und [H_2O] gleich Null, und damit wird $Q_c = 0$. Die Reaktion hat aber die Tendenz, Produkte zu bilden, und dementsprechend hat Q_c die Tendenz, in Richtung von K_c zu wachsen. Man kann die Reaktion auch andersherum betrachten. Beginnen wir mit einer Mischung aus Ester und Wasser, so sind zu Beginn keine ‚Produkte‘ (hier Alkohol und Säure) vorhanden, und Q_c ist vorerst unendlich groß. Es ist auch hier eine Tendenz zur Bildung der genannten Produkte vorhanden, und Q_c hat dabei die Tendenz, in Richtung von K_c zu fallen. Ganz allgemein hat eine Mischung die Tendenz, sich in Richtung auf das Gleichgewicht zu verändern; entsprechend gibt es die Tendenz, daß sich Q_c in Richtung von K_c verändert. Zusammenfassend können wir formulieren (Abb. 8-4):

Für $Q_c > K_c$ besteht die Tendenz, daß sich die Ausgangssubstanzen bilden.

Für $Q_c = K_c$ herrscht Gleichgewicht.

Für $Q_c < K_c$ besteht die Tendenz, daß sich die Produkte bilden.

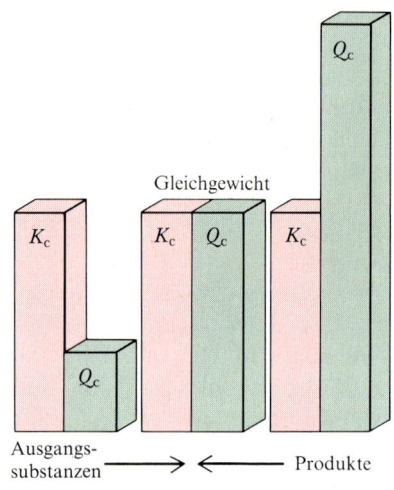

Abb. 8-4 Allgemein muß man den Reaktionsquotienten Q_c und die Gleichgewichtskonstante K_c vergleichen, wenn man wissen will, in welche Richtung sich eine Reaktionsmischung verändern wird. Die Einstellung des Gleichgewichtes kann allerdings unmerklich langsam erfolgen.

Beispiel 8-2 Bestimmung der Richtung einer Reaktion

Eine Mischung aus Wasserstoff, Iod und Iodwasserstoff, jeweils mit der Konzentration 0,0020 M, wird in einen Behälter gebracht, der auf 490 °C geheizt ist. Bei dieser Temperatur ist $K_c = 46$ für die Reaktion $H_2(g) + I_2(g) \rightleftharpoons 2\,HI(g)$. In welche Richtung wird die Reaktion laufen?

Methode. Die Gleichgewichtskonstante ist größer als 1, deshalb wird die Bildung der Produkte begünstigt. Wir erwarten deshalb, daß mehr HI gebildet wird, wenn sich die Reaktion dem Gleichgewicht nähert. Um das zu beweisen, berechnen wir den Reaktionsquotienten Q_c und vergleichen ihn mit der Gleichgewichtskonstanten.

Lösung. Der Reaktionsquotient ist:

$$Q_c = \frac{[HI]^2}{[H_2] \cdot [I_2]} = \frac{(0,002\ M)^2}{(0,002\ M) \cdot (0,002\ M)} = 1$$

Die Gleichgewichtskonstante ist $K_c = 46$. Es ist also $Q_c < K_c$, das heißt, es besteht eine Tendenz zur Bildung der Produkte.

Übungsaufgabe. Eine Mischung der Zusammensetzung [H_2] = 3 mM, [N_2] = 1 mM und [NH_3] = 2 mM und wird auf 500 °C erhitzt; dort ist $K_c = 0,11\ M^{-2}$. Wie groß ist Q_c? Wird sich mehr Ammoniak bilden?

[Antwort: $1,5 \cdot 10^5\ M^{-2}$, Ammoniak wird sich zersetzen]

Der Zusammenhang zwischen der Gleichgewichtszusammensetzung und der Reaktionsgeschwindigkeit

Der Begriff der Gleichgewichtskonstanten ist aus Experimenten entwickelt worden, sie läßt sich aber leicht theoretisch verstehen. Wir wissen, daß es sich bei chemischen Gleichgewichten um dynamische Gleichgewichte handelt, bei denen Hin- und Rückreaktion mit der gleichen Geschwindigkeit ablaufen. Reaktionsgeschwindigkeiten hängen von den Konzentrationen ab; es gibt also jeweils bestimmte Konzentrationen der Ausgangssubstanzen und der Reaktionsprodukte, aus denen die Geschwindigkeiten der Hin- und der Rückreaktion folgen. Die Gleichgewichtskonstante ist dann einfach eine Beziehung zwischen diesen Konzentrationen, bei denen diese Geschwindigkeiten gleich sind.

Betrachten wir z. B. wiederum die Veresterung. Hin- und Rückreaktion verlaufen hier beide nach einem Geschwindigkeitsgesetz zweiter Ordnung:

Säure + Alkohol → Ester + H_2O
$$\text{Geschwindigkeit} = k \cdot [\text{Säure}] \cdot [\text{Alkohol}]$$

Ester + H_2O → Säure + Alkohol
$$\text{Geschwindigkeit} = k' \cdot [\text{Ester}] \cdot [H_2O]$$

Im Gleichgewicht sind diese beiden Geschwindigkeiten gleich; das ergibt:

$$k \cdot [\text{Säure}] \cdot [\text{Alkohol}] = k' \cdot [\text{Ester}] \cdot [H_2O] \quad \text{und}$$

$$\frac{[\text{Ester}] \cdot [H_2O]}{[\text{Säure}] \cdot [\text{Alkohol}]} = \frac{k}{k'} = \text{konstant}$$

Diese Formel ist analog der Formel für die Gleichgewichtskonstante; wir sehen an ihr, daß die Gleichgewichtskonstante gerade das Verhältnis aus den Geschwindigkeitskonstanten für die Hin- und Rückreaktion ist:

$$K_c = \frac{k}{k'}$$

Wenn die Konstante k der Hinreaktion groß im Vergleich zur Konstante k' der Rückreaktion ist, dann erhalten wir eine große Gleichgewichtskonstante und ein Gleichgewicht, das auf der Seite der Produkte liegt. Im umgekehrten Fall, wenn die Konstante der Rückreaktion größer ist, wird die Gleichgewichtskonstante klein, und das Gleichgewicht liegt auf der Seite der Ausgangssubstanzen (vgl. Abb. 8-5).

Gleichgewichte in mehrstufigen Reaktionen

Wir haben ein scheinbares Paradox zu klären. Wir haben soeben die Gleichgewichtskonstante K_c als Quotient aus zwei Geschwindigkeitskonstanten interpretiert. In Abschnitt 7-2 hatten wir aber festgestellt, daß man das Geschwindigkeitsgesetz in der Regel nicht aus der Reaktionsgleichung herleiten kann. Das Massenwirkungsgesetz wird aber anhand der Reaktionsgleichung formuliert. Wie kommt es dann, daß wir aus der chemischen Reaktionsgleichung zwar eine Beziehung über das Verhältnis der Geschwindigkeitskonstanten, aber nicht die Geschwindigkeitskonstanten selbst herleiten können?

Die Antwort besteht darin, daß in einem Reaktionsmechanismus, also in einer zusammengesetzten Reaktion aus mehreren Stufen, im

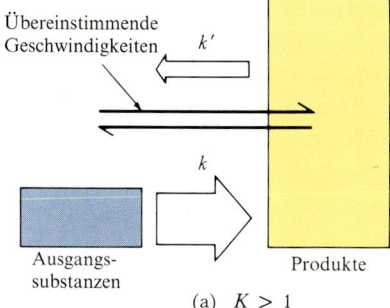

(a) $K > 1$

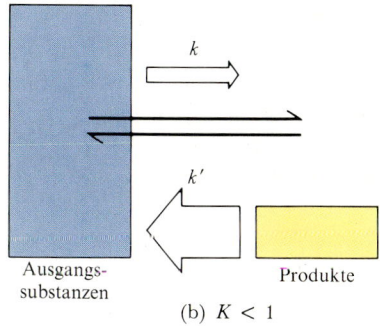

(b) $K < 1$

Abb. 8-5 Die Gleichgewichtskonstante beschreibt die Konzentrationsbedingungen, unter denen die Hin- und die Rückreaktion gleich schnell sind. (a) Wenn die Geschwindigkeit der Hinreaktion groß gegenüber der Rückreaktion ist, dann ist nur wenig Ausgangssubstanz nötig, um die Rück-(Zerfalls-)Reaktion auszugleichen. Das ergibt eine große Gleichgewichtskonstante. (b) Wenn die Geschwindigkeit der Rückreaktion groß im Vergleich zur Hinreaktion ist, dann ist die Gleichgewichtskonstante klein, und das Gleichgewicht liegt auf der Seite der Ausgangssubstanzen.

Gleichgewicht auch für jeden einzelnen Schritt Gleichgewicht herrschen muß. Bei Elementarreaktionen können wir aber das Geschwindigkeitsgesetz aus der Reaktionsgleichung formulieren. (Genau diese Überlegungen haben wir in Abschnitt 7-4 angestellt.) Wir wollen das an dem dort besprochenen Zerfall des Ozons erklären:

Schritt 1: $\quad\quad\quad\quad O_3(g) \rightarrow O_2(g) + O(g),$
$$\text{Geschwindigkeit} = k_1 \cdot [O_3]$$

Rückreaktion: $\quad\quad O_2(g) + O(g) \rightarrow O_3(g),$
$$\text{Geschwindigkeit} = k_1' \cdot [O_2] \cdot [O]$$

Schritt 2: $\quad\quad\quad\quad O_3(g) + O(g) \rightarrow 2\,O_2(g),$
$$\text{Geschwindigkeit} = k_2 \cdot [O_3] \cdot [O]$$

Rückreaktion: $\quad\quad 2\,O_2(g) \rightarrow O_3(g) + O(g),$
$$\text{Geschwindigkeit} = k_2' \cdot [O_2]^2$$

Gesamtreaktion: $\quad 2\,O_3(g) \rightleftarrows 3\,O_2(g), \quad K_c = \dfrac{[O_2]^3}{[O_3]^2}$

Wenn für die Gesamtreaktion Gleichgewicht herrscht, dann muß das auch für die Einzelschritte gelten. Hin- und Rückreaktion von Schritt 1 sind im Gleichgewicht bei:

$$k_1 \cdot [O_3] = k_1' \cdot [O_2] \cdot [O] \quad \text{oder} \quad \frac{k_1}{k_1'} = \frac{[O_2] \cdot [O]}{[O_3]}$$

Genauso müssen im Gleichgewicht die Geschwindigkeiten der Hin- und Rückreaktion in Schritt 2 übereinstimmen:

$$k_2 \cdot [O_3] \cdot [O] = k_2' \cdot [O_2]^2 \quad \text{oder} \quad [O] = \frac{k_2' \cdot [O_2]^2}{k_2 \cdot [O_3]}$$

Wenn wir das in die oben hergeleitete Formel für $\dfrac{k_1}{k_1'}$ einsetzen, erhalten wir

$$\frac{k_1}{k_1'} = \frac{[O_2]}{[O_3]} \cdot \frac{k_2' \cdot [O_2]^2}{k_2 \cdot [O_3]} \quad \text{oder} \quad \frac{k_1}{k_1'} \cdot \frac{k_2}{k_2'} = \frac{[O_2]^3}{[O_3]^2}$$

Damit haben wir eine Formel erhalten, die genau mit dem Massenwirkungsgesetz übereinstimmt, wenn wir K_c als das Produkt der einzelnen Geschwindigkeitskonstanten ansehen:

$$K_c = \frac{k_1}{k_1'} \cdot \frac{k_2}{k_2'}$$

Obwohl wir das Geschwindigkeitsgesetz der Gesamtreaktion nicht aus der Reaktionsgleichung der Gesamtreaktion ableiten können, ist es möglich, den Ausdruck für die Gleichgewichtskonstante daraus zu formulieren. Das gilt für alle chemischen Reaktionen.

Die Gleichgewichtskonstante für Gasreaktionen

Den Gesamtdruck einer gasförmigen Reaktionsmischung können wir leicht messen; es zeigt sich, daß es in vielen Fällen vorteilhaft ist, die Gleichgewichtskonzentrationen mit Hilfe der Partialdrücke der Ausgangssubstanzen und der Reaktionsprodukte anzugeben. (Die Partialdrücke hatten wir in Abschnitt 2-6 eingeführt.) Das ist möglich, weil die

Partialdrücke und die molaren Konzentrationen in der Gasphase zueinander proportional sind. Ihre Proportionalität ist eine Folge des idealen Gasgesetzes $PV = nRT$. Danach ist der Partialdruck P_X des Gases X mit der molaren Konzentration [X] über die Beziehung

$$P_X = \frac{n_X}{V} \cdot RT = [X] \cdot RT$$

verbunden. Wenn wir für die Reaktion

$$a A(g) + b B(g) \rightleftarrows c C(g) + d D(g)$$

die neue Gleichgewichtskonstante K_P definieren wollen, schreiben wir:

$$K_P = \frac{(P_C)^c \cdot (P_D)^d}{(P_A)^a \cdot (P_B)^b} \tag{3}$$

Dabei ist P_X der Gleichgewichtspartialdruck des Gases X. Der Reaktionsquotient Q_P wird ganz analog definiert, nur daß dabei die aktuellen Partialdrücke anstelle der Gleichgewichtspartialdrücke einzusetzen sind. Nehmen wir als Beispiel die Ammoniaksynthese, so gilt:

$$N_2(g) + 3 H_2(g) \rightleftarrows 2 NH_3(g), \qquad K_P = \frac{(P_{NH_3})^2}{(P_{N_2}) \cdot (P_{H_2})^3}$$

Nehmen wir an, wir haben eine Messung bei 500 K ausgeführt und $P_{NH_3} = 0{,}15$ bar, $P_{N_2} = 1{,}2$ bar und $P_{H_2} = 0{,}81$ bar als Gleichgewichtsdrücke gefunden. Dann gilt bei dieser Temperatur:

$$K_P = \frac{(0{,}15 \text{ bar})^2}{(1{,}2 \text{ bar}) \cdot (0{,}81 \text{ bar})^3} = 0{,}035 \text{ bar}^{-2}$$

In Tabelle 8-3 sind die K_P-Werte einiger Reaktionen zusammengestellt. Wir erinnern uns, daß die Einheiten der Konstanten K_c meist M^x oder M^{-x} waren. Für die Konstante K_P findet man entsprechend als Einheiten bar^x oder bar^{-x}.

Die Zahlenwerte von K_P und K_c sind zwar in der Regel verschieden, sie beschreiben aber beide die Zusammensetzung im Gleichgewicht. Mit

Tabelle 8-3 Die Gleichgewichtskonstanten K_P einiger Reaktionen

Reaktion	Temperatur/K	K_c
$N_2(g) + 3 H_2(g) \rightleftarrows 2 NH_3(g)$	298	$6{,}8 \cdot 10^5$ bar^{-2}
	400	41 bar^{-2}
	500	$3{,}5 \cdot 10^{-2}$ bar^{-2}
$H_2(g) + I_2(g) \rightleftarrows 2 HI(g)$	298	794
	500	160
	700	54
$2 SO_2(g) + O_2(g) \rightleftarrows 2 SO_3(g)$	298	$4{,}0 \cdot 10^{24}$ bar^{-1}
	500	$2{,}5 \cdot 10^{10}$ bar^{-1}
	700	$3{,}0 \cdot 10^4$ bar^{-1}
$N_2O_4(g) \rightleftarrows 2 NO_2(g)$	298	0{,}98 bar
	400	47{,}9 bar
	500	1700 bar

der Beziehung $P_X = [X] \cdot RT$ können wir angeben, wie K_P und K_c zu-sammenhängen:

$$K_P = \frac{([C] \cdot RT)^c \cdot ([D] \cdot RT)^d}{([A] \cdot RT)^a \cdot ([B] \cdot RT)^b}$$

$$= \frac{[C]^c \cdot [D]^d}{[A]^a \cdot [B]^b} \cdot \frac{(RT)^{c+d}}{(RT)^{a+b}}$$

$$= K_c \cdot (RT)^{(c+d)-(a+b)}$$

Der Ausdruck $\Delta n = (c+d)-(a+b)$ ist die Differenz der Anzahl der Moleküle auf der rechten und der linken Seite der Reaktionsgleichung; damit können wir auch schreiben:

$$K_P = K_c \cdot (RT)^{\Delta n}$$

Wenn sich die Anzahl der Moleküle in der Gasphase bei einer Reaktion nicht ändert, wie bei der Reaktion

$$H_2(g) + I_2(g) \rightleftarrows 2\,HI(g),$$

so wird $\Delta n = 0$, $(RT)^0 = 1$, und damit sind die Zahlenwerte von K_P und K_c gleich. Für die HI-Synthese bei 490 °C gilt deshalb $K_P = K_c = 46$.

Beispiel 8-3 Umrechnen zwischen K_P und K_c

Für die Reaktion $N_2O_4(g) \rightleftarrows 2\,NO_2(g)$ ist bei 25 °C $K_c = 0{,}040$ M. Wie groß ist bei dieser Temperatur K_P?

Methode. K_c wird hier in mol dm^{-3} gemessen, deshalb vermuten wir, daß die Einheit von K_P das Bar sein wird, denn jede molare Konzentration geht in einen Druck über. Gleichung (4) verlangt den Zahlenwert von Δn, den wir aus den Koeffizienten der Reaktionsgleichung ermitteln können. Weiter brauchen wir (für 25 °C) $RT = 24{,}8$ dm^3 bar mol^{-1}.

Lösung. Der Reaktionsgleichung entnehmen wir $\Delta n = 2 - 1 = 1$. Dann gilt

$$K_P = K_c \cdot RT = 0{,}040 \text{ mol dm}^{-3} \cdot 24{,}8 \text{ dm}^3 \text{ bar mol}^{-1} = 0{,}99 \text{ bar}$$

Übungsaufgabe. Für die Ammoniaksynthese bei 500 °C ist $K_c = 0{,}11$ M^{-2}. Wie groß ist K_P?

[Antwort: $2{,}7 \cdot 10^{-5}$ bar^{-2}]

8-3 Heterogene Gleichgewichte

Wenn sich bei einem chemischen Gleichgewicht alle beteiligten Substanzen in derselben Phase befinden, sprechen wir von einem *homogenen* Gleichgewicht. Bisher haben wir in diesem Kapitel (abgesehen von Fällungsreaktionen) nur homogene Gleichgewichte untersucht. Es gibt aber viele Reaktionen, bei denen sich zumindest eine Substanz in einer anderen Phase als die übrigen befindet; wir sprechen dann von einem *heterogenen* Gleichgewicht. Heterogene physikalische Gleichgewichte haben wir schon in früheren Kapiteln kennengelernt, etwa das Dampf-druck-Gleichgewicht zwischen einer Flüssigkeit und dem Dampf. Löslichkeitsgleichgewichte sind ebenfalls heterogen, denn an ihnen sind eine flüssige Lösung und eine feste oder gasförmige Substanz beteiligt.

Ein Beispiel für ein chemisches heterogenes Gleichgewicht tritt bei der thermischen Zersetzung von Calciumcarbonat in einem geschlossenen Behälter auf:

$$CaCO_3(s) \xrightarrow{\Delta} CaO(s) + CO_2(g)$$

Im Experiment zeigt sich, daß die Gleichgewichtskonzentration des CO_2, wenn festes $CaCO_3$ und festes CaO vorhanden sind, nur von der Temperatur abhängt; sie ist vor allem nicht davon abhängig, in welchen Mengen diese Feststoffe vorliegen.

Gleichgewichtskonstanten bei heterogenen Reaktionen

Die Gleichgewichtskonstanten bei heterogenen Reaktionen haben eine besonders einfache Gestalt. Wir schreiben die Gleichgewichtskonstante für die $CaCO_3$-Zersetzung zuerst einmal so, wie wir es nach dem Massenwirkungsgesetz gewohnt sind:

$$K'_c = \frac{[CO_2] \cdot [CaO]}{[CaCO_3]}$$

Der Strich an den Konstanten K'_c soll die Konstante von einer wesentlich einfacheren Form unterscheiden, die wir jetzt entwickeln wollen. Zunächst denken wir über den Begriff ‚Konzentration‘ bei einer festen Substanz wie CaO oder $CaCO_3$ nach. Dabei kommt es darauf an, daß die molare Konzentration eines reinen Festkörpers oder einer reinen Flüssigkeit nicht von der Menge der Substanz abhängt. Selbst wenn eine solche Substanz bei der Reaktion verbraucht oder neu gebildet wird, bleibt doch ihre Konzentration konstant. Der Grund ist, daß die molare Konzentration eines reinen Festkörpers oder einer reinen Flüssigkeit, also die Stoffmenge pro Volumeneinheit, proportional zu ihrer Dichte, das ist die Masse pro Volumeneinheit, ist. Die Dichte ist aber eine intensive Größe und damit von der Menge der Substanz unabhängig. Zur Illustration soll das folgende Beispiel dienen.

Beispiel 8-4 Die Konzentration einer reinen festen Substanz

Reines Calciumoxid hat die Dichte $3,3\ g\ cm^{-3}$. Wie groß ist seine molare Konzentration?

Methode. Die molare Konzentration gibt die Stoffmenge an, die pro Volumeneinheit enthalten ist. Wir geben die Dichte in $g\ dm^{-3}$ an und rechnen mit der molaren Masse ($56\ g\ mol^{-1}$) in g CaO um.

Lösung. $3,3\ g\ cm^{-3}$ entsprechen $3,3 \cdot 10^3\ g\ dm^{-3}$; damit wird die molare Konzentration des reinen CaO:

$$[CaO] = \text{Stoffmenge CaO pro Liter}$$
$$= \text{Gramm CaO pro Liter} \cdot \text{Stoffmenge CaO pro Gramm}$$
$$= 3,3 \cdot 10^3\ g\ CaO\ dm^{-3} \cdot \frac{1\ mol\ CaO}{56\ g\ CaO} = 59\ mol\ dm^{-3}\ CaO$$

Man beachte, daß die Größe der Probe nicht in die Rechnung eingeht. Man erhält also immer als Konzentration den Wert 59 M, wie groß die Probe auch sein mag.

Übungsaufgabe. Wie groß ist die Konzentration von H_2O in reinem Wasser bei $25\,°C$? Für die Dichte setzen wir $1,0\ g\ cm^{-3}$.   [Antwort: 56 M]

$[CaO]$ und $[CaCO_3]$ in der Formel für K'_c sind Konstanten. Schreiben wir die Formel in der Form

$$\frac{[CaCO_3] \cdot K'_c}{[CaO]} = [CO_2] \,,$$

so steht auf der linken Seite insgesamt eine Konstante, die wir K_c nennen wollen. Dann gilt:

$$K_c = [CO_2]$$

Wir können also, wenn wir die Gleichgewichtskonstante einer heterogenen Reaktion formulieren, die Konzentrationen der reinen Flüssigkeiten und Festkörper, die an der Reaktion beteiligt sind, vernachlässigen. Diese Substanzen müssen vorhanden sein, damit das Gleichgewicht bestehen kann, sie kommen aber in der Formel für K_c nicht vor. Für K_P gilt dasselbe:

$$K_P = P_{CO_2}$$

Wir können demnach die Gleichgewichtskonstante für den Zerfall von Calciumcarbonat ganz einfach bestimmen, indem wir den Druck des im Gleichgewicht vorhandenen Kohlendioxids messen. Bei 800 °C ist dieser Druck 0,22 bar, also ist bei dieser Temperatur $K_P = 0,22$ bar.

Der Zersetzungsdruck

Das heterogene Gleichgewicht zwischen einem Festkörper und seinen gasförmigen Zersetzungsprodukten ähnelt sehr dem heterogenen Gleichgewicht, das dem Dampfdruck einer Flüssigkeit oder eines Festkörpers entspricht (vgl. Abb. 8-6). Wenn wir Calciumcarbonat in einem geschlossenen Gefäß auf 800 °C erhitzen, so zersetzt es sich, bis der Partialdruck des Kohlendioxids auf 0,22 bar gestiegen ist. Bei diesem Partialdruck besteht ein dynamisches Gleichgewicht zwischen allen beteiligten Substanzen, und die Zersetzungsgeschwindigkeit des $CaCO_3$ ist genau gleich der Geschwindigkeit, mit der sich CO_2 mit CaO vereinigt. Den Druck von 0,22 bar nennen wir deshalb auch den *Zersetzungsdruck* des Calciumcarbonats bei 800 °C. Damit können wir den normalen Dampfdruck einer Substanz als Spezialfall einer Gleichgewichtskonstante ansehen, für den wir einfach schreiben:

$$H_2O(l) \; \rightleftarrows \; H_2O(g) \,, \qquad K_P = P_{H_2O}$$

Wenn wir Calciumcarbonat in einem offenen Behälter, etwa einem Kalkofen, auf 800 °C erhitzen, so kann das gebildete Gas entweichen. Damit kann der Partialdruck des Kohlendioxids 0,22 bar nicht errei-

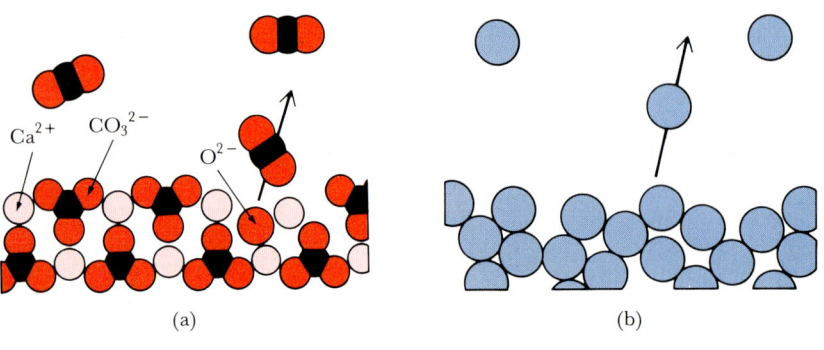

Ca^{2+} CO_3^{2-} O^{2-}

(a) (b)

Abb. 8-6 (a) Wenn Calciumcarbonat erhitzt wird, so zersetzt es sich und erreicht gegebenenfalls ein dynamisches Gleichgewicht, in dem $CaCO_3$, CaO und CO_2 vorhanden sind. Damit läßt sich das Verdampfungsgleichgewicht einer Flüssigkeit oder eines Festkörpers vergleichen, wenn man davon absieht, daß bei der Verdampfung keine Zersetzung erfolgt.

chen; das Gleichgewicht stellt sich also nicht ein, und das gesamte vorhandene Calciumcarbonat zersetzt sich. Wenn in der Umgebung sehr viel CO_2 sein sollte, so daß dessen Partialdruck größer als 0,22 bar ist, dann kann allerdings insgesamt keine Zersetzung erfolgen, denn jedes CO_2-Molekül reagiert sofort wieder mit CaO zu $CaCO_3$. Solche Verhältnisse herrschen vermutlich auf der heißen Oberfläche der Venus, wo der CO_2-Partialdruck 87 bar beträgt. (Dieser hohe Druck ist ein Hinweis darauf, daß die Oberfläche dieses Planeten trotz der herrschenden hohen Temperatur von über 500 °C reich an Carbonaten ist.)

Die Berechnung von Gleichgewichten

Die Gleichgewichtskonstante einer Reaktion macht es möglich, von einer beliebigen Ausgangszusammensetzung ausgehend, die Zusammensetzung einer Gleichgewichtsmischung zu berechnen. Wir können auch angeben, wie sich die Zusammensetzung ändert, wenn wir die äußeren Bedingungen, also den Druck, die Temperatur und die Mengenverhältnisse der beteiligten Substanzen, variieren. Solche Überlegungen sind für viele Bereiche der Chemie von großer Bedeutung, denn mit ihnen können wir Löslichkeiten und das Verhalten von Säuren, Basen und Salzen und auch das Verhalten von Redox-Gleichgewichten (vgl. Kap. 11) berechnen.

In diesem Abschnitt wollen wir die Grundlagen für die Behandlung des chemischen Gleichgewichts legen. Dabei werden wir feststellen, daß das Konzept des Gleichgewichtes sehr viele Eigenschaften einer Reaktionsmischung erklärt. Obgleich in einer Mischung sehr viele verschiedene Konzentrationen der beteiligten Substanzen vorkommen können, muß im Gleichgewicht immer das Massenwirkungsgesetz erfüllt sein, nur dann kann das dynamische Gleichgewicht zwischen den Komponenten bestehen. Wir werden uns vor allem mit der Berechnung der Gleichgewichtszusammensetzung einer Mischung aus der Gleichgewichtskonstanten beschäftigen. Die Berechnungen sind manchmal ziemlich anspruchsvoll; mit den einfacheren werden wir beginnen.

8-4 Spezifische Anfangskonzentrationen

Wenn die Konzentrationen aller Substanzen bis auf eine bekannt sind oder leicht aus den Angaben in der Aufgabe berechnet werden können, macht die Berechnung keine Probleme.

Eine unbekannte Konzentration

Nehmen wir an, wir kennen die Gleichgewichtskonzentration von allen an einer Reaktion beteiligten Substanzen bis auf eine. Als Beispiel kann uns das Gleichgewicht aus Iod, Wasserstoff und Iodwasserstoff dienen, wobei die Wasserstoff-Konzentration unbekannt sein soll. Wenn wir die Gleichgewichtskonstante K_c kennen, können wir die unbekannte Konzentration berechnen.

Beispiel 8-5 Die Berechnung einer unbekannten Konzentration

Eine Mischung aus Wasserstoff und Iod wird auf 490 °C erhitzt. Bei dieser Temperatur hat die Gleichgewichtskonstante der Reaktion $H_2(g) + I_2(g) \rightleftarrows 2\,HI(g)$ den Wert $K_c = 46$. Spektroskopisch wurden die Gleichgewichtskonzentrationen von I_2 und HI zu $[I_2] = 3,1$ mM und $[HI] = 2,7$ mM bestimmt. Wie groß ist die Konzentration von H_2 in der Gleichgewichtsmischung?

Methode. Eine unbekannte Konzentration läßt sich leicht aus der Gleichgewichtskonstanten und den anderen Konzentrationen berechnen. Wenn K_p angegeben ist, müssen wir zuerst mit Gleichung (4) K_c berechnen. Wir schreiben die Formel für die Gleichgewichtskonstante hin, lösen nach der unbekannten Konzentration auf und setzen die bekannten Zahlenwerte ein.

Lösung. Für die angegebene Reaktion ist die Gleichgewichtskonstante:

$$K_c = \frac{[HI]^2}{[H_2] \cdot [I_2]}$$

dann lösen wir nach der unbekannten Konzentration auf:

$$[H_2] = \frac{[HI]^2}{[I_2]} \cdot \frac{1}{K_c}$$

Jetzt können wir die Zahlenangaben einsetzen:

$$[H_2] = \frac{(2,7 \text{ mM})^2}{3,1 \text{ mM}} \cdot \frac{1}{46} = 0,051 \text{ mM}$$

Übungsaufgabe. Die Gleichgewichtskonstante der Reaktion $H_2(g) + CO_2(g) \rightleftarrows CO(g) + H_2O(g)$ hat bei 500 °C den Wert $K_c = 0,18$. Wie groß ist die Konzentration von H_2 in einer Gleichgewichtsmischung mit den Konzentrationen $[CO_2] = 11$ mM, $[H_2O] = 3,0$ mM und $[CO] = 41$ mM? [Antwort: 62 mM]

Der Zerfall einer einzelnen Substanz

Iodwasserstoff zerfällt beim Erhitzen, wobei schließlich das Gleichgewicht erreicht wird:

$$2\,HI(g) \rightleftarrows H_2(g) + I_2(g)$$

Wir wollen jetzt, ausgehend von der Anfangskonzentration an HI, die Zusammensetzung der Gleichgewichtsmischung berechnen. Wenn wir die Gleichgewichtskonstante kennen, ist das möglich, obwohl wir es eigentlich mit den drei Unbekannten [HI], [H_2] und [I_2] zu tun haben. Die Konzentrationen dieser drei Substanzen hängen allerdings über die chemische Reaktionsgleichung miteinander zusammen. Wenn 1 mol H_2 gebildet wird, entsteht gleichzeitig auch 1 mol I_2, deshalb werden [H_2] und [I_2] immer gleich sein.

Nehmen wir an, die Anfangskonzentration von HI sei C, und die Gleichgewichtskonzentrationen von H_2 und von I_2 seien beide gleich x. Wenn 1 mol H_2 gebildet wird, müssen 2 mol HI zerfallen; bis das Gleichgewicht erreicht ist, müssen deshalb $2 \cdot x$ mol HI zerfallen sein, und die HI-Konzentration ist dann von C auf $C - 2x$ abgesunken. Diese Überlegungen stellen wir in einer Tabelle zusammen:

	[HI]	[H₂]	[I₂]
Anfangskonzentration	C	0	0
Änderung bis zum Gleichgewicht	$-2x$	$+x$	$+x$
Gleichgewichtskonzentration	$C - 2x$	x	x

Wie das folgende Beispiel zeigt, kann man die Gleichgewichtskonstante so schreiben, daß auf der rechten Seite die in der letzten Zeile angegebenen Konzentrationen stehen; diese Formel braucht dann nur noch nach der unbekannten Konzentration x aufgelöst zu werden.

Beispiel 8-6 Die Berechnung der Gleichgewichtszusammensetzung bei einer Zerfallsreaktion

In einem Behälter befindet sich bei 490 °C in einem Behälter reiner Iodwasserstoff in einer Konzentration von 2,1 mM. Bei dieser Temperatur ist $K_c = 0,022$. Wie ist die Zusammensetzung der Mischung im Gleichgewicht?

Methode. Wir müssen die Reaktion

$$2\,HI(g) \;\rightleftarrows\; H_2(g) + I_2(g)\,, \qquad K_c = \frac{[H_2] \cdot [I_2]}{[HI]^2} = 0,022$$

untersuchen.

K_c ist klein, deshalb erwarten wir, daß sich nur wenig HI zersetzt. Wir tragen die Angaben der untersten Zeile unserer Tabelle in die Formel für K_c ein und lösen nach x auf. Zuletzt setzen wir die Zahlenangaben ein.

Lösung. Wenn wir die Ausdrücke für die Gleichgewichtskonstanten einsetzen, erhalten wir:

$$K_c = \frac{x \cdot x}{(C - 2\,x)^2} = \left(\frac{x}{C - 2\,x} \right)^2$$

Jetzt ziehen wir die Wurzel,

$$\sqrt{K_c} = \frac{x}{C - 2\,x}$$

multiplizieren mit $(C - 2\,x)$,

$$\sqrt{K_c} \cdot (C - 2\,x) = x$$

und lösen in zwei Schritten nach x auf:

$$(1 + 2 \cdot \sqrt{K_c}) \cdot x = C \cdot \sqrt{K_c}$$

$$x = \frac{C \cdot \sqrt{K_c}}{1 + 2 \cdot \sqrt{K_c}}$$

Jetzt setzen wir die Zahlenwerte ein ($\sqrt{K_c} = \sqrt{0,022} = 0,15$) und erhalten:

$$x = \frac{2,1\ \text{mM} \cdot 0,15}{1 + 0,30} = 0,24\ \text{mM}$$

Im Gleichgewicht ist also $[H_2] = 0,24$ mM, $[I_2] = 0,24$ mM und $[HI] = 2,1$ mM $- 0,48$ mM $= 1,6$ mM.

Übungsaufgabe. Gasförmiges Brommonochlorid (BrCl) zerfällt nach der Gleichung $2\,BrCl(g) \rightleftarrows Br_2(g) + Cl_2(g)$ in die Elemente. Bei 500 K ist $K_c = 32$. Zu Beginn soll nur reines BrCl vorhanden sein mit $[BrCl] = 3,30$ mM. Welche Konzentration hat es im Gleichgewicht? [Antwort: 0,27 mM]

Die Substanzen sind in stöchiometrischen Mengenverhältnissen vorgegeben

In diesem Fall können wir die Gleichgewichtszusammensetzung ebenfalls sehr leicht berechnen. Voraussetzung ist, daß die Ausgangssubstanzen genau in den Mengenverhältnissen vorhanden sind, wie es die stöchiometrischen Koeffizienten in der Reaktionsgleichung angeben. Als Beispiel wollen wir das Gleichgewicht zwischen Stickstoff, Sauerstoff und Stickoxid (NO) untersuchen, das in heißen Flammen vorkommt und zur Bildung der Stickoxide in den Autoabgasen beiträgt:

$$N_2(g) + O_2(g) \rightleftarrows 2\,NO(g)\,, \qquad K_c = \frac{[NO]^2}{[N_2] \cdot [O_2]}$$

Die Bedingung, daß die beiden Ausgangssubstanzen in stöchiometrischen Mengenverhältnissen vorliegen, ist erfüllt, wenn sie die gleiche Anfangskonzentration C haben.

Wir nennen den Betrag, um den die Konzentration des N_2 fallen muß, bis das Gleichgewicht erreicht ist, x.

Nach der Reaktionsgleichung muß dann auch die Konzentration von O_2 um x gefallen und die von NO von Null auf $2x$ gestiegen sein:

	$[N_2]$	$[O_2]$	$[NO]$
Anfangskonzentration	C	0	0
Änderung bis zum Gleichgewicht	$-x$	$-x$	$+2x$
Gleichgewichtskonzentration	$C - x$	$C - x$	$2x$

Damit können wir die Gleichgewichtskonstante durch die in der letzten Zeile der Tabelle angegebenen Gleichgewichtskonzentrationen ausdrücken:

$$K_c = \left(\frac{2x}{C - x}\right)^2$$

Wenn wir diese Gleichung nach x auflösen, können wir die Gleichgewichtskonstanten angeben, wie wir es schon im letzten Beispiel getan haben.

Beispiel 8-7 Berechnung eines Gleichgewichtes aus stöchiometrischen Anfangskonzentrationen

Eine Mischung aus je 24 mM Wasserstoff und Iod wird auf 490 °C erhitzt. Berechnen Sie die Zusammensetzung der Gleichgewichtsmischung!

Methode. Die Reaktionsgleichung $H_2(g) + I_2(g) \rightleftarrows 2\,HI(g)$ hat die gleiche Gestalt wie die für die NO-Synthese, wir können also dieselbe Tabelle und die gleiche Formel für K_c wie oben verwenden. Wir lösen nach x auf und berechnen aus x die Gleichgewichtskonzentration.

Der Tabelle 8-2 entnehmen wir $K_c = 46$; das ist größer als 1, deshalb müssen wir erwarten, daß die Bildung von HI überwiegt.

Lösung. Wenn wir auf beiden Seiten der Gleichung für K_c die Wurzel ziehen, erhalten wir:

$$\sqrt{K_c} = \frac{2x}{C - x}$$

und:

$$x = \frac{C\sqrt{K_c}}{2 + \sqrt{K_c}}$$

Wenn wir $C = 24$ mM und $\sqrt{K_c} = 6,8$ einsetzen, ergibt das:

$$x = \frac{24\,\text{mM} \cdot 6,8}{2 + 6,8} = 19\,\text{mM}$$

Dann sind die Gleichgewichtskonzentrationen

$$[HI] = 2x = 38\,\text{mM}$$

und

$$[H_2] = [I_2] = C - x = 24\,\text{mM} - 19\,\text{mM} = 5\,\text{mM}$$

Übungsaufgabe. Für die Reaktion $N_2(g) + O_2(g) \rightleftarrows 2\,NO(g)$ hat die Gleichgewichtskonstante bei 1200 °C den Wert $K_c = 1,00 \cdot 10^{-5}$. Wir gehen von einer Mischung aus, die je 0,114 M N_2 und O_2 enthält. Wie sind die Konzentrationen von NO, O_2 und N_2, wenn sich das Gleichgewicht eingestellt hat?

[Antwort: [NO] = 0,36 mM, $[O_2] = [N_2] = 0,114\,M$]

8-5 Beliebige Anfangskonzentrationen

Wenn die Ausgangssubstanzen nicht in stöchiometrischen Mengenverhältnissen vorgegeben sind, macht es etwas mehr Mühe, die Gleichung für die Gleichgewichtskonstante nach den Gleichgewichtskonzentrationen aufzulösen.

Als Beispiel betrachten wir wieder das Gleichgewicht zwischen Stickstoff, Sauerstoff und Stickoxid, aber jetzt mit den Anfangskonzentrationen $[N_2]_0$ und $[O_2]_0$. Wie vorhin soll zu Beginn kein NO vorhanden sein. Unsere Tabelle lautet jetzt:

	$[N_2]$	$[O_2]$	$[NO]$
Anfangskonzentration	$[N_2]_0$	$[O_2]_0$	0
Änderung bis zum Gleichgewicht	$-x$	$-x$	$+2x$
Gleichgewichtskonzentration	$[N_2]_0 - x$	$[O_2]_0 - x$	$2x$

Mit den in der letzten Spalte angegebenen Konzentrationen erhalten wir für die Gleichgewichtskonstante:

$$K_c = \frac{(2x)^2}{([N_2]_0 - x) \cdot ([O_2]_0 - x)}$$

Die direkte Lösung der Gleichgewichtsformel

Im folgenden Beispiel muß eine quadratische Gleichung vom Typ

$$ax^2 + bx + c = 0 \tag{5}$$

gelöst werden; sie hat bekanntlich die beiden Lösungen

$$x_1 = \frac{-b + \sqrt{b^2 - 4ac}}{2a} \quad \text{und} \quad x_2 = \frac{-b - \sqrt{b^2 - 4ac}}{2a} \tag{6}$$

Welche der beiden Lösungen physikalisch sinnvoll ist, muß im Einzelfall geprüft werden. x, die Konzentrationsänderung, kann also positiv oder negativ sein; die Konzentration selbst muß natürlich positiv sein.

Beispiel 8-8 Berechnung des Gleichgewichtes aus einer beliebigen Mischung

Phosphorpentachlorid sublimiert bei 162 °C und zersetzt sich dabei teilweise in das Trichlorid. Das Gleichgewicht lautet:

$$PCl_5(g) \rightleftarrows PCl_3(g) + Cl_2(g), \quad K_c = 0,800\,M \text{ bei } 340\,°C$$

Wir gehen von einer Mischung aus, die von allen drei Substanzen je 0,120 M enthält. Welche Konzentrationen liegen im Gleichgewicht vor?

Methode. Die Anzahl der Moleküle auf den beiden Seiten der Reaktionsgleichung ist verschieden, deshalb ist die Gleichgewichtskonstante keine dimensionslose Zahl. Darum ist nicht von vornherein erkennbar, in welche Richtung die Reaktion geht. Wir nehmen an, daß die Konzentration von PCl_5 bis zum Erreichen des Gleichgewichtes um x abnimmt. Bei der Aufstellung der Tabelle gehen wir wie bei den früheren Beispielen vor, drücken dann K_c durch x aus, lösen nach x auf und berechnen daraus die drei Gleichgewichtskonzentrationen.

Lösung. Die Tabelle lautet:

	$[PCl_5]$	$[PCl_3]$	$[Cl_2]$
Anfangskonzentration	C	C	C
Änderung bis zum Gleichgewicht	$-x$	$+x$	$+x$
Gleichgewichtskonzentration	$C-x$	$C+x$	$C+x$

Dabei ist $C = 0{,}120$ M die Anfangskonzentration für alle drei Substanzen. Nach den Angaben in der letzten Zeile gilt für die Gleichgewichtskonstante:

$$K_c = \frac{[PCl_3] \cdot [Cl_2]}{[PCl_5]} = \frac{(C+x) \cdot (C+x)}{C-x}$$

Wenn wir jetzt beide Seiten mit $C-x$ multiplizieren und ausmultiplizieren, erhalten wir

$$(C-x) \cdot K_c = C^2 + 2Cx + x^2$$

und daraus schließlich die quadratische Gleichung:

$$x^2 + (2C + K_c) \cdot x + (C^2 - C \cdot K_c) = 0$$

Mit den Zahlenwerten $C = 0{,}120$ M und $K_c = 0{,}800$ M ergibt das:

$$x^2 + (1{,}040\,M) \cdot x - 0{,}0816\,M^2 = 0$$

Der Vergleich mit der allgemeinen quadratischen Gleichung (Gl. 5) ergibt $a = 1$, $b = 1{,}040$ M und $c = -0{,}0816\,M^2$, folglich sind die Lösungen nach Gl. 6

$$x_1 = \frac{-b + \sqrt{-1{,}040\,M^2 + 4ac}}{2} = 0{,}0733\,M$$

und

$$x_2 = \frac{-b + \sqrt{-1{,}040\,M^2 - 4ac}}{2} = -1{,}113\,M$$

Die zweite Lösung können wir verwerfen, denn sie liefert mit $C+x = -0{,}993$ M für PCl_3 und Cl_2 negative Konzentrationen. Wir müssen also x_1 verwenden und erhalten damit

$$[PCl_5] = C - x = 0{,}120\,M - 0{,}0733\,M = 0{,}047\,M$$
$$[PCl_3] = [Cl_2] = C + x = 0{,}120\,M + 0{,}0733\,M = 0{,}193\,M$$

Übungsaufgabe. Für die gleiche Reaktion seien die Anfangskonzentrationen $[PCl_5] = 12$ mM, $[PCl_3] = 24$ mM und $[Cl_2] = 36$ mM. Was für eine Zusammensetzung der Gleichgewichtsmischung ergibt sich daraus bei 340 °C?

[Antwort: $[PCl_5] = 2$ mM, $[PCl_3] = 34$ mM, $[Cl_2] = 46$ mM]

Eine einfache Näherungslösung

Wenn die Auflösung nach der Gleichgewichtskonzentration zu kompliziert wird, kommt man oft mit einer Näherungslösung zum Ziel. Nehmen wir als Beispiel die Ammoniaksynthese:

$$N_2(g) + 3H_2(g) \rightleftarrows 2NH_3(g), \quad K_c = \frac{[NH_3]^2}{[N_2] \cdot [H_2]^3}$$

Wir nehmen jetzt an, für Stickstoff und Wasserstoff seien die Anfangskonzentrationen $[N_2]_0 = C$ und $[H_2]_0 = C'$ gegeben. Damit stellen wir die folgende Tabelle auf:

	$[N_2]$	$[H_2]$	$[NH_3]$
Anfangskonzentration	C	C'	0
Änderung bis zum Gleichgewicht	$-x$	$-3x$	$+2x$
Gleichgewichtskonzentration	$C - x$	$C' - 3x$	$2x$

Damit wird die Formel für die Gleichgewichtskonstante

$$K_c = \frac{(2x)^2}{(C-x) \cdot (C'-3x)^3}$$

Es ist ziemlich mühsam, diese Formel nach x aufzulösen.

Um weiterzukommen, wollen wir annehmen, daß wir es mit einer Reaktion zu tun haben, bei der wir die äußeren Gleichgewichtsbedingungen so festlegen können, daß die Ausgangssubstanzen gegenüber den Reaktionsprodukten stark begünstigt sind. Dann wird sich nur eine kleine Menge Produkt bilden, und x wird gegenüber C klein bleiben. Unter dieser Voraussetzung können wir im Nenner $C - x$ durch C und $C' - 3x$ durch C' annähern. Diese Näherung ist zulässig, wenn x nicht mehr als 5% des Wertes, von dem es abzuziehen ist, ausmacht. Wenn also etwa $C = 0,10$ M und $x = 0,001$ M ist, können wir $C - x = 0,10$ M setzen, ohne einen Fehler zu begehen, der die Ungenauigkeit unserer Zahlenangaben übersteigt. Wenn also x sehr viel kleiner als C ist (wir schreiben dafür $x \ll C$), so erhalten wir:

$$K_c = \frac{(2x)^2}{C \cdot (C')^3}$$

Diese Gleichung läßt sich leicht nach x auflösen.

Beispiel 8-9 Berechnung der Gleichgewichtskonzentration nach der Näherungsmethode

Wir warten, bis sich in einer Mischung aus Stickstoff und Wasserstoff bei 700 K das Gleichgewicht eingestellt hat. Bei dieser Temperatur ist $K_c = 61$ M^{-2}. Wir beginnen die Reaktion mit $[N_2]_0 = 0,010$ M und $[H_2]_0 = 0,0020$ M. Was für eine Zusammensetzung hat die Mischung im Gleichgewicht?

Methode. Die Gleichgewichtskonstante ist nicht dimensionslos, deshalb können wir ihr nicht ohne weiteres ansehen, ob unter unseren Versuchsbedingungen die Ausgangssubstanzen oder die Reaktionsprodukte begünstigt sind. Wir nehmen versuchsweise an, es werde nur wenig Produkt gebildet; damit können wir die eben besprochene Näherung durchrechnen. Ob sie zulässig ist, prüfen wir am Ende anhand der Ergebnisse.

Lösung. Wir beginnen mit der oben hergeleiteten Näherungsformel für K_c. Ziehen wir auf beiden Seiten die Quadratwurzel, so erhalten wir:

$$\sqrt{K_c} = \frac{2x}{\sqrt{C \cdot (C')^3}}$$

und daraus:

$$x = \tfrac{1}{2} \cdot \sqrt{K_c} \cdot \sqrt{C \cdot (C')^3}$$

Mit $\sqrt{K_c} = 7{,}8\ \mathrm{M}^{-1}$, $C = 0{,}010\ \mathrm{M}$ und $C' = 0{,}0020\ \mathrm{M}$ ergibt das:

$$x = \tfrac{1}{2} \cdot 7{,}8\ \mathrm{M}^{-1} \cdot \sqrt{8{,}0 \cdot 10^{-11}\ \mathrm{M}^4} = 3{,}5 \cdot 10^{-5}\ \mathrm{M}$$

Das ergibt in der Gleichgewichtsmischung eine NH_3-Konzentration von $2x = 7{,}0 \cdot 10^{-5}$ M. Das ist nur 2% von C', die Voraussetzung für die Zulässigkeit unserer Näherung ($x \ll C'$) ist also erfüllt.

Übungsaufgabe. Wir führen einen ähnlichen Versuch mit $[N_2]_0 = 0{,}020$ M und $[H_2]_0 = 0{,}010$ M bei 770 K durch; dort ist $K_c = 0{,}11\ \mathrm{M}^{-2}$. Wie groß ist die Gleichgewichtskonzentration an NH_3?

[Antwort: $4{,}7 \cdot 10^{-5}$ M]

Die Verschiebung von Gleichgewichten

Bei der industriellen Herstellung von Chemikalien wie z. B. Ammoniak muß die Gleichgewichtskonzentration des Produktes möglichst groß sein, damit der Prozeß wirtschaftlich wird. Wir wollen jetzt die Frage untersuchen, wie man Gleichgewichte beeinflussen kann. In Frage kommen Änderungen der Temperatur, des Druckes und der Anfangskonzentrationen.

Chemische Gleichgewichte hängen als dynamische Gleichgewichte allgemein von den Bedingungen ab, unter denen wir eine Reaktion ablaufen lassen. Wenn durch eine bestimmte Änderung die Geschwindigkeit der Hinreaktion zunimmt, verschiebt sich die Zusammensetzung so lange, bis die Geschwindigkeit der Rückreaktion wieder genauso groß ist wie die Geschwindigkeit der Hinreaktion. Wird die Geschwindigkeit der Hinreaktion verringert, gehen die Reaktionsprodukte solange in Ausgangssubstanzen über, bis die beiden Geschwindigkeiten wieder übereinstimmen. Ein Katalysator beeinflußt Hin- und Rückreaktionen in genau dem gleichen Maße, er hat deshalb keinen Einfluß auf die Gleichgewichtszusammensetzung der Mischung.

In Abschnitt 6-4 haben wir das Prinzip von Le Chatelier kennengelernt; mit ihm können wir oft vorhersagen, in welche Richtung eine Änderung der äußeren Bedingungen die Lage eines Gleichgewichtes verschiebt. In diesem Abschnitt wollen wir das Le Chateliersche Prinzip auf chemische Gleichgewichte anwenden. Wir müssen uns aber darüber klar sein, daß es keine quantitativen Aussagen zuläßt; es ist lediglich ein (allerdings oft sehr wertvoller) Hinweis auf die Wirkung, die wir mit einer Änderung der äußeren Bedingungen erzielen können.

8-6 Der Einfluß höherer Konzentrationen

Nehmen wir an, wir fügen Wasser zu einer Mischung, in der eine Veresterung abläuft. Nach dem Le Chatelierschen Prinzip sollte das die wasserverbrauchende Reaktion begünstigen (vgl. Abb. 8-7). Die Rückreaktion, bei der aus Ester + H_2O mehr Säure und Alkohol gebildet werden, nimmt also zu:

$$\text{Ester} + H_2O \;\rightarrow\; \text{Säure} + \text{Alkohol}$$

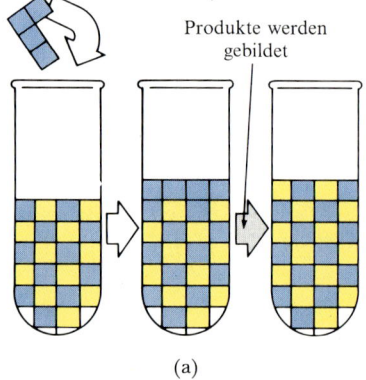

Produkte werden gebildet

(a)

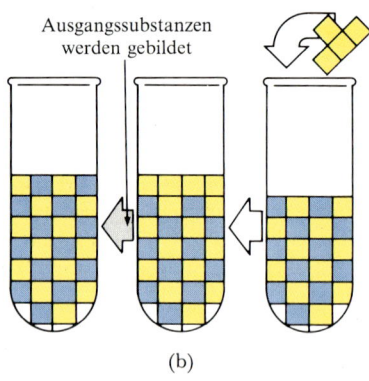

Ausgangssubstanzen werden gebildet

(b)

Abb. 8-7 (a) Wenn man zu einer Gleichgewichtsmischung eine Ausgangssubstanz (blau) hinzufügt, verschiebt man das Gleichgewicht, und es werden mehr Produkte gebildet. (b) Gibt man statt dessen Produkt (gelb) hinzu, so bilden sich mehr Ausgangssubstanzen. (Bei dieser Reaktion wurde $K_c = 1$ angenommen.)

Wenn wir statt dessen mehr Essigsäure zugeben, verschiebt sich das Gleichgewicht zugunsten des Esters:

$$\text{Säure} + \text{Alkohol} \rightarrow \text{Ester} + H_2O$$

Zugabe von Wasser erhöht die Wasserkonzentration in der Reaktionsmischung. Damit wird die Geschwindigkeit der Rückreaktion beschleunigt, es wird mehr Ester zersetzt. Dies geschieht so lange, bis so viel Säure und so viel Alkohol gebildet wurden, daß die Geschwindigkeit der Hinreaktion wieder genauso groß wird wie die Geschwindigkeit der Rückreaktion. Wenn wir dagegen Alkohol zur Gleichgewichtsmischung hinzufügen, wird die Hinreaktion schneller. Damit nehmen die Konzentrationen der Reaktionsprodukte solange zu, bis die Geschwindigkeit der Rückreaktion genauso groß geworden ist wie die neue Geschwindigkeit der Hinreaktion.

Wenn wir die Beeinflussung des Gleichgewichtes durch die Zugabe einer Reaktionskomponente quantitativ berechnen wollen, benutzen wir die Tatsache, daß die Gleichgewichtskonstante nicht von den einzelnen Konzentrationen abhängt. Die Gleichgewichtskonzentrationen vor und nach der Zugabe müssen jedesmal die Gleichgewichtsbedingung erfüllen, die bei der Veresterung

$$K_c = \frac{[\text{Ester}] \cdot [H_2O]}{[\text{Säure}] \cdot [\text{Alkohol}]}$$

lautet. Wasserzugabe vergrößert den Zähler [Ester]·[H$_2$O], folglich muß der Nenner [Säure]·[Alkohol] solange zunehmen, bis (bei vorgegebener Temperatur) garantiert ist, daß K_c konstant bleibt. Damit wird das Gleichgewicht in Richtung der Ausgangssubstanzen verschoben, bis wieder Gleichgewicht herrscht. Wie groß die Konzentrationsänderung ist, können wir mit den Methoden berechnen, die im vorigen Abschnitt besprochen wurden.

8-7 Der Einfluß des Druckes

Gleichgewichte sind in der Regel druckabhängig. Wir wollen uns hier nur mit Gasphasen-Reaktionen beschäftigen, weil bei ihnen die Druckabhängigkeit des Gleichgewichtes am größten ist. Dabei wenden wir die folgenden Methoden an: Erstens das Le Chateliersche Prinzip, zweitens die Diskussion der Geschwindigkeitskonstanten, und drittens numerische Rechnungen unter Verwendung der Gleichgewichtskonstanten.

Der Einfluß des Druckes nach dem Le Chatelierschen Prinzip

Nach dem Le Chatelierschen Prinzip reagiert ein Gasphasen-Gleichgewicht auf eine Druckerhöhung durch eine Veränderung in die Richtung, in der der Druck kleiner wird. Bei der Bildung von NH$_3$ aus N$_2$ und H$_2$ nimmt die Anzahl der Moleküle im Behälter ab und damit auch der Druck, und das Gleichgewicht wird sich in Richtung der Reaktionsprodukte verschieben, wenn wir den Druck erhöhen. Beim Haber-Prozeß wird also die Ammoniak-Ausbeute besser, wenn wir bei hohem Druck arbeiten. Praktisch erfolgt die industrielle Ammoniaksynthese bei 250 bar und mehr. Viele Gleichgewichte verhalten sich so: Eine Druckerhöhung begünstigt diejenige Richtung der Reaktion, bei der die Anzahl der Moleküle in der Gasphase kleiner wird (vgl. Abb. 8-8).

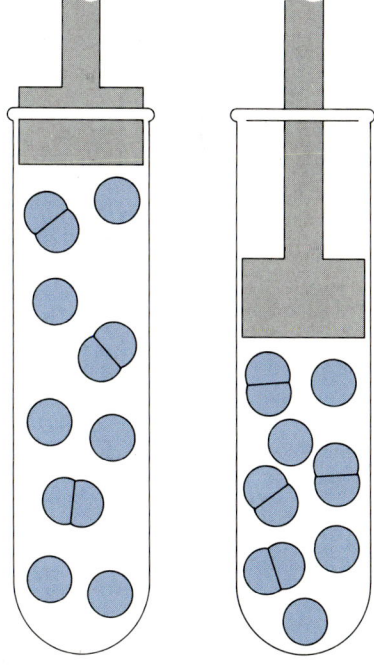

Abb. 8-8 Wenn man an eine Gleichgewichtsmischung Druck anlegt, so wird das Gleichgewicht in die Richtung verschoben, die einer kleineren Anzahl von Gasmolekülen entspricht.

Beispiel 8-10 Die Berechnung des Einflusses des Drucks

Welchen Einfluß hat eine Druckerhöhung auf die Gleichgewichtszusammensetzungen bei den Reaktionen (a) $N_2O_4(g) \rightleftarrows 2\,NO_2(g)$ und (b) $H_2(g) + I_2(g) \rightleftarrows 2\,HI(g)$?

Methode. Normalerweise genügt schon ein Blick auf die chemische Reaktionsgleichung, um zu zeigen, in welcher Richtung die Anzahl der Moleküle in der Gasphase abnimmt. Dann wird sich das Gleichgewicht bei der Druckerhöhung auch in diese Richtung verschieben.

Lösung. (a) Bei der Rückreaktion vereinigen sich zwei NO_2-Moleküle zu einem N_2O_4-Molekül. Eine Druckerhöhung wird also die Bildung von N_2O_4 begünstigen. Diesen Effekt illustriert die Abb. 8-9.

(b) Bei dieser Reaktion findet in keiner Richtung eine Änderung der Anzahl der Moleküle in der Gasphase statt. Deshalb hat eine Druckzunahme praktisch keinen Einfluß auf die Lage des Gleichgewichtes.

Übungsaufgabe. Welchen Einfluß hat eine Druckerhöhung auf die Lage des Gleichgewichtes bei den Reaktionen

(a) $CH_4(g) + H_2O(g) \rightleftarrows CO(g) + 3\,H_2(g)$ und
(b) $C(\text{Diamant}) \rightleftarrows C(\text{Graphit})$?

Die Dichte des Diamanten ist $3{,}5\ \text{g cm}^{-3}$ und die von Graphit $2{,}0\ \text{g cm}^{-3}$.

[Antwort: (a) Verschiebung nach links, (b) Begünstigung des Diamanten]

Erklärung des Druckeinflusses

Damit wir die Wirkung einer Druckerhöhung auf die Gleichgewichtsmischung erklären können, betrachten wir, welchen Einfluß diese auf die Geschwindigkeiten der Hin- und der Rückreaktion hat. Im Gleichgewicht $N_2O_4(g) \rightleftarrows 2\,NO_2(g)$ ist die Aufspaltung eines N_2O_4-Moleküls in zwei NO_2-Moleküle eine Reaktion erster Ordnung, deren Geschwindigkeit proportional zum Druck ist, während die Rückreaktion, die Rekombination des NO_2, eine Reaktion zweiter Ordnung mit einer Geschwindigkeit proportional zum Quadrat des Druckes ist. Die Rückreaktion hat also eine höhere Ordnung; damit hängt ihre Geschwindig-

Abb. 8-9 Erhöht man den Druck bei einer Gasphasenreaktion, so wird das Gleichgewicht in die Richtung verschoben, die den Druckanstieg zu kompensieren versucht. Beim Gleichgewicht N_2O_4 (farblos) $\rightleftarrows 2\,NO_2$ (braun) erkennt man, daß bei einer Druckerhöhung die braune Färbung verschwindet. Allerdings erscheint das Gas unmittelbar nach der Druckerhöhung erst einmal dunkler, bis die erhöhte NO_2-Konzentration zu N_2O_4 abgebaut ist.

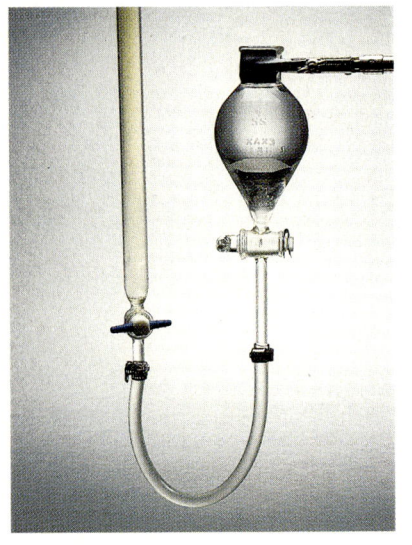
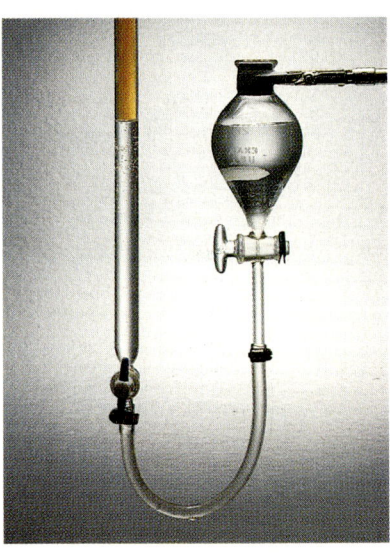
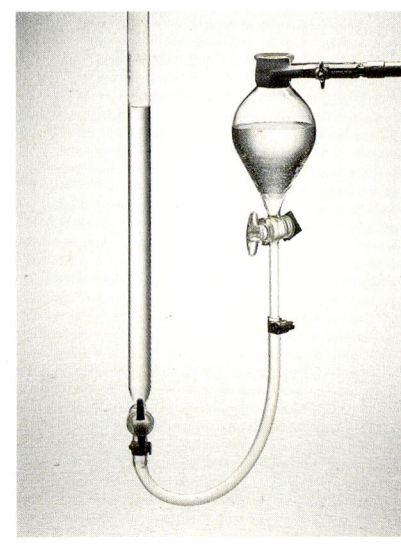

keit stärker als die der Hinreaktion vom Druck ab und nimmt deshalb bei einer Druckerhöhung auch schneller zu. Im neuen Gleichgewicht wird also die Konzentration des N_2O_4 höher sein.

Berechnung des Druckeinflusses

Wenn wir den Druck auf eine Probe erhöhen, indem wir z.B. einen Kolben in einen Zylinder hineindrücken, so nimmt das Volumen der Probe ab. Damit nehmen die Konzentrationen aller Substanzen in der Probe zu. Wir hatten bereits gesehen, daß K_c nicht von den einzelnen Konzentrationen abhängt: deshalb bleibt K_c von der Druckerhöhung unbeeinflußt. Trotzdem werden sich die Konzentrationen der einzelnen Substanzen in der Regel verändern.

Betrachten wir folgendes Gasphasen-Gleichgewicht:

$$N_2O_4(g) \rightleftarrows 2\,NO_2(g)\,, \quad K_c = \frac{[NO_2]^2}{[N_2O_4]}$$

Die molaren Konzentrationen der einzelnen Substanzen sind gleich der Stoffmenge n geteilt durch das Gesamtvolumen V:

$$[NO_2] = \frac{n_{NO_2}}{V}\,, \quad [N_2O_4] = \frac{n_{N_2O_4}}{V}$$

Daraus folgt

$$K_c = \frac{(n_{NO_2})^2 \cdot \left(\frac{1}{V}\right)^2}{n_{N_2O_4} \cdot \left(\frac{1}{V}\right)} = \frac{(n_{NO_2})^2}{n_{N_2O_4}} \cdot \frac{1}{V}$$

Dieser Ausdruck soll konstant bleiben, wenn das Volumen kleiner und damit V^{-1} größer wird. Darum muß der Faktor vor $1/V$ abnehmen. Das heißt, wenn wir das Volumen der Gleichgewichtsmischung verkleinern, muß die Stoffmenge NO_2 abnehmen und die Stoffmenge N_2O_4 zunehmen.

Es gibt noch einen anderen Fall. Wenn wir im Gleichgewicht den Druck in einem Reaktionsgefäß erhöhen, indem wir ein inertes Gas wie etwa Argon hineinpumpen, so ändert sich das Gleichgewicht nicht, denn die an der Reaktion beteiligten Substanzen befinden sich nach wie vor in demselben Volumen, so daß ihre molaren Konzentrationen unverändert bleiben.

8-8 Der Einfluß der Temperatur

Nach dem Le Chatelierschen Prinzip sollte ein chemisches Gleichgewicht genauso, wie wir es schon vom Löslichkeitsgleichgewicht kennen (vgl. Abschn. 6-5), auf eine Temperaturerhöhung mit einer Wärmeaufnahme reagieren. Das heißt, wenn wir die Reaktionsmischung erwärmen, verschiebt sich das Gleichgewicht in Richtung der endothermen Reaktion.

Beispiel 8-11 Abschätzung des Temperatureinflusses

In welche Richtung wird sich die Gleichgewichtszusammensetzung bei der Ammoniaksynthese verschieben, wenn wir die Temperatur erhöhen?

Methode. Das Gleichgewicht wird sich in Richtung der exothermen Reaktion verschieben. Wir müssen deshalb untersuchen, ob die NH_3-Bildung exotherm oder endotherm ist. Dazu verwenden wir die Werte aus der Tabelle 3-4 oder dem Anhang.

Lösung. Der Tabelle 3-4 entnehmen wir

$$N_2(g) + 3H_2(g) \rightarrow 2NH_3(g), \quad \Delta H° = -92 \text{ kJ}$$

Die Synthese ist also exotherm, folglich ist die Rückreaktion endotherm. Damit verschiebt die Temperaturerhöhung das Gleichgewicht in Richtung des Zerfalls von NH_3 in N_2 und H_2.

Übungsaufgabe. Welchen Effekt hat eine Erhöhung der Temperatur auf die Gleichgewichte

$$\text{(a)} \quad N_2O_4(g) \rightleftarrows 2NO_2(g) \quad \text{und} \quad \text{(b)} \quad O_2(g) + 2CO(g) \rightleftarrows 2CO_2(g)$$

Die benötigten Daten werden der Tabelle 3-4 oder dem Anhang entnommen.

[Antwort: (a) NO_2 ist begünstigt, (b) CO und O_2 sind begünstigt.]

Erklärung des Temperatureinflusses

Man kann den Einfluß der Temperatur auf ein Gleichgewicht durch ihren Einfluß auf die Reaktionsgeschwindigkeit der Hin- und der Rückreaktion erklären. Wie wir schon in Abschnitt 7-6 festgestellt haben, hängt die Geschwindigkeit einer Reaktion um so stärker von der Temperatur ab, je höher ihre Aktivierungsenergie ist. Abb. 8-10 zeigt uns, daß die Aktivierungsenergie einer endothermen Reaktion größer als die ihrer Rückreaktion ist. Die Geschwindigkeit der Hinreaktion steigt also schneller mit der Temperatur als die Geschwindigkeit der Rückreaktion. Deshalb werden, wenn die Temperatur der Gleichgewichtsmischung erhöht wird, mehr Produkte gebildet, bis deren Konzentration so hoch geworden ist, daß die Rückreaktion genauso schnell wie die (beschleunigte) Hinreaktion wird. Wenn sich die Reaktion als exotherm erweist, können wir ganz analog vorgehen; jetzt ist die Rückreaktion stärker von der Temperatur abhängig, und damit wird das Gleichgewicht zu den Ausgangssubstanzen verschoben.

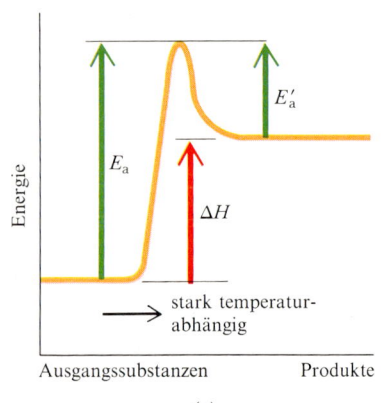

(a)

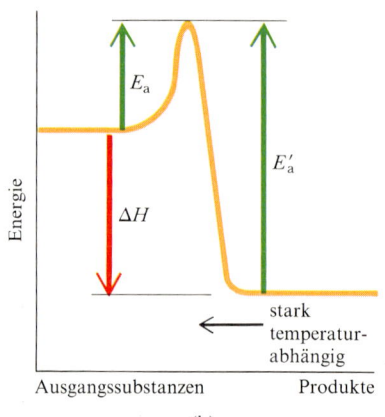

(b)

Abb. 8-10 (a) Die Aktivierungsenergie einer endothermen Reaktion ist für die Hinreaktion größer als für die Rückreaktion. Deshalb wird die Hinreaktion stärker von der Temperatur abhängen. (b) Für eine exotherme Reaktion gilt das umgekehrte, hier ist die Temperaturabhängigkeit der Rückreaktion größer.

Jetzt ist es kein Problem mehr, den Einfluß der Temperatur auf ein Gleichgewicht quantitativ zu berechnen, wenn der Wert von K_c bzw. K_p für die neue Temperatur bekannt ist. Dafür stehen uns die Tabellen 8-2 und 8-3 zur Verfügung. Es gibt aber auch die Möglichkeit, mit einer von van't Hoff hergeleiteten Gleichung,

$$\ln \frac{K'_p}{K_p} = \frac{\Delta H^\circ}{R} \cdot \left(\frac{1}{T} - \frac{1}{T'} \right)$$

K'_p für die neue Temperatur zu berechnen. In dieser Gleichung ist K'_p die Gleichgewichtskonstante bei der Temperatur T', K_p die Gleichgewichtskonstante bei der Temperatur T und ΔH° die Standard-Reaktionsenthalpie bei der Temperatur T.

Die Habersche Lösung

Wir können jetzt nachvollziehen, wie Haber vorgegangen ist, um ein Verfahren für die wirtschaftliche Ammoniaksynthese zu entwickeln. Die Reaktion ist exotherm, deshalb begünstigt eine niedrige Temperatur die Bildung des Reaktionsproduktes. Man erkennt das auch an der starken Temperaturabhängigkeit der Gleichgewichtskonstanten. Sie ändert sich von $6{,}8 \cdot 10^5 \, \text{bar}^{-2}$ bei 25 °C auf $7{,}8 \cdot 10^{-5} \, \text{bar}^{-2}$ bei 450 °C, das ist eine Änderung um 10 Größenordnungen. Allerdings ist die Geschwindigkeit, mit der Stickstoff und Wasserstoff miteinander reagieren, bei Zimmertemperatur praktisch gleich Null, so daß das Gleichgewicht nicht erreicht werden kann. Haber stand deshalb vor einem Dilemma. Er brauchte hohe Temperaturen für eine vernünftige Reaktionsgeschwindigkeit und niedrige Temperaturen für eine wirtschaftliche Ausbeute.

Wie wir schon im vorigen Kapitel erfahren haben, kann das Problem zum Teil durch den Einsatz des richtigen Katalysators gelöst werden. Haber entdeckte, daß durch die Wasserstoffatmosphäre im Reaktionsgefäß Eisenoxid zu porösem Eisen reduziert wird und daß dieses Eisen die Aktivierungsenergie der Reaktion herabsetzt. Damit konnte er die Reaktion schon bei mäßig niedrigen Temperaturen beschleunigen. Ein

Abb. 8-11 Carl Bosch (1874–1940) (links) und Fritz Haber (1868–1934) (rechts).

307

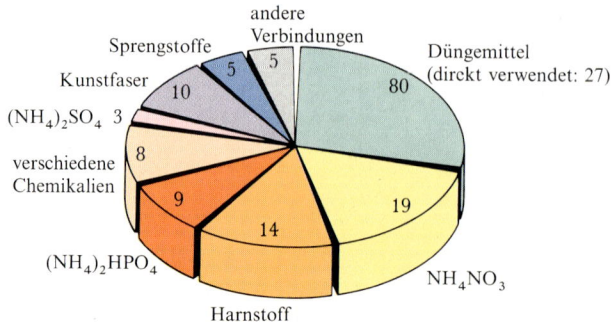

Abb. 8-12 Ein Hochdruckofen, wie er bei der Ammoniaksynthese verwendet wird.

Katalysator beschleunigt aber sowohl die Hin- als auch die Rückreaktion und beeinflußt die Lage des Gleichgewichtes nicht (vgl. Abschn. 7-7). Der Einsatz des Katalysators war also von Vorteil, was die Geschwindigkeit anging, mit der das Gleichgewicht erreicht wird; die Gleichgewichtsmischung enthielt aber nach wie vor nur sehr wenig Ammoniak.

Haber löste das Problem schließlich, indem er den Druck erhöhte, bei dem die Synthese ablaufen sollte. Eine Druckerhöhung verschiebt, wie wir festgestellt haben, bei unserer Reaktion das Gleichgewicht in Richtung des Reaktionsproduktes und erhöht damit die Wirtschaftlichkeit des Verfahrens. Es ist das Verdienst von Carl Bosch (Abb. 8-11), einem Chemie-Ingenieur und Kollegen von Fritz Haber, den ersten katalytischen Prozeß in die industrielle Praxis eingeführt zu haben, der bei hohen Temperaturen und hohen Drücken arbeitet (vgl. Abb. 8-12). Er stieß damit an die Grenzen des technisch Machbaren. Der Haber-Bosch-Prozeß, der seinen Entdeckern zwei Nobelpreise einbrachte, ist noch heute die einzige Quelle für den in der Welt produzierten Ammoniak (vgl. Abb. 8-13).

Abb. 8-13 Die Welt-Ammoniakproduktion beruht fast ausschließlich auf dem Haber-Bosch-Prozeß. Dieses Tortendiagramm zeigt die Verwendung des Ammoniaks; der meiste Ammoniak wird direkt oder nach Umsetzung in andere Verbindungen als Düngemittel verbraucht.

Zusammenfassung

Das chemische Gleichgewicht ist ein dynamisches Gleichgewicht, bei dem die Hin- und die Rückreaktion mit gleicher Geschwindigkeit ablaufen.

Im Gleichgewicht wird die Zusammensetzung einer Reaktionsmischung durch die Gleichgewichtskonstante K_c beschrieben. Nach dem Massenwirkungsgesetz gilt bei der allgemeinen Reaktion $a\,A + b\,B \rightleftarrows c\,C + d\,D$ für die Gleichgewichtskonzentrationen:

$$K_c = \frac{[C]^c \cdot [D]^d}{[A]^a \cdot [B]^b}$$

Die einzelnen Konzentrationen können variieren, das Verhältnis ist jedoch konstant. Bei einer aus mehreren Schritten zusammengesetzten Reaktion, die sich im Gleichgewicht befindet, liegt auch für jeden einzelnen Schritt Gleichgewicht vor. Wenn wir die Gleichgewichtskonstante mit dem Reaktionsquotienten vergleichen, können wir angeben, in welcher Richtung eine Reaktion ablaufen muß, um sich dem Gleichgewicht zu nähern.

Es gibt homogene und heterogene Gleichgewichte. Bei heterogenen Gleichgewichten kann man bei der Formulierung des Massenwirkungsgesetzes die beteiligten reinen Flüssigkeiten und Festkörper außer Betracht lassen. Zu den heterogenen Gleichgewichten gehören auch die Dampfdrücke einschließlich der Zersetzungsdrücke und die Löslichkeiten.

Bei Gleichgewichtsberechnungen setzt man voraus, daß die Gleichgewichtskonstante bei einer bestimmten Temperatur konstant ist und daß die Konzentrationen zusammen den Zahlenwert von K_c ergeben müssen. Die Änderung einer Konzentration oder des Druckes läßt K_c unverändert, führt aber zu einer Verschiebung der anderen Konzentrationen oder Drücke. Bei komplizierten Gleichgewichtsformeln kann man die Rechnung manchmal vereinfachen, wenn die Änderung einer Konzentration klein gegen ihren Wert selbst ist. Diese Annahme muß selbstverständlich am Ende nach der Rechnung überprüft werden. Wenn die Substanzen in stöchiometrischen Mengenverhältnissen vorhanden sind, wie sie sich aus den Koeffizienten der Reaktionsgleichung ergeben, wird die Gleichgewichtsberechnung ebenfalls erleichtert.

Das Vorhandensein eines Katalysators beeinflußt die Lage des Gleichgewichts nicht. Auf Änderungen des Druckes oder der Temperatur reagieren Gleichgewichte entsprechend dem Le Chatelierschen Prinzip. Wenn bei einer Reaktion die Anzahl der Moleküle in der Gasphase abnimmt, wird die Produktbildung durch eine Druckerhöhung begünstigt. Endotherme Reaktionen werden durch eine Temperaturerhöhung begünstigt.

Aufgaben

Gleichgewichtskonstanten

8-1 Formulieren Sie für die folgenden Gleichgewichte die Ausdrücke für die Gleichgewichtskonstanten und geben Sie ihre Einheiten an!
(a) $CO\,(g) + Cl_2\,(g) \rightleftarrows COCl\,(g) + Cl\,(g)$,
(b) $2\,SO_2\,(g) + O_2\,(g) \rightleftarrows 2\,SO_3\,(g)$,
(c) $H_2\,(g) + Br_2\,(g) \rightleftarrows 2\,HBr\,(g)$,
(d) $2\,O_3\,(g) \rightleftarrows 3\,O_2\,(g)$.

8-2 Formulieren Sie für die folgenden Gleichgewichte die Ausdrücke für die Gleichgewichtskonstanten und geben Sie ihre Einheiten an!
(a) $2\,NO\,(g) + O_2\,(g) \rightleftarrows 2\,NO_2\,(g)$,
(b) $SbCl_5\,(g) \rightleftarrows SbCl_3\,(g) + Cl_2\,(g)$,
(c) $2\,CH_3COOH\,(g) \rightleftarrows (CH_3COOH)_2\,(g)$,
(d) $N_2\,(g) + 2\,H_2\,(g) \rightleftarrows N_2H_4\,(g)$.

8-3 Für die Reaktion $N_2\,(g) + 3\,H_2\,(g) \rightleftarrows 2\,NH_3\,(g)$ ist bei 400 K $K_p = 41$ bar^{-2}. Berechnen Sie (für dieselbe Temperatur) die Gleichgewichtskonstanten der folgenden Reaktionen:
(a) $2\,NH_3\,(g) \rightleftarrows N_2\,(g) + 3\,H_2\,(g)$,
(b) $2\,N_2\,(g) + 6\,H_2\,(g) \rightleftarrows 4\,NH_3\,(g)$,
(c) $\frac{1}{2}\,N_2\,(g) + \frac{3}{2}\,H_2\,(g) \rightleftarrows NH_3\,(g)$.

8-4 Bei 500 K hat die Gleichgewichtskonstante der Reaktion $2\,SO_2\,(g) + O_2\,(g) \rightleftarrows 2\,SO_3\,(g)$ den Zahlenwert $K_p = 2,5 \cdot 10^{10}$ bar^{-1}. Berechnen Sie (für dieselbe Temperatur) die Gleichgewichtskonstanten der folgenden Reaktionen:
(a) $SO_2\,(g) + \frac{1}{2}\,O_2 \rightleftarrows SO_3\,(g)$,
(b) $SO_3\,(g) \rightleftarrows SO_2\,(g) + \frac{1}{2}\,O_2\,(g)$,
(c) $3\,SO_2\,(g) + \frac{3}{2}\,O_2 \rightleftarrows 3\,SO_3\,(g)$.

Berechnung von Gleichgewichtskonstanten aus experimentellen Daten

8-5 Berechnen Sie aus den folgenden Daten K_c für das Gleichgewicht $H_2\,(g) + I_2\,(g) \rightleftarrows 2\,HI$ bei 460 °C·

[H_2(g)]/mM im Gleichgewicht	[I_2(g)]/mM im Gleichgewicht	[HI(g)]/mM im Gleichgewicht
6,47	0,594	13,7
3,84	1,52	16,9
1,43	1,43	10,0

8-6 Berechnen Sie aus den folgenden Daten K_c für das Gleichgewicht $CH_3COOH + C_2H_5OH \rightleftarrows CH_3COOC_2H_5 + H_2O$ bei 100 °C, ausgehend von einer wasserfreien Mischung aus Essigsäure und Ethanol:

[CH_3COOH]/M zu Beginn	[C_2H_5OH]/M zu Beginn	[$CH_3COOC_2H_5$]/M im Gleichgewicht
1,00	0,18	0,171
1,00	1,00	0,667
1,00	8,00	0,966

8-7 Berechnen Sie aus den folgenden Daten K_c für das Gleichgewicht $N_2O_4(g) \rightleftarrows 2\,NO_2(g)$ bei 25 °C, ausgehend von einer Anfangsmischung ohne NO_2:

$[N_2O_4]/mM$ zu Beginn	Gesamtdruck P/bar
6,28	0,212
13,6	0,425

8-8 Berechnen Sie aus den folgenden Daten K_p für das Gleichgewicht $2\,SO_2(g) + O_2(g) \rightleftarrows 2\,SO_3(g)$ bei 1000 °C:

P_{SO_2}/bar im Gleichgewicht	P_{O_2}/bar im Gleichgewicht	P_{SO_3}/bar im Gleichgewicht
0,309	0,353	0,338
0,456	0,180	0,364
0,564	0,102	0,333

8-9 Berechnen Sie aus den folgenden Daten K_p für das Gleichgewicht $NH_4HS(s) \rightleftarrows NH_3(g) + H_2S(g)$ bei 24 °C:

P_{NH_3}/bar im Gleichgewicht	P_{H_2S}/bar im Gleichgewicht
0,309	0,309
0,364	0,258
0,539	0,174

8-10 Berechnen Sie aus den folgenden Daten K_c für das Gleichgewicht $N_2O_4 \rightleftarrows 2\,NO_2$ in Chloroform-Lösung bei 25 °C:

$[N_2O_4]/mM$ im Gleichgewicht	$[NO_2]/mM$ im Gleichgewicht
0,129	1,17
0,227	1,61
0,405	2,13

8-11 Wenn 2,20 g Iodwasserstoff in einem verschlossenen Gefäß auf 500 K erwärmt wird, bildet sich eine Gleichgewichtsmischung, die 1,90 g Iodwasserstoff enthält. Berechnen Sie K_c!

8-12 Wenn 1,00 g Iod in einem verschlossenen Gefäß auf 1000 K erwärmt wird, enthält die Gleichgewichtsmischung 0,83 g Iod-Moleküle. Wie groß ist K_c für das Dissoziationsgleichgewicht des $I_2(g)$?

8-13 25,0 g Ammoniumcarbamat $(NH_2CO_2NH_4)$ werden in einen evakuierten 250 cm³-Behälter eingefüllt. Bei 25 °C steigt der Druck auf 117,3 mbar. Welchen Wert hat K_p für die Zersetzung des Carbamats in Ammoniak und Kohlendioxid?

8-14 In einen 250-cm³-Behälter werden 267 mbar Kohlenmonoxid und 267 mbar Wasserdampf eingefüllt. Wenn die Mischung bei 700 °C das Gleichgewicht mit den Produkten CO_2 und H_2 erreicht hat, beträgt der Partialdruck von CO_2 117,5 mbar. Berechnen Sie K_c!

8-15 (a) Für die Reaktion $N_2O_4(g) \rightleftarrows 2\,NO_2(g)$ ist bei 45 °C $K_p = 0,62$ bar. Berechnen Sie K_c!
(b) Für die Reaktion $CaCO_3(s) \rightleftarrows CaO(s) + CO_2(g)$ ist bei 1073 °C $K_p = 222$ bar. Berechnen Sie K_c!

8-16 (a) Für die Reaktion $2\,SO_2(g) + O_2(g) \rightleftarrows 2\,SO_3(g)$ ist bei 1000 °C $K_p = 3,4$ bar^{-1}. Berechnen Sie K_c!
(b) Für die Reaktion $NH_4HS(s) \rightleftarrows NH_3(g) + H_2S(g)$ ist bei 24 °C $K_p = 9,4 \cdot 10^{-2}$ bar². Berechnen Sie K_c!

Homogene und heterogene Gleichgewichte

8-17 Welche der folgenden Gleichgewichte sind heterogen, welche homogen?
(a) $Ca(OH)_2(aq) + CO_2(g) \rightleftarrows CaCO_3(s) + H_2O(l)$,
(b) $P(s, weiß) \rightleftarrows P(s, rot)$,
(c) $H_2CO_3(aq) \rightleftarrows H^+(aq) + HCO_3^-(aq)$,
(d) $2\,KNO_3(s) \rightleftarrows 2\,KNO_2(s) + O_2(g)$.

8-18 Welche der folgenden Gleichgewichte sind heterogen, welche homogen?
(a) $H_2O(s) \rightleftarrows H_2O(l)$,
(b) $NH_4Cl(g) \rightleftarrows NH_3(g) + HCl(g)$,
(c) $4\,KClO_3(s) \rightleftarrows 3\,KClO_4(s) + KCl(s)$,
(d) $H_2O(l) \rightleftarrows H^+(aq) + OH^-(aq)$.

8-19 Formulieren Sie für die folgenden Gleichgewichte jeweils den Ausdruck für die Konstante K_c!
(a) $MgCO_3(s) \rightleftarrows MgO(s) + CO_2(g)$,
(b) $2\,Br^-(aq) + Cl_2(g) \rightleftarrows Br_2(g) + 2\,Cl^-(aq)$,
(c) $Cu(s) + Cl_2(g) \rightleftarrows CuCl_2(s)$,
(d) $NH_4NO_3(s) \rightleftarrows N_2O(g) + 2\,H_2O(g)$.

8-20 Formulieren Sie für die folgenden Gleichgewichte jeweils den Ausdruck für die Konstante K_c!
(a) $NH_4Cl(s) \rightleftarrows NH_3(g) + HCl(g)$,
(b) $2\,KNO_3(s) \rightleftarrows 2\,KNO_2(s) + O_2(g)$,
(c) $AgCl(s) \rightleftarrows Ag^+(aq) + Cl^-(aq)$,
(d) $2\,Al(s) + 2\,OH^-(aq) + 6\,H_2O(l) \rightleftarrows 2\,[Al(OH)_4]^-(aq) + 3\,H_2(g)$.

8-21 Wie groß sind die molaren Konzentrationen der folgenden Substanzen:
(a) $H_2O(s)$ mit der Dichte 0,92 g cm^{-3} bei 0 °C,
(b) $Cu(s)$ mit der Dichte 8,94 g cm^{-3} bei 25 °C,
(c) Ethanol mit der Dichte 0,789 g cm^{-3} bei 25 °C,
(d) $U(s)$ mit der Dichte 18,95 g cm^{-3} bei 25 °C.

8-22 Wie groß sind die molaren Konzentrationen der folgenden Substanzen:
(a) $H_2O(l)$ mit der Dichte 0,9998 g cm^{-3} bei 0 °C,
(b) Methanol mit der Dichte 0,793 g cm^{-3} bei 25 °C,
(c) $Fe(s)$ mit der Dichte 7,86 g cm^{-3} bei 25 °C,
(d) $H_2(l)$ mit der Dichte 0,070 g cm^{-3} bei −267 °C.

8-23 Geben Sie eine Formel für die Gleichgewichtskonstante K_p in Abhängigkeit vom Gesamtdruck des Systems:
$NH_4HS(s) \rightleftarrows NH_3(g) + H_2S(g)$
(keine Substanz liegt im Überschuß vor).

8-24 Geben Sie eine Formel für die Gleichgewichtskonstante K_p in Abhängigkeit vom Gesamtdruck des Systems:
$NH_2CO_2NH_4(s) \rightleftarrows 2\,NH_3(g) + CO_2(g)$
(keine Substanz liegt im Überschuß vor).

Interpretation von Gleichgewichtskonstanten

8-25 Berechnen Sie für die folgenden Mischungen die Reaktionsquotienten und geben Sie an, ob die Bildung der Reaktionsprodukte oder die der Ausgangssubstanzen begünstigt ist:
(a) eine Mischung aus 4,8 mM H_2 (g), 2,4 mM I_2 (g) und 2,4 mM HI (g) bei 460 °C ($K_c = 49$),
(b) eine Mischung mit gleichen Konzentrationen der unter (a) angegebenen Gase.

8-26 Berechnen Sie für die folgende Mischung den Reaktionsquotienten und geben Sie an, ob die Bildung der Reaktionsprodukte oder die der Ausgangssubstanzen begünstigt ist: eine Mischung mit 1,0 M Essigsäure, 2,0 M Ethanol, 0,50 M Ethylacetat und 5,0 M Wasser bei 100 °C ($K_c = 4,0$).

8-27 Ein 500 cm³-Behälter wird mit 1,20 mmol SO_2 (g), 0,50 mmol O_2 (g) und 0,10 mmol SO_3 (g) gefüllt und auf 700 K erwärmt. Bei dieser Temperatur ist $K_p = 3,0 \cdot 10^4$ bar^{-1}. Wird mehr Schwefeltrioxid gebildet?

8-28 Für die Reaktion N_2 (g) $+ 3 H_2$ (g) $\rightleftarrows 2 NH_3$ (g) ist bei 500 °C $K_p = 3,6 \cdot 10^{-2}$ bar^{-2}. Wird sich mehr Ammoniak bilden, wenn wir eine Mischung der Zusammensetzung $[N_2] = 2,23$ mM, $[H_2] = 1,24$ mM und $[NH_3] = 0,112$ mM auf 500 K erwärmen?

Gleichgewichtsberechnungen

8-29 Berechnen Sie, gegebenenfalls mit Hilfe der Daten in den Tabellen 8-2 und 8-3, die fehlende Gleichgewichtskonzentration bzw. den Partialdruck einer gasförmigen Gleichgewichtsmischung aus H_2, I_2 und HI bei 490 °C mit [HI] = 2,21 mM und $[I_2] = 1,46$ mM.

8-30 Berechnen Sie, gegebenenfalls mit Hilfe der Daten in den Tabellen 8-2 und 8-3, die fehlende Gleichgewichtskonzentration bzw. den Partialdruck einer gasförmigen Gleichgewichtsmischung aus H_2, Cl_2 und HCl bei 500 °C mit [HCl] = 1,45 mM und $[Cl_2] = 2,45$ mM.

8-31 Berechnen Sie, gegebenenfalls mit Hilfe der Daten in den Tabellen 8-2 und 8-3, die fehlende Gleichgewichtskonzentration bzw. den Partialdruck einer gasförmigen Gleichgewichtsmischung aus PCl_5, PCl_3 und Cl_2 bei 500 °C mit $P_{PCl_5} = 0,15$ bar und $P_{Cl_2} = 0,20$ bar ($K_p = 25$ bar).

8-32 Berechnen Sie, gegebenenfalls mit Hilfe der Daten in den Tabellen 8-2 und 8-3, die fehlende Gleichgewichtskonzentration bzw. den Partialdruck einer gasförmigen Gleichgewichtsmischung aus $SbCl_5$, $SbCl_3$ und Cl_2 bei 500 °C mit $P_{SbCl_5} = 0,15$ bar und $P_{SbCl_3} = 0,20$ bar ($K_p = 3,5 \cdot 10^{-4}$ bar).

8-33 In reinem Wasser ist bei 25 °C $[H^+] \cdot [OH^-] = 1,1 \cdot 10^{-14}$ M². Berechnen Sie $[OH^-]$ und $[H^+]$!

8-34 Im Gleichgewicht gilt in wäßriger Lösung bei 25 °C $[Ag^+]^2 \cdot [S^{2-}] = 6,3 \cdot 10^{-50}$ M³. Berechnen Sie $[Ag^+]$ und $[S^{2-}]$!

8-35 Wie groß ist bei 25 °C die Löslichkeit (in g dm^{-3}) von Silberchlorid (a) in reinem Wasser, (b) in 0,1 M NaCl(aq), wenn bei dieser Temperatur im Gleichgewicht $[Ag^+] \cdot [Cl^-] = 1,8 \cdot 10^{-10}$ M² ist?

8-36 Wie groß ist bei 25 °C die Löslichkeit (in g dm^{-3}) von PbI_2 (a) in reinem Wasser, (b) in 0,1 M KI (aq), wenn bei dieser Temperatur im Gleichgewicht $[Pb^{2+}] \cdot [I^-]^2 = 1,0 \cdot 10^{-9}$ M³ ist?

8-37 Ein Isomerisierungsgleichgewicht können wir in der Form $A \rightleftarrows A'$ schreiben. Geben Sie eine Formel für die Gleichgewichtskonzentration von A in Abhängigkeit von der Anfangskonzentration $[A]_0$ und der Gleichgewichtskonstanten K_c an!

8-38 Geben Sie für das Gleichgewicht $A \rightleftarrows B$ eine Formel für die Gleichgewichtskonzentration von A in Abhängigkeit von K_c und von der Anfangskonzentration $[A]_0$ an!

8-39 Berechnen Sie unter Verwendung der Daten in den Tabellen 8-2 und 8-3 die Gleichgewichtskonzentrationen der Ausgangssubstanzen und der Produkte der Reaktion Cl_2 (g) $\rightleftarrows$ 2 Cl (g) (a) bei 1000 K, (b) bei 1200 K, wenn von der Anfangskonzentration $[Cl_2] = 1,0$ mM ausgegangen wird!

8-40 Berechnen Sie unter Verwendung der Daten in den Tabellen 8-2 und 8-3 die Gleichgewichtskonzentrationen der Ausgangssubstanzen und der Produkte der Reaktion F_2 (g) $\rightleftarrows$ 2 F (g) (a) bei 500 K, (b) bei 1000 K, wenn von der Anfangskonzentration $[F_2] = 2,0$ mM ausgegangen wird!

8-41 Berechnen Sie unter Verwendung der Daten in den Tabellen 8-2 und 8-3 die Gleichgewichtskonzentrationen der Ausgangssubstanzen und der Produkte der Reaktion 2 HBr (g) $\rightleftarrows$ H_2 (g) $+$ Br_2 (g) bei 500 K, wenn von der Anfangskonzentration [HBr] = 1,2 mM ausgegangen wird!

8-42 Berechnen Sie unter Verwendung der Daten in den Tabellen 8-2 und 8-3 die Gleichgewichtskonzentrationen der Ausgangssubstanzen und der Produkte der Reaktion 2 BrCl (g) $\rightleftarrows$ Br_2 (g) $+$ Cl_2 (g) bei 500 K, wenn von der Anfangskonzentration [BrCl] = 1,4 mM ausgegangen wird!

8-43 Berechnen Sie unter Verwendung der Daten in den Tabellen 8-2 und 8-3 die Gleichgewichtskonzentrationen der Ausgangssubstanzen und der Produkte der Reaktion PCl_5 (g) $\rightleftarrows$ PCl_3 (g) $+$ Cl_2 (g) bei 400 K mit $K_p = 0,36$ bar, wenn von 1,0 g Phosphorpentachlorid in einem 250 cm³-Behälter ausgegangen wird.

8-44 Berechnen Sie unter Verwendung der Daten in den Tabellen 8-2 und 8-3 die Gleichgewichtskonzentrationen der Ausgangssubstanzen und der Produkte der Reaktion PCl_5 (g) $\rightleftarrows$ PCl_3 (g) $+$ Cl_2 (g) bei 500 K mit $K_p = 25$ bar, wenn von 2,0 g Phosphorpentachlorid in einem 300 cm³-Behälter ausgegangen wird.

8-45 Gegeben sind die Gleichgewichte $2 H_2O$ (g) $\rightleftarrows 2 H_2$ (g) $+ O_2$ (g) und $2 CO_2$ (g) $\rightleftarrows 2 CO$ (g) $+ O_2$ (g) mit den Konstanten K_{p1} und K_{p2}. Zeigen Sie, daß für die Konstante des Gleichgewichts CO_2 (g) $+ H_2$ (g) $\rightleftarrows H_2O$ (g) $+ CO$ (g) die Beziehung $K_{p3} = \sqrt{\dfrac{K_{p2}}{K_{p1}}}$ gilt! Bei 1565 K ist $K_{p1} = 1,6 \cdot 10^{-11}$ bar und $K_{p2} = 1,3 \cdot 10^{-10}$ bar. Berechnen Sie K_{p3}!

8-46 Eine Menge A einer Säure und eine bestimmte Menge B eines Alkohols werden gemischt und zum Zwecke der Veresterung auf $100\,°C$ erwärmt. Geben Sie eine Formel für die Menge an Ester (in mol), die im Gleichgewicht vorliegt, in Abhängigkeit von A, B und K_c an. Berechnen Sie den Zahlenwert für $A = 1,0$ mol, $B = 0,50$ mol und $K_c = 3,5$!

Die Druckabhängigkeit von Gleichgewichten

8-47 In welche Richtung verschieben sich die folgenden Gleichgewichte bei einer Druckerhöhung?
(a) $2\,HD(g) \rightleftarrows H_2(g) + D_2(g)$,
(b) $Cl_2(g) \rightleftarrows 2\,Cl(g)$,
(c) $2\,O_3(g) \rightleftarrows 3\,O_2(g)$,
(d) $2\,NO(g) + O_2(g) \rightleftarrows 2\,NO_2(g)$.

8-48 In welche Richtung verschieben sich die folgenden Gleichgewichte bei einer Druckerhöhung?
(a) $Pb(NO_3)_2(s) \rightleftarrows PbO(s) + 2\,NO_2(g) + \frac{1}{2}\,O_2(g)$,
(b) $2\,SO_2(g) + O_2(g) \rightleftarrows 2\,SO_3(g)$,
(c) $NO_2(g) + H_2O(l) \rightleftarrows 2\,HNO_3(aq) + NO(g)$,
(d) $H_2O(g) + C(s) \rightleftarrows H_2(g) + CO(g)$.

8-49 Quarz in kristallisierter Form hat eine höhere Dichte als Quarzglas, das ebenfalls aus reinem SiO_2 besteht. Wird unter Druck Quarz oder Quarzglas stabiler?

8-50 Roter Phosphor hat eine Dichte von $2,34\,g\,cm^{-3}$, weißer Phosphor eine Dichte von $1,82\,g\,cm^{-3}$. Welche Form ist unter hohem Druck stabiler?

8-51 Den Bruchteil von PCl_5, der im Gleichgewicht in PCl_3 und Cl_2 zerfallen ist, nennen wir α. Wenn die Anfangsmenge von PCl_5 n ist, so ist im Gleichgewicht davon $n \cdot (1 - \alpha)$ vorhanden. Geben Sie eine Gleichung für K_p in Abhängigkeit von α und vom Gesamtdruck P an und lösen Sie sie nach α in Abhängigkeit von P auf! Welcher Anteil ist bei $556\,K$ (mit $K_p = 4,96$ bar) zersetzt, wenn der Gesamtdruck (a) $0,5$ bar, (b) $1,0$ bar beträgt.

8-52 Den Bruchteil der F_2-Moleküle, die im Gleichgewicht dissoziiert sind, nennen wir α. Geben Sie eine Gleichung für K_p in Abhängigkeit von α und vom Gesamtdruck P an und lösen Sie sie nach α in Abhängigkeit von P auf! Welcher Anteil ist bei $800\,K$ (mit $K_p = 6,9 \cdot 10^{-5}$ bar) dissoziiert, wenn der Gesamtdruck (a) $0,5$ bar, (b) $1,0$ bar beträgt.

8-53 Drücken Sie die Konstante K_p bei der Ammoniaksynthese in Abhängigkeit vom Gesamtdruck P und vom Bruchteil α des umgesetzten Stickstoffs aus! (Es wird von einer stöchiometrischen Mischung ausgegangen.) Zeigen Sie, daß für kleines α $(\alpha \ll 1)$ α zum Gesamtdruck proportional ist $(\alpha \propto P)$.

Die Temperaturabhängigkeit von Gleichgewichten

8-54 In welche Richtung verschieben sich die folgenden Gleichgewichte bei einer Temperaturerhöhung?
(a) $N_2O_4(g) \rightleftarrows 2\,NO_2(g)$,
(b) $X_2(g) \rightleftarrows 2\,X(g)$ (X ist ein beliebiges Element),
(c) $CO_2(g) + 2\,NH_3(g) \rightleftarrows CO(NH_2)_2(g) + H_2O(g)$,
(d) $Ni(s) + 4\,CO(g) \rightleftarrows Ni(CO)_4(g)$.

8-55 In welche Richtung verschieben sich die folgenden Gleichgewichte bei einer Temperaturerhöhung?
(a) beim Schmelzvorgang,
(b) $CH_4(g) + H_2O(g) \rightleftarrows CO(g) + 3\,H_2(g)$,
(c) $CO(g) + H_2O(g) \rightleftarrows CO_2(g) + H_2(g)$,
(d) $2\,SO_2(g) + O_2(g) \rightleftarrows 2\,SO_3(g)$.

8-56 Eine Mischung aus $2,23$ mmol N_2 und $6,69$ mmol H_2 wird in einem $500\text{-}cm^3$-Behälter auf $600\,K$ erwärmt (dort ist $K_p = 1,7 \cdot 10^{-3}\,bar^{-2}$). Wird die Gleichgewichtsmenge an Ammoniak zunehmen, wenn die Mischung auf $700\,K$ (mit $K_p = 7,8 \cdot 10^{-5}\,bar^{-2}$) erwärmt wird?

8-57 Eine Mischung aus $1,1$ mmol SO_2 und $2,2$ mmol O_2 wird in einem $250\text{-}cm^3$-Behälter auf $500\,K$ erwärmt (dort ist $K_p = 2,5 \cdot 10^{10}\,bar^{-1}$). Wird die Gleichgewichtsmenge an SO_3 zunehmen, wenn die Mischung auf $25\,°C$ (mit $K_p = 4,0 \cdot 10^{24}\,bar^{-1}$) abgekühlt wird?

Allgemeine Aufgaben

8-58 Wenn in einem geschlossenen $1,0\text{-}dm^3$-Behälter $1,00$ g Phosphorpentachlorid auf $400\,K$ erwärmt wird, sind im Gleichgewicht noch $0,91$ g vorhanden. Wie groß ist danach die Konstante K_c für das Zerfallsgleichgewicht $PCl_5(g) \rightleftarrows PCl_3(g) + Cl_2(g)$?

8-59 Die van't Hoffsche Gleichung beschreibt den Zusammenhang der Gleichgewichtskonstante K_p' bei der Temperatur T' mit ihrem Wert K_p bei der Temperatur T:

$$\ln \frac{K_p'}{K_p} = \frac{\Delta H°}{R} \cdot \left(\frac{1}{T} - \frac{1}{T'} \right)$$

dabei ist $\Delta H°$ die Standard-Reaktionsenthalpie der Hinreaktion. Die Temperaturabhängigkeit der Gleichgewichtskonstanten der Reaktion $N_2(g) + O_2(g) \rightleftarrows 2\,NO(g)$, die eine wichtige Rolle bei der Bildung der Stickoxide in der Atmosphäre spielt, wird durch die Formel $\ln K_p = 2,5 - 181\,000 \cdot T^{-1}$ beschrieben. Wie groß ist die Standard-Reaktionsenthalpie der Hinreaktion?

8-60 Der Zersetzungsdruck von Ammoniumhydrogensulfid (NH_4HS) hat bei $298,3\,K$ den Wert 668 mbar und bei $308,8\,K$ den Wert 1225 mbar. Wie groß ist die Dissoziationsenthalpie? Bei welcher Temperatur erreicht der Zersetzungsdruck 1 bar?

Die Theorie der Säuren und Basen ist eines der wichtigsten Konzepte der Chemie überhaupt. Das Verhalten von Säuren und Basen läßt sich quantitativ mit dem Ausdruck für das chemische Gleichgewicht beschreiben, das im vorhergehenden Kapitel behandelt wurde. Die Abbildung zeigt eine Titration, bei der der Farbumschlag des Indikators die Säure/Basen-Reaktion anzeigt.

9 Säure-Basen-Gleichgewichte

Ein Spezialfall des chemischen Gleichgewichtes sind *Säure-Basen-Gleichgewichte*. Diese Reaktionen sind uns bereits mehrfach in diesem Buch in Beispielen begegnet. Eine Säure ist nach Arrhenius eine Verbindung, die Wasserstoff enthält und in wäßriger Lösung H^+-Ionen abgibt. Allgemeiner gehen Brønsted und Lowry vor, nach deren Definition jede Substanz, die Protonen abgibt, eine Säure, und jede Substanz, die Protonen aufnimmt, eine Base ist. Die Parameter, mit denen wir chemische Gleichgewichte beschreiben können, lassen sich auch auf Säure-Basen-Gleichgewichte anwenden. Mit den Gleichgewichtskonstanten haben wir ein Maß für die Stärke von Säuren und Basen, woraus sich deren Reaktionen quantitativ beschreiben lassen.

9-1 Dissoziationskonstanten

Viele chemische Reaktionen lassen sich besser verstehen, wenn man die Stärken der an ihnen beteiligten Säuren und Basen näher betrachtet. Unter der Stärke einer Säure verstehen wir ihre Tendenz, Protonen (H^+-Ionen) abzugeben, und unter der Stärke einer Base ihre Tendenz, Protonen anzulagern.

Auch hier sind es Gleichgewichte, sog. *Brønsted-Gleichgewichte*, die sich nach dem Schema

$$\text{Säure}_1 + \text{Base}_2 \rightleftarrows \text{Base}_1 + \text{Säure}_2 \qquad (1)$$

einstellen. Entsprechend können sie mit der Gleichgewichtskonstante

$$K_c = \frac{[\text{Base}_1] \cdot [\text{Säure}_2]}{[\text{Säure}_1] \cdot [\text{Base}_2]} \qquad (2)$$

beschrieben werden. Base_1 nennen wir auch die zu Säure_1 *konjugate Base;* dann ist Säure_2 die zu Base_2 *konjugate Säure.* Beide zusammen, d.h. $\text{Säure}_1/\text{Base}_1$ und $\text{Säure}_2/\text{Base}_2$ sind *konjugate Säure/Basen-Paare.* Beispiele dafür sind in Tabelle 8-4 zusammengestellt.

Nach Brønsted bezeichnen wir allgemein eine Säure als HA, eine Base als B. Eine Säure kann ihr Proton auf ein Wassermolekül übertragen. Es ist dies eine der wichtigsten Protonentransferreaktionen in der Chemie:

$$HA(aq) + H_2O(l) \rightarrow H_3O^+(aq) + A^-(aq)$$

Tabelle 9-1 Konjugate Säuren und Basen

Säure	Base
HCl	Cl^-
HNO_3	NO_3^-
H_2SO_4	HSO_4^-
HSO_4^-	SO_4^{2-}
H_2CO_3	HCO_3^-
HCO_3^-	CO_3^{2-}
CH_3COOH	CH_3COO^-
H_2O	OH^-
OH^-	O^{2-}
H_3O^+	H_2O
H_2S	HS^-
HS^-	S^{2-}
NH_3	NH_2^-
NH_4^+	NH_3
$CH_3NH_3^+$	CH_3NH_2

Das protonierte Wassermolekül bezeichnet man als *Oxonium-Ion*. Ähnlich kann Wasser ein Proton an eine Base abgeben:

$$H_2O\,(l) + B\,(aq) \rightarrow OH^-\,(aq) + BH^+\,(aq)$$

Allgemein nennen wir Substanzen, die sowohl Protonen abgeben als auch aufnehmen können, *amphiprotisch*. Ein Wassermolekül kann z. B. ein Proton an ein anderes Wassermolekül abgeben:

$$\underset{\text{Säure}_1}{H_2O} + \underset{\text{Base}_2}{H_2O} \rightleftarrows \underset{\text{Base}_1}{OH^-} + \underset{\text{Säure}_2}{H_3O^+}, \qquad K_c = \frac{[OH^-] \cdot [H_3O^+]}{[H_2O]^2}$$

Dieses Phänomen bezeichnet man als *Eigendissoziation* des Wassers (vgl. Abb. 9-1).

In sehr verdünnten Lösungen (nur solche wollen wir hier untersuchen) hat die molare Konzentration von H_2O fast konstant den Wert 56 M, denn das ist gerade die molare Konzentration von H_2O in reinem Wasser. Wir werden deshalb, wenn wir eine Gleichgewichtskonstante in einer verdünnten wäßrigen Lösung formulieren, $[H_2O]$ als Konstante ansehen und in die Gleichgewichtskonstante einbeziehen. Damit können wir die Eigendissoziationskonstante K_w des Wassers definieren:

$$K_w = [H_2O]^2 \cdot K_c$$

Für das Eigendissoziationsgewicht des Wassers schreiben wir jetzt:

$$2\,H_2O\,(l) \rightleftarrows OH^-\,(aq) + H_3O^+\,(aq), \qquad K_w = [OH^-] \cdot [H_3O^+] \qquad (3)$$

Im Gleichgewicht muß das Produkt der Konzentrationen der beiden Ionen H_3O^+ und OH^- immer gleich K_w sein. Das gilt auch, wenn die Lösung eine Säure enthält (dann ist $[H_3O^+]$ größer) oder wenn sie eine Base enthält (dann wird $[OH^-]$ größer).

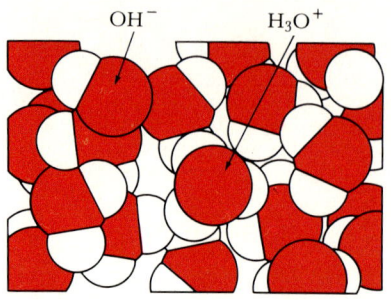

Abb. 9-1 Wasser ist keine einfache molekulare Flüssigkeit, sondern enthält aufgrund der Eigendissoziation auch Oxonium- und Hydroxidionen.

Beispiel 9-1 Berechnung der Eigendissoziationskonstante

Bei 25 °C ist in reinem Wasser die Gleichgewichtskonzentration der Oxonium-Ionen $1,0 \cdot 10^{-7}$ M. Welchen Wert hat die Konstante K_w?

Methode. Wir haben das Produkt $[OH^-] \cdot [H_3O^+]$ zu berechnen. Es ist zwar nur eine Ionenkonzentration angegeben, wir wissen aber, daß in reinem Wasser für jedes H_3O^+, das durch Dissoziation entsteht, auch ein OH^--Ion gebildet wird. Die beiden Konzentrationen sind also gleich.

Lösung. Wenn die beiden Konzentrationen in reinem H_2O gleich sind, schreiben wir

$$K_w = [H_3O^+]^2$$
$$= (1,0 \cdot 10^{-7}\,M)^2 = 1,0 \cdot 10^{-14}\,M^2$$

Übungsaufgabe. In flüssigem Ammoniak bei -50 °C hat NH_4^+ eine Konzentration von $3 \cdot 10^{-17}$ M. Wie groß ist danach die Eigendissoziationskonstante des Ammoniaks?

[Antwort: $9 \cdot 10^{-34}\,M^2$]

Der Wert $K_w = 1,0 \cdot 10^{-14}\,M^2$, den wir in Beispiel 9-1 berechnet haben, gilt bei 25 °C für jede wäßrige Lösung. Das heißt, bei 25 °C gilt für eine wäßrige Lösung:

$$[H_3O^+] \cdot [OH^-] = 1,0 \cdot 10^{-14}\,M^2$$

Wenn wir zu einer wäßrigen Lösung eine Base hinzufügen, erhöhen wir die OH⁻-Konzentration. Damit diese Gleichung weiterhin erfüllt ist, muß die Konzentration der Wasserstoffionen abnehmen. Wenn wir umgekehrt eine Säure zugeben, steigt die H_3O^+-Konzentration an und die Konzentration der OH⁻-Ionen muß entsprechend abnehmen.

Das Rechnen mit Säuren und Basen wird sehr viel einfacher, wenn wir K_w und einige andere Größen, die wir noch kennenlernen werden, durch ihre Logarithmen ausdrücken. Wir definieren eine Größe pK_w mit Hilfe der Formel*:

$$pK_w = -\log K_w$$

Dann gilt bei 25 °C wegen $K_w = 1{,}0 \cdot 10^{-14}\,M^2$.

$$pK_w = -\log(1{,}0 \cdot 10^{-14}) = 14{,}00$$

Den Zahlenwert von pK_w kann man sich viel leichter merken als K_w selbst. Die Zehnerpotenz in K_w wird auf der linken Seite zur Zahl vor dem Dezimalkomma. Das p in pK_w ist eine Abkürzung für ‚Potenz‘.

Säure-Dissoziationskonstanten

Das Brønsted-Gleichgewicht für die wäßrige Lösung der (allgemeinen) Säure HA lautet:

$$HA(aq) + H_2O(l) \rightleftarrows A^-(aq) + H_3O^+(aq), \quad K_c = \frac{[A^-] \cdot [H_3O^+]}{[HA] \cdot [H_2O]}$$

Wie oben betrachten wir $[H_2O]$ als Konstante und vereinigen es mit K_c zu der Säuredissoziationskonstanten $K_s = [H_2O] \cdot K_c$. Dann lautet das Dissoziationsgleichgewicht allgemein:

$$HA(aq) + H_2O(l) \rightleftarrows A^-(aq) + H_3O^+(aq), \quad K_s = \frac{[A^-] \cdot [H_3O^+]}{[HA]} \quad (4)$$

Wenn wir für HA die Essigsäure CH_3COOH als Beispiel nehmen, so ist:

$$K_s = \frac{[CH_3COO^-] \cdot [H_3O^+]}{[CH_3COOH]} = 1{,}8 \cdot 10^{-5}\,M$$

Analog zur Eigendissoziation des Wassers definieren wir hier:

$$pK_s = -\log K_s \quad (5)$$

Dann gilt für die Essigsäure:

$$pK_s = -\log(1{,}8 \cdot 10^{-5}) = 4{,}74$$

Die Blausäure (HCN) ist ein Beispiel für eine viel schwächere Säure; bei ihr liegen in wäßriger Lösung wegen

$$K_s = 4{,}9 \cdot 10^{-10}\,M \quad und \quad pK_s = -\log(4{,}9 \cdot 10^{-10}) = 9{,}31$$

geringere Konzentrationen an A⁻- und H_3O^+-Ionen vor.

---

* Die Definitionsformel für pK_w enthält eine Unkorrektheit, denn Logarithmen können nur von dimensionslosen Größen berechnet werden. Gemeint ist der ‚negative dekadische Logarithmus des Zahlenwertes der in molaren Konzentrationen angegebenen Eigendissoziationskonstanten‘, also

$$pK_w = -\log(K_w \cdot (1\,M)^{-2})$$

Wenn beim Dissoziationsgleichgewicht der Säure die Bildung der konjugaten Base begünstigt ist, dann ist die Säure HA ein starker Protonendonor (oder einfach eine starke Säure). Wenn die Ausgangssubstanzen begünstigt sind, so enthält die Lösung überwiegend undissoziierte HA-Moleküle, und die Säure ist nur ein schwacher Protonendonor (eine schwache Säure). Ein kleiner pK_s-Wert (wie etwa 2,00 bei der chlorigen Säure $HClO_2$) bezeichnet also eine starke Säure und ein großer (wie etwa 7,53 bei der unterchlorigen Säure $HClO$) eine schwache Säure.

Basen-Dissoziationskonstanten

Das Brønsted-Gleichgewicht für die wäßrige Lösung der (allgemeinen) Base B lautet

$$H_2O(l) + B(aq) \rightleftarrows OH^-(aq) + BH^+(aq), \quad K_c = \frac{[OH^-] \cdot [BH^+]}{[H_2O] \cdot [B]}$$

Wenn wir wieder $[H_2O]$ als konstant ansehen, können wir die Basendissoziationskonstante $K_b = [H_2O] \cdot K_c$ definieren und erhalten für das allgemeine Basendissoziationsgleichgewicht

$$H_2O(l) + B(aq) \rightleftarrows OH^-(aq) + BH^+(aq), \quad K_b = \frac{[OH^-] \cdot [BH^+]}{[B]} \quad (6)$$

Wenn B z. B. die organische Base Methylamin (CH_3NH_2; 1) ist, dann wird BH^+ das Methylammoniumion $CH_3NH_3^+$, und das Gleichgewicht lautet:

$$H_2O(l) + CH_3NH_2(aq) \rightleftarrows OH^-(aq) + CH_3NH_3^+(aq)$$

$$K_b = \frac{[OH^-] \cdot [CH_3NH_3^+]}{[CH_3NH_2]}$$

1 Methylamin

Auch hier definieren wir die logarithmische Version von K_b:

$$pK_b = -\log K_b \quad (7)$$

Eine Base B ist ein starker Protonenakzeptor, wenn im Gleichgewicht die Bildung von BH^+ begünstigt ist, d. h. wenn K_b groß ist. Sie ist ein schwacher Protonenakzeptor, wenn das nichtdissoziierte B begünstigt ist, d. h. wenn K_b klein ist. Eine Base mit kleinem pK_b ist also ein stärkerer Protonenakzeptor (eine stärkere Base) als eine Base mit größerem pK_b. So gilt für Methylamin $K_b = 3,6 \cdot 10^{-4}$ M und $pK_b = 3,44$ und für die schwächere Base Anilin (2) $K_b = 4,3 \cdot 10^{-10}$ M und $pK_b = 9,37$.

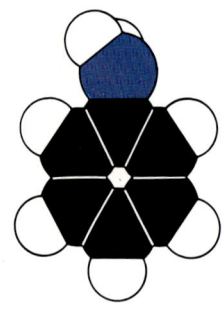

2 Anilin

Der Zusammenhang zwischen pK_s, pK_b und pK_w

Eine sehr wichtige Beziehung besteht zwischen dem pK_b-Wert einer Base (z. B. NH_3) und dem pK_s-Wert der konjugaten Säure (NH_4^+). Wir wollen sie am Fall der Lösung von NH_3 in Wasser herleiten. Das Basendissoziationsgleichgewicht lautet

$$H_2O(l) + NH_3(aq) \rightleftarrows OH^-(aq) + NH_4^+(aq), \quad K_b = \frac{[OH^-] \cdot [NH_4^+]}{[NH_3]}$$

und das Gleichgewicht der konjugaten Säure NH_4^+

$$NH_4^+(l) + H_2O(l) \rightleftarrows NH_3(aq) + H_3O^+(aq), \quad K_s = \frac{[NH_3] \cdot [H_3O^+]}{[NH_4^+]}$$

Wenn wir die beiden Konstanten miteinander multiplizieren, erhalten wir

$$K_s \cdot K_b = \frac{[NH_3] \cdot [H_3O^+]}{[NH_4^+]} \cdot \frac{[OH^-] \cdot [NH_4^+]}{[NH_3]}$$
$$= [H_3O^+] \cdot [OH^-] = K_w$$

Diese Beziehung gilt für alle zueinander konjugaten Säuren und Basen:

$$K_s \cdot K_b = K_w \qquad (8)$$

Wenn K_b größer wird, muß K_s kleiner werden, damit das Produkt $K_s \cdot K_b$ den Wert K_w behält. Wir erkennen daran, daß zu einer starken Base eine schwache konjugate Säure gehört und umgekehrt. So ist HCN ein schwacher Protonendonor, folglich CN^- ein starker Akzeptor. CH_3COOH ist schon ein etwas stärkerer Protonendonor, und die konjugate Base CH_3COO^- ist deshalb ein schwächerer Akzeptor als CN^-. Ein sehr starker Protonendonor ist HCl (denn bekanntlich ist Salzsäure, HCl(aq), eine starke Säure), und die konjugate Base Cl^- ist ein sehr schwacher Protonenakzeptor. Harnstoff [$(NH_2)_2CO$; **3**] ist ein sehr schwacher Protonenakzeptor, die konjugate Säure $NH_2CONH_3^+$ folglich ein starker Protonendonor. Methylamin, CH_3NH_2, ist ein stärkerer Protonenakzeptor, damit muß die konjugate Säure ein schwächerer Protonendonor sein. Das Oxid-Ion O^{2-} ist ein sehr starker Protonenakzeptor, deshalb ist die konjugate Säure OH^- ein sehr schwacher Protonendonor.

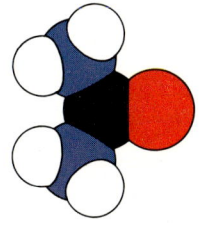

3 Harnstoff

Wenn wir in Gl. (8) auf beiden Seiten den dekadischen Logarithmus bilden, erhalten wir:

$$\log K_s + \log K_b = \log K_w$$

Mit unseren Definitionen erhalten wir daraus (nach Multiplikation mit -1)

$$pK_s + pK_b = pK_w$$

Beim NH_3 ist $pK_b = 4{,}75$, damit erhalten wir für NH_4^+:

$$pK_s = pK_w - pK_b = 14{,}00 - 4{,}75 = 9{,}25$$

Daran erkennen wir, daß NH_4^+ ein schwächerer Protonendonor als die Essigsäure ($pK_s = 4{,}75$), aber stärker als die unteriodige Säure HIO ($pK_s = 10{,}64$) ist. Die zum Harnstoff konjugate Säure $NH_2CONH_3^+$ ist mit ($pK_s = 0{,}10$) ein stärkerer Protonendonor als alle in Tabelle 9-2 angegebenen Säuren.

Die Beziehung zwischen der Stärke von Säuren und Basen und ihrer Struktur

Die pK_s- und pK_b-Werte von Säuren und Basen lassen sich nur schwer voraussagen, weil sie von einer ganzen Reihe von Faktoren abhängen. Dazu gehören die Stärke der $H-A$-Bindung, die Stärke der H_2O-H-Bindung im H_3O^+ und das Ausmaß der Hydratisierung der Moleküle und Ionen.

Ein Proton läßt sich ziemlich leicht von HA auf ein H_2O-Molekül übertragen, wenn es vor dem Übergang zu dem Sauerstoff-Atom des Wassermoleküls eine Wasserstoffbrücke ausbilden kann:

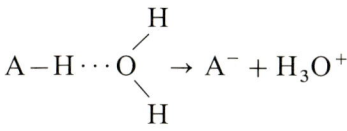

Säure	K_s/M	pK_s
Trichloressigsäure, CCl_3COOH	$3{,}0 \cdot 10^{-1}$	0,52
Benzolsulfonsäure, $C_6H_5SO_3H$	$2 \cdot 10^{-1}$	0,70
Iodsäure, HIO_3	$1{,}7 \cdot 10^{-1}$	0,77
Schweflige Säure, H_2SO_3	$1{,}6 \cdot 10^{-2}$	1,81
Chlorige Säure, $HClO_2$	$1{,}0 \cdot 10^{-2}$	2,00
Phosphorsäure, H_3PO_4	$7{,}6 \cdot 10^{-3}$	2,12
Monochloressigsäure, $CH_2ClCOOH$	$1{,}4 \cdot 10^{-3}$	2,85
Milchsäure, $CH_3CH(OH)COOH$	$8{,}4 \cdot 10^{-4}$	3,08
Salpetrige Säure, HNO_2	$4{,}3 \cdot 10^{-4}$	3,37
Flußsäure, HF	$3{,}5 \cdot 10^{-4}$	3,45
Ameisensäure, $HCOOH$	$1{,}8 \cdot 10^{-4}$	3,75
Benzoesäure, C_6H_5COOH	$6{,}5 \cdot 10^{-5}$	4,19
Essigsäure, CH_3COOH	$1{,}8 \cdot 10^{-5}$	4,75
Kohlensäure, H_2CO_3	$4{,}3 \cdot 10^{-7}$	6,37
Unterchlorige Säure, $HClO$	$3{,}0 \cdot 10^{-8}$	7,53
Unterbromige Säure, $HBrO$	$2{,}0 \cdot 10^{-9}$	8,69
Borsäure, $B(OH)_3$	$7{,}2 \cdot 10^{-10}$	9,14
Blausäure, HCN	$4{,}9 \cdot 10^{-10}$	9,31
Phenol, C_6H_5OH	$1{,}3 \cdot 10^{-10}$	9,89
Unteriodige Säure, HIO	$2{,}3 \cdot 10^{-11}$	10,64

Base	K_b/M	pK_b
Harnstoff, $CO(NH_2)_2$	$1{,}3 \cdot 10^{-14}$	13,90
Anilin, $C_6H_5NH_2$	$4{,}3 \cdot 10^{-10}$	9,37
Pyridin, C_5H_5N	$1{,}8 \cdot 10^{-9}$	8,75
Hydroxylamin, NH_2OH	$1{,}1 \cdot 10^{-8}$	7,97
Nikotin, $C_{10}H_{14}N_2$	$1{,}0 \cdot 10^{-6}$	5,98
Morphin, $C_{17}H_{19}O_3N$	$1{,}6 \cdot 10^{-6}$	5,79
Hydrazin, NH_2NH_2	$1{,}7 \cdot 10^{-6}$	5,77
Ammoniak, NH_3	$1{,}8 \cdot 10^{-5}$	4,75
Triethylamin, $(CH_3)_3N$	$6{,}5 \cdot 10^{-5}$	4,19
Methylamin, CH_3NH_2	$3{,}6 \cdot 10^{-4}$	3,44
Dimethylamin, $(CH_3)_2NH$	$5{,}4 \cdot 10^{-4}$	3,27
Ethylamin, $C_2H_5NH_2$	$6{,}5 \cdot 10^{-4}$	3,19
Triethylamin, $(C_2H_5)_3N$	$1{,}0 \cdot 10^{-3}$	2,99

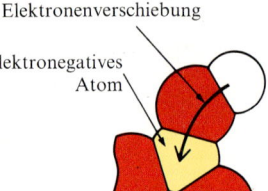

Elektronenverschiebung

elektronegatives Atom

Abb. 9-2 Je größer die Elektronegativität des Zentralatoms ist, um so stärker zieht es die Elektronen der $O-H$-Bindung an sich. Damit nimmt die Stärke der Wasserstoffbrücke zu, und die Säurestärke ebenfalls.

Wenn die $A-H$-Bindung ausreichend polar ist, kann sich eine Wasserstoffbrücke ausbilden; deshalb erwarten wir, daß die Säure HA um so stärker ist, je polarer die $A-H$-Bindung ist. Die Polarität der $H-A$-Bindung ist aber um so größer, je elektronegativer A wird; deshalb gehört zu einem stärker elektronegativen A die stärkere Säure HA (vgl. Abb. 9-2). Ein Beispiel für dieses unterschiedliche Verhalten ist der Unterschied zwischen dem inerten CH_4 und der in wäßriger Lösung starken Brønsted-Säure NH_4^+. Die Elektronegativitäten von N und H unterscheiden sich um 0,9 (vgl. Tab. 4-10), die von C und H nur um 0,4, Folglich ist die $N-H$-Bindung deutlich polarer als die $C-H$-Bindung. Die hohe Polarität der $O-H$-Bindung ist die Ursache dafür, daß in vielen Verbindungen die Wasserstoff-Atome der Hydroxylgruppen leicht (als Protonen) abgetrennt werden. Ein Beispiel dafür ist die phosphorige Säure (H_3PO_3; **4**): nur die beiden Hydroxyl-Wasserstoffatome können als Kationen abgegeben werden, das direkt mit dem Phosphor

4 Phosphorige Säure

verbundene Wasserstoff-Atom dagegen nicht. Dasselbe gilt für die Essigsäure (CH$_3$COOH), bei der nur das eine am Sauerstoff gebundene Wasserstoff-Atom ionisierbar ist.

Nicht alle H—A-Bindungen, die Wasserstoffbrücken bilden, bilden auch unter normalen Bedingungen Ionen; wenn die Bindung zu fest ist, bewirkt auch die Polarisierbarkeit nichts. Für Verbindungen mit ähnlichen Strukturen halten wir aber fest: je schwächer die H—A-Bindung, um so stärker ist die Säure HA. Ein Beispiel dafür ist das anomale Verhalten der Fluorwasserstoffsäure in der Reihe der Halogenwasserstoffsäuren. Die H—F-Bindung ist zwar stärker als die anderen H—Halogen-Bindungen, dennoch ist HF in Wasser eine schwache Säure mit pK_s = 3,45, während die anderen Halogenwasserstoffsäuren in Wasser starke Säuren sind. Zum Teil liegt das an der Stärke der H—F-Bindung (562 kJ mol^{-1}) gegenüber H—Cl (431 kJ mol^{-1}) und H—Br (366 kJ mol^{-1}). In Wasser bilden die HF-Moleküle zwar Wasserstoffbrücken zu Wassermolekülen (5), eine Ionisierung bleibt aber blockiert.

Die Stärke von Sauerstoffsäuren

Wenn man Sauerstoffsäuren vergleicht, kann man in zwei Richtungen vorgehen. In der einen Richtung wird die Anzahl der an ein Zentralatom X gebundenen Sauerstoff-Atome variiert wie bei den Chlorsäuren HClO, HClO$_2$, HClO$_3$ und HClO$_4$. In der anderen Richtung ist das Zentralatom X variabel, während die Anzahl der Sauerstoff-Atome konstant bleibt, wie bei den Säuren HFO, HClO, HBrO und HIO.

Im ersten Fall sind die Säuren um so stärker, je mehr Sauerstoff-Atome mit dem Zentralatom verbunden sind. Mit der Anzahl der Sauerstoff-Atome hängt auch die Oxidationszahl zusammen; folglich sind die Säuren auch um so stärker, je größer die Oxidationszahl des Zentralatoms ist. Diesen Effekt illustriert die folgende Tabelle:

	Säure			
	HClO	HClO$_2$	HClO$_3$	HClO$_4$
Oxidationszahl	+1	+3	+5	+7
pK_s	7,53	2,0	stark	stark

Wie groß der Einfluß einer wachsenden Anzahl von Sauerstoff-Atomen ist, zeigt auch der Unterschied zwischen den Säurestärken von Alkoholen und von Carbonsäuren. Alkohole sind organische Verbindungen, in denen eine Hydroxylgruppe (—OH) kovalent an ein Kohlenstoff-Atom gebunden ist wie z. B. im Ethanol (C$_2$H$_5$OH; 6). Alkohole sind in wäßriger Lösung extrem schwache Säuren, denn das Sauerstoff-Atom ist an das nicht sonderlich elektronegative Kohlenstoff-Atom gebunden. Ethanol hat einen pK_s-Wert von 16, deshalb dissoziiert es in wäßriger Lösung nur in verschwindendem Maße in die konjugate Base C$_2$H$_5$O$^-$. In Carbonsäuren ist der —OH-Gruppe ein weiteres Sauerstoff-Atom benachbart; ein Beispiel dafür ist die Essigsäure (7). Die Carbonsäuren sind zwar meistens auch schwache Säuren, aber doch viel stärker sauer als die Alkohole.

Wenn wir in einer Reihe von Sauerstoffsäuren bei konstanter Anzahl von Sauerstoffatomen das Zentralatom variieren, so beobachten wir,

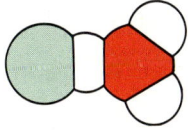

5

6 Ethanol

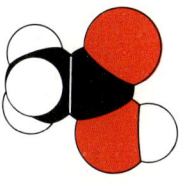

7 Essigsäure

daß zu dem Zentralatom mit der größeren Elektronegativität die stärkere Sauerstoffsäure gehört, wie die folgende Reihe zeigt:

	Säure			
	H_3AsO_4	H_3PO_4	HIO_4	$HClO_4$
Elektronegativität	2,0	2,1	2,5	3,0
pK_s	2,30	2,12	1,64	stark

Zum Teil läßt sich das damit erklären, daß die O—H-Bindung stärker polarisiert ist, wenn die Elektronegativität des Zentralatoms zunimmt (vgl. Abb. 9-3 und Abschn. 4-7).

					He
B −0,1	C 0,4	N 0,9	O 1,1	F 1,3	Ne
Al −0,6	Si −0,3	P 0	S 0,4	Cl 0,9	Ar
Ga −0,5	Ge −0,3	As −0,1	Se 0,3	Br 0,7	Kr
In −0,4	Sn −0,3	Sb −0,2	Te 0	I 0,4	Xe
Ti −0,3	Pb −0,3	Bi −0,2	Po −0,1	At 0,1	Rn

Abb. 9-3 Die Unterschiede zwischen den Elektronegativitäten von Wasserstoff (2.1) und denen der p-Block-Elemente. Beachten Sie die hohen Werte von Sauerstoff und Fluor. Die blauen Felder bezeichnen Elemente, deren Elektronegativität kleiner als die von Wasserstoff ist.

9-2 Wasserstoffionenkonzentration und pH-Wert

Die molare Konzentration der Wasserstoffionen (genauer der Oxonium-Ionen) in wäßrigen Lösungen spielt in der Chemie, in der Biologie und in der Medizin eine außerordentlich wichtige Rolle. In diesem Abschnitt soll besprochen werden, wie man in Lösungen von Säuren und Basen diese Konzentration berechnen kann.

Der pH-Wert einer Lösung

Normalerweise werden Wasserstoffionenkonzentrationen in Lösungen mit Hilfe des *pH-Wertes* angegeben, der als negativer dekadischer Logarithmus der Wasserstoffionenkonzentration definiert ist:

$$pH = -\log [H_3O^+] \qquad (9)$$

Dabei ist $[H_3O^+]$ die Konzentration der Wasserstoff-Ionen in mol/L. Je größer der pH-Wert ist, um so kleiner ist die Wasserstoffionenkonzentration; einer Zunahme des pH um eine Einheit entspricht eine Konzentrationsabnahme um den Faktor 10. Wenn $[H_3O^+]$ größer als 1 M ist, so erhalten wir einen negativen pH-Wert, denn $\log [H_3O^+]$ wird dann positiv. Die pH-Skala wurde 1909 von dem dänischen Chemiker Søren Sørensen eingeführt, der sich vor allem mit der Qualitätskontrolle beim Bierbrauen beschäftigt hatte.

Beispiel 9-2 Die Berechnung des pH-Wertes

Welche pH-Werte haben (a) menschliches Blut, in dem die Konzentration der Wasserstoffionen $3{,}0 \cdot 10^{-7}$ M beträgt, und (b) eine Säurelösung mit einer Wasserstoffionenkonzentration von 2,0 M?

Methode. Wir brauchen nur jeweils die angegebene Konzentration in die Definitionsgleichung einzusetzen. Den dekadischen Logarithmus ermitteln wir mit Hilfe einer Logarithmentafel oder mit einem Taschenrechner.

Lösung. (a) Der pH-Wert von Blut ist

$$pH = -\log (3{,}0 \cdot 10^{-7}) = 6{,}5$$

(b) der pH-Wert der angegebenen Lösung ist

$$pH = -\log 2{,}0 = -0{,}3$$

Übungsaufgabe. Wie groß ist der pH-Wert im Salmiakgeist mit einer Wasserstoffionenkonzentration von etwa $3 \cdot 10^{-12}$ M? [Antwort: 11,5]

In der Praxis kann man den pH-Wert einer unbekannten Lösung recht gut mit einem Streifen Universalindikatorpapier bestimmen, der bei verschiedenen pH-Werten unterschiedliche Farben annimmt. Man sollte einmal mit einem solchen Indikatorpapier verschiedene Flüssigkeiten und Getränke prüfen; in Abb. 9-4 sind dazu einige Ergebnisse zusammengestellt. Genauere Messungen macht man mit einem pH-Meter (vgl. Abb. 9-5). Ein pH-Meter besteht aus einem Voltmeter, das an zwei Elektroden angeschlossen ist, die in die zu untersuchende Lösung tauchen. Die Spannung zwischen den Elektroden hängt linear vom pH-Wert der Lösung ab; wenn die Skala des Voltmeters entsprechend geeicht ist, können wir also die pH-Werte direkt ablesen.

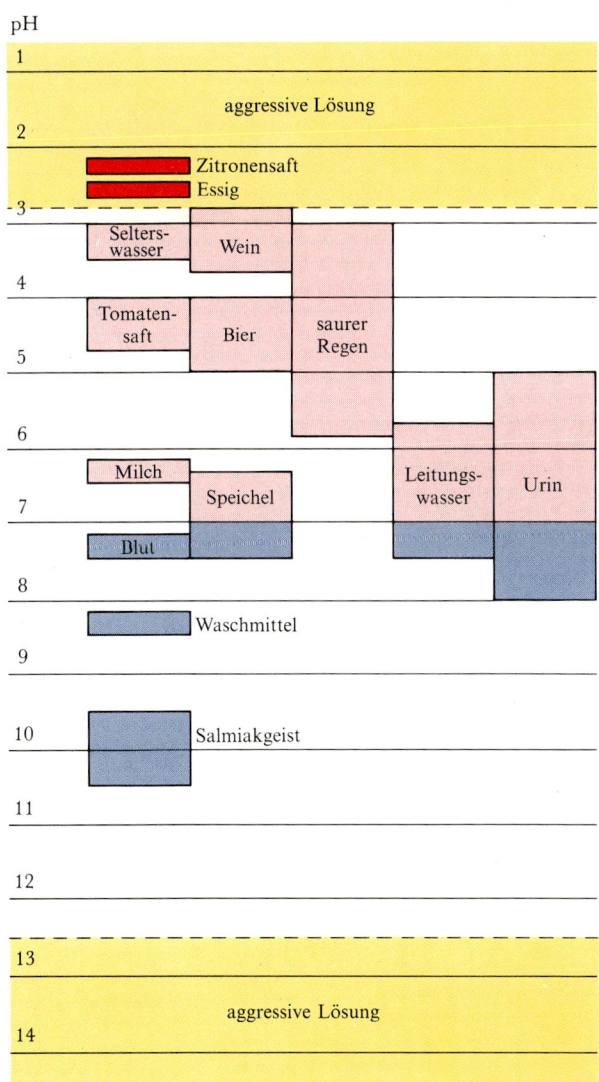

Abb. 9-4 Typische pH-Werte bekannter wäßriger Lösungen. Die unterbrochenen Linien begrenzen die Bereiche, in denen Substanzen als korrosiv gelten.

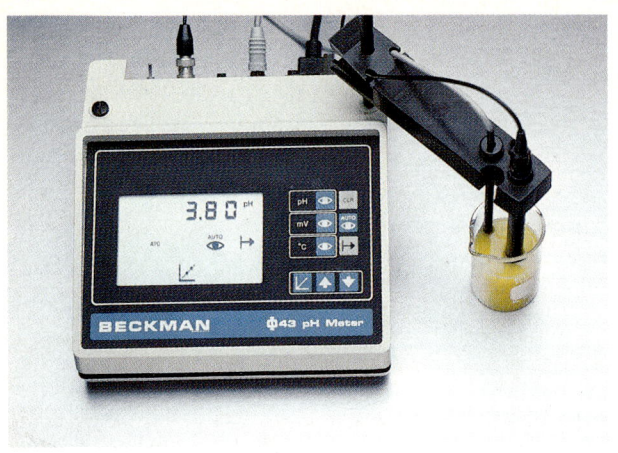
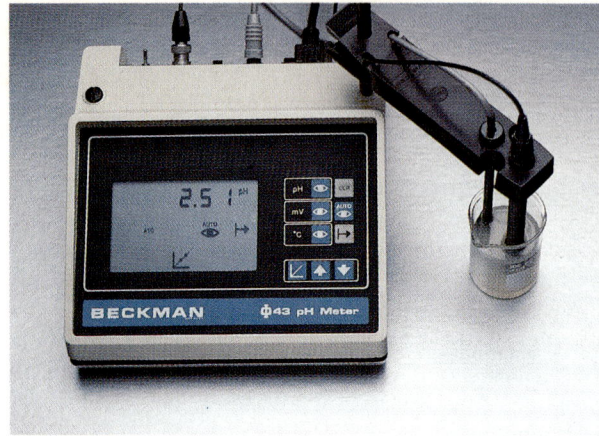

(a)   (b)

Einen gemessenen pH-Wert können wir direkt in eine Wasserstoff-ionenkonzentration umrechnen, wenn wir Gl. (9) auf beiden Seiten entlogarithmieren: *

$$[H_3O^+] = 10^{-pH} \, M \qquad (10)$$

Der pH-Wert von frischem Orangensaft ist 3,8, das ergibt

$$[H_3O^+] = 10^{-3,8} \, M = 2 \cdot 10^{-4} \, M$$

In frischem Zitronensaft mißt man einen pH von 2,5, daraus folgt eine Wasserstoffionenkonzentration von $3 \cdot 10^{-3}$ M, also mehr als fünf-zehnmal so viel. Deshalb schmeckt auch Zitronensaft wesentlich saurer, weil die Wasserstoff-Ionen die entsprechenden Rezeptoren auf der Zunge reizen.

Reines Wasser hat bei 25 °C einen pH-Wert von 7,00; deshalb ist:

$$[H_3O^+] = 10^{-7,00} \, M = 1,0 \cdot 10^{-7} \, M$$

Wir folgern daraus, daß von den 56 mol Wassermolekülen in einem Liter Wasser nur 10^{-7} mol, also ein Molekül von 550 Millionen, ioni-siert ist. Das ist auch der Grund, weshalb reines Wasser den elektrischen Strom sehr schlecht leitet. Daß Wasser allgemein als elektrischer Leiter gilt, liegt an den Ionen, die in unreinem Wasser regelmäßig vorhanden sind.

Reines Wasser bildet die Grenze zwischen Säuren und Basen. Es hat den pH-Wert 7, wir können also anhand des pH-Wertes zwischen Säu-ren und Basen unterscheiden:

pH	<7	= 7	>7
Lösung	sauer	neutral	basisch

Im Umweltschutz bezeichnet man Abwässer als korrosiv, wenn der pH unter 3,0 (sauer) oder über 12,5 (alkalisch) liegt.

Abb. 9-5 Ein pH-Meter ist im Prinzip ein Voltmeter, das die Spannung zwi-schen zwei Elektroden messen kann, die in die zu untersuchende Lösung gehängt werden. Die Anzeige kann direkt die pH-Werte angeben. In den Bildern werden die pH-Werte (a) von Orangensaft und (b) von Zitronensaft gemessen.

---

* Der dekadische Logarithmus ist die Umkehrung der Potenzierung zur Basis 10: zu $y = 10^x$ gehört $x = \log y$. Deshalb gilt auch

$$10^{\log y} = 10^x = y$$

wovon wir im Text Gebrauch machen.

Die pH-Werte von starken Säuren und starken Basen

Starke Säuren sind in Lösung praktisch vollständig dissoziiert, deshalb können wir ihren pH-Wert direkt aus der Konzentration berechnen. Eine 0,10 M HCl(aq)-Lösung enthält Wasserstoffionen in einer Konzentration von 0,10 M; daraus folgt für den pH-Wert

$$pH = -\log 0{,}10 = 1{,}0$$

Genauso leicht berechnet man den pH-Wert einer starken Base. Hier enthält die Rechnung nur einen Schritt mehr, denn die Konzentration der Base ergibt erst die Konzentration der OH^--Ionen und nicht die der Oxonium-Ionen. Hier hilft uns aber das Gleichgewicht für die Eigendissoziation des Wassers weiter. Danach gilt

$$[H_3O^+] \cdot [OH^-] = K_w$$

Wenn wir $[OH^-]$ kennen, können wir also $[H_3O^+]$ berechnen und brauchen nur noch den Logarithmus zu bestimmen, um den pH-Wert angeben zu können. Diese beiden Schritte werden besonders einfach, wenn wir direkt mit den Logarithmen rechnen. Logarithmieren wir beide Seiten der letzten Gleichung, so erhalten wir:

$$\log [H_3O^+] + \log [OH^-] = \log K_w$$

Der erste Term ist gleich $-pH$, der dritte gleich $-pK_w$. Den zweiten nennen wir den pOH-Wert mit:

$$pOH = -\log [OH^-]$$

Damit geht unsere ursprüngliche Gleichung über in

$$pH + pOH = pK_w$$

mit $pK_w = 14{,}00$. Damit wird die Berechnung des pH-Wertes aus dem $[OH^-]$-Wert ebenfalls sehr einfach.

Beispiel 9-3 Die Berechnung des pH-Wertes der Lösung einer Base

Wie groß ist der pH-Wert einer 0,020 M $Ba(OH)_2$(aq)-Lösung?

Methode. Wir brauchen zuerst die molare Konzentration der OH^--Ionen; daraus berechnen wir den pOH- und mit der letzten Formel den pH-Wert. Bei der Berechnung von $[OH^-]$ müssen wir beachten, daß jede Formeleinheit zwei OH^--Ionen enthält.

Lösung. Die Konzentration der OH^--Ionen ist doppelt so groß wie die Konzentration von $Ba(OH)_2$; es ist also $[OH^-] = 0{,}040$ M. Für den pOH-Wert der Lösung gilt dann

$$pOH = -\log 0{,}040 = 1{,}40$$

und für den pH-Wert

$$pH = 14{,}00 - 1{,}40 = 12{,}60$$

Übungsaufgabe. Berechnen Sie den pH-Wert einer 1,5 mM $Ca(OH)_2$(aq)-Lösung!

[Antwort: 11,5]

Die pH-Werte von schwachen Säuren und schwachen Basen

Der pH-Wert einer schwachen Säure läßt sich mit der in Kapitel 8 beschriebenen Methode berechnen. Als Anfangskonzentration setzen wir die molare Konzentration der Säuremoleküle ohne Dissoziation. Im

Gleichgewicht ist so viel von der Säure dissoziiert, daß die Konzentration $[H_3O^+]$ den Wert x erreicht hat. Dann stellen wir eine Tabelle mit den Änderungen der Konzentrationen auf und formulieren eine Gleichung für die Gleichgewichtskonstante (in unserem Fall K_s) in Abhängigkeit von x. Zuletzt lösen wir die Gleichung nach x auf und berechnen $-\log x$, um den pH-Wert der Lösung zu bekommen. In manchen Fällen sind Näherungen zulässig, wie wir sie in Kapitel 8 kennengelernt haben, z. B. wenn die Änderungen weniger als 5% der Anfangskonzentration ausmachen.

pH-Angaben auf mehr als eine Dezimale hinter dem Komma sind nur in Ausnahmefällen sinnvoll. Wir werden deshalb unsere Ergebnisse immer auf eine Dezimale auf- oder abrunden.

Beispiel 9-4 Der pH-Wert in der Lösung einer schwachen Säure

Berechnen Sie den pH-Wert einer wäßrigen 0,10 M Essigsäure!

Methode. Die Essigsäure ist eine schwache Säure; wir erwarten deshalb eine Wasserstoffionenkonzentration weit unter 0,10 M und einen pH-Wert über 1 (wegen $-\log 0,1 = 1$). In der Tabelle 9-2 finden wir den Wert für K_a. Weil x, die Konzentration der Wasserstoffionen, klein ist (so ist es allgemein bei schwachen Säuren), können wir in der Gleichung, die den Zusammenhang zwischen x und K_s beschreibt, x gegenüber der Anfangskonzentration der Säure vernachlässigen. Wir müssen aber am Schluß der Rechnung auf jeden Fall prüfen, ob der berechnete Wert von x unsere Näherung bestätigt. Wenn das nicht so ist, müssen wir uns die Mühe machen und die vollständige Formel für den Zusammenhang zwischen x und K_s lösen.

Lösung. Das folgende Schema zeigt, wie sich die Konzentrationen geändert haben, wenn das Gleichgewicht erreicht ist:

	[HA]	$[H_3O^+]$	$[A^-]$
Anfangskonzentration	0,10 M	0	0
Änderung bis zum Gleichgewicht	$-x$	$+x$	$+x$
Konzentration im Gleichgewicht	0,10 M $-x$	x	x

Im Gleichgewicht gilt dann

$$K_s = \frac{[A^-] \cdot [H_3O^+]}{[HA]} = \frac{x^2}{0,10\,M - x}$$

Wenn die Wasserstoffionenkonzentration x gegenüber dem Wert 0,10 M klein ist, dann kann man diese Gleichung vereinfachen und

$$K_s = \frac{x^2}{0,10\,M}$$

schreiben. Lösen wir das nach x auf, so erhalten wir:

$$x = \sqrt{0,10\,M \cdot K_s}$$

Mit $x = [H_3O^+]$ und $K_s = 1,8 \cdot 10^{-5}$ M ergibt sich daraus:

$$[H_3O^+] = \sqrt{0,10\,M \cdot (1,8 \cdot 10^{-5}\,M)} = 1,3 \cdot 10^{-3}\,M$$

Wir sehen an dem Ergebnis, daß die Näherung $x \ll 0,10$ M zulässig ist, denn es ist $1,3 \cdot 10^{-3}$ M $\ll 0,10$ M. Dann wird

$$pH = -\log(1,3 \cdot 10^{-3}) = 2,9$$

Übungsaufgabe. Berechnen Sie den pH-Wert einer 0,20 M Milchsäurelösung.

[Antwort: 1,9]

Der pH-Wert der Lösung einer schwachen Base läßt sich ganz ähnlich berechnen. Wir berechnen zuerst [OH$^-$] und daraus [H$_3$O$^+$].

Beispiel 9-5 Der pH-Wert in der Lösung einer schwachen Base

Berechnen Sie den pH-Wert einer 0,10 M NH$_3$(aq)!

Methode. Die Lösung ist basisch, deshalb erwarten wir einen Wert > 7. Die Gleichgewichtskonzentration der OH$^-$-Ionen berechnen wir mit der im vorigen Beispiel verwendeten Methode, aber mit K_b anstelle von K_s. Aus [OH$^-$] berechnen wir pOH und zuletzt den pH-Wert mit der Gleichung pH + pOH = 14,00.

Lösung. Bis das Gleichgewicht erreicht wird, steigt [OH$^-$] von Null auf x. Das folgende Schema zeigt, wie sich die Konzentrationen geändert haben, wenn das Gleichgewicht erreicht ist:

	[NH$_3$]	[NH$_4^+$]	[OH$^-$]
Anfangskonzentration	0,10 M	0	0
Änderung bis zum Gleichgewicht	$-x$	$+x$	$+x$
Konzentration im Gleichgewicht	0,10 M $- x$	x	x

Die Gleichung für die Dissoziationskonstante der Base lautet dann

$$K_b = \frac{[NH_4^+] \cdot [OH^-]}{[NH_3]} = \frac{x^2}{0,10\ M - x}$$

Wenn $x \ll 0,10$ M ist (das muß später nachgeprüft werden), dann kann der Ausdruck 0,10 M $- x$ im Nenner durch 0,10 M ersetzt werden. Die Lösung der so vereinfachten Gleichung ist jetzt:

$$x = \sqrt{0,10\ M \cdot K_b}$$

Der Tabelle 9-2 entnehmen wir $K_b = 1,8 \cdot 10^{-5}$ M; damit erhalten wir:

$$x = \sqrt{0,10\ M \cdot (1,8 \cdot 10^{-5}\ M)} = 1,34 \cdot 10^{-3}\ M$$

Wir sehen an dem Ergebnis, daß die erwähnte Näherung zulässig ist. Wegen x = [OH$^-$] ist dann

$$pOH = -\log(1,34 \cdot 10^{-3}) = 2,87$$

und schließlich

$$pH = 14,00 - 2,87 = 11,1$$

Übungsaufgabe. Berechnen Sie den pH-Wert einer 0,15 M NH$_2$OH(aq).

[Antwort: 9,6]

Bei diesen Rechnungen wurden auch die Wasserstoffionen, die von der Eigendissoziation des Wassers herrühren, vernachlässigt. Wenn die Säurekonzentration so klein ist, daß bei der Rechnung eine Wasserstoffionenkonzentration unter 10^{-7} M herauskommen würde, können wir natürlich nicht einen pH-Wert > 7 als Ergebnis angeben, denn die Eigendissoziation des Wassers liefert ja bereits so viele Wasserstoffionen. Nur wenn die berechnete Wasserstoffionenkonzentration mindestens dreimal so groß ist wie der Wert 10^{-7} M, können wir den Beitrag der Eigendissoziation des Wassers vernachlässigen.

Wie wichtig physiologisch konstante pH-Werte sind, zeigt schon die tödliche Gefahr, die droht, wenn der pH-Wert des Blutes von seinem normalen Wert von 7,4 um mehr als 0,4 fällt. Das kann bei Krankheiten oder bei einem Schock passieren, wenn im Körper größere Säuremengen ausgeschüttet werden. Aber auch wenn der Wert um mehr als 0,4 ansteigt, wie es oft in der Heilungsphase nach schweren Verbrennungen vorkommt, besteht Lebensgefahr.

In wäßrigen Lösungen wird der pH-Wert durch den Protonenübergang zwischen Ionen und Wassermolekülen bestimmt. NH_4^+-Ionen (eine Brønsted-Säure) machen die wäßrige Lösung saurer, CH_3COO^--Ionen (eine Brønsted-Base) machen sie basisch. Wir wollen uns in diesem Abschnitt mit der Berechnung der pH-Werte von Lösungen beschäftigen, die diese Ionen enthalten. Dazu greifen wir auf zwei in den letzten beiden Abschnitten hergeleitete Gleichungen zurück. Bei der ersten geht es um das Eigendissoziationsgleichgewicht:

$$pH + pOH = pK_w$$

Nach dieser Gleichung führt ein Anstieg von $[H_3O^+]$ in einer Lösung zu einer Verringerung von $[OH^-]$, wenn k_w konstant bleiben soll. Bei $25\,°C$ (andere Temperaturen wollen wir nicht betrachten) ist $pK_w = 14,00$. Die zweite Gleichung beschreibt den Zusammenhang zwischen der Stärke einer Säure und der Stärke der konjugaten Base:

$$pK_s + pK_b = pK_w$$

In dieser Gleichung sind pK_s und pK_b Dissoziationskonstanten der Säure und der konjugaten Base. Danach gehört zu einer starken Säure eine schwache konjugate Base und umgekehrt.

Zu Beginn dieses Abschnitts erinnern wir uns an die experimentelle Beobachtung, daß die wäßrige Lösung eines Salzes aus einer schwachen Säure oder einer schwachen Base einen pH-Wert hat, der von 7 verschieden ist. Warum das so ist, können wir uns leicht erklären: das Salz liefert Ionen, die selbst wie Säuren und Basen wirken und damit den pH-Wert der Lösung beeinflussen. Diese Beobachtung ist wichtiger als es auf den ersten Blick scheinen mag; sie spielt aber in manchen Bereichen, vor allem in der Biochemie, eine fundamentale Rolle.

Den pH-Wert einer Ammoniumchlorid-Lösung (oder eines anderen Salzes aus einer schwachen Säure oder Base) können wir berechnen, wenn wir das chemische Gleichgewicht quantitativ formulieren. Zu Beginn besteht die Lösung aus den Kationen und den Anionen des Salzes im Lösungsmittel Wasser. Das Gleichgewicht wird sehr schnell (in 10^{-9} s) erreicht; dabei geben einige der Kationen an die Wassermoleküle Protonen ab:

$$NH_4^+(aq) + H_2O(l) \rightarrow NH_3(aq) + H_3O^+(aq)$$

Als Folge dieser Reaktion steigt die Konzentration der Oxonium-Ionen über den in reinem Wasser üblichen Wert, und damit fällt der pH unter 7. Die Konzentration der H_3O^+-Ionen kann man berechnen, wenn man denjenigen Wert sucht, der die Gleichgewichtskonstante der Dissoziationsgleichung

$$NH_4^+(aq) + H_2O(l) \rightleftarrows NH_3(aq) + H_3O^+(aq), \quad K_s = \frac{[NH_3] \cdot [H_3O^+]}{[NH_4^+]}$$

erfüllt.

Beispiel 9-6 Die Berechnung des pH-Wertes einer Salzlösung (I)

Berechnen Sie den pH-Wert in einer 0,15 M NH_4Cl(aq)-Lösung!

Methode. Wir können annehmen, daß die Konzentration der NH_4^+-Ionen um x von dem Wert bei der Einwaage abnimmt, weil die Ionen Protonen an die Wassermoleküle abgeben, damit das Gleichgewicht erreicht wird. Dabei steigt die $[H_3O^+]$-Konzentration von 10^{-7} M, dem Wert in reinem Wasser, auf 10^{-7} M $+ x$. Wenn die Salzkonzentration nicht zu gering ist, entstehen sehr viel mehr H_3O^+-Ionen als ursprünglich aufgrund der Eigendissoziation des Wassers vorhanden waren. Deshalb dürfen wir den Summanden 10^{-7} M vernachlässigen. Am Schluß der Rechnung müssen wir aber nachprüfen, ob unsere Annahme wirklich richtig ist.

Zur Berechnung von x stellen wir wieder eine Tabelle mit den Änderungen der Konzentrationen auf, setzen die Gleichgewichtskonzentrationen in die Formel für die Gleichgewichtskonstante K_s ein und lösen nach x auf. Der pH der Lösung ist dann $-\log x$. Kleine Konzentrationsänderungen gegenüber höheren Werten vernachlässigen wir wieder. Den K_s-Wert von NH_4^+ berechnen wir aus der Gleichung $K_s \cdot K_b = K_w$, und den Zahlenwert von K_b der konjugaten Base entnehmen wir der Tabelle 9-2.

Lösung. Wenn wir die ursprüngliche H_3O^+-Konzentration des reinen Wassers vernachlässigen, können wir die folgende Tabelle aufstellen:

	$[NH_4^+]$	$[NH_3]$	$[H_3O^+]$
Anfangskonzentration	0,15 M	0	0
Änderung bis zum Gleichgewicht	$-x$	$+x$	$+x$
Konzentration im Gleichgewicht	0,15 M $-x$	x	x

Für K_s erhalten wir dann

$$K_s = \frac{[NH_3] \cdot [H_3O^+]}{[NH_4^+]} = \frac{x^2}{0,15 \text{ M} - x}$$

Auch hier ist x viel kleiner als 0,15 M. Wir können also wieder den Nenner vereinfachen und erhalten:

$$K_s = \frac{x^2}{0,15 \text{ M}}$$

Daraus folgt:

$$x = \sqrt{0,15 \text{ M} \cdot K_s}$$

Mit $K_b = 1,8 \cdot 10^{-5}$ M und $K_w = 1,0 \cdot 10^{-14}$ M^2 erhalten wir:

$$K_s = \frac{1,0 \cdot 10^{-14} \text{ M}^2}{1,8 \cdot 10^{-5} \text{ M}} = 5,6 \cdot 10^{-10} \text{ M}$$

Das ergibt:

$$x = \sqrt{0,15 \text{ M} \cdot (5,6 \cdot 10^{-10} \text{ M})} = 9,2 \cdot 10^{-6} \text{ M}$$

Das Ergebnis ist also:

$$\text{pH} = -\log(9,2 \cdot 10^{-6}) = 5,04$$

Das ist praktisch pH = 5. (x ist kleiner als 0,15 M und viel größer als 10^{-7} M; die beiden Näherungen, die wir als erlaubt vorausgesetzt haben, sind also erfüllt.)

Übungsaufgabe. Berechnen Sie den pH-Wert einer wäßrigen 0,10 M-Lösung von Methylammoniumchlorid! [Antwort: 5,8]

Hydratisierte Kationen

Damit ein Kation eine Brønsted-Säure sein kann, muß es in der Lage sein, Protonen abzugeben. Damit werden einfache Kationen wie Na^+ oder Al^{3+} aus der Reihe der Brønsted-Säuren ausgeschlossen. In Wirklichkeit sind Metallkationen in wäßriger Lösung hydratisiert, und das resultierende hydratisierte Ion kann durchaus als Brønsted-Säure reagieren. Das geschieht, wenn eine O−H-Bindung in einem Wassermolekül der Hydrathülle aufgrund des elektronenanziehenden Effektes des Kations ausreichend geschwächt ist (vgl. Abb. 9-6). Al^{3+} liegt in wäßriger Lösung als $[Al(H_2O)_6]^{3+}$ vor. Dieser Komplex ist eine Brønsted-Säure, denn das kleine hochgeladene Al^{3+}-Kation polarisiert die O−H-Bindung in dem hydratisierenden H_2O-Molekül und macht es möglich, daß ein oder zwei Protonen abgegeben werden:

$$[Al(H_2O)_6]^{3+}(aq) + H_2O(l) \rightleftarrows [Al(H_2O)_5OH]^{2+}(aq) + H_3O^+(aq)$$

In Tabelle 9-3 sind einige Kationen angegeben, die in dieser Weise reagieren.

Der saure Charakter tritt vor allem bei kleinen, hochgeladenen Kationen wie Al^{3+} und Fe^{3+} auf. In vielen Fällen sind die Lösungen von Salzen dieser Kationen genauso sauer wie verdünnte Essigsäure (vgl. Abb. 9-7). Hydratisierte Na^+-Ionen und andere Kationen aus der Gruppe I sind so schwache Brønsted-Säuren, daß man sie praktisch als neutral ansehen kann (vgl. Tab. 9-3). Diese Kationen sind zu groß, als daß sie einen nennenswerten polarisierenden Einfluß auf die Wassermoleküle in ihrer Hydrathülle haben könnten.

Anionen als Basen

Das Anion einer starken Säure ist in Wasser eine sehr schwache Brønsted-Base. Deshalb ergibt das Salz einer starken Säure in Wasser eine neutrale Lösung, falls das Kation nicht sauer ist (vgl. Tab. 9-4). Das Anion einer schwachen Säure ist eine Base, und falls das Kation nicht sauer ist, ergibt das Salz einer schwachen Säure in Wasser eine basische Lösung. Löst man z. B. Natriumformiat in Wasser, so reagieren die Formiat-Anionen ($HCOO^-$) mit den von den Wassermolekülen abgegebenen Protonen, so daß in der Lösung ein Überschuß von

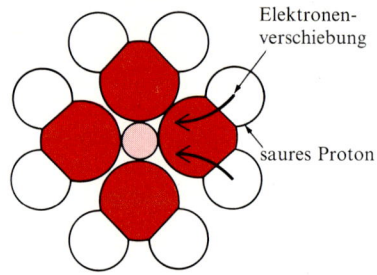

Abb. 9-6 In wäßriger Lösung sind Metallkationen hydratisiert und können damit als Brønsted-Säuren wirken. In der Abbildung sind nur vier H_2O-Moleküle eingezeichnet, meistens sind aber wenigstens sechs Wassermoleküle in der Hydrathülle vorhanden.

Tabelle 9-3 Der saure Charakter und pK_s-Werte einiger Kationen in Wasser

neutral	sauer
Li^+, Na^+, K^+, Mg^{2+}, Ca^{2+}	Ionen der d-Block-Elemente: Fe^{2+}: 5,10, Co^{2+}: 8,89, Ni^{2+}: 10,60, Cu^{2+}: 6,80, Fe^{3+}: 2,20
basisch	ferner: NH_4^+: 9,26, Pb^{2+}: 7,82,
keine	Al^{3+}: 4,95

Tabelle 9-4 Der Säure-Basen-Charakter einiger Anionen in Wasser *

sauer	basisch
HSO_4^-	F^-
	O^{2-}, OH^-, S^{2-}, HS^-
neutral	CN^-
Cl^-, Br^-, I^-	CO_3^{2-}, HCO_3^-, PO_4^{3-}, HPO_4^{2-}, NO_2^-
NO_3^-, SO_4^{2-}, ClO_4^-	CH_3COO^- und andere Carbonsäure-Anionen

* Zahlenwerte für pK_s und pK_b sind in Tabelle 9-2 zu finden.

Abb. 9-7 Diese vier Lösungen zeigen, daß hydratisierte Kationen ganz schön sauer reagieren können. Die Gläser enthalten (von links nach rechts) ionenfreies Wasser, 0,1 M Aluminiumsulfat, 0,1 M Titan(III)-sulfat und 0,1 M Essigsäure. Alle Gläser enthalten den gleichen Universalindikator.

Hydroxid-Ionen verbleibt, der zu einer basischen Reaktion führt:

$$HCOO^-(aq) + H_2O(l) \rightarrow HCOOH(aq) + OH^-(aq)$$

Die Eigendissoziation des Wassers reagiert darauf sofort: die Oxonium-Ionen geben an die Hydroxid-Ionen Protonen ab, bis das Gleichgewicht wieder erreicht ist. Das Ergebnis ist eine verringerte Konzentration an Oxonium-Ionen und damit eine Lösung mit einem pH > 7.

Beispiel 9-7 Die Berechnung des pH-Wertes einer Salzlösung (II)

Berechnen Sie den pH-Wert einer 0,15 M $NaCH_3COO$(aq)-Lösung!

Methode. Das CH_3COO^--Anion ist eine schwache Base, das Na^+-Kation ist neutral, deshalb erwarten wir, daß die Lösung basisch reagiert (mit pH > 7). Wir berechnen den pH-Wert, indem wir annehmen, daß bis zum Erreichen des Gleichgewichtes

$$CH_3COO^-(aq) + H_2O(l) \rightleftharpoons CH_3COOH(aq) + OH^-(aq)$$

die Konzentration der OH^--Ionen von ihrem Anfangswert in reinem Wasser ($1,0 \cdot 10^{-7}$ M) auf x ansteigen muß. Wir stellen wieder unsere Tabelle der Änderungen auf und schreiben die Gleichgewichtskonstante K_b unter Verwendung von x hin. Dann lösen wir nach x auf. Solange x nicht mehr als 5% des Wertes von 0,15 M erreicht, können wir $[CH_3COO^-]$ durch den Anfangswert 0,15 M annähern. Den K_b-Wert für die Base CH_3COO^- erhalten wir aus der Beziehung $K_s \cdot K_b = K_w$ und aus dem K_s-Wert für die konjugate Säure (CH_3COOH) in Tabelle 9-2.

Lösung. Die Änderungstabelle lautet

	$[CH_3COO^-]$	$[CH_3COOH]$	$[OH^-]$
Anfangskonzentration	0,15 M	0	0
Änderung bis zum Gleichgewicht	$-x$	$+x$	$+x$
Konzentration im Gleichgewicht	0,15 M $-x$	x	x

Die Gleichgewichtskonstante lautet dann:

$$K_b = \frac{[CH_3COOH] \cdot [OH^-]}{[CH_3COO^-]} = \frac{x^2}{0,15\ M - x}$$

und mit unserer Näherung:

$$K_b = \frac{x^2}{0,15\ M}$$

Nach Tabelle 2 ist für CH_3COOH $K_s = 1,8 \cdot 10^{-5}$ M; damit erhalten wir für die konjugate Base CH_3COO^-:

$$K_b = \frac{1,0 \cdot 10^{-14}\ M^2}{1,8 \cdot 10^{-5}\ M} = 5,56 \cdot 10^{-10}\ M$$

Das ergibt:

$$x = \sqrt{0,15\ M \cdot (5,56 \cdot 10^{-10}\ M)} = 9,1 \cdot 10^{-6}\ M$$

Das ist viel weniger als 0,15 M, die Näherung für $x \ll 0,15$ ist also erlaubt. x ist aber auch deutlich größer als 10^{-7} M, wir können also die Konzentration von OH^- in reinem Wasser vernachlässigen. Damit erhalten wir:

$$pOH = -\log(9,1 \cdot 10^{-6}) = 5,04$$

und für den pH-Wert der Lösung:

$$pH = 14,00 - 5,04 = 8,96$$

das ist praktisch pH = 9. Die Lösung ist also basisch, wie wir vermutet haben.

Übungsaufgabe. Berechnen Sie den pH-Wert einer 0,10 M Kaliumbenzoat-Lösung!

[Antwort: 8,6]

Bisher haben wir nur Lösungen betrachtet, die aus einem Salz und Wasser bestehen. Jetzt wollen wir den komplizierten Fall untersuchen, daß sich außer dem Salz in der Lösung auch noch eine Säure oder eine Base befindet, die das Anion (bzw. das Kation) mit dem Salz gemeinsam hat. Das betrifft z. B. den Fall einer Lösung von Ammoniumchlorid und Ammoniak in Wasser oder auch von Natriumacetat und Essigsäure in Wasser (vgl. Abb. 9-8).

Wenn wir zu einer sauren Lösung eine Base zugeben, rechnen wir damit, daß der pH-Wert in Richtung 7 anwächst. So ist es in der Tat auch, wenn wir die konjugate Base (CH_3COO^-) zur vorhandenen Säure (CH_3COOH) geben. Wenn wir umgekehrt zu einer basischen Lösung eine Säure zugeben, sollte der pH-Wert in Richtung 7 abnehmen. Das trifft auch für den Fall zu, daß es sich bei der Säure um die konjugate Säure (z. B. NH_4^+) der schon vorhandenen Base (NH_3) handelt. Gibt man Natriumacetat zu einer Essigsäure-Lösung, so steigt der pH-Wert an, denn wir fügen zu einer Säure eine Base hinzu. Entsprechend führt die Zugabe von Ammoniumchlorid zu einer Ammoniak-Lösung zu einer Abnahme des pH-Wertes, weil wir zu einer Base eine Säure hinzugeben.

Beide Prozesse sind lediglich eine Antwort des Gleichgewichtes

$$\text{Säure(aq)} + H_2O(l) \rightleftarrows \text{Base(aq)} + H_3O^+(aq), \quad K_s = \frac{[\text{Base}] \cdot [H_3O^+]}{[\text{Säure}]}$$

auf die Zugabe der Base oder der Säure.

Die Henderson-Hasselbalch-Gleichung

Wir sind jetzt in der Lage, die pH-Werte für Mischungen des beschriebenen Typs zu berechnen. Dazu gehen wir von der Gleichung für K_s aus; Auflösen nach $[H_3O^+]$ ergibt:

$$[H_3O^+] = K_s \cdot \frac{[\text{Säure}]}{[\text{Base}]}$$

Logarithmieren wir und multiplizieren wir noch mit -1, so erhalten wir:

$$pH = pK_s - \log \frac{[\text{Säure}]}{[\text{Base}]} \qquad (13)$$

An einem typischen Fall wollen wir untersuchen, wie man die Gleichung 13 weiter vereinfachen kann. Geben wir zu der schwachen Flußsäure (vgl. Tab. 9-2) Natriumfluorid hinzu. Dann wird die Konzentration der Base F^- viel größer als der nur von der Dissoziation der schwachen Säure HF herrührende Teil. Das ist fast immer der Fall, deshalb können wir annehmen, daß [Base] gleich der Konzentration des zugesetzten Salzes ist. Vor der Zugabe des Salzes waren nur sehr wenige Säuremoleküle dissoziiert, und danach sind es noch weniger. Man kann also in guter Näherung für [Säure] die Anfangskonzentration der Säure setzen. Ganz analog kann man vorgehen, wenn man z. B. Ammoniumchlorid (oder eine andere Säure) zu einer Ammoniak-Lösung hinzugibt. Dann ist [Säure] gleich der Konzentration des zugegebenen

Abb. 9-8 Der pH-Wert einer 0,1 M Essigsäure-Lösung liegt bei 3. Wenn man (basische) Acetat-Ionen hinzugibt, so steigt der pH-Wert bis auf 7. Im rechten Glas befindet sich eine Lösung mit 0,1 M Essigsäure und 0,1 M Natriumacetat. (Die Färbung wurde mit Universalindikator erzeugt.)

Salzes, und [Base] liegt sehr nahe bei der Anfangskonzentration des Ammoniaks.

Die Gleichung 13 trägt den Namen *Henderson-Hasselbalch-Gleichung*. Nach ihr erhalten wir für den pH-Wert einer Lösung aus 0,10 M NaF(aq) und 0,20 M HF(aq):

$$pH = 3,45 - \log \frac{0,20}{0,10} = 3,15$$

Sie hat also praktisch einen pH-Wert von 3. Für eine Mischung aus 0,10 M NH_3 und 0,20 M NH_4Cl liefert die Henderson-Hasselbalch-Gleichung:

$$pH = 9,25 - \log \frac{0,20}{0,10} = 8,95$$

also praktisch einen pH-Wert von 9. Den im zweiten Beispiel verwendeten pK_s-Wert haben wir mit Hilfe von Gl. 12 und dem in Tab. 9-2 angegebenen pK_b-Wert berechnet.

Die Bestimmung von pK_s-Werten

Ein Sonderfall der Henderson-Hasselbalch-Gleichung liegt vor, wenn die Konzentrationen der Säure und der Base gleich sind. Stellen wir uns z. B. eine Lösung aus 0,10 M HClO(aq) und 0,10 M ClO^-(aq) her. Dann erhalten wir aus der Henderson-Hasselbalch-Gleichung:

$$pH = pK_s - \log \frac{0,10}{0,10} = pK_s$$

Die unterchlorige Säure HClO hat eine Dissoziationskonstante von 7,53 (vgl. Tab. 9-2), folglich hat die Lösung einen pH-Wert von 7,53. Allgemein gilt für Lösungen, in denen Säure und Base in der gleichen Konzentration vorliegen:

$$pH = pK_s$$

Damit haben wir eine Möglichkeit, die pK-Werte von Säuren oder Basen experimentell zu bestimmen, indem wir Lösungen herstellen, welche die Säure und die konjugate Base (eventuell als Salz) in genau der gleichen Konzentration enthalten, und den pH-Wert genau messen.

9-5 Indikatoren und Puffer

Wird die unbekannte Konzentration einer Säure (Base) in einer Lösung dadurch bestimmt, daß man das Volumen der Lösung einer Base (Säure) mißt, das zur vollständigen Umsetzung, d.h. Neutralisation, der Säure (Base) benötigt wird, so bezeichnet man diese quantitative Analysenmethode als *Säure-Base-Titration*. Der Äquivalenzpunkt ist erreicht, wenn genug Base (Säure) zugegeben wurde, um die Säure (Base) zu neutralisieren.

Automatische Titriergeräte (vgl. Abb. 9-9) registrieren heutzutage meist die Veränderung des pH-Wertes während einer Titration. Den *Äquivalenzpunkt* erkennen sie an dem raschen Anstieg des pH-Wertes am Äquivalenzpunkt. Früher wurde manuell mit Hilfe von Farbindikatoren titriert; darunter versteht man wasserlösliche Farbstoffe, deren

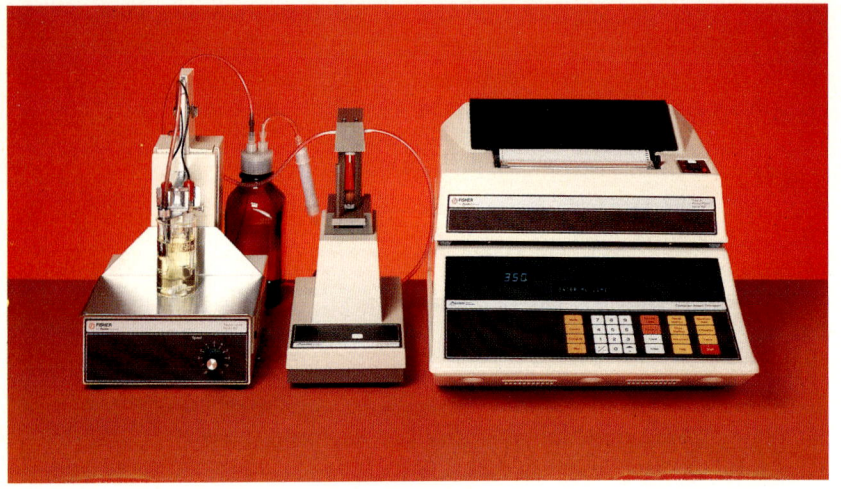

Abb. 9-9 Ein modernes Titriergerät für Säure-Basen-Titrationen. Der Äquivalenzpunkt wird automatisch durch die Registrierung des pH-Wertes bestimmt.

Farbe vom pH-Wert der Lösung abhängt. Ein Indikator ist eine schwache Brønsted-Säure, die in der sauren Form (HIn) eine bestimmte Farbe und in der konjugaten basischen Form In⁻ eine andere Farbe hat. Ein bekannter Indikator pflanzlichen Ursprungs ist Lackmus, der bei pH < 6 rot und bei pH > 8 blau ist. Weitere wichtige Indikatoren gibt es in der Gruppe der Anthocyanidine (**8**), die in rotem Mohn und blauen Kornblumen vorkommen. In den Mohnpflanzen herrscht saures und in Kornblumen alkalisches Milieu.

Die Wahl des richtigen Indikators

Lackmus ändert seine Farbe bei pH = 7, deshalb eignet es sich als Indikator bei der Titration von starken Basen mit starken Säuren. Abbildung 9-10 zeigt die *Titrationskurve*, die man bei einer solchen Titration erhält. Man erkennt, daß der Äquivalenzpunkt bei pH 7 liegt. Weil aber der pH-Wert der Lösung sich am Äquivalenzpunkt um mehrere Einheiten ändert, läßt sich jeder Indikator verwenden, dessen Farbe zwischen pH = 5 und pH = 9 umschlägt, wenn nur der Farbumschlag in einem engen pH-Bereich erfolgt. Phenolphthalein wird oft als

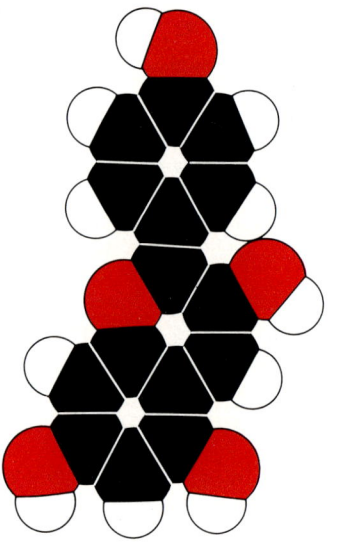

8 Pelargonidin, ein Anthocyanidin

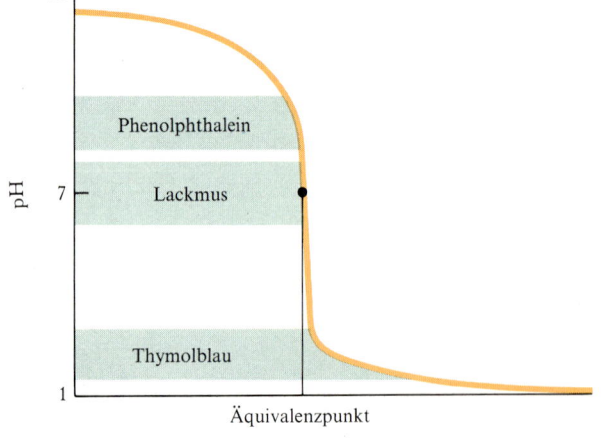

Abb. **9-10** Ein idealer Indikator ändert seine Farbe genau am Äquivalenzpunkt, also bei pH = 7 im Falle einer Titration einer starken Base mit einer starken Säure. Der pH-Wert ändert sich hier aber so stark, daß man auch Phenolphthalein als Indikator verwenden kann. Thymolblau würde nicht mehr das richtige Ergebnis liefern. Die farbigen Bereiche geben an, in welchem pH-Gebiet die Farbe des betreffenden Indikators umschlägt.

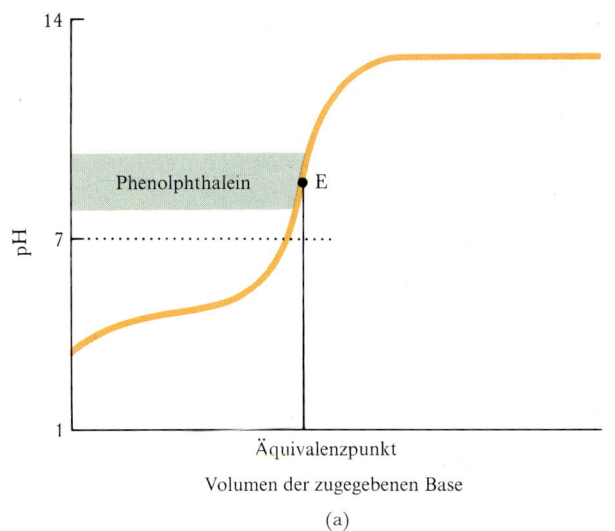

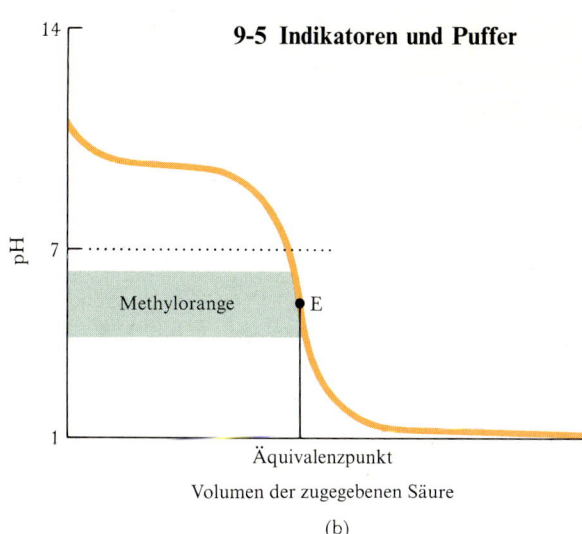

(a)

(b)

Indikator verwendet, weil sein Farbumschlag (bei pH = 9) scharf und leicht erkennbar ist. Der erste Umschlag des Thymolblaus (von rot nach gelb) erfolgt zwischen pH = 1,2 und pH = 2,8 und eignet sich in unserem Fall nicht zur Bestimmung des Äquivalenzpunktes.

Phenolphthalein ist ein wirksamer Indikator im pH-Bereich zwischen 8,2 und 10 und eignet sich für Titrationen schwacher Säuren mit starken Basen (vgl. Abb. 9-11 a), deren Äquivalenzpunkt bei pH = 9 liegt. Methylorange, ein ebenfalls gebräuchlicher Indikator wechselt seine Farbe zwischen pH = 3,2 und pH = 4,4. Das ist genau der richtige Bereich für die Titration einer schwachen Base mit einer starken Säure, denn dabei liegt der Äquivalenzpunkt bei pH < 7, also im sauren Bereich (vgl. Abb. 9-11 b). Für eine solche Titration ist also Methylorange geeignet, Phenolphthalein dagegen nicht. Tabelle 9-5 gibt einige Indikatoren, ihre Farbumschläge und die entsprechenden Zahlenwerte an.

Abb. 9-11 (a) Phenolphthalein eignet sich zur Erkennung des Äquivalenzpunktes bei der Titration einer schwachen Base mit einer starken Säure. (b) Methylorange ist ein guter Indikator bei der Titration einer starken Säure mit einer schwachen Base.

Tabelle 9-5 Farbindikatoren

Indikator	Farbe im Sauren	pH-Bereich des Farbumschlags	pK_s	Farbe im Basischen
Thymolblau	rot	1,2 bis 2,8	1,7	gelb
Methylorange	rot	3,2 bis 4,4	3,4	gelb
Bromphenolblau	gelb	3,0 bis 4,6	3,9	blau
Bromkresolgrün	gelb	4,0 bis 5,6	4,7	blau
Methylrot	rot	4,8 bis 6,0	5,0	gelb
Bromthymolblau	gelb	6,0 bis 7,6	7,1	blau
Lackmus	rot	5,0 bis 8,0	6,5	blau
Phenolrot	gelb	6,6 bis 8,0	7,9	rot
Kresolrot	gelb	7,2 bis 8,8	8,2	rot
Thymolblau	gelb	8,0 bis 9,6	8,9	blau
Phenolphthalein	farblos	8,2 bis 10,0	9,4	rosa
Alizaringelb	gelb	10,1 bis 12,0	11,2	rot
Alizarin	rot	11,0 bis 12,4	11,7	violett

Die in Abb. 9-11 wiedergegebene Kurve zeigt ein interessantes Phänomen: Auf halbem Wege zum Äquivalenzpunkt ändert sich der pH-Wert extrem langsam, denn die Kurven verlaufen in diesem Bereich nahezu horizontal. Das heißt praktisch, daß sich der pH-Wert einer Mischung aus nahezu gleichen Mengen eines Salzes und seiner Säure (bzw. seiner Base) nur sehr wenig ändert, wenn wir noch eine kleine Menge Säure oder Base hinzufügen (vgl. Abb. 9-12); die gleiche Zugabe zu reinem Wasser hat dagegen eine starke pH-Änderung zur Folge. Lösungen, deren pH-Wert in dieser Weise gegen eine Zugabe von Säure oder Base unempfindlich ist, heißen *Puffer*. Blut ist z. B. auf einen pH-Wert von 7,4 gepuffert, das Meerwasser auf 8,4.

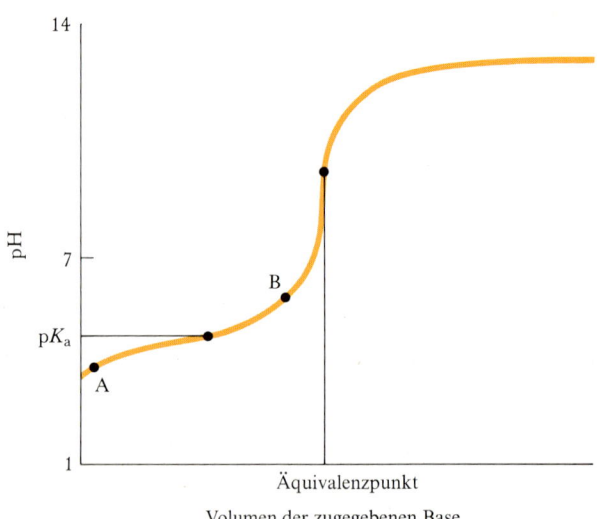

Volumen der zugegebenen Base

Abb. 9-12 Das Mengenverhältnis zwischen Salz und Säure ändert sich zwischen A und B ganz erheblich, der pH-Wert verschiebt sich dabei aber nur wenig. In diesem Bereich wirkt die Lösung als Puffer.

Wir wollen uns die Pufferwirkung am Beispiel des Essigsäure-Gleichgewichtes

$$CH_3COOH\,(aq) + H_2O\,(l) \rightleftarrows CH_3COO^-\,(aq) + H_3O^+\,(aq)$$

genauer ansehen. Wir nehmen an, eine Lösung enthält etwa gleich große Mengen an CH_3COO^--Ionen und an CH_3COOH-Molekülen. Gibt man eine kleine Menge Säure hinzu, so reagieren die neu hinzukommenden H_3O^+-Ionen mit den CH_3COO^--Anionen, denen sie ein Proton übertragen. Die Konzentration der Oxonium-Ionen in der Lösung bleibt also unverändert, und dasselbe gilt für den pH-Wert. Entsprechendes gilt bei Zugabe einer Base: deren OH^--Ionen werden sich Protonen von den CH_3COOH-Molekülen holen, damit bleibt die OH^--Konzentration und indirekt auch die H_3O^+-Konzentration und der pH-Wert konstant. Die Säure des Puffers wirkt also als Lieferant für Wasserstoff-Ionen, die Base ist in der Lage, hinzugegebene Wasserstoff-Ionen abzufangen.

Beispiel 9-8 Der pH-Wert einer Pufferlösung

Welchen pH-Wert hat eine Pufferlösung aus 0,040 M Na_2HPO_4(aq) und 0,080 M KH_2PO_4(aq) bei 25 °C, wenn wir wissen, daß für die zweite Dissoziationskonstante der Phosphorsäure $pK_{a2} = 7{,}21$ ist.

Methode. Ein Puffer ist durch das gleichzeitige Vorhandensein einer Säure und der konjugaten Base charakterisiert. Wir haben also zuerst die Säure und die Base zu identifizieren (die Säure enthält ein Wasserstoff-Atom mehr als die Base). Dann formulieren wir das Gleichgewicht und lösen die Formel für K_s nach $[H_3O^+]$ auf und berechnen daraus den pH-Wert.

Lösung. Die Säure ist das Dihydrogenphosphat-Ion $H_2PO_4^-$, die konjugate Base das Hydrogenphosphat-Ion HPO_4^{2-}. Das Gleichgewicht lautet:

$$H_2PO_4^-(aq) + H_2O(l) \rightleftarrows HPO_4^{2-}(aq) + H_3O^+(aq) \quad K_{a2} = \frac{[HPO_4^{2-}] \cdot [H_3O^+]}{[H_2PO_4^-]}$$

Auflösen nach $[H_3O^+]$ ergibt:

$$[H_3O^+] = K_{a2} \cdot \frac{[H_2PO_4^-]}{[HPO_4^{2-}]}$$

und

$$pH = pK_{a2} - \log \frac{[H_2PO_4^-]}{[HPO_4^{2-}]}$$

Wenn wir die angegebenen Konzentrationen einsetzen, erhalten wir:

$$pH = 7{,}21 - \log \frac{0{,}080 \text{ M}}{0{,}040 \text{ M}} = 6{,}9$$

Die Lösung entwickelt also in der Nähe von pH = 7 ihre Pufferwirkung.

Übungsaufgabe. Berechnen Sie den pH-Bereich der Pufferwirkung einer Lösung aus 0,040 M NH_4Cl(aq) und 0,030 M NH_3(aq) bei 25 °C!

[Antwort: 9]

Im Labor eicht man die pH-Meter meist mit einer wäßrigen Lösung aus 0,025 M Na_2HPO_4 und 0,025 M KH_2PO_4, die bei 25 °C einen pH-Wert von 6,87 hat. Die einfache Rechnung in Beispiel 9-8 hatte einen Wert von 7,2 ergeben; dabei werden allerdings Wechselwirkungen zwischen den Ionen vernachlässigt, die bei genauen Untersuchungen eine Rolle spielen können.

Pufferkapazität

Unter der Pufferkapazität verstehen wir die Menge an Säure oder Base, die man zu einer Pufferlösung geben kann, ohne daß sich der pH-Wert wesentlich ändert. Wenn alle Basen-Ionen (etwa die HPO_4^{2-}-Ionen im Beispiel 9-8) in Säure oder alle Säure-Ionen in Base umgewandelt sind, ist die Puffer-Kapazität natürlich erschöpft.

Die Kurve in der Abb. 9-10 zeigt, daß der pH-Wert im Bereich der optimalen Pufferwirkung bei pH = pK_s etwa auf eine Einheit genau festgehalten wird. Ein Phosphat-Puffer ist deshalb zwischen pH = 6,2 und pH = 8,2 wirksam, wobei die genauen Grenzen von der Zusammensetzung der Mischung, insbesondere von den Konzentrationen, abhängen. Wegen $\log 0{,}1 = -1$ und $\log 10 = +1$ folgt aus Gl. 13, daß das Verhältnis der Konzentrationen der Säure und der konjugaten Base nicht kleiner als 0,1 und nicht größer als 10 werden sollte, wenn der pH-Wert der Lösung im Pufferbereich bleiben soll. Der genaue pH-Wert einer Lösung wird deshalb unter diesen Voraussetzungen zwischen $pK_s + 1$ und $pK_s - 1$ schwanken, wenn Säuren oder Basen zugegeben werden.

Beispiel 9-9 Bestimmung der Puffer-Kapazität

Wieviel 0,10 M HCl(aq) kann man zu dem in Beispiel 9-8 beschriebenen Phosphat-Puffer geben, ohne daß seine Pufferwirkung erschöpft ist?

Methode. Wir setzen voraus, daß die Pufferwirkung bis zu einem Verhältnis von 10 zwischen den Konzentrationen der Säure und der konjugaten Base erhalten bleibt. Wir müssen deshalb berechnen, mit welchem Volumen an Säurelösung man dieses Verhältnis erreicht. 1 mmol HCl erhöht die Säuremenge um 1 mmol und verringert gleichzeitig die Basenmenge ebenfalls um 1 mmol.

Lösung. 25 ml Pufferlösung enthält 1,0 mmol HPO_4^{2-} und 2,0 mmol $H_2PO_4^-$. Wenn wir x mmol HCl hinzugeben, verändern sich diese Mengen auf $(1,0 - x)$ mmol HPO_4^{2-} und $(2,0 + x)$ mmol $H_2PO_4^-$. Das Verhältnis der Konzentrationen erreicht den Wert 10, wenn

$$\frac{2,0 + x}{1,0 - x} = 10$$

ist; das gilt für $x = 0,7$. Wir können also 0,7 mmol der HCl-Lösung zugeben, bevor die Pufferkapazität erschöpft ist. Da wir mit einer 0,10 M HCl(aq) arbeiten, ist diese Menge in einem Volumen von $7\ cm^3$ enthalten.

Übungsaufgabe. Wie groß ist die Pufferkapazität von $25\ cm^3$ des in Beispiel 9-8 beschriebenen Puffers aus Ammoniak und Ammoniumchlorid, wenn wir 0,015 M NaOH(aq) zugeben?

[Antwort: $56\ cm^3$]

Im Blutplasma ist die Konzentration der HCO_3^--Ionen etwa 20mal größer als die von H_2CO_3; das scheint nicht der optimale Bereich für eine Pufferwirkung zu sein. Im Organismus entstehen aber bei Belastungen Carbonsäuren wie z. B. die Milchsäure (**9**), die bei einer höheren Konzentration der Base leichter von Plasma aufgenommen und transportiert werden können. Eine Folge ist, daß der Körper Belastungen durch Säuren (bei Krankheiten oder durch Schock) besser als Belastungen durch Basen (bei Verbrennungen) ertragen kann.

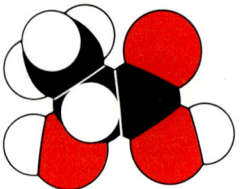

9 Milchsäure

Lösungsgleichgewichte

Wir hatten bereits festgestellt, daß in einer gesättigten Lösung eines Salzes ein dynamisches Gleichgewicht zwischen gelöster und ungelöster Substanz besteht (vgl. Abschn. 6-3). Es sollte deshalb möglich sein, Löslichkeiten mit Hilfe von Gleichgewichtskonstanten zu beschreiben. Danach können wir auch den Einfluß geänderter äußerer Bedingungen (Druck, Temperatur, Konzentrationen) auf die Lösungsgleichgewichte übertragen. Auch der pH-Wert der Lösung wirkt sich auf das Lösungsgleichgewicht aus. Er läßt sich durch Zugabe von Säure oder Base modifizieren. Vor allem bei schwerlöslichen Salzen lassen sich dabei interessante Beobachtungen machen.

9-6 Das Löslichkeitsprodukt

Zwischen festem Silberchlorid und seiner gesättigten Lösung besteht das Gleichgewicht:

$$AgCl(s) \rightleftharpoons Ag^+(aq) + Cl^-(aq)$$

Die Gleichgewichtskonstante für dieses heterogene Gleichgewicht heißt das *Löslichkeitsprodukt* K_L:

$$K_L = [Ag^+] \cdot [Cl^-]$$

Hier sollte man sich erinnern, daß bei heterogenen Gleichgewichten die Konzentration des reinen Festkörpers nicht in der Gleichgewichtskonstante auftritt (vgl. Abschn. 8-3). Ein etwas komplizierteres Beispiel ist Silberphosphat:

$$Ag_3PO_4(s) \rightleftharpoons 3Ag^+(aq) + PO_4^{3-}(aq), \quad K_L = [Ag^+]^3 \cdot [PO_4^{3-}]$$

Allgemein lautet das Löslichkeitsprodukt für ein Salz, das in Lösung m Kationen M und n Anionen X liefert:

$$K_L = [M]^m \cdot [X]^n$$

Wir können aber hier auch wieder die Größe

$$pK_L = -\log K_L$$

einführen. Je größer pK_L ist, um so kleiner ist K_L selbst und um so kleiner ist die Löslichkeit.

Beispiel 9-10 Formulierung von Löslichkeitsprodukten

Wie lauten die Formeln für die Löslichkeitsprodukte (a) von Silbersulfid, (b) von Quecksilber(I)-chlorid? Welche Einheit hat K_L in diesen Fällen?

Methode. Wenn wir die Formel für ein Löslichkeitsprodukt aufstellen wollen, gehen wir genauso wie bei den normalen Gleichgewichtskonstanten vor und schreiben zunächst die chemische Reaktionsgleichung nieder. Die Produkte (die Ionen) kommen in den Zähler, die Konzentration des reinen Festkörpers ist konstant und tritt in der Formel deshalb nicht auf. Bei Quecksilber(I)-Verbindungen müssen wir aufpassen, denn bei ihnen ist das Kation Hg_2^{2+}.

Lösung. (a) Das Gleichgewicht lautet:

$$Ag_2S(s) \rightleftharpoons 2Ag^+(aq) + S^{2-}(aq), \quad K_L = [Ag^+] \cdot [S^{2-}]$$

K_L ist das Produkt von drei Konzentrationen, deshalb ist seine Einheit $(mol\,dm^{-3})^3$.
(b) Hier lautet das Gleichgewicht:

$$Hg_2Cl_2(s) \rightleftharpoons Hg_2^{2+}(aq) + 2Cl^-(aq), \quad K_L = [Hg_2^{2+}] \cdot [Cl^-]^2$$

Hier ist K_L ebenfalls das Produkt von drei Konzentrationen, deshalb ist seine Einheit ebenfalls $(mol\,dm^{-3})^3$.

Übungsaufgabe. Wie lauten die Löslichkeitsprodukte (a) von Wismutsulfid, (b) von Silberchromat? Wie lauten ihre Einheiten?
[Antwort: (a) $[Bi^{3+}]^2$, M^5; (b) $[Ag^+]^2 \cdot [CrO_4^{2-}]$, M^3]

Löslichkeitsprodukte lassen sich direkt aus Löslichkeiten berechnen. Silberchlorid hat z.B. bei 25°C in Wasser eine Löslichkeit von

$1,3 \cdot 10^{-5}$ M. Weil jede AgCl-Einheit ein Ag^+-Ion und ein Cl^--Ion liefert, haben Ag^+ und Cl^- in der gesättigten Lösung die gleiche Konzentration von $1,3 \cdot 10^{-5}$ M. Dann wird das Löslichkeitsprodukt:

$$K_L = [Ag^+] \cdot [Cl^-] = (1,3 \cdot 10^{-5} \, M)^2 = 1,7 \cdot 10^{-10} \, M^2$$

Der Zahlenwert in der Tabelle 9-6 ist von diesem Wert etwas verschieden. Er wurde mit einer genaueren Methode ermittelt, die in Kapitel 11 beschrieben wird.

Wir können auch umgekehrt vorgehen und die Löslichkeit S eines Salzes in Wasser aus dem Löslichkeitsprodukt berechnen. Betrachten wir etwa das Löslichkeitsgleichgewicht des Calciumfluorids nach der Gleichung:

$$CaF_2(s) \rightleftarrows Ca^{2+}(aq) + 2 F^-(aq)$$

Im Gleichgewicht (in der gesättigten Lösung) muß die Konzentration des Ca^{2+} gleich S sein. Wenn die Lösung keine anderen Fluoride enthält, muß die Konzentration der F^--Ionen $2 \cdot S$ sein. Darum gilt:

$$K_L = S \cdot (2 \cdot S)^2 = 4 S^3$$

Nach Tabelle 9-6 ist $K_L = 4,0 \cdot 10^{-11} \, M^3$; daraus erhalten wir:

$$S^3 = \tfrac{1}{4} \, (4,0 \cdot 10^{-11} \, M^3) = 1,0 \cdot 10^{-11} \, M^3$$

Wenn wir daraus die dritte Wurzel ziehen, ergibt das:

$$S = 2,2 \cdot 10^{-4} \, M$$

Die Wirkung gleichartiger Ionen

Die Wirkung *gleichartiger Ionen* spielt gerade beim Löslichkeitsprodukt eine wesentliche Rolle. Enthält eine wäßrige Lösung Natriumacetat und Zinkacetat, so ist beiden Salzen das Acetat-Ion CH_3COO^- gemeinsam. Gibt man ein lösliches Salz zu der Lösung eines schwerlöslichen Salzes, und haben beide Salze ein Ion gemeinsam, wie im Fall einer wäßrigen Lösung von Natrium- und Zinkacetat, so wird die Löslichkeit des schwerlöslichen Salzes gegenüber dem Wert in reinem Wasser herabgesetzt. Diese Erniedrigung der Löslichkeit eines Salzes bei der Zugabe eines Salzes mit einem gemeinsamen Ion nennt man den *Effekt gleichartiger Ionen*.

Wie dieser Effekt zustande kommt, ist leicht anhand des Löslichkeitsproduktes zu verstehen. In einer gesättigten Lösung von Silberchlorid herrscht das Gleichgewicht:

$$AgCl(s) \rightleftarrows Ag^+(aq) + Cl^-(aq) \qquad K_L = [Ag^+] \cdot [Cl^-]$$

und die Löslichkeit des Silberchlorids ist:

$$S = \sqrt{K_L} = 1,3 \cdot 10^{-5} \, M$$

Wenn wir zu der gesättigten AgCl-Lösung Natriumchlorid zugeben, so erhöhen wir die Konzentration der Cl^--Ionen. Darauf muß das System reagieren, denn der Zahlenwert von K_L darf sich nicht ändern. Das geht aber nur, wenn die Konzentration von Ag^+ verringert wird, und das ist nur möglich, indem Silberchlorid aus der Lösung ausgeschieden wird. Die Löslichkeit des Silberchlorids ist also in der Tat gegenüber dem Wert in reinem Wasser herabgesetzt.

Wir können auch die quantitative Größe dieses Effektes berechnen, wenn wir berücksichtigen, daß sich der Wert von K_L bei der Zugabe der

Tabelle 9-6 Löslichkeitsprodukte bei 25 °C

Verbindung	Formel	K_L*	pK_L
Aluminiumhydroxid	$Al(OH)_3$	$1{,}0 \cdot 10^{-33}$	33,00
Antimonsulfid	Sb_2S_3	$1{,}7 \cdot 10^{-93}$	92,77
Bariumcarbonat	$BaCO_3$	$8{,}1 \cdot 10^{-9}$	8,09
Bariumfluorid	BaF_2	$1{,}7 \cdot 10^{-6}$	5,77
Bariumsulfat	$BaSO_4$	$1{,}1 \cdot 10^{-10}$	9,96
Wismutsulfid	Bi_2S_3	$1{,}0 \cdot 10^{-97}$	97,00
Calciumcarbonat	$CaCO_3$	$8{,}7 \cdot 10^{-9}$	8,06
Calciumfluorid	CaF_2	$4{,}0 \cdot 10^{-11}$	10,40
Calciumhydroxid	$Ca(OH)_2$	$5{,}5 \cdot 10^{-6}$	5,26
Calciumsulfat	$CaSO_4$	$2{,}4 \cdot 10^{-5}$	4,62
Kupfer(I)bromid	$CuBr$	$4{,}2 \cdot 10^{-8}$	7,38
Kupfer(I)chlorid	$CuCl$	$1{,}0 \cdot 10^{-6}$	6,00
Kupfer(I)iodid	CuI	$5{,}1 \cdot 10^{-12}$	11,29
Kupfer(I)sulfid	Cu_2S	$2{,}0 \cdot 10^{-47}$	46,70
Kupfer(II)iodat	$Cu(IO_3)_2$	$1{,}4 \cdot 10^{-7}$	6,85
Kupfer(II)oxalat	CuC_2O_4	$2{,}9 \cdot 10^{-8}$	7,54
Kupfer(II)sulfid	CuS	$8{,}5 \cdot 10^{-45}$	44,07
Eisen(II)hydroxid	$Fe(OH)_2$	$1{,}6 \cdot 10^{-14}$	13,80
Eisen(II)sulfid	FeS	$6{,}3 \cdot 10^{-18}$	17,20
Eisen(III)hydroxid	$Fe(OH)_3$	$2{,}0 \cdot 10^{-39}$	38,70
Blei(II)bromid	$PbBr_2$	$7{,}9 \cdot 10^{-5}$	4,10
Blei(II)chlorid	$PbCl_2$	$1{,}6 \cdot 10^{-5}$	4,80
Blei(II)fluorid	PbF_2	$3{,}7 \cdot 10^{-8}$	7,43
Blei(II)iodat	$Pb(IO_3)_2$	$2{,}6 \cdot 10^{-13}$	12,59
Blei(II)iodid	PbI_2	$1{,}4 \cdot 10^{-8}$	7,85
Blei(II)sulfat	$PbSO_4$	$1{,}6 \cdot 10^{-8}$	7,80
Blei(II)sulfid	PbS	$1{,}3 \cdot 10^{-28}$	27,89
Magnesiumammoniumphosphat	$MgNH_4PO_4$	$2{,}5 \cdot 10^{-13}$	12,60
Magnesiumcarbonat	$MgCO_3$	$1{,}0 \cdot 10^{-5}$	5,00
Magnesiumfluorid	MgF_2	$6{,}4 \cdot 10^{-9}$	8,19
Magnesiumhydroxid	$Mg(OH)_2$	$1{,}1 \cdot 10^{-11}$	10,96
Mangan(II)sulfid	MnS	$1{,}4 \cdot 10^{-15}$	14,85
Quecksilber(I)chlorid	Hg_2Cl_2	$1{,}3 \cdot 10^{-18}$	17,89
Quecksilber(I)iodid	Hg_2I_2	$1{,}2 \cdot 10^{-28}$	27,92
Quecksilber(II)sulfid	HgS (schwarz)	$1{,}6 \cdot 10^{-52}$	51,80
Quecksilber(II)sulfid	HgS (rot)	$1{,}4 \cdot 10^{-53}$	52,85
Nickel(II)hydroxid	$Ni(OH)_2$	$6{,}5 \cdot 10^{-18}$	17,19
Silberbromid	$AgBr$	$7{,}7 \cdot 10^{-13}$	12,11
Silbercarbonat	Ag_2CO_3	$6{,}2 \cdot 10^{-12}$	11,21
Silberchlorid	$AgCl$	$1{,}6 \cdot 10^{-10}$	9,80
Silberchromat	Ag_2CrO_4	$9 \cdot 10^{-12}$	11,04
Silberhydroxid	$AgOH$	$1{,}5 \cdot 10^{-8}$	7,82
Silberiodid	AgI	$1{,}5 \cdot 10^{-16}$	15,82
Silberphosphat	Ag_3PO_4	$1{,}3 \cdot 10^{-20}$	19,89
Silbersulfat	Ag_2SO_4	$1{,}4 \cdot 10^{-5}$	4,85
Silbersulfid	Ag_2S	$6{,}3 \cdot 10^{-51}$	50,20
Strontiumhydroxid	$Sr(OH)_2$	$1{,}4 \cdot 10^{-4}$	3,85
Strontiumsulfat	$SrSO_4$	$3{,}2 \cdot 10^{-7}$	6,49
Zinkhydroxid	$Zn(OH)_2$	$2{,}0 \cdot 10^{-17}$	16,70
Zinksulfid	ZnS	$1{,}6 \cdot 10^{-24}$	23,80

* K_L ist in der Einheit $(mol\,dm^{-3})^n$ angegeben, wobei n die Anzahl der Ionen in der Formeleinheit ist.

gleichartigen Ionen nicht ändern darf. In einer gesättigten Lösung von Silber- und Chlorid-Ionen gilt immer:

$$[Ag^+] = \frac{K_L}{[Cl^-]}$$

wobei K_L eine Konstante ist. Versuchen wir z. B., Silberchlorid in einer 0,10 M NaCl(aq)-Lösung aufzulösen. Das Silberchlorid wird in Lösung gehen, bis die $[Ag^+]$-Konzentration den Wert

$$[Ag^+] = \frac{1,6 \cdot 10^{-10} \, M^2}{0,10 \, M} = 1,6 \cdot 10^{-9} \, M$$

erreicht. Das ist 10 000mal weniger als die Löslichkeit in reinem Wasser.

Der Einfluß des pH-Wertes auf die Löslichkeit amphoterer Oxide

Betrachten wir das amphotere Aluminiumhydroxid. Amphotere Substanzen können sich wie Säuren und auch wie Basen verhalten. Wir können deshalb erwarten, daß sich $Al(OH)_3$ sowohl in Säuren als auch in Basen lösen wird, obwohl es in reinem Wasser nicht löslich ist. Das bedeutet, die Löslichkeit wird sowohl bei einer Erhöhung des pH-Wertes als auch bei einer Erniedrigung verbessert.

Aluminiumhydroxid ist in der Tat in Wasser fast vollständig unlöslich; das Gleichgewicht

$$Al(OH)_3(s) \rightleftharpoons Al^{3+}(aq) + 3\,OH^-(aq), \quad K_L = [Al^{3+}] \cdot [OH^-]^3$$

hat ein Löslichkeitsprodukt von $pK_L = 33,0$. Das entspricht einer Löslichkeit des $Al(OH)_3$ von $S = 2,5 \cdot 10^{-9}$ M. In saurem Medium ist die Löslichkeit aber erheblich größer, denn die dort vorherrschenden Wasserstoff-Ionen erniedrigen die Konzentration der OH^--Ionen so stark, daß Aluminiumhydroxid in Lösung gehen muß, damit das Löslichkeitsprodukt erhalten bleibt.

In gesättigter Lösung gilt:

$$[Al^{3+}] = K_L \cdot \frac{1}{[OH^-]^3}$$

Diese Konzentration ist gleich der Löslichkeit S des festen $Al(OH)_3$, denn jede in Lösung gehende $Al(OH)_3$-Einheit liefert gerade ein Al^{3+}-Ion. Wir können die Löslichkeit also auch mit Hilfe der Wasserstoffionen-Konzentration und mit $K_w = [OH^-] \cdot [H_3O^+]$ beschreiben:

$$S = [Al^{3+}] = K_L \cdot \left(\frac{[H_3O^+]}{K_w}\right)^3$$

Mit dieser Gleichung kann man die Löslichkeit des $Al(OH)^3$ in verschieden stark sauren Lösungen in Abhängigkeit vom pH-Wert berechnen. Wenn uns z. B. seine Löslichkeit in einem Medium mit pH = 3 interessiert (das entspricht $[H_3O^+] = 3 \cdot 10^{-4}$ M), so erhalten wir:

$$S = 1,0 \cdot 10^{-33} \, M^4 \cdot \left(\frac{3 \cdot 10^{-4} \, M}{1,0 \cdot 10^{-14} \, M^2}\right)^3$$
$$= 0,03 \, M$$

Das ist eine Zunahme um den Faktor 10^6 gegenüber der Löslichkeit in reinem Wasser. In Abb. 9-13 ist der rote Teil der Kurve mit dieser Formel berechnet worden; unser Wert ist mit A bezeichnet.

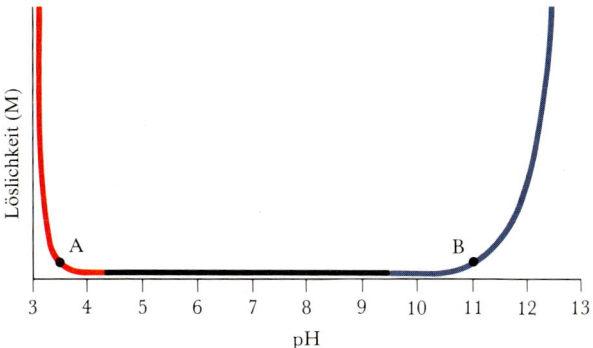

Abb. 9-13 Die Löslichkeit des Aluminiumhydroxids in Abhängigkeit vom pH-Wert. Der saure Bereich ist rot, der basische blau eingezeichnet. Die mit A und B markierten Punkte werden im Text ausgerechnet.

Aluminiumhydroxid löst sich auch in Alkalien, wobei OH^- mit $Al(OH)_3$ reagiert und das Aluminat-Ion $Al(OH)_4^-$ bildet:

$$Al(OH)_3(s) + OH^-(aq) \rightleftarrows Al(OH)_4^-(aq), \quad K_c = \frac{[Al(OH)_4^-]}{[OH^-]}$$

Bei 25 °C ist $K_c = 40$. Die Löslichkeit des $Al(OH)_3$ ist gleich der Gleichgewichtskonzentration des Aluminat-Ions, denn jede in Lösung gegangene $Al(OH)_3$-Einheit bildet gerade ein $Al(OH)_4^-$-Ion. Deshalb ist die Löslichkeit im Alkalischen:

$$S = [Al(OH)_4^-] = K_c \cdot [OH^-]$$

Es ist oft bequemer, S in Abhängigkeit von der Wasserstoffionen-Konzentration und damit vom pH-Wert anzugeben. Den Zusammenhang zwischen $[OH^-]$ und $[H_3O^+]$ beschreibt wieder die Eigendissoziationskonstante des Wassers:

$$S = K_c \cdot \frac{K_w}{[H_3O^+]}$$

Bei pH = 11 ($[H_3O^+] = 1 \cdot 10^{-11}$ M) ist dann die Löslichkeit des $Al(OH)_3$:

$$S = 40 \cdot \frac{1{,}0 \cdot 10^{-14} \, M^2}{1 \cdot 10^{-11} \, M} = 0{,}04 \, M$$

Dieser Wert ist in Abb. 9-13 mit B markiert. Der von dieser Formel beschriebene Verlauf der Löslichkeit ist im Diagramm blau gezeichnet.

Die Löslichkeit von Salzen in Abhängigkeit vom pH-Wert

Nicht nur bei Hydroxiden hängt die Löslichkeit vom pH-Wert ab; jede Brønsted-Base reagiert auf die Zugabe einer Säure. Nehmen wir an, wir haben eine gesättigte Lösung eines Salzes MA der schwachen Säure HA. Wenn wir jetzt die starke Säure HCl zugeben, verschieben wir das Gleichgewicht

$$A^-(aq) + H_3O^+(aq) \rightleftarrows HA(aq) + H_2O(l)$$

nach rechts; damit wird die Konzentration der A^--Ionen kleiner. Das Gleichgewicht

$$MA(s) \rightleftarrows M^+(aq) - A^-(aq)$$

wird also auch nach rechts verschoben, und die Auflösung wird begünstigt. Zu den Anionen, die in dieser Weise reagieren, gehören OH^-,

CO_3^{2-}, S^{2-}, $(COO)_2^{2-}$ und CrO_4^{2-}; in all diesen Fällen sind die Salze in saurem Medium besser löslich als in reinem Wasser.

Als Beispiel soll uns das in Wasser sehr schwer lösliche Calciumfluorid dienen:

$$CaF_2(s) \rightleftarrows Ca^{2+}(aq) + 2\,F^-(aq), \quad K_L = [Ca^{2+}] \cdot [F^-]^2$$

Bei $25\,°C$ ist $K_L = 10,40$. Das Fluorid-Ion ist eine Base (vgl. Tab. 9-4). Es reagiert also mit zugesetzten Oxonium-Ionen:

$$F^-(aq) + H_3O^+(aq) \rightleftarrows HF(aq) + H_2O(l)$$

Dabei wird die Konzentration der F^--Ionen in der Lösung verringert, und es wird mehr CaF_2 in Lösung gehen.

9-7 Fällungsreaktionen

Fällungsreaktionen lassen sich leicht mit Hilfe des Löslichkeitsproduktes quantitativ behandeln; bei der Analyse von Mischungen spielen sie eine große Rolle. Als Beispiel wollen wir untersuchen, was passiert, wenn man Lösungen von Kaliumiodid und Bleinitrat vermischt:

$$Pb(NO_3)_2(aq) + 2\,KI(aq) \rightarrow 2\,KNO_3(aq) + PbI_2(s)$$

Im ersten Augenblick sind die Konzentrationen der Ionen Pb^{2+} und I^- noch sehr hoch; das Löslichkeitsprodukt des Gleichgewichtes

$$PbI_2(s) \rightleftarrows Pb^{2+}(aq) + 2\,I^-(aq), \quad K_L = [Pb^{2+}] \cdot [I^-]^2$$

hat aber nur den Wert $1,4 \cdot 10^{-8}\,M^3$ bei $25\,°C$; deshalb muß Bleiiodid ausfallen, bis die Konzentrationen in der Lösung auf etwa $10^{-3}\,M$ gefallen sind. Für eine Fällungsreaktion ist es deshalb nötig, daß die Ionenkonzentrationen ausreichend hoch sind, damit ihr Produkt das Löslichkeitsprodukt K_L übersteigt.

Das Ionenprodukt und die Fällung

Einen bequemen Weg zur Behandlung des Fällungsgleichgewichtes bietet das Ionenprodukt Q. Es ist dem bei chemischen Reaktionen eingeführten Reaktionsquotienten Q_c völlig analog. Die Definitionsgleichung sieht äußerlich genauso wie das Löslichkeitsprodukt aus:

$$Q = [M]^m \cdot [X]^n$$

Sie enthält aber anstelle der molaren Gleichgewichtskonzentrationen nur die aktuellen (augenblicklichen) Konzentrationen in einer Mischung, die im Gleichgewicht sein kann, aber nicht sein muß. Beim Blei(II)iodid lautet das Ionenprodukt z. B.

$$Q = [Pb^{2+}] \cdot [I^-]^2$$

Seinen Zahlenwert erhält man, wenn man die aktuellen Ionenkonzentrationen in der Lösung in diese Formel einsetzt. Um auf unser obiges Beispiel zurückzukommen: Nachdem wir gleiche Teile der Lösungen mit $0,2\,M$ $Pb(NO_3)_2(aq)$ und mit $0,4\,M$ $KI(aq)$ vermischt haben, sind die aktuellen Konzentrationen:

$$[Pb^{2+}] = 0,1\,M \quad \text{und} \quad [I^-] = 0,2\,M$$

(Die Konzentrationen wurden halbiert, weil das Volumen der Mischung gleich der Summe der Volumina der Komponenten ist.) Dann erhalten wir für das Ionenprodukt:

$$Q = 0{,}1\,\text{M} \cdot (0{,}2\,\text{M})^2 = 4 \cdot 10^{-3}\,\text{M}^3$$

Mit Q können wir genauso wie seinerzeit mit dem Reaktionsquotienten angeben, in welche Richtung eine Fällungsreaktion abläuft, ob in Richtung der Fällung oder in Richtung der Auflösung des Niederschlags:

$Q > K_L$: das Salz fällt aus,

$Q = K_L$: die Lösung ist gesättigt,

$Q < K_L$: es kann mehr Salz in Lösung gehen.

In unserem Beispiel mit Bleiiodid ist unmittelbar nach dem Vermischen $Q > K_L$, das heißt, es muß Bleiiodid ausfallen.

Beispiel 9-11 Bildet sich ein Niederschlag?

Wird Silbersulfat ausfallen, wenn man 1,0 cm^3 einer 1,0 mM MgSO$_4$(aq)-Lösung zu 100,0 cm^3 einer 0,50 mM AgNO$_3$(aq)-Lösung gibt?

Methode. Wir brauchen nur zu untersuchen, ob das Ionenprodukt Q größer als der K_L-Wert für Silbersulfat (Ag$_2$SO$_4$) ist. Zuerst schreiben wir den Ausdruck für Q hin; dann berechnen wir die Ionenkonzentrationen und setzen sie ein. Die Konzentrationen müssen natürlich auf das Gesamtvolumen der Lösung bezogen sein. K_L entnehmen wir der Tabelle 9-6.

Lösung. Das Ionenprodukt lautet:

$$Q = [\text{Ag}^+]^2 \cdot [\text{SO}_4^{2-}]$$

Die Mischung hat ein Volumen von 101,0 cm^3. Beim Vermischen vergrößert sich das Volumen, das dem AgNO$_3$ zur Verfügung steht, von 100,0 cm^3 auf 101,0 cm^3. Damit wird die Konzentration der Ag$^+$-Ionen in der Mischung:

$$[\text{Ag}^+] = \frac{100{,}0\,\text{cm}^3 \cdot 0{,}50\,\text{mM}}{101{,}0\,\text{cm}^3} = 0{,}50\,\text{mM}$$

Sie ändert sich also im Rahmen der Genauigkeit nicht. Das Volumen, in dem sich das MgSO$_4$ befindet, steigt von 1,0 cm^3 auf 101,0 cm^3; das bedeutet, daß man für die Konzentration der SO$_4^{2-}$-Ionen in der Mischung folgenden Wert erhält:

$$[\text{SO}_4^{2-}] = \frac{1{,}0\,\text{cm}^3 \cdot 1{,}0\,\text{mM}}{101{,}0\,\text{cm}^3} = 9{,}9 \cdot 10^{-3}\,\text{mM}$$

Unmittelbar nach dem Vermischen ist demnach:

$$Q = (0{,}50 \cdot 10^{-3}\,\text{M})^2 \cdot (9{,}9 \cdot 10^{-6}\,\text{mM})$$
$$= 2{,}5 \cdot 10^{-12}\,\text{M}^3$$

Es ist $Q < K_L$, also bildet sich kein Niederschlag.

Übungsaufgabe. Prüfen Sie, ob Bariumsulfat ausfällt, wenn 1,0 cm^3 einer 1,0 mM Na$_2$SO$_4$(aq)-Lösung zu 250 cm^3 einer 0,1 mM BaCl$_2$(aq)-Lösung gegeben wird!
[Antwort: $Q = 3{,}9 \cdot 10^{-7}\,\text{M}^2$; $K_L = 1{,}1 \cdot 10^{-10}\,\text{M}^2$; also ja.]

Zusammenfassung

Brønstedt definiert eine Säure als Protonendonor, eine Base als Protonenakzeptor. Der Schlüssel zur quantitativen Behandlung von Säuren und Basen ist das schnelle, dynamische Gleichgewicht der Protonenübertragung in Lösung. Es kann durch die Begriffe der konjugierten Säuren und Basen ausgedrückt werden:

$$\text{Säure}_1 + \text{Base}_2 \rightleftarrows \text{Base}_1 + \text{Säure}_2$$

Die Gleichgewichtskonstante lautet:

$$K_c = \frac{[\text{Base}_1]\,[\text{Säure}_2]}{[\text{Säure}_1]\,[\text{Base}_2]}$$

Ein Wassermolekül kann sowohl Protonen aufnehmen als auch abgeben; dieses Verhalten bezeichnet man als Eigendissoziation des Wassers. In verdünnten Lösungen ist die Konzentration des Wassers konstant (55 M); dieser Wert wird in die Eigendissoziationskonstante K_w bzw. die Konstanten K_s und K_b oder die entsprechenden pK-Werte einbezogen.

Ionisationskonstanten sind ein Maß für die Stärke von Säuren und Basen. Eine starke Säure liegt nahezu vollständig dissoziiert vor. Eine schwache Säure ($K_s < 1$) liegt in Lösung z. T. undissoziiert, z. T. in Form der konjugierten Base vor. Eine starke Base existiert in Lösung fast vollständig in protonierter Form, also in Form der konjugaten Säure. Die Lösung einer schwachen Base ($K_b < 1$) enthält sowohl undissoziierte Base als auch die konjugate Säure. Je stärker die Säure, desto schwächer die konjugate Base und umgekehrt.

Die stärkste Säure, die in wäßriger Lösung existiert, ist das Oxonium-Ion, H_3O^+, die stärkste Base das Hydroxid-Ion, OH^-.

Die molaren Konzentrationen der Oxonium-Ionen in Lösung werden in der Regel als pH-Wert (pH $= -\log[H_3O^+]$) angegeben. pH-Werte werden mit pH-Metern gemessen oder mit Indikator-Papier abgeschätzt. Der pH-Wert von reinem Wasser beträgt 7; pH < 7 entspricht einer sauren Lösung, pH > 7 einer basischen Lösung.

Der pH-Wert der Lösung einer schwachen Säure läßt sich aus Gleichgewichtsberechnungen bestimmen, wie sie in Kap. 8 beschrieben sind. Der pH-Wert der Lösung einer schwachen Base kann unter Berücksichtigung des Basendissoziationsgleichgewichts und der Eigendissoziation des Wassers errechnet werden.

Die Lösung einer schwachen Säure und ihres Salzes ist schwächer sauer als die Lösung der reinen Säure, weil das Anion des Salzes eine starke Base ist; ebenso reagiert die Lösung einer schwachen Base und ihres Salzes schwächer basisch als die Lösung der reinen Base, weil das Kation eine starke Säure ist.

Kleine, hochgeladene Kationen, die hydratisiert vorliegen, sind oft Brønstedt-Säuren.

Mit der Henderson-Hasselbalch-Gleichung kann der pH der Mischung eines Salzes mit einer Säure oder Base berechnet werden. Liegen Salz und Säure (Base) in gleichen Konzentrationen vor, ist der pH gleich dem pK der Säure (oder der konjugierten Säure der Base).

Der Äquivalenz-Punkt der Titration einer starken Säure mit einer starken Base liegt bei pH 7, da das Kation und das Anion des gebildeten Salzes neutral (weder sauer noch basisch) reagieren. Der Äquivalenzpunkt der Titration einer schwachen Säure mit einer starken Base liegt bei pH > 7, da das Anion des Salzes basisch wirkt. Umgekehrt liegt der Äquivalenzpunkt einer schwachen Base mit einer starken Säure bei pH < 7, da das Kation der Säure sauer wirkt. Die Veränderung des pH während der Titration wird in der Titrationskurve aufgetragen. Am Äquivalenzpunkt ändert sich der pH abrupt um mehrere Einheiten; dies wird durch einen Indikator sichtbar gemacht. Ein Indikator ist eine Brønstedt-Säure, bei der Säure und konjugierte Base verschieden gefärbt sind. Er muß so gewählt werden, daß der pH, bei dem die Farbe umschlägt, den pH des Äquivalenzpunktes einschließt.

Der pH-Wert einer Lösung kann mit einem Puffer stabilisiert werden, das ist die Mischung einer schwachen Säure oder Base mit ihrem Salz in etwa gleichen Konzentrationen.

Das Lösungsgleichgewicht eines Salzes wird durch das Löslichkeitsprodukt K_L beschrieben. Dieses Gleichgewicht ist auch für den Effekt gleichartiger Ionen verantwortlich: Ein Salz ist in einer Lösung, die ein mit diesem Salz gemeinsames Ion enthält, schwerer löslich. Die Löslichkeit eines basisch oder sauer wirkenden Salzes hängt vom pH der Lösung ab.

Fällungsreaktionen werden mit Hilfe des Ionenproduktes Q beschrieben: Eine Fällung erfolgt, wenn $Q > K_L$. In der qualitativen Elementanalyse wird der Wert von Q verändert, um Verbindungen selektiv auszufällen.

Aufgaben

Dissoziationskonstanten

9-1 Schreiben Sie die folgenden Dissoziationskonstanten als pK_s-Werte:
(a) Ameisensäure, HCOOH: $1{,}77 \cdot 10^{-4}$ M,
(b) Essigsäure, CH_3COOH: $1{,}75 \cdot 10^{-5}$ M,
(c) Trichloressigsäure, CCl_3COOH: 0,30 M,
(d) Benzoesäure, C_6H_5COOH: $6{,}46 \cdot 10^{-5}$ M.

9-2 Schreiben Sie die folgenden Dissoziationskonstanten als pK_s-Werte:
(a) Blausäure, HCN: $4{,}93 \cdot 10^{-10}$ M,
(b) salpetrige Säure, HNO_2: $4{,}3 \cdot 10^{-12}$ M,
(c) Phenol, C_6H_5OH: $1{,}3 \cdot 10^{-10}$ M,
(d) 2,4,6-Trichlorphenol: $1 \cdot 10^{-6}$ M.

9-3 Rechnen Sie die pK_s-Werte in K_s-Werte um und ordnen Sie die Säuren in einer Reihe mit zunehmender Stärke:
(a) Phosphorsäure, H_3PO_4: 2,12,
(b) phosphorige Säure, H_3PO_3: 2,00,
(c) Selensäure, H_2SeO_4: 1,92,
(d) selenige Säure, H_2SeO_3: 2,46,
(e) Wie kommt der Trend in diesen Werten zustande?

9-4 Rechnen Sie die pK_s-Werte in K_s-Werte um und ordnen Sie die Säuren in einer Reihe mit zunehmender Stärke:
(a) Kohlensäure, H_2CO_3: 6,37,
(b) Germansäure, H_2GeO_3: 8,59,
(c) Periodsäure, HIO_4: 1,64,
(d) unteriodige Säure, HIO: 10,64,
(e) Wie kommt der Trend in diesen Werten zustande?

9-5 Rechnen Sie die K_b-Werte in pK_b-Werte um und ordnen Sie die Basen in einer Reihe mit zunehmender Stärke:
(a) Ammoniak, NH_3: $1,8 \cdot 10^{-5}$ M,
(b) Trideutero-Ammoniak, ND_3: $1,1 \cdot 10^{-5}$ M,
(c) Hydrazin, NH_2NH_2: $1,7 \cdot 10^{-6}$ M,
(d) Hydroxylamin, NH_2OH: $1,07 \cdot 10^{-8}$ M.
(e) Wie kommen die Unterschiede zwischen (a), (c) und (d) zustande?

9-6 Rechnen Sie die K_b-Werte in pK_b-Werte um und ordnen Sie die Basen in einer Reihe mit zunehmender Stärke:
(a) Methylamin, CH_3NH_2: $3,6 \cdot 10^{-4}$ M,
(b) Dimethylamin, $(CH_3)_2NH$: $5,4 \cdot 10^{-4}$ M,
(c) Trimethylamin, $(CH_3)_3NH$: $6,5 \cdot 10^{-5}$ M,
(d) Harnstoff, $CO(NH_2)_2$: $1,3 \cdot 10^{-14}$ M.
(e) Warum ist Harnstoff eine so schwache Base?

9-7 Rechnen Sie die pK_b-Werte in K_b-Werte um und ordnen Sie die Basen in einer Reihe mit zunehmender Stärke:
(a) Anilin, $C_6H_5NH_2$: 9,37,
(b) 4-Brom-anilin, $BrC_6H_4NH_2$ (**10**, X = Br): 10,14,
(c) 4-Chlor-anilin, $ClC_6H_4NH_2$ (**10**, X = Cl): 9,85.
(d) Kann man die Unterschiede leicht interpretieren?

9-8 Rechnen Sie die pK_b-Werte in K_b-Werte um und ordnen Sie die Basen in einer Reihe mit zunehmender Stärke:
(a) 2-Fluor-anilin, $FC_6H_4NH_2$ (**11**, X = F): 10,80,
(b) 3-Fluor-anilin, $FC_6H_4NH_2$ (**12**, X = F): 10,50,
(c) 4-Fluor-anilin, $FC_6H_4NH_2$ (**10**, X = F): 9,35.
(d) Kann man die Unterschiede leicht interpretieren?

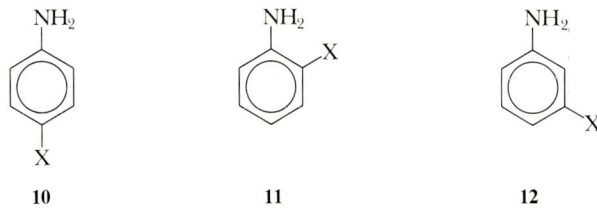

10   **11**   **12**

9-9 Geben Sie zu den in Aufgabe 8-67 genannten Basen die konjugaten Säuren an und berechnen Sie dafür K_s und pK_s!

9-10 Geben Sie zu den in Aufgabe 8-68 genannten Basen die konjugaten Säuren an und berechnen Sie dafür K_s und pK_s!

Struktur und Säure- bzw. Basenstärke

Ordnen Sie in den Übungen 9-11 bis 9-14 die Säuren nach steigender Stärke. Betrachten Sie Tabelle 9-2, um zu sehen, ob ihre Voraussagen richtig sind. Überlegen Sie sich eine Erklärung, falls sie es nicht sind.

9-11 (a) HF, (b) HCl, (c) HBr, (d) HI. (e) Wo würden Sie HAl einordnen?

9-12 (a) HClO, (b) HBrO, (c) HIO. (d) Wo würden Sie HAlO einordnen?

9-13 (a) HNO_2, (b) HNO_3. (c) Wie könnte man diese Säuren darstellen?

9-14 (a) H_2CO_3, (b) H_2GeO_3. (c) Wie könnte man diese Säuren darstellen?

Die pH-Werte von starken Säuren und starken Basen

9-15 Berechnen Sie zu den folgenden pH-Werten die Wasserstoffionenkonzentrationen: (a) 1,0, (b) 7,00, (c) −0,50.

9-16 Berechnen Sie zu den folgenden pH-Werten die Wasserstoffionenkonzentrationen: (a) 6,00, (b) 6,0, (c) 14,0.

9-17 Rechnen Sie die folgenden Wasserstoffionenkonzentrationen in pH-Werte um: (a) $2,0 \cdot 10^{-5}$ M, (b) 1,0 M, (c) $5,0 \cdot 10^{-14}$ M, (d) 5,0 M.

9-18 Rechnen Sie die folgenden Wasserstoffionenkonzentrationen in pH-Werte um: (a) $1,5 \cdot 10^{-7}$ M, (b) 2,2 mM, (c) 10^{-7} M, (d) $1,000 \cdot 10^{-6}$ M.

9-19 Berechnen Sie für die folgenden Lösungen die pOH- und pH-Werte: (a) 0,01 M KOH(aq), (b) 1 mM $Ba(OH)_2$(aq), (c) 0,01 M HNO_3(aq).

9-20 Berechnen Sie für die folgenden Lösungen die pOH- und pH-Werte: (a) 2 mM CsOH(aq), (b) 0,10 mM $Sr(OH)_2$(aq), (c) 1,0 M $HClO_4$(aq).

9-21 Welche Wasserstoffionenkonzentration und welcher pH-Wert resultieren, wenn wir 25 cm^3 einer 0,10 M HCl(aq) zu 25 cm^3 einer 0,20 M NaOH(aq) geben?

9-22 Welche Wasserstoffionenkonzentration und welcher pH-Wert resultieren, wenn wir 25 cm^3 einer 0,15 M HCl(aq) zu 50 cm^3 einer 0,15 M KOH(aq) geben?

9-23 Welche Wasserstoffionenkonzentration und welcher pH-Wert resultieren, wenn wir 14,0 g NaOH mit Wasser auf 250 cm^3 auffüllen und von der Lösung 25,0 cm^3 zu 50 cm^3 einer 0,20 M HBr(aq) pipettieren?

9-24 Welche Wasserstoffionenkonzentration und welcher pH-Wert resultieren, wenn wir 0,150 g $Ba(OH)_2$ mit Wasser auf 50,0 cm^3 auffüllen und von der Lösung 25,0 cm^3 zu 100 cm^3 einer 0,0010 M HCl(aq) pipettieren?

Die pH-Werte von schwachen Säuren und schwachen Basen

9-25 Berechnen Sie die pH-Werte der folgenden Lösungen bei 25 °C unter Verwendung der pK_s-Werte von Tabelle 9-2:
(a) 0,15 M CH_3COOH(aq),
(b) $1,0 \cdot 10^{-5}$ M CH_3COOH(aq),
(c) 0,15 M CCl_3COOH(aq).

9-26 Berechnen Sie die pH-Werte der folgenden Lösungen bei 25 °C unter Verwendung der pK_s-Werte von Tabelle 9-2:
(a) 0,20 M $CH_3CH(OH)COOH$(aq) (Milchsäure),
(b) $1,5 \cdot 10^{-5}$ M $CH_3CH(OH)COOH$,
(c) 0,10 M $C_6H_5SO_3H$ (Benzolsulfonsäure).

9-27 Berechnen Sie die Konzentration der OH^--Ionen, den pOH- und den pH-Wert der folgenden Base in wäßriger Lösung bei $25\,°C$: $0,15\,M\ NH_3(aq)$, $pK_b = 4,75$.

9-28 Berechnen Sie die Konzentration der OH^--Ionen, den pOH- und den pH-Wert der folgenden Basen in wäßriger Lösung bei $25\,°C$:
(a) $0,10\,M\ C_6H_{11}NH_2$ (Cyclohexylamin), $pK_b = 3,36$,
(b) $0,20\,M$ Strychnin, der pK_s-Wert der konjugaten Säure ist $8,26$.
(c) $0,015\,M\ NH_2CH_2CH_2NH_2$ (Ethylendiamin), der pK_s-Wert der konjugaten Säure $NH_2CH_2CH_2NH_3^+$ ist $10,71$.

9-29 Für den pH-Wert einer $0,10\,M$ Lösung von chloriger Säure $HClO_2$ wurde der Wert $1,2$ erhalten. Welchen pK_s-Wert hat die Säure?

9-30 Als pH-Wert einer $15\,mM\ HNO_2(aq)$-Lösung wurde $2,63$ erhalten. Welchen pK_s-Wert hat die salpetrige Säure?

9-31 Eine $25\,mM$ wäßrige Lösung einer Base hat den pH-Wert $11,6$. Welchen pK_b-Wert hat die Base und welchen pK_s-Wert ihre konjugate Säure?

9-32 Wenn $150\,mg$ einer organischen Base mit der molaren Masse $31,06\,g/mol$ in $50\,ml$ Wasser gelöst werden, beträgt der pH-Wert der Lösung $10,05$. Berechnen Sie den pK_b-Wert der Base und den pK_s-Wert der konjugaten Säure.

Salze als Säuren oder Basen

9-33 Welche der folgenden Salzlösungen ist sauer, neutral oder basisch? (a) NH_4Br, (b) KF, (c) Na_2CO_3, (d) KBr.

9-34 Welche der folgenden Salzlösungen ist sauer, neutral oder basisch? (a) $K_2C_2O_4$, (b) CH_3NH_3Cl, (c) $FeCl_3$, (d) $Ca(NO_3)_2$.

Berechnen Sie in den Aufgaben 9-35 bis 9-38 die pH-Werte der folgenden wäßrigen Lösungen bei $25\,°C$:

9-35 (a) $0,20\,M\ NaCH_3CO_2$, (b) $0,10\,M\ NH_4Cl$.

9-36 (a) $0,15\,M\ CH_3NH_3Cl$, (b) $0,20\,M\ NaHSO_3$.

9-37 (a) $250\,cm^3$ einer Lösung, die $10\,g$ Kaliumacetat (KAc) enthält, (b) $100\,cm^3$ einer Lösung, die $5,75\,g$ Ammoniumchlorid (NH_4Cl) enthält, (c) $1\,dm^3$ einer Lösung, die $10\,g$ Kaliumbromid (KBr) enthält.

9-38 (a) $50\,cm^3$ einer Lösung, die $1,0\,g$ Natriumhydrogensulfit ($NaHSO_3$) enthält, (b) $10\,cm^3$ einer Lösung, die $5,0\,mg$ Methylammoniumbromid (CH_3NH_3Br) enthält.

pH-Werte von Mischungen

Berechnen Sie in den Aufgaben 9-39 bis 9-44 die pH-Werte der folgenden Lösungen bei $25\,°C$:

9-39 (a) Eine Lösung, die $0,20\,M\ HBrO(aq)$ und $0,10\,M\ KBrO(aq)$ enthält, (b) eine Lösung, die $0,10\,M\ HBrO(aq)$ und $0,20\,M\ KBrO(aq)$ enthält.

9-40 (a) Eine Lösung, die $0,02\,M\ NaCN(aq)$ und $0,05\,M\ HCN(aq)$ enthält, (b) eine Lösung, die $0,05\,M\ NaCN(aq)$ und $0,02\,M\ HCN(aq)$ enthält.

9-41 Eine Lösung, die $0,05\,M\ Na_2SO_4(aq)$ und $0,02\,M\ NaHSO_4(aq)$ enthält.

9-42 Eine Lösung, die $0,10\,M\ KH_2PO_4(aq)$ und $0,20\,M\ Na_2HPO_4(aq)$ enthält.

9-43 (a) Eine Lösung, die $0,20\,M\ NH_3(aq)$ und $0,10\,M\ NH_4Cl(aq)$ enthält, (b) eine Lösung, die $0,10\,M\ NH_3(aq)$ und $0,20\,M\ NH_4Cl(aq)$ enthält.

9-44 (a) Eine Lösung, die $0,30\,M\ CH_3NH_2(aq)$ und $0,10\,M\ CH_3NH_3Br(aq)$ enthält, (b) eine Lösung, die $0,10\,M\ CH_3NH_2(aq)$ und $0,30\,M\ CH_3NH_3Br(aq)$ enthält.

9-45 Für eine Lösung mit gleichen Konzentrationen an Milchsäure und Natriumlactat wurde ein pH-Wert von $3,08$ gefunden. (a) Welchen pK_s-Wert hat Milchsäure? (b) Welchen pH-Wert hätte die Lösung, wenn die Konzentration der Säure doppelt so hoch wäre wie die des Salzes?

9-46 Für eine Lösung mit gleichen Konzentrationen an Saccharin und an dessen Natrium-Salz wurde ein pH-Wert von $11,68$ erhalten. (a) Welchen pK_s-Wert hat Saccharin? (b) Welchen pH-Wert hätte die Lösung, wenn die Konzentration des Salzes doppelt so hoch wäre wie die der Säure?

9-47 Für eine Lösung mit gleichen Konzentrationen an Ammoniak und an Ammoniumchlorid wurde ein pH-Wert von $9,25$ erhalten. (a) Welchen pK_b-Wert hat Ammoniak? (b) Welchen pH-Wert hätte die Lösung, wenn die Konzentration des Salzes doppelt so hoch wäre wie die der Base?

9-48 Für eine Lösung, die gleiche Konzentrationen an Ethylamin ($C_2H_5NH_2$) und Ethylammoniumbromid ($C_2H_5NH_3Br$) enthält, wurde ein pH-Wert von $10,81$ gefunden. (a) Welchen pK_b-Wert hat Ethylamin? (b) Suchen Sie eine Erklärung für den Unterschied in der Basenstärke zwischen Ethylamin und Ammoniak. (c) Welchen pH-Wert hätte die Lösung, wenn die Konzentration der Base doppelt so hoch wäre wie die des Salzes?

9-49 Berechnen Sie die pH-Änderung bei der Zugabe von $1,0\,g$ Natriumfluorid zu $25\,cm^3$ einer $0,10\,M\ HF(aq)$-Lösung. Vernachlässigen Sie dabei die kleine Volumenänderung.

9-50 Berechnen Sie die pH-Änderung bei der Zugabe von $10,0\,g$ wasserfreiem Natriumcarbonat zu $250\,cm^3$ einer $0,50\,M\ NaHCO_3(aq)$-Lösung. Vernachlässigen Sie dabei die kleine Volumenänderung.

9-51 Natriumhypochlorit ist der aktive Bestandteil in vielen Bleichmitteln. Berechnen Sie das Konzentrationsverhältnis von $HOCl$ und OCl^- in einer Lösung von Natriumhypochlorit, deren pH-Wert $6,50$ ist.

9-52 Aspirin ist ein Derivat der Salicylsäure, die einen pK_s-Wert von $2,97$ hat. (a) Berechnen Sie das Konzentrationsverhältnis von Salicylsäure und ihrer konjugaten Base in einer Lösung mit dem pH-Wert $4,50$. (b) Bei welchem pH-Wert würden gleiche Konzentrationen vorliegen?

9-53 Das Narkotikum Kokain ist eine schwache Base mit dem pK_b-Wert $5,59$. Berechnen Sie das Konzentrationsverhältnis von Kokain und seiner konjugaten Säure in einer Lösung mit dem pH-Wert $8,00$.

9-54 Pyridin (C_5H_5N) ist eine organische Base mit dem pK_s-Wert 8,77. (a) Berechnen Sie den pH-Wert einer 0,10 M Pyridin-Lösung. (b) Berechnen Sie das Verhältnis den Pyridiniumsalzes ($C_5H_5NH^+$) zu Pyridin bei pH 5,00.

Indikatoren

Schlagen Sie in den Lösungen 9-55 bis 9-58 einen passenden Indikator für folgende Titrationen vor:

9-55 (a) Kaliumhydroxid und Salpetersäure, (b) Kaliumhydroxid und salpetrige Säure, (c) Natriumhydroxid und Milchsäure, (d) Natriumhydroxid und Schwefelsäure.

9-56 (a) Natriumhydroxid und hypoiodige Säure, (b) Kaliumhydroxid und hypofluorige Säure, (c) Natriumhydroxid und Oxalsäure, (d) Kaliumhydroxid und phosphorige Säure.

9-57 (a) Salzsäure und Ammoniak, (b) Salzsäure und Ethylamin.

9-58 (a) Salzsäure und Ethylendiamin, (b) Harnstoff und Salzsäure.

Berechnen Sie in den Übungen 9-59 und 9-60 für jeden Indikator das Verhältnis von Säure zu ihrer konjugaten Base für die pH-Werte von 1,14 in ganzen Schritten.

9-59 (a) Methylorange, (b) Methylrot, (c) Lackmus, (d) Phenolphthalein.

9-60 (a) Thymolblau, (b) Bromphenolblau, (c) Phenolrot.

Puffer

Berechnen Sie in den Lösungen 9-61 und 9-62 die pH-Änderung, die auftritt, wenn man 0,5 cm³ einer 0,10 M HCl(aq)-Lösung zu 10 cm³ der folgenden Lösungen gibt:

9-61 (a) reines Wasser, (b) eine Lösung, die 0,10 M bezüglich $Na(CH_3CO_2)$(aq) und 0,10 M bezüglich CH_3COOH(aq) ist.

9-62 (a) 0,15 M HCl(aq), (b) eine Lösung, die 0,15 M bezüglich Na_2HPO_4 und 0,10 M bezüglich KH_2PO_4(aq) ist.

Sagen Sie in den Übungen 9-63 und 9-64 den pH-Bereich voraus, in dem die folgenden Puffer wirksam sind, wenn man annimmt, daß in jedem Fall die molaren Konzentrationen von Säure und Salz gleich sind:

9-63 (a) Natriumlactat und Milchsäure, (b) Kaliumhydrogenphosphat und Kaliumphosphat, (c) Kaliumhydrogenphosphat und Kaliumdihydrogenphosphat.

9-64 (a) Natriumdihydrogenborat und Borsäure, (b) Natriumcarbonat und Natriumhydrogencarbonat, (c) Ammoniak und Ammoniumchlorid.

Benutzen Sie die pK_s-Werte aus Tabelle 9-2, um jeweils einen Puffer für die folgenden pH-Werte vorzuschlagen:

9-65 (a) 2, (b) 3, (c) 7, (d) 12.

9-66 (a) 4, (b) 5, (c) 9, (d) 11.

Bestimmen Sie in den Übungen 9-67 und 9-68 das Volumen an (a) 0,1 M HCl(aq) und (b) 0,1 M NaOH(aq), das zu einer Pufferlösung zugegeben werden kann, ohne daß die Kapazität des Puffers erschöpft ist. Stellen Sie in jedem Fall den pH-Wert der Pufferlösung fest, bei dem die Kapazität des Puffers gerade noch nicht erschöpft ist:

9-67 25 cm³ einer Lösung, die 0,20 molar bezüglich $NaHCO_3$(aq) und 0,20 molar bezüglich Na_2CO_3(aq) ist.

9-68 100 cm³ einer Lösung, die 0,10 molar bezüglich NH_3(aq) und 0,10 molar bezüglich NH_4Cl(aq) ist.

9-69 Tris (B) ist ein organischer Puffer, der sehr oft in der Biochemie benutzt wird. Seine protonierte Form (BH^+) hat den pK_s-Wert 8,08. Berechnen Sie den pH-Wert von 1 dm³ einer Lösung, die 0,050 mol B und 0,1 mol BH^+ enthält.

Löslichkeitsprodukte

9-70 Formulieren Sie für die folgenden Substanzen die Löslichkeitsprodukte: (a) AgBr, (b) $Ca(OH)_2$, (c) Ag_2S, (d) Ag_2CrO_4.

9-71 Formulieren Sie für die folgenden Substanzen die Löslichkeitsprodukte: (a) AgI, (b) Sb_2S_3, (c) $MgNH_4PO_4$, (d) AgSCN.

9-72 Berechnen Sie aus den angegebenen Löslichkeiten K_L und pK_L:
(a) AgBr: $L = 8,8 \cdot 10^{-7}$ M,
(b) $PbCrO_4$: $L = 1,3 \cdot 10^{-7}$ M,
(c) $Ba(OH)_2$: $L = 0,11$ M,
(d) $MgNH_4PO_4$: $L = 6,3 \cdot 10^{-5}$ M.

9-73 Berechnen Sie aus den angegebenen Löslichkeiten K_L und pK_L:
(a) AgI: $L = 9,1 \cdot 10^{-9}$ M,
(b) $Ca(OH)_2$: $L = 0,011$ M,
(c) Ag_3PO_4: $L = 2,7 \cdot 10^{-6}$ M,
(d) Hg_2Cl_2: $L = 5,2 \cdot 10^{-7}$ M.

9-74 Berechnen Sie unter Verwendung der Daten in Tabelle 9-6 für die folgenden Substanzen die Löslichkeiten bei 25°C in mol dm⁻³: (a) Ag_2S, (b) CuS, (c) $CaCO_3$, (d) $PbCl_2$.

9-75 Berechnen Sie unter Verwendung der Daten in Tabelle 9-6 für die folgenden Substanzen die Löslichkeiten bei 25°C in mol dm⁻³: (a) $PbSO_4$, (b) $Fe(OH)_2$, (c) Ag_2CrO_4, (d) $SrSO_4$.

9-76 (a) Wenn Leitungswasser mit Fluor-Ionen versetzt wird, ist es üblich, so viel zuzugeben, daß $[F^-(aq)] = 0,05$ mM erreicht wird. Kann sich dann in hartem Wasser mit $[Ca^{2+}] = 0,2$ mM ein Niederschlag von CaF_2 bilden?
(b) Fluorid-Ionen verwandeln den Hydroxyapatit $[Ca_5(PO_4)_3OH]$ der Zähne in Fluorapatit $[Ca_5(PO_4)_3F]$. Diese beiden Substanzen haben pK_L-Werte von 36 bzw. 60. Wie groß sind ihre Löslichkeiten?
(c) Bakterien produzieren Milchsäure, die den pH-Wert auf der Oberfläche der Zähne auf etwa 5 erniedrigt. Welchen Einfluß hat die Milchsäure auf den Abbau der Zahnsubstanz?

9-77 Im Meereswasser liegen Mg^{2+}-Ionen in einer Konzentration von etwa $1{,}3\ \mu g\ dm^{-3}$ vor. In einer Meereswasserentsalzungsanlage wird Magnesium als Hydroxid ausgefällt. Bei welchem pH-Wert beginnt $Mg(OH)_2$ auszufallen?

Der Effekt gleichartiger Ionen

Berechnen Sie in den Aufgaben 9-78 und 9-79 die Löslichkeit der folgenden Substanzen:

9-78 (a) Silberchlorid in 0,20 M NaCl(aq), (b) Quecksilber(I)-chlorid in 0,10 M NaCl(aq), (c) Blei(II)chlorid in 0,10 M $CaCl_2$(aq).

9-79 (a) Silberbromid in 1,0 mM KBr(aq), (b) Blei(II)bromid in 0,10 mM KBr(aq), (c) Magnesiumammoniumphosphat in 0,10 M NH_4Cl(aq).

Der Einfluß des pH-Wertes auf die Löslichkeit

Leiten Sie in Übung 9-80 und 9-81 einen Ausdruck für die Löslichkeit der folgenden Substanzen mit Hilfe des pH-Wertes ab und berechnen Sie anschließend die Löslichkeit bei den angegebenen pH-Werten:

9-80 (a) $Al(OH)_3$ bei (1) pH = 7,0 und (2) pH = 4,5, (b) $Zn(OH)_2$ bei (1) pH = 7,0 und (2) pH = 6,0.

9-81 (a) $Fe(OH)_3$ bei (1) pH = 7,0 und (2) pH = 3,0 und (3) pH = 11,0, (b) $Fe(OH)_2$ bei (1) pH = 7,0, (2) pH = 6,0, (3) pH = 8,0.

Berechnen Sie in Übung 9-82 und 9-83 die Löslichkeit der folgenden Sulfide in 0,1 M H_2S(aq)-Lösung bei den angegebenen pH-Werten:

9-82 (a) ZnS bei (1) pH = 1,0 und (2) pH = 9,0, (b) Sb_2S_3 bei (1) pH = 1,0 und (2) pH = 9,0.

9-83 (a) MnS bei (1) pH = 1,0 und (2) pH = 9,0, (b) Bi_2S_3 bei (1) pH = 1,0 und (2) pH = 9,0.

Finden Sie in Übung 9-84 und 9-85 einen Ausdruck für die pH-Abhängigkeit der Löslichkeit der folgenden Substanzen und berechnen Sie anschließend die Löslichkeit bei den angegebenen pH-Werten:

9-84 CaF_2 bei (a) pH = 7,0 und (b) pH = 5,0.

9-85 BaF_2 bei (a) pH = 7,0 und (b) pH = 4,0.

Entscheiden Sie in den Übungen 9-86 und 9-87, ob sich ein Niederschlag bildet, wenn die folgenden Lösungen zusammengegeben werden:

9-86 (a) $25\ cm^3$ einer 0,1 M $Sr(NO_3)_2$(aq) und $1{,}0\ cm^3$ einer 0,1 M NaOH(aq),
(b) $1{,}0\ cm^3$ einer 1,0 mM NaOH(aq) und $10\ cm^3$ einer 0,1 M $AlCl_3$(aq),
(c) $0{,}1\ cm^3$ einer 1,0 mM NaCl(aq) und $10{,}0\ cm^3$ einer 0,1 M $AgNO_3$(aq),
(d) $1{,}0\ cm^3$ einer 1,0 M K_2SO_4(aq) und $25\ cm^3$ einer 1,0 mM $CaCl_2$(aq).

9-87 (a) $25\ cm^3$ einer 0,1 M $CaCl_2$(aq) und $0{,}1\ cm^3$ einer 0,1 M Na_2CO_3(aq),
(b) $1{,}0\ cm^3$ einer 0,10 M K_2CrO_4(aq) und $10\ cm^3$ einer 0,1 M $AgNO_3$(aq),
(c) $0{,}1\ cm^3$ einer 0,10 M NaOH(aq) und $50\ cm^3$ einer 0,1 M $FeCl_3$(aq),
(d) $0{,}1\ cm^3$ einer 0,1 M H_3PO_4(aq) und $10\ cm^3$ einer 0,1 M $AgNO_3$(aq).

9-88 Eine Lösung, die 0,10 M Ca^{2+}(aq), 0,10 M Fe^{2+}(aq) und 0,1 M H_2S(aq) enthält, wird auf einen pH-Wert von 0,5 gebracht. Welches Sulfid wird ausfallen?

9-89 Eine Lösung, die 0,20 M Bi^{3+}(aq), 0,20 M Mn^{2+}(aq) und 0,20 M H_2S(aq) enthält, wird auf einen pH-Wert von 0,3 gebracht. Welches Sulfid wird ausfallen?

9-90 Die pK_L-Werte der Hydroxide von Barium, Calcium, Kupfer(II) und Mangan(II) sind 2,3, 5,3, 19 und 13. In welcher Reihenfolge werden sie ausfallen, wenn eine KOH-Lösung zu einer Lösung gegeben wird, die jedes der Hydroxide in der Konzentration 1 mM enthält?

9-91 Wir nehmen an, daß zwei Hydroxide, MOH und $M'(OH)_2$, einen pK_L von 12,0 haben, und daß beide in einer Lösung in der Konzentration 1 mM vorliegen. Welches Hydroxid wird bei welchem pH-Wert als erstes ausfallen, wenn NaOH-Lösung zugegeben wird?

Es ist oft nützlich zu wissen, ob zwei Substanzen durch selektive Ausfällung aus einer Lösung getrennt werden können. Entscheiden Sie in den Übungen 9-92 und 9-93, ob dies mit 99,99%iger Reinheit möglich ist, indem man die angegebenen Ionen zugibt:

9-92 In einer Lösung, die 0,010 M Pb^{2+}(aq) und 0,010 M Hg_2^{2+}(aq) enthält, durch Zugabe von I^--Ionen.

9-93 In einer Lösung, die 50 mM Ca^{2+}(aq) und 30 mM Ag^+(aq) enthält, durch Zugabe von SO_4^{2-}-Ionen.

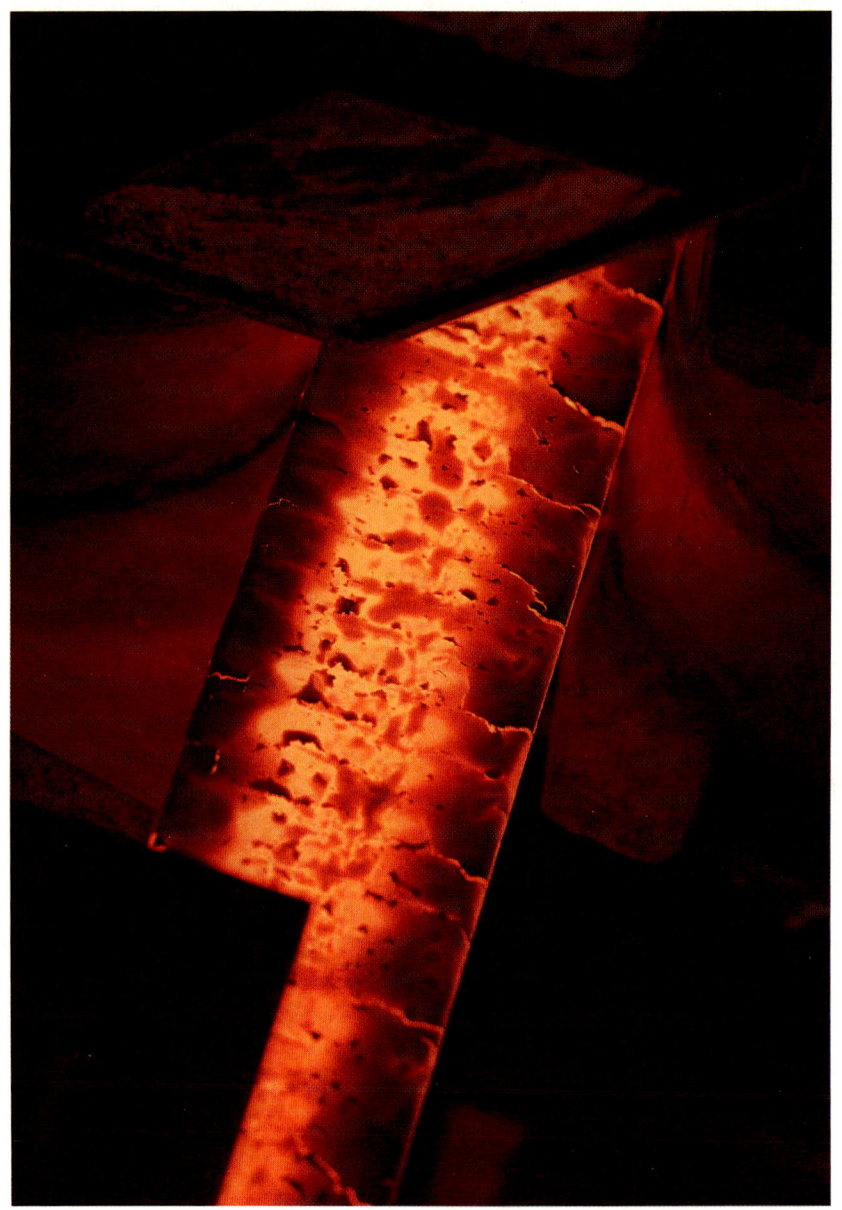

In diesem Kapitel entwickeln wir das Konzept der Entropie. Damit können wir beschreiben, in welche Richtung ein System bestrebt ist, sich zu verändern, und wie man Gleichgewichtskonstanten vorhersagen kann. Das Bild zeigt glühendes Eisen beim Abkühlen. Wenn wir verstehen, warum sich ein heißer Körper abkühlt, können wir auch erklären, warum chemische Reaktionen zu einem Gleichgewicht führen.

10 Entropie, Freie Enthalpie und chemisches Gleichgewicht

Wir haben festgestellt, daß physikalische und chemische Prozesse immer in Richtung auf ein Gleichgewicht ablaufen und daß wir die Zusammensetzung eines Systems, das sich im Gleichgewicht befindet, mit Hilfe der Gleichgewichtskonstanten beschreiben können. Der Grund dafür ist jedoch unbekannt. Wodurch wird bestimmt, ob eine bestimmte Flüssigkeit verdampft wird oder nicht? Was legt fest, ob in einer bestimmten Reaktionsmischung das Gleichgewicht mehr auf der Produktseite oder mehr auf der Seite der Ausgangssubstanzen liegt? Die Antwort auf diese Fragen gibt ein einziges, umfassendes Gesetz, der Zweite Hauptsatz der Thermodynamik. Der Zweite Hauptsatz spielt in der ganzen Chemie eine wichtige Rolle, denn er gilt für jede Art von Prozessen, die zu einem Gleichgewicht führen. Er gilt für Verdampfungs-, Lösungs- und Fällungsgleichgewichte, aber auch für die kolligativen Eigenschaften von Mischungen und für die Dissoziation von Säuren und Basen. Auch für Redoxreaktionen, die im nächsten Kapitel behandelt werden, spielt er eine wichtige Rolle. Im gewissen Sinn faßt der Zweite Hauptsatz die Chemie als Ganzes zusammen.

Der Zweite Hauptsatz hat auch ganz praktische Konsequenzen: man kann mit ihm Gleichgewichtskonstanten vorhersagen. Wir werden lernen, wie man mit Tabellen, wie sie am Ende dieses Buches wiedergegeben sind, Gleichgewichtskonstanten für sehr viele Reaktionen berechnen kann. Wir werden dann Löslichkeitsprodukte, Dampfdrücke, pK_s-Werte und Gleichgewichtskonstanten aller Art berechnen. Damit wird es uns möglich sein, vorherzusagen, ob eine Reaktion die Tendenz hat, spontan abzulaufen, oder nicht.

Die Richtung spontaner Vorgänge

Im Prinzip gibt es bei den Prozessen, die wir behandelt haben, immer zwei Richtungen, in die sie ablaufen können. Bei chemischen Reaktionen haben wir sie als Hin- und Rückreaktion bezeichnet. So kann Wasser, je nach den Druck- und Temperaturbedingungen, verdampfen oder kondensieren. In Abschnitt 6-5 hatten wir die Erklärung gegeben, daß die Richtung eines Prozesses – etwa die Verdampfung von Wasser beim Druck 1 bar und einer Temperatur von 100 °C oder mehr – dadurch festgelegt ist, daß dabei Energie und Materie stärker verteilt werden in Richtung auf eine allgemeine Unordnung. Das heißt, wenn ein Prozeß abgelaufen ist, hinterläßt er die Welt (das System und seine Umgebung) in einem stärker ungeordneten Zustand.

Anschaulich sehen wir das Bestreben zu einer größeren Verteilung besonders gut bei der Expansion eines Gases in ein Vakuum, denn dabei nimmt die Unordnung des Gases in dem Maße zu, wie sich seine Moleküle über ein größeres Volumen verteilen. Dasselbe gilt, wenn sich eine Substanz in einem Lösungsmittel verteilt. Schon in Kapitel 6 hatten wir festgestellt, daß die Unordnung zunimmt, wenn Ionen und Moleküle von einem Kristall abgetrennt werden und sich in der Lösung ausbreiten. Wir wollen diese Vorgänge jetzt quantitativ untersuchen und die Berechnung von Gleichgewichten auf Größen zurückführen, die wir messen oder berechnen können.

10-1 Die Entropie und spontane Vorgänge

Wir nennen einen Vorgang *spontan*, wenn er die Tendenz hat abzulaufen, ohne daß ein Anstoß dazu von außen erfolgt. Ein einfaches Beispiel ist der spontane physikalische Prozeß der Abkühlung eines heißen Metallblocks bis auf die Temperatur seiner Umgebung. Der umgekehrte Prozeß, daß der Metallblock von selbst heißer wird als seine Umgebung, ist nicht spontan. Wenn wir wollen, daß ein nicht spontaner Prozeß abläuft, müssen wir ihn antreiben, z. B. indem wir einen elektrischen Strom durch das Metall fließen lassen, wobei es erwärmt wird; von allein kann es nicht wärmer werden. Die Expansion eines Gases ins Vakuum ist ein spontaner Prozeß; die Umkehrung erfolgt nicht spontan, denn ein Gas wird sich nicht von selbst in einen kleineren Behälter zurückziehen. Wir können es aber mit dem Kolben einer Pumpe auf ein kleineres Volumen zusammendrücken.

Manchmal sind spontane Prozesse schnell (wie etwa die Expansion eines Gases). Das ist aber nicht immer so. Ein großer Metallblock kühlt sich spontan, aber langsam ab. Ein zähes Öl hat das Bestreben, aus einem umgedrehten Behälter auszufließen, dies geschieht jedoch nur sehr langsam. Bei allen Diskussionen von Gleichgewichten müssen wir bedenken, daß ein Prozeß, der ablaufen kann, weil bei ihm die Unordnung zunimmt, nicht unbedingt mit einer sichtbaren Geschwindigkeit ablaufen muß. Die Thermodynamik sagt uns etwas über Tendenzen von Vorgängen, aber nichts über deren Geschwindigkeiten.

Die Entropie als Maß für die Unordnung

Bisher haben wir nur physikalische Prozesse erwähnt, bei denen keine neuen Substanzen entstehen. Jetzt wenden wir uns chemischen Prozessen zu, bei denen neue Substanzen gebildet werden, wie z. B. die Bildung von Magnesiumoxid bei der Verbrennung von Magnesium in einer Sauerstoffatmosphäre (vgl. Abb. 10-1). Spontane chemische Reaktionen sind solche, bei denen insgesamt die Unordnung zunimmt. Bevor wir aber eine chemische Reaktion in dieser Weise behandeln wollen, müssen wir noch klären, was es bedeutet, wenn wir von einer Substanz sagen, sie habe eine größere Unordnung als eine andere. Zu diesem Zweck führen wir die *Entropie S* ein.

Abb. 10-1 Die heftige Verbrennung von Magnesium ist ein Beispiel einer spontanen Reaktion. Die umgekehrte Reaktion, bei der Energie in das Magnesiumoxid fließen müßte, um es zurück ins Metall zu verwandeln, wurde nie beobachtet.

Entropie ist zuerst einmal ein anderes Wort für Unordnung. Bei einer chemischen Reaktion können wir meist leicht entscheiden, ob bei ihr die Entropie wächst, wenn wir prüfen, ob während der Reaktion die Unordnung zunimmt. Normalerweise nimmt die Entropie zu, wenn bei einer Reaktion ein Gas entsteht, denn ein Gas ist ein sehr ungeordneter Zustand der Materie. Flüssigkeiten sind im Vergleich zu Gasen geordnete Körper, und Festkörper sind es noch etwas mehr. Deshalb nimmt die Entropie ab, wenn ein Gas kondensiert wird. Bei der Umsetzung von Chlor mit PCl_3 in der Reaktion

$$PCl_3(l) + Cl_2(g) \rightarrow PCl_5(s)$$

gehen eine Flüssigkeit und ein Gas in einen Festkörper über; für uns bedeutet das, daß wir mit einer Abnahme der Entropie des Systems rechnen müssen. (Man darf sich nicht davon verwirren lassen, daß diese Reaktion in Richtung abnehmender Unordnung – und damit abnehmender Entropie – des Systems verläuft. Wir werden sehen, daß es nicht auf die Entropie des Systems allein ankommt, vielmehr auf die Gesamtentropie (einschließlich der Umgebung), zu der die Entropie des Systems nur ein Beitrag ist). Bei der Photosynthese

$$6\,CO_2(g) + 6\,H_2O(l) \rightarrow C_6H_{12}O_6(s) + 6\,O_2(g)$$

nimmt die Unordnung im System ab, denn bei ihr werden relativ einfache Moleküle zu hoch organisierten Glucosemolekülen zusammengebaut. Wir können deshalb für die Photosynthese mit einer Abnahme der Entropie des Systems rechnen. Bei der umgekehrten Reaktion, der Verbrennung von Glucose mit Sauerstoff, nimmt die Entropie des Systems wieder zu:

$$C_6H_{12}O_6(s) + 6\,O_2(g) \rightarrow 6\,CO_2(g) + 6\,H_2O(l)$$

Die relativ hohe Ordnung der großen Glucosemoleküle geht verloren, wenn sie in viele kleine dreiatomige Moleküle aufgebrochen werden.

Der österreichische Physiker Ludwig Boltzmann (vgl. Abb. 10-2) hat eine Formel zur Berechnung der Entropie S einer Substanz vorgeschlagen:

$$S = k \cdot \ln W \tag{1}$$

Der Faktor k ist die sogenannte *Boltzmann-Konstante;* sie ist gleich $\frac{R}{N_A}$, wobei R die Gaskonstante und N_A die Avogadrosche Zahl ist. Sie hat den Zahlenwert $k = 1,38 \cdot 10^{-23}\,J\,K^{-1}$; daraus folgt, daß die Einheit der Entropie Joule pro Kelvin ($J\,K^{-1}$) ist. Bei dem Logarithmus ln handelt es sich um den natürlichen Logarithmus. Die Unordnung des Systems beschreiben wir mit W; W ist definiert als die Anzahl der Möglichkeiten, in der man die Moleküle einer Probe anordnen kann, ohne daß sich ihre Gesamtenergie ändert. Das wollen wir uns zuerst an einem Beispiel näher ansehen.

Die Entropie einfacher Festkörper

Wir suchen die Entropie eines Festkörpers, der aus 20 heteronuklearen zweiatomigen Molekülen besteht. (Ein Stück festes Kohlenmonoxid oder Chlorwasserstoff wäre dafür ein Beispiel, nur bestehen sie natürlich eher aus 10^{23} als aus 20 Molekülen.) Wir nehmen an, die 20 Moleküle bilden einen vollständig geordneten Kristall, in dem jedes

Abb. 10-2 Ludwig Boltzmann (1844–1906). Seine Grabinschrift enthält die nach ihm benannte Formel (mit der in der Mathematik üblichen Schreibweise für den natürlichen Logarithmus).

Molekül nur eine Orientierung einnehmen kann (vgl. Abb. 10-3). Weiter soll die Temperatur gleich Null sein ($T = 0$), das heißt, wir sind am absoluten Nullpunkt, und die Bewegung der Moleküle ist erloschen. Für eine solche Probe erwarten wir, daß sie die Entropie Null hat, denn sie ist vollständig geordnet. Das wird durch die Boltzmannsche Formel bestätigt: weil es nur eine Möglichkeit für die Anordnung der Moleküle in dem perfekten Kristall gibt, ist $W = 1$ und (wegen $\ln 1 = 0$):

$$S = k \ln 1 = 0$$

Jetzt nehmen wir an, für jedes Molekül des Festkörpers seien zwei verschiedene Orientierungen erlaubt (vgl. Abb. 10-4). Wenn jedes der 20 Moleküle zwei Orientierungen haben kann, dann können alle zusammen auf

$$W = \underset{(\cdots 20 \ \text{Faktoren} \cdots)}{2 \times 2 \times \cdots \times 2} = 2^{20}$$

verschiedene Arten angeordnet sein. Damit erhalten wir für die Entropie dieses ungeordneten Festkörpers:

$$S = k \cdot \ln 2^{20} = k \cdot (20 \cdot \ln 2)$$
$$= 1{,}9 \cdot 10^{-22} \, \text{J K}^{-1}$$

(wenn wir umordnen nach $\ln x^a = a \cdot \ln x$). Diese Entropie ist auf jeden Fall größer als die eines vollständig geordneten Festkörpers. Wenn der Körper aus 1 mol CO-Molekülen bestehen würde (das sind $6{,}02 \cdot 10^{23}$ Moleküle), dann wäre seine Entropie:

$$S = k \cdot (6{,}02 \cdot 10^{23} \cdot \ln 2) = 5{,}76 \, \text{J K}^{-1}$$

Wenn man die Entropie von 1 mol CO in der Nähe von $T = 0$ zu messen versucht *, erhält man einen Wert von $4{,}6 \, \text{J K}^{-1}$. Das liegt nahe bei dem von uns berechneten Wert von $5{,}8 \, \text{J K}^{-1}$ für den Kristall aus völlig ungeordneten Molekülen, wie es Abb. 10-4 andeutet. Der physikalische Grund für die zufällige Anordnung der CO-Moleküle ist, daß das elektrische Dipolmoment eines Moleküls sehr klein ist. Deshalb besteht für eine Kopf-an-Schwanz-Lage der Moleküle (wie in Abb. 10-3) kaum ein energetischer Vorteil, so daß die Moleküle rein zufällig angeordnet sind. Bei festem HCl ergibt die gleiche Messung $S = 0$; das bedeutet, bei $T = 0$ sind die Moleküle dieser Substanz wohlgeordnet. Ursache dafür ist das größere elektrische Dipolmoment, das dafür sorgt, daß die HCl-Moleküle bei $T = 0$ Kopf-an-Schwanz angeordnet sind wie in Abb. 10-3.

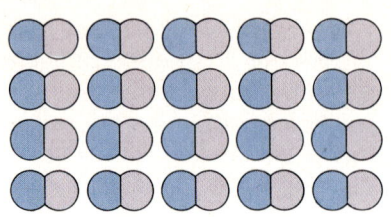

Abb. 10-3 Eine Probe von 20 heteronuklearen zweiatomigen Molekülen in perfekter Ordnung bei $T = 0$ hat die Unordnung Null und die Entropie Null ($S = 0$).

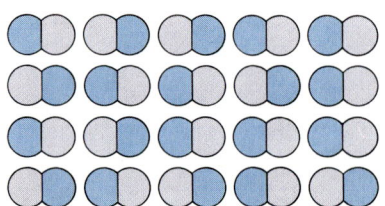

Abb. 10-4 Wenn jedes der 20 Moleküle zwei energiegleiche Orientierungen hat, dann sind $2 \cdot 2 \ldots = 2^{20}$ verschiedene Anordnungen möglich. Das Bild zeigt eine dieser vielen Anordnungen. Die Entropie dieser Probe ist höher als die der Probe in Abb. 10-3.

Beispiel 10-1 Anwendung der Boltzmannschen Entropieformel

1 mol festes $FClO_3$ hat am absoluten Nullpunkt eine Entropie von $10{,}1 \, \text{J K}^{-1}$. Geben Sie dazu eine Erklärung!

Methode. Weil bei $T = 0$ eine von Null verschiedene Entropie gefunden wird, liegt es nahe, daß die Moleküle nicht vollständig geordnet sind. Wenn wir die Form des Moleküls

---

* Wir wollen uns hier nicht mit der experimentellen Bestimmung von Entropiewerten beschäftigen. Es soll nur erwähnt werden, daß es dabei im wesentlichen um eine Bestimmung der Wärmekapazität bei sehr tiefen Temperaturen geht und daß danach die Fläche unter der Kurve für $\frac{C}{T}$ gegen T ausgewertet werden muß.

kennen, müssen wir feststellen, wieviele Orientierungen W in einem Kristall möglich sind; danach prüfen wir, ob dieser Wert mit der Boltzmannschen Formel zu dem experimentell bestimmten Wert von S führt.

Lösung. $FClO_3$ ist ein tetraedrisches Molekül, deshalb vermuten wir, daß ihm in einem Kristall vier verschiedene Orientierungen zur Verfügung stehen (vgl. Abb. 10-5). Wenn wir N Moleküle zu einem Kristall zusammenbauen, so ergibt das:

$$W = 4 \times 4 \times \cdots \times 4 = 4^N$$
$$(\cdots N \text{ Faktoren} \cdots)$$

Dann ist die Entropie:

$$S = k \cdot \ln 4^N = k \cdot (N \cdot \ln 4)$$

1 mol $FClO_3$ enthält $6{,}02 \cdot 10^{23}$ Moleküle, das ergibt:

$$S = (1{,}38 \cdot 10^{-23} \, \text{J K}^{-1}) \cdot (6{,}02 \cdot 10^{23} \cdot \ln 4)$$
$$= 11{,}5 \, \text{J K}^{-1}$$

Das liegt genügend nahe bei dem experimentell gefundenen Wert; wir schließen daraus, daß die Moleküle am absoluten Nullpunkt praktisch ungeordnet orientiert sind.

Übungsaufgabe. Am absoluten Nullpunkt hat 1 mol festes N_2O eine Entropie von $6 \, \text{J K}^{-1}$. Geben Sie dafür eine Erklärung!

[Antwort: Im Kristall ist keine der Orientierungen NNO und ONN bevorzugt]

Am absoluten Nullpunkt herrscht in einem perfekten Kristall wie in Abb. 10-3 perfekte Ordnung und die Entropie hat den Wert Null. Wird der Kristall erwärmt, so fangen die Moleküle an, sich zu bewegen, und in dem Maße, wie die Wärmebewegung zunimmt, wächst auch ihre Unordnung. W und damit auch $\ln W$ werden größer, denn es gibt zwar nur eine Möglichkeit für die perfekte Ordnung, aber sehr viele Möglichkeiten für die Unordnung. (Man stelle sich vor, wieviele Möglichkeiten es bei einem Kartenspiel gibt, die Karten auf die Spieler zu verteilen.) Damit nimmt die Entropie einer Substanz mit steigender Tendenz zu, denn dabei erhöht sich ihre Unordnung. Jede Substanz hat deshalb bei Zimmertemperatur eine Entropie größer als Null; wenn die Moleküle der Substanz besonders gering geordnet sind und die thermische Bewegung heftig ist, wird auch die Entropie sehr groß.

Molare Standard-Entropie

Für sehr viele Substanzen wurden Entropiewerte für die verschiedensten Temperaturen entweder nach der Boltzmannschen Entropieformel berechnet oder aus Meßwerten der Wärmekapazität bis hinab zu sehr tiefen Temperaturen bestimmt. In Tabelle 10-1 sind einige

Abb. 10-5 Jedes $FClO_3$-Molekül kann in jeder Position im Festkörper eine von vier Orientierungen einnehmen. Damit ist die Entropie von festem $FClO_3$ bei $T = 0$ von Null verschieden.

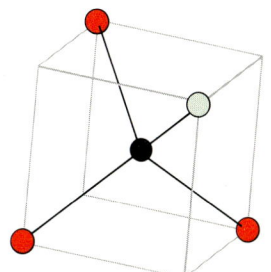
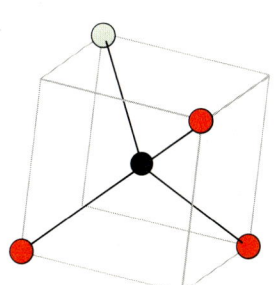
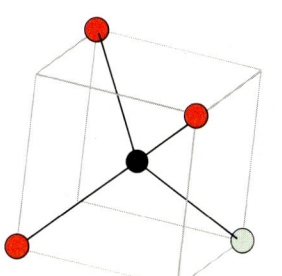
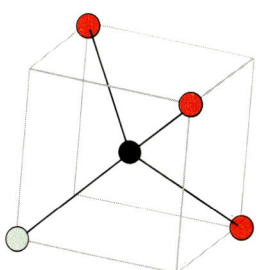

Tabelle 10-1 Molare Standard-Entropien einiger Substanzen bei 25 °C

Substanz	$S°$/J K^{-1} mol^{-1}	Substanz	$S°$/J K^{-1} mol^{-1}	Substanz	$S°$/J K^{-1} mol^{-1}
Gase		*Flüssigkeiten*		Graphit, C	5,7
Ammoniak, NH_3	192,5	Benzol, C_6H_6	173,3	Blei, Pb	64,8
Kohlendioxid, CO_2	213,7	Ethanol, CH_3CH_2OH	160,7	Magnesiumcarbonat, $MgCO_3$	65,7
Helium, He	126,2	Wasser, H_2O	69,9	Magnesiumoxid, MgO	26,9
Wasserstoff, H_2	130,7			Natriumchlorid, NaCl	72,1
Neon, Ne	146,3	*Festkörper*		Rohrzucker, $C_{12}H_{22}O_{11}$	360,2
Stickstoff, N_2	191,6	Calciumcarbonat, $CaCO_3$	92,9	Zinn, Sn (weiß)	51,6
Sauerstoff, O_2	205,1	Calciumoxid, CaO	39,8	Sn (grau)	44,1
		Kupfer, Cu	33,2		
		Diamant, C	2,4		

molare Standard-Entropien zusammengestellt; eine längere Liste findet sich am Ende des Buches.

Die **molare Standard-Entropie** $S°$ einer Substanz ist ihre Entropie pro mol bei einem Druck von 1,01325 bar.

Die Einheit der molaren Entropie ist 1 J K^{-1} mol^{-1}. Die Werte in Tabelle 10-1 sind molare Standard-Entropien bei 25 °C. Zum Vergleich sind in Tabelle 10-2 für Wasser auch Zahlenwerte bei anderen Temperaturen angegeben. Die Werte sind natürlich alle positiv: Im vollständig geordneten Zustand (bei $T = 0$) hat die Entropie den Wert Null, bei 25 °C ist die Unordnung aller Substanzen größer.

Die Entropie reiner Substanzen

Die unterschiedlichen Werte der molaren Standard-Entropien in den Tabellen 10-1 und 10-2 lassen sich mit dem verschiedenen Unordnungsgrad der einzelnen Substanzen erklären. Die molare Entropie des Diamanten ist mit 2,4 J K^{-1} mol^{-1} erheblich niedriger als die von Blei (64,8 J K^{-1} mol^{-1}), weil die Struktur des Diamanten (vgl. Abschn. 5-10) wesentlich härter und geordneter als die von Blei ist. Die Entropie des Wassers nimmt beim Erwärmen stark zu; dieser Anstieg wird durch die vergrößerte Unordnung in der Flüssigkeit bestimmt, denn die Wärmebewegung nimmt bei steigender Temperatur schnell zu. Im übrigen nimmt die Entropie aller Substanzen beim Erwärmen zu.

Am Siedepunkt des Wassers nimmt die Entropie vom Wert des flüssigen Wassers (87 J K^{-1} mol^{-1}) auf den des Dampfes (197 J K^{-1} mol^{-1})

Tabelle 10-2 Die molare Standard-Entropie von Wasser bei verschiedenen Temperaturen

Phase	Temperatur, °C	$S°$/J K^{-1} mol^{-1}
Festkörper	0	43,2
Flüssigkeit	0	65,2
	20	69,6
	50	75,3
	100	86,8
Dampf	100	196,9
	200	204,1

zu; daran erkennt man, wie stark die Unordnung wächst, wenn eine Flüssigkeit in den stärker ungeordneten Gaszustand übergeht. Beim Schmelzen von Festkörpern beobachtet man einen ähnlichen, wenn auch kleineren Anstieg, denn in der Flüssigkeit herrscht eine wesentlich größere Unordnung als im Festkörper (vgl. Abb. 10-6).

Beispiel 10-2 Die Entropieänderung bei einem physikalischen Prozeß

Wie ändert sich die Entropie von 100 g Wasser, wenn es bei 0 °C im Gefrierfach eines Eisschrankes erstarrt?

Methode. Eis ist eine geordnetere Substanz als Wasser, dessen Moleküle sich einigermaßen frei bewegen können. Eis sollte deshalb die kleinere Entropie haben, und die Entropieänderung beim Erstarren sollte negativ sein. Die molaren Entropien von Eis und Wasser sind bekannt; ihre Differenz ist die Änderung der molaren Entropie beim Erstarren. Um die Entropieänderung von 100 g Wasser zu berechnen, müssen wir noch mit der Stoffmenge von 100 g Wasser multiplizieren; diese Zahl erhalten wir aus der molaren Masse des Wassers (18,02 g mol^{-1}).

Lösung. Bei 0 °C ist die Änderung der molaren Standard-Entropie $\Delta S°$:

$$\Delta S° = S°(\text{Eis}) - S°(\text{Wasser})$$
$$= 43,2 \text{ J K}^{-1} \text{ mol}^{-1} - 65,2 \text{ J K}^{-1} \text{ mol}^{-1} = -22,0 \text{ J K}^{-1} \text{ mol}^{-1}$$

In 100 g Wasser sind

$$n(\text{H}_2\text{O}) = 100 \text{ g H}_2\text{O} \cdot \frac{1 \text{ mol H}_2\text{O}}{18,02 \text{ g H}_2\text{O}} = 5,55 \text{ mol H}_2\text{O enthalten}$$

Dann wird die gesuchte Entropieänderung:

$$\Delta S = 5,55 \text{ mol H}_2\text{O} \cdot (-22,0 \text{ J K}^{-1} (\text{mol H}_2\text{O})^{-1}) = -122 \text{ J K}^{-1}$$

Das Minus-Zeichen weist darauf hin, daß beim Gefrieren die Entropie abnimmt und daß Eis eine höhere Ordnung als Wasser hat.

Übungsaufgabe. Wie groß ist die Entropieänderung, wenn bei 13,0 °C 100 g weißes Zinn (vgl. Abb. 10-7) in graues Zinn übergehen? Welche Form ist stärker geordnet? Die Standardwerte sind der Tabelle 10-1 zu entnehmen.

[Antwort: $-6,3$ J K^{-1}, das graue Zinn ist geordneter]

Standard-Reaktionsentropien

An Beispiel 10-2 haben wir gesehen, daß man aus den Entropiewerten der Tabelle 10-2 berechnen kann, wie sich bei einem physikalischen Prozeß die Entropie ändert. Das ist natürlich auch für chemische Prozesse möglich. Diese Entropieänderung heißt *Standard-Reaktionsentropie $\Delta S°$* und ist ganz analog zur Standard-Reaktionsenthalpie definiert, die wir in Abschnitt 3-3 kennengelernt haben:

Die **Standard-Reaktionsentropie** einer Reaktion ist gleich der Differenz der Entropien der Ausgangssubstanzen in ihren Standardzuständen und der Entropien der Reaktionsprodukte in ihren Standardzuständen.

$$\Delta S° = S°(\text{Produkte}) - S°(\text{Ausgangssubstanzen})$$

In dieser Definitionsgleichung bedeutet $S°$(Ausgangssubstanzen) die Summe der Entropiewerte der Ausgangssubstanzen und $S°$(Produkte) die der Produkte.

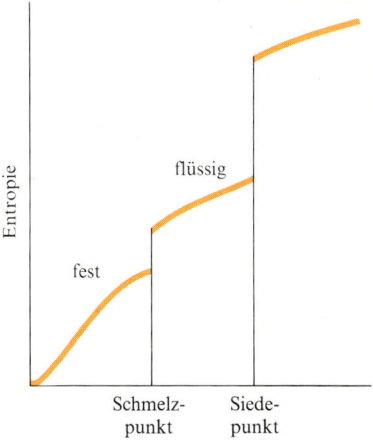

Abb. 10-6 Die Entropie eines Festkörpers nimmt mit der Temperatur zu. Am Schmelzpunkt steigt sie sprunghaft an, danach wieder stetig bis zum Siedepunkt, wo wieder ein Sprung auftritt.

(Diagramm-Achsen: *Entropie* (y-Achse), *Temperatur* (x-Achse); Bereiche *fest*, *flüssig*; Markierungen *Schmelzpunkt*, *Siedepunkt*)

Abb. 10-7 Graues und weißes Zinn sind zwei allotrope Modifikationen des Zinns. Oberhalb 13 °C ist die dichtere weiße metallische Form die stabilere. Das pulverige graue Allotrop (die Zinnpest) bildet sich innerhalb der weißen metallischen Form.

Beispiel 10-3 Berechnung einer Standard-Reaktionsentropie

Wie groß ist die Standard-Reaktionsentropie für die Synthese von 2 mol $NH_3(g)$ bei 25°C nach der Gleichung

$$N_2(g) + 3H_2(g) \rightarrow 2NH_3(g)$$

Methode. Wir müssen mit einer Entropieabnahme rechnen, denn die 4 mol der Ausgangssubstanzen haben bei 1 bar Druck ein größeres Volumen als die 2 mol des Produktgases bei dem gleichen Druck. Um den Zahlenwert auszurechnen, formulieren wir anhand der Reaktionsgleichung eine Gleichung für $\Delta S°$ und setzen die entsprechenden Werte aus der Tabelle 10-1 ein.

Lösung. Die Reaktionsgleichung lautet:

$$N_2(g) + 3H_2(g) \rightarrow 2NH_3(g)$$

Dann ist die Standard-Reaktionsentropie:

$$\Delta S° = 2 \text{ mol } NH_3 \cdot S°(NH_3, g)$$
$$- [1 \text{ mol } N_2 \cdot S°(N_2, g) + 3 \text{ mol } H_2 \cdot S°(H_2, g)]$$
$$= 2 \cdot 192{,}5 \text{ J K}^{-1} - (191{,}6 + 3 \cdot 130{,}7) \text{ J K}^{-1} = -198{,}7 \text{ J K}^{-1}$$

Wie wir erwartet haben, ist das Produkt weniger ungeordnet als die Ausgangssubstanzen.

Übungsaufgabe. Wie groß ist die Standard-Reaktionsentropie der Reaktion

$$N_2O_4(g) \rightarrow 2NO_2(g) \text{ bei } 25°C?$$

[Antwort: $+175{,}8$ J K^{-1}]

10-2 Die Entropieänderung in der Umgebung

Die Entropie des Wassers bei 0°C ist um 22,0 J K^{-1} mol^{-1} höher als die von Eis bei derselben Temperatur; das zeigt, daß in Wasser die Unordnung wesentlich größer als in Eis ist. Wasser bekommt also beim Gefrieren eine höhere Ordnung. Weil wir wissen, daß ein Übergang in einen geordneteren Zustand niemals spontan erfolgen kann, müssen wir nach einem Grund suchen, weshalb Wasser trotzdem ab 0°C spontan gefrieren kann. Die Bildung von NH_3 aus Wasserstoff und Stickstoff ist ein vergleichbarer Fall. Weil Ammoniak weniger ungeordnet als die Ausgangssubstanzen ist, muß es auch hier einen Grund geben, der den Ammoniak entstehen läßt.

Dieser Grund ist die Zunahme der Unordnung in der Umgebung. Bisher hatten wir nur das System betrachtet, das war die Substanz, die einen physikalischen Prozeß erleidet, oder es waren die an einer chemischen Reaktion beteiligten Substanzen. In unserem Beispiel waren jedoch das Gefrieren als auch die Entstehung von Ammoniak exotherme Prozesse, bei denen Wärme aus dem System in die Umgebung fließt. Diese Wärme verstärkt die Wärmebewegung der Moleküle in der Umgebung und erhöht deshalb ihre Unordnung (vgl. Abb. 10-8). Wenn die Zunahme der Unordnung in der Umgebung größer als die Abnahme der Unordnung im System ist, dann nimmt die Gesamtunordnung zu, und der Prozeß ist spontan.

Berechnung der Entropieänderung aus der Enthalpieänderung

Auf den ersten Blick scheint die Berechnung der Entropie der Umgebung mit der Boltzmannschen Formel eine unlösbare Aufgabe zu sein.

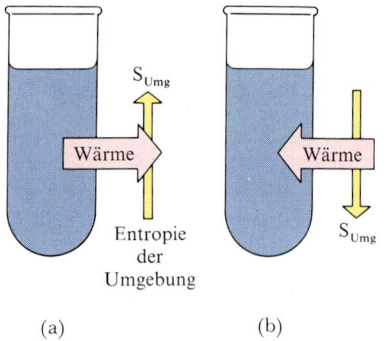

Abb. 10-8 (a) Bei einem exothermen Prozeß entweicht Wärme aus dem System in die Umgebung und erhöht dort die Entropie. (b) Bei einem endothermen Prozeß wird die Entropie der Umgebung kleiner.

Wie sollte es möglich sein, die vielen Möglichkeiten rechnerisch zu berücksichtigen, die für die Anordnung der Atome im Wasserbad, im Laboratorium, im Land und auf der ganzen Erde existieren? Glücklicherweise brauchen wir uns nur mit den Entropie*änderungen* beim Wärmefluß aus dem System in die Umgebung zu beschäftigen. Wenn wir uns auf die Änderungen der Entropie in der Umgebung beschränken, können wir eine andere Formel verwenden, die man im Prinzip aus der Boltzmannschen Formel herleiten kann (aber darauf wollen wir verzichten). Wir gehen aus von einem Ergebnis, das wir in Abschnitt 3-2 abgeleitet hatten; danach entspricht die Enthalpieänderung eines Systems der Wärmemenge, die bei konstantem Druck zu- oder abgeführt wird.

Um die Formel für ΔS_{Umg}, der Entropieänderung in der Umgebung, herzuleiten, nehmen wir an, der Prozeß, der im System abläuft, sei von der Enthalpieänderung ΔH begleitet. Das könnte die exotherme Enthalpieänderung von $-6,00$ kJ sein, die beim Gefrieren von 1 mol Wasser auftritt, oder auch die von -1202 kJ, wenn 2 mol Mg zu 2 mol MgO reagieren. Wenn Wasser bei konstantem Druck in einem offenen Behälter gefriert, fließt eine Wärmemenge von 6,00 kJ (allgemein $-\Delta H$, wenn die Enthalpieänderung ΔH ist) in die Umgebung und verstärkt dort die Wärmebewegung. Wir nehmen an, daß die Zunahme der Unordnung proportional zu der übertragenen Wärmemenge ist:

$$\Delta S_{Umg} \propto -\Delta H$$

Bei einem exothermen Prozeß ist ΔH negativ, denn die Wärme fließt aus dem System heraus. Dann nimmt die Entropie der Umgebung zu, weil ΔS_{Umg} nach dieser Formel positiv wird. Bei einem endothermen Prozeß ist ΔH positiv, die Wärme fließt aus der Umgebung in das System, und die Unordnung und die Entropie der Umgebung nehmen ab, d. h. ΔS_{Umg} ist negativ.

Wie groß die von einer bestimmten Wärmemenge bewirkte Entropieänderung ist, hängt von der Temperatur ab. Wenn die Umgebung bereits heiß ist, dann hat eine kleine Wärmemenge, die aus dem System zufließt, nur wenig Wirkung (vgl. Abb. 10-9). Wenn die Umgebung dagegen kalt ist, dann ist sie relativ gut geordnet, und eine kleine Wärmemenge kann schon eine erhebliche Unordnung hineinbringen. Es ist wie mit einem lauten Niesen: Auf einer lauten Straße fällt es nicht auf, in einer Bibliothek oder im Konzert stört es aber erheblich. Die von

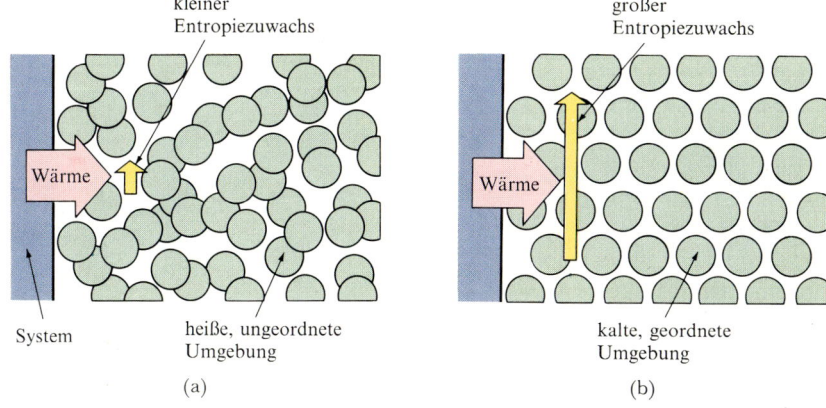

kleiner Entropiezuwachs

großer Entropiezuwachs

Wärme

Wärme

System

heiße, ungeordnete Umgebung

kalte, geordnete Umgebung

(a)

(b)

Abb. 10-9 (a) Wenn eine bestimmte Wärmemenge in eine heiße Umgebung fließt, so erhöht sie dort die Unordnung nur wenig. (b) Wenn die Umgebung noch kalt ist, so kann die gleiche Wärmemenge schon eine beträchtliche Veränderung bewirken.

einer bei konstantem Druck übertragenen Wärmemenge bewirkte Entropieänderung ist umgekehrt proportional zur Temperatur, bei der der Übergang erfolgt; dies drückt die folgende Formel aus:

$$\Delta S_{\text{Umg}} = \frac{-\Delta H}{T} \tag{2}$$

Diese Formel kann man aus den thermodynamischen Hauptsätzen herleiten; sie zeigt, daß die Entropie der Umgebung zunimmt, wenn Wärme aus dem System in die Umgebung fließt, und daß diese Entropiezunahme vor allem bei niedriger Temperatur groß ist.

Für die Synthese von 2 mol NH_3 bei 25°C mit $\Delta H° = -92{,}2$ kJ erhalten wir mit Gl. (2):

$$\Delta S_{\text{Umg}} = \frac{-(-92{,}2 \cdot 10^3 \text{ J})}{298 \text{ K}} = +309 \text{ J K}^{-1}$$

Diese Entropiezunahme in der Umgebung ist größer als die Entropieabnahme im System (in Beispiel 10-3 hatten wir den Wert -199 J K^{-1} berechnet). Insgesamt bleibt also bei der Ammoniaksynthese eine Zunahme an Unordnung übrig; deshalb ist diese Reaktion bei 25°C spontan.

Noch größer ist der Unterschied zwischen den beiden Entropieänderungen bei der Verbrennung von Magnesium nach der Gleichung:

$$2\,Mg(s) + O_2(g) \;\rightarrow\; 2\,MgO(s),$$
$$\Delta H° = -1202 \text{ kJ}, \quad \Delta S° = -217 \text{ J K}^{-1}$$

Hier ändert sich die Entropie der Umgebung bei 25°C um $+4{,}03 \cdot 10^3$ J K^{-1}. Dieser Anstieg übertrifft die relativ kleine Entropieabnahme im System bei weitem. Damit ist die Verbrennung des Magnesiums ein spontaner Prozeß (wenn er erst einmal in Gang gekommen ist).

Systeme im Gleichgewicht

Jetzt wollen wir dieselben Überlegungen für das Gefrieren von Wasser bei 0°C anstellen. Wir wissen, daß die Entropie von 1 mol Wasser dabei um 22,0 J K^{-1} abnimmt. Der Prozeß ist exotherm mit $\Delta H° = -6{,}00$ kJ; daraus folgt:

$$\Delta S_{\text{Umg}} = \frac{-(-6{,}00 \cdot 10^3 \text{ J})}{273 \text{ K}} = +22{,}0 \text{ J K}^{-1}$$

Hier tritt der sonderbare Fall auf, daß die Entropiezunahme in der Umgebung durch die Entropieabnahme im System genau aufgehoben wird. Die Gesamtänderung der Entropie ist also gleich Null. Wenn wir davon ausgehen, daß spontane Prozesse nur bei einer Zunahme der Gesamtentropie möglich sind, heißt das, daß Wasser bei 0°C nicht spontan gefrieren kann.

Das stimmt. Wasser gefriert bei 0°C nicht von selbst, vielmehr besteht zwischen Wasser und Eis bei dieser Temperatur ein Gleichgewicht (vgl. Abb. 10-10b). Nach unserer Rechnung nimmt die Gesamtentropie des Weltalls beim Übergang von Wasser in Eis bei 0°C weder zu noch ab; Wasser hat also bei dieser Temperatur ebensowenig eine Tendenz zu erstarren wie Eis eine Tendenz zu schmelzen hat. „Kinetisch" formuliert heißt das, daß bei 0 °C Eis mit derselben Geschwindigkeit schmilzt wie Wasser gefriert.

Nehmen wir nun an, wir erhöhen die Temperatur um ein Grad, und versuchen, die Entropieänderung zu berechnen, die zu einer Umwandlung von Wasser in Eis bei dieser Temperatur gehört. Die Entropieänderung des Systems wird von der Temperaturänderung nicht betroffen, sie bleibt bei $-22{,}0\,\text{J K}^{-1}$ für den Gefrierprozeß. Die Entropieänderung in der Umgebung ist aber jetzt:

$$\Delta S_{\text{Umg}} = \frac{-(-6{,}00 \cdot 10^3\,\text{J})}{274\,\text{K}} = +21{,}9\,\text{J K}^{-1}$$

Für die gesamte Entropieänderung ΔS_{gesamt} erhalten wir damit:

$$\Delta S_{\text{gesamt}} = -22{,}0\,\text{J K}^{-1} + 21{,}9\,\text{J K}^{-1} = -0{,}1\,\text{J K}^{-1}$$

Das ist eine Entropieabnahme, und das bedeutet, bei $+1\,°C$ ist das Gefrieren von Wasser kein spontaner Prozeß mehr. Der entgegengesetzte Prozeß, das Schmelzen, ist dagegen spontan, denn er ist mit einer Entropiezunahme von $0{,}1\,\text{J K}^{-1}$ verbunden (vgl. Abb. 10-10c).

Jetzt wollen wir die Temperatur auf $-1\,°C$ absenken. Wir wissen aus der experimentellen Erfahrung, daß das Gefrieren bei dieser Temperatur spontan erfolgt, aber es ist natürlich interessant zu sehen, ob man das anhand der Entropieänderung nachweisen kann. Wiederholen wir unsere Rechnung mit der Temperatur 272 K, so erhalten wir $\Delta S_{\text{Umg}} = +22{,}1\,\text{J K}^{-1}$; das ergibt für die Gesamtentropieänderung $\Delta S_{\text{gesamt}} = +0{,}1\,\text{J K}^{-1}$, also eine Zunahme. Das Gefrieren ist demnach bei $-1\,°C$ insgesamt mit einer Zunahme der Unordnung verbunden und erfolgt daher spontan (vgl. Abb. 10-10a).

Wir können zusammenfassend festhalten, daß der Erstarrungspunkt oder der Siedepunkt einer Substanz diejenige Temperatur ist, bei der die mit der Phasenumwandlung verbundene Änderung der Gesamtentropie gleich Null ist. Bei höheren Temperaturen nimmt die Entropie beim Schmelzen und Verdampfen zu, die entsprechenden Prozesse werden also spontan. Bei tieferen Temperaturen gilt das Umgekehrte, denn hier sind Schmelzen und Verdampfen mit Entropieabnahme verbunden, so daß die entgegengesetzten Vorgänge, also Erstarren und Kondensieren, spontan verlaufen können.

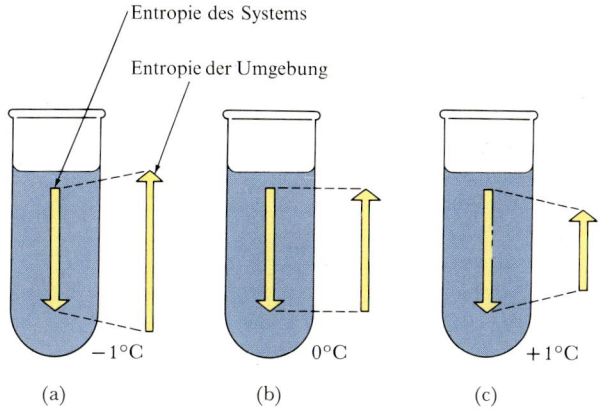

Entropie des Systems

Entropie der Umgebung

$-1\,°C$ (a) $0\,°C$ (b) $+1\,°C$ (c)

Abb. 10-10 Die drei Bilder zeigen die Entropieänderungen (durch gelbe Pfeile symbolisiert), wenn Wasser zu Eis gefriert. (a) Bei $-1\,°C$ ist die Zunahme der Entropie in der Umgebung größer als ihre Abnahme im System; deshalb erfolgt hier das Gefrieren spontan. (b) Bei $0\,°C$ sind die Entropieänderungen gleich. (c) Bei $+1\,°C$ erhält man insgesamt eine negative Entropieänderung; deshalb ist bei dieser Temperatur nur der umgekehrte Prozeß, das Schmelzen, spontan.

Beispiel 10-4 Berechnung des Siedepunktes einer Substanz

Wo liegt der normale Siedepunkt von flüssigem Natrium? Die Entropie von 1 mol Na(l) nimmt um $+84{,}8 \text{ J K}^{-1}$ zu, wenn Dampf mit einem Druck von 1 bar gebildet wird. Die Verdampfungsenthalpie hat den Wert $+98{,}0$ kJ.

Methode. Wir wissen, daß am normalen Siedepunkt die Flüssigkeit und ihr Dampf bei einem Druck von 1 bar miteinander im Gleichgewicht sind. Das heißt, wenn die Substanz von der einen in die andere Phase übergeht, ändert sich die Gesamtentropie nicht. Die Entropieänderung des Systems ist vorgegeben; aus der Verdampfungsenthalpie und der Temperatur berechnen wir die Änderung der Entropie in der Umgebung. Unsere Aufgabe besteht darin, diejenige Temperatur zu bestimmen, für die ΔS_{gesamt}, die Summe der Entropieänderungen im System und in der Umgebung, gleich Null ist.

Lösung. Die Gesamtentropieänderung ist:

$$\Delta S_{\text{gesamt}} = +84{,}8 \text{ J K}^{-1} - \frac{98{,}0 \cdot 10^3 \text{ J}}{T}$$

Diese Entropieänderung muß am normalen Siedepunkt, also bei $T = T_s$, gleich Null sein. Das bedeutet:

$$84{,}8 \text{ J K}^{-1} - \frac{98{,}0 \cdot 10^3 \text{ J}}{T_s} = 0$$

und wir erhalten daraus:

$$T_s = \frac{98{,}0 \cdot 10^3 \text{ K}}{84{,}8} = 1160 \text{ K} = 890\,^\circ\text{C}$$

Übungsaufgabe. Berechnen Sie den Schmelzpunkt des Chlors! Gegeben sind die Schmelzenthalpie mit $+6{,}41 \text{ kJ mol}^{-1}$ und die Schmelzentropie mit $+37{,}3 \text{ J K}^{-1} \text{ mol}^{-1}$.

[Antwort: 172 K]

Wir können jetzt eine Frage klären, die in Abschnitt 5-5 unbeantwortet bleiben mußte. Dort hatten wir die Troutonsche Regel kennengelernt; ihr liegt die experimentelle Erfahrung zugrunde, daß $\frac{\Delta H^\circ_{\text{Verd}}}{T_s}$ von Flüssigkeiten sehr oft nahe bei dem Wert $85 \text{ J K}^{-1} \text{ mol}^{-1}$ liegt, wenn in ihnen Wasserstoffbrücken keine Rolle spielen. Weil, wie wir eben festgestellt haben, am Siedepunkt die Änderung der Gesamtentropie gleich Null ist, können wir (wie in Beispiel 10-4) schreiben:

$$\Delta S + \Delta S_{\text{Umg}} = \Delta S - \frac{\Delta H^\circ_{\text{Verd}}}{T_s} = 0$$

Das können wir nach ΔS auflösen:

$$\Delta S = \frac{\Delta H^\circ_{\text{Verd}}}{T_s}$$

Damit haben wir auf der rechten Seite gerade die Troutonsche Konstante berechnet; bei ihr handelt es sich, wie wir sehen, um die Verdampfungsentropie der betreffenden Flüssigkeit an ihrem Siedepunkt. Die Troutonsche Regel besagt, daß die Verdampfungsentropie bei der Temperatur T_s für alle Flüssigkeiten nahezu gleich ist. Das ist eine einleuchtende Annahme, denn alle Flüssigkeiten erleiden beim Verdampfen etwa die gleiche Zunahme an Unordnung. Wasser und andere Flüssigkeiten mit Wasserstoffbrücken sind stärker geordnet als die meisten Flüssigkeiten, weil die Wasserstoffbrücken für eine gewisse gegenseitige Orientierung der Moleküle sorgen. Bei ihnen ist deshalb die

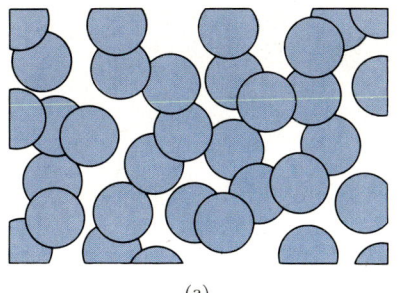 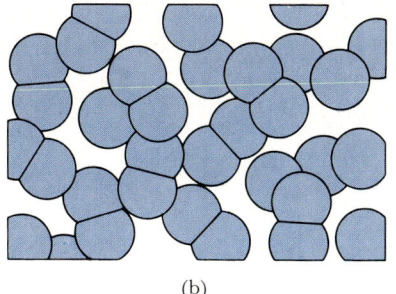

(a)

(b)

Abb. 10-11 Diese Bilder zeigen die Unordnung in einer Flüssigkeit (a) ohne Wasserstoffbrücken, (b) mit Wasserstoffbrücken, die zu einer Paarbildung der Moleküle führen. Ohne Wasserstoffbrücken ist die Unordnung größer, deshalb ist dort auch die Änderung der Entropie beim Verdampfen kleiner.

Zunahme der Unordnung beim Verdampfen größer und damit wird auch ihre Verdampfungsentropie größer (vgl. Abb. 10-11). Sie beträgt bei Wasser $+109 \, \mathrm{J \, K^{-1} \, mol^{-1}}$.

10-3 Der Zweite Hauptsatz

Die Berechnungen im letzten Abschnitt haben uns gezeigt, daß wir die Gesamtentropie des Weltalls betrachten müssen, wenn wir anhand der Entropie entscheiden wollen, in welcher Richtung ein bestimmter Prozeß spontan ablaufen kann. Die Änderung der Gesamtentropie des Weltalls meint in der Praxis die Summe aus den Entropieänderungen in dem betreffenden System und aus der Entropieänderung in der Umgebung des Systems. Das ist der Inhalt des *Zweiten Hauptsatzes* der Thermodynamik:

Zweiter Hauptsatz der Thermodynamik: Eine spontane Änderung ist immer mit einer Zunahme der Gesamtentropie des Weltalls verbunden.

Das ist im Prinzip nur eine andere Formulierung der Erfahrung, daß spontane Prozesse zu einer Zunahme der Gesamtunordnung führen. Unsere Formulierung bringt uns aber weiter, denn sie macht numerische Voraussagen möglich. Mit den Angaben in der Tabelle 10-1 können wir die Entropieänderung in einem System berechnen, und mit Gleichung (2) bekommen wir auch die Entropieänderung in der Umgebung.

Exotherme Reaktionen

Der Zweite Hauptsatz liefert uns die Erklärung, warum exotherme Reaktionen spontan ablaufen können. Bei ihnen sorgt die freiwerdende Wärme für die Zunahme der Unordnung in der Umgebung. Selbst wenn im System die Unordnung abnimmt (wie bei der Verbrennung von Magnesium, bei der ein Gas in einen Festkörper übergeht), nimmt die Unordnung in der Umgebung so sehr zu, daß die Gesamtentropie größer wird. Bei vielen exothermen Reaktionen nimmt aber auch die Unordnung des Systems zu, wie z. B. bei der Bildung von Fluorwasserstoff:

$$\mathrm{H_2(g) + F_2(g) \rightarrow 2\,HF(g)}, \quad \Delta S^\circ = +14,1 \, \mathrm{J \, K^{-1}}, \quad \Delta H^\circ = -546,4 \, \mathrm{kJ}$$

Bei dieser Reaktion nimmt die Unordnung des Weltalls zu, sowohl aufgrund der Änderung im System als auch aufgrund der Änderung in der Umgebung. Solange ΔH genügend groß ist, ist eine Reaktion spontan, ob nun ΔS positiv oder negativ ist (vgl. Abb. 10-12). In der Tat sind die meisten spontanen Reaktionen exotherm, denn die Entropieänderungen innerhalb eines Systems sind in der Regel klein, verglichen mit den Entropieänderungen in der Umgebung.

Endotherme Reaktionen

Der Zweite Hauptsatz kann auch erklären, warum es endotherme Reaktionen gibt. Früher glaubten die Chemiker, das entscheidende Kriterium, ob eine Reaktion spontan verläuft, sei eine negative Enthalpieänderung; danach dürfte es nur exotherme Reaktionen geben, denn bei einer endothermen Reaktion ist $\Delta H > 0$. Ein Beispiel für eine endotherme Reaktion ist die Umsetzung zwischen Bariumhydroxid und Ammoniumthiocyanat, die bereits in Kapitel 3 erwähnt wurde. Es gibt aber viele andere Beispiele wie etwa die Zersetzung von Calciumcarbonat bei höheren Temperaturen.

Genauso wie bei einer exothermen Reaktion müssen wir auch hier als treibende Kraft für die Reaktion die Änderung der Gesamtentropie untersuchen. Bei einer endothermen Reaktion fließt Wärme von der Umgebung in das System hinein, dabei nimmt die Entropie der Umgebung ab. Wenn die Unordnung innerhalb des Systems ausreichend stark zunimmt, kann aber die Änderung der Gesamtentropie noch positiv werden. Genau das ist bei der erwähnten Reaktion zwischen Bariumhydroxid und Ammoniumthiocyanat der Fall. Die beiden Festkörper reagieren miteinander und bilden eine flüssige Lösung und ein Gas. Beide Produkte stehen für eine Entropiezunahme des Systems, die hier so groß ist, daß die Änderung der Gesamtentropie ebenfalls positiv wird. Ähnlich ist es bei der Zersetzung von Calciumcarbonat, bei der das freiwerdende CO_2-Gas für die Entropiezunahme verantwortlich ist.

Eine endotherme Reaktion muß also mit einem Anstieg der Unordnung im System verbunden sein (Abb. 10-13), im Gegensatz zu den exothermen Reaktionen, bei denen das nicht der Fall sein muß (vgl. Abb. 10-12). Aus diesem Grund sind endotherme Reaktionen seltener als exotherme Reaktionen.

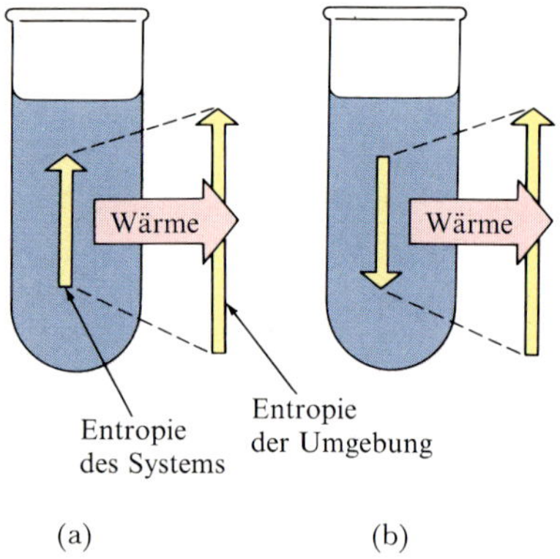

Die Freie Enthalpie

Wir halten fest, daß wir, um die Richtung eines spontanen Prozesses zu bestimmen, zwei getrennte Entropie-Berechnungen anstellen müssen, eine für das System und eine für die Umgebung. Es gibt aber eine elegante Möglichkeit, diese beiden Berechnungen so zu kombinieren, daß wir nur noch eine Information zu verarbeiten brauchen.

10-4 Die Beschränkung auf das System

Die Änderung der Gesamtentropie, also die Summe aus den Entropieänderungen im System und in der Umgebung, ist:

$$\Delta S_{\text{gesamt}} = \Delta S + \Delta S_{\text{Umg}}$$

Abb. 10-12 (a) Bei einem exothermen Prozeß ist die Änderung der Gesamtentropie sicher positiv, wenn die Entropie des Systems zunimmt. (b) Auch wenn die Entropie des Systems abnimmt, kann die Gesamtentropie immer noch zunehmen.

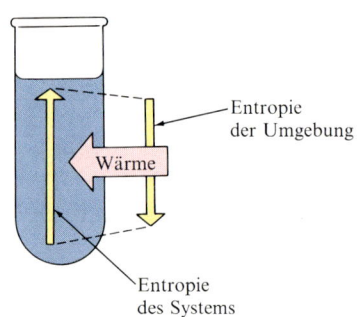

Abb. 10-13 Eine endotherme Reaktion ist nur möglich, wenn die Entropie des Systems so stark zunimmt, daß damit die Abnahme der Entropie in der Umgebung mehr als ausgeglichen wird.

ΔS ist die Entropieänderung im System, die wir aus den Daten in Tabelle 10-1 berechnen können. Wenn der Druck bei der Reaktion konstant bleibt, dann wird die Entropieänderung in der Umgebung mit Gl. (2) beschrieben:

$$\Delta S_{\text{Umg}} = -\frac{\Delta H}{T}$$

Dann gilt:

$$\Delta S_{\text{gesamt}} = \Delta S - \frac{\Delta H}{T}$$

Diese Gleichung lehrt uns etwas Neues: Wir können die Änderung der Gesamtentropie aus Informationen berechnen, die nur das System selbst betreffen, nämlich aus der Temperatur und aus den Änderungen der Entropie und der Enthalpie des Systems. Das heißt nicht, daß wir die Umgebung vernachlässigen. Wir haben lediglich die Änderung der Entropie der Umgebung durch ΔH, die Enthalpieänderung im System, ausgedrückt.

Es ist üblich, die letzte Gleichung etwas umzuformen:

$$-T \cdot \Delta S_{\text{gesamt}} = \Delta H - T \cdot \Delta S$$

und eine neue Größe, die wir *Freie Enthalpie G* oder *Gibbs-Energie* nennen, einzuführen:

$$G = H - T \cdot S \qquad (3)$$

Josiah Gibbs (vgl. Abb. 10-14), nach dem diese Funktion benannt wurde, war von 1869 bis 1903 Professor in Yale; er hat die Thermodynamik aus einer abstrakten Theorie zu einer äußerst nützlichen Wissenschaft entwickelt. Die Bezeichnung ‚Freie Enthalpie‘ läßt sich plausibel machen, wenn man G als die Enthalpie H des Systems abzüglich der gebundenen Energie $T \cdot S$ ansieht; $T \cdot S$ entspricht der Unordnung des Systems. Nur ein Teil der Enthalpie, $H - T \cdot S$, steht also für die Zunahme der Unordnung zur Verfügung.

Wenn ein Prozeß bei konstanter Temperatur und bei konstantem Druck abläuft, führen die Änderungen von Enthalpie und Entropie zu einer Änderung der Freien Enthalpie:

$$\Delta G = \Delta H - T \cdot \Delta S \qquad (4)$$

Wenn wir das mit der Formel für ΔS_{gesamt} vergleichen, erhalten wir

$$-T \cdot \Delta S_{\text{gesamt}} = \Delta G \qquad (5)$$

Bisher haben wir nichts anderes getan als die Formel für die Änderung der Gesamtentropie etwas umzuformen. Daraus ergeben sich jedoch wichtige Folgerungen.

Die Freie Enthalpie und die Richtung einer spontanen Änderung

Das Minus-Zeichen in Gl. (5) bedeutet, daß eine Zunahme der Gesamtentropie einer Abnahme der Freien Enthalpie entspricht. Wenn wir die Freie Enthalpie G unseren Berechnungen zugrunde legen wollen, so gehört zu einem spontanen Prozeß (bei konstanter Temperatur und konstantem Druck) eine Abnahme der Freien Enthalpie.

Wenn wir in einem Diagramm die Freie Enthalpie eines Systems gegen die Änderung der Konzentration einer an der Reaktion beteiligten Substanz auftragen, so erhalten wir eine U-förmige Kurve (vgl.

Abb. 10-14 Josiah Willard Gibbs (1839–1903).

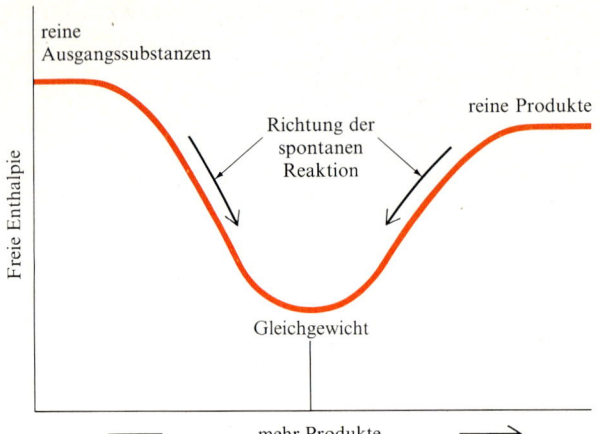

reine
Ausgangssubstanzen

reine Produkte

Richtung der
spontanen
Reaktion

Freie Enthalpie

Gleichgewicht

mehr Produkte

Abb. 10-15 Bei konstanter Temperatur und konstantem Druck ist die Richtung eines spontanen Prozesses diejenige in Richtung abnehmender Freier Enthalpie. Die Zusammensetzung des Gleichgewichtes einer Reaktionsmischung entspricht dem Minimum der Kurve.

Abb. 10-15) mit einem Minimum bei einer bestimmten Konzentration. Die Reaktion läuft immer spontan ab in Richtung auf die Zusammensetzung am Minimum der Kurve, denn zu dieser Reaktionsrichtung gehört eine Abnahme der Freien Enthalpie. Das bedeutet, daß das Minimum der Kurve – also der Punkt mit der kleinsten Freien Enthalpie – gerade dem Gleichgewicht entspricht. Für ein System im Gleichgewicht ist weder die Hin- noch die Rückreaktion spontan, denn in beiden Richtungen steigt die Freie Enthalpie an. Wenn also eine Reaktion praktisch komplett bis zu den reinen Reaktionsprodukten verläuft, muß das Minimum der Freien Enthalpie ganz auf der Seite der Produkte liegen. Wenn eine Reaktion überhaupt nicht geht, wenn also vielmehr die Rückreaktion vollständig zu den reinen Ausgangssubstanzen verläuft, muß das Minimum der Freien Enthalpie ganz bei den reinen Ausgangssubstanzen liegen.

Gleichung (4) zeigt uns, welche Faktoren die Richtung eines spontanen Prozesses bestimmen. In Tabelle 10-3 sind sie noch einmal zusammengestellt; dort können wir die Faktoren finden, die für ein negatives ΔG sorgen. Ein solcher Faktor ist z. B. ein großes negatives ΔH, wie es bei Verbrennungen und anderen stark exothermen Prozessen üblich ist. Ein großes negatives ΔH bewirkt eine starke Entropiezunahme in der Umgebung. Solche Reaktionen werden also von der Zunahme der Unordnung, die sie in der Umgebung bewirken, angetrieben.

ΔG kann aber auch dann negativ sein, wenn ΔH positiv ist, wenn nur $T \cdot \Delta S$ genügend groß und positiv ist. Das hängt von zwei Faktoren ab. Der eine ist der Zahlenwert und das Vorzeichen von ΔS, der Änderung der Entropie des Systems. Der andere Faktor ist die Temperatur T.

Tabelle 10-3 Bedingungen, die eine Reaktion begünstigen

Enthalpieänderung	Entropieänderung	spontane Reaktion?
exotherm ($\Delta H < 0$)	Zunahme ($\Delta S > 0$)	ja, $\Delta G < 0$
exotherm ($\Delta H < 0$)	Abnahme ($\Delta S < 0$)	für $\|T \cdot \Delta S\| < \|\Delta H\|$
endotherm ($\Delta H > 0$)	Zunahme ($\Delta S > 0$)	für $T \cdot \Delta S > \Delta H$
endotherm ($\Delta H > 0$)	Abnahme ($\Delta S < 0$)	nein, $\Delta G > 0$

Wenn im System Unordnung erzeugt wird (etwa bei einer Verdampfung oder bei einer Zersetzung ähnlich der von Calciumcarbonat), dann wird ΔS positiv, und der Term $-T \cdot \Delta S$ in Gleichung (4) leistet einen negativen Beitrag zu ΔG. Die Größe dieses Beitrages hängt aber von der Temperatur ab; selbst wenn in einem System die Unordnung bei einem Prozeß stark zunimmt, hat das nur wenig Einfluß auf ΔG, solange die Temperatur niedrig ist. Je höher aber die Temperatur ist, um so größer ist der Einfluß der Entropie. Bei Reaktionen mit einer großen Entropieänderung kann also die Temperatur bei der Entscheidung, in welcher Richtung die Reaktion spontan ist, eine wichtige Rolle spielen.

Beispiel 10-5 Berechnung der Mindesttemperatur für eine Zersetzung

Bei welcher Temperatur beginnt sich Calciumcarbonat zu zersetzen? Wir setzen voraus, daß Reaktionsenthalpie und Reaktionsentropie nicht von der Temperatur abhängen.

Methode. Die Zersetzung kann ablaufen, sobald die Änderung der Freien Enthalpie der Reaktion

$$CaCO_3(s) \rightarrow CaO(s) + CO_2(g)$$

negativ wird. Die Reaktionsenthalpie können wir aus den in der Tabelle im Anhang des Buches zusammengestellten Bildungsenthalpien berechnen. Genauso ermitteln wir die Änderung der Entropie aus den Tabellenwerten. Schließlich haben wir den Temperaturbereich zu bestimmen, in dem $\Delta H° - T \cdot \Delta S°$ negativ wird. Als Mindesttemperatur erhalten wir daraus $T = \dfrac{\Delta H°}{\Delta S°}$, denn bei allen höheren Temperaturen ist $T \cdot \Delta S°$ größer als $\Delta H°$ und damit $\Delta H° - T \cdot \Delta S°$ negativ.

Lösung. Aus den Tabellenwerten erhalten wir $\Delta H° = +178,3$ kJ. Aus Tabelle 10-1 erhalten wir:

$$\Delta S° = (39,8 + 213,7 - 92,9) \, J \, K^{-1} = +160,6 \, J \, K^{-1}$$

Die Mindesttemperatur für die Zersetzung ist dann:

$$T = \frac{\Delta H°}{\Delta S°} = \frac{178,3 \cdot 10^3 \, J}{160,6 \, J \, K^{-1}} = 1110 \, K$$

Wir können also oberhalb 1110 K bzw. ab etwa 800 °C eine Zersetzung erwarten.

Übungsaufgabe. Von welcher Temperatur an kann man damit rechnen, daß sich Magnesiumcarbonat spontan zersetzt?

[Antwort: 575 K]

Wenn sich ein System im Gleichgewicht befindet, dann kann es in keiner Richtung spontan reagieren. Für ein solches System gilt bei konstantem Druck und konstanter Temperatur $\Delta G = 0$. Das gilt für eine Flüssigkeit, die sich im Gleichgewicht mit ihrem Dampf befindet, für einen Festkörper im Gleichgewicht mit der Schmelze, für einen Bodenkörper im Gleichgewicht mit der gesättigten Lösung und natürlich auch für eine chemische Reaktion im Gleichgewicht.

Freie Standard-Bildungsenthalpie und Freie Standard-Reaktionsenthalpie

Bei der Reaktion

$$2\,NO(g) + O_2(g) \rightarrow 2\,NO_2(g)$$

ändern sich die Entropie, die Enthalpie und die Freie Enthalpie des Systems. Wenn bei 25 °C und einem Druck von 1 bar 2 mol reines NO mit 1 mol reinem O_2 zu 2 mol reinem NO_2 (ebenfalls von 1 bar) reagieren, so ändern sich die Entropie um $-147\,\mathrm{J\,K^{-1}}$ und die Enthalpie um $-114\,\mathrm{kJ}$. Daraus folgt für die Änderung der Freien Enthalpie:

$$\Delta G^\circ = \Delta H^\circ - T \cdot \Delta S^\circ$$
$$= -114\,\mathrm{kJ} - 298\,\mathrm{K} \cdot (-0,147\,\mathrm{kJ\,K^{-1}}) = -70\,\mathrm{kJ}$$

ΔG° nennen wir die *Freie Standard-Reaktionsenthalpie;* sie ist analog der Standard-Reaktionsenthalpie und die Standard-Reaktionsentropie definiert:

$$\Delta G^\circ = G^\circ (\text{Produkte}) - G^\circ (\text{Ausgangssubstanzen})$$

Wie üblich entspricht der Standardzustand einer Substanz einem Druck von 1 bar.

In Abschnitt 3-4 hatten wir die thermochemischen Daten der Elemente als unsere Bezugsgrößen festgelegt, denen wir den Wert 0 zugeschrieben hatten. Wenn wir von der Enthalpie einer Substanz sprechen, meinen wir seitdem die Enthalpie für ihre Bildung aus den Elementen. Mit der Freien Enthalpie können wir genauso vorgehen. Für die Elemente (in ihren Standard-Zuständen) setzen wir die Freie Enthalpie gleich Null (vgl. Abb. 10-16), die Freie Enthalpie einer beliebigen Substanz entspricht dann der Reaktionsenthalpie für ihre Bildung aus den Elementen. Diese Größe heißt die *Freie Standard-Bildungsenthalpie* ΔG_b°.

> Die **Freie Standard-Bildungsenthalpie** ΔG_b° einer Verbindung ist die Freie Standard-Reaktionsenthalpie ihrer Bildung aus den Elementen.

Man erhält zum Beispiel die Freie Standard-Bildungsenthalpie von Iodwasserstoffgas aus der Freien Standard-Reaktionsenthalpie der Reaktion:

$$H_2\,(g) + I_2\,(s) \rightarrow 2\,HI\,(g), \quad \Delta G^\circ = +3,40\,\mathrm{kJ}$$

Dabei reagiert reiner Wasserstoff von 1,01325 bar mit reinem festem Iod zu reinem Iodwasserstoffgas von 1,01325 bar. Die molare Freie Enthalpie des HI ist dann:

$$\Delta G_b^\circ = \frac{+3,40\,\mathrm{kJ}}{2\,\mathrm{mol\,HI}} = +1,70\,\mathrm{kJ\,(mol\,HI)^{-1}}$$

So wie die Bildungsenthalpien der Elemente sind auch die Freien Standard-Bildungsenthalpien der Elemente gleich Null.

Es gibt eine ganze Reihe von Methoden, mit denen Freie Standard-Bildungsenthalpien bestimmt werden können. Eine Möglichkeit besteht in der Kombination von Enthalpie- und Entropie-Daten aus den Tabellen 3-4 und 10-1. In Tabelle 10-4 ist eine Auswahl von Daten angegeben; eine ausführliche Tabelle befindet sich im Anhang des Buches.

Beispiel 10-6 Berechnung einer Freien Standard-Bildungsenthalpie

Wie groß ist die Freie Standard-Bildungsenthalpie bei 25 °C von HI (g)? Es ist auszugehen von der Standard-Bildungsentropie und von der Standard-Bildungsenthalpie.

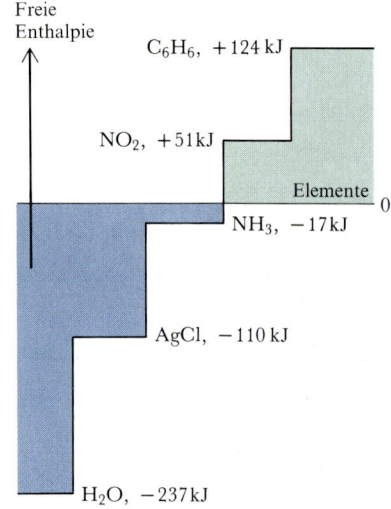

Abb. 10-16 Die Freie Bildungsenthalpie einer Substanz ist als die Änderung der Freien Standard-Enthalpie bei der Bildung der Substanz aus den Elementen definiert. Die Freie Enthalpie wird auch als *thermodynamisches Potential* bezeichnet.

Tabelle 10-4 Freie Standard-Bildungsenthalpien bei 25 °C

Substanz	$\Delta G_b^\circ / \mathrm{kJ\,mol^{-1}}$
Gase	
Ammoniak, NH_3	$-16,5$
Kohlendioxid, CO_2	$-394,4$
Distickstofftetroxid, N_2O_4	$+97,9$
Stickstoffdioxid, NO_2	$+51,3$
Schwefeldioxid, SO_2	$-300,2$
Wasser, H_2O	$-228,6$
Flüssigkeiten	
Benzol, C_6H_6	$+124,3$
Ethanol, CH_3CH_2OH	$-174,8$
Wasser, H_2O	$-237,1$
Festkörper	
Calciumcarbonat, $CaCO_3$	$-1128,8$
Eisen(III)oxid, Fe_2O_3	$-742,2$
Silberbromid, $AgBr$	$-96,9$
Silberchlorid, $AgCl$	$-109,8$

Methode. Wir können ΔG° aus der Standard-Reaktionsenthalpie und aus der Standard-Reaktionsentropie nach Gl. (4) berechnen:

$$\Delta G^\circ = \Delta H^\circ - T \cdot \Delta S^\circ$$

Die Standard-Reaktionsenthalpie erhält man aus den Bildungsenthalpien in den Tabellen am Schluß des Buches, die Standard-Reaktionsentropie ebenfalls aus den Tabellen nach der in Beipiel 10-5 beschriebenen Methode. Die Freie Standard-Reaktionsenthalpie muß dann noch in die Freie Enthalpie pro Mol HI umgerechnet werden.

Lösung. Die chemische Reaktionsgleichung lautet:

$$H_2(g) + I_2(g) \rightarrow 2\,HI(g)$$

Mit $\Delta H_b^\circ = 0$ für die Elemente erhalten wir aus den Tabellen:

$$\Delta H^\circ = 2 \,mol\, HI \cdot \Delta H_b^\circ(HI, g) - [1 \,mol\, H_2 \cdot \Delta H_b^\circ(H_2, g) + 1 \,mol\, I_2 \cdot \Delta H_b^\circ(I_2, s)]$$
$$= 2 \cdot 26{,}48\,kJ - 0 = +52{,}96\,kJ$$

Weiter erhalten wir mit den Tabellenwerten:

$$\Delta S^\circ = 2 \,mol\, HI \cdot S^\circ(HI, g) - [1 \,mol\, H_2 \cdot S^\circ(H_2, g) + 1 \,mol\, I_2 \cdot S^\circ(I_2, s)]$$
$$= 2 \cdot 206{,}6 \,J\,K^{-1} - (130{,}7 + 116{,}1)\,J\,K^{-1} = +166{,}4\,J\,K^{-1}$$

Mit $T = 298\,K$ ergibt das:

$$\Delta G^\circ = +52{,}96\,kJ - 298\,K \cdot 166{,}4\,J\,K^{-1} = +3{,}4\,kJ$$

Bei der Reaktion nach der angegebenen Gleichung entstehen $2 \,mol\, HI(g)$, wir erhalten also als molare Freie Standard-Bildungsenthalpie

$$\Delta G_b^\circ = \frac{+3{,}4\,kJ}{2 \,mol\, HI} = +1{,}7\,kJ\,(mol\, HI)^{-1}$$

Übungsaufgabe. Wie groß ist die Freie Standard-Bildungsenthalpie von $NH_3(g)$ bei 25°C?　　　　　　　　　　　　　　[Antwort: $-16{,}5\,kJ\,(mol\, NH_3)^{-1}$]

10-5 Spontane Reaktionen

Die Freien Bildungsenthalpien von Verbindungen brauchen wir vor allem für die Entscheidung, ob Reaktionen, an denen diese Verbindungen beteiligt sind, spontan ablaufen können. Die einfachste Reaktion, an der eine Substanz beteiligt sein kann, ist ihr Zerfall in die Elemente (also die Umkehrung ihrer Synthese). Wir werden zuerst eine solche Reaktion untersuchen und danach zu komplizierteren Fällen übergehen.

Thermodynamische Stabilität

Die Freie Standard-Bildungsenthalpie einer Verbindung ist ein Maß für ihre Stabilität, bezogen auf ihren Zerfall in die Elemente. Wenn ΔG_b° bei einer bestimmten Temperatur negativ ist, dann haben die Elemente die Tendenz, diese Verbindung zu bilden, und wir können feststellen, daß die Verbindung bei der betreffenden Temperatur stabiler als die Elemente ist (vgl. Abb. 10-17a). Wenn ΔG_b° positiv ist, so ist die umgekehrte Reaktion spontan, und die Verbindung hat die Tendenz, in die Elemente zu zerfallen (vgl. Abb. 10-17b). Im letzten Fall gibt es keine Möglichkeit, die Verbindung direkt aus den Elementen zu synthetisieren.

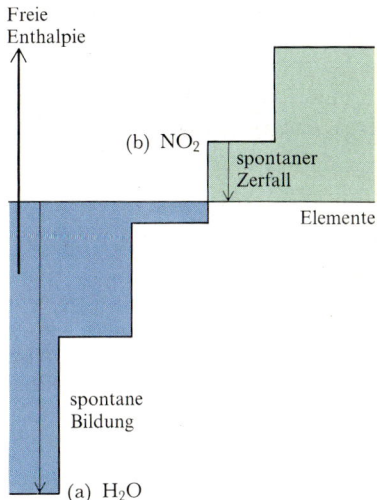

Abb. 10-17 Eine Verbindung (wie hier z. B. Wasser) ist gegenüber einem Zerfall in die Elemente stabil, wenn ihre Freie Standard-Bildungsenthalpie negativ ist. Sie ist instabil und kann sich spontan in die Elemente zersetzen, wenn ihre Freie Standard-Bildungsenthalpie positiv ist. Ein Beispiel dafür ist NO_2.

Die Freie Standard-Bildungsenthalpie von Benzol hat bei 25 °C den Wert $+124 \text{ kJ mol}^{-1}$, das bedeutet, die Reaktion

$$6\,C(s) + 3\,H_2(g) \rightarrow C_6H_6(l), \quad \Delta G_0 = +124 \text{ kJ}$$

ist nicht spontan. Es gibt keine Möglichkeit, bei 25 °C Benzol einfach aus Kohlenstoff und Wasserstoff zu synthetisieren, auch nicht mit Hilfe eines Katalysators. Die umgekehrte Reaktion dagegen,

$$C_6H_6(l) \rightarrow 6\,C(s) + 3\,H_2(g), \quad \Delta G_0 = -124 \text{ kJ}$$

erfolgt bei 25 °C spontan. Das Weltall bekommt eine größere Unordnung, wenn Benzol in Kohlenstoff und Wasserstoff zerfällt. Wir sagen deshalb, Benzol ist thermodynamisch instabil gegenüber einem Zerfall in die Elemente.

Ganz allgemein nennen wir eine Verbindung mit einer positiven Freien Standard-Bildungsenthalpie eine thermodynamisch instabile Verbindung; sie hat im thermodynamischen Sinne eine Tendenz, in die Elemente zu zerfallen. Nicht immer muß sich diese Tendenz von selbst realisieren, wenn kinetische Aspekte dem entgegenstehen. So kann die Aktivierungsenergie (Abschn. 7-6) der Zerfallsreaktion sehr hoch sein. Dies ist in der Tat beim Benzol der Fall, das sich problemlos beliebig lange unzersetzt aufbewahren läßt.

Beispiel 10-7 Beurteilung der Stabilität einer Verbindung

Würde es sich lohnen, nach einem Katalysator zu suchen, mit dem man bei 25 °C Glucose aus den Elementen synthetisieren könnte?

Methode. Eine Synthesereaktion hat nur dann eine spontane Tendenz, in der gewünschten Richtung abzulaufen, wenn die gesuchte Substanz eine negative Freie Standard-Bildungsenthalpie hat. (Das Vorhandensein eines Katalysators ist dabei völlig ohne Bedeutung, denn ein Katalysator beeinflußt immer Hin- und Rückreaktion, läßt also eine vorhandene Tendenz unverändert (vgl. Abschn. 7-7).) Wir brauchen also nur anhand der Daten am Schluß des Buches zu prüfen, ob für die Glucose ΔG_b° negativ ist.

Lösung. Der Tabelle entnehmen wir, daß $\Delta G_b^\circ = -910 \text{ kJ mol}^{-1}$ ist. Dieser Wert ist negativ, also hat die Synthesereaktion durchaus die Tendenz, in der gewünschten Richtung abzulaufen. Zumindest aus thermodynamischen Gründen dürfte es nicht ganz aussichtslos sein, nach einem Katalysator zu suchen, der Kohlenstoff, Wasserstoff und Sauerstoff direkt in Glucose verwandelt.

Übungsaufgabe. Hat es Sinn, nach einem Katalysator zu suchen, der bei 25 °C die Bildung von Methylamin, CH_3NH_2, aus den Elementen katalysiert?

[Antwort: nein]

Die spontane Richtung von chemischen Reaktionen allgemein

Die Freien Standard-Bildungsenthalpien verwenden wir genauso wie die Bildungsenthalpien, um Freie Standard-Reaktionsenthalpien zu berechnen:

$$\Delta G_0 = \Delta G_b^\circ (\text{Reaktionsprodukte}) - \Delta G_b^\circ (\text{Ausgangssubstanzen})$$

Die Freie Standard-Reaktionsenthalpie ist also gerade die Differenz aus der Freien Standard-Bildungsenthalpie der Reaktionsprodukte und derjenigen der Ausgangssubstanzen. So gilt etwa bei der Oxidation des Ammoniaks

$$4\,NH_3(g) + 5\,O_2(g) \;\rightarrow\; 4\,NO(g) + 6\,H_2O(g)$$

für die Freie Standard-Reaktionsenthalpie:

$$
\begin{aligned}
\Delta G^\circ &= [4\,mol\ NO \cdot \Delta G_b^\circ(NO, g) + 6\,mol\ H_2O \cdot \Delta G_b^\circ(H_2O, g)] \\
&\quad - [4\,mol\ NH_3 \cdot \Delta G_b^\circ(NH_3, g) + 5\,mol\ O_2 \cdot \Delta G_b^\circ(O_2, g)] \\
&= [4 \cdot 86{,}55 + 6 \cdot (-228{,}57)]\,kJ - [4 \cdot (-16{,}45) + 0]\,kJ \\
&= -959{,}42\,kJ
\end{aligned}
$$

Dieses Ergebnis zeigt uns, daß die Oxidation des Ammoniaks eine sehr begünstigte Reaktion ist. Beim Ostwald-Verfahren zur Herstellung von Salpetersäure wird diese Reaktion an einem Rhodium-Platin-Katalysator durchgeführt (vgl. Abschn. 7-7).

Man kann mit derartigen Rechnungen auch prüfen, ob eine Substanz die Tendenz hat, in einfachere Substanzen überzugehen. (Das müssen noch nicht gleich die Elemente sein.) Ein solches Beispiel ist der Zerfall von Wasserstoffperoxid:

$$2\,H_2O_2(l) \;\rightarrow\; 2\,H_2O(l) + O_2(g), \quad \Delta G^\circ = -233{,}6\,kJ \;\text{ bei } 25\,^\circ C$$

Der negative Wert von ΔG° zeigt, daß reines Wasserstoffperoxid unter Standardbedingungen bei $25\,^\circ C$ in Wasser und Sauerstoff zerfällt. In Gegenwart von MnO_2 als Katalysator wird dieser Zerfall sehr beschleunigt.

Man kann auch feststellen, ob unter vorgegebenen Bedingungen zwei Substanzen miteinander zu einem bestimmten Produkt reagieren können oder ob nicht. Als Beispiel wählen wir die Bildung von Wasserstoffperoxid aus Wasser und Sauerstoff bei $25\,^\circ C$ und 1 bar:

$$2\,H_2O(l) + O_2(g) \;\rightarrow\; 2\,H_2O_2(l), \quad \Delta G^\circ = +233{,}6\,kJ \;\text{ bei } 25\,^\circ C$$

Die Freie Reaktionsenthalpie ist positiv, jede weitere Bemühung ist also zwecklos.

Beispiel 10-8 Die Berechnung der Temperatur, bei der eine Reaktion ablaufen kann

Bei welcher Temperatur ist es thermodynamisch möglich, daß Kohlenstoff Eisen(III)oxid zu Eisen reduziert?

Methode. Es handelt sich um eine der Reaktionen, die im Hochofen bei $900\,^\circ C$ ablaufen. Die Reaktion wird möglich, sobald ihre Freie Reaktionsenthalpie negativ wird. Wenn wir feststellen wollen, bei welcher Temperatur das passiert, müssen wir die Temperatur berechnen, bei der $\Delta H^\circ - T \cdot \Delta S^\circ$ negativ wird. Der Tabelle am Schluß des Buches entnehmen wir die Reaktionsenthalpien und Reaktionsentropien; wir nehmen an, daß sie nicht von der Temperatur abhängen.

Lösung. Die Reaktionsgleichung lautet:

$$2\,Fe_2O_3(s) + 3\,C(s) \;\rightarrow\; 4\,Fe(s) + 3\,CO_2(g)$$

Mit den Tabellenwerten erhalten wir:

$$
\begin{aligned}
\Delta H^\circ &= [4\,mol\ Fe \cdot \Delta H_b^\circ(Fe, s) + 3\,mol\ CO_2 \cdot \Delta H_b^\circ(CO_2, g)] \\
&\quad - [2\,mol\ Fe_2O_3 \cdot \Delta H_b^\circ(Fe_2O_3, s) + 3\,mol\ C \cdot \Delta H_b^\circ(C, s)] \\
&= 3 \cdot (-395{,}5\,kJ) - 2 \cdot (-824{,}2\,kJ) = +461{,}9\,kJ
\end{aligned}
$$

$$\Delta S^\circ = [4 \text{ mol Fe} \cdot S^\circ(\text{Fe, s}) + 3 \text{ mol } CO_2 \cdot S^\circ(CO_2, \text{g})]$$
$$- [2 \text{ mol } Fe_2O_3 \cdot S^\circ(Fe_2O_3, \text{s}) + 3 \text{ mol C} \cdot S^\circ(\text{C, s})]$$
$$= 4 \cdot 27,3 \text{ J K}^{-1} + 3 \cdot 213,7 \text{ J K}^{-1} - (2 \cdot 87,4 + 3 \cdot 5,7) \text{ J K}^{-1}$$
$$= + 558,4 \text{ J K}^{-1}$$

Die gesuchte Temperatur, bei der ΔG° sein Vorzeichen ändert, ist die Lösung der Gleichung:

$$461,9 \cdot 10^3 \text{ J} - T \cdot 558,4 \text{ J K}^{-1} = 0$$

Das ergibt:

$$T = \frac{461,9 \cdot 10^3 \text{ J}}{558,4 \text{ J K}^{-1}} = 827 \text{ K}$$

Für die Reaktion ist also mindestens eine Temperatur von 550 °C erforderlich.

Übungsaufgabe. Welche Temperatur brauchen wir mindestens, wenn wir Magnetit (Fe_3O_4) mit Kohlenstoff unter Entstehung von CO_2 zu Eisen reduzieren wollen?

[Antwort: 930 K]

Gleichgewichte

Wir wenden uns jetzt dem wichtigsten Punkt dieses Kapitels zu, der Berechnung von Gleichgewichtskonstanten aus Tabellenwerten. Als erstes geben wir eine Gleichung an, die die Freie Enthalpie einer Reaktion mit der Zusammensetzung des Systems verknüpft. Dann können wir diejenige Zusammensetzung ermitteln, für die die Änderung der Freien Enthalpie gleich Null ist; wie wir bereits wissen, muß das die Gleichgewichtszusammensetzung sein. Damit sind wir in der Lage, für praktisch jede Reaktion die Gleichgewichtskonstante zu berechnen, auch wenn die Reaktion noch gar nicht experimentell untersucht worden ist.

10-6 Die Freie Enthalpie und die Zusammensetzung einer Mischung

Die Freie Reaktionsenthalpie hängt mit der Zusammensetzung einer Reaktionsmischung über die Gleichung

$$\Delta G = - RT \cdot \ln \frac{K}{Q} \tag{6}$$

zusammen, wobei Q der konzentrationsabhängige Reaktionsquotient und K die Gleichgewichtskonstante der Reaktion ist (vgl. Abschn. 8-2). Bei 25 °C gilt: $RT = 2,48$ kJ. Wir wollen Gleichung (6) jetzt nicht herleiten, aber einige Zusammenhänge zeigen, die sie plausibel erscheinen lassen. Der Logarithmus stammt im Prinzip aus der Boltzmannschen Entropieformel.

Wir haben gelernt, daß wir spontane Prozesse an $\Delta S_{\text{gesamt}} > 0$ erkennen können. In Abschnitt 8-2 haben wir dagegen spontane Prozesse mit dem Verhältnis zwischen dem Reaktionsquotienten Q und der Gleichgewichtskonstanten K identifiziert. Zuletzt hatten wir (in Abschn. 9-7) festgestellt, daß für $Q > K_L$ ein Niederschlag eines schwerlöslichen Salzes ausfällt, und daß für $Q < K_L$ mehr Salz in Lösung geht. Das heißt, wir müssen zwei Tendenzen kombinieren:

Tendenz	Sprache der Gleichgewichts- konstanten	Sprache der Thermodynamik
Die Reaktion hat eine Tendenz zur Bildung von Produkten, wenn	$Q < K$	$\Delta S_{gesamt} > 0$
Die Reaktion ist im Gleichgewicht, wenn	$Q = K$	$\Delta S_{gesamt} = 0$
Die Reaktion hat eine Tendenz zur Bildung der Ausgangssubstanzen, wenn	$Q > K$	$\Delta S_{gesamt} < 0$

In dieser Tabelle ist für K je nach dem untersuchten Gleichgewicht das Löslichkeitsprodukt K_L, die Gleichgewichtskonstante K_c, wenn wir die Gleichgewichtskonstante in Konzentrationen beschreiben, oder K_p, wenn wir mit Partialdrücken arbeiten, einzusetzen. Beim Dampfdruck-Gleichgewicht setzen wir direkt den Dampfdruck P ein. Bei Säure-Basen-Gleichgewichten gilt das gleiche für K_s, K_b oder K_w.

Die beiden in der Tabelle gegenübergestellten ‚Sprachen' können wir ineinander übersetzen, wenn wir schreiben:

$$\Delta S_{gesamt} \propto \ln \frac{K}{Q}$$

Das müßte funktionieren, denn der Logarithmus einer Zahl größer als 1 (das entspricht $Q < K$) ist positiv (entsprechend $\Delta S_{gesamt} > 0$). Der Logarithmus von 1 (für $Q = K$) ist Null (entsprechend $\Delta S_{gesamt} = 0$), und der Logarithmus einer Zahl kleiner als 1 (für $Q > K$) ist negativ (wie $\Delta S_{gesamt} < 0$). Nach Gl. (5) gilt im Gleichgewicht $\Delta G = - T \cdot \Delta S_{gesamt}$, wir können deshalb für die letzte Formel auch schreiben:

$$\Delta G \propto - T \cdot \ln \frac{K}{Q}$$

Bis auf die Konstante R stimmt sie mit Gl. (6) überein.

10-7 Die Gleichgewichtskonstante

Wir haben nun beinahe eine Gleichung, die K und die Freie Reaktionsenthalpie verknüpft. Betrachten wir ein Gleichgewicht, etwa die Oxidation von NO, und beschreiben wir die Zusammensetzung der Mischung mit Hilfe der Partialdrücke, dann erhalten wir:

$$2\,NO\,(g) + O_2\,(g) \rightleftarrows 2\,NO_2\,(g), \quad Q_P = \frac{(P_{NO_2})^2}{(P_{NO})^2 \cdot P_{O_2}}$$

Wenn alle Substanzen mit dem Partialdruck 1 bar vorliegen, dann gilt für ΔG der Standardwert $\Delta G°$. Weiter ist $Q_P = 1$, weil alle Drücke gleich 1 bar sind. Damit geht Gl. (6) (mit $K = K_P$) über in

$$\Delta G° = - RT \cdot \ln K_P$$

Das gilt auch für alle anderen Gleichgewichtskonstanten, für K_c, K_L, K_s, K_b oder K_w. Wir können deshalb ganz allgemein für ein beliebiges Gleichgewicht schreiben:

$$\Delta G^\circ = -RT \cdot \ln K \qquad (7)$$

Die Gleichung (7) ist wohl die nützlichste Gleichung in der ganzen Thermodynamik. Sie verbindet die Gleichgewichtskonstante eines beliebigen (physikalischen oder chemischen) Gleichgewichtes mit der Freien Standard-Reaktionsenthalpie. Die Freie Standard-Reaktionsenthalpie können wir aus Tabellenwerten der Freien Standard-Bildungsenthalpie berechnen. Damit hilft uns Gleichung (7) bei allen Reaktionen, für die Daten über die Freie Enthalpie der an der Reaktion beteiligten Substanzen vorliegen, K zu berechnen.

Beispiel 10-9 Die Berechnung einer Gleichgewichtskonstante

Welchen Wert hat bei 25 °C die Konstante K_P des Gleichgewichtes

$$N_2O_4(g) \rightleftarrows 2\,NO_2(g), \quad K_P = \frac{(P_{NO_2})^2}{P_{N_2O_4}}?$$

Methode. Den gesuchten Wert können wir berechnen, indem wir Gl. (7) nach K_P auflösen. Zuerst müssen wir aber aus den in Tabelle 10-4 angegebenen Freien Standard-Bildungsenthalpien die Freien Standard-Reaktionsenthalpien bestimmen. Die Einheit von K_P können wir an der Gleichung für K_P ablesen, wenn wir berücksichtigen, daß jeder Partialdruck einmal die Einheit bar mitbringt.

Lösung. Mit den Daten aus Tabelle 10-4 erhalten wir

$$\Delta G^\circ = 2\,mol\,NO_2 \cdot \Delta G_b^\circ(NO_2, g) - 1\,mol\,N_2O_4 \cdot \Delta G_b^\circ(N_2O_4, g)$$
$$= 2 \cdot 51{,}3\,kJ - 97{,}9\,kJ = +4{,}7\,kJ$$

Diesen Wert setzen wir in Gl. (7) ein; mit $RT = 2{,}48\,kJ$ und nach Auflösen erhalten wir

$$\ln K_P = \frac{-\Delta G^\circ}{RT} = \frac{-4{,}7\,kJ}{2{,}48\,kJ} = -1{,}9$$

Daraus berechnen wir $K_P = 0{,}15$ bar. Mit Gl. (4) aus Kapitel 8 können wir daraus auch K_c berechnen.

Übungsaufgabe. Wie groß ist bei 25 °C die Gleichgewichtskonstante K_P der Reaktion

$$N_2(g) + 3\,H_2(g) \rightleftarrows 2\,NH_3(g)?$$

[Antwort: $6{,}0 \cdot 10^5$ bar^{-2}]

Beispiel 10-10 Berechnung eines Dampfdrucks

Wie groß ist der Dampfdruck des Wassers bei 25 °C?

Methode. In Abschnitt 8-3 haben wir bereits festgestellt, daß der Dampfdruck eine Gleichgewichtskonstante ist. Wir gehen wie im letzten Beispiel vor, schreiben zuerst die Reaktionsgleichung für die Verdampfung hin und berechnen dann die Änderung der Freien Standard-Enthalpie. Die Daten entnehmen wir der Tabelle am Ende des Buches, weiter setzen wir $RT = 2{,}48\,kJ$.

Lösung. Das Verdampfungsgleichgewicht lautet

$$H_2O(l) \rightleftarrows H_2O(g), \quad K_P = P_{H_2O}$$

Die Änderung der Freien Standardenthalpie bei diesem Prozeß ist

$$\Delta G^\circ = 1 \text{ mol } H_2O \cdot \Delta G_b^\circ(H_2O, g) - 1 \text{ mol } H_2O \cdot \Delta G_b^\circ(H_2O, l)$$
$$= -228,6 \text{ kJ} - (-237,1 \text{ kJ}) = +8,5 \text{ kJ}$$

Mit Gl. (7) erhalten wir daraus

$$\ln K_P = \frac{-8,5 \text{ kJ}}{2,48 \text{ kJ}} = -3,43$$

Das ergibt $K_P = 0,032$ bar bei 25 °C. In Tabelle 5-5 finden wir dafür in voller Übereinstimmung den Wert 31,7 mbar.

Übungsaufgabe. Wie groß ist bei 25 °C der Dampfdruck von Ethanol? Gegeben sind $\Delta G_b^\circ(C_2H_5OH, l) = -174,8 \text{ kJ mol}^{-1}$ und $\Delta G_b^\circ(C_2H_5OH, g) = -168,5 \text{ kJ mol}^{-1}$.

[Antwort: 80 mbar]

An dieser Stelle sollten wir noch einmal auf die Säure-Basen-Gleichgewichte zurückkommen, bei denen wir lieber mit pK-Werten als mit K selbst gearbeitet haben (vgl. Kap. 9). Jetzt wissen wir warum: $\ln K$ ist proportional zu ΔG°, deshalb ist auch pK nur eine andere Form von ΔG°. Das heißt, alle Rechnungen mit pK-Werten sind eigentlich Rechnungen mit Freien Enthalpien von Dissoziationsgleichgewichten. Im nächsten Kapitel werden wir uns mit den Gleichgewichten bei Redox-Reaktionen beschäftigen. Dort wird uns ΔG° in Form einer elektrischen Spannung (gemessen in Volt) begegnen.

Zusammenfassung

Eine wichtige Frage in der Chemie ist, welche Vorgänge und Reaktionen spontan ablaufen, ohne daß sie irgendwie angetrieben werden. Spontan sind Prozesse, bei denen die Unordnung im Weltall zunimmt. Die Unordnung können wir mit der Entropie quantitativ beschreiben: je größer die Unordnung ist, um so größer ist auch die Entropie. Man kann die Entropie nach der Boltzmannschen Formel $S = k \cdot \ln W$ berechnen oder aus experimentell bestimmten Wärmekapazitäten ermitteln. Bei $T = 0$ ist die Entropie eines perfekten Kristalls gleich Null. Wenn eine Substanz erwärmt oder geschmolzen oder verdampft wird, nimmt die Entropie immer zu. Die Standard-Reaktionsentropie wird aus den Differenzen der molaren Standard-Entropien der an der Reaktion beteiligten Substanzen berechnet; die Tabellenwerte werden dabei immer auf Standardbedingungen bezogen.

Die Entropieänderung in der Umgebung eines reagierenden Systems kann man mit der Formel $\Delta S_{Umg} = -\Delta H/T$ berechnen. Wenn Wärme an die Umgebung abgegeben wird, nimmt deren Entropie zu; wird von der Umgebung Wärme aufgenommen, nimmt deren Entropie ab. Wenn ein Vorgang unter Gleichgewichtsbedingungen abläuft, ist die Entropieänderung Null.

Nach dem Zweiten Hauptsatz ist die Richtung eines spontanen Vorgangs durch eine Entropiezunahme definiert. Eine exotherme Reaktion kann spontan sein, weil bei ihr Wärme an die Umgebung abgeführt wird und dort zu einer Entropiezunahme führt, obwohl die Entropie des Systems vielleicht abnimmt.

Endotherme Reaktionen sind etwas seltener. Sie sind nur dann spontan, wenn die Entropiezunahme im System die Entropieabnahme in der Umgebung kompensiert.

Anstelle der Änderung der Gesamtentropie arbeitet man in der Regel mit der Änderung der durch $G = H - T \cdot S$ definierten Freien Enthalpie. Ein spontaner Vorgang geht (bei konstantem Druck und konstanter Temperatur) in die Richtung abnehmender Freier Enthalpie. Im Gleichgewicht bei konstantem Druck und konstanter Temperatur gilt $\Delta G = 0$. Ob eine Reaktion spontan ist, kann man an der Freien Standard-Reaktionsenthalpie ablesen: eine Reaktion kann spontan ablaufen, wenn die Freie Reaktionsenthalpie negativ ist. Sie wird normalerweise aus den tabellierten Freien Standard-Bildungsenthalpien berechnet.

An der Freien Standard-Bildungsenthalpie kann man ablesen, ob eine Substanz gegenüber einem Zerfall in die Elemente oder in eine andere Substanz thermodynamisch stabil ist oder nicht. Die Temperatur, bei der die Freie Reaktionsenthalpie negativ wird, ist die Temperatur, oberhalb der eine Reaktion ablaufen kann.

Die Freie Reaktionsenthalpie hängt von der Zusammensetzung des reagierenden Systems ab. Im Gleichgewicht muß die Freie Reaktionsenthalpie gleich Null sein; daraus leiten wir her, daß die Gleichgewichtskonstante und die Freie Standard-Reaktionsenthalpie über die Beziehung $\Delta G^\circ = -RT \cdot \ln K$ zusammenhängen.

Aufgaben

Spontane Vorgänge

10-1 Erklären Sie, weshalb die folgenden Vorgänge spontan ablaufen:
(a) heißer Kaffee kühlt sich ab,
(b) eine Billardkugel rollt in ein Loch,
(c) Zucker löst sich in Wasser.

10-2 Erklären Sie, weshalb die folgenden Vorgänge spontan ablaufen:
(a) Wasser verdampft aus feuchter Kleidung,
(b) ein Auto wird gebremst und kommt zum Stehen,
(c) die Feder eines Uhrwerks entspannt sich.

10-3 Erklären Sie, weshalb die folgenden Vorgänge nicht spontan ablaufen:
(a) ein Glas Wasser wird von selbst wärmer als seine Umgebung,
(b) ein Ball springt von selbst immer höher.

10-4 Erklären Sie, weshalb die folgenden Vorgänge nicht spontan ablaufen:
(a) die eine Hälfte eines Kupferblocks wird auf Kosten der anderen Hälfte wärmer,
(b) ein Ball, der auf einer horizontaler Tischplatte liegt, kommt von selbst ins Rollen.

Die Entropie

10-5 Berechnen Sie die Entropie nach der Boltzmannschen Formel für die folgenden Systeme:
(a) ein Stapel von zehn Münzen, alle mit den Zahlen nach oben,
(b) ein Stapel von zehn ungeordneten Münzen

10-6 Berechnen Sie die Entropie nach der Boltzmannschen Formel für die folgenden Systeme:
(a) ein neues Paket von 52 Spielkarten,
(b) ein Paket von 52 gut gemischten Spielkarten.

10-7 Berechnen Sie die Entropie nach der Boltzmannschen Formel für eine Probe aus 1 mol festem CO, dessen Moleküle zu 90% ungeordnet und zu 10% geordnet sind!

10-8 Berechnen Sie die Entropie nach der Boltzmannschen Formel für eine Probe aus 1 mol festem $FClO_3$, dessen Moleküle zu 60% ungeordnet und zu 40% geordnet sind!

10-9 Wenn Stickoxid (NO) kondensiert wird, bildet es rechteckige Dimere $(NO)_2$. Am absoluten Nullpunkt liegt seine molare Entropie bei 5 J K^{-1} mol^{-1}. Geben Sie dafür eine Erklärung!

10-10 Monodeuteromethan (CH_3D) hat eine Nullpunktsentropie von 12 J K^{-1} mol^{-1}.
(a) Geben Sie dafür eine Erklärung!
(b) Welchen Zahlenwert erwarten Sie für die Nullpunktsentropie von CH_2D_2?

10-11 Berechnen Sie unter Verwendung der Angaben in Tabelle 10-2 die Änderung der Entropie bei den folgenden physikalischen Vorgängen:
(a) 1 mol H_2O erstarrt bei 0 °C;
(b) 100 g Benzol schmilzt bei 6 °C.

10-12 Berechnen Sie unter Verwendung der Angaben in Tabelle 10-2 die Änderung der Entropie bei den folgenden physikalischen Vorgängen:
(a) 1 mol H_2O verdampft unter einem Druck von 1,013 bar bei 100 °C;
(b) 100 g Natrium schmelzen an seinem Schmelzpunkt ($T = 371$ K, $\Delta H_{Schm} = 2,60$ kJ mol^{-1}).

Standard-Reaktionsentropien

10-13 Berechnen Sie für die folgenden Reaktionen die Standard-Reaktionsentropien:
(a) $2 H_2(g) + O_2(g) \rightarrow 2 H_2O(l)$,
(b) $6 C(s) + 3 H_2(g) \rightarrow C_6H_6(l)$,
(c) $2 NO_2(g) \rightarrow N_2O_4(g)$,
(d) $H_2(g) + CO(g) \rightarrow H_2CO(g)$ (Formaldehyd).

10-14 Berechnen Sie für die folgenden Reaktionen die Standard-Reaktionsentropien:
(a) $2 CO(g) + O_2(g) \rightarrow 2 CO_2(g)$,
(b) $C(s) + 2 H_2(g) \rightarrow CH_4(g)$,
(c) $CaCO_3(s) \rightarrow CaO(s) + CO_2(g)$,
(d) $H_2(g) + D_2O(l) \rightarrow D_2(g) + H_2O(l)$.

10-15 Berechnen Sie für die folgenden Reaktionen die Standard-Reaktionsentropien:
(a) $2 H_2O_2(l) \rightarrow 2 H_2O(l) + O_2(g)$,
(b) $2 CH_4(g) + S_8(s) \rightarrow 2 CS_2(l) + 4 H_2S(g)$,
(c) $2 F_2(g) + 2 H_2O(l) \rightarrow 4 HF(aq) + O_2(g)$,
(d) $B_2O_3(s) + 3 CaF_2(s) \rightarrow 2 BF_3(g) + 3 CaO(s)$.

10-16 Berechnen Sie für die folgenden Reaktionen die Standard-Reaktionsentropien:
(a) $CaC_2(s) + 2 H_2O(l) \rightarrow Ca(OH)_2(s) + C_2H_2(g)$,
(b) $CO_2(g) + 2 NH_3(g) \rightarrow H_2O(l) + CO(NH_2)_2(s)$ (Harnstoff),
(c) $4 NH_3(g) + 5 O_2(g) \rightarrow 4 NO(g) + 6 H_2O(g)$,
(d) $4 KClO_3(s) \rightarrow 3 KClO_4(s) + KCl(s)$.

Entropieänderungen in der Umgebung

10-17 Wie ändert sich in der Umgebung eines Systems die Entropie, wenn ihr die folgenden Wärmemengen zugeführt werden: (a) 100 kJ bei 25 °C, (b) 100 kJ bei 1000 K, (c) 1 mJ bei 10^{-9} K (das ist der augenblickliche Weltrekord der Tieftemperatur-Technologie).

10-18 Wie ändert sich in der Umgebung eines Systems die Entropie, wenn ihr die folgenden Wärmemengen zugeführt werden: (a) 1 J bei 37 °C (wie z.B. bei einem Schlag des menschlichen Herzens), (b) 100 kJ bei 37 °C, (c) 1 MJ bei 20 °C.

10-19 Der menschliche Körper leistet an Wärmeenergie etwa 100 W (1 W = 1 J s^{-1}).
(a) Wieviel Entropie produziert er dabei in einer Umgebung von 20 °C pro Sekunde?
(b) Wieviel Entropie produziert er an einem Tag?

10-20 Ein elektrischer Heizofen leistet 2 kW.
(a) Wieviel Entropie pro Sekunde produziert er dabei in einem Raum von 28 °C?

(b) Wieviel Entropie produziert er an einem Tag?

(c) Wird die Entropieproduktion größer oder kleiner, wenn man die Raumtemperatur bei 25 °C hält?

10-21 Eine Wärmemenge von 10 J wird einem sehr großen Kupferblock (damit T praktisch konstant bleibt) (a) bei 25 °C, (b) bei 10 K, (c) bei 500 K zugeführt. Wie groß ist die Entropieänderung?

10-22 Eine Wärmemenge von 1,0 kJ wird einem sehr großen Wasservorrat (a) bei 0 °C, (b) bei 25 °C, (c) bei 99 °C zugeführt. Wie groß ist die Entropieänderung?

Entropie und Gleichgewicht

10-23 Berechnen Sie für je 1 mol der folgenden Substanzen die Entropieänderung beim Verdampfen am normalen Siedepunkt, und zwar für die Substanz, für die Umgebung und für das Gesamtsystem: (a) Argon, (b) Methan, (c) Ethanol, (d) Benzol.

10-24 Berechnen Sie für je 1 mol der folgenden Substanzen die Entropieänderung beim Verdampfen am normalen Siedepunkt, und zwar für die Substanz, für die Umgebung und für das Gesamtsystem: (a) Wasser, (b) Quecksilber, (c) Ammoniak. Warum sind die Verdampfungsentropien bei diesen Substanzen so viel höher als bei den in Aufgabe 10-23 genannten Substanzen?

10-25 Berechnen Sie für je 1 mol der folgenden Substanzen die Entropieänderung beim Schmelzen am Schmelzpunkt: (a) Wasser, (b) Ammoniak, (c) Argon.

10-26 Berechnen Sie für je 1 mol der folgenden Substanzen die Entropieänderung beim Schmelzen am Schmelzpunkt: (a) Benzol, (b) Methan, (c) Methanol.

10-27 Xenon hat eine Verdampfungsentropie von 76 J K^{-1} mol^{-1} und eine Verdampfungsenthalpie von 12,6 kJ mol^{-1}. Wo liegt sein Siedepunkt?

10-28 Flüssiges Chlor hat eine Verdampfungsentropie von 85,4 J K^{-1} mol^{-1} und eine Verdampfungsenthalpie von 20,4 kJ mol^{-1}. Wo liegt sein Siedepunkt?

10-29 Benzol siedet bei 80,0 °C. Wie groß ist seine Verdampfungsenthalpie?

10-30 Kohlenstofftetrachlorid siedet bei 76,5 °C. Wie groß ist seine Verdampfungsenthalpie?

Die Freie Enthalpie

10-31 Berechnen Sie für die in den Aufgaben 10-13 und 10-15 angegebenen Reaktionen bei 25 °C die Freien Standard-Reaktionsenthalpien! Welche Reaktionen haben Gleichgewichtskonstanten, aus denen hervorgeht, daß das Gleichgewicht auf der rechten Seite der Reaktionsgleichung liegt?

10-32 Berechnen Sie für die in den Aufgaben 10-14 und 10-16 angegebenen Reaktionen bei 25 °C die Freien Standard-Reaktionsenthalpien! Welche Reaktionen haben Gleichgewichtskonstanten, aus denen hervorgeht, daß das Gleichgewicht auf der rechten Seite der Reaktionsgleichung liegt?

10-33 Für eine Reaktion hat sich bei 200 °C das Gleichgewicht eingestellt; die Standard-Reaktionsenthalpie hat den Wert +100 kJ. Untersuchen Sie, welchen Einfluß Temperaturveränderungen auf die Freie Enthalpie haben, und geben Sie an, ob mehr Produkte oder mehr Ausgangssubstanzen gebildet werden, wenn die Reaktion (a) auf 205 °C erhöht, (b) auf 195 °C erniedrigt wird! Es wird vorausgesetzt, daß die Reaktionsenthalpie und die Reaktionsentropie nicht von der Temperatur abhängen.

10-34 Für eine Reaktion hat sich bei 100 °C das Gleichgewicht eingestellt; die Standard-Reaktionsenthalpie hat den Wert −55 kJ. Untersuchen Sie, welchen Einfluß Temperaturveränderungen auf die Freie Enthalpie haben, und geben Sie an, ob mehr Produkte oder mehr Ausgangssubstanzen gebildet werden, wenn die Reaktion (a) auf 105 °C erhöht, (b) auf 95 °C erniedrigt wird! Es wird vorausgesetzt, daß die Reaktionsenthalpie und die Reaktionsentropie nicht von der Temperatur abhängen.

Die Freie Standard-Bildungsenthalpie

10-35 Berechnen Sie für die folgenden Substanzen aus den Bildungsenthalpien und den Standard-Entropien die Freien Standard-Bildungsenthalpien bei 25 °C:
(a) $NH_3(g)$, (b) $H_2O(l)$, (c) $CH_4(g)$, (d) $H_2O_2(l)$.

10-36 Berechnen Sie für die folgenden Substanzen aus den Bildungsenthalpien und den Standard-Entropien die Freien Standard-Bildungsenthalpien bei 25 °C:
(a) $NaCl(s)$, (b) $H_2O(g)$, (c) $NO_2(g)$, (d) $N_2O_4(g)$.

10-37 Berechnen Sie für die folgenden Substanzen aus den Bildungsenthalpien und den Standard-Entropien die Freien Standard-Bildungsenthalpien bei 25 °C:
(a) $CS_2(l)$, (b) $SO_2(g)$, (c) $CaCO_3(s)$, (d) $CO_2(g)$.

10-38 Berechnen Sie für die folgenden Substanzen aus den Bildungsenthalpien und den Standard-Entropien die Freien Standard-Bildungsenthalpien bei 25 °C:
(a) $CO(g)$, (b) $SO_3(g)$, (c) $MgCO_3(s)$, (d) $C_6H_6(l)$.

10-39 Berechnen Sie aus den im Anhang tabellierten Freien Standard-Bildungsenthalpien für die folgenden Reaktionen die Freien Standard-Reaktionsenthalpien bei 25 °C:
(a) $H_2(g) + I_2(g) \rightarrow 2 HI(g)$,
(b) $2 SO_2(g) + O_2(g) \rightarrow 2 SO_3(g)$,
(c) $CaCO_3(s) \rightarrow CaO(s) + CO_2(g)$.

10-40 Berechnen Sie aus den im Anhang tabellierten Freien Standard-Bildungsenthalpien für die folgenden Reaktionen die Freien Standard-Reaktionsenthalpien bei 25 °C:
(a) $2 CH_3OH(l) + 3 O_2(g) \rightarrow 2 CO_2(g) + 4 H_2O(l)$,
(b) $2 CH_3OH(g) + 3 O_2(g) \rightarrow 2 CO_2(g) + 4 H_2O(g)$,
(c) $NH_4Cl(s) \rightarrow NH_3(g) + HCl(g)$,
(d) $SbCl_5(g) \rightarrow SbCl_3(g) + Cl_2(g)$.

Thermodynamische Stabilität

10-41 Welche der folgenden Substanzen sind bei 25 °C bezüglich eines Zerfalls in die Elemente instabil: (a) CuO, (b) HCN, (c) O_3, (d) NO.

10-42 Welche der folgenden Substanzen sind bei 25 °C bezüglich eines Zerfalls in die Elemente instabil: (a) PCl_5, (b) N_2H_4, (c) H_2O_2, (d) C_8H_{18} (Octan).

10-43 Welche der in Aufgabe 10-41 genannten Substanzen werden bei einer Temperaturerhöhung instabiler?

10-44 Welche der in Aufgabe 10-42 genannten Substanzen werden bei einer Temperaturerhöhung instabiler?

10-45 Besteht eine thermodynamische Tendenz, daß Kaliumchlorat bei 25 °C in Kaliumperchlorat und Kaliumchlorid übergeht? Wie steht es damit bei höherer Temperatur?

10-46 Besteht eine thermodynamische Tendenz, daß Methanol bei 25 °C in Kohlenmonoxid und Wasserstoff zerfällt? Wie steht es damit bei höherer Temperatur?

10-47 Kann man die folgenden Oxide bei 1000 K mit Kohle zu den Metallen reduzieren? (In Klammern stehen die Freien Bildungsenthalpien der Oxide bei 1000 K.) Die Untersuchung soll sich sowohl auf CO als auch auf CO_2 als Produkte erstrecken. Die Freie Standard-Bildungsenthalpie von CO bei 1000 K ist -200 kJ mol^{-1}, die von CO_2 -396 kJ mol^{-1}.
(a) Fe_2O_3 (-562 kJ mol^{-1}), (b) MnO_2 (-405 kJ mol^{-1}).

10-48 Beantworten Sie die Fragestellung aus Aufgabe 10-47 für die folgenden Substanzen:
(a) TiO_2 (-762 kJ mol^{-1}), (b) Li_2O (-466 kJ mol^{-1}).

10-49 Berechnen Sie die Freie Standard-Reaktionsenthalpie der Eigendissoziation des Wassers bei 25 °C:
$2 H_2O(l) \rightarrow H_3O^+(aq) + OH^-(aq)$.

10-50 Können Cu^+(aq)-Ionen bei 25 °C spontan in Cu^{2+}(aq)-Ionen und metallisches Kupfer zerfallen?

Berechnung von Gleichgewichtskonstanten

10-51 Berechnen Sie für die folgenden Reaktionen die Gleichgewichtskonstanten bei 25 °C:
(a) $H_2(g) + I_2(g) \rightarrow 2 HI(g)$,
(b) $2 SO_2(g) + O_2(g) \rightarrow 2 SO_3(g)$,
(c) $CaCO_3(s) \rightarrow CaO(s) + CO_2(g)$.

10-52 Berechnen Sie für die folgenden Reaktionen die Gleichgewichtskonstanten bei 25 °C:
(a) $2 CH_3OH(l) + 3 O_2(g) \rightarrow 2 CO_2(g) + 4 H_2O(l)$,
(b) $2 CH_3OH(g) + 3 O_2(g) \rightarrow 2 CO_2(g) + 4 H_2O(g)$,
(c) $NH_4Cl(s) \rightarrow NH_3(g) + HCl(g)$,
(d) $SbCl_5(g) \rightarrow SbCl_3(g) + Cl_2(g)$.

10-53 Berechnen Sie für die folgenden Reaktionen die Gleichgewichtskonstanten bei 25 °C:
(a) $H_2(g) + 2 O_2(g) \rightarrow 2 H_2O(l)$,
(b) $2 NO_2(g) \rightarrow N_2O_4(g)$,
(c) $H_2(g) + CO(g) \rightarrow H_2CO(g)$ (Formaldehyd).

10-54 Berechnen Sie für die folgenden Reaktionen die Gleichgewichtskonstanten bei 25 °C:
(a) $2 CO(g) + O_2(g) \rightarrow 2 CO_2(g)$,
(b) $C(s) + 2 H_2(g) \rightarrow CH_4(g)$,
(c) $H_2(g) + D_2O(l) \rightarrow D_2(g) + H_2O(l)$.

10-55 Wenn für die folgende Reaktion bei 25 °C $Q = 1,0$ bar ist, besteht dann die Tendenz, daß sich die Produkte bilden?
$N_2O_4(g) \rightleftarrows 2 NO_2(g)$.

10-56 Wenn für die folgende Reaktion bei 25 °C $Q = 1,0$ bar ist, besteht dann die Tendenz, daß sich die Produkte bilden?
$C(s) + O_2(g) \rightleftarrows CO_2(g)$.

10-57 Berechnen Sie aus den Daten im Anhang für die folgenden schwerlöslichen Salze das Löslichkeitsprodukt und die Löslichkeit bei 25 °C: (a) AgCl, (b) AgBr.

10-58 Berechnen Sie aus den Daten im Anhang für die folgenden schwerlöslichen Salze das Löslichkeitsprodukt und die Löslichkeit bei 25 °C: (a) AgI, (b) FeS, (c) $PbBr_2$, (d) $CaCO_3$.

10-59 Berechnen Sie für die folgenden Reaktionen die Freie Standard-Reaktionsenthalpie sowie, wenn möglich, die Freie Standard-Bildungsenthalpie des Produktes, jeweils für die angegebene Temperatur:
(a) $N_2(g) + 3 H_2(g) \rightleftarrows 2 NH_3(g)$, $K_p = 41$ bar^{-1} bei 400 K,
(b) $2 SO_2(g) + O_2(g) \rightleftarrows 2 SO_3(g)$, $K_p = 3,0 \cdot 10^4$ bar^{-1} bei 700 K.

10-60 Berechnen Sie für die folgenden Reaktionen die Freie Standard-Reaktionsenthalpie sowie, wenn möglich, die Freie Standard-Bildungsenthalpie des Produktes, jeweils für die angegebene Temperatur:
(a) $H_2(g) + I_2(g) \rightleftarrows 2 HI(g)$, $K_p = 160$ bar bei 500 K,
(b) $N_2O_4(g) \rightleftarrows 2 NO_2(g)$, $K_p = 47,9$ bar bei 400 K.

10-61 Wie hängen pK_L und $\Delta G°$ beim Lösungsgleichgewicht zusammen? Berechnen Sie pK_L für das schwerlösliche AgI bei 25 °C!

10-62 Berechnen Sie pK_L für das schwerlösliche AgCl bei 25 °C!

Allgemeine Aufgaben

10-63 Gegeben ist nur der Siedepunkt von H_2S ($-60,4$ °C). Wie lange dauert es, bis man mit einem 10-Watt-Heizgerät 100 g flüssigen Schwefelwasserstoff an seinem Siedepunkt verdampft hat?

10-64 Berechnen Sie ΔG für die Bildung von Wasserdampf aus Wasserstoff und Sauerstoff bei 25 °C, wenn die Partialdrücke (a) 0,1 bar, (b) 10^{-6} bar betragen! In welcher Richtung ist die Reaktion jeweils spontan? Welchen Zahlenwert hat Q_p im Gleichgewicht?

10-65 Leiten Sie die van't Hoffsche Gleichung

$$\ln \frac{K'_\mathrm{P}}{K_\mathrm{P}} = \frac{\Delta H^\circ}{R} \cdot \left(\frac{1}{T} - \frac{1}{T'} \right)$$

für die Temperaturabhängigkeit der Gleichgewichtskonstanten her!

10-66 Die in der vorigen Aufgabe hergeleitete van't Hoffsche Gleichung erlaubt die Berechnung der Standard-Reaktionsenthalpie aus den Werten der Gleichgewichtskonstanten bei verschiedenen Temperaturen. Die so berechneten ΔH°-Werte können mit den direkt aus der Gleichgewichtskonstante berechneten Werten der Freien Standard-Reaktionsenthalpie zur Ermittlung der Standard-Reaktionsentropie kombiniert werden. Damit sind alle thermodynamischen Funktionen einer Reaktion bekannt. Berechnen Sie für die folgenden Reaktionen bei Temperaturen in der Mitte zwischen den Meßpunkten ΔG°, ΔH° und ΔS°:

(a) $H_2(g) + I_2(g) \rightleftarrows 2\,HI(g)$,
$K_\mathrm{p}(500\,K) = 160$, $K_\mathrm{p}(700\,K) = 54$,

(b) $2\,SO_2(g) + O_2(g) \rightleftarrows 2\,SO_3(g)$,
$K_\mathrm{p}(500\,K) = 2,5 \cdot 10^{10}\,bar^{-1}$, $K_\mathrm{p}(700\,K) = 3,0 \cdot 10^4\,bar^{-1}$.

Man kann mit chemischen Reaktionen elektrische Ströme erzeugen und mit elektrischen Strömen wiederum chemische Reaktionen betreiben. In diesem Kapitel lernen wir weitere Reaktionen kennen, die man mit Hilfe von Gleichgewichtskonstanten beschreiben kann. Viele Oxidations- und Reduktionsmittel lassen sich in diesem Zusammenhang behandeln. Das Bild zeigt das Innere der Zelle eines Bleiakkumulators während des Ladevorgangs. Die Zelle speichert beim Laden Energie und gibt sie beim Entladen wieder ab.

11 Elektrochemie

Wir haben im vorherigen Kapitel gesehen, daß bei Reaktionen zwischen Säuren und Basen Protonen von einem Molekül oder Ion auf ein anderes übertragen werden. Bei einer anderen wichtigen Gruppe von Reaktionen, den *Redoxreaktionen*, findet dagegen ein *Elektronentransfer* statt. Redoxreaktionen setzen sich aus einer *Oxidation* und einer *Reduktion* zusammen. Bei einer Oxidation werden Elektronen abgegeben, bei einer Reduktion erfolgt eine Elektronenaufnahme.

Ein einfaches Beispiel stellt die Reaktion von Magnesium mit Sauerstoff dar:

$$2\,Mg(s) + O_2(g) \rightarrow 2\,MgO(s)$$

Bei dieser Reaktion geben die Mg-Atome jeweils zwei Elektronen ab und gehen in Mg^{2+}-Ionen über, während die Sauerstoffatome zwei Elektronen aufnehmen und in O^{2-}-Ionen übergehen. Das Resultat ist eine Elektronenübertragung, obwohl der tatsächliche Verlauf der Reduktion wesentlich komplizierter ist.

Redoxreaktionen, also Reaktionen, bei denen die Reaktionspartner ihre Oxidationsstufe verändern, sind in der Chemie weit verbreitet. Wir wollen hier die Methoden der Gleichgewichtsthermodynamik auf Redoxreaktionen anwenden. Welche Rolle Redoxreaktionen spielen, zeigen die Tabellen 11-1 und 11-2, in denen Reaktionen zusammengestellt sind, bei denen Elemente durch Reduktionen und Oxidationen hergestellt werden. Redoxreaktionen dienen auch zur Stromerzeugung und zur Speicherung von elektrischem Strom. Der umgekehrte Prozeß ist der Einsatz des elektrischen Stromes bei chemischen Synthesen, meist *Elektrolyse* genannt. Der Zweig der Chemie, der die Wechselwirkung zwischen Materie und Elektrizität behandelt, heißt *Elektrochemie*. Die Elektrochemie liefert uns auch Methoden zur Beschreibung der relativen Stärken oxidierender und reduzierender Reagenzien.

Wenn wir die in der Elektrochemie übliche Schreibweise verwenden, lautet die Reaktionsgleichung für die Oxidation von Wasserstoff, H_2, zu H^+:

$$\text{Oxidation:} \quad H_2(g) \rightarrow 2\,H^+(aq) + 2\,e^-$$

Die Elektronen werden von einem Oxidationsmittel aufgenommen, das dabei reduziert wird. Bei einer Reduktion werden Elektronen aufgenommen, die von einem Reduktionsmittel geliefert werden:

$$\text{Reduktion:} \quad 2\,H^+(aq) + 2\,e^- \rightarrow H_2(g)$$

Dabei wird das Reduktionsmittel oxidiert. Gleichungen wie diese nennen wir *Halbreaktionen*. In der ersten Halbreaktion ist die redu-

Tabelle 11-1 Elemente, die durch Reduktion hergestellt werden

Element	Quelle	Prozeß
leicht *		
H_2	H_2O	Synthesegas-Reaktion: $CH_4(g) + H_2O(g) \xrightarrow{800\,°C,\ Ni} CO(g) + 3\,H_2(g)$ Shift-Reaktion: $CO(g) + H_2O(g) \xrightarrow{400\,°C,\ Fe/Cu} CO_2(g) + H_2(g)$
Cu	CuS	Kupferverhüttung: $CuS(s) + O_2(g) \rightarrow Cu(s) + SO_2(g)$ Wasserstoff-Metallurgie: $Cu^{2+}(aq) + H_2(g) \rightarrow Cu(s) + 2\,H^+(aq)$
mittelschwierig		
P	PO_4^{3-}	Erhitzen mit Kohle und Sand im elektrischen Ofen: $2\,Ca_3(PO_4)_2(l) + 6\,SiO_2(l) + 10\,C(s) \xrightarrow{1500\,°C} P_4(g) + 6\,CaSiO_3(l) + 10\,CO(g)$
Fe	Fe_2O_3	Hochofen-Prozeß: $Fe_2O_3(s) + 3\,CO(g) \xrightarrow{900\,°C} 2\,Fe(l) + 3\,CO_2(g)$
schwierig		
Na	NaCl	Downs-Prozeß: $2\,NaCl(l) \xrightarrow{\text{Elektrolyse bei } 600\,°C} 2\,Na(l) + Cl_2(g)$
K	KCl	Reduktion mit Natriumdampf: $KCl(l) + Na(g) \xrightarrow{700\,°C} K(l) + NaCl(s)$
Si	SiO_2	Reduktion im elektrischen Ofen: $SiO_2(l) + 2\,C(s) \xrightarrow{1500\,°C} Si(l) + 2\,CO(g)$
Al	Al_2O_3	Hall-Prozeß: $2\,Al_2O_3\ (\text{in Kryolith}) + 3\,C(s) \xrightarrow{\text{Elektrolyse bei } 900\,°C} 4\,Al(l) + 3\,CO_2(g)$
Ti	$TiCl_4$	Kroll-Prozeß: $TiCl_4(g) + 2\,Mg(l) \xrightarrow{1000\,°C} Ti(s) + 2\,MgCl_2(l)$

* Die Einteilung in leichte, mittelschwierige und schwierige Verfahren richtet sich nach der Stärke der eingesetzten Reduktionsmittel. Die schwierigen Reaktionen benötigen die stärksten Reduktionsmittel.

Tabelle 11-2 Elemente, die durch Oxidation hergestellt werden

Element	Quelle	Prozeß
leicht *		
S	H_2S	Claus-Prozeß: $2\,H_2S(g) + 3\,O_2(g) \rightarrow 2\,SO_2(g) + 2\,H_2O(g)$ $2\,H_2S(g) + SO_2(g) \xrightarrow{300\,°C,\ Fe_2O_3} 3\,S(g) + 2\,H_2O(g)$
mittelschwierig		
Cl_2	NaCl	Downs-Prozeß (wie für Na in Tabelle 11-1)
Br_2, I_2	Br^-, I^- in Salzlaugen	Oxidation und Ausblasen mit Luft: $Cl_2(g) + 2\,Br^-(aq) \rightarrow 2\,Cl^-(aq) + Br_2(aq)$
schwierig		
F_2	F^-	Moissansche Methode: $HF\ (\text{mit etwas KF}) \xrightarrow{\text{Elektrolyse bei } 100\,°C} F_2(g) + H_2(g)$
Au	Au	Cyanid-Prozeß: $4\,Au(s) + 8\,CN^-(aq) + O_2(g) + 2\,H_2O(l) \rightarrow 4\,[Au(CN)_2]^-(aq) + 4\,OH^-(aq)$ $2\,[Au(CN)_2]^-(aq) + Zn(s) \rightarrow 2\,Au(s) + Zn^{2+}(aq) + 4\,CN^-(aq)$

* Die Einteilung in leichte, mittelschwierige und schwierige Verfahren richtet sich nach der Stärke der eingesetzten Oxidationsmittel. Die schwierigen Reaktionen benötigen die stärksten Oxidationsmittel.

zierte Substanz H_2 (also diejenige mit der niedrigeren Oxidationszahl) ein *Elektronendonor* und wirkt damit als Reduktionsmittel. In der zweiten Halbreaktion ist das oxidierte Teilchen H^+ (die Substanz mit der höheren Oxidationszahl) ein *Elektronenakzeptor* und damit ein Oxidationsmittel. Die beiden Halbreaktionen können wir wie folgt kombinieren:

$$\underset{\text{Oxidationsmittel}}{\text{Oxidierte Form} + \text{Elektronen}} \underset{\xrightarrow{\text{Oxidation}}}{\xleftarrow{\text{Reduktion}}} \underset{\text{Reduktionsmittel}}{\text{reduzierte Form}}$$

Elektrochemische Zellen

Wenn wir ein Stückchen Zink in eine wäßrige Kupfersulfatlösung hängen, so reagiert das Zink, und dabei scheidet sich Kupfer auf seiner Oberfläche ab (vgl. Abb. 11-1). Wir sehen daran, daß die Redoxreaktion

$$Zn(s) + Cu^{2+}(aq) \rightarrow Zn^{2+}(aq) + Cu(s)$$

spontan in der Pfeilrichtung verläuft. Bei der Reaktion werden Elektronen vom Zink auf die in der Lösung befindlichen Cu^{2+}-Ionen übertragen (vgl. Abb. 11-2). Die Elektronen reduzieren die Cu^{2+}-Ionen zu Cu-Atomen, die entweder an der Zinkoberfläche haften bleiben oder einen Schlamm am Boden des Gefäßes bilden. Unser Zink-Stück geht dabei langsam in Zn^{2+}-Ionen über, die sich in der Lösung verteilen. Der Übergang der Elektronen vom Zink auf das Kupfer erfolgt ungeordnet an allen Stellen der Oberfläche; zugleich wird die Reaktionsenthalpie als Wärme abgegeben.

Jetzt wollen wir das Zink mit Hilfe der in Abb. 11-3 gezeigten Apparatur räumlich von der Kupferlösung trennen. Diese Apparatur heißt nach dem britischen Chemiker John Daniell das *Daniell-Element*. Das Daniell-Element wurde 1836 erfunden, als im Zusammenhang mit der Entwicklung der Telegraphie ein großer Bedarf für stabile Stromquellen entstanden war. Dem Daniell-Element liegt die eben besprochene Reaktion zugrunde, allerdings können die Elektronen nur auf dem Weg durch den Draht und die Glühlampe die Cu^{2+}-Ionen erreichen.

In dem einen Teil der Apparatur werden Cu^{2+}-Ionen in neutrale Cu-Atome verwandelt, in dem anderen gehen Zn-Atome in Zn^{2+}-Ionen über. Gleichzeitig müssen die Sulfat-Ionen (wenn wir von einer Kupfersulfatlösung ausgehen) durch die poröse Wand zwischen den beiden Teilen hindurchwandern, damit alle Teile der Apparatur elektrisch neutral bleiben und der elektrische Stromkreis geschlossen wird.

Bei dieser Reaktion wird ein Elektronenfluß – der elektrische Strom – durch den äußeren Draht in Bewegung gesetzt. Damit haben wir das Prinzip der Erzeugung elektrischer Energie durch eine chemische Reaktion beschrieben. Immer wenn wir ein batteriebetriebenes Gerät verwenden, nutzen wir eine Reaktion aus, bei der eine Oxidation und eine Reduktion in verschiedenen Teilen einer Apparatur ablaufen, wobei die Elektronen durch einen äußeren Stromkreis fließen müssen.

Abb. 11-1 Stellt man einen Zinkstab in ein Becherglas, das mit Kupfersulfat gefüllt ist, so reagiert das Zink, und dabei scheidet sich auf der Oberfläche des Stabes Kupfer ab. Das blaue Kupfersulfat wird allmählich durch das farblose Zinksulfat ersetzt.

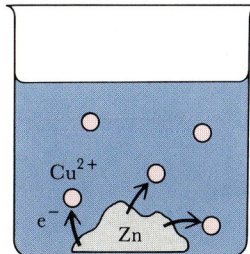

Abb. 11-2 Die in Abb. 11-1 erwähnte Reaktion läuft ungeordnet auf der ganzen Oberfläche des Zinks in dem Maße ab, wie Elektronen vom Zink auf die Cu^{2+}-Ionen in der Lösung übergehen.

11-1 Zellen und Zellreaktionen

Die in Abb. 11-3 wiedergegebene Anordnung ist ein Beispiel für eine *elektrochemische Zelle,* also eines Apparates zur Erzeugung von Elektrizität auf chemischem Wege. Eine elektrochemische Zelle besteht aus einem Behälter, in dem sich zwei *Elektroden* befinden, und ist mit einem *Elektrolyten* (einem ionischen Stromleiter) gefüllt. Die Elektroden bestehen aus einem Metall oder auch aus Graphit. Der Elektrolyt besteht normalerweise aus einer wäßrigen Lösung von Ionen, kann aber auch ein geschmolzenes Salz oder sogar ein Festkörper sein. In manchen Zellen tauchen die Elektroden in denselben Elektrolyten; wenn sie dagegen in verschiedene Elektrolyte eintauchen, so müssen sie durch eine Salzbrücke verbunden werden. Eine Salzbrücke ist ein Rohr, das eine konzentrierte Lösung eines Salzes (meist Kaliumchlorid oder Kaliumnitrat) enthält (vgl. Abb. 11-4); mechanische Bewegungen der Lösung in der Salzbrücke verhindert man durch Gele oder Fritten; dann können nur die Ionen von einem Teil der Zelle in den anderen wandern. Bei handelsüblichen Taschenlampenbatterien werden die beiden Elektrolyte durch ionendurchlässige Membranen miteinander verbunden. Eigentlich ist eine Batterie eine Kombination mehrerer Zellen; oft werden aber auch einzelne Zellen so genannt.

Elektroden und Substanzpaare

Allen elektrochemischen Zellen ist gemeinsam, daß an der einen Elektrode eine Reduktion und an der anderen eine Oxidation erfolgt:

Die **Kathode** ist die Elektrode, an der die Reduktion erfolgt.
Die **Anode** ist die Elektrode, an der die Oxidation erfolgt.

Auf den handelsüblichen Batterien wird die Kathode mit ‚+‘ und die Anode mit ‚−‘ bezeichnet. An der Anode liefert die Zelle Elektronen (daher das Minuszeichen), die durch den äußeren Draht wandern und an der Kathode wieder in die Zelle eintreten, wo sie die Reduktion

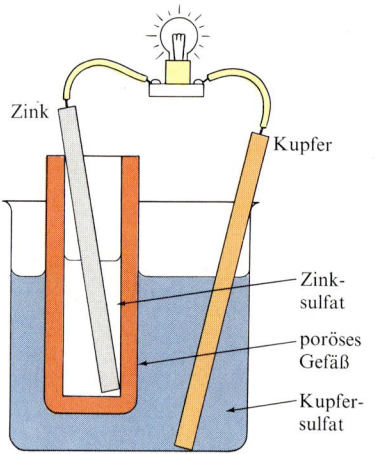

Zink

Kupfer

Zinksulfat

poröses Gefäß

Kupfersulfat

Abb. 11-3 Die Daniell-Zelle besteht aus einem Kupfer- und einem Zinkstab, die in Lösungen von Kupfersulfat und Zinksulfat tauchen. Die beiden Lösungen stehen über die Wand eines porösen Tongefäßes miteinander in elektrischem Kontakt; Ionen können dabei durch die Poren des Gefäßes wandern.

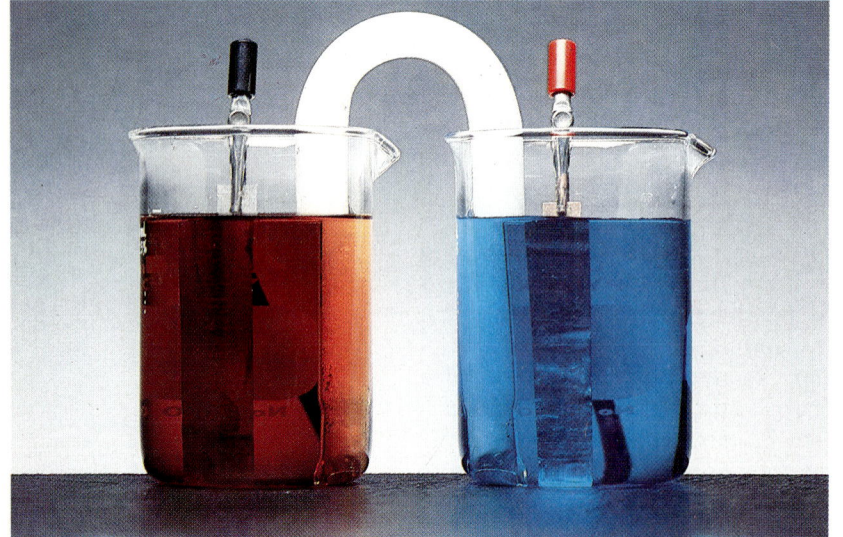

Abb. 11-4 Eine typische elektrochemische Zelle für das Labor. Die beiden Elektroden sind über eine Salzbrücke miteinander verbunden; damit wird der Stromkreis geschlossen.

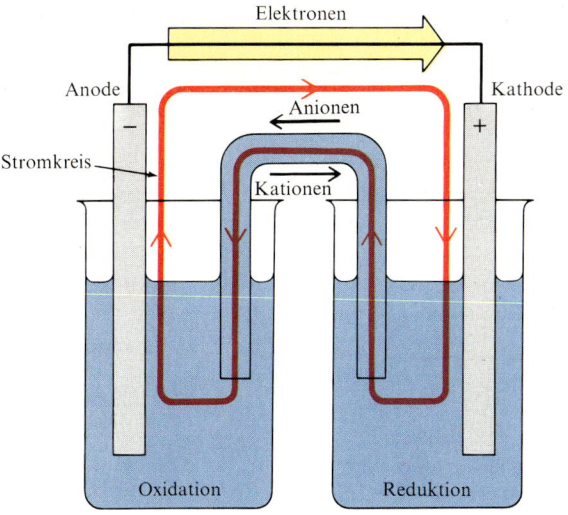

(Labels in figure:)
Elektronen

Anode — Kathode

− +

Anionen

Stromkreis

Kationen

Oxidation — Reduktion

11-1 Zellen und Zellreaktionen

Abb. 11-5 Die Elektronen treten an der Anode (−) aus der Zelle aus, fließen durch den äußeren Stromkreis und treten an der Kathode (+) wieder ein. Die Quelle der Elektronen ist der Oxidationsprozeß an der Anode. An der Kathode führen die Elektronen zur Reduktion.

bewirken (vgl. Abb. 11-5). In der Daniell-Zelle, meist Daniell-Element genannt, entstehen die Elektronen im Anodenraum bei der Oxidation:

$$\text{Anodenreaktion:} \quad \text{Zn(s)} \rightarrow \text{Zn}^{2+}\text{(aq)} + 2\,\text{e}^-$$

Im Kathodenraum werden die Elektronen für folgende Reaktion gebraucht:

$$\text{Kathodenreaktion:} \quad \text{Cu}^{2+}\text{(aq)} + 2\,\text{e}^- \rightarrow \text{Cu(s)}$$

Man spricht in diesem Zusammenhang auch von Substanzpaaren. Ein Substanzpaar besteht jeweils aus einer Elektrode und dem zugehörigen Elektrolyten. Für jedes Substanzpaar formulieren wir eine Halbreaktion, die entweder eine Oxidation oder eine Reduktion ist. Beim Daniell-Element sind das Zn^{2+}/Zn und Cu^{2+}/Cu. Es ist üblich, ein Substanzpaar so zu beschreiben, daß man zuerst die oxidierte Form und dann (nach einem Schrägstrich) die reduzierte Form angibt.

Bei den Elektroden selbst beginnt man mit der reduzierten Form und beschreibt die Grenzen zwischen zwei Phasen (also z. B. zwischen Metall und Lösung) mit einem senkrechten Strich. Das Wort ‚Elektrode‘ wird oft auch für das Gefäß, in dem sich die Elektrode befindet, benutzt.

Die Wasserstoffelektrode $\text{Pt}|\text{H}_2\text{(g)}|\text{H}^+\text{(aq)}$ spielt, wie wir sehen werden, in der Elektrochemie eine ganz besondere Rolle. In ihr strömen Wasserstoffblasen über ein Platinblech, das in eine Lösung mit Wasserstoff-Ionen, also eine Säure, taucht. Das Platin sorgt für den elektrischen Kontakt mit der Lösung; das Redox-Paar ist H^+/H_2. In dieser Schreibweise ist H^+ (genauer H_3O^+) die oxidierte und H_2 die reduzierte Form. Wenn die Wasserstoffelektrode als Kathode wirkt, dann werden die Wasserstoff-Ionen reduziert:

$$\text{Kathodenreaktion:} \quad 2\,\text{H}^+\text{(aq)} + 2\,\text{e}^- \rightarrow \text{H}_2\text{(g)}$$

Dient sie als Anode, so wird Wasserstoff oxidiert:

$$\text{Anodenreaktion:} \quad \text{H}_2\text{(g)} \rightarrow 2\,\text{H}^+\text{(aq)} + 2\,\text{e}^-$$

Ob eine Elektrode Anode oder Kathode ist, hängt von der zweiten Elektrode in der Zelle ab.

Beispiel 11-1 Beschreibung einer Elektrode

Die Silber/Silberchlorid-Elektrode wird häufig in elektrochemischen Zellen verwendet. Sie besteht aus einem mit Silberchlorid beschichteten Silberdraht, der in eine Chlorid-Ionen-Lösung eintaucht. Wenn die Elektrode als Kathode arbeitet, wird Silberchlorid zu metallischem Silber und zu Chlorid-Ionen reduziert. Wie lauten die Halbreaktion sowie die Schreibweise für das Redoxpaar und für die Elektrode?

Methode. Wir haben die reduzierten und die oxidierten Formen der beteiligten Teilchen zu identifizieren und können dann das Redoxpaar und die Elektrode, wie im Text beschrieben, angeben. Das heißt, wir sollen den Aufbau der Elektrode formulieren; die Phasengrenzen bezeichnen wir dabei mit senkrechten Strichen.

Lösung. $AgCl(s)$ wird zu $Ag(s)$ und Cl^- reduziert; folglich lautet die Kathodenreaktion:

$$AgCl(s) + e^- \rightarrow Ag(s) + Cl^-(aq)$$

Die oxidierte Form ist AgCl, die reduzierten Formen sind Ag und Cl^-. Die Elektrode besteht aus Silber, das mit festem Silberchlorid in Berührung ist; das ergibt $Ag|AgCl(s)$. Das Silberchlorid ist in Berührung mit den Chlorid-Ionen; damit erhalten wir:

$$Ag|AgCl(s)|Cl^-(aq)$$

Übungsaufgabe. Die Kalomel-Elektrode besteht aus Quecksilber, das von Quecksilber(I)-chlorid (Kalomel) bedeckt ist, das wiederum mit einer Lösung von Chlorid-Ionen in Kontakt ist. Wenn die Elektrode als Kathode arbeitet, so wird das Quecksilber(I)chlorid zu Quecksilber reduziert. Wie lauten die Elektrodenreaktion und die Schreibweisen für das Redoxpaar und für die Elektrode?
[Antwort:
$Hg_2Cl_2(s) + 2e^- \rightarrow 2Hg(l) + 2Cl^-(aq)$; $Hg_2Cl_2/Hg, Cl^-$; $Hg|Hg_2Cl_2(s)|Cl^-(aq)$]

Zelldiagramme

Wie zwei Elektroden zu einer Zelle zusammengebaut werden, beschreibt das sogenannte Zelldiagramm. Dabei verwenden wir die schon beschriebene Bezeichnungsweise und schreiben die Kathode auf die rechte und die Anode auf die linke Seite. Das Zelldiagramm einer Laborversion der Daniell-Zelle lautet dann:

$$Zn(s)|Zn^{2+}(aq) \| Cu^{2+}(aq)|Cu(s)$$

Der Doppelstrich in der Mitte bezeichnet die Salzbrücke. Welche Elektrode die Kathode ist, wissen wir bereits, denn bekanntlich werden bei der Reaktion die Cu^{2+}-Ionen reduziert. Wir werden aber bald eine elektrische Methode kennenlernen, mit der wir entscheiden können, welche Elektrode die Kathode ist. Später werden wir diese Frage auch aus Tabellenwerten klären.

Beispiel 11-2 Die Formulierung des Zelldiagramms für eine Reaktion

Wie lautet das Diagramm für die Reaktion, bei der $Fe^{3+}(aq)$-Ionen durch Wasserstoff zu $Fe^{2+}(aq)$-Ionen reduziert werden?

Methode. Wir schreiben zuerst die Gesamtreaktion hin und teilen sie dann in die Halbreaktionen für die Oxidation und die Reduktion auf. Anode ist die Elektrode, an der die Oxidation erfolgt; entsprechend erfolgt an der Kathode die Reduktion. Wenn zu einem Redox-Paar kein festes Metall gehört, wählen wir Platin als Elektrodenmaterial (wie z. B. in der Wasserstoffelektrode). Das Zelldiagramm lautet dann Anode ‖ Kathode.

Lösung. Die Gesamtreaktion lautet:

$$2\,Fe^{3+}(aq) + H_2(g) \rightarrow 2\,Fe^{2+}(aq) + 2\,H^+(aq)$$

Die Halbreaktion für die Reduktion des dreiwertigen Eisens ist:

$$Fe^{3+}(aq) + e^- \rightarrow Fe^{2+}(aq)$$

damit ist das Redoxpaar Fe^{3+}/Fe^{2+} und die Elektrode $Pt\,|\,Fe^{2+}(aq),\ Fe^{3+}(aq)$. Das Komma gibt an, daß Fe^{2+}- und Fe^{3+}-Ionen zusammen (ohne Trennwand) vorliegen. Weil in der Gesamtreaktion das Eisen reduziert wird, ist diese Elektrode die Kathode. Die Halbreaktion für die Oxidation des H_2 lautet:

$$H_2(g) \rightarrow 2\,H^+(aq) + 2\,e^-$$

Sie läuft an der Wasserstoffelektrode $Pt\,|\,H_2(g)\,|\,H^+(aq)$ ab, die die Anode ist. Damit wird die Zelle insgesamt:

$$Pt\,|\,H_2(g)\,|\,H^+(aq)\,\|\,Fe^{2+}(aq),\ Fe^{3+}(aq)\,|\,Pt$$

Übungsaufgabe. Wie lautet die Bezeichnung einer Zelle, in der $Cu^{2+}(aq)$ durch Magnesium zu $Cu^+(aq)$ reduziert wird?

[Antwort: $Mg(s)\,|\,Mg^{2+}(aq)\,\|\,Cu^+(aq),\ Cu^{2+}(aq)\,|\,Pt$]

Das Potential einer Zelle

Die bei der Reaktion in der Zelle aufgebrachte Energie, mit der die Elektronen durch den äußeren Stromkreis getrieben werden, kann man verwenden, etwa um mit einem elektrischen Heizkörper die Umgebung zu erwärmen oder um mit einem Elektromotor Arbeit zu leisten. Die Energie stammt von der elektronenschiebenden und elektronenanziehenden Kraft der Redoxreaktion. Wenn bei der Oxidation die Elektronen leicht abgegeben und bei der Reduktion leicht aufgenommen werden, dann werden die Elektronen mit großer Heftigkeit durch den Draht getrieben, und man kann ihnen eine große Energiemenge entnehmen.

Diese Kraft, mit der die Zelle die Elektronen zu bewegen versucht, nennen wir das **Zellpotential** E. Gebräuchlich ist auch der Name **elektromotorische Kraft** (EMK) und im Englischen ‚Voltage'. Je größer das Zellpotential ist, desto größer ist die Energie, die man einer gegebenen Anzahl von Elektronen, wenn sie von einer zur anderen Elektrode fließen, entnehmen kann. Ein hohes Zellpotential bedeutet also, daß die Zelle eine große Tendenz hat, einen Strom von Elektronen hervorzurufen.

Die SI-Einheit des Potentials ist das Volt (V). Wenn die Ladung von einem Coulomb * (C) zwischen zwei Elektroden mit der Potentialdifferenz 1 V wandert, wird die Energie 1 J (ein Joule) umgesetzt:

$$1\,J = 1\,C \cdot 1\,V$$

Allgemein erhalten wir dann für die umgesetzte Energie, wenn eine bestimmte Ladung zwischen einer bestimmten Potentialdifferenz wandert:

Energie in Joule = Ladung in Coulomb · Potential in Volt

Das Zellpotential ist definitionsgemäß eine positive Größe. Die gebräuchlichen Zellen haben ein Potential von etwa 1,5 V, das heißt, wenn

---

* Die Ladung 1 C entspricht $6{,}2 \cdot 10^{18}$ Elektronen oder $1{,}0 \cdot 10^{-5}$ mol Elektronen; ein Elektron hat die Ladung $1{,}602 \cdot 10^{-19}$ C.

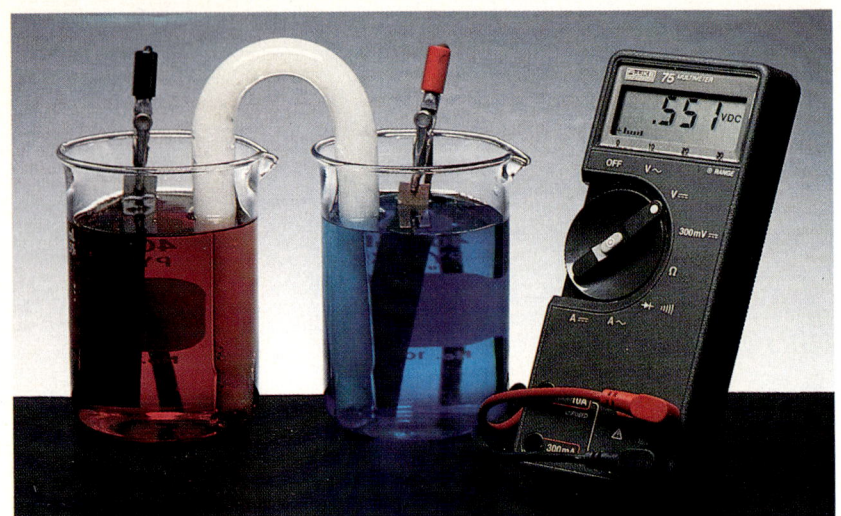

Abb. 11-6 Das Zellpotential wird am besten mit einem elektronischen Voltmeter gemessen. Ein solches Instrument verbraucht nur extrem wenig Strom; deshalb wird die Zusammensetzung der Zelle während der Messung praktisch nicht verändert. Die Anzeige liefert einen positiven Wert, wenn der (+)-Pol des Voltmeters mit der Kathode der Zelle verbunden wird.

die Ladung 1,0 C von der einen zur anderen Elektrode fließt, wird die Energie 1,0 C · 1,5 V = 1,5 J umgesetzt. Das Potential der Daniell-Zelle ist 1,1 V.

Zellpotentiale werden am besten mit elektronischen Voltmetern (vgl. Abb. 11-6) gemessen. Sie ergeben eine positive Anzeige, wenn ihre (+)- und (−)-Klemmen mit den gleichnamigen Polen der Zelle verbunden werden. Wir können also experimentell ermitteln, welche Elektrode in einer gegebenen Zelle die Kathode (die (+)-Elektrode) ist, indem wir testen, mit welcher Polung wir eine positive Anzeige des Voltmeters erreichen.

Zelldiagramme schreibt man so, daß die Kathode (die positive Elektrode, an der die Reduktion stattfindet) auf der rechten Seite steht (vgl. Abb. 11-5). (Merkregel: **R**echts **R**eduktion.)

Beispiel 11-3 Ermittlung der Reaktion zu einer gegebenen Zelle

Die Zelle Pt|H_2(g)|OH^-|O_2(g)|Pt leistet bei 25°C etwa 1,2 V. Sie wird in der Raumfahrt zur Stromgewinnung verwendet. Wie lautet die Zellreaktion?

Methode. Die Anoden-Halbreaktion ist die Oxidation von Wasserstoff, die Kathoden-Halbreaktion die Reduktion von Sauerstoff. Wir müssen OH^-, H_2O und Elektronen (e^-) hinzufügen, um die Halbreaktionen zu formulieren; ihre Summe gibt dann die Zellreaktion.

Lösung. Die Anoden-Halbreaktion lautet:

$$H_2(g) + 2\,OH^-(aq) \rightarrow 2\,H_2O(l) + 2\,e^-$$

Die Kathoden-Halbreaktion lautet:

$$O_2(g) + 2\,H_2O(l) + 4\,e^- \rightarrow 4\,OH^-(aq)$$

Wenn wir die beiden Halbreaktionen addieren, heben sich die Elektronen heraus:

$$2\,H_2(g) + O_2(g) \rightarrow 2\,H_2O(l)$$

Die Zellreaktion besteht also in der Bildung von Wasser aus Wasserstoff und Sauerstoff.

Übungsaufgabe. Wie lautet die Zellreaktion der Zelle Pt|O_2(g)|H^+(aq), H_2O_2(aq)|Pt?
[Antwort: $2\,H_2O_2(aq) \rightarrow 2\,H_2O(l) + O_2(g)$]

Ein Element oder eine *primäre* Zelle ist ein Stromlieferant, der nach der Herstellung verschlossen wird. Er kann nicht wieder aufgeladen werden; wenn die Zellreaktion bis zum Gleichgewicht gelaufen ist, ist die Zelle leer (entladen). Eine *sekundäre* Zelle muß aufgeladen werden, bevor sie Strom liefern kann (wie eine Autobatterie); sie heißt auch *Akkumulator*. Beim Aufladen wird durch eine äußere Stromquelle eine Nichtgleichgewichtsmischung in der Zelle erzeugt. Wird die Zelle verwendet (und entladen), so läuft die Reaktion wieder in Richtung des Gleichgewichtes. Eine Brennstoffzelle ist mit einer primären Zelle zu vergleichen, die für die Reaktion benötigten Substanzen werden aber während des Gebrauchs ständig zugeführt.

Primäre Zellen

Das Arbeitstier unter den primären Zellen ist die Trockenzelle (Abb. 11-7), auch Leclanché-Element nach dem französischen Ingenieur Georges Leclanché genannt, von dem es 1866 erfunden wurde. Das Leclanché-Element erzeugt zu Beginn 1,5 V, seine Spannung fällt bei schneller Entladung auf 0,8 V, wenn sich die Reaktionsprodukte ansammeln, und erholt sich im Ruhezustand wieder auf 1,3 V, wenn die Reaktionsprodukte im Elektrolyten gleichmäßig verteilt sind.

Der Zink-Behälter der Zelle ist gleichzeitig die Anode. Bei der Oxidation $Zn \rightarrow Zn^{2+} + 2e^-$ liefert sie in den äußeren Kreislauf Elektronen. Der Elektrolyt ist eine Lösung von Ammoniumchlorid und Zinkchlorid, die mit Stärke zu einem Gel verfestigt wurde. Die Zn^{2+}-Ionen, die bei der Oxidation entstehen, bilden mit aus den NH_4^+-Ionen entwickeltem NH_3 einen Diammin-Komplex:

$$Zn^{2+}(aq) + 2NH_4^+(aq) + 2OH^-(aq) \rightarrow [Zn(NH_3)_2]^{2+}(aq) + 2H_2O(l)$$

Damit wird die Zn^{2+}-Konzentration niedrig gehalten, und die Spannung bleibt bestehen. Wenn die Zelle erschöpft ist, enthält sie so viel $[Zn(NH_3)_2]^{2+}$, daß das Chlorid dieses Kations auskristallisiert und damit die elektrische Leitfähigkeit des Elektrolyten herabsetzt. Man kann das Salz durch gelindes Erwärmen der entladenen Zelle dazu bringen, daß es von der Anode wegdiffundiert; damit steigt die Spannung der Zelle wieder an. Die Kathode ist ein Kohlestab, der von einem Gemisch aus Braunstein (Mangandioxid) und Kohle umgeben ist. Diese Elektrode empfängt Elektronen aus dem äußeren Kreislauf; dabei läuft eine komplizierte Reduktion ab, die man zum Teil durch die Reaktionsgleichung

$$MnO_2(s) + H_2O(l) + e^- \rightarrow MnO(OH)(s) + OH^-(aq)$$

beschreiben kann. Die OH^--Ionen wandern zur Zink-Anode und gehen dort in die oben beschriebene Bildung des Zinkdiammin-Komplexes ein.

Die teureren sogenannten Alkalizellen ähneln der Leclanché-Zelle, bei ihnen ist das Ammoniumchlorid durch NaOH oder KOH ersetzt. Sie haben eine längere Lebensdauer, weil bei ihnen das Zink nicht mit einer Säure wie dem NH_4^+-Ion in einfachen Zellen in Kontakt kommt. Hier sind die Ionen im Elektrolyten besser beweglich, und die Zelle produziert einen stärkeren und stabileren Strom. Der höhere Preis

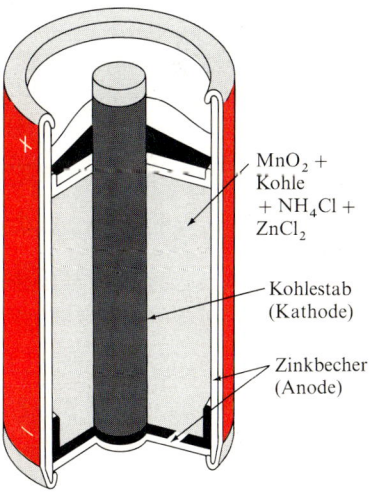

MnO_2 + Kohle + NH_4Cl + $ZnCl_2$

Kohlestab (Kathode)

Zinkbecher (Anode)

Abb. 11-7 Die Zelle einer handelsüblichen Trockenbatterie. Sie besteht aus einer Graphitkathode, die sich in einem Zinkbehälter befindet, der gleichzeitig als Anode dient. Die anderen Teile und die Zellreaktion werden im Text besprochen.

dieser Zelle ist vor allem auf die schwierigere Abdichtung gegen das aggressive Alkalihydroxid zurückzuführen.

Bei der Quecksilber-Zelle (Abb. 11-8) besteht die Anode ebenfalls aus Zink; die Kathode ist aber ein Stahlstück, das mit einer Mischung aus Quecksilber(II)oxid, Kaliumhydroxid und Zinkhydroxid in Berührung ist. Der Vorteil dieser Zelle ist, daß man sie sehr klein machen kann und daß sie trotzdem für lange Zeit eine recht konstante Spannung von 1,3 V liefert. An der Kathode läuft die Reduktion

$$Hg^{2+}(s) + 2\,e^- \; \rightarrow \; Hg(l)$$

ab, und die Gesamtreaktion der Zelle lautet:

$$Zn(s) + HgO(s) \; \rightarrow \; ZnO(s) + Hg(l)$$

Batterien, die erst im Notfall bei Kontakt mit Seewasser zu arbeiten beginnen, wie sie in den von Flugzeugen mitgeführten Schwimmwesten eingebaut sind, werden ohne einen Elektrolyten hergestellt. Erst wenn sie mit Meerwasser in Kontakt kommen, beginnt die Redoxreaktion. Solche Zellen arbeiten z. B. mit Magnesium als Anode und einer Kathode aus Kupfer(I)chlorid/Kupfer:

$$\text{Anode:} \qquad\quad Mg(s) \; \rightarrow \; Mg^{2+}(aq) + 2\,e^-$$
$$\text{Kathode:} \quad CuCl(s) + e^- \; \rightarrow \; Cu(s) + Cl^-(aq)$$

Sekundäre Zellen

An die Elektroden einer sekundären Zelle müssen wir besondere Ansprüche stellen, denn alle an der Zellreaktion beteiligten Substanzen müssen im Elektrolyten unlöslich sein, damit die Elektroden beim mehrfachen Laden und Entladen nicht ihre Form verändern.

Die bekannteste sekundäre Zelle finden wir im Bleiakkumulator, der gewöhnlichen Autobatterie. Jede Zelle enthält mehrere Platten als Elektroden (vgl. Abb. 11-9). Die Oberfläche dieser Platten ist sehr groß, damit der Akku bei Bedarf (etwa beim Anlassen eines Verbrennungsmotors) zumindest für kurze Zeit einen starken Strom liefern kann. Zu Beginn bestehen die Platten aus einer harten Blei-Antimon-Legierung, die mit einer Paste aus Blei(II)sulfat bedeckt ist. Als Elektrolyt dient verdünnte Schwefelsäure. Beim ersten Laden wird an der einen Elektrode (die beim Entladen zur Anode wird) ein Teil des Blei(II)sulfats zu Blei reduziert und an der anderen (die beim Entladen die Kathode ist) zu Blei(IV)oxid oxidiert.

An der Anode einer Zelle läuft beim Bleiakkumulator während der Entladung folgende Reaktion ab:

$$Pb(s) + SO_4^{2-}(aq) \; \rightarrow \; PbSO_4(s) + 2\,e^-$$

Dabei wird metallisches Blei zu Blei(II) oxidiert. Die Kathodenreaktion beim Entladen ist:

$$PbO_2(s) + SO_4^{2-}(aq) + 4\,H_3O^+(aq) + 2\,e^- \; \rightarrow \; PbSO_4(s) + 6\,H_2O(l)$$

Dabei wird Blei(IV) zu Blei(II) reduziert. Die Gesamtreaktion erhalten wir wieder als Summe dieser beiden Reaktionsgleichungen:

$$Pb(s) + PbO_2(s) + 2\,H_2SO_4(aq) \; \rightarrow \; 2\,PbSO_4(s) + 2\,H_2O(l)$$

Wir sehen an der Reaktionsgleichung, daß die Schwefelsäure beim Entladen verbraucht wird. Wird die Zelle wieder geladen, so wird diese

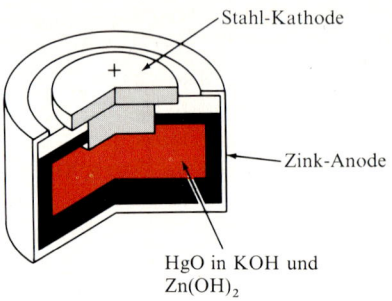

Stahl-Kathode

Zink-Anode

HgO in KOH und Zn(OH)$_2$

Abb. 11-8 Ein Schnitt durch eine Quecksilber-Zelle.

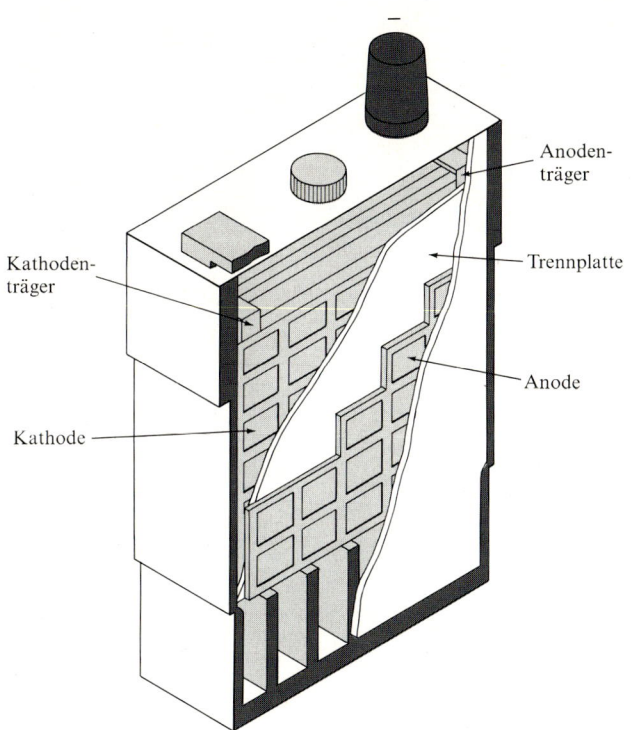

Anoden-
träger

Trennplatte

Anode

Kathoden-
träger

Kathode

Abb. 11-9 Eine Zelle eines Bleiakkumulators, der typischen Autobatterie.

Reaktion in die Gegenrichtung getrieben, und Schwefelsäure wird wieder frei. Man kann deshalb an der Konzentration der Schwefelsäure im
Elektrolyten den Ladezustand der Zelle bestimmen; dazu ist nur eine
einfache Dichtemessung nötig. Wenn die Batterie lange unbenutzt
bleibt, entlädt sie sich ebenfalls ganz langsam. Das ist vor allem auf
Verunreinigungen zurückzuführen, zu denen z. B. Eisen-Ionen gehören.
Solche Entladungen können zu Verlusten von 1 bis 2 Prozent pro Tag
führen; darum ist es wichtig, daß beim Nachfüllen der Batterie nur
destilliertes Wasser verwendet wird.

Die wicdcraufladbare Nickel-Cadmium-Zelle (Abb. 11-10) wird vor
allem in tragbaren elektronischen Geräten eingesetzt. Die Elektronen
stammen von der Oxidation des Cadmiums:

$$Cd(s) + 2\,OH^-(aq) \rightarrow Cd(OH)_2(s) + 2\,e^-$$

Bei der Reduktion des Nickels werden die Elektronen wieder verbraucht:

$$Ni(OH)_3(s) + e^- \rightarrow Ni(OH)_2(s) + OH^-(aq)$$

Bei diesen Reaktionen treten keine gasförmigen Substanzen auf; deshalb können die Zellen fest verschlossen werden. Das macht sie für den
Einsatz in transportablen Geräten hervorragend geeignet.

Brennstoffzellen

Eine einfache Brennstoffzelle ist die Zelle, bei der als Brennstoff Was-
serstoffgas über die eine Elektrode und Sauerstoff über die andere
Elektrode geleitet wird. Als Elektrolyt dient eine wäßrige Lösung von
Kaliumhydroxid. Die Elektronen entstehen bei der Oxidation des Was-

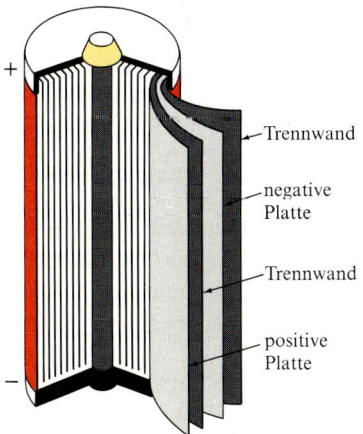

Trennwand

negative
Platte

Trennwand

positive
Platte

Abb. 11-10 Eine wiederaufladbare
Nickel-Cadmium-Zelle. Die Elektroden sind dünne Blätter, zwischen
denen neutrale Trennschichten liegen,
die mit KOH- oder NaOH-Lösung
getränkt sind. Das ganze ist um eine
Achse aufgerollt.

serstoffs an der Anode durch die Halbreaktion

$$H_2(g) \rightarrow 2H^+(aq) + 2e^-$$

Verbraucht werden sie bei der Reduktion des Sauerstoffs an der Kathode:

$$O_2(g) + 2H_2O(l) + 4e^- \rightarrow 4OH^-(aq)$$

Wie wir in Beispiel 11-3 gesehen haben, ist die Zell-Gesamtreaktion gerade die Bildung von Wasser. Eine Version dieser Zelle wird z. B. in der amerikanischen Raumfähre Space-Shuttle verwendet; dabei ist ein zusätzlicher Vorteil, daß bei der Reaktion Trinkwasser für die Besatzung gebildet wird.

Zitteraale (Abb. 11-11) kann man als natürliche Brennstoffzellen ansehen. Ihr elektrisches Organ ist eine Batterie biologischer elektrochemischer Zellen, deren Treibstoff aus dem Blut stammt. Eine einzelne solche Zelle liefert etwa 0,15 V. Beim Zitteraal bildet der Kopf die Kathode und der Schwanz die Anode; beim Wels ist es genau umgekehrt.

Abb. 11-11 Der Zitteraal (Electrophorus electricus) aus dem Amazonas. Ein etwa meterlanger Aal produziert zwischen seinen Enden eine Potentialdifferenz von etwa 350 Volt.

Thermodynamik und Elektrochemie

Wenn das Potential einer Zelle nicht genau gleich Null ist, so hat die Zellreaktion im thermodynamischen Sinne eine Tendenz, in einer bestimmten Richtung abzulaufen und dabei Elektronen durch den Stromkreis zu drücken. Das heißt, eine solche Zellreaktion hat eine negative Freie Reaktionsenthalpie. Damit eröffnet sich uns die Möglichkeit, die Thermodynamik und die Elektrochemie miteinander zu verbinden.

11-3 Das Potential einer Zelle und die Freie Reaktionsenthalpie

Wenn für die Zellreaktion die Freie Reaktionsenthalpie ΔG groß und negativ ist, dann ist die Tendenz bzw. die Triebkraft der Reaktion groß, und wir erwarten ein großes Zellpotential E (vgl. Abb. 11-12). Wenn ΔG negativ und klein ist, wird auch das Zellpotential nur klein sein. Im Gleichgewicht ist nach der Thermodynamik $\Delta G = 0$, und weil keine Tendenz besteht, daß Elektronen durch den äußeren Stromkreis getrieben werden, muß auch das Zellpotential gleich Null sein. Daraus ergibt sich, daß die Freie Reaktionsenthalpie und das Zellpotential einander proportional sind:

$$\Delta G \propto -E$$

Das Minus-Zeichen auf der rechten Seite brauchen wir, weil ein positives Zellpotential zur spontanen Zellreaktion und damit zu einem negativen ΔG gehört. Wenn für eine Reaktion ΔG positiv sein sollte, so ist die umgekehrte Reaktion spontan, und wir müssen das Zelldiagramm umkehren.

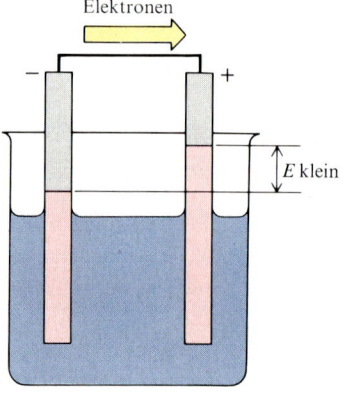

(a) ΔG klein

(b) ΔG groß

Abb. 11-12 Je negativer die Freie Reaktionsenthalpie ist, um so größer ist das Zellpotential.

Die genaue Beziehung zwischen E und ΔG für eine Reaktion, bei der n mol Elektronen von der Anode zur Kathode fließen, lautet*:

$$\Delta G = -nFE \tag{1}$$

Die Konstante F heißt *Faraday-Konstante*; sie ist die Ladung von 1 mol Elektronen:

F = Ladung eines Elektrons · Anzahl der Elektronen pro Mol

$\quad = (1{,}602 \cdot 10^{-19}\,\text{C}) \cdot (6{,}022 \cdot 10^{23}\,\text{mol}^{-1}) = 96{,}5\,\text{kC mol}^{-1}$

Als genauester Wert gilt $96\,485\,\text{C mol}^{-1}$. Die Konstante F wurde nach dem englischen Wissenschaftler Michael Faraday (Abb. 11-13) benannt, der als Sohn eines Schmiedes geboren wurde und heute als einer der größten experimentellen Naturwissenschaftler des neunzehnten Jahrhunderts gilt.

Für die Reaktion der Daniell-Zelle ist $n = 2$ mol, denn 2 mol Elektronen wandern von 1 mol Zn-Atomen zu 1 mol Cu-Atomen, wenn die Reaktion

$$\text{Zn(s)} + \text{Cu}^{2+}(\text{aq}) \rightarrow \text{Zn}^{2+}(\text{aq}) + \text{Cu(s)}$$

abläuft. Sind die Konzentrationen von Cu^{2+} und von Zn^{2+} beide gleich 1 M, so ist das Zellpotential 1,1 V. Daraus folgt für unsere Reaktion:

$$\Delta G = -(2\,\text{mol}) \cdot 96{,}5\,\text{kC mol}^{-1} \cdot 1{,}1\,\text{V} = -210\,\text{kJ}$$

Wenn wir eine Reaktion mit allen stöchiometrischen Koeffizienten verdoppeln, also in unserem Fall

$$2\,\text{Zn(s)} + 2\,\text{Cu}^{2+}(\text{aq}) \rightarrow 2\,\text{Zn}^{2+}(\text{aq}) + 2\,\text{Cu(s)}$$

schreiben, so muß ΔG auch mit 2 multipliziert werden, denn jetzt sind jeweils 2 mol an der Reaktion beteiligt. n muß aber auch verdoppelt werden, denn es werden jetzt doppelt so viele Elektronen transportiert. Auf beiden Seiten von Gl. (1) tritt also ein Faktor 2 auf; damit bleibt E unverändert. Daraus folgt, daß das Zellpotential nicht beeinflußt wird, wenn wir die Reaktionsgleichung mit einem Faktor multiplizieren. Das Zellpotential ist also eine intensive Größe. Das ist sinnvoll, denn die Spannung der Zelle wird von einer Vergrößerung ihres Volumens natürlich nicht beeinflußt. Eine Autobatterie ist zwar groß und liefert 12 V, während eine Blitzlicht-Batterie klein ist und nur 1,5 V liefert; der Grund ist aber, daß die Autobatterie aus sechs 2-V-Zellen besteht, die in Serie geschaltet sind.

Abb. 11-13 Michael Faraday (1791–1867).

---

* Gleichung (1) kommt aus der Thermodynamik. Man kann sie aber auch plausibel machen, wenn man daran erinnert, daß die Freie Enthalpie einer Substanz gleich ihrer Enthalpie H abzüglich der in Unordnung gebundenen Energie $T \cdot S$ ist. Diese Differenz $H - TS$ ist die Freie Enthalpie, also die in Ordnung gespeicherte Energie, und nur diese Energie ist fähig, einen elektrischen Strom in geordneter Weise durch einen Stromkreis zu treiben. (Mit dem in Unordnung gebundenen Teil der Energie kann man keinen geordneten Strom erzeugen.) Bei dem Prozeß ändert sich die Freie Enthalpie um ΔG und die Energie jedes Elektrons im Stromkreis um $-e \cdot E$. Besteht der Strom (die bewegte Ladung) aus n mol Elektronen mit der Gesamt-Ladung $-nF$, so ist ihre Energieänderung $-nF \cdot E$. Diese Energieänderung ist aber gleich der Änderung der Freien Energie des Systems; setzen wir $-nF \cdot G$ und ΔG einander gleich, so erhalten wir Gl. (1).

Im vorigen Kapitel hatten wir die besondere Bedeutung der Freien Standard-Reaktionsenthalpie ΔG° hervorgehoben. An einer Zelle können wir diese Größe ganz einfach messen, indem wir dafür sorgen, daß sich die Substanzen in der Zelle in ihren Standardzuständen befinden, und dann das resultierende Standard-Zellpotential E° messen. Damit benutzen wir Gleichung (1) in der Form

$$\Delta G^\circ = -nFE^\circ \qquad (2)$$

Wir hatten festgelegt, daß die Standardzustände aller Substanzen ihre reinen Formen bei einem Druck von 1,01325 bar sind (vgl. Abschn. 3-3). Für eine Ionenlösung ist der Standardzustand durch die Konzentration 1 M definiert:

Das **Standard-Zellpotential** einer elektrochemischen Zelle ist das Zellpotential, das gemessen wird, wenn alle an der Zellreaktion beteiligten Ionen in der Konzentration 1 M und alle übrigen Substanzen mit einem Druck von 1,01325 bar vorliegen.

Ein Beispiel ist das Potential der Daniell-Zelle bei 25 °C; wenn die Ionen Zn^{2+} und Cu^{2+} in den beiden Teilen der Zelle jeweils in der Konzentration 1 M vorliegen, ist es gleich 1,1 V; daraus ergibt sich der oben berechnete Wert $\Delta G^\circ = -210$ kJ.

Man kann Tausende von verschiedenen Zellen konstruieren und damit ebensoviele Standard-Zellpotentiale in Tabellen auflisten. Es ist eine sehr große Erleichterung, wenn man jeder Elektrode einen charakteristischen Beitrag zum Zellpotential zuschreiben kann. Dann ist das Zellpotential einfach gleich der Summe der Beiträge der beiden Elektroden (vgl. Abb. 11-14). Man kann z. B. das Potential der Zelle

$$Fe(s) \,|\, Fe^{2+}(aq) \,\|\, Ag^+(aq) \,|\, Ag(s), \qquad E^\circ = 1,2 \text{ V}$$

sich zusammengesetzt denken aus einem Beitrag der Silberelektrode und einem Beitrag der Eisenelektrode. Diese einzelnen Beiträge zum Zellpotential nennen wir *Elektrodenpotentiale*. Befindet sich die Zelle im Standardzustand, so haben wir es mit den *Standard-Elektrodenpotentialen E°* zu tun. Das Standard-Potential einer Zelle ist dann gleich der Summe der beiden Standard-Elektrodenpotentiale:

$$E^\circ = E^\circ(\text{Anode}) + E^\circ(\text{Kathode})$$

Die Standard-Wasserstoffelektrode (Normal-Wasserstoffelektrode)

Ein Voltmeter muß immer an zwei Pole angeschlossen werden; deshalb können wir auch nicht das Potential einer einzelnen Elektrode messen. Man kann jedoch einer bestimmten Elektrode willkürlich den Wert $E^\circ = 0$ zuordnen. Wenn wir diese Elektrode mit einer zweiten Elektrode zu einer Zelle kombinieren, dann kann man den Zahlenwert des Standardpotentials, den wir jetzt messen, ganz der zweiten Elektrode zuschreiben. Die Messung des Elektrodenpotentials der zweiten Elektrode reduziert sich also auf die Messung des Potentials einer Zelle. Wenn wir jetzt aus der zweiten Elektrode mit einer dritten eine neue Zelle zusammenbauen und das Zellpotential messen, können wir auch das Elektrodenpotential der dritten Elektrode bestimmen. Das können wir beliebig für weitere Standard-Elektrodenpotentiale wiederholen.

Die Normal-Wasserstoffelektrode ist die Wasserstoffelektrode in ihrem Standardzustand, also die Wasserstoffionen in der Konzentra-

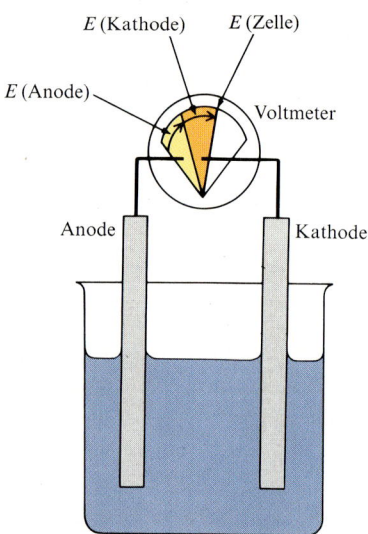

Abb. 11-14 Das Potential der Zelle kann man sich als die Summe der Spannungen an der Anode und der Kathode vorstellen.

tion 1 M und Wasserstoffgas unter einem Druck von 1,01325 bar. Ihr ordnen wir den Zahlenwert $E^\circ = 0$ zu. Das heißt, wir definieren, daß das Standard-Elektrodenpotential dieser Elektrode gleich Null sein soll:

$$2\,H^+(aq) + 2\,e^- \;\rightarrow\; H_2(g)\,, \qquad E^\circ = 0$$

Wenn wir uns jetzt z. B. für das Standard-Elektrodenpotential der Zinkelektrode interessieren, so müssen wir das Standard-Elektrodenpotential der Zink-Wasserstoff-Zelle messen:

$$\underset{E^\circ\,(\text{Zink})}{Zn(s)\,|\,Zn^{2+}(aq)}\;\|\;\underset{E^\circ\,(H_2)}{H^+(aq)\,|\,H_2(g)\,|\,Pt}\,, \qquad E^\circ = 0{,}76\ V$$

Weil die Wasserstoffelektrode in dieser Zelle die Kathode ist, muß Zink ein stärker reduzierendes Agens als Wasserstoff und in der Lage sein, Wasserstoff-Ionen zu Wasserstoffgas zu reduzieren. Nach unserer Konvention ordnen wir den ganzen Betrag von 0,76 V dem Standard-Potential der Zelle zu; deshalb schreiben wir:

$$Zn(s)\;\rightarrow\;Zn^{2+}(aq) + 2\,e^-\,, \qquad E^\circ = +\,0{,}76\ V$$

Aus Gründen, die bald verständlich werden, geben wir bei den Elektrodenpotentialen prinzipiell das Vorzeichen mit an. (Bei den Zellpotentialen ist das nicht nötig, denn sie sind immer positiv.) Wenn wir in der letzten Zelle das Zink durch Kupfer ersetzen, erhalten wir:

$$\underset{E^\circ\,(H_2)}{Pt\,|\,H_2(g)\,|\,H^+(aq)}\;\|\;\underset{E^\circ\,(\text{Kupfer})}{Cu^{2+}(aq)\,|\,Cu(s)}\,, \qquad E^\circ = 0{,}34\ V$$

Die Kupferelektrode ist hier die Kathode; daran erkennen wir, daß Wasserstoff ein stärker reduzierendes Reagenz als Kupfer ist und Cu^{2+}-Ionen zu metallischem Kupfer reduziert. Wenn alle Ionen in der Konzentration 1 M vorliegen, so läuft die Reaktion zwischen Zink und Kupfer spontan in der Richtung

$$Zn(s) + Cu^{2+}(aq)\;\rightarrow\;Zn^{2+}(aq) + Cu(s)$$

ab und nicht in der Gegenrichtung. Wir können also aus den beiden Standard-Elektrodenpotentialen das Standard-Potential der betreffenden Zelle

$$\underset{E^\circ\,(\text{Zink})}{Zn(s)\,|\,Zn^{2+}(aq)}\;\|\;\underset{E^\circ\,(\text{Kupfer})}{Cu^{2+}(aq)\,|\,Cu(s)}$$

berechnen. Dazu brauchen wir nur ihre Standard-Elektrodenpotentiale zu addieren:

Anodenreaktion:
$$Zn(s)\;\rightarrow\;Zn^{2+}(aq) + 2\,e^-$$
$$E^\circ = +\,0{,}76\ V$$

Kathodenreaktion:
$$Cu^{2+}(aq) + 2\,e^-\;\rightarrow\;Cu(s)$$
$$E^\circ = +\,0{,}34\ V$$

Gesamtreaktion:
$$Cu^{2+}(aq) + Zn(s)\;\rightarrow\;Cu(s) + Zn^{2+}(aq)$$
$$E^\circ = \quad 1{,}10\ V$$

Oxidationspotentiale und Reduktionspotentiale

Bei der Oxidation des Zinks tritt ein Potential von $+\,0{,}76$ V auf; wir nennen dieses Elektrodenpotential auch das *Standard-Oxidationspotential* der betreffenden Elektrode. Sein Zahlenwert entspricht einer bestimmten Änderung der Freien Enthalpie, die wir mit Gl. (2) berechnen können. Wenn wir die Richtung der Reaktion umkehren, müssen wir auch das Vorzeichen der Freien Reaktionsenthalpie und des Elektrodenpotentials umkehren; dann können wir genausogut schreiben:

$$Zn^{2+}(aq) + 2\,e^- \rightarrow Zn(s)\,, \qquad E^\circ = -\,0{,}76\ V$$

Die hier angegebenen $-0{,}76$ V entsprechen einer Reduktion; deshalb nennen wir dieses Potential ein *Standard-Reduktionspotential*. Der oben angegebene Wert von $+0{,}34$ V für Kupfer ist ein Standard-Reduktionspotential. Natürlich können wir das Potential der Kupferelektrode auch als Standard-Oxidationspotential formulieren; dazu brauchen wir nur die Reaktionsgleichung umzukehren und das Vorzeichen von E° auszuwechseln:

$$Cu(s) \rightarrow Cu^{2+}(aq) + 2\,e^-\,, \qquad E^\circ = -\,0{,}34\ V$$

Es ist allgemein üblich, Standard-Elektrodenpotentiale in Form von Reduktionspotentialen anzugeben. Alle E°-Werte, die wir angeben werden, werden sich also, solange nichts anderes angegeben ist, auf Halbreaktionen, die Reduktionen sind, beziehen. In Tabelle 11-3 ist eine Reihe von Werten zusammengestellt, die für 25 °C gelten; am Ende des Buches findet sich eine ausführlichere Liste. In der ersten Spalte steht jeweils der Elektronenakzeptor, also die oxidierte Form des Redoxpaares. Die dritte Spalte gibt den Elektronendonor an, die reduzierte Form des Redoxpaares. Wie Abb. 11-15 zeigt, gibt es einen gewissen Zusammenhang zwischen der Position eines Elementes im Periodensystem und seinem Reduktionspotential: die negativen Werte findet man links, die positivsten oben rechts.

11-4 Die Spannungsreihe

Die Standard-Elektrodenpotentiale bieten eine Möglichkeit, chemische Substanzen nach ihrer reduzierenden bzw. oxidierenden Kraft zu ordnen. Das heißt, die Elektrodenpotentiale spielen für Redox-Paare die-

			H 0				He
Li −3,05	Be −1,35	B	C	N	O +1,23	F +2,87	Ne
Na −2,71	Mg −2,36	Al −1,66	Si	P	S +0,14	Cl +1,36	Ar
K −2,93	Ca −2,87	Ga −0,49	Ge	As	Se	Br +1,09	Kr
Rb −2,93	Sr −2,89	In −0,34	Sn −0,14	Sb	Te +0,63	I +0,54	Xe
Cs −2,92	Ba −2,91	Tl −0,37	Pb −0,13	Bi +0,20	Po	At	Rn
Fr	Ra						

Abb. 11-15 Die Standard-Elektrodenpotentiale der Elemente im Periodensystem.

selbe Rolle wie die pK-Werte für Säuren und Basen. Das kann nicht überraschen: im letzten Kapitel hatten wir gesehen, daß die pK-Werte nur ein anschauliches Maß für die Freien Standard-Enthalpien von Gleichgewichten sind. Gl. (2) hat uns gezeigt, daß die Standard-Elektrodenpotentiale ebenfalls ein Maß für die Standard-Reaktionsenthalpie, diesmal in Volt, sind.

Oxidationsmittel und Reduktionsmittel

Wir hatten festgestellt, daß Zink (mit $E° = -0,76\,V$) ein stärkeres Reduktionsmittel als Wasserstoff ($E° = 0$) oder Kupfer ($E° = +0,34\,V$)

Tabelle 11-3 Standard-Elektrodenpotentiale bei 25 °C

Halbreaktion (Reduktion)		$E°/V$
oxidierende Substanz	reduzierende Substanz	
starke Oxidationsmittel		
F_2	$+\,2\,e^- \rightarrow 2\,F^-$	$+\,2,87$
$S_2O_8^{2-}$	$+\,2\,e^- \rightarrow 2\,SO_4^{2-}$	$+\,2,05$
Au^+	$+\ \ e^- \rightarrow Au$	$+\,1,69$
Pb^{4+}	$+\,2\,e^- \rightarrow Pb^{2+}$	$+\,1,67$
Ce^{4+}	$+\ \ e^- \rightarrow Ce^{3+}$	$+\,1,61$
$MnO_4^- + 8\,H^+$	$+\,5\,e^- \rightarrow Mn^{2+} + 4\,H_2O$	$+\,1,51$
Cl_2	$+\,2\,e^- \rightarrow 2\,Cl^-$	$+\,1,36$
$Cr_2O_7^{2-} + 14\,H^+$	$+\,6\,e^- \rightarrow 2\,Cr^{3+} + 7\,H_2O$	$+\,1,33$
$O_2 + 4\,H^+$	$+\,4\,e^- \rightarrow 2\,H_2O$	$+\,1,23$
		$+\,0,81$ bei pH $=7$
Br_2	$+\,2\,e^- \rightarrow 2\,Br^-$	$+\,1,09$
Ag^+	$+\ \ e^- \rightarrow Ag$	$+\,0,80$
Hg_2^{2+}	$+\,2\,e^- \rightarrow 2\,Hg$	$+\,0,79$
Fe^{3+}	$+\ \ e^- \rightarrow Fe^{2+}$	$+\,0,77$
I_2	$+\,2\,e^- \rightarrow 2\,I^-$	$+\,0,54$
$O_2 + 2\,H_2O$	$+\,4\,e^- \rightarrow 4\,OH^-$	$+\,0,40$
		$+\,0,81$ bei pH $=7$
Cu^{2+}	$+\,2\,e^- \rightarrow Cu$	$+\,0,34$
$AgCl$	$+\ \ e^- \rightarrow Ag + Cl^-$	$+\,0,22$
$2\,H^+$	$+\,2\,e^- \rightarrow H_2$	0 (Definition)
Fe^{3+}	$+\,3\,e^- \rightarrow Fe$	$-\,0,04$
$O_2 + H_2O$	$+\,2\,e^- \rightarrow HO_2^- + OH^-$	$-\,0,08$
Pb^{2+}	$+\,2\,e^- \rightarrow Pb$	$-\,0,13$
Sn^{2+}	$+\,2\,e^- \rightarrow Sn$	$-\,0,14$
Fe^{2+}	$+\,2\,e^- \rightarrow Fe$	$-\,0,44$
Zn^{2+}	$+\,2\,e^- \rightarrow Zn$	$-\,0,76$
$2\,H_2O$	$+\,2\,e^- \rightarrow H_2 + 2\,OH^-$	$-\,0,83$
		$-\,0,42$ bei pH $=7$
Al^{3+}	$+\,3\,e^- \rightarrow Al$	$-\,1,66$
Mg^{2+}	$+\,2\,e^- \rightarrow Mg$	$-\,2,36$
Na^+	$+\ \ e^- \rightarrow Na$	$-\,2,71$
Ca^{2+}	$+\,2\,e^- \rightarrow Ca$	$-\,2,87$
K^+	$+\ \ e^- \rightarrow K$	$-\,2,93$
Li^+	$+\ \ e^- \rightarrow Li$	$-\,3,05$
	starke Reduktionsmittel	

Eine ausführlichere Tabelle befindet sich im Anhang des Buches.

ist. Je negativer das Standard-Reduktionspotential eines Redoxpaares ist, um so größer ist die reduzierende Kraft des Reduktionsmittels in dem Redoxpaar (das ist z. B. das Zn in Zn^{2+}/Zn). Je weiter unten ein Redoxpaar in der Tabelle 11-3 steht, um so größer ist die reduzierende Kraft der Substanz in der dritten Spalte. Wenn man also zwei Redoxpaare zu einer Zelle zusammenbaut, so bildet das Redoxpaar, das in der Tabelle weiter unten steht, die Anode der Zelle (denn die reduzierte Form in diesem Redoxpaar wird bei der Reaktion oxidiert), und das Redoxpaar, das weiter oben steht, wird die Kathode (denn die oxidierte Form dieses Paars wird reduziert). Wenn wir die Zellreaktion hinschreiben wollen, schreiben wir die Halbreaktion des unteren Redoxpaares als eine Oxidation (dazu kehren wir die Reaktion um und verändern das Vorzeichen des Elektrodenpotentials) und die Halbreaktion des oberen Redoxpaares als eine Reduktion (wie sie in der Tabelle angegeben ist). Das fassen wir wie folgt zusammen:

unteres Redoxpaar   oberes Redoxpaar

Anodenraum ‖ Kathodenraum

$Red \rightarrow Ox + e^-$ $Ox + e^- \rightarrow Red$

Mit dieser Schreibweise erreichen wir, daß das Zellpotential positiv ist und daß die Reaktion deshalb eine negative Freie Reaktionsenthalpie hat. Die Reaktion kann also spontan ablaufen.

In Tabelle 11-3 stehen die stärksten Oxidationsmittel an der Spitze der ersten Spalte und die stärksten Reduktionsmittel am Fuß der dritten Spalte. In dieser Form nennt man diese Tabelle auch die *elektrochemische Spannungsreihe*. Die oxidierte Form eines Redoxpaares kann die reduzierte Form jedes Redoxpaares, das weiter unten steht, oxidieren. Die Freie Enthalpie dieser Reaktion ist negativ, und die Reaktion ist deshalb spontan. Die reduzierte Form eines Redoxpaares kann alle oxidierten Formen der höher stehenden Paare reduzieren. Wir können also auf einen Blick feststellen, in welche Richtung eine Redoxreaktion ablaufen kann (wenn die Ionen in der Konzentration 1 M und die beteiligten Gase mit einem Druck von 1,01325 bar vorhanden sind).

Beispiel 11-4 Formulierung des Zelldiagramms mit Hilfe der Spannungsreihe

Formulieren Sie das Diagramm einer Zelle aus den Elektroden $Pt|Cl_2(g)|Cl^-(aq)$ und $Pt|Br_2(l)|Br^-(aq)$? Wie lautet die Zellreaktion?

Methode. Nach der Stellung im Periodensystem erwarten wir, daß Cl_2 ein stärkeres Oxidationsmittel als Br_2 ist. Also wird Cl_2 reduziert und bildet die Kathode. Will man präziser vorgehen, so muß man die Redoxpaare in der Spannungsreihe heraussuchen und dann das Zelldiagramm formulieren, wobei das in der Spannungsreihe weiter oben stehende Redoxpaar auf die rechte Seite und das weiter unten stehende auf die linke Seite geschrieben wird. Um die Zellreaktion hinzuschreiben, drehen wir die untere Halbreaktion um (d. h. wir machen aus der Reduktion eine Oxidation) und addieren sie zur oberen Halbreaktion.

Lösung. Das Redoxpaar Cl_2/Cl^- liegt oberhalb von Br_2/Br^-, deshalb lautet das Zelldiagramm:

$$Pt|Br_2(l)|Br^-(aq) \| Cl^-(aq)|Cl_2(g)|Pt$$

Die beiden Halbreaktionen sind:

Kathoden-Halbreaktion: $Cl_2(g) + 2e^- \rightarrow 2Cl^-(aq)$

Anoden-Halbreaktion: $2Br^-(aq) \rightarrow Br_2(l) + 2e^-$

Damit wird die Gesamtreaktion:

$$Cl_2(g) + 2\,Br^-(aq) \rightarrow 2\,Cl^-(aq) + Br_2(l)$$

Übungsaufgabe. Wie lauten das Zelldiagramm und die Zellreaktion für die Zelle aus den Redoxpaaren Ag^+/Ag und Cu^{2+}/Cu^+?

[Antwort: $Pt\,|\,Cu^+(aq), Cu^{2+}(aq)\,\|\,Ag^+(aq)\,|\,Ag(s)$
$Ag(s) + Cu^{2+}(aq) \rightarrow Ag^+(aq) + Cu^+(aq)$]

Beispiel 11-5 Abschätzung der oxidierenden Kraft mit Hilfe der Spannungsreihe

Ist es unter Standardbedingungen in saurer Lösung möglich, mit einer Kaliumpermanganatlösung Eisen(II)-Ionen zu Eisen(III)-Ionen zu oxidieren?

Methode. Wir haben festzustellen, wie die beiden Redoxpaare in der elektrochemischen Spannungsreihe zueinander stehen. Das eine Redoxpaar ist Fe^{3+}/Fe^{2+}, das andere $MnO_4^-, H^+/Mn^{2+}, H_2O$. Wenn das zweite Paar in der Spannungsreihe über dem Redoxpaar Fe^{3+}/Fe^{2+} liegt, dann kann die oxidierte Form MnO_4^- die reduzierte Form Fe^{2+} unter Standardbedingungen oxidieren.

Lösung. Der Tabelle 11-3 entnehmen wir als Normalpotential des Fe^{3+}/Fe^{2+}-Redoxpaares $+0,77$ V, es liegt also unterhalb des Redoxpaares mit dem Permanganat ($+1,51$ V). Das Permanganat ist damit in der Lage, in saurer Lösung Fe^{2+} zu Fe^{3+} zu oxidieren (vgl. Abb. 11-16).

Übungsaufgabe. Kann Quecksilber unter Standardbedingungen das Zink aus einer wäßrigen Zinksulfatlösung verdrängen?

[Antwort: nein]

(a)

Beispiel 11-6 Bestimmung der Richtung einer Reaktion aus der Spannungsreihe

Wir geben Zinn in eine wäßrige Lösung von $Fe^{2+}(aq)$- und $Fe^{3+}(aq)$-Ionen. Welche Reaktion läuft ab? Formulieren Sie die Reaktionsgleichung! Wie lautet das Zelldiagramm einer Zelle, die diese Reaktion verwendet?

Methode. Wir brauchen aus der Spannungsreihe die Daten für die beiden Redoxpaare Sn^{2+}/Sn und Fe^{3+}/Fe^{2+}. Die reduzierte Form des weiter unten stehenden Paares hat die Tendenz, die oxidierte Form des weiter oben stehenden Paares zu reduzieren. Wir formulieren die Zelle so, daß das weiter unten stehende reduzierende Redoxpaar auf die linke Seite der Reaktionsgleichung (als Anode) geschrieben wird.

Lösung. Das Redoxpaar Sn^{2+}/Sn liegt in Tabelle 11-3 unterhalb Fe^{3+}/Fe^{2+}, folglich reduziert das Zinn die $Fe^{3+}(aq)$-Ionen zu $Fe^{2+}(aq)$. Die Halbreaktionen sind dann

Anode:	$Sn(s) \rightarrow Sn^{2+}(aq) + 2\,e^-$,	$E^\circ = +0,14$ V
Kathode:	$Fe^{3+}(aq) + e^- \rightarrow Fe^{2+}(aq)$,	$E^\circ = +0,77$ V

Damit wird die Gesamtreaktion:

$$Sn(s) + 2\,Fe^{3+}(aq) \rightarrow Sn^{2+}(aq) + 2\,Fe^{2+}(aq), \quad E^\circ = +0,91\text{ V}$$

und die mit dieser Reaktion arbeitende Zelle lautet:

$$Sn(s)\,|\,Sn^{2+}(aq)\,\|\,Fe^{2+}(aq), Fe^{3+}(aq)\,|\,Pt, \quad E^\circ = +0,91\text{ V}$$

Übungsaufgabe. Wie lautet die Reaktionsgleichung der Reaktion, die abläuft, wenn man Kupfer zu einer Lösung aus Co^{2+}- und Co^{3+}-Ionen gibt?

[Antwort: $Cu(s) + 2\,Co^{3+}(aq) \rightarrow Cu^{2+}(aq) + 2\,Co^{2+}(aq)$]

(b)

Abb. 11-16 Bei einer Redoxtitration wird z. B. mit dem violetten Kaliumpermanganat die blaßgrüne Fe^{2+}-Lösung oxidiert (a). Der Äquivalenzpunkt ist erreicht, wenn die violette Farbe des Permanganats nicht mehr verschwindet (b).

Wenn wir feststellen wollen, wie stark die oxidierende Kraft einer Substanz ist, brauchen wir nur nachzusehen, wo sie in der ersten Spalte der Spannungsreihe zu finden ist. Je höher sie steht, um so größer ist ihre oxidierende Kraft. Ein schönes Bild dafür ist die Oxidation von Br^--Ionen durch Chlor, die wir in Beispiel 11-4 besprochen haben. Dort erwies sich Cl_2 gegenüber Br_2 als stärkeres Oxidationsmittel, deshalb verlief die Reaktion so, daß Br^- zu Br_2 oxidiert wurde. In der Tat stellt man auf diese Weise Brom aus Salzlaugen her, in denen Bromid-Ionen enthalten sind.

Beispiel 11-7 Die relative Stärke von Oxidationsmitteln

Ist unter Standardbedingungen eine saure Permanganatlösung ein stärkeres Oxidationsmittel als eine saure Dichromatlösung?

Methode. Wir prüfen in der Spannungsreihe, ob das Permanganation MnO_4^- oberhalb des Dichromations $Cr_2O_7^{2-}$ liegt. Zur Probe berechnen wir das Zellpotential.

Lösung. Das Redoxpaar MnO_4^-, H^+/Mn^{2+}, H_2O liegt mit $+1{,}51$ V über dem Redoxpaar $Cr_2O_7^{2-}$, H^+/Cr^{3+}, H_2O mit $+1{,}33$ V. Also ist MnO_4^- das stärkere Oxidationsmittel.

Reduktion: $MnO_4^-(aq) + 8H^+(aq) + 5e^- \rightarrow Mn^{2+}(aq) + 4H_2O(l)$, $E° = +1{,}51$ V

Oxidation: $2Cr^{3+}(aq) + 7H_2O(l) \rightarrow Cr_2O_7^{2-}(aq) + 14H^+(aq) + 6e^-$, $E° = -1{,}33$ V

Die Reaktionsgleichung für die Gesamtreaktion erhalten wir, wenn wir sechsmal die Reduktionshalbreaktion und fünfmal die Oxidationshalbreaktion zueinander addieren (dann heben sich z. B. die Elektronen auf). Das Zellpotential ist gleich der Summe der beiden Elektrodenpotentiale, also $+0{,}18$ V. Wegen $E° \propto -\Delta G$ weist das auf eine negative Freie Reaktionsenthalpie und eine spontane Reaktion hin. Das Permanganat kann also in saurer Lösung Cr^{3+}-Ionen zu Dichromat oxidieren.

Übungsaufgabe. Was ist das stärkere Reduktionsmittel, Zn oder Ni?

[Antwort: Zn]

Die Reaktion von Metallen mit Säuren

Die Entwicklung von Wasserstoff bei der Umsetzung einer Säure mit einem Metall ist eine Redoxreaktion, bei der die Wasserstoff-Ionen der Säure zu H_2 reduziert werden. Das Standardpotential der Wasserstoffelektrode ist gleich Null, deshalb können nur Substanzen mit negativen Standard-Reduktionspotentialen (sie stehen in der Spannungsreihe unter dem Wasserstoff) diese Reaktion betreiben. Für uns heißt das, daß Mg, Fe, Ca, Sn und Pb alle eine Tendenz (im thermodynamischen Sinne) haben, Wasserstoff freizusetzen. (Wir dürfen nicht vergessen, daß die Thermodynamik nichts über die Reaktionsgeschwindigkeit aussagt. Die Geschwindigkeit kann also trotzdem sehr langsam sein.) Auf der anderen Seite können die Metalle mit positivem Standard-Elektrodenpotential Wasserstoff-Ionen nicht reduzieren; deshalb können sie bei der Umsetzung mit verdünnten Säuren auch nicht Wasserstoff freisetzen. Das gilt etwa für Kupfer und auch für die Edelmetalle Silber, Gold und Platin. Diese Metalle können aber immer noch die Anionen von Sauerstoffsäuren reduzieren, die in vielen Fällen stärkere Oxidationsmittel als die Wasserstoff-Ionen sind.

402

Beispiel 11-8 Kann ein Metall eine Sauerstoffsäure reduzieren?

Zeigen Sie, daß Kupfer zwar Salpetersäure zu Stickoxid reduzieren kann, aber nicht zu Wasserstoff!

Methode. Wir sehen in der Spannungsreihe nach (diesmal in der ausführlicheren im Anhang des Buches). Kupfer kann die oxidierten Formen aller Redoxpaare reduzieren, soweit sie über ihm liegen. Zur Bestätigung zeigen wir, daß die entsprechende Redoxreaktion mit einer negativen Freien Reaktionsenthalpie verbunden ist.

Lösung. Das Redoxpaar Cu^{2+}/Cu ($+0,34$ V) liegt über H^+/H_2 (0 V), aber unter dem Paar $NO_3^-, H^+/NO, H_2O$ ($+0,96$ V). Kupfer kann also die Wasserstoff-Ionen nicht zu Wasserstoff reduzieren, aber in saurem Medium NO_3^--Ionen zu NO. Das können wir wie folgt nachrechnen:

Reduktion: $2\,NO_3^-\,(aq) + 8\,H^+\,(aq) + 6\,e^- \rightarrow 2\,NO\,(g) + 4\,H_2O\,(l)$, $\quad E° = +0,96$ V

Oxidation: $\qquad\qquad\qquad 3\,Cu\,(s) \rightarrow 3\,Cu^{2+}\,(aq) + 6\,e^-$, $\quad E° = -0,34$ V

Dann wird die Gesamtreaktion:

$$3\,Cu\,(s) + 2\,NO_3^-\,(aq) + 8\,H^+\,(aq) \rightarrow 3\,Cu^{2+}\,(aq) + 2\,NO\,(g) + 4\,H_2O\,(l),$$
$$E° = +0,62\ V$$

Dieses Zellpotential entspricht einer negativen Freien Reaktionsenthalpie und damit einer spontanen Reaktion.

Übungsaufgabe. Kann Quecksilber Salpetersäure (a) zu Wasserstoff, (b) zu Stickoxid reduzieren?

[Antwort: (a) nein, (b) ja]

Passivierung

Wenn trotz einer thermodynamischen Tendenz zu einer chemischen Reaktion in der Praxis nichts geschieht, so hat das meist einen Grund, der in der Kinetik der Reaktion liegt. Wenn wir das Standard-Elektrodenpotential des Aluminiums ($-1,66$ V) betrachten, so würden wir erwarten, daß dieses Metall mit Salzsäure Wasserstoff entwickeln wird. Das tut es aber nicht. Aluminium reagiert nicht mit verdünnter Säure, weil seine Oberfläche sofort mit einer harten, chemisch widerstandsfahigen Oxidschicht bedeckt wird, wenn sie mit Sauerstoff in Kontakt kommt (vgl. Abb. 11-17). Diese Schicht verhindert eine weitere Reaktion; wir nennen diesen Effekt eine *Passivierung* des Metalls. Die Passivierung des Aluminiums hat eine große wirtschaftliche Bedeutung, denn sie macht es erst möglich, daß dieses Metall praktische Verwendung, z. B. zum Bau von Flugzeugen, für Fensterrahmen und Kochgeschirr, finden kann. In Aluminiumgefäßen läßt sich sogar Salpetersäure transportieren, denn auf der einmal passivierten Oberfläche finden keine weiteren Reaktionen statt.

Korrosion

Die Spannungsreihe gibt uns auch Einblicke in ein allgemein negativ bewertetes Phänomen, die Korrosion, die beim Eisen Rosten genannt wird. Jedes Element, das unterhalb des Redoxpaares H_2O/H_2, OH^- in der Spannungsreihe steht, kann von Wasser oxidiert werden, wenn folgende Halbreaktion abläuft:

$$2\,H_2O\,(l) + 2\,e^- \rightarrow H_2\,(g) + 2\,OH^-\,(aq), \quad E° = -0,83\ V$$

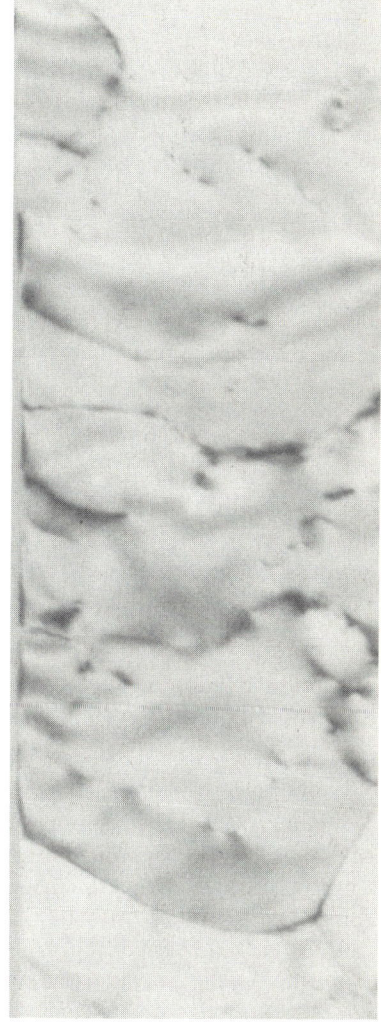

0,2 μm

Abb. 11-17 Diese Mikrophotographie eines Schnittes durch eine Aluminiumoberfläche zeigt die passivierende Oxidschicht, die das Metall vor Korrosion schützt.

Dieses Standard-Elektrodenpotential wird bei einer OH⁻-Konzentration von 1 M gemessen, das entspricht einem pH-Wert von 14, also einer stark basischen Lösung. Bei pH = 7 hat dieses Redoxpaar ein Potential von $E = -0,42$ V. Das Fe^{2+}/Fe-Redoxpaar hat fast den gleichen Wert ($E° = -0,44$ V), das heißt, die Tendenz, daß Eisen von reinem Wasser oxidiert wird, ist nur sehr gering. Aus diesem Grund kann man in Wasserversorgungsanlagen durchaus Eisenrohre verwenden, und in sauerstofffreiem Wasser halten sich eiserne Gegenstände, ohne zu rosten (vgl. Abb. 11-18). An feuchter Luft, wenn Sauerstoff und Wasser gleichzeitig vorhanden sind, muß jedoch die Halbreaktion

$$O_2\,(g) + 4\,H^+\,(aq) + 4\,e^- \rightarrow 2\,H_2O\,(l)\,, \qquad E° = +1,23\ V$$

in Betracht gezogen werden. Das Elektrodenpotential dieser Halbreaktion hat bei pH = 7 den Wert +0,81 V, das liegt deutlich oberhalb des Wertes für das Fe^{2+}/Fe-Redoxpaar. Zusammen können also Sauerstoff und Wasser das Eisen oxidieren und Rost produzieren.

Dem Rosten liegt ein interessanter Prozeß zugrunde. Ein Wassertropfen auf einer Eisenoberfläche wirkt als Elektrolyt einer kleinen elektrochemischen Zelle (vgl. Abb. 11-19). An der Außenkante des Tropfens, wo der gelöste Sauerstoff am leichtesten mit dem Eisen in Berührung kommt, hat er die Tendenz, über die eben genannte Reaktion das Eisen zu oxidieren. Die Elektronen, die dem Eisen bei der Oxidation entzogen werden, werden aber, weil das Metall ein guter Leiter ist, aus anderen Teilen ergänzt, vor allem aus dem Bereich, der unter dem sauerstoffarmen Bereich des Tropfens liegt. Dort verlieren Eisenatome Elektronen, bilden Fe^{2+}-Ionen und wandern als solche in das Wasser. Dort treffen sie mehr Sauerstoff an und werden von jedem oberhalb des Fe^{2+}/Fe^{3+}-Redoxpaares liegenden Oxidationsmittel oxidiert, also auch von Sauerstoff. Wenn das geschieht, bildet sich schnell ein Niederschlag von hydratisiertem Eisen(III)oxid, $Fe_2O_3 \cdot H_2O$, einer braunen, unlöslichen Substanz, die wir unter dem Namen Rost kennen. Wenn das Wasser Ionen enthält, ist seine elektrische Leitfähigkeit besser, und das Rosten kann wesentlich schneller erfolgen. Das ist der Grund, weshalb Salzwasser das Rosten beschleunigt.

Korrosionsschutz

Der im Prinzip einfachste Weg, Korrosion zu verhindern, besteht darin, daß man jeden Kontakt der Metalloberfläche mit Wasser und Sauerstoff vermeidet. Das kann man durch Lackieren erreichen. Eine bessere Methode ist das Galvanisieren, bei der das Metall mit einem dichten Zinkfilm überzogen wird, entweder durch Eintauchen in geschmolzenes Zink (vgl. Abb. 11-20) oder durch elektrolytische Abscheidung von Zink (darüber wird noch zu sprechen sein). Das Zink liegt in der Spannungsreihe unterhalb von Eisen; wenn also ein Kratzer die Zinkschicht verletzt und das Eisen freilegt, kann das stärker reduzierende Zink dem Eisen Elektronen liefern. Es wird also nur das Zink und nicht das Eisen oxidiert. Das Zink selbst besteht auf der intakten Oberfläche, weil es, ähnlich wie Aluminium, von einer Oxidschicht passiviert wird.

Eine Zinkschicht ist wirkungsvoller als eine Zinnschicht, weil das Sn^{2+}/Sn-Redoxpaar positiver als das Eisen-Redoxpaar ist. Wenn eine verzinnte Büchse verkratzt wird, liefert das stärker reduzierende Eisen Elektronen an das Zinn und wird dabei schnell oxidiert (vgl. Abb.

Abb. 11-18 In sauerstofffreiem Wasser rostet ein eiserner Nagel nicht (links), weil das Wasser selbst nur ein schwaches Oxidationsmittel ist. In Gegenwart von Sauerstoff (rechts) bildet sich schnell Rost.

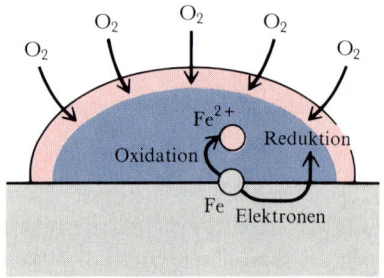

Abb. 11-19 Der Mechanismus der Rost-Bildung. (a) Die Oxidation des Eisens erfolgt an einer Stelle, die keinen direkten Kontakt zum Luftsauerstoff hat. Dort verhält sich die Metalloberfläche als Anode einer kleinen elektrochemischen Zelle. (b) Die spätere Oxidation von Fe^{2+} zu Fe^{3+} führt zur Rostabscheidung auf der Oberfläche.

11-21). Damit wird verständlich, daß verzinnte Büchsen, die früher, bevor sie vom Aluminium verdrängt wurden, in Gebrauch waren, schnell rosten, wenn sie beschädigt werden.

Große Objekte wie Schiffe, Rohrleitungen und Brücken kann man nicht galvanisieren; bei ihnen ist aber ein kathodischer Schutz möglich. Dabei bedeckt man nicht die ganze Oberfläche mit einem stärker reduzierenden Metall, sondern verbindet einfach ein Stück des aktiven Metalls wie z. B. Magnesium oder Zink mit dem Körper, der vor Korrosion geschützt werden soll. Dann liefert das aktive Metall und nicht der geschützte Körper Elektronen, wenn Sauerstoff sein oxidierendes Werk beginnt. Dabei wird das aktive Metall, das hier als Anode wirkt, geopfert. Wenn es verbraucht ist, kann es einfach ersetzt werden; das ist in der Regel billiger als ein Neubau des Schiffs oder der Brücke. Aus dem gleichen Grund verbindet man in Kraftfahrzeugen den negativen Pol der elektrischen Anlage mit der Karosserie. Damit spielt die Anode der Batterie die Rolle des Metalls, das für die Karosserie geopfert wird.

(a)

(b)

11-5 Die Konzentrationsabhängigkeit des Zellpotentials

Bisher haben wir Elektrodenpotentiale und die elektrochemische Spannungsreihe nur für eine qualitative Diskussion von Redoxreaktionen verwendet. Wir wollen jetzt einen Schritt weiter gehen und dabei ein sehr wichtiges Ergebnis erarbeiten. Wenn man eine Reaktion als die Summe zweier Halbreaktionen, einer Oxidation und einer Reduktion, beschreiben kann, so läßt sich aus den Standard-Elektrodenpotentialen die Gleichgewichtskonstante dieser Reaktion berechnen.

Die Berechnung der Gleichgewichtskonstanten

Im letzten Kapitel hatten wir festgestellt, daß die Freie Standard-Reaktionsenthalpie einer Reaktion mit der Gleichgewichtskonstanten über die Formel

$$\Delta G^\circ = -RT \ln K$$

Abb. 11-21 Das Redoxpaar Sn^{2+}/Sn liegt in der Spannungsreihe über dem Fe^{2+}/Fe-Paar. Wird eine verzinnte Eisenbüchse zerkratzt (a), so wird das Eisen schnell von den in der feuchten Umgebung vorhandenen Sn^{2+}-Ionen oxidiert (b).

zusammenhängt. (Das war die Gleichung 6 in Kapitel 10.) In diesem Kapitel haben wir den Zusammenhang zwischen der Freien Standard-Reaktionsenthalpie und dem Standard-Zellpotential in Gl. 2 kennengelernt ($\Delta G^\circ = -nFE^\circ$). Wenn wir diese beiden Gleichungen vereinigen, erhalten wir:

$$\ln K = \frac{nF}{RT} \cdot E^\circ \qquad (3)$$

Der Term $\dfrac{RT}{F}$ tritt in vielen elektrochemischen Formeln auf; bei $25\,^\circ\mathrm{C}$ hat er den Zahlenwert:

$$\frac{RT}{F} = 8{,}314\ \mathrm{J\ K^{-1}\ mol^{-1}} \cdot 298{,}15\ \mathrm{K} \cdot \frac{1}{9{,}649 \cdot 10^4}\ \mathrm{mol\ C^{-1}}$$

$$= 0{,}02569\ \mathrm{J\ C^{-1}} = 0{,}02569\ \mathrm{V}$$

Mit der Formel $\ln x = 2{,}303 \cdot \log x$ können wir vom natürlichen Logarithmus in den dekadischen Logarithmus umrechnen; setzen wir unseren Zahlenwert in Gl. (3) ein, so erhalten wir

$$\log K = \frac{n \cdot E^\circ}{2{,}303 \cdot 0{,}02569\ \mathrm{V}} = \frac{n \cdot E^\circ}{0{,}0592\ \mathrm{V}} \qquad (4)$$

E° können wir aus Standard-Elektrodenpotentialen berechnen; damit kommen wir auch an die Gleichgewichtskonstanten heran. So ist z. B. für die Gesamtreaktion

$$\mathrm{Zn\,(s)} + \mathrm{Cu^{2+}\,(aq)} \rightleftarrows \mathrm{Zn^{2+}\,(aq)} + \mathrm{Cu\,(s)}, \quad K_c = \frac{[\mathrm{Zn^{2+}}]}{[\mathrm{Cu^{2+}}]}$$

das Zellpotential gleich $1{,}10\ \mathrm{V}$. Für die so geschriebene Reaktion ist $n = 2$, damit erhalten wir:

$$\log K_c = \frac{2 \cdot 1{,}10\ \mathrm{V}}{0{,}0592\ \mathrm{V}} = 37{,}2$$

Daraus erhalten wir (nach dem Entlogarithmieren) $K_c = 1{,}6 \cdot 10^{37}$. Damit wissen wir nicht nur, daß die Reaktion spontan erfolgt, sondern auch, daß das Gleichgewicht erst erreicht wird, wenn die Konzentration der $\mathrm{Zn^{2+}}$-Ionen mehr als 10^{37}mal größer als die der $\mathrm{Cu^{2+}}$-Ionen ist. Die Reaktion läuft also in der Praxis immer vollständig ab.

Beispiel 11-9 Die Berechnung der Gleichgewichtskonstante

Wie groß ist die Gleichgewichtskonstante der Reaktion $\mathrm{AgCl\,(s)} \rightleftarrows \mathrm{Ag^+\,(aq)} + \mathrm{Cl^-\,(aq)}$ bei $25\,^\circ\mathrm{C}$? Die Reaktion an der Silber/Silberchlorid-Elektrode wurde im Beispiel 11-1 besprochen.

Methode. Die Gleichgewichtskonstante dieser Reaktion ist das Löslichkeitsprodukt des Silberchlorids in Wasser. Seinen Wert können wir mit Gl. 4 aus dem Zellpotential der Gesamtreaktion bestimmen. Wir müssen also das zu der Reaktion gehörige Zelldiagramm hinschreiben, das Standardpotential aus den Angaben in Tabelle 11-3 ermitteln und das Ergebnis in Gl. (4) einsetzen. Den Wert für n erhalten wir aus den Halbreaktionen der beiden Halbzellen.

Lösung. Das entsprechende Zelldiagramm lautet:

$$\mathrm{Ag\,(s) \mid Ag^+\,(aq) \parallel Cl^-\,(aq) \mid AgCl\,(s) \mid Ag\,(s)}$$

Die Halbreaktionen und ihre Elektrodenpotentiale sind:

Anode:	$Ag(s) \rightarrow Ag^+(aq) + e^-$,	$E° = -0,80$ V
Kathode:	$AgCl(s) + e^- \rightarrow Ag(s) + Cl^-(aq)$,	$E° = 0,22$ V

Den Reaktionen entnehmen wir $n = 1$. Die Summe der Elektrodenpotentiale ist $-0,58$ V; damit erhalten wir aus Gl. (4):

$$\log K = \frac{1 \cdot (-0,58 \text{ V})}{0,0592 \text{ V}} = -9,80$$

Entlogarithmieren ergibt den Zahlenwert $1,6 \cdot 10^{-10}$. Bei AgCl wird das Löslichkeitsprodukt in der Einheit M^2 angegeben, wir erhalten also $K_L = 1,6 \cdot 10^{-10} M^2$, das ist genau der Wert in Tabelle 9-4.

Übungsaufgabe. Wie groß ist das Löslichkeitsprodukt von Quecksilber(I)chlorid?

[Antwort: $1,3 \cdot 10^{-18} M^3$]

Das Beispiel 11-9 zeigt uns, daß man das Löslichkeitsprodukt aus elektrochemischen Daten berechnen kann; daraus kann man schließlich auch die Löslichkeit eines schwerlöslichen Salzes bestimmen. Diese Methode ist sehr viel genauer als das Verfahren, die geringe in Wasser gelöste Menge eines Salzes nach dem Eindampfen der Lösung zu wägen.

Die Nernstsche Gleichung

Jetzt wollen wir untersuchen, wie die Zellpotentiale von der Konzentration und vom Druck abhängen. Dazu gehen wir von der in Abschnitt 10-6 hergeleiteten Beziehung zwischen ΔG und der Zusammensetzung einer Reaktionsmischung aus:

$$\Delta G = -RT \cdot \ln \frac{K}{Q}$$

Q war der Reaktionsquotient. Bei der Kupfer/Zink-Reaktion schreiben wir dann:

$$Zn(s) + Cu^{2+}(aq) \rightarrow Zn^{2+}(aq) + Cu(s), \quad Q_c = \frac{[Zn^{2+}]}{[Cu^{2+}]}$$

In die Formel für Q gehen die augenblicklichen Konzentrationen in der gegebenen Elektrolytlösung ein; das sind in der Regel nicht die Gleichgewichtswerte. In einer Zelle mit $[Zn^{2+}] = 0,10$ M und $[Cu^{2+}] = 0,0010$ M ist so etwa $Q = 100$. Bequemer wird es, wenn man unsere Formel in der Form

$$\Delta G = -RT \ln K + RT \ln Q$$
$$= \Delta G° + RT \ln Q$$

verwenden. Gl. 1 beschreibt den Zusammenhang zwischen ΔG und dem Zellpotential, Gl. 2 zwischen $\Delta G°$ und dem Standard-Zellpotential:

$$-nFE = -nFE° + RT \ln Q$$

Daraus erhalten wir direkt durch Auflösen nach E die Nernstsche Gleichung:

$$E = E° - \frac{RT}{nF} \ln Q \tag{5}$$

Diese Gleichung wurde nach dem deutschen Chemiker Walther Nernst benannt, der sie zuerst hergeleitet hat. Bei 25 °C und mit dekadischem Logarithmus lautet sie:

$$E = E° - \frac{0,0592 \text{ V}}{n} \cdot \log Q \tag{6}$$

Beispiel 11-10 Die Anwendung der Nernstschen Gleichung

Wie groß ist bei 25°C das Potential der Daniell-Zelle, wenn die Konzentration der Zn^{2+}-Ionen 0,10 M und die der Cu^{2+}-Ionen 0,0010 M ist?

Methode. Alles, was wir tun müssen, ist, die Konzentrationen oder die Drücke in die Formel für Q einzusetzen und dann mit Gl. (6) zu rechnen. Das Standard-Zellpotential erhalten wir meistens als Differenz zwischen zwei Standard-Reduktionspotentialen aus der Spannungsreihe.

Lösung. Das Standardpotential der Daniell-Zelle ist 1,10 V. Wenn die Konzentration von Zn^{2+} 0,10 M und die von Cu^{2+} 0,0010 M ist, so erhalten wir für das Potential der Zelle:

$$E = 1{,}10\,V - \frac{0{,}0592\,V}{2} \cdot \log \frac{0{,}10}{0{,}0010} = 1{,}04\,V$$

Übungsaufgabe. Berechnen Sie das Potential der Zelle $Zn \,|\, Zn^{2+}\,(aq)\, \|\, Fe^{2+}\,(aq)\,|\, Fe$ für eine Fe^{2+}-Konzentration von 0,10 M und eine Zn^{2+}-Konzentration von 1,50 M.

[Antwort: 0,32 V]

Elektrische Messung von pH-Werten

Eine sehr wichtige Anwendung findet die Nernstsche Gleichung bei der Bestimmung von pH-Werten. Aus dem pH-Wert werden indirekt auch die pK_s- und pK_b-Werte von Säuren und Basen bestimmbar, wie wir in Abschnitt 9-4 gesehen hatten. Dazu arbeiten wir mit einer Zelle, die ganz spezifisch auf die Konzentration der Wasserstoffionen reagiert. Eine Wasserstoffelektrode, die mit einer Kalomelelektrode, $Hg\,(l)\,|\, Hg_2Cl_2\,(s)\,|\, Cl^-\,(aq)$, über eine Salzbrücke verbunden ist, eignet sich für unseren Zweck. Die Halbreaktion der Kalomelelektrode, die bereits in der Übungsaufgabe zu Beispiel 11-1 erwähnt wurde, lautet:

$$Hg_2Cl_2\,(s) + 2\,e^- \;\rightarrow\; 2\,Hg\,(l) + 2\,Cl^-\,(aq), \quad E^\circ = +0{,}27\,V$$

Jetzt bauen wir die Zelle

$$Pt \,|\, H_2\,(g)\,|\, H^+\,(aq)\, \|\, Cl^-\,(aq)\,|\, Hg_2Cl_2\,(s)\,|\, Hg\,(l), \quad E^\circ = +0{,}27\,V$$

zusammen. Die Zellreaktion und der Reaktionsquotient bei einem Wasserstoffdruck von 1,01325 bar lauten dann:

$$H_2\,(g) + Hg_2Cl_2\,(s) \;\rightarrow\; 2\,H^+\,(aq) + 2\,Cl^-\,(aq) + 2\,Hg\,(l),$$
$$Q = [H^+]^2\,[Cl^-]^2$$

(Die Konzentrationen der Ionen H^+ und Cl^- hängen nicht zusammen, denn sie beziehen sich auf verschiedene Elektrodengefäße.) Wir suchen die Konzentration der Wasserstoff-Ionen im Anodenbehälter. Wenn wir Q in die Nernstsche Gleichung einsetzen, so erhalten wir:

$$E = E^\circ - \frac{0{,}0592\,V}{2} \cdot \log [H^+]^2\,[Cl^-]^2$$

$$= 0{,}27\,V - \frac{0{,}0592\,V}{2} \cdot \log [Cl^-]^2 - \frac{0{,}0592\,V}{2} \cdot \log [H^+]^2$$

$$= 0{,}27\,V - 0{,}0592\,V \cdot \log [Cl^-] - 0{,}0592\,V \cdot \log [H^+]$$

Die ersten beiden Summanden auf der rechten Seite ziehen wir zu einer neuen Konstanten E' zusammen. Dann lautet die Formel:

$$E = E' - 0{,}0592\,\text{V} \cdot \log[\text{H}^+]$$
$$= E' + 0{,}0592\,\text{V} \cdot \text{pH}$$

Das Potential der Zelle ist also gerade dem pH-Wert proportional. Damit brauchen wir nur das Zellpotential zu messen, um den pH-Wert bestimmen zu können.

In der Praxis ist die Wasserstoffelektrode schwierig zu handhaben, und es dauert meist relativ lange, bis man eine stabile Ablesung erhält. Die Glaselektrode, ein extrem dünnwandiges Glasgefäß, das mit einem Elektrolyten gefüllt ist (vgl. Abb. 11-22), läßt sich viel leichter verwenden. Das Potential der Glaselektrode ist proportional zum pH-Wert. Man verwendet sie meist in Verbindung mit einer Kalomelektrode, die über eine Salzbrücke mit der Lösung verbunden ist, die wir untersuchen wollen. Gemessen wird das Potential der Zelle, aber die handelsüblichen Geräte haben Skalen, die direkt die pH-Werte anzeigen. Man eicht pH-Meter mit Pufferlösungen, deren pH-Wert stabil und genau bekannt ist.

In der chemischen Industrie und in der Umweltanalytik werden auch andere Elektroden eingesetzt, die auf bestimmte Ionen reagieren. Solche pX-Meter können direkt die Konzentrationen dieser Ionen anzeigen.

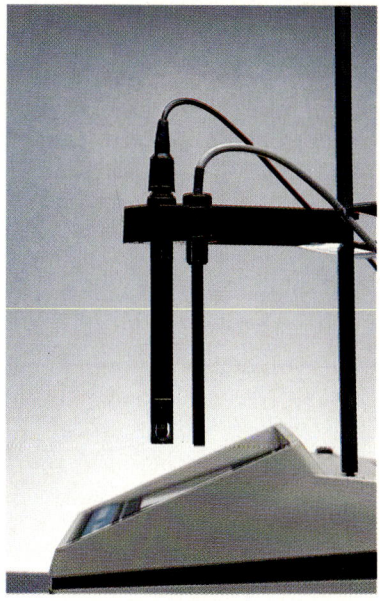

Abb. 11-22 Die Glaselektrode für die pH-Messung. Diese Elektrode wird meistens zusammen mit einer Kalomelelektrode eingesetzt.

Elektrolyse

Bisher hatten wir die Erzeugung von Elektrizität bei chemischen Reaktionen behandelt; jetzt kehren wir die Sache um und wollen mit Hilfe von Elektrizität chemische Reaktionen betreiben. Die Vorgänge in einer elektrochemischen Zelle sind zwar der Elektrolyse verwandt, es gibt aber zwei wesentliche Unterschiede. Erstens hat eine Elektrolysezelle immer nur einen einzigen Elektrolyten, und beide Elektroden tauchen in denselben Behälter. Zweitens ist der Zustand einer Elektrolysezelle in der Regel sehr weit vom Standardzustand entfernt. Gase stehen kaum unter einem Druck von 1,01325 bar, und auch die Ionenkonzentrationen sind nicht gleich 1 M.

Abb. 11-23 zeigt eine einfache Elektrolysezelle. Sie ist genauso gebaut wie die elektrochemischen Zellen, die wir bisher behandelt haben, mit zwei Elektroden, die in einen Elektrolyten tauchen. Sie wird aber anders betrieben: Die Zelle wird an eine äußere Stromquelle angeschlossen, die Strom durch die Zelle treibt. Wenn die Zelle Kupfer-Ionen enthält, so treten die Elektronen über die Kathode ein und führen dort zu einer Reduktion:

$$\text{Cu}^{2+}(\text{aq}) + 2\,\text{e}^- \;\rightarrow\; \text{Cu}(\text{s})$$

An der Kathode scheidet sich dabei metallisches Kupfer ab (die Kathode muß nicht unbedingt aus Kupfer sein). Über die Anode werden der Zelle Elektronen entzogen; dort erfolgt eine Oxidation. Wenn die Anode aus Kupfer besteht, so lautet die entsprechende Reaktion:

$$\text{Cu}(\text{s}) \;\rightarrow\; \text{Cu}^{2+}(\text{aq}) + 2\,\text{e}^-$$

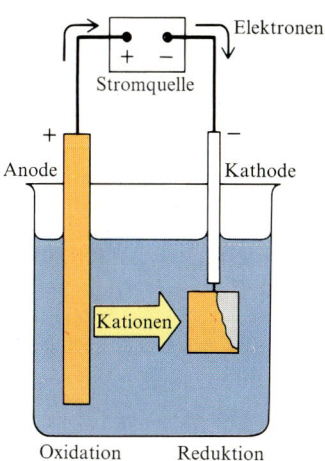

Abb. 11-23 Eine einfache Elektrolysezelle. Der Strom fließt durch die Kathode, die mit dem negativen $(-)$-Pol der Stromquelle verbunden ist, in die Zelle. An der Anode, die mit dem positiven $(+)$-Pol verbunden ist, tritt er wieder aus.

Dabei gehen Kupfer-Ionen in Lösung. Das Ergebnis des Prozesses ist ein Transport von Kupfer von der Anode zur Kathode.

Damit Elektronen an der Kathode in die Elektrolysezelle hineinwandern, muß diese Elektrode mit der negativen Elektrode – der Anode – einer anderen Zelle (oder einer anderen Stromquelle) verbunden werden. Entsprechend wird die Anode mit der Kathode der stromliefernden Zelle oder dem positiven Pol einer Stromquelle verbunden.

11-6 Das für die Elektrolyse benötigte Potential

Wir wollen uns jetzt mit einem wichtigen Prozeß beschäftigen, mit der Elektrolyse von Wasser. Im Prinzip nutzt man bei der Elektrolyse den elektrischen Strom, um eine Reaktion in eine Richtung zu treiben, die der spontanen Reaktion genau entgegengesetzt ist. Dazu müssen die Elektroden der Elektrolysezelle mit einer Stromquelle verbunden werden, deren Potential größer ist als das Potential, das die Elektrolysezelle hätte, wenn man sie zur Stromerzeugung einsetzen würde. Dann fließt der Strom entgegen der Richtung des spontanen Prozesses, und die Zellreaktion wird in die Gegenrichtung getrieben. Die Elektrolysereaktion

$$2\,H_2O\,(l) \;\rightarrow\; 2\,H_2\,(g) + O_2\,(g)$$

eignet sich gut zur Illustration der Zusammenhänge. Sie ist die Umkehrung der in Beispiel 11-3 besprochenen Zellreaktion

$$2\,H_2\,(g) + O_2\,(g) \;\rightarrow\; 2\,H_2O\,(l)$$
$$Pt \mid H_2\,(g) \mid OH^-\,(aq) \mid O_2\,(g) \mid Pt\,, \quad E = 1{,}23\ V \text{ bei } pH = 7$$

Um die Zellreaktion umzukehren, müssen wir mindestens 1,23 V an die Elektrolysezelle anlegen und dabei den negativen Pol der Stromquelle mit der Wasserstoffelektrode verbinden (dort wird dann H_2O zu H_2 reduziert). Welche Spannung wir mindestens brauchen, läßt sich aus den Potentialen der beiden Elektroden ermitteln. In neutralem Wasser bei $pH = 7$ sind die beiden Halbreaktionen, die wir bei der Elektrolyse antreiben wollen:

$$2\,H_2O\,(l) + 2\,e^- \;\rightarrow\; H_2\,(g) + 2\,OH^-\,(aq)\,, \qquad E = -0{,}42\ V$$
$$4\,OH^-\,(aq) \;\rightarrow\; O_2\,(g) + 2\,H_2O\,(l) + 4\,e^-\,, \qquad E = -0{,}81\ V$$

Wir brauchen also 1,23 V, davon 0,42 V für die Wasserstoffproduktion und 0,81 V für die Sauerstoffproduktion.

Überspannung

Wenn man eine gewisse Substanzmenge durch Elektrolyse herstellen will, muß man ein Potential anlegen, das deutlich größer als das Zellpotential ist. Diesen Mehrbetrag nennen wir die *Überspannung*. Wenn man Wasserstoff und Sauerstoff an Platin-Elektroden herstellen will, beträgt die benötigte Überspannung etwa 0,6 V, so daß man etwa 1,8 V (und nicht nur 1,23 V) anlegen muß, wenn Wasserstoff und Sauerstoff mit einer deutlichen Geschwindigkeit entwickelt werden sollen. 0,5 V von dieser Überspannung schluckt die Sauerstoffabscheidung und nur 0,1 V die Wasserstoffbildung. An anderen Elektrodenmaterialien werden andere Überspannungen benötigt. So braucht z. B. die Wasserstoffentwicklung an einer Bleielektrode eine Überspannung von 0,6 V, während Sauerstoff an Blei schon mit 0,3 V auskommt.

Konkurrenzreduktionen

Wenn das Wasser, das wir elektrolysieren wollen, auch noch andere als die Ionen des Wassers enthält, so kann es sein, daß diese Ionen leichter als das Wasser an der Kathode reduziert werden. Für Na^+-Ionen ist z. B. das Standard-Reduktionspotential:

$$Na^+(aq) + e^- \rightarrow Na(s), \qquad E^\circ = -2,71 \text{ V}$$

Das ist viel negativer als das Potential für die Reduktion des Wassers zu Wasserstoff; die Reduktion der Na^+-Ionen ist deshalb in Wasser unwahrscheinlich. Wenn das Wasser aber auch Cu^{2+}-Ionen enthält, so kann die Reduktion

$$Cu^{2+}(aq) + 2e^- \rightarrow Cu(s), \qquad E^\circ = +0,34 \text{ V}$$

ablaufen, denn die Cu^{2+}-Ionen lassen sich thermodynamisch viel leichter reduzieren als Wasser. Weil darüber hinaus die Überspannungen für die Abscheidung von Metallen allgemein klein sind, müssen wir erwarten, daß eine Kupferabscheidung lange vor einer Wasserstoffentwicklung stattfinden wird, wenn die wäßrige Lösung Kupfer-Ionen enthält. Dieser Prozeß wird z. B. bei der elektrolytischen Raffination (Reinigung) von Kupfer eingesetzt.

Das Reduktionspotential des neutralen Wassers von $-0,42$ V teilt die Redoxpaare in solche, die in wäßriger Lösung elektrolytisch reduziert werden können, und in die anderen, bei denen das nicht geht. Eine oxidierte Form mit einem Standard-Reduktionspotential größer als $-0,42$ V kann in Wasser elektrolytisch reduziert werden. Wenn wir aber versuchen, eine oxidierte Form, deren Potential unter $-0,42$ V liegt, zu reduzieren, so wird sich statt dessen nur Wasserstoff entwickeln. Aluminium-Ionen mit $E^\circ = -1,66$ V lassen sich in Wasser nicht zum Metall reduzieren; mit Silber-Ionen ($E^\circ = +0,80$ V) geht das aber.

Konkurrenzoxidationen

Es kann auch der Fall auftreten, daß Ionen vorhanden sind, die an der Anode oxidiert werden. Wenn das Wasser, das elektrolysiert werden soll, Cl^--Ionen enthält, so ist es möglich, daß diese Ionen und nicht das Wasser oxidiert werden. In neutralem Wasser lauten die beiden in Betracht kommenden Oxidationspotentiale

$$4OH^-(aq) \rightarrow O_2(g) + 2H_2O(l) + 4e^-, \quad E = -0,81 \text{ V}$$
$$2Cl^-(aq) \rightarrow Cl_2(g) + 2e^-, \qquad\qquad E^\circ = -1,36 \text{ V}$$

Weil man für die erste Reaktion nur 0,81 V braucht, aber 1,36 V für die zweite, könnte man vermuten, daß zuerst Sauerstoff gebildet wird. In Wirklichkeit gehört aber zur Sauerstoffentwicklung eine relativ hohe Überspannung, so daß doch eher Chlor gebildet wird.

11-7 Die Ausbeute bei der Elektrolyse

Wir wollen uns jetzt mit der Frage beschäftigen, wieviel Substanz von einer gegebenen Elektrizitätsmenge elektrolysiert werden kann. Nun können wir unser Mol-Diagramm (1) vervollständigen. In die Rechnung geht die zugeführte Elektrizitätsmenge ein, und als Ergebnis suchen wir, wieviele Mole, Gramm oder Liter als Produkt der Elektrolyse gebildet werden.

Das Faradaysche Gesetz

Wenn wir uns mit der elektrolytischen Abscheidung von Kupfer beschäftigen, können wir die Reduktionsgleichung

$$Cu^{2+}(aq) + 2e^- \rightarrow Cu(s)$$

hinschreiben; daraus entnehmen wir, daß 2 mol Elektronen nötig sind, um 1 mol Cu abzuscheiden. Damit können wir einen Umrechnungsfaktor ermitteln, mit dem wir aus der Stoffmenge der Elektronen, die wir der Kathode zuführen, berechnen können, welche Stoffmenge metallisches Kupfer produziert wird. Geben wir 4,0 mol Elektronen vor, so erhalten wir:

Stoffmenge Kupfer = Stoffmenge Elektronen
$$\cdot \text{ (Stoffmenge Kupfer pro Mol Elektronen)}$$
$$= 4,0 \text{ mol e}^- \cdot \frac{1 \text{ mol Cu}}{2 \text{ mol e}^-} = 2,0 \text{ mol Cu}$$

Die folgende Formulierung ist eine modernere Version des Faradayschen Gesetzes:

Das Faradaysche Gesetz der Elektrolyse: Die Stoffmenge des in einer Elektrolysezelle von einem elektrischen Strom gebildeten Produktes ist der Stoffmenge der zugeführten Elektronen äquivalent.

Wenn wir wissen, welche Stoffmenge des Produktes gebildet wird, ist es kein Problem, seine Masse oder bei Gasen das Volumen auszurechnen.

Beispiel 11-11 Berechnung des Volumens eines bei einer Elektrolyse gebildeten Gases

Wieviel Wasserstoff wird bei einer Elektrolyse unter Standardbedingungen entwickelt, wenn 0,050 mol Elektronen der Zelle zugeführt werden?

Methode. Wir formulieren zuerst die Halbreaktion der Reduktion und entnehmen ihr, welche Stoffmenge Wasserstoff und welche Stoffmenge Elektronen an der Reaktion beteiligt sind. Damit erhalten wir einen Umrechnungsfaktor, mit dem wir aus der Stoffmenge der Elektronen auf die Stoffmenge Wasserstoff schließen können. Es ist aber nach dem Volumen des Gases gefragt. Dazu haben wir die Stoffmenge Wasserstoff noch mit dem molaren Volumen unter Standardbedingungen ($22,4 \text{ dm}^3 \text{ mol}^{-1}$) zu multiplizieren.

Lösung. Die Halbreaktion der Reduktion lautet

$$2 H_2O(l) + 2e^- \rightarrow H_2(g) + OH^-(aq)$$

das heißt, 2 mol Elektronen entwickeln 1 mol H_2. Dann wird

Stoffmenge H_2 = Stoffmenge Elektronen $\cdot$ Stoffmenge H_2 pro Stoffmenge Elektronen
$$= 0,050 \text{ mol e}^- \cdot \frac{1 \text{ mol } H_2}{2 \text{ mol e}^-} = 0,025 \text{ mol } H_2$$

Unter Standardbedingungen hat Wasserstoff ein Volumen von $22,4 \text{ dm}^3 \text{ mol}^{-1}$, also ist das Volumen des bei der Elektrolyse entwickelten Wasserstoffs

Volumen des Wasserstoffs = $0,025 \text{ mol } H_2 \cdot 22,4 \text{ dm}^3 \text{ mol}^{-1} = 0,56 \text{ dm}^3 \, H_2$

11 Elektrochemie

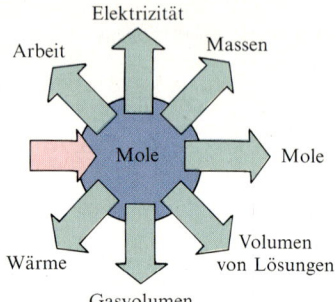

1

Übungsaufgabe. Welches Volumen an Sauerstoff wird bei einer ähnlichen Elektrolyse entwickelt, wenn 0,020 mol Elektronen zugeführt werden?

[Antwort: 0,11 dm^3 O$_2$]

Die Messung der Elektrizitätsmenge

Das letzte Glied, das die Lücke zwischen der Menge des gebildeten Produktes und der aufgewandten Elektrizitätsmenge schließt, ist die Bestimmung der Stoffmenge der Elektronen, die bei der Elektrolyse der Zelle zugeführt werden. Die Faradaysche Konstante $F = 96,5$ kC mol^{-1} gibt die Ladung von einem Mol Elektronen an; wir können damit einen Umrechnungsfaktor angeben, mit dem wir aus der zugeführten elektrischen Ladung (in Coulomb) die Stoffmenge berechnen können:

$$\text{Stoffmenge Elektronen} = \text{zugeführte Coulomb} \cdot \text{Mole pro Coulomb}$$

$$= \text{zugeführte Coulomb} \cdot \frac{1 \,\text{mol e}^-}{96,5 \,\text{kC}}$$

Wenn wir uns erinnern, daß ein elektrischer Strom von 1 Ampere pro Sekunde eine Ladung von 1 Coulomb transportiert, so ist die Ladung:

$$\text{zugeführte Coulomb} = \text{Strom in Ampere} \cdot \text{Zeit in Sekunden}$$

Wenn also z. B. durch ein elektrisches Gerät eine Stunde lang ein Strom von 2,0 Ampere fließt, so ist die dabei zugeführte Ladung:

$$\text{zugeführte Ladung} = 2,0 \,\text{A} \cdot 3600 \,\text{s} = 7200 \,\text{C} = 7,2 \,\text{kC}$$

Wir können also, wenn wir die Stromstärke und die Zeit messen, die zugeführte Stoffmenge Elektronen berechnen. Durch das elektrische Gerät fließen dann:

$$\text{Stoffmenge Elektronen} = 7,2 \,\text{kC} \cdot \frac{1 \,\text{mol e}^-}{96,5 \,\text{kC}} = 0,075 \,\text{mol e}^-$$

Wir sehen, daß auch starke Ströme, die lange Zeit fließen, eine relativ kleine Stoffmenge Elektronen transportieren.

Beispiel 11-12 Berechnung der Masse eines bei der Elektrolyse abgeschiedenen Elementes

Aluminium stellt man durch Elektrolyse von in geschmolzenem Kryolith (Na$_3$AlF$_6$) gelöstem Aluminiumoxid her. Wieviel Aluminium (in kg) läßt sich an einem Tag in einer Elektrolysezelle herstellen, die kontinuierlich mit 100 000 A betrieben wird?

Methode. Bei Rechnungen dieser Art geht es im Prinzip um die Umrechnung von der Stoffmenge der zugeführten Elektronen auf die Stoffmenge produzierten Aluminiums. Die zugeführte Ladung (in Coulomb) ist das Produkt aus der Stromstärke und der Zeit, die der Strom fließt. Die Ladung rechnen wir um in die Stoffmenge Elektronen, indem wir mit der Faraday-Konstante multiplizieren. Aus der Stoffmenge der Elektronen berechnen wir die Stoffmenge produziertes Aluminium. Zuletzt multiplizieren wir mit der molaren Masse des Aluminiums (26,98 g mol^{-1}), um die Menge Aluminium in Gramm zu erhalten.

Lösung. Ein Tag hat 86 400 Sekunden, daraus folgt Ladung in Coulomb = 100 000 A · 86 400 s = $8,64 \cdot 10^9$ C. Die Stoffmenge der zugeführten Elektronen ist:

$$\text{Stoffmenge e}^- = 8,64 \cdot 10^9\,\text{C} \cdot \frac{1\,\text{mol e}^-}{9,65 \cdot 10^4\,\text{C}}$$

$$= 8,95 \cdot 10^4\,\text{mol e}^-$$

Weil die Kathodenreaktion $Al^{3+} + 3e^- \rightarrow Al$ lautet, brauchen wir 3 mol e$^-$, um 1 mol Al zu produzieren. Dann wird

$$\text{Stoffmenge Al} = 8,95 \cdot 10^4\,\text{mol e}^- \cdot \frac{1\,\text{mol Al}}{3\,\text{mol e}^-}$$

$$= 2,98 \cdot 10^4\,\text{mol Al}$$

Schließlich ist die Masse des Aluminiums:

$$\text{Masse Aluminium} = 2,98 \cdot 10^4\,\text{mol Al} \cdot \frac{26,98\,\text{g Al}}{1\,\text{mol Al}}$$

$$= 8,04 \cdot 10^5\,\text{g Al} = 804\,\text{kg Al}$$

Daß zur Herstellung eines Aluminiumatoms drei Elektronen gebraucht werden, ist der Grund für den hohen Stromverbrauch von Aluminiumfabriken.

Übungsaufgabe. Wieviel kg Magnesium produziert eine Anlage in 24 Stunden, in der Magnesiumchlorid mit 50 000 A elektrolysiert wird?

[Antwort: 544 kg]

11-8 Anwendungen der Elektrolyse

Eine Kathode läßt sich als sehr wirksames Reduktionsmittel einsetzen. Erhöht man die Spannung zwischen den Elektroden, so treibt man die Elektronen mit Gewalt in den Elektrolyten hinein und kann Reduktionen wie $Cu^{2+}(aq) + 2e^- \rightarrow Cu(s)$ erzwingen. Eine Anode kann ein genauso wirksames Oxidationsmittel sein (vgl. Abb. 11-24). Wenn das angelegte Potential einen elektrischen Strom aus der Zelle zieht, so werden von Verbindungen und Ionen, die sich in der Nähe der Anode befinden, Elektronen entrissen, wie es z. B. bei der Oxidation $2F^-(aq) \rightarrow F_2(g) + 2e^-$ geschieht. Wenn man die Spannung erhöht, kann man die oxidierende Kraft der Anode so groß machen, daß selbst Fluorid-Ionen, die sonst von keinem chemischen Oxidationsmittel oxidiert werden, zu elementarem Fluor oxidiert werden. Auf diese Weise isolierte Henri Moisson 1886 erstmalig Fluor, indem er eine wasserfreie Schmelze aus Kaliumfluorid und Fluorwasserstoff elektrolysierte. Noch heute wird Fluor auf diese Weise industriell hergestellt.

Elektrolyse von Natrium-Ionen

Eine weitere wichtige technische Anwendung ist die Herstellung von metallischem Natrium beim Downs-Prozeß. Der Elektrolyt ist eine Schmelze von Natriumchlorid, das etwas Calciumchlorid enthält, damit man bei 600 °C arbeiten kann und nicht bis zum Schmelzpunkt von Natriumchlorid bei 830 °C erhitzen muß. Das Hauptproblem bei der Konstruktion der entsprechenden Zelle (Abb. 11-25) war, die bei der Elektrolyse entstehenden Produkte Natrium und Chlor voneinander fern zu halten und das Natrium vor jedem Kontakt mit Luft zu bewahren.

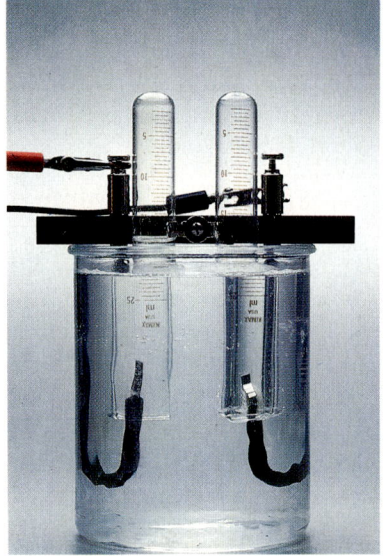

Abb. 11-24 Die elektrochemische Chlorgewinnung. Man kann durch geeignete Wahl der angelegten Spannung die Oxidationskraft der Anode so groß machen, daß sie Elektronen von den Chlorid-Ionen abziehen kann. Wenn man Fluor aus Fluorid-Ionen herstellen will, ist das die einzige Möglichkeit, die Reaktion zu erzwingen.

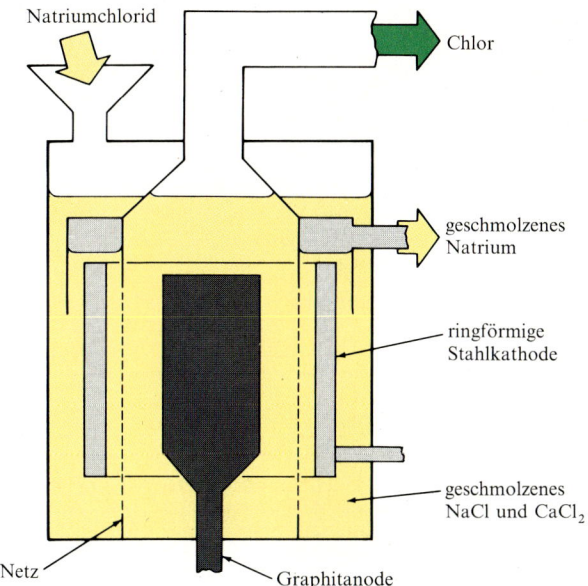

Natriumchlorid

Chlor

geschmolzenes Natrium

ringförmige Stahlkathode

geschmolzenes NaCl und CaCl$_2$

Netz

Graphitanode

Abb. 11-25 Beim Downs-Prozeß wird geschmolzenes Natriumchlorid elektrolysiert. An der Anode aus Graphit werden die Cl$^-$-Ionen zu Chlor oxidiert, an der Kathode aus Stahl die Na$^+$-Ionen zu metallischem Natrium reduziert. Die Elektroden sind von Glocken umgeben, damit Natrium und Chlor getrennt abgeleitet werden können.

Wir hatten schon festgestellt, daß man bei der Elektrolyse einer wäßrigen Natriumchlorid-Lösung an der Kathode nur Wasserstoff und nicht Natrium erhält. Bei der Reduktion der Elektrolytlösung entstehen OH$^-$-Ionen, das bedeutet, in der Kathoden-Kammer der Zelle entsteht schließlich Natriumhydroxid. Weil die Überspannung des Sauerstoffs so hoch ist, entsteht in der Anoden-Kammer Chlor als Oxidationsprodukt. Wenn man aber zuläßt, daß sich das gebildete Chlor mit dem an der Kathode gebildeten Natriumhydroxid vermischt, so entsteht Hypochlorit:

$$Cl_2(g) + OH^-(aq) \rightarrow ClO^-(aq) + Cl^-(aq) + H^+(aq)$$

Natriumhypochlorit wird häufig als Bleichmittel verwendet. Beim Bleichen werden farbige Substanzen oxidiert, und gleichzeitig werden Bakterien abgetötet. Man hofft, auf diese Weise auch Abwässer an Küsten reinigen zu können; das Abwasser würde mit salzhaltigem Seewasser vermischt und elektrolysiert. Die dabei entstehenden Hypochlorit Ionen könnten dann die organischen Substanzen oxidativ abbauen.

Elektroplattieren

Eine wichtige industrielle Anwendung der Elektrolyse ist das Überziehen von Oberflächen mit dünnen Metallfilmen. Der zu beschichtende Gegenstand wird als Kathode in eine Elektrolysezelle eingebaut. Auf der Kathode scheiden sich bei der Elektrolyse Metallatome ab, die bei der Reduktion aus den Metall-Ionen der Lösung entstehen. Wenn die Anode aus dem gleichen Metall besteht, dann werden die Ionen in der Lösung ständig nachgeliefert, wenn das Anodenmaterial oxidiert wird.

Meist bearbeitet man in dieser Weise Metalle; aber oft werden auch Kunststoffe plattiert; sie müssen dazu nur vorher, z. B. durch Beschichtung mit Graphit, elektrisch leitend gemacht werden. Im Prinzip enthält der Elektrolyt ein Salz des Metalls, aus dem die aufzubringende Schicht bestehen soll. In der Praxis erhält man aber nur schwierig dichte, gut haftende glatte Überzüge; deshalb muß auf die Auswahl des geeigneten

Abb. 11-26 Beim Elektroplattieren wird eine dünne Schicht eines Metalls auf eine Oberfläche aufgebracht. Hier werden Stahlteile verchromt.

Salzes viel Sorgfalt gelegt werden. Beim Versilbern werden die besten Resultate erhalten, wenn das Silber als $[Ag(CN)_2]^-$ vorliegt.

Beim Chromplattieren wird eine dünne Schicht Chrom auf einem anderen Metall aufgebracht (vgl. Abb. 11-26). Den Elektrolyten stellt man her, indem man CrO_3 in verdünnter Schwefelsäure auflöst. Bei der Elektrolyse wird Chrom (VI) zuerst zu Chrom(III) reduziert und danach zu metallischem Chrom; die gesamte Reduktionsgleichung lautet dann:

$$CrO_3(aq) + 6H^+(aq) + 6e^- \rightarrow Cr(s) + 3H_2O(l)$$

Das Chrom scheidet sich auf der Kathode als fester, schützender Film ab. Man braucht hierbei relativ viel Strom, denn für jedes Chromatom müssen sechs Elektronen aufgebracht werden. Es ist nicht möglich, direkt vom dreiwertigen Chrom auszugehen, weil das hydratisierte Ion $[Cr(H_2O)_6]^{3+}$ wie die meisten Komplexverbindungen des Chroms so stabil ist, daß man es nicht ohne weiteres reduzieren kann. Wenn man von Chrom(VI)-Verbindungen ausgeht, dann ist das Chrom(III)-Ion bereits an die Kathode gebunden und wird dort direkt reduziert.

Zusammenfassung

Die Elektrochemie beschäftigt sich mit der chemischen Erzeugung von Elektrizität und mit dem Einsatz der Elektrizität bei chemischen Reaktionen. Sie liefert Informationen über Redoxreaktionen und über Reaktionen, die sich als die Summe von Redoxreaktionen schreiben lassen. Elektrochemische Messungen werden in elektrochemischen Zellen ausgeführt, die im Prinzip aus zwei Elektroden bestehen, die in einen Elektrolyten eintauchen. An der Kathode findet eine Reduktion, an der Anode eine Oxidation statt. Jede Halbreaktion an einer Elektrode definiert ein Redox-Substanzpaar; darunter verstehen wir die oxi-

dierte und die reduzierte Form der an der Reaktion beteiligten Substanz. Eine Zelle wird durch ihr Zelldiagramm beschrieben, wobei die Kathode auf die rechte Seite geschrieben wird. Die von der Zelle erzeugte Spannung ist das (positive) Zellpotential. Ein positives Zellpotential zeigt an, daß die reduzierende Substanz in dem Substanzpaar auf der linken Seite des Zelldiagramms eine Tendenz hat, die oxidierende Substanz im rechten Substanzpaar zu reduzieren.

Eine primäre Zelle erzeugt Elektrizität aus den Substanzen, die bei ihrem Bau eingesetzt wurden. Eine sekundäre Zelle muß aufgeladen werden. Eine Brennstoffzelle verwendet Substanzen, die während des Betriebes zugeführt werden. Ein Beispiel für eine primäre Zelle ist das Trockenelement von Leclanché. Der in Kraftfahrzeugen verwendete Bleiakkumulator ist ein Beispiel für eine Batterie aus sekundären Zellen.

Das Potential einer Zelle ist der Freien Enthalpie der Zellreaktion proportional. Der Umgang mit den Eigenschaften der Zellen wird durch die Verwendung von Standard-Zellpotentialen erleichtert; darunter verstehen wir das Potential (in Volt) einer Zelle, wenn alle an der Redoxreaktion beteiligten Ionen in der Konzentration 1 M und die beteiligten Gase bei 1,01325 bar vorliegen. Das Standard-Zellpotential ist die Summe der Beiträge der beiden Elektroden; die Standard-Elektrodenpotentiale werden mit Hilfe der Standard-Wasserstoffelektrode definiert, die gleich Null gesetzt wird. Man erhält so Oxidations- und Reduktionspotentiale.

Die elektrochemische Spannungsreihe ist die in der Reihenfolge der Reduktionspotentiale geordnete Liste der Substanzpaare. Wenn ein Redoxpaar Ox/Red in der Spannungsreihe unterhalb eines anderen Paares in der Spannungsreihe steht, dann ist Red die stärker reduzierende Substanz und Ox die stärker oxidierende. Das weiter unten stehende Paar wird in der Zelle zur Anode, und seine Halbreaktion lautet $Red \rightarrow Ox + e^-$. Nur Metalle mit negativem Reduktionspotential sind in der Lage, eine Säure zu Wasserstoff zu reduzieren. Kinetische Faktoren kommen hinzu: so wird ein Metall, das von einem festen Oxid-Film passiviert ist, extrem langsam oxidiert. Zu den elektrochemischen Prozessen gehören das Rosten sowie die korrosionsverhindernden Verfahren wie die Galvanisierung.

Die Elektrodenpotentiale der beiden an einer Reaktion beteiligten Substanzpaare ergeben die Gleichgewichtskonstante der Zellreaktion. Die Nernstsche Gleichung beschreibt den Zusammenhang zwischen dem Zellpotential und den Konzentrationen und Drücken der an der Zellreaktion beteiligten Substanzen. Eine besondere Bedeutung hat die Nernstsche Gleichung für die Wasserstoffelektrode: deren Zellpotential ist dem pH-Wert proportional. Die Glaselektrode wird ebenfalls für pH-Messungen verwendet; sie ist viel einfacher zu handhaben als die Wasserstoffelektrode.

Unter Elektrolyse versteht man die Herbeiführung einer chemischen Reaktion durch einen elektrischen Strom. Die anzulegende Spannung muß größer als die Summe aus dem Zellpotential und der Überspannung sein.

Das Faradaysche Gesetz der Elektrolyse liefert uns die Ausbeute bei einer elektrochemischen Reaktion. Wieviel mol Elektronen aufgewandt werden, läßt sich aus der Stromstärke und der Zeit berechnen. Die Kathode der Elektrolysezelle wird mit dem negativen Pol der Stromquelle verbunden. Die Kathode ist ein sehr wirkungsvolles Reduktionsmittel; entsprechend ist die Anode ein sehr kräftiges Oxidationsmittel. Elektrolytische Verfahren spielen vor allem bei der industriellen Produktion von Aluminium, Natrium, Chlor, Natriumhydroxid, Natriumhypochlorit und Fluor eine Rolle, ferner bei der elektrochemischen Herstellung dünner Überzüge (Elektroplattierung).

Aufgaben

Zellen und Zellreaktionen

11-1 Formulieren Sie für die folgenden Elektroden das Zelldiagramm und die entsprechende Halbreaktion: (a) metallisches Zink in Berührung mit Zink-Kationen, (b) metallisches Platin, das in eine Lösung eines Eisen(II)- und eines Eisen(III)-Salzes taucht, (c) Chlorgas in Berührung mit Chlorid-Ionen, (d) die Kalomel-Elektrode.

11-2 Formulieren Sie für die folgenden Elektroden das Zelldiagramm und die entsprechende Halbreaktion: (a) Silber in Berührung mit Silber-Ionen, (b) Platin in Berührung mit Cer(III)- und Cer(IV)-Ionen, (c) Sauerstoff in Berührung mit Hydroxid-Ionen, (d) die Silber/Silberiodid-Elektrode.

11-3 Formulieren Sie für die folgenden Halbreaktionen die Elektroden:
(a) $Cd^{2+}(aq) + 2e^- \rightarrow Cd(s)$,
(b) $S_2O_8^{2-} + 2e^- \rightarrow 2SO_4^{2-}(aq)$,
(c) $Hg_2Cl_2(s) + 2e^- \rightarrow 2Hg(l) + 2Cl^-(aq)$.

11-4 Formulieren Sie für die folgenden Halbreaktionen die Elektroden:
(a) $U^{4+}(aq) + e^- \rightarrow U^{3+}(aq)$,
(b) $2Hg^{2+}(aq) + 2e^- \rightarrow Hg_2^{2+}(aq)$,
(c) $O_2(g) + H_2O(l) + 2e^- \rightarrow HO_2^-(aq) + OH^-(aq)$.

11-5 Mit welchen Elektroden kann man die folgenden Substanzpaare studieren:
(a) Cu^{2+}/Cu, (b) Cl_2/Cl^-, (c) $O_2,H_2O/OH^-$, (d) Pt^{2+}/Pt.

11-6 Mit welchen Elektroden kann man die folgenden Substanzpaare studieren:
(a) Pb^{2+}/Pb, (b) Pb^{4+}/Pb^{2+}, (c) $AgBr/Ag,Br^-$, (d) $O_2/H^+/H_2O$.

11-7 Mit welchen Elektroden kann man die folgenden Substanzpaare studieren:
(a) $Fe(OH)_2/Fe,OH^-$, (b) $MnO_2,H^+/Mn^{2+},H_2O$.

11-8 Mit welchen Elektroden kann man die folgenden Substanzpaare studieren:
(a) $Cd(OH)_2/Cd,OH^-$, (b) $Cr_2O_7^{2-},H^+/Cr^{3+},H_2O$.

11-9 Formulieren Sie die Zelldiagramme für die folgenden Zellen: (a) eine saure Sauerstoffelektrode kombiniert mit einer Wasserstoffelektrode, (b) eine Mangan(III)/Mangan(II)-Elektrode kombiniert mit einer Chrom(III)/Chrom(II)-Elektrode, (c) eine Silber/Silberiodid-Elektrode kombiniert mit einer Iod/Iodid-Elektrode, (d) zwei Wasserstoffelektroden bei verschiedenen Drücken.

11-10 Formulieren Sie die Halbreaktionen und die Zellreaktionen für die folgenden Zellen:
(a) $Cu(s) | Cu^{2+}(aq) \| Cu^{+}(aq) | Cu(s)$,
(b) $Pt | I_3^-(aq), I^-(aq) \| Cl^-(aq) | Cl_2(g) | Pt$,
(c) $Ag(s) | AgCl(s) | Cl^-(aq) \| I^-(aq) | AgI(s) | Ag(s)$.

11-11 Formulieren Sie die Halbreaktionen und die Zellreaktionen für die folgenden Zellen:
(a) $Hg(l) | Hg_2^{2+}(aq) \| Cl^-(aq) | Hg_2Cl_2(s) | Hg(l)$,
(b) $Pt | Sn^{4+}(aq), Sn^{2+}(aq) \| Pb^{4+}(aq), Pb^{2+}(aq) | Pt$,
(c) $Pt | Pb^{4+}(aq), Pb^{2+}(aq) \| Sn^{4+}(aq), Sn^{2+}(aq) | Pt$,
(d) $Pt | O_2(g) | H^+(aq) \| OH^-(aq) | O_2(g) | Pt$.

11-12 Formulieren Sie Zellen, in denen die folgenden Zellreaktionen ablaufen:
(a) $Cr(s) + Zn^{2+}(aq) \rightarrow Cr^{2+}(aq) + Zn(s)$,
(b) $Cr^{2+}(aq) + Zn(s) \rightarrow Cr(s) + Zn^{2+}(aq)$,
(c) $2\,Cu^+(aq) \rightarrow Cu(s) + Cu^{2+}(aq)$.

11-13 Formulieren Sie Zellen, in denen die folgenden Zellreaktionen ablaufen:
(a) $Mn(s) + Ti^{2+}(aq) \rightarrow Mn^{2+}(aq) + Ti(s)$,
(b) $Mn^{2+}(aq) + Ti(s) \rightarrow Mn(s) + Ti^{2+}(aq)$,
(c) $Cr^{2+}(aq) + Ce^{4+}(aq) \rightarrow Cr^{3+}(aq) + Ce^{3+}(aq)$.

11-14 Formulieren Sie Zellen, in denen die folgenden Zellreaktionen ablaufen:
(a) $AgNO_3(aq) + KI(aq) \rightarrow AgI(s) + KNO_3(aq)$,
(b) $H_3O^+(aq, c_1) \rightarrow H_3O^+(aq, c_2)$ (eine Konzentrationskette),
(c) $Zn(s) + 2\,MnO_2(s) + 2\,NH_4Cl(aq)$
$\rightarrow [Zn(NH_3)_2]Cl_2(aq) + 2\,MnO(OH)(s)$
(die Reaktion in einer Taschenlampenbatterie).

11-15 Formulieren Sie eine Zelle, in der Hg(I) durch Natriumdichromat zu Hg(II) oxidiert wird!

Standard-Elektrodenpotentiale

11-16 Wie groß sind die Standard-Elektrodenpotentiale der folgenden Substanzpaare:
(a) Cu^{2+}/Cu, (b) Fe^{3+}/Fe^{2+}, (c) H^+/H_2.

11-17 Wie groß sind die Standard-Elektrodenpotentiale der folgenden Substanzpaare:
(a) Ce^{4+}/Ce^{3+}, (b) Cu^+/Cu, (c) Cl_2/Cl^-.

11-18 Wie groß sind die Standard-Elektrodenpotentiale der folgenden Substanzpaare:
(a) I_3^-/I^-, (b) $Hg_2Cl_2/Hg, Cl^-$, (c) $AgBr/Ag, Br^-$.

11-19 Wie groß sind die Standard-Elektrodenpotentiale der folgenden Substanzpaare:
(a) $O_2, H_2O/HO_2^-, OH^-$, (b) $MnO_2, H^+/Mn^{2+}, H_2O$, (c) $S_2O_8^{2-}/SO_4^{2-}$.

11-20 Welche Spannung läßt sich unter Standardbedingungen aus den folgenden Elektrodenkombinationen maximal gewinnen? Welche Elektrode ist die Kathode, welche die Anode?
(a) $Cu(s) | Cu^{2+}(aq)$ und $Cu(s) | Cu^+(aq)$,
(b) $Ag(s) | AgI(s) | I^-(aq)$ und $Ag(s) | AgCl(s) | Cl^-(aq)$.

11-21 Welche Spannung läßt sich unter Standardbedingungen aus den folgenden Elektrodenkombinationen maximal gewinnen? Welche Elektrode ist die Kathode, welche die Anode?

(a) $Ag(s) | Ag^+(aq)$ und $Pt | Fe^{2+}(aq), Fe^{3+}(aq)$,
(b) $U(s) | U^{3+}(aq)$ und $V(s) | V^{2+}(aq)$.

11-22 Welche Spannung läßt sich unter Standardbedingungen aus den folgenden Elektrodenkombinationen maximal gewinnen? Welche Elektrode ist die Kathode, welche die Anode?
(a) $Hg(l) | Hg_2^{2+}(aq)$ und $Hg(l) | Hg_2Cl_2(s) | Cl^-(aq)$,
(b) $Pt | Sn^{2+}(aq), Sn^{4+}(aq)$ und $Pt | Pb^{2+}(aq), Pb^{4+}(aq)$.

11-23 Welche Spannung läßt sich unter Standardbedingungen aus den folgenden Elektrodenkombinationen maximal gewinnen? Welche Elektrode ist die Kathode, welche die Anode?
(a) $Sn(s) | Sn^{2+}(aq)$ und $Pt | Sn^{2+}(aq), Sn^{4+}(aq)$,
(b) $Au(s) | Au^+(aq)$ und $Au(s) | Au^{3+}(aq)$.

Die elektrochemische Spannungsreihe

11-24 Ordnen Sie die folgenden Elemente nach ihrer steigenden reduzierenden Kraft: Cu, Zn, Cr, Fe.

11-25 Ordnen Sie die folgenden Elemente nach ihrer steigenden reduzierenden Kraft: Li, Na, K, Mg.

11-26 Ordnen Sie die folgenden Elemente nach ihrer steigenden reduzierenden Kraft: U, V, Ti, Al.

11-27 Ordnen Sie die folgenden Elemente nach ihrer steigenden reduzierenden Kraft: Ni, Sn, Au, Ag.

11-28 Ordnen Sie die folgenden Elemente nach ihrer steigenden reduzierenden Kraft: S_8, H_2, O_2, Cl_2, F_2.

11-29 Ordnen Sie die folgenden Elemente nach ihrer steigenden reduzierenden Kraft: Pb, Sn, Br_2, H_2, Hg, I_2.

11-30 Welche reduzierende Substanz reduziert die oxidierende Substanz in dem anderen Substanzpaar:
(a) K^+/K und Na^+/Na,
(b) Cl_2/Cl^- und Br_2/Br^-,
(c) In^{3+}/In^{2+} und Sn^{4+}/Sn^{2+},
(d) V^{3+}/V^{2+} und Ti^{3+}/Ti^{2+}.

11-31 Welche reduzierende Substanz reduziert die oxidierende Substanz in dem anderen Substanzpaar:
(a) La^{3+}/La und Na^+/Na,
(b) Cu^{2+}/Cu und I_3^-/I^-,
(c) F_2/F^- und $S_2O_8^{2-}/SO_4^{2-}$,
(d) U^{4+}/U^{3+} und Fe^{3+}/Fe^{2+}.

11-32 Untersuchen Sie, ob die folgenden Reaktionen unter Standard-Bedingungen spontan in der angegebenen Richtung ablaufen:
(a) $Cl_2(g) + 2\,Br^-(aq) \rightarrow 2\,Cl^-(aq) + Br_2(l)$,
(b) $3\,Cd(s) + 2\,Bi^{3+}(aq) \rightarrow 3\,Cd^{2+}(aq) + 2\,Bi(s)$,
(c) $5\,Ag(s) + KMnO_4(aq) + 8\,HCl(aq)$
$\rightarrow 5\,AgCl(s) + MnCl_2(aq) + KCl(aq) + 4\,H_2O(l)$.

11-33 Untersuchen Sie, ob die folgenden Reaktionen unter Standard-Bedingungen spontan in der angegebenen Richtung ablaufen:
(a) $Pb^{2+}(aq) + Cu^{2+}(aq) \rightarrow Pb^{4+}(aq) + Cu(s)$,
(b) $2\,Fe^{3+}(aq) + 2\,I^-(aq) \rightarrow 2\,Fe^{2+}(aq) + I_2(g)$,
(c) $3\,K_2S_2O_8(aq) + 2\,Cr(NO_3)_3(aq) + 7\,H_2O(l)$
$\rightarrow 2\,K_2SO_4(aq) + K_2Cr_2O_7(aq) + 6\,HNO_3(aq)$
$+ 4\,H_2SO_4(aq)$.

11-34 Erklären Sie, weshalb Kupfer mit verdünnter Salpetersäure zu Kupfer(II)nitrat reagiert, aber nicht mit verdünnter Salzsäure zu Kupfer(II)chlorid!

11-35 In einem Labor für Heiße Chemie soll Pu^{3+} zu Pu^{4+} oxidiert werden. Schlagen Sie ein geeignetes Oxidationsmittel vor!

11-36 Läßt sich Iodid mit Kaliumpermanganat in saurer wäßriger Lösung zu Iod oxidieren?

11-37 Kann man mit Natriumdichromat in saurer wäßriger Lösung Mn^{2+} (aq) zu Mn^{3+} (aq) oxidieren?

11-38 Chlor wird industriell zur Freisetzung von Brom aus Meerwasser eingesetzt. Könnte das auch mit Sauerstoff gehen?

11-39 Der verchromte Lenker eines Fahrrades ist beschädigt. Verhindert das verbliebene Chrom das Rosten?

11-40 Wird elementares Chrom, ein Chrom-Ion oder ein Chromoxo-Ion (a) in wäßriger Lösung Wasserstoffkationen zu H_2 reduzieren, (b) in basischer wäßriger Lösung Peroxid-Ionen zu O_2 oxidieren, (c) von Wasser oxidiert werden?

Freie Enthalpie und Elektrodenpotentiale

11-41 Wie groß sind die Standard-Potentiale der folgenden Zellen:
(a) $Zn(s) + Cu^{2+}(aq) \rightarrow Zn^{2+}(aq) + Cu(s)$,
(b) $2 H_2(g) + O_2(g) \rightarrow 2 H_2O(l)$ (in saurer Lösung),
(c) $Ag^+(aq) + Cl^-(aq) \rightarrow AgCl(s)$.

11-42 Wie groß sind die Standard-Potentiale der folgenden Zellen:
(a) $Fe^{2+}(aq) + Ce^{4+}(aq) \rightarrow Fe^{3+}(aq) + Ce^{3+}(aq)$,
(b) $H_3O^+(aq) + OH^-(aq) \rightarrow 2 H_2O(l)$,
(c) $Ag^+(aq) + I^-(aq) \rightarrow AgI(s)$.

11-43 Berechnen Sie aus den Standard-Elektrodenpotentialen die Freie Standard-Reaktionsenthalpie der Disproportionierungs-Reaktion $3 Au^+(aq) \rightarrow 2 Au(s) + Au^{3+}(aq)$!

11-44 Berechnen Sie aus den Standard-Elektrodenpotentialen die Freie Standard-Reaktionsenthalpie der Disproportionierungs-Reaktion $2 Cu^+(aq) \rightarrow Cu(s) + Cu^{2+}(aq)$!

Die Nernstsche Gleichung

11-45 Wie hängen die Potentiale der folgenden Zellen von den Konzentrationen bzw. Drücken der an der Zellreaktion beteiligten Substanzen ab:
(a) $Ag(s) \mid AgI(s) \mid KI(aq) \parallel AgNO_3(aq) \mid Ag(s)$,
(b) $Pt \mid H_2(g) \mid HCl(aq) \mid NaOH(aq) \mid O_2(g) \mid Pt$.

11-46 Wie groß sind die Potentiale der folgenden Zellen:
(a) $Pt \mid H_2(g, 1,0\ bar) \mid HCl(aq, 1,0\ M) \parallel$
    $\parallel HCl(aq, 2,0\ M) \mid H_2(g, 1,0\ bar) \mid Pt$,
(b) $Pt \mid H_2(g, 10\ bar) \mid HCl(aq, 0,10\ M) \mid H_2(g, 0,1\ bar) \mid Pt$.

11-47 Wie groß sind die Potentiale der folgenden Zellen:
(a) $Pt \mid Cl_2(g, 132\ mbar) \mid HCl(aq, 0,10\ M) \parallel$
    $\parallel HCl(aq, 0,001\ M) \mid Cl_2(g, 800\ bar) \mid Pt$,
(b) $Pt \mid Cl_2(g, 1,0\ mbar) \mid HCl(aq, 0,01\ M) \mid$
    $\mid Cl_2(g, 1,0\ kbar) \mid Pt$.

11-48 Berechnen Sie aus dem gemessenen Zellpotential den Zahlenwert von Q für die Zellreaktion:
$Pt \mid Sn^{4+}(aq), Sn^{2+}(aq) \parallel Pb^{4+}(aq), Pb^{2+}(aq) \mid Pt$, $\quad E = 1,33\ V$.

11-49 Berechnen Sie aus dem gemessenen Zellpotential den Zahlenwert von Q für die Zellreaktion:
$Pt \mid O_2(g) \mid H_3O^+(aq) \parallel Cr_2O_7^{2-}(aq), Cr^{3+}(aq), H_3O^+(aq) \mid Pt$,
$E = 0,10\ V$.

11-50 Könnte man eine elektrochemische Zelle als Manometer verwenden?

11-51 Erklären Sie, wie man mit einer Zelle aus einer Silber/Silberchlorid-Elektrode und einer Wasserstoffelektrode (a) pH-Werte, (b) pOH-Werte messen kann!

Gleichgewichtskonstanten

11-52 Berechnen Sie für die folgenden Reaktionen die Gleichgewichtskonstanten und geben Sie den pK-Wert an:
(a) $AgBr(s) \rightleftharpoons Ag^+(aq) + Br^-(aq)$,
(b) $Sn^{2+}(aq) + Pb^{4+}(aq) \rightleftharpoons Sn^{4+}(aq) + Pb^{2+}(aq)$,
(c) $Cr(s) + Zn^{2+}(aq) \rightleftharpoons Cr^{2+}(aq) + Zn(s)$,
(d) $2 H_2O(l) \rightleftharpoons H_3O^+(aq) + OH^-(aq)$.

11-53 Berechnen Sie für die folgenden Reaktionen die Gleichgewichtskonstanten und geben Sie pK_s bzw. pK_b oder pK_w an:
(a) $Hg_2Cl_2(s) \rightleftharpoons Hg_2^{2+}(aq) + 2 Cl^-(aq)$,
(b) $AgI(s) \rightleftharpoons Ag^+(aq) + I^-(aq)$,
(c) $In^{3+}(aq) + U^{3+}(aq) \rightleftharpoons In^{2+}(aq) + U^{4+}(aq)$,
(d) $Fe(s) + 3 Ti^{4+}(aq) \rightleftharpoons Fe^{3+}(aq) + 3 Ti^{3+}(aq)$.

11-54 Kann man mit Natriumpersulfat Silber(I)-Salze zu Silber(II)-Salzen oxidieren? Geben Sie die Gleichgewichtskonstante an!

11-55 Kann man mit Kaliumpermanganat Mangan(II)-Verbindungen zu Mangan(III)-Verbindungen oxidieren? Geben Sie die Gleichgewichtskonstante an!

Elektrolyse

11-56 Welche der folgenden Metalle kann man in wäßriger Lösung elektrolytisch abscheiden:
(a) Mn, (b) Al, (c) Ni, (d) Au.

11-57 Welche der folgenden Metalle kann man in wäßriger Lösung elektrolytisch abscheiden:
(a) Cr, (b) Pt, (c) Cu, (d) U.

11-58 Wieviel Mole der schräg geschriebenen Substanzen werden elektrolytisch von 1 mol Elektronen abgeschieden:
(a) *Kupfer* aus wäßriger Kupfersulfat-Lösung,
(b) *Aluminium* aus in geschmolzenem Kryolith gelöstem Aluminiumoxid,
(c) *Wasserstoff* aus angesäuertem Wasser,
(d) *Sauerstoff* aus angesäuertem Wasser.

11-59 Wieviel Mole der schräg geschriebenen Substanzen werden elektrolytisch von 1 mol Elektronen abgeschieden:
(a) *Silber* aus wäßriger Silbernitrat-Lösung,
(b) *Chrom* aus angesäuerter CrO_3-Lösung,
(c) *Chlor* aus geschmolzenem Natriumchlorid,
(d) *Natriumhypochlorit* aus Meerwasser.

11-60 Wieviel Mole Elektronen liefern die folgenden Ströme in der angegebenen Zeit:
(a) 1 A für 1 s, (b) 5 A für 1 min, (c) 100 A für 1 h.

11-61 Wieviel Mole Elektronen liefern die folgenden Ströme in der angegebenen Zeit:
(a) 1 mA für 1 Tag, (b) 2 A für 3 h, (c) 100 000 A für 1 Woche.

11-62 Ein elektrischer Heizkörper mit 2 kW Leistung wird eine Stunde lang mit 18 A betrieben. Wieviel mol Elektronen fließen in dieser Zeit durch ihn hindurch?

11-63 Ein tragbarer Kassettenrecorder verbraucht 150 mA. Wieviel mol Elektronen müssen seine Batterien in einer Stunde liefern?

11-64 Wieviel Gramm der schräg geschriebenen Substanzen werden in 24 Stunden bei der Elektrolyse mit einem 0,50-A-Strom abgeschieden:
(a) *Nickel* aus wäßriger Nickelnitrat-Lösung,
(b) *Zink* aus wäßriger Zinksulfat-Lösung,
(c) *Fluor* aus einer Mischung aus KF und HF,
(d) *Natriumhydroxid* aus der Elektrolyse von Meerwasser, wobei eine Vermischung des Chlors mit der Lösung verhindert wird.

11-65 Wieviel Gramm der schräg geschriebenen Substanzen werden in 24 Stunden bei der Elektrolyse mit einem 0,50-A-Strom abgeschieden:
(a) *Aluminium* aus Aluminiumoxid,
(b) *Chrom* aus Chrom(VI)oxid,
(c) *Sauerstoff* aus angesäuertem Wasser,
(d) *Calciumhypochlorit* aus wäßriger Calciumchlorid-Lösung.

11-66 Welche Volumina der schräg geschriebenen Gase werden in 3600 s bei der Elektrolyse mit einem 1,00-A-Strom abgeschieden (ideales Verhalten vorausgesetzt, die Volumenbestimmung erfolgt unter den angegebenen Bedingungen):
(a) *Wasserstoff* aus Wasser unter Standard-Druck und Standard-Temperatur,
(b) *Sauerstoff* aus angesäuertem Wasser bei 25 °C und 1,00 bar,
(c) *Fluor* aus einer Mischung von HF und KF bei −10 °C und 1000 mbar.

11-67 Welche Volumina der schräg geschriebenen Gase werden in 3600 s bei der Elektrolyse mit einem 1,00-A-Strom abgeschieden (ideales Verhalten vorausgesetzt, die Volumenbestimmung erfolgt unter den angegebenen Bedingungen):
(a) *Chlor* aus NaCl bei Standard-Druck und Standard-Temperatur,
(b) *Brom* aus geschmolzenem KBr bei 200 °C und 0,10 bar,
(c) *Quecksilber* aus geschmolzenem Hg_2F_2 bei 1000 °C und 133 mbar.

11-68 Wie lange dauert es, bis jeweils 1,0 g der schräg geschriebenen Substanzen mit der angegebenen Stromstärke abgeschieden sind:
(a) *Aluminium* aus Aluminiumoxid mit 1,0 A,
(b) *Chrom* aus Chrom(VI)oxid mit 0,50 A,
(c) *Sauerstoff* aus angesäuertem Wasser mit 100 mA,
(d) *Calciumhypochlorit* aus wäßriger $CaCl_2$-Lösung mit 10 A.

11-69 Wie lange dauert es, bis jeweils 1,0 g der schräg geschriebenen Substanzen mit der angegebenen Stromstärke abgeschieden sind:
(a) *Nickel* aus Nickelnitrat-Lösung mit 1,0 A,
(b) *Zink* aus Zinksulfat-Lösung mit 0,50 A,
(c) *Fluor* aus einer Mischung aus HF und KF mit 10,0 A,
(d) *Natriumhydroxid* aus Meerwasser mit 25 A, wobei eine Vermischung des Chlors mit der Lösung verhindert wird.

11-70 Wenn eine Titanchlorid-Lösung 500 s lang mit 120 mA elektrolysiert wird, werden 15 mg Titan abgeschieden. Welche Ladung hatten die Kationen?

11-71 Wenn eine Quecksilbernitrat-Lösung 1200 s lang mit 210 mA elektrolysiert wird, werden 0,26 g Quecksilber abgeschieden. Welche Ladung hatten die Kationen?

11-72 Thomas Edison konstruierte, um die von seinem Elektrizitätswerk an die Kunden gelieferte elektrische Energie abrechnen zu können, ein Zink-Coulometer, in dem die Elektrizitätsmenge durch Wägung des abgeschiedenen Zinks bestimmt wird. Wieviel Zink wird in einem Monat (mit 31 Tagen) abgeschieden, wenn durch das Coulometer konstant 1 mA fließen?

11-73 Eine andere Lösung des in der vorigen Aufgabe beschriebenen Problems ist das Wasserstoff-Coulometer, in dem das Volumen des abgeschiedenen Wasserstoffs ein Maß für die durchgeflossene Elektrizitätsmenge ist. Welches Volumen an Wasserstoff würde man unter den gleichen Bedingungen wie in der vorigen Aufgabe erhalten?

11-74 Der $\Delta G°$-Wert einer Reaktion ist gleich der Summe der $\Delta G°$-Werte ihrer Teilreaktionen, in die sie zerlegt werden kann. Berechnen Sie über $\Delta G° = -nFE°$: (a) das Elektrodenpotential des Paares Cu^+/Cu aus den Potentialen der Paare Cu^{2+}/Cu^+ und Cu^{2+}/Cu, (b) das Elektrodenpotential des Paares Fe^{2+}/Fe aus den Potentialen der Paare Fe^{3+}/Fe^{2+} und Fe^{3+}/Fe!

11-75 Berechnen Sie aus den Standard-Elektrodenpotentialen die Löslichkeiten von (a) AgCl(s), (b) Hg_2Cl_2(s), (c) $PbSO_4$(s).

11-76 Das in der Zahnheilkunde verwendete Silber-Zinn-Amalgam kann die Reaktionen $3 Hg_2^{2+}$(aq) $+ 4 Ag$(s) $+ 6 e^- \rightarrow 2 Ag_2Hg_3$(s), $E° = +0,85$ V und Sn^{2+}(aq) $+ 3 Ag$(s) $+ 2 e^- \rightarrow Ag_3Sn$(s), $E° = -0,05$ V erleiden. Warum kann ein Patient, der zufällig mit einer Amalgam-Plombe auf ein Stück Aluminium-Folie beißt, einen Schmerz fühlen?

Anhang

Thermodynamische Daten bei 25 °C

Anorganische Substanzen

Substanz	Atom- oder Molekülmasse/amu	Bildungsenthalpie ΔH_b°/kJ mol^{-1}	Freie Bildungsenthalpie ΔG_b°/kJ mol^{-1}	Entropie* S°/J K^{-1} mol^{-1}
Aluminium				
Al(s)	26,98	0	0	28,33
Al^{3+}(aq)	26,98	$-524,7$	$-481,2$	$-321,7$
Al$_2$O(s)	101,95	$-1675,7$	$-1582,3$	50,92
Al(OH)$_3$(s)	78,00	-1276		
AlCl$_3$(s)	133,24	$-704,2$	$-628,8$	110,67
Antimon				
SbH$_3$(g)	153,24	145,11	147,75	232,78
SbCl$_3$(g)	228,11	$-313,8$	$-301,2$	337,80
SbCl$_5$(g)	299,02	$-394,34$	$-334,29$	401,94
Barium				
Ba(s)	137,34	0	0	62,8
Ba^{2+}(aq)	137,34	$-537,64$	$-560,77$	9,6
BaO(s)	153,34	$-553,5$	$-525,1$	70,43
BaCO$_3$(s)	197,35	$-1216,3$	$-1137,6$	112,1
BaCO$_3$(aq)	197,35	$-1214,78$	$-1088,59$	$-47,3$
Blei				
Pb(s)	207,19	0	0	64,81
PbBr$_2$(s)	367,01	$-278,7$	$-261,92$	161,5
PbBr$_2$(aq)	367,01	$-244,8$	$-232,34$	175,3
Bor				
B(s)	10,81	0	0	5,86
B$_2$O$_3$(s)	69,62	$-1272,8$	$-1193,7$	53,97
BF$_3$(g)	67,81	$-1137,0$	$-1120,3$	254,12
Brom				
Br$_2$(l)	159,82	0	0	152,23
Br$_2$(g)	159,82	30,91	3,11	245,46
Br$^-$(aq)	79,91	$-121,55$	$-103,96$	82,4
HBr(g)	90,92	$-36,40$	$-53,45$	198,70

* Die Entropie des Wasserstoff-Ions H$^+$ in Wasser wird gleich Null gesetzt; die Entropien der anderen Ionen sind relativ zu diesem Wert definiert. In dieser Tabelle bedeutet deshalb eine negative Entropie einfach einen kleineren Wert als den der Protonen in Wasser.

Anorganische Substanzen (Fortsetzung)

Substanz	Atom- oder Molekülmasse/amu	Bildungsenthalpie ΔH_b°/kJ mol^{-1}	Freie Bildungsenthalpie ΔG_b°/kJ mol^{-1}	Entropie * S°/J K^{-1} mol^{-1}
Calcium				
Ca(s)	40,08	0	0	41,42
Ca(g)	40,08	178,2	144,3	154,88
Ca^{2+}(aq)	40,08	−542,83	−553,58	−53,1
CaO(s)	56,08	−635,09	−604,03	39,75
Ca(OH)$_2$(s)	74,10	−986,09	−898,49	83,39
Ca(OH)$_2$(aq)	74,10	−1002,82	−868,07	−74,5
CaCO$_3$(s) (Calcit)	100,09	−1206,9	−1128,8	92,9
CaCO$_3$(s) (Aragonit)	100,09	−1207,1	−1127,8	88,7
CaCO$_3$(aq)	100,09	−1219,97	−1081,39	−110,0
CaF$_2$(s)	78,08	−1219,6	−1167,3	68,87
CaF$_2$(aq)	78,08	−1208,09	−1111,15	−80,8
CaCl$_2$(s)	110,99	−795,8	−748,1	104,6
CaBr$_2$(s)	199,90	−682,8	−663,6	130
CaC$_2$(s)	64,10	−59,8	−64,9	69,96
CaSO$_4$(s)	136,14	−1434,11	−1321,79	106,7
CaSO$_4$(aq)	136,14	−1452,10	−1298,10	−33,1
Cer				
Ce(s)	140,12	0	0	72,0
Ce^{3+}(aq)	140,12	−696,2	−672,0	−205
Ce^{4+}(aq)	140,12	−537,2	−503,8	−301
Chlor				
Cl$_2$(g)	70,91	0	0	223,07
Cl$^-$(g)	35,45	−167,16	−131,23	56,5
HCl(g)	36,46	−92,31	−95,30	186,91
HCl(aq)	36,46	−167,16	−131,23	56,5
Deuterium				
D$_2$(g)	4,028	0	0	144,96
D$_2$O(g)	20,028	−249,20	−234,54	198,34
D$_2$O(l)	20,028	−294,60	−243,44	75,94
Eisen				
Fe(s)	55,85	0	0	27,28
Fe^{2+}(aq)	55,85	−89,1	−78,90	−137,7
Fe^{3+}(aq)	55,85	−48,5	−4,7	−315,9
Fe$_3$O$_4$(s) (Magnetit)	231,54	−1118,4	−1015,4	146,4
Fe$_2$O$_3$(s) (Hämatit)	159,69	−824,2	−742,2	87,40
FeS(s, α)	87,91	−100,0	−100,4	60,29
FeS(aq)	87,91		6,9	
FeS$_2$(s)	119,98	−178,2	−166,9	52,93
Fluor				
F$_2$(g)	38,00	0	0	202,78
F$^-$(aq)	19,00	−332,63	−278,79	−13,8
HF(g)	20,01	−271,1	−273,2	173,78
HF(aq)	20,01	−332,63	−278,79	−13,8
Iod				
I$_2$(s)	253,81	0	0	116,14
I$_2$(g)	253,81	62,44	19,33	260,69
I$^-$(aq)	126,90	−55,19	−51,57	111,3
HI(g)	127,91	26,48	1,70	206,59

Anorganische Substanzen (Fortsetzung)

Substanz	Atom- oder Molekülmasse/amu	Bildungsenthalpie ΔH_b°/kJ mol^{-1}	Freie Bildungsenthalpie ΔG_b°/kJ mol^{-1}	Entropie* S°/J K^{-1} mol^{-1}
Kalium				
K (s)	39,10	0	0	64,18
K$^+$ (aq)	39,10	$-252,38$	$-283,27$	102,5
KOH (s)	56,11	$-424,76$	$-379,08$	78,9
KOH (aq)	56,11	$-482,37$	$-440,50$	$-91,6$
KF (s)	58,10	$-567,27$	$-537,75$	66,57
KCl (s)	74,56	$-436,75$	$-409,14$	82,59
KBr (s)	119,01	$-393,80$	$-380,66$	95,90
KI (s)	166,01	$-327,90$	$-324,89$	106,32
KClO$_3$ (s)	122,55	$-397,73$	$-296,25$	143,1
KClO$_4$ (s)	138,55	$-432,75$	$-303,09$	151,0
K$_2$S (s)	110,27	$-380,7$	$-364,0$	105
K$_2$S (aq)	110,27	$-471,5$	$-480,7$	190,4
Kohlenstoff				
C (s) (Graphit)	12,011	0	0	5,740
C (s) (Diamant)	12,011	1,895	2,900	2,377
CO (g)	28,01	$-110,53$	$-137,17$	197,67
CO$_2$ (g)	44,01	$-393,51$	$-394,36$	213,74
CCl$_4$ (l)	153,82	$-135,44$	$-65,21$	216,40
CS$_2$ (l)	76,14	89,70	65,27	151,34
HCN (g)	27,03	135,1	124,7	201,78
HCN (l)	27,03	108,87	124,97	112,84
Kupfer				
Cu (s)	63,54	0	0	33,15
Cu$^+$ (aq)	63,54	71,67	49,98	40,6
Cu^{2+} (aq)	63,54	64,77	65,49	$-99,6$
Cu$_2$O (s)	143,08	$-168,6$	$-146,0$	93,14
CuO (s)	79,54	$-157,3$	$-129,7$	42,63
CuSO$_4$ (s)	159,60	$-771,36$	$-661,8$	109
CuSO$_4 \cdot 5\,H_2O$ (s)	249,68	$-2279,7$	$-1879,7$	300,4
Magnesium				
Mg (s)	24,31	0	0	32,68
Mg^{2+} (aq)	24,31	$-466,85$	$-454,8$	$-138,1$
MgO (s)	40,31	$-601,70$	$-569,43$	26,94
MgCO$_3$ (s)	84,32	$-1095,8$	$-1012,1$	65,7
Natrium				
Na (s)	22,99	0	0	51,21
Na$^+$ (aq)	22,99	$-240,12$	$-261,91$	59,0
NaOH (s)	40,00	$-425,61$	$-379,49$	64,46
NaOH (aq)	40,00	$-470,11$	$-419,15$	48,1
NaCl (s)	58,44	$-411,15$	$-384,14$	72,13
NaBr (s)	102,90	$-361,06$	$-348,98$	86,82
NaI (s)	149,89	$-287,78$	$-286,06$	98,53
Phosphor				
P (s) (weiß)	30,97	0	0	41,09
P$_4$ (g)	123,90	58,91	24,44	279,98
PH$_3$ (g)	34,00	5,4	13,4	210,23
PCl$_3$ (l)	137,33	$-319,7$	$-272,3$	217,18
PCl$_3$ (g)	137,33	$-287,0$	$-267,8$	311,78
PCl$_5$ (g)	208,24	$-374,9$	$-305,0$	364,6

Anorganische Substanzen (Fortsetzung)

Substanz	Atom- oder Molekülmasse/amu	Bildungsenthalpie ΔH_b°/kJ mol^{-1}	Freie Bildungsenthalpie ΔG_b°/kJ mol^{-1}	Entropie * S°/J K^{-1} mol^{-1}
PCl$_5$(s)	208,24	−443,5		
H$_3$PO$_3$(aq)	82,00	−964,8		
H$_3$PO$_4$(l)	98,00	−1266,9		
H$_3$PO$_4$(aq)	98,00	−1277,4	−1018,7	
Quecksilber				
Hg(l)	200,59	0	0	76,02
Hg(g)	200,59	61,32	31,82	174,96
HgO(s)	216,59	−90,83	−58,54	70,29
Hg$_2$Cl$_2$(s)	472,09	−265,22	−210,75	192,5
Sauerstoff				
O$_2$(g)	32,00	0	0	205,14
O$_3$(g)	48,00	142,7	163,2	238,93
OH$^-$(aq)	17,01	−229,99	−157,24	−10,75
Schwefel				
S(s) (rhombisch)	32,06	0	0	31,80
S(s) (monoklin)	32,06	0,33	0,1	32,6
SO$_2$(g)	64,06	−296,83	−300,19	248,22
SO$_3$(g)	80,06	−395,72	−371,06	256,76
H$_2$SO$_4$(l)	98,08	−813,99	−690,00	156,90
H$_2$SO$_4$(aq)	98,08	−909,27	−744,53	20,1
H$_2$S(g)	34,08	−20,63	−33,56	205,79
H$_2$S(aq)	34,08	−39,7	−27,83	121
SF$_6$(g)	146,05	−1209	−1105,3	291,82
Silber				
Ag(s)	107,87	0	0	42,55
Ag$^+$(aq)	107,87	105,58	77,11	72,68
AgBr(s)	187,78	−100,37	−96,90	107,1
AgBr(aq)	187,78	−15,98	−26,86	155,2
AgCl(s)	143,32	−127,07	−109,79	96,2
AgCl(aq)	143,32	−61,58	−54,12	129,3
AgI(s)	234,77	−61,84	−66,19	115,5
AgI(aq)	234,77	50,38	25,52	184,1
Ag$_2$O(s)	231,74	−31,05	−11,20	121,3
AgNO$_3$(s)	169,88	−124,39	−33,41	140,92
Silicium				
Si(s)	28,09	0	0	18,83
SiO$_2$(s, α)	60,09	−910,94	−856,64	41,84
Stickstoff				
N$_2$(g)	28,01	0	0	191,61
NO(g)	30,01	90,25	86,55	210,76
N$_2$O(g)	44,01	82,05	104,20	219,85
NO$_2$(g)	46,01	33,18	51,31	240,06
N$_2$O$_4$(g)	92,01	9,16	97,89	304,29
HNO$_3$(l)	63,01	−174,10	−80,71	155,60
HNO$_3$(aq)	63,01	−207,36	−111,25	146,4
NO$_3^-$(aq)	62,01	−205,0	−108,74	146,4
NH$_3$(g)	17,03	−46,11	−16,45	192,45
NH$_3$(aq)	17,03	−80,29	−26,50	111,3
NH$_4^+$(aq)	18,04	−132,51	−79,31	113,4

Anorganische Substanzen (Fortsetzung)

Substanz	Atom- oder Molekülmasse/amu	Bildungsenthalpie ΔH_b°/kJ mol^{-1}	Freie Bildungsenthalpie ΔG_b°/kJ mol^{-1}	Entropie * S°/J K^{-1} mol^{-1}
$NH_2OH\,(s)$	33,03	−114,2		
$HN_3\,(g)$	43,03	294,1	328,1	238,97
$N_2H_4\,(l)$	32,05	50,63	149,34	121,21
$NH_4NO_3\,(s)$	80,04	−365,56	−183,87	151,08
$NH_4Cl\,(s)$	53,49	−314,43	−202,87	94,6
Wasserstoff				
$H_2\,(g)$	2,016	0	0	130,68
$H^+\,(aq)$	19,03	0	0	0
$H_2O\,(l)$	18,02	−285,83	−237,13	69,91
$H_2O\,(g)$	18,02	−241,82	−228,57	188,83
$H_2O_2\,(l)$	34,02	−187,78	−120,35	109,6
Zink				
$Zn\,(s)$	65,37	0	0	41,63
$Zn^{2+}\,(aq)$	65,37	−153,89	−147,06	−112,1
$ZnO\,(s)$	81,37	−348,28	−318,30	43,64
Zinn				
$Sn\,(s)$ (weiß)	118,69	0	0	51,55
$Sn\,(s)$ (grau)	118,69	−2,09	0,13	44,14
$SnO\,(s)$	134,69	−285,8	−256,9	56,5
$SnO_2\,(s)$	150,69	−580,7	−519,6	52,3

Organische Substanzen

Substanz	Molekülmasse/ amu	Verbrennungs- enthalpie ΔH_b°/kJ mol^{-1}	Bildungsenthalpie ΔH_b°/kJ mol^{-1}	Freie Bildungs- enthalpie ΔG_b°/kJ mol^{-1}	Entropie * S°/J K^{-1} mol^{-1}
Kohlenwasserstoffe					
$CH_4\,(g)$ (Methan)	16,04	−890	−74,81	−50,72	186,26
$C_2H_2\,(g)$ (Acetylen)	26,04	−1300	226,73	209,20	200,94
$C_2H_4\,(g)$ (Ethylen)	28,05	−1411	52,26	68,15	219,56
$C_2H_6\,(g)$ (Ethan)	30,07	−1560	−84,68	−32,82	229,60
$C_3H_6\,(g)$ (Propylen)	42,00	−2058	20,42	62,78	266,6
$C_2H_6\,(g)$ (Cyclopropan)	42,08	−2091	53,30	104,45	237,4
$C_3H_8\,(g)$ (Propan)	44,01	−2220	−103,85	−23,49	270,2
$C_4H_{10}\,(g)$ (Butan)	58,13	−2878	−126,14	−17,03	310,1

Organische Substanzen (Fortsetzung)

Substanz	Molekülmasse/ amu	Verbrennungs- enthalpie ΔH_b°/kJ mol^{-1}	Bildungsenthalpie ΔH_b°/kJ mol^{-1}	Freie Bildungs- enthalpie ΔG_b°/kJ mol^{-1}	Entropie * S°/J K^{-1} mol^{-1}
C_5H_{12} (g) (Pentan)	72,15	-3537	$-146,44$	$-8,20$	349
C_6H_6 (l) (Benzol)	78,12	-3268	49,0	124,3	173,3
C_7H_8 (l) (Toluol)	92,15	-3910	12,0	113,8	221,0
C_6H_{12} (l) (Cyclohexan)	84,16	-3920	$-156,4$	26,7	204,4
C_8H_{18} (l) (Octan)	114,23	-5471	$-249,9$	6,4	358
Alkohole und Phenole					
CH_3OH (l) (Methanol)	32,04	-726	$-238,66$	$-166,27$	126,8
CH_3OH (g)	32,04	-764	$-200,66$	$-161,96$	239,81
C_2H_5OH (l) (Ethanol)	46,07	-1368	$-277,69$	$-174,78$	160,7
C_2H_5OH (g)	46,07	-1409	$-235,10$	$-168,49$	282,70
C_6H_5OH (s)	94,11	-3054	$-164,6$	$-50,42$	144,0
Carbonsäuren					
$HCOOH$ (l) (Ameisensäure)	46,03	-255	$-424,72$	$-361,35$	128,95
CH_3COOH (l) (Essigsäure)	60,05	-875	$-484,5$	$-389,9$	159,8
CH_3COOH (aq)	60,05		$-485,76$	$-396,46$	86,6
$(COOH)_2$ (s) (Oxalsäure)	90,04	-254	$-827,2$	$-697,9$	120
C_6H_5COOH (s) (Benzoesäure)	122,13	-3227	$-385,1$	$-245,3$	167,6
Aldehyde und Ketone					
$HCHO$ (g) (Formaldehyd)	30,03	-571	$-108,57$	$-102,53$	218,77
CH_3CHO (l) (Acetaldehyd)	44,05	-1166	$-192,30$	$-128,12$	160,2
CH_3CHO (g)	44,05	-1192	$-166,19$	$-128,86$	250,3
CH_3COCH_3 (l) (Aceton)	58,08	-1790	$-248,1$	$-155,4$	200
Zucker					
$C_6H_{12}O_6$ (s) (Glucose)	180,16	-2808	-1268	-910	212
$C_6H_{12}O_6$ (s) (Fructose)	180,16	-2810	-1266		
$C_{12}H_{22}O_{11}$ (s) (Rohrzucker)	342,30	-5645	-2222	-1545	360

Organische Substanzen (Fortsetzung)

Substanz	Molekülmasse/ amu	Verbrennungs- enthalpie $\Delta H_b^\circ/\text{kJ mol}^{-1}$	Bildungsenthalpie $\Delta H_b^\circ/\text{kJ mol}^{-1}$	Freie Bildungs- enthalpie $\Delta G_b^\circ/\text{kJ mol}^{-1}$	Entropie * $S^\circ/\text{J K}^{-1}\text{ mol}^{-1}$
Stickstoff-Verbindungen					
$CO(NH_2)_2(s)$ (Harnstoff)	60,06	-632	$-333,51$	$-197,33$	104,60
$C_6H_5NH_2(l)$ (Anilin)	93,13	-3393	31,6	149,1	191,3
$NH_2CH_2COOH(s)$ (Glycin)	75,07	-969	$-532,9$	$-373,4$	103,51
$CH_3NH_2(g)$ (Methylamin)	31,06	-1085	$-22,97$	32,16	243,41

Standard-Reduktionspotentiale bei 25 °C (elektrochemische Spannungsreihe)

reduzierende Halbreaktion	E°/V
stark oxidierend	
$H_4XeO_6 + 2\,H^+ + 2\,e^- \rightarrow XeO_3 + 3\,H_2O$	$+3,0$
$F_2 + 2\,e^- \rightarrow 2\,F^-$	$+2,87$
$O_3 + 2\,H^+ + 2\,e^- \rightarrow O_2 + H_2O$	$+2,07$
$S_2O_8^{2-} + 2\,e^- \rightarrow 2\,SO_4^{2-}$	$+2,05$
$Ag^{2+} + e^- \rightarrow Ag^+$	$+1,98$
$Co^{3+} + e^- \rightarrow Co^{2+}$	$+1,81$
$H_2O_2 + 2\,H^+ + 2\,e^- \rightarrow 2\,H_2O$	$+1,78$
$Au^+ + e^- \rightarrow Au$	$+1,69$
$Pb^{4+} + 2\,e^- \rightarrow Pb^{2+}$	$+1,67$
$2\,HClO + 2\,H^+ + 2\,e^- \rightarrow Cl_2 + 2\,H_2O$	$+1,63$
$Ce^{4+} + e^- \rightarrow Ce^{3+}$	$+1,61$
$2\,HBrO + 2\,H^+ + 2\,e^- \rightarrow Br_2 + 2\,H_2O$	$+1,60$
$MnO_4^- + 8\,H^+ + 5\,e^- \rightarrow Mn^{2+} + 4\,H_2O$	$+1,51$
$Mn^{3+} + e^- \rightarrow Mn^{2+}$	$+1,51$
$Au^{3+} + 3\,e^- \rightarrow Au$	$+1,40$
$Cl_2 + 2\,e^- \rightarrow 2\,Cl^-$	$+1,36$
$Cr_2O_7^{2-} + 14\,H^+ + 6\,e^- \rightarrow 2\,Cr^{3+} + 7\,H_2O$	$+1,33$
$O_3 + H_2O + 2\,e \rightarrow O_2 + 2\,OH^-$	$+1,24$
$O_2 + 4\,H^+ + 4\,e^- \rightarrow 2\,H_2O$	$+1,23$
$ClO_4^- + 2\,H^+ + 2\,e^- \rightarrow ClO_3^- + H_2O$	$+1,23$
$Pt^{2+} + 2\,e^- \rightarrow Pt$	$+1,20$
$Br_2 + 2\,e^- \rightarrow 2\,Br^-$	$+1,09$
$Pu^{4+} + e^- \rightarrow Pu^{3+}$	$+0,97$
$NO_3^- + 4\,H^+ + 3\,e^- \rightarrow NO + 2\,H_2O$	$+0,96$
$2\,Hg^{2+} + 2\,e^- \rightarrow Hg_2^{2+}$	$+0,92$
$ClO^- + H_2O + 2\,e^- \rightarrow Cl^- + 2\,OH^-$	$+0,89$
$NO_3^- + 2\,H^+ + e^- \rightarrow NO_2 + H_2O$	$+0,80$
$Ag^+ + e^- \rightarrow Ag$	$+0,80$
$Hg_2^{2+} + 2\,e^- \rightarrow 2\,Hg$	$+0,79$
$AgF + e^- \rightarrow Ag + F^-$	$+0,78$
$Fe^{3+} + e^- \rightarrow Fe^{2+}$	$+0,77$

(Fortsetzung)

reduzierende Halbreaktion	$E°/V$
$BrO^- + H_2O + 2e^- \rightarrow Br^- + 2OH^-$	$+0,76$
$MnO_4^{2-} + 2H_2O + 2e^- \rightarrow MnO_2 + 4OH^-$	$+0,60$
$MnO_4^- + e^- \rightarrow MnO_4^{2-}$	$+0,56$
$I_2 + 2e^- \rightarrow 2I^-$	$+0,54$
$Cu^+ + e^- \rightarrow Cu$	$+0,52$
$I_3^- + 2e^- \rightarrow 3I^-$	$+0,53$
$NiO(OH) + H_2O + e^- \rightarrow Ni(OH)_2 + OH^-$	$+0,49$
$O_2 + 2H_2O + 4e^- \rightarrow 4OH^-$	$+0,40$
$ClO_4^- + H_2O + 2e^- \rightarrow ClO_3^- + 2OH^-$	$+0,36$
$Cu^{2+} + 2e^- \rightarrow Cu$	$+0,34$
$Hg_2Cl_2 + 2e^- \rightarrow 2Hg + 2Cl^-$	$+0,27$
$AgCl + e^- \rightarrow Ag + Cl^-$	$+0,22$
$Bi^{3+} + 3e^- \rightarrow Bi$	$+0,20$
$SO_4^{2-} + 4H^+ + 2e^- \rightarrow H_2SO_3 + H_2O$	$+0,17$
$Cu^{2+} + e^- \rightarrow Cu^+$	$+0,15$
$Sn^{4+} + 2e^- \rightarrow Sn^{2+}$	$+0,15$
$AgBr + e^- \rightarrow Ag + Br^-$	$+0,07$
$NO_3^- + H_2O + 2e^- \rightarrow NO_2^- + 2OH^-$	$+0,01$
$Ti^{4+} + e^- \rightarrow Ti^{3+}$	$0,00$
$2H^+ + 2e^- \rightarrow H_2$	0 (Definition)
$Fe^{3+} + 3e^- \rightarrow Fe$	$-0,04$
$O_2 + H_2O + 2e^- \rightarrow HO_2^- + OH^-$	$-0,08$
$Pb^{2+} + 2e^- \rightarrow Pb$	$-0,13$
$In^+ + e^- \rightarrow In$	$-0,14$
$Sn^{2+} + 2e^- \rightarrow Sn$	$-0,14$
$AgI + e^- \rightarrow Ag + I^-$	$-0,15$
$Ni^{2+} + 2e^- \rightarrow Ni$	$-0,23$
$V^{3+} + e^- \rightarrow V^{2+}$	$-0,26$
$Co^{2+} + 2e^- \rightarrow Co$	$-0,28$
$In^{3+} + 3e^- \rightarrow In$	$-0,34$
$PbSO_4 + 2e^- \rightarrow Pb + SO_4^{2-}$	$-0,36$
$Ti^{3+} + e^- \rightarrow Ti^{2+}$	$-0,37$
$In^{2+} + e^- \rightarrow In^+$	$-0,40$
$Cr^{3+} + e^- \rightarrow Cr^{2+}$	$-0,41$
$Fe^{2+} + 2e^- \rightarrow Fe$	$-0,44$
$In^{3+} + 2e^- \rightarrow In^+$	$-0,44$
$S + 2e^- \rightarrow S^{2-}$	$-0,48$
$In^{3+} + e^- \rightarrow In^{2+}$	$-0,49$
$O_2 + e^- \rightarrow O_2^-$	$-0,56$
$U^{4+} + e^- \rightarrow U^{3+}$	$-0,61$
$Cr^{3+} + 3e^- \rightarrow Cr$	$-0,74$
$Zn^{2+} + 2e^- \rightarrow Zn$	$-0,76$
$Cd(OH)_2 + 2e^- \rightarrow Cd + 2OH^-$	$-0,81$
$2H_2O + 2e^- \rightarrow H_2 + 2OH^-$	$-0,83$
$Cr^{2+} + 2e^- \rightarrow Cr$	$-0,91$
$Mn^{2+} + 2e^- \rightarrow Mn$	$-1,18$
$V^{2+} + 2e^- \rightarrow V$	$-1,19$
$Ti^{2+} + 2e^- \rightarrow Ti$	$-1,63$
$Al^{3+} + 3e^- \rightarrow Al$	$-1,66$
$U^{3+} + 3e^- \rightarrow U$	$-1,79$
$Be^{2+} + 2e^- \rightarrow Be$	$-1,85$
$Mg^{2+} + 2e^- \rightarrow Mg$	$-2,36$
$Ce^{3+} + 3e^- \rightarrow Ce$	$-2,48$

(Fortsetzung)

reduzierende Halbreaktion	$E°/V$
$La^{3+} + 3e^- \rightarrow La$	$-2,52$
$Na^+ + e^- \rightarrow Na$	$-2,71$
$Ca^{2+} + 2e^- \rightarrow Ca$	$-2,87$
$Sr^{2+} + 2e^- \rightarrow Sr$	$-2,89$
$Ba^{2+} + 2e^- \rightarrow Ba$	$-2,91$
$Ra^{2+} + 2e^- \rightarrow Ra$	$-2,92$
$Cs^+ + e^- \rightarrow Cs$	$-2,92$
$Rb^+ + e^- \rightarrow Rb$	$-2,93$
$K^+ + e^- \rightarrow K$	$-2,93$
$Li^+ + e^- \rightarrow Li$	$-3,05$
stark reduzierend	

Standard-Reduktionspotentiale bei 25 °C in alphabetischer Reihenfolge

reduzierende Halbreaktion	$E°/V$
$Ag^+ + e^- \rightarrow Ag$	$+0,80$
$Ag^{2+} + e^- \rightarrow Ag^+$	$+1,98$
$AgBr + e^- \rightarrow Ag + Br^-$	$+0,07$
$AgCl + e^- \rightarrow Ag + Cl^-$	$+0,22$
$AgF + e^- \rightarrow Ag + F^-$	$+0,78$
$AgI + e^- \rightarrow Ag + I^-$	$-0,15$
$Al^{3+} + 3e^- \rightarrow Al$	$-1,66$
$Au^+ + e^- \rightarrow Au$	$+1,69$
$Au^{3+} + 3e^- \rightarrow Au$	$+1,40$
$Ba^{2+} + 2e^- \rightarrow Ba$	$-2,91$
$Be^{2+} + 2e^- \rightarrow Be$	$-1,85$
$Bi^{3+} + 3e^- \rightarrow Bi$	$+0,20$
$Br_2 + 2e^- \rightarrow 2Br^-$	$+1,09$
$BrO^- + H_2O + 2e^- \rightarrow Br^- + 2OH^-$	$+0,76$
$Ca^{2+} + 2e^- \rightarrow Ca$	$-2,87$
$Cd(OH)_2 + 2e^- \rightarrow Cd + 2OH^-$	$-0,81$
$Cd^{2+} + 2e^- \rightarrow Cd$	$-0,40$
$Ce^{3+} + 3e^- \rightarrow Ce$	$-2,48$
$Ce^{4+} + e^- \rightarrow Ce^{3+}$	$+1,61$
$Cl_2 + 2e^- \rightarrow 2Cl^-$	$+1,36$
$ClO^- + H_2O + 2e^- \rightarrow Cl^- + 2OH^-$	$+0,89$
$ClO_4^- + 2H^+ + 2e^- \rightarrow ClO_3^- + H_2O$	$+1,23$
$ClO_4^- + H_2O + 2e^- \rightarrow ClO_3^- + 2OH^-$	$+0,36$
$Co^{2+} + 2e^- \rightarrow Co$	$-0,28$
$Co^{3+} + e^- \rightarrow Co^{2+}$	$+1,81$
$Cr^{2+} + 2e^- \rightarrow Cr$	$-0,91$
$Cr_2O_7^{2-} + 14H^+ + 6e^- \rightarrow 2Cr^{3+} + 7H_2O$	$+1,33$
$Cr^{3+} + 3e^- \rightarrow Cr$	$-0,74$
$Cr^{3+} + e^- \rightarrow Cr^{2+}$	$-0,41$
$Cs^+ + e^- \rightarrow Cs$	$-2,92$
$Cu^+ + e^- \rightarrow Cu$	$+0,52$
$Cu^{2+} + 2e^- \rightarrow Cu$	$+0,34$
$Cu^{2+} + e^- \rightarrow Cu^+$	$+0,15$
$F_2 + 2e^- \rightarrow 2F^-$	$+2,87$
$Fe^{2+} + 2e^- \rightarrow Fe$	$-0,44$

(Fortsetzung)

reduzierende Halbreaktion	$E°/V$
$Fe^{3+} + 3e^- \rightarrow Fe$	$-0,04$
$Fe^{3+} + e^- \rightarrow Fe^{2+}$	$+0,77$
$2H^+ + 2e^- \rightarrow H_2$	0 (Definition)
$2H_2O + 2e^- \rightarrow H_2 + 2OH^-$	$-0,83$
$2HBrO + 2H^+ + 2e^- \rightarrow Br_2 + 2H_2O$	$+1,60$
$2HClO + 2H^+ + 2e^- \rightarrow Cl_2 + 2H_2O$	$+1,63$
$H_2O_2 + 2H^+ + 2e^- \rightarrow 2H_2O$	$+1,78$
$H_4XeO_6 + 2H^+ + 2e^- \rightarrow XeO_3 + 3H_2O$	$+3,0$
$Hg_2^{2+} + 2e^- \rightarrow 2Hg$	$+0,79$
$Hg_2Cl_2 + 2e^- \rightarrow 2Hg + 2Cl^-$	$+0,27$
$2Hg^{2+} + 2e^- \rightarrow Hg_2^{2+}$	$+0,92$
$I_2 + 2e^- \rightarrow 2I^-$	$+0,54$
$I_3^- + 2e^- \rightarrow 3I^-$	$+0,53$
$In^+ + e^- \rightarrow In$	$-0,14$
$In^{2+} + e^- \rightarrow In^+$	$-0,40$
$In^{3+} + 2e^- \rightarrow In^+$	$-0,44$
$In^{3+} + 3e^- \rightarrow In$	$-0,34$
$In^{3+} + e^- \rightarrow In^{2+}$	$-0,49$
$K^+ + e^- \rightarrow K$	$-2,93$
$La^{3+} + 3e^- \rightarrow La$	$-2,52$
$Li^+ + e^- \rightarrow Li$	$-3,05$
$Mg^{2+} + 2e^- \rightarrow Mg$	$-2,36$
$Mn^{2+} + 2e^- \rightarrow Mn$	$-1,18$
$Mn^{3+} + e^- \rightarrow Mn^{2+}$	$+1,51$
$MnO_4^- + 8H^+ + 5e^- \rightarrow Mn^{2+} + 4H_2O$	$+1,51$
$MnO_4^- + e^- \rightarrow MnO_4^{2-}$	$+0,56$
$MnO_4^{2-} + 2H_2O + 2e^- \rightarrow MnO_2 + 4OH^-$	$+0,60$
$Na^+ + e^- \rightarrow Na$	$-2,71$
$Ni^{2+} + 2e^- \rightarrow Ni$	$-0,23$
$NiO(OH) + H_2O + e^- \rightarrow Ni(OH)_2 + OH^-$	$+0,49$
$NO_3^- + 2H^+ + e^- \rightarrow NO_2 + H_2O$	$+0,80$
$NO_3^- + 4H^+ + 3e^- \rightarrow NO + 2H_2O$	$+0,96$
$NO_3^- + H_2O + 2e^- \rightarrow NO_2^- + 2OH^-$	$+0,01$
$O_2 + 2H_2O + 4e^- \rightarrow 4OH^-$	$+0,40$
$O_2 + 4H^+ + 4e^- \rightarrow 2H_2O$	$+1,23$
$O_2 + e^- \rightarrow O_2^-$	$-0,56$
$O_2 + H_2O + 2e^- \rightarrow HO_2^- + OH^-$	$-0,08$
$O_3 + 2H^+ + 2e^- \rightarrow O_2 + H_2O$	$+2,07$
$O_3 + H_2O + 2e^- \rightarrow O_2 + 2OH^-$	$+1,24$
$Pb^{2+} + 2e^- \rightarrow Pb$	$-0,13$
$Pb^{4+} + 2e^- \rightarrow Pb^{2+}$	$+1,67$
$PbSO_4 + 2e^- \rightarrow Pb + SO_4^{2-}$	$-0,36$
$Pt^{2+} + 2e^- \rightarrow Pt$	$+1,20$
$Pu^{4+} + e^- \rightarrow Pu^{3+}$	$+0,97$
$Ra^{2+} + 2e^- \rightarrow Ra$	$-2,92$
$Rb^+ + e^- \rightarrow Rb$	$-2,93$
$S + 2e^- \rightarrow S^{2-}$	$-0,48$
$SO_4^{2-} + 4H^+ + 2e^- \rightarrow H_2SO_3 + H_2O$	$+0,17$
$S_2O_8^{2-} + 2e^- \rightarrow 2SO_4^{2-}$	$+2,05$
$Sn^{2+} + 2e^- \rightarrow Sn$	$-0,14$
$Sn^{4+} + 2e^- \rightarrow Sn^{2+}$	$+0,15$
$Sr^{2+} + 2e^- \rightarrow Sr$	$-2,89$
$Ti^{2+} + 2e^- \rightarrow Ti$	$-1,63$

(Fortsetzung)

reduzierende Halbreaktion	E°/V
$Ti^{3+} + e^- \rightarrow Ti^{2+}$	$-0,37$
$Ti^{4+} + e^- \rightarrow Ti^{3+}$	$0,00$
$U^{3+} + 3e^- \rightarrow U$	$-1,79$
$U^{4+} + e^- \rightarrow U^{3+}$	$-0,61$
$V^{2+} + 2e^- \rightarrow V$	$-1,19$
$V^{3+} + e^- \rightarrow V^{2+}$	$-0,26$
$Zn^{2+} + 2e^- \rightarrow Zn$	$-0,76$

Wörterbuch

(Beschreibung der wichtigsten Fachausdrücke der physikalischen Chemie)

Abbruch-Reaktion (bei einer Kettenreaktion): die Vereinigung von Radikalen, so daß die Kettenfortpflanzung abgebrochen wird; Beispiel: $2\,Br^{\bullet} \rightarrow Br_2$.

abgeleitete Einheit: Kombination von Basis-Einheiten; Beispiele: cm^3, $J = kg\,m^2\,s^{-2}$.

absoluter Nullpunkt der Temperatur ($T = 0$ K): die tiefste denkbare Temperatur ($-273.15\,°C$).

Adhäsionskräfte: Kräfte, die eine Substanz an eine Oberfläche binden.

Adsorption: Bindung einer Substanz an eine Oberfläche.

Aggregatzustand: der gasförmige, der flüssige oder der feste Zustand.

aktivierter Komplex: Verknüpfung aus zwei Molekülen, die entweder in die Reaktionsprodukte oder in die Ausgangssubstanzen zerfallen kann.

Aktivierungsenergie: Mindestenergie, die für eine chemische Reaktion benötigt wird; auch die Höhe der Aktivierungsbarriere.

allotrope Modifikationen: alternative Formen einer Substanz, die sich in der Anordnung der Atome unterscheiden; Beispiele: O_2 und O_3, weißes und graues Zinn.

Alpha-Teilchen: Komponenten der α-Strahlen, identisch mit den Atomkernen von Helium-4.

Altersbestimmung mit Isotopen: Bestimmung des Alters einer Probe aus dem Verhältnis der radioaktiven Isotope; Beispiel: Radiokarbon-Methode mit ^{14}C.

amorpher Festkörper: Festkörper, in dem die Atome bzw. Moleküle völlig regellos angeordnet sind.

amphoterische Substanz: Substanz, die sowohl als Säure als auch als Base reagieren kann. Beispiele: Al_2O_3, H_2O.

Anfangsgeschwindigkeit: Reaktionsgeschwindigkeit zu Beginn einer Reaktion, wenn die Rückreaktion noch nicht möglich ist.

Anion: negativ geladenes Teilchen; Beispiele: F^-, SO_4^{2-}.

Anode: Elektrode, an der die Oxidation erfolgt.

Anziehungskräfte: Kräfte zwischen den Molekülen, die für den Zusammenhalt der Materie verantwortlich sind, insbesondere für die Kondensation zu Flüssigkeiten und Festkörpern.

Äquivalenzpunkt: Der Punkt einer Titration, an dem genau das Volumen zugefügt ist, das zur Vervollständigung der Reaktion nötig ist.

Arbeit w: Produkt aus der zurückgelegten Strecke und der entgegengesetzten Kraft.

Arrhenius-Base: Verbindung, die in Wasser Hydroxid-Ionen bildet; Beispiele: $NaOH$, NH_3.

Arrhenius-Parameter einer Reaktion: der präexponentielle Faktor A und die Aktivierungsenergie E_a in der Arrheniusgleichung.

Arrhenius-Säure: Verbindung, die Wasserstoff enthält und in wässriger Lösung Wasserstoff-Ionen bildet; Beispiele: HCl, CH_3COOH, aber *nicht* CH_4.

Arrhenius-Verhalten: $\ln k$ ist proportional zu $\dfrac{1}{T}$.

Atom: das kleinste Teilchen eines Elementes mit den chemischen Eigenschaften des Elementes; ein Kern mit einer Elektronenhülle.

atomare Masseneinheit (amu): genau ein Zwölftel der Masse eines Atoms von ^{12}C.

Atomkern: das kleine positiv geladene Teilchen im Zentrum eines Atoms, das zugleich die Masse des Atoms enthält.

Atomorbital: der räumliche Bereich, in dem die Wahrscheinlichkeit, ein Elektron anzutreffen, groß ist; auch die mathematische Formel dafür.

Atomgewicht: ältere Bezeichnung für atomare Masse.

atomare Masse: mittlere Masse der Atome in einer natürlichen Probe eines Elementes.

Avogadrosches Gesetz: Das Volumen einer Gasmenge ist bei gegebenem Druck und gegebener Temperatur proportional zur Anzahl der in ihr enthaltenen Moleküle.

Avogadrosche Zahl: Anzahl der Teilchen in 1 mol ($N_A = 6,022 \cdot 10^{23}\ mol^{-1}$).

Ausschluß-Prinzip: besagt, daß nicht mehr als zwei Elektronen ein Orbital besetzen dürfen.

Balmer-Serie: Serie von Spektrallinien des atomaren Wasserstoffs (teilweise im Sichtbaren).

Band-Lücke: Energiebereich in einem Festkörper, in dem sich keine Orbitale befinden; sie trennt zwei Bänder von erlaubten Energie-Niveaus.

Basis-Einheiten: diejenigen Einheiten des SI-Systems, aus denen alle anderen Einheiten abgeleitet werden. Beispiele: 1 kg für die Masse, 1 m für die Länge, 1 s für die Zeit, 1 K für die Temperatur, 1 A für den elektrischen Strom, 1 mol für die Stoffmenge.

Beta-Teilchen: die beim radioaktiven Zerfall emittierten Elektronen.

bimolekulare Reaktion: Elementar-Reaktion, bei der zwei Moleküle (oder Atome) miteinander reagieren; Beispiel: $O(g) + O_3(g) \rightarrow 2\,O_2(g)$.

binär: aus zwei Komponenten bestehend.

Bindungsenthalpie: die zum Aufbrechen einer Bindung benötigte Energie; Beispiel: $H_2(g) \rightarrow 2\,H(g)$, $B(H-H) = +436\ kJ\ mol^{-1}$.

Bohrsche Frequenzbedingung: Beziehung zwischen der Frequenz der Strahlung, die ein Atom oder Molekül emittiert oder absorbiert, und der damit verbundenen Energieänderung: $\Delta E = h\nu$.

Bohrsches Atommodell: Atommodell, bei dem die Elektronen auf diskreten Kreisbahnen umlaufen.

Boltzmannsche Entropie-Formel: $S = k \cdot \ln W$; k ist die Boltzmann-Konstante und W die Anzahl der Anordnungen, die zu demselben Energiewert gehören.

Born-Haberscher-Kreisprozeß: Reihe von Reaktionen, aus denen man die Bildungsenthalpie eines ionischen Festkörpers berechnen kann.

Boylesches Gesetz: bei konstanter Temperatur ist das Volumen einer gegebenen Gasmenge umgekehrt proportional zum Druck.

Brønsted-Base: ein Protonen-Akzeptor; Beispiele: OH^-, F^-, CH_3COO^-, HCO_3^-, NH_3.

Brønsted-Gleichgewicht: das Gleichgewicht Säure$_1$ + Base$_2$ ⇌ Base$_1$ + Säure$_2$, Beispiel: $CH_3COOH(aq) + H_2O(l) \rightleftarrows CH_3COO^-(aq) + H_3O^+(aq)$.

Brønsted-Säure: ein Protonen-Donor; Beispiele: HCl, CH_3COOH, HCO_3^-, NH_4^+.

Beugung: Interferenz von Wellen, in deren Weg sich ein Körper befindet. Bei der Röntgenbeugung werden Strukturen von Molekülen und Festkörpern untersucht.

Brennstoffzelle: elektrochemische Zelle, bei der die für die Zellreaktion benötigten Substanzen ständig zugeführt werden.

Gesetz von Charles: das Volumen einer gegebenen Gasmenge ist bei konstantem Druck proportional zur absoluten Temperatur.

Chemilumineszenz: Lichtemission durch Teilchen, die bei einer chemischen Reaktion in einem angeregten Zustand entstanden sind.

chemische Kinetik: Lehre von den Geschwindigkeiten chemischer Reaktionen und ihrer Abhängigkeit von den Reaktionsbedingungen.

Chromatographie: Trennung von Substanzen an einer Oberfläche, wobei ausgenutzt wird, daß die Substanzen verschieden fest adsorbiert werden.

Daltonsches Partialdruck-Gesetz: der Gesamtdruck einer Gasmischung ist gleich der Summe der Drücke, die jedes einzelne Gas hätte, wenn es allein in dem Gefäß wäre.

Dampf: die Gasphase einer Substanz, meist einer Substanz, die bei der betreffenden Temperatur normalerweise fest oder flüssig ist.

Dampfdruck: der Druck der Gasphase, wenn Dampf und kondensierte Phase im dynamischen Gleichgewicht sind.

de Broglie-Beziehung: Vorstellung, daß jedes Teilchen der Masse m mit der Geschwindigkeit v auch als Welle mit der Wellenlänge $\lambda = \dfrac{h}{mv}$ angesehen werden kann.

Delta (Δ): bezeichnet die Differenz einer Größe zwischen dem End- und dem Anfangszustand: $\Delta X = X_E - X_A$.

diamagnetische Substanz: Substanz, die aus einem Magnetfeld herausgedrückt wird.

Dichte: Masse pro Volumeneinheit: $d = \dfrac{m}{V}$.

Diffusion: die Ausbreitung einer Substanz in eine andere hinein.

Dissoziationskonstante: Gleichgewichtskonstante für die Dissoziation einer Brønsted-Säure oder einer Brønsted-Base, zugleich ein Maß für die Säure- oder Basen-Stärke: z.B.

$$HF(aq) + H_2O(l) \rightleftharpoons H_3O^+(aq) + F^-(aq), \quad K_s = \frac{[H_3O^+] \cdot [F^-]}{[HF]}$$

oder $NH_3(aq) + H_2O(l) \rightleftharpoons NH_4^+(aq) + OH^-(aq)$,

$$K_b = \frac{[NH_4^+] \cdot [OH^-]}{[NH_3]}.$$

Dispersionskräfte: s. London-Kräfte.

Downs-Prozeß: Industrielle Darstellung von Natrium und Chlor durch Elektrolyse von geschmolzenem Natriumchlorid.

Druck: Kraft pro Flächeneinheit.

dynamisches Gleichgewicht: Bedingung, bei der die Hinreaktion und die Rückreaktion mit der gleichen Geschwindigkeit ablaufen.

Ebullioskopie: Bestimmung der molaren Masse einer Substanz durch Messung der Siedepunktserhöhung einer Lösung.

Effekt gemeinsamer Ionen: Verringerung der Löslichkeit eines Salzes durch Zugabe eines anderen Salzes, wobei ein Ion beiden Salzen gemeinsam ist.

Eigendissoziation: Reaktion, bei der die konjugierte Säure und die konjugierte Base aus derselben Substanz gebildet werden, z.B. bei Wasser: $H_2O(l) + H_2O(l) \rightleftharpoons H_3O^+(aq) + OH^-(aq)$ $K_w = [H_3O^+] \cdot [OH^-]$.

Elektrischer Dipol: eine positive und eine negative Ladung in Nachbarschaft.

Elektrochemie: Zweig der Chemie, der sich mit chemischen Reaktionen beschäftigt, an denen Elektrizität beteiligt ist.

elektrochemische Spannungsreihe: Redox-Paare, die in der Reihenfolge ihrer oxidierenden bzw. reduzierenden Kraft angeordnet sind; üblicherweise stehen oben die oxidierenden und unten die reduzierenden Paare.

elektrochemische Zelle: eine Zelle, in der eine elektrochemische Reaktion abläuft.

Elektrode: einer der beiden elektrischen Anschlüsse zwischen einer elektrochemischen Zelle und dem äußeren Stromkreis.

Elektrolyse: Prozeß, bei dem ein elektrischer Strom eine chemische Reaktion antreibt.

Elektrolyse-Zelle: elektrochemische Zelle, in der ein elektrischer Strom eine Reaktion erzwingt.

Elektrolyt: Substanz, die in Lösung in Ionen dissoziiert und dann den elektrischen Strom leitet.

elektromagnetische Strahlung: Welle aus schnell wechselnden elektrischen und magnetischen Feldern; Beispiele: Licht, Röntgenstrahlen, Gamma-Strahlen.

Elektronenaffinität: Fähigkeit eines Atoms in der Gasphase, Elektronen anzuziehen.

Elektronenkonfiguration: Die Reihenfolge der besetzten Orbitale in einem Atom oder Molekül, z.B. N $1s^2\, 2s^2\, 2p^3$.

Elektronenpaar: zwei Elektronen mit entgegengesetzten Spins ($\uparrow\downarrow$).

Elektroplattierung: Überziehen eines Gegenstandes mit einem dünnen Metallfilm durch Elektrolyse.

elektropositives Element: Element mit geringer Elektronegativität.

Elementarreaktion: einzelner Schritt in einem Reaktionsmechanismus; Beispiel: $H^\bullet + Cl_2 \rightarrow HCl + Cl^\bullet$.

Elementarzelle: die kleinste Einheit eines Kristalls, deren periodische Wiederholung den ganzen Kristall liefern kann.

empirische Formel: die einfachste chemische Formel, die die relative Anzahl der Atome in einer chemischen Verbindung angibt. Beispiele: NaCl, P_2O_5, CH für Benzol.

endotherme Reaktion: Reaktion, bei der Wärme aufgenommen wird ($\Delta H > 0$). Beispiel: $N_2O_4(g) \rightarrow 2\,NO_2(g)$.

Energie: die Fähigkeit, Arbeit zu leisten oder Wärme zuzuführen. Kinetische Energie ist Bewegungsenergie, potentielle Energie ist die ortsabhängige Lageenergie.

Energieerhaltungssatz: Energie kann weder erzeugt noch vernichtet werden.

Enthalpieänderung ΔH: Wärmeumsatz bei konstantem Druck; die Enthalpie ist definiert durch $H = U + P \cdot V$.

Enthalpiedichte (eines Brennstoffs): Absolutwert der Verbrennungsenthalpie pro Liter.

Entropie (S): Maß für die Unordnung eines Systems. Die Entropieänderung ist gleich der einem System zugeführten Wärme dividiert durch die absolute Temperatur, bei der der Wärmeübergang erfolgt.

Enzym: ein Katalysator für biochemische Reaktionen.

Erster Hauptsatz: die Innere Energie eines abgeschlossenen Systems ist konstant.

Exotherme Reaktion: eine Reaktion, bei der Wärme frei wird ($\Delta H < 0$); Beispiel: $N_2(g) + 3\,H_2(g) \rightarrow 2\,NH_3(g)$.

exponentieller Zerfall: eine zeitliche Veränderung der Form e^{-kt}.

extensive Größe: eine Größe, die von der Stoffmenge der Probe abhängt; Beispiele: Masse, Innere Energie, Enthalpie, Entropie.

Fällungsreaktion: Reaktion, bei der sich ein festes Produkt bildet, wenn zwei Elektrolytlösungen vereint werden. Beispiel: $KBr(aq) + AgNO_3(aq) \rightarrow KNO_3(aq) + AgBr(s)$.

Faradaysches Elektrolyse-Gesetz: die Anzahl der von einem elektrischen Strom bei einer Elektrolyse erzeugten Mole einer Substanz ist der Anzahl der Mole der Elektronen äquivalent.

Feld: Wirkung, die sich über einen bestimmten Raum erstreckt; Beispiele: elektrisches Feld einer Ladung, magnetisches Feld eines Magneten, Gravitationsfeld einer Masse.

Ferromagnetismus: Eigenschaft einiger Substanzen, permanent magnetisiert zu werden; Beispiele: Eisen, Nickel, Magnetit (Fe_3O_4).

Flüchtigkeit: Leichtigkeit, mit der eine Substanz verdampft.

Flüssigkristall (kristalline Flüssigkeit): eine Flüssigkeit, in der die Moleküle regelmäßig angeordnet sind; eine Mesophase. Je nach der Anordnung der Moleküle spricht man von nematischen, smektischen und cholesterischen flüssigen Kristallen.

fraktionierte Destillation: Trennung der Komponenten einer flüssigen Mischung durch wiederholte Destillation.

Freie Enthalpie: $G = H - T \cdot S$. Bei konstantem Druck und konstanter Temperatur verläuft ein spontaner Prozeß mit abnehmender Freier Enthalpie.

Freie Standard-Bildungsenthalpie: die Freie Standard-Reaktionsenthalpie für die Bildung einer Substanz aus den Elementen.

Freie Standard-Reaktionsenthalpie $\Delta G°$: die Differenz zwischen den Freien Enthalpien der Reaktionsprodukte und den Freien Enthalpien der Ausgangssubstanzen, jeweils in ihren Standard-Zuständen; Beispiel: $\Delta G° = G°$ (Reaktionsprodukte) $- G°$ (Ausgangssubstanzen).

Frequenz v: die Anzahl der Perioden pro Sekunde.

Galvanische Zelle: eine elektrochemische Zelle, in der eine chemische Reaktion abläuft, bei der ein elektrischer Strom erzeugt wird.

gepaarte Elektronen: zwei Elektronen mit entgegengesetztem Spin.

Gesamtordnung einer Reaktion: die Summe der Exponenten, mit denen die Konzentrationen der beteiligten Substanzen im Geschwindigkeitsgesetz auftreten; Beispiel: $v = k \cdot [SO_2] \cdot [SO_3]^{-1/2}$ hat die Gesamtordnung $\frac{1}{2}$.

gesättigte Lösung: Lösung, in der ein dynamisches Gleichgewicht zwischen der gelösten und der ungelösten Substanz herrscht.

geschwindigkeitsbestimmender Schritt: diejenige Elementarreaktion in einem mehrstufigen Reaktionsmechanismus, die viel langsamer ist als die anderen und damit die Geschwindigkeit der Gesamtreaktion bestimmt; Beispiel: $O(g) + O_3(g) \rightarrow 2O_2(g)$ beim Ozonzerfall.

Geschwindigkeitsgesetz: die Formel für die Reaktionsgeschwindigkeit in Abhängigkeit von den Konzentrationen der an der Reaktion beteiligten Substanzen; Beispiel: $v = k \cdot [NO_2]^2$.

Geschwindigkeitskonstante k: Proportionalitätskonstante im Geschwindigkeitsgesetz.

Gewicht: die aufgrund der Erdanziehung auf einen Körper wirkende Kraft.

Gitterenthalpie: Änderung der Standard-Enthalpie beim Übergang von einem kristallinen Festkörper in ein Ionengas.

Glaselektrode: dünnwandiges Gefäß, das einen Elektrolyten und eine Elektrode enthält; sie dient zur pH-Messung.

Gleichgewichtskonstante K_c: ein Charakteristikum der Gleichgewichtszusammensetzung einer Reaktionsmischung, dessen Zahlenwert das Massenwirkungsgesetz angibt; Beispiel:

$$N_2(g) + 3H_2(g) \rightleftharpoons 2NH_3(g) \quad K_c = \frac{[NH_3]^2}{[N_2] \cdot [H_2]^3}.$$

Grahamsches Gesetz: Die Diffusionsgeschwindigkeit eines Gases ist umgekehrt proportional zur Quadratwurzel aus der Molekülmasse.

Grundzustand (eines Atoms oder Moleküls): Zustand mit der niedrigsten Energie.

Haber-Verfahren (Haber-Bosch-Synthese): Synthese von Ammoniak bei hohem Druck und hoher Temperatur.

Halbleiter: elektrischer Leiter, dessen Widerstand bei einer Temperaturerhöhung kleiner wird.

Halbreaktionen: hypothetische Reaktionen, bei denen Oxidation und Reduktion räumlich getrennt verlaufen; die Summe der Reaktionsgleichungen der Halbreaktionen ist die Reaktionsgleichung der Gesamtreaktion. Beispiel: $Na(s) \rightarrow Na^+(aq) + e^-$, $Cl_2(g) + 2e^- \rightarrow 2Cl^-(g)$.

Halbwertszeit $t_{1/2}$: in der chemischen Kinetik die Zeit, bis die Konzentration einer Substanz auf die Hälfte des Anfangswertes gefallen ist; in der Kernchemie die Zeit, bis die Hälfte der zu Beginn vorhandenen radioaktiven Kerne zerfallen ist.

Henrysches Gesetz: die Löslichkeit eines Gases in einer Flüssigkeit ist seinem Partialdruck proportional: $L = k_H \cdot P$.

Hess'scher Satz: Reaktionsgleichungen lassen sich genauso addieren bzw. subtrahieren wie ihre Reaktionsenthalpien.

heterogenes Gleichgewicht: Gleichgewicht, bei dem mindestens eine Substanz sich in einer anderen Phase befindet; Beispiel: $AgCl(s) \rightleftarrows Ag^+(aq) + Cl^-(aq)$.

heterogene Mischung: Mischung, deren Komponenten nicht bis auf die molekulare Ebene vermischt sind; Beispiel: eine Mischung aus Sand und Zucker.

homogenes Gleichgewicht: chemisches Gleichgewicht, bei dem sich alle beteiligten Substanzen in derselben Phase befinden; Beispiel: $H_2(g) + I_2(g) \rightleftarrows 2\,HI(g)$.

Hundsche Regel: Die verschiedenen Orbitale einer Unterschale werden zunächst nur mit je einem Elektron besetzt. Die Elektronen der so einfach besetzten Orbitale haben gleichen Spin.

Hydratation: die Anlagerung von Wassermolekülen an ein zentrales Ion.

Hypothese: eine Vermutung, die zur Deutung einer experimentellen Beobachtung formuliert wird.

ideale Lösung: eine Lösung, die bei allen Konzentrationen das Raoultsche Gesetz erfüllt. Wenn der Stoffmengenanteil einer Komponente einer Mischung gegen 1 geht, erfüllt diese Komponente das Raoultsche Gesetz.

ideales Gas: hypothetisches Gas, das dem idealen Gasgesetz $PV = nRT$ gehorcht. Alle Gase erfüllen das ideale Gasgesetz umso besser, je geringer der Druck ist.

i-Faktor: Faktor, der die Abweichungen vom idealen Verhalten von Ionen in Elektrolyt-Lösungen berücksichtigt, insbesondere bei den kolligativen Eigenschaften. Beispiel: für NaCl(aq) ist i annähernd 2.

Indikator: Substanz, die ihre Farbe beim Übergang von der sauren in die basische Form ändert (Säure-Base-Indikator).

Inhibierung (einer Kettenreaktion): das Abfangen der Radikale auf andere Weise als durch Kettenabbruch.

Innere Energie: die Gesamtenergie der Teilchen in einem System.

integriertes Geschwindigkeitsgesetz: Formel für die Konzentration einer Substanz in Abhängigkeit von der Zeit, hergeleitet durch Integration des Geschwindigkeitsgesetzes. Beispiel: $\ln \dfrac{[A]_0}{[A]} = kt$.

intensive Größe: Stoffeigenschaft, die von der Stoffmenge der Probe unabhängig ist; Beispiele: Dichte, molares Volumen, Temperatur, Druck.

Interferenz: Überlagerung von Wellen, die entweder zu einer Vergrößerung der Amplitude (konstruktive Interferenz) oder zu einer Auslöschung führt.

Ionenprodukt Q: Produkt der Ionenkonzentrationen in einer Lösung. Beispiel:
$$Hg_2Cl_2(s) \rightleftarrows Hg_2^{2+}(aq) + 2\,Cl^-(aq) \quad Q = [Hg_2^{2+}] \cdot [Cl^-]^2.$$

ionische Verbindung: Verbindung, die aus Ionen aufgebaut ist (Salz), z.B. NaCl, KNO_3.

Isolator (elektrischer): Substanz, die den elektrischen Strom nicht leitet.

Isotope: Atome eines Elements mit gleicher Ordnungszahl, jedoch unterschiedlicher Neutronenzahl, z.B. ^1H, ^2H und ^3H.

Ionisierungsenergie I: Energie, die aufzuwenden ist, um aus dem Grundzustand eines Atoms in der Gasphase ein Elektron abzutrennen.

Joule-Thomson-Effekt: Temperaturänderung bei der isenthalpischen Expansion (mit $\Delta H = 0$) eines Gases.

Kapillarwirkung: Ansteigen einer Flüssigkeit in einem sehr engen Rohr.

Katalysator: Substanz, die die Reaktionsgeschwindigkeit erhöht, ohne daß sie selbst bei der Reaktion verbraucht wird.

Kathode: Elektrode, an der die Oxidation erfolgt

Kation: positiv geladenes Ion; Beispiele: Na^+, NH_4^+, Al^{3+}.

Kernbindungsenergie: die Energie, die frei wird, wenn Z Protonen und $A - Z$ Neutronen einen Atomkern bilden.

Kernspaltung: Spaltung eines Atomkerns in zwei kleinere Kerne ähnlicher Masse. Die Kernspaltung erfolgt bei manchen Elementen spontan; bei anderen wird sie durch Beschuß mit Neutronen induziert.

Kettenreaktion: Reaktion, bei der ein Zwischenprodukt, der Kettenträger, bei der Reaktion einen neuen Kettenträger erzeugt; Beispiele:
$$Br^\bullet + H_2 \rightarrow HBr + H^\bullet$$
$$H^\bullet + Br_2 \rightarrow HBr + Br^\bullet$$

kinetische Gastheorie: Theorie, die die Eigenschaften eines Gases auf die Bewegung der Moleküle zurückführt.

klassische Mechanik: die auf Isaac Newton zurückgehenden Bewegungsgesetze, bei denen die Teilchen sich aufgrund von Kräften auf genau definierten Bahnen bewegen.

Knoten, Knotenlinie, Knotenfläche: der Ort, wo die Aufenthaltswahrscheinlichkeit eines Elektrons um den Atomkern gleich Null ist.

kolligative Eigenschaft: Größe, die nur von der Anzahl der gelösten Teilchen und nicht von ihrer chemischen Natur abhängt; Beispiele: Siedepunktserhöhung, Schmelzpunktserniedrigung, Osmose.

Kondensation: Bildung einer Flüssigkeit aus einem Gas.

konjugate Base: Brønsted-Base, die entsteht, wenn eine Brønsted-Säure ein Proton abgibt; Beispiel: NH_3 ist die konjugate Base zur Säure NH_4^+.

konjugate Säure: Brønsted-Säure, die entsteht, wenn eine Brønsted-Base ein Proton aufnimmt; Beispiel: NH_4^+ ist die konjugate Säure zur Base NH_3.

Koordinationszahl: die Anzahl der nächsten Nachbarn eines Atoms im Festkörper. In einem ionischen Festkörper ist die Koordinationszahl eines Ions die Anzahl der nächsten Nachbarn mit entgegengesetzter Ladung.

kovalente Bindung: Bindung, bei der sich zwei Atome ein Elektronenpaar teilen.

kovalenter Radius: Beitrag eines Atoms zur Länge einer kovalenten Bindung.

kristalliner Festkörper: ein Festkörper, in dem die Atome, Ionen oder Moleküle regelmäßig und periodisch angeordnet sind.

kritische Masse: Masse, unterhalb der so viele Neutronen aus dem Kernbrennstoff entweichen, daß die Kernspaltung nicht aufrechterhalten wird.

kritische Temperatur: Temperatur, oberhalb der eine Substanz nicht als Flüssigkeit existieren kann.

Kugelpackung, dichteste: Kristallstruktur, bei der Atome oder Ionen so wenig Raum wie möglich benötigen; Beispiele: die hexagonal dichteste Kugelpackung (ABAB...) und die kubisch dichteste Kugelpackung (ABCABC...) identischer Kugeln.

Kryoskopie: die Bestimmung der molaren Masse einer Substanz durch Messung der Gefrierpunktserniedrigung einer Lösung.

Ladung: Maß für die Stärke der elektrostatischen Wechselwirkung zwischen zwei elektrisch geladenen Teilchen.

Prinzip von **Le Chatelier:** ein dynamisches Gleichgewicht versucht jede Änderung der äußeren Bedingungen zu kompensie-ren; Beispiel: ein Gleichgewicht wird bei einer Temperaturerhöhung in Richtung der endothermen Reaktion verschoben.

Legierung: feste homogene Mischung von Metallen.

Leitungsband: unvollständig mit Elektronen gefülltes Orbitalband in einem Metall.

Londonsche Kräfte (Dispersionskräfte): Wechselwirkungen zwischen induzierten Dipolen, die zu der Anziehung zwischen unpolaren Molekülen führen.

Löslichkeit: molare Konzentration in einer gesättigten Lösung einer Substanz.

Löslichkeitsprodukt K_L: Produkt der molaren Konzentrationen der Ionen in einer gesättigten Lösung, also die Gleichgewichtskonstante des Löslichkeitsgleichgewichtes; Beispiel:
$$Hg_2Cl_2(s) \rightleftarrows Hg_2^{2+}(aq) + 2\,Cl^-(aq), \quad K_L = [Hg_2^{2+}] \cdot [Cl^-]^2.$$

Lösung: homogene Mischung; oft wird die Substanz im Überschuß Lösungsmittel und die andere gelöste Substanz genannt.

Manometer: Gerät zur Druckmessung.

Massenkonzentration: Masse einer gelösten Substanz bezogen auf 1 dm³ Lösung.

Massenprozent: die Masse einer Komponente einer Mischung in Prozenten der Masse aller Komponenten.

Masssenwirkungsgesetz: für eine Reaktion der Form aA + bB $\rightleftarrows$ cC + dD erfüllen die Gleichgewichtskonzentrationen die Bedingung $K_c = \dfrac{[C]^c \cdot [D]^d}{[A]^a \cdot [B]^b}$.

Massenzahl: die Summe der Protonen und Neutronen im Atomkern eines Elementes.

Meniskus: die gekrümmte Oberfläche einer Flüssigkeit in einem engen Rohr oder an der Wand eines Gefäßes.

Mesophase: ein Zustand, der Eigenschaften von Flüssigkeiten und von Festkörpern aufweist; Beispiel: Flüssigkristalle.

Metall: Substanz, die den elektrischen Strom leitet, Licht reflektiert und mehr oder weniger verformbar ist; sie besteht aus Kationen, zwischen denen sich Elektronen frei bewegen.

metallischer Leiter: Elektronenleiter, dessen Widerstand mit der Temperatur ansteigt.

Mischung: Vermengung von chemischen Substanzen, die sich mit physikalischen Methoden trennen lassen.

Moderator: Substanz, die schnelle Neutronen abbremst; Beispiele: Graphit, schweres Wasser.

Mol: die Anzahl der Atome in 12 g ^{12}C.

Molalität: die Stoffmenge einer gelösten Substanz in 1 kg Lösungsmittel.

molar: auf 1 mol bezogen; Beispiel: die molare Masse ist die Masse von 1 mol Substanz, das molare Volumen ist das Volumen von 1 mol Substanz.

molare Konzentration: die Stoffmenge einer Substanz in 1 dm^3 Lösung.

molare Standard-Entropie S°: die molare Entropie einer Substanz bei 101325 Pa.

Molarität: molare Konzentration.

molekularer Festkörper: Festkörper, der aus Molekülen aufgebaut ist, z.B. Glucose, Aspirin, Schwefel.

Molekularität: Anzahl der Moleküle (oder freien Atome), die an einer Elementarreaktion teilnehmen; Beispiele:
$$O_3 \rightarrow O + O_2 \quad \text{(unimolekular)}$$
$$O + O_2 \rightarrow O_3 \quad \text{(bimolekular)}$$

Molekülmasse: die mittlere Masse der Moleküle einer Molekülverbindung.

Molekülverbindung: eine Verbindung, die aus Molekülen besteht; Beispiele: Wasser, SF_6, Benzoesäure.

Nernstsche Gleichung: Beziehung zwischen dem Zellpotential und den Konzentrationen der an der Zellreaktion beteiligten Substanzen, $E = E^\circ - \dfrac{RT}{nF} \ln Q$, wobei E° das Standardpotential und Q der Reaktionsquotient ist.

Nichtelektrolyt: Substanz, die in wässriger Lösung den Strom nicht leitet; Beispiel: Rohrzucker.

Nukleon: Baustein eines Atomkerns, Neutron oder Proton.

Oberflächenspannung γ: Energie, die für die Erzeugung einer Oberfläche aufgebracht werden muß.

Ordnung einer Reaktion: Exponent, mit dem die Konzentration einer Substanz im Geschwindigkeitsgesetz auftritt; Beispiel: $v = k \cdot [SO_2] \cdot [SO_3]^{-1/2}$ ist erster Ordnung in SO_2 und der Ordnung $-\frac{1}{2}$ in SO_3.

Ordnungszahl: Anzahl der Protonen im Atomkern.

Osmometrie: Bestimmung der molaren Masse durch Messung des osmotischen Druckes.

Osmose: das Wandern des Lösungsmittels durch eine semipermeable Membran in eine konzentriertere Lösung hinein.

osmotischer Druck: Druck, der die Osmose zum Stillstand bringt.

Oxidation: Elektronenabgabe; Beispiel: $Mg(s) \rightarrow Mg^{2+}(s) + 2e^-$.

Oxidationszahl: effektive Ladung eines Atoms in einer Verbindung, die nach bestimmten Regeln zu berechnen ist; die Zunahme der Oxidationszahl ist eine Oxidation, ihre Abnahme eine Reduktion.

Oxidationsmittel: Substanz, die bewirkt, daß eine andere Substanz oxidiert wird; das Oxidationsmittel wird dabei reduziert.

paramagnetische Substanz: Substanz, die von einem Magnetfeld angezogen wird; sie besteht aus Atomen oder Molekülen mit ungepaarten Elektronen; Beispiele: O_2, $[Fe(CN)_6]^{3-}$.

Partialdruck: Druck, den ein Gas in einer Mischung ausüben würde, wenn es in dem Behälter allein vorhanden wäre.

Passivierung: Schutz eines Metalls vor einer chemischen Reaktion durch einen dünnen, stabilen Überzug; Beispiel: die Bildung einer Al_2O_3-Schicht auf Al an der Luft.

pH: der negative Logarithmus der Hydroniumionen-Konzentration in einer Lösung: $pH = -\log[H_3O^+]$; $pH < 7$ weist auf eine saure Lösung, $pH = 7$ auf eine neutrale und $pH > 7$ auf eine basische (alkalische) Lösung hin.

Phase: homogener Zustand der Materie; Substanzen können in fester, flüssiger und gasförmiger Phase vorkommen. Manche Substanzen bilden mehrere feste Phasen, Flüssigkristalle mehrere flüssige Phasen.

Phasendiagramm: p,T-Diagramm, an dem man ablesen kann, in welchen Bereichen die gasförmige, flüssige und feste Phase einer Substanz existieren.

Photon: Teilchen der elektromagnetischen Strahlung mit der Energie $E = h\nu$, wobei ν die Frequenz der Strahlung ist.

pK_s und pK_b: der negative Logarithmus der Dissoziationskonstanten einer Säure bzw. einer Base; $pK = -\log K$. Je größer pK_s und pK_b ist, umso schwächer ist die Säure bzw. die Base.

Plasma: ionisiertes Gas.

polare Bindung: kovalente Bindung zwischen Atomen, die elektrische Partialladungen tragen; Beispiele: $H-Cl$, $O-S$.

Polarisation: die Deformation einer Ladungswolke.

polares Molekül: ein Molekül mit einem von Null verschiedenen Dipolmoment; Beispiele: HCl, NII_3, C_6H_5Cl.

polarisiertes Licht: Licht, dessen Wellenbewegung nur in einer Ebene erfolgt.

Polymer: eine Kette aus kovalent verbundenen Monomeren; Beispiele: Polyethylen, Nylon.

Potentialdifferenz: Maß für die Arbeit, welche Elektronen leisten können, wenn sie von der einen Elektrode einer Zelle zu der anderen Elektrode fließen. Die Potentialdifferenz wird in Volt (V) gemessen.

ppm: Anzahl der gelösten Moleküle in 1 000 000 Lösungsmittelmolekülen.

primäre Zelle: elektrochemische Zelle, die Elektrizität aus den Substanzen erzeugt, die bei der Herstellung der Zelle eingebaut wurden.

pseudo-erste Ordnung: Ordnung einer Reaktion, bei der die Konzentration einer Substanz praktisch konstant bleibt.

Puffer: Lösung einer schwachen Säure bzw. Base und ihres Salzes, deren pH sich praktisch nicht ändert, wenn kleinere Mengen Säuren oder Basen zugegeben werden; Beispiel:
$$CH_3COOH(aq) + CH_3COO^-(aq).$$

Pufferkapazität: die Menge einer Säure oder Base, die man zu einem Puffer geben kann, ohne daß er erschöpft wird.

Quantelung: Beschränkung der Werte einer Größe auf bestimmte diskrete Zahlenwerte; Beispiele: Energie, Drehimpuls.

Quantenmechanik: die Bewegungsgesetze der Materie unter Berücksichtigung der Quantelung.

Quantenzahl: Zahl, die den Zustand eines Elektrons beschreibt.

Radikal: Molekülbruchstück mit mindestens einem ungepaarten Elektron. Beispiele: $\cdot NO$, $\cdot O \cdot$, $\cdot CH_3$.

radioaktives Zerfallsgesetz: die Zerfallsgeschwindigkeit ist proportional der Anzahl der radioaktiven Kerne in der Probe.

radioaktive Zerfallsreihe: radioaktiver Zerfall in mehreren Schritten mit α- und β-Zerfällen, der zuletzt zu einem stabilen Nuklid (meist Blei) führt.

Radioaktivität: spontane Emission von Strahlung aus einem Atomkern.

Raoultsches Gesetz: wenn der Stoffmengenanteil einer Komponente einer Mischung gegen 1 geht, so ist ihr Partialdruck dem Stoffmengenanteil proportional.

Reaktionsenthalpie: Enthalpieänderung bei einer chemischen Reaktion; Beispiel:
$$CH_4(g) + 2\,O_2(g) \rightarrow CO_2(g) + 2\,H_2O(l), \Delta H = -890 \text{ kJ}.$$

Reaktionsgeschwindigkeit: Geschwindigkeit, mit der sich die Konzentrationen bei einer Reaktion ändern.

Reaktionsmechanismus: Reihe von Elementarreaktionen, die das experimentell ermittelte Geschwindigkeitsgesetz einer zusammengesetzten Reaktion erklären soll.

Reaktionsquotient Q: Verhältnis der Produkte der Konzentrationen der Reaktionsprodukte zu den Produkten der Konzentrationen der Ausgangssubstanzen (ähnlich der Gleichgewichtskonstanten) in einem beliebigen Stadium der Reaktion; Beispiel:
$$N_2(g) + 3\,H_2(g) \rightleftarrows 2\,NH_3(g), \quad Q_c = \frac{[NH_3]^2}{[N_2] \cdot [H_2]^3}.$$

Redoxpaar: die reduzierte und die oxidierte Substanz, die an einer Halbreaktion beteiligt sind; Beispiel: Cu^{2+}/Cu für die Halbreaktion $Cu^{2+} + 2\,e^- \rightarrow Cu(s)$.

Redoxreaktion: Reaktion, bei der eine Reduktion und eine Oxidation erfolgen; Beispiel: $S(s) + 3\,F_2(g) \rightarrow SF_6(s)$.

Reduktion: Elektronenaufnahme; Beispiel:
$$Cl_2(g) + 2\,e^- \rightarrow 2\,Cl^-(aq).$$

Reduktionsmittel: Substanz, die bewirkt, daß eine andere Substanz reduziert wird; das Reduktionsmittel wird dabei oxidiert.

Röntgenbeugung: Analyse der Kristallstruktur aus dem Interferenzmuster, das durch Beugung eines Röntgenstrahls an einem Kristallgitter erzeugt wird.

Röntgenstrahlen: elektromagnetische Strahlen mit Wellenlängen zwischen 10 pm und 1000 pm.

Salz: Produkt der Reaktion einer Säure und einer Base.

Salzbrücke: Rohr, das mit einer konzentrierten Salzlösung (meist KCl oder KNO_3) gefüllt ist und für eine leitende Verbindung zwischen den beiden Teilen einer elektrochemischen Zelle sorgt.

Schmelzpunkt: Temperatur, bei der ein Festkörper und eine Flüssigkeit miteinander im Gleichgewicht sind.

schwache Säure (oder Base): Säure (oder Base), deren K_s (oder K_b) viel kleiner als 1 ist; in Lösung sind sie nur teilweise dissoziiert. Beispiele: HF, CH_3COOH (schwache Säuren); NH_3, CH_3NH_2 (schwache Basen).

sekundäre Zelle: elektrochemische Zelle, die durch eine Stromzufuhr geladen werden muß, bevor sie als Stromlieferant dienen kann.

semipermeable Membran: Barriere, die nur bestimmte Moleküle oder Ionen passieren können.

SI: das Internationale Einheitensystem (Systèm International), aufgebaut auf dem metrischen System, in Deutschland gesetzlich eingeführt.

Siedepunkt: die Temperatur, bei der eine Flüssigkeit mit ihrem Dampf (bei Atmosphärendruck) im Gleichgewicht ist; die Verdampfung erfolgt dann auch aus dem Innern der Flüssigkeit, nicht nur an der Oberfläche.

Spektrallinie: Strahlung einer einzigen Frequenz, emittiert oder absorbiert von einem Atom oder Molekül.

Spektroskopie: Analyse der von Materie emittierten oder absorbierten Strahlung.

spezifisch: auf die Masseneinheit bezogen.

spezifische Enthalpie: die Verbrennungsenthalpie eines Brennstoffs bezogen auf ein Gramm.

Spin: der einem Elektron eigentümliche Drehimpuls; der Elektronenspin kommt nur in zwei Orientierungen vor, die mit ↑ und ↓ bezeichnet werden.

spontan: ein spontaner Vorgang läuft von selbst ab, ohne angetrieben zu werden.

Standard-Bildungsenthalpie: die molare Reaktionsenthalpie für die (eventuell hypothetische) Bildung einer Substanz aus den Elementen bei 101 325 Pa Druck.

Standard-Druck und -Temperatur: 101 325 Pa und 0 °C.

Standard-Reaktionsenthalpie $\Delta H°$: Differenz zwischen den Enthalpien der Reaktionsprodukte und den Enthalpien der Ausgangssubstanzen, jeweils in ihren Standard-Zuständen; Beispiel: $\Delta H° = H°$ (Reaktionsprodukte) $- H°$ (Ausgangssubstanzen).

Standard-Reaktionsentropie $\Delta S°$: Differenz zwischen den Entropien der Reaktionsprodukte und den Entropien der Ausgangssubstanzen, jeweils in ihren Standard-Zuständen; Beispiel: $\Delta S° = S°$ (Reaktionsprodukte) $- S°$ (Ausgangssubstanzen).

Standard-Reduktionspotential $E°$: Standard-Elektrodenpotential eines Substanzpaares, wobei die Halbreaktion als Reduktion geschrieben wird.

Standard-Wasserstoffelektrode: Wasserstoffelektrode in ihrem Standard-Zustand (Wasserstoff-Ionen bei 1 M und Wasserstoff bei 101 325 Pa), ihr Elektrodenpotential ist definitionsgemäß gleich 0.

Standard-Verbrennungsenthalpie: Änderung der Enthalpie, wenn eine Substanz unter Standardbedingungen in Sauerstoff verbrennt.

Standard-Zellpotential $E°$: das Zellpotential, wenn die Konzentrationen aller an der Zellreaktion beteiligten Ionen 1 M und die Drücke aller Gase 101 325 Pa sind. Das Standard-Zellpotential ist gleich der Summe der beiden Standard-Elektrodenpotentiale $E° = E°$ (Anode) $+ E°$ (Kathode) bzw. der Differenz der beiden Standard-Reduktionspotentiale.

Standard-Zustand: die reine Form einer Substanz bei einem Druck von 101 325 Pa.

starke Säure (oder Base): eine Säure (oder Base), die in Lösung vollständig dissoziiert ist; Beispiele: HCl, $HClO_4$ (starke Säuren); NaOH, $Ca(OH)_2$ (starke Basen).

Stoffmenge: Anzahl der Mole einer Substanz.

Stoffmengenanteil (früher: Molenbruch): Stoffmenge einer Substanz in einer Mischung, geteilt durch die Summe der Stoffmengen aller vorhandenen Substanzen.

Stoßtheorie: Theorie für elementare bimolekulare Reaktionen in der Gasphase, wobei angenommen wird, daß die Moleküle nur reagieren, wenn sie mit einer Energie zusammenstoßen, die ausreicht, um eine Bindung aufzubrechen.

Sublimation: direkter Übergang eines Festkörpers in den Gaszustand ohne den Weg über den flüssigen Zustand.

Substanzpaar: reduzierte und oxidierte Form einer Substanz in einer Halbreaktion; Beispiel: Fe^{3+}/Fe^{2+} in $Fe^{3+} + e^- \rightarrow Fe^{2+}$.

Superflüssigkeit: Fähigkeit, ohne Zähigkeit (reibungsfrei) zu fließen.

Supraleiter: Elektronenleiter mit einem Widerstand von 0 Ω (s.a. Widerstand).

systematischer Fehler: ein Fehler, der durch eine große Anzahl von Messungen nicht herausgemittelt werden kann.

thermische Bewegung, Wärmebewegung: ungeordnete Bewegung der Atome und Moleküle.

Thermodynamik: die Lehre von den Energieumwandlungen und den Gleichgewichten.

Titration: Analyse der Zusammensetzung einer Lösung, indem man das Volumen mißt, das zur vollständigen Reaktion mit einer zweiten Lösung benötigt wird.

Troutonsche Regel: in einfachen Flüssigkeiten liegt die Verdampfungsentropie am Siedepunkt bei 85 J K^{-1} mol^{-1}.

umgekehrte Osmose: Wanderung eines Lösungsmittels aus einer Lösung heraus durch eine semipermeable Wand; die umgekehrte Osmose wird durch einen angelegten Druck erzwungen, der größer als der osmotische Druck sein muß.

Unbestimmtheitsrelation (Unschärfebeziehung): je genauer wir den Ort eines Teilchens kennen, umso ungenauer muß unsere Information über seine Geschwindigkeit sein (und umgekehrt): $\Delta x \cdot (m \cdot \Delta v) \geq \dfrac{h}{4\pi}$, wobei Δx die Ortsunschärfe, Δv die Geschwindigkeitsunschärfe und m die Masse des Teilchens ist.

unimolekulare Reaktion: Elementarreaktion, bei der ein einziges Molekül in die Produkte übergeht; Beispiel: $O_3(g) \rightarrow O(g) + O_2(g)$.

Überspannung: Potentialdifferenz, die zusätzlich zum Zellpotential angelegt werden muß, damit eine Elektrolyse erfolgt.

van-der-Waals-Kräfte: zwischenmolekulare Kräfte.

van't Hoffsche Gleichung: Formel für den osmotischen Druck Π in Abhängigkeit von der molaren Konzentration der gelösten Substanz: $\Pi = i(\text{gelöst}) \cdot RT$.

vernetzter Festkörper: ist aus Atomen aufgebaut, die durch den ganzen Körper kovalent miteinander verbunden sind; Beispiele: Diamant, Quarz.

Verzweigung: Schritt einer Kettenreaktion, bei dem mehr als ein Kettenträger gebildet wird; Beispiel: $\cdot O \cdot + H_2O \rightarrow 2\,HO\cdot$.

Viskosität (innere Reibung): Widerstand einer Flüssigkeit (oder auch eines Gases) gegen das Fließen.

Wärme: die aufgrund eines Temperaturunterschiedes zwischen einem System und seiner Umgebung übertragene Energie.

Wärmekapazität: Proportionalitätskonstante zwischen der Wärmezufuhr und dem Temperaturanstieg.

Wasserstoffbrücke (Wasserstoffbindung): Bindung, die durch ein Wasserstoffatom zwischen zwei stark elektronegativen Atomen (O, N oder F) vermittelt wird.

Widerstand (elektrischer): Maß für den Widerstand, den ein elektrischer Strom überwinden muß, wenn er durch eine Substanz fließt. Der Widerstand wird in Ohm (Ω) gemessen.

Wellenlänge λ: der räumliche Abstand zweier Maxima einer Welle.

Welle-Teilchen-Dualität: der gleichzeitige Teilchen- und Wellencharakter nach der Quantenmechanik.

wässrige Lösung: eine Lösung mit Wasser als Lösungsmittel.

Zelldiagramm: die Beschreibung der Anordnung der Elektroden in einer elektrochemischen Zelle. Vereinbarungsgemäß wird die Anode nach links und die Kathode nach rechts geschrieben. Beispiel: $Zn(s)\,|\,Zn^{2+}(aq)\,\|\,Cu^{2+}(aq)\,|\,Cu(s)$.

Zellpotential E: die Potentialdifferenz zwischen den Elektroden einer elektrochemischen Zelle, wenn kein Strom fließt; das Zellpotential ist immer positiv.

Zerfallskonstante k: die Geschwindigkeitskonstante für den radioaktiven Zerfall.

Zersetzungsdruck (Dissoziationsdruck): Druck des gasförmigen Zersetzungsproduktes eines Festkörpers im Gleichgewicht.

zufälliger Fehler: Fehler, der ganz zufällig von Messung zu Messung variiert.

zwischenmolekulare Kräfte: Anziehungs- und Abstoßungskräfte zwischen Molekülen; Beispiele: Ion-Dipol-Wechselwirkung, Dipol-Dipol-Wechselwirkung, London-Kräfte.

Zustandsänderung: Übergang von einem physikalischen Zustand einer Substanz in einen anderen; Beispiele: Schmelzen, Verdampfen.

Zustandsgleichung: eine mathematische Beziehung zwischen Druck, Volumen, Temperatur und Stoffmenge einer Substanz; Beispiel: das ideale Gasgesetz $PV = nRT$.

Zustandsgröße: eine Größe, die nicht davon abhängt, wie die Probe hergestellt worden ist; Beispiele: Druck, Enthalpie, Entropie, Farbe.

Zweiter Hauptsatz der Thermodynamik: ein spontaner Prozeß ist immer mit der Zunahme der Entropie des Weltalls verbunden.

Lösungen zu den Aufgaben

Kapitel 1

1-1 (a) Flüchtigkeit; (b) Adsorptionsfähigkeit; (c) unterschiedliche Flüchtigkeit; (d) Aussehen.

1-2 (a) Löslichkeit; (b) Löslichkeit; (c) Dichte; (d) Flüchtigkeit.

1-3 (a) Fraktionierte Destillation; (b) Eindampfen zur Trockne; (c) Chromatographie; (d) Verflüssigung und fraktionierte Destillation.

1-4 (a) Auflösen des Salzes in Wasser und Abfiltrieren der Kreide; (b) Auflösen in Wasser und Abfiltrieren der Kreide, Abdampfen eines Teiles des Wassers, Abkühlen und Abfiltrieren des weniger gut löslichen Salzes; (c) Verflüssigung durch Kühlung, langsame Erwärmung der Flüssigkeit, so daß die am leichtesten siedende Komponente verdampft, danach Erwärmung bis zum nächsthöheren Siedepunkt usw.; (d) chromatographisch.

1-5 (a) 1,00 mol H-Atome; (b) 2 mol Elektronen; (c) $1,33 \cdot 10^{-16}$ mol Menschen; (d) 10^{-2} mol Sterne.

1-6 (a) 1,00 mol H_2, (b) $5 \cdot 10^{-4}$ mol Protonen; (c) $2 \cdot 10^{-12}$ mol Sandkörner; (d) $2 \cdot 10^{-13}$ mol Zellen.

1-7 (a) $6,02 \cdot 10^{23}$ O_2-Moleküle; (b) $3,01 \cdot 10^{23}$ Na^+-Ionen (c) $6,02 \cdot 10^{20}$ C-Atome; (d) $1,2 \cdot 10^{74}$ e^-.

1-8 (a) $6,02 \cdot 10^{23}$ O-Atome; (b) $1,5 \cdot 10^{23}$ SO_4^{2-}-Ionen; (c) $9 \cdot 10^{20}$ Al-Atome; (d) $1,2 \cdot 10^{24}$ Glucose-Moleküle.

1-9 $0,9889 \cdot (12,000 \text{ amu}) + 0,0111 \cdot (130033 \text{ amu}) = 12,01 \text{ amu}$.

1-10 $0,1978 \cdot (10,013 \text{ amu}) + 0,8022 \cdot (11,093 \text{ amu}) = 10,88 \text{ amu}$.

1-11 $0,0742 \cdot (6,02 \text{ amu}) + 0,9248 \cdot (7,02 \text{ amu}) = 6,94 \text{ amu}$.

1-12 $0,0522 \cdot (6,02 \text{ amu}) + 0,9478 \cdot (7,02 \text{ amu}) = 6,97 \text{ amu}$.
Den Anteil Lithium-6 nennen wir x:

$6,80 = x \cdot 6,02 + (1-x) \cdot 7,02$,
$x = 0,22$ bzw. 22% Li-6.
$1 - x = 0,78$ bzw. 78% Li-7.

1-13 (a) 12,0 g Graphit; (b) 18 g Chlor; (c) 0,29 g Platin; (d) 321 g Schwefel.

1-14 12,0 g Diamant; (b) 0,077 g P; (c) $1,4 \cdot 10^3$ g Fe, (d) 0,24 g Plutonium.

Kapitel 2

2-1 $h \cdot d \cdot g = 1,0 \text{ m} \cdot 1,00 \cdot 10^3 \text{ kg m}^{-3} \cdot 9,81 \cdot \text{m s}^{-2}$
$= 9,8 \cdot 10^3 \text{ kg m s}^{-2} = 9800 \text{ Pa} = 0,098 \text{ bar}.$

2-2 $h \cdot d \cdot g = 1,0 \text{ m} \cdot 13,6 \cdot 10^3 \text{ kg m}^{-3} \cdot 9,81 \cdot \text{m s}^{-2}$
$= 1,334 \cdot 10^5 \text{ kg m s}^{-2} = 133400 \text{ Pa} = 1,334 \text{ bar}.$

2-3 $h \cdot d \cdot g = 138 \text{ m} \cdot 1,2 \text{ g dm}^{-3} \cdot 9,81 \cdot \text{m s}^{-2}$
$= 1,625 \cdot 10^3 \text{ kg m s}^{-2} = 1625 \text{ Pa} = 0,016 \text{ bar}.$

2-4 $h \cdot d \cdot g = 2 \text{ m} \cdot 1,00 \cdot 10^3 \text{ kg m}^{-3} \cdot 9,81 \cdot \text{m s}^{-2}$
$= 1,96 \cdot 10^4 \text{ kg m s}^{-2} = 19600 \text{ Pa} = 0,196 \text{ bar}.$

2-5 $101325 \text{ Pa} = \dfrac{x \cdot g}{1 \text{ m}^2}, \quad x = \dfrac{101325 \text{ Pa} \cdot 1 \text{ m}^2}{9,81 \text{ m s}^{-2}} = 10330 \text{ kg}.$

2-6 (a) $x = \dfrac{27000 \text{ Pa} \cdot 1 \text{ m}^2}{9,81 \text{ m s}^{-2}} = 2750 \text{ kg}$,

(b) $x = \dfrac{74325 \text{ Pa} \cdot 1 \text{ m}^2}{9,81 \text{ m s}^{-2}} = 7580 \text{ kg}.$

2-7 (a) $P = P_{\text{Atmosphäre}} + d \cdot g \cdot h = 100370 \text{ Pa}$
$+ 0,9978 \cdot 10^3 \text{ kg m}^{-3} \cdot 9,81 \text{ m s}^{-2} \cdot 0,150 \text{ m}$
$= (100370 + 1468) \text{ Pa} = 101838 \text{ Pa} = 1018,4 \text{ mbar}.$

(b) $P = 100370 \text{ Pa} + 0,9978 \cdot 10^3 \text{ kg m}^{-3}$
$\cdot 9,81 \text{ m s}^{-2} \cdot (-0,102 \text{ m})$
$= (100370 - 998) \text{ Pa} = 99372 \text{ Pa} = 993,7 \text{ mbar}.$

2-8 (a) $P = 100370 \text{ Pa} + 0,9978 \cdot 10^3 \text{ kg m}^{-3}$
$\cdot 9,81 \text{ m s}^{-2} \cdot (-0,125 \text{ m})$
$= (100370 - 1224) \text{ Pa} = 99146 \text{ Pa} = 991,5 \text{ mbar}.$

(b) $P = 100370 \text{ Pa} + 0,9978 \cdot 10^3 \text{ kg m}^{-3}$
$\cdot 9,81 \text{ m s}^{-2} \cdot 0,152 \text{ m}$
$= (100370 + 1488) \text{ Pa} = 101858 \text{ Pa} = 1018,6 \text{ mbar}.$

2-9 11,3 cm.

2-10 14,2 cm.

2-11 (a) 0,50 dm^3; (b) 549 cm^3.

2-12 (a) 545 cm^3; (b) 20,7 cm^3.

2-13 (a) 0,50 bar; (b) 1245 mbar; (c) 1,543 bar.

2-14 (a) 2,00 bar; (b) 709,1 mbar;
(c) 0,00010 bar = 0,1 mbar = 10 Pa.

2-15 (a) 100 cm³; (b) 9950 cm³.

2-16 (a) 0,1 cm³; (b) $7,4 \cdot 10^{-6}$ cm³ = $7,4 \cdot 10^{-9}$ dm³.

2-17 (a) $V = 1,00 \text{ dm}^3 \cdot \dfrac{298 \text{ K}}{293 \text{ K}} = 1,02 \text{ dm}^3$;

(b) $V = 250 \text{ cm}^3 \cdot \dfrac{1273 \text{ K}}{223 \text{ K}} = 1427 \text{ cm}^3$.

2-18 (a) $V = 100 \text{ cm}^3 \cdot \dfrac{273 \text{ K}}{293 \text{ K}} = 93,2 \text{ cm}^3$;

(b) $V = 250 \text{ cm}^3 \cdot \dfrac{373 \text{ K}}{273 \text{ K}} = 342 \text{ cm}^3$.

2-19 (a) $T = 298,2 \text{ K} \cdot \dfrac{100 \text{ cm}^3}{200 \text{ cm}^3} = 149 \text{ K} = -124 \,°\text{C}$;

(b) $T = 293,2 \text{ K} \cdot \dfrac{50,00 \text{ cm}^3}{51,00 \text{ cm}^3} = 287,5 \text{ K} = 14 \,°\text{C}$.

2-20 (a) $T = 298,2 \text{ K} \cdot \dfrac{1000 \text{ cm}^3}{100 \text{ cm}^3} = 2982 \text{ K} = 2709 \,°\text{C}$;

(b) $T = 293,2 \text{ K} \cdot \dfrac{50,00 \text{ cm}^3}{49,00 \text{ cm}^3} = 299,2 \text{ K} = 26,0 \,°\text{C}$.

2-21 Probe 1: ja mit einem absoluten Nullpunkt bei $-276\,°\text{C}$;
Probe 2: ja mit einem absoluten Nullpunkt bei $-272\,°\text{C}$.

2-22

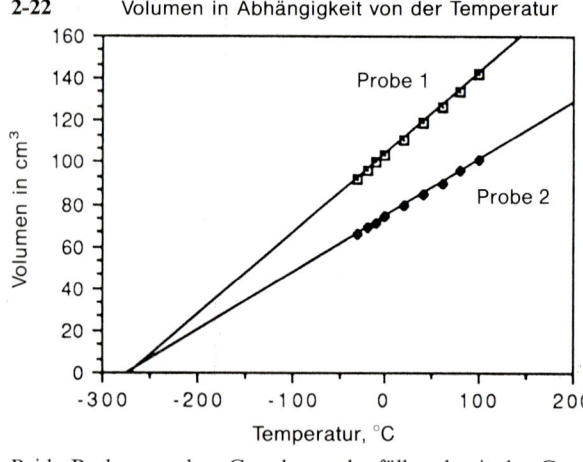

Volumen in Abhängigkeit von der Temperatur

Beide Proben ergeben Geraden und erfüllen damit das Gesetz von Charles.
Der absolute Nullpunkt entspricht dem extrapolierten Volumen Null; das ist für Probe 1 bei $-271\,°\text{C}$ und für Probe 2 bei $-274\,°\text{C}$ der Fall. Beide Werte liegen nahe bei dem theoretischen Wert $-273,15\,°\text{C}$.

2-23 (a) $P = 1013 \text{ mbar} \cdot \dfrac{298 \text{ K}}{273 \text{ K}} = 1106 \text{ mbar}$;

(b) $P = 1,00 \text{ bar} \cdot \dfrac{4 \text{ K}}{298 \text{ K}} = 13,4 \text{ mbar}$.

2-24 (a) $P = 1013 \text{ mbar} \cdot \dfrac{273 \text{ K}}{293 \text{ K}} = 944 \text{ mbar}$;

(b) $P = 900 \text{ mbar} \cdot \dfrac{1273 \text{ K}}{298 \text{ K}} = 3845 \text{ mbar}$.

2-25 (a) $P = \dfrac{nRT}{V} = 10080 \text{ mbar}$; (b) 71 mbar.

2-26 (a) $P = \dfrac{mRT}{M_m V} = 4,9 \text{ bar}$; (b) $P = 977 \text{ mbar}$.

2-27 (a) $m = \dfrac{PV \cdot M_m}{RT} = 0,297 \text{ g}$; (b) $3,55 \cdot 10^{-3}$ g.

2-28 (a) $m = 0,000440$ g; (b) $2,0 \cdot 10^{-7}$ g.

2-29 $P_E = P_A \cdot \dfrac{T_E \cdot V_A}{T_A \cdot V_E} = 1166 \text{ mbar}$.

2-30 $P_E = 2,28$ bar.

2-31 $V_E = 68,3$ cm³.

2-32 $V_E = 4658$ cm³.

2-33 $M_m = \dfrac{mRT}{PV} = 78,1 \text{ g mol}^{-1}$.
Das ergibt die Summenformel C_6H_6.

2-34 $M_m = 127,6 \text{ g mol}^{-1}$.
Das ergibt die Summenformel $C_{10}H_8$.

2-35 (a) $P_{real} = \dfrac{nRT}{V - nb} - \dfrac{an^2}{V^2} = 1,064 \text{ bar}$, $P_{ideal} = 1,069 \text{ bar}$,
das ist ein Unterschied von 0,5%;

(b) $P_{real} = 1,012 \text{ bar}$, $P_{ideal} = 1,013 \text{ bar}$,
das ist ein Unterschied von 0,1%.

2-36 (a) $P_{real} = 5,647 \text{ bar}$, $P_{ideal} = 5,830 \text{ bar}$,
das ist ein Unterschied von 3,2%;

(b) $P_{real} = 10,24 \text{ bar}$, $P_{ideal} = 10,13 \text{ bar}$,
das ist ein Unterschied von 1,1%.

2-37 Standarddruck heißt 1,01325 bar, Standardtemperatur $0\,°\text{C}$ (273,15 K).

(a) $V = \dfrac{nRT}{P} = 22,4 \text{ dm}^3$; (b) $V = 44,8 \text{ dm}^3$; (c) $V = 3,41 \text{ dm}^3$;

(d) $V = 2,5 \text{ dm}^3$.

2-38 (a) $V = 22,4 \text{ dm}^3$; (b) $V = 67,2 \text{ dm}^3$; (c) $V = 47,3 \text{ dm}^3$;
(d) $V = 2,60 \text{ dm}^3$.

2-39 (a) 0,700 dm³; (b) 11,1 dm³; (c) 2,55 dm³; (d) 6,59 dm³.

2-40 (a) 0,799 dm³; (b) 0,350 dm³; (c) 0,778 dm³; (d) 747 dm³.

2-41 (a) $n = \dfrac{PV}{RT} = 4,46 \cdot 10^{-3}$ mol; (b) $n = 4,46 \cdot 10^{-3}$ mol;

(c) $n = 45$ mol; (d) $4,5 \cdot 10^{-5}$ mol.

2-42 (a) $n = 4,46 \cdot 10^{-3}$ mol; (b) $n = 4,46 \cdot 10^{-3}$ mol;
(c) $n = 0,045$ mol; (d) 0,0112 mol.

2-43 (a) $P_{N_2} = 0,22$ bar, $P_{H_2} = 0,67$ bar, $P_{gesamt} = 0,89$ bar;
(b) $P_{N_2} = 23$ mbar, $P_{H_2} = 68$ mbar, $P_{NH_3} = 45$ mbar,

$P_{gesamt} = 136$ mbar; (c) $P_{Argon} = 63,7$ mbar, $P_{Neon} = 126,0$ mbar, $P_{gesamt} = 189,7$ mbar; (d) $P_{Sauerstoff} = 1,072$ mbar, $P_{Kohlenmonoxid} = 0,819$ mbar, $P_{Kohlendioxid} = 0,540$ mbar, $P_{gesamt} = 2,440$ mbar.

2-44 (a) $P_{NH_3} = 45$ mbar, $P_{SO_2} = 68$ mbar, $P_{gesamt} = 113$ mbar.

2-45 0.085 g H_2O.

2-46 Bei 200,0 °C ist $P_{H_2O} = 1093$ mbar, $P_{CO_2} = 1087$ mbar, $P_{gesamt} = 2180$ mbar.

2-47 $P_{CO_2} = 6,2$ mbar, $P_{N_2} = 0,4$ mbar, $P_{Ar} = 0,1$ mbar.

2-48 $P_{Co_2} = 86$ bar, $P_{N_2} = 4$ bar.

2-49 10,30 m.

2-50 $2,3 \cdot 10^{-3}$ mm.

2-51 6,5 dm³ H_2, 3,2 dm³ O_2.

2-52 $m = 402$ g H_2O.

2-53 1,1 dm³.

2-54 1,03 dm³.

2-55 23300 dm³, 3600 dm³.

2-56 $1,973 \cdot 10^6$ dm³, $2,433 \cdot 10^3$ dm³.

2-57 626 dm³.

2-58 10,8 dm³ Xe, 21,6 dm³ F_2.

2-59 $8,46 \cdot 10^{-3}$ mol.

2-60 $4,84 \cdot 10^{-3}$ mol.

2-61 $6,17 \cdot 10^{-3}$ mol.

2-62 0,0508 mol.

2-63 (a) 1840 m s⁻¹; (b) 640 m s⁻¹; (c) 392 m s⁻¹; (d) 215 m s⁻¹.

2-64 (a) 3970 m s⁻¹; (b) 309 m s⁻¹; (c) 615 m s⁻¹; (d) 583 m s⁻¹.

2-65 CO_2 (g) < Ar (g) < H_2 (g).

2-66 H_2O (g) > Luft > Cl_2 (g).

2-67 (a) $v_1 : v_2 = 3,51$; (b) $v_1 : v_2 = 0,523$; (c) $v_1 : v_2 = 0,949$.

2-68 (a) $v_1 : v_2 = 0,387$; (b) $v_1 : v_2 = 1,004$; (c) $v_1 : v_2 = 4,85$.

2-69 (a) 154 s; (b) 98,6 s; (c) 205 s; (d) 370 s.

2-70 (a) 110 min; (b) 24,6 min; (c) 98,1 min; (d) 325 min.

2-71 $M_m = 115$ g mol⁻¹, $C_6H_{12}O_2$.

2-72 $M_m = 110$ g mol⁻¹, C_8H_{12}.

2-73 $M_m = 220$ g mol⁻¹, P_4O_6.

2-74 $M_m = 140$ g mol⁻¹, PCl_3.

2-75 $M_m = 324,3$ g mol⁻¹, $C_{20}H_{24}N_2O_2$.

2-76 $M_m = 164$ g mol⁻¹, $C_{10}H_{12}O_2$.

2-77 Die S_8-Moleküle zerfallen in der Wärme in S_2-Moleküle.

2-78 Die HF-Moleküle bilden Dimere $(HF)_2$, die beim Erwärmen zerfallen und damit die Anzahl der Teilchen ansteigen lassen.

Kapitel 3

3-1 (a) $E_{kin} = \frac{1}{2} m v^2 = 112$ J; (b) 772 kJ.

3-2 (a) $E_{kin} = 25$ kJ; (b) 625 J.

3-3 (a) $E_{pot} = 14$ J; (b) $3,92 \cdot 10^4$ kJ.

3-4 (a) $E_{kin} = 9,8 \cdot 10^9$ J; (b) $7,4 \cdot 10^2$ J.

3-5 (a) 82 m; (b) 0,7 m; (c) 73 m.

3-6 (a) $H = 5,1 \cdot 10^4$ m; (b) 2 m; (c) $2,0 \cdot 10^2$ m. In der Bestimmungsgleichung $E_{pot} = E_{kin} \rightarrow \frac{1}{2} m v^2 = m g h$ fällt die Masse m durch Kürzen heraus.

3-7 (a) $q = 1,58$ kJ.

3-8 (a) $q = 2,3 \cdot 10^3$ J.

3-9 $q = 298$ kJ, 89,6%.

3-10 $q = 1,67 \cdot 10^4$ J, 65,9%.

3-11 $t = 2$ min.

3-12 $t = 66,8$ s.

3-13 (a) $C = 461$ J K⁻¹; (b) 43 J K⁻¹.

3-14 (a) $C = 323$ J K⁻¹; (b) 114 J K⁻¹.

3-15 $\Delta H_{Verd} = 43,5$ kJ mol⁻¹.

3-16 $\Delta H_{Verd} = 8,21$ kJ mol⁻¹.

3-17 $\Delta H_{Verd} = 41,2$ kJ mol⁻¹.

3-18 $\Delta H_{Verd} = 31$ kJ mol⁻¹.

3-19 $t = 226$ s, $q = 226$ kJ.

3-20 $t = 94,4$ s, $q = 94,4$ kJ.

3-21 $t = 0,247$ s, $q = 0,247$ kJ.

3-22 $t = 0,114$ s, $q = 0,114$ kJ.

3-23 2 g.

3-24 $7 \cdot 10^4$ g.

3-25 1,90 kJ mol⁻¹.

3-26 $\Delta H = 0,33$ kJ.

3-27 $q = -12,3$ kJ.

3-28 $q = -11,9$ kJ.

3-29 $\Delta H = -1,4$ kJ; (b) $\Delta H = -57$ kJ mol⁻¹.

3-30 $\Delta H = -1,0$ kJ; (b) $\Delta H = -57$ kJ mol⁻¹.

3-31 $\Delta H = -1,20 \cdot 10^3$ kJ mol⁻¹.

3-32 $\Delta H = -2,37 \cdot 10^3$ kJ mol⁻¹.

3-33 $\Delta H = -2,80 \cdot 10^3$ kJ mol⁻¹.

3-34 $\Delta H = -5,64 \cdot 10^3$ kJ mol⁻¹. Bezogen auf 1 g ist die Verbrennungsenthalpie des Rohrzuckers um 5% größer.

3-35 (a) Endotherm; (b) exotherm; (c) endotherm; (d) endotherm.

3-36 (a) Endotherm; (b) exotherm; (c) endotherm; (d) endotherm.

3-37 $q = 2,97 \cdot 10^3$ kJ.

3-38 $q = 2,27 \cdot 10^3$ kJ.

3-39 $q = 6160$ kJ, $m = 18$ kg.

3-40 $q = 1,3 \cdot 10^5$ kJ, $m = 3,9 \cdot 10^5$ g.

3-41 Anilin: $q = 36,43$ kJ g^{-1}, Phenol: $q = 32,45$ kJ g^{-1}.

3-42 Glucose: $q = 15,6$ kJ g^{-1}, Rohrzucker: $q = 16,5$ kJ g^{-1}.

3-43

$$CH_4(g) + 3\,O_2 \rightarrow CO_2 + 2\,H_2O(l), \quad \Delta H^\circ = -890 \text{ kJ mol}^{-1}$$
$$2\,H_2O(l) \rightarrow 2\,H_2O(g), \quad \Delta H^\circ = 2 \cdot 44 \text{ kJ mol}^{-1}$$

$$CH_4(g) + 3\,O_2 \rightarrow CO_2 + 2\,H_2O(g), \quad \Delta H^\circ = -802 \text{ kJ mol}^{-1}$$

3-44 $\Delta H^\circ = -2044$ kJ mol^{-1}.

3-45 $q = -607$ kJ mol^{-1}.

3-46 $q = -1371$ kJ mol^{-1}.

3-47 $\Delta H^\circ = -1570$ kJ mol^{-1}.

3-48 $\Delta H^\circ = -1929$ kJ mol^{-1}.

3-49 $\Delta H^\circ = -197,8$ kJ mol^{-1}.

3-50 $\Delta H^\circ = -114,2$ kJ mol^{-1}.

3-51 $\Delta H^\circ = -1131$ kJ mol^{-1}.

3-52 $\Delta H^\circ = -936$ kJ mol^{-1}.

3-53 $\Delta H^\circ = -444$ kJ mol^{-1}.

3-54 $\Delta H^\circ = -98,89$ kJ mol^{-1}.

3-55 $\Delta H^\circ = -676$ kJ mol^{-1}.

3-56 $\Delta H^\circ = -92,3$ kJ mol^{-1}.

3-57 $\Delta H^\circ = -137$ kJ mol^{-1}.

3-58 $\Delta H^\circ = -206$ kJ mol^{-1}.

3-59 $\Delta H^\circ = -393,5$ kJ mol^{-1}.

3-60 $\Delta H^\circ = -296,8$ kJ mol^{-1}.

3-61 (a) $\Delta H_b^\circ = -124,7$ kJ mol^{-1}; (b) -1272 kJ mol^{-1}; (c) -533 kJ mol^{-1}.

3-62 (a) $\Delta H_b^\circ = -146$ kJ mol^{-1}; (b) -2221 kJ mol^{-1}; (c) -333 kJ mol^{-1}.

3-63 $\Delta H^\circ = -44$ kJ mol^{-1}.

3-64 $\Delta H^\circ = -289$ kJ mol^{-1}.

3-65 $\Delta H^\circ = -602$ kJ mol^{-1}.

3-66 $\Delta H^\circ = -689$ kJ mol^{-1} bezogen auf Mg_3N_2.

3-67 $\Delta H^\circ = -53$ kJ mol^{-1}.

3-68 $\Delta H^\circ = -156$ kJ mol^{-1}.

3-69 (a) $\Delta H^\circ = +178,3$ kJ mol^{-1} (für Calcit); (b) $+8,74$ kJ mol^{-1}; (c) $-480,30$ kJ mol^{-1}; (d) $+246,5$ kJ mol^{-1}.

3-70 (a) $\Delta H^\circ = +100,6$ kJ mol^{-1}; (b) $-758,86$ kJ mol^{-1}; (c) $-905,48$ kJ mol^{-1}; (d) $-1868,56$ kJ mol^{-1}.

3-71 (a) $\Delta H^\circ = -138,18$ kJ mol^{-1}; (b) $-36,03$ kJ mol^{-1}; (c) $-144,6$ kJ mol^{-1}; (d) $+752,3$ kJ mol^{-1}.

3-72 (a) $\Delta H^\circ = -144,08$ kJ mol^{-1}; (b) $-38,7$ kJ mol^{-1}; (c) $-89,60$ kJ mol^{-1}; (d) $-64,5$ kJ mol^{-1}.

3-73 $\Delta H_b^\circ = -11,3$ kJ mol^{-1}, $+33,2$ kJ mol^{-1}.

3-74 $\Delta H^\circ = +289,5$ kJ mol^{-1}.

3-75 $48,44$ kJ g^{-1}, $3,3 \cdot 10^4$ kJ dm^{-3}.

3-76 $42,43$ kJ g^{-1}, $3,68 \cdot 10^4$ kJ dm^{-3}.

3-77 (a) 37 kJ dm^{-3}; (b) 91 kJ dm^{-3}; (c) $3,7 \cdot 10^4$ kJ dm^{-3}; (d) $1,8 \cdot 10^4$ kJ dm^{-3}.

3-78 (a) 62 kJ dm^{-3}; (b) 55 kJ dm^{-3}; (c) $4,91 \cdot 10^4$ kJ dm^{-3}; (d) $2,3 \cdot 10^4$ kJ dm^{-3}.

3-79 Mg: $24,75$ kJ dm^{-3}, Al: $31,05$ kJ dm^{-3}, Aluminium ist also in diesem Sinne ein besserer Brennstoff.

3-80 P: $24,1$ kJ g^{-1}, S: $9,26$ kJ dm^{-3} bzw. $12,34$ kJ dm^{-3}. Phosphor ist der bessere Brennstoff.

3-81 Methan: 890 kJ, Octan: 684 kJ, Glucose: 468 kJ.

3-82 $6,28$ kJ g^{-1}, nein.

3-83 $\Delta H = -34,02$ kJ mol^{-1}, $2,47 \cdot 10^4$ kJ dm^{-3}.

3-84 $NaCl(s) \rightarrow Na^+(g) + Cl^-(g)$ $\quad \Delta H^\circ = +788$ kJ mol^{-1}.

3-85 $688,1$ kJ mol^{-1}.

3-86 Die Verbrennungsenthalpie beträgt -890 kJ mol^{-1}; wir müssen damit 2 mol Wasser verdampfen ($8,8 \cdot 10^4$ J) und 3 mol Gas bis T_E erwärmen: $T_E = 7000$ K.

Kapitel 4

4-1 (a) $\lambda = \dfrac{c}{v} = 3,1$ m; (b) $5,7 \cdot 10^{-7}$ m; (c) 150 pm.

4-2 (a) $\lambda = 0,429$ m; (b) $4,2 \cdot 10^{-7}$ m = 420 nm; (c) 0,211 m.

4-3 (a) $5,66 \cdot 10^{14}$ Hz; (b) 1,2 MHz; (c) $2,01 \cdot 10^{18}$ Hz.

4-4 (a) $v = 2,50 \cdot 10^{14}$ Hz; (b) $1 \cdot 10^{10}$ Hz; (c) $3,5 \cdot 10^{18}$ Hz.

4-5 $\lambda = 1,26$ m.

4-6 Länger: $\lambda_{\text{Wasser}}(C) = 5,66$ m.

4-7 (a) $E = h \cdot v = 3,43 \cdot 10^{-19}$ J, $E \cdot N_A = 2,06 \cdot 10^5$ J mol^{-1}; (b) $3,11 \cdot 10^{-19}$ J, $1,87 \cdot 10^5$ J mol^{-1}; (c) $1,29 \cdot 10^{-15}$ J, $7,78 \cdot 10^8$ J mol^{-1}.

4-8 (a) $E = 4,74 \cdot 10^{-19}$ J, $E \cdot N_A = 2,85 \cdot 10^5$ J mol^{-1}; (b) $4,23 \cdot 10^{-19}$ J, $2,55 \cdot 10^5$ J mol^{-1}; (c) $1,326 \cdot 10^{-19}$ J, $7,986 \cdot 10^4$ J mol^{-1}.

4-9 $\Delta E = -4,08 \cdot 10^{-19}$ J, $\Delta E \cdot N_A = -2,46 \cdot 10^5$ J mol^{-1}; $\Delta E = -3,87 \cdot 10^{-19}$ J, $\Delta E \cdot N_A = -2,33 \cdot 10^5$ J mol^{-1}; $\Delta E = -3,66 \cdot 10^{-19}$ J, $\Delta E \cdot N_A = -2,21 \cdot 10^5$ J mol^{-1}; $\Delta E = -3,60 \cdot 10^{-19}$ J, $\Delta E \cdot N_A = -2,17 \cdot 10^5$ J mol^{-1}; $\Delta E = -3,44 \cdot 10^{-19}$ J, $\Delta E \cdot N_A = -2,07 \cdot 10^5$ J mol^{-1}.

4-10 $\Delta E = -4,91 \cdot 10^{-19}$ J, $-2,59 \cdot 10^{-19}$ J; $\Delta E \cdot N_A = -2,96 \cdot 10^5$ J mol^{-1}, $-1,56 \cdot 10^5$ J mol^{-1}.

4-11 $2,9 \cdot 10^{18}$ Photonen s^{-1}, $2,1 \cdot 10^5$ s.

4-12 $2,36 \cdot 10^{17}$ Photonen s^{-1}, $2,55 \cdot 10^6$ s.

4-13 $1,9 \cdot 10^{18}$ Photonen $m^{-2} s^{-1}$.

4-14 $2,6 \cdot 10^{19}$ Photonen.

4-15 600 nm, $4,63 \cdot 10^{-19}$ J.

4-16 $\lambda = \dfrac{hc}{E} = 2,9 \cdot 10^{-7}$ m $= 290$ nm. Die Konstruktion des Detektors ist möglich.

4-17 $\lambda = 656$ nm, 486 nm, 434 nm.

4-18 $\lambda = 122$ nm, 102 nm, 97,3 nm.

4-19 (a) 164 nm, 122 nm, 109 nm; (b) 18,2 nm, 13,5 nm, 12,1 nm.

4-20 (a) 73,0 nm, 54,1 nm, 48,3 nm; (b) 10,26 nm, 7,60 nm, 6,79 nm.

4-21 (a) $\lambda = \dfrac{h}{mv} = 3,31 \cdot 10^{-10}$ m; (b) 0,0728 m; (c) $3,96 \cdot 10^{-5}$ m.

4-22 (a) $\lambda = 2 \cdot 10^{-36}$ m; (b) $1 \cdot 10^{-36}$ m; (c) $7,3 \cdot 10^{-5}$ m; (d) $4,0 \cdot 10^{-8}$ m.

4-23 Das Kind, weil es leichter ist.

4-24 $v = 2,2 \cdot 10^6$ m s^{-1}, $E_k = 1 \cdot \Re$.

4-25 (a) $\Delta v = 5,8 \cdot 10^5$ m s^{-1}; (b) $\Delta x = 0,058$ m.

4-26 (a) $\Delta v = 316$ m s^{-1}; (b) $\Delta x = 3,2 \cdot 10^{-5}$ m.

4-27 (a) $\Delta x = 5.3 \cdot 10^{-21}$ m; (b) $\Delta v = 5,3 \cdot 10^{-17}$ m s^{-1}.

4-28 (a) $\Delta v = 5,3 \cdot 10^{-20}$ m s^{-1}; (b) $\Delta v = 5,3 \cdot 10^{-16}$ m s^{-1}.

4-29 $\Delta x = 5,3 \cdot 10^{-45}$ m, also eindeutig nein.

4-30 $\Delta x = 2 \cdot 10^{-5}$ m, das ist deutlich weniger als die Größe des Ziels; also ja.

Kapitel 5

5-1 $H^+ < Li^+ < Be^{2+} < Sr^{2+}$ in der Reihenfolge zunehmenden Verhältnisses zwischen Ladung und Radius.

5-2 $Cs^+ < K^+ < Mg^{2+} < Al^{3+}$ in der Reihenfolge zunehmenden Verhältnisses zwischen Ladung und Radius.

5-3 $N^{3-} < O^{2-} < Cl^- < Br^-$ in der Reihenfolge abnehmenden Verhältnisses zwischen Ladung und Radius.

5-4 $N^{3-} < P^{3-} < I^- < At^-$ in der Reihenfolge abnehmenden Verhältnisses zwischen Ladung und Radius.

5-5 AgF überwiegend ionisch, AgI überwiegend kovalent, $AlCl_3$ überwiegend kovalent, AlF_3 überwiegend ionisch.

5-6 $CaCl_2$ überwiegend ionisch, $FeCl_3$ kovalent, Fe_2O_3 überwiegend ionisch.

5-7 $\overset{\longrightarrow}{H-O}$, $\mu = 1,4$ D; $\overset{\longrightarrow}{O-F}$, $\mu = 0,5$ D; $\overset{\longrightarrow}{Cl-F}$, $\mu = 1,0$ D; $\overset{\longrightarrow}{S-O}$, $\mu = 1,0$ D.

5-8 $\overset{\longrightarrow}{N-O}$, $\mu = 0,5$ D; $\overset{\longrightarrow}{C-O}$, $\mu = 1,0$ D; $\overset{\longrightarrow}{C-N}$, $\mu = 0,5$ D; $\overset{\longrightarrow}{H-N}$, $\mu = 0,8$ D.

5-9 Br_2 und O_3 haben unpolare Bindungen, CH_4 hat leicht polare Bindungen, H_2O_2 hat polare (H—O) und unpolare (O—O) Bindungen.

5-10 Nur in C_6H_6 gibt es leicht polare Bindungen (C—H).

5-11 (a) Dispersionskräfte; (b) Dispersionskräfte; (c) Dipol-Dipol-Kräfte; (d) Dipol-Dipol-Kräfte und Wasserstoffbrücken.

5-12 (a) Dispersionskräfte; (b) Dispersionskräfte; (c) Dipol-Dipol-Kräfte, Wasserstoffbrücken und Dispersionskräfte; (d) Dispersionskräfte.

5-13 (a) Dispersionskräfte; (b) Dipol-Dipol-Kräfte und Dispersionskräfte; (c) Dispersionskräfte; (d) Dispersionskräfte.

5-14 (a) Dispersionskräfte; (b) Dispersionskräfte; (c) Dispersionskräfte; (d) Dispersionskräfte.

5-15 (a) HCl < HBr wegen der kleineren Dispersionskräfte in HCl; (b) HF > HCl wegen der starken Wasserstoffbrücken in HF; (c) CH_4 < SiH_4 wegen der kleineren Dispersionskräfte in CH_4; (d) *cis*-CHCl = CHCl > *trans*-CHCl = CHCl wegen der Dipol-Dipol-Kräfte im *cis*-CHCl = CHCl.

5-16 (a) H_2S < H_2Te wegen der kleineren Dispersionskräfte in H_2S; (b) PH_3 < NH_3 wegen der Wasserstoffbrücken in NH_3; (c) CH_3Br > CH_3Cl wegen der kleineren Dispersionskräfte in CH_3Cl; (d) *ortho*-Dichlorbenzol > *para*-Dichlorbenzol wegen der Dipol-Dipol-Kräfte in *ortho*-Dichlorbenzol.

5-17 HF, NH_3 und CH_3OH bilden Wasserstoffbrücken und haben entsprechend hohe Siedepunkte.

5-18 Alle genannten Substanzen bilden Wasserstoffbrücken und haben entsprechend hohe Siedepunkte, Verdampfungsenthalpien usw.

5-19 Butanol bildet Wasserstoffbrücken und hat deshalb einen höheren Siedepunkt.

5-20 Buttersäure bildet Wasserstoffbrücken; deren Effekt ist stärker als die Wirkung der Dipol-Dipol-Kräfte des Ethylacetats.

5-21 $P = [151\ \text{Torr}] = 201$ mbar.

5-22 $P = 10,1$ mbar.

5-23 0,017 g.

5-24 0,15 g.

5-25 1,8 kg.

5-26 0,018 g.

5-27 (a) 95 °C; (b) 102 °C; (c) 50 °C.

5-28 (a) ~ 75 °C; (b) ~ 80 °C; (c) ~ 35 °C.

5-29 (a) 12 kJ mol^{-1}; (b) 30 kJ mol^{-1}; (c) 39 kJ mol^{-1}.

5-30 (a) 35 J mol^{-1}; (b) 35 kJ mol^{-1}; (c) 35 J mol^{-1}.

5-31 (a) Anomal: $\Delta H^\circ_{\text{Verd}}/T_b = 125$ kJ K^{-1} mol^{-1} wegen der Wasserstoffbrücken in der flüssigen Phase; (b) normal: $\Delta H^\circ_{\text{Verd}}/T_b = 86$ kJ K^{-1} mol^{-1}.

5-32 (a) $\Delta H^\circ_{\text{Verd}}/T_b = 86$ kJ K^{-1} mol^{-1} (normal); (b) $\Delta H^\circ_{\text{Verd}}/T_b = 92$ kJ K^{-1} mol^{-1} (wegen der metallischen Bindung etwas mehr als normal).

5-33 (a) Gasförmig; (b) gasförmig; (c) gasförmig; (d) Gas am kritischen Punkt.

5-34 (a) Fest; (b) Gleichgewicht fest-gasförmig; (c) fest-flüssig-gasförmig im Gleichgewicht.

5-35 (a) 2,17 K; (b) 25 bar; (c) $T_k = 5,20$ K; (d) nein.

5-36 (a) ~ 80000 bar; (b) ~ 4000 K; (c) kann bei Zimmertemperatur nicht schmelzen; (d) nein, die Umwandlungsgeschwindigkeit ist null.

5-37 (a) Ionisch; (b) molekular; (c) makromolekular; (d) molekular.

5-38 (a) Metallisch; (b) molekular; (c) ionisch; (d) makromolekular.

5-39 (a) Metallisch; (b) molekular; (c) makromolekular; (d) makromolekular.

5-40 (a) Molekular; (b) metallisch; (c) molekular; (d) ionisch.

5-41 $d = \dfrac{\lambda}{2 \sin \vartheta} = 168$ pm.

5-42 $d = 120$ pm.

5-43 (a) $r_{Ni} = 124$ pm; (b) $r_K = 231$ pm.

5-44 (a) $r_{Ca} = 196$ pm; (b) $r_{Nb} = 141$ pm.

5-45 (a) 405 pm; (b) $1,5 \cdot 10^{22}$ Elementarzellen cm^{-3}.

5-46 (a) 557 pm; (b) $6 \cdot 10^{21}$ Elementarzellen cm^{-3}.

5-47 (a) 1 Atom pro Elementarzelle; (b) 6; (c) 280 pm.

5-48 (a) 2 Atome pro Elementarzelle; (b) 6; (c) 533 pm.

5-49 (a) $9,02$ g cm^{-3}; (b) $1,66$ g cm^{-3}.

5-50 (a) $21,8$ g cm^{-3}; (b) $1,91$ g cm^{-3}.

5-51 144 pm.

5-52 136 pm.

5-53 132 pm.

5-54 136 pm.

5-55 (a) Na:K = 51:20; (b) Zn:Cu = 52:100; (c) Sn:P:Cu = 7:2:111.

5-56 (a) Na:K = 113:100; (b) Ni:Cu = 18:50; (c) Sb:Cu:Sn = 493:236:7793 ($\sim$ 2:1:33).

5-57 (a) 49,29% Cu, 50,71% Zn; (b) 9,33% Zn, 90,67% Cu.

5-58 (a) 36,42% Sn, 63,58% Pb; (b) 0,0924% Ni, 99,9076% Cu.

5-59 Parallel zu den Schichtebenen ist Graphit ein metallischer Leiter, senkrecht dazu ein Halbleiter.

5-60 Die elektrische Leitfähigkeit wird parallel zu den Schichtebenen stark zunehmen und senkrecht zu ihnen abnehmen.

5-61 (a) n-Typ, denn P hat mehr Valenzelektronen als Si; (b) p-Typ, denn In hat weniger Valenzelektronen als Si; (c) n-Typ, denn Sb hat mehr Valenzelektronen als Ge.

5-62 (a) p-Typ, denn Al erzeugt ein Elektronendefizit; (b) n-Typ, denn As hat ein Valenzelektron mehr als Ge; (c) p-Typ, denn Ga hat weniger Valenzelektronen als Ge.

5-63 Siehe dazu Abb. 5-36. Bei $T = 0$ befinden sich alle Elektronen im unteren gefüllten Valenzband. Erst in der Wärme werden Elektronen in das obere leitende Band angehoben.

5-64 Im Vakuum geht ein Teil des Sauerstoffs verloren, und es entsteht etwa $ZnO_{0,95}$. Für jedes verschwundene Sauerstoffatom sind jetzt zwei leitende Elektronen vorhanden. Beim Erhitzen in Sauerstoff wird gerade die Zusammensetzung ZnO sichergestellt.

5-65 (a) $4\,Na^+$, $4\,Cl^-$, 4 NaCl; (b) $4\,Ca^{2+}$, $8\,F^-$, $4\,CaF_2$, $KZ_{Ca} = 8$, $KZ_F = 4$.

5-66 (a) $1\,Cs^+$, $1\,Cl^-$, 1 CsCl; (b) $2\,Ti^{4+}$, $4\,O^{2-}$, $2\,TiO_2$, $KZ_{Ti} = 6$, $KZ_O = 3$.

5-67 $CaTiO_3$.

5-68 $Ba_2Cu_3YO_7$.

5-69 10^{19} Elementarzellen, wenn eine Kantenlänge der Elementarzelle von 512 pm vorausgesetzt wird.

5-70 $3,5 \cdot 10^{18}$ Elementarzellen, wenn eine Kantenlänge der Elementarzelle von 656 pm vorausgesetzt wird.

5-71 (a) $4,4$ g cm^{-3}; (b) $5,4$ g cm^{-3}.

5-72 (a) $3,41$ g cm^{-3}; (b) $4,78$ g cm^{-3}.

5-73 Kohlenstoff (als Diamant), Schwefel (als plastischer Schwefel).

5-74 Diamant, Graphit.

5-75 Die C–C-Bindungsenthalpie beträgt 178 kJ mol^{-1}.

5-76

$$B(s) + \tfrac{1}{2}N_2(g) \rightarrow BN(g) \quad \Delta H° = +647 \text{ kJ mol}^{-1},$$
$$B(g) \rightarrow B(s) \quad \Delta H° = -563 \text{ kJ mol}^{-1},$$
$$N(g) \rightarrow \tfrac{1}{2}N_2(g) \quad \Delta H° = -473 \text{ kJ mol}^{-1},$$
$$BN(g) \rightarrow BN(s) \quad \Delta H° = -901 \text{ kJ mol}^{-1},$$

$$B(g) + N(g) \rightarrow BN(s) \quad \Delta H° = -1290 \text{ kJ mol}^{-1}$$

für B–N-Bindungen im Festkörper.

5-77 P_4, S_8, Se_2, I_2.

5-78

III	IV	V	VI	VII	VIII
BI_3 Bortriiodid	**CO_2** Kohlendioxid	**NH_3** Ammoniak	**H_2O** Wasser	**HF** Fluorwasserstoff	
	$SiCl_4$ Siliciumtetrachlorid	**P_4O_{10}** Tetraphosphordecoxid	**SO_3** Schwefeltrioxid	**HCl** Chlorwasserstoff	
	$AsCl_3$ Arsentrichlorid		**H_2Se** Selenwasserstoff	**HBr** Bromwasserstoff	

III	IV	V	VI	VII	VIII
		$SbCl_5$ Antimon-penta-chlorid	H_2Te Tellur-wasser-stoff	I_2O_5 Diiod-pentoxid	XeO_3 Xenon-trioxid
		BiH_3 Bismut-wasser-stoff			

5-79 (a) Dispersionskräfte; (b) Wasserstoffbrücken; (c) Dipol-Dipol-Kräfte und Dispersionskräfte; (d) Dipol-Dipol-Kräfte, Wasserstoffbrücken und Dispersionskräfte.

5-80 (a) Dispersionskräfte; (b) Dispersionskräfte; (c) Dipol-Dipol-Kräfte, Wasserstoffbrücken und Dispersionskräfte; (d) Dipol-Dipol-Kräfte, Wasserstoffbrücken und Dispersionskräfte.

5-81 480 mbar.

5-82 $P = \dfrac{nRT}{V} = 57$ mbar; an der Kurve in Abb. 5-18 liest man $T = 40\,°C$ ab.

5-83 (a) $m = 4,5$ kg; (b) mehr, denn AsF_3 hat einen wesentlich höheren Dampfdruck.

5-84 Ursache sind die starken metallischen Wechselwirkungen.

5-85 $21,1$ g cm^{-3}.

5-86 74,0%.

5-87 $d = \dfrac{154,0\ \text{pm}}{2 \cdot \sin(11{,}38°)} = 390$ pm = Kantenlänge der Elementarzelle, $21{,}450$ g cm$^{-3} = \dfrac{4}{N} \cdot 195$ g mol$^{-1} \cdot \dfrac{1}{(3{,}90 \cdot 10^{-8}\ \text{cm})^3}$, $N = 6{,}13 \cdot 10^{23}$ Atome mol^{-1}.

5-88 Ne 170 pm, Ar 203 pm, Kr 225 pm, Xe 232 pm, Rn 246 pm.

5-89 (a) Na 186 pm, K 231 pm, Rb 247 pm, Cs 266 pm;

(b) $d_{\text{kubisch-dichtest}} = \dfrac{4 \cdot M_A \cdot 2 \cdot \sqrt{2}}{N \cdot 64 \cdot r^3}$;

$d_{\text{kubisch-raumzentriert}} = \dfrac{2 \cdot M_A \cdot 3 \cdot \sqrt{3}}{N \cdot 64 \cdot r^3}$;

(c) $d_{\text{kubisch-dichtest}} = 1{,}09 \cdot d_{\text{kubisch-raumzentriert}}$, daraus folgen die hypothetischen Dichten Li 0,58 g cm^{-3}, Na 1,06 g cm^{-3}, K 0,94 g cm^{-3}, Rb 1,67 g cm^{-3}, Cs 2,07 g cm^{-3}; (d) nur Li und K wären in diesem Fall leichter als Wasser. Sie würden aber auf jeden Fall sehr schnell mit Wasser reagieren.

5-90 (a) Das ist möglich, wenn die Energie der Lichtquanten ausreicht, um die Elektronen über die Bandlücke hinweg in das Leitfähigkeitsband anzuheben; (b) 690 nm.

Kapitel 6

6-1 (a) 0,34 M; (b) 0,222 M.

6-2 (a) 0,45 M; (b) 0,088 M.

6-3 (a) 55,4 M; (b) 53,2 M.

6-4 (a) 17,2 M; (b) 17,0 M.

6-5 (a) 1,5 g; (b) 2,8 g; (c) 45,0 g.

6-6 (a) 1,0 g; (b) $4 \cdot 10^{-4}$ g; (c) $9 \cdot 10^{-2}$ g.

6-7 (a) 0,68 mol kg^{-1}; (b) 0,12 mol kg^{-1}; (c) 0,029 mol kg^{-1}; (d) 13 mol kg^{-1}.

6-8 (a) 0,9 mol kg^{-1}; (b) 0,023 mol kg^{-1}; (c) 56 mol kg^{-1}; (d) 22 mol kg^{-1}.

6-9 (a) 0,10 g; (b) 0,91 g; (c) 28 g; (d) 20 g.

6-10 (a) 25 g; (b) 0,45 g; (c) 7,3 g; (d) 2,7 g.

6-11 61 g.

6-12 87 g.

6-13 (a) $x_{\text{Wasser}} = 0{,}72$, $x_{\text{Ethanol}} = 0{,}28$; (b) $x_{\text{Glucose}} = 0{,}0018$, $x_{\text{Wasser}} = 0{,}998$.

6-14 (a) $x_{\text{Benzol}} = 0{,}012$, $x_{\text{Toluol}} = 0{,}99$; (b) $x_{\text{Rohrzucker}} = 0{,}0018$, $x_{\text{Wasser}} = 0{,}998$.

6-15 (a) $x(Na^+) = 0{,}0018$, $x(Cl^-) = 0{,}0018$, $x(H_2O) = 0{,}9964$; (b) $x(Na^+) = 0{,}0036$, $x(CO_3^{2-}) = 0{,}0018$, $x(H_2O) = 0{,}9946$.

6-16 (a) $x(Mg^{2+}) = 0{,}0018$, $x(SO_4^{2-}) = 0{,}0018$, $x(H_2O) = 0{,}996$; (b) $x(Al^{3+}) = 0{,}0036$, $x(SO_4^{2-}) = 0{,}0054$, $x(H_2O) = 0{,}99$.

6-17 (a) 0,90 mol kg^{-1}; (b) 0,32 mol kg^{-1}.

6-18 (a) 3,04 mol kg^{-1}; (b) 22 mol kg^{-1}.

6-19 (a) 3,40 M; (b) 5,41 M; (c) $5 \cdot 10^{-6}$ M; (d) 11,8 M.

6-20 (a) 2,60 M; (b) 1,40 M; (c) $1{,}3 \cdot 10^{-3}$ M; (d) 4,7 M.

6-21 (a) 0,0013 M, 42 mg dm^{-3}; (b) $2{,}7 \cdot 10^{-4}$ M, 8,6 mg dm^{-3}; (c) 0,023 M, $1{,}0 \cdot 10^3$ mg dm^{-3}; (d) 0,0023 M, 10 mg dm^{-3}.

6-22 (a) 0,0007 M, 20 mg dm^{-3}; (b) $5 \cdot 10^{-4}$ M, 20 mg dm^{-3}; (c) 0,00037 M, 1,5 mg dm^{-3}; (d) $9{,}1 \cdot 10^{-2}$ mM, 0,36 mg dm^{-3}.

6-23 (a) 0,1 bar; (b) 0,5 bar.

6-24 $3 \cdot 10^3$ cm^3.

6-25 Wir erhalten jeweils 110 g Lösung; für die spezifische Wärmekapazität setzen wir 4,0 J K^{-1}. (a) $-1{,}5$ K; (b) $+1{,}3$ K; (c) $+56$ K; (d) $-7{,}3$ K.

6-26 (a) $-5{,}53$ K; (b) $+24{,}2$ K; (c) $-8{,}26$ K; (d) $+26{,}5$ K.

6-27 (a) Zunahme; (b) Abnahme.

6-28 (a) Abnahme; (b) Zunahme.

6-29 (a) -440 kJ mol^{-1}; (b) -344 kJ mol^{-1}.

6-30 (a) -1013 kJ mol^{-1}; (b) -457 kJ mol^{-1}.

6-31 (a) $+3$ kJ mol^{-1}; (b) $+16$ kJ mol^{-1}.

6-32 (a) $+ 2\,\text{kJ mol}^{-1}$; (b) $- 2\,\text{kJ mol}^{-1}$; (c) $- 40\,\text{kJ mol}^{-1}$.

6-33 (a) $- 8\,\text{kJ mol}^{-1}$; (b) $- 159\,\text{kJ mol}^{-1}$.

6-34 (a) $- 82\,\text{kJ mol}^{-1}$; (b) $- 1074\,\text{kJ mol}^{-1}$.

6-35 (a) $- 306\,\text{kJ mol}^{-1}$; (b) $- 338\,\text{kJ mol}^{-1}$.

6-36

$HI\,(g)$	$\rightarrow H^+\,(aq) + I^-\,(aq)$	$\Delta H^\circ = - 82\,\text{kJ mol}^{-1}$
$\tfrac{1}{2}H_2\,(g) + \tfrac{1}{2}I_2\,(g)$	$\rightarrow HI\,(g)$	$\Delta H^\circ = - 4{,}74\,\text{kJ mol}^{-1}$
$H\,(g)$	$\rightarrow \tfrac{1}{2}H_2\,(g)$	$\Delta H^\circ = - 218\,\text{kJ mol}^{-1}$
$H^+\,(g)$	$\rightarrow H\,(g)$	$\Delta H^\circ = - 1310\,\text{kJ mol}^{-1}$
$I\,(g)$	$\rightarrow \tfrac{1}{2}I_2\,(g)$	$\Delta H^\circ = - 75{,}5\,\text{kJ mol}^{-1}$
$I^-\,(g)$	$\rightarrow I\,(g)$	$\Delta H^\circ = + 295\,\text{kJ mol}^{-1}$
$H^+\,(aq)$	$\rightarrow H^+\,(g)$	$\Delta H^\circ = + 1130\,\text{kJ mol}^{-1}$
$I^-\,(g)$	$\rightarrow I^-\,(aq)$	$\Delta H^\circ = - 265\,\text{kJ mol}^{-1}$

6-37 (a) $\Delta H_H = - 69{,}7 \cdot 10^3\,\text{kJ mol}^{-1} \cdot \left(\dfrac{Z^2}{r}\right) = - 387\,\text{kJ mol}^{-1}$;
(b) $- 320\,\text{kJ mol}^{-1}$; (c) $- 1860\,\text{kJ mol}^{-1}$; (d) $- 4650\,\text{kJ mol}^{-1}$.

6-38 (a) $- 299\,\text{kJ mol}^{-1}$; (b) $- 274\,\text{kJ mol}^{-1}$;
(c) $- 1515\,\text{kJ mol}^{-1}$; (d) $- 3485\,\text{kJ mol}^{-1}$.

6-39 (a) $- 512\,\text{kJ mol}^{-1}$; (b) $- 385\,\text{kJ mol}^{-1}$.

6-40 (a) $- 357\,\text{kJ mol}^{-1}$; (b) $- 323\,\text{kJ mol}^{-1}$.

6-41 (a) 179 pm; (b) 258 pm.

6-42 (a) 178 pm; (b) 240 pm.

6-43 (a) 912 mbar; (b) 829 mbar.

6-44 (a) 449 mbar; (b) 409 mbar.

6-45 (a) 73,5 mbar; (b) 27,9 mbar.

6-46 (a) 123 mbar; (b) 31,7 mbar.

6-47 (a) 457 mbar; (b) 449 mbar; (c) 465 mbar.

6-48 (a) 42,4 mbar (also praktisch keine Änderung); (b) 42,4 mbar (also praktisch keine Änderung); (c) 42,4 mbar (also praktisch keine Änderung).

6-49 $110\,\text{g mol}^{-1}$.

6-50 $165\,\text{g mol}^{-1}$.

6-51 1,04%.

6-52

$$\frac{\Delta P}{P^*} = x_{\text{gelöst}} = \frac{m_{\text{gelöst}}}{m_{\text{gelöst}} + 1000 \cdot M_{\text{m, Lösungsmittel}}^{-1}} = 0{,}002.$$

6-53 (a) 0,051 K; (b) 0,010 K.

6-54 (a) 0,077 K; (b) 0,002 K.

6-55 0,091 K.

6-56 0,15 K.

6-57 (a) 0,34 K; (b) 0,29 K.

6-58 (a) 0,86 K; (b) 1,7 K.

6-59 $168\,\text{g mol}^{-1}$.

6-60 $85{,}3\,\text{g mol}^{-1}$.

6-61 $100{,}5\,^\circ\text{C}$.

6-62 4 g.

6-63 (a) 0,19 K; (b) 0,04 K.

6-64 (a) 0,28 K; (b) 0,006 K.

6-65 (a) 0,17 K; (b) 1,2 K; (c) 4 K.

6-66 (a) 1,16 K; (b) 1,7 K; (c) 3,8 K.

6-67 $182\,\text{g mol}^{-1}$.

6-68 $175\,\text{g mol}^{-1}$.

6-69 bei etwa $- 2\,^\circ\text{C}$.

6-70 2,5 g Naphthalin.

6-71 (a) $2{,}4 \cdot 10^2\,\text{kPa}$; (b) 49 kPa.

6-72 (a) $3{,}6 \cdot 10^2\,\text{kPa}$; (b) 7 kPa.

6-73 (a) $2 \cdot 10^{-2}\,\text{kPa}$; (b) $1{,}6 \cdot 10^3\,\text{kPa}$; (c) $4{,}9 \cdot 10^3\,\text{kPa}$.

6-74 (a) $1{,}52 \cdot 10^3\,\text{kPa}$; (b) $7{,}3 \cdot 10^2\,\text{kPa}$; (c) $1{,}8 \cdot 10^3\,\text{kPa}$.

6-75 (a) 12 m; (b) 0,50 m.

6-76 (a) 0,75 m; (b) 1,5 m.

6-77 2 mm.

6-78 155 m.

6-79 40 mm.

6-80 9,14 mm.

6-81 46 mm.

6-82 15 mm.

6-83 $3{,}4 \cdot 10^3\,\text{g mol}^{-1}$.

6-84 $4{,}8 \cdot 10^3\,\text{g mol}^{-1}$.

Kapitel 7

7-1 (a) $1{,}0\,\text{mmol dm}^{-3}\,\text{s}^{-1}$; (b) $5{,}2 \cdot 10^3\,\text{mmol dm}^{-1}\,\text{s}^{-1}$;
(c) $5{,}4\,\text{mol dm}^{-3}\,\text{s}^{-1}$; (d) $0{,}28\,\text{mol dm}^{-3}\,\text{s}^{-1}$.

7-2 (a) $3{,}25\,\text{mmol dm}^{-3}\,\text{s}^{-1}$; (b) $4{,}05\,\text{mmol dm}^{-3}\,\text{s}^{-1}$;
(c) $3{,}2\,\text{mol dm}^{-3}\,\text{min}^{-1}$; (d) $1{,}3\,\text{mol dm}^{-3}\,\text{min}^{-1}$.

7-3 (a) $[\text{mol dm}^{-3}\,\text{s}^{-1}]$; (b) $[\text{dm}^3\,\text{mol}^{-1}\,\text{s}^{-1}]$;
(c) $[\text{dm}^6\,\text{mol}^{-2}\,\text{s}^{-1}]$.

7-4 (a) $[\text{mbar s}^{-1}]$; (b) $[\text{mbar}^{-1}\,\text{s}^{-1}]$; (c) $[\text{mbar}^{-2}\,\text{s}^{-1}]$;
(d) $1{,}9 \cdot 10^5\,\text{dm}^3\,\text{mol}^{-1}\,\text{s}^{-1}$.

7-5

Zeit [s]	Geschwindigkeit [M s^{-1}]
0	$7{,}3 \cdot 10^{-8}$
4000	$6{,}4 \cdot 10^{-8}$
8000	$5{,}6 \cdot 10^{-8}$
12000	$4{,}9 \cdot 10^{-8}$
16000	$4{,}3 \cdot 10^{-8}$

7-6	Zeit [s]	Geschwindigkeit [M s^{-1}]
	0	$3{,}4 \cdot 10^{-7}$
	4000	$2{,}0 \cdot 10^{-7}$
	8000	$1{,}2 \cdot 10^{-7}$
	12000	$4{,}6 \cdot 10^{-8}$
	16000	$4{,}0 \cdot 10^{-8}$

7-7	Zeit [s]	Geschwindigkeit [M s^{-1}]
	0	$1{,}3 \cdot 10^{-5}$
	1000	$7{,}6 \cdot 10^{-6}$
	2000	$1{,}0 \cdot 10^{-6}$
	3000	$5{,}9 \cdot 10^{-7}$
	4000	$3{,}4 \cdot 10^{-7}$
	5000	$2{,}2 \cdot 10^{-7}$

7-8	Zeit [s]	Geschwindigkeit [mM s^{-1}]
	0	$7{,}5 \cdot 10^{-5}$
	2000	$5{,}8 \cdot 10^{-5}$
	4000	$5{,}2 \cdot 10^{-5}$
	6000	$4{,}7 \cdot 10^{-5}$
	8000	$4{,}3 \cdot 10^{-5}$

7-9 Geschwindigkeit $= k \cdot [\text{OH}^-] \cdot [\text{CH}_3\text{Br}]$.

7-10 Geschwindigkeit $= k \cdot [\text{NO}]^2 \cdot [\text{O}_2]$.

7-11 Geschwindigkeit $= k \cdot [\text{ICl}] \cdot [\text{H}_2]$.

7-12 Geschwindigkeit $= k \cdot [\text{NO}_2] \cdot [\text{O}_3]$.

7-13 Geschwindigkeit $= k \cdot [\text{A}] \cdot [\text{B}]^2 \cdot [\text{C}]$.

7-14 Geschwindigkeit $= k \cdot [\text{A}]^2 \cdot [\text{C}]^{1/2} \cdot [\text{B}]$.

7-15 Geschwindigkeit$_\text{A} = 3{,}1 \cdot 10^{-5}$ M s^{-1}.

7-16 Geschwindigkeit$_\text{A} = 7{,}3 \cdot 10^{-6}$ M s^{-1}.

7-17 (a) 2; (b) keine Änderung.

7-18 (a) 4; (b) keine Änderung.

7-20 (a) Erster Ordnung bezüglich $[\text{S}_2\text{O}_8^{2-}]$ und $[\text{I}^-]$; insgesamt zweiter Ordnung; k: $[\text{M}^{-1} \cdot \text{s}^{-1}]$; (b) Ordnung $\frac{3}{2}$ bezüglich $[\text{CH}_3\text{CHO}]$ und insgesamt; k: $[\text{M}^{-1/2} \cdot \text{s}^{-1}]$; (c) Ordnung $\frac{1}{2}$ bezüglich $[\text{D}_2]$; eine Gesamtordnung kann nicht angegeben werden; k: $[\text{M}^{-1/2} \cdot \text{s}^{-1}]$, k': $[\text{M}^{-1} \text{s}^{-1}]$; (d) nullter Ordnung bezüglich $[\text{NH}_3]$; $[\text{M s}^{-1}]$.

7-21 (a) Geschwindigkeit $= k \cdot [\text{A}] \cdot [\text{B}]$; (b) Geschwindigkeit $= k \cdot [\text{A}] \cdot [\text{C}]^{-1/2}$.

7-22 (a) Geschwindigkeit $= k \cdot [\text{A}]^2 \cdot [\text{B}]$, k: $[\text{M}^{-2} \cdot \text{s}^{-1}]$; (b) Geschwindigkeit $= k \cdot \left(\dfrac{[\text{A}] \cdot [\text{B}]^{1/2}}{[\text{D}]^{3/2}} \right)$.

7-23 (a) 400 s; (b) 800 s.

7-24 (a) 3 min; (b) 5 min.

7-25 (a) 700 s; (b) 3100 s.

7-26 1200 Jahre.

7-27 $t_n = n \cdot t_{1/2}$.

7-28 (a) $t_{1/2} = \dfrac{\ln 2}{k} = \dfrac{0{,}69}{0{,}15 \text{ s}^{-1}} = 4{,}6$ s; (b) 2,5 g.

7-29 (a) $6{,}93 \cdot 10^{-4}$ s^{-1}; (b) $1{,}39 \cdot 10^{-2}$ s^{-1}; (c) $8{,}17 \cdot 10^{-3}$ s^{-1}.

7-30 (a) $5{,}5 \cdot 10^{-3}$ s^{-1}; (b) $1{,}4 \cdot 10^{-3}$ s^{-1}; (c) $7{,}7 \cdot 10^{-4}$ s^{-1}.

7-31 (a) 4,00 M s; (b) 7,5 M s; (c) 0,0967 M s.

7-32 (a) 0,83 mM^{-1} min^{-1}; (b) 0,15 mM^{-1} h^{-1}; (c) $1{,}2 \cdot 10^{-2}$ mM^{-1} h^{-1}.

7-33 172 s.

7-34 323 s.

7-35 75 s.

7-36 350 min.

7-37 (a) $1{,}4 \cdot 10^2$ s; (b) 82 s.

7-38 (a) $2{,}5 \cdot 10^3$ s; (b) $2{,}5 \cdot 10^3$ s.

7-39 $3{,}4 \cdot 10^{-5}$ s^{-1}.

7-40 $1{,}3 \cdot 10^{-4}$ s^{-1}.

7-41 $4{,}4 \cdot 10^{-4}$ s^{-1}.

7-42 $6{,}7 \cdot 10^{-4}$ s^{-1}.

7-43 $1{,}2 \cdot 10^{-4}$ M^{-1} s^{-1}.

7-44 $6{,}8 \cdot 10^{-6}$ mM^{-1} s^{-1}.

7-45 $1{,}3 \cdot 10^{-3}$ M^{-1} s^{-1}.

7-46 $2{,}5 \cdot 10^{-3}$ mM^{-1} s^{-1}.

7-47 Zweiter Ordnung, $k = 1{,}2 \cdot 10^{-2}$ M^{-1} s^{-1}.

7-48 Erster Ordnung, $k = 5{,}6 \cdot 10^{-3}$ min^{-1}.

7-49 Zweiter Ordnung, $k = 0{,}14$ M^{-1} s^{-1}.

7-50 Zweiter Ordnung, $k = 1{,}3 \cdot 10^{-4}$ mM^{-1} s^{-1}.

7-51 (a) Geschwindigkeit $= k [\text{NO}]^2$, bimolekular; (b) Geschwindigkeit $= k [\text{Cl}_2]$, unimolekular; (c) Geschwindigkeit $= k [\text{NO}_2]^2$, bimolekular.

7-52 (a) Geschwindigkeit $= k [\text{CH}_3\text{Br}] [\text{OH}^-]$, bimolekular; (b) Geschwindigkeit $= k [\text{C}_2\text{N}_2]$, unimolekular; (c) Geschwindigkeit $= k [\text{Ar}] [\text{O}]^2$, termolekular; (d) die Ar-Atome sind beim Stoß nötig, um die bei der Vereinigung der beiden O-Atome freiwerdende Energie abzuführen.

7-53 $\text{H}_2(\text{g}) + 2\,\text{ICl}(\text{g}) \rightarrow 2\,\text{HCl}(\text{g}) + \text{I}_2(\text{g})$. Zwischenprodukt ist HI.

7-54 $\text{H}_2(\text{g}) + \text{Br}_2(\text{g}) \rightarrow 2\,\text{HBr}(\text{g})$. Zwischenprodukte sind H(g) und Br(g). Kettenstart ist Schritt 1, 2 und 3 sind Kettenfortpflanzung, 3 ist Kettenabbruch. H und Br sind Radikale.

7-55 $2\,\text{Cl}_2(\text{g}) + 2\,\text{CO}(\text{g}) \rightarrow 2\,\text{COCl}_2(\text{g})$. COCl und Cl sind radikalische Zwischenprodukte. Reaktion 1 ist Kettenstart, 2 und 3 sind Kettenfortpflanzung.

7-56 $2\,\text{N}_2\text{O}_5(\text{g}) \rightarrow 4\,\text{NO}_2(\text{g}) + \text{O}_2(\text{g})$. NO$_3$ und NO sind radikalische Zwischenprodukte.

7-57 Geschwindigkeit der Gesamtreaktion $= k [\text{NO}] [\text{Br}_2]$.

7-58 Aus Geschwindigkeit $= k$ [CHCl$_3$] [Cl] und $K = \dfrac{[\text{Cl}]^2}{[\text{Cl}_2]}$ folgt für die Gesamtreaktion
Geschwindigkeit $= k$ [CHCl$_3$] [Cl$_2$]$^{1/2}$.

7-59 Aus Geschwindigkeit $= k$ [I$^-$] [H$_2$O],
$K_1 = \dfrac{[\text{HOCl}]\,[\text{OH}^-]}{[\text{OCl}^-]\,[\text{H}_2\text{O}]}$ und $K_2 = \dfrac{[\text{H}^+]\,[\text{OH}^-]}{\text{H}_2\text{O}}$ folgt für die Gesamtreaktion
Geschwindigkeit $= k$ [I$^-$] [OCl$^-$] [H$^+$].

7-60 Aus Geschwindigkeit $= k$ [COCl] [Cl$_2$], $K_1 = \dfrac{[\text{Cl}]^2}{[\text{Cl}_2]}$ und $K_2 = \dfrac{[\text{COCl}]}{[\text{Cl}]\,[\text{CO}]}$ folgt für die Gesamtreaktion
Geschwindigkeit $= k$ [CO] [Cl$_2$]$^{3/2}$.

7-61 *Schritt 1.* Br$_2$(g) $\leftrightarrows$ Br$^{\bullet}$(g) (schnell, reversibel),
Schritt 2. H$_2$(g) + Br$^{\bullet}$(g) $\rightarrow$ HBr(g) + H$^{\bullet}$(g) (langsam),
Schritt 3. H$^{\bullet}$(g) + Br$_2$(g) $\rightarrow$ HBr(g) + Br$^{\bullet}$(g) (schnell),
Schritt 4. H$^{\bullet}$(g) + Br$^{\bullet}$(g) $\rightarrow$ HBr(g) (schnell).

7-62 I$_2 \rightleftharpoons$ 2 I (schnelles Gleichgewicht): $K = \dfrac{[\text{I}]^2}{[\text{I}_2]}$,
cis-CH$_3$—CH=CH—CH$_3$+I $\rightarrow$ CH$_3$—CHI—C$^{\bullet}$H—CH$_3$
(langsam), Geschwindigkeit $= k$ [*cis*-Buten] [I],
CH$_3$—CHI—C$^{\bullet}$H—CH$_3$+I
$\rightarrow$ *trans*-CH$_3$—CH=CH—CH$_3$+I$_2$ (schnell),
Geschwindigkeit $= k$ [*cis*-Buten] [I] $= k \cdot K^{1/2}$ [I$_2$]$^{1/2}$ [*cis*-Buten]
$= k'$ [I$_2$]$^{1/2}$ [*cis*-Buten].

7-63 (a) $8,4 \cdot 10^{-4}$ s^{-1}; (b) $2,6 \cdot 10^9$ M^{-1} s^{-1}.

7-64 (a) $4,6 \cdot 10^{-2}$ s^{-1}; (b) $2,7 \cdot 10^{10}$ M^{-1} s^{-1}.

7-65 $2,4 \cdot 10^2$ kJ mol^{-1}.

7-66 $1,8 \cdot 10^2$ kJ mol^{-1}.

7-67 $2,7 \cdot 10^2$ kJ mol^{-1}.

7-68 $2,1 \cdot 10^2$ kJ mol^{-1}.

7-69 92 kJ mol^{-1}.

7-70 1,4 mM^{-1} s^{-1}.

7-71 $7,6 \cdot 10^{10}$.

7-72 $k = A \cdot e^{-\frac{E_a}{RT}}$,
$k_{\text{Kat}} = A \cdot e^{-\frac{162 \text{ kJ mol}^{-1}\,\text{K}^{-1}}{973 \cdot R}}$,
$k_{\text{ohne Kat}} = A \cdot e^{-\frac{350 \text{ kJ mol}^{-1}\,\text{K}^{-1}}{973 \cdot R}}$,
$\dfrac{k_{\text{Kat}}}{k_{\text{ohne Kat}}} = e^{+\frac{188 \text{ kJ mol}^{-1}\,\text{K}^{-1}}{973 \cdot R}} = 1,24 \cdot 10^{10}$.

7-73 (a) $t_{1/2} = \dfrac{a}{[\text{A}]_0^{-2}}$; (b) $\dfrac{4\,a}{[\text{A}]_0^{-2}}$; (c) $\dfrac{24\,a}{[\text{A}]_0^{-2}}$.

7-74 Ja; wenn wie in Aufgabe 7-58 der geschwindigkeitsbestimmende Schritt eine ausreichend kleine E_a hat und wenn das vorgelagerte Gleichgewicht exotherm ist, kann dieses Gleichgewicht so weit nach links verschoben sein, daß für die Gesamtreaktion scheinbar eine negative E_a resultiert; das heißt, die Geschwindigkeit der Gesamtreaktion wird bei höherer Temperatur kleiner.

7-75 300 kJ mol^{-1}.

7-76 a) Temperaturerhöhung verringert den Produktanteil.
b) Temperaturerniedrigung begünstigt die Produktbildung.
c) Bei der exothermen Reaktion hat die Hinreaktion die kleinere Aktivierungsenergie, damit überwiegt bei einer Temperaturänderung der Einfluß der Konstanten der Rückreaktion.

7-77

$$2\,\text{N}_2\text{O}_5 \rightarrow 4\,\text{NO}_2 + \text{O}_2$$

	$2\,\text{N}_2\text{O}_5$	$4\,\text{NO}_2$	O_2
Anfangsdruck:	P_0	0	0
Änderung:	$-2x$	$+4x$	$+x$
Druck zur Zeit t:	(P_0-2x)	$(4x)$	x

Der Gesamtdruck zum Zeitpunkt t ist dann $P_0 + 3x$. Damit können x und $P_{\text{N}_2\text{O}_5}$ berechnet werden:

t [s]	0	300	600	900	1200	1800	∞
$P_{\text{N}_2\text{O}_5}$ [bar]	0,278	0,186	0,118	0,0758	0,0484	0,0196	0
[N$_2$O$_5$]	0,0103	0,00689	0,00437	0,00281	0,00179	0,000726	0

Diese Daten erfüllen ein Geschwindigkeitsgesetz erster Ordnung mit $k = 1,43 \cdot 10^{-3}$ s^{-1}:
Geschwindigkeit $= k \cdot$ [N$_2$O$_5$] $= 1,43 \cdot 10^{-3}$ s^{-1}.

t [s]	Geschwindigkeit [M s^{-1}]
0	$1,47 \cdot 10^{-5}$
300	$9,85 \cdot 10^{-6}$
600	$6,25 \cdot 10^{-6}$
900	$4,02 \cdot 10^{-6}$
1200	$2,56 \cdot 10^{-6}$
1800	$1,04 \cdot 10^{-6}$
∞	0

Kapitel 8

8-1 (a) $K_c = \dfrac{[\text{COCl}] \cdot [\text{Cl}]}{[\text{Cl}_2] \cdot [\text{CO}_2]}$, dimensionslos;

(b) $K_c = \dfrac{[\text{SO}_3]^2}{[\text{SO}_2]^2 \cdot [\text{O}_2]}$, Einheit: dm^3 mol^{-1};

(c) $K_c = \dfrac{[\text{HBr}]^2}{[\text{H}_2] \cdot [\text{Br}_2]}$, dimensionslos;

(d) $K_c = \dfrac{[\text{O}_2]^3}{[\text{O}_3]^2}$, Einheit: dm^{-3} mol.

8-2 (a) $K_c = \dfrac{[\text{NO}_2]^2}{[\text{NO}]^2 \cdot [\text{O}_2]}$, Einheit: dm^3 mol^{-1};

(b) $K_c = \dfrac{[\text{SbCl}_3] \cdot [\text{Cl}_2]}{[\text{SbCl}_5]}$, Einheit: dm^{-3} mol;

(c) $K_c = \dfrac{[(\text{CH}_3\text{COOH})_2]}{[\text{CH}_3\text{COOH}]^2}$, Einheit: dm^3 mol^{-1};

(d) $K_c = \dfrac{[\text{N}_2\text{H}_4]}{[\text{N}_2] \cdot [\text{H}_2]^2}$, Einheit: dm^6 mol^{-2}.

8-3 (a) 0,024 bar^2; (b) $1,7 \cdot 10^3$ bar^{-4}; (c) 6,4 bar^{-1}.

8-4 (a) $K_p = 1,6 \cdot 10^5$ bar$^{1/2}$; (b) $K_p = 6,3 \cdot 10^{-6}$ bar$^{1/2}$;
(c) $K_p = 4,0 \cdot 10^{15}$ bar$^{3/2}$.

8-5 48,8, 48,9, 48,9.

8-6 3,9, 4,0, 3,9.

8-7 $5,84 \cdot 10^{-3}$ M.

8-8 $3,39 \text{ bar}^{-1}$, $3,54 \text{ bar}^{-1}$, $3,42 \text{ bar}^{-1}$.

8-9 $0,0955 \text{ bar}^2$, $0,0939 \text{ bar}^2$, $0,0938 \text{ bar}^2$ (Mittelwert $0,0944 \text{ bar}^2$).

8-10 10,6 mM, 11,4 mM, 11,2 mM.

8-11 $K_c = 6,6 \cdot 10^{-3}$.

8-12 Das Volumen V des Behälters ist nicht angegeben, $\rightarrow K_c = 5,5 \cdot 10^{-4} \cdot V^{-1}$.

8-13 $K_p = 2,3 \cdot 10^{-4} \text{ bar}^3$.

8-14 $K_c = K_p = 0,62$.

8-15 (a) $K_c = 0,024$ M; (b) $K_c = 2,5 \cdot 10^{-3}$ M.

8-16 (a) $K_c = 2,8 \cdot 10^2 \text{ M}^{-1}$; (b) $K_c = 1,6 \cdot 10^{-4} \text{ cm}^{-6} \text{ mol}^2$.

8-17 (a) Heterogen; (b) homogen; (c) homogen; (d) heterogen.

8-18 (a) Heterogen; (b) homogen; (c) homogen; (d) homogen.

8-19 (a) $K_c = [CO_2]$; (b) $K_c = \dfrac{[Br_2] \cdot [Cl^-]^2}{[Cl_2] \cdot [Br^-]^2}$; (c) $K_c = [Cl_2]^{-1}$;

(d) $K_c = [N_2O] \cdot [H_2O]^2$.

8-20 (a) $K_c = [NH_3] \cdot [HCl]$; (b) $K_c = [O_2]$; (c) $K_c [Ag^+] \cdot [Cl^-]$;

(d) $K_c = \dfrac{[Al(OH)_4^-]^2 \cdot [H_2]^3}{[OH^-]^2}$.

8-21 (a) 51 M; (b) 141 M; (c) 17,1 M; (d) 79,62 M.

8-22 (a) 55,48 M; (b) 24,8 M; (c) 141 M; (d) 35 M.

8-23 $K_p = \dfrac{1}{4} P_{gesamt}^2$.

8-24 $K_p = \dfrac{2}{9} P_{gesamt}^2$.

8-25 (a) $Q_c = 0,50$, die Produkte sind begünstigt; (b) $Q_c = 1$, die Produkte sind begünstigt.

8-26 $Q_c = 1,3$; wegen $Q_c < K_c$ sind die Produkte begünstigt.

8-27 Ja.

8-28 $Q_c = 1,07 \cdot 10^{-2} \text{ dm}^6 \text{ mol}^{-2}$,

$K_c = \dfrac{K_p}{(RT)^{\Delta n}} = 2,1 \cdot 10^{-5} \text{ dm}^6 \text{ mol}^{-2}$,

wegen $Q_c > K_c$ sind die Ausgangssubstanzen begünstigt, also Antwort Nein.

8-29 $[H_2] = 7,3 \cdot 10^{-5}$ M.

8-30 $[H_2] = 2,2 \cdot 10^{-19}$ mM.

8-31 $P_{PCl_3} = 19$ bar.

8-32 $P_{Cl_2} = 2,6 \cdot 10^{-4}$ bar.

8-33 $[H^+] = [OH^-] = 1 \cdot 10^{-7}$ M.

8-34 $[Ag^+] = 2,5 \cdot 10^{-17}$ M, $[S^{2-}] = 5,0 \cdot 10^{-17}$ M.

8-35 (a) $1,9 \cdot 10^{-3} \text{ g dm}^{-3}$; (b) $2,6 \cdot 10^{-7} \text{ g dm}^{-3}$.

8-36 (a) $0,28 \text{ g dm}^{-3}$; (b) $4,61 \cdot 10^{-5} \text{ g dm}^{-3}$.

8-37 $[A] = \dfrac{[A]_0}{1 - K_c}$.

8-38 $[A] = \dfrac{([A]_0 - [A])^2}{K_c}$, diese Gleichung ist noch nach $[A]$ aufzulösen.

8-39 (a) $[Cl_2] = 1 \cdot 10^{-3}$ M, $[Cl] = 1,1 \cdot 10^{-5}$ M; (b) $[Cl_2] = 9 \cdot 10^{-4}$ M, $[Cl] = 1,3 \cdot 10^{-4}$ M.

8-40 (a) $[F] = 3,8 \cdot 10^{-8}$ mM, $[F_2] = 2,0 \cdot 10^{-3}$ mM; (b) $[F] = 4,6 \cdot 10^{-4}$ M, $[F_2] = 1,8 \cdot 10^{-3}$ M.

8-41 $[HBr] = 0,0012$ M, $[H_2] = [Br_2] = 1,1 \cdot 10^{-8}$ M.

8-42 $[Br_2] = [Cl_2] = 0,64$ mM, $[BrCl] = 0,12$ mM.

8-43 $[PCl_5] = 8,2 \cdot 10^{-3}$ M, $[PCl_3] = [Cl_2] = 0,011$ M.

8-44 $[PCl_5] = 2 \cdot 10^{-3}$ M, $[PCl_3] = [Cl_2] = 3 \cdot 10^{-2}$ M.

8-45 $K_{p3} = 2,8$.

8-46 $(1 - K_c) \cdot x^2 + (A + B) \cdot K_c \cdot x - K_c \cdot (AB) = 0$; $x = 0,42$ mol.

8-47 (a) Keine Verschiebung; (b) zu den Ausgangssubstanzen; (c) zu den Ausgangssubstanzen; (d) zu den Produkten.

8-48 (a) Zu den Ausgangssubstanzen; (b) zu den Produkten; (c) zu den Produkten; (d) zu den Ausgangssubstanzen.

8-49 Quarz.

8-50 Roter Phosphor.

8-51 (a) 0,95; (b) 0,91.

8-52 $K_p = \dfrac{4 \alpha^2 P_{gesamt}}{1 - \alpha^2}$, (a) $\alpha = 5,9 \cdot 10^{-3}$; (b) $\alpha = 4,2 \cdot 10^{-3}$.

8-53 $K_p = \dfrac{(4 - 2\alpha)^2 \cdot (2\alpha)^2}{P^2 \cdot (1 - \alpha) \cdot (3 - 3\alpha)^3}$.

8-54 (a) Endotherme Reaktion, also sind die Produkte begünstigt; (b) endotherme Reaktion, also sind die Produkte begünstigt; (c) exotherme Reaktion, also sind die Ausgangssubstanzen begünstigt; (d) endotherme Reaktion, also sind die Produkte begünstigt.

8-55 (a) Endotherme Reaktion, also sind die Produkte begünstigt; (b) endotherme Reaktion, also sind die Produkte begünstigt; (c) exotherme Reaktion, also sind die Ausgangssubstanzen begünstigt; (d) exotherme Reaktion, also sind die Ausgangssubstanzen begünstigt.

8-56 Nein, die Ammoniak-Ausbeute wird kleiner.

8-57 Ja, denn K_p ist größer.

8-58 $4,2 \cdot 10^{-5}$ M.

8-59 $\Delta H^\circ = +180 \text{ kJ mol}^{-1}$.

8-60 $44,2 \text{ kJ mol}^{-1}$, 305 K.

9-1 (a) 3,572; (b) 4,757; (c) 0,52; (d) 4,190.

9-2 (a) 9,307; (b) 11,37; (c) 9,89; (d) 6,0.

9-3 (a) $7,6 \cdot 10^{-3}$; (b) 0,010; (c) 0,012; (d) $3,5 \cdot 10^{-3}$.

9-4 (a) Kohlensäure, H_2CO_3: $K_L = 4,3 \cdot 10^{-7}$ M;
(b) Germansäure, H_2GeO_3: $K_L = 2,6 \cdot 10^{-9}$ M;
(c) Periodsäure, HIO_4: $K_L = 2,3 \cdot 10^{-2}$ M;
(d) Hypoiodige Säure, HIO: $K_L = 2,3 \cdot 10^{-11}$ M;
(e) Die Säurestärke nimmt zu, wenn die Elektronegativität des Zentralatoms und/oder die Anzahl der nicht an Wasserstoff gebundenen Sauerstoffatome zunimmt.

9-5 (a) 4,747; (b) 4,96; (c) 5,77; (d) 7,971.

9-6 (a) 3,44; (b) 3,27; (c) 4,19; (d) 13,89.

9-7 (a) $4,3 \cdot 10^{-10}$; (b) $7,2 \cdot 10^{-11}$; (c) $1,4 \cdot 10^{-10}$.

9-8 (a) $1,6 \cdot 10^{-11}$; (b) $3,2 \cdot 10^{-11}$; (c) $4,5 \cdot 10^{-10}$.

9-9 (a) $2,3 \cdot 10^{-5}$, 4,63; (b) $1,4 \cdot 10^{-4}$, 3,86; (c) $7,1 \cdot 10^{-5}$, 4,15.

9-10 (a) $6,25 \cdot 10^{-4}$, 3,2; (b) $3,1 \cdot 10^{-4}$, 3,51; (c) $2,2 \cdot 10^{-5}$, 4,66.

9-11 HF < HI < HBr < HCl; die anomale Position von HF beruht auf der Bildung von Wasserstoffbrücken in Wasser. HAt folgt nach HI; d.h. die Säurestärke von HAt ist aufgrund der geringeren Elektronegativität von At geringer als die von HI.

9-12 (a–c) HIO < HBrO < HClO; die Elektronegativität des Zentralatoms nimmt zu in der Reihenfolge I, Br, Cl. (d) Entsprechend ist zu erwarten, daß HAtO eine schwächere Säure als HIO ist.

9-13 (a, b) HNO_2 < HNO_3; die Salpetersäure HNO_3 ist eine stärkere Säure als die salpetrige Säure HNO_2, da HNO_3 ein Sauerstoffatom mehr besitzt und die Stabilität der konjugierten Base dadurch größer ist als in HNO_2.
(c) $4\,NH_3 + 5\,O_2 \rightarrow 4\,NO + 6\,H_2O$
$2\,NO + O_2 \rightarrow 2\,NO_2$
$3\,NO_2 + H_2O \rightarrow 2\,HNO_3 + NO$
$NO + NO_2 \rightarrow N_2O_3$
$N_2O_3 + H_2O \rightarrow 2\,HNO_2$.

9-14 (a, b) H_2CO_3 ist eine stärkere Säure als H_2GeO_3, da C elektronegativer als Ge ist.
(c) $H_2O + CO_2 \rightarrow H_2CO_3$
$Ge^{4+} + 4\,OH^- \rightarrow H_2GeO_3 + H_2O$.
H_2GeO_3 kann durch Zugabe von OH^--Ionen aus Ge^{4+}-Lösungen ausgefällt werden.

9-15 (a) 0,1 M; (b) $1,0 \cdot 10^{-7}$ M; (c) 3,2 M.

9-16 (a) $1,0 \cdot 10^{-6}$ M; (b) $1 \cdot 10^{-6}$ M; (c) $1 \cdot 10^{-14}$ M.

9-17 (a) 4,70; (b) 0,00; (c) 13,30; (d) −0,70.

9-18 (a) 6,82; (b) 2,66; (c) 7; (d) 6,0000.

9-19 (a) 2,0, 12,0; (b) 2,7, 11,3; (c) 12,0, 2,0.

9-20 (a) 2,7, 11,3; (b) 3,7, 10,3; (c) 0,00, 14,00.

9-21 $2,0 \cdot 10^{-13}$ M, 12,70.

9-22 $2,0 \cdot 10^{-13}$ M, 12,70.

9-23 $3,0 \cdot 10^{-14}$ M, 13,52.

9-24 $1,61 \cdot 10^{-12}$ M, 11,793.

9-25 (a) 2,79; (b) 5,14; (c) 0,96.

9-26 (a) 1,90; (b) 4,85; (c) 1,14.

9-27 $1,6 \cdot 10^{-3}$ M, 2,80, 11,20.

9-28 $6,4 \cdot 10^{-3}$ M, 2,19, 11,81.

9-29 2,0.

9-30 3,37.

9-31 $pK_b = 3,12$, $pK_s = 10,88$.

9-32 $pK_b = 6,90$, $pK_s = 7,10$.

9-33 (a) Sauer; (b) basisch; (c) basisch; (d) neutral.

9-34 (a) Basisch; (b) sauer; (c) sauer; (d) neutral.

9-35 (a) 9,02; (b) 5,13; (c) 10,6.

9-36 (a) 5,69; (b) 4,36.

9-37 (a) 9,18; (b) 4,61; (c) 7,00.

9-38 (a) 4,36; (b) 7,00; (c) 6,45.

9-39 (a) 8,40; (b) 9,00.

9-40 (a) 8,9; (b) 9,7.

9-41 2,4.

9-42 7,51.

9-43 (a) 9,55; (b) 8,95.

9-44 (a) 11,04; (b) 10,08.

9-45 (a) $pK_s = pH = 3,86$; (b) 3,55.

9-46 (a) $pK_s = pH = 11,68$; (b) $pH = 11,38$.

9-47 (a) 4,75; (b) 8,95.

9-48 (a) $pK_b = 3,19$; (b) Ethylamin $CH_3CH_2NH_2$ ist eine stärkere Base als NH_3 aufgrund der elektronenliefernden Ethylgruppe; (c) $pH = 11,11$.

9-49 2,21.

9-50 1,82.

9-51 11:1.

9-52 (a) Säure : Base = 3 : 100; (b) pH = 2,97.

9-53 Säure : Base = 2,5 : 1.

9-54 (a) 9,12; (b) Pyridiniumsalz : Pyridin = 1,7 : 1.

9-55 (a) Lackmus; (b) Kresolrot; (c) Kresolrot.

9-56 (a) Alizaringelb; (b) Phenolphthalein.

9-57 (a) Methylrot; (b) Methylrot.

9-58 Thymolblau.

9-59 (a) $pH \approx 3,8 - \log \dfrac{[Säure]}{[Base]}$; (b) $pH \approx 5,4 - \log \dfrac{[Säure]}{[Base]}$;

(c) $pH \approx 7 - \log \dfrac{[Säure]}{[Base]}$; (d) $pH \approx 9,1 - \log \dfrac{[Säure]}{[Base]}$.

9-60 (a) $pH \approx 8,8 - \log \dfrac{[Säure]}{[Base]}$; (b) $pH \approx 3,8 - \log \dfrac{[Säure]}{[Base]}$;

(c) $pH \approx 7,4 - \log \dfrac{[Säure]}{[Base]}$.

9-61 (a) Von 7,0 auf 2,3; $\Delta pH = 4,7$; (b) von 4,71 auf 4,75; $\Delta pH = 0,04$.

9-62 (a) Von 0,82 auf 0,83; $\Delta pH = 0,01$; (b) von 7,39 auf 7,35; $\Delta pH = 0,04$.

9-63 Beim pK_s-Wert von Milchsäure.

9-64 $9,25 \pm 1$.

9-65 (a) Phosphorsäure und Natriumdihydrogenphosphat; (b) Milchsäure und Natriumlactat; (c) hypoiodige Säure und Natriumhypoiodit.

9-66 (a) Ameisensäure und Natriumformiat; (b) Essigsäure und Natriumacetat; (c) Borsäure und Natriumdihydrogenborat.

9-67 (a) 90 cm³ HCl, pH = 8,0; (b) 90 ml NaOH, pH = 10,5.

9-68 pH = 7,78.

9-69 (a) $K_L = [Ag^+] \cdot [Br^-]$; (b) $K_L = [Ca^{2+}] \cdot [OH^-]^2$; (c) $K_L = [Ag^+]^2 \cdot [S^{2-}]$; (d) $K_L = [Ag^+]^2 \cdot [CrO_4^{2-}]$.

9-70 (a) $K_L = [Ag^+] \cdot [I^-]$; (b) $K_L = [Sb^{3+}]^2 \cdot [S^{2-}]^3$; (c) $K_L = [Mg^{2+}] \cdot [NH_4^+] \cdot [PO_4^{3-}]$; (d) $K_L = [Ag^+] \cdot [SCN^-]$.

9-71 (a) $7,7 \cdot 10^{-13}$ M², 12,11; (b) $1,7 \cdot 10^{-14}$ M², 13,77; (c) $5,3 \cdot 10^{-3}$ M³, 2,28; (d) $2,5 \cdot 10^{-13}$ M³, 12,60.

9-72 (a) $8,3 \cdot 10^{-17}$ M², 16,08; (b) $5,3 \cdot 10^{-6}$ M³, 5,28; (c) $1,4 \cdot 10^{-21}$ M⁴, 20,85; (d) $5,6 \cdot 10^{-19}$ M³, 18,25.

9-73 (a) $1,2 \cdot 10^{-17}$ M; (b) $9,2 \cdot 10^{-23}$ M; (c) $9,3 \cdot 10^{-5}$ M; (d) $1,6 \cdot 10^{-2}$ M.

9-74 (a) $1,3 \cdot 10^{-4}$ M; (b) $1,6 \cdot 10^{-5}$ M; (c) $1,3 \cdot 10^{-4}$ M; (c) $5,7 \cdot 10^{-4}$ M.

9-75 (a) Nein, $5 \cdot 10^{-13}$ ist kleiner als $K_L = 4,0 \cdot 10^{-11}$; (b) $L(Ca_5(PO_4)_3OH) = 3 \cdot 10^{-5}$ M, $L(Ca_5(PO_4)_3F) = 6 \cdot 10^{-8}$ M.

9-76 $pH \geq 12,16$.

9-77 (a) $8 \cdot 10^{-10}$ M; (b) $1,3 \cdot 10^{-16}$ M; (c) $4,0 \cdot 10^{-4}$ M.

9-78 (a) $7,7 \cdot 10^{-10}$ M; (b) $2,7 \cdot 10^{-2}$ M; (c) $1,6 \cdot 10^{-6}$ M.

9-79 (a) $L = 10^{(42 - 3pH - pK_L)}$; (1) bei pH = 7, $L = 10^{-12}$ M; (2) bei pH = 4,5, $L = 3 \cdot 10^{-5}$ M; (b) $L = 10^{(28 - 2pH - pK_L)}$; (1) bei pH = 7, $L = 2,0 \cdot 10^{-3}$ M; (2) bei pH = 6, L = 0,20 M.

9-80 (a) $L = 10^{(42 - 3pH - pK_L)}$; (1) bei pH = 7, $L = 2 \cdot 10^{-18}$ M; (2) bei pH = 3, $L = 2 \cdot 10^{-6}$ M; (3) bei pH = 11, $L = 2 \cdot 10^{-30}$ M; (b) $L = 10^{(28 - 2pH - pK_L)}$; (1) bei pH = 7, $L = 1,6 \cdot 10^{-1}$ M; (2) bei pH = 6, L = 160 M; (3) bei pH = 8, L = 0,016 M.

9-81 (a) (1) bei pH = 1, $L = 1,7 \cdot 10^{-4}$ M; (2) bei pH = 9, $L = 1,7 \cdot 10^{-20}$ M; (b) (1) bei pH = 1, $L = 4,7 \cdot 10^{-17}$ M; (2) bei pH = 9, $L = 4,7 \cdot 10^{-41}$ M.

9-82 (a) (1) bei pH = 1, $L = 1,5 \cdot 10^5$ M; (2) bei pH = 9, $L = 1,5 \cdot 10^{-1}$ M; (b) (1) bei pH = 1,0, $L = 3,5 \cdot 10^{-19}$ M; (2) bei pH = 9, $L = 3,5 \cdot 10^{-43}$ M.

9-83 (a) pH = 7, $L = 2,1 \cdot 10^{-4}$ M; (b) pH = 5, $L = 3,6 \cdot 10^{-4}$ M.

9-84 (a) pH = 7, $L = 7,5 \cdot 10^{-3}$ M; (b) pH = 4, $L = 8,8 \cdot 10^{-3}$ M.

9-85 (a) Nein, denn der Wert des Ionenprodukts ($1,4 \cdot 10^{-6}$) ist kleiner als der des Löslichkeitsprodukts ($1,4 \cdot 10^{-4}$); (b) ja, $6,8 \cdot 10^{-14}$ ist größer als $1,0 \cdot 10^{-33}$; (c) ja, $9,6 \cdot 10^{-7}$ ist größer als $1,6 \cdot 10^{-10}$; (d) ja, $3,7 \cdot 10^{-5}$ ist gerade etwas größer als $2,4 \cdot 10^{-5}$.

9-86 (a) Ja, denn der Wert des Ionenprodukts ($4 \cdot 10^{-5}$) ist größer als der des Löslichkeitsprodukts $8,7 \cdot 10^{-9}$; (b) ja, denn $7,5 \cdot 10^{-5}$ ist größer als $9,0 \cdot 10^{-12}$; (c) ja, denn $8 \cdot 10^{-13}$ ist größer als $2,0 \cdot 10^{-39}$; (d) es wird ein schwacher Niederschlag auftreten, denn $1,5 \cdot 10^{-20}$ ist nur wenig größer als $1,3 \cdot 10^{-20}$.

9-87 CuS.

9-88 Bi_2S_3.

9-89 Cu, Mn, Ca, Ba.

9-90 MOH.

9-91 Ja, denn die Konzentration von Hg^{2+} beträgt etwa 10^{-25} M, bevor PbI_2 auszufallen beginnt.

9-92 Nein. Ag_2SO_4 beginnt auszufallen, wenn $[SO_4^{2-}] \approx 0,016$ M. Dann ist $[Ca^{2+}] = 1,5 \cdot 10^{-3}$ M. Diese Ca^{2+}-Konzentration ist größer als die Menge $(0,0001) \cdot (0,050) = 5 \cdot 10^{-6}$, die vorhanden sein sollte, wenn Ag_2SO_4 auszufallen beginnt.

Kapitel 10

10-1 (a) Die Wärmeenergie des Systems wird in die Umgebung verteilt; damit wird die Unordnung größer. (b) Die kinetische Energie der Kugel wird in Wärmeenergie umgewandelt und in die Umgebung verteilt. (c) Die Mischung hat eine größere Unordnung.

10-2 (a) Die Verdampfung ist ein Übergang in einen weniger geordneten Zustand. (b) Die kinetische Energie des Autos wird in Wärmeenergie umgewandelt und in die Umgebung verteilt. (c) Die Energie der Feder wird in Wärmeenergie umgewandelt und in die Umgebung verteilt.

10-3 (a) Der Prozeß geht vom Gleichgewicht weg. (b) Der Prozeß geht vom Gleichgewicht weg.

10-4 (a) Der Prozeß geht vom Gleichgewicht weg. (b) Das System ist im Gleichgewicht. Nur eine Energiezufuhr kann das Gleichgewicht stören.

10-5 (a) $S = k \cdot \ln W = 0$; (b) $9,56 \cdot 10^{-23}$ J K⁻¹.

10-6 (a) 0; (b) $2{,}16 \cdot 10^{-19}$ J K^{-1}.

10-7 5,18 J K^{-1}.

10-8 6,9 J K^{-1}.

10-9 Ein Wert von 5,76 J K^{-1} mol^{-1} wäre der Maximalwert für die Dimeren, wenn die Moleküle im Festkörper zwei Orientierungsmöglichkeiten haben und vollständig ungeordnet sind.

10-10 (a) Für vollständige Unordnung gilt $S = k \cdot \ln(4^N) = 11{,}5$ J K^{-1} mol^{-1}; (b) für sechs mögliche Orientierungen folgt $S = k \cdot \ln 6 = 15$ J K^{-1} mol^{-1}.

10-11 (a) $-22{,}0$ J K^{-1}; (b) $+45{,}3$ J K^{-1}.

10-12 (a) 109 J K^{-1} mol^{-1}; (b) 30,5 J K^{-1} mol^{-1}.

10-13 (a) $-326{,}7$ J K^{-1} mol^{-1}; (b) $-253{,}0$ J K^{-1} mol^{-1}; (c) $-175{,}8$ J K^{-1} mol^{-1}; (d) $-109{,}58$ J K^{-1} mol^{-1}.

10-14 (a) $-173{,}7$ J K^{-1} mol^{-1}; (b) $-80{,}7$ J K^{-1} mol^{-1}; (c) 160,6 J K^{-1} mol^{-1}; (d) 8,3 J K^{-1} mol^{-1}.

10-15 (a) $+125{,}8$ J K^{-1}; (b) $+498{,}92$ J K^{-1} (rhombischer Schwefel); (c) $-395{,}4$ J K^{-1}; (d) $+366{,}9$ J K^{-1}.

10-16 (a) 74,3 J K^{-1} mol^{-1}; (b) $-424{,}3$ J K^{-1} mol^{-1}; (c) 180,4 J K^{-1} mol^{-1}; (d) $-36{,}8$ J K^{-1} mol^{-1}.

10-17 (a) 336 J K^{-1}; (b) 100 J K^{-1}; (c) $1 \cdot 10^6$ J K^{-1}.

10-18 (a) 0,003 J K^{-1}; (b) 323 J K^{-1}; (c) $3{,}4 \cdot 10^3$ J K^{-1}.

10-19 (a) 0,341 J K^{-1} s^{-1}; (b) $2{,}95 \cdot 10^4$ J K^{-1} d^{-1}.

10-20 (a) 7 J K^{-1} s^{-1}; (b) $6 \cdot 10^5$ J K^{-1}; (c) größer.

10-21 (a) 0,033 J K^{-1}; (b) 1 J K^{-1}; (c) 0,02 J K^{-1}.

10-22 (a) 3,7 J K^{-1}; (b) 3,4 J K^{-1}; (c) 2,7 J K^{-1}.

10-23

	Substanz	Umgebung	Gesamtsystem
(a)	$+74$ J K^{-1}	-74 J K^{-1}	0
(b)	$+73$ J K^{-1}	-73 J K^{-1}	0
(c)	$+124$ J K^{-1}	-124 J K^{-1}	0
(d)	$+87$ J K^{-1}	-87 J K^{-1}	0

10-24

	Substanz	Umgebung	Gesamtsystem
(a)	$+109$ J K^{-1}	-109 J K^{-1}	0
(b)	$+94$ J K^{-1}	-94 J K^{-1}	0
(c)	$+109$ J K^{-1}	-109 J K^{-1}	0

H_2O und NH_3 bilden im flüssigen Zustand Wasserstoffbrücken, Hg ist ein Metall; deshalb herrscht bei ihnen im flüssigen Zustand eine höhere Ordnung.

10-25 (a) 22,0 J K^{-1}; (b) 28,9 J K^{-1}; (c) 14 J K^{-1}.

10-26 (a) 35,3 J K^{-1} mol^{-1}; (b) 10 J K^{-1} mol^{-1}; (c) 18 J K^{-1} mol^{-1}.

10-27 $1{,}7 \cdot 10^2$ K ($-107\,^\circ$C).

10-28 239 K ($-34\,^\circ$C).

10-29 30 kJ mol^{-1}.

10-30 29,7 kJ mol^{-1}.

10-31 Aus 10-13 (a) $-474{,}30$ kJ; (b) $+124{,}5$ kJ; (c) $-4{,}80$ kJ; (d) $+34{,}61$ kJ; aus 10-15 (a) $-233{,}56$ kJ; (b) $+97{,}82$ kJ; (c) $-641{,}03$ kJ; (d) $+642{,}03$ kJ. Bei den Reaktionen mit negativem ΔH° liegt das Gleichgewicht auf der rechten Seite.

10-32 Aus 10-14 (a) -514 kJ mol^{-1}; (b) $-50{,}7$ kJ mol^{-1}; (c) 129 kJ mol^{-1}; (d) $+6{,}3$ kJ mol^{-1}; aus 10-16 (a) -359 kJ mol^{-1}; (b) $-7{,}2$ kJ mol^{-1}; (c) -959 kJ mol^{-1}; (d) -133 kJ mol^{-1}.

10-33 Die Reaktion ist endotherm. Eine Temperaturerhöhung verschiebt deshalb das Gleichgewicht zu den Produkten, eine Temperaturerniedrigung zu den Ausgangssubstanzen (Le Chateliersches Prinzip).

10-34 Die Reaktion ist exotherm. Eine Temperaturerhöhung verschiebt deshalb das Gleichgewicht zu den Ausgangssubstanzen, eine Temperaturerniedrigung zu den Produkten (Le Chateliersches Prinzip).

10-35 (a) $-16{,}48$ kJ mol^{-1}; (b) $-237{,}12$ kJ mol^{-1}; (c) $-50{,}70$ kJ mol^{-1}; (d) $-120{,}32$ kJ mol^{-1}.

10-36 (a) -384.2 kJ mol^{-1}; (b) -236 kJ mol^{-1}; (c) 36,4 kJ mol^{-1}; (d) 97,9 kJ mol^{-1}.

10-37 (a) 65,27 kJ mol^{-1}; (b) $-300{,}19$ kJ mol^{-1}; (c) $-1128{,}9$ kJ mol^{-1}; (d) $-394{,}36$ kJ mol^{-1}.

10-38 (a) $-137{,}16$ kJ mol^{-1}; (b) $-371{,}06$ kJ mol^{-1}; (c) $-1012{,}2$ kJ mol^{-1}; (d) 124,5 kJ mol^{-1}.

10-39 (a) 3,40 kJ mol^{-1}; (b) $-141{,}74$ kJ mol^{-1}; (c) 130,41 kJ mol^{-1} (Calcit).

10-40 (a) $-702{,}35$ kJ mol^{-1}; (b) $-698{,}04$ kJ mol^{-1}; (c) 91,12 kJ mol^{-1}; (d) 33,1 kJ mol^{-1}.

10-41 (a) Stabil; (b) instabil; (c) instabil; (d) instabil.

10-42 (a) Stabil; (b) instabil; (c) stabil; (d) instabil.

10-43 (a), (b), (c) und (d).

10-44 (a), (b), (c) und (d).

10-45 Ja.

10-46 $\Delta G^\circ = +29{,}1$ kJ, also nein, aber wegen $\Delta S^\circ > 0$ wird die Zerfallstendenz bei höheren Temperaturen größer.

10-47 Ja für CO und für CO_2 als Produkte.

10-48 In allen Fällen nein.

10-49 $+317{,}02$ kJ mol^{-1}.

10-50 $\Delta G^\circ = -34{,}47$ kJ mol^{-1}, es besteht also eine starke Tendenz zur Disproportionierung.

10-51 (a) $K = 0{,}25$; (b) $7{,}2 \cdot 10^{24}$ bar^{-1}; (c) $1{,}4 \cdot 10^{-23}$ bar.

10-52 (a) $6 \cdot 10^{135}$ bar^{-1}; (b) $4 \cdot 10^{125}$ bar; (c) $1{,}1 \cdot 10^{-16}$ bar^2; (d) $1{,}6 \cdot 10^{-6}$ bar.

10-53 (a) $1{,}4 \cdot 10^{83}$; (b) 6,75; (c) $8{,}4 \cdot 10^{-7}$.

10-54 (a) $1{,}2 \cdot 10^{90}$ bar^{-1}; (b) $7{,}7 \cdot 10^8$ bar^{-1}; (c) 0,078.

10-55 Nein, die Bildung der Ausgangssubstanzen ist begünstigt.

10-56 Ja, die Bildung der Produkte ist begünstigt.

10-57 (a) $1,7 \cdot 10^{-10}$ M^2, $1,3 \cdot 10^{-5}$ M;
(b) $5,7 \cdot 10^{-13}$ M^2, $7,5 \cdot 10^{-7}$ M.

10-58 (a) $8,6 \cdot 10^{-17}$ M^2, $9 \cdot 10^{-9}$ M;
(b) $1,5 \cdot 10^{-19}$ M^2, $3,9 \cdot 10^{-10}$ M; (c) $6,5 \cdot 10^{-6}$ M^3, $1,0 \cdot 10^{-2}$ M;
(d) $4,9 \cdot 10^{-9}$ M^2, $7,0 \cdot 10^{-5}$ M.

10-59 (a) $-12,3$ kJ mol^{-1}, $6,2$ kJ mol^{-1}; (b) -60 kJ.

10-60 (a) $-10,5$ kJ mol^{-1}; (b) $-6,5$ kJ mol^{-1}.

10-61 $pK_L = \dfrac{+\Delta G^\circ}{(2,303) \cdot RT} = 16,08$.

10-62 $pK_L = 1,8 \cdot 10^{-10}$.

10-63 $1,5$ Stunden.

10-64 (a) $\Delta G = -210,54$ kJ mol^{-1}; (b) $-211,43$ kJ mol^{-1}. In beiden Fällen sind die Produkte begünstigt. Im Gleichgewicht ist $Q_p = 1,16 \cdot 10^{40}$.

10-65 K und K' werden in Abhängigkeit von ΔG° geschrieben; ΔH° und ΔS° werden dabei als temperaturunabhängig angesehen.

10-66 (a) $\Delta H^\circ = -15,57$ kJ, $\Delta G^\circ = -23,22$ kJ, $\Delta S^\circ = 12,7$ J K^{-1};
(b) $\Delta H^\circ = -294,5$ kJ, $\Delta G^\circ = -19,80$ kJ, $\Delta S^\circ = -458$ J K^{-1}.

Kapitel 11

11-1 (a) $Zn^{2+} + 2e^- \rightarrow Zn^\circ$, $\quad Zn(s)\,|\,Zn^{2+}(aq)$;
(b) $Fe^{3+} + e^- \rightarrow Fe^{2+}$, $\quad Pt\,|\,Fe^{3+}, Fe^{2+}$;
(c) $Cl_2 \rightarrow 2\,Cl^- + 2e^-$, $\quad Pt\,|\,Cl_2(g), Cl^-$;
(d) $Hg_2Cl_2 + 2e^- \rightarrow 2\,Hg(l) + 2\,Cl^-$, $\quad Hg\,|\,Hg_2Cl_2(s)\,|\,Cl^-$.

11-2 (a) $Ag^+ + e^- \rightarrow Ag^\circ$, $\quad Ag(s)\,|\,Ag^+(aq)$;
(b) $Ce^{4+} + e^- \rightarrow Ce^{3+}$, $\quad Pt\,|\,Ce^{4+}, Ce^{3+}$;
(c) $O_2 + 2H_2O + 4e^- \rightarrow 4\,OH^-$, $\quad Pt\,|\,O_2(g), OH^-$;
(d) $AgI + e^- \rightarrow Ag + I^-(aq)$, $\quad Ag, AgI\,|\,I^-$.

11-3 (a) Eine Cd-Elektrode; (b) eine Pt-Elektrode (die reagierenden Substanzen sind löslich); (c) die Kalomel-Elektrode.

11-4 (a), (b), (c): Alle reagierenden Substanzen sind löslich; als Elektrode dient ein inertes Material (z.B. Platin).

11-5 (a) $Cu\,|\,Cu^{2+}$; (b) $Pt\,|\,Cl_2(g), Cl^-$; (c) $Pt\,|\,O_2(g), H_2O, OH^-$;
(d) $Pt\,|\,Pt^{2+}$.

11-6 (a) $Pb\,|\,Pb^{2+}$; (b) $Pt\,|\,Pb^{4+}, Pb^{2+}$; (c) $Ag, AgBr\,|\,Br^-$;
(d) $Pt\,|\,O_2(g), H^+$.

11-7 (a) $Fe, Fe(OH)_2\,|\,OH^-$; (b) $Pt\,|\,MnO_2, Mn^{2+}, H^+, H_2O$.

11-8 (a) $Cd, Cd(OH)_2\,|\,OH^-$; (b) $Pt\,|\,Cr_2O_7^{2-}, Cr^{3+}, H^+$.

11-9 (a) $Pt(s)\,|\,H_2(g), H^+(aq)\,\|\,O_2(g), H^+(aq)\,|\,Pt(s)$;
(b) $Pt(s)\,|\,Cr^{3+}(aq), Cr^{2+}(aq)\,\|\,Mn^{2+}(aq), Mn^{3+}(aq)\,|\,Pt(s)$;
(c) $Ag(s)\,|\,AgI(s)\,|\,I^-(aq)\,\|\,I^-(aq), I_2(aq)\,|\,Pt(s)$;
(d) $Pt(s)\,|\,H_2(g), H^+\,\|\,H^+, H_2(g)\,|\,Pt(s)$.

11-10 (a)

$2[Cu^+(aq) + e^- \rightarrow Cu(s)]$	$E^\circ_{red} = 0,52$ V
$Cu(s) \rightarrow Cu^{2+}(aq) + 2e^-$	$E^\circ_{ox} = -0,34$ V
$2\,Cu^+(aq) \rightarrow Cu^{2+}(aq) + Cu(s)$	$E^\circ_{Zelle} = 0,18$ V

(b)

$Cl_2(g) + 2e^- \rightarrow 2\,Cl^-(aq)$	$E^\circ_{red} = 1,36$ V
$3\,I^-(aq) \rightarrow I_3^-(aq) + 2e^-$	$E^\circ_{ox} = -0,53$ V
$3\,I^-(aq) + Cl_2(g) \rightarrow 2\,Cl^-(aq) + I_3^-(aq)$	$E^\circ_{Zelle} = 0,83$ V

(c)

$AgI(s) + e^- \rightarrow Ag(s) + I^-(aq)$	$E^\circ_{red} = -0,15$ V
$Cl^-(aq) + Ag(s) \rightarrow AgCl(s) + e^-$	$E^\circ_{ox} = -0,22$ V
$AgI(s) + Cl^-(aq) \rightarrow AgCl(s) + I^-(aq)$	$E^\circ_{Zelle} = -0,37$ V

11-11 (a)

$Hg_2Cl_2(s) + 2e^- \rightarrow 2\,Hg(l) + 2\,Cl^-(aq)$	$E^\circ_{red} = 0,27$ V
$2\,Hg(l) \rightarrow Hg_2^{2+}(aq) + 2e^-$	$E^\circ_{ox} = -0,79$ V
$Hg_2Cl_2(s) \rightarrow Hg_2^{2+}(s) + 2\,Cl^-(aq)$	$E^\circ_{Zelle} = -0,52$ V

(b)

$Pb^{4+}(aq) + 2e^- \rightarrow Pb^{2+}(aq)$	$E^\circ_{red} = 1,67$ V
$Sn^{2+}(aq) \rightarrow Sn^{4+}(aq) + 2e^-$	$E^\circ_{ox} = -0,15$ V
$Pb^{4+}(aq) + Sn^{2+}(aq) \rightarrow Sn^{4+}(aq) + Pb^{2+}(aq)$	
	$E^\circ_{Zelle} = 1,52$ V

(c)

$Sn^{4+}(aq) + 2e^- \rightarrow Sn^{2+}(aq)$	$E^\circ_{red} = 0,15$ V
$Pb^{2+}(aq) \rightarrow Pb^{4+}(aq) + 2e^-$	$E^\circ_{ox} = -1,67$ V
$Sn^{4+}(aq) + Pb^{2+}(aq) \rightarrow Pb^{4+}(aq) + Sn^{2+}(aq)$	
	$E^\circ_{Zelle} = -1,52$ V

(d)

$O_2(g) + 2H_2O + 4e^- \rightarrow 4\,OH^-(aq)$	$E^\circ_{red} = 0,40$ V
$2H_2O \rightarrow O_2(g) + 4\,H^+ + 4\,e^-$	$E^\circ_{ox} = -1,23$ V
$4H_2O \rightarrow 4\,H^+(aq) + 4\,OH^-(aq)$	$E^\circ_{Zelle} = -0,83$ V

11-12 (a) $Cr(s)\,|\,Cr^{2+}(aq)\,\|\,Zn^{2+}(aq)\,|\,Zn(s)$;
(b) $Zn(s)\,|\,Zn^{2+}(aq)\,\|\,Cr^{2+}(aq)\,|\,Cr(s)$;
(c) $Pt(s)\,|\,Cu^{2+}(aq), Cu^+(aq)\,\|\,Cu^{2+}(aq)\,|\,Cu(s)$.

11-13 (a) $Mn(s)\,|\,Mn^{2+}(aq)\,\|\,Ti^{2+}(aq)\,|\,Ti(s)$;
(b) $Ti(s)\,|\,Ti^{2+}(aq)\,\|\,Mn^{2+}(aq)\,|\,Mn(s)$;
(c) $Pt(s)\,|\,Cr^{3+}(aq), Cr^{2+}(aq)\,\|\,Ce^{3+}(aq), Ce^{4+}(aq)\,|\,Pt(s)$.

11-14 (a) $Ag(s)\,|\,Ag^+(aq)\,\|\,I^-(aq)\,|\,AgI(s)\,|\,Ag(s)$;
(b) $Pt(s)\,|\,H_2(g), H^+(aq)\,M_1\,\|\,H^+(aq)\,M_2, H_2(g)\,|\,Pt(s)$;
(c) $Zn(s)\,|\,ZnO(s)\,|\,Zn(NH_3)_2^{2+}(aq)\,\|\,MnO_2(s)\,|\,MnO(OH)\,|$
$C(Graphit)$.

11-15 $Pt(s)\,|\,Hg(I)(aq), Hg(II)(aq)\,\|\,H^+(aq), Cr_2O_7^{2-}(aq),$
$Cr^{3+}(aq)\,|\,Pt(s)$.

11-16 (a) $0,34$ V; (b) $0,77$ V; (c) $0,00$ V.

11-17 (a) $1,61$ V; (b) $0,52$ V; (c) $1,36$ V.

11-18 (a) $0,53$ V; (b) $0,27$ V; (c) $0,07$ V.

11-19 (a) $-0,08$ V; (b) $1,51$ V; (c) $2,05$ V.

11-20 (a) $0,18$ V Anode: $Cu(s)\,|\,Cu^{2+}$;
(b) $0,37$ V, Anode: $Ag(s)\,|\,AgI\,|\,I^-$.

11-21 (a) $0,03$ V, Anode: $Pt\,|\,Fe^{3+}, Fe^{2+}$;
(b) $0,60$ V, Anode: $U(s)\,|\,U^{3+}$.

11-22 (a) $0,52$ V, Anode: $Hg(l)\,|\,Hg_2Cl_2\,|\,Cl^-$;
(b) $1,52$ V, Anode: $Sn^{2+}\,|\,Sn^{4+}$.

11-23 (a) 0,29 V, Anode: $Sn(s) \mid Sn^{2+}$;
(b) 0,29 V, Anode: $Au(s) \mid Au^{3+}$.

11-24 Cu < Fe < Zn < Cr.

11-25 Mg < Na < K < Li.

11-26 V < Ti < Al < U.

11-27 Au < Ag < Sn < Ni.

11-28 $Cl_2 < O_2 < H_2 < Fe < S_8$.

11-29 $Br_2 < I_2 < Hg < H_2 < Pb < Sn$.

11-30 (a) K reduziert Na^+; (b) Br^- reduziert Cl_2; (c) In^{2+} reduziert Sn^{4+}; (c) Ti^{2+} reduziert V^{3+}.

11-31 (a) Na reduziert La^{3+}; (b) I^- reduziert Cu^{2+}; (c) SO_4^{2-} reduziert F_2; (d) U^{3+} reduziert Fe^{3+}.

11-32 (a) Cl_2/Cl^-: $E_{Red} = +1{,}36$ V, Br^-/Br_2: $E_{Ox} = -1{,}09$ V, $\rightarrow \Delta E = +0{,}27$ V, also ist die Reaktion spontan.
(b) Cd/Cd^{2+}: $E_{Ox} = +0{,}40$ V, Bi^{3+}/Bi: $E_{Red} = +0{,}20$ V, $\rightarrow \Delta E = -0{,}20$ V, also ist die Reaktion nicht spontan.
(c) Ag, HCl/AgCl: $E_{Ox} = -0{,}22$ V, MnO_4^-/Mn^{2+}: $E_{Red} = 1{,}51$, $\rightarrow \Delta E = 1{,}29$ V, also ist die Reaktion spontan.

11-33 (a) Pb^{2+}/Pb^{4+}: $E_{Ox} = -1{,}67$ V, Cu^{2+}/Cu: $E_{Red} = +0{,}34$ V, $\rightarrow \Delta E = -1{,}33$ V, also ist die Reaktion nicht spontan.
(b) Fe^{3+}/Fe^{2+}: $E_{Red} = 0{,}77$ V, I^-/I_2: $E_{Ox} = -0{,}54$ V, $\rightarrow \Delta E = +0{,}23$ V, also ist die Reaktion spontan.
(c) $Cr^{3+}/Cr_2O_7^{2-}$: $E_{Ox} = -1{,}33$ V, $S_2O_8^{2-}/SO_4^{2-}$: $E_{Red} = +2{,}05$ V, $\rightarrow \Delta E = +0{,}72$ V, also ist die Reaktion spontan.

11-34 $Cu(s) \rightarrow Cu^{2+} + 2e^-$, $E_{Ox} = -0{,}34$ V, $NO_3^- + 2H^+ + e^- \rightarrow NO_2 + H_2O$, $E_{Red} = +0{,}80$ V, $\rightarrow \Delta E = +0{,}46$ V, also ist die Reaktion spontan. Die Reaktion mit HCl(aq) ist dagegen mit $\Delta E = -0{,}34$ V nicht spontan.

11-35 $Pu^{3+} \rightarrow Pu^{4+} + e^-$, $E_{Ox} = -0{,}97$ V, als Oxidationsmittel eignet sich $Cr_2O_7^{2-}$ mit $E_{Red} = +1{,}33$ V.

11-36 $MnO_4^- + 8H^+ + 5e^- \rightarrow Mn^{2+} + 4H_2O$, $E_{Red} = +1{,}51$ V, $2I^- \rightarrow I_2 + 2e^-$, $E_{Ox} = -0{,}54$ V, $\rightarrow \Delta E = +0{,}97$ V, also lautet die Antwort ja.

11-37 $Mn^{2+}(aq) \rightarrow Mn^{3+}(aq) + e^-$, $E_{Ox} = -1{,}51$ V, $Cr_2O_7^{2-}/Cr^{3+}$: $E_{Red} = 1{,}33$ V $\rightarrow \Delta E = -0{,}18$ V, also lautet die Antwort nein.

11-38 Wegen $E_{Red} > 1{,}09$ V ja, die Reaktion ist aber zu langsam.

11-39 $Fe^{3+} + 3e^- \rightarrow Fe$, $E^\circ = 0{,}04$ V, $Cr^{3+} + 3e^- \rightarrow Cr$, $E^\circ = -0{,}74$ V. Das Chrom wird leichter als Eisen oxidiert, also lautet die Antwort ja.

11-40 (a) $2H^+ + 2e^- \rightarrow H_2$, $E_{Red} = 0{,}00$ V, alle Substanzen mit $E_{Ox} > 0{,}00$ V können die Reduktion antreiben (Cr, Cr^{2+}, Cr^{3+}).
(b) HO_2^-/O_2: $E_{Ox} = 0{,}08$ V, alle Substanzen mit $E_{Red} > 0{,}08$ V können die Oxidation antreiben (Cr, Cr^{2+}, Cr^{3+}).
(c) $2H_2O + 2e^- \rightarrow H_2 + 2OH^-$, $E_{Red} = -0{,}83$ V, alle Substanzen mit $E_{Ox} > -0{,}83$ V werden von Wasser oxidiert (Cr^{2+}).

11-41 (a) 1,10 V; (b) 1,23 V; (c) 0,58 V.

11-42 (a) 0,84 V; (b) 0,83 V; (c) 0,95 V.

11-43 $\Delta G = -84{,}0$ kJ mol^{-1}.

11-44 $\Delta G = -17$ kJ mol^{-1}.

11-45 (a) $E_{Zelle} = E^\circ_{Zelle} - \dfrac{0{,}059}{n} \log\left(\dfrac{[AgNO_3]}{[KI]}\right)$;

(b) $E_{Zelle} = E^\circ_{Zelle} - \dfrac{0{,}059}{n} \log\left(\dfrac{[NaOH] \cdot p(O_2)}{[HCl] \cdot p(H_2)}\right)$.

11-46 (a) 0,018 V; (b) 0,059 V.

11-47 Es handelt sich um Konzentrationsketten, also ist $E_0 = 0{,}00$ V, (a) $E_{Zelle} = 0{,}23$ V; (b) $E_{Zelle} = 0{,}18$ V.

11-48 $Q = 2{,}6 \cdot 10^6$.

11-49 $Q = 4{,}8 \cdot 10^{40}$.

11-50 Ja, die Wasserstoffelektrode, denn bei ihr hängt das Potential vom Druck ab.

11-51 (a) $E = \left(0{,}22 - \dfrac{0{,}0592}{2} \cdot \log[H^+]^2\right)$ V $= 0{,}22$ V $+ (0{,}0592 \cdot pH)$ V;
(b) pOH $= 14 - $ pH.

11-52 (a) $K = 4{,}7 \cdot 10^{-13}$, $pK = 12{,}3$; (b) $K = 2{,}25 \cdot 10^{51}$, $pK = -51{,}4$; (c) $K = 1{,}2 \cdot 10^5$, $pK = -5{,}1$; (d) $K = 14{,}02$, $pK = -1{,}15$.

11-53 (a) $K = 2{,}6 \cdot 10^{-18}$, $pK = 17{,}6$; (b) $K = 8{,}7 \cdot 10^{-17}$, $pK = 16{,}1$; (c) $K = 1{,}1 \cdot 10^2$, $pK = 2{,}03$; (d) $K = 1{,}1 \cdot 10^2$, $pK = -3{,}04$.

11-54 Ja, $K = 2 \cdot 10^2$.

11-55 Für die Reaktion $MnO_4^- + Mn^{2+} + 8H^+ \rightleftharpoons 2Mn^{3+} + 4H_2O$ ist in saurer Lösung $E = 0{,}0$ V und $K = 1$.

11-56 (a) Mn: nein; (b) Al: nein; (c) Ni: nein; (d) Au: ja.

11-57 (a) Cr: nein; (b) Pt: ja; (c) Cu: ja; (d) U: nein.

11-58 (a) $\frac{1}{2}$ mol Cu; (b) $\frac{1}{3}$ mol Al; (c) $\frac{1}{2}$ mol H_2; (d) $\frac{1}{4}$ mol O_2.

11-59 (a) 1 mol Ag; (b) $\frac{1}{6}$ mol Cr; (c) $\frac{1}{2}$ mol Cl_2; (d) $\frac{1}{4}$ mol ClO^-.

11-60 (a) $1 \cdot 10^{-5}$ mol; (b) 0,003 mol; (c) 4 mol.

11-61 (a) $9 \cdot 10^{-4}$ mol; (b) 0,2 mol; (c) $6{,}3 \cdot 10^5$ mol.

11-62 0,67 mol.

11-63 $5{,}6 \cdot 10^{-3}$ mol.

11-64 (a) 13 g Ni; (b) 15 g Zn; (c) 8,5 g F_2; (d) 18 g NaOH.

11-65 (a) 4,2 g Al; (b) 3,9 g Cr; (c) 3,6 g O_2; (d) 16 g $Ca(ClO)_2$.

11-66 (a) 0,418 dm^3 H_2; (b) 0,228 dm^3 O_2; (c) 0,409 dm^3 F_2.

11-67 (a) 0,42 dm^3 $Cl_2(g)$; (b) 7,2 dm^3 $Br_2(g)$; (c) 30 dm^3 $Hg(g)$.

11-68 (a) 3,0 h; (b) 6,2 h; (c) 34 h; (d) 4,5 min.

11-69 (a) 55 min; (b) 98 min; (c) 8,5 min; (d) 96,5 s.

11-70 Ti^{2+}.

11-71 Hg^{2+}.

11-72 0,9 g Zn.

11-73 0,308 dm^3.

11-74 (a) 0,52 V; (b) −0,037 V.

11-75 (a) $L = 1,2 \cdot 10^5$ mol dm^{-3}; (b) $L = 8,5 \cdot 10^{-7}$ mol dm^{-3}; (c) $L = 1,3 \cdot 10^{-4}$ mol dm^{-3}.

11-76 Aluminium ist unedel ($E^\circ = -1,66$ V); es reagiert nur wegen der schützenden Al$_2$O$_3$-Schicht nicht mit Wasser oder Speichel. Bei Berührung mit Hg-haltigen Materialien wie Amalgam wird diese Schutzfunktion aufgehoben. Bei der Reaktion tritt ein elektrischer Strom auf, der zur Schmerzempfindung führt.

Quellenverzeichnis der Abbildungen

Alle Photographien wurden von Ken Karp aufgenommen, außer den folgenden:

Kapitel 1:
Einführungsbild: Lick Observatory; Abb. 1-3: Champlin Petroleum Co.; Abb. 1-7: Bettman Archives; Abb. 1-12: Freer Gallery of Art, Smithsonian Institute.

Kapitel 2:
Einführungsbild: NASA; Abb. 2-3: Deutscher Wetterdienst, Offenbach; Abb. 2-26: Martin Marietta Energy Systems, Oak Ridge (Tenn., USA).

Kapitel 3:
Einführungsbild: Paul Brierley; Abb. 3-27: Jeremy Burgess, Science Photo Library, Photo Researchers.

Kapitel 4:
Abb. 4-1: Manchester Literary and Philosophical Society; Abb. 4-2: AT&T; Abb. 4-3: Cavendish Laboratory; Abb. 4-4: Donald Clegg; Abb. 4-5: Cavendish Laboratory; Abb. 4-19: American Institute of Physics; Abb. 4-21: Science Museum, London; Abb. 4-22: Dublin Institute for Advanced Studies.

Kapitel 5:
Einführungsbild: Paul Brierly; Abb. 5-10: M. P. Allen, University of Bristol; Abb. 5-24a: Jeremy Burgess, Photo Science Library, Photo Researchers; Abb. 5-27: Argonne National Laboratory; Abb. 5-28: S. L. Craig, Bruce Coleman; Abb. 5-39: General Electric Company; Abb. 5-43: Chip Clark; Abb. 5-44: M. P. Allen, University of Bristol; Abb. 5-45: J. R. Eyerman.

Kapitel 6:
Einführungsbild: Paul Brierley; Abb. 6-2: nach P. A. Leighton, „The Photochemistry of Air Pollution", Academic Press, New York, 1961; Abb. 6-9: E. B. Smith, Physical Chemistry Laboratory, University of Oxford; Abb. 6-12: „Airscam™", Daedalus Enterprises Inc., National Geographic Magazine; Abb. 6-24: Wacker Siltronic Corp.; Abb. 6-29: Aus „Biological Membranes as Bilayer Couples", M. Sheetz, R. Painter und S. Singer, 1976, Journal of Cell Biology, 70:193; Abb. 6-30: Paul Brierley.

Kapitel 7:
Einführungsbild: Arthur T. Winfree, aufgenommen von Fritz Goro; Abb. 7-12: Granger Collection; Abb. 7-15: Granger Collection; Abb. 7-19: Malcolm Lockwood, Geophysical Institute, University of Alaska – Fairbanks; Abb. 7-22: General Motors; Abb. 7-31: Johnson Matthey; Abb. 7-33: Lubert Stryer.

Kapitel 8:
Abb. 8-11 links: American Institute for Physics, rechts: Bettman Archives; Abb. 8-12: M. W. Kellog Co.

Kapitel 9:
Einführungsbild: Photo Researchers; Abb. 9-9: Fisher Scientific.

Kapitel 10:
Einführungsbild: Paul Brierley; Abb. 10-2: Dieter Flamm; Abb. 10-7: International Tin Research Institute.

Kapitel 11:
Einführungsbild: Paul Brierley; Abb. 11-11: Bruce Coleman; Abb. 11-13: The National Museum of Science & Industry, London; Abb. 11-17: G. E. Thomson, G. C. Wood, Corrosion Protection Centre, UMIST, Manchester, England; Abb. 11-20: St. Joe Zinc Co., American Hot Dip Galvanizers Association; Abb. 11-26: R. H. Manley.

Register

466

Harold Hart

Organische Chemie

Ein kurzes Lehrbuch

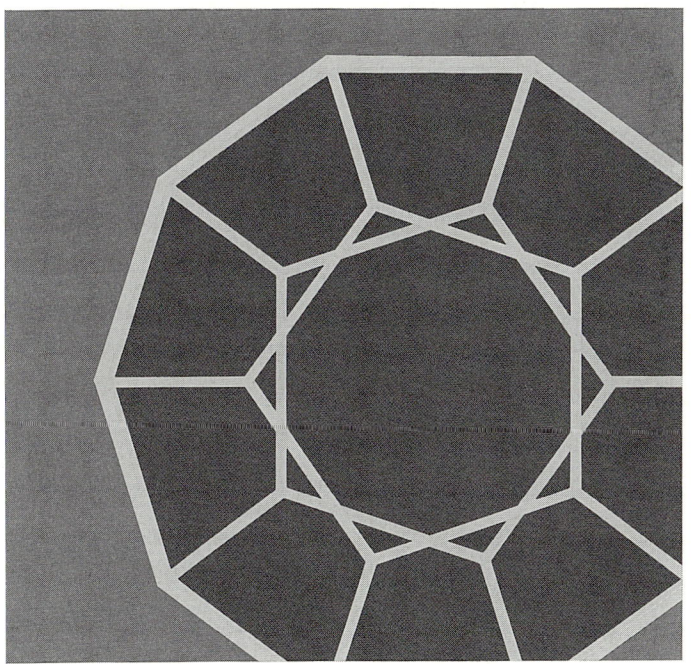

1989. XVI, 458 Seiten mit 83 Abbildungen und 31 Tabellen. Broschur. DM 58,-. ISBN 3-527-26480-9

Ihre Bestellung richten Sie bitte an Ihre Buchhandlung oder an:
VCH, Postfach 10 11 61, D-6940 Weinheim
VCH, Hardstrasse 10, Postfach, CH-4020 Basel

Umfassend und doch überschaubar vermittelt dieses Lehrbuch die Prinzipien der Organischen Chemie. Es macht ihr Gerüst, die reaktionsmechanistischen Grundlagen, klar erkennbar und nachvollziehbar und läßt gleichzeitig anhand gut ausgewählter Beispiele aus der Stoffchemie die ganze Weite dieses Faches ahnen. Damit erfüllt es genau die Anforderungen, die Studenten mit Chemie als Nebenfach und Chemiker in den Anfangssemestern an ein solches Werk zuallererst stellen.

Im didaktischen Aufbau ist es geprägt von jahrelanger Lehrtätigkeit und zahlreichen kritischen Anregungen (diese Übersetzung beruht auf der sechsten englischen Auflage). Sein Inhalt wurde dort ergänzt, wo dies für den Unterricht an deutschen Hochschulen notwendig schien. Damit liegt jetzt ein Werk vor, das seine Leser nicht überfordert und dennoch zuverlässig das heutige Wissen in der OC und ihre Bedeutung für Biowissenschaften und Technologie vermittelt.

VCH

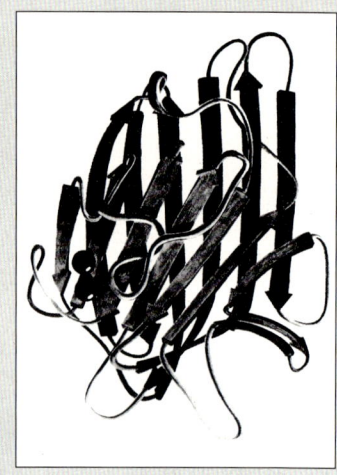

$R\mathcal{T} = 2.4789\ \text{kJ mol}^{-1}$

$R\mathcal{T}/F = 25.693\ \text{mV}$

$2.3026 \cdot R\mathcal{T}/F = 59.159\ \text{mV}$

$k\mathcal{T}/hc = 207.223\ \text{cm}^{-1}$

$V_m^{\ominus} = R\mathcal{T}/p^{\ominus} = 2.4465 \cdot 10^{-2}\ \text{m}^{-3}\ \text{mol}^{-1} = 24.465\ \text{dm}^3\ \text{mol}^{-1}$

$R \cdot 273.15\ \text{K} = 22.711\ \text{dm}^3\ \text{bar mol}^{-1}$

T/K	100.00	298.15	500.00	1000.00	1500.0	2000.0
$(kT/hc)/\text{cm}^{-1}$	69.50	207.22	347.51	659.03	1042.5	1390.1

$p^{\ominus} = 100\ \text{kPa} = 1 \cdot 10^5\ \text{N m}^{-2} = 1\ \text{bar} = 1000\ \text{mbar}$

$1\ \text{atm} = 760\ \text{Torr} = 101\,325\ \text{Pa}$

$1\ \text{Torr} = 133.322\ \text{Pa}$

$1\ \text{eV} = 1.60219 \cdot 10^{-19}\ \text{J} \;\hat{=}\; 96.485\ \text{kJ mol}^{-1} \;\hat{=}\; 8065.5\ \text{cm}^{-1}$

$1\ \text{cm}^{-1} \;\hat{=}\; 1.986 \cdot 10^{-23}\ \text{J} \;\hat{=}\; 11.96\ \text{J mol}^{-1} \;\hat{=}\; 0.1240\ \text{meV}$

$hc = 1.98648 \cdot 10^{-23}\ \text{J cm}$

$hc/k = 1.43879\ \text{cm K}$

$g/\text{m s}^{-2} = 9.8064 - 0.0259 \cdot \cos(2\alpha)\ (= 9.811\ \text{bei}\ \alpha = 50°)$

$\qquad\qquad$ (α ist die geographische Breite)

$1\ \text{cal} = 4.184\ \text{J}$

$1\ \text{D(Debye)} = 3.33564 \cdot 10^{-30}\ \text{C m}$

$1\ \text{N} = 1\ \text{J m}^{-1}$	$1\ \text{W} = 1\ \text{J s}^{-1}$	$1\ \text{T} = 1\ \text{J C}^{-1}\ \text{s m}^{-2}$
$1\ \text{J} = 10^7\ \text{erg}$	$1\ \text{A} = 1\ \text{C s}^{-1}$	$1\ \text{J} = 1\ \text{A V s}$

ln = natürlicher Logarithmus

log = dekadischer Logarithmus = $\log_{10}$

$\pi = 3.14159265358979323846264338327950\ldots$

e $= 2.71828182845904523536028747135266\ldots$

$=$ gleich $\qquad\qquad \hat{=}$ entspricht $\qquad \propto$ proportional

$\approx$ ungefähr gleich $\qquad \equiv$ identisch

Größe	Symbol	Zahlenwert
Licht-geschwindigkeit	c	$2.997925 \cdot 10^8\ \text{m s}^{-1}$
Elementarladung	e	$1.60219 \cdot 10^{-19}\ \text{C}$
Faraday-Konstante	$F = e\,N_A$	$9.64846 \cdot 10^4\ \text{C mol}^{-1}$
Boltzmann-Konstante	k	$1.38066 \cdot 10^{-23}\ \text{J K}^{-1}$
Gaskonstante	$R = k N_A$	$8.31441\ \text{J K}^{-1}\ \text{mol}^{-1}$ $8.20575 \cdot 10^{-2}\ \text{dm}^3\ \text{atm K}^{-1}\ \text{mol}^{-1}$